Eigenstromerzeugungsanlagen mit Kraft-Wärme-Kopplung in Industriebetrieben

Europäische Hochschulschriften

Publications Universitaires Européennes
European University Studies

Reihe V
Volks- und Betriebswirtschaft

Série V Series V
Sciences économiques, gestion d'entreprise
Economics and Management

Bd./Vol. 2345

PETER LANG
Frankfurt am Main · Berlin · Bern · New York · Paris · Wien

Dieter Hartwig

Eigenstromerzeugungsanlagen mit Kraft-Wärme-Kopplung in Industriebetrieben

Betriebswirtschaftliche Aspekte zur Steigerung der Wirtschaftlichkeit der Energiebereitstellung

PETER LANG
Europäischer Verlag der Wissenschaften

Die Deutsche Bibliothek - CIP-Einheitsaufnahme

Hartwig, Dieter:

Eigenstromerzeugungsanlagen mit Kraft-Wärme-Kopplung in Industriebetrieben : betriebswirtschaftliche Aspekte zur Steigerung der Wirtschaftlichkeit der Energiebereitstellung / Dieter Hartwig. - Frankfurt am Main ; Berlin ; Bern ; New York ; Paris ; Wien : Lang, 1998
(Europäische Hochschulschriften : Reihe 5, Volks- und Betriebswirtschaft ; Bd. 2345)
Zugl.: Mannheim, Univ., Diss., 1997
ISBN 3-631-33659-4

D 180
ISSN 0531-7339
ISBN 3-631-33659-4

Meiner Tochter Catharina

Vorwort

Die vorliegende Arbeit entstand als Dissertation am Lehrstuhl für Allgemeine Betriebswirtschaftslehre und Industriebetriebslehre II der Universität Mannheim. Gegenstand der Arbeit ist die Untersuchung der Wirtschaftlichkeit von Eigenstromerzeugungsanlagen mit Kraft-Wärme-Kopplung in Industriebetrieben.

Die betriebliche Energiewirtschaft findet in der letzten Zeit größere Beachtung in Industriebetrieben. Damit wird dem Umstand Rechnung getragen, daß die betrieblichen Energiekosten aufgrund weiter fortschreitender Automatisierung einen zunehmenden Anteil an den gesamten Produktionskosten einnehmen und im Energiebereich ein weithin ungenutztes Kostenreduzierungspotential liegt.

Die Untersuchung richtet sich sowohl an Unternehmen, die die Senkung der betrieblichen Energiekosten durch die Investition in eine Eigenstromerzeugungsanlage mit Kraft-Wärme-Kopplung anstreben, als auch an Unternehmen, die bereits über eine derartige Anlage verfügen und nach Möglichkeiten der Verbesserung der Wirtschaftlichkeit suchen.

Der in der Arbeit gezogene Analyserahmen ist - entsprechend der Komplexität der auf die Wirtschaftlichkeit von Kraft-Wärme-Kopplungsanlagen wirkenden Faktoren - weit gespannt. Es werden sowohl innerbetriebliche als auch außerbetriebliche Faktoren mit Einfluß auf die Kosten- und Erlösentstehung dargestellt. Durch die Darstellung der mit dem Betrieb einer Kraft-Wärme-Kopplungsanlage verbundenen Risiken und Chancen ist es einem Industriebetrieb möglich, die Vorteilhaftigkeit einer KWK-Anlage abzuschätzen und hieraus eine Investitionsentscheidung abzuleiten. Damit versucht diese Arbeit, die vorwiegend technisch dominierte Literatur der Kraft-Wärme-Kopplung zu ergänzen und einen Beitrag zur effektiveren Nutzung des Potentials der Kraft-Wärme-Kopplung zu leisten. Hervorzuheben sind insbesondere die Untersuchungen, wie durch eine am Deckungsbeitrag orientierte Anlagenfahrweise eine weitere Verbesserung der Wirtschaftlichkeit erzielt werden kann. Gerade dieser Aspekt ist im aktuellen Schrifttum über die industrielle Nutzung der Kraft-Wärme-Kopplung noch unzureichend erforscht. Die vorliegende Untersuchung versucht diese Lücke durch das Einbringen betriebswirtschaftlicher Gesichtspunkte zu schließen.

Die Arbeit ist - neben einem einleitenden Teil und einer Schlußbetrachtung - in acht Kapitel gegliedert. Jedes Kapitel greift ein spezifisches Problem auf und versucht, es abschließend zu behandeln. Am Ende eines jeden Kapitels befindet sich eine Zusammenfassung, so daß es unter Beachtung der jeweils vorausgehenden Zusammenfassungen möglich ist, einzelne Kapitel isoliert zu lesen.

Die Erstellung einer Dissertation in der vorliegenden Form ist nicht ohne Unterstützung von vielen Seiten möglich:

An erster Stelle bedanke ich mich bei meinem hochgeschätzten akademischen Lehrer und Doktorvater Herrn Professor Dr. Heinz Bergner. Ihm gebührt nicht nur besonderer Dank für die Betreuung meiner Arbeit, sondern vor allem auch der Dank für alle von ihm gewährten Möglichkeiten und Freiräume, die für das Gelingen der Arbeit von entscheidender Bedeutung waren. Besonderer Dank gebührt Herrn Professor Dr. Heinz Bergner auch für das von ihm über Jahre hinweg entgegengebrachte Vertrauen.

Mein Dank gilt auch Herrn Professor Dr. Gert von Kortzfleisch für die Übernahme des Korreferats und seine zahlreichen Anmerkungen vor allem in der Schlußphase der Arbeit. Schließlich möchte ich mich noch bei den Herren Professoren Eichhorn und Hoitsch bedanken, die im Rahmen von Seminarveranstaltungen mit fruchtbaren Ratschlägen zur erfolgreichen Beendigung des Dissertationsvorhabens beitrugen.

Vor allen Dingen bedanke ich mich bei Karin Eggert, Dr. Thomas Hänichen, Wolfgang Mier und Gerda Winkler, die mir durch vielfältige Anregungen, Diskussionen und andere Hilfestellungen in der Zeit der Erstellung der Dissertation große Unterstützung boten. Ganz besonderer Dank gebührt dabei meinem Freund und ehemaligen Kollegen Andreas Bahr, der mir zahllose Stunden seiner wertvollen Zeit für intensive wissenschaftliche Diskussionen, wesentliche Fingerzeige, Korrekturarbeiten und entschlossene Unterstützung opferte und somit zum erfolgreichen Abschluß der Dissertation beitrug.

Bei der kritischen Durchsicht meiner Arbeit haben sich vor allem Ranhild Gabriel, Dagmar Graf, Gisela Gropp, Nannette Haubensak, Dr. Roland Hofer, Siegmund Steger und auch mein Vater, Helmut Hartwig, verdient gemacht. Ihnen allen danke ich ganz herzlich.

Alle bisher genannten Beiträge und Hilfeleistungen haben entscheidend zur Fertigstellung der Arbeit beigetragen, aber sie wären wirkungslos geblieben ohne die moralische und tatkräftige Unterstützung und das immerwährende Verständnis meiner Eltern. Ihnen, meinen Eltern, danke ich für diese umfassende „Rückendeckung“ von ganzem Herzen. Besonderen Dank auch an Anja Holley, die mich in fürsorglicher Weise bei meinem Dissertationsvorhaben unterstützte.

Schließlich ist dieses Buch meiner Tochter Catharina (knapp 3 Jahre) gewidmet. Catharina hätte während der Entstehungszeit dieser Arbeit viel lieber und gerne öfter mit mir gespielt. Catharina konnte leider noch nicht verstehen, daß die in dieser Untersuchung behandelten Probleme manchmal Vorrang hatten.

Inhaltsverzeichnis

Tabellenverzeichnis

Abbildungsverzeichnis

Kapitel E:

Kapitel F:

Kapitel G:

Abkürzungsverzeichnis

1. Literaturabkürzungen

a.a.O.	am angegebenen Ort
Abs.	Absatz
AGE	Arbeitsgemeinschaft Weiterbildung Energie und Wasser
AGFW	Arbeitsgemeinschaft für Fernwärmewirtschaft
AktG	Aktiengesetz
ASUE	Arbeitsgemeinschaft für sparsamen und umweltfreundlichen Energieverbrauch
AVB	Allgemeine Versorgungsbedingungen
Az.	Aktenzeichen
BDI	Bundesverband der Deutschen Industrie
BGBl	Bundesgesetzblatt
BImSchV	Bundesimmissionsschutzverordnung
BINE	Bürgerinformation Neue Energietechniken
BTOelt	Bundestarifordnung Elektrizität
BTOgas	Bundestarifordnung Gas
BVerG	Bundesverfassungsgericht
BWK	Brennstoff - Wärme - Kraft
Diss.	Dissertation
e.V.	eingetragener Verein
EnWG	Energiewirtschaftsgesetz
ET	Energietechnik
EW	Elektrizitätswirtschaft
FfE	Forschungsstelle für Energiewirtschaft
FFI	Fernwärme - Forschungsinstitut
FWI	Fernwärme International
GewSt	Gewerbesteuer
GWB	Gesetz gegen Wettbewerbsbeschränkungen
HEA	Hauptberatungsstelle für Elektrizitätsanwendung
HEW	Hamburgische Elektrizitätswerke
HGB	Handelsgesetzbuch
HOAI	Honorarordnung für Architekten und Ingenieure
Hrsg.	Herausgeber
IZE	Informationszentrale der Elektrizitätswirtschaft
Jg.	Jahrgang
KfW	Kreditanstalt für Wiederaufbau
o.V.	ohne Verfasser
RKW	Rationalisierungskuratorium der Deutschen Wirtschaft
S.	Seite
Sp.	Spalte
TA Lärm	Technische Anleitung zum Schutz gegen Lärm

TA Luft	Technische Anleitung zur Reinhaltung der Luft
VDEW	Vereinigung Deutscher Elektrizitätswerke
VDI	Verein Deutscher Ingenieure
VIK	Verband der Industriellen Energie- und Kraftwirtschaft
VKU	Verband kommunaler Unternehmen
Vol.	Volume
WIEH	Wintershall Erdgas Handelshaus
WiSt	Wirtschaftswissenschaftliches Studium
ZfB	Zeitschrift für Betriebswirtschaft
ZfbF	Zeitschrift für betriebswirtschaftliche Forschung
ZfK	Zeitschrift für Kommunalwirtschaft
Ziff.	Ziffer

2. Sonstige Abkürzungen

BAB	Betriebsabrechnungsbogen
BHKW	Blockheizkraftwerk
BOB	Betrieb ohne Beaufsichtigung
CO	Kohlenmonoxid
CO_2	Kohlendioxid
EVU	Energieversorgungsunternehmen
GEMIS	Gesamt-Emissions-Modell Integrierter Systeme
GUD-Anlage	Gas-und-Dampf-Anlage
GVU	Gasversorgungsunternehmen
GW	Gigawatt
GWh	Gigawattstunden
Heizöl el	extra leichtes Heizöl
Heizöl s	schweres Heizöl
HT	Hochtarifzeit
KW	Kilowatt
kWh	Kilowattstunden
KWK	Kraft-Wärme-Kopplung
Mio	Millionen
Mrd	Milliarden
MW	Megawatt
MWh	Megawattstunde
NOx	Stickoxid
NT	Niedertarifzeit
OLG	obere Lastgrenze
p.a.	per anno
SKE	Steinkohleeinheiten
SO2	Schwefeldioxid

STIG	Steam Injekted Gasturbine
Tsd.	Tausend
ULG	untere Lastgrenze
vgl.	vergleiche

A. Zur Bedeutung von Energie in Gesellschaft und Industrie

I. Problemstellung

1. Die Bedeutung der Energie in der Gesellschaft

Energie ist eines der in unserer Gesellschaft am meisten diskutierten Themen. Im Mittelpunkt stehen dabei folgende Fragen: Wie lange werden die vorhandenen fossilen Energiereserven ausreichen, wie teuer wird Energie werden und welche Auswirkungen hat die Verfeuerung von fossilen Brennstoffen auf die Umwelt?

Die weltweiten Reserven erschöpflicher Energien werden, sofern die Kernkraft nicht berücksichtigt wird, gegenwärtig auf etwa 1 Billion Tonnen Steinkohleeinheiten (SKE) geschätzt.[1] Modellrechnungen gehen davon aus, daß von diesen Energiereserven in 35 Jahren knapp die Hälfte verbraucht sein wird.[2] Auch wenn gerade die sehr drastischen Prognosen der Vergangenheit nicht immer eingetreten sind[3], wird dadurch deutlich, daß die globalen Energiereserven endlich und damit begrenzt sind.

Neben der Verknappung der weltweiten Energiereserven stehen die Auswirkungen der Energienutzung auf die Umwelt im öffentlichen Interesse.[4] Die Verfeuerung fossiler Energie führt zur Freisetzung von Schadstoffen, insbesondere zu CO_2-Emissionen, zur Erwärmung der Erdatmosphäre sowie zu Klimaveränderungen.[5]

Zur Bewältigung dieser Probleme werden eine Reihe von Maßnahmen vorgeschlagen: Einige Vorschläge beginnen bei absoluten Einsparungen des individuellen Energieverbrauchs durch Komforteinbuße, wie dem Verzicht auf das Auto. Weitere Bewältigungsstrategien befassen sich mit dem zunehmenden Einsatz von regenerativen Energien.[6] Einige ökologisch Interes-

---

1 Vgl. Bundesministerium für Wirtschaft: Energiedaten 1995, Bonn 1995, S. 89.

2 Vgl. Bundesministerium für Wirtschaft: Energiedaten 1995, a.a.O., S. 89ff; Clausnitzer, G.: Elektrizität. Schlüssel für technischen Fortschritt und Energiesparen, in: Hauptberatungsstelle für Elektrizitätsanwendung (HEA) e.V., Strom in der Welt von Morgen, Frankfurt am Main 1988, S. 101.

3 Zu einer Gegenüberstellung verschiedener Prognosen und deren Eintritt vgl. Müschen, K., Romberg E.: Strom ohne Atom. Ein Report des Öko-Instituts Freiburg, Frankfurt am Main 1986, S. 17ff.

4 Vgl. Voß, A.: Strategien zur Reduktion der energiebedingten CO_2-Emissionen, in: RWE Energie, 12. Hochschultage Energie, Tagungsbericht, Essen 01.-2.10.1991, S. 19-40; Grawe, J.: Ökonomische und ökologische Folgen eines vorzeitigen Kernenergieverzichtes, in: Energiewirtschaftliche Tagesfragen, Zeitschrift für Energiewirtschaft, Recht, Technik und Umwelt, Jahrgang 44 (1994), Düsseldorf 1994, Heft 1, S. 16-18; Merkel, A. (Bundesumweltministerin): CO_2-Emissionen gesenkt, zitiert in: Kemkens, W.: Gewaltige Kräfte. Der Klimagau läßt sich durch Energieeinsparungen und intelligente Nutzung der Ressourcen verhindern, in: Wirtschaftswoche vom 08.08.96, Nr. 33, S. 68; Birnbaum, K.-U., Wagner, H.-J.: Einheitliche Berechnung von CO_2-Emissionen, in: Energiewirtschaftliche Tagesfragen, Zeitschrift für Energiewirtschaft, Recht, Technik und Umwelt, Jahrgang 42 (1991), Düsseldorf 1991, Heft 1/2, S. 78-80; Mäule R., Hoffmann, T., Tegethoff, W.: CO_2-Minderungsmöglichkeiten im Kraftwerkssektor, in: Elektrizitätswirtschaft, Jahrgang 93 (1994), Heft 18, S. 1037-1043.

5 Vgl. Neuffer, H.: Umweltpolitische und betriebswirtschaftliche Aspekte, in: Suttor, K.-H., Suttor, W. (Hrsg.), Handbuch der Kraft-Wärme-Kopplung. Für Planer, Betreiber, Ausbildung., Karlsruhe 1991, S. 170ff; Kortzfleisch, G. von: Systematik der Produktionsmethoden, in: Jacob, H. (Hrsg.), Industriebetriebslehre, 4. Auflage, Wiesbaden 1990, S. 145; Vieregge R.: Kraft-Wärme-Kopplung und Treibhauseffekt. Chancen zur Energieeinsparung und CO_2-Minderung, in: Arbeitsgemeinschaft für sparsamen und umweltfreundlichen Energieverbrauch (ASUE) e.V. (Hrsg.), Internationale Fachtagung „Kraft-Wärme-Kopplung. Energie sparen, Umwelt schonen“, Band 16, Essen 1995, S. 2-11; Kemkens spricht gar von „Klimakatastrophe“ und „Klimagau“; Kemkens, W.: Gewaltige Kräfte. Der Klimagau läßt sich durch Energieeinsparungen und intelligente Nutzung der Ressourcen verhindern, a.a.O., S. 68.

6 Das Europäische Parlament hat im Juli 1996 in einem Aktionsplan beschlossen, den Anteil erneuerbarer Energien bis zum Jahr 2010 auf 15 Prozent anzuheben. Die EU-Kommission soll dazu bis zum Jahr 1999 zunächst rund 1,6 Milliarden Mark an Fördermitteln für die Forschung bereitstellen, rund dreimal soviel wie bisher geplant. Vgl. o.V.: Zukunft für Sonne und Wind, in: Wirtschaftswoche vom 08.08.96, Nr. 33, S. 70;

sierte sehen sogar die Möglichkeit des vollständigen Ersatzes der erschöpflichen Energien durch regenerative Energien. Andere Interessengruppen setzen weiter auf die nahezu unerschöpfliche Kernenergie und/oder sehen die abschließende Lösung des Problems in der Kernfusion.[7]

Viele Vorschläge sehen hierbei die Technik der Kraft-Wärme-Kopplung als einen kurzfristig gangbaren, wenn auch nicht den einzigen Weg zur Einsparung von Brennstoffen und zur Reduzierung der Schadstoffbelastung.[8]

2. Die Bedeutung der Energie in der Industrie

Auch aus Unternehmenssicht gewinnt in neuerer Zeit Art und Menge der Energiebereitstellung zunehmend an Bedeutung.[9] Dies hat eine Reihe von Gründen:

Der weit fortgeschrittene Ersatz des Produktionsfaktors Mensch durch den Produktionsfaktor Kapital führte in nahezu allen Industrienationen und in den meisten Wirtschaftszweigen zu ansteigenden Energieverbräuchen.[10] Bei weiterhin voranschreitender Automatisierung und Mechanisierung ist mit fortgesetzt steigendem Energieverbrauch zu rechnen. Zusätzlich zu diesem erhöhten mengenmäßigen Bedarf an Energie sehen sich die Unternehmen mit der Gefahr steigender Energiepreise konfrontiert.

Aus dem steigenden Energieverbrauch bei gleichfalls steigenden Energiepreisen resultiert eine erhöhte Bedeutung der Energiekosten im Vergleich zu anderen Kostenarten. Das zwingt die Unternehmensführungen dazu, sich intensiver als bisher auf die betriebliche Energiebedarfsrechnung sowie die Reduzierungspotentiale aller Energiekostenarten zu konzentrieren.[11]

---

o.V.: Regenerative Energien: Neue Förderprogramme, in: Energiewirtschaftliche Tagesfragen, Zeitschrift für Energiewirtschaft, Recht, Technik und Umwelt, Jahrgang 45 (1995), Düsseldorf 1995, Heft 10, S. 680.

7 Die Kernfusion ist eine der wenigen Optionen zur langfristigen Sicherung der weltweiten Energieversorgung. Die physikalische Machbarkeit der kontrollierten Kernfusion ist jedoch noch nicht nachgewiesen. Kommerziell nutzbare Fusionsreaktoren sind vermutlich nicht vor der zweiten Hälfte des nächsten Jahrtausends verfügbar. Vgl. hierzu Michaelis, H.: Handbuch der Kernenergie, Düsseldorf/Wien 1986, S. 117ff; Czakainski, M.: Energie für die Zukunft: Kernenergie. Bilanz und Perspektive, Frankfurt am Main/Berlin 1989, S. 54ff.

8 Vgl. u.a. Rumpel, M., Hoffmann, T.: Stand und Perspektiven der Energieversorgung mit Blockheizkraftwerken, in: UTA Sonderheft, Hannover Messe 1996, S. 10; Voß, A.: Strategien zur Reduktion der energiebedingten CO_2-Emissionen, a.a.O., S. 19; Kemkens, W.: Gewaltige Kräfte. Der Klimagau läßt sich durch Energieeinsparungen und intelligente Nutzung der Ressourcen verhindern, a.a.O., S. 68 und 69; Grawe, J., Nikkel, M.: Der Beitrag der deutschen Elektrizitätswirtschaft zur Minderung der CO_2-Emissionen, in: Elektrizitätswirtschaft, Jahrgang 93 (1993), Heft 20, S. 1175-1178; Müschen, K., Romberg E.: Strom ohne Atom. Ein Report des Öko-Instituts Freiburg, a.a.O., S. 125ff.

9 Vgl. Gälweiler A.: Abrechnung der Energiekosten, in: Kosiol, Chmielewicz, Schweitzer (Hrsg.), Enzyklopädie der Betriebswirtschaftslehre, Band III, Handwörterbuch des Rechnungswesens, 2. Auflage, Stuttgart 1981, Sp. 470; Borch G., Fürböck L., Mansfeld L., Winje D. (Hrsg.): Energiemanagement, in: Winje D., Hanitsch R.: Handbuchreihe Energieberatung/Energiemanagement, Band 1, Berlin 1991, S. 24.

10 Vgl. Maier K. H.: Betriebliche Energieversorgung, in: Kern W. (Hrsg.): Enzyklopädie der Betriebswirtschaftslehre, Band VI, Handwörterbuch der Produktion, Stuttgart 1979, Sp. 472; Schaefer, H., Geiger, B., Rudolph, M.: Energiewirtschaft und Umwelt, in: Buchwald, K., Engelhardt, W.(Hrsg.), Umweltschutz-Grundlagen und Praxis, Band 14, Bonn 1995, S. 82; Borch G., Fürböck L., Mansfeld L., Winje D. (Hrsg.): Energiemanagement, a.a.O., S. 10ff; Bundesministerium für Wirtschaft: Energiedaten 1992/93, Nationale und Internationale Entwicklung, S. 32 ff.

11 Vgl. Borch G., Fürböck L., Mansfeld L., Winje D.: Energiemanagement, a.a.O., S. 25; Pöttken, H.-G., Strohschein, H.: Tendenzen in der industriellen Energiewirtschaft, in: Struktur und Tendenzen in der industriellen Energiebedarfsdeckung, VDI/VDE/GFPE-Tagung in Schliersee am 06./07.05.1985, S. 19ff; Schaefer, H.: Struktur und Analyse des Energieverbrauchs der Bundesrepublik Deutschland, Göttingen 1980, S. 59f.; Wessels, T.: Die volkswirtschaftliche Bedeutung der Energiekosten, München 1966; Gautier, F.: Wir müssen uns dem Wettbewerb stellen, in: Informationszentrale der Elektrizitätswirtschaft (IZE) e.V. (Hrsg.), Stromthemen, Informationen zu Energie und Umwelt, Jahrgang 13, Frankfurt am Main 1996, Nr. 1, S. 1-3.

Unternehmen, denen es gelingt im Verhältnis zu ihrer Konkurrenz zu günstigeren Energiekosten zu produzieren, können Vorteile im nationalen und internationalen Wettbewerb erzielen.

Im internationalen Wettbewerb werden die deutschen Unternehmen durch die außerordentlich hohen Strompreise belastet.[12] Im Vergleich zu den USA oder Frankreich muß die deutsche Industrie nahezu den doppelten Preis für eine kWh Strom bezahlen.[13] Aufgrund des gesetzlich verankerten Vertriebsmonopols der Elektrizitätsversorgungsunternehmen besteht für die Unternehmen jedoch keine Möglichkeit, mit dem Bezug von preiswerterem Strom aus dem Ausland zu reagieren.

Das im europäischen Vergleich hohe Niveau der Industriestrompreise der BRD hat folglich Einfluß auf die Wettbewerbsfähigkeit der exportorientierten deutschen Wirtschaft.[14] Zur Bewahrung der Wettbewerbsfähigkeit müssen sich die Unternehmen damit stärker auf Maßnahmen der wirtschaftlicheren Bereitstellung der innerbetrieblichen Energienachfrage konzentrieren.[15]

Im Zusammenhang mit der Energiebereitstellung muß sich ein Unternehmen entscheiden, ob der Fremdbezug oder die Eigenfertigung die wirtschaftlichere Alternative darstellt. Hierzu ist eine eingehende Untersuchung der Möglichkeiten, der Vor- und Nachteile, der Risiken und Chancen, welche mit dem Fremdbezug und der Eigenfertigung verbunden sind, notwendig.

Der Schwerpunkt der vorliegenden Arbeit liegt auf der Untersuchung der Wirtschaftlichkeit von Kraft-Wärme-Kopplungsanlagen, die die gleichzeitige Eigenerzeugung von Strom und Wärme ermöglichen. Dabei wird insbesondere untersucht, inwiefern diese Anlagen für den Einsatz in Industriebetrieben geeignet sind.

---

[12] Vgl. o.V.: Strompreise und ihre Bedeutung für die Industrie. Mit Pfennigbeträgen eine Entlastung in Milliardenhöhe, Standpunkte, Siemens AG, München 1989; Vgl. Grawe J., Schulz E., Winkler R.: Energiesparen mit Strom, 4. Auflage, Bonn 1991, S. 136; Müschen, K., Romberg E.: Strom ohne Atom. Ein Report des Öko-Instituts Freiburg, a.a.O., S. 52ff.

[13] Vgl. Bundesministerium für Wirtschaft: Energiedaten 1995, S. 74.

[14] Vgl. Gautier, F.: Wir müssen uns dem Wettbewerb stellen, a.a.O., S. 2.

[15] Vgl. o.V.: Stromeinkauf wird zunehmend zur Chefsache. Mehr Wettbewerb nicht nur über das Netz - Eigenerzeugung rückt vor, in: Süddeutsche Zeitung, Nr. 80, 08. April 1997, S. 19; Borch, G., Fürböck, L., Mansfeld, L., Winje, D.: Energiemanagement, a.a.O., S. 32.

II. Gang der Untersuchung

Das Kapitel B widmet sich der Untersuchung der Beschaffungsmärkte der betrieblichen Energieversorgung. Die Analyse der Merkmale und der Entwicklung der Beschaffungsmärkte sowie die Preisbildungsprozesse auf diesen Märkten erscheint für die Einschätzung der Risiken und Chancen, die aus einer bestimmten Form der Energiebereitstellung resultieren, bedeutsam.

Im Kapitel C sind die Bedeutung und Aufgaben der betrieblichen Energiewirtschaft dargestellt. Zu den Aufgaben gehört unter anderem der sparsame Einsatz von Energie. Die Energiekosten können beispielsweise durch Eigenerzeugung von Energie mittels KWK-Anlage[16], aber auch durch rationelleren Umgang mit Energie reduziert werden. Nur durch Nutzung aller der betrieblichen Energiewirtschaft zur Verfügung stehenden Möglichkeiten der Kostenreduzierung können Entscheidungen herbeigeführt werden, welche die Gesamtwirtschaftlichkeit eines Unternehmens ausreichend berücksichtigen.

Im Kapitel D wird das Vorgehen bei der Ermittlung der innerbetrieblichen Strom- und Wärmekosten bei vollständigem Fremdbezug aufgezeigt. Die ebenfalls in diesem Kapitel beschriebenen Methoden der Ermittlung des Strom- und Wärmebedarfs und die verschiedenen Darstellungsformen bilden die Grundlage für die weitere Untersuchung.

In der Praxis stehen dem Unternehmen verschiedene Möglichkeiten der Eigenerzeugung von Strom und Wärme zur Auswahl. Diese weisen jeweils Vor- und Nachteile auf und eignen sich unterschiedlich gut für den Einsatz in Industriebetrieben. Der Charakterisierung verschiedener KWK-Konzepte anhand betriebswirtschaftlicher Kriterien widmet sich das Kapitel E. Ein Industriebetrieb kann durch diese Kriterien, die jeweils für einen näheren Wirtschaftlichkeitsvergleich in Betracht kommenden KWK-Konzepte eingrenzen.

Auf der Basis einer konkreten KWK-Anlage und der Kenntnis der innerbetrieblichen Strom- und Wärmekosten bei Fremdbezug erfolgt im Kapitel F die Ermittlung der Kosten und Erlöse, die aus der Entscheidung zur Eigenerzeugung resultieren. Diese Arbeit unterscheidet sich hierbei von der überwiegenden Literatur der Kraft-Wärme-Kopplung in Hinblick auf die Darstellung der für die Investitionsentscheidung wesentlichen Kosten und Erlöse. So wird sowohl eine Unterscheidung zwischen fixen und variablen Kosten als auch eine Differenzierung nach dem zeitlichen Anfall vorgenommen. Diese Darstellung erscheint für weitere Wirtschaftlichkeitsbetrachtungen insbesondere bei der Beurteilung von Beschäftigungsabweichungen vorteilhaft.

Die Beschäftigung, d.h. die Erzeugung von Strom und Wärme, kann durch die Fahrweise einer Kraft-Wärme-Kopplungsanlage beeinflußt werden. Hierbei stellt sich die Frage, wie eine für das Unternehmen besonders vorteilhafte Fahrweise zu wählen ist. In der Theorie und Praxis der Kraft-Wärme-Kopplung wird die sogenannte strom- oder wärmeorientierte Fahrweise empfohlen. Im Kapitel G wird indessen gezeigt, daß nur durch eine auf dem Deckungsbeitrag basierende Anlagenfahrweise die Wirtschaftlichkeit optimiert werden kann. Diese Fahrweise wird im Rahmen dieser Arbeit als deckungsbeitragsorientierte Fahrweise benannt. Bei der Berechnung des Deckungsbeitrages in Abhängigkeit von der gewählten Intensität sind jedoch aufgrund der Kuppelproduktion eine Reihe von Besonderheiten und Probleme zu beachten. Durch die Lösung dieser Probleme können Entscheidungsregeln abgeleitet werden, die einen besonders vorteilhaften Anlagenbetrieb erlauben.

Auf der Basis von Rechenverfahren, die in Kapitel H dargestellt sind, kann eine Entscheidung für oder gegen die Eigenerzeugung von Strom und Wärme abgeleitet werden. Der rein monetären Bewertung der KWK-Investition sind grundsätzliche Überlegungen zur Entscheidung

[16] Die Abkürzung „KWK“ steht für Kraft-Wärme-Kopplung.

Eigenfertigung versus Fremdbezug vorangestellt. Diese sollen verhindern, daß bei allen Vorteilen, welche die Kraft-Wärme-Kopplung etwa durch die erzielbaren Einsparungen bietet, nicht die Konsequenzen für die gesamte Unternehmung aus den Augen verloren werden.

Bei der Finanzierung einer KWK-Anlage ist weiterhin darauf zu achten, daß das finanzielle Gleichgewicht des Unternehmens gewahrt bleibt. Im Kapitel I sind verschiedene Finanzierungsformen und deren Vor- und Nachteile erläutert. Ein besonderes Gewicht wurde hierbei auf die Darstellung des sogenannten Contracting gelegt.

Durch die Darstellung der mit dem Betrieb einer Kraft-Wärme-Kopplungsanlage verbundenen Risiken und Chancen ist es einem Industriebetrieb möglich, die Vorteilhaftigkeit einer KWK-Anlage abzuschätzen und hieraus eine Investitionsentscheidung abzuleiten. Damit versucht diese Arbeit, die technisch ausgerichtete Literatur der Kraft-Wärme-Kopplung zu ergänzen und einen Beitrag zur effektiveren Nutzung des Potentials der Kraft-Wärme-Kopplung zu leisten.

B. Beschaffungsmärkte der betrieblichen Energieversorgung

Das vorliegende Kapitel ist in vier Teile gegliedert. Im ersten Abschnitt werden begriffliche Grundlagen gelegt, es wird die Bedeutung von Energie für unser Leben herausgestellt und ein Überblick über die Energieumwandlung zwischen verschiedenen Energieformen gegeben. Die globalen Rohstoffmärkte werden im Abschnitt zwei analysiert. Die Rohstoffvorkommen sind hierzu dem weltweiten Energieverbrauch gegenübergestellt, wodurch Prognosen zur Reichweite der verschiedenen Primärenergieträger möglich sind. Diese Herangehensweise ist sinnvoll, um die Knappheitsverhältnisse auf den Energiemärkten zu verdeutlichen. Der Abschnitt drei, die Beschreibung der Endenergiemärkte, baut auf der Beschreibung der globalen Rohstoffvorkommen auf. Hier werden vier bedeutende Endenergiemärkte, der Erdgasmarkt, der Heizölmarkt, der Fernwärmemarkt und der Elektrizitätsmarkt erläutert. Die verschiedenen Märkte haben ihre eigenen charakteristischen Merkmale, insbesondere in der Anbieterstruktur und in den Preisbildungsprozessen.

Insgesamt werden im vorliegenden Kapitel mit der Erörterung der Beschaffungsmärkte die Grundlagen für die folgenden Kapitel gelegt, da bei der Entscheidung zwischen Fremdbezug oder Eigenerzeugung von Energie insbesondere Kenntnisse über die Entwicklung der Beschaffungsmärkte von wesentlicher Bedeutung sind.

I. Stufen der Energieumwandlung und Wertigkeit von Energieformen

Energie ist die Voraussetzung zur Schaffung von Rahmenbedingungen, die menschliche Existenz in der uns bekannten Art erst zuläßt (Teil 1).[1] Energie liegt uns - wie im Teil 2 erläutert wird - in vielerlei Formen vor, die sich hinsichtlich ihres Nutzens für die Befriedigung von Bedürfnissen unterscheiden. So lassen sich Energieträger nach Primär-, Sekundär- und Endenergieträger unterteilen. Um diese Energieträger nutzbar zu machen, muß sich Energiewandlern bedient werden, wobei die Verluste durch die Umwandlung von einer Energieform in eine andere beträchtlich sein können (Teil 3).

1. Energiebegriff

Innerhalb der Bedürfnishierarchie ist nach Maslow die Versorgung mit Nahrung sowie die Herstellung und Erhaltung von Wärme den sogenannten "körperlichen Notwendigkeiten" ("physiological needs"), einer Untergruppe der Grundnotwendigkeiten ("basic needs"), zuzuordnen.[2] Erst wenn diese lebensnotwendigen Energiebedürfnisse befriedigt sind, kann sich der Mensch nächsthöheren Bedürfnissen der Pyramide zuwenden. Energie[3] wird sowohl in der Produktion als auch im Konsum zur Bedürfnisbefriedigung eingesetzt. Dieses bedeutet im Umkehrschluß, daß der Energieumsatz einer Gesellschaft von ihrem Produktions- und Konsumptionsniveau bestimmt wird und ein enger Zusammenhang zwischen dem Wohlstand einerseits und dem Energieverbrauch[4] andererseits besteht.

---

1 Vgl. u.a. Roth, E.: Mensch, Umwelt und Energie, Düsseldorf 1994, S. 13ff; Schaefer, H., Geiger, B., Rudolph, M.: Energiewirtschaft und Umwelt, a.a.O., S. 1ff.

2 Die Versorgung mit Nahrungsmitteln ist das elementarste Energiebedürfnis. Des weiteren ist die Bedürfnisbefriedigung mit Wärme für das menschliche Dasein und Wohlbefinden von existentieller Bedeutung und damit wesentliche Voraussetzung, um in unserer Klimazone überleben zu können. Vgl. Maslow, A.-H.: A theory of human motivation, in: Psychological Review, Vol. 50 (1943), S. 370-396.

3 Der Begriff "Energie" läßt sich auf das griechische "energeia" zurückführen und ist gleichzusetzen mit Tatkraft oder Wirksamkeit. Im physikalischen Sinne ist Energie die Fähigkeit eines Stoffes, Körpers oder Systems, Arbeit zu verrichten, die sich aus Wärme, Bewegung oder ähnlichem herleitet. Vgl. Breuer, H.: dtv-Atlas zur Physik, Band 1, Mechanik - Akustik - Thermodynamik - Optik, München 1987, S. 43; Ahlheim, K.-H.: Die Energie, Mannheim 1983, S.10.

4 Der Begriff "Energieverbrauch" hat sich im wirtschaftswissenschaftlichen Sprachgebrauch eingebürgert, obwohl er im physikalischen Sinne nicht korrekt ist, da Energie, so der erste Hauptsatz der Thermodynamik, niemals verbraucht, sondern immer nur umgewandelt werden kann. Nur die Energieträger (z.B. Heizöl) ge-

Von großer Bedeutung für das Leben in den modernen Volkswirtschaften und insbesondere für den störungsfreien Ablauf der betrieblichen Produktionsprozesse ist weiterhin die Qualität der Energielieferung. Eine funktionierende Energieversorgung, deren Bedeutung bereits bei kurzfristigen Verknappungen schmerzlich wahrgenommen wird, ist unter anderem grundlegend bei der Auswahl der optimalen Energieversorgungsstruktur für jedes industrielle Unternehmen. Der Wunsch nach einer optimal abgesicherten Energieversorgung kann deshalb unter Umständen Anlaß sein, durch den Einsatz einer Kraft-Wärme-Kopplungsanlage die Abhängigkeit von Fremd-Energielieferungen zu verringern. Jedes System, jeder Gegenstand hat einen bestimmten Energieinhalt, der in den unterschiedlichsten Formen auftreten kann. Energie kann jedoch weder entstehen, noch kann sie vernichtet werden. Energie kann lediglich von einem Körper auf einen anderen übergehen oder ihre Erscheinungsform ändern. Hinsichtlich der Fähigkeit, "Arbeit zu verrichten", sind ihr jedoch aufgrund ihrer energetischen Wertigkeit bzw. energetischen Qualität Grenzen gesetzt:[5]

Die thermische Energie eines Körpers - beispielsweise eines Heizkörpers - dessen Temperatur auf das Niveau der Umgebungstemperatur - der Raumtemperatur - gefallen ist, ist nicht mehr in der Lage, unter diesen Bedingungen weiterhin Wirkungen hervorzurufen, d.h. die Raumluft weiter zu erwärmen. Dennoch enthält dieser Heizkörper Energie, die aber unter den bestehenden Umgebungsbedingungen keine Arbeit mehr verrichten kann.[6] Sinkt die Raumtemperatur beispielsweise durch Auskühlung, kann der Heizkörper wieder, ohne daß ihm weitere Energie zugeführt wird, Arbeit verrichten und den Raum erwärmen.

Elektrische Energie ist im Gegensatz zur Wärmeenergie eine hochwertige "Edelenergie" und kann unter allen Umgebungsbedingungen in jede andere Energieform überführt werden.[7] Umgekehrt kann jedoch aus Niedertemperaturwärme ohne weiteren Energieeinsatz niemals in wirtschaftlicher Weise Strom generiert werden. Der qualitative Unterschied der Wertigkeit der verschiedenen Energieformen wird durch den Begriff der *Exergie* definiert: Exergie ist bei Energieumwandlungsprozessen der Teil der Energie, der tatsächlich in die gewünschte Energieform umgewandelt wird und Arbeit im physikalischen Sinne verrichtet.[8] Der restliche Verlustanteil, der auch bei günstigster Prozeßführung nicht in technische Arbeit umgewandelt werden kann, wird als *Anergie* bezeichnet. Damit ist die Definition des Begriffes Energie festgelegt:

Energie = Exergie + Anergie

Ein Energieträger, d.h. der Stoff, aus dem Energie in Umwandlungsprozessen freigesetzt wird, ist somit in dem Maße hochwertiger, je höher sein Anteil an Exergie ist. Unter Anwendung dieser Definition ist Strom die hochwertigste und universellste Energieform, während Niedertemperaturwärme die geringwertigste Energieform mit dem niedrigsten Exergieanteil darstellt. Für den Bereich der Kraft-Wärme-Kopplungsanlagen und des Kraft-Wärme-Kopplungsprozesses ist neben der quantitativen also auch die qualitative Bewertung der Energie von hoher Relevanz, da in einer Kraft-Wärme-Kopplungsanlage in Form der Kuppel-

---

hen in einem Umwandlungsprozeß unter Freisetzung von Energie substanziell unter. In dieser Arbeit wird daher der Begriff "Energieverbrauch" als Synonym für den "Verbrauch von Energieträgern" verwendet. Vgl. Kortzfleisch, G. von, Voss, A.: Energie für den Verkehr, Frankfurt a.M. 1984, S. 44; Oesterwind, D.: Technische Grundlagen der Energiewirtschaft, in: Der Kaufmann in der Energie- und Wasserversorgung, Arbeitsgemeinschaft Weiterbildung Energie und Wasser (AGE) e.V. (Hrsg.), 3. Auflage, Frankfurt am Main 1992, S. 135f.

5 Vgl. u.a. Schaefer, H., Geiger, B., Rudolph, M.: Energiewirtschaft und Umwelt, a.a.O., S. 5ff.

6 Vgl. Ahlheim, K.-H.: Die Energie, a.a.O., S.16.

7 Vgl. o.V.: Elektrizitätswirtschaftliche Grundbegriffe, Teil 1, in: VDEW Vereinigung Deutscher Elektrizitätswerke VDEW e.V. (Hrsg.), Begriffsbestimmungen in der Energiewirtschaft, 6. Auflage, Frankfurt 1990, S. 43.

8 Vgl. u.a. Roth, E.: Mensch, Umwelt und Energie, a.a.O., S. 160ff.

produktion zeitgleich die in ihrer Wertigkeit sehr unterschiedlichen Energieformen Wärme und Strom erzeugt werden.[9] Dieses spielt insbesondere bei der Betrachtung der Kuppelproduktion und bei den Wirtschaftlichkeitsberechnungen eine maßgebliche Rolle und wird deshalb in den folgenden Kapiteln jeweils weiter ausgeführt.

2. Energieträger

Energieträger sind physikalische Erscheinungsformen und Stoffe, aus denen direkt oder durch Umwandlung Nutzenergie gewonnen werden kann.[10] Hierbei kann in Primär-, Sekundär- und Endenergieträger unterschieden werden.[11] Diese Energieträger dienen letztendlich der Bedürfnisbefriedigung bei den Verbrauchern. Die gesamte Umwandlungskette von der Primärenergie bis hin zur Nutzenergie ist in der folgenden Abbildung B1 schematisch dargestellt.

Abbildung B1: Umwandlungskette in der Energiewirtschaft

Quelle: In Anlehnung an: Winje, D., Witt, D.: Energiewirtschaft, a.a.O., S. 35.

Die von der Natur in ihrer ursprünglichen Form angebotenen und direkt gewonnenen Energieträger wie Erdöl oder Kohle werden als *Primärenergieträger* bezeichnet. Der Energieinhalt von Primärenergieträgern ist die Primärenergie. Durch Umwandlung wird aus den Pri-

[9] Auch der Begriff der "Energieerzeugung" ist im physikalischen Sinne unkorrekt, da Energie nicht erzeugt, sondern nur umgewandelt werden kann. In dieser Arbeit wird daher der Begriff "Energieerzeugung" als Synonym für jegliche Art von Energieumwandlung verwendet. Vgl. Radkau, J.: Energiezeitalter und Energiekrisen: Ein Schlüssel zur Weltgeschichte?, in: RWE Energie, 12. Hochschultage Energie, Tagungsbericht, Essen 01.-02.10.1991, S. 11.

[10] Vgl. Schneider, H.-K.: Produktion in der Energiewirtschaft, in: Kern, W. (Hrsg.), Enzyklopädie der Betriebswirtschaftslehre, Band VII, Handwörterbuch der Produktion, Stuttgart 1979, Sp. 488ff; Winje, D., Witt, D.: Energiewirtschaft, in: Winje, D., Hanitsch, W. (Hrsg.), Handbuchreihe Energieberatung und Energiemanagement, Band 2, Berlin u.a. 1991, S. 34.

[11] Vgl. Kugeler K., Philippen, P.-W.: Energietechnik. Technische, ökonomische und ökologische Grundlagen, 2. Auflage, Berlin/Heidelberg 1993, S. 15; vgl. auch Schaefer, H., Geiger, B., Rudolph, M.: Energiewirtschaft und Umwelt, a.a.O., S. 5 und 6.

märenergieträgern eine *Sekundärenergie* wie z.B. Heizöl oder Strom.[12] Die vom Verbraucher oder im Produktionsbetrieb zur Deckung des Energiebedarfs eingesetzten Energieträger werden als *Endenergieträger* bezeichnet. Diese sind überwiegend Sekundärenergieträger, können aber auch Primärenergieträger wie z.B. Erdgas sein, welches ohne Umwandlung direkt genutzt werden kann. Endenergieträger sind die Energieträger, die von den Verbrauchern nachgefragt werden, um letztendlich *Nutzenergie* zu erbringen. Dazu werden diese Endenergieträger in den Haushalten und in den Produktionsbetrieben mit Hilfe von Geräten und Anlagen, wie z.B. Heizungen oder Motoren, in die gewünschte Nutzenergieform umgewandelt.[13] Die Summe der eingesetzten Endenergien bildet das Gesamtangebot auf den Energiemärkten. Ihre Mengen stehen im Wettbewerb.[14]

3. Energieumwandlung

In allen Stufen der Energieumwandlung treten mehr oder weniger große Verluste auf.[15] Diese Verluste sind zu einem Teil naturgesetzlich oder in Abhängigkeit des Anteils an Anergie unvermeidbar, zu einem anderen Teil jedoch durch technische Maßnahmen oder durch persönliches Verhalten zu verringern.

Abbildung B2: Verluste bei der Energieumwandlung 1993 (in Mio to SKE)

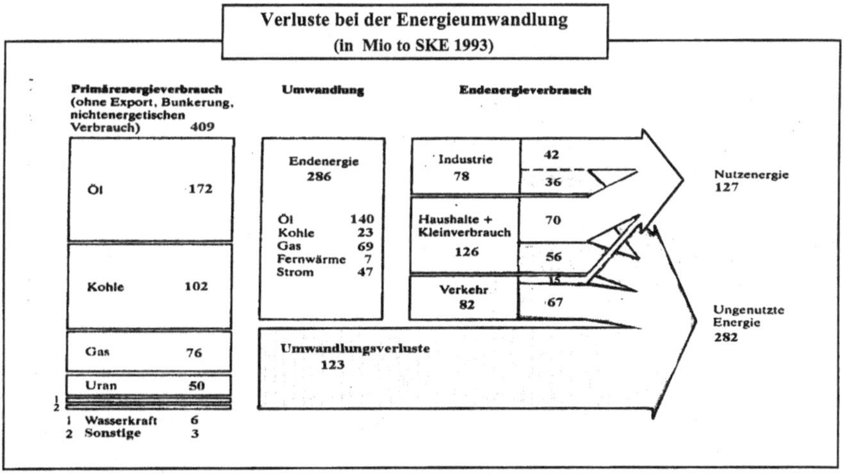

Quelle: In Anlehnung an: Müschen, K., Romberg, E.: Strom ohne Atom, a.a.O., S. 19; Daten Verband der Industriellen Energie- und Kraftwirtschaft (VIK) e.V.: Statistik der Energiewirtschaft 1993/9., Tafel 15 u.19 u. 20.

[12] Vgl. u.a. Schaefer, H., Geiger, B., Rudolph, M.: Energiewirtschaft und Umwelt, a.a.O., S. 6; Müschen, K., Romberg, E.: Strom ohne Atom. Ein Report des Ökoinstituts Freiburg. Ein Report des Ökoinstituts Freiburg, Frankfurt/Main 1986, S. 256.

[13] Vgl. Schaefer, H., Geiger, B., Rudolph, M.: Energiewirtschaft und Umwelt, a.a.O., S. 5; Müschen, K., Romberg, E.: Strom ohne Atom. Ein Report des Ökoinstituts Freiburg, a.a.O., S. 254.

[14] Vgl. Huber, G., Schirmer, G.: Rationelle Nutzung von Energieressourcen, Berlin 1989, S. 20; Lochte, H.-G.: Entwicklungstendenzen in der Wärmewirtschaft der Bundesrepublik Deutschland, Volkswirtschaftspolitik, Band 5, Münster/Hamburg 1993, S. 11.

[15] Vgl. u.a. Schaefer, H., Geiger, B., Rudolph, M.: Energiewirtschaft und Umwelt, a.a.O., S. 9.

Der Quotient aus erzeugter (Nutz-)Energie zu eingesetzter Energie wird als *Umwandlungswirkungsgrad* bezeichnet. Dieser Umwandlungswirkungsgrad ist Maßstab für die Güte der Umwandlung von der einen Energieform in die andere Energieform.[16]

Die Abbildung B2 verdeutlicht, daß bei der Umwandlung von Primär- in Endenergie ca. 30% und bei der Umwandlung von End- in Nutzenergie davon nochmals ca. 55% verloren gehen. Bei einem Primärenergieeinsatz von 409 Mio to Steinkohleeinheiten[17] (SKE) in Deutschland im Jahre 1993 werden damit 127 Mio to SKE effektiv genutzt. Es gehen also in den Stufen der Energieumwandlung ca. 70% der eingesetzten Primärenergie verloren.

Auf der einen Seite wird ein großer Teil der nicht genutzten Energie in Form von Wärme an die Umgebung abgegeben. Auf der anderen Seite wandeln Unternehmen den weitaus größten Teil der eingekauften Endenergieträger in Wärme um, ein kleinerer Teil wird für Kraft-, Kommunikations- und Beleuchtungszwecke verwendet. Die Wärme wird mit einem Anteil von ca. 88% zur Bereitstellung von Prozeßwärme und mit einem Anteil von lediglich ca. 12% für Raumwärmezwecke benötigt.[18] Im Gegensatz zur Raumwärme weist der Prozeßwärmebedarf in der Regel nur eine geringe saisonale Abhängigkeit auf.[19]

Dieser gleichmäßige Wärmebedarf sowie der Umstand, daß bei der Umwandlung von einem Energieträger in einen anderen Wärme ungenutzt an die Umgebung abgegeben wird, wirft die Frage nach einer Lösung dieses Problems auf. Hier liegt - wie später noch gezeigt werden wird - unter anderem die Begründung für einen wirtschaftlichen Betrieb von industriellen Eigenstromerzeugungsanlagen.[20]

II. Ressourcen, Reserven und Energieverbrauch

Mit dem Begriff Energieressourcen werden alle Vorkommen an Energieträgern zusammengefaßt. Dabei sind weitere Unterteilungen möglich, wie erschöpfliche und nicht erschöpfliche bzw. regenerative Ressourcen.[21]

Mit Reserven bezeichnet man im Gegensatz zu Ressourcen[22] nur diejenigen Energien, die bereits entdeckt und wirtschaftlich abbaubar sind. Die Zahlen über die Gesamtreserven schwanken stark.[23] Dies hängt damit zusammen, daß verschiedene Kriterien bezüglich der

---

16 Vgl. Oesterwind, D.: Technische Grundlagen der Energiewirtschaft, a.a.O., S. 140; Kugeler K., Philippen, P.-W.: Energietechnik, a.a.O., S. 15.

17 Orientiert am Energieinhalt der Kohle ist in der Energiewirtschaft die Einheit Steinkohleeinheiten (SKE) als Maßgröße gebräuchlich; zur Verdeutlichung der Relationen hinsichtlich des Energieinhaltes: aus 1 kg Steinkohle lassen sich in etwa 8 Kilowattstunden (kWh) Strom gewinnen, aus 1 kg Natururan ist es möglich ca. 45.000 kWh Strom zu produzieren; vgl. hierzu u.a. Czakainski, M.: Energie für die Zukunft: Kernenergie. Bilanz und Perspektive, Frankfurt am Main/Berlin 1989, S. 117.

18 Vgl. Lochte, H.-G.: Entwicklungstendenzen in der Wärmewirtschaft der Bundesrepublik Deutschland, a.a.O., S. 547.

19 Ausnahmen hierzu sind beispielsweise die Zement- und Zuckerindustrie: Die energieintensive Zuckerproduktion hängt von der Erntezeit ab, die Produktionsspitzen der Zementindustrie hingegen von den saisonal unterschiedlichen Witterungsbedingungen der Bauindustrie.

20 Vgl. Neuffer, H.: Umweltpolitische und betriebswirtschaftliche Aspekte, a.a.O., S. 170ff.

21 Vgl. Kugeler K., Philippen, P.-W.: Energietechnik, a.a.O., S. 5ff; Winje, D., Witt, D.: Energiewirtschaft, a.a.O., S. 7; Zahlen aus der Mineralölwirtschaft 1995, BP Oil Deutschland, Hamburg 1996, S. 1ff; Schaefer, H., Geiger, B., Rudolph, M.: Energiewirtschaft und Umwelt, a.a.O., S. 34.

22 Reserven sind also ein Teil der Ressourcen. Ressourcen, die nicht zu den Reserven gezählt werden, können wiederum unterteilt werden in hypothetische und spekulative Ressourcen. Vgl. Winje, D., Witt, D.: Energiewirtschaft, a.a.O., S. 7ff.

23 Vgl. Bundesanstalt für Geowissenschaften und Rohstoffe: Reserven, Ressourcen und Verfügbarkeit von Energierohstoffen, Hannover Juni 1989; Carmalt, S. W., John, B.-St.: Giant Oil and Gas Fields, in: Halbouty (Ed.), Future Petroleum Provinces of the World, London 1986, S.11-53; Eickhoff, G.: Concepts of Energy Technology, in: VDI-GET Conf., Influence of Man on Climate III, Düsseldorf 1992, S. 39-52; Kugeler K., Philippen, P.-W.: Energietechnik, a.a.O., S. 6.

Abbaubarkeit der Vorkommen in die Schätzung eingehen, die von den verschiedenen Autoren unterschiedlich interpretiert werden. Zu diesen Kriterien gehören z.B. Lagertiefen und Flözdicke, die man noch als technisch handhabbar ansieht, oder Gewinnungskosten und Wirtschaftlichkeitsbetrachtungen.

Gerade Wirtschaftlichkeitsüberlegungen können das Bild stark beeinträchtigen, denn es gibt Länder wie z.B. die Bundesrepublik Deutschland, bei denen die Gewinnungskosten für Kohle so hoch sind, daß diese bei einer reinen Wirtschaftlichkeitsbetrachtung nicht mehr abgebaut werden dürften. Demnach tauchen die Kohlereserven nicht mehr unter den unmittelbar wirtschaftlich zugänglichen Ressourcen auf. Dennoch werden sie in einigen Fällen abgebaut, weil in diesen Ländern Gründe der Versorgungssicherheit, aber auch arbeitsmarktpolitische Überlegungen, über ausschließlich wirtschaftlichkeitsorientierte Motive gestellt werden.[24]

Es ist weiterhin zu berücksichtigen, daß weite Teile der Erde bis jetzt nicht vollständig hinsichtlich der noch vorhandenen Energieressourcen erforscht sind. Eine Ölgesellschaft beispielsweise, welche die Rohstoffversorgung für ihre Produktion für eine Zeitdauer von 30 Jahren und mehr abgesichert hat, wird ihre weiteren Aufwendungen zur Entdeckung neuer Ölfelder einschränken.

Deshalb kann auch davon ausgegangen werden, daß mit steigenden Energiepreisen sowie kostengünstigeren Verfahren bei der Energiegewinnung bzw. Nutzbarmachung gegenwärtige Ressourcen aufgrund der wirtschaftlicheren Förderungsmöglichkeit als Reserven betrachtet werden können.[25]

1. Energievorkommen

Bei der Betrachtung der in der folgenden Tabelle dargestellten globalen Energiereserven und -ressourcen muß festgestellt werden, daß alle nicht regenerativen Energieträger nur begrenzt vorhanden sind.

Die ebenfalls dargestellte Reichdauer in Jahren errechnet sich auf der Basis der aktuellen jährlichen Fördermengen des jeweiligen Energieträgers. Demnach hat die Kohle weltweit eine Reichweite von ca. 185 Jahren und stellt damit die größte Reserve fossiler[26] Energieträger dar.[27] Die Reichdauer der Erdgas- und Erdölreserven beträgt ca. 64 bzw. 43 Jahre, jeweils bezogen auf die vorhandenen Reserven.[28]

---

[24] Zu den Zielen der Energiepolitik vgl. Hoffmann, T.: Ziele der Energieversorgung, internes unveröffentlichtes Arbeitspapier der Vereinigung Deutscher Elektrizitätswerke e.V. (VDEW), Frankfurt am Main 1/1996.

[25] Vgl. Gautier, F.: Wir müssen uns dem Wettbewerb stellen, a.a.O., S. 1-3; Voß, A.: Strategien zur Reduktion der energiebedingten CO_2-Emissionen, a.a.O., S. 19; Czakainski, M.: Energie für die Zukunft, a.a.O., S. 17f.

[26] Unter fossile Energien werden die erschöpflichen Energien wie z.B. Kohle, Erdöl, Erdgas, Ölsande und -schiefer und Torf verstanden. Zu den fossilen Energien gehört nicht die Kernenergie, die aus Uran, Thorium, Lithium und Deutherium generiert werden kann; vgl. Winje, D., Witt, D.: Energiewirtschaft, in: Winje, D., Hanitsch, W. (Hrsg.), Handbuchreihe Energieberatung und Energiemanagement, Band 2, Berlin u.a. 1991, S. 9 und 34ff. Siehe auch Abb. B1.

[27] Vgl. Gerwin, R.: Die Weltenergieperspektive, Deutsche Verlagsanstalt, Stuttgart 1980, S. 58ff. Vgl. auch Gesamtverband des Deutschen Steinkohlebergbaus, Jahresbericht 1992/93; Czakainski, M.: Energie für die Zukunft, a.a.O., S. 17; Kugeler, K., Philippen, P.-W.: Energietechnik, a.a.O., S. 6; Jahraus, B., Dieckmann, R.: Der Kombiprozeß mit indirekt kohlebefeuerter Gasturbine, in: Brennstoff-Wärme-Kraft (BWK), Jahrgang 93, Band 45, Heft 1-2, S. 33f.

[28] Zur Reichdauer des Erdgases vgl. auch Henkel, H.: Umweltschonende Energiebereitstellung in KWK-Anlagen, in: Suttor, K.-H., Suttor, W. (Hrsg.), Handbuch der Kraft-Wärme-Kopplung. Für Planer, Betreiber, Ausbildung., Karlsruhe 1991, S. 11.

Tabelle B1: Ressourcen, Reserven und Reichweite verschiedener Energieträger

	Ressourcen (Mrd. to SKE)	Reserven (Mrd. to SKE)	Reichdauer (Jahre)
Kohle	7.608	566	185
Erdgas	315	150	64
Erdöl	333	193	43

Quelle: Bundesministerium für Wirtschaft: Energiedaten 1995, Bonn 1995, S. 89ff.

Das globale Potential der **Kernenergie** beträgt bei Wiederaufbereitung des Urans ca. 87 Mrd. to SKE.[29] Bei Anwendung der "Schnellen Brüter"-Technologie kann dieses Potential jedoch mehr als verhundertfacht werden.[30] Dies bedeutet, daß bei einem aktuellen jährlichen weltweiten Primärenergieverbrauch von ca. 11 Mrd. to SKE[31] die Reichweite bei alleiniger Anwendung der Kerntechnik einige Jahrzehnte beträgt. Bei nahezu ausschließlicher Nutzung der "Schnellen Brüter"-Technologie erhöht sich die Reichdauer des Energieträgers Uran entsprechend den vorgenannten Überlegungen auf einige hundert Jahre.

Die Diskussion über die Primärenergieversorgung muß auch die sogenannten **erneuerbaren Energiequellen** wie etwa Sonne, Wind und Kernfusion mit einschließen:[32] Nach neuesten Schätzungen können bei Ausnutzung aller Potentiale erneuerbarer Energiequellen hierdurch maximal 255 Millionen Tonnen Steinkohleeinheiten in Deutschland bereitgestellt werden. Dieses entspricht ca. 53% des deutschen Primärenergieverbrauchs im Jahre 1995.[33]

Tabelle B2: Potential regenerativer Energien in Deutschland

regenerative Quelle	Potential in Mio SKE	derzeitiger Nutzungsgrad in %
Wasser	3	75
Wind	10	2
Photovoltaik	37	0,01
Solarthermie	67	>1
Erdwärme	55	>1
Umgebungswärme	17	>1
Biomasse	66	5
Gesamt	**255**	**keine Angaben**

Quelle: Institut für Energiewirtschaft und Rationelle Energieanwendung Stuttgart, zitiert in: Kemkens, W.: Stiefkind in der Erde, Wirtschaftswoche vom 08.08.96, Nr. 33, S. 79.

Sonnenenergie bzw. die solarthermische Energie ist für die Bereitung von warmem Brauchwasser von Interesse und mit Hilfe einer Wärmepumpe auch für die Raumheizung nutzbar.

---

29 Vgl. o.V.: Die Uranversorgung der Welt, in: Atomwirtschaft, Januar 1993, S. 34f.

30 Vgl. Schneider, H.-K.: Produktion in der Energiewirtschaft, a.a.O., Sp. 494; o.V.: Die Uranversorgung der Welt, a.a.O., S. 34ff; Czakainski, M.: Energie für die Zukunft, a.a.O., S. 18f.

31 Vgl. Vereinte Nationen (United Nations), Jahrbuch der Weltenergie-Statistik, New York 1992.

32 Vgl. Fuchs, M., Eingartner, M.: Grenzen der Nutzung regenerativer Energien, internes unveröffentlichtes Arbeitspapier, Verein Deutscher Ingenieure (VDI), München 1994, S. 360; Rouvel, L., Schaefer, H.: Nutzung regenerativer Energien, in: Lehrstuhl für Energiewirtschaft und Kraftwerkstechnik TU München (Hrsg.), Vorlesungsmanuskript, IfE Schriftenreihe, Heft 1, 6. Auflage, München 1992, S. 3ff. Vgl. u.a. auch Schaefer, H., Geiger, B., Rudolph, M.: Energiewirtschaft und Umwelt, a.a.O., S. 46ff; Holm, G.: Die Erneuerbaren. Strom und Wärme aus regenerativen Energien, in: Informationszentrale der Elektrizitätswirtschaft (IZE) e.V. (Hrsg.), 5. Auflage, Frankfurt August 1994, S. 3ff.

33 Vgl. Institut für Energiewirtschaft und Rationelle Energieanwendung Stuttgart, zitiert in: Kemkens, W.: Stiefkind in der Erde, a.a.O., S. 79.

Die Gewinnung von Strom mit Hilfe von Photovoltaikanlagen[34] ist zwar zur Zeit noch unwirtschaftlich,[35] aber durch die Weiterentwicklung der Photovoltaik könnte Sonne den Energiemarkt entlasten.[36]

In der verstärkten Nutzung der Erdwärme, Umgebungswärme, Biomasse und der Windenergie[37] steckt in Deutschland ebenfalls ein noch weitgehend ungenutztes Potential. Jedoch ist es unsicher, wann die wirtschaftliche Nutzung in großem Umfang möglich wird.[38]

Fusionsenergie schließlich hat theoretisch ein enorm großes Energiepotential, ist aber von der technischen und wirtschaftlichen Nutzung noch Jahrzehnte entfernt, so daß man diese Energiequelle heute noch nicht ernsthaft in das Kalkül einbeziehen kann.[39]

2. Entwicklung der Primärenergiemärkte

Der weltweite Primärenergiebedarf hat sich in den letzten 20 Jahren um ca. 70% erhöht, wobei Deutschland im selben Zeitraum eine Steigerungsrate von ca. 65% erreichte.[40]

---

[34] Die Photovoltaik ist eine Technologie, durch die mit Zellen aus Silicium oder anderen Halbleitermaterialien Licht direkt in elektrische Energie umgewandelt wird. Solarzellen wurden erstmals in der Weltraumtechnik eingesetzt, allerdings spielten dort wirtschaftliche Überlegungen keine Rolle. Vgl. Müschen K., Romberg, E.: Strom ohne Atom, a.a.O., S. 134; Wagner, E.: Nutzung der Photovoltaik durch öffentliche Elektrizitätsversorgung in Deutschland. Stand 1992, in: Informationszentrale der Elektrizitätswirtschaft (IZE) e.V. (Hrsg.), Stromdiskussion, Erneuerbare Energien. Ihre Nutzung durch die Elektrizitätswirtschaft, Frankfurt 1993, S. 1530-1534.

[35] Die Stromerzeugung mit Sonne und Wind ist laut Kemkens nur in Ausnahmefällen wirtschaftlich: „Die Stromerzeugungskosten sind nicht konkurrenzfähig, außer in Sonderfällen wie etwa bei der Versorgung abgelegener Gebäude, Berghütten oder Sendeanlagen." Kemkens, W..: Gewaltige Kräfte. Der Klimagau läßt sich durch Energieeinsparungen und intelligente Nutzung der Ressourcen verhindern, a.a.O., S. 68.

[36] Vgl. Holm, G.: Die Erneuerbaren. Strom und Wärme aus regenerativen Energien, a.a.O., S. 14ff; Müschen K., Romberg, E.: Strom ohne Atom. Ein Report des Ökoinstituts Freiburg, a.a.O., S. 134ff; Rouvel, L., Schaefer, H.: Nutzung regenerativer Energien, a.a.O., S. 22 und S. 66ff; Schaefer, H., Geiger, B., Rudolph, M.: Energiewirtschaft und Umwelt, a.a.O., S. 57ff.

[37] Beispielsweise betrug der Zubau neuer Windkraftanlagenkapazität im Jahre 1995 insgesamt 490 Megawatt (MW). Dieses bedeutet eine Kapazitätssteigerung von ca. 80% gegenüber dem 31.12.1994. Die installierte Gesamtleistung kletterte damit am 31.12.95 auf 1.100 MW. Vgl. o.V.: Deutschland. Bei Windkraft in Europa führend, in: Frankfurter Rundschau vom 30.01.96, S. 26; Mäule, R., Hoffmann, T., Tegethoff, W.: CO_2-Minderungsmöglichkeiten im Kraftwerkssektor, a.a.O., S.1037ff; vgl. auch Schaefer, H., Geiger, B., Rudolph, M.: Energiewirtschaft und Umwelt, a.a.O., S. 52ff.

[38] Vgl. Gneuss, M.: Die Revolution läßt auf sich warten. Alternative Energien legen nur langsam zu - Öl, Kohle und Gas bleiben dominierend - Zukunft liegt bei Brennstoffzellen, in: Die Welt, Sonderbeilage Welt der Energie I, 09.06.1997, S. G6; Müschen K., Romberg, E.: Strom ohne Atom. Ein Report des Ökoinstituts Freiburg, a.a.O., S. 133ff; Rouvel, L., Schaefer, H.: Nutzung regenerativer Energien, a.a.O., S. 182ff; Holm, G.: Die Erneuerbaren. Strom und Wärme aus regenerativen Energien, a.a.O., S. 8ff.

[39] In heutigen Kernkraftwerken wird Energie durch die Spaltung schwerer Atomkerne gewonnen. Es ist auch der umgekehrte Weg, der der Fusion von leichten Atomkernen denkbar. Gelänge es, die Fusion in kontrolliertem Maße auf der Erde zu vollziehen, würde die Welt von ihren Energiesorgen vollends befreit sein: Der Fusionsstoff Deuterium ist in nahezu unbegrenztem Ausmaß in den Weltmeeren enthalten. Europa nimmt hinsichtlich der Forschungen auf diesem Gebiet neben den USA eine führende Rolle ein. Vgl. Oesterwind, D., Renn, O., Voß, A.: Sanfte Energieversorgung. Eine neue Utopie?, in: Energiewirtschaftliche Tagesfragen, Jahrgang 30, Düsseldorf 1980, Heft 2, S. 111-117; Breuer, H.: dtv-Atlas zur Physik, a.a.O., S 37; Vetter, J.-E.: Kernfusion. Weltweite Zusammenarbeit bei der Forschung, in: Energiewirtschaftliche Tagesfragen, München Juni 1988, S. 466ff; Riesenhuber, H.: Energie und technischer Fortschritt, in: Energiewirtschaftliche Tagesfragen, Zeitschrift für Energiewirtschaft, Recht, Technik und Umwelt, Jahrgang 39 (1989), Düsseldorf 1989, Heft 1 bzw. 2, S. 65; Schuhmacher, U.: Kernfusion. Forschung zur thermonuklearen Fusion. Stand und Entwicklung, Essen August 1989, S. 499ff.

[40] Im Jahre 1970 betrug der weltweite (westdeutsche) Primärenergiebedarf 6,43 Mrd. to SKE (0,31 Mio to SKE), im Jahre 1991 betrug er bereits 10,97 Mrd. to SKE (0,51 Mio to SKE). Dies bedeutet eine Steigerungsrate von 70% (65%). Datenquelle: Verband der Industriellen Energie- und Kraftwirtschaft (VIK) e.V.: Statistik der Energiewirtschaft 1993/94, Essen 1994, S. 180.

Abbildung B3: Entwicklung des Primärenergieeinsatzes in der BRD

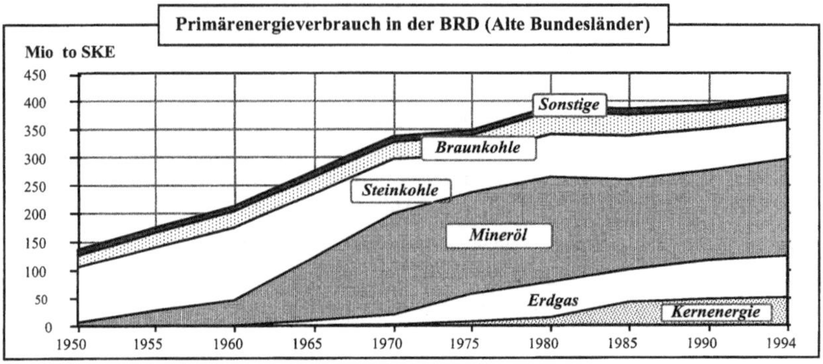

Quelle: In Anlehung an: Verband der Industriellen Energie- und Kraftwirtschaft (VIK) e.V.: Statistik der Energiewirtschaft 1993/94, a.a.O., S. 27; Bundesministerium für Wirtschaft: Energiedaten 1995, a.a.O., S.29.

Mit der Steigerung des Primärenergiebedarfs der Bundesrepublik Deutschland waren einschneidende Veränderungen der Energieversorgungsstruktur verbunden.[41] In den fünfziger und den beginnenden sechziger Jahren dominierte die deutsche Steinkohle mit einem Anteil von ca. 61% im Jahre 1960 den westdeutschen Primärenergiemarkt, wohingegen das Mineralöl 1960 mit einem Anteil von ca. 21% eine eher untergeordnete Rolle spielte.[42] 1992 lag der Anteil des Mineralöls in den alten Bundesländern bei ca. 41% und der der Steinkohle bei etwa 17%.[43]

Die Steigerung des Mineralölverbrauchs in Deutschland, die fast ausschließlich auf den Sektor Verkehr zurückzuführen ist,[44] war gleichzeitig von einer Zunahme des Erdgasverbrauches begleitet. Das Wachstum des Erdgases stieg in den letzten 33 Jahren um mehr als den Faktor 40 von 0,5% 1960 auf 21% im Jahre 1993.[45] Damit steht das Erdgas heute in der bundesdeutschen Energieversorgung gleichrangig neben der Steinkohle.

Der künftige Energieverbrauch ist wegen des komplexen Zusammenwirkens von Wirtschaft, Gesellschaftspolitik und der Entwicklung der Technik im Energiebereich äußerst schwer zu prognostizieren. Dennoch gibt es Anhaltspunkte, wie sich der künftige Energieverbrauch in etwa weiterentwickeln könnte. Hierzu gehören insbesondere die Erfahrungen der Vergangenheit hinsichtlich der Kopplung des Wachstums von Bruttosozialprodukt und Energieverbrauch. Dabei galt in der Vergangenheit die Faustregel, daß im Mittel 1% Wachstum des Bruttosozialprodukts mit etwa 0,8% bis 1,0% Wachstum des Energieverbrauchs einhergeht.[46]

---

[41] Vgl. Wagner, H.-F.: Langfristige Aspekte der Energieversorgung, in Brennstoff-Wärme-Kraft (BWK), Jahrgang 81, Band 33, Heft 1, S. 7ff; Verband der Industriellen Energie- und Kraftwirtschaft (VIK) e.V. (Hrsg.): Statistik der Energiewirtschaft, a.a.O., Tafel 15, S. 24.

[42] Vgl. Wagner, H.-F.: Langfristige Aspekte der Energieversorgung, a.a.O., S. 7ff.

[43] Vgl. Bundesministerium für Wirtschaft: Energiedaten 1995, a.a.O., Tafel 4, S. 27; Bundesministerium für Wirtschaft: Energiedaten 1993/1994, Bonn 1994, Tafel 4, S. 29.

[44] Vgl. u.a. Schaefer, H., Geiger, B., Rudolph, M.: Energiewirtschaft und Umwelt, a.a.O., S. 82 und 84; wie bei der Darstellung des Heizölmarktes in diesem Kapitel (Abschnitt III.2) im folgenden hervorgeht, ist der Verbrauch von Heizöl in der Industrie seit den siebziger Jahren stark zurückgegangen.

[45] Vgl. Verband der Industriellen Energie- und Kraftwirtschaft (VIK) e.V. (Hrsg.): Statistik der Energiewirtschaft 1993/94, a.a.O., Tafel 15, S. 24.

[46] Vgl. Wagner, H.-F.: Langfristige Aspekte der Energieversorgung, a.a.O., S.7ff.

Dieses Verhältnis ist jedoch keine Gesetzmäßigkeit, die bedeutet, daß Wachstum stets eine proportionale Erhöhung des Energieverbrauchs nach sich zieht.[47] Grundsätzlich ist eine Entkoppelung von Bruttosozialprodukt und Energieverbrauch durch rationelleren Einsatz von Energie[48] oder durch wettbewerbsinduzierten Wegfall energieintensiver Branchen möglich.

Es gibt eine Reihe von Studien zum Energiewachstum, die von unterschiedlichen Annahmen ausgehen und dadurch zu unterschiedlichen Ergebnissen kommen. Besonders hinsichtlich der Prognose des künftigen Portfolios der Energiebedarfsdeckung gibt es in den Studien widersprüchliche Aussagen.[49] Der Energieanstieg kann durch eine Reihe unterschiedlicher Versorgungsstrukturen gedeckt werden, aber insgesamt stehen letztendlich vier bzw. fünf Primärenergiearten zur Verfügung: Öl, Kohle, Gas, Kernenergie und die zur Zeit mengenmäßig noch unbedeutenden regenerativen Energien.[50]

Die Frage nach der zeitlichen Reichweite der globalen *Ölvorräte* ist nicht eindeutig zu beantworten. Es kann zwar abgeschätzt werden, daß bei der heutigen weltweiten Fördermenge die Erdölreserven 43 Jahre reichen werden,[51] aber diese Rechnung trügt, da zukünftig zum einen sicher noch weitere Felder entdeckt werden, zum anderen mit innovativen Ölfördertechniken und der Erschließung von Teersänden und Ölschiefern neue Potentiale erschlossen werden könnten.[52] Damit ist davon auszugehen, daß die Vorräte noch länger als nur 43 Jahre reichen.[53] Trotzdem sind bei knapper werdenden Ölreserven langfristig Preissteigerungen zu erwarten.

Öl wird, wie oben dargestellt, bei Hochrechnung der heutigen Fördermenge und den bekannten Reserven der erste knapp werdende Primärenergieträger sein. Daraus folgt, daß Kohle, Erdgas, Kernenergie und regenerative Energien die Versorgung mittel- bzw. langfristig übernehmen müssen.

In der Bundesrepublik Deutschland wird die *Kohle* ihren gegenwärtigen Beitrag vermutlich weiterhin halten können.[54] Die relativ neu auch aus arbeitsmarkt- und strukturpolitischen Gründen errichteten Kraftwerke auf Kohlebasis erzwingen eine weitere Förderung und Nutzung der heimischen Kohle sowie den Import ausländischer Kohle. Aber hinter der Frage, ob Kohle das zur Neige gehende Erdöl ersetzen kann, muß ein Fragezeichen gesetzt werden.[55]

---

47 Seit Mitte der 70-er Jahre setzte eine leichte Trendumkehr hinsichtlich der Korrelation zwischen Bruttosozialprodukt und Primärenergiebedarf ein, die auch als Entkopplung bezeichnet wird. Zum rückläufig steigenden Energiebedarf durch Rationalisierung und veränderten Verbrauchsgewohnheiten vgl. Trenkler, H.: Neue Einflüsse auf die Entwicklung der Kraft- und Wärmewirtschaft, in: VGW Kraftwerkstechnik, Jahrgang 66, Heft 2, Februar 1986, S. 96; Körber, H.: Energie für Morgen, Bonn 1992, S. 23.

48 Vgl. Kortzfleisch, G. von, Voss, A.: Energie für den Verkehr, Frankfurt a.M. 1984, S. 14; Baumann, H.: Umweltschutz durch Effizienz. Technik hat Energieverbrauch vom Wachstum abgekoppelt, in: Die Welt, Sonderbeilage Welt der Energie III, 11.06.1997, S. G1.

49 Vgl. Voß, A.: Vorgetäuschte Sicherheit durch Energieprognosen, in: Umschau, Jahrgang 80 (1980), S. 235f.

50 Vgl. Grawe, J., Wagner, E.: Nutzung erneuerbarer Energien durch die Elektrizitätswirtschaft. Stand 1992, in: Informationszentrale der Elektrizitätswirtschaft (IZE) e.V. (Hrsg.), Stromdiskussion, Erneuerbare Energien. Ihre Nutzung durch die Elektrizitätswirtschaft, Frankfurt am Main 1993, S. 1511-1515; vgl. dazu auch o.V.: Prognos, Projekt 561/3720 vom 22.01.1992, Die energiewirtschaftliche Entwicklung in der Bundesrepublik Deutschland bis zum Jahre 2010 unter Einbeziehung der fünf neuen Bundesländer.

51 Vgl. Bundesministerium für Wirtschaft: Energiedaten 1995, a.a.O., S. 30.

52 Vgl. Holzer, E.: Erdöl, in: Bulletin der Schweizer Elektrotechnik, Jahrgang 24, Januar 1981, S. 76ff; Körber H.: Energie für Morgen, a.a.O, S. 17; Kugeler K., Philippen, P.-W.: Energietechnik, a.a.O., S. 1.

53 Zum zusätzlichen Reservepotential durch neue Fördertechniken vgl. Wellmer, F.-W.: Reserven und Reservenlebensdauer von Energierohstoffen, in: Energie-Dialog, Heft 2/1994, S. 4ff.

54 Vgl. Wintermann, J.: Die Zukunft der Kohle hat gerade erst begonnen. Knappe Öl- und Gasvorräte machen diesen Energieträger attraktiv, in: Die Welt, Sonderbeilage Welt der Energie I, 09.06.1997, S. G7.

55 Im Hinblick auf den hohen Anteil des Erdölverbrauchs im Verkehr scheint diese Substitution kurzfristig und nachhaltig nicht möglich. Vgl. Rath, H.: Energiewirtschaft. kurz und bündig. 1994, in: Informationszentrale

Mit einer Ausweitung der bestehenden Kohleproduktion wird aus Gründen der Standort- und Umweltproblematik sowie aus Kostengründen in kurz- und mittelfristiger Sicht eher nicht zu rechnen sein. Die Standort- und Umweltproblematik entsteht dadurch, daß der Abbau in dicht besiedelten Gebieten stattfindet, und damit neue Zechen nicht ohne weiteres eingerichtet werden können. Daneben stehen außerdem die Umweltprobleme, die mit der Verbrennung von Kohle verbunden sind. Umweltfreundliche Kohleverbrennungsverfahren sind zwar vorhanden, erfordern aber hohe Investitionen in Umweltschutztechnik.[56]

Die Bundesrepublik Deutschland importiert zu ca. 62% ihr benötigtes *Erdgas*.[57] Erdgasimporte stammen z.Zt. zu ca. 95% aus drei Ländern, namentlich aus den Niederlanden ca. 38%, aus der GUS ca. 39% und aus Norwegen ca. 18%.[58] Die internationalen Erdgasbezugsverträge werden in der Regel mit sehr langen Laufzeiten von 20 bis 25 Jahren abgeschlossen, in denen die Lieferkonditionen für die gesamte Laufzeit bereits im Detail festgelegt werden. Die Vertragspartner sind sehr stark aneinander gebunden, da die investierte Kapitalbasis für Förderung, Transport und Lagerung beträchtlich ist. Erdgas ist deshalb unter dem Gesichtspunkt der Versorgungssicherheit besonders attraktiv. Es läßt sich damit abschätzen, daß das Erdgas den heutigen Anteil halten oder sogar ausbauen kann.[59]

Mengenmäßig spielen die *regenerativen Energien* zur Zeit eine untergeordnete Rolle. Wann Sonne, Wasser und Wind andere Primärenergien in größeren Maße ersetzen können, hängt von weiteren technischen Forschungs- und auch politisch unterstützten Markteinführungsmaßnahmen auf diesem Gebiet ab. Die regenerativen Energien stellen also hinsichtlich ihrer Nutzbarmachung vorerst einen gewissen Unsicherheitsfaktor dar.

Die *Kernenergie* könnte von ihrem Potential her im Bereich der Primärenergie einen Teil des Öls substituieren.[60] Frankreich beispielsweise deckt ca. 74% des Strombedarfs durch Kernenergie.[61] Bezüglich der Kernkraft besteht in der deutschen Bevölkerung und Politik aber Uneinigkeit. Stichworte hierzu sind Endlagerung und Wiederaufbereitung. Die Kernenergie bringt damit zwar eine Reihe von Nachteilen mit sich, aber ein sofortiger und flächendeckender Ausstieg erscheint aus Mangel an alternativen Möglichkeiten der Energiebedarfsdeckung eher unwahrscheinlich.[62]

---

der Elektrizitätswirtschaft (IZE) e.V. (Hrsg.), 13. Auflage, Frankfurt am Main 1994, S. 12; Jahraus, B., Dieckmann, R.: Der Kombiprozeß mit indirekt kohlebefeuerter Gasturbine, a.a.O., S. 33ff.

56 Vgl. Moog, W.: Betriebliches Energie-Handbuch, Ludwigshafen (Rhein) 1983, S. 48; Voß, A.: Strategien zur Reduktion der energiebedingten CO_2-Emissionen, a.a.O., S. 19.

57 Vgl. Bundesministerium für Wirtschaft: Energiedaten 1995, a.a.O., S. 55.

58 Vgl. Bundesministerium für Wirtschaft: Energiedaten 1992/93, a.a.O., S. 54ff.

59 Aufgrund des Baus der Gaspipeline von Rußland nach Westeuropa durch die Gazprom und die Ruhrgas AG wird die Gasversorgung auch in der Zukunft sichergestellt. So titelte die Welt am Sonntag: "Verknappung und Preiserhöhungen sind beim Russengas nicht zu befürchten". Vgl. o.V.: Verknappung und Preiserhöhungen sind beim Russengas nicht zu befürchten, in: Welt am Sonntag, Nr. 21, Mai 1995, S. 40.

60 Vgl. Grawe, J.: Energiesparen und Kernenergie. Alternativen oder Elemente einer "gemischten" Energiepolitik?, in: Zeitschrift für Energiewirtschaft, 4/1979, S. 238ff.

61 Bundesministerium für Wirtschaft: Energieversorgung in der Europäischen Union, a.a.O., S. 76; o.V.: Kernenergie in der EU. Frankreich mit 75% vorn, in: Informationszentrale der Elektrizitätswirtschaft (IZE) e.V. (Hrsg.), Stromthemen, Informationen zu Energie und Umwelt, Jahrgang 12, Frankfurt am Main 1995, Nr. 10, S. 5.

62 Vgl. Hortmann, W., Uhlmannsiek, B.: Ein Kernkraftwerk verabschiedet sich. In Niederaichbach wächst über der abgerissenen Anlage wieder Gras, in: Information zur Elektrizitätswirtschaft (IZE) e.V. (Hrsg.), Stromthemen, 10/95 Informationen zu Energie und Umwelt, Frankfurt 1996, S. 3. Zu einer ausführlichen Diskussion der Frage des Ausstiegs aus der Kernenergie vgl. Roth, E.: Mensch, Umwelt und Energie, a.a.O., S. 13ff; Hennicke, P., Hahn, L.: Heutige Bewertung der Kernenergie. Energiewirtschaft und Umwelt, in: Buchwald, K., Engelhardt, W. (Hrsg.), Umweltschutz. Grundlagen und Praxis, Band 14, a.a.O., S. 118ff., Müschen, K., Romberg, E.: Strom ohne Atom. Ein Report des Ökoinstituts Freiburg, a.a.O., S. 17ff.

Zu bedenken ist in diesem Zusammenhang, daß die wesentlichen Energievorräte an Kohle, Erdöl und Erdgas nur auf wenige Länder konzentriert sind. Die dargestellten weltweiten Energiepotentiale stellen aus Sicht Deutschlands aufgrund der hohen Importabhängigkeit lediglich eine theoretische Rechengröße dar, da die Voraussetzung für ein globales Versorgungsdenken hinsichtlich bestehender Energievorräte nicht gegeben ist.[63]

Zur Verringerung der wirtschaftlichen Abhängigkeit von Energieimporten sind aus der Sicht der politischen Entscheidungsträger im Prinzip zwei Wege denkbar: Zum einen sollte dafür gesorgt werden, daß mit den bestehenden Energiereserven und -ressourcen rationell verfahren wird und zum anderen läßt sich durch wirtschaftlichere Nutzung der regenerativen Energieformen die Abhängigkeit von den erschöpflichen Energieträgern reduzieren.

Rationeller Einsatz von Energie bedeutet jedoch nicht simples Energiesparen um jeden Preis, sondern Energie mit mehr Überlegung einzusetzen, um mit weniger Aufwand den gleichen Komfort oder die gleiche Produktionsleistung zu erbringen. Rationeller Energieeinsatz wird deshalb in der Zukunft mehr als je zuvor in den Vordergrund des Wirtschaftslebens rücken.

Für den Staat ergibt sich daraus die Notwendigkeit der Förderung von Energieeinsparungstechnologien, wie beispielsweise die der Kraft-Wärme-Kopplung.[64]

III. Märkte für Endenergieträger

In diesem Abschnitt soll eine ausführliche Analyse des Erdgas-, Heizöl-, Fernwärme- und Elektrizitätsmarktes erfolgen.[65] Alle vier Märkte spielen eine wesentliche Rolle bei der Entscheidung zwischen Eigenerzeugung und Fremdbezug von Strom und Wärme.

Die verschiedenen Energiemärkte haben ihre spezifischen Eigenheiten und damit auch jeweils andere Vor- und Nachteile. Die spezifischen Eigenheiten werden im folgenden nach den drei Kriterien: Produktbesonderheiten, Anbieterstruktur und Preisbildungsmechanismen untersucht. Produktbesonderheiten wie Leitungsgebundenheit, stoffliche Zusammensetzung und Energieherkunft haben Rückwirkungen auf das Nachfrage- und Anbieterverhalten bzw. auf die politische Einflußnahme. Wenn die Anbieterstruktur einen hohen Monopolisierungsgrad aufweist, dann ist weniger Preiswettbewerb zu vermuten. Besonders die Energiemärkte weisen einen hohen Monopolisierungsgrad auf, der jedoch trotz der Nachteile zumindest teilweise volkswirtschaftlich gerechtfertigt ist.

Die zukünftige Entwicklung der Energiepreise ist von hoher Relevanz für die optimale Planung und Auslegung[66] einer Kraft-Wärme-Kopplungsanlage.[67] Daher wird versucht, neben

---

63 Globales Versorgungsdenken bedeutet, daß nationales Vorratsdenken und andere sicherheitspolitische Überlegungen weltweit in den Hintergrund treten würden. Vgl. Czakainski, M.: Energie für die Zukunft, a.a.O., S. 20 f.

64 Weitere Verbesserungen der Förderung von Kraft-Wärme-Kopplungsanlagen soll es durch die angekündigte Energierechtsreform geben. So sollen die Vermarktungsmöglichkeiten für Überschußstrom aus Anlagen der Kraft-Wärme-Kopplung der Industrie und Gewerbe gefördert, Erdgas als Einsatzbrennstoff verbilligt und die energierechtlichen Genehmigungs- und Anzeigepflichten abgeschafft werden. Vgl. hierzu insbesondere o.V.: Bundesministerium für Wirtschaft. Erfahrungsbericht des Bundesministeriums für Wirtschaft zum Stromeinspeisungsgesetz, Bonn 10/1995, S. 5; Schneider, H.-K.: Energiepolitik in der Bundesrepublik Deutschland, in: Der Kaufmann in der Energie- und Wasserversorgung (AGE) e.V. (Hrsg.), 3. Auflage, Frankfurt am Main 1992, S. 273ff.

65 Energieträger wie beispielsweise Uran sowie die wesentlichen regenerativen Energien wie Sonne, Wind und Wasser spielen zumindest bei der betrieblichen Eigenerzeugung von Strom und Wärme keine wesentliche Rolle. Der Grund liegt in der mangelnden Verfügbarkeit, der problematischen Anwendbarkeit oder in der mangelnden Wirtschaftlichkeit. Andererseits gibt es eine Reihe älterer und vor allem größerer KWK-Systeme, die mit Stein- oder Braunkohle befeuert werden. Vgl. Hofer, R.: Analyse der Potentiale industrieller Kraft-Wärme-Kopplung, in: Lehrstuhl für Energiewirtschaft und Kraftwerkstechnik, H. Schaefer (Hrsg.), IfE Schriftenreihe, Heft 28, München 1994, S. 129.

den Energiemärkten vor allem auch die preislichen Entwicklungstendenzen der vier Energieträger zu skizzieren.

1. Der Erdgasmarkt

Erdgas ist verhältnismäßig reichlich vorhanden und spielt eine zunehmend bedeutende Rolle im industriellen Energiegeschehen.[68]

Die Vorteile des im Vergleich zu den anderen Endenergieträgern relativ umweltfreundlichen Erdgases werden in zunehmendem Maße auch in den Unternehmen erkannt. Betrug der Anteil des Erdgases an der industriellen Energieversorgung in Deutschland im Jahre 1970 lediglich ca. 21%, so stieg der Erdgasanteil 1990 bis auf ca. 35% an.[69]

Diese Entwicklung geht auch aus der folgenden Abbildung hervor, die den gesamten Endenergieverbrauch der deutschen Industrie und den entsprechenden Anteil des Erdgasverbrauchs jeweils gemessen in Tausend to SKE gegenüberstellt:

Abbildung B4: Endenergieverbrauch der deutschen Industrie und Anteil des Erdgasverbrauches

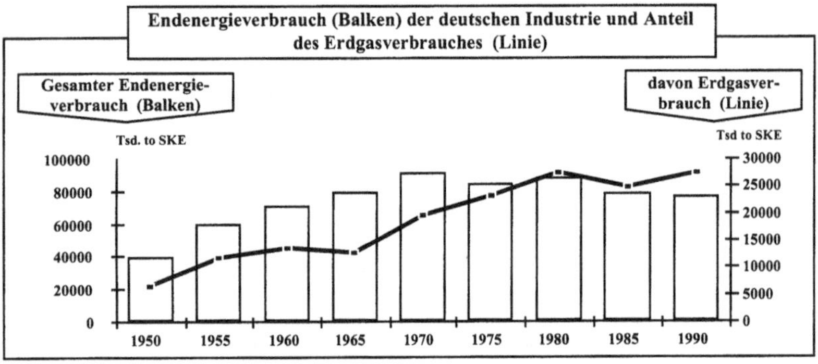

Quelle: Statistik der Energiewirtschaft 1993/94, a.a.O., S. 31.

Verglichen mit der Geschichte der Erdölversorgung wird Erdgas erst einige Jahrzehnte genutzt. Das späte Interesse an dieser Energieform hing im wesentlichen mit dem schwierigen Transport zusammen. Erst nachdem technische Konzepte hinsichtlich des Transportes entwickelt worden waren, war eine verstärkte Nutzung des Erdgases möglich.[70]

a. Besonderheiten der Erdgasversorgung

Naturgase lassen sich begrifflich in Erdgas und Erdölgas unterscheiden. Erdgas befindet sich dabei in reinen Erdgaslagerstätten. Erdölgas hingegen fällt als Kuppelprodukt bei der Erdöl-

---

[66] Vgl. Maier, W., Suttor, K.-H.: Betriebswirtschaftliche und gesamtwirtschaftliche Gesichtspunkte aus der Analyse des Potentials und der Wirtschaftlichkeit der gekoppelten Kraft- und Wärmewirtschaft in Industrie und Gewerbe, in: Energiewirtschaft, Jahrgang 7 (1985), Heft 2, S. 114ff.

[67] Vgl. u.a. Thiele, S.: Neue Etappe eingeleitet. Europäischer Binnenmarkt für Elektrizität, in: Informationszentrale der Elektrizitätswirtschaft (IZE) e.V. (Hrsg.), Stromthemen, Informationen zu Energie und Umwelt, Jahrgang 12, Frankfurt am Main 1995, Nr. 10, S. 5 und 6.

[68] Vgl. Grube, C.: Gigantische Gas-Reserven. Vorkommen reichen noch 70 Jahre, in: Die Welt, 11.06.1997, S. 13.

[69] Vgl. Verband der Industriellen Energie- und Kraftwirtschaft (VIK) e.V. (Hrsg.): Statistik der Energiewirtschaft 1993/94, a.a.O., Tafel 20, S. 31; Wyand, M.: Markterfolg, in: Elektrotechnik, Jahrgang 24, Januar 1981, S. 492 und 493.

[70] Vgl. Virot, J.: Erdgas, in: Bulletin der Schweizer Elektrotechnik, Jahrgang 24, Januar 1981, S. 80ff.

förderung an. In der Praxis werden beide Energieträger synonym mit Erdgas bezeichnet. In der weiteren Abhandlung wird für beide zur Vereinfachung ebenfalls der Begriff Erdgas verwendet.

Der Primärenergieträger Erdgas besteht hauptsächlich aus Methan und höherwertigen Kohlenwasserstoffverbindungen und zeichnet sich durch flexiblen Einsatz und durch umweltfreundliche Verwendungsmöglichkeiten aus.[71] Die spezifischen CO_2-Emissionen, d.h. die Menge der CO_2-Emission bezogen auf eine Energieeinheit, sind im Vergleich zum Brennstoff Kohle um ca. 40% bis 50% und im Vergleich zu flüssigen Brennstoffen um ca. 25% geringer.[72] Erdgas ist zudem frei von schadstoffbildenden Bestandteilen, d.h. die verbrennungsbedingten Abgase enthalten weder Schwefeldioxid noch Staub. Die Stickstoffdioxid-Emissionen sind je nach Verbrennungsbedingungen teilweise wesentlich geringer als bei anderen Brennstoffen.[73] Durch eine besondere Brennraumgestaltung, die hohe Flammtemperaturen verhindert, können die Stickstoffdioxid-Emissionen stark reduziert werden. Grund ist, daß die Stickstoffdioxidbildung mit steigender Flammtemperatur überproportional zunimmt.[74]

Bei Erdgas handelt es sich um einen leitungsgebundenen Energieträger, d.h. der Transport und die Verteilung erfolgt in fast allen Fällen in festen Leitungen.[75]

Die Kosten der Erdgasversorgung sind geprägt durch den sehr hohen Kapitalkostenanteil, der durch hohe Investitionen in Gewinnungsanlagen, Transportleitungen, Speicher und Verteilsystemen bedingt ist. Da auch der überwiegende Teil der Betriebskosten, wie z.B. Verwaltung, Wartung und verschleißbedingte Reparatur unabhängig von der gelieferten Menge ist, finden sich überwiegend fixe Kosten in der Gaswirtschaft.

Die Kostendegression durch hohe Erdgasdurchleitungskapazität im Bereich des Leitungsnetzes ist beträchtlich. Technisch ist diese Tatsache durch die Beziehung zwischen dem Rohrleitungsumfang (d x pi) und dem Leitungsquerschnitt (r^2 x pi) zu erklären. Die Verdoppelung des Umfanges und somit die annähernde Verdoppelung des Materialeinsatzes ergibt eine Vervierfachung des Leitungsquerschnittes und der Durchsatzkapazität. Um so größer also der Rohrumfang ist, desto proportional höher ist die Durchleitungskapazität und desto geringer sind demnach die Investitionskosten bezogen auf die Transportkapazität. Darüber hinaus sind weitere Degressionseffekte bei der Trassierung bzw. bei den Grabungsarbeiten für ein Erd-

---

71 Vgl. Winje, D., Witt, D.: Energiewirtschaft, a.a.O., S. 17.

72 Bei der Substitution von Heizöl durch Erdgas ergibt sich ein CO_2-Einsparungspotential von 23% je kWh Brennstoff, bei der Substitution von Braunkohle ca. 50% und bei der Substitution von Steinkohle können ca. 40% an Einsparungen erzielt werden.

73 Vgl. Oster, H.: Struktur und Perspektiven der Gaswirtschaft in der Bundesrepublik Deutschland, in: Arbeitsgemeinschaft Weiterbildung Energie und Wasser (AGE) e.V. (Hrsg.), Der Kaufmann in der Energie- und Wasserversorgung, 3. Auflage, Frankfurt am Main 1992, S. 72f.

74 Vgl. Voß, A.: Strategien zur Reduktion der energiebedingten CO_2-Emissionen, a.a.O., S. 19-30.

75 Ein Transport ist auch durch Tankschiffe oder Tankwagen möglich, in denen das Gas in flüssiger Form unter hohem Druck und mit sehr tiefer Temperatur von ca. -160 °C gespeichert wird. Diese Transportart ist jedoch wegen ihrer hohen Kosten unwirtschaftlich und damit sehr selten. Der Grund liegt darin, daß zur Verflüssigung des Erdgases (durch hohe Kompression) ca. 11% bis 16% des transportierten Erdgasvolumens benötigt werden. Das bedeutet, daß lediglich zur Herstellung der Transportfähigkeit 11% bis 16% des Erdgases verbraucht werden. Hinzu kommen die direkten Treibstoffkosten für den eigentlichen Transport auf dem Wasser oder auf der Straße. Vgl. Kugeler, K., Philippen, P.-W.: Energietechnik, a.a.O., S. 235ff; Oesterwind, D.: Technische Grundlagen der Energiewirtschaft, a.a.O., S. 151; Marcus, P., Schiffner, H.-W.: Grundlagen der Versorgungswirtschaft, in: Arbeitsgemeinschaft Weiterbildung Energie und Wasser (AGE) e.V. (Hrsg.), Der Kaufmann in der Energie- und Wasserversorgung, 3. Auflage, Frankfurt am Main 1992, S. 12ff; Grawe, J.: Grundlagen der deutschen Elektrizitätswirtschaft, in: Arbeitsgemeinschaft Weiterbildung Energie und Wasser (AGE) e.V. (Hrsg.), Der Kaufmann in der Energie- und Wasserversorgung, 3. Auflage, Frankfurt am Main 1992, S. 40ff.

gasversorgungsnetz mit hohem Leitungsdurchmesser vorhanden: Die Kosten für die Bauarbeiten steigen nur unterproportional in Abhängigkeit vom Leitungsdurchmesser.

Durch die hohen Fixkosten der Erdgasbereitstellung und die Kostendegression bei größeren Erdgasleitungen ergibt sich ein typischer Fall eines natürlichen Monopols, d.h. die Kosten einer getrennten Versorgung erhöhen überproportional die Bereitstellungskosten pro Unternehmen.[76] Es ist somit aus volkswirtschaftlicher Sicht vorteilhafter, den freien Markteintritt staatlich zu reglementieren und nur einen Erdgasanbieter pro Region zuzulassen.

Die Existenz eines natürlichen Monopols beim Transport und der Verteilung von Erdgas ist die Begründung für den Gebietsschutz durch Demarkations- und Konzessionsverträge im Bereich der Erdgasversorgung.[77]

Die *Demarkationsverträge* zwischen den Gasversorgungsunternehmen (GVU) regeln die Lieferzuständigkeit für jeweils nur ein Unternehmen in einem abgegrenzten Gebiet. Die GVU verpflichten sich gegenseitig, keine Kunden im Gebiet des anderen GVU zu beliefern.[78]

Die *Konzessionsverträge* regeln das Verhältnis zwischen der Gebietskörperschaft als Träger des Wegerechts der öffentlichen Wege und dem zuständigen Liefer-GVU dieses Gebietes. Die Gebietskörperschaften erlauben dem GVU die Leitungsverlegung auf öffentlichen Wegen und sichern ihm das Ausschließlichkeitsrecht für die Belieferung der auf ihrem Gebiet ansässigen Kunden zu. Als Gegenleistung zahlt das GVU eine Konzessionsabgabe, die in der Regel auf den Gaspreis der Kunden aufgeschlagen wird.

b. Anbieterstruktur

Die deutsche Gaswirtschaft ist durch eine arbeitsteilige und dezentrale Struktur gekennzeichnet. Die Vielzahl von Gasversorgungsunternehmen erklärt sich historisch aus dem Aufbau von Inselversorgungen auf der Basis von Stadtgas. Dieses - im Gegensatz zum Naturgas - synthetisch hergestellte Gas wird durch Erhitzung von Steinkohle gewonnen und wurde zur Beheizung und Beleuchtung verwendet. Mit dem Ende der sechziger bzw. Anfang der siebziger Jahre beginnenden Umstellung von Stadtgas auf Erdgas wurde der Prozeß der Verschiebung von der kleinräumigen Inselversorgung zur großförmigen Verbundversorgung forciert.[79]

Die deutsche Gaswirtschaft teilt sich in zwei Bereiche, die öffentliche Gaswirtschaft und die übrige Gaswirtschaft.

Zur *öffentlichen Gaswirtschaft* werden alle Unternehmen gerechnet, die Dritte mit Gas beliefern. Der Begriff kennzeichnet somit nicht die Eigentumsverhältnisse oder eine hoheitliche Tätigkeit. Der Gasabsatz der öffentlichen Gasversorgung bestand 1993 zu 95% aus Naturgasen und zu 5% aus hergestellten Gasen.[80]

---

76 Vgl. Rapp, A.: Die gemeinschaftsrechtliche Verwirklichung von Wettbewerb in der leitungsgebundenen Energiewirtschaft, Frankfurt am Main 1992, S. 7f.

77 Vgl. Weyand, M.: Markterfolg belegt Effizienz des gaswirtschaftlichen Ordnungsrahmens in der Bundesrepublik Deutschland, in: GWF Gas Erdgas, Nr. 9, 1994, S. 491ff; Bundesverband der deutschen Gas- und Wasserwirtschaft (BGW): Stellungnahme des BGW zu den Vorschlägen des Bundeswirtschaftsministeriums zur Novellierung des energie- und kartellrechtlichen Ordnungsrahmens, Bonn 1994; Klaue, S.: Wettbewerb und Regulierung, in: Der Betriebsberater, Nr. 28, Beilage 18, 1993.

78 Vgl. Loew, H.: Einführung in die Elektrizitätswirtschaft. Vorlesungsmanuskript, in: Schaefer, H., Lehrstuhl für Energiewirtschaft und Kraftwerkstechnik. Technische Universität München (Hrsg.), Vorlesungsmanuskript, IfE Schriftenreihe, Heft 16, München 1985, S. 112f.

79 Vgl. Oster, H.: Struktur und Perspektiven der Gaswirtschaft in der Bundesrepublik Deutschland, a.a.O., S. 63.

80 Vgl. Schiffer, H.-W.: Energiemarkt Bundesrepublik Deutschland, 4. Auflage, Köln 1994, S. 102.

Die *übrige Gaswirtschaft* hat den Schwerpunkt der Eigenbedarfsdeckung und erzeugt in Kuppelproduktion hergestellte Gase. Die übrige Gaswirtschaft spielt bei der Erdgasversorgung Dritter also keine Rolle.

Die *öffentliche Gaswirtschaft* ist auf drei Marktstufen tätig: Der Produktions- und Importstufe, der Fortleitungs- und Weiterverteilungsstufe sowie der Endverbraucherstufe.[81]

Auf der Produktions- und Importstufe sind die Erdgasfördergesellschaften und insgesamt 20 Ferngasgesellschaften, die den Import organisieren, tätig. Die nationalen Erdgasverteiler und die meist internationalen Erdgaslieferanten haben zumeist langfristige Lieferverträge abgeschlossen. Diese Verträge haben Standardlaufzeiten von 20-25 Jahren. Die Preise sind in diesen Verträgen wegen der langen Laufzeit über Preisgleitklauseln an den Preis konkurrierender Energieträger gekoppelt.[82]

Auf der Fortleitungs- und Weiterverteilungsstufe sind ca. 100 Unternehmen tätig, darunter neben den 20 Ferngasgesellschaften rund 80 regionale Verteilerunternehmen. Auf den Endverbrauchermärkten versorgen ca. 500 Ortsgasgesellschaften sowie zusätzlich ca. 80 regionale Verteilerunternehmen direkt Industrie, Kraftwerke, Haushalte und Kleinverbraucher. Die Versorgung der Letztverbraucher erfolgte im Jahre 1992 zu 66% durch die Ortsgasgesellschaften bzw. regionalen Verteilerunternehmen, zu 32% durch die Ferngasgesellschaften und zu 2% durch Erdgasproduzenten. Dabei hatten die Ferngasgesellschaften mit 45% ein überproportional großes Gewicht bei der Belieferung von Industrie und Kraftwerken, die Ortsgasgesellschaften dominierten mit 87% bei der Versorgung von Haushalten und Kleinverbrauchern.[83]

Die arbeitsteilige und dezentrale Anbieterstruktur für Erdgas mit ihren pluralistischen Elementen ist wesentliche Grundlage für die Erdgaspreisbildung. Neben den Besonderheiten der Erdgasversorgung haben Konzentrationsprozesse, Konkurrenzbeziehungen, Absatzstruktur und politische Eingriffe - möglicherweise aufgrund einer Monopolstellung weniger Unternehmen - preisbildende Funktion. Die Beeinflussung der Preisbildung durch eine spezielle Absatzstruktur des jeweiligen Energieträgers trifft natürlich auch für alle anderen, im folgenden zu erörternden Absatzmärkte für Endenergie in mehr oder weniger hohem Maße zu.

c. Preisbildungsmechanismen

Wie oben ausgeführt, begründet die Tatsache der Leitungsgebundenheit der Erdgasversorgung die Existenz eines natürlichen Monopols, bei dem die Versorgung durch nur einen Anbieter zu den geringsten volkswirtschaftlichen Kosten führt.

Damit die Gefahr eines Preismißbrauchs durch das Ausnutzen der Monopolstellung ausgeschlossen bleibt, stellt der Staat die Unternehmen, die über ein natürliches Monopol verfügen, unter eine besondere Aufsicht.[84]

Die Gaswirtschaft fällt daher unter die Regelungen des Energiewirtschaftsgesetzes[85] und des Gesetzes gegen Wettbewerbsbeschränkungen[86]. Trotz des natürlichen Monopols ist jedoch

---

[81] Vgl. Marcus, P., Schiffer, H.-W.: Grundlagen der Versorgungswirtschaft, a.a.O., S. 22; Rapp, A.: Die gemeinschaftsrechtliche Verwirklichung von Wettbewerb in der leitungsgebundenen Energiewirtschaft, a.a.O., S. 24f.

[82] Vgl. Winje, D., Witt, D.: Energiewirtschaft, a.a.O., S. 171.

[83] Vgl. Schiffer, H.-W.: Energiemarkt Bundesrepublik Deutschland, a.a.O., S. 120-123.

[84] Vgl. Winje, D., Witt, D.: Energiewirtschaft, a.a.O., S. 106.

[85] Energiewirtschaftsgesetz (EnWG), Gesetz zur Förderung der Energiewirtschaft vom 13.12.1935 i.d.F. vom 19.12.1977, BGBl. I, S. 2750. Wesentlicher Inhalt des Energiewirtschaftsgesetzes ist das Ziel einer "sicheren" und "billigen" Versorgung mit leitungsgebundener Energie. Der normative Inhalt der einzelnen Paragraphen ist dieser, in der Präambel des Gesetzes fixierten Formel, untergeordnet. Nicht unberücksichtigt bleiben darf allerdings die Tatsache, daß das Gesetz aus dem Jahre 1935 stammt und eine kriegsvorbereiten-

die Preisgenehmigungspflicht nach der Bundestarifordnung Gas (BTOgas)[87] seit dem 01.10.59 außer Kraft gesetzt worden. Dieser Schritt ist in einem steigenden, hauptsächlich durch Heizöl hervorgerufenen Substitutionswettbewerb begründet, der weniger Kontrolle und Reglementierung zuläßt.[88] In der BTOgas kommt lediglich zum Ausdruck, daß die Gaspreise an den Preisen der Wettbewerbsenergien, hauptsächlich am Heizöl, ausgerichtet sein sollten.

Heizöl läßt sich nach extra leichtem (Heizöl el) und schwerem Heizöl (Heizöl s) unterscheiden. Auf dem Wärmemarkt ist das leichte Heizöl der Hauptwettbewerber gegenüber Gas im Haushalts- und Kleinverbrauchssektor, in der Industrie besteht zu allen Energieträgern eine Konkurrenz, wobei das schwere Heizöl die größte Rolle spielt.

Da Erdgas einem Substitutionswettbewerb[89] ausgesetzt ist, muß sich der Erdgaspreis also an den bestehenden Wettbewerbsverhältnissen auf dem Wärmemarkt anpassen, da ein nicht marktgerechter Preis die Absatzmenge verringern würde.[90] Der Verbraucher vergleicht verschiedene Energiearten nicht nur hinsichtlich des variablen Preises pro Energieeinheit; entscheidend sind vielmehr die gesamten Kosten, die sich bei Bezug und Nutzung eines Energieträgers ergeben.

Der Preisvergleich alternativer Energieträger durch den Kunden wird von der Gaswirtschaft bei der Preissetzung in das Kalkül einbezogen. Die Bildung des Preises für Erdgas erfolgt für die jeweiligen Verbrauchssektoren nach der "Philosophie des anlegbaren Preises".[91] Der anlegbare Preis wird dabei in einer Vergleichsrechnung bestimmt, die neben dem Wärmeäquivalenzpreis[92] auch die quantifizierbaren Verwendungsvor- oder -nachteile im Verhältnis der günstigsten Versorgungsalternative einschließt.[93] Die langfristige Erdgaspreisentwicklung ist damit durch den anlegbaren Preis indirekt an die Preisentwicklung des Heizöls gekoppelt.[94] Wegen der langfristigen Vertragsorientierung zwischen Erdgaskunden und der

---

de bzw. kriegsfördernde Funktion vermutet werden kann. Vgl. dazu o.V.: Der Staat der "Stromer", in: Der Spiegel, Heft 46, November 1995, S. 80. Die Flexibilität und die Universalität zeigt sich jedoch darin, daß dieses Gesetz ohne große inhaltliche Änderungen auch 62 Jahre nach Verabschiedung weiterhin Bestand hat. Vgl. Loew, H.: Einführung in die Elektrizitätswirtschaft, a.a.O., S. 107; Handrock, W.: Das energiewirtschaftliche Umfeld der Kraft-Wärme-Kopplung, in: Arbeitsgemeinschaft für sparsamen und umweltfreundlichen Energieverbrauch (ASUE) e.V. (Hrsg.), Internationale Fachtagung „Kraft-Wärme-Kopplung. Energie sparen, Umwelt schonen", Band 16, Essen 1995, S. 23.

[86] Gesetz gegen Wettbewerbsbeschränkungen (GWB) in der Fassung vom 20.02.1990, BGBl. I, S. 235. Wesentlicher Inhalt dieses Gesetzes ist die Verhinderung von Wettbewerbsbeschränkungen, die beispielsweise durch Monopolstellung einzelner Unternehmen entstehen könnte. Inhalt sind allerdings auch Ausnahmetatbestände, die eine staatlich gewünschte Monopolstellung, wie beispielsweise bei der Stromversorgung, erlauben. Vgl. Loew, H.: Einführung in die Elektrizitätswirtschaft, a.a.O., S. 113.

[87] Bundestarifordnung Gas (BTOgas), Verordnung über die Versorgung mit Gas vom 10.02.59 i.d.F. vom 26.06.63, BGBl. Teil I, S. 442; Inhalt sind Tarifbedingungen der Erdgasversorgung.

[88] Vgl. Marcus, P., Schiffer, H.-W.: Grundlagen der Versorgungswirtschaft, a.a.O., S. 18.

[89] Vgl. Neuffer, H.: Umweltpolitische und betriebswirtschaftliche Aspekte, a.a.O., S. 170.

[90] Vgl. Schiffer, H.-W.: Energiemarkt Bundesrepublik Deutschland, a.a.O., S. 190.

[91] Vgl. Windfeder, H.: Marketing der Gaswirtschaft, in: Arbeitsgemeinschaft Weiterbildung Energie und Wasser (AGE) e.V. (Hrsg.), Der Kaufmann in der Energie- und Wasserversorgung, 3. Auflage, Frankfurt am Main 1992, S. 525.

[92] Der Wärmeäquivalenzpreis ist der Preis, der für eine Einheit Nutzenergie, also für eine Einheit Wärme, die beispielsweise im Heizkörper ankommt, zu zahlen ist. Berücksichtigt werden bei der Ermittlung z.B. unterschiedlich hohe Umwandlungsverluste im Heizkessel, die brennstoffbedingt sind. Hier spielt auch die Möglichkeit der Brennwertnutzung eine Rolle, die in der Regel nur beim Erdgas gegeben ist, und bei entsprechender Kesseltechnik die Ausnutzung des Brennstoffes um ca. fünf Prozentpunkte steigern kann.

[93] Vgl. Schiffer, H.-W.: Energiemarkt Bundesrepublik Deutschland, a.a.O., S. 189; Loew, H.: Einführung in die Elektrizitätswirtschaft, a.a.O., S. 1.

[94] Entsprechend der Entwicklung der Heizöl-Konkurrenz sind die Erdgaspreise binnen Jahresfrist (Stichtag: 1. April 1994) deutlich gesunken. Die Preissenkungen für Industriekunden betrugen im Durchschnitt 6,4%; vgl. o.V.: Gaspreise talwärts, in: Zeitung für Kommunale Wirtschaft, Heft 8, 1995, S. 6.

Gaswirtschaft bietet dies die Sicherheit einer auch in der Zukunft nachvollziehbaren und relativ sicher einschätzbaren Preisentwicklung.[95]

Die Preissetzung kann nach Tarif- und Sondervertragstarifen unterschieden werden. Nach *Tarifpreisen* werden hauptsächlich die Verbräuche der Haushalte abgerechnet. Größere Gasbezüge führen zu einer Sondervertragsregelung, wobei der Verhandlungsspielraum mit der Höhe der Abnahmemenge pro Jahr steigt. Zusätzlich sind die Preise der Erdgasversorgung in fixe Grundpreise[96] und variable Arbeitspreise[97] unterschieden.[98] Die Art der Preisfindung nach dem Prinzip des anlegbaren Preises gibt naturgemäß Anlaß zur Kritik. Im Mittelpunkt der Auseinandersetzung stehen hierbei die regional ohne sachlichen Grund stark differierenden Erdgaspreise. Einen Überblick über die regionalen Preisdifferenzen der Erdgaspreise gibt die folgende Abbildung:

Abbildung B5: Erdgaspreise in der BRD 1995 in DM/cbm

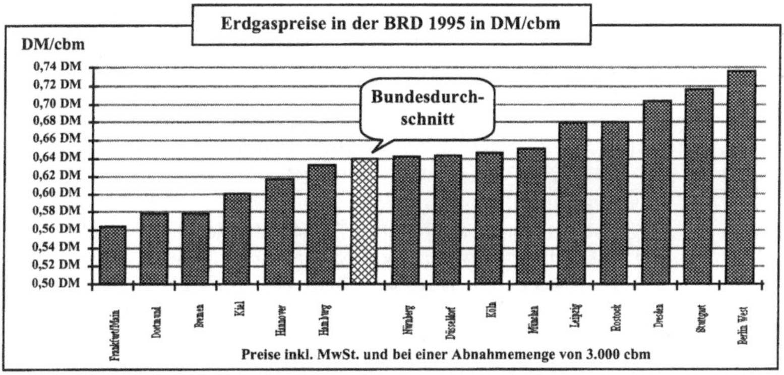

Quelle: In Anlehung an: o.V.: Brennstoffspiegel, in: Focus, Heft 44, 1995, S. 294.

So liegt der Preis für Erdgas in Frankfurt/Main bei ca. DM 0,56/cbm und liegt damit um ca. DM 0,18 unter dem Erdgaspreis in Berlin (West), der bei ca. DM 0,74/cbm liegt. Dies entspricht einer Preisdifferenz von ca. 32%.

Ungerechtfertigt hohen Preisunterschieden soll möglichst mit kartellrechtlichen Mitteln entgegengewirkt werden.[99] Diese Möglichkeit besteht trotz der außer Kraft gesetzten Preisaufsicht, da die Gaspreise weiterhin der sogenannten Mißbrauchsaufsicht des Gesetzes gegen Wettbewerbsbeschränkungen gemäß § 103 Abs. 5 Satz 2 Nr. 1 und 2 unterliegen.[100]

---

[95] Zur Ausgestaltung von Preisgleitklauseln vgl. Windfeder, H.: Marketing der Gaswirtschaft, a.a.O., S. 525; Rapp, A.: Die gemeinschaftsrechtliche Verwirklichung von Wettbewerb in der leitungsgebundenen Energiewirtschaft, a.a.O., S. 12.

[96] Die Grundpreise werden in der Regel einmalig pro Jahr unabhängig von der Abnahmemenge erhoben. Bei größeren Kunden, d.h. bei fast allen Industriekunden, wird der Grundpreis in Abhängigkeit der Leistungsbereitstellung erhoben. Bei diesen Kunden wird der Preis pro Kilowatt (kW) Bezugsleistung berechnet.

[97] Die Arbeitspreise werden pro Kubikmeter Erdgas bzw. umgerechnet pro Kilowattstunde (kWh) Erdgasbezug erhoben. Die Mengenmessung erfolgt dabei in Kubikmeter.

[98] Vgl. Grawe, J.: Grundlagen der deutschen Elektrizitätswirtschaft, a.a.O., S. 54; vgl. hierzu auch Kapitel D.II.2.a.bb.

[99] Vgl. Schiffer, H.-W.: Energiemarkt Bundesrepublik Deutschland, a.a.O., S. 189.

[100] So wurde beispielsweise dem brandenburgischen Gasversorger SpreeGas vom Kartellamt 1995 untersagt, seinen Kunden das Erdgas 60% teurer zu verkaufen als in dieser Region üblich; vgl. Garding, C.: Gib Gas!

In jüngster Zeit kommt Bewegung in die relativ starren Erdgaspreise. Auf der regionalen Verteilerstufe ist ein bis dahin in dieser Form unbekannter Wettbewerb um große Erdgasabnehmer entbrannt. Preissenkungen bis unter den bisher in der Preisfindung richtungsweisenden anlegbaren Preis sind durch eine direkte Gas-zu-Gas-Konkurrenz durch zwei Anbieter in einem Gebiet möglich. Durch diese Konkurrenz könnten sich reine Wettbewerbspreise, wie sie auf polypolistischen Märkten üblich sind, auch auf dem Erdgasmarkt bilden. Einerseits sind die Liefergebiete der Anbieter zwar gemäß der Ausnahmeregelungen des § 103 des Gesetzes gegen Wettbewerbsbeschränkungen durch Demarkationsverträge[101] voneinander getrennt, andererseits schließt dieses System der "Gebietsabgrenzung durch Absprache" prinzipiell einen Gas-zu-Gas-Wettbewerb nicht aus.[102]

In der vergleichsweise liberalen Bundesrepublik Deutschland ist grundsätzlich die Möglichkeit des freien Erdgasimportes und Leitungsbaus gegeben. Durch das Auftreten der Wintershall Gas GmbH (Wingas) und dem Wintershall Erdgas Handelshaus (WIEH), beides Töchter der BASF, besteht nunmehr erstmals seit 1992 ein direkter Erdgas-zu-Erdgas-Wettbewerb, der hauptsächlich den etablierten Marktführer Ruhrgas trifft.[103] Die BASF-Töchter ignorieren die Demarkationsabsprachen der anderen Anbieter und streben an, bundesweit ein eigenes Verteilnetz aufzubauen. Dieser Wettbewerb um Kunden spielt sich unter anderem in den Gebieten entlang der STEGAL (Sachsen-Thüringen-Erdgas-Leitung) ab. Aber auch in den alten Bundesländern fassen die BASF-Töchter langsam Fuß. Die Maingas AG wird ab Oktober 1995 ca. 18% ihrer Erdgasmenge nicht mehr bei der Ruhrgas AG, sondern bei der WIEH beziehen.[104]

Zusätzlich entsteht Preisdruck durch das verstärkte Angebot auf dem Erdgasmarkt. Norwegen und Großbritannien wollen beispielsweise ihre Fördermengen nachhaltig ausdehnen.[105] Ein verstärkter Gas-zu-Gas-Wettbewerb könnte daher zu einer Ablösung des Anlegbarkeitsprinzips[106] zugunsten einer freieren Preisbildung auf Basis der Erzeugungs- und Verteilkosten führen.[107] Das Ergebnis wäre dann eine völlige Umstrukturierung der europäischen Erdgasmärkte. Langfristige Verträge könnten durch kurzfristige Lieferverträge mit täglich wechselnden Spotpreisen ergänzt werden, wie sie derzeit bereits auf den Heizölmärkten vorherrschen.[108]

Es erscheint daher möglich, daß die neuesten Entwicklungen Bewegung in die bisher so sorgsam abgeschotteten Erdgasmärkte bringen. Dieses könnte zu bedeutsamen und wirt-

---

Neue Anbieter, Politik und das Kartellamt wollen das deutsche Gasmonopol brechen. Die Preise sinken, in: Focus, Heft 44, 1995, S. 293-296.

[101] Innerhalb eines abgegrenzten Gebietes gibt es nur einen Alleinanbieter. Dies bedeutet, daß sich beispielsweise die Thyssengas dort mit der Kundenaquisition zurückhält, wo Pipelines von der Ruhrgas liegen; vgl. Garding, C.: Gib Gas! Neue Anbieter, Politik und das Kartellamt wollen das deutsche Gasmonopol brechen. Die Preise sinken, a.a.O., S. 295.

[102] Vgl. Maichel, G., Schulten R.: Perspektiven für die deutsche und europäische Gaswirtschaft, in: Energiewirtschaftliche Tagesfragen, Zeitschrift für Energiewirtschaft, Recht, Technik und Umwelt, Jahrgang 44 (1994), Düsseldorf 1994, Heft 4, S. 195-199.

[103] Vgl. o.V.: Wintershall macht sich in der Branche unbeliebt. Wintershall-Chef Detharding befürwortet Wettbewerb - Keine Angst vor neuer Konkurrenz - Marktanteil steigt, in: Die Welt, Sonderbeilage Welt der Energie II, 10.06.1997, S. G5; Lochte, H.-G.: Entwicklungstendenzen in der Wärmewirtschaft der Bundesrepublik Deutschland, a.a.O., S. 184.

[104] Vgl. o.V.: Maingas kühlt die Preise ab. Wintershall faßt Fuß, in: Frankfurter Rundschau vom 31.08.95.

[105] Vgl. Garding, C.: Gib Gas! Neue Anbieter, Politik und das Kartellamt wollen das deutsche Gasmonopol brechen. Die Preise sinken, a.a.O., S. 293f.

[106] Vgl. Schneider, H.-K.: Die Gaspreisbildung nach dem Anlegbarkeitsprinzip, München 1977.

[107] Vgl. Windfeder, H.: Marketing der Gaswirtschaft, a.a.O., S. 589.

[108] Vgl. Maichel, G., Schulten R.: Perspektiven für die deutsche und europäische Gaswirtschaft, a.a.O., S. 195-199.

schaftlich wirkungsvollen Preisnachlässen für mittlere und große Erdgasverbraucher führen. Um ca. 10% bis 25% fallende Erdgaspreise werden in diesem Fall von Branchenkennern erwartet.[109]

Fallende Erdgaspreise würden zu positiven Auswirkungen auf den Betrieb einer gasversorgten Eigenstromerzeugungsanlage führen: Fallende Brennstoffeinsatzpreise auf der Faktoreinsatzseite können kräftige Entlastungen bei den variablen Kosten einer Kraft-Wärme-Kopplungsanlage zur Eigenstromerzeugung bedeuten.

Sofern das örtliche Stromversorgungsunternehmen auf einer anderen Technologie als der des Erdgases basiert, steigen die Erlöse oder Einsparungen durch eigenerzeugten Strom. Dadurch kann sich die Konkurrenzfähigkeit oder die Wirtschaftlichkeit einer Kraft-Wärme-Kopplungsanlage[110] erhöhen.

2. Der Heizölmarkt

Heizöl verliert zunehmend an Bedeutung bei der industriellen Energieversorgung und hat in Erdgas und Strom seine Hauptkonkurrenten. Der Anteil des Heizöls an der betrieblichen Energieversorgung ist zu Gunsten von Erdgas und Strom von ca. 39% im Jahre 1970 auf ca. 12% im Jahre 1990 zurückgegangen.[111] Dennoch hat Heizöl, insbesondere das leichte und extra leichte Heizöl, auch weiterhin Bedeutung bei der betrieblichen Energieversorgung.

Die folgende Abbildung B6 zeigt die Entwicklung des Heizölverbrauchs der deutschen Industrie - analog zur vorher dargestellten Entwicklung des Erdgasverbrauches - im Vergleich zum gesamten Endenergieverbrauch der deutschen Industrie. Aus der Abbildung ist deutlich ersichtlich, daß im Jahre 1970 - in etwa zur Zeit der ersten Ölkrise - die Abhängigkeit der Industrie vom Heizöl seinen Höhepunkt erreichte: Der gesamte Endenergieverbrauch betrug zu diesem Zeitpunkt ca. 91 Mio SKE, wobei der Anteil des Heizölverbrauchs im selben Jahr mit ca. 36 Mio SKE bei ca. 39% lag.

Abbildung B6: Endenergieverbrauch der deutschen Industrie und Anteil des Heizölverbrauchs

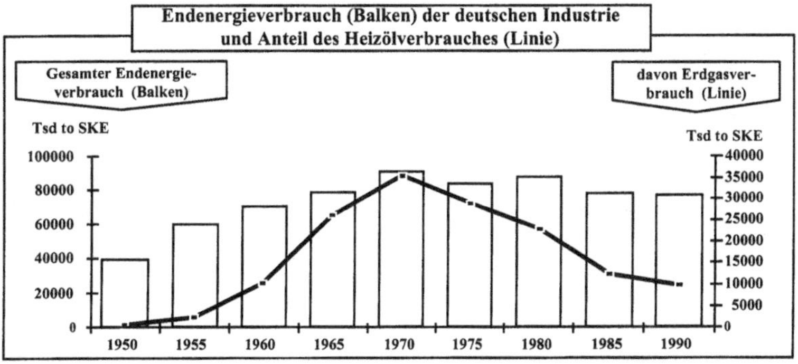

Quelle: Verband der Industriellen Energie- und Kraftwirtschaft (VIK) e.V.: Statistik der Energiewirtschaft 1993/94, Tafel 20, S. 31.

[109] Vgl. Garding, C.: Gib Gas! Neue Anbieter, Politik und das Kartellamt wollen das deutsche Gasmonopol brechen. Die Preise sinken, a.a.O., S. 293.

[110] Die Bezeichnung „KWK-Anlage“ wird im folgenden alternativ für den Begriff „Kraft-Wärme-Kopplungsanlage“ verwendet.

[111] Vgl. Verband der Industriellen Energie- und Kraftwirtschaft (VIK) e.V.: Statistik der Energiewirtschaft 1993/94, a.a.O., Tafel 20, S. 31; Wyand, M.: Markterfolg, a.a.O., S. 493.

a. Besonderheiten des Heizölmarktes

Heizöl wird durch chemisch-technische Umwandlungsprozesse in Raffinerien aus dem Primärenergieträger Rohöl gewonnen. Das Rohöl wird ebenso wie Erdgas durch Bohrungen erschlossen. Rohöl ist die Basis für eine Vielzahl von Produkten, die als Kuppelprodukte bei der Destillation oder beim Cracken[112] anfallen.

Heizöl ist kein leitungsgebundener Energieträger. Es wird zwar auch durch Pipelines transportiert, der überwiegende Transport erfolgt jedoch auf dem Wasserweg, auf der Schiene und bei der Endverteilung auf der Straße.[113] Insofern kann Heizöl jeden Kunden erreichen, da zum Transport die Infrastruktur des engvermaschten Straßennetzes genutzt wird. Kurzfristige Absatzschwankungen können durch Speicherung ausgeglichen werden. Die Möglichkeit der kostengünstigen Vorratshaltung macht Heizöl zu einem attraktiven Energieträger im Produktionsbereich. Die ständige Verfügbarkeit am Ort der Energieumwandlung führt zu einer wesentlichen Erhöhung der Versorgungssicherheit und trägt zur Sicherung einer unterbrechungsfreien Produktion bei.[114] Eine ähnlich hohe Versorgungssicherheit könnten leitungsgebundene Energieträger wie Erdgas oder Strom nur durch die Versorgung mit Hilfe mehrerer, voneinander unabhängiger Leitungen, bieten.[115]

Heizöl wird nach unterschiedlich hohen kinematischen Viskositäten in Heizöl extra leicht (Heizöl el) und Heizöl schwer (Heizöl s) unterteilt.[116] Das bei normalen Witterungsbedingungen flüssige Heizöl el findet seine Hauptverwendung bei der Bereitstellung von Raum- und Prozeßwärme. Heizöl s wird dagegen ausschließlich in der Industrie und von Kraftwerksbetreibern eingesetzt.[117] Heizöl s ist nur bei Vorerwärmung auf ca. 50°C flüssig und somit pump- sowie verbrennungsfähig.

Abbildung B7: Entwicklung des Verbrauchs von schwerem Heizöl im Vergleich zum leichten Heizöl in der deutschen Industrie

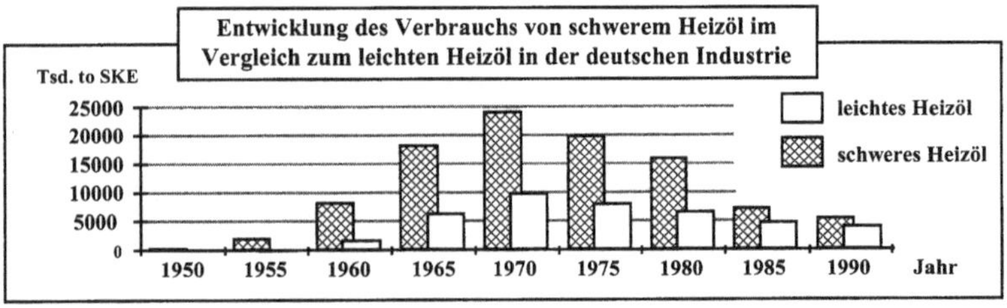

Quelle: Verband der Industriellen Energie- und Kraftwirtschaft (VIK) e.V.: Statistik der Energiewirtschaft 1993/94, Tafel 20, S. 31.

---

112 Cracken ist ein chemisches Verfahren, bei dem hochsiedende Bestandteile des Rohöls durch Einsatz von Katalysatoren und Hitze in niedrigsiedende Komponenten gespalten werden, und so eine Erhöhung der Ausbeute niedrigsiedender Komponenten wie beispielsweise Benzin erwirkt wird; vgl. Schneider, H.-K.: Produktion in der Energiewirtschaft, a.a.O., Sp. 494.

113 Vgl. Winje, D., Witt, D.: Energiewirtschaft, a.a.O., S. 129.

114 Vgl. hierzu Kapitel C.III.1.

115 Vgl. Loew, H.: Einführung in die Elektrizitätswirtschaft, a.a.O., S. 81.

116 Die kinematische Viskosität ist der Grad der Zähigkeit von Flüssigkeiten und wird in der DIN 51603 festgelegt. Bei Erwärmung sinkt, bei Abkühlung steigt die kinematische Viskosität. Die Meßtemperatur beträgt beim Heizöl el 20°C, beim Heizöl s 50°C; vgl. Schramek, E.-R.: Taschenbuch für Heizung und Klimatechnik, 67. Auflage, München 1995, S. 178; Mareske, A.: Energietechnik. Flüssige Brennstoffe, in: Beitz, W., Küttner, K.-H., Dubbel. Handbuch für den Maschinenbau, 17. Auflage, Berlin u.a. 1990, L 11.

117 Vgl. Schiffer, H.-W.: Energiemarkt Bundesrepublik Deutschland, a.a.O., S. 51-53.

Neben dem bereits dargestellten relativen und absoluten Rückgang des Heizölverbrauchs in der deutschen Industrie ist vor allem eine Reduzierung des Verbrauchs an schwerem Heizöl in der deutschen Industrie festzustellen. Dies geht aus der obigen Abbildung hervor:

Betrug der Verbrauch von schwerem Heizöl der deutschen Industrie im Jahre 1970 noch rund das Zweieinhalbfache vom Verbrauch des leichten Heizöls, so ist 1990 der Verbrauch von schwerem Heizöl nur noch knapp 30% höher als der des leichten Heizöls.[118]

Auf diese langfristig wirkenden Absatzstrukturveränderungen von Erdölprodukten konnte die Mineralölindustrie durch Veränderung ihrer technischen Anlagen reagieren. Das Kuppelverhältnis des Heizölanteils ist nicht fest und kann in gewissen Grenzen variiert werden.[119] So konnte die Mineralölindustrie auf den Absatzrückgang beim schweren Heizöl durch verstärkten Zubau von Konversationsanlagen reagieren, in denen die schweren Rückstandsöle in leichtere Komponenten, wie beispielsweise Benzin oder Heizöl extra leicht, umgewandelt werden.[120]

b. Anbieterstruktur

Die starke Expansion des Verbrauches von Mineralölprodukten in der Zeit von 1950 bis 1973 war von einem umfangreichen Raffinerieneubauprogramm begleitet. Der starke Verbrauchsanstieg machte es aus logistischen Gründen notwendig, das Rohöl in die Schwerpunkte des Konsums zu transportieren und es dort zu verarbeiten. Dies führte zu der heutigen Konzentration der westdeutschen Raffineriekapazität im wesentlichen auf vier Standorte: Im Norden das Raffineriezentrum Hamburg, im Westen das Ruhrgebiet, im Südwesten Raffinerien im Raum Karlsruhe und im Süden Raffinerien im Raum Ingolstadt.[121] Ergänzt werden diese vier Standorte durch zwei weitere im Osten: die Raffinerie Schwedt nordöstlich von Berlin an der polnischen Grenze und das Raffineriezentrum im Raum Leipzig. Über Pipelines wird das Rohöl von den Nordseehäfen und den nördlichen Mittelmeerhäfen wie Genua, Triest und Marseille zu den Raffineriezentren transportiert und dort verarbeitet.

Der Transport und die Verteilung der Mineralölprodukte ab Raffinerie erfolgen über drei Wege: Im Direktgeschäft beziehen die Verbraucher das Produkt direkt von der Mineralölgesellschaft bzw. ihrer Vertriebsorganisation. Dieser Vertriebsweg kommt aber nur bei Abnahme größerer Mengen in Betracht. Beim Kommissionsgeschäft vertreiben Einzelhändler als Kommissionäre einer Mineralölgesellschaft ausschließlich deren Produkte. Der Kommissionär hat eine gewisse Handlungsfreiheit bei der Preisgestaltung, da er frei kalkulieren kann. Der dritte Vertriebsweg führt über unabhängige Großhändler, die ihre Produkte importieren bzw. Überschüsse der Mineralölgesellschaften aufkaufen. Ihre Produkte vertreiben die unabhängigen Großhändler entweder direkt oder über den Einzelhandel.[122] Auf allen drei Vertriebswegen agieren insgesamt ca. 10.000 Händler, davon haben ca. 2.000 ihren Umsatzschwerpunkt nicht im Heizölvertrieb, sondern vertreiben Heizöl im Nebengeschäft.[123]

---

[118] Vgl. Verband der Industriellen Energie- und Kraftwirtschaft (VIK) e.V. (Hrsg.): Statistik der Energiewirtschaft 1993/94, a.a.O., Tafel 20, S. 31.

[119] Das Kuppelverhältnis charakterisiert die Anteile der verschiedenen Kuppelprodukte an der gesamten Ausbringungsmenge der Anlage, vgl. Riebel, P.: Kuppelproduktion, in: Kern, W. (Hrsg.), Enzyklopädie der Betriebswirtschaft. Band VII, Handwörterbuch der Produktionswirtschaft, Stuttgart 1979, Sp. 1015f.

[120] Vgl. Jürgensen, H: Mineralölindustrie, in: Oberender, P. (Hrsg.), Marktstruktur und Wettbewerb in der Bundesrepublik Deutschland. Branchenstudien zur deutschen Volkswirtschaft, München 1994, S. 148.

[121] Vgl. Schiffer, H.-W.: Energiemarkt Bundesrepublik Deutschland, a.a.O., S. 41.

[122] Vgl. Winje, D., Witt, D.: Energiewirtschaft, a.a.O., S. 126.

[123] Der Heizölhandel im Nebengeschäft ist oftmals an Tankstellen oder Baustoffhandlungen angegliedert. Dieser erfolgt in der Regel in Regionen mit geringer Kundendichte. Außerdem gibt es ein Netz von Warengenossenschaften mit Schwerpunkt im ländlichen Raum; vgl. u.a. Schiffer, H.-W.: Energiemarkt Bundesre-

Wie bereits bei der Erdgasversorgung erwähnt, hat die Anbieterstruktur Einfluß auf die Preisfindung des Endenergiemarktes. Diese Tatsache spielt auch bei der Preisfindung des Heizöls eine Rolle.

c. Preisbildungsmechanismen

Der bundesdeutsche Mineralölmarkt ist im Gegensatz zu den anderen nationalen Energiemärkten durch eine größere Wettbewerbsintensität geprägt, die ihrerseits Einfluß auf die Preisbildung der einzelnen Ölprodukte hat.

Wettbewerbsauslöser und -verstärker sind freie Importeure[124], die auf dem oligopolistischen, durch wenige Mineralölgesellschaften gekennzeichneten Mineralölmarkt als Grenzanbieter auftreten. Hierdurch wird genügend Wettbewerb geschaffen, der einer einheitlichen Preisgestaltung der Anbieter entgegenwirkt. Die freien Importeure decken ihren Bedarf hauptsächlich auf dem Rotterdamer (Spot)Markt, so daß der Preisfindung auf diesem Markt auch für den nationalen Bereich, d.h. letztendlich auch für den Heizölpreis der Betriebe, eine große Bedeutung zukommt.[125] Das Preisniveau der einzelnen Produktgruppen der Mineralölindustrie ist unterschiedlich hoch. Einerseits spiegelt sich im Preis die unterschiedliche Nachfrage der verschiedenen Produkte wider, andererseits fließen unterschiedlich hohe Produktionskosten für die einzelnen Produkte ein.[126] Als problematisch erweist sich in diesem Zusammenhang, daß Rohölprodukte in Kuppelproduktion in ein und derselben Anlage gewonnen werden. Die Kosten der gesamten Kuppelproduktion lassen sich im Gegensatz zu einer synthetischen Fertigung jedoch nicht eindeutig den einzelnen Kuppelprodukten zuordnen. Dadurch ist es nicht möglich, den einer verursachungsgerechten Kostenträgerstückrechnung entsprechenden exakten Angebotspreis zu ermitteln.

Die Großhandelspreise für Heizöl el auf dem deutschen Markt bilden sich auf Basis der Rotterdamer Preisnotierungen zuzüglich der Importeur- und Frachtkosten. Aufgrund der höheren Transportentfernungen sind die Preise im Süden und im Südwesten tendenziell höher als im Norden und im Westen. Auf der Einzelhandelsebene bilden sich die Preise in Abhängigkeit der Fracht- und sonstigen Kosten sowie der Gewinnspannen der Einzelhändler. In der Regel sind Preisvorteile bei größeren Abnahmemengen wegen der fallenden durchschnittlichen Lieferkosten je Einheit zu erzielen.

Wettbewerbsverschärfend und preisdämpfend ist aber auch die Tatsache, daß - zusätzlich zum Wettbewerb der Heizölanbieter untereinander - ein Wettbewerb mit substitutiven Energieträgern wirksam wird. Insbesondere die privaten Haushalte, aber auch Industrie und Gewerbe haben die Tendenz, bei steigenden Heizölpreisen zunehmend auf Konkurrenzenergieträger umzusteigen.[127] Einen Überblick über die Preise für Heizöl el gibt die Abbildung B8.

---

publik Deutschland, a.a.O., S. 52; Lochte, H.-G.: Entwicklungstendenzen in der Wärmewirtschaft der Bundesrepublik Deutschland, a.a.O., S. 171.

[124] Freie Importeure sind in der Regel von den multinationalen Ölgesellschaften unabhängige Händler, die einen Großteil ihrer Menge "frei" zukaufen. Vgl. Schiffer, H.-W.: Energiemarkt Bundesrepublik Deutschland, a.a.O., S. 52.

[125] Auf dem Rotterdamer Markt agieren Industrieunternehmen, Raffinerien, internationale Handelsunternehmen, OPEC- und Ostblockländer. Der Preis für Mineralölprodukte ist sehr eng an die Entwicklung der Spot-Rohölkosten gekoppelt. Preisänderungen werden in der Regel an den Endkunden weitergegeben. Die "Ölkrise 1973" führte zu einem anhaltenden Preisanstieg des Rohöls. Die Situation kurz vor und während des Golfkriegs 1990/91 führte ebenfalls zu einem kurzfristigen Preisanstieg des Rohöls. Zur Zeit liegt der Rohölpreis jedoch sehr niedrig; vgl. Winje, D., Witt, D.: Energiewirtschaft, a.a.O., S. 134.

[126] Vgl. Winje, D., Witt, D.: Energiewirtschaft, a.a.O., S. 135.

[127] Zu berücksichtigen ist jedoch die Tatsache, daß eine Umstellung auf einen anderen Energieträger nicht sofort erfolgen kann, weil beispielsweise der Wärmeerzeuger noch nicht vollständig abgeschrieben ist oder Erdgas deshalb nicht verfügbar ist, weil keine Leitungen vorhanden sind; vgl. Jürgensen, H.: Mineralölindustrie, a.a.O., S. 159.

Abbildung B8: Heizölpreise in der BRD 1995 in DM/Liter

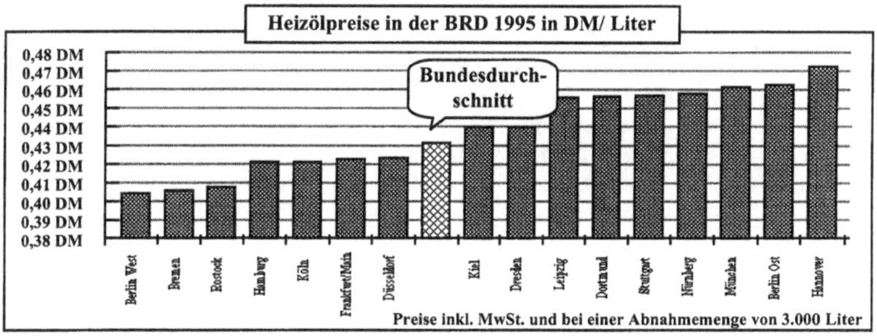

Quelle: In Anlehung an: o.V.: Brennstoffspiegel, a.a.O., S. 294.

Aus der Übersicht wird ersichtlich, daß die Preise nicht so stark um den Mittelwert streuen wie beim Erdgas. Dies läßt vermuten, daß sich aufgrund der Marktstruktur der Versorgung mit Heizöl el ein relativ einheitlicher Marktpreis eher einstellt als beim Erdgas, weil der Marktmechanismus beim Heizöl el besser funktioniert.

Im Gegensatz zum Heizöl el fehlt beim Heizöl s die Einzelhandelsebene völlig. Dies erklärt sich daraus, daß die Abnehmer des schweren Heizöls im wesentlichen industrielle Großverbraucher bzw. Kraftwerksbetreiber sind. Diese werden direkt ab Raffinerie oder vom Großhändler versorgt. Aufgrund größerer Liefermengen verringern sich die Transportkosten je Einheit und können so preisgünstiger angeboten werden.[128]

Heizöl ist auf dem Wärmemarkt in einer Rückbildungsphase und wird zunehmend vom Erdgas verdrängt. Diese Tendenz der letzten Jahre wird sich voraussichtlich auch in der Zukunft fortsetzen, da Heizöl aus umweltpolitischen Gründen dem Erdgas unterlegen ist, und bei Neuanschlüssen zunehmend das weniger umweltschädliche Erdgas bevorzugt wird.[129] Im Gegensatz zum Erdgas entsteht bei der Heizölverbrennung Ruß und Schwefeldioxid, welches nur unter großem technischen Aufwand aus der Abluft gefiltert bzw. bei der Entstehung unterdrückt werden kann.

Die zukünftige Preisentwicklung beim Heizöl ist in hohem Maße von der Entwicklung der Rohölpreise abhängig. Diese sind wiederum von den auf dem Weltmarkt angebotenen Mengen der erdölproduzierenden Länder abhängig. Zur Zeit ist das Erdölangebot relativ groß, was sich in den relativ stabilen und niedrigen Heizölpreisen ausdrückt. Diese Preisstabilität kann sich allerdings in kurzer Zeit umkehren, wie die Geschehnisse während der sogenannten "Ölkrise" der siebziger Jahre und während des "Golfkrieges" im Jahre 1990/1991 gezeigt haben. Wie im Abschnitt I erläutert, sind die Erdölreserven endlich, wodurch langfristig eher Preissteigerungen vermutet werden können.

Da die (variablen) Brennstoffkosten die Wirtschaftlichkeit von Eigenstromerzeugungsanlagen, also insbesondere auch KWK-Anlagen, beeinflussen, kann vor allem eine kurzfristige Preiserhöhung des Heizöls zu einer Belastung der Wirtschaftlichkeit einer KWK-Anlage führen. Vorteil des Energieträgers Heizöl ist es jedoch, daß durch entsprechende Lagerhaltung kurzfristige Preissteigerungen ausgeglichen werden können.

---

[128] Vgl. Winje, D., Witt, D.: Energiewirtschaft, a.a.O., S. 136.

[129] Vgl. Lochte, H.-G.: Entwicklungstendenzen in der Wärmewirtschaft der Bundesrepublik Deutschland, a.a.O., S. 480.

Durch den Betrieb einer heizölbefeuerten KWK-Anlage kann darüber hinaus die Versorgungssicherheit einer Unternehmung zusätzlich auf die betriebsinterne Stromversorgung ausgedehnt werden, so daß die Forderung nach einer sicheren und störungsfreien Produktion in erhöhtem Maße erfüllt wird. Zu bedenken ist allerdings, daß industrielle Eigenstromerzeugungsanlagen mit Kraft-Wärme-Kopplung nur in sehr wenigen Fällen eine Kapazität vorhalten, die im Inselbetrieb eine Notstromversorgung für das gesamte Unternehmen aufzunehmen vermag. Trotzdem macht dies den KWK-Einsatz besonders in den Branchen interessant, in denen ein hohes Interesse an Versorgungssicherheit wesentlicher Teile der Produktion besteht.[130]

3. Der Fernwärmemarkt

Die Versorgung mit dem leitungsgebundenen Energieträger Fernwärme ist relativ jung.

Ein forcierter Ausbau der Fernwärmeversorgung setzte in der Bundesrepublik Deutschland in den sechziger Jahren ein und wurde durch umfangreiche Subventionen und andere politische Maßnahmen, wie beispielsweise ein Anschluß- und Versorgungszwang, flankiert.[131]

Diese Entwicklung des Fernwärmeverbrauchs der deutschen Industrie geht aus der folgenden Abbildung hervor:

Abbildung B9: Endenergieverbrauch der deutschen Industrie und Anteil der Fernwärme

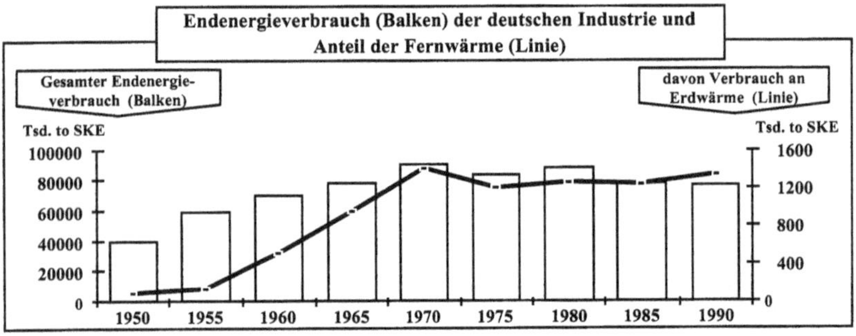

Quelle: Verband der Industriellen Energie- und Kraftwirtschaft (VIK) e.V.: Statistik der Energiewirtschaft 1993/94, Tafel 20, S. 31.

Fernwärme hat in der industriellen Energieversorgung im Vergleich zu den bisher dargestellten Energieträgern lediglich eine sehr geringe Bedeutung: Ihr Anteil am gesamten Endenergieverbrauch der deutschen Industrie in Höhe von ca. 77 Mio to SKE betrug im Jahr 1990 mit ca. 1,3 Mio to SKE nur knapp 2%.

Die Fernwärme spielt dabei für die industrielle Energieversorgung eine regional sehr unterschiedliche Rolle. Ein verstärkter Anschluß von Industriebetrieben an das Versorgungsnetz findet in der Regel lediglich dort statt, wo es möglich ist, in zentral gelegenen, großen Heizkraftwerken nennenswerte Mengen Wärme auszukoppeln und zu günstigen Konditionen an

[130] Hierzu gehören insbesondere die Branchen, bei denen die Störung der Produktion hohe Kosten für das Wiederanfahren der unter normalen Bedingungen permanent laufenden Anlagen erfordert. Dies sind unter anderem die Papierindustrie, die Rohöldestillation und Teilbereiche der eisenschaffenden Industrie.

[131] Vgl. Lochte, H.-G.: Entwicklungstendenzen in der Wärmewirtschaft der Bundesrepublik Deutschland, a.a.O., S. 187ff.

die Betriebe zu liefern.[132] Dies sind unter anderem die Regionen um den deutschen Steinkohlen- und Braunkohlenbergbau.[133]

Durch die spezifisch hohen Kosten des Kohlentransportes ist es speziell beim Braunkohlenbergbau wirtschaftlich sinnvoller, Kraftwerke in der Nähe der Abbaugebiete zu errichten, als die Kohle zu den Kraftwerken zu transportieren. Außerdem sind in den Kohlenzentren weitere Industriezweige beheimatet, die ihrerseits größere Mengen Wärmeenergie für Produktionszwecke benötigen. Aus diesem Grund finden sich beispielsweise im Ruhrgebiet größere Fernwärmenetze mit mehreren, daran angeschlossenen Industriebetrieben.[134]

a. Besonderheiten der Fernwärmeversorgung

Fernwärme ist eine typische Endenergie und wird beim Erzeuger durch thermische Prozesse (Verbrennung) aus den verschiedenen Primärenergieträgern umgewandelt.

Bei der Fernwärme handelt es sich um einen leitungsgebundenen Energieträger. Damit sind der Transport und die Verteilung der Fernwärme ebenso wie das Erdgas an feste Leitungsnetze gebunden. Diese Leitungsnetze sind allerdings in geringerem Umfang als die Erdgas- und Stromnetze vorhanden.

Die Fernwärmeversorgung beruht auf dem Prinzip einer strikten räumlichen Trennung von Wärmeproduktion auf der einen und Wärmeverbrauch auf der anderen Seite.[135] Die Fernwärme kann in wirtschaftlicher Weise nur über relativ geringe Distanzen zum Verbraucher transportiert werden, da andernfalls der Aufwand für die Wärmeverteilung unverhältnismäßig ansteigen würde.

Als Wärmeträgermedium kommt meist Heißwasser zum Einsatz.[136] Diese Art des Wärmetransports ist kennzeichnend für einen wesentlichen Vorteil der Fernwärme: Die Wärmelieferung ist relativ ungefährlich, Folgeschäden bei Leitungsundichtigkeiten oder Leitungsbrüchen verlaufen wesentlich harmloser als im Vergleich zu Heizöl oder Erdgas.

Die Fernwärmenetze haben die Aufgabe, die in zentralen Anlagen erzeugte Wärme innerhalb der Fernwärmegebiete an die einzelnen Kunden zu verteilen. Dabei kommen überwiegend

---

[132] Ein aktuelles Beispiel für den Aufbau eines Fernwärmenetzes stellt der Abschluß eines Liefervertrages zwischen den Ford-Werken Köln und der GEW dar. Danach legen die Ford-Werke ihr eigenes Heizkraftwerk ab August 1996 still und die Lieferung von Wärme wird von der GEW übernommen. Hierzu muß eine 2,5 km lange Rohrleitung gelegt werden, durch die pro Jahr ca. 350 Mio kWh Wärme für Raumheizung und Prozeßwärme bei einer Temperatur von 240°C transportiert werden. Vgl. Röhrlich, D.: Einzigartige Kooperation. Fordwerke beziehen Wärme von der GEW, in: Energiespektrum, Heft 1, 1996, S. 36-37.

[133] Der ostdeutsche Braunkohlenbergbau konzentriert sich in der Lausitzer Region, die westdeutschen Braunkohlen- und Steinkohlengebiete sind im Rheinland zwischen Aachen und Köln bzw. im Ruhrgebiet; vgl. o.V.: Tricks und Mauscheleien. Wie der RWE-Filz das Braunkohlenrevier regiert, in: Der Spiegel, Heft 46, November 1995, S. 90.

[134] Seit 1983 wird beispielsweise die "Fernwärmeschiene Saar" betrieben, in die neben den großen Kohleheizkraftwerken auch die Abwärme einer Kokerei eingespeist wird. Die "Fernwärmeschiene Saar versorgt neben kommunalen Gebäuden sowie Wohnhäusern auch im nenneswerten Umfang Industrie- und Gewerbebetriebe. Mittlerweile hat die "Fernwärmeschiene Saar" eine Leitungslänge von 130 km erreicht; vgl. o.V.: Das Saarbrücker Zukunftskonzept Energie. Beispiel der Nutzung der Abwärme einer Kokerei, Stadtwerke Saarbrücken AG (Hrsg.), Saarbrücken ohne Jahresangabe, S. 173ff.

[135] Vgl. Schröter, K.: Die wettbewerbspolitische Behandlung der leitungsgebundenen Energiewirtschaft, in: Folkers u.a. (Hrsg.), Hohenheimer Volkswirtschaftliche Schriften, Band 3, Frankfurt am Main u.a. 1986, S. 119ff.

[136] Vgl. Jungbluth, Manthey: Externe Abwärmenutzung, in: Forschungsstelle für Energiewirtschaft (FfE), Fernwärme - Forschungsinstitut (FFI), VDI-Gesellschaft Energietechnik (VDI), Vereinigung Industrielle Kraftwirtschaft e.V. (VIK) (Hrsg.), Rationelle Wärmenutzung in kleinen und mittleren Betrieben, Hemmingen 1991, S. 91.

Zweileiternetze[137] zum Einsatz, die aus einer Vorlauf- und einer Rücklaufleitung bestehen. Die Rohrleitungen sind durch wirksame Dämmungsmaßnahmen gegen Wärmeverluste geschützt. Eine Übergabe der Wärmeenergie an die Kunden erfolgt in Fernwärmekundenanlagen. Zur Erhöhung der Wärmetransportkapazität des Wärmeverteilnetzes wird dabei eine möglichst hohe Temperaturdifferenz zwischen der Vorlauf- und der Rücklauftemperatur benötigt. Je höher diese Temperaturspreizung ist, desto höher ist die übertragbare Wärmeenergie.

Der Anschluß an die Kundenanlage kann direkt oder indirekt erfolgen.[138] Wegen des erreichbaren Temperaturniveaus wird die Fernwärme vorrangig zur Deckung des Raumwärmebedarfs, zur Warmwassererwärmung und zur Bereitstellung industrieller Prozeßwärme niedriger Temperatur eingesetzt. Der verstärkte Einsatz zur Deckung industrieller Prozeßwärme hoher Temperatur scheitert an der dort benötigten hohen Wärmeträgertemperatur, da die Temperatur des Heißwasservorlaufes in der Regel ca. 150°C nicht überschreitet.[139]

Rund 80% der Fernwärmeverteilkosten sind Kapitalkosten für die Rohrleitungen.[140] Die Leitungsverlegekosten sind durch doppelte Leitungsstränge und die notwendige Wärmedämmung im Vergleich zu den Leitungskosten der Erdgasversorgung wesentlich höher. Daher ist eine ausreichend große Wärmedichte, d.h. der Anschluß möglichst vieler Verbraucher, ein wesentliches Kriterium für einen wirtschaftlichen Betrieb. Dabei ist die minimal notwendige Wärmedichte von der Art der Verlegung abhängig.[141] Eine Verlegung im innerstädtischen Bereich verursacht durch die Bodenversiegelung höhere Kosten als die Verlegung im Neubaugebiet. Damit eine möglichst hohe Wärmedichte erreicht wird, besteht die grundsätzliche Möglichkeit eines Anschluß- und Benutzungszwanges, der in den Gemeindeordnungen fixiert werden kann.

Fernwärme ist in begrenztem Umfang speicherbar. Die Speicherung zum Ausgleich tageszeitlicher Abnahmeschwankungen erfolgt in großen, gegen Wärmeverluste besonders gut gedämmten Stahltanks, in denen die Wärme bis zum Gebrauch bevorratet wird. Saisonale Schwankungen können in Erdwärmespeichern ausgeglichen werden. Diese Speicherart verursacht jedoch hohe Kosten und wird überwiegend in Verbindung mit einer solaren Wärmeerzeugung im Sommer eingesetzt.

Besondere Bedeutung hat die Fernwärme im Rahmen örtlicher und regionaler Energieversorgungskonzepte, da sie wesentliche energiepolitische Forderungen wie Sicherung der Primärenergieressourcen, rationelle Energieanwendung, Substitution von Heizöl und die verstärkte Nutzung industrieller Abwärme sowie nachwachsender Rohstoffe erfüllt.[142]

---

[137] Im Gegensatz zur Erdgasversorgung, bei der das Netz lediglich aus einer Leitung besteht, und der Energieträger bei der Umwandlung in Wärme stofflich untergeht, benötigt der Wärmetransport mit Hilfe von Heißwasser zwei Leitungen. Der Wärmeträger, das Heißwasser, geht bei dieser Art der Energielieferung nicht unter, sondern wird abgekühlt zurück zum Erzeuger transportiert und zirkuliert in einem geschlossenen System.

[138] Zu den Unterschieden der einzelnen Übergabeanlagentypen vgl. Deuster, G.: Grundlagen der deutschen Fernwärmewirtschaft, in: Arbeitsgemeinschaft Weiterbildung Energie und Wasser (AGE) e.V. (Hrsg.), Der Kaufmann in der Energie- und Wasserversorgung, 3. Auflage, Frankfurt am Main 1992, S. 81ff.

[139] Vgl. hierzu die Ausführungen in Kapitel D.II.2.b und E.II.1.b; vgl. Deuster, G.: Grundlagen der deutschen Fernwärmewirtschaft, a.a.O., S. 81.

[140] Vgl. Neuffer, H.: Umweltpolitische und betriebswirtschaftliche Aspekte, a.a.O., S. 179; Deuster, G.: Grundlagen der deutschen Fernwärmewirtschaft, a.a.O., S. 88ff.

[141] Die Wärmedichte ist das Maß für die Anzahl der angeschlossenen Verbraucher und die Menge der abgenommenen Wärmeleistung. Dabei werden die an die Fernwärmeleitung angeschlossenen Wärmeleistungen in "Leistung pro Fläche" umgerechnet. Vereinfachend ausgedrückt bedeutet eine hohe Wärmedichte, daß viele Verbraucher an die Fernwärmeleitungen, beispielsweise pro Straßenzug, angeschlossen sind.

[142] Die Nutzung industrieller Abwärme ist neben einem verstärkten Einsatz von KWK-Anlagen eine weitere, ressourcenschonende Maßnahme, da die ungenutzte industrielle Abwärme prinzipiell einer sinnvollen Nut-

Im Vergleich zu den alten Bundesländern hatte die Fernwärmewirtschaft in der ehemaligen DDR eine wesentlich größere Bedeutung.[143] Die Wärme wurde dabei meist auf Braunkohlenbasis in Heizwerken ohne Stromproduktion erzeugt. Durch die überalterten Erzeugungsanlagen und die vergleichsweise hohen Wärmetransportverluste genügten diese Anlagen in der Regel nicht den modernen Anforderungen und verursachten neben hohen Umweltbelastungen auch hohe Kosten.

Durch ein Sanierungsprogramm mit einem Gesamtvolumen von DM 900 Mio wurde mittlerweile die Sanierung der ostdeutschen Fernwärmeversorgung gefördert, um die Fernwärmeversorgung in den neuen Bundesländern auf eine wettbewerbsfähige und umweltfreundliche Basis zu stellen.[144]

b. Anbieterstruktur und Erzeugungsanlagen

Im Bereich der Fernwärmeversorgung ist auf allen Marktstufen in jeweils einem Gebiet nur ein Unternehmen tätig. Die Erzeugung, der Transport und der Verkauf an die Endverbraucher liegen in der Regel in einer Hand. Ein weiteres Kennzeichen des Fernwärmemarktes ist, daß die Fernwärmeversorgung überwiegend von kommunalen Unternehmen wahrgenommen wird, die im Querverbund meist auch die Sparten Strom, Erdgas und Wasser abdecken.[145]

Die Wärmeerzeugung erfolgt entweder in Heizwerken ohne Stromerzeugung oder in Heizkraftwerken mit Stromerzeugung. Fernwärme wird vorzugsweise für die Raumbeheizung sowie für die Warmwasserbereitung genutzt, wodurch ihr Einsatz starken jahreszeitlichen Schwankungen unterworfen ist.[146]

Zur möglichst kostengünstigen Wärmebereitstellung sind verschiedene Typen von Erzeugungsanlagen erforderlich. Die Erzeugungsanlagen werden in Grundlasterzeuger und Spitzenlasterzeuger unterschieden.[147]

Grundlasterzeuger sind überwiegend Heizkraftwerke, die auf der Technologie der Kraft-Wärme-Kopplung basieren und möglichst gleichmäßig das ganze Jahr über Wärme erzeugen. Ihre Größe orientiert sich an der Wärmeenergie, die auch im Sommer bzw. in der sogenannten Übergangszeit Herbst/Frühling benötigt wird. Die Erzeugung der Fernwärme erfolgt zu ca.

---

zung -beispielsweise zur Raumwärmeerzeugung von Haushalten- zugeführt werden kann. Dieses wird im Rahmen dieser Untersuchung aufgrund der Schwerpunktsetzung auf KWK-Anlagen jedoch nicht weiter behandelt. Zum Thema Abwärmenutzung vgl. unter anderem Kröplin, Leis, Ilmberger, Schaefer, Wagner: Rationelle Energieanwendung - Interne Abwärmenutzung, in: Forschungsstelle für Energiewirtschaft (FfE) / Fernwärme - Forschungsinstitut (FFI) / VDI - Gesellschaft Energietechnik (VDI) / Vereinigung Industrielle Kraftwirtschaft e.V. (VIK) (Hrsg.), Rationelle Wärmenutzung in kleinen und mittleren Betrieben, München 1991, S. 31ff; Deuster, G.: Grundlagen der deutschen Fernwärmewirtschaft, a.a.O., S. 105.

[143] Im Jahre 1989 wurden in der DDR beispielsweise fast ein Viertel der Wohnungen mit Fernwärme beliefert, in der Bundesrepublik bzw. in den alten Bundesländern weniger als ein Zehntel. Vgl. Lochte, H.-G.: Entwicklungstendenzen in der Wärmewirtschaft der Bundesrepublik Deutschland, a.a.O., S. 189. Die entsprechenden Zahlen für 1993 lauten: Neue Bundesländer 27%, alte Bundesländer 9%; vgl. Uhlmannsiek, B.: Fernwärme im Wärmemarkt. Zuwachs im Westen, in: Informationszentrale der Elektrizitätswirtschaft (IZE) e.V. (Hrsg.), Stromthemen, Informationen zu Energie und Umwelt, Jahrgang 12, Frankfurt am Main 1995, Nr. 7, S. 3.

[144] Vgl. Uhlmannsiek, B.: Fernwärmeprogramm für neue Bundesländer 1992-1994. 900 Mio. DM für Sanierungsmaßnahmen, in: Informationszentrale der Elektrizitätswirtschaft (IZE) e.V. (Hrsg.), Stromthemen, Informationen zu Energie und Umwelt, Jahrgang 12, Frankfurt am Main 1995, Nr. 7, S. 3.

[145] Vgl. Budde, H.-J., Deuster, G., Zahn, G.: Zusammenarbeit der Anlagenbetreiber mit der Versorgungswirtschaft, in: Suttor, K.-H., Suttor, W. (Hrsg.), Handbuch der Kraft-Wärme-Kopplung. Für Planer, Betreiber, Ausbildung, Karlsruhe 1991, S. 207; Deuster, G.: Grundlagen der deutschen Fernwärmewirtschaft, a.a.O., S. 107.

[146] Vgl. Deuster, G.: Grundlagen der deutschen Fernwärmewirtschaft, a.a.O., S. 90f.

[147] Vgl. Begriffe der Elektrizitätsübertragung und -verteilung, in: Vereinigung Deutscher Elektrizitätswerke (VDEW) e.V. (Hrsg.), Begriffsbestimmungen in der Energiewirtschaft, 6. Auflage, Frankfurt 1990, S. 32.

80% aus Kraft-Wärme-Kopplung.[148] Die Spitzenlast-Fernwärme im Winter wird durch Heizwerke ohne Stromerzeugung bereitgestellt, da letztere kurzzeitige Nachfragespitzen durch geringere Investitionskosten kostengünstiger erzeugen können. Diese Kraftwerke werden in der Regel mit Heizöl oder Erdgas befeuert.[149]

Der Vorteil der zentralen Erzeugungsanlagen liegt in der freien Auswahl des Basisbrennstoffes. Einzelne Heizungsanlagen haben so z.B. die Möglichkeit der Müllverbrennung bzw. des Einsatzes regenerativer Energien, wie Bio-, Klär- und Deponiegase, Stroh, Holzreststoffe und Ölpflanzen.[150] Auch die Nutzung industrieller Abwärme[151] oder der Sonnenenergie[152] sind mögliche Varianten der Fernwärmeerzeugung.

c. Die Preisstruktur auf dem Fernwärmemarkt

Da die Fernwärme vorwiegend zur Deckung des Raumwärmebedarfs und zur Bereitstellung von Warmwasser verwendet wird, steht sie innerhalb dieses Niedertemperaturwärmemarktes im Wettbewerb mit Heizöl, Erdgas und Nachstspeicherheizstrom. Eine Monopolstellung gibt es nur in den Gebieten, in denen ein Anschluß- und Benutzungszwang besteht. Wegen der verschiedenen Möglichkeiten der Fernwärmebereitstellung sind die Vorschriften des Energiewirtschaftsgesetzes bezüglich der Anschluß- und Versorgungspflicht im Gegensatz zur Elektrizitätsversorgung nicht anzuwenden. Die rechtlichen Grundlagen der Fernwärmeversorgung bilden die Allgemeinen Versorgungsbedingungen (AVB).[153] Die AVB-Fernwärme gehen von einer Vertragsfreiheit, besonders bei der Preisgestaltung zwischen dem Fernwärmelieferant und dem Fernwärmekunden aus.

Die Preisbildung orientiert sich an Heizöl el und Erdgas. Der anlegbare Wärmepreis muß dabei auf Basis der bezogenen Nutzenergie ermittelt werden, da bei der Fernwärme im Gegensatz zu den Konkurrenzenergieträgern Erdgas und Heizöl keine Umwandlungsverluste anfallen.[154] Weiterhin werden hinsichtlich der Preisfindung bei der Fernwärmeversorgung beispielsweise die vermiedenen Kosten für die Öllagerung sowie die vermiedenen Kapitalkosten für den Heizkessel berücksichtigt. Auch kann bei der Fernwärmeversorgung die Preisentwicklung durch Preisänderungsklauseln an sich ändernde Kostenfaktoren gekoppelt werden. Dies können unter anderem die Preise der Konkurrenzenergien oder die Brennstoffkosten im Heizkraftwerk für Kohle oder Heizöl s sein.[155]

Bezogen auf den Nutzwärmebedarf muß die Fernwärme den Kunden also zu vergleichbaren Marktpreisen wie die der Substitutionsenergieträger angeboten werden. Für den Kraftwerksbetreiber bedeutet dies, daß die Vollkosten unter dem anlegbaren Marktpreis liegen müssen,

[148] Vgl. Winje, D, Witt, D.: Energiewirtschaft, a.a.O., S. 179.

[149] Vgl. Deuster, G.: Grundlagen der deutschen Fernwärmewirtschaft, a.a.O., S. 93ff.

[150] Ein Pilotprojekt in Jürgensdorf, einer Gemeinde von 600 Bewohnern in Mecklenburg-Vorpommern, nutzt im KWK-Prozeß Rapsöl aus lokalem Anbau und speichert die Wärme in einem unterirdischen Wärmespeicher; vgl. Bußmann, W.: Fernwärme vom Acker, in: Energie Spektrum. Das Magazin für das Energiemanagement, Jahrgang 10, 1995, S. 40.

[151] Siehe unter anderem das Beispiel der Nutzung der Abwärme einer Kokerei, vgl. o.V.: Das Saarbrücker Zukunftskonzept Energie. Beispiel der Nutzung der Abwärme einer Kokerei, a.a.O., S. 175; vgl. auch o.V.: Mit Pipelines gegen den Wärmemüll, in: Der Spiegel, Heft 46, 1995, S. 100.

[152] Siehe auch die solare Nahwärmeversorgung in Friedrichshafen am Bodensee mit insgesamt 5.600 m^2 Sonnenkollektorenfläche und einem 12.000 m^3 großen unterirdischen Langzeitwärmespeicher; vgl. Heinrich, J.: Solare Nahwärme für 820 Wohnungen, in: Stromthemen, Jahrgang 12 (1995), Nr. 12, S. 4.

[153] Verordnung über allgemeine Bedingungen für die Versorgung mit Fernwärme (ABVFernwärmeV), BGBl. I, S. 742; vgl. hierzu auch Budde, H.-J., Deuster, G., Zahn, G.: Zusammenarbeit der Anlagenbetreiber mit der Versorgungswirtschaft, a.a.O., S. 207.

[154] Vgl. Wegmann, U.: Systemvergleich Erdgas/Fernwärme/Stromwärme, in: Die Mineralöwirtschaft, Band 37, Heft 10, 1984, S. 477.

[155] Vgl. Winje, D., Witt, D.: Energiewirtschaft, a.a.O., S. 182.

um einen Gewinn realisieren zu können. Ein besonderes Problem stellt dabei die Kostenzuordnung für die Wärmeerzeugung bei gleichzeitiger Stromerzeugung dar, da in Heizkraftwerken Wärme und Strom als Kuppelprodukte erzeugt werden. Um eine Zuordnung durchführen und den exakten Angebotspreis für die Wärme berechnen zu können, müssen die Kosten für Strom und Wärme mit Hilfe von Bewertungsverfahren ermittelt und zugeordnet werden.

Dabei sind in der öffentlichen Versorgungswirtschaft das Restwertkosten- und das Zuwachskostenverfahren verbreitet. Bei beiden Verfahren wird der Strom als Hauptprodukt bewertet und die Wärme als Nebenprodukt. Beim *Restwertverfahren* wird die Wärme mit den noch nicht gedeckten Restkosten belastet. Diese Restkosten werden ermittelt, indem von den Gesamtkosten der Strom- und Wärmeproduktion die Erlöse aus dem Stromverkauf bzw. aus der Stromverwertung abgezogen werden.[156] Beim *Zuwachskostenverfahren* werden der Wärme die Kosten zugerechnet, die durch den zusätzlichen Wärmemehraufwand - insbesondere Kosten für zusätzlichen Brennstoff und zusätzlichen apparativen Aufwand für die Wärmeauskopplung - hervorgerufen werden. Hierbei wird im ersten Schritt berechnet, welche Kosten eine reine Stromproduktion verursacht hätte. Diese Kosten der reinen Stromproduktion werden dann von den im zweiten Schritt ermittelten Gesamtkosten der gekuppelten Wärme- und Stromproduktion abgezogen, um so die Zuwachskosten zu erhalten. Die weitere Entwicklung der Fernwärmepreise hängt hauptsächlich von den Preisen der Konkurrenzenergien Erdgas und Heizöl el ab, da die Preisentwicklung für Fernwärme durch Preisgleitklauseln in starkem Maße an die Preisentwicklung des Erdgases und des Heizöls el gekoppelt ist. Daher kann an dieser Stelle auf die Ausführungen zur Preisentwicklung des Heizöls el und des Erdgases verwiesen werden.

Denkbar ist allerdings auch, daß die Fernwärme aus umwelt- oder energiepolitischen Gründen bevorzugt wird, um beispielsweise eine politisch motivierte CO_2-Reduzierung zu erreichen. Eine Begünstigung durch verstärkte Subventionen oder Steuerentlastungen könnte zu geringeren Preisen und bei fernwärmeversorgten Industrieunternehmen zu Kosteneinsparungen führen.[157]

4. Der Elektrizitätsmarkt

Elektrische Energie spielt in zunehmendem Maße die Hauptrolle im betrieblichen Energiegeschehen. Ursache ist die universelle Verwendungsmöglichkeit dieses Energieträgers. Strom kann, im Gegensatz zu den oben dargestellten alternativen Energieträgern, ohne Probleme durch Energiewandler in alle anderen Energieformen, wie beispielsweise mechanische Energie, Wärmeenergie oder Licht, umgewandelt werden.

Der daraus resultierende stetig ansteigende Stromverbrauch der deutschen Industrie im Vergleich zum gesamten Endenergieverbrauch der deutschen Industrie geht aus der folgenden Abbildung hervor:[158]

---

[156] Zum Restwertverfahren bei der Kraft-Wärme-Kopplung vgl. Kapitel F.V.3.b.aa dieser Arbeit.

[157] Beispielsweise leistet die Fernwärme den größten Beitrag zu Reduzierung der Berliner CO_2-Emissionen. Ohne diese Fernwärmeversorgung wäre der Berliner CO_2-Ausstoß um jährlich ca. 2 Mio Tonnen und somit ca. 8% höher, vgl. Uhlmannsiek, B.: Mit Fernwärme gegen Kohlendioxid. Gekoppelte Erzeugung von Strom und Wärme entlastet die Umwelt, in: Informationszentrale der Elektrizitätswirtschaft (IZE) e.V. (Hrsg.), Stromthemen, Informationen zu Energie und Umwelt, Jahrgang 12, Frankfurt am Main 1995, Nr. 7, S. 3; siehe auch: Petry, W., Schneider, A.: Fernwärmeschiene Aachen, in: Energiewirtschaftliche Tagesfragen, März 1995, Heft 5, S. 296-299.

[158] Vgl. Wyand, M.: Markterfolg, a.a.O., S. 493.

Abbildung B10: Endenergieverbrauch der deutschen Industrie und Anteil des Stromverbrauchs

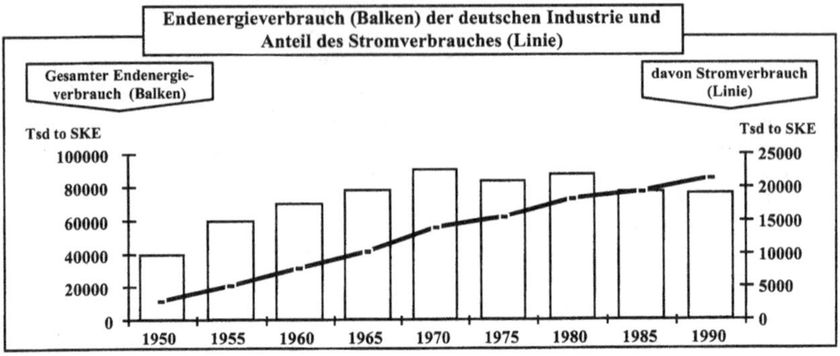

Quelle: Verband der Industriellen Energie- und Kraftwirtschaft (VIK) e.V.: Statistik der Energiewirtschaft 1993/94, Tafel 20, S. 31.

Im Jahr 1990 betrug der Stromverbrauch ca. 21 Mio to SKE bei einem gesamten Endenergieverbrauch von ca. 77 Mio to SKE. Im Vergleich dazu war der Stromverbrauch im Jahre 1950 lediglich bei ca. 3 Mio to SKE gelegen und der entsprechende Endenergieverbrauch betrug zu diesem Zeitpunkt in etwa 40 Mio to SKE. Der Stromanteil am industriellen Endenergieverbrauch ist insgesamt von ca. 7% im Jahre 1950 und ca. 15% im Jahre 1970 auf ca. 28% im Jahre 1990 kontinuierlich gestiegen.[159]

Der technische Fortschritt hat demnach dem Strom immer mehr Anwendungsgebiete eröffnet.[160] Der hohen Wertschätzung von Strom kommt dabei seine saubere Umwandelbarkeit in andere Energieformen entgegen. Strom ist dadurch zum wichtigsten Energieträger im industriellen Bereich geworden, da auch die für die Produktion in der Regel unverzichtbaren Regel- und Steuerungsgeräte ausschließlich mit Strom betrieben werden.

a. Besonderheiten des Produktes Strom

Das Produkt elektrische Energie zeichnet sich durch Besonderheiten aus, die bei den anderen Energieträgern nicht oder nur eingeschränkt zu finden sind.

Dabei ist bereits die Bezeichnung der Produktgattung umstritten. Die Frage, ob Strom eine Ware ist, oder ob es sich um eine Dienstleistung handelt, wird in der Fachliteratur kontrovers diskutiert.[161]

Strom ist als solcher nicht direkt speicherbar.[162] Konsequenzen ergeben sich daraus unter anderem für den Betrieb von Eigenstromerzeugungsanlagen. Übersteigt die zeitpunktbezoge-

---

159 Vgl. Verband der Industriellen Energie- und Kraftwirtschaft (VIK) e.V. (Hrsg.): Statistik der Energiewirtschaft 1993/94, a.a.O., Tafel 20, S. 31.

160 Zur Entwicklung der Elektrizitätsversorgung vgl. unter anderem Klätte, G.: Ein Vorstand bilanziert. Die Entwicklung der Elektrizitätsversorgung und die Veränderung ihrer Probleme in den letzten Jahrzehnten, in: Energie, Jahrgang 38 (1986), Heft 7, S. 32ff. Zur Korrelation von Automatisierung und Stromintensität vgl. auch Jochem, E.: Volkswirtschaftliche und energiewirtschaftliche Aspekte der industriellen und gewerblichen KWK-Anwendung, in: Suttor, K.-H., Suttor, W. (Hrsg.), Handbuch der Kraft-Wärme-Kopplung. Für Planer, Betreiber, Ausbildung, Karlsruhe 1991, S. 144 und 145.

161 Vgl. u.a. Klätte, G.: Wettbewerb und EG-Binnenmarkt, in: Energiewirtschaftliche Tagesfragen, Zeitschrift für Energiewirtschaft, Recht, Technik und Umwelt, Jahrgang 38 (1988), Düsseldorf 1988, Heft 6, S. 412-421 und vgl. Alber, G., Fritsche, U.: Energie Report Europa, Frankfurt am Main 1991, S. 37; Schnabel, K.: Der Deutsche Elektrizitätsmarkt im Wandel, Bayreuth 1993, S. 111 und 112.

ne Stromproduktion einer Eigenstromerzeugungsanlage den betrieblichen Verbrauch, so ist eine Stromspeicherung des Überschusses zur späteren Verwendung im Unternehmen nicht möglich. Als Konsequenz einer eventuell zu groß dimensionierten Anlage bleibt dann nur die Drosselung der Erzeugungsleistung auf das Maß des Stromverbrauches bzw. die Einspeisung des überschüssigen Stromes in das öffentliche Netz und damit der Verkauf an den Elektrizitätsversorger.[163]

Eine Speicherung ist nur über den Umweg der Umwandlung in eine andere Energieform möglich. Bei Pumpspeicherkraftwerken wird Strom in elektromotorisch angetriebenen Pumpen in kinetische Energie umgewandelt und in hoch gelegenen Wasserbecken gepeichert, um dann später wieder durch Turbinen und Generatoren in elektrische Energie zurückgeformt zu werden.

Bei Akkumulatoren, wie sie z.B. im Kraftfahrzeug Verwendung finden, wird Strom zur Speicherung in chemische Energie umgewandelt. Allen Speicherverfahren ist gemeinsam, daß in der Umwandlungskette Energieverluste auftreten.

Strom kann von den Verbrauchern nicht direkt konsumiert werden. Um die gewünschte Dienstleistung wie z.B. Licht, Kraft oder Kälte zu erhalten, ist zusätzlich der Einsatz eines speziellen Energiewandlers notwendig. Strom ist somit der Einsatzfaktor für ein Energiewandlungssystem, das schließlich den gewünschten Nutzen erbringt.[164]

Von der Güte des Energiewandlungssystems hängt jedoch ganz entscheidend die Effizienz der Elektrizitätsausnutzung ab. So gibt es beispielsweise Elektromotoren mit unterschiedlichen Wirkungs- bzw. Nutzungsgraden.[165] Der Unterschied ist unter anderem in der Güte der Kupferwicklung begründet. Ein geringerer Wirkungs- bzw. Nutzungsgrad äußert sich durch erhöhte Motorenabwärme und durch einen erhöhten Energieeinsatz bei gleicher Nutzenergiemenge.

Strom gehört zu den leitungsgebundenen Energieformen.[166] Zum Ferntransport und zur Verteilung sind feste Leitungen in Form von Erdkabeln unter oder in Form von Freileitungen über der Erde notwendig.

Das Produkt Strom hat wie kein anderer Energieträger eine vollkommene Homogenität. Sein Gütesiegel ist die Qualität in Form von konstanter Spannung und konstanter Frequenz, die einen vielseitigen und qualifizierten Einsatz ermöglichen.

b. Die Marktstruktur der Elektrizitätsversorgung

aa. Struktur der Nachfrage nach Strom

Insgesamt wurden in der BRD 1993 ca. 484 Mrd. kWh Strom produziert und verbraucht. Das größte Nachfragesegment nach elektrischer Energie entfällt dabei auf die Industrie, ihr Anteil betrug 1993 ca. 45%.[167] Der Rest der Nachfrage verteilt sich auf die privaten Haushalte mit

---

[162] Vgl. Loew, H.: Einführung in die Elektrizitätswirtschaft, a.a.O., S. 1; Schnabel, K.: Der Deutsche Elektrizitätsmarkt im Wandel, a.a.O., S. 87 und 88. Riebel spricht bei seiner Untersuchung zur leistungswirtschaftlichen Elastizität der Elektrizitätswirtschaft von der Abnahmebedingtheit der Beschäftigung: Vgl. Riebel, P.: Die Elastizität des Betriebes. Eine produktions- und marktwirtschaftliche Untersuchung, in: Gutenberg, E u.a. (Hrsg.), Beiträge zur betriebswirtschaftlichen Forschung, Band 1, Köln und Opladen 1954, S. 67.

[163] Vgl. zum Wert der Stromerzeugung Kapitel F.II.1, und zu den Kriterien, wann eine Einspeisung wirtschaftlich ist, vgl. Kapitel G.VII.

[164] Vgl. Pfaffenberger, W.: Elektrizitätswirtschaft, München/Wien 1993, S. 51ff; vgl. hierzu auch Kapitel C.II.

[165] Vgl. hierzu auch Kapitel C.III.2.c und Kapitel D.I.4.

[166] Vgl. Loew, H.: Einführung in die Elektrizitätswirtschaft, a.a.O., S. 1.

[167] Vgl. Verband der Industriellen Energie- und Kraftwirtschaft (VIK) e.V. (Hrsg.): Statistik der Energiewirtschaft 1993/94, a.a.O., Tafel 20, S. 31; Schiffer, H.-W., Energiemarkt Bundesrepublik Deutschland, a.a.O., S. 163.

ca. 26% und auf die sonstigen Kleinverbraucher, wie Gewerbe, Dienstleitungen, Landwirtschaft, Verkehr und öffentliche Einrichtungen.

Der größte Anteil am industriellen Stromverbrauch entfällt dabei auf die Grundstoff- und Produktionsgüterindustrie (ca. 122 Mrd. kWh) , wobei in dieser Sparte wiederum der Anteil der chemischen Industrie (ca. 45 Mrd. kWh) herausragend ist.[168]

Abbildung B11: Stromverbrauch nach Verbraucher- und Industriegruppen in der BRD (1993)

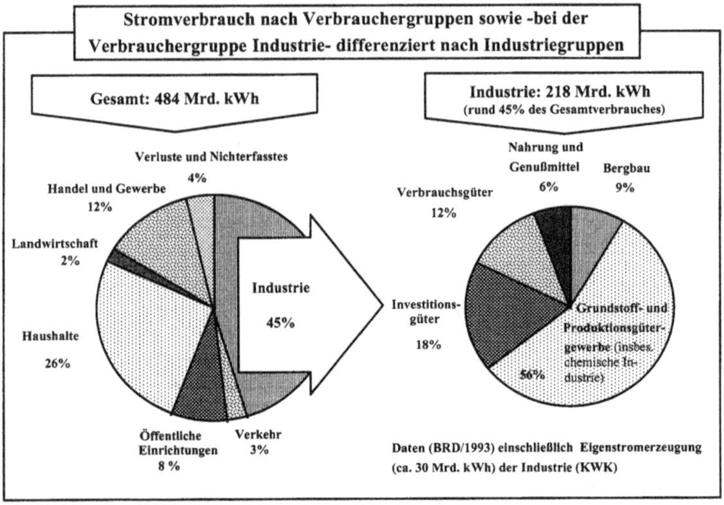

Quelle: In Anlehung an: Schnug, A., Wegner, B.: Elektrizitätswirtschaft, in: Brennstoff-Wärme-Kraft (BWK), Jahrgang 94, Band 46, Heft 4, S. 9; Verband der Industriellen Energie- und Kraftwirtschaft (VIK) e.V.: Statistik der Energiewirtschaft 1993/94, a.a.O., Tafel 117, S. 143 und 146 sowie Tafel 113, S. 140.

Aus der Tatsache der Unmöglichkeit einer direkten Speicherung von Strom und der erforderlichen konstanten Lieferqualität in Form von gleichbleibender Spannung und Frequenz leitet sich die besondere Stellung der Nachfrager auf dem Elektrizitätsmarkt ab. Alle Elektrizitätsverbraucher bzw. Stromnachfrager sind an das Verbundnetz der Elektrizitätswirtschaft angeschlossen.[169] Das Verbundnetz ist wiederum mit den Netzen unserer europäischen Nachbarn zum gegenseitigen Stromaustausch verbunden.[170] In das Verbundnetz speisen alle Anbieter mit ihren Kraftwerken den Strom ein.

---

[168] Vgl. Verband der Industriellen Energie- und Kraftwirtschaft (VIK) e.V. (Hrsg.): Statistik der Energiewirtschaft 1993/94, a.a.O., Tafel 117, S. 143 und 146 sowie Tafel 113, S. 140.

[169] Das Verbundnetz ist definiert als die Gesamtheit aller Leitungen und Anlagen zur Übertragung elektrischer Energie, die der Durchführung des Verbundbetriebes dienen: Vgl. Begriffe der Elektrizitätsübertragung und -verteilung, a.a.O., S. 10.

[170] Dieses Verbundnetz, an dem mit Ausnahme Großbritanniens und Skandinaviens alle westeuropäischen Länder angeschlossen sind, ist seit dem 18. Oktober 1995 auch auf die osteuropäischen Länder Polen, Ungarn Tschechien und die Slowakei ausgedehnt worden, vgl Leuschner. U., Uhlmannsiek, B.: Verbundnetz nach Osten erweitert. Stromehe mit CENTREL-Staaten, in: Informationszentrale der Elektrizitätswirtschaft (IZE) e.V. (Hrsg.), Stromthemen, Informationen zu Energie und Umwelt, Jahrgang 12, Frankfurt am Main 1995, Nr. 12, S. 8.

Auf Veränderungen der Nachfrage, d.h. des Elektrizitätsverbrauchs, muß die Angebotsseite mit ihrer Erzeugungskapazität sofort reagieren, da die Einspeisung einer größeren bzw. kleineren Strommenge als die Nachfrager zur Zeit benötigen, die Frequenz und die Spannung augenblicklich erhöhen bzw. verringern würde.[171]

Die Homogenität und damit eines der Hauptqualitätsmerkmale des Produktes Strom wäre nicht mehr gegeben, und der Großteil der mit Strom betriebenen Anlagen wäre mehr oder minder stark gestört. Diese Regelungsvorgänge mit ihren Auswirkungen auf die Stromerzeugungsmenge erfolgen ständig und gewährleisten somit die konstante Stromqualität. Damit bestimmen die Nachfrager zeitgleich mit ihrer (Netz-) Entnahmemenge auch die Menge der Erzeugung bzw. der Netzeinspeisung. Unter der Berücksichtigung der Nichtspeicherbarkeit bedeutet dies aus theoretischer Sicht, daß alle Kraftwerke sofort abgeschaltet werden müßten, wenn die Netzentnahme auf Null zurückgeht. Das "System Elektrizitätsmarkt" kann demnach durch seine sehr hohe Abhängigkeit der an ihm beteiligten Nachfrager und Anbieter gekennzeichnet werden.[172]

bb. Struktur des Angebotes an Strom

Die deutsche Elektrizitätswirtschaft hat auf den ersten Blick eine im europäischen Vergleich dezentrale und pluralistische Struktur. In Deutschland gibt es keine zentrale Versorgungsplanung, vielmehr hat die Elektrizitätswirtschaft im Rahmen der bestehenden Rechtsordnung und der energiepolitischen Vorgaben relativ freie Gestaltungskompetenzen.

Die gesamte Elektrizitätswirtschaft besteht aus der öffentlichen Elektrizitätsversorgung mit einem Erzeugungsanteil von knapp 87% im Jahre 1994, der industriellen Kraftwirtschaft mit 10%, der Bundesbahn mit 1% und einer Vielzahl privater (Klein)Erzeuger.[173] Bei näherer Analyse erkennt man jedoch in der Elektrizitätswirtschaft insbesondere bei der Erzeugung und Weiterleitung des Stroms hohe Konzentrationsgrade. Unter Berücksichtigung der Kapitalverflechtungen innerhalb dieses Versorgungsbereichs sowie der personellen Verflechtungen in diesem Sektor erhöhen sich die Konzentrationsgrade noch weiter.[174]

Durch die Öffnung des europäischen Binnenmarktes dürfte dieser Konzentrationsgrad mittel- bis langfristig weiterhin zunehmen.

Die *öffentliche Elektrizitätsversorgung* hat den öffentlichen Auftrag der "sicheren"[175], d.h. unterbrechungs- und störungsfreien sowie "billigen", d.h. preiswerten Stromversorgung. Dabei ist auch hier der Begriff "öffentlich" kein Indiz für Eigentumsverhältnisse oder eine hoheitliche Tätigkeit, sondern bezeichnet lediglich die Tatsache, daß Dritte mit Strom beliefert werden.[176]

Der Markt, auf dem die öffentliche Elektrizitätswirtschaft agiert, wird funktional in die Erzeugung von Strom, den Stromtransport und die lokale Verteilung unterschieden. Außer-

---

[171] Vgl. Riebel, P.: Die Elastizität des Betriebes. Eine produktions -und marktwirtschaftliche Untersuchung, a.a.O., S. 65ff.

[172] Vgl. Pfaffenberger, W.: Elektrizitätswirtschaft, a.a.O., S. 26f; Loew, H.: Einführung in die Elektrizitätswirtschaft, a.a.O., S. 6ff.

[173] Vgl. Schiffer, H.-W.: Energiemarkt Bundesrepublik Deutschland, a.a.O., S. 161; Loew, H.: Einführung in die Elektrizitätswirtschaft, a.a.O., S. 3; Schnabel, K.: Der Deutsche Elektrizitätsmarkt im Wandel, a.a.O., S. 21.

[174] Vgl. o.V.: Verflechtungen in der deutschen Energiewirtschaft, in: Zeitung für kommunale Wirtschaft (ZfK), Heft 10/89, S. 12f.

[175] Vgl. Präambel des Energiewirtschaftsgesetz (EnWG oder EnergG); vgl. auch Loew, H.: Einführung in die Elektrizitätswirtschaft, a.a.O., S. 2ff.

[176] Vgl. § 2 Abs. 2 EnWG; vgl. hierzu Loew, H.: Einführung in die Elektrizitätswirtschaft, a.a.O., S. 2ff.

dem werden je nach Marktstufe der überregionale Verbundbetrieb, die Regionalversorgung und die Lokalversorgung unterschieden.[177]

Die Verbundunternehmen koordinieren auf überregionaler Ebene insbesondere den Einsatz ihrer Kraftwerke und Höchstspannungsnetze (Verbundnetz). Die Verbundunternehmen werden als Elektrizitätsunternehmen definiert, die in ihrer Funktion als Eigentümer und Betreiber von Kraftwerken und Elektrizitätsanlagen die Frequenz-Leistungsregelung[178] im Verbundnetz vornehmen, zur überregionalen Reservevorhaltung beitragen und einen erheblichen überregionalen Elektrizitätsaustausch mit anderen inländischen Unternehmen ihrer Versorgungsstufe oder gleichartigen ausländischen Unternehmen der Elektrizitätswirtschaft durchführen.[179]

Den Verbundunternehmen fällt neben den genannten Funktionen insbesondere auch die Aufgabe der Belieferung der regionalen und der lokalen Elektrizitätsversorgungsunternehmen mit Strom zu. Die neun Verbundunternehmen[180] sind in der Regel auf allen drei Marktstufen und in allen drei Funktionen aktiv, es wird daher von vollintegrierten Elektrizitätsversorgungsunternehmen gesprochen.

Diese Verbundunternehmen haben einen hohen Monopolisierungsgrad erreicht, da sie zwar einen quantitativen Anteil an allen deutschen EVU von lediglich ca. 1% ausmachen, aber insgesamt ca. 36% der Stromabgabe an Endkunden und ca. 80% der Erzeugungskapazität auf sich vereinigen.[181]

Tabelle B3: Überblick über die Struktur der öffentlichen Elektrizitätsversorgung 1992

	Anzahl	**Quantitativer Anteil**	**Anteil an der Stromabgabe**	**Anteil an der Stromerzeugung**
Verbund-EVU	9	1%	36%	80%
Regional-EVU	ca. 80	9%	38%	10%
Lokal-EVU	ca. 820	90%	26%	10%
Summe	ca. 909	100%	100%	100%

Quelle: Schiffer, H.-W.: Energiemarkt, a.a.O., S. 145.

Auf der Regionalebene sind ca. 80 Unternehmen tätig, die ihren Strom zu ca. 80% von den neun großen Verbund-EVU beziehen und an die Lokalversorger und Endverbraucher weiterliefern.

Auf der untersten Ebene, der Lokalebene, sind ca. 820 lokale EVU tätig. Sie sind meist reine Verteiler des von den Regional- bzw. Verbund-EVU bezogenen Stroms. Die reinen Verteiler-EVU sind von der Struktur mit Handelsunternehmen vergleichbar: Das Verteiler-EVU kauft Strom, um ihn im Anschluß wieder zu verkaufen. Ein Handelsunternehmen hat jedoch noch weitere Charakteristika, wie Unabhängigkeit und die Übernahme von Risiko. Bezüglich dieser Eigenschaften unterscheidet sich jedoch ein EVU und ein Handelsunternehmen. Durch

177 Vgl. zu den Marktstufen: Schnabel, K.: Der Deutsche Elektrizitätsmarkt im Wandel, a.a.O., S. 22ff.

178 Mit Hilfe der Frequenz-Leistungsregelung soll die Frequenz von 50 Hertz in engen Grenzen stabil gehalten werden. Dazu wird die Kraftwerksleistung immer jeweils auf die Stromverbrauchsleistung reduziert bzw. erhöht: Vgl. Begriffe der Elektrizitätsübertragung und -verteilung, a.a.O., S. 19; Loew, H.: Einführung in die Elektrizitätswirtschaft, a.a.O., S. 68.

179 Vgl. zum internationalen Stromaustausch in Europa: Schnabel, K.: Der Deutsche Elektrizitätsmarkt im Wandel, a.a.O., S. 28.

180 RWE, Preußen Elektra, Bayernwerk, HEW, VEW, VEAG, BEWAG, EVS und Badenwerk. Vgl. Schnabel, K.: Der Deutsche Elektrizitätsmarkt im Wandel, a.a.O., S. 25f.

181 Die gesamte Erzeugungskapazität innerhalb der öffentlichen Elektrizitätsversorgung betrug zum 31.12.1993 insgesamt 104.905 Megawatt (MW); vgl. Schiffer, H.-W: Energiemarkt Bundesrepublik Deutschland, a.a.O., S. 162 und S. 145.

den Abschluß eines Liefervertrages zwischen Erzeuger- und Verteiler-EVU fehlen dem Verteiler-EVU Dispositionsmöglichkeiten im Einkaufsbereich.[182] In der Regel befinden sich Verteiler-EVU im Gemeindeeigentum und werden im Querverbund mit den Sparten Wasser-, Gas- und Fernwärmeversorgung betrieben.[183]

Zweitgrößter Erzeuger von elektrischer Energie sind die *industrielle Kraftwirtschaft* und die Eigenkraftwerke des Steinkohlebergbaus. Ziel der Betätigung ist meist die Eigenversorgung mit Strom hauptsächlich mittels der Technologie der Kraft-Wärme-Kopplung. Der im eigenen Unternehmen nicht benötigte Überschußstrom wird in das Netz der öffentlichen Versorgung eingespeist, der Reserve- und Zusatzstrom wird im Gegensatz dazu von den Elektrizitätsversorgungsunternehmen bezogen.[184]

Die Erzeugergruppe der industriellen Kraftwirtschaft sowie zusätzlich die große Gruppe von Unternehmen, die durch günstige Produktionsbedingungen ihrerseits in der Lage sind, eine wirtschaftliche Eigenstromversorgung auf der Basis von Kraft-Wärme-Kopplung aufzubauen, sind Zielgruppe dieser Untersuchung. Bei diesen Unternehmen liegen nennenswerte Potentiale zur Reduzierung der betrieblichen Energiekosten brach.[185]

Die Kraftwerke der *Deutschen Bahn AG* dienen fast hauptsächlich zur Eigenbedarfsdeckung und speisen kaum in das öffentliche Netz ein.

Als vierte Anbietergruppe gibt es eine steigende *Anzahl privater Klein- und Kleinsterzeuger*. Sie betreiben meist Wasserkraft-, Wind- und Solarenergieanlagen, erzeugen in der Regel Strom für den eigenen Bedarf und speisen ihre Überschüsse in das öffentliche Netz ein.

cc. Primärenergieinput und Kraftwerkseinsatz

Das Angebot an elektrischer Energie wird durch die Nachfrage bestimmt. Dabei differiert die Belastungskurve der Stromnachfrage je nach Kundengruppe, Tages- und Jahreszeit relativ stark. Die Belastungskurve des Verbundnetzes wird definiert als die Netzleistung, die während einer Zeiteinheit von meist einem Tag oder auch einem Jahr benötigt wird.[186]

Der Belastungsgrad hat ebenfalls eine bestimmende Funktion für den optimalen Kraftwerkseinsatz.[187] Der Belastungsgrad wird definiert als das Verhältnis von momentaner Netzleistung (Entnahme/Erzeugung) und der möglichen, maximalen Netzübertragungskapazität.[188]

Die zur Verfügung stehende Kraftwerkskapazität muß so groß sein, daß zu jeder Zeit der Bedarf an elektrischer Energie gedeckt werden kann.[189] Außerdem müssen zusätzliche Kapa-

---

[182] Zur ausführlichen Diskussion dieser Thematik vgl. Gutenberg, E.: Grundlagen der Betriebswirtschaftslehre. Band 2. Der Absatz, Berlin/Heidelberg u.a. 1979, S. 142ff.

[183] Vgl. Ebel, H.-R.: Durchleitung, Preisrecht und kartellrechtliche Mißbrauchsaufsicht in ihren Auswirkungen auf die Preisstruktur eines Energieversorgungsunternehmens, in: VIK-Mitteilungen, 1992, S. 192 und 193.

[184] Vgl. Schiffer, H.-W.: Energiemarkt Bundesrepublik Deutschland, a.a.O., S. 134f. Zum Zusatz- und Reservestrombezug vgl. insbesondere Kapitel F.II.1.bb.

[185] Vgl. Hofer, R.: Analyse der Potentiale industrieller Kraft-Wärme-Kopplung, in: Schaefer, Lehrstuhl für Energiewirtschaft und Kraftwerkstechnik, (Hrsg.), IfE Schriftenreihe, Heft 28, München 1994; S. 81ff; Hutter, F., Thinius, D., Suttor, K.-H.: Elektrisches Potential und Wirtschaftlichkeit der gekoppelten Kraft- und Wärmewirtschaft in Industrie und Gewerbe, Gräfelfing 1984, S. 159ff.

[186] Zur Ermittlung und zum Wesen der Belastungskurve vgl. Kapitel D.I.4.c.

[187] Vgl. Riebel, P.: Die Elastizität des Betriebes. Eine produktions- und marktwirtschaftliche Untersuchung, a.a.O., S. 65; Gröner, H.: Elektrizitätsversorgung, in: Oberender, P. (Hrsg.), Marktstruktur und Wettbewerb in der Bundesrepublik Deutschland - Branchenstudien zur deutschen Volkswirtschaft, München 1984, S. 102f.

[188] Beispiel: Bei einer momentanen Netzleistung von 34.000 MW und einer maximalen möglichen Netzübertragungskapazität von 40.000 MW beträgt der Belastungsgrad somit 85%. Bei einer starken Überlastung kann das Netz zusammenbrechen. Um diesen Zustand zu verhindern, sind an verschiedenen Stellen Sicherungen eingebaut; vgl. Loew, H.: Einführung in die Elektrizitätswirtschaft, a.a.O., S. 48ff.

zitäten bereitstehen, um potentielle Ausfälle laufender Kraftwerke zu ersetzen und um mittelfristig sowie langfristig zu erwartende Nachfragesteigerungen befriedigen zu können.

Der richtige Einsatz der verschiedenen Kraftwerksarten ist aus Gründen der optimalen Zusammensetzung der Erzeugungskosten notwendig.[190]

Den Verlauf der Belastung über einen Tag zeigt die folgende Abbildung:

Abbildung B12: Leistungsanforderung und Kraftwerkseinsatz

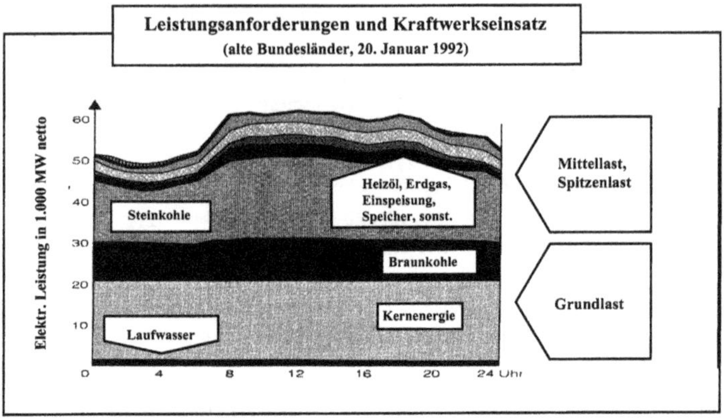

Quelle: In Anlehnung an: Vereinigung Deutscher Elektrizitätswerke (VDEW) e.V.: Die öffentliche Elektrizitätsversorgung 1993, Frankfurt, M. 1994., S. 16.

Die im Sommer und Winter ständig nachgefragte Grundlast wird in *Grundleistungskraftwerken* erzeugt.[191] Diese Kraftwerke sind entweder Laufwasser-, Kern- oder Braunkohlekraftwerke. Gemeinsam ist allen eine Kostenstruktur mit hohen Fixkosten und geringen variablen Kosten. Diese Kostenstruktur erfordert aufgrund der wirtschaftlich benötigten Fixkostendegressionseffekte eine hohe jährliche Auslastung, um geringe Durchschnittskosten je Einheit zu erhalten. Diese Kraftwerke waren so z.B. 1990 von insgesamt 8.760 möglichen Jahresstunden im Durchschnitt 5100 bis 6.700 Stunden im Einsatz.[192]

Die Mittellast wird durch *Mittelleistungskraftwerke* abgedeckt, in der Regel handelt es sich hierbei um große moderne Steinkohlekraftwerke, die ca. 4.400 Stunden im Jahr in Betrieb

---

[189] Zum Kraftwerkspark vgl. Scholten, J.: Optimale Energieeinsatzplanung thermischer Kraftwerkssysteme, Aachen 1993, S. 15f.

[190] Vgl. Riebel, P.: Die Elastizität des Betriebes. Eine produktions- und marktwirtschaftliche Untersuchung, a.a.O., S. 65; Schiffer, H.-W.: Energiemarkt Bundesrepublik Deutschland, a.a.O., S. 149-151.

[191] Die Grundlast bzw. die Grundleistung ist derjenige Teil der gesamten Netto-Engpaßleistung eines Kraftwerkparks, der hinsichtlich der technischen Auslegung und der Relationen der verschiedenen Brennstoffpreise, also insgesamt hinsichtlich seiner Struktur der Kostenverursachung eine möglichst hohe Einsatzpriorität erhält. Hieraus folgt eine hohe Ausnutzungsdauer. Vgl. o.V.: Elektrizitätswirtschaftliche Grundbegriffe, Teil 1, a.a.O., S. 32; Riebel, P.: Die Elastizität des Betriebes. Eine produktions- und marktwirtschaftliche Untersuchung, a.a.O., S. 65.

[192] Beispielsweise in Sommernächten werden die verfügbaren Grundleistungskraftwerke teilweise mit reduzierter Leistung gefahren, um aus Kostengründen den Mittelleistungskraftwerken einen Mindestleistungsbetrieb zu ermöglichen. Vgl. Grawe, J.: Grundlagen der deutschen Elektrizitätswirtschaft, a.a.O., S. 45; vgl. auch o.V.: Elektrizitätswirtschaftliche Grundbegriffe, Teil 1, a.a.O., S. 34.

sind.[193] Bei diesen Kraftwerken ist die Kostenstruktur ausgeglichener: Einem geringeren Fixkostenblock als bei den Grundleistungskraftwerken stehen höhere variable Kosten gegenüber. Daher ist eine besonders hohe jährliche Auslastung zur Fixkostendegression bei diesen Kraftwerken nicht notwendig.

Die nur jeweils zu einer bestimmten Tageszeit nachgefragte Spitzenlast wird in *Spitzenleistungskraftwerken* erzeugt.[194] Bei den Spitzenleistungskraftwerken finden sich die Pumpspeicher- sowie die Öl- und Gasturbinenkraftwerke, die in der Regel jährlich weit weniger als 1.000 Stunden in Betrieb genommen werden.[195] Diese Kraftwerke haben im Vergleich zu den Grundleistungskraftwerken eine inverse Kostenstruktur: Niedrigen Fixkosten stehen hohe variable Kosten - hauptsächlich für den Brennstoffeinsatz - gegenüber.[196] Daher sollten sie möglichst nur zur Spitzenstromerzeugung in Betrieb genommen werden. Dennoch haben sie im Kraftwerkspark ihre Berechtigung, da der Einsatz eines Mittelleistungskraftwerks aufgrund seiner Kostenstruktur zu noch höheren Durchschnittskosten als beim Spitzenleistungskraftwerk führen würde.

Aus dem Kraftwerkspark verschiedener Typen und Arten müssen jeweils diejenigen in Betrieb sein, die die geringsten Durchschnittskosten je Einheit verursachen. Diese Regelungsaufgabe des optimalen Kraftwerksbetriebs obliegt sog. Lastverteilern. In jeder EVU-Zentrale sitzt ein solcher Lastverteiler und steuert den Einsatz der EVU-eigenen Kraftwerke. Ihm obliegt es, für den kostenmäßig optimalen Kraftwerkseinsatz zu sorgen und gegebenenfalls Kraftwerksausfälle durch den Start von Reservekraftwerken oder durch Zukauf von anderen EVU auszugleichen.[197]

Die Vielseitigkeit der Stromverwendung führt dazu, daß die Elektrizitätswirtschaft auf dem Primärenergiemarkt als der größte Anbieter auftritt. Als Eigentümer und Betreiber von Kraftwerken haben die Energieversorgungsunternehmen großen Einfluß auf energiepolitische Entscheidungen mit teilweise recht weitreichenden und vor allem nachhaltigen gesellschaftlichen Auswirkungen. Beispielsweise werden die Spitzenmanager der EVU regelmäßig in das Bundeswirtschaftsministerium eingeladen, um aktuelle Fragen der Elektrizitätswirtschaft mit den zuständigen Ministerialbeamten und Ministern zu diskutieren.[198] Durch diese Kontakte besteht in der Regel ausreichend Möglichkeit, die Energiepolitik der Bundesregierung richtungsweisend zu beeinflussen.

---

[193] Vgl. Tröscher, H.: Systemtechnische Methoden zur Untersuchung der Möglichkeiten zentraler und dezentraler Stromerzeugung unter besonderer Berücksichtigung der Energiespeicherung und der Kraft-Wärme-Kopplung, Dissertation, Essen 1979; S. 30ff; Grawe, J.: Grundlagen der deutschen Elektrizitätswirtschaft, a.a.O., S. 45; o.V.: Elektrizitätswirtschaftliche Grundbegriffe, Teil 1, a.a.O., S. 32.

[194] Vgl. Riebel, P.: Die Elastizität des Betriebes. Eine produktions- und marktwirtschaftliche Untersuchung, a.a.O., S. 69.

[195] Vgl. Tröscher, H.: Systemtechnische Methoden zur Untersuchung der Möglichkeiten zentraler und dezentraler Stromerzeugung unter besonderer Berücksichtigung der Energiespeicherung und der Kraft-Wärme-Kopplung, a.a.O., S. 30.

[196] Zum Kraftwerkseinsatz und zu den entsprechenden Kostenverläufen vgl. Hoven, I.: Ausschreibungswettbewerb um regionale Strommärkte, München 1992, S. 15-17; Tröscher, H.: Systemtechnische Methoden zur Untersuchung der Möglichkeiten zentraler und dezentraler Stromerzeugung unter besonderer Berücksichtigung der Energiespeicherung und der Kraft-Wärme-Kopplung, a.a.O., S. 30; o.V.: Elektrizitätswirtschaftliche Grundbegriffe, Teil 1, a.a.O., S. 33.

[197] Riebel führt aus, daß in der Verbundwirtschaft die Einzelkapazitäten sämtlicher Kraftwerke als Teile des Ganzen betrachtet werden. Die Anpassung an wechselnde Beanspruchungen des Verbundsystems werden in erster Linie durch Veränderung des Beschäftigungsquerschnittes erreicht, wobei wegen der Abnahmebedingtheit der Beschäftigung die Änderungen schätzungsweise nach den bisherigen Erfahrungen vorweggenommen werden müssen. Vgl. Riebel, P.: Die Elastizität des Betriebes. Eine produktions- und marktwirtschaftliche Untersuchung, a.a.O., S. 67.

[198] Vgl. Schürmann, H.-J.: Energiekonsensrunde kommt in die heiße Abstimmungsphase. Auf der Suche nach Schadensbegrenzung, in: Handelsblatt vom 31.05.95, S. 33.

Hinsichtlich des Primärenergieinputs in die Kraftwerke der öffentlichen Elektrizitätsversorgung gibt es politische Interventionen und Begünstigungen. Beispielsweise wurde in der 1991 ausgehandelten Grundsatzverständigung zwischen der Treuhandanstalt, den ostdeutschen Kommunen, dem Deutschen Städtetag, dem Verband kommunaler Unternehmen und den westdeutschen Verbundunternehmen Bayernwerk / RWE / Preußen Elektra festgelegt, daß die neuen ostdeutschen Stadtwerke 70% ihres Strombedarfs von den zuständigen Regionalversorgern beziehen müssen. Mit Hilfe dieser Verständigung soll die Braunkohleverstromung in den neuen Bundesländern gesichert werden.[199]

c. Rechtliche und politische Rahmenbedingungen

aa. Begründung der staatlichen Eingriffe

Aus den Besonderheiten des Produktes elektrische Energie, d.h. der Leitungsgebundenheit und der Nichtspeicherbarkeit, wird der regulierende staatliche Eingriff auf dem Elektrizitätsmarkt abgeleitet. In der Elektrizitätswirtschaft wird der Standpunkt vertreten, die Tatsache der Leitungsgebundenheit begründe die Existenz natürlicher Monopole.[200]

Liegt ein natürliches Monopol vor, so ist es volkswirtschaftlich günstiger, die gesamte Versorgung eines Gebietes nur einem Unternehmen zu übertragen. Die Verlegung doppelter paralleler Leitungen durch ein zweites Unternehmen führt zu höheren Gesamtkosten als die Vergrößerung der bestehenden Versorgungskapazität durch das bestehende Unternehmen. Der technische Zusammenhang ist also ähnlich strukturiert wie bei den Leitungskosten der Erdgasversorgung. Bei nur einem Unternehmen am Markt entstehen in der Regel bei der Kapazitätserweiterung fallende Durchschnittskosten, die Vorteile der Fixkostendegression können optimal umgesetzt werden.[201]

Die *Leitungsgebundenheit* begründet die Existenz natürlicher Monopole mit allen seinen regulierungstheoretischen Notwendigkeiten. Strittig ist allerdings, ob das natürliche Monopol nur auf den Transport und damit nur auf den Netzbetrieb zu beziehen, oder ob es auf alle Integrationsebenen, also auch auf die Erzeugung und auf den Verkauf an Endkunden, auszudehnen ist.[202]

Strittig ist ebenfalls, wie lange eine Monopolstellung, d.h. das alleinige Recht der Durchleitung von Strom, aufrechtzuerhalten ist. Durch die hohen Anfangsinvestitionen beispielsweise für die Verlegung von Kabeln muß den EVU eine gewisse Zeit zur Amortisation gegeben werden. Wenn die Anfangsinvestitionen amortisiert werden konnten, sinkt die Schutzbedürftigkeit. Damit ist auch begründbar, daß die EVU ihre Konzessionverträge nur für begrenzte Zeit erhalten, d.h. sie sind dazu verpflichtet, nach längstens 20 Jahren neue Konzessionen zu beantragen.[203] Bei Ablauf der Konzessionen befinden sich die EVU in einer Konkurrenzsituation.[204]

Die Elektrizitätswirtschaft spricht selbst ungern von einer Monopolstellung, sondern geht von einer "monopolartigen Gestaltung des Elektrizitätsmarktes" aus. Kritiker vermerken, daß

---

199 Vgl. Uhlmannsiek, B.: Kompromiß im Streit um Stromverträge, in: Stromthemen, 9. Jahrgang 1992, Heft 12, S. 2.

200 Zur Theorie des natürlichen Monopols vgl. u.a. Baumol, W.J., Panzar, J.C., Willig, R.D.: Contestable Markets and the Theory of Industry Structure, New York 1988, S. 73; Hoven, I.: Ausschreibungswettbewerb um regionale Strommärkte, a.a.O., S.22ff; Gröner, H.: Elektrizitätsversorgung, a.a.O., S. 121/122; Pfaffenberger, W.: Elektrizitätswirtschaft, a.a.O., S. 51ff.

201 Vgl. Finsinger, J.: Wettbewerb und Regulierung, München 1991, S. 79.

202 Zum Ablauf des Energiebezugs und den Beziehungen zwischen Kunden und EVU vgl. auch Gutenberg, E.: Grundlagen der Betriebswirtschaftslehre, 2. Band, Der Absatz, a.a.O., S. 112f.

203 Vgl. Grawe, J.: Grundlagen der deutschen Elektrizitätswirtschaft, a.a.O., S. 53.

204 Vgl. Hoven, I.: Ausschreibungswettbewerb um regionale Strommärkte, a.a.O., S. 141f.

immer noch eine "scheinwissenschaftliche Spiegelfechterei"[205] über das Monopol in der Elektrizitätswirtschaft vorherrscht. Mehr Wettbewerb kommt nach Meinung der Kritiker nur durch eine Entflechtung der drei Ebenen zustande.[206]

Eine weitere Begründung der staatlichen Eingriffe auf der Erzeugungsseite erfolgt durch die Notwendigkeit, ruinöse Konkurrenz zu verhindern. Bei dem in der Elektrizitätswirtschaft vorherrschenden hohen Kapitaleinsatz für Leitungen und Kraftwerke und den geringen variablen Kosten ist für die Erfordernisse der Rentabilität ein hoher Auslastungsgrad wichtig. Durch die Aufteilung des Marktes auf zwei oder mehr Anbieter kann es dazu kommen, daß die Durchschnittskosten aufgrund des geringeren Auslastungsgrads steigen. Diese gestiegenen Durchschnittskosten müßten dann auf den Verbraucher umgelegt werden, was letztendlich zu Preissteigerungen führt, da die für einen wirtschaftlichen Betrieb notwendige minimale Betriebsgröße unterschritten wird.

Ein aktueller Grund für den staatlichen Markteingriff wird in der Existenz von externen Effekten gesehen.[207] Die Elektrizitätswirtschaft wandelt in ihren Kraftwerken verschiedenste Primärenergieträger in Sekundärenergie um. Dabei entstehen Umweltbelastungen, die sich nicht in den Preisen widerspiegeln und der Allgemeinheit aufgebürdet werden.[208] Hier kann der Staat über die Preisregulierung aktiv eingreifen, um dieser volkswirtschaftlich unbefriedigenden Allokation entgegenzuwirken. Ohne den staatlichen Eingriff wäre der Ressourcenverbrauch infolge der verzerrten Preissignale unverhältnismäßig hoch und volkswirtschaftlich schädlich.[209]

bb. Markteintritts- und Marktaustrittsregulierungen

Zentrale gesetzliche Grundlage für den staatlichen Eingriff ist das Gesetz zur Förderung der Energiewirtschaft vom 13.12.1935 in der Fassung des letzten Zuständigkeitslockerungsgesetzes vom 19.12.1977. Damit die Zweckbestimmung des Gesetzes, die sichere und billige Versorgung[210], erreicht wird, wird die Elektrizitätswirtschaft der staatlichen Ordnung unterstellt. Die energiepolitische Fachaufsicht nehmen in der Regel die Wirtschaftsministerien der Länder wahr.

Der Markteintritt wird im § 5 Abs. 1 EnWG reguliert. Jedes neue EVU muß eine Betriebsaufnahmegenehmigung beantragen, die verweigert werden kann, wenn bereits eine umfassende und gesicherte Versorgung besteht.[211] In dem heutigen System geschlossener Versorgungsgebiete bedeutet dies faktisch eine Marktzutrittssperre für neue EVU. Aktualität erzielte das Thema in der letzten Zeit durch den - in einigen Fällen abgelehnten - Betriebsaufnahmeantrag zahlreicher Stadtwerke in den neuen Bundesländern als Ergebnis des 1992 abgeschlossenen Stromkompromisses zwischen Elektrizitätswirtschaft und klagenden Kommunen.[212]

---

[205] Vgl. Hennike, P., Joffrey, P., Kohler, S., Seifried, D., u.a.: Die Energiewende ist möglich, Frankfurt am Main 1985, S. 79.

[206] Vgl. Leuschner, U., Bündnis 90 / Die Grünen: Mehr Wettbewerb durch Reglementierung?, in: Stromthemen, 13. Jahrgang 1996, Heft 1, S. 5; zur Kartellbildung in der deutschen Elektrizitätswirtschaft vgl. auch o.V.: Der Staat der Stromer, a.a.O., S. 76ff; zu den Argumenten der Befürworter von mehr Wettbewerb vgl. Schnabel, K.: Der Deutsche Elektriziätsmarkt im Wandel, a.a.O., S. 97ff.

[207] Vgl. Müller, J., Vogelsang, I.: Staatliche Regulierung und Europäische Energiepolitik. Wachstum ohne Grenzen?, in: Energiewirtschaftliche Tagesfragen, Jahrgang 42, 1992, S. 42f.

[208] Vgl. Winter, G.: Deutsche und Europäische Energiepolitik: Wachstum ohne Grenzen?, in: Energiewirtschaftliche Tagesfragen, 42 Jahrgang 1992, S. 456-461.

[209] Vgl. Lammers, G.: Zur Regulierung der Elektrizitätswirtschaft, Idstein 1992, S. 8.

[210] Vgl. Präambel des Energiewirtschaftsgesetzes.

[211] Vgl. Schnabel, K.: Der Deutsche Elektriziätsmarkt im Wandel, a.a.O., S. 38ff.

[212] Beispielsweise wurde den Stadtwerken Löbau GmbH die Betriebsaufnahmegenehmigung nach § 5 EnWG verweigert, obwohl drei Gutachten den sicheren und wirtschaftlichen Betrieb bestätigten. Für die Stadtwerke

Ein unfreiwilliger Marktaustritt für EVU, die die Lieferung nicht mehr störungsfrei gewährleisten können, wird durch die Anwendung des § 8 Abs. 1 EnWG erzwungen. Die Aufsichtsbehörde beauftragt dann ein bestehendes EVU mit der Lieferung, damit die Versorgung nicht zusammenbricht.[213]

Außerdem kann der Staat auf die Investitionstätigkeit der EVU Einfluß nehmen: Jede Erneuerung, Erweiterung und Stillegung von Stromerzeugungsanlagen ab einer bestimmten Größe ist gemäß § 4 EnWG zu beantragen. Die energiepolitische Fachaufsicht kann somit die Investitionsplanung der EVU beeinflussen. Dieses böte theoretisch die Chance, energiepolitische Vorgaben, wie beispielsweise den verstärkten Ausbau der Kraft-Wärme-Kopplung, über die Energieaufsicht und die gesetzliche Grundlage des Energiewirtschaftsgesetzes um- und durchzusetzen.

cc. Preisregulierungen

Die allgemeine Anschluß- und Versorgungspflicht nach § 6 EnWG spaltet den Markt in Tarifkunden und Sonderabnehmer und bildet in Zusammenhang mit § 7 Abs. 2 EnWG die Grundlage des Energiepreisrechtes für Tarifkunden.

Zu den ***Tarifkunden*** zählen die privaten Haushalte, das Gewerbe und die Landwirtschaft. Auf Grund der geschlossenen Versorgungsgebiete sehen sich diese Kundengruppen immer nur einem Anbieter-EVU gegenüber, die in einer Marktwirtschaft übliche freie Wahl des Lieferanten ist aufgehoben. Zum Schutz der Verbraucher vor der Marktmacht des Alleinanbieters werden daher die Strompreisbildung und die -struktur für die Tarifkunden in der Bundestariffordnung Elektrizität (BTOelt)[214] geregelt. Die EVU müssen den Tarifkunden Tarife anbieten, die der sicheren und preisgünstigen Elektrizitätsversorgung genügen, außerdem sollen sie gemäß § 1 BTOelt der sparsamen Verwendung, der Ressourcenschonung und der geringen Umweltbelastung dienlich sein. Die Tarife orientieren sich dabei an den Stromerzeugungskosten, die im Verhältnis der gruppenspezifisch verursachten Kostenanteile auf die unterschiedlichen Kundengruppen gerecht verteilt werden sollen.[215] Jede Tarifänderung muß von den EVU angezeigt werden, eine Anhebung über den bisher genehmigten Höchstpreis bedarf gemäß § 12 BTOelt einer erneuten Genehmigung.

Die zweite Abnehmergruppe bilden die *Sondervertragskunden*. Zu ihnen zählen hauptsächlich industrielle Großabnehmer und die mittelständische Industrie.[216] Die Strompreisbildung für diese Abnehmer ist relativ frei, es findet lediglich auf Antrag eine kartellrechtliche Miß-

---

verstärkt sich damit der Eindruck, daß das Wirtschaftsministerium durch die Betriebsaufnahmeverweigerung strukturpolitische Ziele zugunsten des Regionalversorgers Energieversorgung Sachsen Ost verfolgt; vgl. o.V.: Drei Gutachten. Kein Bescheid, in: Zeitung für Kommunale Wirtschaft, Heft 4, 1995, S. 6. Zu den Bemühungen der Stromerzeugung ostdeutscher Kommunen vergleiche auch o.V.: Tricks und Mauscheleien in der Elektrizitätswirtschaft, a.a.O., S. 101ff; Uhlmannsiek, B: Kompromiß im Streit um Stromverträge, a.a.O., S. 1-2; Uhlmannsiek, B.: Endlich Weg frei für Neuaufbau. Kontrahenten im Stromstreit nehmen Kompromißvorschlag an, in: Stromthemen, 10. Jahrgang 1993, Heft 9, S. 1-2.

[213] Vgl. Gröner, H.: Elektrizitätsversorgung, a.a.O., S. 99; Schnabel, K.: Der Deutsche Elektriziätsmarkt im Wandel, a.a.O., S. 42f.

[214] Die BTOelt ist das Kernstück der Preisaufsicht und wurde vom Gesetzgeber mit Wirkung zum 01.01.1990 neu erlassen. Vgl. Knöchel, P.: Preisaufsicht, Köln 1992, S. 164ff; Bundestarifordnung Elektrizität 1990 (BTOelt) vom 18.12.1989, BGBl. I S. 2255; Loew, H.: Einführung in die Elektrizitätswirtschaft, a.a.O., S. 113ff.

[215] Vgl. Röder, P.: Zielkonflikte bei der Preisbildung in der Elektrizitätswirtschaft, Baden-Baden 1991, S. 91 und S. 38f.

[216] Vgl. Loew, H.: Einführung in die Elektrizitätswirtschaft, a.a.O., S. 94.

brauchskontrolle gemäß der §§ 103 und 103 a des Gesetzes gegen Wettbewerbsbeschränkungen (GWB) statt.[217]

Als Grundlage zur Feststellung eines Preismißbrauches durch ein EVU dient der Kartellaufsicht das Prinzip des sogenannten "als-ob-Wettbewerbs". Danach liegt ein Preismißbrauch vor, wenn das beklagte EVU spürbar ungünstigere Preise verlangt als gleichwertige EVU verlangen, es sei denn, daß die Abweichungen auf Umständen beruhen, die nicht dem preislich ungünstigeren EVU zugerechnet werden dürfen.[218] Beispiel hierfür sind die höheren Kosten einer Flächenversorgung im strukturschwachen ländlichen Raum.

Einen Überblick über die durchschnittlichen Strompreise für Sondervertragskunden bietet die folgende Abbildung.

Abbildung B13: Industriestrompreise 1995

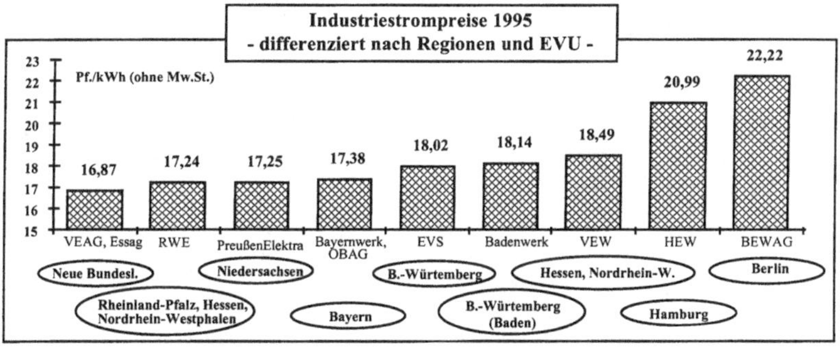

Quelle: In Anlehung an: Mansfeld, L., Miljes, R.: Kohlelast schwindet. Was kann's bringen, in: Zeitung für Kommunale Wirtschaft, Heft 5, 1995, S. 12.

Die Preise bilden einen Mittelwert des Strompreisgefüges für alle Sondervertragskunden eines versorgenden EVU ab. Zu beachten ist jedoch, daß durch die Mittelwerte die individuelle Preisgestaltung des EVU nicht erfaßt wird. Diese individuelle Preisgestaltung ist unter anderem von der Abnahmestruktur des jeweiligen Industriekunden abhängig. Ersichtlich ist aus dem Vergleich der Mittelwerte allerdings die relativ starke, regionale Differenzierung der Industriestrompreise.

Die Strompreisentwicklung wird aktuell durch den am 01.01.1996 entfallenen, sogenannten Kohlepfennig geprägt. Aufgrund des Urteils des Bundesverfassungsgerichts (BVerG) vom 11. Oktober 1994 ist die bisherige Förderung der heimischen Steinkohle verfassungsrechtlich nicht zulässig und mußte zum 31.12.1995 auslaufen.[219] Seit 1996 dürfen die Stromversorger die Steinkohle zu den geringeren Weltmarktpreisen kaufen. Importkohle kann vom EVU ca. zu einem Drittel des Preises heimischer Steinkohle gekauft werden. Der Zwang, bei der Verstromung hauptsächlich heimische Steinkohle einzusetzen, ist entfallen. Damit brauchen insgesamt 7,5 Mrd. DM nicht mehr von der Elektrizitätswirtschaft und den Stromverbrauchern aufgebracht zu werden, sondern müssen aus dem allgemeinen Bundeshaushalt gedeckt

[217] Die § 103 sowie § 103a GWB führen aus, welche wettbewerbsrechtlichen Ausnahmen für die Elektrizitätswirtschaft gelten und wie ein potentieller Mißbrauch festzustellen ist; vgl. Loew, H.: Einführung in die Elektrizitätswirtschaft, a.a.O., S. 111ff; Marcus, P., Schiffer, H.-W.: Grundlagen der Versorgungswirtschaft, a.a.O., S. 16.

[218] Vgl. Gröner, H.: Elektrizitätsversorgung, a.a.O., S. 129; Ebel, H.-R.: Entwicklung der kartellrechtlichen Mißbrauchsaufsicht über die Stompreise, in: VIK-Mitteilungen, Nr. 2, 1993, S. 40-43.

[219] Vgl. BVerG: Az. 2 BvR 633/86.

werden, da der politische Wille besteht, die Steinkohlensubvention auch über das Jahr 2000 hinaus laufen zu lassen.[220]

Die Preiswirkung auf die Strompreise ist erheblich. Zum einen entfällt der bisherige Aufschlag des Kohlepfennigs von durchschnittlich 8,5% auf die Stromrechnung für alle Kunden ab dem 01.01.1996 (gesamtes Entlastungsvolumen ca. 5 Mrd. DM).[221] Zum anderen wird die Entlastungswirkung des sogenannten Selbstbehalts[222] der EVU (Volumen ca. 2,5 Mrd. DM) hauptsächlich an die industriellen Abnehmer weitergegeben und soll dadurch die Strompreisunterschiede zum Ausland verringern sowie zur Standortsicherung der deutschen Industrie beitragen.[223] Das Potential zur Senkung der Industriestrompreise liegt damit insgesamt zwischen 6,3 Pf/kWh bei der BEWAG und 1,9 Pf/kWh beim Badenwerk.[224] Dies bedeutet eine Reduktion bei der BEWAG auf durchschnittlich 15,98 Pf/kWh und beim Badenwerk auf durchschnittlich 16,24 Pf/kWh. Die geringe Preissenkung beim Badenwerk erklärt sich aus einem niedrigeren Satz beim Kohlepfennig im Vergleich zu anderen Versorgern und einem aus geringem Kernenergieeinsatz resultierenden niedrigeren Selbstbehalt, der an die Kunden weitergegeben werden kann. Im Durchschnitt werden die Strompreise für Industriekunden um mehr als 10% sinken.[225]

dd. Schutz vor Wettbewerb

Innerhalb der Elektrizitätswirtschaft ist ein umfassender Schutz vor Wettbewerb realisiert, wie er in kaum einem anderen Wirtschaftsbereich zu finden ist. Dieser staatlich begünstigte Schutz vor Wettbewerb bietet zahlreiche Möglichkeiten des Mißbrauches.[226]

Zentrale Vorschrift für die Wettbewerbsausnahmen im Bereich der Elektrizitätswirtschaft ist das Gesetz gegen Wettbewerbsbeschränkungen GWB.[227] Die Freistellung von der Unzulässigkeit von Wettbewerbsbeschränkungen (§ 1 GWB), das Verbot der Preisbeschränkung (§ 15 GWB) und das Verbot der Ausschließlichkeitsbindung (§ 18 GWB) durch den § 103 Abs. 1 GWB dienen der möglichst sicheren und billigen Versorgung. Dieses Ziel soll durch Ausschöpfung von Rationalisierungsmöglichkeiten erreicht werden.[228] Diese Rationalisierungsmöglichkeiten werden dann realisiert, wenn pro Gebiet immer nur ein EVU die Lieferzuständigkeit hat. Aus diesem Grund sind als wettbewerbsbeschränkende Vereinbarungen Demarkationsverträge und Konzessionsverträge zugelassen.

Demarkationsverträge gemäß § 103 Abs. 1 Nr. 1 GWB sind zwischen den EVU zivilrechtlich abgeschlossene Verträge und regeln die Lieferzuständigkeit für jeweils nur ein Unternehmen in einem regional abgegrenzten Gebiet.[229] Unterschieden wird die vertikale und die horizontale Demarkation.

---

220 Vgl. Uhlmannsiek, B.: Strom wird nächstes Jahr billiger, in: Stromthemen, 12. Jahrgang 1995, Heft 5, S. 7.

221 Vgl. Gautier, F.: Wir müssen uns dem Wettbewerb stellen, a.a.O., S. 1-3.

222 Unter dem Selbstbehalt versteht man die Mehraufwendungen bei der Verstromung heimischer Steinkohle, die nicht durch den Kohlepfennig gedeckt waren und von den EVU zusätzlich getragen werden mußten.

223 Vgl. Maier-Mannhard, H.: Mit Strompreisen Standort sichern, in: Süddeutsche Zeitung vom 07.04.95.

224 Vgl. Mansfeld, L., Miljes, R.: Kohlelast schwindet. Was kann`s bringen?, in: Zeitung für Kommunale Wirtschaft, Heft 5, 1995, S. 12; vgl. auch o.V.: Kohlepfennig abgeschafft. Strompreise sinken auf breiter Front, in: IZE (Hrsg.), Stromthemen 1/96, Heft 1, 13. Jahrgang, Informationen zu Energie und Umwelt, Frankfurt 1996, S. 8.

225 Vgl. o.V.: Kohlepfennig abgeschafft. Strompreise sinken auf breiter Front, a.a.O., S. 8.

226 Vgl. o.V.: Plädoyer für mehr Wettbewerb, in: Stromthemen, Heft 8, Frankfurt am Main August 1996, S. 8.

227 Vgl. Loew, H.: Einführung in die Elektrizitätswirtschaft, a.a.O., S. 113.

228 Vgl. Gröner, H.: Elektrizitätsversorgung, a.a.O., S. 99.

229 Vgl. Neuffer, H.: Umweltpolitische und betriebswirtschaftliche Aspekte, a.a.O., S. 177ff; Schnabel, K.: Der Deutsche Elektriziätsmarkt im Wandel, a.a.O., S. 47.

Konzessionsverträge gemäß § 103 Abs. 1 Nr. 2 GWB regeln das Verhältnis zwischen der Gebietskörperschaft als Träger des Wegerechts der öffentlichen Wege und dem zuständigen Liefer-EVU dieses Gebietes.[230] Die Gebietskörperschaften erlauben dem EVU die Leitungsverlegung in den öffentlichen Wegen und sichern ihm das Ausschließlichkeitsrecht für die Belieferung der auf ihrem Gebiet ansässigen Kunden zu. Als Gegenleistung zahlt das EVU eine Konzessionsabgabe, die auf den Strompreis aufgeschlagen, also den Kunden in Rechnung gestellt wird.

Als Ausgleich für den fehlenden Wettbewerb in den abgeschlossenen Versorgungsgebieten dient die kartellrechtliche Mißbrauchsaufsicht.[231] Gemäß § 103 Abs. 5 GWB ist ein Mißbrauch dann gegeben, wenn ein EVU von Grundsätzen abweicht, die für das Marktverhalten von Unternehmen bei wirksamem Wettbewerb bestimmend sind (der sogenannte als-ob-Wettbewerb). Unterschieden werden der Preismißbrauch und der Behinderungsmißbrauch, beispielsweise die unbillige Behinderung bei der Verwertung von in Eigenanlagen hergestellter Energie. Diese Behinderung kann unter anderem in einer unangemessen niedrigen Vergütung für den überschüssig eingespeisten Strom bestehen. Eine mögliche Behinderung ist der kartellrechtlichen Mißbrauchsaufsicht anzuzeigen und gegebenenfalls gerichtlich zu klären.[232]

ee. Weitere staatliche Eingriffe

Die weiteren staatlichen Eingriffe lassen sich im wesentlichen in umweltpolitische, energiepolitische und marktpolitische Gründe unterteilen.

Wichtigste gesetzliche Grundlage für die Luftreinhaltung ist das Bundesimmissionsschutzgesetz[233], dessen Bestimmungen hohe Relevanz für den Energiesektor haben. Wichtigstes Ziel des Gesetzes ist es, Menschen, Tiere, Pflanzen und andere Sachen vor schädlichen Umwelt- und anderen Einwirkungen zu schützen, sowie dem Entstehen schädlicher Umwelteinwirkungen vorzubeugen. Das Gesetz umfaßt unter anderem Luftreinhaltungsvorschriften für die Bereiche der industriellen und gewerblichen Anlagen sowie der Haushalte. Zur Konkretisierung der Anforderungen dieses Gesetzes gibt es eine Anzahl von Verordnungen, wovon die "Großfeuerungsanlagenverordnung"[234], die "Verordnung über Feuerungsanlagen"[235] und die "Technische Anleitung Luft"[236] zu den wichtigsten Vorschriften in der Energiewirtschaft zählen. Grundsätzlich ist es das Prinzip des Gesetzes und der Verordnungen, höchstzulässige Emissionswerte zu setzen, die nicht überschritten werden dürfen.[237]

Der Brennstoffeinsatz kann aus energiepolitischen oder versorgungspolitischen Gründen eingeschränkt bzw. begünstigt werden. Die Sicherung einer störungs- und versorgungskrisenfreien Energieversorgung kann unter anderem durch den bevorzugten Einsatz deutscher Stein- bzw. Braunkohle in der Elektrizitätsproduktion erfolgen.[238] Der Einsatz importierter Energie-

---

230 Zur Konzessionsabgabenverordnung vgl. Schnabel, K.: Der Deutsche Elektrizitätsmarkt im Wandel, a.a.O., S. 64ff.

231 Vgl. auch Budde, H.-J., Deuster, G., Zahn, G.: Zusammenarbeit der Anlagenbetreiber mit der Versorgungswirtschaft, a.a.O., S. 206.

232 Zur Verwertung des überschüssig produzierten und eingespeisten Stroms sowie den möglichen Behinderungen und aktuellen Rechtsprechungen in Anlehnung an das GWB siehe Kapitel F.II dieser Untersuchung.

233 Vgl. Bundesimmissionsschutzgesetz (BImSchG) vom 15. März 1974.

234 Vgl. 13. Bundesimmissionsschutzverordnung (BImSchV).

235 Vgl. 1. Bundesimmissionsschutzverordnung (BImSchV.)

236 Technische Anleitung zur Reinhaltung der Luft (TA Luft) vom 27. Februar 1986, BGBl. I, S. 95.

237 Vgl. Neuffer, H.: Umweltpolitische und betriebswirtschaftliche Aspekte, a.a.O., S. 177ff.

238 Die versorgungspolitisch motivierte Begünstigung der Verwendung heimischer Steinkohle in Kraftwerken war -neben dem Ziel der arbeitsmarktpolitischen Absicherung- ein Ziel der "Verstromungsgesetzgebung".

träger wie Erdöl kann im Gegensatz dazu durch Verordnungen eingeschränkt werden, wie es durch das Verbrennungsverbot von Heizöl in Kraftwerken in den siebziger Jahren erfolgte.[239] Im Zuge der fortschreitenden Vernetzung der globalen Energiemärkte verlieren versorgungssichernde Maßnahmen durch den bevorzugten Einsatz einheimischer Energieträger jedoch zunehmend an Bedeutung. An ihre Stelle treten immer stärker preis- und wettbewerbspolitische Ausrichtungen. Dabei steht der möglichst kostengünstige Einkauf der Energie auf den Weltmärkten im Vordergrund.

Staatliche Eingriffe erfolgen auch mit dem Ziel, die Entwicklung bestimmter Märkte zu beeinflussen bzw. zu steuern. Ein Beispiel dafür ist die im Bereich der Elektrizitätswirtschaft wirkende Begünstigung der Stromeinspeisung privater Kraftwerksbetreiber, die den Strom auf Basis regenerativer Energieträger wie Wasserkraft, Wind- und Sonnenenergie sowie Bio-, Klär- und Deponiegas und fester Biobrennstoffe erzeugen. Die Einspeisung dieser Energiemengen in das öffentliche Netz wird zu gesetzlich fixierten Mindestpreisen vergütet und stellt eine bewußte Förderung der Markteinführung regenerativer Energietechnologien dar.[240]

Eine Ausdehnung dieser Förderung auch auf die rationelle Energieerzeugung beispielsweise durch Kraft-Wärme-Kopplung könnte die Durchsetzungsfähigkeit der KWK-Anlagen am Markt erhöhen.[241]

ff. Aktuelle politische Entwicklungen

Die EU-Minister haben sich am 20. Juni 1996 auf eine neue *Strom-Richtlinie* geeinigt, welche durch das Europäische Parlament im Dezember 1996 verabschiedet wurde.[242] Die Strom-Richtlinie soll für mehr Wettbewerb auf dem europäischen Elektrizitätsmarkt sorgen, wobei folgende Regelungen vorgesehen sind:[243]

Die europäischen Strommärkte werden schrittweise geöffnet. Hierbei ist ab 1999 eine Marktöffnung von zunächst mindestens 23% des gesamten Stromverbrauchs des jeweiligen Mitgliedslandes vorgeschrieben. Ab 2003 erhöht sich diese Mindestquote auf ca. 33%.

Marktzugang erhalten mindestens alle Großabnehmer, die jährlich mehr als 100 Gigawattstunden[244] (je Einspeisepunkt) verbrauchen, darüber hinaus die jeweils nächstgrößeren Stromkunden, bis die gemeinsame Stromnachfrage dieser Verbraucher der vorgeschriebenen Mindestquote entspricht. Für Deutschland wird damit gerechnet, daß alle Unternehmen, deren Jahresverbrauch ca. 35 GWh übersteigt, in den Genuß der ersten Stufe der Liberalisierung kommen werden. Ab dem Jahr 2003 soll der Schwellenwert auf ca. 9 GWh fallen.[245]

Vgl. Drittes Verstromungsgesetz vom 13.12.1974, BGBl. I, S. 3474, in der Fassung vom 19.04.1990, BGBl. I, S. 917. Diese Gesetzgebung wurde zwischenzeitlich durch das BVerG für unzulässig erklärt.

239 Vgl. Jürgensen, H.: Mineralölindustrie, a.a.O., S. 147; Neuffer, H.: Umweltpolitische und betriebswirtschaftliche Aspekte, a.a.O., S. 177ff.

240 Vgl. Gesetz über die Einspeisung von Strom aus erneuerbaren Energien in das öffentliche Netz (Stromeinspeisungsgesetz) vom 7. Dezember 1990, BGBl. I, S. 2633; o.V.: Regenerative Energien: Neue Förderprogramme, in: Energiewirtschaftliche Tagesfragen, Oktober 1995, Heft 10, S. 680.

241 Zu den Bestrebungen, die Kraft-Wärme-Kopplung zusätzlich zu den regenerativen Energien in das Stromeinspeisungsgesetz aufzunehmen und den Abwehrstategien der EVU dagegen vgl. Kapitel F.II.1.b.aa.

242 Vgl. Knabl, G.: Start frei für mehr Wettbewerb. Liberalisierung auf dem Vormarsch - Monopole werden aufgebrochen - Konkurrenz nimmt zu, in: Die Welt, Sonderbeilage Welt der Energie II, 10.06.1997, S. G1.

243 Vgl. Schenk, P.: Politische Einigung auf Strom-Richtlinie, in: Stromthemen, Jg. 13 (1996), Heft 7, S. 1; Knabl, G.: Start frei für mehr Wettbewerb. Liberalisierung auf dem Vormarsch - Monopole werden aufgebrochen - Konkurrenz nimmt zu, a.a.O., S. G1.

244 Eine Gigawattstunde entspricht einer Million Kilowattstunden.

245 Vgl. Vereinigung Deutscher Elektrizitätswerke (VDEW): Binnenmarktrichtlinie Elektrizität. Gemeinsamer Standpunkt vom 25.06.1996, Frankfurt/M. 8/1996, S. 11.

Die hohen Schwellenwerte von 35 GWh bzw. 9 GWh machen deutlich, daß die Liberalisierung auf dem Strommarkt vorerst nur für größere Unternehmen greift.[246] Trotzdem ist ein Anfang zu mehr Wettbewerb und damit sinkenden Strompreisen gemacht.

Mit der Verabschiedung der Richtlinie auf europäischer Ebene sind nun zwar die äußeren Rahmenbedingungen für eine liberalisierte Stromwirtschaft gegeben, die Umsetzung am deutschen Markt wird jedoch kontrovers diskutiert.[247]

Die Regierung legte im Oktober 1996 einen Entwurf zur *Novellierung des Energierechts* vor. Der Entwurf sieht vor, daß die Freistellung der Demarkationsverträge vom Kartellverbot und die exklusive Vergabe kommunaler Wegerechte beseitigt werden. Die Durchleitung wird jedoch nicht speziell für den Elektrizitätsbereich geregelt. Vielmehr soll im Zusammenhang mit der 6. Novelle des Kartellrechts ein Tatbestand aufgenommen werden, der ganz allgemein, nicht sektorspezifisch den Netzzugang regelt, d.h. z.B. auch für die Durchleitung von Gas gilt. Danach soll ein marktbeherrschendes Unternehmen verpflichtet werden, einem Dritten, das ihm gehörende Netz gegen Entgelt zu öffnen, wenn dies die einzige Möglichkeit des Marktzugangs ist.[248] Die Höhe des Entgelts für die Durchleitung soll dabei durch ein Regelwerk der Verbände festgelegt werden.[249]

Nach der Energierechtsnovelle soll weiterhin die Investitionskontrolle entfallen und die Genehmigungspflicht für die Aufnahme der Versorgung eingeschränkt werden. Damit könnten unabhängige Produzenten Kraftwerke und Leitungen bauen.[250] Anders als auf europäischer Ebene geplant, gibt es für die Kunden keine Marktzutrittsschwelle in Form einer jährlichen Mindestabnahmemenge.[251] Demnach könnte sich jedes Unternehmen einen neuen Lieferanten suchen.

Es ist aber davon auszugehen, daß sich der Neubau von Leitungen oder die Durchleitung für Kleinabnehmner kaum lohnen wird.[252] Vielmehr ist damit zu rechnen, daß die EVU ihre Strompreispolitik ändern, um den Kundenstamm zu halten. Flächendeckend einheitliche Tarifpreise in einem geschlossenen Versorgungsgebiet mittels Quersubventionierung sind im Wettbewerb nicht mehr praktizierbar.[253] Die hohen Anschlußkosten in dünn besiedelten Gebieten werden sich ebenso in den Strompreisen widerspiegeln wie die günstigeren Versorgungsstrukturen in Ballungsräumen.

Die Novellierung des Energierechts steht unter Kritik, weil hierdurch „öffentlich kontrollierte Monopole durch private Oligopole“[254] ersetzt würden. Die Folge wird hierbei sein, so wird vermutet, daß es Wettbewerb nicht für alle Kunden, sondern nur für wenige Großkunden

---

[246] Vgl. Heck, H.: Umstritten bis zum Schluß. Rexrodts Entwurf zum Energiegesetz stößt auf Ablehnung, in: Die Welt, Sonderbeilage Welt der Energie I, 09.06.1997, S. G4.

[247] Vgl. Knabl, G.: Start frei für mehr Wettbewerb. Liberalisierung auf dem Vormarsch - Monopole werden aufgebrochen - Konkurrenz nimmt zu, a.a.O., S. G1.

[248] Vgl. o.V.: Kartellamt will Monopol beim Strom knacken, in: Die Welt, Sonderbeilage Welt der Energie II, 10.06.1997, S. G3.

[249] Vgl. o.V.: Minister Rexrodt: Die Preise werden fallen, in: Die Welt, Sonderbeilage Welt der Energie I, 09.06.1997, S. G3.

[250] Vgl. ebenda., S. 2.

[251] Vgl. o.V.: Mehr Wettbewerb bei Strom und Gas. SPD und Kommunen lehnen neues Energierecht ab, in: Informationszentrale der Elektrizitätswirtschaft (IZE) e.V. (Hrsg.), Stromthemen, Informationen zu Energie und Umwelt, Jahrgang 13, Frankfurt am Main 1996, Nr. 12, S. 1.

[252] Vgl. ebenda, S. 1.

[253] Vgl. Knabl, G.: Start frei für mehr Wettbewerb. Liberalisierung auf dem Vormarsch - Monopole werden aufgebrochen - Konkurrenz nimmt zu, a.a.O., S. G1.

[254] Prangenberg, W., Pressesprecher des Verbandes kommunaler Unternehmen (VKU), zitiert in: o.V.: VKU attackiert Rexrodt-Entwurf, in: Stromthemen, Jg. 13 (1996), Heft 7, S. 3.

geben wird.[255] Ferner wird insbesondere durch Kommunen Widerstand geleistet, da diese vor allem um ihre Einnahmen und ihren Einfluß fürchten.[256]

Die endgültige Verabschiedung der Energierechtsnovelle steht bis heute aus. So widersprach u.a. der Bundesrat dem Regierungsentwurf.[257]

IV. Ökologische Gesichtspunkte der Energiebereitstellung

Ökologie ist in den letzten Jahren immer mehr in den Vordergrund des gesellschaftlichen Interesses gerückt. Verschiedene Aspekte dieses gesellschaftlichen Interesses wurden in diesem Kapitel bereits angesprochen. So wurde dargestellt, daß die Ressourcen begrenzt sind, daß mit verschiedenen Energieträgern unterschiedliche Umweltbelastungen verbunden sind,[258] und daß die Politik reglementierend in die Energiemärkte eingreift und damit unter anderem rationellen und umweltfreundlichen Energieeinsatz fördert.[259]

Die Einflußnahme der Politik ist von verschiedenen Aspekten geleitet, die häufig in die Gesetzgebung eingehen und das politische und öffentliche Handeln prägen. Einige dieser Aspekte, die mit den Umwelteinwirkungen des Energieverbrauches verbunden sind und insbesondere positiv auf Investitionen in Kraft-Wärme-Kopplung wirken können, werden im folgenden dargestellt.[260]

1. Ausbringung und Wirkung von Schadstoffen

Bei der Verbrennung fossiler Energieträger werden hauptsächlich die Schadstoffe Kohlendioxid (CO_2), Schwefeldioxid (SO_2), Stickoxide (NO_x) sowie aufgrund unvollkommener Verbrennung Kohlenmonoxid (CO) freigesetzt.[261]

Die Wirkung dieser für die Umwelt schädlichen Stoffe und ihre Rückhaltemöglichkeit z.B. in Filteranlagen ist höchst unterschiedlich.

Der lange Zeit vernachlässigte, heute wichtigste gasförmige Schadstoff ist das *Kohlendioxid.*[262] Es steht im Verdacht, bei weiter steigendem Anteil in der Erdatmosphäre das Klima

---

255 Prangenberg, Pressesprecher des Verbandes kommunaler Unternehmen, zur Novellierung des Energierechts: „Dieses wird zu einem gespaltenen Markt führen, bei dem die Masse der Haushaltskunden, das mittelständische Gewerbe und die Landwirtschaft die Verlierer sein werden. Diese müßten nämlich dann die durch die Anschluß- und Versorgungspflicht entstehenden Fixkosten tragen, während die Großkunden zu Grenzkostenpreisen beliefert würden." Prangenberg, W., Pressesprecher des Verbandes kommunaler Unternehmen (VKU), zitiert in: o.V.: VKU attackiert Rexrodt-Entwurf, in: Stromthemen, Jg. 13 (1996), Heft 7, S. 3.

256 Vgl. Heck, H.: Umstritten bis zum Schluß. Rexrodts Entwurf zum Energiegesetz stößt auf Ablehnung, a.a.O., S. G4.

257 Vgl. o.V.: Mehr Wettbewerb bei Strom und Gas. SPD und Kommunen lehnen neues Energierecht ab, a.a.O., S. 2; Knabl, G.: Start frei für mehr Wettbewerb. Liberalisierung auf dem Vormarsch - Monopole werden aufgebrochen - Konkurrenz nimmt zu, a.a.O., S. G1.

258 Zu den umweltrelevanten Wirkungen vgl. u.a. Grawe, J.: Wirkungen verschiedener Energieträger und -quellen auf die menschliche Gesundheit und die Umwelt, in: Geographie und Schule, 14. Jahrgang 1992, Sonderheft Energie und Umwelt, S. 2ff; vgl. hierzu auch Kortzfleisch, G. von: Systematik der Produktionsmethoden, in: Jacob, H. (Hrsg.), Industriebetriebslehre, 4. Auflage, Wiesbaden 1990, S. 145 und 146.

259 Beispielsweise durch die Verteuerung der Energiepreise mittels einer Energie- oder CO_2-Steuer; vgl. Hoffmann, T.: Auswirkungen einer EG-Energie-/CO_2-Steuer, in: EP, Heft 1/2, 1994, S. 44 - 47; Vieregge R.: Kraft-Wärme-Kopplung und Treibhauseffekt. Chancen zur Energieeinsparung und CO_2-Minderung, in: ASUE (Hrsg.), Kraft-Wärme-Kopplung. Energie sparen, Umwelt schonen, Band 16, Essen 1995, S. 10.

260 So stellt Suttor fest, daß durch den Einsatz der Technik der Kraft-Wärme-Kopplung im Jahr 1987 u.a. ca. 20 Mio to Kohlendioxid, ca. 20.000 to Schwefeldioxid und ca. 30.000 to Stickoxid an Emissionen eingespart wurden; vgl. Suttor, K.-H., Suttor, W.: Vorwort der Herausgeber, in: Suttor, K.-H., Suttor, W. (Hrsg.), Handbuch der Kraft-Wärme-Kopplung. Für Planer, Betreiber, Ausbildung, Karlsruhe 1991, S. 2.

261 Vgl. Neuffer, H.: Umweltpolitische und betriebswirtschaftliche Aspekte, a.a.O., S. 170ff; Grawe, J.: Grundlagen der deutschen Elektrizitätswirtschaft, a.a.O., S. 59; Drepper, W.: Kraft-Wärme-Kopplung in der kommunalen Energieversorgung bei vollständiger Berücksichtigung des elektrischen Verbundsystems, Aachen 1993, S. 43 und 44.

nachhaltig zu verändern. Mit dem Kabinettsbeschluß vom 7. November 1990, der die CO_2-Verminderung um 25% bis zum Jahr 2005 auf der Basis von 1987 anvisiert, hat die Bundesrepublik Deutschland auf diese Tatsache als eines der ersten Länder reagiert.[263] Die besondere Problematik dieses Schadstoffes besteht jedoch darin, daß er global wirkt und vor geographischen oder politischen Grenzen nicht haltmacht. Daher muß eine weltweite CO_2-Vermeidung angestrebt werden. Verschärft wird die Problematik dadurch, daß die Zurückhaltung der CO_2-Emissionen durch Filter oder ähnliche Anlagen nach dem heutigen Stand der Technik nicht möglich ist. Eine Emissionsverminderung ist nur durch den verstärkten Einsatz CO_2-armer Energieträger oder durch die Reduzierung der Brennstoffmenge möglich.[264] Dies bedeutet, daß der rationellen Energieanwendung als CO_2-Vermeidungsstrategie eine überaus große Bedeutung zukommt.[265]

Schwefeldioxid ist ein farbloses, leicht wasserlösliches Gas. Es entsteht, wenn schwefelhaltige Brennstoffe wie Heizöl, Braun- und Steinkohle verbrannt werden. Schwefeldioxid wirkt als Reizgas, das in Verbindung mit Stäuben bis in die Lungenbläschen vordringen kann. Es reagiert mit Wasser zur schwefligen Säure, die Mitverursacher der Waldschädigungen ist. Schwefeldioxid greift zudem die Bausubstanz an und schädigt diese nachhaltig.[266].

Stickoxide haben erhebliche Bedeutung bei der Bildung von sauren Photooxidanten und tragen zur Bildung von sauren Niederschlägen bei. Daher sind die Stickoxide zusammen mit den Schwefeldioxiden Hauptverursacher der Waldschädigungen. Stickoxidemissionen haben daneben auch lokale Bedeutung: Sie verursachen Reizungen der Atemwege und können in hohen Konzentrationen die Sauerstoffaufnahme des Blutes beeinträchtigen und Bronchitis verursachen.

Im Gegensatz zu den CO_2-Emissionen können Schwefeldioxide und Stickoxide durch aktive und passive technische Maßnahmen, wie z.B. Filteranlagen oder besondere Feuerungsbedingungen, relativ stark in ihrer Entstehung bzw. Verbreitung reduziert werden. Diese Reduktionsmaßnahmen sind im öffentlichen Kraftwerksbereich auf Grund der geltenden Bestimmungen weitgehend abgeschlossen.[267]

---

262 Vgl. Neuffer, H.: Umweltpolitische und betriebswirtschaftliche Aspekte, a.a.O., S. 170.

263 Die deutsche CO_2-Bilanz kann sich schon heute sehen lassen. 1995 lagen die Emissionen um fast 15 Prozent unter denen des Jahres 1987. Die Bundesumweltministerin Angela Merkel urteilt hierzu: „Wir haben das Ziel einer 25prozentigen Verringerung bis zum Jahre 2005 schon zur Hälfte erreicht." Merkel, A: zitiert in: Kemkens, W.: Gewaltige Kräfte. Der Klimagau läßt sich durch Energieeinsparungen und intelligente Nutzung der Ressourcen verhindern, a.a.O., S. 68.

264 Zur CO_2-Minderung durch fossile Brennstoffsubstitution vgl. auch Voß, A.: Strategien zur Reduktion der energiebedingten CO_2-Emissionen, a.a.O., S. 24; Knoche, K.-F., Rudolph, M., Schaefer, H.: Problematik der Bewertung von Energieträgern und Energieumwandlungsprozessen, in: Brennstoff Wärme Kraft, Band. 46, Nr. 10, Oktober 1994, S. 431ff.

265 Vgl. Grawe, J., Turowski, R.: Energiepolitischer Konsens und Bekämpfung der Klimagefahren, in: Zeitschrift für angewandte Umweltforschung, März 1989, S. 207; Grawe J., Loew, H., Turowske, R.: Potentiale zur Minderung der CO_2-Emissionen in der Bundesrepublik Deutschland, in: Energiewirtschaft 10/1990, S. 512; Bennigsen-Foerder, U. von: Umwelt und Energie. Kennzeichen des künftigen Fortschritts, in: Energiewirtschaft, Heft 25, 1989, S. 1777; Vieregge, R.: Kraft-Wärme-Kopplung und Treibhauseffekt. Chancen zur Energieeinsparung und CO_2-Minderung, a.a.O., S. 10.

266 Vgl. Kröplin, Leis, Ilmberger, Schaefer, Wagner: Rationelle Energieanwendung - Interne Abwärmenutzung, a.a.O., S. 5.

267 Vgl. u.a.: Uhlmannsiek, B.: Die Luft in der Lausitz wird sauberer. VEAG rüstet bis 1996 acht Blöcke mit moderner Umwelttechnik nach, in: Stromthemen, 12. Jahrgang 1995, Heft 9, S. 1; Grawe, J., Nickel, M.: Der Beitrag der deutschen Elektrizitätswirtschaft zur Minderung der CO_2-Emissionen, in: Elektrizitätswirtschaft, Jahrgang. 92, Heft 20, S. 1175 ff; Hoffmann, T.: Ziele der Energieversorgung, a.a.O., S. 4.

Zu den sonstige Umweltbelastungen, die mit der Energieumwandlung in technischen Anlagen verbunden sind, zählen Lärm, ionisierende Strahlung, Wassererwärmung durch Kondensation und Staub.[268]

Lärmemissionen sind durch technische Maßnahmen wie z.B. Maschinenkapselung oder durch bauliche Maßnahmen der Schalldämmung ausreichend stark zu reduzieren, hier gelten die Vorschriften der Technischen Anleitung Lärm (TA Lärm).[269] Lärm entsteht jedoch z.B. auch beim Transport von Brennstoffen über die Straße.

Stäube werden durch leistungsfähige Filteranlagen nahezu vollständig zurückgehalten. Zu berücksichtigen ist bei Anwendung der passiven Rückhaltetechnologie in Form von Filteranlagen jedoch, daß die Schadstoffe nicht verschwunden sind, sondern lediglich ihre Form gewechselt haben. Sie werden in der Regel deponiert und verursachen unter Umständen am Deponiestandort weitere Schädigungen, beispielsweise Grundwasserbelastungen.[270]

Die im Kraftwerksprozeß anfallende Kondensationswärme, die bis zu 65% des Brennstoffeinsatzes betragen kann, muß an die Umgebung abgeführt werden. Aus diesem Grund werden Kraftwerke hauptsächlich an großen Flüssen wie am Rhein, an der Weser und an der Elbe errichtet. Die Kondensationswärme wird dabei an das Flußwasser abgegeben und kann durch *Wassererwärmung* zu Veränderungen der Flußflora und -fauna führen.[271]

Weitgehend ungeklärt und kontrovers diskutiert sind die Folgen der *atomaren Strahlung* in der Nähe von Kernkraftwerken. Eine in der Nähe des Kernkraftwerks Krümmel in der Elbmarsch aufgetretene, statistisch signifikante Häufung von Leukämieerkrankungen wird von Kritikern der Kernenergie auf das Kernkraftwerk zurückgeführt.

2. Schlußfolgerungen aus der Existenz ökologischer Belastungen

Aus der Existenz der ökologischen Belastungen lassen sich folgende Schlußfolgerungen in Bezug auf den Einsatz verschiedener Primärenergieträger bzw. effizienterer Energieumwandlungsanlagen ziehen:

Mit der Umwandlung von Energieträgern in Strom und Wärme sind nicht zu vermeidende, ökologische Belastungen verbunden. Die Stärke der ökologischen Belastungen unterscheiden sich je nach eingesetztem Energieträger. Der Wechsel auf andere Energieträger kann Schadstoffe verringern bzw. die Gesamtzusammensetzung der Schadstoffemission verändern. Die Gewichtung verschiedener Schadstoffe durch die Öffentlichkeit ist im Zeitablauf nicht konstant, so daß sich auch die Prioritäten der Förderung von Energieträgern verschieben können.

Zur Zeit wird der Klimapolitik und damit der Reduzierung der CO_2-Emissionen eine hohe Priorität zuteil.[272] Verschiedene Energieträger besitzen unterschiedliche Kohlenstoffanteile, so daß die Reduzierung des CO_2-Ausstoßes durch den Einsatz eines anderen Energieträgers möglich ist.

Die folgende Abbildung gibt die spezifischen Kohlendioxid-Emissionen verschiedener Brennstoffe bzw. Energieträger wieder:

---

[268] Vgl. Henkel, H.: Umweltschonende Energiebereitstellung in KWK-Anlagen, a.a.O., S. 5.

[269] Vgl. Erste Allgemeine Verwaltungsvorschrift zur Durchführung des Bundesimmissionsschutzgesetzes (Technische Anleitung zur Reinhaltung der Luft - TA Luft) vom 27. Februar 1986, in: Beck-Texte im dtv, Stand: 1. August 1995. Zur Hierarchie der immissionsschutzrechtlichen Vorschriften vgl. o.V.: Erdgas. Chance für Umwelt und Klima, in: ASUE (Hrsg.), Hamburg 1994, Bild 2.

[270] Vgl. Lochte, H.-G.: Entwicklungstendenzen in der Wärmewirtschaft der Bundesrepublik Deutschland, a.a.O., S. 366.

[271] Vgl. Lochte, H.-G.: Entwicklungstendenzen in der Wärmewirtschaft der Bundesrepublik Deutschland, a.a.O., S. 374 und 375.

[272] Vgl. Michaelis, H.: Bilanz der Arbeit der Enquête-Kommission. Schutz der Erdatmosphäre. Leitlinien der Klimapolitik, in: Energiewirtschaftliche Tagesfragen, Januar/Februar 1995, Heft 1/2, S. 45.

Abbildung B14: Spezifische CO_2-Emissionen verschiedener Brennstoffe

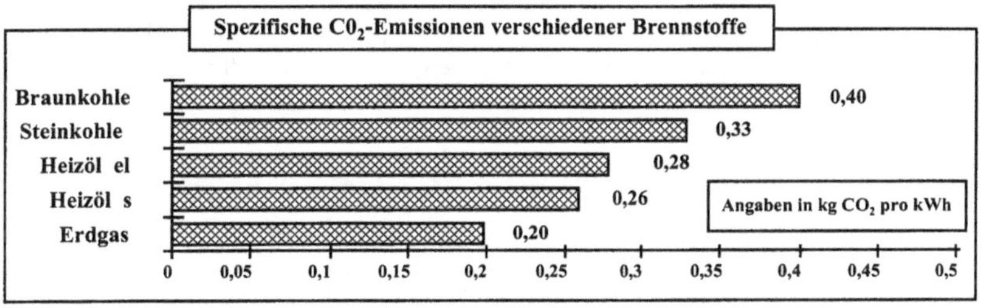

Quelle: In Anlehung an: Erdgas. Chance für Umwelt und Klima, in: ASUE (Hrsg.), Hamburg 1994, Bild 20.

Erdgas hat demnach im Vergleich zu festen Brennstoffen eine um etwa 40% bis 50% geringere und im Vergleich zu flüssigen Brennstoffen eine um etwa 25% geringere spezifische CO_2-Emission.[273] Erdgas ist außerdem frei von anderen schadstoffbildenden Bestandteilen wie beispielsweise Schwefel. Der verstärkte Umstieg auf den Energieträger Erdgas kann somit einen Beitrag zur Reduzierung der CO_2-Emissionen leisten.[274]

Die Kernenergie hat keinen direkten CO_2-Ausstoß, trotzdem wird die Kernenergie nicht zur Substitution eines möglichst großen Anteils fossiler Energieträger genutzt.[275] Die Vorteile der Kernenergie können aus gesellschaftlicher und politischer Sicht die Nachteile nicht aufwiegen: Nachteile liegen z.B. in möglichen Strahlungsschäden und der ungesicherten Endlagerung ausgebrannter Kernbrennstoffe, d.h. im Grunde ursächlich im Fehlen eines politischen Konsenses.[276]

Regenerative Energieträger wie Wasserkraft, Wind- und Sonnenenergie sowie nachwachsende Rohstoffe werden als wichtiges Mittel zur Reduzierung von Schadstoffemissionen gesehen und sind gleichzeitig ein gutes Beispiel, wie der Staat fördernd auf dem Energiemarkt auftritt.[277] Nicht alle technisch realisierbaren Anwendungen sind jedoch auch wirtschaftlich möglich und bedürfen auch weiterhin staatlicher Unterstützung.

V. Zusammenfassung Kapitel B

Energie ist die Quelle allen menschlichen Ursprungs. Ohne Energie ist industrielle Produktion nicht möglich. Energie hilft in vielfältiger Weise Leben und Arbeit zu ermöglichen und zu erleichtern.

---

[273] Vgl. Matthes, F.-C.: Öko Institut. Energieträger im Vergleich, in: Energie-Dialog, Februar 1994, S. 7ff; Birnbaum, K.-U., Wagner, H.-J.: Einheitliche Berechnung von CO_2-Emissionen, in Energiewirtschaftliche Tagesfragen, Jahrgang 42, Heft 1, 1991, S. 78ff; Kemkens, W.: Gewaltige Kräfte. Der Klimagau läßt sich durch Energieeinsparungen und intelligente Nutzung der Ressourcen verhindern, a.a.O., S. 68.

[274] Eine vollständige Substitution „Erdgas statt Kohle" ist jedoch nicht möglich: Vgl. Pospischill, H.: Die Methanemissionen der vorgelagerten Kohle- und Erdgasprozeßkette. Bedeutung am Beispiel der Strombereitstellung, in: Energiewirtschaftliche Tagesfragen, März 1994, Heft 3, S. 112; Schürmann, H.-J.: Keine parteiübergreifenden Kompromisse-Bilanz 95, in: Energiewirtschaftliche Tagesfragen, Dezember 1995, Heft 12, S. 770ff; vgl. auch Henkel, H.: Umweltschonende Energiebereitstellung in KWK-Anlagen, a.a.O., S. 11.

[275] Vgl. Mäule, R., Hoffmann, T., u.a.: CO_2-Minderungsmöglichkeiten im Kraftwerkssektor, a.a.O., S. 1037 und 1038.

[276] Zu den Folgen eines vorzeitigen Kernenergieverzichtes vgl. Grawe, J.: Ökonomische und ökologische Folgen eines vorzeitigen Kernenergieverzichtes, in: Energiewirtschaftliche Tagesfragen, 44. Jahrgang 1994, S. 16ff; Schneider, K.: Kernenergie-BGR. Studien zu potentiellen Ersatzstandorten für nukleare Endlager, in: Energiewirtschaftliche Tagesfragen, November 1995, Heft 11, S. 735 und 736.

[277] Vgl. Mäule, R., Hoffmann, T., u.a.: CO_2-Minderungsmöglichkeiten im Kraftwerkssektor, a.a.O., S.1042 und 1043.

Energie kommt in den verschiedensten Energieformen vor. Hinsichtlich der Arbeitsfähigkeit der Energie, d.h. der Fähigkeit, in andere Energieformen umgewandelt zu werden, gibt es entscheidende Unterschiede. So haben beispielsweise Strom und Wärme - Energieformen, die in KWK-Anlagen als Kuppelprodukte erzeugt werden - unterschiedliche energetische Wertigkeiten. Während Strom problemlos in jegliche Nutzenergieform umgewandelt werden kann, ist dieses bei Wärme nur in eingeschränktem Maße möglich. Diese unterschiedlichen energetischen Wertigkeiten werden im weiteren Verlauf der Arbeit bei der Kostenzuordnung und bei der Bewertung dieser Kuppelprodukte eine wesentliche Rolle spielen.

Die weltweiten Primärenergiereserven und Ressourcen sind begrenzt. Die Hochrechnung der heutigen Fördermengen an fossilen Energieträgern ergibt bei gegebenen Reserven eine Reichweite von ca. 45 Jahren beim Erdöl, ca. 65 Jahren beim Erdgas und ca. 200 Jahren bei der Kohle. Durch Entwicklung neuer Fördertechniken und Entdeckung neuer Energievorräte werden sich die Reserven zwar vermutlich erhöhen, aber trotzdem müssen zum Zweck der Schonung der weltweiten Reserven und Ressourcen kurzfristig greifende und gleichzeitig nachhaltige Energiesparmaßnahmen ergriffen werden.

Die Bundesrepublik Deutschland besitzt nur begrenzte fossile Rohstoffvorkommen und ist damit in besonderem Maße von Energieimporten abhängig. Da nur wenige Länder über ausgeprägte Energievorkommen verfügen, können diese Länder, wie es der Zusammenschluß der OPEC-Staaten gezeigt hat, einen nachhaltigen Einfluß auf die Energiepreise ausüben. Um zum einen die Gefahren zu mindern, die aus der Abhängigkeit von Energieimporten resultieren, und zum anderen die endlichen fossilen Brennstoffe zu schonen, bietet sich langfristig der verstärkte Einsatz von regenerativen Energien an. Die wirtschaftliche Nutzung von erneuerbaren Energien wird jedoch weiterhin beträchtliche Forschungsmittel erfordern und bei allen staatlichen und privaten Anstrengungen in absehbarer Zeit nicht den Verbrauch von erschöpflichen Energien ersetzen können.

Kurz- und mittelfristig kann der Verbrauch erschöpflicher Energien demzufolge - von staatlichen bzw. fiskalischen Maßnahmen abgesehen - nur durch den Einsatz von energiesparenden Technologien, wie beispielsweise der Abwärmenutzung durch Kraft-Wärme-Kopplung, gesenkt werden.

Für die betriebliche Energiekostenrechnung sowie für den Einsatz und die Planung von Eigenstromerzeugungsanlagen ist die Kenntnis der Märkte für Endenergieträger außerordentlich wichtig: Sich verändernde Energiepreise stellen einen wesentlichen Einflußfaktor auf die Wirtschaftlichkeit einer solchen Anlage dar. Von besonderem Interesse für eine bestehende oder geplante KWK-Anlage ist grundsätzlich die langfristige Entwicklung der Energiepreise. Je nach Tendenz der Preisentwicklungen kann der Einsatz von KWK-Anlagen gefährdet oder begünstigt werden.

In der Vergangenheit hat sich speziell im industriellen Bereich der Anteil der leitungsgebundenen Energieträger erhöht, da diese bezüglich ihrer einfachen Handhabung den anderen Energieträgern überlegen sind.

Die Hauptrolle übernahm dabei die **elektrische Energie** aufgrund ihrer vielfältigen Einsatzmöglichkeiten. Der im Vergleich zum gesamten Primärenergieverbrauch gestiegende Stromverbrauch der deutschen Industrie wird sich aufgrund der Universalität der elektrischen Energie vermutlich fortsetzen. Durch den Wegfall des sogenannten Kohlepfennigs ist die aktuelle Preisentwicklung für Strom eher sinkend. Zur Preissenkung werden ebenfalls der fortschreitende EU-Binnenmarkt mit seiner wettbewerbssteigernden und preisdämpfenden Wirkung und die Liberalisierung des Strommarktes beitragen. Die Liberalisierung der Erzeugung, Durchleitung und Verteilung von Strom kann hierbei wesentlichen Einfluß auf die Reduzierung der Strompreise ausüben. Den Tendenzen eines sinkenden Strompreises stehen jedoch politische und gesellschaftliche Bestrebungen gegenüber, den Ressourcenverbrauch und die Umweltschäden mit Hilfe von "Ökosteuern" oder "Energie/CO_2-Abgaben" stärker in den Strompreisen abzubilden. Strompreiserhöhend wirken sowohl die Verknappung der weltweiten Primärenergiereserven wie auch die Bestrebungen, aus der Atomenergie auszusteigen. Ob die preiserhöhenden oder die preisdämpfenden Einflußgrößen stärker zu gewichten sind, und wohin sich der Strompreis damit entwickelt, ist jedoch unsicher. Es ist allerdings zu vermuten, daß aufgrund des politischen Zieles, die Wettbewerbsfähigkeit der deutschen Industrie zu erhöhen, die Strompreise kurzfristig eher sinken werden. Langfristig dürften allerdings sinkende Primärenergiereserven zu einer allgemeinen Verteuerung von Energie und damit auch zur Verteuerung des Stromes führen.

Erdgas ist der zweitwichtigste leitungsgebundene Energieträger in der industriellen Fertigung. Erdgas wird seine Marktposition auch in Zukunft weiter ausbauen, da es mit einer umweltfreundlichen Verbrennung verbunden ist. Darüber hinaus gelangt Erdgas ohne Umwandlungsverluste als Primärenergieträger von der Förderquelle direkt zum Konsumenten. Schließlich wird Erdgas von der Förderquelle bis zum Verbraucher hauptsächlich über unterirdische Pipelines transportiert, womit eine Entlastung der öffentlichen Verkehrswege verbunden ist. Die Erdgasversorgung ist durch langfristige internationale Lieferverträge gesichert. Die Preise für Erdgas sind über das Prinzip des anlegbaren Preises noch relativ eng an die Preisentwicklung des Heizöls geknüpft. Diese Preiskopplung wird voraussichtlich mit der steigenden Bedeutung von Erdgas und aufgrund einer sich verschärfenden Konkurrenzsituation auf dem Erdgasmarkt aufgeweicht werden. Langfristige Preissenkungen sind deshalb denkbar.

Heizöl, ein nicht leitungsgebundener Energieträger, verliert zunehmend an Wichtigkeit im betrieblichen Energiegeschehen. Durch die Möglichkeit der Lagerhaltung ist Heizöl jedoch vor allem in Branchen, in denen es auf ein hohes Maß an kontinuierlicher Versorgungssicherheit ankommt, eine betriebswirtschaftlich sinnvolle Alternative. Im Zusammenhang mit einer Eigenstromerzeugung kann die Versorgungssicherheit aufgrund der möglichen Notstromversorgung weiter erhöht werden. Die Entscheidung für eine innerbetriebliche Energieversorgung auf Heizölbasis hat somit positive Auswirkungen auf die Sicherung der Energieversorgung hinsichtlich Wärme und Strom. Die Preisentwicklung für Heizöl hängt von der Entwicklung auf den Erdölmärkten ab. Kurzfristige Spielräume für Ölpreissenkungen ergeben sich zwar durch Entdeckung und Erschließung neuer Erdölfelder sowie wirtschaftspolitische Entwicklungen, aber aufgrund der begrenzten Reichweite der Erdölressourcen ist langfristig mit Preissteigerungen zu rechnen. Darüber hinaus kann Heizöl aufgrund der hohen Importabhängigkeit und des funktionierenden Marktmechanismus, der auch durch künstliche Verknappungstendenzen oder weltpolitische Ereignisse beeinflußt werden kann, generell Preisschwankungen unterworfen sein.

Die **Fernwärme** spielt allenfalls regional eine Rolle und stellt mitunter eine ressourcenschonende Alternative zur Eigenerzeugung mittels Kraft-Wärme-Kopplung dar. Einer verstärkten Nutzung der Fernwärme stehen jedoch hohe leitungsgebundene Kosten gegenüber, die zum einen aus den hohen Investitionskosten in das Fernwärmenetz und zum anderen aus Wärmeverlusten bei der Durchleitung resultieren. Aufgrund dieser hohen leitungsgebundenen Kosten ist ein weiterer Ausbau sowohl aus betriebs- als auch aus volkswirtschaftlicher Sicht nicht sinnvoll, zumal in nahezu allen Bereichen die Wärmeversorgung bereits mit einem anderen Endenergieträger sichergestellt ist. Allenfalls in neu erstellten Industriegebieten oder in Großstädten ist durch eine reglementierende Energiepolitik mit Hilfe eines Anschluß- und Benutzungszwanges ein weiterer wirtschaftlich sinnvoller Ausbau der Fernwärmeversorgung möglich. Die Preisentwicklung der Fernwärme ist zudem in hohem Maße durch Preisgleitklauseln an die Entwicklung der Erdgas- und Heizölpreise gekoppelt.

Zusammenfassend kann festgestellt werden, daß die weltweite Begrenztheit der Energiereserven und -ressourcen, die wirtschaftliche und politische Situation auf dem Markt für Endenergieträger sowie die verstärkte Abbildung von Umweltschäden in den Preisen vermutlich zu einer Erhöhung der Endenergiepreise für industrielle Unternehmen führen wird. Hiervon ist unter Umständen der Endenergieträger Erdgas weniger stark betroffen, der darüber hinaus aus ökologischen Gründen zunehmend an Bedeutung gewinnen und den klassischen Endenergieträger der 70er und 80er Jahre, das Heizöl, weiter verdrängen wird. Die elektrische Energie wird ihren mengenmäßigen Anteil am industriellen Primärenergieverbrauch dagegen weiter erhöhen.

C. Bedeutung und Aufgaben der betrieblichen Energiewirtschaft

Nachdem die verschiedenen Energieträger vorgestellt wurden, soll in diesem Kapitel deren Bedeutung für die industrielle Energieversorgung näher beleuchtet werden. Weiterhin werden in diesem Kapitel grundlegende Begriffe der betrieblichen Energiewirtschaft und deren physikalische Zusammenhänge unter Zuhilfenahme des vereinfachten Ablaufschemas der Energieumwandlung erklärt. Aus diesen beiden vorgenannten Punkten lassen sich die Aufgaben der betrieblichen Energiewirtschaft ableiten.

Die betriebliche Energiewirtschaft ist stets im Rahmen der gesamten Wirtschaftseinheit zu betrachten. Dabei ist das Ziel die beste Gesamtwirtschaftlichkeit des betrachteten Unternehmens. Rationelle Energiewirtschaft bedeutet den wirkungsvollen Einsatz der Energie und die Einsparung von Endenergieträgern.

Energie darf hierbei nicht nur als Hilfsmittel der Produktion betrachtet werden, sondern muß vielmehr auf die gleiche Stufe mit Arbeitsleistungen, Betriebsmittel und Rohstoffen gestellt werden.[1]

I. Energiekosten in der deutschen Industrie

1. Industrieller Energieverbrauch

Der Endenergieverbrauch der deutschen Industrie stieg von ca. 40 Mio to SKE im Jahr 1950 auf ca. 91 Mio to SKE im Jahr 1970 und fiel im Jahr 1990 wieder auf ca. 77 Mio to SKE zurück.[2]

Aus diesem absoluten Rückgang des Endenergieverbrauchs kann jedoch nicht gefolgert werden, daß die Bedeutung der Energiekosten in der deutschen Wirtschaft abgenommen hat. Der Rückgang des Energieverbrauchs ist zum großen Teil auf einige wenige Industriebereiche der deutschen Wirtschaft zurückzuführen.

Der Energieverbrauch wurde hierbei besonders in der Grundstoff- und Produktionsgüterindustrie reduziert, wobei die Produktionsrückgänge der energieintensiven Industriezweige, insbesondere der eisenschaffenden Industrie, hervorzuheben sind. Hieraus läßt sich auch erklären, daß das Sinken des Endenergieverbrauchs zwischen 1970 und 1990 nicht alle Energieträger gleichermaßen betrifft. So hat der absolute industrielle Stromverbrauch im gleichen Zeitraum um ca. 50% zugenommen.[3] Damit einher ging eine nominale Strompreiserhöhung bis zum Jahr 1990 auf mehr als das Zweifache des Preises von 1970.[4]

Diese Entwicklung führte im Zusammenhang mit einem insgesamt relativ gesunkenen Personalkostenanteil zu einem relativ höheren Energiekostenblock.

Diese zunehmende Bedeutung der Energiekosten kann auch aus der folgenden Abbildung abgeleitet werden:

---

[1] Vgl. Maier K. H.: Betriebliche Energieversorgung, in: Kern W. (Hrsg.): Enzyklopädie der Betriebswirtschaftslehre, Band VI, Handwörterbuch der Produktion, Stuttgart 1979, Sp. 471.

[2] Vgl. u.a. Schaefer, H., Geiger, B., Rudolph, M.: Energiewirtschaft und Umwelt, a.a.O., S. 82 und 83.

[3] Vgl. Uhlmannsiek, B.: Industrie brauchte 1994 mehr Strom, in: IZE (Hrsg.): Stromthemen 10/95, Informationen zu Energie und Umwelt, Frankfurt 1995, S. 5; o.V.: Industrie größter Stromkäufer, in: IZE (Hrsg.): Stromthemen 8/95 Informationen zu Energie und Umwelt, Frankfurt 1995, S. 1; Schaefer, H., Geiger, B., Rudolph, M.: Energiewirtschaft und Umwelt, a.a.O., S. 82; Jochem, E.: Volkswirtschaftliche und energiewirtschaftliche Aspekte der industriellen und gewerblichen KWK-Anwendung, a.a.O., S. 145; vgl. hierzu auch die Ausführungen von Kapitel B.III.4.b.

[4] Entsprechend der VIK-Statistik betrug der Durchschnittserlös der EVU im Jahr 1970 für Sonderabnehmer DM 0,069, im Jahr 1990 betrug der vergleichbare Wert DM 0,15. Vgl. Statistik der Energiewirtschaft 1993/1994, a.a.O., Tafel 120, S. 148.

Abbildung C15: Steigender Stromverbrauch im Vergleich zur Anzahl der Beschäftigten

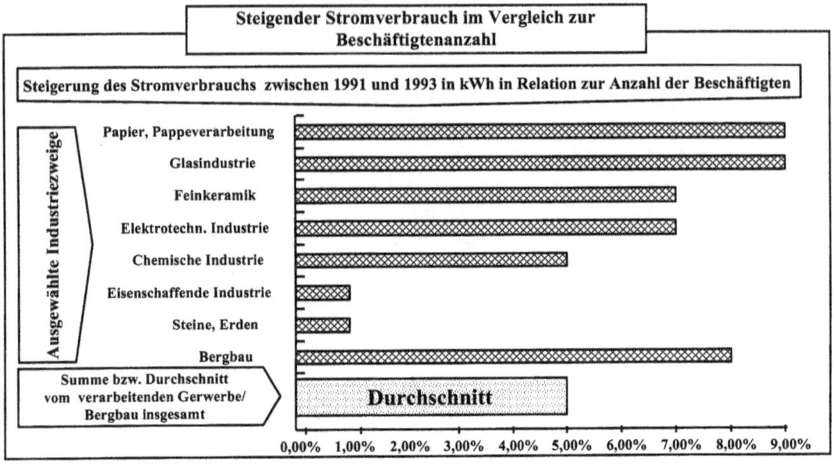

Quelle: Eigene Berechnungen; Datengrundlage: Verband der industriellen Energie- und Kraftwirtschaft e.V. (VIK), Statistik der Energiewirtschaft, Tafel 112, S. 139, (nur alte Bundesländer).

Aus der Abbildung ist ersichtlich, daß das gesamte verarbeitende Gewerbe einschließlich des Bergbaus in den Jahren 1991 bis 1993 im Durchschnitt und im Vergleich zu den Beschäftigtenzahlen einen um ca. 5% höheren Stromverbrauch hatte. In manchen Branchen, beispielsweise im Bergbau, in der Papier- und Pappeverarbeitung sowie in der Glasindustrie wurden Steigerungen von nahezu 10% erreicht.

Insgesamt machen die Energiekosten in der Industrie zur Zeit durchschnittlich ca. 4% im Verhältnis zum erzielten Umsatz aus.[5] Zu beachten ist bei dieser Durchschnittszahl, daß diese je nach Branche sehr unterschiedliche Ausmaße erreicht:[6]

Sehr hoch ist naturgemäß der prozentuale Primärenergiekostenanteil in der Energiewirtschaft selbst, der beispielsweise bei Kohlekraftwerken ca. 60% und bei Kernkraftwerken ca. 30% vom Umsatz beträgt. In der Grundstoff- und Produktionsgüterindustrie beträgt der Energiekostenanteil meist generell über 20%. In manchen Branchen der Grundstoff- und Produktionsgüterindustrie, beispielsweise der Mineralölindustrie, der chemischen Industrie und der Zementindustrie erreicht der Energiekostenanteil bei einzelnen Unternehmen 50% und darüber. In der Verbrauchsgüterindustrie, insbesondere in der Glas- und Feinkeramikindustrie sowie in der kunststoffverarbeitenden Industrie muß bei ca. 20% bis 30% der Unternehmungen mit einem Energiekostenanteil von 15% bis 30% gerechnet werden.[7]

---

5 Vgl. Winje, D., Witt, D.: Energiewirtschaft, a.a.O., S. 31.

6 Vgl. Borch, G., Fürböck, L., Mansfeld, L., Winje D.: Energiemanagement, in: Winje, D., Hanitsch, R.: Handbuchreihe Energieberatung/Energiemanagement, Band 1, Berlin u.a. 1991, S. 31; Maier, K. H.: Betriebliche Energieversorgung, a.a.O., Sp. 473; Gälweiler, A.: Abrechnung der Energiekosten, in: Kosiol, E., Chmielewicz, K., Schweitzer, M. (Hrsg.), Enzyklopädie der Betriebswirtschaftslehre, Band III, Handwörterbuch des Rechnungswesens, 2. Auflage, Stuttgart 1981, Sp. 465; Zemplenyi, A.: Runter mit den Energiekosten. Elektrische Spitzenlastdeckung durch dezentrale Eigenanlagen, in: Betriebstechnik, Spezial Umwelttechnik, S. 36-38.

7 Nicht berücksichtigt ist hierbei die Tatsache, daß in den meisten Materialaufwendungen ein hoher Prozentsatz von Energiekosten versteckt ist. Jeder Rohstoff und jedes Zukaufteil eines industriellen Betriebs ist aufgrund der vorangegangenen Wertschöpfungskette bzw. den Veredelungsstufen vor dem Kauf durch einen

2. Bedeutung der Energiekosten in der Industrie

Die betriebswirtschaftliche Bedeutung des Energieeinsatzes wird in der Praxis meist unterschätzt.[8] Die Gemeinkosten für Lohn, Kapital und Unterhalt der Energieversorgung werden oftmals nicht in die betriebswirtschaftliche Betrachtung aufgenommen. Die Lagerung der Endenergieträger, die Wandlung der Endenergieträger in Nutzenergie sowie die Verteilung werden meist nicht oder lediglich im Form von überalterten und damit nicht mehr aussagefähigen Gemeinkostenzuschlägen in der Kalkulation berücksichtigt. Diese Geringschätzung führt in vielen Fällen aufgrund mangelnder Kontrollmöglichkeiten der Kostenstellen zu unrationellem Energieeinsatz.

In neuerer Zeit gewinnt die betriebliche Energiebedarfsrechnung zunehmend an Bedeutung.[9] Gründe hierfür sind neben dem generellen Wettbewerbs- bzw. Kostendruck auf den nationalen und internationalen Absatzmärkten vor allem die weit fortgeschrittene Automatisierung und Mechanisierung in den westlichen Industrienationen.

Dieser technische Fortschritt ist auch Auslöser für die wachsende Bedeutung der Energietechnik, die ihrerseits immer mehr Einfluß auf Produktionstechniken, -strukturen und -prozesse ausübt: Durch den Ersatz von menschlicher Arbeitskraft durch Kapital wurden die Arbeits- bzw. Umsatzproduktivitäten der industriellen Unternehmen erhöht, was einen zunehmenden Energieverbrauch in den meisten Industriezweigen zur Folge hatte:[10]

Die internationale Wettbewerbsfähigkeit eines Unternehmens hängt zwar nach wie vor hauptsächlich von Faktoren wie Produktqualität, Zuverlässigkeit, Lieferfähigkeit und - im Fall eines über die nationalen Grenzen hinaus operierenden Unternehmens - vom Wechselkurs ab, jedoch haben Höhe und Anteil der Energiekosten ein Ausmaß erreicht, das die Unternehmensführung dazu zwingt, sich intensiver mit den Belangen der betrieblichen Energiebedarfsrechnung und der rationellen Energienutzung zu befassen.[11]

Gerade aber im internationalen Wettbewerb wird die deutsche Industrie besonders stark durch die hohen deutschen Strompreise belastet. In der folgenden Abbildung ist verdeutlicht, wie sich die Strompreise in verschiedenen Ländern in den Jahren 1986 bis 1994 entwickelten.[12]

Industriebetrieb bereits mit einen bestimmten Energiekostenanteil belegt, der in die Kalkulation des Verkaufspreises eingeflossen ist.

8 Vgl. Kröplin, Leis, Ilmberger, Schaefer, Wagner: Rationelle Energieanwendung - Interne Abwärmenutzung, a.a.O., S.†13.

9 Vgl. Gälweiler, A.: Abrechnung der Energiekosten, a.a.O., Sp. 470; Borch, G., Fürböck, L., Mansfeld, L., Winje D.: Energiemanagement, a.a.O., S. 24.

10 Vgl. Maier, K. H.: Betriebliche Energieversorgung, in: Kern W. (Hrsg.): Enzyklopädie der Betriebswirtschaftslehre, Band VI, Handwörterbuch der Produktion, Stuttgart 1979, Sp. 472; Schaefer, H., Geiger, B., Rudolph, M.: Energiewirtschaft und Umwelt, a.a.O., S. 82; Borch, G., Fürböck, L., Mansfeld, L., Winje D.: Energiemanagement, a.a.O., S. 10ff, vgl. auch Bundesministerium für Wirtschaft, Energiedaten 1992/93, a.a.O., S. 32ff.

11 Vgl. Borch, G., Fürböck, L., Mansfeld, L., Winje D.: Energiemanagement, a.a.O., S. 25; Pöttken, H.-G., Strohschein, H.: Tendenzen in der industriellen Energiewirtschaft, in: Struktur und Tendenzen in der industriellen Energiebedarfsdeckung, VDI/VDE/GFPE-Tagung in Schliersee am 06./07.05.1985, S. 19ff; Schaefer, H.: Struktur und Analyse des Energieverbrauchs der Bundesrepublik Deutschland, Göttingen 1980, S. 59f; Wessels, T.: Die volkswirtschaftliche Bedeutung der Energiekosten, a.a.O., S. 25; Gautier, F.: Wir müssen uns dem Wettbewerb stellen, a.a.O., S. 1-3.

12 Vgl. o.V.: Industriestrompreisvergleich in der EG, Handelsblatt vom 28. Juli 1989; o.V.: Strompreise und ihre Bedeutung für die Industrie. Mit Pfennigbeträgen eine Entlastung in Milliardenhöhe, Standpunkte, Siemens AG, München 1989; vgl. auch Bundesministerium für Wirtschaft, Energiedaten 1992/93, a.a.O.; Grawe J., Schulz E., Winkler R.: Energiesparen mit Strom, 4. Auflage, Bonn 1991, S. 136; Müschen K., Romberg E.: Strom ohne Atom. Ausstieg und Energiewende, a.a.O., S. 52ff; Hassel, P.: Contracting-Modelle für dezentrale Kraft-Wärme-Anlagen, Arbeitsunterlage der Rhone-Poulenc Rhodia AG, Freiburg ohne Datumsangabe, S. 7.

Abbildung C16: Internationale Strompreise im Vergleich

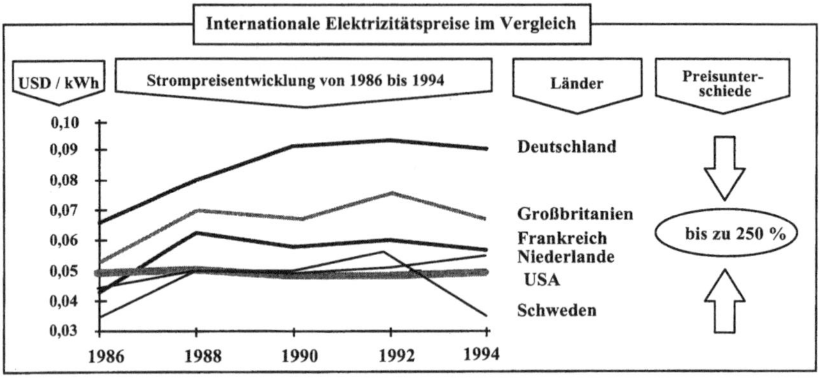

Quelle: Bundesministerium für Wirtschaft: Energiedaten '95, Tabelle 27, S. 74.

In den Vergleichszahlen der Abbildung ist nicht berücksichtigt, daß die Stromkonsumenten seit dem 01.01.1996 aufgrund des Wegfalls des Kohlepfennigs mit einem um ca. 10 % reduzierten Strompreis kalkulieren können.

Trotzdem weist Deutschland die höchsten Strompreissteigerungsraten für Sondervertragskunden aus.[13] Im Vergleich zu den USA oder Frankreich muß die deutsche Industrie nach wie vor ca. den doppelten Preis und im Vergleich zu Schweden sogar ca. den dreifachen Preis für eine kWh Strom bezahlen.

Für eine Aluminiumhütte beispielsweise mit ca. 100.000 to Jahresproduktion bedeutet eine Strompreisdifferenz von lediglich DM 0,05/kWh einen jährlichen Wettbewerbsnachteil bzw. eine Mehrbelastung von ca. DM 85 Mio.[14] Der Bundesverband der deutschen Industrie beziffert den gesamten strompreisinduzierten Standortnachteil der BRD bei der gleichen Differenz von DM 0,05 DM/kWh auf ca. DM 10 Mrd. pro Jahr.[15]

Die im internationalen Vergleich hohen Industriestrompreise der BRD haben insbesondere Einfluß auf die Wettbewerbsfähigkeit der exportorientierten deutschen Wirtschaft.[16] Für die

---

[13] Die Stromwirtschaft begründet die hohen deutschen Strompreise mit „hohen politischen Sonderlasten". Als Sonderlasten werden z.B. Konzessionsabgaben, höhere Umweltschutzanforderungen, Behinderung der Kernenergie und das Stromeinspeisegesetz genannt. Vgl. Schenk, P.: Politische Einigung auf Strom-Richtlinie, a.a.O., S. 2.

[14] Gerade Aluminiumhütten haben bereits den Vorteil von verhältnismäßig günstigen durchschnittlichen Strombezugskonditionen. Kleinere bzw. mittelständische industrielle Betriebe mit weniger absoluten Stromverbrauch haben bei einer Betrachtung der durchschnittlichen industriellen Strompreise im Vergleich zu Aluminiumhütten höhere relative Kostennachteile.

[15] Die Tatsache, daß einige Pfennige Strompreisdifferenz die Wettbewerbssituation eines Unternehmens deutlich beeinflussen kann, wird auch durch den folgenden Vergleich veranschaulicht: Eine Strompreisreduzierung um ca. DM 0,05/kWh führt bei einem privaten Haushalt mit einem durchschnittlichen bzw. repräsentativen Stromverbrauch von ca. 4000 kWh pro Jahr zu einer Entlastung von DM 200.

[16] Vgl. Gautier, F.: Wir müssen uns dem Wettbewerb stellen, a.a.O., S. 1-3; Grawe ist hier offenbar anderer Ansicht. Er bewertet einen Stromkostenanteil von 1% bis 3% eher gering: „Bei den meisten Industriebetrieben hat der elektrische Strom an den gesamten Produktionskosten nur einen geringen Anteil (1% bis 3%)", Grawe, J.: Grundlagen der deutschen Elektrizitätswirtschaft, a.a.O., S. 55f. Ein Grund für diese Ansicht von Grawe mag durchaus sein, daß sich Grawe dank der Monopolstellung der Elektrizitätswirtschaft und den daraus resultierenden hohen Umsatzrenditen nicht eingehend mit den Gegebenheiten bei freiem bzw. unbeschränktem Wettbewerb befassen muß.

deutschen Unternehmen ist es daher dringend erforderlich, sich mehr als in der Vergangenheit mit der Energiebedarfsrechnung zu befassen.

Diese Dringlichkeit wird um so deutlicher, wenn man sich vergegenwärtigt, daß der Anteil der Energiekosten in vielen Fällen über der erzielbaren Umsatzrendite von Industrieunternehmen liegt. Unter Berücksichtigung der Tatsache, daß darüber hinaus bei den Energiekosten das Problem der Fixkostenremanenz[17] - anders als in zunehmendem Maße bei den Personalkosten[18] - kaum relevant ist, ist eine stärkere Konzentration der Unternehmensführung auf Maßnahmen zur rationelleren Energienutzung wirtschaftlich sinnvoll.[19] Bei weitgehend ausgereiztem Rationalisierungspotential in der Produktion gibt es bei der Reduzierung der Energiekosten noch ungenutzte Möglichkeiten.[20]

II. Energieumwandlung in einem Unternehmen

Innerhalb der betrieblichen Energiewirtschaft wird auf verschiedenste Art und Weise Primärenergie oder Endenergie mittels Energiewandler in Nutzenergie umgewandelt.

Die Umwandlung von Primärenergie in Endenergie erfolgt in der Regel in Kraftwerken, Kokereien oder Raffinerien. Die Umwandlung von Endenergie in Nutzenergie erfolgt in industriellen Produktionsanlagen, Transporteinrichtungen, Heizanlagen und anderen Erzeugungsanlagen für Licht und Kraft.

Der Nutzenergiebedarf eines Industriebetriebes entsteht direkt aus dem laufenden Produktionsprozeß in Form von Prozeßwärme verschiedener Temperaturniveaus sowie von mechanischer Energie. Zusätzlich muß dem Produktionsprozeß indirekt für den Betrieb verschiedener, unverzichtbarer Hilfseinrichtungen, wie Pumpen, Kompressoren, Lüftungsanlagen, Beleuchtung, Kommunikationsanlagen und Steuerungsanlagen, weitere Nutzenergie zur Verfügung gestellt werden.[21]

Um die Produktionsbedürfnisse nach Nutzenergie zu befriedigen, müssen die zugekauften Endenergieträger in entsprechenden Anlagen umgewandelt und verteilt werden. Diese Anlagen werden als Energiewandler bezeichnet.[22] Von der Güte des Energiewandlers ist die Höhe der Verlustenergie[23] und somit die Menge der einzusetzenden Endenergie abhängig. Für die Güte bzw. Qualität des Energiewandlers steht der Begriff des Nutzungsgrades. Der Nut-

---

[17] Remanente Kosten sind solche Kosten, die bei einem Beschäftigungsrückgang aus verschiedenen Gründen nicht abgebaut werden, weil eine kostensenkende quantitative Anpassung unterbleibt. Vgl. hierzu Kilger, W.: Produktions- und Kostentheorie, Wiesbaden 1958, S. 102ff; Bergner, H.: Der Ersatz fixer Kosten durch variable Kosten, Zeitschrift für betriebswirtschaftliche Forschung, 19. Jg. 1967, S. 142; Haberstock, L.: Kostenrechnung II. (Grenz-) Plankostenrechnung, 7. Auflage, Hamburg 1986, S. 152.

[18] Vgl. Bergner, H.: Der Ersatz fixer Kosten durch variable Kosten, a.a.O., S. 142.

[19] Diese direkt wirksame Kostenflexibilität nach unten betrifft im allgemeinen jedoch diejenigen Energieeinsparmaßnahmen, die insbesondere auf die Vermeidung unnötigen Energieverbrauchs abstellen. Alle weiteren Maßnahmen, die unter Punkt 3 dieses Kapitels genannt werden, erfordern in zunehmendem Maße investive Mittel, die mit einer unter Umständen längeren Amortisationsdauer verbunden sind. Durch derartige umfangreichere Investitionsmaßnahmen werden jedoch Fixkostenremanenzen grundsätzlich erst verursacht. Vgl. Bergner, H.: Der Ersatz fixer Kosten durch variable Kosten, a.a.O., S. 141-161. Letztlich stellt dieses Problem auf die Entscheidung zwischen Fremdbezug und Eigenerstellung ab und wird deshalb im Kapitel H.I. nochmals aufgegriffen; vgl. auch Borch, G., Fürböck, L., Mansfeld, L., Winje D.: Energiemanagement, a.a.O., S. 32; Neuffer, H.: Umweltpolitische und betriebswirtschaftliche Aspekte, a.a.O., S. 170.

[20] Vgl. Röhrlich, D.: Sparen mit Garantie. Intelligente Regelsysteme kappen die teueren Spitzen beim Stromverbrauch, a.a.O., S. 70.

[21] Vgl. Gälweiler, A.: Abrechnung der Energiekosten, a.a.O., Sp. 464 und 465ff; Maier K. H.: Betriebliche Energieversorgung, a.a.O., Sp. 471.

[22] Vgl. Maier, K. H.: Betriebliche Energieversorgung, a.a.O., Sp. 470.

[23] Die Verlustenergie ist in der Abbildung C17 als Abwärme bezeichnet, da Umwandlungsverluste physikalisch bedingt immer als Abwärme anfallen; vgl. Moog, W.: Betriebliches Energiehandbuch, a.a.O., S. 78 und 93.

zungsgrad bringt das Verhältnis der von dem Energiewandler nutzbringend abgegebenen Energie zu der dem Energiewandler zugeführten Energie zum Ausdruck.[24]

Abbildung C17: Ablaufschema der Energieumwandlung

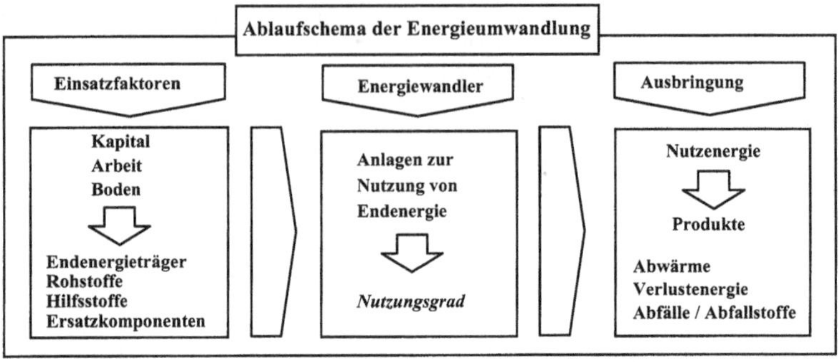

Quelle: In Anlehnung an: Kugeler, K., Phlippen, P.-W., Energietechnik, a.a.O., S. 313.

Endenergieträger werden vom Betrieb in vielfältiger Form zugekauft. Die Qualität der zugekauften Energie ist dabei nicht nur hinsichtlich der innerbetrieblichen Verwendbarkeit zu bewerten, sondern auch hinsichtlich ihrer physikalischen Arbeitsfähigkeit, d.h. dem Exergieanteil. Diese Bewertung ist wesentlich bei der Betrachtung von KWK-Anlagen, die physikalisch so unterschiedliche Energien wie Wärme und Strom erzeugen. Der Einsatz von industriellen KWK-Anlagen verringert grundsätzlich den Bezug von Endenergieträgern[25] und verlagert somit einen Teil der normalerweise ausgelagerten Energieumwandlung von Primär- oder Sekundärenergie in Endenergie mit wirtschaftlich positiven Folgen in das Industrieunternehmen.

Roh- und Hilfsstoffe sind zum Betrieb der Energiewandler unerläßlich. Hilfsstoffe können unter anderem Schmierstoffe wie z.B. Fette und Öle sowie Kältemittel sein.[26]

Ersatzkomponenten sind notwendig, wenn der Energiewandler trotz bestimmungsgemäßen Gebrauchs, beispielsweise durch Verschleiß, Schäden aufweist. Die schadhaften Teile müssen erneuert werden, damit der Energiewandler funktionsfähig bleibt.

Kapital wird einmalig zur Anschaffung des Energiewandlers benötigt. Die Anschaffungskosten stellen - auf die Jahre der betriebsüblichen Nutzungsdauer verteilt - einen Teil der fixen

---

24 Der Nutzungsgrad muß aufgrund von physikalisch nicht vermeidbaren Umwandlungsverlusten immer kleiner als 1 sein. Der Differenzbetrag zwischen der zugeführten (End)Energie und der abgegeben (Nutz)Energie ist der Umwandlungsverlust; vgl. u.a. Suttor, K.H., Suttor, W.: Die KWK-Fibel, 2. Auflage, München/Gräfeling 1993, S. 60; die hinsichtlich eines Nutzungsgrades betrachteten Zeiträume schließen Pausen-, Leerlauf-, Anfahr- und Abfahrvorgänge mit ein; vgl. Schaefer, H., Geiger, B., Rudolph, M.: Energiewirtschaft und Umwelt, a.a.O., S. 6.

25 Vgl. Vieregge, R.: Kraft-Wärme-Kopplung und Treibhauseffekt. Chancen zur Energieeinsparung und CO_2-Minderung, a.a.O., S. 8; Mareske, A: Energietechnik. Kraft-Wärme-Kopplung, a.a.O., L 29.

26 Kältemittel mit Fluor-Chlor-Kohlen-Wasserstoffen (FCKW) schädigen in hohem Maße die Ozonschicht in der Stratosphäre, wenn sie in die Atmosphäre gelangen. Aus diesem Grund wurde ein für die Ozonschicht weniger schädliches Kältemittel ohne Clorbestandteile entwickelt. In Altanlagen befinden sich jedoch weiterhin große Mengen FCKW-haltiger Kältemittel; vgl. Grawe J., Schulz E., Winkler R.: Energiesparen mit Strom, a.a.O., S. 82 und 107; Vieregge, R.: Kraft-Wärme-Kopplung und Treibhauseffekt. Chancen zur Energieeinsparung und CO_2-Minderung, a.a.O., S. 5ff; Müschen, K., Romberg, E.: Strom ohne Atom. Ausstieg und Energiewende, a.a.O., S. 45ff.

Kosten einer Betrachtungsperiode dar. Darüber hinaus dient das Kapital der Beschaffung aller übrigen Einsatzfaktoren.

Arbeit fällt durch den Betrieb der Energiewandler an. Hierzu zählen insbesondere Reinigungs- und Wartungsarbeiten sowie bei Kesselanlagen die entsprechenden Betreuungsarbeiten. Komplexe Kesselanlagen beispielsweise können den ständigen Einsatz von Personal erfordern. In neuerer Zeit werden Kesselanlagen jedoch technisch so konzipiert, daß ein Betrieb ohne Beaufsichtigung möglich ist. Diese Betriebsart wird als BoB-Betrieb bezeichnet.

Neben der Nutzenergie, den Produkten und der Abwärme, die mit Hilfe von Wärmetauschern und Wärmepumpen einer Wiederverwendung zugeführt werden kann, produziert der Energiewandler zusätzlich Abfälle. Dieses können unter anderem verbrauchte Schmierstoffe, ersetzte Maschinenteile oder der Verlust an Kältemitteln sein. Problematisch wird dieser Abfall immer dann, wenn er nicht ordnungsgemäß entsorgt wird, sondern Boden, Luft oder Wasser verunreinigt. Eine Bodenverschmutzung kann so in der Folge zu hohen Sanierungskosten führen.

Bei der Betrachtung dieses vereinfachten Ablaufschemas der Energieumwandlung ist letztendlich von Bedeutung, daß jede benötigte Nutzenergieart aus einer Primär- oder Sekundärenergieart erzeugt wird. Weiterhin entstehen mit jeder Umwandlung von Primär- oder Sekundärenergie in Nutzenergie unvermeidbare Verluste, die auch als Verlustenergie bezeichnet werden. Die Kosten, die aus der Verlustenergie bzw. der Abwärme entstehen, machen einen beträchtlichen Teil der Energiekosten aus.[27]

Aus dieser Betrachtung wird ersichtlich, daß Anregungen zur sparsamen und rationellen Energieverwendung wesentliche Aufgaben der innerbetrieblichen Energiebedarfsrechnung sind.[28] Aus diesem Grunde werden im folgenden die Aufgaben der innerbetrieblichen Energiebedarfsrechnung erläutert.

III. Aufgaben der betrieblichen Energiewirtschaft

Die Aufgabe der betrieblichen Energiewirtschaft besteht in erster Linie aus der Sicherstellung einer zuverlässigen, störungsfreien und kostengünstigen Energieversorgung. Darüber hinaus gewinnt aufgrund der nur begrenzt zur Verfügung stehenden Primärenergie aus zunächst volkswirtschaftlicher Sicht die rationelle Energienutzung zunehmend an Bedeutung.[29]

Dies führt aus betriebswirtschaftlicher Sicht dazu, daß nicht nur der mengenmäßige Energieverbrauch hinsichtlich seiner Einsparpotentiale untersucht werden muß. Auch das entsprechende Preisgerüst der eventuell für die Produktion benötigten Primär- und Sekundärenergieträger sowie in jedem Fall das der Endenergieträger muß hinsichtlich möglicher Kostenersparnisse berücksichtigt werden. Daraus leitet sich schließlich als letzte der hier dargestellten Aufgaben der betrieblichen Energiebedarfsrechnung die Forderung nach Senkung der Energiekosten ab.

1. Zuverlässige und störungsfreie Energieversorgung

Das originäre Ziel der betrieblichen Energieversorgung besteht in der Sicherung einer störungsfreien Energieversorgung, damit die betrieblichen Produktionsprozesse dauerhaft bzw.

---

27 Vgl. Abbildung 2 in Kapitel B: Der Anteil der Nutzenergie in der Industrie im Vergleich zur Endenergie beträgt unter 50%; im Verhältnis zur Primärenergie beträgt der Anteil der Nutzenergie nur noch ca. 30%.

28 Beste formuliert bereits sehr früh diese Forderung: „[Energieverluste] aufzuspüren, wo immer sie entstehen, übrigens nicht nur im Bereiche der Krafterzeugung, sie nach Möglichkeit zu verhindern oder zu verringern, ist eine wichtige Aufgabe des Wirtschaftlers im industriellen Betrieb." Beste, T.: Fertigungswirtschaft und Beschaffungswesen, in: Hax, K., Wessels, T., Handbuch der Wirtschaftswissenschaften, Band I, 2. Auflage, Köln und Opladen 1966, S. 164.

29 Vgl. Neuffer, H.: Umweltpolitische und betriebswirtschaftliche Aspekte, a.a.O., S. 170;.

nachhaltig in gleichbleibender Qualität aufrechterhalten werden.[30] In diesem Zusammenhang kommt dem Bezug der Endenergieträger und den Substitutionsmöglichkeiten dieser Endenergieträger besondere Bedeutung zu.

Unterbrechungen bei den Lieferungen an Endenergieträger, insbesondere der leitungsgebundenen Endenergieträger wie beispielsweise Strom oder Erdgas, führen im allgemeinen sofort zu Störungen der betrieblichen Energieversorgung und bestimmen damit direkt die Wirtschaftlichkeit der laufenden Produktionsprozesse. Bei der Betrachtung dieser Störungen ist zwischen außerbetrieblichen und innerbetrieblichen Ausfallrisiken zu unterscheiden.

a. Mögliche außerbetriebliche Störungen

Auch ein vorbildlich durchgeführtes Energiemanagement innerhalb des Unternehmens schützt nicht vor Beeinträchtigungen im außerbetrieblichen Umfeld.

Von außen verursachte Störungen können ihrerseits in technisch bedingte und in wirtschaftlich-politisch bedingte Störungen unterteilt werden. Diese Art von Störungen stellen für das Unternehmen besonders hohe Risiken dar, da sie zwar manchmal vorhersehbar, aber kaum beeinflußbar sind. Eine technisch bedingte Störung kann beispielsweise bei Straßenbauarbeiten aufgrund eines unachtsamen Baggereinsatzes ausgelöst werden, wenn dadurch Energieversorgungsleitungen zum Unternehmen beschädigt werden und somit die Energiezufuhr zum Unternehmen zumindest vorübergehend unterbrochen wird.[31]

Ein Beispiel für eine wirtschaftlich-politisch bedingte Störung waren die Erdölverknappungen als Folge der Importabhängigkeit während der sogenannten "Ölkrise" in den Jahren 1973 und 1979.[32] Diese Verknappungen wurden künstlich durch Lieferabsprachen des OPEC-Kartells verursacht. Da sich ähnliche Ereignisse durchaus wiederholen können, sind bei stark energieabhängigen Unternehmen vorsorglich Maßnahmen zu treffen, die importbedingte Energieverknappungen kompensieren können.

Durch die Auswahl wirtschaftlich und politisch sicherer sowie ökologisch akzeptierter Energieträger in Verbindung mit einer entsprechend abgesicherten Vertragsgestaltung mit den Lieferanten läßt sich das Ausfallrisiko administrativ angemessen minimieren. Auf der technischen Ebene können durch zusätzlichen Kapitaleinsatz Maßnahmen ergriffen werden, die die Versorgungs- und Produktionssicherheit erhöhen. Hierzu gehören insbesondere umstellbare Feuerungen, die Versorgung durch zwei gleichwertige, voneinander unabhängige Leitungen sowie der Einsatz von Anlagen der Kraft-Wärme-Kopplung.[33]

Übermäßiges Streben nach Autarkie im Energiebereich kann jedoch zu unrationalem Handeln mit möglicherweise ökologisch verheerenden Konsequenzen führen, wie das Beispiel der

---

[30] Vgl. Mareske, A: Energietechnik. Grundsätze der Energieversorgung, a.a.O., L 1; Czakainski, M.: Energie für die Zukunft: Kernenergie. Bilanz und Perspektive, a.a.O., S 9ff; Müller, W.: Wirtschaftsfaktor Strom, sein Einfluß auf Investitionen, Arbeitsplätze und Produktivität, in: Hauptberatungsstelle für Elektrizitätsanwendung (HFA) e.V. (Hrsg.), Strom in der Welt von Morgen, S. 118.

[31] Daß es auch in hochentwickelten westlichen Industrienationen zu Stromausfällen kommen kann, beweist der durch einen Blitzüberschlag ausgelöste Stromausfall am 02.07.96 in 14 Bundesstaaten der USA mit Domino-Effekten nach Mexiko und Canada: Der Stromausfall, der zwischen 30 Minuten und sieben Stunden andauerte, verursachte dabei nicht nur in weiten Teilen ein Verkehrschaos (Ausfall der Verkehrsampeln), sondern führte auch zu erheblichen volkswirtschaftlichen Schäden (Computerausfall, Ausfall der Klimaanlagen etc.). Vgl. Uhlmannsiek, B.: Bei Rekordhitze streikte Strom. Größte Netzstörung seit Jahren, in: Stromthemen, Heft 8, Frankfurt am Main August 1996, S. 1.

[32] Vgl. Becker, E.: Deutsche Energiepolitik und ihre internationalen Herausforderungen, in: RWE Energie, Tagungsbericht der 14. Hochschultage Energie, 29./30.09.1993 in Essen, S. 9f.

[33] Vgl. Maier, K. H.: Betriebliche Energieversorgung, a.a.O., S. 476 und 477; durch den Einsatz von Zweistoffbrennern kann bei Ausfall der Erdgasversorgung auf den Ersatzbrennstoff Heizöl umgeschaltet werden. Dieser Ersatzbrennstoff ist dabei natürlich in entsprechenden Mengen im Unternehmen zu lagern.

Braunkohlepolitik in der ehemaligen DDR gezeigt hat.[34] Da die Politik der DDR auf möglichst wenig Importenergie abstellte und die Energieversorgung größtenteils von Erdöl und Erdgas auf Braunkohle umstellte, kam der Energieversorgung mit Braunkohle hohe Bedeutung zu. Der Grund hierfür war, daß die inländische Rohstoffbasis der ehemaligen DDR auf wenige Energieträger beschränkt war. Die ehemalige DDR verfügte jedoch über nennenswerte Braunkohlevorkommen, deren Reserven ca. 30 Mrd. to SKE betrugen. Im Jahr 1988 wurden in der DDR ca. 310 Mio to SKE gefördert, was ca. knapp 30% der Weltförderung entsprach. Damit war die ehemalige DDR das größte Braunkohleförderland der Welt. Da die ostdeutsche Braunkohle darüber hinaus im Vergleich zur westdeutschen Braunkohle einen höheren Schwefelgehalt hat, entstanden durch verstärkten Abbau und Nutzung der Kohle große Umweltschäden.[35]

b. Mögliche innerbetriebliche Störungen

Aber auch innerbetrieblich muß der störungsfreie Energiefluß innerhalb der Umwandlungs- und Verteilanlagen technisch gewährleistet sein. Hierzu zählen Wärmeversorgungsanlagen mit entsprechenden Wärmenetzen, elektrische Verteilnetze sowie Hilfsanlagen, wie beispielsweise Drucklufterzeuger mit ihren Verteilnetzen.

Neben einer ausreichenden, unvorhersehbaren Ausfällen vorbeugenden Wartung bieten Ersatzaggregate in stand-by-Funktion die Möglichkeit, Ausfallrisiken auch innerbetrieblich zu minimieren. Zu diesen Maßnahmen gehört auch die Aufteilung der gesamten KWK-Kapazität auf mehrere Aggregate.

Grundsätzlich bedingen Maßnahmen, welche die Versorgungssicherheit steigern und die Ausfallrisiken verringern, zusätzlichen Kapitaleinsatz und sind somit kostenintensiv.[36]

2. Sparsamer und zweckmäßiger Einsatz der Energie

Den konkreten Anforderungen an die betriebliche Energieversorgung sind die allgemeingültigen Kriterien und Prinzipien der Betriebs- und Unternehmensführung übergeordnet.[37] Hier gilt insbesondere die Ausrichtung auf das ökonomische Prinzip[38], das auch in der betrieblichen Energieversorgung die Grundlage des wirtschaftlichen und rationalen Handelns bildet: Energie soll möglichst rationell eingesetzt werden.[39]

Die Anwendung des ökonomischen Prinzips bedeutet in diesem Fall jedoch, daß alle zur Erstellung einer bestimmten Energiedienstleistung eingesetzten Produktionsfaktoren wie der

---

[34] Vgl. u.a. Schaefer, H., Geiger, B., Rudolph, M.: Energiewirtschaft und Umwelt, a.a.O., Vorwort, S. V.

[35] Vgl. Riesner, W.: DDR und Bundesrepublik im energiewirtschaftlichen Vergleich, in: Energiewirtschaftliche Tagesfragen, 40. Jahrgang (1990), Heft 4, S. 198-205; o.V.: Die Energiewirtschaft der DDR. Entwicklungen und Perspektiven. Petrochemie vereinigt mit Brennstoffchemie, in: Kohle, Erdöl, Erdgas, Band 43, Heft 2, Februar 1990, S. 54-55.

[36] Vgl. Winje, D., Witt, D.: Energiewirtschaft, a.a.O., S. 331; Maier, K. H.: Betriebliche Energieversorgung, a.a.O., Sp. 477.

[37] Vgl. Kreikebaum, H.: Strategische Unternehmensplanung, Stuttgart 1981, S. 22; Hinterhuber, H.H.: Strategische Unternehmensführung, 2. Auflage, Berlin 1980, S. 68f.; Szyperski, N., Winand, U.: Grundbegriffe der Unternehmensplanung, Stuttgart 1979; S. 73.

[38] Vgl. Bohr, K.: Wirtschaftlichkeit, in: Kosiol, E., Chmielewicz, K., Schweitzer, M. (Hrsg.), Enzyklopädie der Betriebswirtschaftslehre, Band III, Handwörterbuch des Rechnungswesens, 2. Auflage, Stuttgart1981, Sp. 1795.

[39] Vgl. Budde, H.-J., Deuster, G., Zahn, G.: Zusammenarbeit der Anlagenbetreiber mit der Versorgungswirtschaft, a.a.O., S. 204; Kröplin, Leis, Ilmberger, Schaefer, Wagner: Rationelle Energieanwendung - Interne Abwärmenutzung, a.a.O., S. 3; Schaefer, H., Geiger, B., Rudolph, M.: Energiewirtschaft und Umwelt, a.a.O., S. 96ff; Mareske, A: Energietechnik. Rationelle Energienutzung, a.a.O., L 17; Pöttken, H.-G., Strohschein, H.: Tendenzen in der industriellen Energiewirtschaft, in: Struktur und Tendenzen in der industriellen Energiebedarfsdeckung, a.a.O., S. 22ff.

Rohstoff selbst, aber auch Arbeit und Kapital, in ihrer Kombination ein gemeinsames Optimum finden. Daraus läßt sich folgern, daß nicht ein einzelner Faktor, sondern der Ressourcenverzehr insgesamt minimiert werden soll.[40] Rationelle Energieanwendung bedeutet daher, Energie solange durch andere Produktionsfaktoren, insbesondere Kapital, zu substituieren, wie der Grenzertrag einer durch Maßnahmen der rationelleren Energienutzung gewonnenen Einheit an Energieeinsparung noch positiv ist.[41]

Dies entspricht letztlich auch der Aussage, daß Sparen von Energie nicht Einschränkung im Komfort bedeutet, sondern Substitution durch Kapital. So soll der Staat aufgefordert werden, sinnvolle Energiespartechnologien noch intensiver zu fördern als bisher. Der Staat ist demzufolge dazu angehalten, insgesamt weniger Mittel z.B. in die Entwicklung von Kernkraftwerken zu investieren und statt dessen Rationalisierungsmaßnahmen im Energieendverbrauch zu subventionieren. Dabei wird auch mit Multiplikator-Effekten auf die Konjunktur- und Beschäftigungslage argumentiert. Ob dieser Weg in Anbetracht der Haushaltslage, von wirksamen Lobbies und vor allem auch unter Berücksichtigung der tatsächlich noch vorhandenen Energiereserven gangbar ist, wird jedoch vielfach bestritten.[42]

Um die Substitution durch Kapital zu verwirklichen, müssen alle Produktionsprozesse und -abläufe effizient gestaltet, sowie die eingesetzten Energiewandler und Verteilanlagen hinsichtlich ihres Energieverbrauches bzw. -verlustes optimiert werden.[43]

Grundsätzlich lassen sich die zunächst auf das Mengengerüst wirksamen Maßnahmen zu einer rationellen Energienutzung in die fünf folgenden Einzelmaßnahmen unterteilen. Zu berücksichtigen ist hierbei, daß der technische und der finanzielle Aufwand für die nachfolgend dargestellten Maßnahmen in der Reihenfolge ihrer Aufzählung tendenziell ansteigen.[44]

a. Vermeidung unnötigen Energieverbrauchs

Unnötiger Energieverbrauch entsteht grundsätzlich dann, wenn ein erhöhter Verbrauch an Nutzenergie im industriellen Unternehmen keine zusätzliche Produktivität oder keine Komfortsteigerung bewirkt.[45] Beispiele hierfür sind der Leerlauf von Maschinen oder Aggregaten sowie das Überheizen von Büroräumen.[46]

---

[40] Vgl. Grawe, J., Schulz, E., Winkler, R.: Energiesparen mit Strom, a.a.O., S. 17; vgl. hierzu auch die Ausführungen zur Minimalkombination von Gutenberg, E.: Betriebswirtschaftslehre, Band 1. Die Produktion, a.a.O., S. 316.

[41] Vgl. Gälweiler, A.: Abrechnung der Energiekosten, a.a.O., Sp. 470 und 471. Siehe hierzu auch Kortzfleisch, G. von, Voss, A.: Energie für den Verkehr, a.a.O., S. 45.

[42] Vgl. Moog, W., Betriebliches Energiehandbuch, a.a.O., S. 50; Handrock, W.: Das energiewirtschaftliche Umfeld der Kraft-Wärme-Kopplung, in: Arbeitsgemeinschaft für sparsamen und umweltfreundlichen Energieverbrauch (ASUE) e.V. (Hrsg.), Kraft-Wärme-Kopplung. Energie sparen, Umwelt schonen, Band 16, Internationale Fachtagung vom 30.11.1994, Essen 1995, S. 14; Müschen, K., Romberg E.: Strom ohne Atom. Ausstieg und Energiewende, a.a.O., S. 17ff; Müller, W.: Wirtschaftsfaktor Strom, sein Einfluß auf Investitionen, Arbeitsplätze und Produktivität, a.a.O., S. 118ff.

[43] Vgl. Hoffmann, H.: Energieorientierte Unternehmensplanung. Analyse der energiebezogenen Einflüsse auf die Unternehmensentwicklung sowie der Möglichkeiten zu ihrer Berücksichtigung in der Unternehmensplanung, Krefeld 1983, S. 278; Edwin, K.-W., Technische Planung. Grundlage energiewirtschaftlicher Konzepte, in: Energiewirtschaftliche Tagesfragen, Jahrgang 31/1981, Heft 6, S. 468-477.

[44] Vgl. Edwin, K.-W., Technische Planung. Grundlage energiewirtschaftlicher Konzepte, a.a.O., S. 468-477.

[45] Vgl. Czakainski, M.: Energie für die Zukunft: Kernenergie. Bilanz und Perspektive, a.a.O., S 49ff; Moog, W.: Betriebliches Energiehandbuch, a.a.O., S. 78; Mareske, A: Energietechnik. Rationelle Energienutzung, a.a.O., L 17; Rudolph, M: Einfluß der Betriebsweise von Fertigungsanlagen auf den Energiebedarf, in: Lehrstuhl für Energiewirtschaft und Kraftwerkstechnik der Technischen Universität München (Hrsg.), Schriftenreihe der Forschungsstelle für Energiewirtschaft (FfE), Band 17, Struktur und Tendenzen in der industriellen Energiebedarfsdeckung, VDI/VDE/GFPE-Tagung in Schliersee am 06.-07.05.1985, S. 75.

[46] Vgl. Schaefer, H., Geiger, B., Rudolph, M.: Energiewirtschaft und Umwelt, a.a.O., S. 96; Roth, E.: Mensch, Umwelt und Energie, a.a.O., S. 118.

Darüber hinaus entsteht auch unnötiger Energieverbrauch, wenn in der Produktion innerbetrieblich zu hohe Anforderungen an bestimmte Prozeßparameter gestellt werden. Oft werden in industriellen Produktionsprozessen vom Kunden definierte Produktstandards aufgrund eines übersteigerten Sicherheitsdenkens übererfüllt oder mit „Angstzuschlägen" versehen. Weitere Gründe für einen unwirtschaftlich hohen Energieverbrauch sind technische Mängel wie Leckagen in Dampfsystemen oder in Wasserleitungen.

Ein Großteil der aufgezeigten Mängel ist meist mit geringem technischen Aufwand abzustellen, sei es durch den Einbau geeigneter Regelungsmechanismen oder durch gründlichere Instandhaltung der energieintensiven Anlagen.

Ein nicht zu unterschätzender Einspareffekt kann sich aus der Schulung der Mitarbeiter ergeben, denen die grundsätzlichen physikalisch-technischen Zusammenhänge des Energieverbrauchs näher gebracht werden. Diese Schulung umfaßt u.a. die wertmäßige Einschätzung der verschiedenen Nutzenergiearten:[47] Licht wird beispielsweise als Quelle allen organischen Lebens meist überbewertet. Kraft wird vom Mitarbeiter, da er intuitiv den Vergleich mit seiner eigenen Muskelkraft zieht, ebenso meist überbewertet. Wärme hingegen, die zwar von den menschlichen Sinnen als Temperatur wahrgenommen wird, aber nur sehr schwer in Wärmemengen abgeschätzt werden kann, wird meist unterbewertet.[48]

Deshalb ist es durchaus sinnvoll, die Mitarbeiter eines Industrieunternehmens über die Wertigkeit und über die Kosten der verschiedenen Nutzenergiearten aufzuklären und dadurch zu einem energiebewußten Verhalten zu motivieren.[49]

b. Reduzierung des spezifischen Nutzenergiebedarfs

Der Nutzenergiebedarf kann vor allem durch technische Maßnahmen gesenkt werden.[50] Sinnvoll ist im ersten Schritt die Unterscheidung in die verschiedenen Nutzenergiearten Prozeßwärme, Heizwärme, mechanische Energie, Nutzelektrizität und Beleuchtung.[51]

Aufgrund der Energieintensität hat insbesondere die Prozeßwärmeanwendung im Hinblick auf die Rationalisierung eine herausragende Bedeutung: Dazu ist Voraussetzung, daß im Rahmen der produktionstechnischen Randbedingungen jeweils die energetisch optimale Fertigungstechnologie verwendet wird. Beispielsweise verringert das mechanische Trocknen mit einer Zentrifuge statt mit thermischer Energie den Energiebedarf je kg entzogenen Wassers um mehr als 90%. Weiterhin ist die Technologie des Klebens in der Regel wesentlich energiesparender als die des Schweißens.[52]

Aber auch im Bereich Heizung und Klimatisierung gibt es vielfältige Möglichkeiten zur Senkung des Energieverbrauches durch Verbesserung der Betriebsweise von Anlagen. Der Energieeinsatz für Heizung und Klimatisierung kann durch einfache Maßnahmen effektiv ver-

---

[47] Vgl. Kröplin, Leis, Ilmberger, Schaefer, H.:, Wagner: Rationelle Energieanwendung. Interne Abwärmenutzung, a.a.O., S. 25ff.

[48] Vgl. Schaefer, H., Geiger, B., Rudolph, M.: Energiewirtschaft und Umwelt, a.a.O., S. 96.

[49] Vgl. Stöcker, H.-J.: Die rationelle Energieverwendung im Energieforschungsprogramm der Bundesregierung, in: VDI-Berichte 415 (Hrsg.), Zur Wahl der Energieversorgung in der gewerblichen Wirtschaft und im öffentlichen Bereich, Tagung Berlin 1981, S. 8; Moog, W., Betriebliches Energiehandbuch, a.a.O., S. 79; o.V.: RKW: Energie gespart, Stuttgart 1964, S. 97f.

[50] Vgl. Moog, W., Betriebliches Energiehandbuch, a.a.O., S. 87; Mareske, A: Energietechnik. Rationelle Energienutzung, a.a.O., L 17; Roth, E.: Mensch, Umwelt und Energie, a.a.O., S. 118.

[51] Vgl. Schaefer, H.: Analyse des industriellen Energiebedarfs, a.a.O., S. 49-54.

[52] Vgl. Kröplin, Leis, Ilmberger, Schaefer, Wagner: Rationelle Energieanwendung - Interne Abwärmenutzung, a.a.O., S. 26.

ringert werden. Das sind insbesondere der Einsatz neuartiger Dämmmaterialien zur Fassadendämmung und Klimaschutzgläser in den Fenstern.[53]

In den Bereichen mechanische Energie, Nutzelektrizität und Beleuchtung sind in Betrieben in der Vergangenheit bereits umfangreiche Maßnahmen zur Verringerung des Energieeinsatzes getroffen worden.[54] Die Folge ist, daß das Potential für weitere Maßnahmen in diesen Bereichen eher gering ist.

c. Verbessern von Wirkungs- und Nutzungsgraden

Grundsätzlich ist das Ziel der sparsamen Energieanwendung auch durch die Steigerung der Energieumwandlungs-Nutzungsgrade zu erreichen.[55] Dazu gehört der Einsatz technisch optimaler, dem Stand der Technik entsprechender Energiewandler, aber auch der zweckmäßige Einsatz von KWK-Anlagen.[56]

Das Kriterium eines hohen Nutzungsgrades ist jedoch für sich allein genommen noch nicht ausreichend für die Bewertung des zweckmäßigen Einsatzes von Energie. Ein hoher Nutzungsgrad zeigt nur die Effektivität der Energieumwandlung im Energiewandler. Die Frage nach dem optimalen Endenergieträger für einen speziellen Prozeß, der zu den geringsten Kosten führt, ist damit noch nicht beantwortet. Dies zeigt das Beispiel einer mit Strom betriebenen Produktheizung, die zwar in der Energieumwandlung einen sehr hohen Nutzungsgrad von annähernd 100% erreicht, aber trotzdem nicht zweckmäßig ist.[57] Grund für diese wirtschaftlich nicht sinnvolle elektrische Produktheizung ist, daß eine Beheizung mit Erdgas wesentlich geringere variable Kosten verursacht.[58]

Grundsätzlich gilt jedoch, daß zur Verbesserung der Nutzungsgrade die energetisch richtige Betriebsweise und der zweckmäßige, wohldimensionierte Einsatz der zur Verfügung stehenden Energietechniken entscheidend ist. Bei allen energietechnischen Vorgängen ist meist ein bedeutender Teil des Energieverbrauchs nicht von der Belastung abhängig, sondern wird durch die Größe und Art der Anlage bestimmt.[59] Dies hat zur Folge, daß der spezifische Energieverbrauch bei steigender Belastung sinkt, was letztendlich zu wirtschaftlich positiven

---

[53] Vgl. Schaefer, H., Geiger, B., Rudolph, M.: Energiewirtschaft und Umwelt, a.a.O., S. 97 und 97; Roth, E.: Mensch, Umwelt und Energie, a.a.O., S. 118; Czakainski, M.: Energie für die Zukunft: Kernenergie. Bilanz und Perspektive, a.a.O., S. 50; Ebersbach, K.-F.: Zur Methodik der Energieanalyse und -kontrolle, in: Lehrstuhl für Energiewirtschaft und Kraftwerkstechnik der Technischen Universität München (Hrsg.), Schriftenreihe der Forschungsstelle für Energiewirtschaft (FfE), Band 17, Struktur und Tendenzen in der industriellen Energiebedarfsdeckung, VDI/VDE/GFPE-Tagung in Schliersee am 06./07.05.1985, S. 68f; Budde, H.-J., Deuster, G., Zahn, G.: Zusammenarbeit der Anlagenbetreiber mit der Versorgungswirtschaft, a.a.O., S. 209.

[54] Hierzu zählen insbesondere die Erneuerung alter uneffektiver Energiewandler durch moderne Technik, Umstellung auf sinnvolle Energieträger, die mit dem Produktionszweck harmonieren, sowie Verringerung der lastunabhängigen Verluste durch eine verbesserte Betriebsorganisation, die beispielsweise unproduktive Rüstzeiten minimiert.

[55] Vgl. Czakainski, M.: Energie für die Zukunft: Kernenergie- Bilanz und Perspektive, a.a.O., S. 50; Moog, W., Betriebliches Energiehandbuch, a.a.O., S. 96; Hoffmann, H.: Energieorientierte Unternehmensplanung. Analyse der energiebezogenen Einflüsse auf die Unternehmensentwicklung sowie der Möglichkeiten zu ihrer Berücksichtigung in der Unternehmensplanung, a.a.O., S. 152; Rudolph, M: Einfluß der Betriebsweise von Fertigungsanlagen auf den Energiebedarf, a.a.O., S. 78.

[56] Vgl. Handrock, W.: Das energiewirtschaftliche Umfeld der Kraft-Wärme-Kopplung, a.a.O., S. 14; Mareske, A: Energietechnik. Kraft-Wärme-Kopplung, a.a.O., L 29; Vieregge, R.: Kraft-Wärme-Kopplung und Treibhauseffekt. Chancen zur Energieeinsparung und CO_2-Minderung, a.a.O., S. 6 und 8.

[57] Eine elektrische Produktheizung besteht aus Heizstäben, die durch Umwandlung von Strom das Produkt erhitzen. In der Haustechnik findet diese elektrische Beheizung in der Waschmaschine breite Anwendung.

[58] Der Energiepreis pro Einheit "Kilowattstunde" liegt beim Strom um ca. das doppelte bis dreifache über dem Preis für Erdgas.

[59] Vgl. Schaefer, H., Geiger, B., Rudolph, M.: Energiewirtschaft und Umwelt, a.a.O., S. 96; Roth, E.: Mensch, Umwelt und Energie, a.a.O., S. 119.

Fixkostendegression führt. Eine möglichst hohe Auslastung der Geräte- und Anlagenkapazität kann somit die Nutzungsgrade entscheidend verbessern. So sind Energieeinsparungen durch höhere Fertigungsgeschwindigkeiten, durch größere Stückzahlen pro Los und durch den Übergang zu kontinuierlicher Fertigung zu erzielen.[60]

Zur betrieblichen Energieplanung müssen daher neben unternehmensspezifischen Untersuchungen energetischer Einsparpotentiale beim Strom- und Wärmeverbrauch zusätzlich Kenntnisse über die Möglichkeiten moderner technischer Anlagen und Maschinen vorhanden sein.[61] Nur mit dem Wissen um technisch mögliche Kapazitäten können der Erwerb und der Einsatz einer KWK-Anlage wirtschaftlich erfolgen.[62]

Darüber hinaus sind Kenntnisse über das Zustandekommen der Marktpreise verschiedener Energiearten nötig, um einen möglichst rationellen Energieeinsatzes zu erreichen. Auch der Betrieb einer KWK-Anlage entbindet ein industrielles Unternehmen in der Regel nicht von der Notwendigkeit eines kostengünstigen Zukaufs von Energie.

d. Energieeinsparung durch Energierückgewinnung

Bei der industriellen Energierückgewinnung handelt es sich meist um Wärmerückgewinnung. Eine Rückgewinnung mechanischer Energie ist nur in wenigen Sonderfällen bei stationären Maschinen möglich. Eine Abwärmenutzung ist in der Regel nur dann wirtschaftlich, wenn die Abwärme konzentriert anfällt. Dies ist der Fall, wenn die Abwärme an wenige diskrete Stoffströme gebunden ist.[63]

Eine Verringerung des Energieeinsatzes durch Abwärmenutzung erfolgt gewöhnlich dadurch, daß Abwärme aus den Produktionsprozessen genutzt und nicht an die Atmosphäre abgeführt wird.[64] Die Abwärmeenergie wird dabei in der Regel durch Wärmetauscher in den Produktionsprozeß zurückgeführt. So kann anschließend z.B. für einen Glühofen die nächste Charge eines zu erhitzenden Produktes vorgewärmt werden.[65]

Liegt die Abwärme jedoch diffus vor, d.h. wird sie in Form von großflächigen Oberflächenverlusten an die Umgebung abgegeben, ist eine wirtschaftliche Nutzung der Abwärme meist nicht realisierbar.

Insgesamt steigt der wirtschaftliche Nutzen der Wärmerückgewinnung mit der Höhe der abgegebenen Temperatur.[66] Nieder- und insbesondere Niederst-Temperaturabwärme im Bereich von wenigen Grad Celsius bis 80°C ist wirtschaftlich wenig nutzbar. Trotzdem muß der wirtschaftliche Wert der Abwärme nicht nur anhand des Temperaturniveaus bewertet,

---

[60] Vgl. Henniger, C.: Fertigungskapazitäten bestimmen den Energieverbrauch, in: Sterner, S.: Energie sichern. Energie sparen, Düsseldorf 1975, S. 129.

[61] Zur Ermittlung der Einsparpotentiale sowie zur wirtschaftlichen Dimensionierung vgl. Cube, H.-L.: Handbuch der Energiespartechniken. Band 1 und 2, Karlsruhe 1983; Handrock, W.: Das energiewirtschaftliche Umfeld der Kraft-Wärme-Kopplung, a.a.O., S. 35.

[62] Vgl. Edwin, K.: Technische Planung. Grundlage energiewirtschaftlicher Konzepte, a.a.O., Seite 468-477; Roth, E.: Mensch, Umwelt und Energie, a.a.O., S. 119.

[63] In der deutschen Industrie wird ca. 44% der Abwärme in konzentrierter Form abgegeben, wobei ca. 11% als Hochtemperatur (> 500 Grad Celsius), ca. 23% als Mitteltemperatur (zwischen 150 und 500 Grad Celsius) und ca. 10% als Nieder- bzw. Niedersttemperatur (< 150 Grad Celsius) vorliegen. Vgl. Kröplin, Leis, Ilmberger, Schaefer, Wagner: Rationelle Energieanwendung - Interne Abwärmenutzung, a.a.O., S. 31; Mareske, A: Energietechnik. Rationelle Energienutzung, a.a.O., L 17.

[64] Vgl. Moog, W., Betriebliches Energiehandbuch, a.a.O., S. 92ff; Czakainski, M.: Energie für die Zukunft: Kernenergie. Bilanz und Perspektive, a.a.O., S. 50; Mareske, A: Energietechnik. Kraftwerksleittechnik, a.a.O., L 29.

[65] Vgl. Kröplin, Leis, Ilmberger, Schaefer, Wagner: Rationelle Energieanwendung - Interne Abwärmenutzung, a.a.O., S. 33.

[66] Vgl. Grawe, J., Schulz, E., Winkler, R.: Energiesparen mit Strom, a.a.O., S. 202.

sondern es müssen vor allem auch die individuellen Verhältnisse beim potentiellen Nutzer mitberücksichtigt werden.

Der Wert der Abwärme bestimmt sich aus der Differenz zwischen der durch die Nutzung erzielten Einsparung und dem finanziellen Aufwand, der nötig ist, die Abwärme nutzbar zu machen. Wenn es beispielsweise möglich ist, aus der Niedrig-Temperaturabwärme mit geringem Energieaufwand eine erhebliche Menge an Energie für die Raumwärmebedarfsdekkung oder zur Warmwasserbereitung zu ersetzen, so hat die Abwärme trotz ihres eher geringen Exergieanteils einen hohen Wert.[67] Darüber hinaus ist zu bedenken, daß gerade das noch zur Verfügung stehende Einsparpotential bei der Nieder-Temperaturabwärme, die sich im Bereich zwischen 50°C und 150°C bewegt, am größten ist. Die Potentiale im Hoch- und Mittel-Temperaturbereich hingegen gelten als weitgehend ausgeschöpft.[68]

Der Ort der Abwärmenutzung sollte möglichst derselbe Prozeß und dasselbe Gebäude der Abwärmeentstehung sein. Dies ist wirtschaftlich sinnvoller, da so der Bau von Wärmeleitungen sowie Übertragungsverluste bei der Weiterleitung vermieden werden.[69]

Letztlich ist von Bedeutung, ob der Anfall der zu nutzenden Abwärme und der entsprechende Wärmebedarf zeitlich zusammenfallen. Für den Fall, daß eine Zwischenspeicherung der zu nutzenden Abwärme vorgenommen werden muß, müssen die daraus resultierenden Speicherkosten einkalkuliert werden.[70]

Zusammenfassend kann in Bezug auf den rationellen Energieeinsatz festgestellt werden, daß es eine Reihe von Ansatzpunkten gibt, mit denen ein rationellerer Energieeinsatz umsetzbar ist. Nach Schaefer[71] stellt der haushälterische Umgang mit Energie bei der Energiebereitstellung auch in der Industrie noch ein beträchtliches nutzbares Potential dar.

3. Senkung der Energiekosten

Neben mengenmäßigen Maßnahmen zum sparsamen und zweckmäßigen Energieeinsatz gibt es weitere, eher auf das Preisgerüst wirkende Möglichkeiten, mit denen die Energiekosten eines industriellen Unternehmens reduziert werden können.[72] Dazu gehören die optimale Tarifeinstufung, Maßnahmen des Lastmanagements[73], Least Cost Planning[74] sowie der Einsatz von KWK-Anlagen.

---

[67] Vgl. Stöcker, H. J.: Die rationelle Energieverwendung im Energieforschungsprogramm der Bundesregierung, a.a.O., S. 2ff.

[68] Vgl. Grawe J., Schulz E., Winkler, R.: Energiesparen mit Strom, a.a.O., S. 208.

[69] Beispielsweise kann in einer Ziegelei die Abluft aus dem Tunnelofen zur Trocknung der Rohlinge verwendet werden. Vgl. Kröplin, Leis, Ilmberger, Schaefer, Wagner: Rationelle Energieanwendung - Interne Abwärmenutzung, a.a.O., S. 33; Büchner, J., Wieber, W.: Realisierung, in: Suttor, K.-H., Suttor, W. (Hrsg.), Handbuch der Kraft-Wärme-Kopplung. Für Planer, Betreiber, Ausbildung., Karlsruhe 1991, S. 240.

[70] Vgl. Grawe J., Schulz E., Winkler R.: Energiesparen mit Strom, a.a.O., S. 203; Moog, W., Betriebliches Energiehandbuch, a.a.O., S. 87ff.

[71] Schaefer, H., Geiger, B., Rudolph, M.: Energiewirtschaft und Umwelt, a.a.O., S. 89.

[72] Vgl. Zemplenyi, A.: Runter mit den Energiekosten. Elektrische Spitzenlastdeckung durch dezentrale Eigenanlagen, a.a.O., S. 36.

[73] Vgl. Röhrlich, D.: Sparen mit Garantie. Intelligente Regelsysteme kappen die teueren Spitzen beim Stromverbrauch, in: Wirtschaftswoche vom 08.08.96, Nr. 33, S. 70-74; Tröscher, H.: Systemtechnische Methoden zur Untersuchung der Möglichkeiten zentraler und dezentraler Stromerzeugung unter besonderer Berücksichtigung der Energiespeicherung und der Kraft-Wärme-Kopplung, a.a.O., S. 33.

[74] Der Begriff „Least Cost Planning" wurde Anfang der siebziger Jahre in den USA geprägt. Das Least Cost Planning ist mit dem deutschen Begriff der Minimalkostenplanung gleichzusetzen. Minimalkostenplanung bedeutet in der Elektrizitätswirtschaft die Suche nach dem Punkt, der die Minimalkostenkombination ausdrückt. Die betriebswirtschaftlichen Erkenntnisse von Gutenberg hinsichtlich der Minimalkostenkombination können dabei ohne Einschränkungen auf das -aus Sicht der Elektrizitätswirtschaft höchst innovative- sog. „Least Cost Planning" der Elektrizitätswirtschaft übertragen werden. Vgl. Gutenberg, E.: Betriebswirtschaftslehre, Band 1. Die Produktion, a.a.O., S. 316.

Die Bezugspreise für Nutzenergien sind von einer Reihe von Faktoren abhängig.[75] Nicht in allen Fällen wird das Unternehmen zu den günstigsten Konditionen beliefert, da ihm beispielsweise die Kenntnis über alle Abgabepreise seines Lieferanten fehlt. Die EVU sind nicht verpflichtet, ihre Konditionen für die Versorgung der verschiedenen Industriegruppen zu veröffentlichen bzw. bekanntzugeben. Den Kunden fehlt somit in der Regel die vollständige Information über den Preisspielraum bzw. die Preisuntergrenze eines EVU, bezogen auf seinen individuellen Energiebedarf. Hier können Preisinformationen und die Kenntnis von gerichtlichen Entscheidungen helfen, die optimale Einstufung mit der Folge sinkender Energiekosten zu fordern und zu erreichen.

Maßnahmen des Lastmanagements[76] können zu Energiekosteneinsparungen führen, indem beispielsweise Lastspitzen, die unnötig erhöhte Kosten zur Folge haben, geglättet werden.[77] Lastspitzen können durch die Abschaltung einzelner Stromverbraucher bei erhöhtem Leistungsbedarf des Unternehmens reduziert werden. Dabei legt eine Prioritätenliste fest, welche Verbraucher, z.B. die Klimaanlage, im Bedarfsfall zuerst stillzulegen sind.[78]

Die Verlagerung von Lastspitzen in lastschwache Zeiten verringert durch niedrigere Leistungspreise die Energiekosten.[79] Die lastschwachen und damit preisgünstigeren Energiebezugszeiten sind je nach EVU bzw. Region unterschiedlich. Sie bilden zum einen die Kosten des Vorlieferantenbezugs des EVU und zum andern die Netzbelastung durch die Gesamtheit der Kunden ab. In der Regel liegen die lastschwachen Zeiten jedoch in den Abend- und Nachtstunden, was das betriebswirtschaftlich realisierbare Kosteneinsparungspotential naturgemäß reduziert.

Die Energieversorgungsunternehmen sind ebenfalls daran interessiert, daß ihre Lastspitzen abgebaut werden. Durch Abbau der Lastspitzen werden Investitionen in neue Kraftwerke oder in die Erweiterung des Verteilungsnetzes vermieden.[80] Das beiderseitige Interesse an der Reduzierung der Lastspitzen wird als Minimalkostenplanung bezeichnet.

Die Lastspitzen können auf Seite der Energieabnehmer durch Investitionen in Energiespartechniken reduziert werden, die jedoch zusätzliche Kosten verursachen.[81] Diesen zusätzlichen Kosten stehen aber ein zusätzlicher Nutzen durch vermiedene Kraftwerksinvestitionen beim EVU und vermiedene Leistungs- und Arbeitspreise beim Unternehmen gegenüber. Investitionen in Energiespartechniken lohnen sich hierbei solange, wie die zusätzlichen Kosten

---

[75] Vgl. hierzu ausführlich Kapitel B dieser Arbeit.

[76] Ein anschauliches Beispiel für Lastmanagement sind Lichtbogenschmelzöfen, die einen hohen Strombedarf aufweisen. Eine Verschiebung der Chargierzeiten zu einem zeitlich überlappenden Betrieb kann u.U. bewirken, daß sich Lastspitzen und Lasttäler mehrerer Öfen überlagern, womit ein zeitlich ausgeglichener Gesamtenergieverbrauch erzielt wird. Vgl. hierzu o.V.: RKW: Energie gespart, a.a.O., S. 97f.

[77] Die Bayer AG hofft so z.B. bis zu 30 Millionen DM pro Jahr durch Lastmanagement einzusparen. Diese entsprechen 3% der Energiekosten der Bayer AG. Röhrlich, D.: Sparen mit Garantie. Intelligente Regelsysteme kappen die teueren Spitzen beim Stromverbrauch, a.a.O., S. 73.

[78] Vgl. Röhrlich, D.: Sparen mit Garantie. Intelligente Regelsysteme kappen die teueren Spitzen beim Stromverbrauch, a.a.O., S. 70.

[79] Vgl. Zemplenyi, A.: Runter mit den Energiekosten. Elektrische Spitzenlastdeckung durch dezentrale Eigenanlagen, a.a.O., S. 36-38; Tröscher, H.: Systemtechnische Methoden zur Untersuchung der Möglichkeiten zentraler und dezentraler Stromerzeugung unter besonderer Berücksichtigung der Energiespeicherung und der Kraft-Wärme-Kopplung, a.a.O., S. 33; zum Aufbau der Preise für die leitungsgebundenen Energieträger Strom, Erdgas und Fernwärme vgl. die Ausführungen in diesem Kapitel in Abschnitt II.

[80] Vgl. Röhrlich, D.: Sparen mit Garantie. Intelligente Regelsysteme kappen die teueren Spitzen beim Stromverbrauch, a.a.O., S. 73.

[81] Zu solchen Energiesparinvestitionen zählt z.B. die Investition in Software und Schnittstellen, die je nach Leistungsbedarf im Unternehmen automatisch einzelne Energieverbraucher zu- oder abschaltet. Anbieter sind beispielsweise die Siemens AG oder die Dress Energie-Optimierungs GmbH, Auerbach. Vgl. Röhrlich, D.: Sparen mit Garantie. Intelligente Regelsysteme kappen die teueren Spitzen beim Stromverbrauch, a.a.O., S. 70.

(Grenzkosten) niedriger sind als der zusätzliche Nutzen (Grenzerlös). Um Anreize für einen rationellen Energieeinsatz zu schaffen, ist es für die EVU damit unter Umständen lohnenswert, sich an den Energiesparinvestitionen ihrer Kunden zu beteiligen.[82] Die optimale Höhe dieser Energiesparinvestitionen wird durch eine Minimalkostenkombination ausgedrückt.[83]

Als weitere Maßnahmen zur Senkung der betrieblichen Energiekosten sind auch der Abbau von lagerfähigen Energievorräten und die Senkung der Nebenkosten des Energiebezuges zu nennen. Durch den Abbau der Energievorräte werden das in Vorräten gebundene Kapital und in der Folge die kalkulatorischen Zinsen reduziert.[84]

Zusätzlich sind auch die Nutzungskosten für Betriebsmittel in die Analyse mit einzubeziehen, die unmittelbar mit der Anwendung eines bestimmten Energieträgers im Zusammenhang stehen. So differieren, je nach Energieträger, die Kosten des innerbetrieblichen Transports, der Verteilung und der Speicherung. Leitungsgebundene Energieträger lassen sich so z.B. einfacher und kostengünstiger transportieren und lagern als Kohle. Des weiteren sind die Kosten aus Umwandlungs- und Übertragungsverlusten zu beachten.

Weitere unmittelbare, direkte Kosteneinflüsse im Zusammenhang mit der Energie sind die Personalkosten des Energiemanagements im weitesten Sinne. Personalkosten fallen so z.B. für Planung, Organisation und Kontrolle an.[85] Auch Entsorgungskosten für energiebedingte Umweltbelastungen, z.B. für Rauchgasentschwefelung, sind dem Energiekostenmanagement zuzuordnen.[86]

Schließlich muß beachtet werden, daß auch die Entscheidung über Eigenerzeugung oder Fremdbezug bestimmter für die Produktion notwendiger Zukaufteile eine wesentliche Einflußgröße auf die Art und Höhe der Energiekosten darstellt:[87] Entschließt sich ein industrielles Unternehmen beispielsweise dazu, bestimmte halbfertige Erzeugnisse extern zu beschaffen, so sinken die entsprechenden Energiekosten. Hierbei ist jedoch zu berücksichtigen, daß es sich unter Umständen um keine echte Kosteneinsparung handelt, sondern lediglich um eine Verschiebung zwischen Energiekosten und Materialkosten.

Auch eine Investition in eine KWK-Anlage kann die Energiekosten zum Teil deutlich verringern.[88] Zwar führt die Investition zu Beginn zu hohen Anfangsausgaben mit der Folge zu-

---

82 Vgl. Leuschner, U.: Least-Cost Planning. Eine Strategie, bei der Stromversorger und Kunden gemeinsam gewinnen können, in: Informationszentrale der Elektrizitätswirtschaft (IZE) e.V. (Hrsg.), Strom Basiswissen, Informationen zur energiewirtschaftlichen und energiepolitischen Diskussion, Nr. 117, Frankfurt am Main 1994, S. 2-8.

83 Vgl. Gutenberg, E.: Betriebswirtschaftslehre, Band 1. Die Produktion, a.a.O., S. 316ff; Heinen, E.: Betriebswirtschaftliche Kostenlehre. Kostentheorie und Kostenentscheidungen, 6. Auflage, Wiesbaden 1983, S. 205.

84 Vgl. Hoffmann, H.: Energieorientierte Unternehmensplanung. Analyse der energiebezogenen Einflüsse auf die Unternehmensentwicklung sowie der Möglichkeiten zu ihrer Berücksichtigung in der Unternehmensplanung, a.a.O., S. 278.

85 Vgl. Edwin, K.: Technische Planung. Grundlage energiewirtschaftlicher Konzepte, a.a.O., S. 468-477.

86 Vgl. Koch, K., Stäglin, R.: Direkter und indirekter Einsatz von Energie in der Bundesrepublik im Jahre 1983, in: Wochenbericht des DIW, Nr. 1-2, 1974, S. 1-6; König, C.: Energie im Unternehmen, Basel 1977, S. 85; Tiedtke, J.: Die direkten und indirekten Energiekosten in der Industrie, in: Energiewirtschaft, Nr. 2, 1980, S. 148-150.

87 Vgl. Reichwald, R., Dietel, B.: Produktionswirtschaft, in: Heinen, E. (Hrsg.), Industriebetriebslehre, Entscheidungen im Industriebetrieb, 9. Auflage, Wiesbaden 1991, S. 422ff; Hoffmann, H.: Energieorientierte Unternehmensplanung. Analyse der energiebezogenen Einflüsse auf die Unternehmensentwicklung sowie der Möglichkeiten zu ihrer Berücksichtigung in der Unternehmensplanung, a.a.O., S. 158.

88 Vgl. Müschen, K., Romberg E.: Strom ohne Atom. Ausstieg und Energiewende, a.a.O., S. 125ff; Suttor, K.H., Suttor, W.: Die KWK-Fibel, a.a.O., S. 9; Rostek, H.-A.: Möglichkeiten und Grenzen der Kraft-Wärme-Kopplung, in: Arbeitsgemeinschaft für sparsamen und umweltfreundlichen Energieverbrauch (ASUE) e.V. (Hrsg.), Kraft-Wärme-Kopplung. Energie sparen, Umwelt schonen, Band 16, Internationale

sätzlicher, jährlich fixer Kapitalkosten. Bei einer Barwertbetrachtung kann das Ergebnis jedoch positiv sein, da die KWK-Anlage die zusätzlichen fixen Kapitalkosten durch die Einsparung variabler Energiebezugskosten bis zum Planungshorizont überkompensiert.[89] Maßnahmen der rationellen Energieverwendung, wie sie die KWK-Technologie darstellt, sind somit unter Umständen eine wirtschaftlich sinnvolle Investition in eine energiekostenarme Zukunft des Unternehmens.

Besonders in energieintensiven Betrieben, aber auch in Unternehmungen, die den Bau einer KWK-Anlage planen, ist die Energieplanung ein Instrument, die Energiekosten systematisch zu reduzieren. Grundlage der Energieplanung sind die Preis- und Mengeninformationen, die sich grundsätzlich aus dem oben dargestellten Ablaufschema der Energieumwandlung ableiten.[90] Hinsichtlich ihrer zeitlichen Dimensionierung kann die Energieplanung in die strategisch orientierte und in die operative Energieplanung unterteilt werden.

Die strategisch orientierte Energieplanung legt über längere Zeiträume die Kapazitäten der Investitionsgüter fest und basiert auf Grundlageninformationen, die zum einen aus der Analyse des Energieumfeldes bzw. der Marktsituation für Endenergieträger resultieren und zum anderen aus der Energieversorgungssituation innerhalb des Betriebes gewonnen werden. Zur Ermittlung der unternehmensinternen Energieversorgungssituation ist die energetische Betriebsanalyse, letztendlich das kostenrechnerische Ergebnis des Ablaufschemas der Energieumwandlung, grundlegende Voraussetzung.[91] Sie untersucht die zeitlichen Entwicklungen und die Abhängigkeiten des Energiebedarfs für den Gesamtbetrieb oder für einzelne Teilbereiche. Datenbasis bilden hierfür unter anderem Messungen des Energieeinsatzes, die in Tages-, Monats- oder Jahreswerte unterteilt sind und im folgenden Abschnitt erläutert werden.

IV. Zusammenfassung Kapitel C

Obwohl der absolute Endenergieverbrauch in der deutschen Industrie gesunken ist, nimmt die Bedeutung der Energiekosten in den Ergebnisrechnungen der Unternehmen zu.

Die Gründe hierfür sind steigende Strombezugskosten, die aus der auch künftig zunehmenden Automatisierung und Mechanisierung resultieren. Neben der damit einhergehenden Substitution des Produktionsfaktors Arbeit durch den Produktionsfaktor Kapital übt eine sich verschärfende Wettbewerbssituation auf nahezu allen nationalen und internationalen Absatzmärkten verstärkten Druck auf die Umsatzrenditen deutscher Industriebetriebe aus.

Deshalb werden in den Unternehmen immer intensiver die Einsparpotentiale von bisher als verhältnismäßig unbedeutend eingestuften Kostenarten, wie beispielsweise die Energiekosten untersucht. Die erste Voraussetzung für die Realisierung von Einsparungen sind gute Kenntnisse der Energieumwandlungsprozesse. Eine weitere Voraussetzung ist, die betriebliche Energiewirtschaft nicht nur als Sicherung einer zuverlässigen und störungsfreien Energieversorgung zu begreifen, sondern das Aufgabenspektrum der Verantwortlichen in Richtung Reduzierung des Energieverbrauchs sowie der Energiekosten zu erweitern. Dies erscheint auch wirtschaftlich sinnvoll, da durch den haushälterischen Umgang mit Energie noch beträchtliche Kosteneinsparungspotentiale in der Industrie vermutet werden.

Einige der Maßnahmen zur Reduzierung der Energiekosten, z.B. Vermeidung von unnötigem Energieverbrauch, führen nicht nur zu besseren Kosten-Nutzen-Relationen, sondern wirken

---

Fachtagung vom 30.11.1994, Essen 1995, S. 28; Mareske, A: Energietechnik. Kraft-Wärme-Kopplung, a.a.O., L 29.

[89] Vgl. ausführlich die Wirtschaftlichkeitsrechnungen im Teil F und G dieser Arbeit.

[90] Die zur Ableitung erforderliche konkrete Vorgehensweise wird im Kapitel D ausführlich dargestellt.

[91] Vgl. Gälweiler, A.: Abrechnung der Energiekosten, a.a.O., Sp. 463ff.

aufgrund der teilweise wenig ausgeprägten Kostenremanenz direkt und kurzfristig auf das Ergebnis der Gewinn- und Verlustrechnung. Andere Maßnahmen, z.B. die Verbesserung von Wirkungsgraden, können nur durch zusätzliche Investitionen umgesetzt werden:[92] Der Wirkungsgrad eines veralteten oder überdimensionierten Betriebsmittels kann in der Regel nicht kurzfristig und entscheidend durch partielle Modifikationen am Betriebsmittel verbessert werden. Vielmehr muß zum Zweck eines rationelleren Energieeinsatzes meist eine Neuinvestition ausgelöst werden.

Neben Maßnahmen, die in erster Linie auf das Mengengerüst des Energieverbrauchs wirken, werden weitere Möglichkeiten behandelt, die insbesondere das Preisgerüst beeinflussen: Dazu gehören die optimale Tarifeinstufung sowie Maßnahmen des Lastmanagements. Letztere sind auch im Zusammenhang mit dem Konzept der Minimalkostenkombination zu betrachten, das sich zum Ziel setzt, die Zusammenarbeit von EVU und industriellen Stromabnehmern zu intensivieren. Dabei sollen nicht nur auf Nutzer- und damit auch auf Erzeugerebene Lastspitzen geglättet, sondern unter Umständen auch mit Beteiligung des EVU sinnvolle Investitionen in Energieeinspartechniken untersucht und verwirklicht werden.

Schließlich ist mit nahezu allen Maßnahmen der betrieblichen Energiewirtschaft nicht nur eine volkswirtschaftlich und ökologisch wünschenswerte, sondern auch von staatlicher und gesellschaftlicher Seite geförderte und geforderte Reduzierung des Primärenergieverbrauchs verbunden.

Eine Senkung des Energieverbrauchs kann darüber hinaus bei entsprechendem Umweltmarketing auch einen ergebniswirksamen Imagezugewinn auf den Absatzmärkten zur Folge haben.

Die Investition in eine KWK-Anlage ist eine der Möglichkeiten, die den Energiekostenblock eines industriellen Unternehmens hinsichtlich Preis- und Mengengerüst langfristig reduzieren kann. Allerdings sind derartige Investitionen in der Regel mit hohen Auszahlungen sowie mit einer Erhöhung des Fixkostenblocks verbunden, so daß eine aussagefähige Wirtschaftlichkeitsbetrachtung notwendig ist.

---

[92] Das Ziel von Investitionen in Machinen ist, so Beste, immer das gleiche: „Steigerung der Rentabilität durch Erhöhung der Produktivität und Wirtschaftlichkeit". Diese Aussage trifft auch im beschriebenen Zusammenhang zu. Wenn dieses Ziel häufig genug nicht erreicht wird, so Beste weiter, „so liegt die Ursache dafür oft darin, daß die Maschine eine der kräftigsten Quellen der fixen Kosten ist." Auf diese Aussage wird im Rahmen dieser Arbeit weiter unten nochmals eingegangen. Beste, T.: Fertigungswirtschaft und Beschaffungswesen, a.a.O., S. 162.

D. Innerbetriebliche Strom- und Wärmekosten bei Energie-Fremdbezug

In diesem Abschnitt werden vorerst ausschließlich der Energie-Fremdbezug und die hiermit zusammenhängenden Energiekosten aus Strom und Wärme betrachtet.

Zur Berechnung der innerbetrieblichen Strom- und Wärmekosten muß im ersten Schritt die benötigte Menge ermittelt und in einem zweiten Schritt mit den jeweiligen Faktorpreisen bewertet werden.

I. Das Mengengerüst der innerbetrieblichen Strom- und Wärmekosten

Zur Ermittlung des innerbetrieblichen Strom- und Wärmebedarfs ist dieses Kapitel in vier Abschnitte unterteilt.

Im *ersten Abschnitt* wird die Struktur des innerbetrieblichen Energieverbrauchs dargestellt. Aus dieser Darstellung können die Bestimmungsfaktoren für den jeweiligen Wärme- und Strombedarf abgeleitet werden. Da sich in verschiedenen Unternehmen der Bedarf an Strom und Wärme unterscheidet, kommt der Ermittlung der Bestimmungsfaktoren eine besondere Bedeutung zu. Auf den Erkenntnissen hierüber sind in den folgenden Kapiteln die Anlagen zur Eigenstromerzeugung konzipiert.

Der *zweite Abschnitt* widmet sich der Analyse des betrieblichen Energieflusses. Die Maßnahmen zur Energieeinsparung unterscheiden sich je nach Phase des Energieflusses, so daß auch dieser Teil elementarer Bestandteil der weiteren Analyse ist.

Die Einflußfaktoren für den industriellen Energieverbrauch werden im *dritten Abschnitt* dargestellt. Aus der Kenntnis dieser Einflußfaktoren lassen sich Empfehlungen für den rationellen Energieeinsatz ableiten. Der rationelle Energieeinsatz wirkt wiederum auf das Mengengerüst.

Im *vierten Abschnitt* wird das eigentliche Mengengerüst des Strom- und Wärmeverbrauchs aufgestellt. Das Mengengerüst ist anschaulich als Diagramm darzustellen.

1. Struktur des innerbetrieblichen Energieverbrauchs

Die Ursache industriellen Energieeinsatzes ist der Bedarf nach einer bestimmten Produktions- bzw. Dienstleistung. Damit diese Produktions- oder Dienstleistung erbracht werden kann, werden Endenergieträger wie beispielsweise Erdgas oder Strom eingesetzt.[1]

Damit diese Endenergien im Produktionsprozeß nutzbar sind, werden sie in geeigneten Energiewandlern in die Nutzenergien Wärme, Beleuchtung und mechanische Energie umgesetzt.[2] Die Endenergie Strom wird mit Hilfe von Energiewandlern beispielsweise in mechanische Energie und Beleuchtung umgewandelt. Die Nutzenergie Wärme, die auch teilweise aus Strom generiert wird, kann dabei als Prozeßwärme, Raumwärme oder Warmwasser mit unterschiedlichen Temperaturniveaus von der Industrie nachgefragt werden.[3]

Raumwärme wird beispielsweise zur Beheizung von Produktions- und Verwaltungsräumen eingesetzt.

Prozeßwärme findet beispielsweise bei der Stahlverflüssigung im Hochofen, der Rohölerhitzung zur Destillation oder auch bei der Papierherstellung Anwendung. Wärme läßt sich dabei

---

1 Vgl. Grawe, J.: Grundlagen der deutschen Elektrizitätswirtschaft, a.a.O., S. 50ff.

2 Vgl. Grawe, J.: Grundlagen der deutschen Elektrizitätswirtschaft, a.a.O., S. 50ff.

3 Vgl. Schaefer, H.: Möglichkeiten und Potentiale des rationellen Energieeinsatzes in der Industrie, 13. Hochschultage Energie, 23./24. September 1992, Essen, Tagungsbericht S. 84; Schaefer, H., Geiger, B., Rudolph, M.: Energiewirtschaft und Umwelt, a.a.O., S. 82.

am vielseitigsten und am rationellsten aus den fossilen Endenergieträgern Heizöl, Erdgas und Kohle gewinnen.[4]

Neben der Wärme ist insbesondere die Komponente Kraft im Unternehmen von großer Bedeutung:[5] Für die Erzeugung von Kraft wird überwiegend elektrische Energie eingesetzt, die meist in Elektromotoren, z.B. für den Antrieb von Pumpen oder Kompressoren in mechanische Energie umgewandelt wird. Die Komponente Kraft wird auch im Bereich der Kommunikations- oder Steuerungstechnik verwendet, beispielsweise zum Betätigen von Regelventilen oder zur Belüftung von Computern.

Aus der folgenden Abbildung geht hervor, wie sich die dargestellten End- und Nutzenergiearten auf die industriellen Verbraucher aufteilen:

Abbildung D18: Vergleich Endenergien versus Nutzenergien in der deutschen Industrie

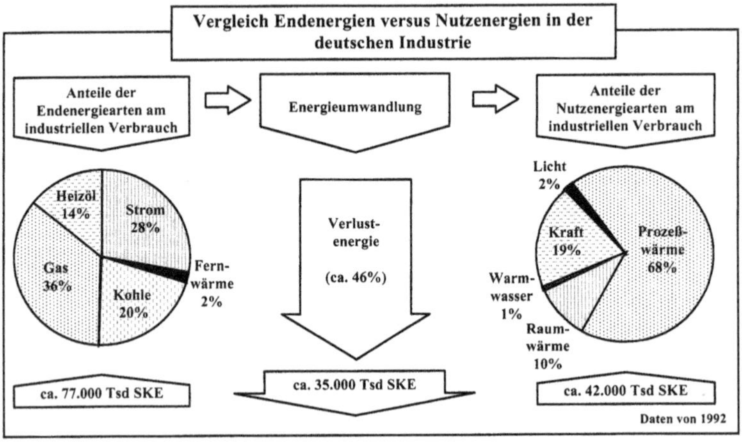

Quelle: In Anlehnung an: Rath, H.: Energiewirtschaft. kurz und bündig. 1994, a.a.O., S. 11 und 12; Müschen, K., Romberg, E.: Strom ohne Atom, a.a.O., S. 10; Statistik der Energiewirtschaft 1993/1994, a.a.O., Tafel 15, 19 und 24.

Zu erkennen ist ein im Durchschnitt über alle Industriebetriebe hoher Anteil der Prozeßwärme in Höhe von 68%. Prozeßwärme wird in der Regel gleichmäßig über das gesamte Jahr benötigt[6] und ist keinen so großen Schwankungen unterworfen wie beispielsweise die Raumwärme.[7]

---

4 Vgl. Kröhner, P., Ruppert, K.: Hauptbericht der Fernwärmeversorgung 1991, in: AGFW (Hrsg.), Fernwärme International, Jahrgang 22/1993, Heft 7/8, S. 323-335.

5 Vgl. Grawe, J.: Grundlagen der deutschen Elektrizitätswirtschaft, a.a.O., S. 50ff.

6 In Unternehmen der chemischen Industrie wird im allgemeinen ein sehr hohes Temperaturniveau benötigt. Die Produktionsprozesse der Nahrungsmittelindustrie hingegen sind eher für niedere und mittlere Temperaturen ausgelegt. Vgl. Höltker, K.-H.: Modell zur Ermittlung des Heizleistungsbedarfs, Dissertation, Aachen 1976, S. 58.

7 Für eine industrielle KWK-Anlage ist ein konstanter Wärmebedarf wirtschaftlich positiv, da dadurch die Auslastung der KWK-Anlage gleichmäßig über das Jahr hinweg gewährleistet ist. Auf welchem Temperaturniveau dieser konstante Wärmebedarf anfallen muß bzw. ob sich die Konstanz auf die Prozeßwärme oder Raumwärme bezieht, ist hinsichtlich der Wirtschaftlichkeit eines KWK-Einsatzes zunächst unerheblich. Allerdings spielt die Höhe des Temperaturniveaus eine entscheidende Rolle bei der Auswahl des technischen Konzeptes einer KWK-Anlage. Vgl. hierzu insbesondere das folgende Kapitel E.II.1.b.

Der in den letzten Jahrzehnten stetig gestiegene Anteil des Stromverbrauchs der deutschen Industrie in Form der Nutzenergiearten Kraft, Beleuchtung und Prozeßwärme, beträgt mittlerweile im Durchschnitt aller Industriezweige 28%.[8] In der Investitionsgüterindustrie beträgt er ca. 20%, in der Verbrauchsgüterindustrie kann er Werte von ca. 40% und mehr erreichen.[9]

2. Stufen des Energieflusses

Die Erfassung energetischer Betriebsdaten beginnt mit dem Messen der bezogenen Energiemengen und der Analyse ihrer Verteilungswege zu den Verbrauchern. In diesem Abschnitt wird der Verteilungsweg zu den Verbrauchern durch die Darstellung des Energieflusses beschrieben.

Innerhalb des Betriebes findet ein ständiger Energiefluß zwischen den einzelnen Aggregaten, Sektoren und Abteilungen statt. Dieser Energiefluß durchläuft in der Regel fünf Stationen.[10] Für die Menge des industriellen Energiebedarfs ist jede der nachfolgenden Stufen des Energieflusses von Bedeutung:

1. Wärme- und Krafterzeugung in Bereitstellungs- und Umwandlungsanlagen:

Zu diesen Anlagen gehören vor allem Kesselanlagen zur Wärmeumwandlung oder auch KWK-Anlagen zur Strom- und Wärmeumwandlung.

2. Energieverteilung durch Verteilungs- und Speicheranlagen:

Elektrische Energie wird mittels Kabel transportiert und Wärme mittels Rohrleitungen befördert. Wärme kann zusätzlich in Wärmespeichern bevorratet werden.[11]

3. Energieverbrauch in Prozeß- und Hilfsanlagen:

Prozeß- und Hilfsanlagen sind unter anderem Aggregate, Maschinen mit Antriebsmotoren sowie Prozeßbeheizungen.

4. Abwärmeableitung:

Abwärme entsteht physikalisch bedingt immer beim Betrieb von Energieumwandlungsanlagen. Diese Abwärme muß abgeführt werden. Dieses geschieht entweder über Abluftanlagen oder über Wärmetauscher, die beispielsweise die Abwärme im Kühlwasser abführen.

5. Energierückgewinnung durch Wärmerückgewinnungsanlagen:

Grundsätzlich kann Wärme rückgewonnen werden. Bei ausreichend hohem Temperaturniveau ist dies durch Wärmetauscher möglich, die die Abwärme in den Produktionsprozeß zurückführen.

---

[8] Vgl. Rath, H.: Energiewirtschaft. kurz und bündig. 1994, a.a.O., S. 11 und 12; Schaefer, H., Geiger, B., Rudolph, M.: Energiewirtschaft und Umwelt, a.a.O., S. 83.

[9] Vgl. Wagner, U.: Analyse des industriellen Energieverbrauchs, in: Forschungsstelle für Energiewirtschaft München (FfE) (Hrsg.), Rationelle Energienutzung Kraft-Wärme-Kopplung in der Industrie, Schliersee am 02./03. 05.1994, S. 3; Hoffmann, H.: Energieorientierte Unternehmensplanung. Analyse der energiebezogenen Einflüsse auf die Unternehmensentwicklung sowie der Möglichkeiten zu ihrer Berücksichtigung in der Unternehmensplanung, a.a.O., S. 74.

[10] Vgl. Hutter, F., Thinius, D., Suttor, K.-H.: Elektrisches Potential und Wirtschaftlichkeit der gekoppelten Kraft- und Wärmewirtschaft in Industrie und Gewerbe, a.a.O., S. 23.

[11] Wärmespeicher können dazu dienen, die zeitliche Abhängigkeit von Wärmeerzeugung und -bedarf aufzuheben und damit die Wirtschaftlichkeit der Kraft-Wärme-Kopplungsanlage zu erhöhen. Wärmespeicher sind beispielsweise spezielle Stahltanks. Vgl. Böttcher, C., Rákoczy, T.: Klimatechnik, in: Beitz, W., Küttner, K.-H. (Hrsg.), Dubbel. Taschenbuch für den Maschinenbau, 17. Auflage, Berlin/Heidelberg u.a. 1990, M 78; Dubois, R.: Optimale Tageseinsatzplanung von Kraft-Wärme-Kopplungs-Systemen unter Berücksichtigung von Kurzwärmespeichern, Dissertation, Aachen 1986; Seeger, T.: Tageseinsatzoptimierung in Kraftwerkssystemen mit Kraft-Wärme-Kopplung, Dissertation, Osnabrück 1991, S. 38ff.

Stufe eins hat Einfluß durch die Art und Güte der Energieanlagen, wobei der Energieeinsatz vom Anlagenwirkungssgrad bzw. vom Anlagennutzungsgrad abhängig ist:

Der Anlagenwirkungssgrad gibt das Verhältnis zwischen der Abgabe nutzbarer Energie und der Energiezufuhr wieder. Der Anlagennutzungsgrad stellt den Anlagenwirkungssgrad in einem definierten Zeitraum von beispielsweise einem Jahr dar. Jeder Energiewandler bzw. jede technische Anlage hat einen Wirkungsgrad kleiner 100%, da bei der Energieumwandlung naturgesetzlich bedingt immer eine bestimmte Menge Energie, beispielsweise als Abwärme, verloren geht. Die Qualität eines Energiewandlers steigt mit seinem Wirkungsgrad.[12]

Stufe zwei nimmt Einfluß auf die Wärmerückhaltung während des Energietransportes. Beim Energietransport soll möglichst wenig Energie verlorengehen. Die Verluste können durch optimale Dimensionierungen der Kabelquerschnitte und durch ausreichende Rohrleitungsisolierungen bei der Wärmeverteilung minimiert werden.

Bestimmenden Einfluß auf die Energiebereitstellung und die Energieverteilung hat naturgemäß der Energieverbrauch, d.h. die Stufe drei "Energieanwendung". Diese Stufe wird von der Art und von der Menge der im Unternehmen herzustellenden Produkte bzw. von den Produktionsprozessen beeinflußt.

Stufe vier und fünf haben ebenfalls Einfluß auf die Menge der Energiebereitstellung und -verteilung. Durch technische Maßnahmen im Produktionsprozeß kann Abwärme verringert bzw. besser genutzt werden. Eine solche technische Maßnahme ist zum Beispiel der Einsatz von Wärmepumpen, die aus einem für die direkte Nutzung zu geringem Temperaturniveau wieder nutzbare Temperaturen regenerieren können.[13] Durch Nutzung von Abwärme kann der Energieeinsatz auf der Beschaffungsseite verringert werden.

Während die Stufen eins bis vier in allen Industriebetrieben anzutreffen sind, ist die Stufe fünf optional.

3. Einflüsse auf den industriellen Energieverbrauch

Die Menge des industriellen Energieverbrauchs ist in erster Linie von der Menge der herzustellenden Produkte abhängig. Darüber hinaus gibt es jedoch zahlreiche weitere Faktoren, die auf den Energieverbrauch eines industriellen Unternehmens einwirken.

Im wesentlichen lassen sich dabei folgende Einflußfaktoren unterscheiden, die sich in ihrer Wirkung - teilweise mehrfach - überlagern können:

Produkt- und produktionsspezifische Faktoren

Neben dem Haupteinfluß der Ausbringungsmenge geht ein dominierender Einfluß auf den Energieverbrauch von den produkt- und produktionsbedingten Faktoren aus.[14] In der Regel wird ein Energieträger im Produktionsprozeß zur Erbringung der Nutzenergieleistung, d.h. zur Energieumwandlung in die Nutzenergiearten Prozeß- und Raumwärme, Kraft und Beleuchtung eingesetzt. Dieser Energieträger ist auf die Art des jeweiligen Produktes bzw. Prozesses abzustimmen.[15]

---

12 Vgl. Piller, W., Rudolph, M.: Kraft-Wärme-Kopplung. Zur Theorie und Praxis der Kostenrechnung, 2. Auflage, München 1990, S. 152.

13 Wärmepumpen sind Kältemaschinen, die Wärmequellen mit niedriger Temperatur ausnutzen, um einen Nutzwärmestrom höherer Temperatur zu erzeugen. Vgl. Böttcher, C., Rákoczy,T.: Klimatechnik, a.a.O., M 77.

14 Vgl. u.a. Lochte, H.-G.: Entwicklungstendenzen in der Wärmewirtschaft der Bundesrepublik Deutschland, a.a.O., S. 564.

15 Vgl. Hutter, F., Thinius, D., Suttor, K.-H.: Elektrisches Potential und Wirtschaftlichkeit der gekoppelten Kraft- und Wärmewirtschaft in Industrie und Gewerbe, a.a.O., S. 24.

In der chemischen Industrie wird zur Produktion von Mineralölerzeugnissen hauptsächlich Prozeßdampf mit hohem Druck und hoher Temperatur benötigt. Der Dampf wird in der Regel im Dampfkessel durch die Verbrennung fossiler Endenergieträger wie beispielsweise Erdgas oder Heizöl erzeugt.

Im Maschinenbaubetrieb hingegen ist der wichtigste Endenergieträger der elektrische Strom, da hier vor allem die mechanische Bearbeitung von Metallen, z.B. mit Schleif- oder Drehmaschinen im Vordergrund steht.[16]

Die Art der Beheizung hat ebenfalls Einfluß auf den Energieverbrauch. Die Beheizung der Produktionsanlagen kann entweder indirekt mit Hilfe des Wärmeträgers Heißwasser bzw. Dampf oder direkt in Schmelz-, Brenn-, Wärme- und Trocknungsöfen erfolgen. Die Art der Beheizung hat wiederum Einfluß auf den Einsatz der Endenergieträger und auf die Menge der eingesetzten Energie.

Naturgemäß hat die Produktionsmenge den größten Einfluß auf den Energieverbrauch. Eine steigende Produktion wirkt beispielsweise auf die Arbeitszeiten, die Anzahl der gefahrenen Schichten und Wochenendarbeiten.

Saisonale und witterungsbedingte Einflüsse

Saisonale und witterungsbedingte Einflüsse sind von der Jahreszeit abhängig. Je nach Jahreszeit ändert sich die Höhe der Außentemperatur. Die Außentemperatur hat nicht nur Einfluß auf die Beheizung der Betriebs- und Produktionsräume, sondern bei vielen Fertigungsarten auch auf den quantitativen Einsatz der Prozeßwärme.[17]

Der Einfluß der Außentemperatur auf die Prozeßwärme ist dadurch gegeben, daß der Produktionsprozeß in manchen Industriezweigen überwiegend in Anlagen abläuft, die im Freien aufgestellt sind. Dies ist beispielsweise bei der chemischen Industrie in den Raffinerien der Fall.[18] Der Energieeinsatz für die Beleuchtung ist ebenfalls von der Anzahl der Hell- bzw. Dunkelstunden abhängig.[19]

Konjunktur

Der Verlauf der Konjunktur hat Einfluß auf die Nachfrage der industriellen Produkte und damit direkt auf die Fertigungsmengen. Die konjunkturellen Einflüsse können binnenwirtschaftlich und außenwirtschaftlich begründet sein. Um die Auswirkungen der konjunkturellen Einflüsse auf den Produktionsbetrieb möglichst gering zu halten, ist eine genaue Beobachtung der Nachfrage, sowie eine laufende Analyse der Absatzstruktur notwendig. Darüber hinaus unterstützt eine flexible Fertigungsstruktur den Ausgleich konjunktureller Schwankungen.[20]

---

16 Aus diesem Grund erklärt sich auch der hohe Stromanteil in der Investitionsgüterindustrie von ca. 40%, da in dieser Industrie vor allem die Nutzenergieart Kraft benötigt wird; vgl. Schaefer, H.: Möglichkeiten und Potentiale des rationellen Energieeinsatzes in der Industrie, a.a.O., S. 84.

17 Vgl. Tröscher, H.: Systemtechnische Methoden zur Untersuchung der Möglichkeiten zentraler und dezentraler Stromerzeugung unter besonderer Berücksichtigung der Energiespeicherung und der Kraft-Wärme-Kopplung, a.a.O., S. 27.

18 Vgl. Schaefer, H.: Möglichkeiten und Potentiale des rationellen Energieeinsatzes in der Industrie, a.a.O., S. 78.

19 Vgl. Mareske, A.: Tageslastprognose, Energiewirtschaftliche Tagesfragen, Jahrgang 35/1985, Heft 11, S. 753.

20 Vgl. Budde, H.-J., Deuster, G., Zahn, G.: Zusammenarbeit der Anlagenbetreiber mit der Versorgungswirtschaft, a.a.O., S. 204; Reichwald, R., Dietel, B.: Produktionswirtschaft, a.a.O., S. 424; Tröscher, H.: Systemtechnische Methoden zur Untersuchung der Möglichkeiten zentraler und dezentraler Stromerzeugung unter besonderer Berücksichtigung der Energiespeicherung und der Kraft-Wärme-Kopplung, a.a.O., S. 27.

Technisch bedingte Faktoren

Neben den produktionsbedingten Faktoren haben die technisch bedingten Faktoren den größten Einfluß auf den industriellen Energiebedarf. Ausschlaggebend für den Energiebedarf sind dabei die energetisch optimale Betriebsweise, sowie der zweckmäßige Einsatz der entsprechenden Energietechnik und der für die Energietechnik verwendeten Maschinen.[21] Ein erheblicher Teil des Energieaufwandes wird auch von der Größe und der Art der Maschine bestimmt. Eine zu groß dimensionierte Maschine verbraucht unnötig Energie, weil sie nicht optimal ausgelastet werden kann.

Neben der Art und Größe der Maschine oder des Aggregates spielen auch die technischen Prozesse innerhalb des Energiewandlers eine Rolle. Im Betrieb wird der gelieferte Brennstoff hauptsächlich in Wärme umgewandelt und in der Regel auf den Wärmeträger Heißwasser oder Dampf übertragen. Dieser Wärmeträger realisiert dann die (Wärme-)Arbeit, z.B. durch die Beheizung von Produktionsräumen oder die Verrichtung von Produktionsprozessen am Ort des Wärmebedarfs. Heißwasser ist als Wärmeträger meist wirtschaftlicher als Dampf, da es Kostenvorteile bei der Anwendung und der Verteilung hat. Dies erklärt, daß durch die verstärkte Anwendung von Heißwasser als Wärmeträger ein geringerer Energieeinsatz möglich ist. Allerdings hat Dampf als Wärmeträger in der Industrie eine lange Tradition, so daß die Hersteller von verfahrenstechnischen Anlagen diese - trotz der Nachteile gegenüber dem Heißwasser - oft nur für die Dampfbeheizung auslegen.[22]

Strategische Einflüsse

Strategische Einflüsse können auch aus der Art der Energiebeschaffung resultieren: Unternehmen können beispielsweise über günstige, bzw. im Vergleich zu ihrer Konkurrenz vorteilhaftere Energieeinkaufsmöglichkeiten verfügen oder bei Standortentscheidungen ihre Produktion an die kostengünstigste Verfügbarkeit von Energie koppeln. So wirkt sich ein Standort in der Nähe einer Hafenanlage positiv auf die Energiebezugskosten aus, da Energieträger, wie z.B die Kohle, kostengünstig über die Schiffahrt angeliefert werden können.

Sonstige Einflüsse

Sonstige Einflüsse auf den Energieverbrauch liegen meist im Verhalten des Personals des Industrieunternehmens begründet. So kann beispielsweise unnötiger Energieverbrauch durch unbegründeten Leerlauf entstehen. Ein weiterer sonstiger Einfluß ist, daß Maschinen und Aggregate aufgrund von Überhitzung einem erhöhtem Verschleiß unterliegen und hierdurch einen schlechteren Wirkungsgrad aufweisen.

Insgesamt kann eine unzureichende Kontrolle der Maschinen hinsichtlich ihrer Wirtschaftlichkeit negative Auswirkungen auf das Verhältnis von Energieeinsatz zu Nutzenergie haben.[23]

4. Diagramme des Strom- und Wärmeverbrauches

Grundvoraussetzung für alle Maßnahmen zur Verbesserung des Energieeinsatzes ist die genaue Kenntnis des Energieverbrauches und seiner Einflußgrößen. Die Erfassung des Ener-

---

[21] Vgl. Mareske, A.: Tageslastprognose, a.a.O., S. 753 und 754.

[22] Vgl. Braun, H.: Optimale Lastaufteilung in Versorgungsunternehmen mit Kraft-Wärme-Kopplung unter Berücksichtigung des Fernwärmenetzes, Dissertation, Aachen 1985; Suttor, K.H., Suttor, W.: Die KWK-Fibel, a.a.O., S. 15.

[23] Vgl. Schaefer, H.: Möglichkeiten und Potentiale des rationellen Energieeinsatzes in der Industrie, a.a.O., S. 75.

gieverbrauches erfolgt durch Messungen. Meßgeräte sind z.B. Leistungsmesser, Stromzähler und Zählwerke.[24]

Im folgenden werden zunächst der spezifische Energieverbrauch und die energetische Betriebskennlinie vorgestellt. Insbesondere die energetische Betriebskennlinie eignet sich dazu, Energieeinsparpotentiale zu erkennen und zur Reduzierung der Energiekosten beizutragen. Darauf aufbauend können sogenannte Belastungskurven entwickelt werden, die über Struktur und Höhe des betrieblichen Strom- und Wärmebedarfs Aufschluß geben.

Der dadurch ermittelte Strom- und Wärmeverbrauch kann zur Verdeutlichung graphisch anschaulich aufbereitet werden. Diese graphischen Darstellungen sind in besonderer Weise geeignet, erste grundsätzliche Aussagen hinsichtlich der Vorteilhaftigkeit eines KWK-Einsatzes zu ermöglichen. Schließlich gibt diese Darstellungsform bereits gundlegende Hinweise auf die Auslegung und die Dimensionierung einer industriellen KWK-Anlage.

a. Der spezifische Energieverbrauch

Der erste Schritt zur Bestimmung des spezifischen Energieverbrauchs ist die Ermittlung des absoluten mengenmäßigen Verbrauchs an Heizöl oder Erdgas einer bestimmten Zuordnungseinheit wie Maschinen, Anlagen oder Betriebseinheiten. Im zweiten Schritt wird dieser ermittelte Energieverbrauch in Verhältnis zu einer Bezugsgröße gesetzt.[25]

Der Energieverbrauch von Maschinen, Anlagen oder Betriebsteilen kann in Mengeneinheiten des verbrauchten Energieträgers, beispielsweise Heizöl in der Einheit Liter oder Erdgas in der Einheit Kubikmeter angegeben werden. Die Mengeneinheiten eines Energieträgers lassen sich jedoch auch in eine Energieeinheit umrechnen und angeben: Durch die gemeinsame, physikalisch eindeutige Einheit Kilowattstunden ist es möglich, unterschiedliche Energieträger auf Basis einer Maßgröße zu vergleichen.

Den Zusammenhang zwischen Menge und Energieäquivalent verdeutlicht Tabelle D4:

Tabelle D4: Transformation von Mengeneinheiten in Energieeinheiten

Energieträger	Mengeneinheit	Energieäquivalent
Heizöl el	1 Liter	11,9 kWh
Heizöl s	1 Liter	11,3 kWh
Erdgas	1 Kubikmeter	10,0 kWh
Steinkohle	1 Kilogramm	6,3 - 8,7 kWh

Quelle: Hessisches Ministerium für Umwelt, Energie und Bundesangelegenheiten (Hrsg.), Gesamt-Emissions-Modell Integrierter Systeme (GEMIS) Endbericht, Darmstadt/Kassel 1992, S. 99, 104 und 106.

Um den spezifischen Energieverbrauch zu bestimmen, muß der ermittelte Energieverbrauch in einem zweiten Schritt unter Zuhilfenahme des Betriebsabrechnungsbogens ins Verhältnis zu einer Bezugsgröße gesetzt werden.[26] Bezugsgröße kann ein Produkt, eine bestimmte Leistung oder eine Zeiteinheit sein. Ermittelt und verglichen werden kann der spezifische Energieverbrauch demnach pro Produkt oder Kostenträger, beispielsweise kWh pro Stück,

---

[24] Vgl. Kröplin, Leis, Ilmberger, F., Schaefer, Wagner: Rationelle Energieanwendung. Interne Abwärmenutzung, a.a.O., S. 14f; Albers, K., Stelzner, P.: Ein Verfahren zur Prognose von Lastganglinien für unterschiedliche Einsatzgebiete, in: Elektrizitätswirtschaft, Jahrgang 92 (1993), S. 282-287; Blotevogel, K., Haverkamp, J., Seeger, T.: Realisierung eines Systems zur Lastprognose und Tageseinsatzoptimierung, in: Elektrizitätswirtschaft, Jahrgang 90 (1991), S. 1028-1032.

[25] Vgl. u.a. Hugel, G., Schmitz, H.: Betriebliche Energiewirtschaft, Anleitung für Klein- und Mittelbetriebe, Rationalisierungs-Kuratorium der Deutschen Wirtschaft (RKW), Frankfurt am Main 1977, S. 53; Maier K. H.: Betriebliche Energieversorgung, a.a.O., Sp. 474.

[26] Vgl. Kluck, D.: Einsatzoptimierung von Kraftwerksystemen mit Kraft-Wärme-Kopplung, Dissertation, Stuttgart 1990, S.105.

oder auch kWh pro Größeneinheit und Zeit, also beispielsweise kWh für die Beheizung pro Quadratmeter Bürofläche und Jahr.

Die auf diese Weise ermittelten Werte pro Kostenträger werden, nachdem das entsprechende Preisgerüst in die Kalkulation eingegangen ist, als energetische Stückkosten in die innerbetriebliche Energiekostenrechnung übernommen.

Von besonderer Aussagekraft ist der Vergleich des spezifischen Energieverbrauchs mit gleichartigen und ähnlich ausgelasteten Anlagen und Maschinen: Ein im Vergleich höherer spezifischer Energieverbrauch zeigt Energie- und damit Kosteneinsparungspotentiale durch den möglichen Einsatz effizienterer Technik auf.

b. Die energetische Betriebskennlinie

Die Ermittlung des spezifischen Energieverbrauches zu einem bestimmten Zeitpunkt bzw. bei einem bestimmten Auslastungsgrad hat jedoch einen gravierenden Nachteil: Es wird nicht beachtet, daß der spezifische Energieverbrauch vom Beschäftigungsgrad bzw. vom Grad der intensitätsmäßigen Anpassung abhängig ist.[27] Der punktuell ermittelte spezifische Energieverbrauch kennzeichnet lediglich einen bestimmten Betriebspunkt, wobei alle Rahmenbedingungen wie Beschäftigung, Druck, Temperatur etc. als konstant angesehen werden.

Aus diesem Grund muß der spezifische Energieverbrauch zum Zweck einer erhöhten Aussagefähigkeit in Abhängigkeit von der Ausbringungsmenge dargestellt werden. Dies ist nur möglich, wenn die energetische Betriebskennlinie ermittelt wird. Die energetische Betriebskennlinie stellt die Relation zwischen Energieverbrauch pro Zeiteinheit und Ausbringungsmenge pro Zeiteinheit her.

Grundsätzlich resultiert aus dem Betrieb einer Anlage ein lastabhängiger und lastunabhängiger Energieverbrauch. Hinsichtlich dieses lastabhängigen und lastunabhängigen Energieverbrauchs lassen sich eindeutige Parallelen zur betrieblichen Kostentheorie ziehen. Der lastunabhängige Energieverbrauch läßt sich, wenn er mit Preisen bewertet wird, mit den fixen Kosten und der lastabhängige Energieverbrauch mit den variablen Kosten vergleichen.

Es soll im folgenden eine mit elektrischem Strom betriebene Maschine betrachtet werden, die aus technischen Gründen nicht abgeschaltet werden kann. Durch die technische Unmöglichkeit des Abschaltens wird - unabhängig von der Ausbringungsmenge - eine Mindestmenge Strom verbraucht, der sogenannte lastunabhängige Stromverbrauch. Diese Mindestverbrauchsmenge wird auch als Leerbetriebsleistung bezeichnet.[28] Aus der Leerbetriebsleistung resultieren die lastunabhängigen Verluste.[29]

Der lastabhängige Energieverbrauch, also der Verbrauch, der von der Höhe der Beschäftigung abhängt, kann wiederum in einen produktiven Verbrauch und in lastabhängige Verluste unterteilt werden.

---

[27] Gutenberg hat die Bedeutung der intensitätsmäßigen Anpassung von Anlagen folgendermaßen beschrieben: "Es mag darauf hingewiesen werden, daß der Kostenverlauf bei unterschiedlicher intensitätsmäßiger Nutzung der Anlagen von der Verbrauchsfunktion der Öfen und Kammeranlagen abhängig ist; denn sie bestimmen das Mengengerüst der Kosten. Grundsätzlich vollzieht sich der Produktionsprozeß nach der Maßgabe der technischen Bedingungen, wie sie die Produktionsfunktion vom Typ B angibt." Gutenberg, E.: Betriebswirtschaftslehre, Band 1. Die Produktion, a.a.O., S. 362.

[28] Vgl. Scholten, J.: Optimale Energieeinsatzplanung thermischer Kraftwerkssysteme, Aachen 1993, S. 11ff.

[29] Auch hier ist ein Vergleich zur Kostenrechnung möglich: Die Leerbetriebsleistung bzw. die lastunabhängigen Verluste führen zu Leerkosten. Leerkosten sind Fixkosten der nicht genutzten Kapazität; vgl. Gutenberg, E.: Betriebswirtschaftslehre, Band 1. Die Produktion, a.a.O., S. 348; Scholten, J.: Optimale Energieeinsatzplanung thermischer Kraftwerkssysteme, a.a.O., S. 11ff.

Der produktive Verbrauch[30] ist der Verbrauch, der effektiv in Nutzenergie umgewandelt wird. Die lastabhängigen Verluste entstehen durch Übertragungsverluste, die zum Beispiel in Form von Wärme an die Umwelt abgegeben werden. Der hier beschriebene Zusammenhang ist in folgender Abbildung dargestellt:

Abbildung D19: Energetische Betriebskennlinie in Abhängigkeit von der Ausbringungsmenge pro Zeiteinheit

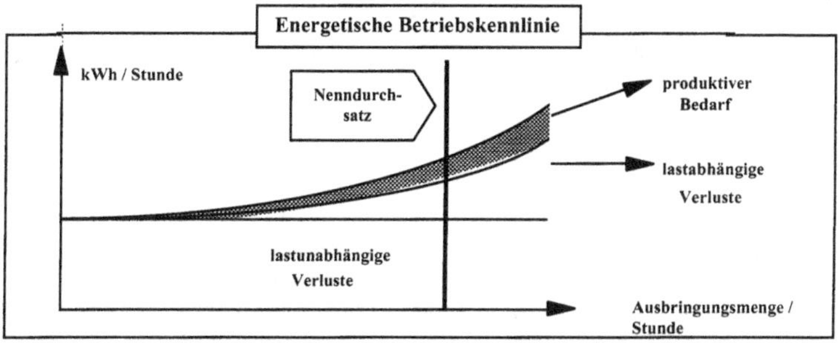

Quelle: In Anlehung an: Maier K. H.: Betriebliche Energieversorgung, a.a.O., S. 475.

Auf der Ordinate der Abbildung D19 ist der Energieverbrauch in der Einheit kWh pro Stunde und auf der Abszisse ist die Beschäftigung in Ausbringungsmenge pro Stunde abgetragen. In der Abbildung sind ebenfalls die lastunabhängigen Verluste, die lastabhängigen Verluste und der produktive Bedarf dargestellt. Es ist ersichtlich, daß es einen Punkt der Ausbringungsmenge gibt, der sog. Nenndurchsatz, bei dem das Verhältnis zwischen lastabhängigem Verlust und produktivem Bedarf am wirtschaftlichsten ist. Bei Überschreiten des Nenndurchsatzes steigen die lastabhängigen Verluste meist überproportional an.[31]

Aus dem lastabhängigen und lastunabhängigen Verbrauch läßt sich der spezifische Energieverbrauch in Abhängigkeit von der Ausbringungsmenge pro Stunde ermitteln. Diese Kurve weist dabei einen ähnlichen Verlauf wie die Durchschnittskostenkurve in der betrieblichen Kostentheorie auf.

Zur Ermittlung dieser Kurve wird der Energieverbrauch ins Verhältnis zur Höhe der jeweiligen Ausbringungsmenge in Stück gestellt, bzw. es wird dazu die Einheit der Ordinate (kWh/h) durch die Einheit der Abszisse (Stück/h) dividiert. Es entsteht als neue Einheit auf der Ordinate kWh/Stück.

Der spezifische produktive Bedarf, der in der Praxis meist unabhängig von der Intensität ist, ist nach Bewertung mit Preisen mit den variablen Stückkosten vergleichbar. Die spezifischen Verluste sinken bis zu einem bestimmten Punkt und steigen danach wieder an.

Der Anstieg der spezifischen Verluste ist technisch bedingt, da sich bei einem sehr hohen Nutzungsgrad der Verbrauch an Energie pro produzierter Einheit erhöht.[32]

---

[30] Vgl. Maier K. H.: Betriebliche Energieversorgung, a.a.O., Sp. 475; Kluck, D.: Einsatzoptimierung von Kraftwerksystemen mit Kraft-Wärme-Kopplung, a.a.O., S.109.

[31] Vgl. Maier K. H.: Betriebliche Energieversorgung, a.a.O., Sp. 475.

[32] Vgl. hierzu auch die Produktionsfunktion vom Typ B. Gutenberg, E.: Betriebswirtschaftslehre, Band 1. Die Produktion, a.a.O., S. 326ff.

Abbildung D20: Spezifischer Energieverbrauch in Abhängigkeit von der Ausbringungsmenge pro Zeiteinheit

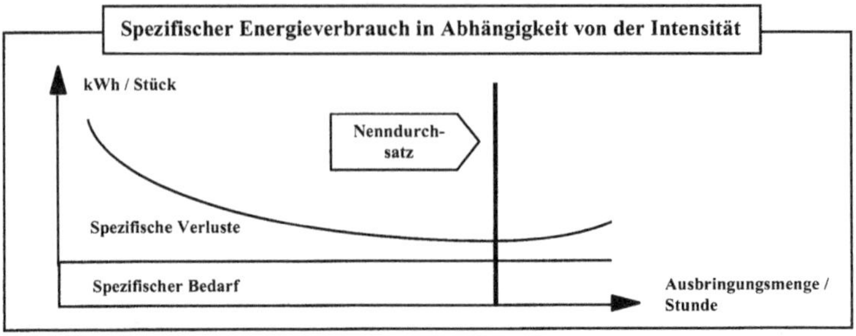

Quelle: In Anlehnung an: Maier, K. H.: Betriebliche Energieversorgung, a.a.O., S. 475.

In einer ersten Phase sinkt demzufolge der durchschnittliche Faktoreinsatz aufgrund der Degression der fixen Verluste.[33] Bei weiterer Erhöhung der Ausbringungsmenge pro Stunde wird ein Punkt erreicht, bei dem der durchschnittliche Faktoreinsatz bzw. der Energieverbrauch pro Stück ein Minimum erreicht. Dieser Punkt kennzeichnet die optimale Intensität der Anlagennutzung. In den technischen Wissenschaften wird für diesen Punkt der Begriff Nenndurchsatz verwendet.[34] Zu beachten ist, daß bei der Ermittlung der energetischen Betriebskennlinie die Randbedingungen wie Raumtemperatur und Luftdruck genau definiert, bzw. entsprechend den Herstellerangaben so optimal wie möglich aufeinander abgestimmt sein müssen.[35] Eine Variation dieser Randbedingungen führt zu einem anderen optimalen Nenndurchsatz.[36]

Die Unternehmen müssen bestrebt sein, Abweichungen der Arbeits- und Maschinengeschwindigkeit von der technisch wirtschaftlichsten Geschwindigkeit zu vermeiden. Die technisch optimale Arbeitsgeschwindigkeit von Maschinen wird in der Regel von Lieferfirmen angegeben bzw. sie kann auch, nach dem hier entwickelten Schema, auf Grund von Untersuchungen errechnet werden.[37]

Um die Wirtschaftlichkeit einer Fertigungsanlage beurteilen zu können und um Energie- bzw. Kostenreduktionspotentiale zu erkennen, ist die energetische Betriebskennlinie von entscheidender Bedeutung. Die Angaben über die lastunabhängigen Verluste sowie über die Abhängigkeit des spezifischen Energieverbrauches vom Auslastungsgrad sind für einen effektiveren Energieeinsatz wesentliche Ausgangsinformationen, um - beginnend bei der ersten

---

[33] Das Konzept der Degression der fixen Verluste ist mit der Fixkostendegression vergleichbar; vgl. Gutenberg, E.: Betriebswirtschaftslehre, Band 1. Die Produktion, a.a.O., S. 338ff.

[34] In der Betriebswirtschaft wurde die Bedeutung des Nenndurchsatzes ebenfalls früh erkannt. So verwendet auch Riebel den Begriff "Durchsatz" im Zusammenhang mit der intensitätsmäßig optimalen Fahrweise von Horizontalkammeröfen; vgl. Riebel, P.: Die Elastizität des Betriebes, a.a.O., S. 30.

[35] Mit Hilfe moderner EDV-Programme lassen sich sehr komfortabel verschiedene Einflußfaktoren in die Ermittlung der Betriebskennlinie einbeziehen; vgl. Thieme, H., Winddorfer, E.: EDV-Programm zur Planung der Strombeschaffung und Fernwärmeerzeugung, in: Brennstoff-Wärme-Kraft, 12/85, S. 471-475.

[36] Vgl. Kröplin, Leis, Ilmberger, F., Schaefer, Wagner: Rationelle Energieanwendung. Interne Abwärmenutzung, a.a.O., S. 16-18; Rix, E.: Ein Beitrag zur Betriebsoptimierung von Heizkraftwerken, Dissertation, Aachen 1976, S. 115.

[37] Vgl. Gutenberg, E.: Betriebswirtschaftslehre, Band 1. Die Produktion, a.a.O., S. 363f.

Maschine bis hin zum letzten zu untersuchenden Energieverbraucher - Energieeinsparungspotentiale zu erkennen und umzusetzen.[38]

c. Die Belastungskurve

Belastungskurven bzw. sogenannte Ganglinien sind chronologische Aufzeichnungen des Leistungsbedarfs eines Energieverbrauchers oder eines gesamten Unternehmens.[39] Sie unterscheiden sich von den oben angesprochenen Kurven dadurch, daß sie den Energiebedarf im Verlauf einer Zeitperiode darstellen.

Um derartige charakteristische Lastprofile zu erhalten, ist eine Einordnung der Energieverbraucher in Gruppen hilfreich. Hierbei ist zunächst eine Differenzierung nach den Energieträgern Strom und Wärme vorzunehmen. Der Strom- und Wärmeverbrauch wird demzufolge jeweils in getrennten Lastprofilen erfaßt und graphisch dargestellt.

Speziell beim Wärmeverbrauch, d.h. beim Einsatz von Heißwasser oder Dampf, bietet sich eine weitere und tiefergehendere Differenzierung nach Temperatur- und Druckstufen an. Da die Wärme mit steigendem Temperaturniveau auch steigende Kosten verursacht, ist es sinnvoll, in einer ersten Unterteilung Anlagen mit Betriebstemperaturen bis 100°C, Anlagen mit Betriebstemperaturen von 100°C bis 300°C und Anlagen mit noch höheren Betriebstemperaturen zu unterscheiden. Anschließend sind für diese Anlagen unter Berücksichtigung der Erkenntnisse über den spezifischen Energieverbrauch und die energetischen Betriebskennlinien getrennte Lastprofile zu erstellen.[40]

Grundsätzlich wird für die Erstellung von Belastungskurven die jeweilige Belastung, beispielsweise eines Antriebsmotors oder einer Dampfbeheizung, über eine Zeitspanne von einem Tag, von einem Monat oder von einem Jahr in Form eines anschaulichen Diagramms oder in einer Tabelle dargestellt.[41]

Die Belastung der untersuchten Anlage ist die in einer bestimmten kleinen Zeiteinheit, beispielsweise einer Minute, beanspruchte momentane Leistung. Kürzere oder längere Zeiteinheiten - beispielsweise 10 Sekunden oder 15 Minuten - können je nach Anwendungsfall bzw. Lastschwankung ebenso sinnvoll sein: Bei starken und schnellen Lastschwankungen kann ein kürzerer Zeitraum sinnvoll sein, bei geringen Lastschwankungen reicht im allgemeinen ein längerer Zeitraum. Ausschlaggebend ist also ein repräsentatives Zeitintervall. Ein häufiger

---

[38] Vgl. Rudolph, M: Einfluß der Betriebsweise von Fertigungsanlagen auf den Energiebedarf, a.a.O., S. 80; Kluck, D.: Einsatzoptimierung von Kraftwerksystemen mit Kraft-Wärme-Kopplung, a.a.O., S. 100f. Maier K. H.: Betriebliche Energieversorgung, a.a.O., Sp. 475.

[39] Vgl. Maier K. H.: Betriebliche Energieversorgung, a.a.O., Sp. 477 f; Loew, H.: Einführung in die Elektrizitätswirtschaft, a.a.O., S. 11; Kilger, W.: Flexible Plankostenrechnung und Deckungsbeitragsrechnung, a.a.O., S. 387; Werbeck, T.: Die Tarifierung elektrischer Energie. Eine kritische Analyse aus ökonomischer Sicht, in: Schriftenreihe des Rheinisch-Westfälischen Instituts für Wirtschaftsforschung. Neue Folge, Heft 57, Berlin 1995, S. 22; Suttor, W. (Hrsg.): Praxis Kraft-Wärme-Kopplung. Technik, Umfeld, Realisierung von KWK-Anlagen, Heidelberg 1994, Teil 7/2.1, S. 4; Hein, D.: Einsatz der Kraft-Wärme-Kopplung-Technik, Wirtschaftlichkeit, Umwelt, in: VDI-Berichte Nr. 979, München 1992, S. 28.

[40] Vgl. Rix, E.: Ein Beitrag zur Betriebsoptimierung von Heizkraftwerken, a.a.O., S. 105; Braun, H.: Optimale Lastaufteilung in Versorgungsunternehmen mit Kraft-Wärme-Kopplung unter Berücksichtigung des Fernwärmenetzes, Dissertation, Aachen 1985; Hugel, G., Schmitz, H.: Betriebliche Energiewirtschaft, Anleitung für Klein- und Mittelbetriebe, a.a.O., S. 40.

[41] Vgl. Tröscher, H.: Systemtechnische Methoden zur Untersuchung der Möglichkeiten zentraler und dezentraler Stromerzeugung unter besonderer Berücksichtigung der Energiespeicherung und der Kraft-Wärme-Kopplung, a.a.O., S. 25; Büchner, J., Wieber, W.: Realisierung, in: Suttor, K.-H., Suttor, W. (Hrsg.), Handbuch der Kraft-Wärme-Kopplung. Für Planer, Betreiber, Ausbildung., Karlsruhe 1991, S. 233ff.

Lastwechsel innerhalb einer Stunde kann realistischerweise nicht in einem Meßintervall von 1 Stunde dargestellt werden, da die Lastspitzen in diesem Falle egalisiert werden.[42]

Belastungskurven für den Strom und Wärmebedarf eines Unternehmens spiegeln generell in einer für die Art des Betriebes bzw. der Produktionsstruktur typischen Weise den chronologischen Verlauf des Betriebsgeschehens wider.[43] Neben den Tagesbelastungskurven können durch Jahresbelastungskurven, die letztlich aus den einzelnen Tages-, Wochen-, oder Monatsbelastungskurven zusammengesetzt werden, weitere Aussagen über das Betriebsgeschehen, wie z.B. den Einfluß von Saisonschwankungen, Dunkelstunden, Außentemperaturen, Sonn- und Feiertagen, auf den Energieverbrauch getroffen werden.[44]

Belastungskurven für Strom weisen insbesondere bei Unternehmen, deren Produktion von starken Lastschwankungen gekennzeichnet ist, größere Streuungen um den Mittelwert pro Zeiteinheit auf als die entsprechenden Belastungskurven für den Raumwärmebedarf. Der Raumwärmebedarf variiert zwar zwischen Sommer und Winter, ist jedoch in der Regel jeweils über einen längeren Zeitraum konstant, was sich in einer weniger schwankenden Belastungkurve niederschlägt. Ein Unternehmen hingegen, das durch einem sehr hohen und stark schwankenden Prozeßwärmebedarf charakterisiert ist, wird in der entsprechenden Belastungskurve für die Wärme aufgrund des benötigten hohen Temperaturniveaus einen sehr hohen Spitzenwert aufweisen.

Abbildung D21: Tagesganglinie des Strombedarfs eines Industriebetriebes

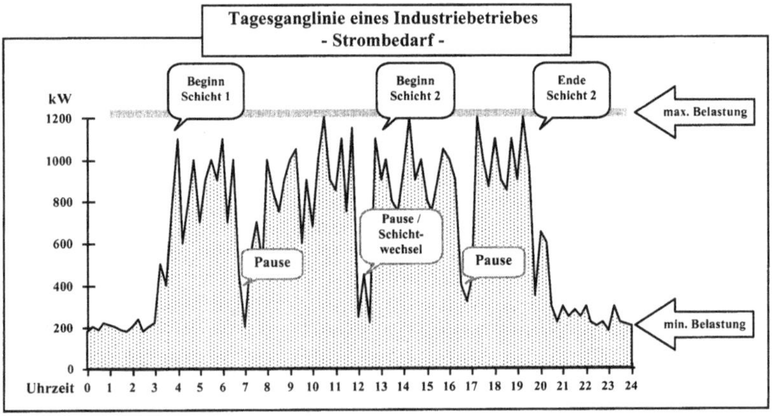

Quelle: Eigene Darstellung.

[42] Vgl. Albers, K., Stelzner, P.: Ein Verfahren zur Prognose von Lastganglinien für unterschiedliche Einsatzgebiete, a.a.O., S. 282-287.

[43] Vgl. Suttor, W. (Hrsg.): Praxis Kraft-Wärme-Kopplung. Technik, Umfeld, Realisierung von KWK-Anlage, a.a.O., Teil 7/2.1, S. 4; Mareske, A.: Tageslastprognose, a.a.O., S. 752; vgl. auch VDI-Richtlinie 3985 (Entwurf), Grundsätze für Planung, Ausführung und Abnahme von Kraft-Wärme-Kopplung und Verbrennungsmaschinen, in: Verein Deutscher Ingenieure (VDI) (Hrsg.), VDI-Handbuch Energietechnik, Düsseldorf Februar 1996, S. 9ff.

[44] Vgl. Loew, H.: Einführung in die Elektrizitätswirtschaft, a.a.O., S.11; Scholten, J.: Optimale Energieeinsatzplanung thermischer Kraftwerkssysteme, a.a.O., S.11ff; Kilger, W.: Flexible Plankostenrechnung und Deckungsbeitragsrechnung, a.a.O., .S. 388; Kluck, D.: Einsatzoptimierung von Kraftwerksystemen mit Kraft-Wärme-Kopplung, a.a.O., S. 102ff; Mareske, A.: Tageslastprognose, a.a.O., S. 752; Vogelsang , J.: Zur Wirtschaftlichkeit von KWK-Projekten, in: Euroforum-Konferenz "Kraft-Wärme-Kopplung", 07.und 08. März 1995, Düsseldorf 1995, S. 8.

Eine Belastungskurve für den Strombedarf eines industriellen Unternehmens mit Zwei-Schichtbetrieb zeigt beispielhaft die vorstehende Abbildung. Aus der Abbildung sind Werte für die als Spitzenlast bezeichnete maximale Belastung (ca. 1.200 kW) und für die minimale Belastung (ca. 200 kW) über den Zeitraum eines Tages zu erkennen. Die Grundlast ist die als Minimum ständig benötigte Leistung und mit der minimalen Belastung identisch.[45]

Belastungskurven sollten für möglichst viele Energieträger über einen möglichst repräsentativen Zeitraum aufgestellt werden. Da in der industriellen Praxis nicht alle theoretisch möglichen Tagesganglinien zur Verfügung stehen, empfiehlt der VDI, eine geeignete Auswahl zu treffen, die eine realitätsnahe Beurteilung zuläßt:[46]

Der Wärmebedarf sollte während eines Jahres mindestens mit fünf repräsentativen Tagesganglinien gemessen werden. Im Winter genügen in der Regel zwei Tage, wovon ein Tag ein eher trüber und der andere ein eher heiterer Tag sein sollte. In der Übergangszeit ist ein ähnliches Vorgehen ratsam, während in den Sommermonaten unter Umständen nur ein Tag herausgegriffen werden kann.

Hinsichtlich des Strombedarfs werden vom VDI als Minimum vier Tagesganglinien vorgeschlagen: Diese sollten sich jeweils im Sommer und im Winter auf einen repräsentativen Werktag und auf einen Sonn- oder Feiertag beziehen.

Belastungskurven stellen eine wesentliche Grundlage für die Auswahl des unternehmensindividuell geeigneten Energieversorgungskonzeptes sowie für die sich daran anschließende Dimensionierung der Energieversorgungsanlagen dar.[47] Darüber hinaus sind Belastungskurven für nahezu jede Rationalisierungsmaßnahme bezüglich des Energieeinsatzes eines industriellen Unternehmens eine unentbehrliche Voraussetzung.

Aufgrund der Relevanz dieser Tagesganglinien muß die vom VDI geäußerte Empfehlung auf eine bestimmte Anzahl von repräsentativen Tagesganglinien durchaus kritisch beurteilt werden:

Je unregelmäßiger der Strom- und Wärmebedarf eines Unternehmens ist, desto mehr Tagesganglinien sollten untersucht werden. Die Empfehlung einer bestimmten Minimumanzahl von Tagesganglinien berücksichtigt nur unzureichend, daß es - unabhängig von der Jahreszeit - auch im Produktionsablauf eines industriellen Unternehmens sehr erhebliche Schwankungen der innerbetrieblichen Strom- und Wärmenachfrage geben kann.[48]

Grundsätzlich gilt also - gerade im Hinblick auf das hohe Investitionsvolumen von Anlagen zur Energieversorgung - möglichst viele typische, aber auch weniger typische Tagesganglinien heranzuziehen. Eine pauschale Vorgabe von wenigen zu untersuchenden Tagen verführt dazu, die Verhältnisse der innerbetrieblichen Strom- und Wärmenachfrage wirklichkeitsfremd abzubilden.

Da die Auswahl und die Dimensionierung für ein optimales Energieversorgungskonzept in erster Linie auf den Tagesganglinien beruhen, besteht bei wenig typischen Tagesganglinien

---

[45] Vgl. Suttor, W. (Hrsg.): Praxis Kraft-Wärme-Kopplung. Technik, Umfeld, Realisierung von KWK-Anlage, a.a.O., Teil 7/2.3, S. 7f.

[46] Vgl. VDI-Richtlinie 3985 (Entwurf), Grundsätze für Planung, Ausführung und Abnahme von Kraft-Wärme-Kopplung und Verbrennungsmaschinen, a.a.O., S. 9.

[47] Vgl. Belting, T.: Blockheizkraftwerke, a.a.O., S. 11ff; Vogelsang , J.: Zur Wirtschaftlichkeit von KWK-Projekten, a.a.O., S. 8; VDI-Richtlinie 3985 (Entwurf), Grundsätze für Planung, Ausführung und Abnahme von Kraft-Wärme-Kopplung und Verbrennungsmaschinen, a.a.O., S. 9 und 10.

[48] Beste sieht im Produktionsprogramm den vornehmlichen Bestimmungsfaktor für den Energiebedarf. Hieraus schlußfolgert Beste „...die Schwankungen des Bedarfs zu kennen, ist unerläßlich für die Entscheidung, ob die Energie durch Eigenerzeugung gewonnen werden soll.“ Beste, T.: Fertigungswirtschaft und Beschaffungswesen, a.a.O., S. 164.

die Gefahr, bereits in der Anfangsphase der Entscheidung Fehler in die Wirtschaftlichkeitsbetrachtung einfließen zu lassen, die während der Entscheidungsphase nur mit großem Aufwand und nach der Entscheidung für ein Energieversorgungskonzept überhaupt nicht mehr korrigiert werden können.

d. Die geordnete Belastungskurve

Aus der in chronologischer Form aufgezeichneten Belastungskurve - jeweils für Strom und Wärme - wird die geordnete Belastungskurve bzw. die sogenannte Belastungsdauerlinie, ebenfalls getrennt nach Strom und Wärme, entwickelt.[49]

Zu diesem Zweck wird der aufgezeichnete Leistungsbedarf in Abhängigkeit von der Höhe der Leistungsbeanspruchung geordnet dargestellt.[50] Die dadurch entstehende Belastungsdauerlinie zeigt von links nach rechts eine fallende Belastung, da die jeweils während der Meßzeitlinie einmal aufgetretene Höchstleistung ganz links bzw. die in derselben Betrachtungsperiode aufgetretene minimale Leistung ganz rechts aufgezeichnet ist.[51]

Auch die Belastungsdauerlinie kann sich auf verschiedene Zeitperioden wie beispielsweise 24 Stunden, einen Monat oder ein Jahr sowie auf verschiedene Objekte wie ein Aggregat, eine Maschinengruppe oder ein gesamtes Unternehmen beziehen.[52] Eine Belastungsdauerlinie ermöglicht auf anschauliche Weise eine Vielzahl von Aussagen über den Energieverbrauch des untersuchten Objektes.[53]

Aus diesem Grund wird die Belastungsdauerlinie in den nächsten beiden Abschnitten zunächst anhand eines einzelnen Aggregates und anschließend anhand eines industriellen Unternehmens exemplarisch dargestellt.

aa. Eine geordnete Belastungslinie einer Maschine

Im folgenden wird als Beispiel eine Drehmaschine mit einer Leistung von 6 kW genommen, die während eines Jahres ca. 5.000 Stunden von 8.760 möglichen Stunden in Betrieb ist.

Daraus ergibt sich, daß diese Drehmaschine im Zwei- oder gar im Drei-Schichtsystem gefahren wird.[54] Der jährliche Strombedarf der Maschine wird mit 12.000 kWh angenommen. Die folgende Abbildung zeigt eine mögliche Jahresdauerlinie dieser Drehmaschine.

---

49 Vgl. Maier K. H.: Betriebliche Energieversorgung, a.a.O., Sp. 473 und 474; Suttor, W. (Hrsg.): Praxis Kraft-Wärme-Kopplung. Technik, Umfeld, Realisierung von KWK-Anlage, a.a.O., Teil 7/2.1, S. 4; Loew, H.: Einführung in die Elektrizitätswirtschaft, a.a.O., S. 11ff.

50 Vgl. Hein, D.: Einsatz der Kraft-Wärme-Kopplung-Technik, Wirtschaftlichkeit, Umwelt, a.a.O., S. 28; Werbeck, T.: Die Tarifierung elektrischer Energie. Eine kritische Analyse aus ökonomischer Sicht, a.a.O., S. 39.

51 Vgl. Büchner, J., Wieber, W.: Realisierung, a.a.O., S. 234; Hugel, G., Schmitz, H.: Betriebliche Energiewirtschaft, Anleitung für Klein- und Mittelbetriebe, a.a.O., S. 40.

52 Vgl. Suttor, W. (Hrsg.): Praxis Kraft-Wärme-Kopplung. Technik, Umfeld, Realisierung von KWK-Anlage, a.a.O., Teil 7/2.1 , S. 4; Loew, H.: Einführung in die Elektrizitätswirtschaft, a.a.O., S. 11.

53 Vgl. Piller, W., Rudolph, M.: Kraft-Wärme-Kopplung. Zur Theorie und Praxis der Kostenrechnung, a.a.O., S. 78f; Scholten, J.: Optimale Energieeinsatzplanung thermischer Kraftwerkssysteme, a.a.O., S. 11ff; Taurit, R.,Wagner, M.: Künftige Entwicklung von Stromgestehungskosten, in: Brennstoff-Wärme-Kraft, 32, Dezember 1980, Nr. 12, S. 554.

54 Würde die angesprochene Maschine nur maximal jeweils 8 Stunden pro Tag an 200 Tagen im Jahr in Betrieb sein, ergäbe sich eine Betriebszeit von 1.600 Stunden.

Abbildung D22: Geordnete Jahresbelastungslinien einer Drehmaschine

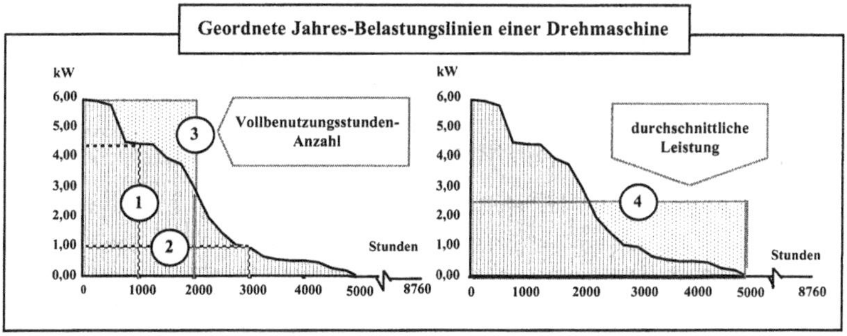

Quelle: Eigene Darstellung.

Aus dieser Belastungsdauerlinie ist zu erkennen, daß diese Drehmaschine nicht immer mit Vollast, d.h. mit einer Leistung von 6 kW, betrieben worden ist. Weiterhin ist aus der Abbildung ersichtlich, über welchen Zeitraum eine bestimmte Leistung von der Maschine gehalten bzw. nachgefragt wird: So erkennt man in der linken Abbildung, daß der Betrieb dieser Drehmaschine in ca. 1.000 Stunden pro Jahr eine Leistung von ca. 4,5 kW oder mehr benötigt (1). Hingegen wird bei ca. 3.000 Stunden pro Jahr eine Leistung von 1 kW oder mehr nachgefragt (2).

Die Fläche unterhalb der Kurve zeigt die von der Drehmaschine benötigte Energie in kWh, die durch Bilden des Integrals über die Zeit errechnet werden kann.[55] Dies bedeutet für die Abbildung, daß die Fläche unterhalb der Jahresdauerlinie den jährlichen Strombedarf der Drehmaschine in Höhe von 12.000 kWh darstellt. Hieraus errechnet sich eine Vollbenutzungsstundenanzahl von 2.000 Stunden (3)[56], d.h. die Maschine wird theoretisch 2.000 Stunden pro Jahr unter Vollast gefahren.

Die Vollbenutzungsdauer ist ein wesentlicher Hinweis auf den Auslastungsgrad der Maschine.[57] Bezogen auf die Abbildung bedeutet dies, daß die Maschine im Verhältnis zu ihrem theoretischen Vollast-Potential von 8.760 Stunden zu ca. 23 % ausgelastet ist. Je näher die Vollbenutzungsdauer an der Meßzeit - in diesem Fall ein Jahr - liegt, desto besser ist die Anlage ausgelastet und desto geringer sind die energetisch ungünstigen Belastungen mit Teillast. Ist die Vollbenutzungsstundenanzahl mit der Meßzeit identisch, ist die Drehmaschine während der Meßzeit ständig mit Vollast in Betrieb. Mit anderen Worten: Wenn die betrachtete Maschine genau 2.000 Stunden pro Jahr ausschließlich unter Vollast betrieben werden würde, entspräche das Rechteck (3) der Jahresdauerlinie.

Es gibt noch eine weitere Möglichkeit, die elektrische Arbeit im Betrachtungszeitraum abzubilden: Errechnet man, bezogen auf die Betriebsstundenanzahl der Maschine, die durchschnittlich von der Drehmaschine in Anspruch genommene Leistung, in diesem Fall aus

[55] Vgl. Tröscher, H.: Systemtechnische Methoden zur Untersuchung der Möglichkeiten zentraler und dezentraler Stromerzeugung unter besonderer Berücksichtigung der Energiespeicherung und der Kraft-Wärme-Kopplung, a.a.O., S. 26; Maier K. H.: Betriebliche Energieversorgung, a.a.O., Sp. 473; Belting, T.: Blockheizkraftwerke, a.a.O., S. 12ff; Hein, D.: Einsatz der Kraft-Wärme-Kopplung-Technik, Wirtschaftlichkeit, Umwelt, a.a.O., S. 28.

[56] Rechenweg: 12.000 kWh dividiert durch 6 kW ergibt 2000 Stunden.

[57] Vgl. Werbeck, T.: Die Tarifierung elektrischer Energie. Eine kritische Analyse aus ökonomischer Sicht, a.a.O., S. 23.

12.000 kWh dividiert durch 5.000 Betriebstunden mit 2,4 kW, so läßt sich die elektrische Arbeit ebenfalls als Rechteck (4) wie in Abbildung D22 darstellen.

Die durchschnittliche Leistung eines Aggregates im Vergleich zur Höchstleistung ist ein Hinweis auf die Stetigkeit der Fahrweise eines Aggregates: Je höher bei gegebener elektrischer Arbeit die durchschnittliche Leistung eines Aggregats im Vergleich zur Höchstleistung ist, desto geringer ist die absolute Betriebszeit des Aggregates. Die durchschnittliche Leistung eines Aggregates im Vergleich zur Höchstleistung gibt jedoch keinen Hinweis auf die Auslastung der Anlage. Eine Drehmaschine kann beispielsweise eine sehr hohe jährliche Durchschnittsleistung erreichen, wenn sie nur wenige Stunden pro Jahr mit Vollast betrieben wird.[58]

Zur Verdeutlichung der betriebswirtschaftlichen Relevanz von Belastungs- bzw. Dauerlinien, die nicht nur griffige Ansatzpunkte für innerbetriebliche Energiesparmaßnahmen hinsichtlich einzelner Aggregate darstellen, sondern im Rahmen dieser Untersuchung auch die wesentliche Grundlage für die Planung und Dimensionierung einer Energieeigenversorgung sind,[59] wird im folgenden nicht ein einzelnes Aggregat, sondern ein industrielles Unternehmen als ganzes betrachtet.

bb. Eine geordnete Belastungslinie eines industriellen Unternehmens

Nachfolgend soll die geordnete Belastungslinie anhand eines fiktiven Beispielunternehmens erörtert werden. Das betrachtete Unternehmen weist einen gesamten innerbetrieblichen Strombedarf von 5.000 Megawatt-Stunden (= MWh) bei einer Höchstleistung von 1,25 Megawatt (= MW) auf. Der Wärmebedarf des Unternehmens soll 11.000 MWh bei einer Leistung von 3,90 MW betragen.

In der nachfolgenden Tabelle werden diese Werte der jeweiligen Energiebedarfsmengen zum einen nach Hoch- und Niedertarif (= HT bzw. NT) , zum anderen nach Sommer und Winter unterschieden. Diese Differenzierung ist vor allem hinsichtlich des Strombedarfs notwendig, da der an das jeweilige EVU zu zahlende Strompreis je nach Tageszeit (Hoch- oder Niedertarif) und Saison (Winter oder Sommer) unterschiedlich ist.[60]

Tabelle D5: Strom- und Wärmebedarf eines Industrieunternehmens in kWh

Bedarf	**Sommer**			**Winter**			**Gesamt**		
(in MWh)	HT	NT	Summe	HT	NT	Summe	HT	NT	Summe
Strombedarf	1.600	800	2.400	1.700	900	2.600	3.300	1.700	5.000
Wärmebedarf	1.900	800	2.700	5.800	2.500	8.300	7.700	3.300	11.000

Unter der Voraussetzung, daß die nachgefragte Stromleistung dieses Unternehmens an keinem Tag des betrachteten Jahres einen Spitzenbedarf von 1.250 kW bzw. 1,25 MW überschreitet, errechnet sich bei einer nachgefragten elektrischen Arbeit in Höhe von 5.000 MWh eine Benutzungsdauer von 4.000 Stunden.[61] In der folgenden Abbildung ist ein aus den obigen Daten abgeleiteter möglicher Strombedarf des Unternehmens graphisch als Jahresdauerlinie bzw. geordnete Belastungslinie dargestellt.

---

[58] Vgl. Hugel, G., Schmitz, H.: Betriebliche Energiewirtschaft, Anleitung für Klein- und Mittelbetriebe, a.a.O., S. 42ff; Werbeck, T.: Die Tarifierung elektrischer Energie. Eine kritische Analyse aus ökonomischer Sicht, a.a.O., S. 23.

[59] Vgl. Büchner, J., Wieber, W.: Realisierung, a.a.O., S. 234.

[60] Vgl. u.a. VDI-Richtlinie 3985 (Entwurf), Grundsätze für Planung, Ausführung und Abnahme von Kraft-Wärme-Kopplung und Verbrennungsmaschinen, a.a.O., S. 9ff; Hugel, G., Schmitz, H.: Betriebliche Energiewirtschaft, Anleitung für Klein- und Mittelbetriebe, a.a.O., S. 153; Werbeck, T.: Die Tarifierung elektrischer Energie. Eine kritische Analyse aus ökonomischer Sicht, a.a.O., S. 24

[61] Rechenweg: 5.000 MWh dividiert durch 1,25 MW ergibt 4.000 Stunden.

Abbildung D23: Jahresdauerlinien des Strombedarfs eines Industrieunternehmens

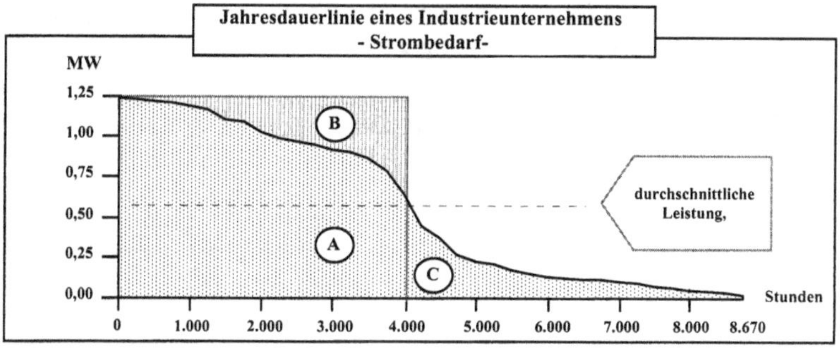

Quelle: Eigene Darstellung.

Die Benutzungsdauer von 4.000 Stunden gibt Aufschluß darüber, wie gleichmäßig der Strombedarf des Unternehmen ist. Bleibt der Strombedarf in Höhe von 5.000 MWh konstant und verringert sich die nachgefragte Spitzenleistung, so erhöht sich die Benutzungsdauer.

Eine längere Benutzungsdauer bei konstantem Strombedarf führt - wie bei der Untersuchung des Preisgerüstes noch gezeigt wird - aufgrund der Gleichmäßigkeit des Strombedarfs zu geringeren fixen Strombezugskosten und damit insgesamt zu niedrigeren durchschnittlichen Strombezugskosten.[62] Eine Erhöhung der Benutzungsdauer bei konstantem Strombedarf wird durch geeignete Lastmanagementmaßnahmen erreicht.

Sind die Benutzungsdauer sowie der nachgefragte Strombedarf bekannt, so läßt sich über die gesamte Meßzeitdauer von 8.760 Stunden der durchschnittliche Leistungsbedarf errechnen: Dieser wird ermittelt, indem der Strombedarf durch die Meßzeitdauer dividiert wird und ergibt in diesem Fall ca. 0,57 MW.

Mit Hilfe der geordneten Belastungslinie ist es nun möglich, folgende Aussagen zu diesem Unternehmen zu treffen: Nachdem die Jahresdauerlinie im Bereich nach ca. 3.800 bis 4.000 Stunden stark abfällt, ist anzunehmen, daß dieses Unternehmen bis dahin einen relativ konstanten Strombedarf aufweist, also permanent produziert. Unter der Voraussetzung, daß keine längeren Betriebspausen oder -ferien stattfinden, wird dieses Unternehmen im Zwei-, manchmal im Drei-Schicht-Betrieb gefahren: Bei ca. 220 bis 240 Betriebstagen pro Jahr mit jeweils ca. 16 bis 18 Stunden ergeben sich ca. 4.000 Betriebsstunden.

Würde beispielsweise der Spitzenbedarf wesentlich schneller abfallen und dann auf einem konstant relativ hohen Niveau bleiben, wäre dies unter Umständen ein Hinweis darauf, daß das Unternehmen zwar in rund 8.000 Stunden oder mehr produziert, jedoch sehr kurze und sehr hohe Lastspitzen nachfragt. Ein Unternehmen wiederum, das ab ca. 1.600 Stunden von einer stark abfallenden Jahresdauerlinie gekennzeichnet ist, die dann auf konstant niederem Niveau verbleibt, wird vermutlich nur an 200 Tagen pro Jahr im Ein-Schichtbetrieb produzieren.

Um genauere Informationen über die Struktur des innerbetrieblichen Strombedarfs zu erhalten, insbesondere über den präzisen minütlichen oder stündlichen Bedarf, über einzelne

[62] Vgl. Werbeck, T.: Die Tarifierung elektrischer Energie. Eine kritische Analyse aus ökonomischer Sicht, a.a.O., S. 23.

Lastspitzen während eines Monats oder zu bestimmten Stunden eines Tages, sind jedoch die jeweiligen (ungeordneten) Tages-, Wochen- und Monatslinien zur Analyse heranzuziehen.[63]

Belastungslinien und daraus abgeleitete Jahresdauerlinien für den Strombedarf sind eine der wesentlichen Voraussetzungen zur Beurteilung der Vorteilhaftigkeit von KWK-Investitionen.[64] In der Literatur, die sich mit Kraft-Wärme-Kopplung befaßt, wird jedoch meist nur die Jahresdauerlinie für den innerbetrieblichen Wärmebedarf herangezogen.[65]

Das ist sicherlich korrekt, weil in vielen Fällen die geordnete Belastungslinie für den Wärmebedarf die wichtigste Entscheidungsgrundlage darstellt. Trotzdem sind - wie noch zu zeigen sein wird - eine Reihe von Fälle und Konstellationen vorstellbar, bei denen eine Entscheidung zugunsten einer Energieeigenversorgung bzw. für eine bestimmte Dimensionierung der Anlage bei alleiniger Betrachtung des Wärmebedarfs zu einem wirtschaftlich ungünstigen Ergebnis führt.

Im folgenden wird, aufbauend auf dem obigen Beispiel, die entsprechende Jahresdauerlinie für den innerbetrieblichen Wärmebedarf vorgestellt und diskutiert.

Der Wärmebedarf eines beispielhaften Industrieunternehmens

Der Wärmebedarf eines industriellen Unternehmens wird in den meisten Fällen durch einen unternehmenseigenen Kessel, der in der Regel mit Heizöl oder Erdgas befeuert wird, bereitgestellt.[66]

Im Beispielfall betreibt das Unternehmen einen Kessel mit einer Leistung von 5 MW, da die vom Unternehmen nachgefragte Spitzenleistung 3,9 MW beträgt: Kessel werden in der industriellen Praxis meist überdimensioniert, um vorübergehenden Überbeanspruchungen vorzubeugen.[67]

Die in der folgenden Abbildung dargestellte Jahresdauerlinie für Wärme basiert auf dem oben dargestellten industriellen Wärmebedarf in Höhe von 11.000 MWh, aus der sich im Zusammenhang mit der Höchstleistung von 3,9 MW eine Benutzungsdauer von ca. 2.820 Stunden errechnet.[68]

---

63 Vgl. Maier K. H.: Betriebliche Energieversorgung, a.a.O., Sp. 473; VDI-Richtlinie 3985 (Entwurf), Grundsätze für Planung, Ausführung und Abnahme von Kraft-Wärme-Kopplung und Verbrennungsmaschinen, a.a.O., S. 9ff.

64 Vgl. Hein, D.: Einsatz der Kraft-Wärme-Kopplung-Technik, Wirtschaftlichkeit, Umwelt, a.a.O., S. 28; Suttor, W. (Hrsg.): Praxis Kraft-Wärme-Kopplung. Technik, Umfeld, Realisierung von KWK-Anlage, a.a.O., Teil 7/2.1, S. 4; siehe auch Tröscher, H.: Systemtechnische Methoden zur Untersuchung der Möglichkeiten zentraler und dezentraler Stromerzeugung unter besonderer Berücksichtigung der Energiespeicherung und der Kraft-Wärme-Kopplung, a.a.O., S. 28.

65 Vgl. Hugel, G., Schmitz, H.: Betriebliche Energiewirtschaft, Anleitung für Klein- und Mittelbetriebe, a.a.O., S. 153 und 154.

66 Vgl. Kapitel B.III.3: Theoretisch ist auch eine Versorgung mit Fernwärme denkbar, falls das betrachtete Unternehmen über eine entsprechende Versorgungsleistung verfügt. Es kann jedoch auch bei Vorhandensein einer Fernwärmeversorgungsleistung die Notwendigkeit eines Kessels d.h. innerbetrieblicher Wärmeversorgung, bestehen: Falls das Unternehmen Bedarf an Prozeßwärme mit hohem Nutztemperaturniveau hat, so muß es für diese Zwecke einen (Spitzen)-Kessel vorhalten.

67 Vgl. VDI-Richtlinie 3985 (Entwurf), Grundsätze für Planung, Ausführung und Abnahme von Kraft-Wärme-Kopplung und Verbrennungsmaschinen, a.a.O., S. 10ff.

68 Rechenweg: 11.000 MWh dividiert durch 3,9 MW ergibt ca. 2.820 Stunden.

Abbildung D24: Jahresdauerlinie des Wärmebedarfs eines Industrieunternehmens

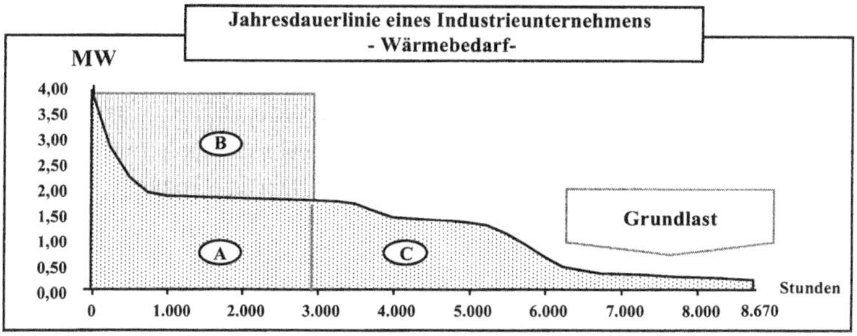

Quelle: Eigene Darstellung.

Die Ausführungen zum Wärmebedarf bei dieser Jahresdauerlinie für Wärme gelten analog: Die Summen der Flächen A und B bzw. der Flächen A und C repräsentieren den jeweiligen Wärmebedarf des Unternehmens in Höhe von 11.000 MWh.

Weiterhin ist zu erkennen, daß dieses Unternehmen während des ganzen Jahres eine Grundlast von ca. 0,3 MW benötigt. Die Grundlast steht für den Raumwärme- und den Warmwasserbedarf des Unternehmens, den es in jeder Stunde des Jahres benötigt. Die Grundlast in einem industriellen Unternehmen ist im Vergleich zu einem entsprechenden Wohngebäude etwas höher, da beispielsweise in Produktionsgebäuden die Erwärmung der Räume durch die Sonneneinstrahlung nicht in dem Maße möglich ist wie bei Wohngebäuden aufgrund des Vorhandenseins von Fenstern. Ein weiterer Grund liegt meist darin, daß die Wärmedämmungsmaßnahmen von Produktionsgebäuden qualitativ nicht mit denen von Wohngebäuden verglichen werden können. Auch ist vorstellbar, daß bei Auslieferungen voluminöser Produkte oder Paletten aufgrund der entsprechend großen Tore in Produktionsstätten überproportional viel Wärme verloren geht.

Schließlich weist diese Jahresdauerlinie für ca. knapp 1.000 Stunden pro Jahr einen erhöhten Wärmebedarf aus. Dieser kann zum einen auf einen stark erhöhten Raumwärmebedarf an besonders kalten Wintertagen zurückzuführen sein, zum anderen kann dies ein Hinweis darauf sein, daß dieses Unternehmen einen bestimmten Bedarf an Prozeßwärme aufweist. Das Unternehmen kann beispielsweise über eine Trocknungsanlage ö.ä. verfügen, die nur durchschnittlich 30 Minuten pro Tag oder wenige Stunden pro Woche in Betrieb genommen wird.

Unter Berücksichtigung des Strombedarfs hat der Betrieb im Vergleich zu anderen Industrien, beispielsweise zur chemischen Industrie, zur Textil- oder Papierindustrie, einen verhältnismäßig geringen Wärmebedarf. Es ist deshalb vorstellbar, daß es sich bei dem betrachteten Unternehmen um einen Maschinenbaubetrieb im Zwei- bis Drei-Schichtbetrieb handelt, der Standard- oder Serienmaschinen erzeugt. Würde es sich um einen Betrieb mit Einzelfertigung handeln, so würde - abgesehen von einer sehr großen Auftragsreichweite - wahrscheinlich nicht im Mehrschichtsystem produziert. Der Betrieb hat vermutlich einen - wenn auch geringen - Prozeßwärmebedarf, was auf eine kleine Lackieranlage o.ä. schließen läßt.

Der hier dargestellte Bedarf an Strom und Wärme verursacht - wie später noch errechnet wird - jährliche Kosten für Strom und Wärme in Höhe von ca. DM 900.000 bzw. DM 300.000. Unter der Voraussetzung, daß dies in etwa 2% bis 4% des Umsatzes entspricht, hat das betrachtete Unternehmen ein Umsatzvolumen von ca. DM 30 bis 60 Mio.

Grundsätzlich müssen die dargestellten Belastungsdauerlinien von Strom und Wärme nicht bei allen Stromverbrauchern exakt gemessen werden. Die jeweilige Benutzungsdauerlinie einzelner kleinerer Maschinen läßt sich annähernd genau vorhersagen, wenn deren Produktionsprogramm, Verfahrensart, energetische Betriebskennlinie, spezifischer Energieverbrauch und Benutzungsdauer bekannt sind.[69]

II. Das Preisgerüst zur Berechnung der innerbetrieblichen Strom- und Wärmekosten

In diesem Abschnitt steht die Darstellung des Preisgerüstes, insbesondere der Konditionen für den Bezug von Strom, Wärme und Erdgas im Vordergrund. Dieses Preisgerüst wird benötigt, um den bereits dargestellten innerbetrieblichen Energiebedarf zu bewerten und hieraus die gesamten betrieblichen Energiekosten zu ermitteln.

Das Preisgerüst ist die Basis für einen wirtschaftlichen Vergleich zwischen Eigenerzeugung und Fremdbezug von Strom und Wärme.

1. Preiskonditionen des Strombezuges

Hinsichtlich der Tarifgestaltung lassen sich in der Bundesrepublik Deutschland zwei Gruppen unterscheiden: Die Tarif- und die Sondervertragskunden. Im Gegensatz zu den Tarifkunden ist bei den Sondervertragskunden die Preisgestaltung nicht in der BTOelt geregelt, wodurch die Energieversorgungsunternehmen über einen sehr großen Gestaltungsspielraum verfügen.[70]

a. Sondervertragskunden

Die Sondervertragskunden werden hauptsächlich nach ihrer Größe und Abnahmemenge unterschieden: Kleine und mittlere Betriebe werden zu normierten, nicht verhandelbaren Bedingungen versorgt; große Abnehmer können durch ihre große Verhandlungsmacht individuelle Verträge aushandeln.[71]

Zu den Strombezugskosten gehören die variablen Arbeitspreise und die fixen Leistungspreise. Das Verhältnis von Arbeits- zu Leistungspreisen, hängt insbesondere davon ab, welche Vertragsform gewählt wird.[72] Ein Überblick über die verschiedenen Vertragsformen ist daher vorangestellt.

aa. Grundsätzliche Vertragsformen

Die Verträge der Sondervertragskunden lassen sich in Verträge mit Stromvollversorgung und Verträge für Zusatz- und Reservestromversorgung unterscheiden.[73] Die Verträge für Zusatz- und Reservestrombezieher sind für die Unternehmen von Bedeutung, die Teile ihres Strombedarfs mit einer unternehmenseigenen Kraft-Wärme-Kopplungsanlage selbst erzeugen. Durch die Eigenstromerzeugungsanlage kann in der Regel nicht der gesamte Strombedarf gedeckt werden, wodurch die Notwendigkeit des teilweisen Stromfremdbezugs entsteht. Ein Stromfremdbezug wird besonders zu Spitzenlastzeiten notwendig.

Diese zusätzlich zur Eigenstromerzeugung benötigte elektrische Leistung wird als Zusatzstrom bezeichnet. In der Verbändevereinbarung ist festgelegt, daß die Zusatzstromversorgung

---

[69] Vgl. Mareske, A.: Tageslastprognose, a.a.O., S. 760; VDI-Richtlinie 3985 (Entwurf), Grundsätze für Planung, Ausführung und Abnahme von Kraft-Wärme-Kopplung und Verbrennungsmaschinen, a.a.O., S. 9ff.

[70] Vgl. Deparde, K.: Preis- und Tarifpolitik für elektrische Energie, in: Arbeitsgemeinschaft Weiterbildung Energie und Wasser (AGE) e.V. (Hrsg.), Der Kaufmann in der Energie- und Wasserversorgung, 3. Auflage, Frankfurt am Main 1992, S. 560; Winje, D., Witt, D.: Energiewirtschaft, a.a.O., S. 162; Kilger, W.: Flexible Plankostenrechnung und Deckungsbeitragsrechnung, a.a.O., S. 386.

[71] Vgl. Winje, D., Witt, D.: Energiewirtschaft, a.a.O., S. 150.

[72] Vgl. Kilger, W.: Flexible Plankostenrechnung und Deckungsbeitragsrechnung, a.a.O., S. 386.

[73] Vgl. Suttor, W. (Hrsg.): Praxis Kraft-Wärme-Kopplung. Technik, Umfeld, Realisierung von KWK-Anlage, a.a.O., Teil 4/4.1, S. 4.

zu den gleichen Konditionen erfolgen muß, wie bei einem potentiellen Vollstrombezug.[74] Reservestrom hingegen wird dann benötigt, wenn die KWK-Anlage unerwartet keine elektrische Energie produzieren kann.[75]

bb. Steiler oder flacher Tarif

Die EVU stellen in der Regel unterschiedliche Tarifstrukturen zur Wahl, wobei sich das jeweilige Unternehmen für einen dieser Tarife entscheiden muß.[76] Es gibt z.B. eine sogenannte steile Preisregelung mit hohen fixen Leistungs- und geringen variablen Arbeitspreisen und eine sogenannte flache Preisregelung mit geringen fixen Leistungs- und hohen variablen Arbeitspreisen.[77] Bei der Tarifwahl kommt es demzufolge darauf an, ob ein Unternehmen durch einen hohen Strombedarf bei möglichst geringer Leistung die Fixkostendegressionseffekte des steilen Tarifs nutzen kann. Zur Verdeutlichung der optimalen Tarifwahl soll folgendes Beispiel dienen:

Tabelle D6: Beispiel der optimalen Tarifwahl beim Stromfremdbezug

Tarifart	**Leistungspreis** (DM/kW)	**Arbeitspreis** (DM/kWh)
Steiler Tarif	240,00	0,06
Flacher Tarif	130,00	0,11

Zur Entscheidung ob ein Unternehmen den steilen oder den flachen Tarif wählen soll, verhilft eine grafische Darstellung der Durchschnittskosten in Abhängigkeit von den Benutzungsstunden. In der folgenden Abbildung sind die beiden Tarife im obigen Zahlenbeispiel dargestellt:

Abbildung D25: Durchschnittskosten bei verschiedenen Tarifstrukturen

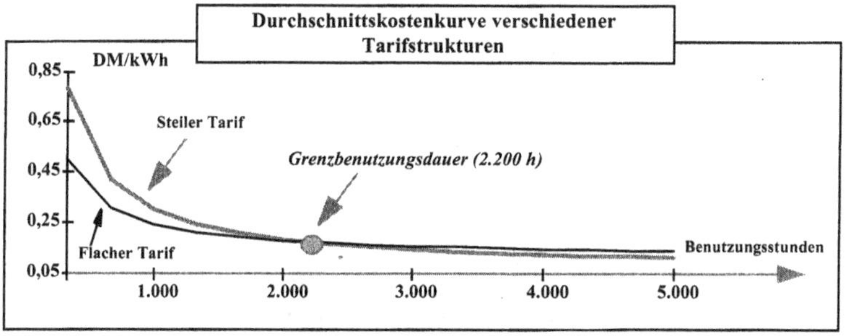

Quelle: Eigene Darstellung.

Aus Abbildung D25 wird deutlich, daß die Durchschnittskosten bei beiden Tarifen mit steigenden Benutzungsstunden sinken. Weiterhin ist ersichtlich, daß ein Unternehmen für den Fall, daß sein Strombedarf eine Benutzungsdauer von unter 2.200 h aufweist, mit dem flachen Tarif geringere Kosten pro kWh erreicht. Ein Unternehmen hingegen, das eine Benutzungs-

---

[74] Vgl. Ziffer 2 der Verbändevereinbarung; Suttor, W. (Hrsg.): Praxis Kraft-Wärme-Kopplung. Technik, Umfeld, Realisierung von KWK-Anlage, a.a.O., Teil 4/3.4; S. 2.

[75] In der im Kapitel F.II.1.a.bb vorgestellten Verbändevereinbarung wird die Thematik des Zusatz- und Reservestrombezugs nochmals aufgegriffen.

[76] Vgl. Loew, H.: Einführung in die Elektrizitätswirtschaft, a.a.O., S. 91; Kilger, W.: Flexible Plankostenrechnung und Deckungsbeitragsrechnung, a.a.O., S. 387.

[77] Vgl. Winje, D., Witt, D.: Energiewirtschaft, a.a.O., S. 16; Loew, H.: Einführung in die Elektrizitätswirtschaft, a.a.O., S. 90.

dauer von über 2.200 Stunden benötigt, wird seinen Strombedarf günstiger mit dem steilen Tarif decken können.

Es erhebt sich die Frage, wie zum einen ein Unternehmen seine Benutzungsdauer bei gegebenem Strombedarf errechnen kann, zum anderen wie sich die Grenzbenutzungsdauer zweier alternativer Tarife ermitteln läßt. Wenn diese beiden Informationen bekannt sind, kann das Unternehmen eine eindeutige Entscheidung zugunsten des einen oder anderen Tarifs treffen.[78]

Zur Berechnung der Benutzungsdauer:

Die Benutzungsdauer errechnet sich - analog zum Vorgehen bei den geordneten Belastungslinien - aus dem Quotienten aus elektrischer Arbeit und Höchstleistung.[79] Das Beispielunternehmen, das eine elektrische Arbeit von 5.000 MWh pro Jahr und eine Höchstleitung von 1,25 MW bezieht, hat demzufolge eine Benutzungsdauer von 4.000 Stunden.[80] Dies bedeutet, daß das Unternehmen theoretisch 4.000 Stunden pro Jahr eine Leistung von 1,25 MW benötigt. Die Zahl der Benutzungsstunden eines Unternehmens erhöht sich also, wenn mehr elektrische Arbeit bei konstanter Leistung nachgefragt wird oder wenn bei konstanter elektrischer Arbeit weniger Leistung benötigt wird.[81] Letztlich bedeutet die Nachfrage einer hohen elektrischen Arbeit bei einer möglichst geringen Leistung eine Erhöhung der Benutzungsdauer und damit eine Reduzierung des durchschnittlichen Strombezugspreises.

Zur Berechnung der Grenzbenutzungsdauer:

Die Grenzbenutzungsdauer markiert den Schnittpunkt der beiden Durchschnittskostenkurven bei unterschiedlichen Tarifen. Das sind die Benutzungsstunden, wo bei beiden Tarifen die Durchschnittskosten identisch sind.[82] Die Grenzbenutzungsdauer errechnet sich aus den Daten der beiden Tarife mit der folgenden Formel:[83]

$$Grenzbenutzungsdauer = \frac{Jahresgrundpreis\,Tarif\;2 - Jahresgrundpreis\,Tarif\;1}{Arbeitspreis\,Tarif\;1 - Arbeitspreis\,Tarif\;2}$$

Aufgrund der berechneten Grenzbenutzungsdauer läßt sich für das Unternehmen bestimmen, welcher der beiden Tarife zu wählen ist. Da die Grenzbenutzungsdauer im angegebenen Beispiel mit 2.200 Stunden unter der unternehmensspezifischen Benutzungsdauer von 4.000 Stunden liegt, kann die Entscheidung in diesem Fall eindeutig für den steilen Tarif getroffen werden.

cc. Arbeitspreis

Der Arbeitspreis ist nicht für alle Unternehmen gleich hoch, da die Tarife nach der jeweiligen Bezugsmenge gestaffelt oder „gezont“ sind. Außerdem ist der Arbeitspreis je nach Tageszeit unterschiedlich, so daß sich auch in dieser Hinsicht die Arbeitspreise unterscheiden können. Bei den Sondervertragskunden existieren Preisgleitklauseln[84] in Form von unterjährigen

---

[78] Vgl. Loew, H.: Einführung in die Elektrizitätswirtschaft, a.a.O., S. 90.

[79] Vgl. Werbeck, T.: Die Tarifierung elektrischer Energie. Eine kritische Analyse aus ökonomischer Sicht, a.a.O., S. 23.

[80] Rechenweg: 5.000 MWh dividiert durch 1,25 MW ergibt 4.000 Stunden (h).

[81] Das Maximum der Benutzungsstunden wird bei 8.760 Stunden erreicht, also dann, wenn das Unternehmen an allen 365 Tagen im Jahr, an 24 Stunden pro Tag eine konstante Leistung nachfragt.

[82] Vgl. Winje, D., Witt, D.: Energiewirtschaft, a.a.O., S. 161.

[83] Vgl. u.a. Hugel, G., Schmitz, H.: Betriebliche Energiewirtschaft, Anleitung für Klein- und Mittelbetriebe, a.a.O., S. 62; Winje, D., Witt, D.: Energiewirtschaft, a.a.O., S. 160.

[84] Preisgleitklauseln kommen nicht nur für den Arbeitspreis zum Tragen, sondern betreffen auch die im folgenden erläuterten Leistungspreise.

Preisanpassungen an sich verändernde Kostensituationen des EVU, so daß sich der Arbeitspreis innerhalb eines Jahres verändern kann.[85]

Die Höhe des Arbeitspreises, der pro abgenommener Kilowattstunde (kWh) zu entrichten ist, ist je nach Tages- bzw. Jahreszeit unterschiedlich hoch. Während eines Tages kann zwischen einer Hochtarifzeit (HT), die von beispielsweise 7.00 Uhr bis 20.00 Uhr reicht, und einer Niedertarifzeit (NT), z.B. von 20.00 Uhr bis 7.00 Uhr, unterschieden werden. Im Jahresverlauf können die Tarife wiederum in Winter- und Sommertarife unterteilt werden, wobei die Wintertarife über den Sommertarifen liegen.[86]

Der Grund für die Differenzierung der Preise je nach Tages- und Jahreszeit liegt in der unterschiedlich hohen Stromnachfrage. In Zeiten hoher Stromnachfrage müssen die EVU zusätzliche Kraftwerke zur Strombedarfsdeckung in Betrieb nehmen. Diese zusätzlichen Kraftwerke sind in der Regel Mittel- oder Spitzenlastkraftwerke, die höhere variable Kosten verursachen als die Grundlastkraftwerke. Die höheren variablen Kosten werden an die Kunden in Form höherer Preise weitergereicht. Höhere Preise in der bedarfsintensiven Zeit sollen die Stromnachfrage reduzieren, um Investitionen in zusätzliche Kraftwerkskapazitäten zu vermeiden.[87]

Die Berechnung des Arbeitspreises kann nach dem Zonentarif oder dem Staffeltarif erfolgen. Weiterhin sind Rabatte zu berücksichtigen.

aaa. Zonentarif

Beim Zonentarif wird der Arbeitspreis in Abhängigkeit von den in Anspruch genommenen kWh berechnet. Der Arbeitspreis ist hierbei um so geringer, je mehr kWh vom Unternehmen bezogen werden.[88]

Der Aufbau eines Zonentarifs bei steigender Stromabnahme, bei dem auch die oben angesprochenen Hoch- und Niedertarifzeiten berücksichtigt sind, kann mit dem folgenden Beispiel verdeutlicht werden:

Tabelle D7: Beispiel einer Arbeitspreisregelung nach dem Zonentarif in Abhängigkeit von der Stromabnahme

Arbeitspreis		**Hochtarif**	**Niedertarif**
		DM/kWh	DM/kWh
die ersten	200.000 kWh	0,19	0,11
die weiteren	600.000 kWh	0,17	0,10
die weiteren	3.000.000 kWh	0,14	0,08
alle weiteren	kWh	0,13	0,07

Die variablen Durchschnittskosten sowie die variablen Kosten sind in der folgenden Abbildung mit den obigen Beispielsdaten grafisch veranschaulicht. Aus der Steigung der Kurve der variablen Kosten wird deutlich, daß der Arbeitspreis mit steigender Bezugsmenge sinkt.[89] Aus

85 Vgl. Loew, H.: Einführung in die Elektrizitätswirtschaft, a.a.O., S. 92; Hugel, G., Schmitz, H.: Betriebliche Energiewirtschaft, Anleitung für Klein- und Mittelbetriebe, a.a.O., S. 61ff; Kilger, W.: Flexible Plankostenrechnung und Deckungsbeitragsrechnung, a.a.O., S. 387.

86 Vgl. Winje, D., Witt, D.: Energiewirtschaft, a.a.O., S. 162; Kilger, W.: Flexible Plankostenrechnung und Deckungsbeitragsrechnung, a.a.O., S. 387; Deparde, K.: Preis- und Tarifpolitik für elektrische Energie, a.a.O., S. 567; Loew, H.: Einführung in die Elektrizitätswirtschaft, a.a.O., S. 92.

87 Vgl. hierzu auch Kapitel B.III.4.b.cc.

88 Vgl. Deparde, K.: Preis- und Tarifpolitik für elektrische Energie, a.a.O., S. 568.

89 Vgl. Flosdorff, R.: Elektrische Energieverteilung, in: Moeller, F., u.a. (Hrsg.), Leitfaden der Elektrotechnik, Band IX, 5. Auflage, Stuttgart 1986, S. 310.

den sinkenden Arbeitspreisen resultiert die in Intervallen fallende Durchschnittskostenkurve.[90]

Abbildung D26: Verlauf der variablen Kosten beim Zonentarif (Hochtarif)

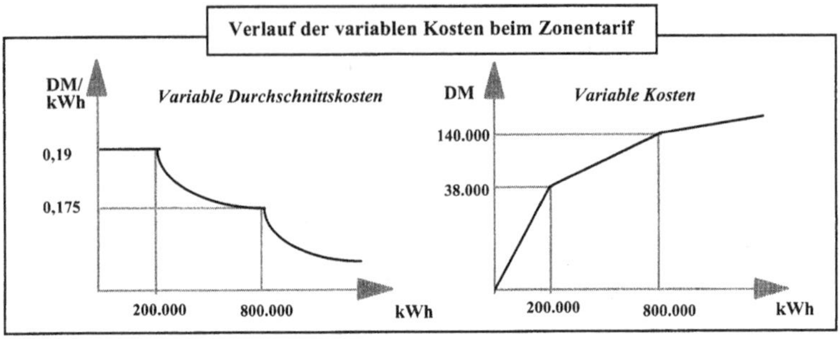

Quelle: Maier, K.-H.: Betriebliche Energieversorgung, a.a.O., Sp. 481.

bbb. Staffeltarif

Der Staffeltarif unterscheidet sich vom Zonentarif insofern, als nicht nur für die über bestimmte Zonengrenzen hinausgehenden Strommengen die niedrigeren Tarife gelten, sondern beim Überschreiten einer bestimmten Bezugsmenge der neue Tarif für den gesamten bezogenen Strom gilt. Aus diesem Grund fallen - wie Abbildung D27 verdeutlicht - die variablen Durchschnittskosten des Strombezugs stufenweise.

Abbildung D27: Verlauf der variablen Kosten beim Staffeltarif

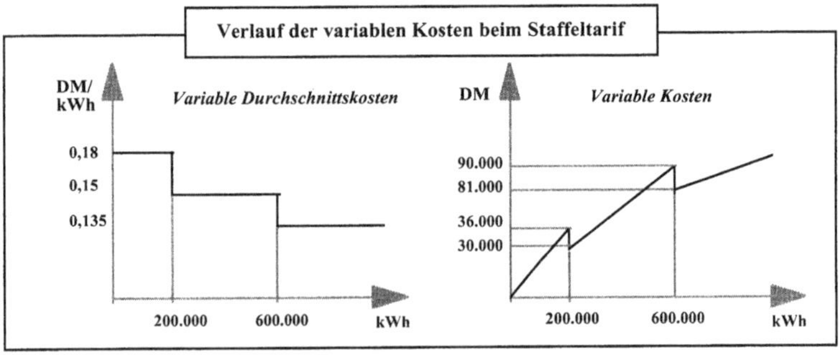

Quelle: Maier, K.-H.: Betriebliche Energieversorgung, a.a.O., Sp. 481.

Wie aus der rechten Abbildung[91] hervorgeht, besteht durch den Staffeltarif ein großer Anreiz, möglichst nicht unter eine bestimmte Bezugsmenge zu fallen.[92] Wird eine bestimmte Be-

---

90 Vgl. Maier K. H.: Betriebliche Energieversorgung, a.a.O., Sp. 481.

91 Für einen Strombedarf von bis zu 200.000 kWh werden DM 0,18/kWh verrechnet, bei einem Verbrauch zwischen 200.000 und 600.000 kWh werden für den gesamten Verbrauch DM 0,15/kWh in Rechnung gestellt und ab 600.000 kWh werden über die gesamte Strombedarfsmenge nur noch DM 0,135/kWh fakturiert.

92 Diese -wenn auch nur noch in wenigen Fällen praktizierte- Tarifart kann aus diesem Grund auch kritisiert werden: Unter Umständen wird dadurch in den Unternehmen ein unnötiger Stromverbrauch provoziert.

zugsmenge nicht erreicht, kann es je nach Staffelung zu einer signifikanten Erhöhung des durchschnittlichen variablen Strombezugspreises kommen.

ccc. Rabatte

Eine mögliche Rabattregelung basiert auf der Benutzungsdauer.[93] Das Einräumen von Rabatten auf die Benutzungsdauer ist ein ähnlich wirkendes Anreizsystem wie die oben beschriebene Preisdifferenzierung nach Nieder- und Hochtarifzeit, weil ein Anreiz zur Veränderung der Strombezugsstruktur zugunsten eines höheren Strombezugs in der Niedertarifzeit und eines geringeren Strombezugs in der Hochtarifzeit gegeben wird.[94] Dabei gilt: Je höher der Strombezug in der Niedertarifzeit bzw. je geringer der Strombezug zur Hochtarifzeit, desto höher die Benutzungsstunden und somit der vom EVU gewährte Rabatt.

Insgesamt kann man bei der Rabattregelung feststellen, daß die Unternehmen begünstigt werden, die einen möglichst gleichmäßigen Strombedarf haben bzw. durch Lastmanagement große Lastschwankungen ausgleichen können. Ein Beispiel, wie eine Rabattregelung gestaltet sein kann, gibt die folgende Tabelle wieder:[95]

Tabelle D8: Rabattgewährung in Abhängigkeit von der Benutzungsdauer

Benutzungsdauer in Stunden/Jahr	Rabatt in %
zwischen 1.000 h und 2.000 h	4%
zwischen 2.001 h und 4.000 h	8%
4.001 h und mehr	12%

Die Benutzungsdauer eines Unternehmens ist in besonderem Maße von der Produktionsstruktur abhängig. Ein Unternehmen, welches im Mehrschichtsystem arbeitet, hat eine höhere Benutzungsdauer als ein Unternehmen im Einschichtsystem. Im Mehrschichtsystem arbeitende Unternehmen werden daher durch die Rabattregelung über die Benutzungsdauer begünstigt und können hierdurch ihre durchschnittlichen Strombezugskosten reduzieren. Der Zusammenhang zwischen Benutzungsdauer und Schichtsystem wird durch folgende Richtwerte verdeutlicht:[96]

Tabelle D9: Zusammenhang zwischen Schichtbetrieb und Benutzungsdauer

Anzahl der Schichten	Benutzungsdauer in h/Jahr
Ein-Schichtbetrieb ohne hohen NT-Anteil	1.600 bis 1.700
Zwei-Schichtbetrieb mit hohen NT-Anteil	2.000 bis 2.700
Drei-Schichtbetrieb	5.000 bis 6.000

Quelle: Hugel, G., Schmitz, H.: Betriebliche Energiewirtschaft, Anleitung für Klein- und Mittelbetriebe, a.a.O., S. 68.

ddd. Preisanpassung

Sonderverträge enthalten feste Preisgleit- bzw. -änderungsklauseln.[97] Durch diese Klauseln werden die Konditionen für den Bezug von elektrischer Arbeit an die sich ändernde Kosten-

---

93 Vgl. Hugel, G., Schmitz, H.: Betriebliche Energiewirtschaft, Anleitung für Klein- und Mittelbetriebe, a.a.O., S. 62.

94 Vgl. Deparde, K.: Preis- und Tarifpolitik für elektrische Energie, a.a.O., S. 568.

95 Vgl. Flosdorff, R.: Elektrische Energieverteilung, a.a.O., S. 310.

96 Vgl. Hugel, G., Schmitz, H.: Betriebliche Energiewirtschaft, Anleitung für Klein- und Mittelbetriebe, a.a.O., S. 68.

97 Nach der inzwischen aufgehobenen Preisverordnung vom 26.03.1952 war eine Preisänderung anhand von Preisklauseln zulässig, die die Entwicklung von Kohlepreis und Lohn als Grundlage hatten. Dadurch bestand

situation der EVU angepaßt. Die Kostensituation der EVU wird unter anderem durch die Brennstoffpreise und die Lohnentwicklung beeinflußt. Diese Kostenänderungen werden mit einer Zeitverschiebung von meist einem Monat an die Kunden weitergegeben.[98] Die Preisanpassungsklauseln sind umstritten, da sie kein Maß für die tatsächliche Kostenentwicklung eines EVU bei Erzeugung und Verteilung von elektrischer Energie darstellen.[99] Durch Gleitklauseln kommen insbesondere der technische Fortschritt bei der Erzeugung und die Kostendegression bei steigenden Erzeugungs- und Verteilungsmengen nicht zum Ausdruck.[100]

dd. Leistungspreis

Unternehmen bestellen bei ihrem EVU eine bestimmte Leistung des elektrischen Stroms. Das EVU verpflichtet sich, diese bestellte Leistung für das jeweilige Unternehmen zur Verfügung zu halten. Für diese Leistungsvorhaltung erhebt das EVU einen Leistungspreis.[101]

Der zu entrichtende Leistungspreis hängt von mehreren Faktoren ab. Die folgende Abbildung gibt dabei einen Überblick über die Bestimmungsfaktoren des Leistungspreises.

Abbildung D28: Bestimmungsfaktoren des Leistungspreises

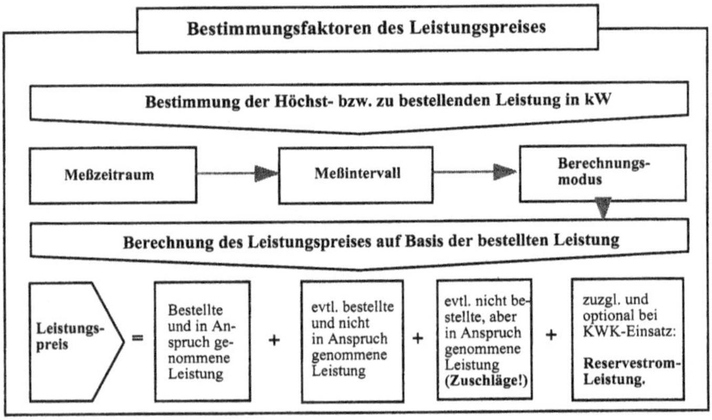

Quelle: Eigene Darstellung.

Von zentraler Bedeutung ist die in einem bestimmten Zeitraum aus dem Netz entnommene Höchstleistung.[102] Aber auch die beim EVU vorab bestellte Leistung ist in die Leistungspreisbestimmung einzubeziehen. So müssen Zuschläge gezahlt werden, wenn die gemessene Höchstleistung über der bestellten Leistung liegt. Auch bei Unterschreitung der bestellten

---

praktisch eine Änderungsmöglichkeit ohne staatliche Einflußnahme. Auch nach Wegfall der preisrechtlichen Vorschriften dürfen diese sogenannten Kohle-/Lohnklauseln als sachgemäße Regelung weiterverwendet werden. Sie sind nach dem Währungsgesetz durch die Deutsche Bundesbank nicht beanstandet worden. In der Praxis sind den Preisänderungen aber durch staatliche Aufsicht Grenzen gesetzt. Im Rahmen der kartellrechtlichen Überprüfung der Preise werden neben den Tarifkunden auch die Sonderkunden erfaßt. Vgl. Loew, H.: Einführung in die Elektrizitätswirtschaft, a.a.O., S. 93.

98 Vgl. Winje, D., Witt, D.: Energiewirtschaft, a.a.O., S. 165.

99 Vgl. Müschen, K., Romberg, E.: Strom ohne Atom, a.a.O., S. 239-252.

100 Vgl. Hugel, G., Schmitz, H.: Betriebliche Energiewirtschaft, Anleitung für Klein- und Mittelbetriebe, a.a.O., S. 73.

101 Vgl. Deparde, K.: Preis- und Tarifpolitik für elektrische Energie, a.a.O., S. 566f; Loew, H.: Einführung in die Elektrizitätswirtschaft, a.a.O., S. 74ff.

102 vgl. Kilger, W.: Flexible Plankostenrechnung und Deckungsbeitragsrechnung, a.a.O., S. 388.

Leistung werden Zahlungen an das EVU fällig: Diese Leistungspreise pro kW nicht genutzter Leistung sind jedoch geringer als der Leistungspreis einer bestellten und genutzten Leistung.

Grundlage der Berechnung des Leistungspreises ist die Bestimmung der Höchstleistung. Im folgenden Teil Höchstleistungsbestimmung werden verschiedene Methoden zur Bestimmung der Höchstleistung vorgestellt. Im darauf folgenden Teil Leistungspreisberechnung wird gezeigt, wie sich aus der Höchstleistung der gesamte Leistungspreis errechnet.

aaa. Höchstleistungsbestimmung

Die Berechnung der Höchstleistung unterscheidet sich je nach EVU in der Meßzeit, in dem Meßintervall und in den mit den Me_ergebnissen durchgeführten Berechnungen.[103]

Der *Meßzeitraum* der Leistung kann z.B die gesamte Zeit (24 h) oder nur die Hochtarifzeit bzw. die Hauptbelastungszeit umfassen.[104] Die außerhalb dieses Meßzeitraums abgenommene Leistung fließt dann nicht in die Berechnung des Leistungspreises ein. Durch Nichteinbeziehen der Nebenzeit in die Leistungsmessung bieten die EVU einen Anreiz, den Strombezug in die verbrauchsschwache Zeit zu legen.[105]

Auch bei der Festlegung des *Meßintervalls* gibt es verschiedene Varianten. So kann die Messung alle 15 Minuten oder auch nur alle 30 Minuten erfolgen. Hierbei wird aus der innerhalb dieses Zeitintervalls abgenommenen Leistung die mittlere abgenommene Leistung berechnet. Mit dem kürzeren 15 Minuten Intervall kann die Höchstleistung genauer bestimmt werden, wodurch sich Fehler in der Fahrweise der Anlagen stärker auf den zu entrichtenden Leistungspreis auswirken.[106]

Hinsichtlich der für den Leistungspreis notwendigen Berechnungen der Höchstleistung aus den im Meßzeitraum und Meßintervall bestimmten jeweiligen Leistung gibt es je nach EVU unterschiedliche Varianten. So ist es zum Beispiel üblich, die Monatshöchstleistung, die Jahreshöchstleistung oder auch die mittlere Jahreshöchstleistung aus mehreren Messungen zu bestimmen und in die Preiskalkulation einzubeziehen.

In der Praxis hat es sich bei den meisten EVU durchgesetzt, die Leistung alle 15 Minuten über den gesamten Tag einschließlich der Nebenzeiten zu messen, daher wird im folgenden die Höchstleistungsbestimmung an diesem Meßschema verdeutlicht.[107]

Alle 15 Minuten wird durch einen EVU-Zähler ein durchschnittlicher Leistungswert ermittelt. Jeder neu registrierte Leistungswert wird mit dem gespeicherten alten Höchstwert verglichen. Ist der neue Leistungswert höher, wird er als neuer Höchstwert gespeichert. Ist der neue Leistungswert geringer, wird er nicht berücksichtigt. Einmal pro Monat wird der Wert als „Monatshöchstwert“ vom EVU abgelesen und die Messung beginnt wieder bei Null. Auf diese Weise werden insgesamt 12 Monatshöchstwerte innerhalb eines Abrechnungsjahres

---

[103] Vgl. dazu die Darstellung des Mengengerüstes des Energieverbrauches, insbesondere der Belastungslinien, in diesem Kapitel (Abschnitt I.4.c).

[104] Vgl. Hugel, G., Schmitz, H.: Betriebliche Energiewirtschaft, Anleitung für Klein- und Mittelbetriebe, a.a.O., S. 69; Deparde, K.: Preis- und Tarifpolitik für elektrische Energie, a.a.O., S. 566.

[105] Die eingeschränkte Messung der Leistung, die auch Starklast- oder Spitzenzeitregelung genannt wird, ist von Bedeutung in Norddeutschland. Hier wird die dem Kunden in Rechnung gestellte Leistung nicht durchgehend, sondern nur zu bestimmten Tageszeiten (überwiegend im Winterhalbjahr) gemessen. Vgl. Deparde, K.: Preis- und Tarifpolitik für elektrische Energie, a.a.O., S. 568.

[106] Vgl. Loew, H.: Einführung in die Elektrizitätswirtschaft, a.a.O., S. 92; Hugel, G., Schmitz, H.: Betriebliche Energiewirtschaft, Anleitung für Klein- und Mittelbetriebe, a.a.O., S. 69; Winje, D., Witt, D.: Energiewirtschaft, a.a.O., S. 160; Flosdorff, R.: Elektrische Energieverteilung, a.a.O., S. 309; Kilger, W.: Flexible Plankostenrechnung und Deckungsbeitragsrechnung, a.a.O., S. 387.

[107] Vgl. Flosdorff, R.: Elektrische Energieverteilung, a.a.O., S. 310; Loew, H.: Einführung in die Elektrizitätswirtschaft, a.a.O., S. 96.

ermittelt. Wenn die Abrechnung in der Form erfolgt, daß die drei größten Monatshöchstleistungen als arithmetisches Mittel die Jahreshöchstleistung liefern, dann ergeben beispielsweise die Monatsleistungswerte 280 kW im Mai, 345 kW im Oktober und 320 kW im Dezember das arithmetische Mittel von 315 kW, welches als Berechnungsgrundlage des Leistungspreises dient. Diese Art der Messung birgt die Gefahr in sich, daß bei einmaliger ungünstiger Maschinenparkauslastung innerhalb eines Monats die Höchstleistung unnötig erhöht wird. Dies bedeutet, daß eine suboptimale Fahrweise von lediglich einer Viertelstunde im laufenden Monat eine optimale Fahrweise von 720 Monatsstunden zunichte macht.

Für den Betrieb einer KWK-Anlage kann diese Meßsystematik ebenfalls negative Folgen auf die Wirtschaftlichkeit haben. Sollte eine Kraft-Wärme-Kopplungsanlage aus technischen Gründen abgeschaltet werden und sich daraus die Notwendigkeit zum Stromfremdbezugs ergeben, dann muß - sofern kein entsprechender Reservestromvertrag abgeschlossen ist - der volle Fremdbezugspreis für die gemessene Höchstmenge an das EVU entrichtet werden.

bbb. Leistungspreisberechnung

Die Basis für die Berechnung des jährlich zu entrichtenden Leistungspreises bildet der ermittelte *Höchstpreis* und die beim EVU bestellte Leistung. Die bestellte Leistung ist dabei ein Intervall, da es für ein Unternehmen unmöglich ist, den genauen Leistungswert ex ante zu bestimmen. Sofern die ex post gemessene Leistung in diesem Leistungsintervall liegt, werden durch das EVU keine Zuschläge erhoben.[108]

Aus Höchstpreis und bestellter Leistung lassen sich die einzelnen Komponenten des Leistungspreises herleiten. Der gesamte Leistungspreis ergibt sich aus der Summe der bestellten und der in Anspruch genommenen Leistung plus der bestellten und nicht in Anspruch genommenen Leistung plus der nicht bestellten, aber in Anspruch genommenen Leistung.

Die *bestellte und in Anspruch genommene Leistung* ergibt sich aus dem Höchstleistungswert multipliziert mit dem Leistungspreis je kW. Wenn der Leistungspreis auf der Basis der monatlich gemessenen Höchstleistung errechnet wird, dann ergibt sich der jährlich zu entrichtende Leistungspreis aus der Summe der Produkte aller monatlichen Höchstleistungswerte mit dem Leistungspreis je kW. Der Leistungspreis pro kW kann im Sommer bzw. Winter unterschiedlich hoch sein. In diesem Fall werden die Monatshöchstwerte mit den unterschiedlichen Leistungspreisen je kW gewichtet.

Die Basis für die Berechnung *der bestellten, aber nicht in Anspruch genommenen Leistung* ist die Differenz aus bestellter Menge und gemessenem Höchstleistungswert. Der so ermittelte Wert wird mit dem Leistungspreis für nicht in Anspruch genommene Leistung multipliziert, welcher niedriger ist als der eigentliche Leistungspreis.

Nicht bestellte, aber in Anspruch genommene Leistung wird mit einem um Zuschläge erhöhten Leistungspreis berechnet. Die Begründung für diese Zuschläge liegt in der Planungssicherheit der EVU. Je nachdem wieviel Leistung die Kunden bestellen, wird die eigene Erzeugungskapazität ausgelegt und optimiert. Wenn sich abzeichnet, daß die eigene Kraftwerkskapazität zur Deckung des Strombedarfs nicht ausreicht, werden Verträge mit anderen nationalen und internationalen Energieversorgungsunternehmen geschlossen. Durch die erhobenen Zuschläge für Leistungsüberschreitung wird den Unternehmen implizit auferlegt, den Leistungsbedarf möglichst genau zu planen und zu bestellen.

Wenn neben fremdbezogenem Strom die Eigenstromerzeugung tritt, dann wird mit dem EVU in der Regel ein *Reservestromvertrag* abgeschlossen. Dieser Reservestromvertrag wird immer

---

108 Vgl. Flosdorff, R.: Elektrische Energieverteilung, a.a.O., S. 309; Winje, D., Witt, D.: Energiewirtschaft, a.a.O., S. 163; Loew, H.: Einführung in die Elektrizitätswirtschaft, a.a.O., S. 97.

dann bedeutsam, wenn wegen Wartung oder Störungen die Eigenstromerzeugung nicht funktioniert. Falls störungsbedingt kein Strom erzeugt werden kann, dann kommt es kurzzeitig zu einem erhöhten Fremdbezug von Strom. Dieser kurzzeitige Fremdbezug führt ohne Abschluß eines Reservestromvertrages zur Erhöhung des Höchstpreises und damit zur Erhöhung des gesamt zu entrichtenden Leistungspreises. Mit Reservestromregelungen wird dem entgegengewirkt.

Dem eigenstromerzeugenden Unternehmen ist es freigestellt, ob und in welchem Umfang Reserve bei einem EVU bestellt wird.[109] Der Leistungspreis für die bestellte Reserve ist zwar geringer als der Leistungspreis bei Vollstrombezug, die Erfahrung zeigt jedoch, daß die Kraft-Wärme-Kopplungsanlagen nur verhältnismäßig selten störungsbedingt ausfallen. Da der hohe fixe Reserveleistungspreis somit einem sehr geringen Reservestrombezug gegenübersteht, erhöhen sich die Durchschnittskosten für den bezogenen Reservestrom stark. Hinzu kommt, daß der Arbeitspreis für die Reserveleistung höher ist als der Arbeitspreis bei Vollstrombezug.

Es ist also vom Unternehmen im Einzelfall abzuwägen, ob es nicht günstiger ist, bei Störungen der Eigenstromerzeugungsanlage anstatt eines übermäßigen Reservestrombezugs den Strombedarf durch vorübergehende und kurzfristig greifende Lastsenkungsmaßnahmen zu reduzieren.

ee. Sonstige Strombezugskosten

Außer den beschriebenen Strombezugstarifen entstehen noch weitere Kosten aus dem Stromfremdbezug. Dies sind insbesondere Gebühren für die Bereitstellung der Meßeinrichtungen, Zuschläge bei vertragslosem Zustand sowie Anschluß- und Netzkostenbeiträge.[110]

Da diese weiteren Kosten nur einen geringen Teil der Bezugskosten ausmachen, wird hier auf eine ausführliche Darstellung verzichtet.

b. Tarifkunden

Für Tarifkunden kommt zwar wegen des geringen Strombezugs keine Eigenstromerzeugungsanlage in Frage, aber um einen vollständigen Überblick über den Strombezugsmarkt zu geben und die Abgrenzung zu den Sonderkunden zu ermöglichen, wird im folgenden ein grober Überblick über die Besonderheiten des Strombezugs der Tarifkunden gegeben.

Auf die Gruppe der Tarifkunden entfallen gut 40% der gesamten Stromabgabe[111] in der Bundesrepublik Deutschland. Zu den Tarifkunden gehören die Haushalte, die Landwirtschaft und das Kleingewerbe. Es ist allerdings nicht ausgeschlossen, daß auch ausgelagerte Teile eines Industrieunternehmens, wie z.B. die zentrale Verwaltung, in diese Kundengruppe fallen.

Gemäß § 6 Energiewirtschaftsgesetz (EnWG) besteht im Gegensatz zu den Sondervertragskunden eine allgemeine Anschluß- und Versorgungspflicht gegenüber Tarifkunden. Die EVU haben für die Versorgung mit Strom in Niederspannung "Allgemeine Tarife" anzubieten, die dem Erfordernis einer möglichst sicheren und preiswerten Elektrizitätsversorgung genügen.[112]

---

[109] Vgl. Verbändevereinbarung, a.a.O., Punkt 3.

[110] Vgl. Loew, H.: Einführung in die Elektrizitätswirtschaft, a.a.O., S. 97; Winje, D., Witt, D.: Energiewirtschaft, a.a.O., S. 163; Hugel, G., Schmitz, H.: Betriebliche Energiewirtschaft, Anleitung für Klein- und Mittelbetriebe, a.a.O., S. 73ff.

[111] Auf diese Verbrauchergruppen entfielen 1992 ca. 186 Mrd. kWh von insgesamt ca. 425 Mrd. kWh (gesamte Bundesrepublik). Dieses entspricht einem Anteil von ca. 43%. Vgl. Rath, H.: Energiewirtschaft. kurz und bündig. 1994, a.a.O., S. 20.

[112] Vgl. Büdenbender, U.: Energierecht. Eine systematische Darstellung des gesamten Rechts der öffentlichen Energieversorgung, München/Köln 1982, S. 199.

Die Preise und Preisbestandteile für Tarifkunden müssen veröffentlicht werden und sind für die EVU und ihre Kunden verbindlich.[113] Bezüglich der Preissetzung muß sich das EVU an die Bundestarifordnung Elektrizität (BTO elt) halten, in der die Strompreisbildung geregelt ist.[114] Den Tarifkunden müssen dabei mindestens zwei unterschiedliche Tarife angeboten werden: Zum einen wird der sogenannten Pflichttarif und zum andern der sogenannte Schwachlasttarif angeboten. Der Schwachlasttarif unterscheidet sich vom Pflichttarif durch einen im Vergleich zum Pflichttarif günstigeren Strombezugspreis in den Nachtstunden.[115]

Neben diesen beiden Tarifen sind weitere Wahltarife möglich. Einige Versorger bieten beispielsweise zeitvariable und lineare Tarife mit nach Tageszeiten gezonten Preisen an.[116] Diese Tarifgestaltung gründet auf der Überlegung, daß der lineare Preis den Energieverbrauch verringern kann, da höherer Strombezug nicht durch sinkende Durchschnittskosten belohnt wird. Durch die Zonung mit Hilfe der unterschiedlichen Preise zu verschiedenen Tageszeiten kann sich der Verbrauch weg von den Spitzenverbrauchszeiten verlagern.[117]

In der Regel werden den Tarifkunden der sog. Grundpreis und der Arbeitspreis in Rechnung gestellt.

Der *Grundpreis* der Tarifkunden ist mit dem Leistungs- bzw. Bereitstellungspreis der Sonderkunden vergleichbar. Der Grundpreis ist jedoch eine fixe Summe und wird im Gegensatz zum Leistungspreis unabhängig von der beanspruchten temporären Leistungsabnahme berechnet. Diese Regelung gilt, sofern eine Abnahmemenge von 10.000 kWh pro Jahr nicht überschritten wird.[118]

Von diesem fixen Jahresgrund- bzw. Leistungspreis geht eine je nach Höhe des Stromverbrauchs relativ starke Preisdegression aus, d.h. mit steigendem Verbrauch sinken die Durchschnittskosten pro bezogenem kW.[119]

Diese Tatsache gibt ökologisch orientierten Kreisen Anlaß zur Kritik, da die Stromsparanreize aufgrund des vom Verbrauch unbeeinflußbaren hohen Grundpreises zu gering seien.[120] Den Kritikern wird von den EVU entgegengehalten, daß der fixe Grundpreis die fixen Kosten der Erzeugungskapazitäten und der Fortleitungs- und Verteilnetze abdecken muß und somit eine eigenständige Marktleistung vergütet, für die auch ein eigenständiger Preisbestandteil kalkuliert werden muß.[121]

---

[113] Vgl. Loew, H.: Einführung in die Elektrizitätswirtschaft, a.a.O., S. 88.

[114] Vgl. Knöchel, H.: Die Preisaufsicht nach dem Energiewirtschaftstesetz. Verfassungsrechtliche Vorgaben und verwaltungsrechtliche Probleme, in: Hüffer, U., Ipsen, K., Tettinger, P. (Hrsg.): Bochumer Beiträge zu Berg- und Energierecht, Band 4, Stuttgart 1989, S. 253; List, F: Energierecht. Ein Grundriß der Grundfragen, Berlin 1980, S. 15ff.

[115] Vgl. Winje, D., Witt, D.: Energiewirtschaft, a.a.O., S. 151.

[116] Die Stadtwerke Freiburg bieten seit 1992 einen zeitvariablen Tarif mit drei Zeitzonen ohne Grundpreis an; vgl. Freiburger Elektrizitäts- und Wasserversorgungs GmbH, Allgemeine Tarife für die Versorgung mit elektrischer Energie 1995.

[117] Vgl. Maier K. H.: Betriebliche Energieversorgung, a.a.O., Sp. 482.

[118] Vgl. Scholten, J.: Optimale Energieeinsatzplanung thermischer Kraftwerkssysteme, a.a.O., S. 24ff; Wunderlich, G., Zybill, G.: Preisbildung in der Elektrizitätswirtschaft, Berlin 1989, S. 11-15.

[119] Vgl. Büdenbender, U.: Energierecht. Eine systematische Darstellung des gesamten Rechts der öffentlichen Energieversorgung, a.a.O., S. 225ff.

[120] Vgl. Leonhardt, W., Klopfleisch, R., Jochum, G.: Kommunales Energie-Handbuch, 2. Auflage, Karlsruhe 1991, S. 45 und 46; Müschen, K., Romberg, E.: Strom ohne Atom. Ein Report des Öko-Institutes Freiburg, a.a.O., S. 244.

[121] Vgl. List, F: Energierecht, Ein Grundriß der Grundfragen, Berlin 1980, S. 15ff.

Von den Kritikern des elektrizitätswirtschaftlichen Systems in Deutschland wird jedoch der Verdacht geäußert, daß dies aus EVU-Sicht eine Schutzbehauptung sei und eigentlich das Risiko von Absatzschwankungen durch feste Erträge minimiert werden soll.[122]

Den Tarifkunden wird, ähnlich wie den Sonderkunden, ein gemeinhin nach der Tages- und Jahreszeit differierender variabler *Arbeitspreis* pro kWh berechnet.

Die Preise der Tarifkunden werden nicht über feste Gleitklauseln verändert, sondern entsprechend der Kostenentwicklung beim EVU angepaßt.[123] Das EVU muß jede Preiserhöhung bei der zuständigen Preisaufsicht der Länder, meistens das jeweilige Wirtschaftsministerium, unter Darlegung der speziellen Kostenentwicklung anmelden und sich eine neue maximale Höhe genehmigen lassen.[124]

2. Preÿskonditionen des Energiebezuges für die Wärmeversorgung

Der Energiebezug für die betriebliche Wärmeversorgung besteht in der Regel aus der Lieferung der Endenergieträger Heizöl oder Erdgas, die in den betrieblichen Energieumwandlungsanlagen, insbesondere in Heißwasser- und Dampfkesseln, verbrannt werden und damit Wärme für den Betrieb bereitstellen.

Die zweite Möglichkeit zur innerbetriebliche Wärmeversorgung stellt der Fernwärmebezug dar.

a. Der direkte Bezug von Endenergieträgern

Ein Industriebetrieb bezieht fossile Endenergie, um diese mit Heißwasser- und Dampfkesseln in Nutzenergie umzuwandeln. Als Energieträger kommen hierbei hauptsächlich Heizöl und Erdgas in Frage.

Die zur Umwandlung in Nutzenergie erforderliche und von außen zu beziehende Menge in kWh an Heizöl oder Gas hängt dabei von zwei Faktoren ab: Zum einen wird die zu beziehende Menge vom unternehmensindividuellen Wärmebedarf bestimmt, der ebenso in der Einheit kWh gemessen werden kann, zum anderen hängt die Bezugsmenge vom Wirkungsgrad des Kessels ab.

Beträgt der innerbetriebliche Strombedarf in einem Beispielunternehmen 11.000 MWh und verfügt der unternehmenseigene Kessel über einen Wirkungsgrad von 90%, so müssen folglich Brennstoffmengen auf dem Markt beschafft werden, die ein Äquivalent zu ca. 12.200 kWh darstellen.

Im Preisgerüstes der Endenergieträger existiert eine bestimmte Systematik, die im folgenden beschrieben ist.

aa. Heizöl

Heizöl hat eine dominierende Stellung auf dem Wärmemarkt.[125] Damit spielt Heizöl eine bedeutende Rolle bei der Preisbildung für die weiteren Energieträger Erdgas und Fernwärme.

---

[122] Vgl. Werbeck, T.: Die Tarifierung elektrischer Energie. Eine kritische Analyse aus ökonomischer Sicht, a.a.O., S. 125; Finsinger, J.: Grundsätze der Tarifgestaltung: Ein Beitrag zur aktuellen Diskussion des degressiven Stromtarifs, Zeitschrift für Energiewirtschaft, Braunschweig/Wiesbaden, Jahrgang 3/1979, S. 191.

[123] Vgl. Knöchel, H.: Die Preisaufsicht nach dem Energiewirtschaftsgesetz. Verfassungsrechtliche Vorgaben und verwaltungsrechtliche Probleme, a.a.O., S. 260ff.

[124] Vgl. Knöchel, H.: Die Preisaufsicht nach dem Energiewirtschaftsgesetz. Verfassungsrechtliche Vorgaben und verwaltungsrechtliche Probleme, a.a.O., S. 260ff.

[125] Obwohl der Heizölverbrauch in der Industrie rückläufig ist - vgl. hierzu Kapitel B.III.2 dieser Untersuchung - hat Heizöl immer noch eine dominierende Stellung auf dem Wärmemarkt, insbesondere für private Haushalte. Annähernd 40% der Wohnungen in Westdeutschland werden mit Heizöl el beheizt; vgl. Schiffer, H.-W.: Energiemarkt Bundesrepublik Deutschland, a.a.O., S. 51.

Auf dem Heizölmarkt besteht ein relativ freier Wettbewerb mit vielen Anbietern, die auf dem Rotterdamer Markt sogenannte Spotpreise nutzen können und so preisdämpfenden Einfluß ausüben. Andererseits haben die industriellen Kunden freie Wahl des Anbieters und können somit, anders als bei den leitungsgebundenen Energieträgern, preisbildende Wettbewerbsprozesse initiieren oder verstärken.[126]

Die Heizölpreise werden pro Liter ohne weitere feste Preisaufschläge festgelegt. Die Preiskonditionen für die Belieferung mit Heizöl extra leicht (Heizöl el) und Heizöl schwer (Heizöl s) sind im wesentlichen von den folgenden Faktoren abhängig.[127]

Der bedeutendste Einflußfaktor ist dabei die Bezugsmenge. Diese beeinflußt die Degression des Preises, d.h. je höher die Liefermenge, desto niedriger der Preis pro Liter.[128] Die Einkaufspreise sind darüber hinaus tendenziell um so niedriger, je geringer die Entfernung des Kunden zu einem Großhändler oder zu einem der vier Raffineriezentren ist.[129]

Von der Größe des verwendeten Transportmittels geht eine zusätzliche Preisdegressionswirkung aus: Je größer die Heizölmenge pro Anlieferungsfahrt, desto geringer der Preis pro Liter. Zudem ist die Art des Transportes von Bedeutung: Der Transport per Schiene oder per Binnenschiff gestaltet sich in der Regel günstiger als der Transport auf der Straße. Kunden mit günstiger infrastruktureller Anbindung zahlen somit günstigere Einkaufspreise.

Industrielle Kunden mit sehr großen Abnahmemengen haben die Möglichkeit, die Zwischenhandelsebene auszuschalten und sich direkt ab Raffinerie beliefern zu lassen. Dadurch entfällt die Gewinnspanne des Großhandels. Im grenznahen Bereich können Großverbraucher auch Preisvorteile durch Direktimporte aus einem europäischen Ausland nutzen.[130]

Relativierend steht dem allerdings gegenüber, daß die Heizölpreise zwar Ergebnisse eines Marktprozesses sind, die Funktion dieses Prozesses aber durch Konzentrationseffekte und Preisabsprachen auf der Anbieterseite eingeschränkt wird. Preisverzerrungen durch unzulässige Preisabsprachen geben stets Grund zur Kritik und sind Anlaß zu kartellrechtlichen Überprüfungsverfahren. Diese blieben in der Vergangenheit jedoch meist ohne nennenswerte Ergebnisse, da aufgrund des Fehlens brauchbarer Vergleichsmärkte der Mißbrauchsnachweis juristisch schwer zu erbringen ist.[131]

bb. Erdgas

Der Preis für Erdgas besteht in der Regel aus einem fixen und einem variablen Bestandteil.[132] Der fixe Bestandteil, der sogenannte jährliche Leistungs- bzw. Grundpreis,[133] ist durch die

---

[126] Vgl. Hakansson, K.: Handbuch der Fernwärmepraxis, 2. Auflage, Essen 1982, S. 153.

[127] Vgl. Winje, D., Witt, D.: Energiewirtschaft, a.a.O., S. 129; Hakansson, K.: Handbuch der Fernwärmepraxis, a.a.O., S. 170.

[128] Die Heizölnotierungen Frankfurter Händler Anfang Januar 1996 belegen diese Tatsache deutlich. So lag der Preis für Liefermengen von 2.500 bis 3.500 Liter bei ca. 48,4 Pfennig pro Liter, während er bei Liefermengen zwischen 9.500 und 12.500 Liter lediglich 42,6 Pfennig pro Liter betrug; dies entspricht einem Preisnachlaß von ca. 12 %; vgl. Frankfurter Rundschau vom 04.01.1996.

[129] Vgl. hierzu Kapitel B.III.2.c dieser Arbeit.

[130] Vgl. Schiffer, H.-W.: Energiemarkt Bundesrepublik Deutschland, a.a.O., S. 53.

[131] Vgl. Jürgensen, H.: Mineralölindustrie, a.a.O., S. 159 und 160.

[132] Vgl. Oster, H.: Struktur und Perspektiven der Gaswirtschaft in der Bundesrepublik Deutschland, a.a.O., S. 68.

[133] Hier bieten sich in der Praxis zwei Möglichkeiten: Ein fester Grundpreis pro Jahr oder ein Leistungspreis für die gemessene und bereitgestellte Leistung in Kilowatt und pro Jahr. Der Unterschied zwischen diesen beiden Möglichkeiten besteht darin, daß der feste Grundpreis unabhängig von der Menge der angeschlossenen Erdgasverbraucher zu zahlen ist, während der Leistungspreis die Menge der angeschlossenen Erdgasverbraucher widerspiegelt. Vereinfachend ausgedrückt steigt der Leistungspreis mit der Anzahl der Erdgasverbraucher. Welche von diesen Möglichkeiten hinsichtlich des zu vereinbarenden Grundpreises herangezogen

gelieferte Erdgasmenge nicht zu beeinflussen. Er berechnet sich zunächst unter Zugrundelegung der beim Abnehmer installierten Anschlußleistung, wobei in den meisten Fällen Abschläge für nachrangige kleinere Anlagen vereinbart werden können. Darüber hinaus ist - ähnlich wie bei der Berechnung des Leistungspreises beim Strombezug - die höchste im Abrechnungszeitraum, in der Regel ein Jahr, bezogene Tages- oder Stundenmenge maßgeblich.[134]

Die Lieferkonditionen sind je nach Art des Kunden unterschiedlich. Die Erdgasabnehmer werden ebenfalls in Tarif- und Sondervertragskunden unterteilt.

Tarifkunden werden zu festgelegten und öffentlich ausgehängten Tarifen versorgt. Zu den Tarifkunden zählen hauptsächlich die Haushalte und das Kleingewerbe. Die Preisbildung und die Preisanpassung beim Erdgas orientieren sich stark am Heizölpreis. Die Lieferung erfolgt nach den allgemeinen Versorgungsbedingungen. Der Tarifkunde hat in der Regel keine Möglichkeit zu individuellen Preisvereinbarungen. Er hat lediglich die Wahl, Erdgas zu den festgeschriebenen Konditionen zu beziehen oder auf Erdgaslieferungen zu verzichten. Preisdruck kann der Tarifkunde demnach nur über die Substitutionskonkurrenz ausüben, indem er z.B. auf Heizöl als Energieträger ausweicht.[135] Ein derartiger Wechsel des Energieträgers ist jedoch mit zusätzlichen Kosten für einen Heizöl-Heizkessel und für einen Heizöltank verbunden. Dies ist nur dann sinnvoll, wenn langfristig sinkende Heizölpreise im Vergleich zu den Erdgaspreisen vorauszusehen sind.

Die Situation bei den *Sondervertragskunden* ist gänzlich anders als bei den Tarifkunden. Sondervertragskunden sind in der Regel Industrie- und größere Gewerbebetriebe. Der Preis der Sondervertragskunden ist ebenfalls in einen fixen, von der Abnahmemenge unabhängigen Grundpreis[136] und einen Arbeitspreis pro bezogene Mengeneinheit unterteilt. Der Anteil der fixen Grundpreise an den gesamten Erdgasbezugskosten unterscheidet sich je nach Anbieter relativ stark: Der Grundpreisanteil beträgt bei größeren Industriekunden in der Regel zwischen 10% und 20%, kann jedoch bei einer unregelmäßigen Verbrauchsstruktur auch höhere Prozentwerte erreichen. Sondervertragskunden haben im Gegensatz zu Tarifkunden jedoch die Möglichkeit, Preisverhandlungen zu führen.

Bei Abschluß von Sonderverträgen geht das Gasversorgungsunternehmen in der Regel vom anlegbaren Preis aus.[137] Dieser ist frei aushandelbar, da beim Ansatz des anlegbaren Preises berücksichtigt wird, welche Kosten ein alternativer Energieträger, beispielsweise Heizöl, verursachen würde. So führt der Wechsel von Erdgas auf Heizöl unter anderem zu folgenden zusätzlichen Kosten beim Kunden:

Es müssen kalkulatorische Zinsen auf den Wert des einzulagernden Heizöls, Versicherungskosten für das Heizöllager sowie eventuell anfallende Brennstoffaufbereitungskosten, z.B. für die eventuell nötige Vorerwärmung von schwerem Heizöl, in die Berechnung einbezogen

---

wird, hängt von der Betriebsgröße und vom jeweiligen Erdgasversorgungsunternehmen ab; vgl. Oster, H.: Struktur und Perspektiven der Gaswirtschaft in der Bundesrepublik Deutschland, a.a.O., S. 69.

[134] Vgl. Hugel, G., Schmitz, H.: Betriebliche Energiewirtschaft, Anleitung für Klein- und Mittelbetriebe, a.a.O., S. 90, Kilger, W.: Flexible Plankostenrechnung und Deckungsbeitragsrechnung, a.a.O., S. 392.

[135] Vgl. Oster, H.: Struktur und Perspektiven der Gaswirtschaft in der Bundesrepublik Deutschland, a.a.O., S. 68.

[136] Bei den Sondervertragskunden wird meist kein fester Betrag pro Jahr gezahlt, sondern ein Betrag für eine sogenannte Stundenleistung erhoben. Die Stundenleistung ist die höchste Erdgasbezugsleistung -vgl. analog den Begriff Höchstleistung bei den Belastungskurven-, die innerhalb eines Jahres auftritt. Diese Leistung wird mit einem fixen Preis von beispielsweise DM 12,00 pro Kilowatt Stundenleistung einmal jährlich gezahlt. Beispiel: Die ermittelte Stundenleistung eines Betriebes beträgt 4.590 kW. Der jährliche Leistungspreis beträgt demnach 4.590 kW multipliziert mit 12 DM/kW; dies ergibt ca. DM 55.000.

[137] Vgl. Kapitel B.III.1.c dieser Arbeit.

werden.[138] Darüber hinaus ist der feuerungstechnische Wirkungsgrad von Erdgas höher, und bei der Verbrennung von Erdgas kommt es im Gegensatz zum Heizöl nicht zu ökologisch problematischen Verunreinigungen. Erdgas kann demzufolge auch in umweltkritischen Bereichen eingesetzt werden, in denen Heizöl nicht verwendet werden darf, weil Leckagen bei der Lagerung des Heizöls oder beim Transport zu Bodenverunreinigungen führen. In manchen Gebieten sind Heizölfeuerungen verboten, da Schwefeldioxidemissionen die Gebäudesubstanz schädigen.[139] Letztlich muß berücksichtigt werden, daß Erdgas vielfältiger einsetzbar und bei direkter Beheizung vorteilhafter ist. Erdgas läßt sich zur direkten Beheizung, wie z.B. zur Trocknung von Zementklinkersteinen einsetzen. Das ist mit einer Heizölbefeuerung nicht möglich, da Schwefelbestandteile im Heizöl die Klinkersteine angreifen.

Die Verhandlungsmacht steigt in der Regel mit der Größe des Unternehmens bzw. mit der wirtschaftlichen Bedeutung als Kunde, die im wesentlichen von der Bezugsmenge abhängt.[140] In einigen Fällen bieten Gasversorgungsunternehmen - ähnlich dem Vorgehen der EVU - Zonen- bzw. Staffelpreise an:[141]

Der Ansatz von Zonenpreisen bedeutet, daß bei Überschreitung einer bestimmten Menge - beispielsweise 50.000 m^3 Erdgas pro Jahr - jede weitere, über die Grundmenge hinausgehende Einheit zu einem geringeren Preis geliefert wird.

Bei Staffelpreisen wird im Falle der Überschreitung einer bestimmten Menge nicht nur der Bezug oberhalb der Grenze preisgünstiger, sondern der geringere Preis wird für die gesamte Bezugsmenge eingeräumt.[142]

Bei diesen Vertragsbedingungen ist es aus ökonomischer Sicht sinnvoll, möglichst viele Energiewandler im Unternehmen auf den Energieträger Erdgas umzustellen, um in den Bereich günstiger Preisstaffeln zu gelangen. In diesen Fällen kann eine KWK-Anlage auf Erdgasbasis besonders wirtschaftlich betrieben werden, da die Erdgasbezugsmenge in Folge der zusätzlichen Stromproduktion eine Größenordnung erreicht, für die nach der Staffelregelung günstige Preise gelten.[143]

Die Energiekosten lassen sich im Industriebetrieb auch durch sogenannte unterbrechbare Lieferungen senken. Unterbrechbare Lieferung bedeutet, daß der Kunde zu bestimmten Spitzenverbrauchszeiten auf den Bezug von Erdgas verzichtet. Der Vorteil für die Gasversorgungsunternehmen (GVU) besteht darin, daß die Kapazität ihrer Versorgungsleitungen nicht erhöht werden muß. Bei völliger Auslastung einer Erdgasleitung ist es für das GVU günstiger, auf Erlöse zu verzichten als in die Erweiterung der Leitungskapazität zu investieren. Die Gegenleistung für zeitlich befristete Nutzung des Erdgases ist ein verminderter Grundpreis.

Im Unternehmen sind jedoch die gesamten Kosten für eine bivalente Feuerungseinrichtung den potentiellen Ersparnissen gegenzurechnen. Bivalente Feuerungseinrichtungen können sowohl Erdgas als auch Heizöl verbrennen, wodurch es zu keiner Unterbrechung der Wärmeversorgung kommt, wenn zeitweise auf eine Lieferung von Erdgas verzichtet wird. Die Umschaltung kann vollautomatisch über Prozeßrechner, die von der aktuell gemessenen

---

[138] Vgl. Bouillon, H., Ebersbach, K.-F., Rudolf, M., Schäfer, H.: Technologien zur Einsparung von Energie, in: BMFT, Studie ET-5012A: Energieanwendung Industrie-Einführung, Bonn 1978, S.159 f. und S. 176.

[139] Vgl. Hugel, G., Schmitz, H.: Betriebliche Energiewirtschaft, Anleitung für Klein- und Mittelbetriebe, a.a.O., S. 93.

[140] Vgl. Oster, H.: Struktur und Perspektiven der Gaswirtschaft in der Bundesrepublik Deutschland, a.a.O., S. 68.

[141] Vgl. König, J.: Preis- und Tarifpolitik für Gas, in: Arbeitsgemeinschaft Weiterbildung Energie und Wasser (AGE) e.V. (Hrsg.), Der Kaufmann in der Energie- und Wasserversorgung, 3. Auflage, Frankfurt am Main 1992, S. 586ff.

[142] Zu den unterschiedlichen Preisstaffeln vgl. Winje, D., Witt, D.: Energiewirtschaft, a.a.O., S. 174 und 175.

[143] Vgl. König, J.: Preis- und Tarifpolitik für Gas, a.a.O., S. 572ff.

Gasbezugsleistung gesteuert sind, erfolgen. Bivalente Feuerungseinrichtungen verursachen zusätzliche Kosten, beispielsweise für die Lagerung des Heizöls.

Energieeinsparungspotentiale werden auch durch die energetisch exakte Auslegung der Energiewandler erschlossen. Da der Grundpreis als der fixe Preisbestandteil nach der Stundenleistung der Energiewandler bemessen wird, verursachen überdimensionierte Aggregate unnötig hohe Grundpreise und damit höhere fixe Kosten.[144]

b. Bezug von Fernwärme

Fernwärmelieferungen erfolgen zu den allgemeinen Versorgungsbedingungen.[145] Der Preis orientiert sich wie beim anderen leitungsgebundenen Energieträger Erdgas ebenfalls am Heizölpreis und wird in einen fixen Grundpreis und einen variablen Arbeitspreis unterteilt.[146]

Der fixe Grundpreis bemißt sich am Wärmeleistungsbedarf des angeschlossenen Objektes. Der Wärmeleistungsbedarf wird meist als Wasserdurchfluß pro Stunde bemessen und einmal pro Jahr berechnet.[147]

Der so berechnete Grundpreis ist im Vergleich zum Erdgasgrundpreis wesentlich höher, da er die entsprechend höheren Fixkosten des Fernwärmeversorgungsunternehmens für die Erzeugungs- und Verteilanlagen erlösen muß.[148] Zusätzlich wird ein variabler Arbeitspreis für die bezogene Wärmemenge berechnet.[149] Für den Arbeitspreis sind Zonen- und Staffelpreisregelungen möglich. Diese Zonen und Preisstaffeln unterliegen der gleichen Systematik, wie sie beim Erdgas vorgestellt sind.[150]

Zu beachten ist, daß der im Unternehmen durchzuführende Kostenvergleich mit anderen Energieträgern nur auf Basis der Nutzenergie, d.h. der in den Produktionsprozeß einfließenden Wärmeenergie, möglich ist. Wird ein Unternehmen mit Fernwärme beliefert, benötigt es unter Umständen keinen durch das Unternehmen zu finanzierenden Heizkessel und muß darüber hinaus kein entsprechendes Brennstofflager vorhalten.[151] Der Grund hierfür ist, daß die Wärme "verbrauchsfertig frei Haus" geliefert wird. Daher entfallen die hauptsächlich fixen Kosten für die Energieumwandlung alternativer Energieträger in Wärme. Zudem muß berücksichtigt werden, daß die physikalisch unvermeidbaren Umwandlungsverluste bei der Verbrennung von Erdgas oder Heizöl entfallen.

Der anlegbare Preis der Fernwärme bildet sich stets auf Basis der Nutzenergiepreise und berücksichtigt die genannten Besonderheiten der Fernwärmeversorgung.[152]

Fernwärme ist im Unternehmen nicht so vielseitig zu verwenden wie die anderen fossilen Energieträger. Die maximal lieferbare Temperatur beträgt abhängig vom Fernwärmenetz ca.

---

[144] Vgl. Oster, H.: Struktur und Perspektiven der Gaswirtschaft in der Bundesrepublik Deutschland, a.a.O., S. 69.

[145] Sog. ABVFernwärmeV.

[146] Vgl. Kröhner, P., Ruppert, K.: Hauptbericht der Fernwärmeversorgung 1985, Fernwärme International, Jahrgang 16/1987, Heft 6, S. 401; Hakansson, K.: Handbuch der Fernwärmepraxis, a.a.O., S. 210; siehe auch Kapitel B.III.3.c dieser Arbeit.

[147] Vgl. Piller, W., Rudolph, M.: Kraft-Wärme-Kopplung. Zur Theorie und Praxis der Kostenrechnung, a.a.O., S. 169.

[148] Durch doppelte Leitungsverlegung für Vor- und Rücklauf sowie für die Errichtung von kapitalintensiven Heizkraftwerken sind diese wesentlich höheren Fixkosten begründet; vgl. auch Kapitel B.III.2 dieser Arbeit.

[149] Vgl. Hakansson, K.: Handbuch der Fernwärmepraxis, a.a.O., S. 112.

[150] Vgl. Kröhner, P., Ruppert, K.: Hauptbericht der Fernwärmeversorgung 1985, a.a.O., S. 391. Deuster, G.: Grundlagen der Fernwärmewirtschaft, a.a.O., S. 106.

[151] Vgl. Hugel, G., Schmitz, H.: Betriebliche Energiewirtschaft, Anleitung für Klein- und Mittelbetriebe, a.a.O., S. 95.

[152] Vgl. Hakansson, K.: Handbuch der Fernwärmepraxis, a.a.O., S. 213.

150°C.[153] Dieses Temperaturniveau ist für eine Reihe von Industriezweigen zu gering, wo die Produktionsprozesse auf Hoch- oder Mitteldruckdampf ausgerichtet sind.[154]

Mitunter ist es sogar sinnvoll, nicht die gesamte Niedertemperaturwärme mit dem Energieträger Fernwärme abzudecken, sondern nur die Grundlast aus der Fernwärme zu beziehen, die im Sommer und Winter ständig benötigt wird. Trotz der geringeren Bezugsmenge sinken die Durchschnittskosten aufgrund der überproportional sinkenden Fixkosten. Je mehr Fernwärme, bei gleicher Abnahmeleistung, möglichst gleichmäßig über das ganze Jahr bezogen wird, desto niedriger die Durchschnittskosten.[155]

Die Preisentwicklung der Fernwärme ist in Belieferungsverträgen über Preisgleitklauseln an die Kostenentwicklung des Lieferanten gekoppelt.[156] Diese Änderungsklauseln können je nach Erzeugungsstruktur des Fernwärmeversorgungsunternehmens sehr unterschiedlich sein und orientieren sich an den Kosten für die Verfeuerung von Heizöl, Erdgas oder Kohle im Heizkraftwerk.[157] Darüber hinaus kann auch eine Koppelung des Fernwärmebezugspreises an die Entwicklung des Personalkostenniveaus der Fernwärmeversorgungsunternehmen erfolgen.[158]

Obwohl sich die Preise für Fernwärmelieferungen hauptsächlich an den Kosten des Lieferanten orientieren, ist das Prinzip des anlegbaren Preises nicht völlig verloren gegangen: Preissenkungen für Unternehmen, die in der Lage sind, selbst günstige Energieträger, z.B. Restholz oder Produktionsabfälle, zu verfeuern, sind möglich und verhandelbar.

Die untere Preisgrenze des Lieferanten liegt bei den variablen Kosten, d.h. solange der Lieferant positive Deckungsbeiträge erzielen kann, wird er an einer Lieferung von Fernwärme interessiert sein. Dieses gilt unter der Bedingung, daß keine Kapazitätsbeschränkungen auf der Seite des Lieferanten bestehen, d.h. der Lieferant nicht die Möglichkeit hat, zwischen der Belieferung verschiedener Kunden zu wählen. Die obere Preisgrenze des Fremdbezugs des Kunden liegt bei den Kosten, die bei Eigenerstellung, d.h. bei Verfeuerung der eigenen Energieträger, entstehen. Wenn die obere Preisgrenze des Kunden über der unteren Preisgrenze des Lieferanten liegt, d.h. die Gesamtkosten der Eigenerstellung höher sind als die des Fremdbezugs, sind die Wärmelieferung und der Wärmebezug für den Kunden und den Lieferanten vorteilhaft.[159]

III. Die Kosten der innerbetrieblichen Strom- und Wärmeversorgung

1. Strombezugskosten

Im folgenden werden aufbauend auf den Strombedarfsmengen des dargestellten Musterunternehmens die Strombezugskosten exemplarisch in einer Tabelle zusammengefaßt.

Dabei wird hinsichtlich des Arbeitspreises ein in der Praxis häufig angewandter Zonentarif unterstellt. Die entsprechenden Preise sind mit denen, die bei den Ausführungen zum Zonen-

---

153 Vgl. Schaumann, R.: Betriebsweise des Fernwärmenetzes (Heizwasser) des HEW, Fernwärme International, Jahrgang 3/1987, Heft 2, S. 53.

154 In den Betrieben der chemischen Industriezweige wird im allgemeinen Niederdruck-, Mitteldruck- und Hochdruckdampf benötigt. Die Produktionsprozesse der Nahrungsmittelindustrie hingegen sind eher auf Niederdruck- und Mitteldruckdampf ausgelegt. In Maschinenbaubetrieben wird teilweise lediglich Niederdruckdampf verwendet; vgl. Höltker, K.-H.: Modell zur Ermittlung des Heizleistungsbedarfs, a.a.O., S. 58; Nix, S.: Lastverteilung in Fernwärmenetzen, FWI, Jahrgang 3/1974, Heft 2., S. 42ff.

155 Vgl. Nix, S.: Lastverteilung in Fernwärmenetzen, a.a.O., Heft 2, S. 42.

156 Vgl. Kröhner, P., Ruppert, K.: Hauptbericht der Fernwärmeversorgung 1985, a.a.O., S. 395.

157 Vgl. Winje, D., Witt, D.: Energiewirtschaft, a.a.O., S. 182.

158 Vgl. Hakansson, K.: Handbuch der Fernwärmepraxis, a.a.O., S. 156.

159 Vgl. Hugel, G., Schmitz, H.: Betriebliche Energiewirtschaft, Anleitung für Klein- und Mittelbetriebe, a.a.O., S. 93.

tarif angeführt wurden, identisch.[160] Als Leistungspreis wird weiterhin DM 200,00/kW angenommen, was einem steileren Tarif entspricht.

Tabelle D10: Strombezugskosten eines Industrieunternehmens

Tarif	**Zonen**	**Bedarf**	**Arbeitspreis**	**Kosten**
	(kWh)	(kWh)	(DM/kWh)	(DM)
Hochtarif	bis 200.000	200.000	0,19	38.000
Hochtarif	weitere 600.000	600.000	0,17	102.000
Hochtarif	weitere 3.000.000	2.500.000	0,14	350.000
Hochtarif	alle weiteren kWh	0	0,13	
	Summe HT	3.300.000		490.000
Niedertarif	bis 200.000	200.000	0,11	22.000
Niedertarif	weitere 600.000	600.000	0,10	60.000
Niedertarif	weitere 3.000.000	900.000	0,08	72.000
Niedertarif	alle weiteren kWh		0,07	
	Summe NT	1.700.000		154.000
Var. Kosten		**5.000.000**		**644.000**
		Bedarf	**Leistungspreis**	**Kosten**
		(kW)	(DM/kW)	(DM)
Fixe Kosten		**1.250**	**200,00**	**250.000**
Ges. Kosten				**894.000**

Aus der obigen Tabelle ist ersichtlich, daß für das Musterunternehmen DM 894.000,00 an jährlichen Stromkosten anfallen. Die fixen Kosten, die aus dem Leistungspreis resultieren, haben dabei einen Anteil von ca. 28% an den gesamten Stromkosten. Berechnet man die durchschnittlichen Strombezugskosten so ergeben sich ca. 0,18 DM/kWh.[161] Bei Betrachtung der lediglich aus dem variablen Arbeitspreisanteil resultierenden durchschnittlichen Kosten ergibt sich ein Wert von ca. 0,13 DM/kWh.[162]

2. Wärmekosten

Bei der Ermittlung der Wärmekosten wird davon ausgegangen, daß das Unternehmen die Erzeugung mittels einer unternehmenseigenen Kesselanlage vornimmt. Diese Annahme erschwert zwar einerseits die Betrachtung der Wirtschaftlichkeit einer KWK-Anlage, andererseits ist der Fall der Eigenerzeugung von Wärme in der industriellen Praxis von wesentlicher Bedeutung.

Erstens ist nur bei einer begrenzten Anzahl von Unternehmen ein Fernwärmeanschluß vorhanden, und zweitens benötigen eine Reihe von industriellen Unternehmen trotz eventuellem Vorhandenseins eines Fernwärmeversorgungsnetzes einen unternehmenseigenen Kessel, da das via Fernwärme gelieferte Temperaturniveau für Prozeßwärmezwecke häufig nicht ausreicht.[163]

Im folgenden wird deshalb von einer gasbefeuerten Kesselanlage ausgegangen, die einen üblichen Wirkungsgrad von 90% aufweist. Der Wirkungsgrad der Kesselanlage beeinflußt die am Markt zu beschaffenden Erdgasmengen in zweierlei Hinsicht: Zum einen erhöht sich die am Erdgasmarkt nachzufragende Höchstleistung durch Multiplikation des Quotienten aus 1 und Wirkungsgrad des Kessels, was sich auf die Höhe des fixen Bestandteils des Erdgasprei-

[160] Dabei wird aus Vereinfachungsgründen auf eine Unterscheidung in Sommer- und Wintertarif verzichtet.

[161] Rechenweg: DM 894.000 dividiert durch 5.000.000 kWh ergibt DM 0,1788/kWh.

[162] Rechenweg: DM 644.000 dividiert durch 5.000.000 kWh ergibt DM 0,1288/kWh.

[163] Vgl. Suttor, W. (Hrsg.): Praxis Kraft-Wärme-Kopplung. Technik, Umfeld, Realisierung von KWK-Anlage, a.a.O., Teil 7/2.1, S. 4f.

ses, d.h. auf den Leistungspreis, auswirkt. Zum anderen erhöht sich die nachzufragende Brennstoff- bzw. Erdgasmenge um den entsprechenden Kehrwert des Wirkungsgrades, was zu einer Erhöhung der variablen Erdgaskosten führt. Somit gilt, daß bei zunehmender Erhöhung des Wirkungsgrades des Kessels der spezifische Energieverbrauch pro erzeugter Einheit an Nutzwärme abnimmt.

Bezogen auf das Musterunternehmen bedeutet der Einfluß des Wirkungsgrades, daß die vom GVU bereitzustellende Leistung höher als die unternehmensintern benötigte Höchstleistung von 3,90 MW sein muß. Durch Multiplikation des Kehrwertes des Wirkungsgrades mit der Höchstleistung des Unternehmens ergibt sich demzufolge eine mengenmäßige Grundlage für die Berechnung des fixen Leistungspreises in Höhe von ca. 4,36 MW.

Der Einfluß des Wirkungsgrades hinsichtlich der zugrundezulegenden Menge auf den variablen Arbeitspreis kann wie folgt dargestellt werden: Statt des innerbetrieblichen Wärmebedarfs von 11.000 MWh muß nach Berücksichtigung des Wirkungsgrades der internen Kesselanlage eine äquivalente Brennstoff- bzw. Erdgasmenge von ca. 12.200 MWh auf dem Markt beschafft werden. In der nachfolgenden Tabelle werden die einzelnen Schritte der Ermittlung der Wärmekosten noch einmal verdeutlicht, wobei der Leistungspreis der innerbetrieblichen Wärmekosten mit DM 12,00/kW angesetzt wird, der Arbeitspreis soll DM 0,02/kWh betragen.

Tabelle D11:Kalkulation der Wärmekosten eines Industrieunternehmens

	Menge **Var. Kosten**	**Leistung** **Fixe Kosten**	**Benutzungsdauer** **Gesamtkosten**
Innerbetrieblicher Bedarf (kWh)	11.000.000 kWh	3.929 kW	2.800 h
Wirkungsgrad (90%) bzw. Kehrwert	Faktor: ca. 1,11	Faktor: ca. 1,11	
Bedarf an Brennstoffmengen (kWh)	12.222.222 kWh	4.365 kW	
Leistungspreis (fixe Kosten)		12,00/kW	52.381 DM
Arbeitspreis (variable Kosten)	0,02 DM/kWh		244.444 DM
Gesamt-Kosten	**244.444 DM**	**52.381 DM**	**296.825 DM**

Es fällt auf, daß bei der Berechnung der Wärmekosten zwar die fixen und variablen Bestandteile der Brennstoffkosten dargestellt sind, jedoch die fixen Kosten des Kessels, beispielsweise für Wartung, Instandhaltung, Bedienung und Zinsen, unberücksichtigt bleiben. Der Grund liegt darin, daß die fixen Kosten des Kessels von der Entscheidung zur Eigenstromerzeugung nicht beeinflußt werden, da der Kessel zum Ausgleich von Wärmelastspitzen weiterhin im Unternehmen benötigt wird. Damit sind diese fixen Kosten für die Entscheidung Eigenstromerzeugung versus Fremdbezug irrelevant.

IV. Zusammenfassung Kapitel D

Die betrieblichen Strom- und Wärmekosten setzen sich aus dem jeweiligen Mengen- und Preisgerüst zusammen. Das Verhältnis von Strom- und Wärmeverbrauch kann dabei je nach Industriezweig verschieden sein.

Zur Analyse des betrieblichen Strom- und Wärmeverbrauchs können mehrere voneinander unabhängige Wege beschritten werden. Zum einen ist die Struktur des Energieflusses eines industriellen Unternehmens zu beachten, zum anderen kann das Mengengerüst mittels einer Analyse seiner Haupteinflußfaktoren untersucht werden. Schließlich dienen der spezifische Energieverbrauch und die energetische Betriebskennlinie dazu, an jedem einzelnen Energieverbraucher Analysen und Differenzierungen hinsichtlich der Lastabhängigkeit und der Lastunabhängigkeit vorzunehmen.

Für die Bestimmung des **Mengengerüstes** der betrieblichen Strom- und Wärmekosten werden in der Praxis sogenannter Belastungskurven verwendet. Diese Kurven können für jeden beliebigen Zeitraum und für jeden beliebigen Strom- oder Wärmeabnehmer erstellt werden. Durch das Zusammenfassen ähnlicher Abnehmer und durch die Auswahl von bestimmten repräsentativen Zeitperioden ist eine wirklichkeitsnahe Hochrechnung, die einen Zeitraum von einem Jahr abbildet, möglich. Es wurde darauf hingewiesen, daß insbesondere die Auswahl der betrachteten Zeitperiode von wesentlicher Bedeutung ist: Ändert sich die Belastung einer Maschine im Rhythmus von 15 Sekunden, sollte dies auch die Zeitperiode der Betrachtung sein. Durch Aggregation aller strom- und wärmeabnehmenden Maschinen und Anlagen kann beispielsweise eine Belastungskurve für ein gesamtes Unternehmen erstellt werden. Derartige Belastungskurven spiegeln den chronologischen Verlauf des Strom- und Wärmebedarfs in einem bestimmten Zeitraum, z.B. an einem Tag, wider. Durch den Vergleich von unterschiedlichen Belastungslinien auf Tagesbasis werden saisonale Schwankungen ebenso abgebildet wie die Einflüsse unterschiedlicher Außentemperaturen und Dunkelstunden.

Werden Tagesbelastungslinien als Grundlage für die Auswahl und Dimensionierung einer KWK-Anlage erstellt, ist darauf zu achten, daß - je nach Gleichmäßigkeit des innerbetrieblichen Strom- und Wärmebedarfs - eine genügend große Anzahl repräsentativer Belastungslinien herangezogen wird. Pauschalen Empfehlungen über die Anzahl von zu erstellenden repräsentativen Tagesbelastungslinien sollte in Anbetracht der Verschiedenheit der Betriebe und auch im Hinblick auf das Investitionsvolumen nicht gefolgt werden.

Unabhängig vom Aggregationsgrad ist aus jeder Belastungskurve im Anschluß eine Ableitung möglich, die zur geordneten Belastungskurve bzw. zur Dauerlinie führt. Aus den geordneten Belastungskurven kann durch erneute Zusammenfassung das gesamte, für die Ermittlung der Kosten entscheidende Mengengerüst bestimmt werden. Aus diesen Dauerlinien können darüber hinaus wesentliche Kennzahlen wie die Vollbenutzungsstunden oder die durchschnittliche Leistung entwickelt werden. Während die Vollbenutzungsdauer ein wesentliches Kriterium für den Auslastungsgrad beispielsweise einer Maschine ist, stellt die durchschnittliche Leistung eines Untersuchungsobjektes im Vergleich zur Höchstleistung einen brauchbaren Hinweis auf die Gleichmäßigkeit des Energiebedarfs des untersuchten Objektes dar.

Diese Kennzahlen sind demzufolge nicht nur wichtige Instrumente, um durch Lastmanagement die Energiekosten zu reduzieren, sondern sie dienen aufgrund der Aggregation auch dazu, die grundsätzliche Eignung eines KWK-Einsatzes zu beurteilen.

Hinsichtlich des **Preisgerüstes** für die Nutzenergie Strom wurde festgestellt, daß die Elektrizitätswirtschaft nach Tarif- und Sondervertragskunden unterscheidet. Als Tarifkunden werden Stromabnehmer bezeichnet, die eine bestimmte Abnahmemenge nicht überschreiten. Sie werden zu festgelegten und öffentlich ausgehängten Preisen versorgt. Die sogenannten Sondervertragskunden hingegen haben, je nachdem welche Bedeutung sie für das EVU einnehmen, individuelle Preisgestaltungsspielräume.

Die Strombezugskosten bestehen dabei aus einem variablen Arbeitspreisanteil sowie einem fixen Leistungspreisanteil. Die Tarife können nach steilen und flachen Tarifen unterschieden werden. Steile (flache) Tarife sind durch einen hohen (niedrigen) Leistungspreis gekennzeichnet, der bei Überschreiten einer bestimmten Benutzungsdauer zu niedrigeren (höheren) durchschnittlichen Strombezugskosten führt. Die Berechnung der entscheidungsrelevanten Grenzbenutzungsdauer wurde vorgestellt.

Beim Arbeitspreis gibt es verschiedene Möglichkeiten der Rabattierung, wobei insbesondere der Staffeltarif in der Kritik steht. Der Leistungspreis wird je nach EVU auf Basis von festgelegten Meßintervallen bestimmt. In der industriellen Praxis besteht dadurch die Gefahr, daß durch eine einmalige, über das normale Maß hinausgehende, beim EVU angeforderte Spitzenlast der Leistungspreis für einen längeren Zeitraum in die Höhe schnellt und das Ergebnis über Gebühr belastet. Neben anderen preiserhöhenden vertraglichen Besonderheiten der EVU werden meist Leistungspreise für eine nicht bestellte, aber in Anspruch genommene Leistung mit Zuschlägen fakturiert.

Insgesamt sinken die durchschnittlichen Strombezugskosten, je mehr Stromarbeit vom EVU nachgefragt wird (Rabattierung), je gleichmäßiger die Stromnachfrage ist (hohe Benutzungsdauer führt ceteris-paribus zu niedrigeren Leistungspreisen) und je mehr die Stromnachfrage in der Niedertarifzeit bzw. in der Sommerzeit liegt.

Da all diese Faktoren von einem im Ein-Schichtbetrieb fahrenden und lediglich mittelständischen industriellen Unternehmen kaum beeinflußt werden können, gestaltet sich der Verhandlungsspielraum beim Preisgerüst der innerbetrieblichen Stromnachfrage aufgrund der Monopolstellung der EVU verhältnismäßig gering. Dies kann Anlaß sein, über alternative Möglichkeiten der Stromversorgung nachzudenken.

Das Preisgerüst bei der innerbetrieblichen Wärmenachfrage hängt zum einen von der Art des Endenergieträgers ab und zum anderen von der Höhe der Bezugsmenge. Die Bezugsmenge wird vom Umfang der Eigenerzeugung der Wärme, vom Wirkungsgrad des Kessels, aber auch von weiteren Anwendungsgebieten des Brennstoffs innerhalb des Unternehmens beeinflußt. Beim Energieträger Heizöl ist im Gegensatz zum Energieträger Gas keine Unterscheidung in fixe und variable Kosten möglich. Auf die Unterschiede dieser Energieträger im Hinblick auf ihre Preisbildungsmechanismen (Prinzip des anlegbaren Preises) wurde in Kapitel B hingewiesen.

Eine Umstellung aller Maschinen und Anlagen auf möglichst einen Energieträger kann bewirken, daß aufgrund einer erhöhten Abnahmemenge die Wärmekosten reduziert werden. Ein weiteres Einsparpotential besteht in der energetisch exakten Dimensionierung aller im Unternehmen betriebenen Aggregate. Speziell beim Gasbezug sind mit „unterbrechbaren Lieferverträgen“ weitere Kostenreduzierungen möglich.

Der Betrieb einer KWK-Anlage kann hinsichtlich der Wärmekosten zu folgenden Effekten führen: Einerseits werden sich die Bezugsmengen für den Endenergieträger entscheidend erhöhen, so daß mit geringeren durchschnittlichen Bezugskosten kalkuliert werden kann. Andererseits muß berücksichtigt werden, daß der Wirkungsgrad bzw. die Auslastung des Kessels durch den Betrieb reduziert werden wird.

Worin die Vorteile aus dem Betrieb einer KWK-Anlage konkret liegen, woraus sich diese Vorteile begründen und welche technischen Möglichkeiten die Kraft-Wärme-Kopplung bietet, wird Gegenstand des nachfolgenden Kapitels sein.

E. Prinzip und Konzepte der Kraft-Wärme-Kopplung

Nachdem im letzten Kapitel die Strom- und Wärmekosten bei Fremdbezug dargestellt wurden, steht in diesem Kapitel die Eigenversorgung mittels der Technologie der Kraft-Wärme-Kopplung im Vordergrund.

In einem ersten Abschnitt werden die Vor- und Nachteile der Kraft-Wärme-Kopplung erläutert und ein Überblick über das Prinzip der Kraft-Wärme-Kopplung gegeben.

Gegenstand des zweiten Abschnittes wird es sein, verschiedenene Konzepte der Kraft-Wärme-Kopplung vorzustellen und hinsichtlich der Eignung für den industriellen Einsatz zu untersuchen. Dazu werden die Konzepte anhand bedeutender technischer und betriebswirtschaftlicher Kriterien einander gegenüber gestellt.

Auf der Grundlage der im zweiten Abschnitt gewonnen Erkenntnisse werden im dritten Abschnitt Möglichkeiten aufgezeigt, wie ein Unternehmen die für einen näheren Wirtschaftlichkeitsvergleich wesentlichen Konzepte auswählen kann.

I. Vorteile und Prinzip der Kraft-Wärme-Kopplung

1. Vorteile der Kraft-Wärme-Kopplung

Der Vorteil der Kraft-Wärme-Kopplung liegt in der Zusammenführung der ansonsten räumlich und technisch getrennten Energieumwandlungsprozesse zur Erzeugung von Strom und Wärme. Dadurch eröffnen sich Möglichkeiten der Primärenergieeinsparung, der Ressourcenschonung und der Verringerung von Schadstoffemissionen.[1] Damit ist die Kraft-Wärme-Kopplung nicht nur aus ökologischer Sicht zu begrüßen, sondern kann durchaus auch unter ökonomischen Gesichtspunkten vorteilhaft sein.[2]

a. Primärenergieeinsparung und Ressourcenschonung

Auch wenn die fossilen Energiereserven durch neue Funde in den letzten Jahren zugenommen haben, sind die mit vertretbarem Aufwand zu gewinnenden Primärenergieträger Kohle, Erdgas und Erdöl nach wie vor begrenzt.[3]

Aufgrund der Begrenztheit der Primärenergieträger kommt der Ressourcenschonung eine entscheidende Bedeutung zu. Der verstärkte Einsatz von Anlagen der Kraft-Wärme-Kopplung kann dazu beitragen, Primärenergie einzusparen und somit die endlichen fossilen Brennstoffressourcen zu schonen.[4]

Die folgende Abbildung zeigt die Auswirkungen der Erzeugung von Wärme und Kraft in getrennten Anlagen sowie in KWK-Anlagen auf die Brennstoffausnutzung und somit auf den effektiven Einsatz der Primärenergie:

---

1 Vgl. Schaefer, H.: Struktur und Analyse des Energieverbrauchs der Bundesrepublik Deutschland, a.a.O., S. 85; vgl. auch Lang, J.: Mini-Blockheizkraftwerke, in: Fachinformationzentrum Karlsruhe, Gesellschaft für wissenschaftlich-technische Information (Hrsg.), BINE-Projekt-Info 2/95, S. 3; Jahraus, B., Dieckmann, R.: Der Kombiprozeß mit indirekt kohlebefeuerter Gasturbine, a.a.O., S. 33ff; Neuffer, H.: Umweltpolitische und betriebswirtschaftliche Aspekte, a.a.O., S. 170 und 171.

2 Vgl. Hein, D.: Einsatz der Kraft-Wärme-Kopplung. Technik, Wirtschaftlichkeit, Umwelt, a.a.O., S. 25.

3 Vgl. Kapitel B.II; vgl. auch Schaefer, H., Geiger, B., Rudolph, M.: Energiewirtschaft und Umwelt, a.a.O., S. 34ff; Hein, D.: Einsatz der Kraft-Wärme-Kopplung. Technik, Wirtschaftlichkeit, Umwelt, a.a.O., S. 25.

4 Vgl. Voß, A.: Strategien zur Reduktion der energiebedingten CO_2-Emissionen, a.a.O., S. 19; Lang, J.: Mini-Blockheizkraftwerke, a.a.O., S. 1-4; Jahraus, B., Dieckmann, R.: Der Kombiprozeß mit indirekt kohlebefeuerter Gasturbine, a.a.O., S. 33ff; Hein, D.: Einsatz der Kraft-Wärme-Kopplung. Technik, Wirtschaftlichkeit, Umwelt, a.a.O., S. 25; Henkel, H.: Umweltschonende Energiebereitstellung in KWK-Anlagen, a.a.O., S. 1; Rostek, H.A.: Möglichkeiten und Grenzen der Kraft-Wärme-Kopplung, a.a.O., S. 30; Schreiner, E.: Kraft-Wärme-Kopplung zur Energieversorgung von Flaschenfüllanlagen in Brauereien, Mineralbrunnen und Erfrischungsgetränkebetrieben, Dissertation, Berlin 1982, S. 8.

Abbildung E29: Energieflüsse bei der reinen Stromerzeugung sowie bei der zentralen und dezentralen Kraft-Wärme-Kopplung

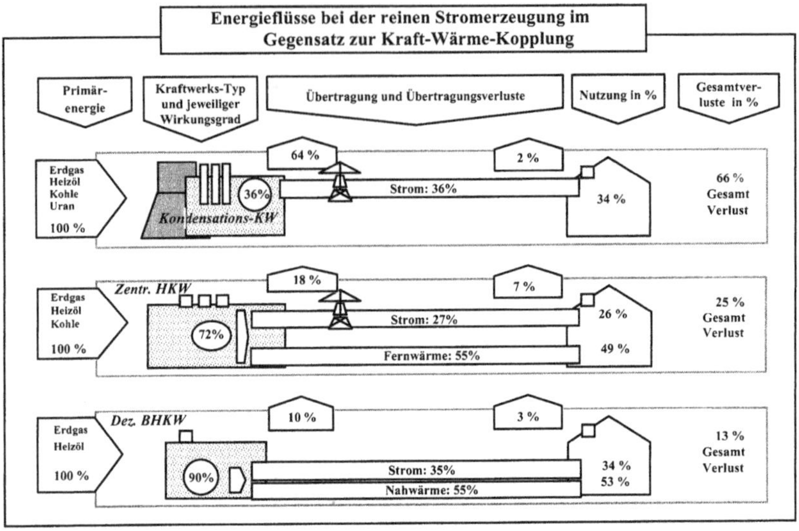

Quelle: In Anlehnung an: o.V.: Arbeitsgemeinschaft für sparsamen und umweltfreundlichen Energieverbrauch e.V. (ASUE), Blockheizkraftwerke, 1992, S. 2.

Durch technisch und physikalisch bedingte Umwandlungsverluste im Kondensationskraftwerk[5] (ca. 64%) und durch Verluste bei der Übertragung der elektrischen Energie (ca. 2%) vom Standort des Großkraftwerks bis zum Verbrauchsort sind von 100 kWh eingesetzter Primärenergie nur ca. 34 kWh vom Verbraucher nutzbar.[6] Ca. 66 kWh gehen unwiederbringlich als nicht genutzte Abwärme verloren und heizen unnötig die Flüsse und die Atmosphäre auf.[7]

Im Gegensatz dazu verbessert sich der Brennstoffausnutzungsgrad bei einem zentralen[8] Heizkraftwerk, in dem die Erzeugung von Strom und Wärme gekoppelt stattfindet, bereits auf

---

5 Bei Kondensationskraftwerken wird der im Kreislauf geführte Dampfstrom nach Verlassen der Dampfturbine kondensiert und als Speisewasser dem Dampfkessel wieder zugeführt, eine Wärmenutzung findet nicht statt; vgl. Karow, V.: Stromerzeugung in Wärmekraftwerken, in: Informationszentrale der Elektrizitätswirtschaft (IZE) e.V. (Hrsg.), Strombasiswissen, Nr. 105, S. 3.

6 Ein Ersatz der Prozentangaben durch energetische Größen verbessert die Anschaulichkeit der abstrakten Energieströme. 100 Kilowattstunden entsprechen dem äquivalent von ca. 10 Litern Heizöl bzw. ca. 10 Kubikmetern Erdgas; vgl. Schramek, E.-R.: Taschenbuch für Heizung und Klimatechnik, a.a.O., S. 45ff.; Stephan, K.: Thermodynamik, in: Beitz, W., Küttner, K.-H. (Hrsg.), Dubbel-Taschenbuch für den Maschinenbau, 17. Auflage, Berlin 1990, D 22.

7 Bei modernen Kondensationskraftwerken sind durch Kombination von Gas- und Dampfturbinen (GUD-Technik) bereits Wirkungsgrade von ca. 50% zu erreichen; vgl. o.V.: Mit 50,3% Wirkungsgrad-Meister, in: Stromthemen, Jahrgang 11, 1994, Heft 3, S. 3.

8 Die Begriffe "zentral" und "dezentral" stammen ursprünglich aus dem politischen Wortschatz, wobei der Begriff "zentral" eine autokratische Struktur, der Begriff "dezentral" eine demokratische Struktur suggeriert. Auch in der energiepolitischen Diskussion werden diese Begriffe gerne in dieser Weise verwendet; vgl. ausführlich Schaefer, H: Zentrale und dezentrale Energieversorgung, Tagungsbericht, Fachseminar "Rationelle Energienutzung und Kraft-Wärme-Kopplung in der Industrie", Schliersee, 05/1994, S. 12ff.

ca. 75%. Eine weitere Steigerung der Ausnutzungsgrade ist in einem Blockheizkraftwerk (BHKW) möglich.

Durch den dezentralen Einsatz in kleinen Einheiten vor Ort wird das Problem der ungünstigen Speicher- und Transportierbarkeit von Wärme weiter entschärft.[9] Von 100 kWh Primärenergie sind im Fall eines dezentralen Blockheizkraftwerks auch aufgrund eines höheren Wirkungsgrades 87 kWh und mehr nutzbar.[10]

Mit der Verbesserung der Brennstoffausnutzungsgrade geht automatisch eine Verringerung des Brennstoffeinsatzes einher. Die gesamte Primärenergieeinsparung der unterschiedlichen Versorgungsvarianten zeigt die folgende Abbildung:

Abbildung E30: Primärenergieeinsparung durch Kraft-Wärme-Kopplung

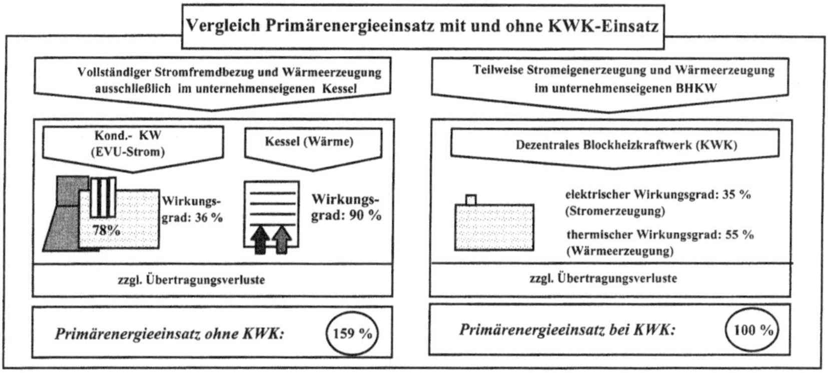

Quelle: In Anlehnung an: o.V.: Arbeitsgemeinschaft für sparsamen und umweltfreundlichen Energieverbrauch e.V. (ASUE),, Blockheizkraftwerke, a.a.O., S. 20.

Bei einer im Vergleich identischen Nutzenergiemenge von 34 kWh Strom und 53 kWh Wärme müssen bei getrennter Erzeugung im Großkraftwerk und Heizkessel insgesamt 159 kWh Primärenergie eingesetzt werden. Bei der dezentral gekoppelten Erzeugung im BHKW werden im Gegensatz dazu lediglich 100 kWh an Primärenergie benötigt. Die Primärenergieeinsparung beträgt bei gleich großem Nutzen also knapp 40%.[11]

Diese Einsparung wird noch größer, wenn durch den Einsatz eines BHKW auf der Wärmeseite nicht Öl oder Gas, sondern Strom verdrängt wird:[12] Wird die Wärme im Unternehmen aus fremdbezogenem Strom gewonnen, dann liegt der Nutzungsgrad bezogen auf den Primärenergieverbrauch bei lediglich ca. 35% und ist damit wesentlich geringer als etwa der Nutzungsgrad bei direkter Wärmeerzeugung mittels betrieblicher Kesselanlage, welcher

---

9 Zur Speicherbarkeit von Strom und Wärme sowie zur Kopplung von Produkten ungleicher Speicherbarkeit, die zu unterschiedlichen „Transportradien" führt; vgl. Riebel, P.: Die Kuppelproduktion. Betriebs- und Marktprobleme, Köln und Opladen 1955, S. 75.

10 Vgl. Mareske, A.: Energietechnik , a.a.O., L 29; Hein, K.: Blockheizkraftwerke. Dezentrale Kraft-Wärme-Kopplung, 2. Auflage, Karlsruhe 1980, S. 19; Lang, J.: Mini-Blockheizkraftwerke, a.a.O., S. 4.

11 Vgl. u.a. Henkel, H.: Umweltschonende Energiebereitstellung in KWK-Anlagen, a.a.O., S. 3; Hein, D.: Einsatz der Kraft-Wärme-Kopplung. Technik, Wirtschaftlichkeit, Umwelt, a.a.O., S. 25 und 33; Neuffer, H.: Umweltpolitische und betriebswirtschaftliche Aspekte, a.a.O., S. 170-173.

12 Vgl. Suttor, K.-H., Suttor, W.: KWK-Fibel, a.a.O., S. 11; Hofer, R.: Analyse der Potentiale industrieller Kraft-Wärme-Kopplung, a.a.O., S. 5 und 6; Hein, D.: Einsatz der Kraft-Wärme-Kopplung. Technik, Wirtschaftlichkeit, Umwelt, a.a.O., S. 33.

bereits bei 80% bis 90% liegt. Werden nun Teile der im Unternehmen benötigten Wärme, die ursprünglich mit Nutzungsgraden von ca. 35% bereitgestellt worden sind, durch die Technologie der Kraft-Wärme-Kopplung innerbetrieblich eigenerzeugt, so erhöht sich die volkswirtschaftlich wirksame Primärenergieeinsparung auf über 40%.

Anders ausgedrückt, die Primärenergieeinsparung ist um so größer, je mehr Strom und dadurch entsprechend weniger Wärme aus der gekoppelten Kraft-Wärmeerzeugung generiert bzw. aus volkswirtschaftlicher Sicht ersetzt wird.[13]

b. Reduzierung der CO_2-Belastung

Durch die Verbrennung fossiler Brennstoffe wird CO_2 freigesetzt. Eine Senkung des Brennstoffverbrauches ist möglich, indem der Energiebedarf, z.B. an Strom und Wärme, vermindert oder durch effizientere Energieumwandlung gedeckt wird. Der derzeit wichtigste Weg zur CO_2-Minderung besteht in der effizienteren Energieumwandlung, d.h. in der Erhöhung des Brennstoffausnutzungsgrades. Hierbei kommt der KWK-Technologie die allgemein anerkannte Rolle zu, die verbrennungsbedingten CO_2-Emissionen durch die Verbesserung der Brennstoffausnutzung zu senken.[14]

Durch die in den letzten Jahren kontinuierlich gestiegene Anzahl installierter KWK-Anlagen werden zur Zeit im Bundesgebiet rund 3 Mio. Tonnen CO_2-Emissionen pro Jahr durch die KWK-Technik vermieden.[15] Die jeweilige Reduzierung der CO_2-Emissionen ist jedoch verschieden groß. Sie ist im wesentlichen von drei Faktoren abhängig: Erstens vom verwendeten KWK-Konzept, zweitens von der Art des verwendeten Brennstoffes in der KWK-Anlage und drittens vom sogenannten CO_2-Äquivalent.

Zu 1: Verwendetes KWK-Konzept
Das CO_2-Reduktionspotential bei Kraft-Wärme-Kopplung ist in hohem Maße von der sogenannten Stromkennzahl abhängig, die wiederum je nach gewähltem KWK-Konzept unterschiedlich hoch ist.[16] Je höher die Stromkennzahl eines KWK-Konzeptes, desto größer ist die erzeugte Strommenge im Vergleich zur erzeugten Wärmemenge. Je mehr Strom durch den Einsatz einer KWK-Anlage im herkömmlichen Netz verdrängt wird, desto höher ist somit auch die Menge der ersparten CO_2-Emission.

Zu 2: Art des verwendeten Brennstoffes in der KWK-Anlage
Die CO_2-Emissionen sind auch abhängig vom verwendeten Brennstoff in der KWK-Anlage. Wie in Kapitel B aufgezeigt, hat beispielsweise Erdgas eine spezifische CO_2-Emission von

---

13 In der Praxis wird jedoch bei älteren öl- oder gasbefeuerten Heizkesseln der Umwandlungswirkungsgrad von 90% nicht immer erreicht. Deshalb werden durch den Einsatz der KWK-Technologie in der Regel auch bei öl- oder gasbefeuerten Heizkesseln höhere Primärenergieeinsparungen als 40% erzielt.

14 Vgl. Traube, K, Schulz, W.: Ökologische und ökonomische Wirkungen des Zubaus von Kraft-Wärme-Kopplungsanlagen, Abschlußbericht mit Anlagen, Hessisches Ministerium für Umwelt, Energie, Jugend, Familie und Gesundheit (Hrsg.), Wiesbaden 7/1995, S. 52; Hein, D.: Einsatz der Kraft-Wärme-Kopplung. Technik, Wirtschaftlichkeit, Umwelt, a.a.O., S. 25 und 32; Vieregge R.: Kraft-Wärme-Kopplung und Treibhauseffekt. Chancen zur Energieeinsparung und CO_2-Minderung, a.a.O., S. 7; Hein, D.: Biomasse. Nachwachsende Energie aus Land- und Forstwirtschaft. Beitrag zur CARMEN-Brochüre, ohne Datum, S. 5; Rostek, H.-A.: Möglichkeiten und Grenzen der Kraft-Wärme-Kopplung, a.a.O., S. 30; Lang, J.: Mini-Blockheizkraftwerke, a.a.O., S. 1-4; Jahraus, B., Dieckmann, R.: Der Kombiprozeß mit indirekt kohlebefeuerter Gasturbine, a.a.O., S. 33; Schmitt, D, Bergschneider, C.: Dezentrale Kraft-Wärme-Kopplung, Zeitschrift für Energiewirtschaft, 3/87, S. 210f.

15 Vgl. Grawe, J., Nickel, M.: Der Beitrag der deutschen Elektrizitätswirtschaft zur Minderung der CO_2-Emissionen, a.a.O., S. 1175; Jochem, E.: Volkswirtschaftliche und energiewirtschaftliche Aspekte der industriellen und gewerblichen KWK-Anwendung, a.a.O., S. 147; Handrock, W: Das energiewirtschaftliche Umfeld der Kraft-Wärme-Kopplung, a.a.O., S. 12.

16 Vgl. u.a. Rostek, H.A.: Möglichkeiten und Grenzen der Kraft-Wärme-Kopplung, a.a.O., S. 30.

0,2 kg/kWh.[17] Dies entspricht in etwa der Hälfte des entsprechenden Wertes von Braunkohle. Die vergleichbaren Werte für Heizöl und Steinkohle liegen bei ca. 0,3 kg/kWh.

Zu 3: CO_2-Äquivalent

Das CO_2-Äquivalent bildet sich durch die Art des verdrängten Brennstoffes im herkömmlichen Kondensationskraftwerk. Dabei entsteht bei Verdrängung von Strom, der vorher im Kernkraftwerk erzeugt wurde, naturgemäß keine CO_2-Ersparnis. Wird jedoch Strom verdrängt, der aus Braunkohle erzeugt wurde, ist die CO_2-Ersparnis am größten.[18]

Da die Verringerung der CO_2-Emissionen je nach Anwendungsfall unterschiedlich groß ist, soll an dieser Stelle anhand der KWK-Technologie „Blockheizkraftwerk" die Emissionsverringerung beispielhaft dargestellt werden.

Die CO_2-Ersparnis resultiert bei Einsatz eines Blockheizkraftwerkes auf Erdgasbasis einerseits aus dem verbesserten Brennstoffausnutzungsgrad und andererseits aus dem Ersatz von Brennstoffen mit hohen spezifischen CO_2-Emissionen wie Kohle und Heizöl durch das CO_2-arme Erdgas.[19] Bei der getrennten Erzeugung von 34 kWh Strom und 53 kWh Wärme werden ca. 48 kg CO_2-Emissionen in die Atmosphäre entlassen. Erfolgt die Erzeugung dieser Nutzenergiemengen jedoch in einem Blockheizkraftwerk, dann entstehen lediglich ca. 20 kg CO_2-Emissionen. Im Vergleich zur getrennten Strom- und Wärmeerzeugung kann durch den Einsatz eines Blockheizkraftwerkes demnach eine CO_2-Emission von ca. 28 kg eingespart werden. Die CO_2-Entlastung durch das BHKW beträgt somit ca. 60%.[20]

Dieses Beispiel zeigt, daß durch die KWK-Technologie eine beträchtliche Belastungsreduzierung von CO_2 realisierbar ist. Letztendlich kann durch diese Technologie eine klimaschonende Bereitstellung von Strom und Wärme erfolgen, die - bei entsprechend flächendeckender Anwendung - zu einer wesentlichen und spürbaren Reduzierung des Treibhauseffekts führen kann.[21]

2. Prinzip der Kraft-Wärme-Kopplung

Wie bei der Darstellung der ökologischen Vorteile bereits ausgeführt, stellt das Prinzip der Kraft-Wärme-Kopplung ein alternatives Verfahren der Energieumwandlung dar. Im Gegensatz zur gekoppelten Erzeugung von Wärme und Strom werden in den herkömmlichen, zur Zeit hauptsächlich in Nutzung befindlichen Systemen, die Nutzenergien Wärme und Strom in getrennten Anlagen und an getrennten Standorten erzeugt.

Strom wird hierbei in der Regel in zentralen Großkraftwerken, die vorrangig an Flüssen zu finden sind, auf der Brennstoffbasis Kohle oder Uran erzeugt. Dabei wird die im Kraftwerksprozeß zwangsläufig entstehende Abwärme ungenutzt an das Flußwasser bzw. an die Luft abgeführt.[22] Davon räumlich und technisch getrennt wird die Wärme für die Gebäudebeheizung, Warmwasserbereitung und Prozeßwärmebereitstellung in dezentralen Heiz- und Dampfkesseln erzeugt.

---

[17] Vgl. Vieregge R.: Kraft-Wärme-Kopplung und Treibhauseffekt. Chancen zur Energieeinsparung und CO_2-Minderung, S. 8; vgl. auch Abbildung 17 aus Kapitel B.

[18] Kernkraftstrom hat ein CO_2-Äquivalent von 0 kg/kWh, Steinkohlestrom hingegen hat ein CO_2-Äquivalent von ca. 1 kg/kWh; vgl. hierzu o.V.: Umweltverträglichkeit, in: ASUE (Hrsg.), Blockheizkraftwerke. Grundlagen der Technik und Anwendungsmöglichkeiten, Hamburg ohne Datum, S. 21.

[19] Vgl. Henkel, H.: Umweltschonende Energiebereitstellung in KWK-Anlagen, a.a.O., S. 4ff.

[20] Vgl. o.V.: Erdgas. Chance für Umwelt und Klima. Materialien und Bildvorlagen, in: ASUE (Hrsg.), Umwelt - Klima - Erdgas, Hamburg 1994, Bild 29; Lang, J.: Mini-Blockheizkraftwerke, a.a.O., S. 3ff.

[21] Vgl. Hein, D.: Einsatz der Kraft-Wärme-Kopplung. Technik, Wirtschaftlichkeit, Umwelt, a.a.O., S.33.

[22] Zur Thematik des theoretisch maximal und technisch möglichen, nutzbaren Stromanteils im Kraftwerksprozeß vgl. Kugeler, K., Phlippen, P.-W.: Energietechnik, a.a.O., S. 43ff; Stephan, K.: Thermodynamik, a.a.O., D 22; Rostek, H.-A.: Möglichkeiten und Grenzen der Kraft-Wärme-Kopplung, a.a.O., S. 30.

a. Kraft-Wärme-Kopplung und Kuppelproduktion

Im Prozeß der Kraft-Wärme-Kopplung entstehen die Produkte Strom und Wärme in derselben Energieumwandlungsanlage und in einem Produktionsprozeß unter Einsatz einer oder mehrerer Energiearten. Im betriebswirtschaftlichen Sinn handelt es sich somit um eine verbundene[23] oder komplementäre[24] Produktion.[25]

Derartige Produktionsprozesse, auf die bereits A. Smith in seinen Arbeiten hinwies[26], wurden von E. Schmalenbach als Kuppelproduktion[27] bezeichnet.[28]

Die Erzeugung der Kuppelprodukte Strom und Wärme, die unter den vorgenannten Voraussetzungen meist simultan und zwangsläufig[29] entstehen, kann dabei vereinfacht dargestellt werden:

Abbildung E31: Grundschema einer Kuppelproduktion von Strom und Wärme

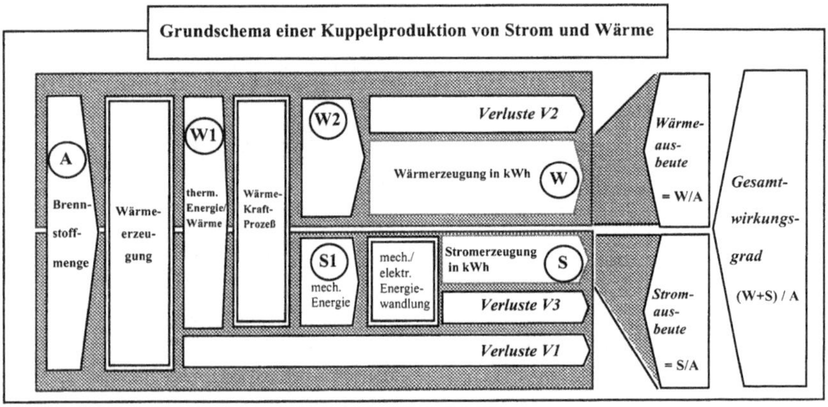

Quelle: Eigene Darstellung.

---

[23] Vgl. Schneider, E.: Einführung in die Wirtschaftstheorie, Teil 2, Wirtschaftspläne und wirtschaftliches Gleichgewicht in der Verkehrswirtschaft, 12. Auflage, Tübingen 1969, S. 113.

[24] Vgl. Lohmann, M: Einführung in die Betriebswirtschaftslehre, Tübingen 1964, S. 72.

[25] Vgl. Kilger, W.: Optimale Produktions- und Absatzplanung, Opladen 1973, S. 341; Gutenberg, E.: Die Produktion, a.a.O., S. 108; Mareske, A.: Energietechnik, a.a.O., L 29; zu den betriebswirtschaftlich relevanten Aspekten, die aus der Kuppelproduktion von Strom und Wärme resultieren vgl. auch die folgenden Kapitel F.V.2.

[26] Vgl. Smith, A.: Natur und Ursachen des Wohlstandes, Übersetzung von F. Bülow, Leipzig 1933, S. 160.

[27] In manchen vornehmlich technischen Literaturquellen (z.B. Büchner, J., Wieber, W.: Realisierung, in: Suttor, K.-H., Suttor, W. (Hrsg.), Handbuch der Kraft-Wärme-Kopplung. Für Planer, Betreiber, Ausbildung., Karlsruhe 1991, S. 235.) findet sich auch der Begriff der „Koppelproduktion" oder auch der der „Koppelprodukte". Da sich diese Begriffe in der Betriebswirtschaft nur sehr vereinzelt niedergeschlagen haben, wird diese Terminologie im folgenden nicht übernommen.

[28] Streng genommen ist jede Entstehung von Abfall oder Ausschuß als Kuppelproduktionsprozeß zu verstehen. Aus diesem Grund kann argumentiert werden, daß die Betriebswirtschaft der praktischen und vor allen Dingen zunehmenden Bedeutung der Kuppelproduktion (siehe Recycling) nicht gerecht wird, wenn die Kuppelproduktion nur „als Ausnahmefall am Rande berücksichtigt" wird; vgl. Hax, H.: Die Koordination von Entscheidungsregeln, Berlin/Bonn/München 1965, S. 148; Kilger, W.: Optimale Produktions- und Absatzplanung, a.a.O., S. 342; vgl hierzu auch Kortzfleisch, G. von: Systematik der Produktionsmethoden, in: Jacob, H. (Hrsg.), Industriebetriebslehre, 4. Auflage, Wiesbaden 1990, S. 115.

[29] Wie im folgenden noch aufgezeigt wird, gibt es eine Reihe von KWK-Konzepten, bei denen die Zwangsläufigkeit der simultanen Produktion nicht gegeben ist.

Die obige Abbildung gibt auch die Energieströme wieder, die die Bilanzgrenze des Kraft-Wärme-Prozesses überschreiten. So wird bei der Kraft-Wärme-Kopplung unter Einsatz der Brennstoffwärmemenge *A* die elektrische Arbeit *S* sowie die Wärmemenge W erzeugt. Die jeweiligen Erzeugungsmengen sind hierbei „netto" zu verstehen, da die Nettoerzeugung der Kraft-Wärme-Kopplung die um den Eigenverbrauch des Kraft-Wärme-Prozesses verminderte Bruttoleistung ist.[30] Die Summe aus V1 bis V3 stellt die Summe aller Energieverluste bzw. Umwandlungsverluste dar.

Die Energiebilanz für die gesamte KWK-Anlage lautet demnach:

$$A = W + S + (V1 + V2 + V3)$$

Der Gesamtwirkungsgrad der Kraft-Wärme-Kopplung, bei Betrachtung von Zeitabschnitten auch als Nutzungsgrad bezeichnet,[31] ergibt sich als Quotient aus der Summe der in der Kuppelproduktion erzeugten und nutzbaren Energien W und S und dem Gesamtaufwand A:

$$Gesamtwirkungsgrad_{KWK} = \frac{W + S}{A}$$

Die Relation der erzeugten Energien zueinander läßt sich durch die Stromkennzahl ausdrükken:[32]

$$Stromkennzahl = \frac{S}{W}$$

Die Stromkennzahl nimmt demzufolge für Anlagen mit im Vergleich zur Stromerzeugung geringer Wärmeauskopplung sehr hohe Werte an und ist für Stromerzeuger ohne Wärmeauskopplung[33] mathematisch nicht definiert.

Da in einer KWK-Anlage der Brennstoff besser genutzt wird, bringt eine hohe Stromkennzahl - sofern die Höhe nicht zu Lasten des Gesamtwirkungsgrads geht - nicht nur volkswirtschaftliche bzw. ökologische Vorteile hinsichtlich rationellem Energieeinsatz mit sich, sondern führt aufgrund der höheren Wertigkeit von Strom auch zu betriebswirtschaftlichen Kostenvorteilen.[34] Bei der Umwandlung der in der Brennstoffmenge A enthaltenen Energie in die thermische Energie (W1) entstehen die Verluste V1.

Diese Verluste entstehen zwar innerhalb der Bilanzgrenze der KWK-Anlage, haben jedoch aus technischer Sicht - wie die Abbildung verdeutlicht - nichts mit dem Wärme-Kraft-Prozeß im engeren Sinne zu tun. Der Wärmeerzeugungswirkungsgrad ist demnach wie folgt definiert:

$$Wärmeerzeugungswirkungsgrad = \frac{W1}{A}$$

[30] Vgl. Stephan, K.: Thermodynamik, a.a.O., D 22; Schaefer, H.: Erzeugung elektrischer Energie. Thermische Stromerzeugungsanlagen, in: Lehrstuhl für Energiewirtschaft und Kraftwerkstechnik. Technische Universität München (Hrsg.), Vorlesungsmanuskript, Heft 11, S. 88ff; o.V.: Energiewirtschaftliche Grundbegriffe, a.a.O., S. 45.

[31] Vgl. Piller, W., Rudolph, M.: Kraft-Wärme-Kopplung, a.a.O., S. 24.

[32] Kilger bezeichnet diese Mengenrelation, die das Verhältnis von der erzeugten Menge des Leitproduktes zum Nebenprodukt angibt, als Relativziffer. Vgl. Kilger, W.: Optimale Produktions- und Absatzplanung, a.a.O., S. 343.

[33] Dies entspricht der sog. ungekoppelten Stromerzeugung; vgl. Schaefer, H.: Erzeugung elektrischer Energie. Thermische Stromerzeugungsanlagen, a.a.O., S. 90.

[34] Vgl. Suttor, K.-H., Suttor, W.: KWK-Fibel, a.a.O., S. 11; Hofer, R.: Analyse der Potentiale industrieller Kraft-Wärme-Kopplung, a.a.O., S. 5 und 6; vgl. hierzu auch Abschnitt IV in diesem Kapitel.

b. Der Wärme-Kraft-Prozeß

Das wesentliche Element der Energieerzeugung einer KWK-Anlage ist der Wärme-Kraft-Prozeß. Es handelt sich dabei um einen offenen oder geschlossenen thermodynamischen Kreisprozeß, bei dem das Arbeitsmittel, z.B. Dampf oder Wasser, mehrere thermodynamische Zustandsänderungen durchläuft.[35]

Zur Wärmeerzeugung:

Die Wärmemenge W1 wird bei der „mittleren oberen Temperatur T_{zu}“ aufgenommen und mit der Menge W2 bei der „mittleren unteren Temperatur T_{ab}“ wieder abgegeben.[36] Dabei stellt die Menge W2 mit der „mittleren unteren Temperatur T_{ab}“ das vom Verbraucher geforderte Abwärme- oder Nutztemperaturniveau dar.

Zur Kraft- bzw. Stromerzeugung:

Außerdem wird technische Arbeit in Form mechanischer Energie S1 erzeugt.[37] Da in diesem Prozeß der prozeßinterne Eigenverbrauch nicht mehr enthalten ist, lautet die Energiebilanz des Wärme-Kraft-Prozesses:

$$W1 = S1 + W2$$

Durch die Wärmeabgabe im Wärme-Kraft-Prozeß entstehen die Verluste V2. Aus diesem Grund reduziert sich die Netto-Wärmeerzeugung von W2 auf W.

Ein weiterer geringer Verlust in Höhe von V3 resultiert aus der Umwandlung der mechanischen Energie S1 in die elektrische Energie S (Stromerzeugung, netto) sowie aus dem übrigen elektrischen Eigenverbrauch der KWK-Anlage.

Die maximale Ausbeute des Wärme-Kraft-Prozesses, der auch zur Umwandlung der Wärme W1 in die mechanische Energie S1 führt, wird durch den thermischen Wirkungsgrad ausgedrückt. Die Definition des thermischen Wirkungsgrades lautet:

$$\textit{Thermischer Wirkungsgrad} = \frac{S1}{W1}$$

Der thermische Wirkungsgrad kennzeichnet das Verhältnis zwischen der thermischen Energie W1 und der mechanischen Energie S1 und drückt damit die Qualität der Wärmeumwandlung in mechanische Energie aus.[38] Der thermische Wirkungsgrad hängt von zwei Faktoren ab:

Zum einen hängt er vom Wirkungsgrad des Carnot-Prozesses (Wirkungsgrad des Carnot-Prozesses = nc) ab, zum andern vom sogenannten Gütegrad η.[39] Das Produkt dieser beiden Faktoren ergibt ebenfalls den thermischen Wirkungsgrad:[40]

---

[35] Eine thermodynamische Zustandsänderung ist beispielsweise das Verdampfen oder der umgekehrte Vorgang, das Kondensieren einer Flüssigkeit; vgl. Stephan, K.: Thermodynamik, a.a.O., D 22.

[36] Die Begriffe „mittlere obere Temperatur T_{zu}“ und „mittlere untere Temperatur T_{ab}“ werden im folgenden noch einmal aufgegriffen.

[37] Zu den thermodynamischen Kreisprozessen vgl. ausführlich Piller, W., Rudolph, M.: Kraft-Wärme-Kopplung. Zur Theorie und Praxis der Kostenrechnung, a.a.O., S. 25ff.

[38] Vgl. Schaefer, H.: Erzeugung elektrischer Energie. Thermische Stromerzeugungsanlagen, a.a.O., S. 87ff.

[39] Der Gütegrad ist stets kleiner als der Wert 1. Er muß als Faktor mit dem Wirkungsgrad des Carnot-Prozesses multipliziert werden, da in der Realität die ablaufenden thermodynamischen Vorgänge immer mit bestimmten Verlusten verbunden sind: Die Gründe für diese Verluste resultieren beispielsweise aus Drosselungen und Reibungen. Der Gütegrad liegt in der Praxis bei Werten zwischen 0,70 und 0,85; vgl. Piller, W., Rudolph, M.: Kraft-Wärme-Kopplung. Zur Theorie und Praxis der Kostenrechnung, a.a.O., S. 26; zum Carnot-Prozeß: Stephan, K.: Thermodynamik, a.a.O., D 19; vgl. auch Riebel, P.: Die Kuppelproduktion. Betriebs- und Marktprobleme, a.a.O., S. 39.

[40] Vgl. Schaefer, H.: Erzeugung elektrischer Energie. Thermische Stromerzeugungsanlagen, a.a.O., S. 89.

$$\text{Thermischer Wirkungsgrad} = n_c \ x \ \text{Gütegrad} \ \eta$$

Der Wirkungsgrad des Carnot-Prozesses hängt ausschließlich von der „mittleren unteren Temperatur T_{ab}“ und der „mittleren oberen Temperatur T_{zu}“ ab. Die Formel des Carnot-Prozesses lautet wie folgt:[41]

$$\text{Wirkungsgrad des Carnot - Prozesses} = n_c = 1 - \left(\frac{T_{ab}}{T_{zu}} \right)$$

Aus dieser Formel folgt, daß der Wirkungsgrad des Carnot-Prozesses und damit auch der thermische Wirkungsgrad mit zunehmendem Verhältnis zwischen der „mittleren unteren Temperatur T_{ab}“ und der „mittleren oberen Temperatur T_{zu}“ sinkt. Mit anderen Worten, der Aufwand an thermischer Energie W1, bezogen auf die erzeugte mechanische Arbeit S1, steigt, wenn der Verbraucher ein höheres Abwärmetemperaturniveau T_{ab} fordert.[42] Darüber hinaus ist ersichtlich, daß der Aufwand an thermischer Energie W1, ebenfalls bezogen auf die erzeugte mechanische Arbeit S1, auch dann um so höher ist, je niedriger der Gütegrad η ist. Weitere wichtige Aussagen über die Qualität des KWK-Prozesses bzw. der KWK-Anlage sind mit den Begriffen Wärmeausbeute und Stromausbeute möglich.[43] Die Wärmeausbeute ist definiert als Verhältnis der Wärmeerzeugung zur Brennstoffeinsatzmenge A:[44]

$$\text{Wärmeausbeute} = \frac{W}{A}$$

Analog ist die Stromausbeute als Quotient aus Stromerzeugung und Brennstoffeinsatz definiert:

$$\text{Stromausbeute} = \frac{S}{A}$$

Aus der Summe von Stromausbeute und Wärmeausbeute ergibt sich der bereits definierte Gesamtwirkungsgrad. Der Quotient aus Strom- und Wärmeausbeute ist wiederum identisch mit der Stromkennzahl:

$$\text{Gesamtwirkungsgrad} = \text{Wärmeausbeute} + \text{Stromausbeute}$$

$$\text{Stromkennzahl} = \frac{\text{Stromausbeute}}{\text{Wärmeausbeute}}$$

c. Der Freiheitsgrad eines KWK-Prozesses

Der Freiheitsgrad ist ein physikalischer Begriff, der auch in anderen Wissenschaftsgebieten Einzug gefunden hat, so beispielsweise in der Mathematik, in den Wirtschaftslehren und in der Technik. Grundsätzlich bezeichnet der Freiheitsgrad die Anzahl der frei wählbaren, voneinander unabhängigen Parameter eines physikalischen Systems. Freiheitsgrade sind in der Thermodynamik frei wählbare Zustandsgrößen wie z.B. Temperatur und Druck.[45]

---

41 Vgl. Stephan, K.: Thermodynamik, a.a.O., D 19; Schaefer, H.: Erzeugung elektrischer Energie. Thermische Stromerzeugungsanlagen, a.a.O., S. 6.

42 Je höher das vom Verbraucher geforderte Abwärmeniveau des Kraft-Wärme-Prozesses ist, desto höher sind die Verluste; vgl. hierzu auch Schaefer, H.: Erzeugung elektrischer Energie. Thermische Stromerzeugungsanlagen, a.a.O., S. 6f.

43 Auch Riebel verwendet im Zusammenhang mit den Ausbringungsrelationen eines Kuppelproduktionsprozesses den Begriff der Ausbeute. Vgl. Riebel, P.: Einzelkosten und Deckungsbeitragsrechnung. Grundfragen einer markt- und entscheidungsorientierten Unternehmensrechnung, 6. Auflage, Wiesbaden 1990, S. 310ff.

44 Vgl. Hofer, R.: Analyse der Potentiale industrieller Kraft-Wärme-Kopplung, a.a.O., S. 12.

45 Vgl. Breuer, H.: dtv-Atlas zur Physik, a.a.O., S. 49.

Bezüglich der KWK-Technologie gibt der Freiheitsgrad Auskunft, inwiefern das Verhältnis zwischen der Wärme- und der Stromerzeugung, welches als Stromkennzahl definiert ist, variiert werden kann.

Unterschieden wird dabei in KWK-Anlagen mit einem Freiheitsgrad, bei denen das Verhältnis relativ starr ist und in KWK-Anlagen mit zwei Freiheitsgraden, bei denen das Verhältnis zwischen Strom- und Wärmeerzeugung stufenlos verändert werden kann.[46]

aa. Kennzeichen von KWK-Anlagen mit einem Freiheitsgrad

KWK-Anlagen mit einem Freiheitsgrad können Strom und Wärme nur gemeinsam erzeugen. Eine reine Stromerzeugung durch Wärme-Kondensation, wie sie in den herkömmlichen Kondensationskraftwerken stattfindet, ist hierbei nicht möglich.[47] Das Verhältnis zwischen den Energieströmen Wärme und Strom ist relativ starr und unterliegt nur durch Teillastbetrieb verhältnismäßig geringen Änderungen. Der Zusammenhang zwischen elektrischer und thermischer Leistung und der relativen Konstanz der Stromkennzahl ist für eine Dampfturbine in der folgenden Abbildung verdeutlicht:

Abbildung E32: Strom- und Wärmeerzeugung mit einem Freiheitsgrad

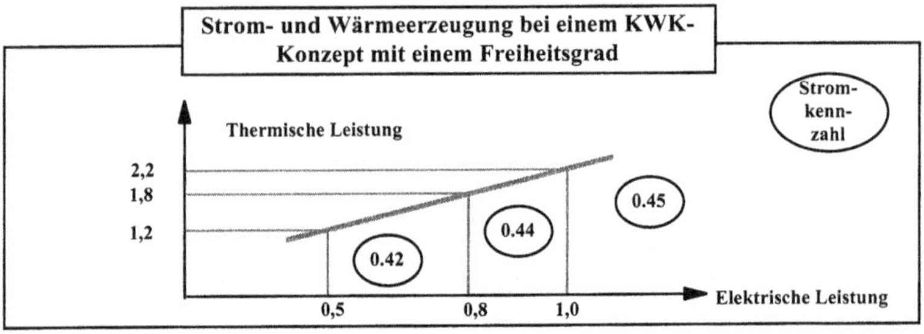

Quelle: Eigene Darstellung; teilweise Anlehnung an Piller, W., Rudolph, M.: Kraft-Wärme-Kopplung, Zur Theorie und Praxis der Kostenrechnung, a.a.O., S. 32.

Die Stromkennzahl kann der Abbildung entnommen werden, indem der jeweilige Quotient aus elektrischer und thermischer Leistung gebildet wird.

Die Stromkennzahl nimmt in diesem Fall Werte zwischen 0,42 und 0,45 an. Man erkennt, daß die Stromkennzahl bei Reduzieren der elektrischen oder thermischen Leistung, d.h. bei einer von der Vollast nach unten abweichenden Fahrweise, bei der Dampfturbine nur leicht sinkt.[48]

---

[46] Riebel spricht in diesem Fall von unveränderlichen und veränderlichen Mengenrelationen von Kuppelprodukten, wobei die veränderlichen Mengenrelationen wiederum in stochastische (nicht lenkbare) und deterministische (lenkbare) Veränderungen der Mengenrelationen unterteilt werden können. Im Falle einer KWK-Anlage mit zwei Freiheitsgraden handelt es sich um ein lenkbares Mengenverhältnis; vgl. Riebel, P.: Die Kuppelproduktion. Betriebs- und Marktprobleme, a.a.O., S. 95 und 96; Kilger, W.: Optimale Produktions- und Absatzplanung, a.a.O., S. 340 und 342.

[47] Vgl. Hein, D.: Einsatz der Technik der Kraft-Wärme-Kopplung. Technik, Wirtschaftlichkeit, Umwelt, a.a.O., S. 26 und 27; Hofer, R.: Analyse der Potentiale industrieller Kraft-Wärme-Kopplung, a.a.O., S. 8; Schreiner, E.: Kraft-Wärme-Kopplung zur Energieversorgung von Flaschenfüllanlagen in Brauereien, Mineralbrunnen und Erfrischungsgetränkebetrieben, a.a.O., S. 9.

[48] Riebel spricht in diesem Zusammenhang von Abhängigkeiten der Mengenverhältnisse bei Kuppelprodukten vom Grad der Kapazitätsausnutzung. Riebel weist darauf hin, daß die Mengenrelationen nicht über die Beschäftigungsdauer beeinflußt werden können, sondern lediglich im Rahmen gewisser Grenzen durch Veränderung der Intensität; vgl. Riebel, P.: Die Kuppelproduktion. Betriebs- und Marktprobleme, a.a.O., S. 108. Auf die wirtschaftlichen Konsequenzen bei Laständerung wird ausführlich im Kapitel G eingegangen.

Der Betreiber einer KWK-Anlage mit einem Freiheitsgrad kann also entweder die elektrische Leistung oder die thermische Leistung an den bestehenden Energiebedarf anpassen.[49]

Erfolgt eine Anpassung an den innerbetrieblichen Strombedarf, so spricht man von einer stromorientierten Fahrweise, bei einer Fahrweise zur primären Deckung des innerbetrieblichen Wärmebedarfs spricht man von einer wärmeorientierten Fahrweise.

Für Anlagen mit einem Freiheitsgrad ist charakteristisch, daß der Anlagenbetrieb nur bei gleichzeitiger Abnahme von Strom und Wärme möglich ist. Wenn diese Abnahme nicht sichergestellt werden kann, dann gerät der Prozeß der Kraft-Wärme-Kopplung ins Stocken, d.h. die Anlage muß ausgeschaltet werden.[50]

bb. Kennzeichen von KWK-Anlagen mit zwei Freiheitsgraden

KWK-Anlagen mit zwei Freiheitsgraden sind außer zur gekoppelten Produktion von Strom und Wärme auch zur Stromerzeugung ohne gleichzeitige Wärmeabnahme fähig.

Das bedeutet, daß die KWK-Anlage auch in den Zeiten, in denen die Wärme nicht benötigt wird, Strom erzeugen kann.[51] In diesen Fällen wird die überschüssige Wärme über Kondensatoren an die Atmosphäre abgeführt.[52] Der Wirkungsgrad der Anlage sinkt in solchen Fällen allerdings auf Werte von ca. 30% bis 40% und somit auf das gleiche niedrige Niveau wie bei herkömmlichen Kondensationskraftwerken.

Aus betriebswirtschaftlicher Sicht entspricht eine Abführung der nicht benötigten Wärme über Kondensatoren o.ä. dem Verzicht auf eines der Kuppelprodukte: „Früher hat man es sich leicht gemacht, die Diskrepanz zwischen den Produktions- und Nachfrageverhältnissen bei gekoppelten Produkten zu lösen: Man warf die nicht gewollten oder nicht ohne weiteres verwendbaren Kuppelprodukte einfach weg“[53].

Aus der folgenden Abbildung E 33 ist ersichtlich, daß die elektrische Nenn- bzw. Maximalleistung (Punkt A) nur dann erreicht wird, wenn die Anlage ohne Wärmeerzeugung betrieben wird.[54] In diesem Punkt ist der Wirkungsgrad der Anlage auf einem sehr niedrigen Niveau, da die elektrische Maximalleistung mit einer Wärmeleistung von Null erkauft werden muß. Die Stromkennzahl ist an diesem Punkt unendlich,[55] bzw. sie ist im Extremfall mathematisch nicht definiert.[56]

---

[49] Vgl. Schreiner, E.: Kraft-Wärme-Kopplung zur Energieversorgung von Flaschenfüllanlagen in Brauereien, Mineralbrunnen und Erfrischungsgetränkebetrieben, a.a.O., S. 9.

[50] Vgl. Piller, W., Rudolph, M.: Kraft-Wärme-Kopplung. Zur Theorie und Praxis der Kostenrechnung, a.a.O., S. 29; Hofer, R.: Analyse der Potentiale industrieller Kraft-Wärme-Kopplung, a.a.O., S. 8.

[51] Vgl. Hein, D.: Einsatz der Kraft-Wärme-Kopplung. Technik, Wirtschaftlichkeit, Umwelt, a.a.O., S. 25ff, Hofer, R.: Analyse der Potentiale industrieller Kraft-Wärme-Kopplung, a.a.O., S. 8; Schaefer, H.: Erzeugung elektrischer Energie. Thermische Stromerzeugungsanlagen, a.a.O., S. 100.

[52] Handelt es sich um eine Gasturbine, spricht man vom Kondensationsbetrieb; bei Verbrennungsmotoren bzw. BHKW, die die nicht benötigte Wärme z.B. über Kühler abführen oder in Speichern kurzfristig aufbewahren, spricht man von Auspuffbetrieb.

[53] Riebel, P.: Die Kuppelproduktion. Betriebs- und Marktprobleme, a.a.O., S. 122.

[54] Ob das Fahren der Anlage im Kondensationsbetrieb nun als elastische Kuppelproduktion bezeichnet werden kann, oder ob es sich hierbei um die von Riebel beschriebene „Vernichtung“ eines Kuppelproduktes handelt, wird ausführlicher im Kapitel F.V.2 diskutiert.

[55] Auffällig ist, daß sich die Stromkennzahl demnach hinsichtlich der Wärme nicht auf die erzeugte Wärme bezieht, sondern auf die genutzte Wärme: Wenn bei Anlagen mit zwei Freiheitsgraden die erzeugte Wärme nicht vollständig genutzt wird, sondern beispielsweise über Kondensatoren abgeführt wird, dann steigt die Stromkennzahl, obwohl die erzeugte Wärme zumindest aus Kostengesichtspunkten in identischer Höhe anfällt. Dieser Aspekt wird in der Folge im Kapitel F.III.2.b und G bei Betrachtung der Kosten noch an Bedeutung gewinnen.

[56] Vgl. Hofer, R.: Analyse der Potentiale industrieller Kraft-Wärme-Kopplung, a.a.O., S. 5 und 6.

Der Punkt B markiert den maximalen Wirkungsgrad. Mit einer nur ca. zehn- bis zwanzigprozentigen Einbuße an elektrischer Nennleistung erhält man ca. das 1,2-fache an Wärmeleistung im Vergleich zur elektrischen Nennleistung. Die Stromkennzahl ist an diesem Punkt in der Abbildung 0,75.[57] Der Punkt B, gegeben bei thermischen Vollastzustand der KWK-Anlage, wird als obere Lastgrenze (OLG) bezeichnet.

Abbildung E33: Strom- und Wärmeerzeugung bei einem KWK-Konzept mit zwei Freiheitsgraden

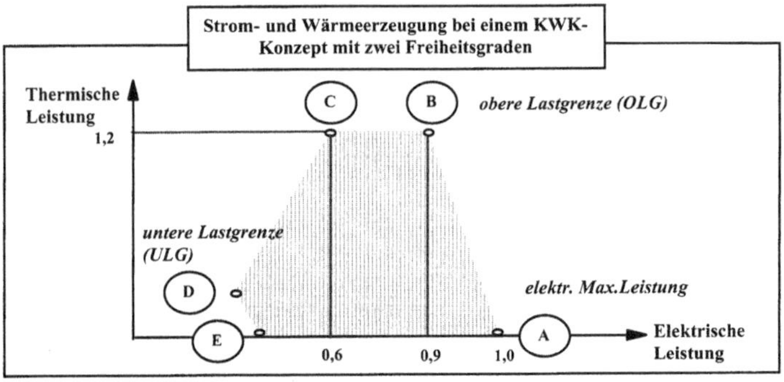

Quelle: Eigene Darstellung; teilweise Anlehnung an z.B. Piller, W., Rudolph, M.: Kraft-Wärme-Kopplung, Zur Theorie und Praxis der Kostenrechnung, a.a.O., S. 36.

Der Punkt C steht für eine Fahrweise, die hinsichtlich der Last bzw. der Intensität der KWK-Anlage unter der von Punkt B liegt. Der Wirkungsgrad und die Stromkennzahl sind geringfügig niedriger als im Punkt B. Die Stromkennzahl beträgt an diesem Punkt 0,5.[58]

Wird die elektrische Leistung weiter zurückgenommen, reduzieren sich der Wirkungsgrad und die Stromkennzahl. In Punkt D wird ein Zustand erreicht, der als Mindestlast oder untere Lastgrenze (ULG) bezeichnet wird. An diesem Punkt ist für eine bestimmte elektrische Leistung die Wärmeleistung nach oben begrenzt. Bei gegebener Wärmeleistung stellt dieser Punkt D hingegen die gleichzeitig erzeugbare minimale elektrische Leistung dar. Die Verbindung zwischen den Punkten D und C ist prinzipiell mit der Kurve von Anlagen, die nur über einen Freiheitsgrad verfügen, identisch. Der Punkt E kennzeichnet die thermische Kleinlastgrenze. Hier ist die Stromkennzahl - analog zu Punkt A - sehr hoch bzw. mathematisch nicht definiert. Der Wirkungsgrad ist an diesem Punkt sehr gering.

Die schraffierte Fläche unterhalb der Kurve entspricht den verschiedenen möglichen Fahrweisen einer KWK-Anlage mit zwei Freiheitsgraden. In jedem Punkt der schraffierten Fläche wird eine unterschiedliche Wärmemenge bei relativ konstanter Strommenge erzeugt. Je mehr Wärme hierbei genutzt wird, desto höher ist der jeweilige Wirkungsgrad und desto niedriger ist die Stromkennzahl der Anlage.

Schlußfolgerungen zum Prinzip der Kraft-Wärme-Kopplung

Aus den dargestellten physikalischen Gesetzmäßigkeiten der Kraft-Wärme-Kopplung lassen sich im wesentlichen folgende betriebswirtschaftliche Schlußfolgerungen ziehen, die für die weitere Untersuchung von Bedeutung sind:

---

[57] Rechenweg: 0,9 Einheiten kW elektrische Leistung dividiert durch 1,2 Einheiten thermische Leistung.

[58] Rechenweg: 0,6 Einheiten kW elektrische Leistung dividiert durch 1,2 Einheiten thermische Leistung.

- Mit den beiden Größen Stromkennzahl und Gesamtwirkungsgrad sind die energetischen Eigenschaften einer KWK-Anlage zu beschreiben.
- Wenn die Wärmeausbeute bei konstanter Stromausbeute zunimmt, steigt der Gesamtwirkungsgrad und die Stromkennzahl sinkt. Ein steigender Wirkungsgrad bedeutet also nicht zwingend eine steigende Stromkennzahl.
- Wenn die Stromausbeute bei konstanter Wärmeausbeute zunimmt, steigt die Stromkennzahl.
- Je höher - ceteris paribus - der Gesamtwirkungsgrad ist, desto geringer ist der spezifische Brennstoffeinsatz.
- Bei KWK-Anlagen mit zwei Freiheitsgraden ist die Stromkennzahl variabel. Wird bei maximal möglicher Wärmeauskopplung die Stromkennzahl weiter erhöht, sinkt der Gesamtwirkungsgrad.

II. Technische Konzepte der Kraft-Wärme-Kopplung in der industriellen Praxis

Kraft-Wärme-Kopplungsanlagen werden in unterschiedlichen technischen Systemen und Größen angeboten.[59]

Die Auswahl eines Systems, die Festlegung der Dimensionierung sowie der Implementierung der KWK-Anlage[60] sind für den Investor nicht mehr umkehrbare Entscheidungen.[61] Daher muß eine eventuelle Entscheidung für ein bestimmtes System auf der Basis möglichst guter Informationen über die Merkmale sowie die daraus resultierenden Vor- und Nachteile der jeweiligen KWK-Technologie erfolgen.

Die nachfolgend aufgeführten Kriterien stellen eine Grundlage dar, anhand derer die verschiedenen technischen Konzepte bzw. Systeme der Kraft-Wärme-Kopplung sinnvoll verglichen werden können. Durch den Vergleich der verschiedenen Konzepte anhand dieser Kriterien ist eine Eingrenzung der für das Unternehmen in Frage kommenden Alternativen möglich. Die so in die engere Wahl gezogenen Kraft-Wärme-Kopplungsanlagen werden schließlich einer Detailuntersuchung unterzogen, mit der die für das Unternehmen geeignete Anlage zu bestimmen ist.[62]

1. Kriterien zur Klassifizierung von KWK-Konzepten

Aus der Vielzahl der technischen und betriebswirtschaftlichen Kriterien können die jeweils aussagefähigsten herausgegriffen werden, die für eine Entscheidung zugunsten eines be-

---

59 Vgl. u.a. Büchner, J., Wieber, W.: Realisierung, a.a.O., S. 232.

60 Determann bezeichnet dies auch als Schnittstellenproblematik; vgl. Determann, H.-G.: Energiewirtschaftliche Einbindung, in: Suttor, K.-H., Suttor, W. (Hrsg.), Handbuch der Kraft-Wärme-Kopplung. Für Planer, Betreiber, Ausbildung., Karlsruhe 1991, S. 190ff.

61 Da es sich bei einer Investition in eine KWK-Anlage um eine quantitative Anpassung handelt, besteht hierbei die Gefahr, unnötigerweise remanente Kosten anzuhäufen. Eine Veränderung der Betriebsmittel bzw. eine Erhöhung der Fixkosten ist deshalb nur bei einer längerfristigen Sicherheit der Ausbringungsanforderungen von Interesse; vgl. Gutenberg, E.: Die Produktion, S. 379; Kilger, W.: Produktions- und Kostentheorie, a.a.O., S. 102; Haberstock, L.: Kostenrechnung II. (Grenz-)Plankostenrechnung a.a.O., S. 152; zu den strategischen Risiken einer ungünstigen Investitionsentscheidung vgl. Bussmann, K.-F.: Produktionsrisiken, in: Kern W. (Hrsg.), Enzyklopädie der Betriebs-wirtschaftslehre, Band VI, Handwörterbuch der Produktion, Stuttgart 1979, Sp.1572-1585, insbesondere Sp. 1577. Zur Investitionsplanung vgl. auch Kortzfleisch, G. von: Die Grundlagen der Finanzplanung, Dissertation, Abhandlungen aus dem Industrieseminar der Universität zu Köln, Heft 5, Berlin 1957, S. 110ff.

62 Die Detailuntersuchung beginnt mit der genauen Analyse der aus der Investition resultierenden Kosten und Erlöse (Kapitel F) unter Berücksichtigung der optimalen Fahrweise der Kraft-Wärme-Kopplungsanlage (Kapitel G) und der Bewertung dieser Kosten und Erlöse mit Hilfe von geeigneten Investitionsrechenverfahren (Kapitel H).

stimmten Konzeptes genügen. Aus diesem Grund werden im folgenden nur wesentliche Kriterien beschrieben und erläutert.

a. Leistungsbereich

KWK-Anlagen werden je nach technischem Konzept in einem thermischen Leistungsbereich von ca. 0,015 MW bis ca. 2.400 MW angeboten.

Der mögliche Leistungsbereich eines bestimmten KWK-Konzeptes kann die Anzahl der in Frage kommenden unterschiedlichen Konzepte reduzieren:[63] Es gibt technische Lösungen, die erst ab einer bestimmten Größe bzw. Leistungsstufe auf dem Markt erhältlich sind. KWK-Konzepte, deren Leistungsbereich bei einer thermischen Leistung über 10 MW beginnt, sind entweder nur in sehr großen Unternehmen einsetzbar bzw. kommen nur für Industriezweige mit hohem Energiebedarf in Frage.[64]

b. Nutztemperatur

Wesentlich für die Auswahl eines technischen Konzeptes ist, ob die mit der Kraft-Wärme-Kopplungsanlage erzeugte Wärme ein ausreichend hohes Nutztemperaturniveau bereit stellen kann. Nicht jede KWK-Anlage kann ein bestimmtes Niveau an Nutztemperatur erzeugen, so daß die Entscheidung für ein bestimmtes technisches Konzept vor allem von den unternehmensspezifischen Ansprüchen an die Nutztemperatur abhängt.[65]

In der folgenden Tabelle sind einige industrielle Anwendungsmöglichkeiten den jeweiligen erforderlichen Nutztemperaturen gegenübergestellt:

Tabelle E12: Benötigte Nutztemperaturen bei verschiedenen industriellen Anwendungsmöglichkeiten

Nutztemperatur in °C	Industrielle Anwendungsmöglichkeiten
ca. 80 bis 90	Raumheizungen
ca. 120 bis 130	Kochvorgänge
ca. 140 bis 200	Papier
ca. 150 bis 200	Textil
ca. 100 bis 220	Zucker
ca. 180 bis 300	Zellulose, Zellstoff
ca. 200 bis 1000	Chemische Industrie
ca. 500 bis 1000	NE-Metalle
ca. 800 bis 1600	Steine, Erden und Glas, Keramik
ca. 1000 bis 1600	Eisenschaffende Industrie

Quelle: Schaefer, H: Möglichkeiten und Potentiale des rationellen Energieeinsatzes in der Industrie, a.a.O., S. 91; Hofer, R.: Analyse der Potentiale industrieller Kraft-Wärme-Kopplung, a.a.O., S. 11; Hutter, F., Maier, W., Thinius, D., Suttor, K.-H.: Elektrisches Potential und Wirtschaftlichkeit der gekoppelten Kraft- und Wärmewirtschaft in Industrie und Gewerbe, a.a.O., S. 53.

---

[63] Vgl. Hein, D.: Einsatz der Kraft-Wärme-Kopplung. Technik, Wirtschaftlichkeit, Umwelt, a.a.O., S. 28; vgl. insbesondere Abschnitt III in diesem Kapitel.

[64] Eine Anlage mit beispielsweise 20 MW thermischer Leistung und einer Stromkennzahl von 0,8 produziert bei einer Vollbenutzungsdauer von 6.000 Stunden 120.000 MWh Wärmearbeit und knapp 100.000 MWh elektrischen Strom. Allein die zum Zweck der Anschaulichkeit herangezogene Stromerzeugung repräsentiert bei einem angenommenen Durchschnittspreis von lediglich DM 0,10/kWh eine jährliche Stromrechnung von ca. DM 10 Mio. Hinzu addiert sich noch der entsprechende Wert der Wärmeerzeugung, der in diesem Fall unter der Annahme von DM 0,02/kWh weitere DM 2,4 Mio darstellt.

[65] Vgl. Budde, H.-J., Deuster, G., Zahn, G.: Zusammenarbeit der Anlagenbetreiber mit der Versorgungswirtschaft, a.a.O., S. 210; Hein, D.: Einsatz der Kraft-Wärme-Kopplung. Technik, Wirtschaftlichkeit, Umwelt, a.a.O., S. 28; Büchner, J., Wieber, W.: Realisierung, a.a.O., S. 238.

In der Tabelle ist erkennbar, daß in der chemischen Industrie deutlich höhere Nutztemperaturen benötigt werden als beispielsweise bei der Herstellung von Papier oder in der Textilindustrie. Das niedrigste Nutztemperaturniveau wird mit ca. 100°C von Unternehmen benötigt, die lediglich ihren Raumwärme- und Warmwasserbedarf mit einer KWK-Anlage decken wollen.

c. Brennstoffe

Die verschiedenen technischen Konzepte bieten nicht alle die gleiche Auswahlmöglichkeit bei den einzusetzenden Brennstoffen.[66] Während einige Anlagenkonzepte alle, also auch feste Brennstoffe, verarbeiten können, verbrennen andere nur flüssige oder gasförmige Brennstoffe.

Die kostengünstige Verfügbarkeit von Brennstoffen im jeweiligen Betrieb kann ebenfalls eine erste Orientierung für die Investitionsentscheidung sein. Beispielsweise kommt für einen Betrieb, der günstige Einkaufskonditionen für feste Brennstoffe hat, ein Blockheizkraftwerk oder eine Gasturbine nicht in Frage, wenn diese aufgrund der Brennstoffkosten unwirtschaftlicher zu betreiben wäre.

Brennstoffkosten können auch durch eine bivalente Feuerung reduziert werden. Diese Art der Feuerung kann zwei verschiedene Brennstoffe, beispielsweise Erdgas und Heizöl verbrennen.[67] Fällt beispielsweise die Erdgasversorgung aus, schaltet die Feuerung automatisch und ohne Unterbrechung auf Heizöl um. Wirtschaftlich interessant wird die bivalente Feuerung, wenn der Gasversorger eine kostengünstige, unterbrechbare Erdgasversorgung anbietet.[68] Für das Recht, die Lieferung jederzeit einzustellen, räumt der Gasversorger dem Unternehmen einen günstigen Lieferpreis ein. Zu beachten ist allerdings, daß Kosten für Vorhalten des zweiten Brennstoffes, z.B. Tanklagerkosten, anfallen.

Schließlich kann von Bedeutung sein, ob das entsprechende KWK-Konzept die Verfeuerung von Produktionsabfällen oder Biomasse erlaubt.[69] Bei der Verfeuerung von fester Biomasse, Klär- oder Deponiegasen ist jedoch zu beachten, daß dies Einflüsse auf die Betriebskosten hat: Die Prozeßkontrolle wird durch komplizierte Brennstoffeinsätze erheblich erschwert, weil die Störanfälligkeit im Vergleich zu flüssigen oder gasförmigen Brennstoffen größer ist.[70]

d. Stromkennzahl und Wirkungsgrade

Die Stromkennzahl drückt die Relation zwischen dem erzeugbaren Strom und der nutzbaren Wärme aus und ist wichtig für die optimal konfigurierte KWK-Anlage.[71] Höhere Stromkennzahlen eröffnen die Möglichkeit, bei gleicher thermischer Auslegung mehr energetisch und ökonomisch wertvollen Strom zu erzeugen.

---

66 Vgl. Tröscher, H.: Systemtechnische Methoden zur Untersuchung der Möglichkeiten zentraler und dezentraler Stromerzeugung unter besonderer Berücksichtigung der Energiespeicherung und der Kraft-Wärme-Kopplung, a.a.O., S. 49 und 50; Büchner, J., Wieber, W.: Realisierung, a.a.O., S. 238.

67 Vgl. auch Meyer-Plate, I.: Marktübersicht über KWK-Anlagen im Leistungsbereich 2 bis 20 MW_{el}, Vortragsskript, Euroforum-Konferenz "Kraft-Wärme-Kopplung", 07.-08.05.1995, S. 4.

68 Vgl. Suttor, W. (Hrsg.): Praxis Kraft-Wärme-Kopplung, a.a.O., Teil 3/2.1, S. 2.

69 Vgl. Büchner, J., Wieber, W.: Realisierung, a.a.O., S. 238.

70 Vgl. Vieregge R.: Kraft-Wärme-Kopplung und Treibhauseffekt. Chancen zur Energieeinsparung und CO_2-Minderung, a.a.O., S. 10; Hein, D.: Biomasse. Nachwachsende Energie aus Land- und Forstwirtschaft, a.a.O., S. 5.

71 Vgl. Hein, D.: Einsatz der Kraft-Wärme-Kopplung. Technik, Wirtschaftlichkeit, Umwelt, a.a.O., S. 28; Meyer-Plate, I.: Marktübersicht über KWK-Anlagen im Leistungsbereich 2 bis 20 MW_{el}, a.a.O., S. 5.

Je nach Auswahl des Konzeptes können Stromkennzahlen zwischen 0 und unendlich realisiert werden.[72] Da die Stromkennzahl entscheidenden Einfluß auf die Wirtschaftlichkeit der KWK-Anlage hat, ist sie ein wesentlicher Parameter bei der Entscheidung zugunsten eines Konzeptes.

Der Wirkungsgrad einer KWK-Anlage ergibt sich als Quotient aus der Summe der erzeugten und nutzbaren Energien Wärme und Strom und dem Gesamtaufwand für Brennstoffe. Bei den gängigen KWK-Konzepten liegt der Wirkungsgrad je nach Freiheitsgrad und Fahrweise etwa zwischen 35% und 90%.

Der Wirkungsgrad gibt Auskunft über die Effektivität der Brennstoffausnutzung und damit über die Güte des technischen Konzeptes. Hohe Wirkungsgrade reduzieren durch geringeren Brennstoffaufwand die Energiekosten. Der Wirkungsgrad kann auf die beiden Kuppelprodukte Wärme und Strom aufgeteilt werden. Die Summe aus Stromausbeute und Wärmeausbeute ergibt den Gesamtwirkungsgrad. Das Verhältnis zwischen Stromausbeute und Wärmeausbeute ist von der Höhe der Stromkennzahl abhängig: So errechnet sich beispielsweise für eine KWK-Anlage mit einem Wirkungsgrad von 90% und einer Stromkennzahl von 0,5 eine Stromausbeute von 30% und eine Wärmeausbeute von 60%.[73]

Der Wirkungsgrad kann auch als Nutzungsgrad bezeichnet werden, wenn eine Zeitdauer, z.B. von einem Jahr, betrachtet wird.[74] Eine Anlage, die über einen hohen Wirkungsgrad verfügt, jedoch während einer zu betrachtenden Zeitperiode kaum unter Vollast betrieben wird, hat einen verhältnismäßig geringen Nutzungsgrad. Der Nutzungsgrad hängt also vom Wirkungsgrad und der Auslastung ab. Der Nutzungsgrad ist bei optimaler Auslastung aufgrund stets erforderlicher Wartungsarbeiten in der Regel einige Prozentpunkte geringer als der Wirkungsgrad.

e. Teillastverhalten

Der Teillastwirkungsgrad kennzeichnet die Veränderung des Wirkungsgrades der Anlage, wenn diese unterhalb der optimalen Kapazität betrieben wird.[75] Die Unterschiede im Teillastverhalten verschiedener Anlagen sind beträchtlich und werden daher gesondert betrachtet.

Ein guter Teillastwirkungsgrad ist dann bedeutsam, wenn eine KWK-Anlage nicht ständig im optimalen Lastbereich betrieben werden kann.[76] Ein KWK-Aggregat muß unter Umständen gedrosselt werden, wenn - je nach Fahrweise - der innerbetriebliche Strom- und/oder Wärmebedarf nicht konstant ist oder der innerbetriebliche Energiebedarf generell z.B. in Folge von Absatzschwierigkeiten gegenüber der Planung geringer ist.

Zur Kompensation eines unternehmensadäquaten Teillastwirkungsgrades der KWK-Anlage und in allen Fällen, in denen deren technisches Konzept keine Leistungsdrosselung zuläßt,

---

72 Im allgemeinen erreichen KWK-Anlagen Stromkennzahlen zwischen ca. 0,15 und 1,2. Bei steigender Stromkennzahl bzw. wenn die Stromkennzahl gegen unendlich konvergiert, mag es sich aus technischer Sicht noch um eine KWK-Anlage handeln, jedoch schwinden die KWK-spezifischen Vorteile.

73 Rechenweg: Gesamtwirkungsgrad = 90% = Stromausbeute plus Wärmeausbeute; Stromkennzahl = 0,5 = Stromausbeute dividiert durch Wärmeausbeute.

74 Erstreckt sich dieser Zeitraum über ein Jahr, kann der Nutzungsgrad auch als Jahresnutzungsgrad bezeichnet werden; vgl. Piller, W., Rudolph, M.: Kraft-Wärme-Kopplung. Zur Theorie und Praxis der Kostenrechnung, a.a.O., S. 24.

75 Vgl. Meyer-Plate, I.: Marktübersicht über KWK-Anlagen im Leistungsbereich 2 bis 20 MWel, a.a.O., S. 5 und Bild Nr. 8.

76 Gutenberg spricht in diesem Zusammenhang von der technischen Eignung von Betriebsmittelbeständen hinsichtlich ihrer intensitätsmäßigen Kapazität: Bei Unternehmen, die erheblichen Benutzungsschwankungen unterworfen sind, steigt der Eignungswert von Betriebsmitteln „je höher die Zone der optimalen Nutzung ist", d.h. je weniger die Kosten der Betriebsmittel auf Abweichungen von der optimalen Beanspruchung reagieren; vgl. Gutenberg, E.: Die Produktion, a.a.O., S. 75.

kann im Rahmen der Wärmeerzeugung ein ausreichend großer Wärmespeicher eingesetzt werden.[77] Ein Wärmespeicher erfordert jedoch zusätzliche spezifische Investitionen.

Die betriebswirtschaftliche Bedeutung des Teillastverhaltens ist in hohem Maße von der tatsächlichen Fahrweise einer KWK-Anlage abhängig.

f. Anlaufdauer

Riebel weist im Zusammenhang mit der Untersuchung der leistungswirtschaftlichen Elastizität der Elektrizitäts- und Verbundwirtschaft darauf hin, daß die Anlaufdauer eines Wärmekraftwerkes von der Art des Kraftwerkes, der Kesselbauart, der Feuerungs- bzw. Kohlenart und der Größe der Anlage abhängt.[78] Aus diesem Grund wird die Anlaufdauer in Abhängigkeit von der Art des technischen Konzeptes im einzelnen betrachtet.[79]

Die Anlaufdauer ist besonders dann wichtig, wenn ein Unternehmen einen sehr unregelmäßigen Strom- und Wärmebedarf hat. Sinkt der Wärme- bzw. Strombedarf, dann muß die Anlage, sofern ihr Betrieb in Teillast wirtschaftlich nicht sinnvoll oder sogar technisch unmöglich ist, vorübergehend abgeschaltet werden.[80] Wird die Anlage bei steigendem Strom- und Wärmebedarf erneut wieder angeschaltet, dann kommt einer kurzen Anlaufdauer wesentliche Bedeutung zu. Mit Anlaufdauer ist hierbei die Zeit gemeint, die die Anlage benötigt, um ihre optimale Leistungsfähigkeit zurückzugewinnen.

Optimale Leistungsfähigkeit bedeutet die Abgabe sowohl der maximalen Strom- als auch Wärmeleistung. Da das Ausschalten der Anlage ein Auskühlen der Anlagenkomponenten nach sich zieht, kann es je nach Konzept dauern, bis die optimale Leistungsfähigkeit wieder erreicht ist.[81] In der Anlaufphase verschlechtert sich der Wirkungsgrad mit allen Konsequenzen für die Wirtschaftlichkeit.[82] Ein Unternehmen mit ungleichmäßigem Strom- und Wärmebedarf wird daher eine kurze Anlaufdauer höher gewichten als ein Unternehmen, welches einen ganzjährigen Anlagenbetrieb mit Voll- oder Teillast gewährleisten kann.

Die Anlaufdauer bzw. die technische Elastizität[83] einer KWK-Anlage ist auch dann wichtig, wenn die KWK-Anlage bei Stromausfall als Notstromaggregat wesentliche Teile der Produktion mit Energie versorgen muß.

---

[77] In der Regel werden heute zur Wärmespeicherung große Stahltanks eingesetzt, in denen die Wärme in Form von heißem Wasser gespeichert wird, um sie zeitversetzt wieder daraus zu entnehmen. Für den Betrieb von Wärmespeichern spricht eine teilweise mögliche zeitliche Entkopplung von Erzeugung und Verbrauch. Vgl. Seeger, T.: Tageseinsatzoptimierung in Kraftwerkssystemen mit Kraft-Wärme-Kopplung, Diss., Osnabrück 1991, S. 38ff.

[78] Vgl. Riebel, P.: Die Elastizität des Betriebes. Eine produktions-und marktwirtschaftliche Untersuchung, a.a.O., S. 65.

[79] Zu den Anlaufoperationen im Rahmen der physischen Vorbereitung der Produktion vgl. Bergner, H.: Vorbereitung der Produktion, physische, in: Kern, W. (Hrsg.), Handwörterbuch der Produktion, Stuttgart 1979, Sp. 2176.

[80] Zu den Kriterien, ob eine Anlage in Teillast zu fahren ist, oder ob es sinnvoller ist, die Anlage vorübergehend auszuschalten, vgl. Kapitel G.

[81] Vgl. Riebel, P.: Die Elastizität des Betriebes. Eine produktions- und marktwirtschaftliche Untersuchung, a.a.O., S. 65; Bergner, H.: Vorbereitung der Produktion, physische, a.a.O., Sp. 2176; Seeger, T.: Tageseinsatzoptimierung in Kraftwerkssystemen mit Kraft-Wärme-Kopplung, a.a.O., S. 28.

[82] So muß beispielsweise einem Motorkraftwerk in der Anlaufphase, die ca. 30 Minuten dauert, eine um etwa 2,5% höhere Brennstoffmenge zugeführt werden als im stationären Zustand; vgl. Hofer, R.: Analyse der Potentiale industrieller Kraft-Wärme-Kopplung, a.a.O., S. 32; Bergner, H.: Physischen Vorbereitung der Produktion, in: Kern, W. (Hrsg.), Handwörterbuch der Produktion, Stuttgart 1979, Sp. 2175.

[83] Riebel bezeichnet die Anlaufdauer sowie Empfindlichkeit gegenüber Unterbrechungen als „Symptome der technischen Beweglichkeit"; vgl. Riebel, P.: Die Elastizität des Betriebes. Eine produktions- und marktwirtschaftliche Untersuchung, a.a.O., S. 65.

Schnelles Anfahren der Anlage ist im Notstrombetrieb bedeutsam, weil bei bestimmten Produktionsprozessen, beispielsweise in der chemischen Industrie, bereits Anlaufzeiten von über einer Minute zu Produktionsstörungen führen können. Im Falle ihrer Notstromfunktion kann die Anlaufdauer einer KWK-Anlage ein wesentliches Entscheidungskriterium für ein KWK-Konzept sein. Das ist vor allem dann so, wenn es sich bei dem vorzuhaltenden Notstromaggregat um eine Neuinvestition handelt.

g. Bauzeit und Montage

Beginnend bei der Idee, eine KWK-Anlage in einem industriellen Unternehmen einzusetzen, bis zu deren Nutzung sind acht Phasen zu unterscheiden:

Tabelle E13: Phasen von der Idee bis zur Nutzung einer KWK-Anlage

Nr.	Phasenbezeichnung	Monate	Einflüsse auf die Phasendauer
1	Grundsatzstudie	1 bis 4	Umfang Beratereinsatzes, Detaillierungsgrad der Untersuchung
2	Baubeschluß	1 bis 3	Innerbetriebliche und organisatorische Strukturen, Kompetenzrichtlinien und Entscheidungswege
3	Entwurfs- / Genehmigungsplanung	3 bis 6	Dimensionierung der Anlage, Platzbedarf und Standort der Anlage,[84] vorhandene Baulichkeiten
4	Genehmigungsverfahren[85]	2 bis 12	politische bzw. kommunale Gegebenheiten, Qualität des Kontaktes zu den Behörden, Lage des Betriebes
5	Bestellung	1 bis 2	siehe laufende Nummer 1
	Zwischensumme 1	**8 bis 27**	
6	Lieferzeit	3 bis 24	Hersteller; Leistung/Kapazität und Spezifikation der Anlage, Wahl des technischen Konzeptes
7	Montage und Inbetriebnahme	2 bis 12	siehe oben, laufende Nummer 6
8	Probebetrieb	1 bis 3	siehe oben, laufende Nummer 6
	Zwischensumme 2	**6 bis 39**	
	Gesamtrealisation	**14 bis 66**	

Aus Tabelle E13 ist ersichtlich, daß im ungünstigen Fall eine Zeitdauer von ca. fünf bis sechs Jahren vergehen kann, bis eine KWK-Anlage genutzt wird.

Die Länge der ersten fünf Phasen ist nur in geringem Maße von der Wahl eines bestimmten technischen Konzeptes abhängig. Hier spielen vielmehr unternehmensinterne Organisationsstrukturen[86] und technische Fertigungsbedingungen eine Rolle. Insgesamt ist bei diesen ersten fünf, verhältnismäßig konzeptunabhängigen Phasen mit einem Zeitbedarf von ca. ¾ bis 2 ½ Jahren zu rechnen, wenn das Genehmigungsverfahren (Phase 4) nicht hinausgezögert wird. In den folgenden Phasen sechs bis acht wird zunehmend wichtig, für welches KWK-Konzept sich ein industrieller Investor entscheidet.

Die Lieferzeiten sind von den Kapazitäten der Produzenten und ihren aktuellen Marktpositionen abhängig. Je spezifischer eine KWK-Anlage jedoch vom Investor gewünscht wird, d.h. je weiter die Anlage von der Serie oder vom Standard des Erzeugers abweicht, desto länger sind die Lieferzeiten. Darüber hinaus kann auch die Größe des Aggregates eine Rolle spielen: Je

---

84 Der Standort ist hinsichtlich des Kuppelproduktes Wärme von Bedeutung: Wie in Kapitel C deutlich wurde, entstehen beim Transport von Wärme Verluste, so daß eine verbrauchsnahe Erzeugung von Wärme wirtschaftlich sinnvoll ist; darüber hinaus ist auf evtl. behördliche Auflagen hinsichtlich Schadstoff- und Geräuschemission zu achten; vgl. Büchner, J., Wieber, W.: Realisierung, a.a.O., S. 240.

85 Vgl. hierzu Gollas, A.: Genehmigung, in: Suttor, K.-H., Suttor, W. (Hrsg.), Handbuch der Kraft-Wärme-Kopplung. Für Planer, Betreiber, Ausbildung., Karlsruhe 1991, S. 251ff.

86 Vgl. Bergner, H.: Vorbereitung der Produktion, physische, a.a.O., Sp. 2176.

größer und leistungsfähiger die bestellte KWK-Anlage ist, desto länger kann auch die Liefer- bzw. Bauzeit sein.

Die Montage und Inbetriebnahme hängt vor allem von der Wahl des technischen Konzeptes ab: Ein mit einem Großserienmotor betriebenes Blockheizkraftwerk verursacht deutlich weniger Montage- und Inbetriebnahmeaufwand als beispielsweise eine Dampfturbine. Längere Bauzeiten und Montagedauer verursachen eine erhöhte Kapitalbindung.

h. Lebensdauer

Grundsätzlich ist die Lebensdauer von der Komplexität, der Art des KWK-Konzeptes und von der Größe der KWK-Anlage abhängig. Darüber hinaus erhöht eine regelmäßige Wartung die Lebensdauer, währenddessen häufige An- und Abfahrvorgänge die Lebensdauer aufgrund erhöhten Verschleißes reduzieren.[87] Die im Rahmen dieses Kapitels betrachtete Lebensdauer ist ausschließlich technischer Natur und ist begrifflich von der wirtschaftlichen Lebensdauer zu unterscheiden. Die technische Lebensdauer ist hierbei auf die Nutzbarkeit der Schlüsselkomponenten der Anlage bezogen, da die KWK-Anlage erst dann durch eine Neuanlage zu ersetzen ist, wenn wichtige Schlüsselkomponenten nicht mehr nutzbar sind.

Im Gegensatz zur technischen, gelten bei der wirtschaftlichen Lebensdauer bei der Entscheidung für Anlagenersatz durch eine Neuanlage wirtschaftliche Kriterien. Diese wirtschaftlichen Kriterien können dazu führen, daß eine Anlage ungeachtet des technischen Zustandes durch eine Neuanlage ersetzt wird.[88] Eine Altanlage wird hierbei durch eine Neuanlage ersetzt, wenn die laufenden Einzahlungsüberschüsse der Altanlage kleiner sind als die der Neuanlage.[89]

Im Gegensatz zur Verkürzung der Lebensdauer durch vorzeitige Ersatzinvestition ist auch eine Verlängerung der Anlagenlebensdauer denkbar.[90] Sind für die technische Lebensdauer bedeutsame Schlüsselkomponenten austauschbar, so kann die Nutzbarkeit einer Anlage zeitlich gestreckt werden.

Da die technische Lebensdauer einer Anlage mehr als 15 Jahre erreichen kann, ist die Wahrscheinlichkeit, daß die Anlage vorher aus wirtschaftlichen Gründen ersetzt wird, verhältnismäßig groß.[91]

i. Verfügbarkeit

Die Verfügbarkeit bzw. Zuverlässigkeit der unterschiedlichen technischen Konzepte ist in etwa gleich; sie liegt bei über 90%.[92] Darüber hinaus ist die Zuverlässigkeit eines Aggregates weniger vom technischen Konzept abhängig, sondern vielmehr von der Montagegenauigkeit[93], der Qualität und dem Alter der Anlage[94] und demzufolge auch von der Fertigungsgenauigkeit des Herstellers sowie vom Stand der Entwicklung und der Reife des speziellen Typs.

Die Verfügbarkeit kann darüber hinaus durch vorbeugende Wartungsarbeiten erhöht werden.

---

87 Vgl. Bergner, H.: Physischen Vorbereitung der Produktion, a.a.O., Sp. 2175.

88 Vgl. Gutenberg, E.: Die Produktion, a.a.O., S. 176.

89 Vgl. Götze U., Bloech, J.: Investitionsrechnung. Modelle und Analyse zur Beurteilung von Investitionsvorhaben, 2. Auflage, Berlin 1995, S. 201ff.

90 Vgl. Gutenberg, E.: Die Produktion, a.a.O., S. 176.

91 Im Rahmen der in dieser Arbeit folgenden Wirtschaftlichkeitsbetrachtung wird die Anlagenlebensdauer, insbesondere bei der Darstellung der Investitionsrechenverfahren eine Rolle spielen; vgl. hierzu Kapitel H.

92 Vgl. die folgenden Darstellungen.

93 Vgl. Lang, J.: Mini-Blockheizkraftwerke, a.a.O., S. 3ff.

94 Vgl. Gutenberg, E.: Die Produktion, a.a.O., S. 70.

j. Spezifische Investitionskosten

Unter spezifischen Investitionskosten werden in dieser Arbeit die Auszahlungen pro MW thermischer Leistung verstanden. Zu bedenken ist allerdings, daß die folgenden Aussagen lediglich grobe Anhaltspunkte geben. Hersteller- und spezifikationsbedingt sind deshalb Abweichungen von bis zu 50% möglich. Darüber hinaus muß beachtet werden, daß einige Literaturquellen die spezifischen Investitionskosten von KWK-Anlagen auf die thermische Leistung[95], andere auf die elektrische Leistung[96] normieren. Im Einzelfall wird jedoch darauf ausdrücklich hingewiesen.

Die hier getroffenen Aussagen eignen sich aber in jedem Fall für den relativen Vergleich der einzelnen technischen Konzepte und geben somit nicht nur die Größenordnung einer KWK-Anschaffung wieder, sondern erlauben auch eine Einschätzung, mit welchen Mehr- oder Minderausgaben bei einer Entscheidung für ein bestimmtes technisches Konzept im Vergleich zu alternativen Konzepten zu rechnen ist.

k. Wartungskosten

Die Wartungskosten werden bei den Ausführungen zu den technischen Konzepten in einen fixen und in einen variablen Bestandteil aufgegliedert. Diese Kostenaufspaltung ist nicht zwingend für eine Wirtschaftlichkeitsbetrachtung, aber sie ist eine wichtige Grundlage zur Bestimmung der unternehmensindividuell optimalen Fahrweise einer Anlage.[97] Die Aufteilung der Wartungskosten in fixe und variable Bestandteile ist auch sinnvoll, weil viele Wartungsverträge von KWK-Anlagen nach diesem Modus abgeschlossen werden.

l. Personalkosten

Bei kleineren KWK-Anlagen ist meist ein Betrieb ohne Beaufsichtigung möglich, so daß Personalkosten nicht oder nur in sehr geringem Umfang berücksichtigt werden müssen.[98] Bei größeren Anlagen ist jedoch eine Aufsicht zwingend erforderlich, wobei die Personalkosten um so bedeutsamer sind, je größer die Leistung einer KWK-Anlage und je komplizierter ihre Technologie ist.

2. Grundsätzliche Konzepte von Kraft-Wärme-Kopplungsanlagen

Mit „Kraft-Wärme-Kopplungsanlagen" sind Anlagen bezeichnet, die gleichzeitig Strom und Wärme erzeugen. Die Technologie der Kraft-Wärme-Kopplung läßt sich unterteilen in[99]

- Abwärmebeheizte Kraftwerke und
- Heizkraftwerke.

---

[95] Vgl. z.B. Hutter, F., Maier, W., Thinius, D., Suttor, K.-H.: Elektrisches Potential und Wirtschaftlichkeit der gekoppelten Kraft- und Wärmewirtschaft in Industrie und Gewerbe, a.a.O., S. 67.

[96] Vgl. z.B. Belting, T.: Blockheizkraftwerke, in: Fachinformationszentrum Karlsruhe (Hrsg.), Bürgerinformation Neue Energietechniken, 2. Auflage, Köln 1993, S. 47ff.

[97] Zur Kostenaufspaltung vgl. Kapitel F.III.2 und G.VI.2.a; vgl. insbesondere die einschlägige Literatur zur Kostenrechnung und deren Verfahren: z.B. Kilger, W.: Flexible Plankostenrechnung und Deckungsbeitragsrechnung, a.a.O., S. 15ff.; Riebel P.: Einzelkosten und Deckungsbeitragsrechnung, Grundfragen einer markt- und entscheidungsorientierten Unternehmensrechnung, a.a.O., S. 11ff.; Haberstock, L.: Kostenrechnung I, 8. Auflage, Hamburg 1987, S. 61ff.; Haberstock, L.: Kostenrechnung II, (Grenz-)Plankostenrechnung, a.a.O., S. 17ff.; Kilger, W.: Einführung in die Kostenrechnung, 3. Auflage, Wiesbaden 1987, S. 54ff; Götzinger, M., Michael, H.: Kosten- und Leistungsrechnung, Grundstudium Betriebswirtschaftslehre, Band 2, 4. Auflage, Heidelberg 1985, S. 197ff.

[98] Zur Diskussion der Personalkosten vgl. Kapitel F.III.2.a.bb.

[99] Vgl. Mareske, A.: Energietechnik, a.a.O., L 29; Hutter, F., Maier, W., Thinius, D., Suttor, K.-H.: Elektrisches Potential und Wirtschaftlichkeit der gekoppelten Kraft- und Wärmewirtschaft in Industrie und Gewerbe, a.a.O., S. 47; Kröplin, Leis, Ilmberger, F., Schaefer, Wagner: Rationelle Energieanwendung. Interne Abwärmenutzung, a.a.O., S. 34; Kugeler, K., Phlippen, P.-W.: Energietechnik, a.a.O., S. 51 und 61.

Bei Kraft-Wärme-Kopplung in abwärmebeheizten Kraftwerken kann aus Abwärme auf einem hohen Temperaturniveau Strom erzeugt werden.

In Heizkraftwerken werden durch Verbrennung von Primärbrennstoffen Kraft- und Nutzwärme in Dampfturbinen, Gasturbinen oder Verbrennungsmotoren erzeugt. Diese KWK-Technik spielt in der Praxis die größte Rolle. So sind über 90% der bestehenden, industriellen KWK-Anlagen Heizkraftwerke unterschiedlicher Größe, Bau- und Prozeßart.

3. Kraft-Wärme-Kopplungsanlagen mit einem Freiheitsgrad

Oben sind Kraft-Wärme-Kopplungsanlagen in einen und zwei Freiheitsgraden unterschieden. Diese Unterscheidung wird im folgenden beibehalten. In einem ersten Schritt wird sich hierbei den Anlagen mit einem Freiheitsgrad gewidmet, die sich wiederum in die folgenden drei Grundkonzeptionen unterscheiden lassen:[100]

- Heizkraftwerke mit Gegendruckturbine
- Gasturbinen-Heizkraftwerke
- Heizkraftwerke mit Verbrennungsmotor (BHKW)

a. Anlagen mit Dampfturbinen - Die Gegendruckturbine

Dampfturbinen-Heizkraftwerke sind mit über 90% Anteil die am weitesten verbreitete Form von KWK-Anlagen. Sie gehen auf eine jahrzehntelange technische Entwicklung zurück, die im industriellen Bereich mit der Dampfmaschine begann. Seit Beginn des 20. Jahrhunderts hat die Dampfturbine die Dampfmaschine bis auf einige wenige Sonderaufgaben verdrängt, da in der Dampfturbine die Energie ohne den Umweg über ein Kurbelgetriebe sofort in drehende Bewegung umgesetzt werden kann.[101]

In einem Dampfturbinen-Heizkraftwerk wird im Dampferzeuger Hochdruckdampf erzeugt und in der Turbine entspannt. Die Energie der Turbine wird vom Generator in Strom umgewandelt. Der entspannte Dampf, der nach verrichteter kinetischer Arbeit die Turbine verläßt, wird als Heizdampf oder als Heißwasser genutzt.[102]

Leistungsbereich

Der thermische Leistungsbereich einer Gegendruck-Dampfturbine reicht von einigen MW bis ca. 300 MW.[103] Bei einer Stromkennzahl von beispielsweise 0,40 entspricht dies einer elektri-

[100] Vgl. Tröscher, H.: Systemtechnische Methoden zur Untersuchung der Möglichkeiten zentraler und dezentraler Stromerzeugung unter besonderer Berücksichtigung der Energiespeicherung und der Kraft-Wärme-Kopplung, a.a.O., S. 49ff; Schaefer, H.: Erzeugung elektrischer Energie. Thermische Stromerzeugungsanlagen, a.a.O., S. 3ff und 94ff; Schaefer, H., Geiger, B, Rudolph, M.: Energiewirtschaft und Umwelt, a.a.O., S. 41ff; Hein, D.: Einsatz der Kraft-Wärme-Kopplung. Technik, Wirtschaftlichkeit, Umwelt, a.a.O., S. 27ff; Seeger, T.: Tageseinsatzoptimierung in Kraftwerkssystemen mit Kraft-Wärme-Kopplung, a.a.O., S. 16ff; Hofer, R.: Analyse der Potentiale der Kraft-Wärme-Kopplung, a.a.O., S. 4ff.

[101] Vgl. Klemm, F.: Geschichte der Technik, in: Deutsches Museum (Hrsg.), Kulturgeschichte der Naturwissenschaften und der Technik, Hamburg 1983, S. 12 und 172ff.; Dampfturbinen bieten im Gegensatz zu Dampfmaschinen höhere Leistung bei kompakterer Bauform; vgl. Hofer, R.: Analyse der Potentiale industrieller Kraft-Wärme-Kopplung, a.a.O., S. 9.

[102] Vgl. Busse, L., Klepper, H.: Dampfturbinen, in: Beitz, W., Küttner, K.-H. (Hrsg.), Dubbel. Taschenbuch für den Maschinenbau, 17. Auflage, Berlin 1990, R 53; Suttor, W. (Hrsg.): Praxis Kraft-Wärme-Kopplung, a.a.O., S. 1; Schaefer, H.: Erzeugung elektrischer Energie. Thermische Stromerzeugungsanlagen, a.a.O., S. 94; Schreiner, E.: Kraft-Wärme-Kopplung zur Energieversorgung von Flaschenfüllanlagen in Brauereien, Mineralbrunnen und Erfrischungsgetränkebetrieben, a.a.O., S. 8; vgl. insbesondere auch Fey, B.: Dampf-Heizkraftwerke, in: Suttor, K.-H., Suttor, W. (Hrsg.), Handbuch der Kraft-Wärme-Kopplung. Für Planer, Betreiber, Ausbildung., Karlsruhe 1991, S. 13ff.

[103] Vgl. Mareske, A.: Energietechnik, a.a.O., L 29; Suttor, W. (Hrsg.): Praxis Kraft-Wärme-Kopplung, a.a.O., Teil 3/2.1, S. 6; Hutter, F., Maier, W., Thinius, D.,Suttor, K.-H.: Elektrisches Potential, a.a.O., S. 51.

schen Leistung von ca. 4 MW bis ca. 120 MW. Damit eignet sich dieses Konzept nur für größere Betriebe mit einem entsprechend hohen Strom- und insbesondere hohen Wärmebedarf.[104]

Nutztemperatur

Die maximale Nutztemperatur der Dampfturbine beträgt etwa 250°C. Dieses hohe Temperaturniveau ist jedoch nur zu erreichen, wenn der Kraft-Wärme-Kopplungsprozeß so gesteuert wird, daß im Verhältnis zur Wärmeausbeute nur eine geringe Stromausbeute gefordert wird. Da eine sinkende Stromausbeute negative Konsequenzen für die Wirtschaftlichkeit der Dampfturbine hat, wird diese überwiegend in Unternehmen genutzt, die Prozeßwärme nicht über 150°C benötigen.[105]

Ein Nutztemperaturniveau von 150°C ist zwar im Vergleich zum Blockheizkraftwerk relativ hoch, jedoch im Vergleich zu anderen technischen Konzepten der KWK-Technologie gering.[106] Dieses Prozeßwärmeniveau ist insbesondere für Unternehmen der chemischen und der eisenschaffenden Industrie ungeeignet, da diese ein wesentlich höheres Temperaturniveau benötigen.

Brennstoffe

Ein wirtschaftlicher Vorteil der Dampfturbine ist, daß das verwendbare Brennstoffspektrum außerordentlich vielfältig ist. Neben Gasfeuerung ist auch eine Befeuerung mit leichtem oder schwerem Heizöl möglich.[107]

Darüber hinaus ist die Verfeuerung von Kohle sowie von Produktionsabfällen technisch machbar.[108] Besonders günstige Möglichkeiten eröffnen sich den Betreibern einer Dampfturbine mit bivalenter Feuerung. Bivalente Feuerung bedeutet, daß der Betreiber die Anlage zwar auf den Brennstoff Erdgas auslegt, aber jederzeit auf leichtes Heizöl umschalten kann.

Der Brennstoff schweres Heizöl ist unter wirtschaftlichen und ökologischen Gesichtspunkten weniger geeignet, da schweres Heizöl aufgrund des hohen Schwefelanteils höhere Investitionen für die Einhaltung der Vorschriften zur Reinhaltung der Luft erfordert.[109] Diese höheren Investitionen sind gegen die zusätzlichen Vorteilen des schweren Heizöls gegenüber alternativen Brennstoffen abzuwägen.[110]

Der Auswahl eines geeigneten Brennstoffes kommt große Bedeutung zu, weil damit der Wirkungsgrad der Anlage zu beeinflussen ist.

---

104 Vgl. Busse, L., Klepper,H.: Dampfturbinen, a.a.O., R 54; Schreiner, E.: Kraft-Wärme-Kopplung zur Energieversorgung von Flaschenfüllanlagen in Brauereien, Mineralbrunnen und Erfrischungsgetränkebetrieben, a.a.O., S. 9.

105 Vgl. Hofer, R.: Analyse der Potentiale industrieller Kraft-Wärme-Kopplung, a.a.O., S. 13; Hein, D.: Einsatz der Kraft-Wärme-Kopplung. Technik, Wirtschaftlichkeit, Umwelt, a.a.O., S. 28; Suttor, K.-H., Suttor, W.: KWK-Fibel, a.a.O., S. 20.

106 Vgl. Hein, D.: Einsatz der Kraft-Wärme-Kopplung. Technik, Wirtschaftlichkeit, Umwelt, a.a.O., S. 28.

107 Vgl. Hutter, F., Maier, W., Thinius, D.,Suttor, K.-H.: Elektrisches Potential, a.a.O., S. 52.

108 Beispielsweise können auf diese Weise industrielle Reststoffe wie Laugen, Späne, Rinden oder Rückstandsöle sinnvoll einer letzten Verwendung zugeführt werden. Neben den ersparten Brennstoffkosten entfallen zusätzlich die Entsorgungskosten für die Produktionsabfälle; vgl. Suttor, W. (Hrsg.): Praxis Kraft-Wärme-Kopplung, a.a.O., Teil 3/2.1, S. 2.

109 In jüngerer Zeit erstellten Raffinerien, die bislang schweres Heizöl als Restbestandteil preisgünstiger veräußerten, zunehmend Konversionsanlagen mit dem Ziel, dadurch einen höheren Anteil an leichten Fraktionen zu gewinnen. Dieses ist ein Grund, daß schweres Heizöl als günstiger Brennstoff vom Markt verdrängt wird; vgl. Hutter, F., Maier, W., Thinius, D., Suttor, K.-H.: Elektrisches Potential und Wirtschaftlichkeit der gekoppelten Kraft- und Wärmewirtschaft in Industrie und Gewerbe, a.a.O., S. 52.

110 Zur Diskussion der Vor- und Nachteile verschiedener Brennstoffe vgl. Kapitel B, Abschnitt III.

Stromkennzahl und Wirkungsgrad

Bei den technisch einfachen Gegendruckdampfprozessen einer Gegendruckturbine werden heute Stromkennzahlen von 0,10 bis 0,16 erreicht. Diese Stromkennzahlen lassen sich jedoch durch verschiedene Maßnahmen erhöhen.[111] Die Erhöhung der Stromkennzahl auf 0,4 ist möglich, indem der Frischdampfdruck von ca. 40 bar um 75 bar auf ca. 115 bar erhöht wird. Die weitere Erhöhung des Frischdampfdruckes und eine damit einhergehende Erhöhung der Stromkennzahl ist nicht möglich, da sonst in den Bereich der sogenannten unzulässigen Dampfnässe vorgestoßen würde. Unzulässige Dampfnässe bedeutet, daß aufgrund des hohen Druckes der Wassergehalt in der Turbine so hoch wird, daß Wasserschläge auf die Turbinenschaufeln zu erhöhtem Verschleiß oder sogar zur sofortigen Zerstörung führen.[112] Darüber hinaus ist - wenn die genannten Probleme technisch zu lösen wären - mit sehr hohen zusätzlichen Investitionsauszahlungen zu rechnen.

Weitere Maßnahmen zur Verbesserung der Stromkennzahl sind die Zwischenüberhitzung und Speisewasservorwärmung[113]. Durch die Vorwärmung steigt die Stromausbeute, wohingegen die Wärmeausbeute sinkt. Die Zwischenüberhitzung ist nur bei groß dimensionierten Anlagen ab ca. 200 MW thermische Leistung wirtschaftlich und wird deshalb bei industriellen Kraftwerken nur selten praktiziert.[114]

Der Wirkungsgrad eines Heizkraftwerkes mit Gegendruckturbine liegt zwischen 80% und 90%.[115] Er hängt zunächst von der Größe der Anlage sowie von der oben beschriebenen Stromkennzahl und damit von der Bauart der Gegendruckturbine ab: Je höher die Temperatur und Ausgangsdruck der Frischdampfzustände sind, desto höher ist der Wirkungsgrad.[116]

Darüber hinaus beeinflussen der Wartungszustand und das Alter der Anlage den Wirkungsgrad.[117] Schließlich wird der Wirkungsgrad auch durch den elektrischen Eigenbedarf der Anlage sowie durch die Wahl des Brennstoffes bestimmt. Wie die Art des Brennstoffes den Wirkungsgrad beeinflußt, zeigt die folgende Tabelle:

Tabelle E14: Wirkungsgrade verschiedener Brennstoffe

Eingesetzter Brennstoff	Nennwirkungsgrad
Braunkohle	85%
Steinkohle	88%
Heizöl	92%
Erdgas	94%

Quelle: In Anlehnung an Hofer, R.: Analyse der Potentiale industrieller Kraft-Wärme-Kopplung,, a.a.O., S. 10.

[111] Dies bedeutet, daß im Verhältnis zum Strom die sechs- bis zehnfache Menge Wärme erzeugt wird, d.h. die Stromausbeute relativ gering ist; vgl. u.a. Hutter, F., Maier, W., Thinius, D.,Suttor, K.-H.: Elektrisches Potential, a.a.O., S. 51; Rostek, H.-A.: Möglichkeiten und Grenzen der Kraft-Wärme-Kopplung, a.a.O., S. 29.

[112] Bei Wasseranteilen in dieser Größenordnung wird in der Regel mechanisch entwässert oder kurzzeitig überhitzt. Dadurch kann der Wasseranteil reduziert werden; vgl. Schaefer, H.: Erzeugung elektrischer Energie. Thermische Stromerzeugungsanlagen, a.a.O., S. 58; Hofer, R.: Analyse der Potentiale industrieller Kraft-Wärme-Kopplung, a.a.O., S. 60.

[113] Vgl. Schaefer, H.: Erzeugung elektrischer Energie. Thermische Stromerzeugungsanlagen, a.a.O., S. 58; Hofer, R.: Analyse der Potentiale industrieller Kraft-Wärme-Kopplung, a.a.O., S. 15 und 16.

[114] Vgl. Hofer, R.: Analyse der Potentiale industrieller Kraft-Wärme-Kopplung, a.a.O., S. 16.

[115] Vgl. Busse, L., Klepper, H.: Dampfturbinen, R 54, Punkt 6; Rostek, H.A.: Möglichkeiten und Grenzen der Kraft-Wärme-Kopplung, a.a.O., S. 30; Hutter, F., Maier, W., Thinius, D., Suttor, K.-H.: Elektrisches Potential, a.a.O., S. 51ff.

[116] Vgl. Mareske, A.: Energietechnik, a.a.O., L 29.

[117] Laut Suttor kann durch Alterungsprozesse die Stromkennzahl um etwa 4% zurückgehen; vgl. Suttor, W. (Hrsg.): Praxis Kraft-Wärme-Kopplung, a.a.O., Teil 3/2.1, S. 9.

Der in der Tabelle dargestellte Nennwirkungsgrad ist mit dem bereits definierten Wirkungsgrad identisch: Der Nutzungsgrad liegt jedoch meist einige Prozentpunkte unter dem (Nenn-)Wirkungsgrad, da dieser Verluste, die beim An- und Abfahren der Anlage entstehen, nicht berücksichtigt.[118]

Teillastverhalten

Ein Vorteil der Dampfturbine gegenüber allen anderen technischen Konzepten ist ihr ausgezeichneter Teillastwirkungsgrad.[119]

Eine Fahrweise im oberen Teillastbereich verschlechtert die Stromkennzahl bei nahezu konstantem Wärmeverbrauch nur geringfügig.[120] Die wirtschaftliche Qualität des Teillastverhaltens nimmt jedoch im extremen Teillastbetrieb ab, da die meisten bei Dampfturbinen auftretenden Oberflächenverluste lastunabhängig sind.[121]

Anlaufdauer

Die Anlaufdauer einer Dampfturbine ist im Vergleich zu anderen KWK-Anlagen, wie beispielsweise einem BHKW, verhältnismäßig lang, da der Druck im Dampferzeuger durch Brennstoffzufuhr soweit erhöht werden muß, bis Druck und Temperatur für den Turbinenprozeß ausreichen.[122] Diese Aufheizvorgänge erfolgen langsam, um den Dampferzeuger nicht zu stark thermisch zu belasten.

Auch die Laständerungsgeschwindigkeit ist relativ niedrig. So kann beispielsweise bei einem erdgasbefeuerten Heizkraftwerk mit einer thermischen Leistung von ca. 150 MW in einer Minute die Last um ca. 12% erhöht bzw. verringert werden. Das Hochfahren dauert ca. 8,5 Minuten. Diese Werte verschlechtern sich bei einem in der Leistung vergleichbaren, jedoch mit Kohle befeuerten Heizkraftwerk mit Gegendruckturbine auf 8% Laständerung pro Minute. Die Vollast wird somit erst nach gut 12 Minuten erreicht.[123]

Die lange Anlaufdauer sowie die Trägheit bei Lastwechseln beeinflussen die Wirtschaftlichkeit. So kann ein Heizkraftwerk mit Gegendruckturbine beispielsweise nicht als Notstromaggregat eingesetzt werden. Zudem reagiert die Anlage nur träge auf Lastwechsel. Daher ist die technisch einfache Gegendruck-Turbine nicht für Betriebe geeignet, in denen die nachgefragte Wärmeleistung ständig schwankt.

Bauzeit und Aufstellung

Dampfturbinenkraftwerke bestehen aus den Systembestandteilen Kesselanlage, Turbinenhaus mit Schaltanlage und dem Brennstofflager bei Heizöl- oder Kohlefeuerung. Dies ist dann von Nachteil, wenn es auf eine schnelle Bauausführung ankommt: Die Lieferzeit bis zur Inbetriebnahme von Dampfturbinenkraftwerken kann je nach Größe zwei bis drei Jahre betragen.[124]

---

118 Vgl. Hofer, R.: Analyse der Potentiale industrieller Kraft-Wärme-Kopplung, a.a.O., S. 10.

119 Vgl. Busse, L., Klepper, H.: Dampfturbinen, a.a.O., R 54, P. 6; Gutenberg, E.: Die Produktion, a.a.O., S. 79.

120 Vgl. Hutter, F., Maier, W., Thinius, D., Suttor, K.-H.: Elektrisches Potential und Wirtschaftlichkeit der gekoppelten Kraft- und Wärmewirtschaft in Industrie und Gewerbe, a.a.O., S. 56.

121 Vgl. Hofer, R.: Analyse der Potentiale industrieller Kraft-Wärme-Kopplung, a.a.O., S. 10; Hutter, F., Maier, W., Thinius, D., Suttor, K.-H.: Elektrisches Potential und Wirtschaftlichkeit der gekoppelten Kraft- und Wärmewirtschaft in Industrie und Gewerbe, a.a.O., S. 56.

122 Vgl. Riebel, P.: Die Elastizität des Betriebes. Eine produktions- und marktwirtschaftliche Untersuchung, a.a.O., S. 65; Bergner, H.: Vorbereitung der Produktion, physische, a.a.O., Sp. 2176; Seeger, T.: Tageseinsatzoptimierungin Kraftwerkssystemen mit Kraft-Wärme-Kopplung, a.a.O., S. 26.

123 Vgl. Suttor, W. (Hrsg.): Praxis Kraft-Wärme-Kopplung, a.a.O., Teil 3/2.1, S. 8.

124 Vgl. Hutter, F., Maier, W., Thinius, D., Suttor, K.-H.: Elektrisches Potential und Wirtschaftlichkeit der gekoppelten Kraft- und Wärmewirtschaft in Industrie und Gewerbe, a.a.O., S. 53.

Lebensdauer

Heizkraftwerke mit Gegendruckturbine weisen eine Lebensdauer von ca. 35 bis 40 Jahren auf.[125] Insbesondere bei Erdgasbefeuerung verlängert sich die Lebensdauer gegenüber der Befeuerung mit Heizöl oder Kohle um ca. 10% bis 15%.[126]

Verfügbarkeit bzw. Zuverlässigkeit

Die Verfügbarkeit von Dampfturbinenanlagen ist relativ hoch. Sie beträgt zwischen 93% bei alternativ möglichen Brennstoffen und bei Befeuerung mit Erdgas ca. 98%.[127]

Die Wartung der Turbinen erfolgt im 2-Jahres-Rhythmus und kann daher in die Zeit einer ohnehin erforderlichen Betriebsunterbrechung verlagert werden. Dadurch ist eine zuverlässige und störungsfreie innerbetriebliche Energieversorgung gewährleistet.[128]

Spezifische Investitionskosten

Ein ökonomischer Vorteil des Heizkraftwerkes mit Gegendruckturbine ist der prinzipiell einfache apparative Aufbau, mit dem verhältnismäßig geringe spezifische Investitionskosten von ca. DM 700 bis DM 2.500 pro kW thermischer Leistung verbunden sind.[129] Die große Schwankungsbreite ergibt sich - wie bei allen anderen technischen Konzepten der KWK-Technologie auch - aufgrund der verschiedenen angebotenen Dimensionen, Varianten und Spezifikationen.

Die Höhe der Investitionskosten unterscheidet sich je nach eingesetztem Brennstoff und je nach Anlagengröße. Anlagen, die Brennstoffe auf der Basis von Erdgas und Heizöl verfeuern, erfordern in der Regel geringere Investitionen pro kW thermischer Leistung als beispielsweise Anlagen mit Kohlebefeuerung.[130]

Die spezifischen Investitionskosten hängen auch von der Anlagengröße ab. Größere Anlagen sind wesentlich preiswerter pro kW als kleinere Anlagen. Ab einer bestimmten Anlagengröße sind die spezifischen Investitionskosten jedoch nicht weiter reduzierbar. So ist beispielsweise eine mit Erdgas befeuerte Anlage mit 15 MW thermischer Leistung im Vergleich zu einer Anlage mit 85 MW thermischer Leistung mit spezifischen Investitionskosten von ca. DM 800 pro kW^{th} im Vergleich zu ca. DM 750 pro kW^{th} nur unwesentlich teurer.[131] Der Vergleich einer mit Kohle befeuerten Anlage mit einer thermischen Leistung von ca. 85 MW gegenüber einer Anlage mit ca. 280 MW thermischer Leistung zeigt ein ähnliches Bild: Erstere weist spezifische Investitionskosten von ca. DM 1.700 auf, letztere mit einer fast dreifachen Leistung liegt nur ca. DM 200 niedriger.[132]

Hinsichtlich der Investitionsaufwendungen ist ebenfalls zu beachten, daß eine lange Bauzeit negative Auswirkungen auf den Produktionsbetrieb haben kann. Außerdem werden bei einer langen Bauzeit höhere Investitionskosten verursacht, da der während der Bauzeit anfallende

---

[125] Vgl. Busse, L., Klepper, H.: Dampfturbinen, a.a.O., R. 54, Punkt 6.

[126] Vgl. Suttor, W. (Hrsg.): Praxis Kraft-Wärme-Kopplung, a.a.O., Teil 3/2.1, S. 8.

[127] Vgl. Fey, B.: Dampf-Heizkraftwerke, a.a.O., S. 22; Suttor, W. (Hrsg.): Praxis Kraft-Wärme-Kopplung, a.a.O., Teil 3/2.1, S. 8; Hutter, F., Maier, W., Thinius, D., Suttor, K.-H.: Elektrisches Potential und Wirtschaftlichkeit der gekoppelten Kraft- und Wärmewirtschaft in Industrie und Gewerbe, a.a.O., S. 54.

[128] Vgl. Hutter, F., Maier, W., Thinius, D., Suttor, K.-H.: Elektrisches Potential und Wirtschaftlichkeit der gekoppelten Kraft- und Wärmewirtschaft in Industrie und Gewerbe, a.a.O., S. 53.

[129] Vgl. Suttor, K.-H., Suttor, W.: KWK-Fibel, a.a.O., S. 10.

[130] Vgl. Hutter, F., Maier, W., Thinius, D., Suttor, K.-H.: Elektrisches Potential und Wirtschaftlichkeit der gekoppelten Kraft- und Wärmewirtschaft in Industrie und Gewerbe, a.a.O., S. 53.

[131] Vgl. Suttor, W. (Hrsg.): Praxis Kraft-Wärme-Kopplung, a.a.O., Teil 3/2.1, S. 6 und Teil 5/2.1, S. 3.

[132] Vgl. Hutter, F., Maier, W., Thinius, D., Suttor, K.-H.: Elektrisches Potential und Wirtschaftlichkeit der gekoppelten Kraft- und Wärmewirtschaft in Industrie und Gewerbe, a.a.O., S. 60.

Kapitaldienst - z.B. für Anzahlungen[133] - in der Wirtschaftlichkeitsbetrachtung mitberücksichtigt werden muß.[134]

Wartungskosten

Der fixe Anteil der Wartungskosten beträgt in etwa 1% der Investitionssumme.[135] Dies entspricht bei einer großen Anlage mit ca. 150 MW thermischer Leistung und spezifischen Investitionskosten von ca. DM 1.500/kW einem Fixkostenblock von ca. DM 2 bis 3 Mio pro Jahr.

Die variablen Wartungskosten von Dampfturbinen betragen in etwa DM 4 bis DM 6 pro MW-Stunde erzeugte Wärme. Im obigen Beispiel und unter der Voraussetzung einer Vollbenutzungsdauer von ca. 6.000 Stunden ergeben sich variable Wartungskosten in Höhe von ca. DM 4 bis 5 Mio pro Jahr.[136]

Personalkosten

Bezogen auf die thermische Leistung können die Personalkosten für das Tages- und Schichtpersonal je nach Größe der Anlage zwischen DM 10 und DM 35 pro kW und Jahr betragen.[137] Demzufolge entsprechen die jährlichen Personalkosten einer Anlage ca. 2% bis 4% der Investitionssumme.

Bei einer kleineren Erdgasanlage mit 20 MW thermischer Leistung und einem entsprechenden Investitionsvolumen von ca. DM 20 bis 30 Mio ist demnach mit einem Personalbedarf von mindestens ca. 5 Vollzeitmitarbeitern zu kalkulieren.[138]

Fazit

Der Vorteil der Gegenturbine ist ihr hoher Wirkungsgrad von bis zu 90%. Das hohe Leistungsniveau und die geringe Stromausbeute hingegen sind Nachteile dieser Konzeption. Gegen die Dampfturbine sprechen außerdem ihr träges Anlaufverhalten und lange Lastwechselzeiten.

Insgesamt eignet sich eine Gegendruck-Dampfturbine nur bei großen und/oder energieintensiven Betrieben, die eine ständig gleichbleibende Dampfmenge mit konstantem Druck benötigen.[139] Dazu zählen unter anderem Papierfabriken und Betriebe der chemischen Industrie. Anlagen im oberen Leistungsbereich betreiben fast ausschließlich private oder kommunale Energieversorger mit ausgedehntem Fernwärmenetz.[140]

b. Anlagen mit Gasturbinen - Die Gasturbine mit Abwärmenutzung

Die erste Gasturbine wurde im Jahr 1934 in Betrieb genommen, daran anschließend erfuhr die Technologie der Gasturbine eine sprunghafte Entwicklung:[141] Zunächst wurden Gasturbinen als leistungsstarke und gleichzeitig leichte Triebwerke für die Flugzeugindustrie weiterent-

---

[133] Zum Zahlungsverlauf und dem resultierenden Finanzbedarf vgl. Kapitel I.I.

[134] Vgl. Hutter, F., Maier, W., Thinius, D., Suttor, K.-H.: Elektrisches Potential und Wirtschaftlichkeit der gekoppelten Kraft- und Wärmewirtschaft in Industrie und Gewerbe, a.a.O., S. 57 und 60.

[135] Vgl. Suttor, K.-H., Suttor, W.: KWK-Fibel, a.a.O., S. 10.

[136] Fey gibt für die Wartungskosten Werte zwischen 1,5% und 2,5% in Relation zu den Investitionskosten an, trifft jedoch dabei keine Unterscheidung zwischen fixen und variablen Kosten; vgl. Fey, B.: Dampf-Heizkraftwerke, a.a.O., S. 26.

[137] Vgl. Suttor, W. (Hrsg.): Praxis Kraft-Wärme-Kopplung, a.a.O., Teil 5/2.1, S. 4.

[138] Vgl. hierzu auch Fey, B.: Dampf-Heizkraftwerke, a.a.O., S. 22;

[139] Vgl. Mareske, A.: Energietechnik, a.a.O., L 29; Busse, L., Klepper, H.: Dampfturbinen, a.a.O., R 54, P. 6.

[140] Vgl. unter anderem die Heizkraftwerke der Fernwärmeschiene Saar: o.V.: Das Saarbrücker Zukunftskonzept Energie, Stadtwerke Saarbrücken AG (Hrsg.), Saarbrücken ohne Jahresangabe, S. 130 und S. 173.

[141] Vgl. Thomas, H.-J.: Thermische Kraftanlagen, Berlin 1975, S. 11.

wickelt, später auch zur Spitzenlastabdeckung in der Elektrizitätswirtschaft eingesetzt. Erst in den letzten Jahren stellt sich heraus, daß Gasturbinen im kommunalen wie auch im industriellen Bereich in Anlagen der Kraft-Wärme-Kopplung vorteilhaft sind.[142]

In diesem Zusammenhang ist auch das variable Verhältnis zwischen Strom- und Wärmeverbrauch in der Industrie zu betrachten, das auf die Weiterentwicklung der Gasturbinen Einfluß genommen hat: Energie- und umweltpolitische Rahmenbedingungen sowie der technische Fortschritt haben in vielen industriellen Bereichen zu einer vermehrten Stromnachfrage bei gleichzeitig sinkender Wärmenachfrage geführt.[143] Aus diesem Grund wurden in den letzten Jahren zunehmend Anlagen mit höherer Stromausbeute bzw. höherer Stromkennzahl nachgefragt.[144]

Die Verschiebung der Nachfrage nach Anlagen zur Deckung des industriellen Energiebedarfs betrifft insbesondere KWK-Anlagen mit Gasturbinen, weil diese bei gleicher Wärmeproduktion eine höhere Stromausbeute erreichen können als die KWK-Anlagen mit Gegendruckturbinen.

Aus technischer Sicht existieren für Gasturbinen zwei Konzeptionen:[145]

Gasturbinen mit offenem Prozeß haben zunächst einen konstruktiven Nachteil: Weil die Verbrennungsgase die Turbine durchströmen, müssen schwefelarme Brennstoffe eingesetzt werden, um die Turbinenschaufeln aufgrund mechanischen Abriebs nicht zu beschädigen. Vorteilhaft ist der geringe Kühlwasserbedarf, so daß sie unabhängig von einer Wasserversorgung am Verbrauchsschwerpunkt aufgestellt und betrieben werden können.[146]

Gasturbinen mit geschlossenem Prozeß haben demgegenüber den Vorteil, daß alle auch bei Dampfturbinen möglichen Brennstoffe eingesetzt werden können. Darüber hinaus ist bei dieser Konstruktion der thermische Wirkungsgrad und das Teillastverhalten günstiger als beim offenen Gasturbinenprozeß.[147] Der aus betriebswirtschaftlicher Sicht jedoch gravierende Nachteil der Gasturbinen mit geschlossenem Prozeß ist, daß die Investitionsausgaben bezogen auf die Leistung im Vergleich zu anderen technischen Konzepten relativ groß sind.[148] Die hohen Anschaffungskosten hängen auch mit einer Reihe noch nicht gelöster technischer

---

[142] Zu den Entwicklungen auf dem Gasturbinenmarkt vgl. Keppel, W.: Gasturbinen, in: Brennstoff-Wärme-Kraft, Jahrgang 46, 1994, Heft 4, S. 179; Keller, C.: Ursprung und Entwicklung der Gasturbine mit geschlossenem Kreislauf, Escher-Wyss-Mitteilungen, Jg. 38, 1966, Nr. 1, S. 5ff.; Bohn, D.: Stand der Technik und Entwicklungsperspektiven in der Kraft-Wärme-Kopplung, in: Arbeitsgemeinschaft für sparsamen und umweltfreundlichen Energieverbrauch e.V. (Hrsg.), Kraft-Wärme-Kopplung. Energie sparen, Umwelt schonen, ASUE, Internationale Fachtagung, 30.11.94, Heft 16, Essen 1995, S. 66.

[143] Vgl. Rostek, H.A.: Möglichkeiten und Grenzen der Kraft-Wärme-Kopplung, a.a.O., S. 30; Mareske, A.: Energietechnik, a.a.O., L 29; Hein, K.: Blockheizkraftwerke. Dezentrale Kraft-Wärme-Kopplung, a.a.O., S. 4.

[144] Die erhöhte Nachfrage nach Gasturbinen wird sich nach Expertenmeinung weiterhin fortsetzen; vgl. Werhahn, J: Warum Gasturbinen heute ?, in: Gasturbinen in der Industrie, VIK-Bericht, Nr. 195, Essen 1986, S. 7; Handrock, W.: Das energiewirtschaftliche Umfeld der Kraft-Wärme-Kopplung, a.a.O., S. 12; Suttor, W. (Hrsg.): Praxis Kraft-Wärme-Kopplung, a.a.O., Teil 3/3.1, S. 1.

[145] Vgl. Mareske, A.: Energietechnik, a.a.O., L 29; Schreiner, E.: Kraft-Wärme-Kopplung zur Energieversorgung von Flaschenfüllanlagen in Brauereien, Mineralbrunnen und Erfrischungsgetränkebetrieben, a.a.O., S. 11; Schaefer, H.: Erzeugung elektrischer Energie. Thermische Stromerzeugungsanlagen, a.a.O., S. 75.

[146] Vgl. Flosdorff, R., Hilgarth, G.: Elektrische Energieverteilung, in: Fricke, H., Frohne, H. (Hrsg.), Moeller-Leitfaden der Elektrotechnik, 5. Auflage, Stuttgart 1986, S. 277.

[147] Vgl. Keller, C.: Ursprung und Entwicklung der Gasturbine mit geschlossenem Kreislauf, a.a.O., S. 5ff; Keller, C.: Die geschlossene Gasturbine für Kernkraftanlagen, in: Neue Technik, Jahrgang 7, 1965, Nr. 34, S. 153-163.

[148] Vgl. Schreiner, E.: Kraft-Wärme-Kopplung zur Energieversorgung von Flaschenfüllanlagen in Brauereien, Mineralbrunnen und Erfrischungsgetränkebetrieben, a.a.O., S. 12.

Probleme zusammen.[149] Aus diesem Grund sind diese Gasturbinen bislang im industriellen Bereich der Kraft-Wärme-Kopplung kaum eingesetzt.

Leistungsbereich

Gasturbinen mit offenem Prozeß werden für ein breites Leistungs- und Anwendungsspektrum angeboten: Der Bereich beginnt bei 1 bis 2 MW und endet bei ca. 200 bis 300 MW thermischer Leistung.[150] Bezogen auf die elektrische Leistung bedeutet dies ein Bereich von 1 MW bis ca. 200 MW. Damit ist das Leistungsspektrum im niedrigeren Leistungsbereich abgedeckt.

Die Gasturbinen, die seit einigen Jahren erfolgreich angeboten werden, lassen sich in schwere und in leichte Ausführungen einteilen: Die schweren Ausführungen sind für eine längere Lebensdauer konzipiert und werden daher im Grundlastbetrieb eingesetzt.[151] Die von den Flugzeugtriebwerken abgeleiteten leichten Ausführungen eignen sich mehr für den Spitzenlast- und Notstrombetrieb, weniger für den industriellen Dauerbetrieb.[152] Sie erreichen innerhalb von drei Minuten nach dem Start ihre volle Leistungsfähigkeit, können Lastschwankungen wesentlich besser ausgleichen als Dampfturbinenkraftwerke und sind darüber hinaus imstande im Notfall für kurze Zeit mit bis zu ca. 110% Überlast zu fahren.[153]

Anlagen für den elektrischen Leistungsbereich zwischen ca. 4,0 MW und 6,0 MW sind neben den größeren Turbinen von ca. 30 MW bis 200 MW technologisch sehr weit entwickelt und daher am häufigsten in der industriellen Praxis eingesetzt. Aber auch im Leistungsbereich unter 3 MW, bei der sogenannten „kleinen Gasturbinengeneration", wird intensiv geforscht, so daß in näherer Zukunft auch mit ausgereiften kleinen Gasturbinen zu rechnen ist, die das Anwendungsspektrum der Gasturbine im Grundlastbereich nochmals erweitern dürften.[154]

Nutztemperatur

Ein Vorteil der Gasturbine ist das im Vergleich zur Dampfturbine ca. zweimal so hohe Niveau der Nutztemperatur von ca. 400°C bis 600°C.[155] Dadurch bietet die Gasturbine ein breiteres industrielles Anwendungsspektrum und kann bei entsprechender Dimensionierung einen größeren Wärmebedarf decken. Dies ist insbesondere dann von Vorteil, wenn das Unternehmen einen konstant hohen Wärmebedarf hat.

---

[149] Vgl. Schaefer, H.: Erzeugung elektrischer Energie. Thermische Stromerzeugungsanlagen, a.a.O., S. 75.

[150] Vgl. o.V.: Technik, in: Grundlagen, Technik, Betrieb. Gasturbinen in der Praxis, in: Arbeitsgemeinschaft für sparsamen und umweltfreundlichen Energieverbrauch (ASUE), Hamburg , S. 4; Flosdorff, R., Hilgarth, G.: Elektrische Energieverteilung, a.a.O., S. 277; Bohn, D.: Stand der Technik und Entwicklungsperspektiven in der Kraft-Wärme-Kopplung, a.a.O., S. 66; Hein, D.: Einsatz der Kraft-Wärme-Kopplung. Technik, Wirtschaftlichkeit, Umwelt, a.a.O., S. 28.

[151] Diese Ausführungen resultieren historisch aus ihrer Verwendung in der Elektrizitätswirtschaft; vgl. Keppel, W.: Gasturbinen, a.a.O., S. 179; Schlumberger, H.: Schaltungsvarianten-Einsatzmöglichkeiten, in: Gasturbinen in der Industrie, VIK-Bericht Nr. 195, Essen 1986, S. 29.

[152] Vgl. Löffel, H., Thinius, D.: Gasturbineneinsatz im Rahmen der Kraft-Wärme-Kopplung, in: Gasturbinen in der Industrie, VIK-Bericht Nr. 195, Essen 1986; S. 17; Schreiner, E.: Kraft-Wärme-Kopplung zur Energieversorgung von Flaschenfüllanlagen in Brauereien, Mineralbrunnen und Erfrischungsgetränkebetrieben, a.a.O., S. 12.

[153] Vgl. Hutter, F., Maier, W., Thinius, D., Suttor, K.-H.: Elektrisches Potential und Wirtschaftlichkeit der gekoppelten Kraft- und Wärmewirtschaft in Industrie und Gewerbe, a.a.O., S. 62.

[154] Vgl. Werhahn, J: Warum Gasturbinen heute ?, a.a.O., S. 7.

[155] Vgl. Löffel, H., Thinius, D.: Gasturbineneinsatz im Rahmen der Kraft-Wärme-Kopplung, a.a.O., S. 18; Bohn, D.: Stand der Technik und Entwicklungsperspektiven in der Kraft-Wärme-Kopplung. Gasturbinen, a.a.O., S. 67ff; Hein, D.: Einsatz der Kraft-Wärme-Kopplung. Technik, Wirtschaftlichkeit, Umwelt, a.a.O., S. 28; Schreiner, E.: Kraft-Wärme-Kopplung zur Energieversorgung von Flaschenfüllanlagen in Brauereien, Mineralbrunnen und Erfrischungsgetränkebetrieben, a.a.O., S. 13; Suttor, K.-H., Suttor, W.: KWK-Fibel, a.a.O., S. 10 und 26ff.

Auswahl des Brennstoffes

Der Brennstoffeinsatz ist bei Gasturbinen mit offenem Prozeß auf flüssige oder gasförmige Brennstoffe beschränkt. Feste Brennstoffe wie beispielsweise Stein- oder Braunkohle können nicht verfeuert werden.[156]

In fast allen Anwendungsfällen wird Erdgas als Brennstoff eingesetzt. Eine Feuerung mit leichtem Heizöl oder Kerosin ist grundsätzlich auch möglich, wird jedoch im Dauerbetrieb selten realisiert.[157] Eine Feuerung mit schwerem Heizöl, wie sie bei der Dampfturbine oder bei der Gasturbine mit geschlossenem Prozeß möglich ist, ist beim offenen Gasturbinenprozeß nicht möglich.[158]

Eine variable Feuerung mit Gasen unterschiedlicher Qualität sowie alternativ mit leichtem Heizöl ist wirtschaftlich vor allem als Ersatzfeuerung bei unterbrechbaren Erdgasverträgen interessant.[159]

Stromkennzahl und Wirkungsgrad

Der Wirkungsgrad liegt bei Gasturbinen etwa zwischen 70% und 90% und ist damit im Vergleich zu den Dampfturbinen etwas niedriger.[160]

Dagegen erreichen Gasturbinen höhere Stromkennzahlen als Dampfturbinen.[161] Die in der Praxis realisierten Stromkennzahlen variieren zwischen 0,30 und 0,70.[162] Die relativ breite Streuung der Stromkennzahlen ergibt sich daraus, daß die Stromkennzahl bei der Gasturbine in hohem Maß von der Anlagenleistung abhängt: Kleine Aggregate mit ca. 4 MW thermischer Leistung erreichen Stromkennzahlen von ca. 0,30 bis 0,40, größere Aggregate mit über 150 MW thermischer Leistung können Stromkennzahlen bis 0,70 erreichen.[163]

Leistungsstärkere Aggregate können mit höherem Druck und mit höheren Turbineneintrittstemperaturen gefahren werden, so daß geringere äußeren Verluste auftreten. Geringere äußere Verluste erhöhen den thermischen Wirkungsgrad bzw. die Wärmeausbeute und damit auch den Gesamtwirkungsgrad als Summe von Strom- und Wärmeausbeute.

Wirkungsgrad und Stromkennzahl einer Gasturbine lassen sich im wesentlichen durch drei Maßnahmen steigern:[164]

---

156 Vgl. Gollas, A.:.Umweltaspekte und Genehmigungsverfahren, in: Gasturbinen in der Industrie, VIK-Bericht Nr. 195, Essen 1986, S. 51; Dittwald, F.: Wärmekraftanlagen, Schulungsunterlagen der Universität TU-Berlin: Weiterbildendes Studium "Energieplanung und Energiemanagement in Entwicklungsländern", Abschnitt 30, Berlin ohne Datumsangabe, S. 79; Büchner, J., Wieber, W.: Realisierung, a.a.O., S. 241.

157 Neben den höheren Schadstoffemissionen, die eine direkte Abgasnutzung zur Trocknung verhindern, entstehen durch das im Vergleich zum Erdgas in den variablen Kosten teurere Heizöl erhöhte Betriebskosten, die eine Erdgasfeuerung begünstigen; vgl. Keppel, W.: Gasturbinen, a.a.O., S. 179.

158 Vgl. Schaefer, H.: Erzeugung elektrischer Energie. Thermische Stromerzeugungsanlagen, a.a.O., S. 75; Keppel, W.: Gasturbinen, a.a.O., S. 179.

159 Vgl. Schulz, M.: Ausbau der Kraft-Wärme-Kopplung durch Einsatz der Gasturbine, in: Gasturbinen in der Industrie, VIK-Bericht Nr. 195, Essen 1986, S. 40.

160 Vgl. Jäschke, A.: Stand der Gasturbinentechnik, in: VIK-Bericht, Gasturbinen in der Industrie, Nr. 195, Essen 1986, S. 11; Löffel, H., Thinius, D.: Gasturbineneinsatz im Rahmen der Kraft-Wärme-Kopplung, a.a.O., S. 18; Mareske, A.: Energietechnik, a.a.O., L 29.

161 Vgl. auch Büchner, J., Wieber, W.: Realisierung, a.a.O., S. 241.

162 Vgl. Bohn, D.: Stand der Technik und Entwicklungsperspektiven in der Kraft-Wärme-Kopplung. Gasturbinen, a.a.O., S. 66; Hein, D.: Einsatz der Kraft-Wärme-Kopplung. Technik, Wirtschaftlichkeit, Umwelt, a.a.O., S. 28.

163 Vgl. Hofer, R.: Analyse der Potentiale industrieller Kraft-Wärme-Kopplung, a.a.O., S. 21ff; Schreiner, E.: Kraft-Wärme-Kopplung zur Energieversorgung von Flaschenfüllanlagen in Brauereien, Mineralbrunnen und Erfrischungsgetränkebetrieben, a.a.O., S. 13.

164 Vgl. Schulz, M.: Ausbau der Kraft-Wärme-Kopplung durch Einsatz der Gasturbine, a.a.O., S. 45; Gollas, A.: Gasturbinen-Heizkraftwerke, in: Suttor, K.-H., Suttor, W. (Hrsg.), Handbuch der Kraft-Wärme-Kopplung.

1) Erhöhung der Druck- und Temperaturverhältnisse
2) Erhöhung der Komponentenwirkungsgrade
3) Prozeßverbesserungen durch Wärmetauscher, Zwischenüberhitzung und Zwischenverbrennung

Zu 1: Erhöhung der Druck- und Temperaturverhältnisse
Abbildung E35 zeigt, daß durch eine Erhöhung von Druck- und Temperatur die spezifische Leistung und gleichzeitig der Wirkungsgrad gesteigert werden.

Abbildung E34: Wirkung von Erhöhung der Druck- und Temperaturverhältnisse bei einer Gasturbine

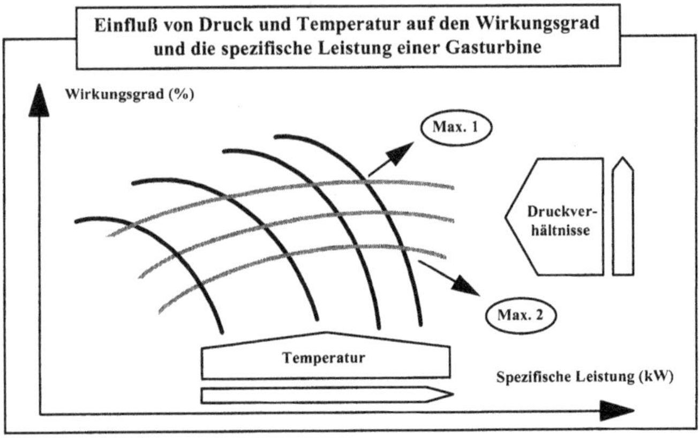

Quelle: In Anlehung an: Bohn, D.: Stand der Technik und Entwicklungsperspektiven in der Kraft-Wärme-Kopplung, a.a.O., S. 67.

Aus der Abbildung geht auch hervor, daß es ein Maximum (Max. 1) der spezifischen Leistung bei gegebenem Druckverhältnis und gegebener Temperatur gibt. Die andere Auslegungsvariante, ebenfalls in der Abbildung, hat genauso ein Maximum (Max. 2) ihres Wirkungsgrades bei gegebenem Druck und gegebener Temperatur.[165] Ein potentieller Investor muß sich also bei gegebenem Druck durch die Wahl des Temperaturniveaus entweder für eine Maximierung der spezifischen Leistung oder für eine Maximierung des Wirkungsgrades entscheiden. Bei Anlagen für stationären Betrieb wird sich ein Betreiber meist für eine Maximierung des Wirkungsgrades entscheiden.[166]

Wenn eine zu hohe Temperatur das Material der Turbinen überlastet, ist eine Steigerung der Temperatur nur mit Kühlen der Turbinenschaufeln möglich.[167] Der Wirkungsgrad kann durch diese Maßname bei konstantem Druckverhältnis zwar gesteigert werden, jedoch ist der

---

Für Planer, Betreiber, Ausbildung., Karlsruhe 1991, S. 29ff; Büchner, J., Wieber, W.: Realisierung, a.a.O., S. 241.

[165] Vgl. Bohn, D.: Stand der Technik und Entwicklungsperspektiven in der Kraft-Wärme-Kopplung. Gasturbinen, a.a.O., S. 75.

[166] Vgl. Suttor, W. (Hrsg.): Praxis Kraft-Wärme-Kopplung, a.a.O., Teil 3/3.1, S. 9. Gollas, A.: Gasturbinen-Heizkraftwerke, a.a.O., S. 36ff.

[167] Vgl. o.V.: Anwendungsmöglichkeiten, in: Grundlagen, Technik, Betrieb. Gasturbinen in der Praxis, in: Arbeitsgemeinschaft für sparsamen und umweltfreundlichen Energieverbrauch (ASUE) (Hrsg.), Hamburg, S. 14; Hofer, R.: Analyse der Potentiale industrieller Kraft-Wärme-Kopplung, a.a.O., S. 17.

Grenznutzen der Steigerung abnehmend. Letztendlich kann durch eine überhöhte Temperatursteigerung trotz Kühlung der Wirkungsgrad sinken.[168]

Zu 2: Erhöhung der Komponentenwirkungsgrade

Durch eine Verbesserung der beiden aerodynamischen Hauptkomponenten, Verdichter und Turbine, ist ebenfalls eine geringfügige Steigerung des Wirkungsgrades zu erzielen. Insbesondere beim Verdichter gibt es noch Potentiale bei der Schaufelgeometrie und der Rotorformgebung. Die Steigerung der Komponentenwirkungsgrade ist jedoch begrenzt aufgrund der noch geringen Kenntnisse über die realen Strömungsverhältnisse.[169]

Zu 3: Prozeßverbesserungen durch Wärmetauscher, Zwischenüberhitzung und Zwischenverbrennung

Eine Verbesserung des Wirkungsgrades auf 85% und darüber, beispielsweise mit Wärmetauschern oder Zwischenüberhitzung, ist technisch realisierbar, verteuert jedoch die KWK-Anlage erheblich und ist aus Sicht eines industriellen Investors nicht wirtschaftlich.[170] Darüber hinaus führt bei Zusatz- bzw. Zwischenfeuerungen ein verbessern des Brennstoffausnutzungsgrades in der Regel zu Einbußen bei der Stromkennzahl.[171]

Insgesamt können durch die o.g. Verbesserungen Stromkennzahlen bis zu 0,70 erreicht werden. Voraussetzung für hohe Stromkennzahlen ist jedoch eine hohe Leistung der Gasturbine. Die angesprochenen Verbesserungspotentiale bei der Stromkennzahl sind demzufolge bei größeren Aggregaten wirtschaftlich. Im Vergleich zu Dampfturbinen erreichen jedoch selbst mittlere Gasturbinen - wenn auch bei geringeren Wirkungsgraden - höhere Stromkennzahlen als Dampfturbinen.

Teillastverhalten

Durch den Einsatz von verstellbaren Leitschaufeln bleibt das Teillastverhalten der Gasturbine im oberen Lastbereich bis herab zu ca. 80% der maximalen Dauerleistung relativ konstant.[172]

Ein konstantes Teillastverhalten bedeutet betriebswirtschaftlich, daß durch die geringe Veränderung des Wirkungsgrades der Brennstoffeinsatz pro erzeugter Einheit Nutzenergie im oberen Teillastbetrieb relativ konstant bleibt. Wenn der betriebliche Energiebedarf häufig eine Anlagenfahrweise im Teillastbereich erfordert, dann ist der Einsatz einer Gasturbine im Vergleich zur Dampfturbinenanlage vorteilhaft. Die Gasturbine weist jedoch unterhalb von 80% der Vollast ein wesentlich schlechteres Teillastverhalten als die Dampfturbine auf.[173]

Das Teillastverhalten einer Gasturbine kann mit einer Zwei- oder Mehrwellenanlage mit variabler Turbinendrehzahl entscheidend verbessert werden. Allerdings ist diese Variante mit relativ großen Investitionen verbunden.[174]

---

168 Vgl. Bohn, D.: Stand der Technik und Entwicklungsperspektiven in der Kraft-Wärme-Kopplung. Gasturbinen, a.a.O., S. 75; Mareske, A.: Energietechnik, a.a.O., L 19 und L 22.

169 Vgl. Bohn, D.: Stand der Technik und Entwicklungsperspektiven in der Kraft-Wärme-Kopplung. Gasturbinen, a.a.O., S. 79; o.V.: Technik (Gasturbinen), a.a.O., S. 6.

170 Vgl. Mareske, A.: Energietechnik, a.a.O., L 19 und L 22.

171 Vgl. Löffel, H., Thinius, D.: Gasturbineneinsatz im Rahmen der Kraft-Wärme-Kopplung, a.a.O., S. 20; vgl. hierzu auch die Ausführungen zur GUD-Anlage sowie Abbildung 7.

172 Vgl. Hutter, F., Maier, W., Thinius, D., Suttor, K.-H.: Elektrisches Potential und Wirtschaftlichkeit der gekoppelten Kraft- und Wärmewirtschaft in Industrie und Gewerbe, a.a.O., S. 61; o.V.: Wirtschaftlichkeit, in: Grundlagen, Technik, Betrieb. Gasturbinen in der Praxis, in: Arbeitsgemeinschaft für sparsamen und umweltfreundlichen Energieverbrauch (ASUE) (Hrsg.), Hamburg ohne Datumsangabe, S. 18.

173 Vgl. hierzu auch Büchner, J., Wieber, W.: Realisierung, a.a.O., S. 241.

174 Vgl. Löffel, H., Thinius, D.: Gasturbineneinsatz im Rahmen der Kraft-Wärme-Kopplung, a.a.O., S. 17; Hofer, R.: Analyse der Potentiale industrieller Kraft-Wärme-Kopplung, a.a.O., S. 17.

Eine betriebswirtschaftliche Schlußfolgerung ist also, daß Gasturbinen nur bei sehr hoher Teillast wirtschaftlich betrieben werden können.

Anlaufdauer

Gasturbinen, insbesondere in der leichteren Ausführung, können in der Regel sehr schnell gestartet werden und benötigen somit eine kurze Anlaufzeit.[175] Ein Indiz dafür ist, daß die ersten Gasturbinen zur Spitzenlastabdeckung von der Elektrizitätswirtschaft eingesetzt wurden.[176] Je nach Leistung und Spezifikation erreichen Gasturbinen ihre Nennlast bereits nach ca. 5 Minuten.[177] Aufgrund dieser Eigenschaft ist ihre Eignung als Notstromaggregat besonders ausgeprägt. Häufige Anfahr- und Abfahrvorgänge verursachen jedoch speziell bei älteren Anlagen hohe Beanspruchungen durch ungleichförmige thermische Belastungen der Bauteile, die die Lebensdauer beeinträchtigen können.[178]

Bauzeit und Aufstellung

Da Gasturbinen äußerst vibrationsarm laufen,[179] stellen sie an die Fundamentierung geringere Anforderungen als andere KWK-Konzepte.[180]

Weiterhin verfügen Gasturbinen über die Vorteile einer kompakten Bauweise und eines im Verhältnis zur Leistung geringen Gewichtes.[181] Beide Sachverhalte führen zu einer relativ kurzen Montagezeit und damit zu geringen Störungen des Produktionsablaufes.

Die Montage derartiger Anlagen in den vorbereiteten Baukörper[182] dauert lediglich ca. 6 bis 12 Wochen.[183] Insgesamt hängt somit die Dauer bis zur Inbetriebnahme einer Gasturbine hauptsächlich von der Lieferzeit ab. Diese wird wiederum von der genauen Spezifikation bestimmt. In der Regel erstreckt sich der Zeitraum von der Bestellung bis zur Inbetriebnahme über weniger als ein Jahr. Im Höchstfall sind aus Investorensicht zwei Jahre einzuplanen.[184] Damit hat die Gasturbine im Vergleich zur Dampfturbine einen Vorteil.

Schließlich werden insbesondere kleinere Gasturbinen von den Herstellern als Serienaggregate teilweise auf Vorrat gefertigt, so daß Lieferzeiten von 2 bis 12 Monaten realisierbar sind.[185]

Verfügbarkeit

Gasturbinen weisen eine hohe Verfügbarkeit auf, d.h. die Ausfallzeiten sind gering. Insgesamt wird die Verfügbarkeit mit ca. 90% bis 95% der jährlichen maximal möglichen Einsatzzeit angegeben.[186]

---

175 Vgl. Seeger, T.: Tageseinsatzoptimierung in Kraftwerkssystemen mit Kraft-Wärme-Kopplung, a.a.O., S. 28.

176 Vgl. Riebel, P.: Die Elastizität des Betriebes. Eine produktions- und marktwirtschaftliche Untersuchung, a.a.O., S. 65 und 66.

177 Vgl. Dittwald, F.: Wärmekraftanlagen, a.a.O., S. 79.

178 Vgl. o.V.: Anwendungsmöglichkeiten (Gasturbinen),a.a.O., S. 14; Büchner, J., Wieber, W.: Realisierung, a.a.O., S. 241.

179 Vgl. Gollas, A.:.Umweltaspekte und Genehmigungsverfahren, in: Gasturbinen in der Industrie, VIK-Bericht Nr. 195, Essen 1986, S. 52.

180 Vgl. Keppel, W.: Gasturbinen, a.a.O., S. 182.

181 Gasturbinen mit einer thermischen Leistung bis ca. 100 MW werden in der Regel als eine Kompakteinheit angeliefert. Vgl. Hutter, F., Maier, W., Thinius, D., Suttor, K.-H.: Elektrisches Potential und Wirtschaftlichkeit der gekoppelten Kraft- und Wärmewirtschaft, in: Industrie und Gewerbe, a.a.O., S. 65.

182 In der Regel wird die Gasturbinenanlage in das vorhandene Kesselhaus integriert. Die Gasturbinenanlage benötigt ein eigenes Fundament und einen eigenen Abgaskamin.

183 Vgl. Hutter, F., Maier, W., Thinius, D., Suttor, K.-H.: Elektrisches Potential und Wirtschaftlichkeit der gekoppelten Kraft- und Wärmewirtschaft in Industrie und Gewerbe, a.a.O., S. 65.

184 Vgl. Jäschke, A.: Stand der Gasturbinentechnik, a.a.O., S. 11.

185 Vgl. Dittwald, F.: Wärmekraftanlagen, a.a.O., S. 79.

Lebensdauer

Die Lebensdauer einer Gasturbine erreicht in der Regel nicht ganz die einer Dampfturbine. Dies liegt daran, daß insbesondere die heißen Teile hohen Beanspruchungen ausgesetzt sind.[187] Aktuell wird jedoch - nicht zuletzt auch aufgrund anhaltender Markterfolge der Gasturbine - aufwendige und kostspielige Forschungsarbeit geleistet, um geeignete Hochtemperaturwerkstoffe für die Turbinenschaufeln zu finden, die den hohen thermischen Belastungen ohne Schädigungen gewachsen sind.

Darüber hinaus hängt die Lebensdauer der Gasturbine in hohem Maße von der Qualität und Häufigkeit der Wartung sowie ebenfalls von der Häufigkeit der Starts und Abfahrvorgänge ab.[188]

Spezifische Investitionskosten

Aufgrund der in manchen Leistungssegmenten möglichen Serienfertigung sowie der kompakten Abmessungen verursachen Gasturbinen im Vergleich zu anderen KWK-Konzepten vergleichsweise geringe Investitionskosten.[189] Die spezifischen Investitionskosten pro kW thermischer Leistung liegen je nach Dimensionierung zwischen DM 900 und DM 1.200/kW.[190]

Zu berücksichtigen ist allerdings, daß der Einsatz einer Gasturbine zwar geringe jährliche Fixkosten durch die geringe Anfangsinvestition verursacht, die variablen Kosten auf Grund des im Vergleich teureren Brennstoffes Erdgas allerdings hoch ausfallen können.

Wartungskosten

Die Kosten für Wartungen sind im Vergleich zu anderen KWK-Anlagen geringer: Ihr fixer Anteil beträgt in etwa 1% bis 1,5% der Investitionssumme[191] und liegt damit auf dem Niveau einer Dampfturbine. Die variablen Wartungskosten hingegen liegen bei ca. DM 3 bis DM 4 pro MWh thermischer Leistung und sind damit um bis zu 50% günstiger als die der Dampfturbine.[192]

Zu beachten ist allerdings, daß der variable Wartungsaufwand auch von der Leistung der Gasturbine abhängt: Je geringer die Leistung der Gasturbine, desto höher ist der variable Wartungsaufwand pro MW thermischer Arbeit.

Personalkosten

Die Personalkosten sind im Vergleich zur Dampfturbine in der Regel geringer. Dies ist in der Einfachheit des thermodynamischen Prozesses, der verhältnismäßig unkomplizierten Tech-

---

[186] Vgl. Rostek, H.A.: Möglichkeiten und Grenzen der Kraft-Wärme-Kopplung, a.a.O., S. 28; Bohn, D.: Stand der Technik und Entwicklungsperspektiven in der Kraft-Wärme-Kopplung. Gasturbinen, a.a.O., S. 66.

[187] Vgl. Keppel, W.: Gasturbinen, a.a.O., S. 181.

[188] Gasturbinen der neueren Generation werden jedoch automatisch mit An- und Abfahrtsprogrammen gestartet. Diese Vorgänge werden dabei so geregelt, daß keine unzulässigen Belastungen einzelner Teile des KWK-Systems entstehen; vgl. o.V.: Anwendungsmöglichkeiten (Gasturbinen), a.a.O., S. 14; Hutter, F., Maier, W., Thinius, D., Suttor, K.-H.: Elektrisches Potential und Wirtschaftlichkeit der gekoppelten Kraft- und Wärmewirtschaft in Industrie und Gewerbe, a.a.O., S. 60.

[189] Vgl. Schlumberger, H.: Schaltungsvarianten-Einsatzmöglichkeiten, a.a.O., S. 29.

[190] Vgl. Rudolph, M.: Kosten und Wirtschaftlichkeit von KWK-Anlagen, Tagungsbericht, Fachseminar Rationelle Energienutzung und Kraft-Wärme-Kopplung in der Industrie, Schliersee 02.-03.05.94, S. 5; Keppel, W.: Gasturbinen, a.a.O., S. 179; Suttor, K.-H., Suttor, W.: KWK-Fibel, a.a.O., S. 10.

[191] Vgl. Hutter, F., Maier, W., Thinius, D., Suttor, K.-H.: Elektrisches Potential und Wirtschaftlichkeit der gekoppelten Kraft- und Wärmewirtschaft in Industrie und Gewerbe, a.a.O., S. 63; Suttor, K.-H., Suttor, W.: KWK-Fibel, a.a.O., S. 10.

[192] Vgl. Suttor, K.-H., Suttor, W.: KWK-Fibel, a.a.O., S. 10.

nologie der Gasturbine und dem daraus resultierenden hohen Automatisierungsgrad der Gasturbine begründet.[193]

Fazit

Der grundsätzliche Vorteil der Gasturbine ist aus industrieller Sicht das breite Leistungsspektrum, so daß sich die Gasturbine auch für mittlere Unternehmen eignet.[194]

Ein weiterer Vorteil der Gasturbine ist ihr verhältnismäßig hohes Nutztemperaturniveau. Dieser Vorteil besteht vor allem gegenüber dem Konzept des Blockheizkraftwerkes.

Aufgrund der guten Starteigenschaften der Gasturbine, insbesondere der leichteren Ausführungen, ist ihre Eignung als Notstromaggregat hervorzuheben. Schließlich sind die variablen Wartungskosten im Vergleich zur Dampfturbine bei größeren Leistungskategorien geringer.

Nachteilig sind der im Vergleich zur Dampfturbine geringere Wirkungsgrad sowie das schlechtere Teillastverhalten im unteren Bereich. Wenn jedoch die Gasturbine optimal ausgelastet ist und im oberen Teillastbereich gefahren wird, kann der Wirkungsgrad einer Gasturbine über dem einer Dampfturbine liegen. Ein Nachteil kann ebenfalls die bei nicht ausreichender Wartung im Vergleich zur Dampfturbine geringere Lebensdauer sein.

Ein weiterer Nachteil besteht in der Notwendigkeit, hochwertigen Brennstoff zum Betrieb des Aggregates verwenden zu müssen. Auch die Lebensdauer von Gasturbinen erreicht nicht die von Dampfturbinen.

Die Stromkennzahl kann Werte bis zu 0,7 erreichen[195], die damit doppelt so hoch sind wie die der Dampfturbine. Allerdings sind derart hohe Stromkennzahlen nur bei größeren Anlagen realisierbar. Dies bedeutet, daß Gasturbinen für kleinere und mittlere Unternehmen aufgrund der dimensionsbedingt relativ niedrigen Stromkennzahl wirtschaftlich weniger attraktiv sind.

c. Kombinierte Anlagen - Die Gas- und Dampfturbine mit Gegendruckturbine

Die technologische Entwicklung von KWK-Anlagen mit hoher Stromkennzahl hat mit der **G**as- **u**nd **D**ampfturbinenanlage[196] ihr bisheriges Ende erfahren. Diese Kombination ist möglich, seit Gasturbinen großer Leistung zur technischen Serienreife entwickelt und zu vertretbaren Preisen am Markt verfügbar sind.

Ein besonderer Vorteil dieser kombinierten Anlagen liegt darin, daß die hohen Temperaturen der Gasturbine mit den positiven Eigenschaften der Dampfturbine verbunden sind.[197] Moderne Anlagen erreichen durch Kombination des Dampfturbinenprozesses mit dem Gasturbinen-

---

[193] Vgl. Dittwald, F.: Wärmekraftanlagen, a.a.O., S. 79.

[194] Eine mit 5.000 bis 6.000 Vollbenutzungsstunden gut ausgelastete Gasturbine mit 2 MW thermischer Leistung und einer Stromkennzahl von 0,4 produziert in einem Jahr je nach Tarif Strom im Wert von ca. DM 0,3 bis 0,5 Mio. Deckt das Unternehmen mit dieser eigenerzeugten Strommenge ca. 50% bis 60% seines gesamten innerbetrieblichen Strombedarfs ab, so handelt es sich dabei um ein Unternehmen mit einer jährlichen Stromrechnung in Höhe von ca. DM 0,6-1,0 Mio. Dies kann je nach Umsatzrendite und Branche einem Unternehmen entsprechen, das einen jährlichen Umsatz von ca. DM 20 bis 40 Mio erreicht.

[195] Vgl. Hein, D.: Einsatz der Kraft-Wärme-Kopplung. Technik, Wirtschaftlichkeit, Umwelt, a.a.O., S. 30.

[196] Gas- und Dampfturbinenanlagen werden üblicherweise auch GUD-Anlagen genannt; vgl. Kotschenreuther, H.: Gasturbinen-Dampfturbinen-Heizkraftwerke, in: Suttor, K.-H., Suttor, W. (Hrsg.), Handbuch der Kraft-Wärme-Kopplung. Für Planer, Betreiber, Ausbildung., Karlsruhe 1991, S. 49ff.

[197] Vgl. Haupt, G., Joyce, J.-S.: GUD-Technik nutzt Gas, Siemens Power Journal, 3/93, S. 31, Flosdorff, R., Hilgarth, G.: Elektrische Energieverteilung, a.a.O., S. 277; Suttor, K.-H., Suttor, W.: KWK-Fibel, a.a.O., S. 29; Jahraus, B., Dieckmann, R.: Der Kombiprozeß mit indirekt kohlebefeuerter Gasturbine, a.a.O., S. 33.

prozeß höhere Stromkennzahlen als die Gasturbinen im Alleinbetrieb. Außerdem wird von GUD-Anlagen ein höherer Wirkungsgrad realisiert als bei reinen Gasturbinen.[198]

Aufgrund der Tatsache, daß es sich bei GUD-Anlagen um eine technisch relativ junge Lösung handelt, gibt es im Vergleich zur Gasturbine nur eine begrenzte Anzahl von Experten, die über genaue Kenntnisse hinsichtlich Bau, Planung, Betrieb und Wirtschaftlichkeit derartiger Konzepte verfügen.[199]

Leistungsbereich

Die GUD-Anlagen, die jetzt angeboten werden, decken einen Bereich von ca. 20 MW bis ca. 240 MW thermische Leistung ab.[200] Folglich eignet sich dieser Typus in Relation zur Gasturbine, aber auch zur Dampfturbine, nur für hohe Leistungsanforderungen. GUD-Anlagen mit einer maximalen thermischen Leistung von ca. 3 MW sind technisch machbar, aber ihre Wirtschaftlichkeit ist ungenügend.[201]

Nutztemperatur

Durch Kombination der beiden Prozesse ist das Niveau der Nutztemperatur von GUD-Anlagen mit dem von Gasturbinen vergleichbar. Daraus folgt, daß bei GUD-Anlagen 400°C bis ca. 600°C erreichbar, und insoweit ihre industriellen Anwendungsmöglichkeiten mit denen der Gasturbine identisch sind.

Brennstoffe

Für Aussagen über die Möglichkeiten der Brennstoffeinsätze sind verschiedene Varianten von GUD-Anlagen zu unterscheiden:[202]

1. Vorschalten einer Gasturbine an ein vorhandenes Dampfheiz-Kraftwerk
2. Kombikraftwerke mit Abhitzekessel und Zusatzbefeuerung
3. Kombikraftwerke mit Vorschalten einer Kohlevergasungsanlage

Bei der Dampfturbine der ersten Variante können nahezu alle Arten von Brennstoffen eingesetzt werden, d.h. neben flüssigen auch feste Brennstoffe, beispielsweise Produktionsabfälle oder feste Biomasse.[203] Die vorgeschaltete Gasturbine kann nur mit Erdgas oder leichtem Heizöl befeuert werden.[204]

---

198 Vgl. Frank, D.: Kraft-Wärme-Kopplung mit industriellen Contracting Modellen, Konferenz Kraft-Wärme-Kopplung, 07.-09.03.1995, S.10; Kotschenreuther, H.: Gasturbinen-Dampfturbinen-Heizkraftwerke, a.a.O., S. 51; o.V.: Anwendungsmöglichkeiten (Gasturbinen), a.a.O., S. 14.

199 Vgl. Suttor, K.-H., Suttor, W.: KWK-Fibel, a.a.O., S. 29.

200 Vgl. Schaefer, H.: Erzeugung elektrischer Energie. Thermische Stromerzeugungsanlagen, a.a.O., S. 81ff; Hutter, F., Maier, W., Thinius, D., Suttor, K.-H.: Elektrisches Potential und Wirtschaftlichkeit der gekoppelten Kraft- und Wärmewirtschaft in Industrie und Gewerbe, a.a.O., S. 68; Suttor, K.-H., Suttor, W.: KWK-Fibel, a.a.O., S. 10.

201 Vgl. Hutter, F., Maier, W., Thinius, D., Suttor, K.-H.: Elektrisches Potential und Wirtschaftlichkeit der gekoppelten Kraft- und Wärmewirtschaft in Industrie und Gewerbe, a.a.O., S. 68.

202 Vgl. Kotschenreuther, H.: Gasturbinen-Dampfturbinen-Heizkraftwerke, a.a.O., S. 55; Schaefer, H.: Erzeugung elektrischer Energie. Thermische Stromerzeugungsanlagen, a.a.O., S. 83; Suttor, K.-H., Suttor, W.: KWK-Fibel, a.a.O., S. 28ff; Haupt, G., Joyce, J.-S.: GUD-Technik nutzt Gas, ÷l und Kohle extrem schadstoffarm, a.a.O., S. 31-35.

203 Vgl. Hein, D.: Biomasse. Nachwachsende Energie aus Land- und Forstwirtschaft, a.a.O., S. 5; Jahraus, B., Dieckmann, R.: Der Kombiprozeß mit indirekt kohlebefeuerter Gasturbine, a.a.O., S. 33ff; Vieregge R.: Kraft-Wärme-Kopplung und Treibhauseffekt. Chancen zur Energieeinsparung und CO_2-Minderung, a.a.O., S. 10.

204 Vgl. Haupt, G., Joyce, J.-S.: GUD-Technik nutzt Gas, a.a.O., S. 31-35.

Ähnlich verhält es sich bei der zweiten Konzeption: Die Dampfturbine kann alle Brennstoffe verwerten, die Gasturbine benötigt Erdgas oder Heizöl. Die Zusatzbefeuerung kann auch mit festen Brennstoffen, vorzugsweise Kohle, betrieben werden.[205]

Bei der dritten Variante, die hier aufgrund ihrer geringen Bedeutung nur kurz angesprochen werden soll, ist es möglich, die gesamte Anlage mit Kohle zu befeuern. Die eingesetzte Kohlevergasungsanlage wandelt die Energie der Kohle in Gas um, das anschließend Eingang in das Kombikraftwerk findet. Diese Art der Schaltung wird insbesondere von Braunkohle- und Steinkohlebergbauunternehmen bevorzugt und eignet sich nicht für industrielle Verwendungszwecke. Weitere Gründe für die geringe industrielle Eignung sind auch die voluminöse Bauart sowie die unverhältnismäßig hohen spezifischen Investitionsaufwendungen.[206]

Der besondere Vorteil der beiden zuerst vorgestellten GUD-Anlagen besteht in der wirkungsvollen Ausnutzung der Brennstoffe.[207] Der hohe Brennstoffausnutzungsgrad ist physikalisch bedingt, da zwischen der oberen Prozeßtemperatur und der unteren Prozeßtemperatur eine große Differenz liegt. Je größer diese Differenz, desto höher ist der Brennstoffausnutzungsgrad.

Stromkennzahl und Wirkungsgrad

GUD-Anlagen erreichen heute Stromkennzahlen zwischen 0,40 und 1,00.[208] Damit erzeugen sie bei einer Stromkennzahl von 1,00 die gleiche Menge an Strom wie an Wärme.[209] Die Stromkennzahl und der Wirkungsgrad einer GUD-Anlage hängen unter anderem davon ab, welche Grundkonzeption zur Anwendung kommt:[210]

Bei GUD-Anlagen ohne Zusatzfeuerung ist die Stromkennzahl höher und der Wirkungsgrad etwas geringer als bei Anlagen mit Zusatzfeuerung. Es läßt sich aber generell feststellen, daß mit einer Erhöhung der Stromkennzahl ein Sinken des Wirkungsgrades einhergeht. Da die Stromkennzahl das Verhältnis von Stromausbeute zu Wärmeausbeute angibt und der Wirkungsgrad durch Addition von Strom- und Wärmeausbeute zu errechnen ist, kann die entgegengesetzte Entwicklung der Stromkennzahl und des Gesamtwirkungsgrades folgendermaßen interpretiert werden: Eine Steigerung der Stromausbeute kann nur erreicht werden, wenn ein überproportionales Sinken der Wärmeausbeute in Kauf genommen wird.

Dieser Zusammenhang geht anhand des Verhältnisses zwischen Brennstoffausnutzungsgrad und Stromkennzahl sehr anschaulich aus folgender Abbildung hervor:

---

[205] Vgl. Jahraus, B., Dieckmann, R.: Der Kombiprozeß mit indirekt kohlebefeuerter Gasturbine, a.a.O., S. 33.

[206] Vgl. Suttor, K.-H., Suttor, W.: KWK-Fibel, a.a.O., S. 29.

[207] Vgl. Kotschenreuther, H.: Gasturbinen-Dampfturbinen-Heizkraftwerke, a.a.O., S. 61ff.; Haupt, G., Joyce, J.-S.: GUD-Technik nutzt Gas, a.a.O., S. 31.

[208] Vgl. Haupt, G., Joyse, J.-S.: GUD-Technik nutzt Gas, a.a.O., S. 31; Hein, D.: Einsatz der Kraft-Wärme-Kopplung. Technik, Wirtschaftlichkeit, Umwelt, a.a.O., S. 28.

[209] Die Siemens AG hat kürzlich eine neue GUD-Turbine entwickelt (3A Turbine), die aufgrund einer verfeinerten Form der Schaufeln, neuen Werkstoffen und verbesserter Kühlung einen elektrischen Wirkungsgrad von 58% erreicht; vgl. Becker, B., Leiter der Siemens-Gasturbinentechnik, zitiert in: Röhrlich, D.: Unter Druck gesetzt. Die Ausbeute an Strom wird größer, der Ausstoß von Klimagasen sinkt, in: Wirtschaftswoche vom 08.08.96, Nr. 33, S. 78. Bei einem gleichzeitig erzielbaren thermischen Wirkungsgrad von 32% bedeutet dieses eine Stromkennzahl von 1,8.

[210] Vgl. Suttor, K.-H., Suttor, W.: KWK-Fibel, a.a.O., S. 28.

Abbildung E35: Wirkung der Zusatzfeuerung auf Brennstoffausnutzungsgrad und Stromkennzahl bei der Gasturbine und bei einer kombinierten KWK-Anlage

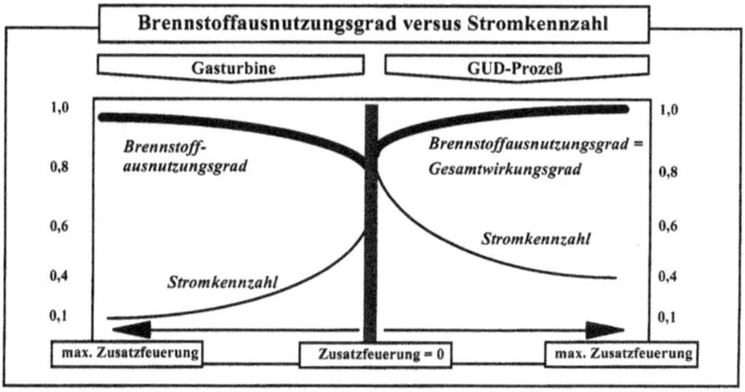

Quelle: In Anlehung an: o.V.: Kennzahlen, in: ASUE (Hrsg.), Grundlagen - Technik - Betrieb, Gasturbinen in der Praxis, S.†14.

In der rechten Bildhälfte erkennt man den Kombiprozeß der GUD-Anlage, deren Stromkennzahl, die auf der rechten Ordinate aufgetragen ist, bei steigender Zusatzbefeuerung sinkt. Mit steigender Zusatzfeuerung nimmt jedoch der Brennstoffausnutzungsgrad zu. Wesentlich ist auch, daß der Brennstoffausnutzungsgrad bei einer Stromkennzahl von ca. 0,70 bis ca. 0,85, d.h. die Zusatzfeuerung konvergiert gegen Null, überproportional sinkt.[211] Betriebswirtschaftlich bedeutet dies, daß der Grenznutzen einer zusätzlich produzierten Einheit Strom ab einer Stromkennzahl von ca. 0,70 nicht nur stark abnimmt, sondern unter Umständen der Gesamtnutzen reduziert wird.

Je nach Art der Zusatzfeuerung können GUD-Anlagen bei relativ sinkenden Stromkennzahlen somit Wirkungsgrade bis zu 90% erreichen.[212]

Darüber hinaus wird im linken Teil der Abbildung deutlich, daß die Stromkennzahlen und die Brennstoffausnutzungsgrade von reinen Gasturbinen bei einer auch nur geringen Zusatzfeuerung niedriger sind als die der Kombi-Kraftwerke.

Die Weiterentwicklung der GUD-Anlagen schreitet zügig voran.[213] Dadurch sind Stromkennzahlen von bis zu 1,4 in der Zukunft durchaus möglich.[214]

Teillastverhalten

Der Teillastwirkungsgrad im unteren Bereich ist bei Kombi-Anlagen höher als bei reinen Gasturbinen. Damit haben GUD-Anlagen im allgemeinen ein besseres Teillastverhalten als reine Gasturbinen-Anlagen.[215] Im Falle einer Zusatz- oder Leistungsfeuerung kann das Teillastverhalten nochmal verbessert werden, was eine flexiblere und gleichzeitig noch wirt-

[211] Vgl. o.V.: Anwendungsmöglichkeiten (Gasturbine) , a.a.O., S. 14.

[212] Vgl. Hutter, F., Maier, W., Thinius, D., Suttor, K.-H.: Elektrisches Potential und Wirtschaftlichkeit der gekoppelten Kraft- und Wärmewirtschaft in Industrie und Gewerbe, a.a.O., S. 69.

[213] Vgl. Jahraus, B., Dieckmann, R.: Der Kombiprozeß mit indirekt kohlebefeuerter Gasturbine, a.a.O., S. 33; Röhrlich, D.: Unter Druck gesetzt. Die Ausbeute an Strom wird größer, der Ausstoß von Klimagasen sinkt, a.a.O., S. 74ff.

[214] Vgl. Gabrysch, H.: Planung und Realisierung moderner KWK-Anlagen, Tagungsbericht, Euroforum-Konferenz „Kraft-Wärme-Kopplung“, Düsseldorf 07.-08.03.1995, S. 5.

[215] Während das Teillastverhalten von Gasturbinen im Bereich ab 80% und mehr wirtschaftlich sinnvolle Werte erreicht, beginnt bei GUD-Anlagen das brauchbare Teillastverhalten bereits ab ca. 65%; vgl. Schaefer, H.: Erzeugung elektrischer Energie. Thermische Stromerzeugungsanlagen, a.a.O., S. 86; Haupt, G., Joyse, J.-S.: GUD-Technik nutzt Gas, a.a.O., S. 32.

schaftliche Fahrweise ermöglicht, sofern auf sehr hohe Stromkennzahlen weniger Wert gelegt wird.

Eine weitere Möglichkeit zur Verbesserung des Teillastverhaltens besteht darin, mehrere Gasturbinen verschiedener Leistungskategorien einer Dampfturbine vorzuschalten.[216]

Dies wirkt sich einerseits zwar in höherem spezifischen Investitionsaufwand aus, kann jedoch wirtschaftlich sinnvoll sein, wenn auf ein außerordentlich gutes Teillastverhalten Wert gelegt wird.

Anlaufdauer

Nachdem die GUD-Anlage aus einem Dampfteil und einem Gasteil besteht, ist die Anlaufdauer differenziert zu betrachten: Das Ansprechverhalten der Gasturbine ist sehr kurz, das der Dampfturbine hingegen relativ lang.

Bauzeit und Aufstellung

Hinsichtlich der Bauzeit[217] und Aufstellung, insbesondere bei der Aufrüstung einer Dampfturbine zu einem Kombikraftwerk, kommt der GUD-Anlage die kompakte Bauweise der Gasturbine zugute.[218]

Bei einer kompletten Neuinstallation einer GUD-Anlage können sich jedoch die Bauzeiten beträchtlich verlängern.

Spezifische Investitionskosten

Bei einer Komplettanlage betragen die Investitionen in etwa zwischen DM 1.100 und DM 2.600 pro kW thermischer Leistung.[219]

Diese Kosten verringern sich jedoch bei der Umrüstung eines vorhandenen Dampfturbinenheizkraftwerks zu einer GUD-Anlage: Sie betragen bei vergleichbarer Leistung dann nur noch in etwa 20% der Kosten für eine Neuanlage.[220]

Aufgrund der Vielzahl von angebotenen Varianten können jedoch speziell bei der GUD-Anlage keine allgemeingültigen Aussagen getroffen werden, die den Bezug zwischen spezifischen Investitionen und dem Leistungsvermögen von GUD-Anlagen herstellen.[221]

Wartungskosten

Die fixen Wartungskosten betragen in etwa 1,5% vom Investitionsvolumen, die variablen Wartungskosten liegen bei ca. DM 5,00 bis 8,00 pro MWh thermischer Arbeit.

---

216 Vgl. Suttor, W. (Hrsg.): Praxis Kraft-Wärme-Kopplung, a.a.O., Teil 3/4.1, S. 15; Hutter, F., Maier, W., Thinius, D., Suttor, K.-H.: Elektrisches Potential und Wirtschaftlichkeit der gekoppelten Kraft- und Wärmewirtschaft in Industrie und Gewerbe, a.a.O., S. 70; Schaefer, H.: Erzeugung elektrischer Energie. Thermische Stromerzeugungsanlagen, a.a.O., S. 86.

217 Das moderne, große GUD-Heizkraftwerk der Stadtwerke Dresden ist nach einer Bauzeit von nur zwei Jahren und einer Inbetriebsetzungs- und Erprobungszeit von 8 Monaten in Betrieb gegangen; vgl. o.V.: Sauber, leise, maßgeschneidert. Schlüsselposition in der städtischen Energieversorgung. Flexibel für alle Anforderungen, in: Zeitung für Kommunale Wirtschaft (ZfK), Heft 12, 1995, S. 5ff.

218 Die Stillstandszeiten bei einer Umrüstung liegen lediglich bei 6 bis 8 Monaten; vgl. Schaefer, H.: Erzeugung elektrischer Energie. Thermische Stromerzeugungsanlagen, a.a.O., S. 86; vgl. auch Kotschenreuther, H.: Gasturbinen-Dampfturbinen-Heizkraftwerke, a.a.O., S. 62.

219 Vgl. Gabrysch, H.: Planung und Realisierung moderner KWK-Anlagen, a.a.O., S. 4; Suttor, K.-H., Suttor, W.: KWK-Fibel, a.a.O., S. 10.

220 Daraus können sich für die KWK-Technologie sehr kurze Amortisationszeiten von in etwa vier Jahren errechnen; vgl. Schaefer, H.: Erzeugung elektrischer Energie. Thermische Stromerzeugungsanlagen, a.a.O., S. 86.

221 Vgl. Hofer, R.: Analyse der Potentiale industrieller Kraft-Wärme-Kopplung, a.a.O., S. 33.

Sowohl die fixen als auch die variablen Wartungskosten sind bezogen auf das Investitionsvolumen höher als bei reinen Gasturbinen-Anlagen.

Fazit

Das Anlagenkonzept der GUD-Anlage verbindet die Vorteile hoher Wirkungsgrade von Dampfturbinen mit hohen Stromkennzahlen von Gasturbinen.[222]

Insbesondere für Industriebetriebe, die auf eine flexiblere Steuerung der Wärmeerzeugung Wert legen, ist die Kombination aus Gas- und Gegendruckturbine eine attraktive Lösung.[223]

Die flexible Steuerung der Strom- und Wärmeerzeugung setzt jedoch zusätzliche Investitionen in eine Zusatzbefeuerungsanlage voraus. Die notwendigen Investitionen für die Zusatzbefeuerung bleiben jedoch vergleichsweise gering.

Wenn eine GUD-Anlage ohne Zusatzbefeuerung gewählt wird, dann stehen Strom- und Wärmeerzeugung in einem festen Verhältnis zueinander. Strom wird nur dann erzeugt, wenn die Wärme verwertet werden kann. Diese Tatsache ist beim wärmeorientierten Betrieb der GUD-Anlage dann kein Nachteil, wenn der gesamte erzeugte Strom im Unternehmen genutzt werden kann.

Aber auch der Fall, bei dem ein Teil des im Betrieb nicht nutzbaren Stromes eingespeist werden muß und an den Stromversorger verkauft wird, ist nur dann wirtschaftlich akzeptabel, wenn der Stromversorger für den übernommenen bzw. eingespeisten Strom eine hohe Vergütung bezahlt.[224]

Einschränkend wirkt in diesem Zusammenhang die minimal mögliche Leistung einer GUD-Anlage, die bei ca. 20 MW liegt. Dies repräsentiert bei einer Stromkennzahl von 1,0 und einer Auslastung von ca. 60% bis 70% einen Wert der jährlichen Stromerzeugung von ca. DM 10 bis DM 15 Mio. Unter Berücksichtigung des Umstandes, daß eine vollständige Eigenstromerzeugung mit KWK-Technik in der Industrie wirtschaftlich meist nicht möglich ist und darüber hinaus eine übermäßig hohe Einspeisung in das EVU-Netz vermieden wird, spricht das Konzept der GUD Unternehmen an, die einen jährlichen Strombedarf im Wert von mindestens DM 15 Mio aufweisen.

GUD-Anlagen eignen sich daher nur für größere Unternehmungen, die neben einem hohen Prozeßwärme- und Strombedarf ein durch ihre Produktion vorgegebenes hohes Niveau an Nutztemperatur fordern.[225]

d. Anlagen mit Verbrennungsmotoren - Das Blockheizkraftwerk (BHKW)

Mit der Markteinführung von dezentralen KWK-Systemen vor ca. 15 bis 20 Jahren wurde der Begriff BHKW geprägt: Der Begriff Blockheizkraftwerk (bzw. abgekürzt: BHKW) gilt für dezentrale, mit Verbrennungskraftmaschinen angetriebene Stromerzeugungsanlagen mit gleichzeitiger Abwärmenutzung. In zunehmendem Maße wird dieser Begriff auch für dezentrale KWK-Anlagen mit Gasturbinen als Antriebsmaschinen genutzt.[226]

---

222 Vgl. Jahraus, B., Dieckmann, R.: Der Kombiprozeß mit indirekt kohlebefeuerter Gasturbine, a.a.O., S. 33 und 34; o.V.: Anwendungsmöglichkeiten (Gasturbine), a.a.O., S. 11; Haupt, G., Joyse, John S.: GUD-Technik nutzt Gas, a.a.O., S. 31-35.

223 Vgl. Frank, D.: Kraft-Wärme-Kopplung mit industriellen Contracting Modellen, a.a.O., S. 3ff.

224 Vgl. Flosdorff, R., Hilgarth, G.: Elektrische Energieverteilung, a.a.O., S. 277; Suttor, W. (Hrsg.): Praxis Kraft-Wärme-Kopplung, a.a.O., Teil 3/4.1, S. 7 und 8; vgl. zu den Stromeinspeisekonditionen Kapitel F.II.1.b.

225 Vgl. Frank, D.: Kraft-Wärme-Kopplung mit industriellen Contracting Modellen, a.a.O., S. 3ff.

226 Vgl. Hein, K.: Blockheizkraftwerke. Dezentrale Kraft-Wärme-Kopplung, a.a.O., S. 4; Göricke, P.: Blockheizkraftwerke. Ihre Technik-Ihre Probleme, in: Energiewirtschaftliche Tagesfragen, 38. Jahrgang (1988), Heft 3, S. 173; Jost, A.: Dezentrale Kraft-Wärme-Kopplung mit Verbrennungsmotoren und Gasturbinen,

Die Anzahl der in Deutschland installierten Blockheizkraftwerke stieg von ca. 40 in den siebziger Jahren auf ca. 250 im Jahr 1980 und anschließend auf ca. 1.500 im Jahr 1993.[227] Dieser Markterfolg der Blockheizkraftwerke ist zum einen auf die in den letzten Jahren stattgefundene Weiterentwicklung der speziellen BHKW-Technik zurückzuführen, zum anderen ist er ein Resultat der wirtschaftlichen Möglichkeiten der KWK-Technologie, speziell in den unteren Leistungsstufen.[228]

Antrieb

Zentrale Komponente eines BHKW ist die Antriebseinheit. Als Antriebseinheit kann dabei eine Kolbenmaschine oder eine kleinere Gasturbine fungieren. Nachdem die Gasturbine bereits vorgestellt wurde, konzentrieren sich die folgenden Ausführungen auf BHKW, die mit einer Kolbenmaschine bzw. Verbrennungskraftmaschine angetrieben werden.

Als Antriebsmaschine kommt bei kleineren Aggregaten die Industrieversion eines PKW-Motors zum Einsatz, bei größeren Aggregaten wird ein umgerüsteter LKW- oder Schiffsmotor verwendet.[229] Bei den Motoren handelt es sich um Gas-Otto-, Gas-Diesel-, oder reine Dieselmotoren.[230]

Der grundsätzliche Vorteil der Gas-Diesel-Motoren besteht darin, daß bei entsprechender Auslegung der Einspritzanlage der Motor bei Bedarf vom Gasbetrieb ohne Unterbrechnung auf Dieselbetrieb umgestellt werden kann.[231]

Tagungsbericht, Fachseminar "Rationelle Energienutzung und Kraft-Wärme-Kopplung in der Industrie", Schliersee Mai 1994, S. 3; Handrock, W.: Das energiewirtschaftliche Umfeld der Kraft-Wärme-Kopplung, a.a.O., S. 13; Pischinger, F.: Stand der Technik und Entwicklungsperspektiven in der Kraft-Wärme-Kopplung. Gasmotoren, in: Arbeitsgemeinschaft für sparsamen und umweltfreundlichen Energieverbrauch (ASUE) e.V. (Hrsg.), Internationale Fachtagung „Kraft-Wärme-Kopplung - Energie sparen, Umwelt schonen", Band 16, Essen 1995, S. 51.

227 Vgl. o.V.: BHKW-Marktübersicht. Blockheizkraftwerke in der Praxis, in: Arbeitsgemeinschaft für sparsamen und umweltfreundlichen Energieverbrauch (ASUE) e.V. (Hrsg.), Hamburg ohne Datumsangabe, S. 2; Handrock, W.: Das energiewirtschaftliche Umfeld der Kraft-Wärme-Kopplung, a.a.O., S. 12; Seidel, M.: Motorisch betriebene Blockheizkraftwerke (BHKW), in: Brennstoff-Wärme-Kraft, Jahrgang 1994, Band 46, S. 166ff; o.V.: Technik, in: Arbeitsgemeinschaft für sparsamen und umweltfreundlichen Energieverbrauch (ASUE) e.V. (Hrsg.), Blockheizkraftwerke. Grundlagen der Technik, Anwendungsmöglichkeiten, Hamburg ohne Datumsangabe, S. 6.

228 Vgl. Seidel, M.: Tendenzen bei Entwicklung und Einsatz von Blockheizkraftwerken, a.a.O., S. 375f; Schreiner, E.: Kraft-Wärme-Kopplung zur Energieversorgung von Flaschenfüllanlagen in Brauereien, Mineralbrunnen und Erfrischungsgetränkebetrieben, a.a.O., S. 13; o.V.: Blockheizkraftwerke im Aufwind, VDEW-Erhebung, in: Energie, Jahrgang 1993, Nr. 12, S. 51-52; Pischinger, F.: Blockheizkraftwerke und Wärmepumpen-Zukunftsmärkte der Technik, in: Brennstoff-Wärme-Kraft, Jahrgang 1993, Nr. 11, S. 470-472; Jochem, E.: Volkswirtschaftliche und energiewirtschaftliche Aspekte der industriellen und gewerblichen KWK-Anwendung, a.a.O., S. 145; o.V.: BHKW-Marktübersicht. Blockheizkraftwerke in der Praxis, a.a.O., S. 2.

229 Vgl. Mau, G.: Handbuch Dieselmotoren im Kraftwerks- und Schiffsbetrieb, Wiesbaden 1984, S. 501; Seidel, M.: Tendenzen bei Entwicklung und Einsatz von Blockheizkraftwerken, a.a.O., S. 375.

230 Vgl. Zacharias, F., Suttor, K.-H.: Heizkraftwerke mit Verbrennungsmotoren, in: Suttor, K.-H., Suttor, W. (Hrsg.), Handbuch der Kraft-Wärme-Kopplung. Für Planer, Betreiber, Ausbildung., Karlsruhe 1991, S. 64ff.; Flosdorff, R., Hilgarth, G.: Elektrische Energieverteilung, a.a.O., S. 278; o.V.: Blockheizkraftwerke in der Industrie, VIK-Bericht Nr. 194, Essen 1985, S. 9; Hein, K.: Blockheizkraftwerke. Dezentrale Kraft-Wärme-Kopplung, a.a.O., S. 4; Schreiner, E.: Kraft-Wärme-Kopplung zur Energieversorgung von Flaschenfüllanlagen in Brauereien, Mineralbrunnen und Erfrischungsgetränkebetrieben, a.a.O., S. 8; Seidel, M.: Tendenzen bei Entwicklung und Einsatz von Blockheizkraftwerken, a.a.O., S. 374.

231 Vgl. Kraemer, O., Jungbluth G.: Bau und Berechnung von Verbrennungsmotoren, Hubkolben- und Rotationskolbenmotoren, 5. Auflage, Berlin 1983, S. 23ff.; Belting, T.: Blockheizkraftwerke, a.a.O., S. 19; Hein, K.: Blockheizkraftwerke. Dezentrale Kraft-Wärme-Kopplung, a.a.O., S. 4.

Leistungsbereich
Der Einsatz von Blockheizkraftwerken ist insbesondere für kleinere industrielle Unternehmen von Interesse, da Blockheizkraftwerke im Gegensatz zu der Gas- bzw. Dampfturbine auch in den unteren Leistungsbereichen angeboten werden.[232]

Blockheizkraftwerke stellen somit eine Abrundung der KWK-Palette nach unten dar. Der Leistungsbereich der BHKW-Technik beginnt bei einer elektrischen Leistung von ca. 6 kW und endet bei ca. 10 bis 12 MW.[233] Demgegenüber stehen je nach Stromkennzahl thermische Leistungen von ca. 12 kW bis ca. 15 bis 20 MW.

Zur flexibleren Anpassung an den innerbetrieblich schwankenden Strom- und Wärmebedarf und auch aus Gründen der Verfügbarkeit werden Blockheizkraftwerke oftmals als Mehrmotorenanlage erstellt.[234]

Unterschieden werden bei der Gruppe der Blockheizkraftwerke die unaufgeladenen und die aufgeladenen Motoren.

In den aufgeladenen Motoren wird durch einen Turbolader das Gas-/Luftgemisch auf einen höheren Druck gebracht. Durch den Einsatz eines Turboladers ist die spezifische Energiedichte sowie die Leistung höher als bei einem nicht aufgeladenen Saugmotor gleicher Baugröße. Durch Abgasturboaufladung kann somit die Leistung eines seriennahen Motors angehoben werden, was die Leistungspalette des Anbieters vergrößert.[235] In der Regel werden nur größere Motoren mit Turboaufladung ausgerüstet, kleinere Aggregate hingegen werden meist ohne Turbo angeboten.[236]

Nutztemperatur
Das nutzbare Temperaturniveau bei Blockheizkraftwerken liegt bei ca. 110°C.[237] Dies hat zur Konsequenz, daß der Einsatzschwerpunkt von Verbrennungsmotoren zur Kraft-Wärme-Kopplung insbesondere bei der Raumheizung, der Warmwasseraufbereitung sowie bei industriellen Prozessen im Niedertemperaturbereich liegt.[238]

---

[232] Vgl. Fietig, M.: Kleinblockheizkraftwerk macht von sich reden, in: Umwelt Magazin, Jahrgang 1993, Nr. 7, S. 52; Mareske, A.: Energietechnik, a.a.O., L 29. Zur Zeit sind elektrische Leistungsbereiche unterhalb von ca. 3 Kilowatt noch nicht mit ausgereiften Gasturbinen oder anderen KWK-Anlagen abzudecken; vgl. Schaefer, H.: Erzeugung elektrischer Energie. Thermische Stromerzeugungsanlagen, a.a.O., S. 99; Büchner, J., Wieber, W.: Realisierung, a.a.O., S. 241.

[233] Vgl o.V.: BHKW-Marktübersicht. Blockheizkraftwerke in der Praxis, a.a.O., S. 2; o.V.: BHKW-Kenndaten. Blockheizkraftwerke in der Praxis, in: Arbeitsgemeinschaft für sparsamen und umweltfreundlichen Energieverbrauch (ASUE) e.V. (Hrsg.), Hamburg 1994, S. 6ff; Seidel, M.: Tendenzen bei Entwicklung und Einsatz von Blockheizkraftwerken, a.a.O., S. 375; Seidel, M.: Motorisch betriebene Blockheizkraftwerke (BHKW), a.a.O., S. 166ff.; Schreiner, E.: Kraft-Wärme-Kopplung zur Energieversorgung von Flaschenfüllanlagen in Brauereien, Mineralbrunnen und Erfrischungsgetränkebetrieben, a.a.O., S. 15; Belting, T.: Blockheizkraftwerke, a.a.O, S. 47ff; Suttor, K.-H., Suttor, W.: KWK-Fibel, a.a.O., S. 10; Lang, J.: Mini-Blockheizkraftwerke, a.a.O., S. 2ff; Mau, G.: Handbuch Dieselmotoren im Kraftwerks- und Schiffsbetrieb, a.a.O., S. 480.

[234] Vgl. Jost, A.: Dezentrale Kraft-Wärme-Kopplung mit Verbrennungsmotoren und Gasturbinen, a.a.O., S. 3; Hofer, R.: Analyse der Potentiale industrieller Kraft-Wärme-Kopplung, a.a.O., S. 27ff; Lang, J.: Mini-Blockheizkraftwerke, a.a.O., S. 2ff; Mau, G.: Handbuch Dieselmotoren im Kraftwerks- und Schiffsbetrieb, a.a.O., S. 481.

[235] Vgl. Seidel, M.: Tendenzen bei Entwicklung und Einsatz von Blockheizkraftwerken, a.a.O., S. 374ff; o.V.: Technik (Blockheizkraftwerke), a.a.O., S. 5; Mau, G.: Handbuch Dieselmotoren im Kraftwerks- und Schiffsbetrieb, a.a.O., S. 480.

[236] Vgl. o.V.: Blockheizkraftwerke in der Industrie, a.a.O., S. 10.

[237] Vgl. Zacharias, F., Suttor, K.-H.: Heizkraftwerke mit Verbrennungsmotoren, a.a.O., S. 64; Hein, D.: Einsatz der Kraft-Wärme-Kopplung. Technik, Wirtschaftlichkeit, Umwelt, a.a.O., S. 28; Suttor, K.-H., Suttor, W.: KWK-Fibel, a.a.O., S. 10.

[238] Vgl. Hein, K.: Blockheizkraftwerke. Dezentrale Kraft-Wärme-Kopplung, a.a.O., S. 7.

Brennstoffe

Hinsichtlich des Brennstoffeinsatzes bieten Blockheizkraftwerke verschiedene Möglichkeiten.[239] Die Motoren können je nach Spezifikation der Aggregate und kostengünstiger Verfügbarkeit der Brennstoffe mit Erdgas, leichtem oder schwerem Heizöl, Bio-, Klär- oder Deponiegas und unter Umständen auch mit Pflanzenöl betrieben werden.[240]

Der Einsatz von gasförmigen Brennstoffen wirkt sich positiv auf Wartung und Lebensdauer des Blockheizkraftwerks aus. Bei Schwefelfreiheit kann das Abgas stärker abgekühlt werden, ohne daß Korrosionsbildung an den abgasführenden Bestandteilen auftritt. Die Folge ist, daß die Qualität des Schmieröls über lange Zeit konstant bleibt und der Verschleiß entsprechend gering gehalten werden kann.[241]

Der Vorteil flüssiger Brennstoffen besteht darin, daß diese nicht leitungsgebunden und relativ leicht zu transportieren sind. Darüber hinaus können diese Brennstoffe gespeichert werden, was sich positiv auf die Versorgungssicherheit eines Unternehmens auswirkt. Bei Einsatz von Flüssiggas besteht zudem die Möglichkeit, die ökologischen und wirtschaftlichen Vorteile des Gaseinsatzes mit der Versorgungssicherheit eines nicht leitungsgebundenen Energieträgers zu verbinden. In vielen leitungsmäßig nicht erschlossenen Gebieten bieten die flüssigen Brennstoffe somit die einzige Möglichkeit, ein Blockheizkraftwerk zu betreiben.

Durch bivalenten Anlagenbetrieb mit einem Gas-Diesel-Motor lassen sich die Vorteile sowohl der flüssigen als auch der gasförmigen Brennstoffe miteinander verbinden.[242]

Stromkennzahl und Wirkungsgrad

KWK-Anlagen mit Verbrennungsmotoren erreichen relativ hohe Stromkennzahlen von 0,45 bis ca. 1,05.[243] Die Höhe der Stromkennzahl liegt damit in etwa auf dem Niveau der GUD-Anlage und deutlich über dem Niveau vergleichbarer Gasturbinen-Anlagen.

Der Gesamtwirkungsgrad eines Blockheizkraftwerks liegt je nach Anlagenleistung in einem Bereich von 70% bis 90%.[244]

Sowohl der Wirkungsgrad als auch die Stromkennzahl von KWK-Anlagen mit Verbrennungsmotoren sind in hohem Maße von der Leistung des Blockheizkraftwerks abhängig:[245] Je

---

239 Vgl. Hofer, R.: Analyse der Potentiale industrieller Kraft-Wärme-Kopplung, a.a.O., S. 27; Seidel, M.: Tendenzen bei Entwicklung und Einsatz von Blockheizkraftwerken, a.a.O., S. 374f; Hein, K.: Blockheizkraftwerke. Dezentrale Kraft-Wärme-Kopplung, a.a.O., S. 4.

240 Der Betrieb mit den regenerativen Energieträgern, z.B. Deponie-, Bio- oder Klärgas ist nicht nur energetisch, sondern auch wirtschaftlich günstig, da die Stromeinspeisung in das Netz des EVU durch das Stromeinspeisungsgesetz begünstigt ist. Siehe zur Stromeinspeisung und zum Stromeinspeisungsgesetz auch Kapitel E.II.1.b; vgl. Hein, D.: Biomasse. Nachwachsende Energie aus Land- und Forstwirtschaft, a.a.O., S. 5; Seidel, M.: Tendenzen bei Entwicklung und Einsatz von Blockheizkraftwerken, a.a.O., S. 374f; Vieregge R.: Kraft-Wärme-Kopplung und Treibhauseffekt. Chancen zur Energieeinsparung und CO_2-Minderung, a.a.O., S. 5ff; Göricke, P.: Blockheizkraftwerke. Ihre Technik-Ihre Probleme, a.a.O., S. 172.

241 Vgl. Seidel, M.: Motorisch betriebene Blockheizkraftwerke (BHKW), a.a.O., S. 166ff; o.V.: Blockheizkraftwerke in der Industrie, a.a.O., S. 10.

242 Bivalent zu betreibende Motoren werden auch als Zweistoffmotoren bezeichnet; vgl. hierzu Hein, K.: Blockheizkraftwerke. Dezentrale Kraft-Wärme-Kopplung, a.a.O., S. 4; vgl. auch Meyer-Plate, I.: Marktübersicht über KWK-Anlagen im Leistungsbereich 2 bis 20 MWel, a.a.O., S. 4.

243 Vgl. Lang, J.: Mini-Blockheizkraftwerke, a.a.O., S. 2ff; Schaefer, H.: Erzeugung elektrischer Energie. Thermische Stromerzeugungsanlagen, a.a.O., S. 100. Nach Hein sind sogar Stromkennzahlen bis ca. 1,20 realisierbar; vgl. Hein, D.: Einsatz der Kraft-Wärme-Kopplung. Technik, Wirtschaftlichkeit, Umwelt, a.a.O., S. 28.

244 Vgl. Seidel, M.: Tendenzen bei Entwicklung und Einsatz von Blockheizkraftwerken, a.a.O., S. 375; Mareske, Energietechnik, a.a.O., L 29; Belting, T.: Blockheizkraftwerke, a.a.O., S. 2; Schreiner, E.: Kraft-Wärme-Kopplung zur Energieversorgung von Flaschenfüllanlagen in Brauereien, Mineralbrunnen und Erfrischungsgetränkebetrieben, a.a.O., S. 15; Suttor, K.-H., Suttor, W.: KWK-Fibel, a.a.O., S. 34; Lang, J.: Mini-Blockheizkraftwerke, a.a.O., S. 3f.

höher die Leistung des Blockheizkraftwerks, desto höher die Stromkennzahl und desto höher der Wirkungsgrad. Das Ansteigen des Wirkungsgrades bei höherer Leistung ist darauf zurückzuführen, daß der Anteil der Oberflächenverluste bei Motoren mit hoher Leistung niedriger ist als bei Motoren geringerer Leistung. Durch die geringeren Oberflächenverluste der Motoren geht die Erhöhung der Stromkennzahl nicht zu Lasten der Wärmeausbeute, d.h. die Stromausbeute steigt bei verhältnismäßig konstanter Wärmeausbeute mit zunehmender Leistung.[246]

Der Zusammenhang zwischen Leistung einerseits und Stromkennzahl, Strom- und Wärmeausbeute sowie Gesamtwirkungsgrad andererseits geht aus der folgenden Abbildung hervor:

Abbildung E36: Strom- und Wärmeausbeute, Stromkennzahl und Gesamtwirkungsgrad von ein-motorigen BHKW mit Verbrennungsmotor, bezogen auf eine Abkühlung der Abgase bis ca. 120°C

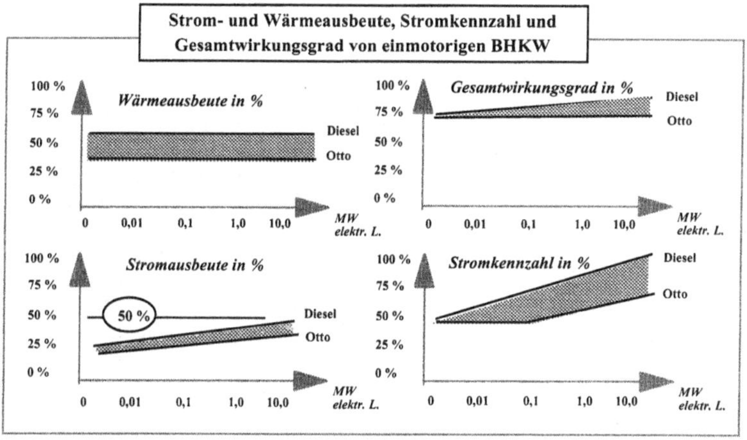

Quelle: Eigene Darstellung; in Anlehnung an Hofer, R.: Analyse der Potentiale industrieller Kraft-Wärme-Kopplung, a.a.O., S. 29.

Aus der Abbildung ist ersichtlich, daß die Stromausbeute generell bei höheren elektrischen Nennleistungen ansteigt. Aus der Abbildung ist auch ablesbar, daß Dieselmotoren in allen Leistungsklassen höhere Stromkennzahlen erreichen als Ottomotoren.[247] Die Wärmeausbeute hingegen ist relativ unabhängig von der elektrischen Nennleistung. Daraus folgt insgesamt, daß sowohl der Gesamtwirkungsgrad als auch die Stromkennzahl bei zunehmender Nennleistung ansteigen. Die Stromkennzahl kann dabei in Einzelfällen sogar Werte von über 100% bzw. größer als 1 erreichen, d.h. die in Kuppelproduktion erzeugte Strommenge ist größer als die simultan produzierte Wärmemenge.

---

[245] Dieselmotoren haben unter anderem eine wesentlich höhere Verdichtung mit der Folge eines erhöhten mechanischen Wirkungsgrades. vgl. Schaefer, H.: Erzeugung elektrischer Energie. Thermische Stromerzeugungsanlagen, a.a.O., S. 100; Piller, W., Rudolph, M.: Kraft-Wärme-Kopplung. Zur Theorie und Praxis der Kostenrechnung, a.a.O., S. 33; Belting, T.: Blockheizkraftwerke, a.a.O., S. 22.

[246] Vgl. Hofer, R.: Analyse der Potentiale industrieller Kraft-Wärme-Kopplung, a.a.O., S. 29.

[247] Vgl. Hein, K.: Blockheizkraftwerke. Dezentrale Kraft-Wärme-Kopplung, a.a.O., S. 5; Hofer, R.: Analyse der Potentiale industrieller Kraft-Wärme-Kopplung, a.a.O., S. 29.

Eine weitere Möglichkeit zur Erhöhung des Gesamtwirkungsgrades sind der Einsatz von Erdgas als Brennstoff, oder Investition in einen zusätzlichen Abgaswärmetauscher, mit dem die Wärme der Abgase genutzt wird.[248]

Teillastverhalten

Verbrennungsmotoren haben im Vergleich zur GUD-Anlage ein relativ ungünstiges Teillastverhalten. Dieses relativ ungünstige Teillastverhalten läßt sich jedoch ausgleichen, indem die Gesamtleistung auf mehrere gleich starke oder auch in der Leistung abgestufte Aggregate bzw. Module aufgeteilt wird.[249]

Diese Module werden im Parallelbetrieb gefahren und je nach Strom- und Wärmebedarf jeweils zugeschaltet.[250] Die Möglichkeit des Zu- und Abschaltens einzelner Aggregate führt zu dem zusätzlichen Vorteil, daß jedes einzelne Aggregat der Mehrmotorenanlage mit Bestlast, d.h. mit dem höchstem Wirkungsgrad, betrieben werden kann.[251]

Anlaufdauer

Die Anlaufdauer eines Blockheizkraftwerks ist im Vergleich zu den bisher vorgestellten technischen Konzepten der Kraft-Wärme-Kopplung außerordentlich kurz.[252] Trotz dieser kurzen Anlaufdauer ist von einem zu häufigen An- und Ausschalten der einzelnen Module der Mehrmotorenanlage abzuraten, da dieses negative Auswirkungen auf den Wirkungsgrad der KWK-Anlage hat. Die Stromausbeute wird zwar nicht vom An- und Ausschalten der Motoren beeinträchtigt, da ein Verbrennungsmotor binnen Sekunden seine elektrische Nennleistung erreichen kann, es dauert jedoch bis zu einer halben Stunde, bis die Module ihre volle thermische Leistungsfähigkeit erlangen. Dies beeinträchtigt den Wirkungsgrad und unter Umständen, bei zu häufigen und zu langen Stillstandszeiten, nicht nur den Nutzungsgrad des einzelnen Moduls, sondern auch die Wirtschaftlichkeit der gesamten Anlage.[253] Das Absinken des Gesamtwirkungsgrades kann jedoch gering gehalten werden, wenn die mittlere Einschaltdauer der Aggregate gewährleistet ist.

Unter der mittleren Einschaltdauer ist zu verstehen, daß pro Aggregat eine Mindestlaufzeit je Start von ca. ein bis drei Stunden eingehalten wird. Des weiteren sind zu lange Stillstandszeiten der Aggregate zu vermeiden, um somit ein zu starkes Auskühlen der Aggregate zu verhindern.[254]

Bauzeit und Aufstellung

Die Bauzeit von Blockheizkraftwerken wird in erster Linie durch die Lieferzeit der Aggregate bestimmt und hängt in zweiter Linie von der Größe der Aggregate ab.

Als Richtwert für die Lieferzeit kann bei Motoren bis ca. 500 kW elektrischer Leistung ca. 2 bis 12 Monate angenommen werden, bei ca. 1000 kW elektrischer Leistung muß man mit ca.

---

248 Vgl. Belting, T.: Blockheizkraftwerke, a.a.O., S. 6; Seidel, M.: Tendenzen bei Entwicklung und Einsatz von Blockheizkraftwerken, a.a.O., S. 375.

249 Vgl. Lang, J.: Mini-Blockheizkraftwerke, a.a.O., S. 3f.

250 Vgl. Jost, A.: Dezentrale Kraft-Wärme-Kopplung mit Verbrennungsmotoren und Gasturbinen, a.a.O., S. 3; Mau, G.: Handbuch Dieselmotoren im Kraftwerks- und Schiffsbetrieb, a.a.O., S. 480; Belting, T.: Blockheizkraftwerke, a.a.O., S. 9; Hofer, R.: Analyse der Potentiale industrieller Kraft-Wärme-Kopplung, a.a.O., S. 30.

251 Vgl. o.V.: Technik (Blockheizkraftwerke), a.a.O., S. 5; Mau, G.: Handbuch Dieselmotoren im Kraftwerks- und Schiffsbetrieb, a.a.O., S. 480.

252 Vgl. Suttor, K.-H., Suttor, W.: KWK-Fibel, a.a.O., S. 10.

253 Vgl. Seidel, M.: Tendenzen bei Entwicklung und Einsatz von Blockheizkraftwerken, a.a.O., S. 374ff.

254 Vgl. Hanselmann, M., Kaltschmitt, M.: Kostenreduktion möglich, EDV-gestütztes Planungsinstrument für Kraftwerke, Energie, 4/94, Düsseldorf 1994, S. 49ff.; Hofer, R.: Analyse der Potentiale industrieller Kraft-Wärme-Kopplung, a.a.O., S. 30; Lang, J.: Mini-Blockheizkraftwerke, a.a.O., S. 3f.

6 bis 15 Monaten rechnen und größere Anlagen beanspruchen Lieferzeiten von bis zu zwei Jahren. Für die Aufstellung und Montage sind weitere zwei bis drei Monate einzuplanen.

Auch bei kleinen Aggregaten ist es nicht ratsam, die vollständige Installation von nicht spezialisierten Handwerksunternehmen vornehmen zu lassen, da diese für eine rationelle und ordnungsgemäße Montage von BHKW nicht geeignet sind.[255]

Ökologische Aspekte

BHKW-Anlagen ab 350 kW[256] elektrischer Leistung unterliegen als Stationärmotoren den immissionsrechtlichen Vorschriften. In den Verwaltungsvorschriften TA-Luft und TA-Lärm werden die dafür zulässigen Grenzwerte festgelegt.[257]

Hinsichtlich der Vorschriften der TA Lärm[258] gibt es eine Reihe von Maßnahmen, die je nach Größe und Bauart vom Betreiber einer KWK-Anlage bzw. eines Blockheizkraftwerkes eingeplant und finanziert werden müssen.[259]

Eingeplant werden muß eine geeignete Körperschalldämmung sowie eventuelle Schallschutzkapseln. Außerdem müssen die von den Antriebsmaschinen ausgehenden Störkräfte und -momente, welche im Vergleich zu Gasturbinen ungleich höher sind, durch eine federisolierte Aufstellung der Blockheizkraftwerke absorbiert werden.

Aufgrund der langjährigen Erfahrungen der Hersteller von Blockheizkraftwerken sind mittlerweile bewährte und kostengünstige Lösungen verfügbar, wodurch ein sicheres Einhalten der TA-Lärm gewährleistet werden kann.[260]

Hinsichtlich der Vorschriften der TA-Luft[261] kann man grundsätzlich zwei Arten von Maßnahmen unterscheiden, die sogenannten Primär- und Sekundärmaßnahmen:

Primärmaßnahmen sind motorische Modifikationen, die dazu führen, daß Schadstoffemissionen erst gar nicht auftreten. Bei den Primärmaßnahmen kann man nochmals zwischen konstruktiven und betrieblichen Maßnahmen unterscheiden. Eine konstruktive Maßnahme ist beispielsweise der sogenannte Magerbetrieb eines Verbrennungsmotors. Durch den Magerbetrieb kann eine Senkung der Verbrennungstemperatur erreicht werden, wodurch der NO_x-

---

[255] Vgl. Hutter, F., Maier, W., Thinius, D., Suttor, K.-H.: Elektrisches Potential und Wirtschaftlichkeit der gekoppelten Kraft- und Wärmewirtschaft in Industrie und Gewerbe, a.a.O., S. 84; Hein, K.: Blockheizkraftwerke. Dezentrale Kraft-Wärme-Kopplung, a.a.O., S. 10; Lang, J.: Mini-Blockheizkraftwerke, a.a.O., S. 3f.

[256] Die immissionsrechtlichen Vorschriften greifen ab einer Gesamtfeuerungsleistung von 1.000 kW. Eine BHKW-Anlage mit ca. 350 kW elektrischer Leistung, ca. 550 kW thermischer Leistung und ca. 100 kW Verlustleistung unterliegt demnach den immissionsrechtlichen Vorschriften; vgl. Lang, J.: Mini-Blockheizkraftwerke, a.a.O., S. 2.

[257] Vgl. Erste Allgemeine Verwaltungsvorschrift zur Durchführung des Bundes-Immissionsschutzgesetzes (Technische Anleitung zur Reinhaltung der Luft - TA Luft) vom 27. Februar 1986, in: Beck-Texte im dtv, Stand: 1. August 1995; Allgemeine Verwaltungsvorschrift über genehmigungsbedürftige Anlagen nach § 16 der Gewerbeordnung - GewO: Technische Anleitung zum Schutz gegen Lärm (TA Lärm), in: Beck-Texte im dtv, Stand: 1. August 1995.

[258] Die Technische Anleitung zum Schutz gegen Lärm (sog. TA Lärm) definiert Lärm als Schallereignisse, die Nachbarn bzw. Dritte stören können. Zur Begrenzung der Einwirkung eines von einer Anlage ausgehenden Geräusches werden Immissionsrichtwerte festgesetzt; vgl. Allgemeine Verwaltungsvorschrift über genehmigungsbedürftige Anlagen nach § 16 der Gewerbeordnung - GewO: Technische Anleitung zum Schutz gegen Lärm (TA Lärm), Punkt 2.11.

[259] Vgl. auch Meyer-Plate, I.: Marktübersicht über KWK-Anlagen im Leistungsbereich 2 bis 20 MWel, a.a.O., S. 4.

[260] Vgl. o.V.: Emission und Immission (Blockheizkraftwerke), a.a.O., S. 12.

[261] Die Technische Anleitung zur Reinhaltung der Luft (sog. TA Luft) dient dem Schutz und der Vorsorge gegen schädliche Umwelteinwirkungen, die durch Veränderungen in der natürlichen Zusammensetzung der Luft hervorgerufen werden; vgl. Erste Allgemeine Verwaltungsvorschrift zur Durchführung des Bundes-Immissionsschutzgesetzes (Technische Anleitung zur Reinhaltung der Luft - TA Luft) vom 27. Februar 1986, Punkt 1.

Gehalt der Abgase auf ein Niveau gesenkt wird, das den Vorschriften der TA-Luft genügt. Diese Primärmaßnahme führt jedoch zu einem erhöhten CO_2-Ausstoß, der durch die Sekundärmaßnahme eines nachgeschalteten Oxidationskatalysators reduziert werden kann.[262]

Sekundärmaßnahmen bei Blockheizkraftwerken zeichnen sich dadurch aus, daß dem Otto-Gas-Verbrennungsmotor eine Abgasnachbehandlungsanlage nachgeschaltet wird. Dies kann beispielsweise durch einen Drei-Wege-Katalysator[263] oder durch den bereits erwähnten Oxidationskatalysator geschehen.

Sekundärmaßnahmen führen immer zu erhöhten Investitionskosten, da der apparative Aufwand für den Katalysatorbetrieb wesentlich höher ist als beim Magerbetrieb. Aber auch die variablen Betriebskosten steigen, da der Katalysator im allgemeinen alle drei Betriebsjahre erneuert werden muß.[264]

Bei Diesel-Motoren sind die beschriebenen Sekundärmaßnahmen jedoch nicht anwendbar. Bei ihnen wird das SCR-Verfahren[265] angewandt. In das Abgas wird nach dem letzten Wärmetauscher ein Reduktionsmittel, beispielsweise Ammoniak oder Harnstoff, eingespritzt. In dem nachgeschalteten, speziellen Oxidationskatalysator werden die Schadstoffe reduziert. Auch diese Technik erfordert einen erhöhten apparativen Aufwand mit der Folge steigender Investitionskosten sowie erhöhter variabler Kosten für das Reduktionsmittel.[266]

Lebensdauer
Die Entwicklung des Verbrennungsmotors wurde grundsätzlich vom Fahrzeugbau bestimmt. Kennzeichen dieser Motoren ist, daß ein ständiger Wechsel von Leistung und Drehzahl stattfindet.
Die direkt aus dem Serienmotorbau abgeleiteten Motoren der Blockheizkraftwerke werden jedoch mit konstant niedriger Drehzahl, meist zwischen 1.500 und 3.000 Umdrehungen pro Minute und in der Regel mit nur wenigen Lastwechseln betrieben. Darüber hinaus herrschen im Gegensatz zu den in PKW- oder LKW eingesetzten Motoren meist konstante Temperaturen ohne verschleißfördernde Kaltstartphasen vor.[267]
Aus diesem Grund beträgt die Lebensdauer von den in Blockheizkraftwerken eingesetzten Motoren ca. 40.000 bis 100.000 Betriebsstunden, in ca. 10 bis 25 Jahren.[268]

---

262 Oxidationskatalysatoren bewirken eine Oxidation des Kohlenmonoxides (CO), d.h. CO wird zu dem für das räumliche Kleinklima weniger schädliche Kohlendioxid (CO_2) oxidiert. Zum Magermotor vgl. Seidel, M.: Tendenzen bei Entwicklung und Einsatz von Blockheizkraftwerken, a.a.O., S. 375.

263 Dieser Katalysator entspricht im Prinzip dem Autoabgaskatalysator. 3-Wege bedeutet, daß die drei Schadstoffe NOx , CO und HC gleichzeitig verringert werden.

264 Vgl. Göricke, P.: Blockheizkraftwerke. Ihre Technik-Ihre Probleme, a.a.O., S. 176. Seidel, M.: Tendenzen bei Entwicklung und Einsatz von Blockheizkraftwerken, a.a.O., S. 374; Lang, J.: Mini-Blockheizkraftwerke, a.a.O., S. 2ff.

265 Non-Selektive-Catalytic-Reduktion; vgl o.V.: Emission und Immission (Blockheizkraftwerke), a.a.O., S. 13.

266 Vgl. Koebel, M.: Entstickung von Dieselabgasen mit Harnstoff-SCR, VDI-Berichte, Nr. 1019, Jahrgang 1993, S. 195-211; Lang, J.: Mini-Blockheizkraftwerke, a.a.O., S. 2ff.

267 Kaltstartphasen, wie z.B. bei Automotoren, kommen bei diesen Aggregaten nicht vor, da sie entweder ständig in Betrieb sind oder durch den Heißwasserdurchfluß auf Temperatur gehalten werden, wenn sie beispielsweise für Wartungsarbeiten nicht in Betrieb sind; vgl. Hein, K.: Blockheizkraftwerke. Dezentrale Kraft-Wärme-Kopplung, a.a.O., S. 7.

268 Im Vergleich dazu erreichen herkömmliche Automotoren lediglich eine Lebensdauer von 3.000 bis 4.000 Betriebsstunden; vgl. Hein, K.: Blockheizkraftwerke. Dezentrale Kraft-Wärme-Kopplung, a.a.O., S. 5. Große Dieselmotoren sind aufgrund der langen Erfahrung als Schiffshauptantriebe mit einer Lebensdauer von 20 bis 30 Jahren äußerst langlebig. Die Lebensdauer dieser Dieselmotoren ist auch wenig anfällig gegenüber häufigen Lastwechseln, da diese Lastwechsel ebenfalls charakteristisch für den Schiffsbetrieb sind; vgl. Meyer-Plate, I.: Marktübersicht über KWK-Anlagen im Leistungsbereich 2 bis 20 MW_{el}, a.a.O., S. 6.

Negativ auf die Lebensdauer wirkt sich unter Umständen der Einsatz von Turboladern bei kleineren Aggregaten aus, da diese beispielsweise eine höhere Empfindlichkeit gegenüber der Gasbeschaffenheit[269] aufweisen.[270]

Zuverlässigkeit und Verfügbarkeit

Insbesondere eine Mehrmotorenanlage eröffnet die Möglichkeit einer hohen Verfügbarkeit und Versorgungssicherheit. Die Versorgungssicherheit ist deshalb hoch, weil es sehr unwahrscheinlich ist, daß mehrere Aggregate gleichzeitig ausfallen.
Eine hohe Verfügbarkeit ist gewährleistet, wenn nicht alle Aggregate gleichzeitig zur Durchführung von Wartungsarbeiten heruntergefahren und abgeschaltet werden müssen.

Bei einem Feldversuch von 18 einmoduligen BHKW gab es in einem Zeitraum von 27 Monaten insgesamt 77 Störungen, wobei deren Häufigkeit ständig abnahm: Die mittlere Benutzungsdauer zwischen zwei Störungen stieg von anfangs ca. 2.600 Stunden auf ca. 8.500 Stunden.[271]

Spezifische Investitionskosten

Die spezifischen Investitionskosten pro kW thermischer Leistung betragen in etwa zwischen DM 800 und DM 6.000.[272] Diese erhebliche Preisspanne erklärt sich dadurch, daß die Höhe der Investitionskosten insbesondere von der jeweiligen Anlagengröße abhängig ist. Speziell leistungsschwache und kleine Aggregate verursachen überproportional hohe Investitionsaufwendungen, währenddessen ab einer thermischen Leistung von etwa 2 MW keine nennenswerten Preisvorteile durch noch größere Anlagen zu erzielen sind.[273]

Wie sich die spezifischen Investitionskosten pro kW elektrischer Leistung in Abhängigkeit von verschiedenen Anlagengrößen entwickeln, ist in der folgenden Abbildung E 37 dargestellt.

Aus dieser Abbildung ist neben den sinkenden spezifischen Investitionskosten bei größerer Anlagendimensionierung ebenfalls ersichtlich, daß die Investitionskosten auch vom gewählten BHKW-Konzept abhängen. So sind für dieselbetriebene Aggregate deutlich geringere Investitionsmittel pro Megawatt Leistung aufzubringen als bei Gas-Otto- oder Gas-Dieselmotoren.

Die spezifischen Investitionskosten verringern sich nochmals, wenn die Anlage mit einem Turbolader ausgerüstet wird. Die aus der Investition in einen Turbolader entstehenden Kosten sind im Verhältnis zu der hierdurch erzielbaren Leistungssteigerung des Aggregates relativ gering.[274]

---

269 Zum Einfluß der Gasbeschaffenheit bzw. der Methanzahl auf die Motorleistung vgl. Seidel, M.: Tendenzen bei Entwicklung und Einsatz von Blockheizkraftwerken, a.a.O., S. 374.

270 Vgl. Hein, K.: Blockheizkraftwerke. Dezentrale Kraft-Wärme-Kopplung, a.a.O., S. 4; o.V.: Blockheizkraftwerke in der Industrie, a.a.O., S. 9.

271 Die meisten Störungen konnten jedoch verhältnismäßig problemlos behoben werden, darüber hinaus wurden einige Modifikationen vorgenommen, so daß auch daraus die Abnahme der Störanfälligkeit im Zeitablauf erklärt werden kann, vgl. Lang, J.: Mini-Blockheizkraftwerke, a.a.O., S. 1ff.

272 Vgl. Suttor, K.-H., Suttor, W.: KWK-Fibel, a.a.O., S. 10; Rudolph, M.: Kosten und Wirtschaftlichkeit von KWK-Anlagen, a.a.O., S. 5; Belting, T.: Blockheizkraftwerke, a.a.O., S. 47.

273 Vgl. Meyer-Plate, I.: Marktübersicht über KWK-Anlagen im Leistungsbereich von 2 bis 20 MW, a.a.O., S. 6.

274 Vgl. o.V.: Blockheizkraftwerke in der Industrie, a.a.O., S. 9.

Abbildung E37: Spezifischen Investitionskosten von BHKW in Abhängigkeit von der Anlagengröße

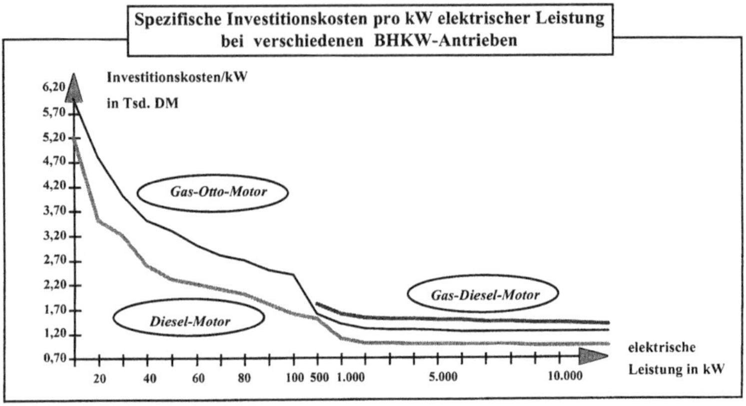

Quelle: In Anlehung an: Belting, T.: Blockheizkraftwerke, a.a.O., S. 47.

Im Zusammenhang mit der Versorgungssicherheit und dem Teillastverhalten von BHKW wurde bereits auf die Vorteile der Mehrmotorentechnik hingewiesen. Die Mehrmotorentechnik wirkt sich jedoch in Hinblick auf die spezifischen Investitionskosten nachteilig aus. So weisen mehrere kleinere Aggregate höhere absolute Investitionskosten auf als ein großes Aggregat. Die Vorteile und Nachteile von mehreren Modulen sind daher gegeneinander abzuwägen und daraufhin sind die optimale Modulgröße und -anzahl zu bestimmen.[275]

Wartungskosten

Sowohl die fixen als auch die variablen Wartungskosten von Blockheizkraftwerken liegen über denen von Dampf- bzw. Gasturbinen. So ist bei Blockheizkraftwerken mit fixen Wartungskosten in Höhe von etwa 2% der Investitionssumme pro Jahr und mit variablen Wartungskosten zwischen DM 16 bis DM 20 pro MWh thermischer Arbeit zu rechnen.[276]

Die Hauptursache für diese höheren Wartungskosten liegt zum einen in der BHKW-Technologie und zum anderen in der geringen Anlagenleistung der BHKW begründet. So weisen die Verbrennungsmotoren einen vergleichsweise hohen Verschleiß auf, der sich in den variablen Wartungskosten niederschlägt. Neben der BHKW-Technologie hat auch die jeweilige Anlagenleistung einen bedeutenden Einfluß auf die fixen und variablen Wartungskosten. Grundsätzlich gilt, daß die Wartungskosten pro kW um so größer sind, je kleiner die jeweilige Anlage dimensioniert ist.[277]

Die Investition in die standardisierte Mehrmotorentechnik kann sich jedoch positiv auf die Wartungskosten auswirken. Den Herstellern ist es durch die Standardisierung der BHKW möglich, preiswerte Wartungsverträge anzubieten, da das hochqualifizierte Wartungspersonal

---

275 Für die Hersteller von Blockheizkraftwerken ist die Mehrmotorentechnik ebenfalls vorteilhaft, weil hierdurch eine Serienfertigung mit hohen Stückzahlen und somit sinkenden Herstellkosten ermöglicht wird. Die Kostenvorteile der Serienfertigung werden wiederum an die Kunden weitergegeben, wodurch die höheren spezifischen Investitionskosten kleinerer Module nicht so stark ausfallen. So überwiegen in der Regel die praktischen Vorteile der Mehrmotorentechnik; vgl. Hein, K.: Blockheizkraftwerke. Dezentrale Kraft-Wärme-Kopplung, a.a.O., S. 5.

276 Vgl. Suttor, K.-H., Suttor, W.: KWK-Fibel, a.a.O., S. 10.

277 Vgl. Hein, K.: Blockheizkraftwerke. Dezentrale Kraft-Wärme-Kopplung, a.a.O., S. 5; Mau, G.: Handbuch Dieselmotoren im Kraftwerks- und Schiffsbetrieb, a.a.O., S. 480.

mehrere Anlagen gleichzeitig betreut, somit besser ausgelastet werden kann und eine preiswerte Lagerung von Ersatzteilen realisierbar ist.[278]

Personalkosten

Blockheizkraftwerke sind durch automatische Funktionskontrollen mit geringem personellem Aufwand zu betreiben bzw. arbeiten als unbesetzte Anlagen oftmals vollkommen alleine.

Diese Tatsache senkt die zu kalkulierenden Personalkosten. In der Regel fallen bei kleineren Aggregaten nahezu keine Personalkosten an, bei größeren Anlagen hingegen ist für die Überwachung und Kontrolle der Aggregate mit der Abstellung von bis zu fünf Personen zu rechnen.[279]

Fazit

Insgesamt handelt es sich bei Blockheizkraftwerken um eine Technologie, die auf seriennahen, durchkonstruierten und kompletten Aggregaten potenter Motorenhersteller basiert.[280]

Für viele Unternehmen, die einen Strom- oder Wärmebedarf unter einem MW Leistung aufweisen, ist die Technologie der Blockheizkraftwerke die einzige auf dem Markt verfügbare Alternative. Da die Mehrzahl der Unternehmen einen Bedarf in dieser Größenordnung aufweist - immerhin stellt ein Bedarf von einem MW elektrischer Leistung in etwa eine jährliche Stromrechnung von mindestens TDM 500 dar - kann mit Hilfe der Technologie der BHKW ein großes, weithin noch unerschlossenes Potential abgedeckt werden.

Selbst bei einem wesentlich höheren Leistungsbedarf, bei dem eine Auswahl verschiedener KWK-Konzepte gegeben ist, stellen die Blockheizkraftwerke im Vergleich zur Dampf- und Gasturbine eine konkurrenzfähige Alternative dar. Die spezifischen Investitionskosten sind zwar beim Blockheizkraftwerk verhältnismäßig hoch, aber diesen höheren spezifischen Investitionskosten stehen eine hohe Stromkennzahl und ein insbesondere im Vergleich zur Gasturbine besserer Wirkungsgrad gegenüber.[281]

Als vorteilhaft ist bei den Blockheizkraftwerken die Modultechnik in Hinblick auf die Versorgungssicherheit und das Teillastverhalten zu bewerten. Darüber hinaus schafft die Erstellung einer BHKW-Anlage in Mehrmodul-Bauweise zusätzliche Flexibilität im Fall einer später nötigen Aufrüstung der Leistungskapazität.[282]

Neben den genannten Vorteilen wird die Anwendbarkeit des BHKW durch das verhältnismäßig geringe Nutztemperaturniveau eingeschränkt, welches das BHKW in den Unternehmen und Branchen unattraktiv macht, in denen ein hohes Nutztemperaturniveau erforderlich ist.

Fazit von Kraft-Wärme-Kopplungsanlagen mit einem Freiheitsgrad

Nachdem die grundsätzlichen Konzepte von KWK-Anlagen mit einem Freiheitsgrad beschrieben sind, wird versucht, in der folgenden Tabelle die wesentlichen Ergebnisse zusam-

[278] Vgl. Seidel, M.: Tendenzen bei Entwicklung und Einsatz von Blockheizkraftwerken, a.a.O., S. 375; Mau, G.: Handbuch Dieselmotoren im Kraftwerks- und Schiffsbetrieb, a.a.O., S. 480.

[279] Unbesetzte kleine Blockheizkraftwerke sind meist mit einem Kontrollgang pro Tag zu betreiben; vgl. Zacharias, F., Suttor, K.-H.: Heizkraftwerke mit Verbrennungsmotoren, a.a.O., S. 76ff; Hein, K.: Blockheizkraftwerke. Dezentrale Kraft-Wärme-Kopplung, a.a.O., S. 56.

[280] Vgl. Hein, K.: Blockheizkraftwerke. Dezentrale Kraft-Wärme-Kopplung, a.a.O., S. 4; Mau, G.: Handbuch Dieselmotoren im Kraftwerks- und Schiffsbetrieb, a.a.O., S. 481.

[281] So weisen speziell Dieselmotoren nur geringfügig höhere Investitionskosten gegenüber den Gasturbinen auf, die jedoch aufgrund der höheren Stromkennzahl und auch aufgrund des besseren Wirkungsgrades wieder ausgeglichen bzw. überkompensiert werden; vgl. Meyer-Plate, I.: Marktübersicht über KWK-Anlagen im Leistungsbereich von 2 bis 20 MW., a.a.O., S. 6.

[282] Vgl. Mau, G.: Handbuch Dieselmotoren im Kraftwerks- und Schiffsbetrieb, a.a.O., S. 480.

menfassend gegenüberzustellen.[283] Hierbei ist anzumerken, daß bei einigen Kriterien aufgrund der Abhängigkeit zu anderen Kriterien auf eine Darstellung von absoluten Werten verzichtet und anstelle dessen eine Differenzierung in Form von +, ++ und +++ vorgenommen wird.

Tabelle E15: Gegenüberstellung der wesentlichen Merkmale von KWK-Anlagen mit einem Freiheitsgrad

Kriterien	Dampfturbine	Gasturbine	GUD-Anlage	BHKW
Leistungsbereich in MW therm.	10 bis 300	1 bis 200	20 bis 240	0,012 bis 20
Nutztemperatur	150°C bis 250°C	400°C bis 600°C	400°C bis 600°C	ca. 110°C
Brennstoffe	gasförmig, flüssig, fest, Abfälle	gasförmig, flüssig (kein schw. Heizöl)	gasförmig, flüssig, fest, Abfälle	gasförmig, flüssig, Bio- und Klärgase
Stromkennzahl	0,10 bis 0,40	0,30 bis 0,70	0,40 bis 1,00	0,45 bis 1,05
Wirkungsgrad	80% bis 90%	70% bis 90%	70% bis 90%	70% bis 90%
Teillastverhalten	++	+	++ bis +++	+ bis +++ (Module)
Anlaufdauer	+	++ bis +++	+ bis +++	+++
Bauzeit/Aufstellung	+	++ bis +++	+ bis +++	+++
Lebensdauer in Jahren	35 bis 40	ca. 20 bis 25	20 bis 40	10 bis 25
Investitionskosten in TDM/kW therm. Leistung	0,7 bis 2,5	0,9 bis 1,2	1,1 bis 2,6	0,8 bis 4,5
Wartungskosten	variabel: ++	variabel: +++	variabel: + bis ++	variabel: +
Personalkosten	+ bis ++	++ bis +++	+	+++

Quelle: Daten gemäß den Ausführungen in diesem Kapitel.

Die Ergebnisse dieser Tabelle lassen sich anschaulich in Abbildungen darstellen. Dabei wird im folgenden besonderer Wert auf die Kriterien Leistungsbereich und Stromkennzahl gelegt.

Der Leistungsbereich kann als bedeutsames Kriterium betrachtet werden, da dieses Merkmal in seiner Eigenschaft als Ausschluß-Kriterium eine erste Grobauswahl für den Investor ermöglicht. Bei einer eventuellen Investition in eine KWK-Anlage ist unbedingt darauf zu achten, daß die Dimensionierung einer Anlage auf die zukünftigen Produktionserfordernisse ausgerichtet wird. Eine bereits investierte Überkapazität führt - trotz eventuell möglicher Einspeisung des überschüssig produzierten Stroms in das EVU-Netz - unweigerlich zu Leerkosten bzw. schwer abbaubaren Fixkosten und damit in der Regel zur Unwirtschaftlichkeit der gesamten KWK-Anlage. Darüber hinaus stehen die vorgestellten Konzepte für sehr verschiedene Leistungsbandbreiten bzw. für unterschiedliche minimale Anlagenleistungen, so daß in der Regel bereits durch das Merkmal der minimal möglichen Anlagenleistung der Entscheidungsspielraum hinsichtlich der Konzeptauswahl eingeschränkt werden kann.

Die Stromkennzahl wiederum ist - in Kombination mit dem Brennstoffausnutzungsgrad bzw. dem Gesamtwirkungsgrad - das wesentliche betriebswirtschaftliche Kriterium, da die erzeugbare Strommenge im Vergleich zur simultan erzeugbaren Wärmemenge ökonomisch deutlich wertvoller ist: Je mehr Strom für den industriellen Produktionsprozeß betriebsintern erzeugt und verwendet werden kann, desto größer sind die Chancen für eine wirtschaftliche Betriebsweise der anzuschaffenden KWK-Anlage.[284]

---

[283] Eine ähnliche Tabelle findet sich auch bei Hein und Suttor; Hein verwendet dabei drei Kriterien, Suttor unterscheidet zwischen einigen zusätzlichen Kriterien: Vgl. insbesondere Hein, D.: Einsatz der Kraft-Wärme-Kopplung. Technik, Wirtschaftlichkeit, Umwelt, a.a.O., S. 28; Suttor, K.-H., Suttor, W.: KWK-Fibel, a.a.O., S. 10.

[284] Vgl. Seidel, M.: Tendenzen bei Entwicklung und Einsatz von Blockheizkraftwerken, a.a.O., S. 374ff; Hein, D.: Einsatz der Kraft-Wärme-Kopplung. Technik, Wirtschaftlichkeit, Umwelt, a.a.O., S. 25ff.

Letztlich ist bei nahezu allen Konzepten festzustellen, daß die erreichbare Stromkennzahl mit zunehmender Nennleistung ansteigt bzw. die vom Investor nachgefragte Stromkennzahl erst ab einer bestimmten Kapazität einer Anlage realisierbar ist.

Aus diesen Gründen wird in der folgenden Abbildung eine Darstellung gewählt, die den Zusammenhang der beiden oben genannten Kriterien herzustellen versucht.

Abbildung E38: Gegenseitige Abhängigkeiten von Stromkennzahl und Leistungsspektrum von KWK-Anlagen mit einem Freiheitsgrad

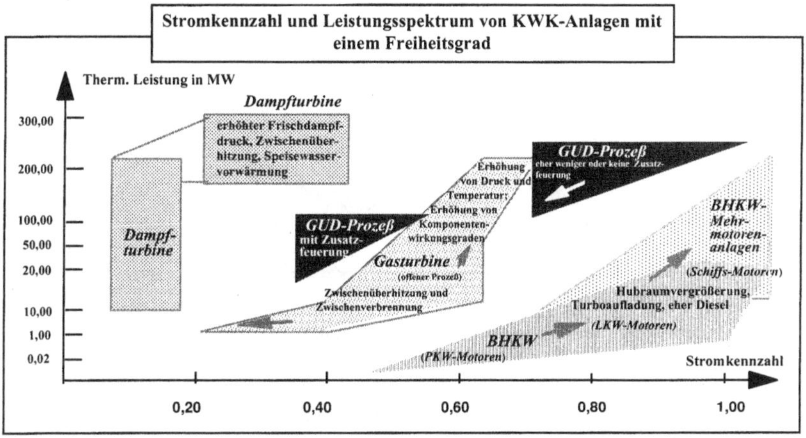

Quelle: Eigene Darstellung.

Es ist klar ersichtlich, daß das Konzept BHKW aus Sicht eines industriellen Unternehmens zwei grundsätzliche Vorteile gegenüber allen anderen Konzeptionen aufweist: Erstens ist das BHKW ab einer thermischen Leistung von ca. 12 kW verfügbar und damit auch für kleinere und mittelständische Unternehmen geeignet, zweitens werden bereits bei einer unvergleichbar kleinen Leistungsklasse verhältnismäßig hohe und betriebswirtschaftlich wertvolle Stromkennzahlen erreicht.

Darüber hinaus werden bei der BHKW-Konzeption generell die höchsten Stromkennzahlen realisiert. Die technisch mögliche Stromkennzahl der Gasturbine beträgt maximal 0,7, wobei ein Wert in dieser Größenordnung mit einer höheren minimalen Leistung und einer Reihe von technisch relativ aufwendigen Maßnahmen wie z.B. Druck- und Temperaturerhöhung etc. erkauft werden muß.

Die beiden verbleibenden Konzepte, die Dampfturbine und die kombinierte GUD-Anlage, sind eindeutig für sehr große und energieintensive Industriebetriebe von Bedeutung.

Die wesentlichen Vorteile dieser Möglichkeiten der KWK-Technologie werden deshalb im folgenden erläutert.

Abbildung E39: Gegenseitige Abhängigkeiten von Stromkennzahl und Leistungsspektrum von KWK-Anlagen mit einem Freiheitsgrad (Brennstoffe und Nutztemperatur)

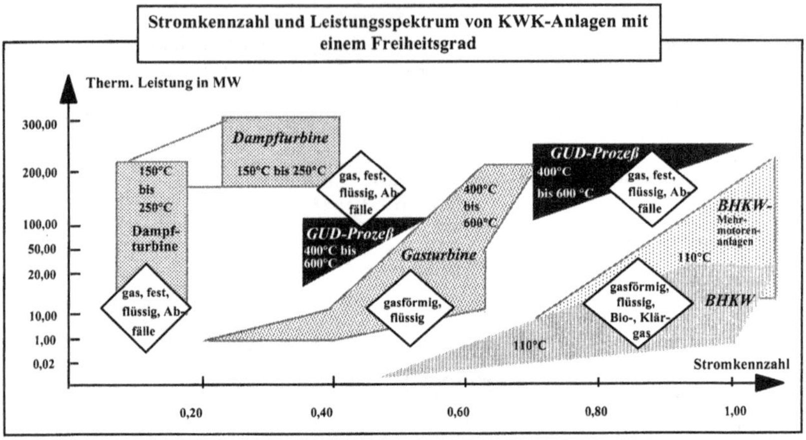

Quelle: Eigene Darstellung.

Es wird deutlich, daß das BHKW im Vergleich zu allen anderen Konzepten das niedrigste Nutztemperaturniveau aufweist. Dadurch wird die Palette der Anwendungsmöglichkeiten des BHKW hinsichtlich seiner Wärmeerzeugung eingeschränkt.[285] Letztlich bleibt der Einsatz der durch das BHKW erzeugten Wärme auf Gebiete wie die Beheizung von Büroräumen und Produktionsstätten sowie Kochvorgänge bzw. Warmwasserbereitstellung beschränkt.

Das höchste Temperaturniveau mit ca. 400°C bis 600°C stellen je nach Auslegung und Spezifikation die Gasturbinen und die kombinierten Anlagen bereit.

Auch bei der Wahl der Brennstoffe gibt es - wie die Abbildung verdeutlicht - eine Reihe von Unterschieden, die bei einer eventuellen Investitionsentscheidung mitberücksichtigt werden müssen. Sollen beispielsweise ausschließlich feste Brennstoffe verfeuert werden, so bleibt lediglich das Konzept der Dampfturbine oder das der GUD-Anlage zur Auswahl.

In der folgenden, in ihrer Grundstruktur bereits bekannten Abbildung E 40 sind zur Verdeutlichung der Größenordnungen in den jeweiligen Vierecken die entsprechenden jährlichen Stromrechnungen in DM Mio eingetragen.

Die jeweils erste bzw. obere Zahl stellt die thermische Nennleistung des jeweiligen Aggregates dar, der untere Wert entspricht der ungefähren Stromrechnung eines Jahres, die auf einer Vollbenutzungsstundenzahl von ca. 6.000 h und einem Strompreis von ca. DM 0,10/kWh basiert.

Die angegebenen Werte sind hierbei lediglich als Anhaltspunkte zu verstehen, da die dargestellten DM-Werte je nach Auslastung der Anlage, Anteil des eingespeisten Stromes, Anteil des zusätzlichen Stromfremdbezuges sowie der Tarifsituation abweichen können.

---

[285] Vgl. Hein, D.: Einsatz der Kraft-Wärme-Kopplung. Technik, Wirtschaftlichkeit, Umwelt, a.a.O., S. 28; Vgl. hierzu insbesondere Tabelle 1 in diesem Kapitel.

Abbildung E40: Gegenseitige Abhängigkeiten von Stromkennzahl und Leistungsspektrum von KWK-Anlagen mit einem Freiheitsgrad (Wert der jährlichen Stromerzeugung)

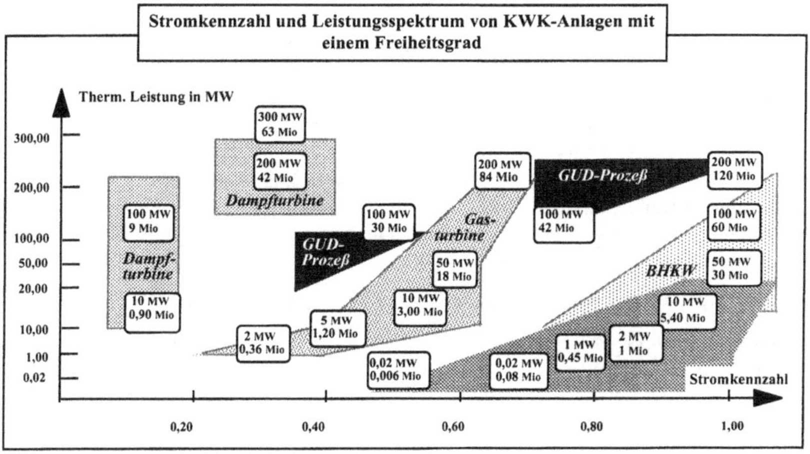

Quelle: Eigene Darstellung.

Man erkennt, daß die BHKW ein sehr weites Spektrum von ca. DM 6.000 bis ca. DM 60 Mio pro Jahr abdecken können. Die Gasturbinen beginnen bei ca. DM 0,36 Mio und enden bei ca. DM 84 Mio. Aufgrund der niedrigeren Stromkennzahl bei den Gasturbinen ist fast die doppelte Leistung nötig, um einen ähnlichen Wert an Strom zu erzeugen.

Nicht vergessen werden darf in diesem Zusammenhang jedoch, daß die Stromkennzahl nur das Verhältnis der beiden erzeugten Kuppelprodukte darstellt. Dies bedeutet, daß die Gasturbine bei vergleichbaren Leistungen einerseits nur ca. 50% des Wertes an Strom im Vergleich zum BHKW produziert, aber andererseits nicht nur das höherwertigere Temperaturniveau bereitstellt, sondern auch ca. die doppelte Menge an Wärme. Bei einer Dampfturbine mit einer Stromkennzahl von ca. 0,15 und einem Wirkungsgrad von ca. 90% wird demzufolge knapp siebenmal soviel Wärme wie Strom bereitgestellt. Der in der Abbildung dargestellte Spitzenwert von ca. DM 120 Mio kann beispielsweise mit einer GUD-Anlage von 200 MW (Stromkennzahl: ca. 1,0) erreicht werden. Entspricht der jährliche Stromverbrauch ca. 4% des jährlichen Umsatzvolumens, so kann eine derartige Anlage für ein Unternehmen bzw. den Standort eines Unternehmens von Bedeutung sein, das über ein Umsatzvolumen von ca. DM 3 Mrd. verfügt.

Insgesamt ist deutlich geworden, daß die verschiedenen Konzepte der Kraft-Wärme-Kopplung mit einem Freiheitsgrad sehr deutlich voneinander abweichen. Dies hat zur Folge, daß einem potentiellen Investor unter Berücksichtigung seiner individuellen Situation hinsichtlich Art und Menge des zukünftigen Energiebedarfs sowie seiner Brennstoffbeschaffungsmöglichkeiten in der Regel eine oder gar mehrere Möglichkeiten geboten werden können, seinen internen Energiebedarf zumindest teilweise selbst zu erzeugen.

4. Kraft-Wärme-Kopplungsanlagen mit zwei Freiheitsgraden

Anlagen mit zwei Freiheitsgraden sind sowohl zur gekoppelten als auch zur ungekoppelten Erzeugung von Strom und Wärme in der Lage. Durch die Technologie der zwei Freiheitsgrade kann demnach das starre Verhältnis zwischen Strom- und Wärmeerzeugung aufgehoben und die Erzeugung unabhängig voneinander variiert werden.[286]

So ist es möglich, die Wärmeproduktion bei voller Stromerzeugung bis auf den Wert Null zurückzunehmen.[287] Diese Fahrweise entspricht allerdings der eines herkömmlichen Kondensationskraftwerks, was zur Folge hat, daß der Wirkungsgrad bis auf Werte von unter 35% zurückgeht.[288] Die im Vergleich zur gekoppelten Erzeugung höheren Kosten für Brennstoffe müssen bei dieser Anlagenfahrweise durch höhere Erlöse in der Stromgutschrift und Einspeisevergütung ausgeglichen werden.

Den Vorteilen der unabhängigen Erzeugung von Strom und Wärme stehen eine Reihe von Vorbehalten in Hinblick auf eine breite industrielle Anwendung gegenüber. Das Potential der Technologie von Anlagen mit zwei Freiheitsgraden in der Industrie ist geringer als das der vorgestellten Anlagen mit einem Freiheitsgrad.

a. Überblick über technische Konzepte mit zwei Freiheitsgraden

Die verschiedenen Konzepte, die mit zwei Freiheitsgraden technisch realisierbar sind, lassen sich wie folgt strukturieren:[289]

Dampfturbinen
Bei den Dampfturbinen kann je nach technischem Prinzip zwischen einer Entnahme-Kondensationsturbine und einer Anzapf-Kondensationsturbine unterschieden werden. Diese beiden Anlagentypen gehören zu den technisch am weitesten entwickelten KWK-Konzepten.

Kondensationsanlagen besitzen im Gegensatz zu den Dampfturbinen mit einem Freiheitsgrad zusätzlich einen Turbinen-Niederdruckteil, einen Kondensator sowie eine Kühleinrichtung. Kondensator und Kühleinrichtung sind notwendig, um die erzeugte Wärme, die aufgrund einer nicht streng wärmeorientierten Fahrweise nicht in vollem Umfang innerbetrieblich genutzt wird, an die Atmosphäre abzugeben.[290]

Gasturbinen
Analog zu den Bestrebungen, bei den Dampfturbinenanlagen das Verhältnis der Stromerzeugung zur Wärmeerzeugung flexibel verändern zu können, schritt die technische Entwicklung bei den Gasturbinen ebenfalls fort. Das aktuellste Ergebnis ist die STIG-Anlage.[291]

Im Gegensatz zur einfachen Gasturbine, bei der die Nutzwärme des Abhitzekessels ausschließlich den Wärmeverbrauchern zugeführt wird, kann bei der STIG-Anlage der Dampf des Abhitzekessels - soweit er nicht direkt als Wärmeträger benötigt wird - wieder in die Gasturbine injiziert werden. Durch die Zurückführung des Dampfes läßt sich diese modifizierte Gasturbine im Extremfall gänzlich ohne Wärmeausnutzung betreiben.

---

286 Vgl. Hutter, F., Maier, W., Thinius, D., Suttor, K.-H.: Elektrisches Potential und Wirtschaftlichkeit der gekoppelten Kraft- und Wärmewirtschaft in Industrie und Gewerbe, a.a.O., S. 64; Hein, D.: Einsatz der Kraft-Wärme-Kopplung. Technik, Wirtschaftlichkeit, Umwelt, a.a.O., S. 25ff.

287 In den meisten Fällen wird jedoch eine KWK-Anlage mit zwei Freiheitsgraden trotz der Unabhängigkeit von der Wärmeabnahme nach dem jeweiligen innerbetrieblichen Wärmebedarf gefahren; vgl. Schaefer, H.: Erzeugung elektrischer Energie. Thermische Stromerzeugungsanlagen, a.a.O., S. 104.

288 Vgl. Rostek, H.A.: Möglichkeiten und Grenzen der Kraft-Wärme-Kopplung, a.a.O., S. 29.

289 Vgl. Schaefer, H.: Erzeugung elektrischer Energie. Thermische Stromerzeugungsanlagen, a.a.O., S. 101ff; Seeger, T.: Tageseinsatzoptimierung in Kraftwerkssystemen mit Kraft-Wärme-Kopplung, a.a.O., S. 16ff; Piller, W., Rudolph, M.: Kraft-Wärme-Kopplung. Zur Theorie und Praxis der Kostenrechnung, a.a.O., S. 30ff; Hofer, R.: Analyse der Potentiale industrieller Kraft-Wärme-Kopplung, a.a.O., S. 4ff.

290 Vgl. Hein, D.: Einsatz der Kraft-Wärme-Kopplung. Technik, Wirtschaftlichkeit, Umwelt, a.a.O., S. 28; Schaefer, H.: Erzeugung elektrischer Energie. Thermische Stromerzeugungsanlagen, a.a.O., S. 101 und 104.

291 STIG steht dabei für "Steam Injekted Gasturbine"; vgl. Suttor, W. (Hrsg.): Praxis Kraft-Wärme-Kopplung, a.a.O., Teil 3/3.2, S. 1.

Kombinierte Anlagen

Eine Möglichkeit, den hohen elektrischen Wirkungsgrad einer GUD-Anlage mit einer flexiblen Stromerzeugung zu kombinieren, besteht in der Kopplung einer Gasturbinenanlage mit einer Kondensations-Turbine.

Der Aufbau dieser kombinierten Anlage ist prinzipiell identisch mit der oben beschriebenen GUD-Anlage mit der Ergänzung, daß hierbei der Gasturbinenprozeß statt mit einer Gegendruckturbine mit einer Kondensationsturbine gekoppelt wird.

Die Wärme kann bei diesem technischen Prinzip, anders als bei der GUD-Anlage mit Gegendruckturbine, über Kondensatoren und Kühltürme an die Atmosphäre abgegeben werden. Durch diese Kondensatoren und Kühltürme ist es möglich, den Strom ohne Wärmenutzung zu erzeugen.[292]

b. Merkmale von KWK-Konzepten mit zwei Freiheitsgraden

Im Gegensatz zu den Anlagen mit einem Freiheitsgrad werden die KWK-Konzepte mit zwei Freiheitsgraden nur mit einer verhältnismäßig hohen *Leistung* am Markt angeboten.

Der untere Leistungsbereich wird hierbei durch die STIG-Anlage mit ca. 15 MW thermischer Leistung markiert. Die Entnahme- und die Anzapfkondensationsturbine sind für industrielle Zwecke erst ab einer thermischen Leistung von ca. 50 MW bis maximal 250 MW lieferbar. Das obere Leistungsspektrum wird durch die GUD-Anlage mit Kondensationsturbine abgerundet. Dieser Anlagentyp wird aufgrund seiner komplexen Bauweise erst ab einer thermischen Leistung von etwa 50 MW angeboten. Dabei können je nach Zusatzfeuerungsart des Abhitzekessels in der Spitze thermische Leistungen bis zu 2.400 MW erreicht werden.[293] Dieses entspricht bei einer Stromkennzahl von 0,5 einer elektrischen Leistung von 1.200 MW und damit der Größe eines Kernkraftwerkes.

Die Hauptabgrenzung der Konzepte mit zwei Freiheitsgraden von den Anlagen mit einem Freiheitsgrad liegt in der *Stromkennzahl.* Alle Anlagen mit zwei Freiheitsgraden können sowohl mit voller Wärmeauskopplung im KWK-Betrieb als auch im reinen Kondensationsbetrieb ohne Wärmeauskopplung gefahren werden. Zwischen diesen beiden Extremen ist jedes Verhältnis zwischen Strom- und Wärmeerzeugung stufenlos möglich.[294] Die Stromkennzahl der Kondensationsanlagen kann daher zwischen ca. 0,5 und unendlich variiert werden.[295] Die Stromkennzahl von GUD-Anlagen mit zwei Freiheitsgraden beginnt bei voller Wärmeauskopplung bei ca. 1,0 und kann mit abnehmender Wärmeauskopplung auf unendlich gesteigert werden.[296] Bei der STIG-Anlage erreicht die Stromkennzahl bei voller Wärmeauskopplung Werte zwischen 0,3 und 0,7.[297]

---

[292] Vgl. Suttor, W. (Hrsg.): Praxis Kraft-Wärme-Kopplung, a.a.O., Teil 3/4.1, S. 9; Hein, D.: Einsatz der Kraft-Wärme-Kopplung. Technik, Wirtschaftlichkeit, Umwelt, a.a.O., S. 28; Hofer, R.: Analyse der Potentiale industrieller Kraft-Wärme-Kopplung, a.a.O., S. 35ff.

[293] Vgl. Suttor, W. (Hrsg.): Praxis Kraft-Wärme-Kopplung, a.a.O., Teil 3/4.1, S. 4.

[294] Vgl. u.a. Schaefer, H.: Erzeugung elektrischer Energie. Thermische Stromerzeugungsanlagen, a.a.O., S. 101ff; Seeger, T.: Tageseinsatzoptimierung in Kraftwerkssystemen mit Kraft-Wärme-Kopplung, a.a.O., S. 16ff; Kugeler, K., Philippen, P.-W.: Energietechnik, a.a.O., S. 64; Piller, W., Rudolph, M.: Kraft-Wärme-Kopplung. Zur Theorie und Praxis der Kostenrechnung, a.a.O., S. 34ff; Hofer, R.: Analyse der Potentiale industrieller Kraft-Wärme-Kopplung, a.a.O.; S. 14ff, 33ff.

[295] Vgl. Hein, D.: Einsatz der Kraft-Wärme-Kopplung. Technik, Wirtschaftlichkeit, Umwelt, a.a.O., S. 27.

[296] Vgl Lang, J.: Mini-Blockheizkraftwerke, a.a.O., S. 2; Hofer, R.: Analyse der Potentiale industrieller Kraft-Wärme-Kopplung, a.a.O., S. 4ff.

[297] Zur STIG-Anlage vgl. Hofer, R.: Analyse der Potentiale industrieller Kraft-Wärme-Kopplung, a.a.O., S. 36ff.

Auch hinsichtlich des *Wirkungsgrades* muß bei den einzelnen KWK-Konzepten zwischen KWK-Betrieb und Kondensationsbetrieb unterschieden werden. Die höchsten Wirkungsgrade von ca. 50% im Kondensationsbetrieb erreichen die GUD-Anlagen,[298] gefolgt von den STIG-Anlagen, bei denen ohne Wärmeauskopplung noch Werte zwischen 38% und 42% möglich sind.[299] Bei KWK-Betrieb werden ebenfalls von den GUD-Anlagen die höchsten Wirkungsgrade von über 90% erzielt, die beiden anderen Konzepte erreichen jeweils Werte zwischen 85% und 90%.

Bei allen Anlagen mit zwei Freiheitsgraden ist das Niveau der Nutztemperatur nur dann von Interesse, wenn Wärme ausgekoppelt wird. In diesem Fall erreichen sowohl die Kondensationsturbinen als auch die Dampfturbinen ein Temperaturniveau in Höhe von ca. 250°C, währenddessen bei der GUD-Anlage wie auch bei der STIG-Anlage ein Niveau von 400°C bis 600°C möglich ist.[300]

Das *Teillastverhalten* von Anlagen mit zwei Freiheitsgraden ist nur von Bedeutung, wenn eine wärmeorientierte Fahrweise angestrebt wird. Hierbei weisen die Kondensationsanlagen und die kombinierten Anlagen - analog zu den Konzepten mit einem Freiheitsgrad - im Vergleich zur STIG-Anlage bessere Werte auf.

Anlagen mit zwei Freiheitsgraden unterscheiden sich vom Konzept mit einem Freiheitsgrad auch im Hinblick auf die spezifischen *Investitionskosten*. Anlagen mit zwei Freiheitsgraden weisen auf Grund des generell höheren apparativen Aufwandes für den Kondensator und die Kühleinrichtungen höhere spezifische Investitionskosten auf.

Fazit von Kraft-Wärme-Kopplungsanlagen mit zwei Freiheitsgraden

Das größte Hemmnis einer breiten industriellen Anwendung der Anlagen mit zwei Freiheitsgraden liegt in der hohen Mindestleistung, mit der dieser Anlagentyp am Markt angeboten wird. So weist die kleinste Anlage mit zwei Freiheitsgraden, die STIG-Anlage, eine thermische Leistung von mindestens 15 MW bzw. bei einer Stromkennzahl von 0,5 eine elektrische Mindestleistung von ca. 7,5 MW auf.

Die Anschaffung einer solchen Anlage ist daher nur für die Unternehmen wirtschaftlich sinnvoll, die einen jährlichen Strombedarf von mehr als ca. 30.000 bis 40.000 MWh aufweisen, was einer jährlichen Stromrechnung von ca. DM 3 bis 4 Mio entspricht.[301] Anlagen mit zwei Freiheitsgraden kommen aus diesem Grund vornehmlich für größere Industrieunternehmen mit hohem Energiebedarf in Frage. Für diese Unternehmen bieten sie jedoch aufgrund ihrer Flexibilität sowie ihrer Größenvorteile, die sich auch in den spezifischen Investitionskosten niederschlagen, unbestreitbare Vorteile.

Der ökologische Nutzen hinsichtlich Primärenergieeinsparung und Ressourcenschonung ist dann zu bezweifeln, wenn Anlagen mit zwei Freiheitsgraden über längere Zeit ohne oder nur mit geringer Wärmeauskopplung betrieben werden.

Der Wirkungsgrad kann in diesen Fällen auf Werte von unter 50% sinken. Bei Wirkungsgraden in dieser Größenordnung bewegt man sich damit in den Bereichen, die auch von den EVU realisiert werden.

---

[298] Vgl. Suttor, W. (Hrsg.): Praxis Kraft-Wärme-Kopplung, a.a.O., Teil 3/4.1, S. 10.

[299] Vgl. o.V.: Emission und Immission (Blockheizkraftwerke), a.a.O., S. 11.

[300] Vgl. Suttor, W. (Hrsg.): Praxis Kraft-Wärme-Kopplung, a.a.O., Teil 3/4.1, S. 11; Hein, D.: Einsatz der Kraft-Wärme-Kopplung. Technik, Wirtschaftlichkeit, Umwelt, a.a.O., S. 8.

[301] Ein Strombedarf von 45.000 MWh beispielsweise errechnet sich aus dem Produkt der elektrischen Anlagenleistung von 7,5 MW und einer -eine ausgezeichnete Auslastung vorausgesetzt- Vollbenutzungsdauer von 6.000 Stunden. Wenn dieser Strombedarf mit einem durchschnittlichen Strompreis von 10 Pf/kWh multipliziert wird, dann ergibt sich eine Stromrechnung von mindestens ca. DM 4,50 Mio. Zur genauen Beschreibung der Berechnung Strom- und Wärmegutschrift vgl. Kapitel F.II.

Letztlich führt deshalb auch eine überdurchschnittlich hohe Stromkennzahl, die durch eine reduzierte Wärmeauskopplung erkauft wird, nicht zu betriebswirtschaftlichen Kostenvorteilen.

III. Eingrenzung der für einen Wirtschaftlichkeitsvergleich in Betracht kommenden KWK-Anlagen

In diesem Kapitel sind verschiedene Kriterien vorgestellt, anhand derer die für ein Unternehmen in Frage kommenden KWK-Konzepte eingegrenzt werden können. Die vorgestellten Kriterien haben jedoch unterschiedliche Gewichte bei der Auswahl näher zu untersuchender KWK-Konzepte.

So haben in der Praxis das Leistungsniveau und die Stromkennzahl einen bedeutenderen Einfluß auf die Auswahl eines KWK-Konzeptes und einer konkreten Anlage als beispielsweise die Kriterien Bauzeit, Verfügbarkeit und Anlaufdauer.

Zur Eingrenzung der für einen Wirtschaftlichkeitsvergleich in Frage kommenden KWK-Konzepte stehen deshalb zunächst die Kriterien Leistungsniveau und Stromkennzahl im Vordergrund. Neben der Eingrenzung der KWK-Konzepte wird auch das Vorgehen bei der Auswahl einer konkreten KWK-Anlage bzw. der Festlegung der Anlagendimensionierung betrachtet.

1. Leistungsspektrum der einzelnen Konzepte

Das angebotene Leistungsspektrum einer Kraft-Wärme-Kopplungsanlage ist ein wichtiger Entscheidungsparameter bei der Anlagenauswahl.[302] Hierbei sind das thermische und das elektrische Leistungsniveau zu unterscheiden, wobei der Festlegung des richtigen thermischen Leistungsniveaus in der Regel die größere Bedeutung zukommt. Dieses liegt in der häufig aus technischen Gründen notwendigen wärmeorientierten Anlagenfahrweise begründet.[303]

Das thermische Leistungsniveau, mit dem das jeweilige KWK-Konzept angeboten wird, wird dem maximalen thermischen Leistungsbedarf des Unternehmens gegenübergestellt. Durch diese Gegenüberstellung können bereits Konzepte mit zu hohem oder zu niedrigem Leistungsniveau ausgeschlossen werden.

Eine GUD-Anlage, welche z.B. erst ab einer thermischen Leistung von ca. 20 MW angeboten wird, kommt für Unternehmen mit einem maximalen Leistungsbedarf unterhalb dieser 20 MW_{th} nicht in Betracht. Aber selbst wenn der maximale Leistungsbedarf des Unternehmens über 20 MW_{th} liegt, ist das Konzept der GUD-Anlage nicht unbedingt für den Einsatz geeignet.

Der Grund liegt darin, daß der maximale Leistungsbedarf ein ungeeigneter Maßstab bei der Auslegung einer Kraft-Wärme-Kopplungsanlage ist. Der maximale Leistungsbedarf stellt lediglich einen Spitzenwert dar, der im Extremfall nur einmal im Jahr erreicht wird, d.h. bei Anlagenauslegung nach dem maximalen Leistungsbedarf wird in diesem Fall die Anlage nur einmal im Jahr mit Vollast gefahren. Dieses führt zu einer sehr geringen Anlagenauslastung, was negative Auswirkungen auf die Wirtschaftlichkeit der KWK-Anlage zur Folge hat.

---

[302] Vgl. Budde, H.-J., Deuster, G., Zahn, G.: Zusammenarbeit der Anlagenbetreiber mit der Versorgungswirtschaft, a.a.O., S. 209;

[303] Wie eine Kraft-Wärme-Kopplungsanlage optimal zu betreiben ist, wird im Kapitel G ausführlich beschrieben.

Da der maximale Leistungsbedarf eines Unternehmens für die Anlagenvorauswahl ungeeignet ist,[304] muß eine andere Leistung für die Grobselektion der KWK-Konzepte und dem Finden der unternehmensindividuell optimalen Anlagengröße herangezogen werden. Hierbei kann der durchschnittliche Leistungsbedarf innerhalb eines Jahres oder auch ein Prozentsatz der Höchstleistung genutzt werden.

In der Literatur wird häufig eine Anlagenauslegung in Höhe von ca. 30% des maximalen thermischen Leistungsbedarfs vorgeschlagen.[305] Wenn im Rahmen der Untersuchung des im Kapitel C vorgestellten Beispielunternehmens diesem Vorschlag gefolgt wird, dann ergibt sich bei einer in diesem Musterunternehmen nachgefragten Höchstleistung an Wärme von ca. 4 MW eine Anlagenauslegung in Höhe von ca. 1,2 MW_{th}. Diese thermische Leistung kann nun mit den am Markt angebotenen KWK-Konzepten verglichen werden. Dieser Vergleich wird in der folgenden Tabelle verdeutlicht.

Tabelle E16: Grobselektion der KWK-Konzepte bei einem thermischen Leistungsbedarf von 4 MW

Konzept	Leistungsbereich in MW (ca.)	Konzepteignung
Dampfturbine	10-250	nein
Gasturbine	1-200	ja
GUD-Anlage	20-240	nein
BHKW	0,2-20	ja

Im Beispielunternehmen kommen für einen näheren Wirtschaftlichkeitsvergleich bei Zugrundelegung einer Auslegung von ca. 1,2 MW_{th} demzufolge nur die Gasturbine und das Konzept des BHKW in Betracht. Darüber hinaus ist dadurch festgelegt, daß es sich um eine KWK-Anlage mit einem Freiheitsgrad handeln muß.

2. Anlagenauslegung anhand der Jahresdauerlinie für Wärme sowie der Vollbenutzungsdauer

Die Faustregel, die Anlagen in Höhe von 30% des maximalen Wärmeleistungsbedarfs auszulegen, stellt jedoch nur einen Anhaltspunkt für die Anlagenauswahl dar.[306] Für den Erfolg

304 Budde, H.-J., Deuster, G., Zahn, G.: Zusammenarbeit der Anlagenbetreiber mit der Versorgungswirtschaft, a.a.O., S. 211; Büchner, J., Wieber, W.: Realisierung, a.a.O., S. 232;

305 Der Faustwert der Auslegung in Höhe von ca. 30% der maximalen thermischen Leistung findet sich u.a. in folgenden Literaturquellen: Rumpel, M., Hoffmann, T.: Stand und Perspektiven der Energieversorgung mit Blockheizkraftwerken, a.a.O., S. 7; Friedrich, U.: Blockheizkraftwerke. Technik, Wirtschaftlichkeit, Anwendungsbedingungen, in: Fachinformationszentrum Karlsruhe (Hrsg.), Nr. 21, Bonn 1993, S. 3; Muders, H.: Blockheizkraftwerke, in: Informationszentrale der Elektrizitätswirtschaft e.V. (Hrsg.), Strombasiswissen, Nr. 122, S. 3. Göricke argumentiert etwas vorsichtiger und empfiehlt eine thermische Auslegung, die zwischen 20% und 40% des Wärmebedarfs des zu versorgenden Objektes betragen soll: vgl. Göricke, P.: Blockheizkraftwerke. Ihre Technik-Ihre Probleme, in: Energiewirtschaftliche Tagesfragen, 38. Jahrgang (1988), Heft 3, S. 173. Es stellt sich jedoch die Frage, ob mit der Angabe „20% bis 40%" einem potentiellen KWK-Interessenten eine Hilfestellung angeboten wird. Eine noch erheblich unpräzisere Faustregel stellen Budde, Deuster und Zahn dar: „ ...ergibt sich nach aller Erfahrung eine Wirtschaftlichkeit der KWK-Anlage erst dann, wenn der Leistungsanteil an der Wärme- bzw. Stromhöchstlast, der in Form der Kraft-Wärme-Kopplung bereitgestellt werden sollte, unter 50% bis 60% liegt." Budde, H.-J., Deuster, G., Zahn, G.: Zusammenarbeit der Anlagenbetreiber mit der Versorgungswirtschaft, a.a.O., S. 212.

306 Auch die ASUE empfiehlt eine Auslegung anhand der Jahresdauerlinie für Wärme. „Der besseren Übersichlichkeit halber" wird eine geordnete Darstellungsweise empfohlen. Vgl. o.V.: Dimensionierung, in: Arbeitsgemeinschaft für sparsamen und umweltfreundlichen Energieverbrauch (ASUE) e.V. (Hrsg.), Blockheizkraftwerke. Grundlagen der Technik. Anwendungsmöglichkeiten, Hamburg ohne Datumsangabe, S. 15. Es sei nochmals darauf hingewiesen, daß die Jahresdauerlinie keineswegs eine übersichtlichere Darstellungsform ist, sondern lediglich eine den Zeitablauf unberücksichtigende Form einer aggregierten Dartellung ist. Durch die Wahl der Jahresdauerlinie als Grundlage für die Dimensionierung wird der zeitliche Anfall des Bedarfs an Strom oder Wärme nicht berücksichtigt.

einer Investition in Kraft-Wärme-Kopplung ist nicht der Leistungsbedarf ausschlaggebend, sondern wieviel thermische und elektrische Arbeit bei welchen Kosten durch die KWK-Anlage substituiert wird.

Da die Kosten in der Regel mit der Größe der Anlage, also mit einer höheren thermischen Leistung steigen, ergibt sich die Forderung, daß die Anlagenauslegung möglichst so erfolgen muß, daß mit einem geringen KWK-Anteil an der Wärmeleistung ein möglichst hoher Anteil des Wärmebedarfs gedeckt wird.[307]

Dies bedeutet, daß einerseits möglichst viel unternehmensintern benötigte Wärmearbeit in kWh durch die KWK-Anlage produziert wird, und daß andererseits bei diesem Maximierungsbestreben keine unnötig erzeugte Wärme anfällt, die den Gesamtwirkungsgrad reduziert (zwei Freiheitsgrade) bzw. dazu führt, daß die KWK-Anlage ausgeschaltet werden muß.

Die erzeugte Arbeit im Verhältnis zur maximalen Anlagenleistung ergibt die Vollastbenutzungsdauer.[308] Die Vollastbenutzungsdauer ist ein Indiz für die Rentabilität der Anlage. So sollte die Investition in eine KWK-Anlage nur in Betracht gezogen werden, wenn eine Mindestvollbenutzungsdauer von 5.000 Stunden pro Jahr garantiert werden kann.[309]

Die oben vorgestellte Faustregel, daß die thermische Anlagenleistung ca. 30% des maximalen Wärmeleistungsbedarfs betragen soll, muß also um das Kriterium der Mindestvollbenutzungsdauer[310] erweitert werden. Wie hoch die Vollbenutzungsdauer der KWK-Anlage bei einer bestimmten Anlagenauslegung ist, hängt von der Energiebedarfsstruktur bzw. -charakteristik des jeweiligen Unternehmens ab. Je gleichmäßiger hierbei der Energiebedarf eines Unternehmens ist, desto größer ist die Vollbenutzungsdauer der KWK-Anlage bei gegebener prozentualer Anlagenauslegung in Abhängigkeit vom maximalen Wärmeleistungsbedarf.

Die Vollbenutzungsdauer läßt sich annäherungsweise ermitteln, indem die Jahresdauerlinie des thermischen Leistungsbedarfs graphisch dargestellt und in diese Graphik die Anlagenleistung eingezeichnet wird. Aus dem Schnittpunkt der Anlagenleistung mit der Dauerlinie kann dabei auf die ungefähre Vollbenutzungsdauer geschlossen werden.

Die Ermittlung der Vollbenutzungsdauer für die im Kapitel D dargestellten Jahresdauerlinien des Wärmebedarfs ergibt eine Auslegung der KWK-Anlagen in Höhe von 0,80 (Anlage 3), 1,00 (Anlage 2) und 1,20 (Anlage 3) MW thermische Leistung und ist in der folgenden Abbildung E41 dargestellt.

---

[307] Hoffmann empfiehlt so eine Auslegung in Höhe von 15% bis maximal 30% des maximalen Wärmeleistungsbedarfs, wodurch sich der Wärmebedarf zu 40% bis 70% decken läßt; vgl. Hoffmann, T.: Stromwirtschaftliche Einordnung von BHKW, Vortrag im Rahmen der 26. Sitzung des Forschungsbeirates der Arbeitsgemeinschaft Fernwärme e.V., Frankfurt am Main 12.10.1994., S. 9.

[308] Beispiel: 5.000 MWh Wärmearbeit der KWK-Anlage dividiert durch 0,9 MW thermischer Anlagenleistung ergibt ca. 5.555 Stunden Vollastbenutzungsdauer.

[309] Vgl. Rumpel, M., Hoffmann, T.: Stand und Perspektiven der Energieversorgung mit Blockheizkraftwerken, a.a.O., S. 7; Hoffmann, T.: Stromwirtschaftliche Einordnung von BHKW, a.a.O., S. 9. Frank spricht sogar von mindestens 6.000 Stunden; vgl. Frank, D.: Kraft-Wärme-Kopplung mit industriellen Contracting Modellen, a.a.O., S. 3. Göricke empfiehlt im Zusammenhang mit einer thermischen Auslegung in Höhe von 20% bis 40% des Wärmebedarfs „möglichst 5.000 Stunden"; vgl. Göricke, P.: Blockheizkraftwerke. Ihre Technik-Ihre Probleme, a.a.O., S. 173.

[310] Vgl. Budde, H.-J., Deuster, G., Zahn, G.: Zusammenarbeit der Anlagenbetreiber mit der Versorgungswirtschaft, a.a.O., S. 211;

Abbildung E41: Ermittlung der Anlagenvollbenutzungsdauer aus der Jahresdauerlinie

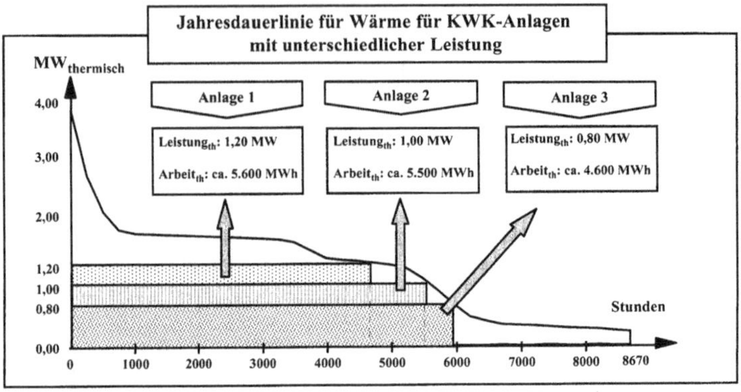

Quelle: Eigene Darstellung.

Aus der Grafik ist bei einer Anlagenauslegung in Höhe von 0,8 MWth eine Vollbenutzungsdauer von ca. 5.800 Stunden, bei 1,0 MWth von ca. 5.500 Stunden und bei 1,2 MWth von ca. 4.700 Stunden ablesbar. Wird bei den ermittelten Werten das Kriterium der Vollbenutzungsdauer von mindestens 5.000 Stunden angesetzt, dann wird dieses Kriterium nur von den Anlagen 2 und 3 erfüllt.

Zur Verdeutlichung und näheren Eingrenzung sind bei den drei Anlagengrößen unter Berücksichtigung der Vollbenutzungsstundenanzahl die bei jeweiliger Vollast mögliche Produktion an Wärmearbeit in MWh angegeben. Daraus läßt sich bereits erkennen, daß die Anlage 2 hinsichtlich Leistung und Vollbenutzungsstunden den voraussichtlich besten Kompromiß darstellt.[311]

Der grafischen Ermittlung der Vollbenutzungsdauer und der Anlagenleistung liegen eine Reihe von Annahmen zugrunde, so daß die ermittelten Werte nur mit Vorsicht zu interpretieren sind. Zum einen wird eine wärmeorientierte Fahrweise unterstellt, die besagt, daß die Anlage nur dann gefahren wird, wenn ein entsprechender Wärmebedarf im Unternehmen besteht. Zum anderen wird unterstellt, daß die Anlage ständig in Vollast gefahren wird, d.h. die Möglichkeit des Teillastbetriebs wird bei dieser Form der grafischen Ermittlung ignoriert. Weiterhin bleibt unberücksichtigt, daß die KWK-Anlage störungsbedingt außer Betrieb sein kann und es hierdurch trotz Leistungsbedarf zu keiner Leistungsdeckung kommt. Während die Möglichkeit des (zusätzlichen) Teillastbetriebs die Vollbenutzungsdauer vergrößert, wirkt der störungsbedingte Ausfall der Anlage negativ auf die Vollbenutzungsdauer.

Im Hinblick auf eine möglichst hohe Auslastung muß unter Berücksichtigung der oben aufgeführten kritischen Anmerkungen davon ausgegangen werden, daß bei einer Anlage, die im Bezug auf die bekannte Jahresdauerlinie für Wärme über mehr als 1 MW thermische Leistung verfügt, die Gefahr einer Überdimensionierung besteht, da bei einer leistungsstärkeren Anlage die mögliche Minimallast in der Regel höher ist als bei leistungsschwächeren Anlagen. Dies bedeutet bei leistungsstärkeren Anlagen insbesondere bei geringem Wärmebedarf aufgrund der zwingenden Korrelation von Wärmebedarf und Wärmeerzeugung[312] einen

---

[311] Bei Multiplikation dieser beiden Größen ergibt sich die Wärmearbeit in kWh.

[312] Vgl. Büchner, J., Wieber, W.: Realisierung, a.a.O., S. 232.

Verlust an Flexibilität.[313] Hinzu kommt, daß bei leistungsstärkeren KWK-Aggregaten die oben angesprochenen Wartungs- und Instandhaltungsarbeiten sowie die eventuellen Ausfallzeiten aufgrund der geringeren Vollbenutzungsstundenanzahl prozentual stärker ins Gewicht fallen und die Auslastung reduzieren. Schließlich sind leistungsstärkere KWK-Anlagen nicht nur in der Anschaffung teurer, sondern müssen auch bei verhältnismäßig hohem Wärmebedarf oft im Teillastbereich gefahren werden, was zu Einbußen bei Gesamtwirkungsgrad und Stromkennzahl führt.

Aus den oben genannten Gründen erscheint im Beispiel eine Auslegung von maximal 1 MW thermischer Leistung eine geeignete Größe, wobei der Spielraum nach oben (Gefahr der Überkapazität) sowie nach unten (zu geringe Wärmegutschrift) minimiert werden sollte. Beide noch zur Auswahl stehenden Konzepte, die Gasturbine und das BHKW, ermöglichen eine thermische Leistung von 1,0 MW, jedoch unterscheiden sie sich beträchtlich bezüglich ihrer jeweils möglichen elektrischen Leistungen und Stromkennzahl. Aus diesem Grund wird der folgende Abschnitt der elektrischen Leistung gewidmet.

3. Anlagenauslegung anhand der Jahresdauerlinie für Strom sowie der Stromkennzahl

Nachdem das ungefähre thermische Leistungsniveau der für das Unternehmen in Betracht kommenden KWK-Anlagen ermittelt wurde, muß im nächsten Schritt das Augenmerk auf die Höhe des elektrischen Leistungsniveaus gelenkt werden.

Obwohl es nur in Ausnahmefällen technische Zwänge gibt, bei der Anschaffung einer Kraft-Wärme-Kopplungsanlage auf die Höhe der Erzeugung elektrischer Energie zu achten, da überschüssig erzeugter Strom in das öffentliche Netz eingespeist werden kann, ist es aus wirtschaftlichen Gründen trotzdem bedeutsam, sich mit dieser Problematik zu befassen.[314]

Die wirtschaftlichen Gründe liegen insbesondere in der teilweise unter den variablen Selbstkosten liegenden geringen Vergütung, die mit eingespeistem elektrischem Strom zu erzielen ist. Dieser geringen Vergütung stehen Investitionsauszahlungen gegenüber, welche zum einen vom thermischen Leistungsniveau der Anlage und zum anderen von der Stromkennzahl abhängig sind. So sind die Investitionsauszahlungen bei Betrachtung eines bestimmten Konzeptes in der Regel um so größer, je höher das thermische Leistungsniveau und je höher die Stromkennzahl der KWK-Anlage ist.

Ob eine Anlage wirtschaftlich betrieben werden kann, hängt aufgrund der geringen Einspeisevergütung insbesondere davon ab, ob die erzeugte elektrische Energie innerhalb des Unternehmens genutzt werden kann. Bei der Beschaffung einer Kraft-Wärme-Kopplungsanlage ist demnach darauf zu achten, daß nicht nur die nahezu vollständige innerbetriebliche Verwendung der erzeugten Wärmearbeit, sondern auch die Verwertung der simultan zur Wärmearbeit erzeugten Stromarbeit möglichst unternehmensintern erfolgt. Dieses Postulat gewinnt um so mehr an Bedeutung, je niedriger der vom EVU angebotene Tarif der Einspeisevergütung ist und je höher die variablen Kosten der Kuppelproduktion sind.

Aus diesem Grunde kann neben der Auswahl des thermischen Leistungsniveaus der Anlage auch der Festlegung des richtigen Verhältnisses von Strom- zu Wärmeerzeugung, d.h. der Stromkennzahl, eine besondere Bedeutung zukommen.[315]

---

[313] Aufgrund der höheren Minimallast müssen leistungsstärkere Aggregate mit einem Freiheitsgrad bei geringem Wärmebedarf öfters ausgeschaltet werden als leistunsgschwächere Aggregate.

[314] Vgl. Budde, H.-J., Deuster, G., Zahn, G.: Zusammenarbeit der Anlagenbetreiber mit der Versorgungswirtschaft, a.a.O., S. 214.

[315] Vgl. Budde, H.-J., Deuster, G., Zahn, G.: Zusammenarbeit der Anlagenbetreiber mit der Versorgungswirtschaft, a.a.O., S. 214;

Hinsichtlich des Verhältnisses von Strom- zu Wärmeerzeugung gibt es bei den verschiedenen Konzepten der Kraft-Wärme-Kopplung zum Teil erhebliche Unterschiede.[316] So werden beispielsweise Gasturbinen in der hier betrachteten Leistungsklasse mit einer Stromkennzahl von 0,3 bis 0,35 am Markt angeboten. Im Gegensatz dazu sind mit einem BHKW Stromkennzahlen bis zu 1,00 erzielbar, wodurch sich diese Anlagen insbesondere für Unternehmen eignen, in denen der Strombedarf im Vergleich zum Wärmebedarf ein überdurchschnittlich hohes Niveau aufweist.

Die Stromkennzahl differiert nicht nur bei den verschiedenen KWK-Konzepten, sondern auch innerhalb einer bestimmten Konzeptgruppe. So werden beispielsweise BHKW mit Stromkennzahlen in der Bandbreite von ca. 0,45 bis 1 angeboten. Jedoch bedeutet diese Bandbreite nicht, daß diese bei gewähltem thermischen Leistungsniveau beliebig festgelegt werden kann, da die Höhe der Stromkennzahl vom thermischem Leistungsniveau, also der Anlagengröße, abhängig ist.[317] So muß bei der Wahl eines bestimmten thermischen Leistungsniveaus auf die am KWK-Anlagenmarkt angebotenen Kombinationsmöglichkeiten zwischen thermischer Leistung und Stromkennzahl zurückgegriffen werden.

Auch wenn in der Praxis keine beliebigen Kombinationen zwischen Stromkennzahl und thermischer Anlagenleistung möglich sind, so kann die Stromkennzahl durch die Entscheidung für einen bestimmten Hersteller oder für unterschiedliche technische Lösungen beeinflußt werden. Darüber hinaus dienen diese Überlegungen einer grundsätzlichen Überprüfung, ob der innerbetriebliche Strombedarf mit den vorangestellten Überlegungen hinsichtlich der Dimensionierung anhand des Wärmebedarfs, verbunden mit dem Ziel einer hohen Anlagenauslastung, harmoniert.

Abbildung E42: Stromgutschrift und Einspeisevergütung anhand zweier unterschiedlicher KWK-Anlagen

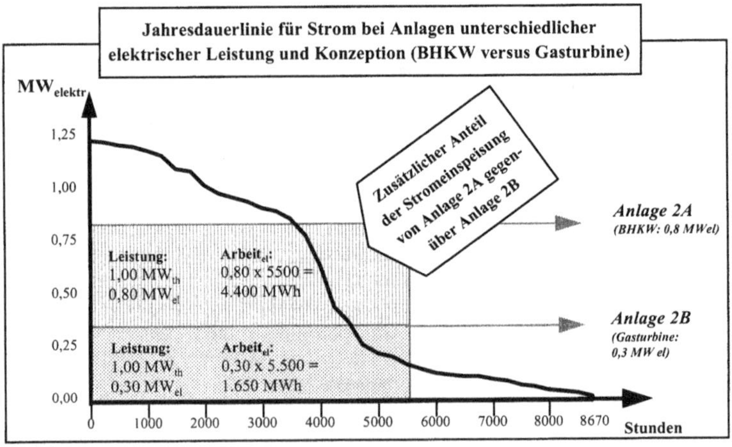

Quelle: Eigene Darstellung.

[316] Vgl. Büchner, J., Wieber, W.: Realisierung, a.a.O., S. 232; siehe hierzu ausführlich die Ausführungen zu den einzelnen Konzepten in diesem Kapitel.

[317] Vgl. Abschnitt II.1.d in diesem Kapitel.

In der Abbildung sind in der bereits bekannten Jahresdauerlinie für den Strombedarf des Musterunternehmens[318] zwei Anlagen (thermische Leistung jeweils 1,00 MW) eingezeichnet, wobei die Anlage 2B eine Gasturbine mit einer Stromkennzahl von 0,30 repräsentiert und die Anlage 2A ein BHKW darstellt, das über eine Stromkennzahl von 0,80 verfügt. Da zur Erreichung möglichst hoher Fixkostendegressionseffekte eine wirtschaftlich sinnvolle Auslastung angestrebt wird, wird bei beiden Anlagen eine Vollbenutzungsstundenanzahl von 5.500 Stunden unterstellt.

Aus der Abbildung wird deutlich, daß die Anlage 2A (BHKW) aufgrund der höheren Stromkennzahl eine im Vergleich zur Anlage 2B (Gasturbine) nahezu dreifache Stromerzeugung in MWh ermöglicht. Dies führt zu einer ca. doppelt so hohen Stromgutschrift, da der Betrieb der Anlage 2A zu einem höheren Anteil an einzuspeisendem Strom führt. Da es sich hierbei jedoch um Anlagen mit einem Freiheitsgrad handelt, bei denen die technische Voraussetzung einer Einspeisevergütung eine entsprechende Wärmegutschrift ist, wird die Gefahr eines Verlustes[319] aus der Einspeisevergütung verhältnismäßig gering.

Trotz der höheren Einspeisung verspricht die Anlage 2A eine wesentlich höhere Wirtschaftlichkeit, da die Höhe der Stromgutschrift, d.h. das Preis- und das Mengengerüst, den entscheidenden Faktor bei einer Wirtschaftlichkeitsbetrachtung darstellt.[320]

Der graphisch ersichtliche Anteil der Stromeinspeisung beider Anlagen kann jedoch in der Praxis höher liegen: Wenn bei dem betrachteten Unternehmen keine vollständige zeitliche Korrelation zwischen Wärmebedarf und Strombedarf gegeben ist, dann kann der Anteil der Einspeisung steigen. Wenn das Unternehmen zum selben Zeitpunkt einen zwar hohen Wärmebedarf, jedoch nur einen geringen Strombedarf aufweist, dann kann keine Stromgutschrift verbucht werden.[321] Die Korrelation zwischen Wärme- und Strombedarf verliert jedoch an Bedeutung, je geringer der betriebsinterne Strombedarf im Vergleich zum Wärmebedarf ist und je kleiner die KWK-Anlage dimensioniert bzw. je höher die Vollbenutzungsdauer ist. Darüber hinaus spielt der Anteil der erzeugten Stromarbeit, die eingespeist werden muß, eine um so geringere Bedeutung, je höher die Tarife der Einspeisevergütung sind.[322]

Zusammenfassend eignet sich demzufolge der Abgleich zwischen dem innerbetrieblichen Strombedarf anhand der Jahresdauerlinie und der elektrischen Leistung der KWK-Anlage nicht für die Bestimmung der grundsätzlichen Dimensionierung. Er stellt jedoch ein ergänzendes Instrument dar, um auf Basis einer wärmeorientierten Auslegung in Frage kommende KWK-Konzepte weiter einzugrenzen. In diesem Fall hat die Untersuchung gezeigt, daß eine Gasturbine mit niedriger Stromkennzahl aufgrund des verhältnismäßig hohen Strombedarfs nicht für eine weitere Wirtschaftlichkeitsbetrachtung geeignet ist.

---

[318] Vgl. Abbildung I.4.d im Kapitel D.

[319] Zu klären ist in diesem Zusammenhang, was unter „Verlust" zu verstehen ist. Dies kann zu einen ein Verlust auf Basis der Vollkosten sein, aber auch ein noch positiver Deckungsbeitrag; vgl. hierzu ausführlich Kapitel G.

[320] Dies wird in den folgenden Kapiteln noch ausführlich untersucht und dargestellt; vgl. hierzu auch Göricke, P.: Blockheizkraftwerke. Ihre Technik-Ihre Probleme, a.a.O., S. 175.

[321] Dies ist darauf zurückzuführen, daß es sich hier um Anlagen mit einem Freiheitsgrad handelt, bei denen eine ungekoppelte Stromerzeugung nicht möglich ist. Auf ein „geeignetes Verhältnis von Strom- und Prozeßwärmebedarf" weist auch Jochem hin; Vgl. Jochem, E.: Volkswirtschaftliche und energiewirtschaftliche Aspekte der industriellen und gewerblichen KWK-Anwendung, in: Suttor, K.-H., Suttor, W. (Hrsg.), Handbuch der Kraft-Wärme-Kopplung. Für Planer, Betreiber, Ausbildung., Karlsruhe 1991, S. 143; vgl. auch Rouvel, L.: Kraft-Wärme-Kopplung in Krankenhäusern, in: Energiewirtschaftliche Tagesfragen, 39. Jahrgang (1989), Heft 7, S. 432ff; Büchner, J., Wieber, W.: Realisierung, a.a.O., S. 232.

[322] Im Zusammenhang mit der Fahrweise einer KWK-Anlage wird dieses Problem noch eingehend untersucht. Dabei wird nicht nur zum Zwecke der Vollständigkeit erneut eine Differenzierung nach Freiheitsgraden vorgenommen, sondern auch deshalb, um die Möglichkeiten und wirtschaftlichen Konsequenzen einer sog. stromorientierten Fahrweise abzubilden.

4. Weitere Kriterien zur Anlagenauswahl

Nach Überlegungen zum thermischen und elektrischen Leistungsniveau müssen weitere Kriterien berücksichtigt werden, die zur Auswahl einer geeigneten KWK-Anlage führen.

Als erstes gilt es, das durch die BHKW-Anlage bereitgestellte Niveau an Nutztemperatur zu untersuchen. Bei dem in die engere Wahl gezogenen BHKW beträgt dies lediglich ca. 110°C. Da dieses Unternehmen jedoch im Verhältnis zum Strombedarf einen geringen Wärmebedarf aufweist, ist der größte Teil der vom Unternehmen nachgefragten Wärme auf Heißwasser, Kochvorgänge etc. zurückzuführen. Da das Unternehmen bisher seinen Wärmebedarf über einen eigenen Kessel decken mußte, muß dieser auch ein eventuell höheres Niveau bereitgestellt haben. Dieser Kessel wird deshalb auch nach einer Entscheidung zur Investition in eine KWK-Anlage in Betrieb bleiben, wenn beispielsweise die vom KWK-Aggregat selbst bei Vollast produzierte Wärme für den betrieblichen Bedarf nicht ausreicht, wenn Ausfallzeiten der KWK-Anlage zu überbrücken sind oder wenn fallweise ein höheres Temperaturniveau angefordert wird als die KWK-Anlage erbringen kann.[323] Sollte das vom Unternehmen angeforderte Temperaturniveau jedoch über weite Bereiche höher sein, so müßte auf Kosten einer hohen Stromkennzahl eventuell eine Gasturbine betrachtet werden.

Ein weiteres Kriterium stellt die Brennstoffauswahl dar: Ein BHKW eröffnet hierbei mehr Möglichkeiten als eine Gasturbine. Die Möglichkeit der Befeuerung mit festen Brennstoffen ist jedoch weder beim BHKW noch bei der Gasturbine gegeben. Sollte der bisher betriebene Kessel mit Gas befeuert worden sein, bietet sich dieser Brennstoff auch beim BHKW an. Sollte der Kessel jedoch mit einem flüssigen Brennstoff - beispielsweise Heizöl- betrieben worden sein, ist zu überlegen, ob nicht im Hinblick auf die Situation auf den Beschaffungsmärkten das BHKW trotzdem mit Gas betrieben werden soll.[324] Bei diesen Überlegungen sind unter Umständen vorhandene Vertragsverpflichtungen mit Heizölhändlern zu berücksichtigen.

Schließlich können noch weitere Kriterien wie Investitionskosten, Wartungskosten, Lebensdauer, Teillastverhalten etc. in Betracht gezogen werden, die jedoch in diesem Stadium der Entscheidungsfindung in der Regel kein Ausschlußkriterium darstellen, sondern nur noch durch die Auswahl eines geeigneten Typs oder Herstellers und den davon abhängigen Spezifikationsmöglichkeiten optimiert werden können.

5. Am Markt zur Verfügung stehende KWK-Anlagen

Gemäß den obigen Ausführungen muß ein BHKW in Betracht gezogen werden, dessen thermische Leistung in etwa zwischen 0,8 und 1,0 MW liegt. Darüber hinaus wurde ersichtlich, daß eine möglichst hohe Stromkennzahl zu wählen ist, um möglichst viel der erzeugten Stromarbeit unternehmensintern zu verwerten. Schließlich wird der Brennstoff Gas gegenüber anderen Brennstoffen bevorzugt.

In der folgenden Abbildung werden die technischen Rahmendaten einiger wesentlicher Hersteller von BHKW[325] dargestellt. Dabei wurden die entscheidungsrelevanten Typen hinsichtlich ihrer thermischen Leistung näher eingegrenzt und anhand der maximalen Stromkennzahl die Entscheidung für einen bestimmten Typ getroffen.

---

[323] Zu beachten ist hierbei, daß der bislang vorhandene Kessel nach einer KWK-Investition nicht mehr in identischer Höhe ausgelastet sein wird. Dieser Umstand muß - beispielsweise in Form eines sinkenden Gesamtwirkungsgrades des Kessels - bei einer präzisen Wirtschaftlichkeitsbetrachtung einer KWK-Anlage berücksichtigt werden.

[324] Auf die Vorteile des Brennstoffes Gas hinsichtlich der zukünftigen Preissituation sowie auf die ökologischen Aspekte wurde in Kapitel B.III.1 hingewiesen.

[325] Folgende Firmen wurden dabei ausgewählt: MAN, EES, Jenbacher, Storm, Zeppelin, Zantingh, MWM, Blohm + Voss, Höfler, Maschinenbau Halberstadt.

Diese Auswahl ist jedoch nicht als Investitionsentscheidung zu verstehen, sondern dient lediglich als Basis für die Wirtschaftlichkeitsanalyse. Nach Vorliegen der Ergebnisse einer ersten Wirtschaftlichkeitsbetrachtung ist es ratsam, auf dieser Basis durch Variation einzelner, z.B. herstellerabhängiger Parameter die Analyse zu verfeinern und gegebenenfalls die Auswahl der KWK-Anlage zu optimieren.

Abbildung E43: Am Markt verfügbare BHKW einer bestimmten Leistungsklasse

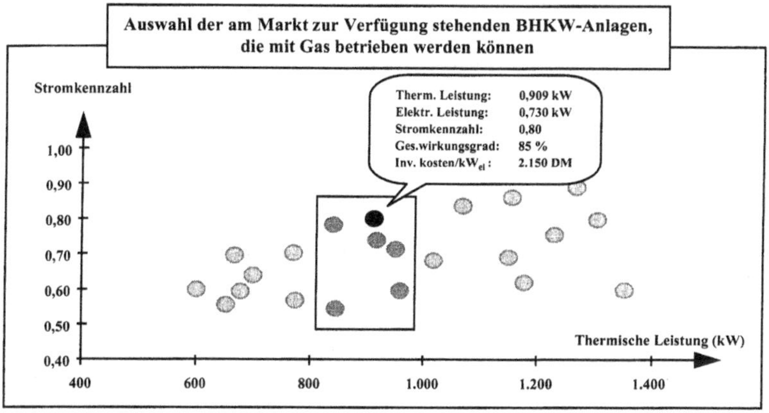

Quelle: Eigene Darstellung.

Die für die Wirtschaftlichkeitsrechnung bedeutenden technischen Daten des ausgewählten BHKW gehen aus der Abbildung hervor.

Grundsätzlich befriedigt die hier vorgestellte pragmatisch-deduktive Methode der Entscheidungsfindung für ein bestimmtes KWK-Aggregat aus wissenschaftlicher Sicht nicht vollends. Insbesondere die in der Fachliteratur niedergeschriebenen Faustregeln für die Dimensionierung anhand von prozentualen Werten ausschließlich auf Basis des Wärmebedarfs oder auch jene, die keine Differenzierung hinsichtlich Strom- und Wärmeleistung vornehmen, erscheinen nicht nur fragwürdig, sondern sind grundsätzlich abzulehnen.

Übergeordnetes Ziel eines wissenschaftlichen Ansatzes ist es vielmehr, einen Algorithmus zu entwickeln, der für verschiedene Konzepte, Anlagengrößen und Unternehmen gleichermaßen angewendet werden kann.

Aus diesem Grund wird, nach der Darstellung der Erlöse und Kosten (Kapitel F), die mit der Investition in eine KWK-Anlage verbunden sind, sowie nach der Vorstellung eines dekkungsbeitragsorientierten Ansatzes hinsichtlich der optimalen Fahrweise einer KWK-Anlage (Kapitel G), die Problematik der Dimensionierung und Auslegung einer KWK-Anlage im Rahmen der Vorteile der Deckungsbeitragsrechnung erneut aufgegriffen.

IV. Zusammenfassung Kapitel E

In diesem Kapitel wurden im ersten Abschnitt die Vorteile und das Prinzip der Kraft-Wärme-Kopplung erläutert.

Die Vorteile der gekoppelten Erzeugung von Strom und Wärme resultieren aus der räumlichen und technischen Zusammenlegung des Kraftwerksprozesses, die eine Nutzung der dabei unausbleiblich entstehenden Abwärme ermöglicht. Daraus können beachtenswerte Primärenergieeinsparungen sowie eine wesentliche Reduzierung der CO_2-Belastung um bis zu ca. 40% entstehen.

Grundsätzlich lassen sich also mit der Kraft-Wärme-Kopplung aufgrund des rationellen Energieeinsatzes ökologische und ökonomische Vorteile auf volks- und betriebswirtschaftlicher Ebene verbinden.

Die Höhe dieser Vorteile hängt insbesondere davon ab, wieviel der herkömmlichen, an getrennten Standorten vollzogenen Strom- und Wärmebereitstellung bei welchem Primärenergieeinsatz durch Kraft-Wärme-Kopplung verdrängt werden kann: Je höher der Wirkungsgrad einer KWK-Anlage im Vergleich zum Wirkungsgrad konventioneller Strom- und Wärmeerzeugungsanlagen ist, desto höher ist die Primärenergieeinsparung. Kraft-Wärme-Kopplungsanlagen können zwar grundsätzlich auch durch Energieversorgungsunternehmen betrieben werden, wodurch auch diese einen hohen Wirkungsgrad erzielen, jedoch treten durch den Transport von Strom und Wärme Verluste auf, die den Wirkungsgrad reduzieren. Durch eine dezentral, d.h. in einem Unternehmen, betriebene sog. industrielle KWK-Anlage lassen sich diese Transportverluste vermeiden und damit ein überlegener Wirkungsgrad in Höhe von 90% und darüber erreichen.

Der Umfang der ökologischen Vorteile, insbesondere im Hinblick auf die Minderung des CO_2-Ausstoßes, hängt überdies von der Art des in der KWK-Anlage verwendeten Brennstoffes ab sowie von dem dadurch substituierten CO_2-Äquivalent der ungekoppelten Stromerzeugung.

Im Rahmen der Erläuterung des Prinzips der Kraft-Wärme-Kopplung wurde herausgearbeitet, daß mit den Größen Stromkennzahl und Gesamtwirkungsgrad die energetischen Qualitäten einer KWK-Anlage beschrieben werden können.

Darüber hinaus wurde festgestellt, daß Anlagen mit zwei Freiheitsgraden - im Gegensatz zu Anlagen mit einem Freiheitsgrad - bei zwangsläufiger Reduzierung des Gesamtwirkungsgrades zur ungekoppelten Stromerzeugung tauglich sind. Die Stromkennzahl von im Kondensations- oder Auspuffbetrieb gefahrenen Anlagen konvergiert dabei mit zunehmender Verringerung der Wärmeauskopplung gegen unendliche Werte. Im Extremfall erzielen Anlagen mit zwei Freiheitsgraden im Kondensationsbetrieb elektrische Maximalleistungen, die unter Vollast bei vollständiger Wärmeauskopplung nicht möglich sind.

Im Anschluß daran wurden im zweiten Abschnitt die grundsätzlich möglichen KWK-Konzepte differenziert nach der Anzahl der Freiheitsgrade verglichen. Durch die Auswahl eines bestimmten KWK-Konzeptes sowie der Festlegung der Dimensionierung ist für den industriellen KWK-Investor ein nicht mehr umkehrbarer Prozeß der Investitionsentscheidung und der daraus resultierenden wirtschaftlichen Folgen verbunden.

Aus diesem Grund muß die Entscheidung für ein KWK-Konzept vor dem Hintergrund einer möglichst umfassenden Information über die Merkmale sowie die daraus resultierenden Vor- und Nachteile der jeweiligen KWK-Konzepte erfolgen. Demzufolge wurden alle grundsätzlich möglichen KWK-Konzepte anhand verschiedener betriebswirtschaftlicher Kriterien einander gegenübergestellt. Dabei wurden neben wesentlichen technischen Kriterien wie Leistungsbereich, Nutztemperatur, Brennstoffmöglichkeiten, Stromkennzahl und Gesamtwirkungsgrad etc. auch rein monetäre Merkmale wie spezifische Investitions- und Wartungskosten zur Gegenüberstellung der unterschiedlichen KWK-Konzepte herangezogen.

Es stellte sich heraus, daß vor allem die unterschiedlichen Mindestkapazitäten der KWK-Konzepte eine Katalogisierung auf Basis von rein monetären Maßgrößen nicht zulassen. Monetäre Maßgrößen dienen lediglich zum Vergleich von Anlagen mit ähnlicher Dimensionierung und stellen genau dort ein wesentliches Entscheidungskriterium dar.

Bei der Gegenüberstellung von **Anlagen mit einem Freiheitsgrad** zeigte sich, daß das Blockheizkraftwerk hinsichtlich Mindestleistung, Stromkennzahl, Wirkungsgrad und Flexibilität der Brennstoffwahl eine Reihe von Vorteilen aufweisen kann. Ein wesentlicher Nachteil des Konzeptes des Blockheizkraftwerks besteht jedoch im geringen Nutztemperaturniveau von ca. 110°C und in der fallweise geringen Lebensdauer. Sowohl die Gasturbine als auch die GUD-Anlage weisen diese Nachteile nicht auf, bei Gasturbinen müssen jedoch speziell im unteren Leistungssegment geringere Stromkennzahlen und Wirkungsgrade in Kauf genommen werden. Die GUD-Anlage hingegen ist erst ab einer thermischen Leistung von ca. 20 MW am Markt verfügbar und wirtschaftlich einsetzbar. Zur Verdeutlichung der Leistungsklassen und der Problematik der Mindestkapazität wurden in einem abschließenden Vergleich der Anlagen mit verhältnismäßig starrer Produktkopplung die entsprechenden jährlichen Stromrechnungen konzept- und dimensionsabhängig zugeordnet. Die dabei getroffenen Annahmen hinsichtlich des innerbetrieblichen Strombedarfs und Preisgerüsts des Stroms sind für jedermann nachzuvollziehen und eignen sich deshalb zur Anpassung an unternehmensindividuelle Betrachtungen.

Bei der kurzen Betrachtung der **Anlagen mit zwei Freiheitsgraden** stellte sich heraus, daß diese Konzepte Vorteile hinsichtlich Flexibilität und Fahrweise aufweisen, die jedoch mit einem reduzierten Gesamtwirkungsgrad verbunden sind. Aufgrund des mit zunehmendem Kondensationsbetrieb sinkenden Brennstoffausnutzungsgrades werden letztlich die oben genannten Vorteile der Primärenergieeinsparung und der Ressourcenschonung konterkariert. Das hauptsächliche Hindernis für eine breite industrielle Anwendung von Anlagen mit elastischer Produktkopplung besteht jedoch in der verhältnismäßig hohen Mindestleistung.

Im dritten und letzten Abschnitt wurde eine pragmatisch-deduktive Methode für die Dimensionierung einer KWK-Anlage bei gegebener Energiebedarfscharakterisik vorgestellt. Dabei wurden einerseits konzeptabhängige Kriterien wie beispielsweise die Mindestleistung, die thermische und elektrische Leistung sowie die Stromkennzahl berücksichtigt, andererseits wurden für die Wirtschaftlichkeit entscheidende unternehmensinterne Vorgaben wie die Kapazitätsauslastung in Form der Vollbenutzungsstundenanzahl gesetzt. In einem letzten Schritt wurde der zur Verfügung stehende Beschaffungsmarkt für KWK-Anlagen betrachtet und eine geeignete KWK-Anlage ausgewählt.

Bei der Diskussion über die mögliche Auslegung einer KWK-Anlage ergaben sich einige wesentliche Gesetzmäßigkeiten: Je gleichmäßiger und synchroner der innerbetriebliche Strom- und Wärmebedarf eines Unternehmens ist, desto größer ist bei gegebener Kapazität der KWK-Anlage die Anzahl der Vollbenutzungsstunden und desto geringer ist der Anteil des einzuspeisenden Stroms. Die notwendige zeitliche Korrelation zwischen Strom- und Wärmebedarf verliert jedoch um so mehr an Bedeutung, je höher die vom Unternehmen nachgefragte Wärmeleistung im Vergleich zur nachgefragten Stromleistung ist und je kleiner die KWK-Anlage dimensioniert ist. Je höher die Anzahl der Vollbenutzungsstunden ist, desto eher kann über eine größere Dimensionierung nachgedacht werden. Eine zu große Dimensionierung birgt jedoch die Gefahr des Verlustes an Flexibilität, da die KWK-Anlage unter Umständen öfters ausgeschaltet werden (höhere minimale Leistung) oder im verhältnismäßig unwirtschaftlichen Teillastbetrieb gefahren werden muß. Beide Faktoren, eine höhere Mindestlast sowie ein häufiger Betrieb in Teillast, reduzieren wiederum die Auslastung der Anlage bzw.

die Anzahl der Vollbenutzungsstunden. Aus diesen Überlegungen ist klar ersichtlich, daß die Frage der Dimensionierung nicht mit Faustregeln gelöst werden kann.

Die dargestellte Vorgehensweise zur Dimensionierung, in die zumindest die obigen Überlegungen eingeflossen sind, eignet sich jedoch für eine erste Konzeptauswahl und Auslegung zum Zweck einer mit unternehmensinternen Mitteln durchzuführenden Wirtschaftlichkeitsbetrachtung.

Anhand dieser grundsätzlichen Überlegungen kann beispielsweise über den möglichen Einsatz externer, neutraler Beratungsleistungen entschieden werden. Meist teure und oftmals unwirtschaftliche Beratungskosten in der Anfangssphase der Entscheidungsfindung für einen möglichen KWK-Einsatz können so unter Umständen vermieden werden.

Darüber hinaus dient die vorgestellte Methode dazu, die Qualität der Beratungsleistung bereits zu Beginn des Consultingeinsatzes zu überprüfen, um sich gegebenenfalls sehr kurzfristig und kostensparend von einem unqualifizierten Berater zu trennen: Der Lösungsansatz einer hochwertigen externen Beratung hinsichtlich der Dimensionierung einer KWK-Anlage sollte in jedem Fall über die augenscheinliche Beurteilung einiger repräsentativer Tagesganglinien bzw. - noch erheblich unseriöser - über eine Dimensionierung anhand von pauschalen Prozentwerten hinausgehen.

Aus wissenschaftlicher Sicht kann die dargestellte Methode im Hinblick auf die Auswahl der Anlagenleistung in gleicher Weise nicht vollends befriedigen. Aus diesem Grund wird diese Problematik im Kapitel G nochmals aufgegriffen.

F. Erlös- und Kostenarten sowie deren Zuordnungsprobleme bei einer industriellen Kraft-Wärme-Kopplungsanlage

Nachdem im vorangegangenen Kapitel die technischen Konzepte der Kraft-Wärme-Kopplung erläutert wurden, werden in diesem Kapitel die Erlös- und Kostenarten sowie die Gesetzmäßigkeiten ihrer Entstehung dargestellt. Dabei soll zunächst die Planung dieser Größen in den Vordergrund der Betrachtung gestellt werden. Im Anschluß daran werden die Erlös- und Kostenarten einer KWK-Anlage näher beleuchtet. Schließlich werden die Ergebnisse der Erlös- und Kostenplanung zusammenfassend gegenübergestellt. In diesem Kapitel wird auch das Problem der Kuppelproduktion nochmals aufgegriffen, wobei insbesondere die Zuordnung der Kosten der Kuppelprodukte Strom und Wärme im Mittelpunkt steht.

I. Grundlagen der Erlös- und Kostenplanung

1. Grundsätze der Erlösplanung

Der Planerlös wird durch Multiplikation der Planabsatzmenge mit dem Planabsatzpreis berechnet. Da bei der Bestimmung beider Größen jeweils unterschiedliche Einflußgrößen zu berücksichtigen sind, bietet sich eine getrennte Planung an.

Bei der Planung des Absatzpreises muß in externe und interne Erlöserzielung unterschieden werden. Während bei der externen Erlöserzielung der voraussichtlich am Markt erzielbare Preis anzusetzen ist, bilden bei der internen Erlöserzielung Verrechnungspreise das Preisgerüst. Die Verrechnungspreise sollten jedoch - soweit möglich - mit Marktpreisen objektiviert werden.

Die Planung der Strompreise wird insofern erleichtert, als es sich hier um ein homogenes Gut handelt, d.h. die Stromqualität keinen Einfluß auf den Absatzpreis hat. Für intern verwendeten Strom können damit die Strompreise, die bei einem Fremdbezug an das EVU zu zahlen wären, berücksichtigt werden.[1] Der Wert des in das öffentliche Netz einzuspeisenden Stroms kann hingegen z.B. an die Vergütung anderer, vergleichbarer KWK-Betreiber angelehnt oder durch Verhandlung mit dem EVU bestimmt werden.[2] Trotzdem ist die langfristige Planung des Preisgerüstes insbesondere aufgrund der politischen Einflußfaktoren auf den Energiemärkten problematisch.

Bei der Ermittlung der Planabsatzmenge sind die Kenntnisse zu den funktionalen Zusammenhängen zwischen den beeinflussenden Größen und dem abhängigen Mengengerüst erforderlich.[3] Dabei ist neben der langfristigen Energiebedarfsentwicklung im Unternehmen auch der Zusammenhang zwischen Preissetzung und Absatzmenge zu berücksichtigen.[4] Durch einen zu hohen Verrechnungspreis für intern genutzten Strom und Wärme entscheiden sich die Verantwortlichen der jeweiligen Betriebskostenstelle eventuell für Energiesparinvestitionen, die unter anderen Voraussetzungen nicht wirtschaftlich wären. Aus diesem Grund sollten die gewählten Verrechnungspreise wohl überlegt sein.[5] Bei extern abgesetzten Strom kann der KWK-Betreiber hingegen nicht unmittelbar selbst über die Höhe des Absatzpreises entschei-

---

1 Zum Preisgerüst zur Berechnung der innerbetrieblichen Strom- und Wärmekosten vgl. Kapitel D.II. Zur Preisentwicklung auf dem Elektrizitätsmarkt vgl. weiterhin Kapitel B.III.4 und auf dem Fernwärmemarkt Kapitel B.III.3.

2 Die Einflußgrößen auf den Wert von eigenerzeugten Strom und Wärme sind im Abschnitt II in diesem Kapitel beschrieben.

3 Vgl. Hänichen, T.: Die Erlösentstehung im Industriebetrieb und ihre Abbildung im internen Rechnungswesen, a.a.O., S. 597.

4 Vgl. Hänichen, T.: Die Erlösentstehung im Industriebetrieb und ihre Abbildung im internen Rechnungswesen, a.a.O., S. 570.

5 Überlegungen zu dieser Problematik finden sich im Abschnitt V in diesem Kapitel.

den. Der Preis für eingespeisten Strom wird vielmehr mit dem jeweiligen EVU ausgehandelt, kann aber auch auf gesetzlichen Regelungen basieren.[6] Der Betreiber der KWK-Anlage muß auf der Grundlage der festgelegten Vergütung pro erzeugter Einheit entscheiden, wieviel Strom eingespeist werden soll.[7]

Zur Erlösplanung kommen grundsätzlich zwei Verfahren in Betracht. Dieses ist zum einen die Erlösprojektion, welche auf der Basis von Vergangenheitswerten auf die zukünftige Entwicklung schließt, und zum anderen die Erlösprognose, die mit Hilfe von theoretischen Gesetzmäßigkeiten und Randbedingungen das zu Prognostizierende ableitet.[8]

Bei der Erlösprojektion werden unternehmensspezifische Verhältnisse der Vergangenheit - z.B. der Strombedarf oder die Strombezugskosten - unter Hinzufügung gewisser Korrekturen und Aktualisierungen in die Zukunft projiziert.[9] Für die Bestimmung zukünftiger Erlöse bedeutet dies, daß aus den Isterlösen vergangener Perioden die Planerlöse bestimmt werden. Die Qualität der Erlös- und Einflußgrößenerfassung bestimmt neben der Auswahl eines geeigneten statistischen Aufbereitungsverfahrens in wesentlich mit, inwieweit die Fortschreibung der Zusammenhänge in die Planperiode zu aussagefähigen Planerlösen führt. Wesentlich für die Aussagefähigkeit der Planerlöse ist aber auch, daß sich die Einflußgrößen wie in der Vergangenheit weiterentwickeln und gleichzeitig die Korrelation mit der zu projizierenden Erlösgröße erhalten bleibt. Nur wenn beide Voraussetzungen erfüllt sind, kommt es zu realistischen Vorhersagen.[10]

Wenn die Einflußgrößen, die in der Vergangenheit stets konstant waren, in der Zukunft zu schwanken beginnen, dann ist die Erlösprojektion ungeeignet und es bietet sich die Erlösprognose an. Im Gegensatz zur Erlösprojektion basiert die Erlösprognose nicht unmittelbar auf den Istdaten der Vergangenheit, sondern auf theoretischen Gesetzmäßigkeiten.[11] Die Erlösprognose setzt im ersten Schritt die Bestimmung der zentralen Einflußgrößen und deren Einflußstärke auf das Preis- und Mengengerüst der Erlöse voraus. Im zweiten Schritt wird die zukünftige Entwicklung der Einflußgrößen prognostiziert. Auf der Basis der gefundenen Gesetzmäßigkeiten und der prognostizierten Entwicklung der Einflußgrößen können nun die künftigen Erlöse geschätzt werden.

2. Grundsätze der Kostenplanung

Wissenschaftliche Grundlage der Kostenplanung sind die Produktions- und die Kostentheorie. Während sich die Produktionstheorie in erster Linie auf die mengenmäßigen Beziehungen des Produktionsprozesses konzentriert, beschäftigt sich die Kostentheorie mit der wertmäßigen Abbildung des Produktionsprozesses.[12]

---

[6] Vgl. Abschnitt II.1.b in diesem Kapitel.

[7] Der Problematik, wieviel Strom bei gegebener Stromvergütung eingespeist werden sollte, widmet sich das Kapitel G.

[8] Vgl. Hänichen, T.: Die Erlösentstehung im Industriebetrieb und ihre Abbildung im internen Rechnungswesen, a.a.O., S. 513.

[9] Vgl. Hänichen, T.: Die Erlösentstehung im Industriebetrieb und ihre Abbildung im internen Rechnungswesen, a.a.O., S. 514.

[10] Vgl. Hänichen, T.: Die Erlösentstehung im Industriebetrieb und ihre Abbildung im internen Rechnungswesen, a.a.O., S. 517.

[11] Vgl. Hänichen, T.: Die Erlösentstehung im Industriebetrieb und ihre Abbildung im internen Rechnungswesen, a.a.O., S. 518.

[12] Vgl. u.a. Heinen, E.: Betriebswirtschaftliche Kostenlehre, Kostentheorie und Kostenentscheidungen, a.a.O., S.141ff; Kilger, W.: Flexible Plankostenrechnung und Deckungsbeitragsrechnung, a.a.O., S. 135; Haberstock, L.: Kostenrechnung II, (Grenz-) Plankostenrechnung, a.a.O., S. 113.

a. Produktions- und kostentheoretische Grundlagen

Innerhalb der Produktionstheorie unterscheidet man meist bis zu sechs[13] Produktionsfunktionen[14] (Typ A bis F), wobei die Produktionsfunktion vom Typ B von Gutenberg die größte Bedeutung für die theoretische Fundierung der Teilkostenrechnung erlangte.[15] Die Produktionsfunktion vom Typ A[16] wird auch als ertragsgesetzliche Kostenfunktion bezeichnet, während die Produktionsfunktion vom Typ C von Heinen eine Synthese aus Typ A und Typ B darstellt.[17]

Durch die Bewertung der Mengen der Produktionsfunktionen mit Faktorpreisen ergeben sich die entsprechenden Kostenfunktionen. Für die Ableitung ist zwischen substitutionalen und limitationalen Produktionsfaktoren zu unterscheiden:[18] Substitutionale Produktionsfaktoren sind innerhalb gewisser Bandbreiten gegeneinander austauschbar, während limitationale Produktionsfaktoren dadurch gekennzeichnet sind, daß für eine bestimmte Ausbringungsmenge von jeder Faktorart eine bestimmte Einbringungsmenge benötigt wird. Unabhängig davon, ob es sich um substitutionale oder limitationale Produktionsfaktoren handelt, gibt es im industriellen Prozeß stets fixe Kosten, die nicht von der Ausbringungsmenge abhängen.[19]

Basis der Produktionsfunktion vom Typ B ist die Verbrauchsfunktion, die in ihren Grundzügen bereits in Kapitel D erläutert wurde. Mit Hilfe dieser von limitationalen Produktionsfaktoren gekennzeichneten Produktionsfunktion und der daraus abgeleiteten Kostenfunktion lassen sich wesentliche Aussagen über das Kostenverhalten von quantitativen, intensitätsmäßigen, zeitlichen und kombinierten zeitlich-intensitätsmäßigen Anpassungen treffen, die die Planung der Kosten fundamentieren.[20] Gutenberg beweist mit seiner Produktionsfunktion vom Typ B, daß der Kraftstoff- und Schmiermittelverbrauch sowie der Gebrauchsverschleiß eine Funktion der Drehzahl darstellen, die ihrerseits wiederum von der Leistung abhängt. Dies bedeutet, daß mit Hilfe der Verbrauchsfunktion nicht mehr die unmittelbare Beziehung zwischen Faktoreinsatz und Ausbringung dargestellt wird, sondern daß die technischen Daten eines Betriebsmittels und dessen Inanspruchnahme für die Ausbringungsmenge entscheidend sind. Da die Betriebsmittel letztlich zwischen Faktoreinsatz und Ausbringung stehen, sind die Abhängigkeiten zwischen Faktoreinsatz und Ausbringung nur noch mittelbarer Natur.

Gutenberg unterscheidet verschiedene Formen der Anpassung: Die quantitative Anpassung[21] bei einer Produktionsfunktion vom Typ B bedeutet, daß ein Unternehmen die Produktionskapazität verschiedener technischer Einheiten jeweils nur stufenweise, d.h. durch die Entscheidung für oder gegen die Inbetriebnahme verändern kann. Die quantitative Anpassung ist auch

---

13 Vgl. u.a. Heinen, E.: Betriebswirtschaftliche Kostenlehre, Kostentheorie und Kostenentscheidungen, a.a.O., S.192ff.

14 Andere Bezeichnungen: Ertragsfunktion oder Input-Output-Funktion; vgl. Haberstock, L.: Kostenrechnung II, (Grenz-) Plankostenrechnung, a.a.O., S. 114/115.

15 Vgl. Heinen, E.: Betriebswirtschaftliche Kostenlehre, Kostentheorie und Kostenentscheidungen, a.a.O., S. 192ff.

16 Vgl. Heinen, E.: Betriebswirtschaftliche Kostenlehre, Kostentheorie und Kostenentscheidungen, a.a.O., S. 213ff.

17 Vgl. Heinen, E.: Betriebswirtschaftliche Kostenlehre, Kostentheorie und Kostenentscheidungen, a.a.O., S. 245ff; Haberstock, L.: Kostenrechnung II, (Grenz-) Plankostenrechnung, a.a.O., S. 115.

18 Vgl. Gutenberg, E.: Die Produktion, a.a.O., S. 324ff.

19 Vgl. Heinen, E.: Betriebswirtschaftliche Kostenlehre, Kostentheorie und Kostenentscheidungen, a.a.O., S. 198ff u. S. 240ff; Haberstock, L.: Kostenrechnung II, (Grenz-) Plankostenrechnung, a.a.O., S. 115.

20 Vgl. Gutenberg, E.: Die Produktion, a.a.O., S. 326; Kilger, W.: Flexible Plankostenrechnung und Deckungsbeitragsrechnung, a.a.O., S. 153; Däumler, K.-D., Grabe, J.: Kostenrechnung 3, Plankostenrechnung, 2. Auflage, Berlin 1988, S. 73; Kilger, W.: Produktions- und Kostentheorie, a.a.O., S. 53ff.

21 Vgl. Gutenberg, E.: Die Produktion, a.a.O., S. 379; Heinen, E.: Betriebswirtschaftliche Kostenlehre, Kostentheorie und Kostenentscheidungen, a.a.O., S. 492ff.

bei der Kraft-Wärme-Kopplung möglich, indem z.B. bei einem BHKW ein weiteres Modul in Betrieb genommen oder im Extremfall die gesamte KWK-Anlage an- oder ausgeschalten wird.

Von der kurzfristigen quantitativen Anpassung durch die Inbetriebnahme einzelner KWK-Module ist die langfristige quantitative Anpassung zu unterscheiden. Langfristige quantitative Anpassung bedeutet, daß die KWK-Anlage um weitere Module erweitert wird. Die Konsequenzen sind eine erhöhte Erzeugungskapazität, aber auch erhöhte Fixkosten.[22]

Von intensitätsmäßiger Anpassung[23] spricht man, wenn bei Maschinen, die aus technischen oder wirtschaftlichen Gründen lediglich selten an- oder abgestellt werden, die Ausbringung durch stufenlose Erhöhung oder Verringerung der Anlagenleistung gesteuert wird. Der Kostenverlauf weist einen s-förmigen Verlauf auf, da - bezogen auf eine KWK-Anlage - im Teillastbereich der Wirkungsgrad einer Anlage unter dem Wirkungsgrad im Vollastzustand liegt und bei Überschreiten der Vollast die Kosten überproportional ansteigen.[24] Dies ist dann der Fall, wenn beispielsweise eine Gasturbine oder eine Anlage mit zwei Freiheitsgraden über ihre Optimalkapazität hinaus betrieben wird, um eine kurzfristig auftretende elektrische Spitzenlast abzufangen.[25]

Auch bei der rein zeitlichen Anpassung[26] kann der Bezug zu einer KWK-Anlage hergestellt werden: Zeitliche Anpassung bedeutet, daß die Erhöhung oder Verminderung der Kapazität alleinig durch die Veränderung der Betriebszeit erfolgt. Die KWK-Anlage wird hierbei möglichst immer mit der Optimalintensität und damit mit den minimalen variablen Kosten betrieben. Wenn die zeitliche Auslastung vollständig ausgeschöpft wird, erzeugt die KWK-Anlage mit den minimalen Durchschnittskosten. Eingeschränkt wird die Anwendbarkeit der zeitliche Anpassung, durch die mangelnde Speicherbarkeit der elektrischen Energie. Hierdurch muß die Erzeugung eher an den Energiebedarf ausgerichtet werden.

Die kombinierte zeitlich-intensitätsmäßige Anpassung[27] ist dadurch gekennzeichnet, daß ihr Kostenverlauf bis zum Erreichen der vollständigen zeitlichen Auslastung dem der zeitlichen Anpassung, d.h. den Optimalkosten, entspricht und bei weiterer Erhöhung - analog zur intensitätsmäßigen Anpassung - die Kosten progressiv ansteigen.

Der folgende Teil, der auf die grundsätzlichen Methoden der Kostenplanung in der industriellen Praxis eingeht, wird nochmals die Wichtigkeit der theoretischen Grundlagen herausheben.

b. Praktische Methoden der Kostenplanung

Die nachfolgend dargestellten fünf praktischen Methoden der Kostenplanung leiten sich aus den theoretischen Erkenntnissen der Produktions- und Kostentheorie ab.[28]

---

[22] Vgl. Gutenberg, E.: Die Produktion, a.a.O., S. 382f; Haberstock, L.: Kostenrechnung II, (Grenz-) Plankostenrechnung, a.a.O., S. 152.

[23] Vgl. Gutenberg, E.: Die Produktion, a.a.O., S. 361ff; Heinen, E.: Betriebswirtschaftliche Kostenlehre, Kostentheorie und Kostenentscheidungen, a.a.O., S. 493ff.

[24] Vgl. Gutenberg, E.: Die Produktion, a.a.O., S. 364.

[25] Im Kapitel G wird im Rahmen der Untersuchung zur Optimierung der Fahrweise einer KWK-Anlage auf die intensitätsmäßige Anpassung eingegangen.

[26] Vgl. Gutenberg, E.: Die Produktion, a.a.O., S. 371; Heinen, E.: Betriebswirtschaftliche Kostenlehre, Kostentheorie und Kostenentscheidungen, a.a.O., S. 492 und S. 500ff.

[27] Vgl. Gutenberg, E.: Die Produktion, a.a.O., S. 367.

[28] Vgl. Däumler, K.-D., Grabe, J.: Kostenrechnung 3, Plankostenrechnung, a.a.O., S. 72ff; Haberstock, L.: Kostenrechnung II, (Grenz-) Plankostenrechnung, a.a.O., S. 204; vgl. auch Gans, K.: Die analytische Kostenplanung als Grundlage der Grenzplan-Kostenrechnung, in: Scheer, A.-W., Grenzplankostenrechnung. Stand und aktuelle Probleme, Wiesbaden 1988, S. 209-227.

Neben diesen Methoden gibt es teilweise sehr aufwendige, aber auch wirksame Ansätze, die weniger die Kostenplanung, sondern vielmehr die Kostenreduzierung in den Vordergrund stellen. Zu diesen Methoden gehören die Wertanalyse[29], das Berücksichtigen von Lernkurven[30] sowie die zahlreichen Methoden des Operation Research.[31] Da eine Darstellung dieser Verfahren den Rahmen dieser Arbeit überschreiten würde, werden im folgenden die in der Praxis gebräuchlichsten Verfahren der reinen Kostenplanung vorgestellt.[32]

aa. Technische Studien

Basis dieser synthetischen Vorgehensweise sind Stücklisten, Fertigungsablaufpläne, Konstruktionszeichnungen, Rezepturen und die technischen Daten der Betriebsmittel.[33] Im Rahmen der Untersuchung der Wirtschaftlichkeit einer KWK-Anlage können diese Unterlagen aus den Konstruktionsabteilungen, der Arbeitsvorbereitung und den Werkstofflaboratorien nicht nur dazu dienen, die entsprechenden Planverbrauchsmengen der KWK-Anlage zu bestimmen, sondern auch dazu, das Mengengerüst der Erlöse, die durch eine KWK-Anlage entstehen, abzubilden.[34]

Der Vorteil dieser Methode besteht darin, daß jeglicher Einfluß aus der Vergangenheit ausgeschlossen ist und unabhängig von den vorhandenen Ist-Werten „am Schreibtisch" praktiziert werden kann.[35] Da bei der Ermittlung der Kosten, die aus dem Betrieb einer KWK-Anlage entstehen, nicht auf Vergangenheitswerte zurückgegriffen werden kann, muß auf jedem Fall auf die technischen Daten der KWK-Anlage Bezug genommen werden.

bb. Probeläufe

Diese Methode eignet sich ebenfalls für die Bestimmung der Kosten, die durch den Betrieb eines vorhandenen Betriebsmittels entstehen. Versucht man im Rahmen der Dimensionierungsfrage der KWK-Anlage die innerbetriebliche Strom- und Wärmenachfrage exakt zu bestimmen, so kann die Methode des Probelaufes oder der Musteranfertigung trotz des verhältnismäßig hohen Aufwandes[36] im Einzelfall durchaus wertvolle Dienste leisten. Im Zusammenhang mit den technischen Studien kann sie beispielsweise der Plausibilisierung der errechneten Ergebnisse dienen.

Eine KWK-Anlage, deren Wirtschaftlichkeit vor der Investition untersucht werden soll, kann jedoch hinsichtlich ihres Kostenverhaltens nicht im eigenen Probebetrieb untersucht werden.

---

[29] Zur Wertanalyse vgl. u.a. Haberstock, L.: Kostensenkung, in: Kosiol u.a. (Hrsg.), Handwörterbuch des Rechnungswesens, 2. Auflage, Stuttgart 1981, Sp. 1081-1085; Kargl, H.: Wertanalyse, in: Grochla, E., Wittmann, W. (Hrsg.), Handwörterbuch der Betriebswirtschaft, 4. Auflage, Stuttgart 1976, Sp. 4425-4429.

[30] Zu den Lernkurven vgl. u.a. Haberstock, L.: Kostensenkung, a.a.O., Sp. 1085-1087.

[31] Dazu sind insbesondere die Lineare Programmierung, Warteschlangen- und Lagerhaltungsmodelle, Simulationsverfahren, die Netzplantechnik, die Spieltheorie und die Verfahren der dynamischen Programmierung zu zählen; vgl. Haberstock, L.: Kostenrechnung II, (Grenz-) Plankostenrechnung, a.a.O., S. 185; Kilger unterscheidet hierbei zwischen statischen und analytischen Methoden der Kostenplanung; Kilger, W.: Planung der Produktionskosten, in: Kern W. (Hrsg.): Enzyklopädie der Betriebswirtschaftslehre, Band VI, Handwörterbuch der Produktion, Stuttgart 1979, Sp. 1549ff.

[32] Zur Planung vgl. u.a. Bergner, H.: Zur Planung und ihrer frühen literarischen Behandlung, in: Kortzfleisch, G. von, Bergner, H. (Hrsg.), Betriebswirtschaftliche Unternehmensführung, Gedächtnisschrift für Theodor Beste, Berlin 1975, S. 1-56.

[33] Vgl. Kilger, W.: Flexible Plankostenrechnung und Deckungsbeitragsrechnung, a.a.O., S. 243.

[34] Vgl. Kilger, W.: Flexible Plankostenrechnung und Deckungsbeitragsrechnung, a.a.O., S. 243; vgl. Bergner, H.: Die Planung des Zukunftserfolges bei der Bewertung der Unternehmung als Ganzem, in: Ries, J., Kortzfleisch, G. von (Hrsg.), Betriebswirtschaftliche Planung zu industriellen Unternehmungen, Festgabe für Prof. Dr. Theodor Beste, Abhandlungen aus dem Industrieseminar der Universität zu Köln, Heft 10, Berlin 1959, S. 180 sowie 198 und 199.

[35] Vgl. Haberstock, L.: Kostenrechnung II, (Grenz-) Plankostenrechnung, a.a.O., S. 204.

[36] Vgl. Däumler, K.-D., Grabe, J.: Kostenrechnung 3, Plankostenrechnung, a.a.O., S. 73.

cc. Externe Richtwerte

Da ein Probelauf der KWK-Anlage in der Regel nicht möglich ist, bietet es sich an, die Daten von einem Unternehmen zu erhalten, welches bereits über eine identische oder zumindest vergleichbare KWK-Anlage verfügt. Auch diese Methode kann helfen, die schriftlichen technischen Daten aus den Prospekten der KWK-Hersteller hinsichtlich der Übertragbarkeit auf die industrielle Praxis zu überprüfen.

dd. Schätzungen

Diese Methode stellt kein echtes Planungsverfahren dar, auch wenn erfahrene Meister, Kostenstellenleiter und Vorarbeiter manchmal beachtlich genaue Schätzungen vornehmen können.[37]

Insbesondere bei der Planung der Kosten, die unmittelbar mit dem Betrieb einer KWK-Anlage verbunden sind, sollte man sich auf Schätzungen nicht verlassen.[38] Sie müssen in der Regel von Betriebsfremden vorgenommen werden, also beispielsweise externen Beratern, KWK-Herstellern oder Personen, die mit dem eventuell zu betrauenden Generalunternehmer oder Ingenieurbüro in Verbindung stehen.[39]

Diese Personen haben jedoch ein provisionsbedingtes Interesse, daß das Unternehmen eine KWK-Anlage erwirbt. Dieses Interesse birgt die Gefahr, daß die Verbrauchsmengen und die entsprechenden Kosten zu optimistisch geschätzt werden. Aufgrund dieser Gefahren soll jedoch nicht generell von der Hinzuziehung Externer abgeraten werden, da deren Erfahrungsschatz durchaus hilfreich bei der Datenschätzung sein kann. Es ist daher darauf zu achten, daß die externen Berater keinen Anreiz haben, gegen die Interessen des Unternehmens zu verstoßen.[40]

ee. Statistische Vergangenheitswerte

Aus Vergangenheitswerten lassen sich über empirisch-statistische Methoden Trends in der Entwicklung verschiedener Unternehmenskennzahlen wie z.B. dem Umsatz, dem Energiebedarf oder dem Zusammenhang verschiedener Größen ermitteln.[41] Auf der Grundlage dieser Analysen kann die zukünftige Entwicklung z.B. des Energiebedarfs vorgenommen werden.

Die empirisch-statistischen Methoden stellen ein brauchbares, jedoch in der Literatur[42] häufig kritisiertes Instrument dar, um die Strom- und Wärmeverbrauchsmengen der Zukunft zu

---

37 Vgl. Haberstock, L.: Kostenrechnung II, (Grenz-) Plankostenrechnung, a.a.O., S. 205; Schmalenbach, E.: Kostenrechnung und Preispolitik, Köln und Opladen 1963, S. 297; Däumler, K.-D., Grabe, J.: Kostenrechnung 3, Plankostenrechnung, a.a.O., S. 72ff.

38 Schmalenbach geht sogar so weit, daß Schätzungen nur dann Sinn machen, wenn sie frei von Willkür sind, d.h. „kann infolge Rechnungsunsicherheit Willkür nicht ausgeschlossen werden, so muß die Rechnung insoweit unterbleiben; denn willkürlich vorgenommene Planungen sind für das Unternehmen in jedem Fall gefährlicher als die vollständige Unterlassung derselben". Schmalenbach, E.: Kostenrechnung und Preispolitik, a.a.O., S. 297.

39 Vgl. Bergner, H.: Die Planung des Zukunftserfolges bei der Bewertung der Unternehmung als Ganzem, a.a.O., S. 177f.

40 Zur Auswahl eines geeigneten Beraters vgl. Niebisch, W.: Energieberatung, in: Forschungsstelle für Energiewirtschaft (EfE) / Fernwärme - Forschungsinstitut (FFI) / VDI - Gesellschaft Energietechnik (VDI) / Vereinigung Industrielle Kraftwirtschaft e.V. (VIK) (Hrsg.), Rationelle Wärmenutzung in kleinen und mittleren Betrieben, Essen 1991.

41 Vgl. Bergner, H.: Die Planung des Zukunftserfolges bei der Bewertung der Unternehmung als Ganzem, a.a.O., S. 179-185; siehe auch Kortzfleisch, G. von: Die Grundlagen der Finanzplanung, Dissertation, Abhandlungen aus dem Industrieseminar der Universität zu Köln, Heft 5, Berlin 1957, S. 181ff.

42 Vgl. Plaut, H. G. u.a.: Grenzplankostenrechnung und Datenverarbeitung, 2. Auflage, München 1971, S. 31; Däumler, K.-D., Grabe, J.: Kostenrechnung 3, Plankostenrechnung, a.a.O., S. 73; Kilger, W.: Flexible Plankostenrechnung und Deckungsbeitragsrechnung, a.a.O., S. 40; Haberstock, L.: Kostenrechnung II, (Grenz-) Plankostenrechnung, a.a.O., S. 205, Kilger, W.: Offene Probleme der Plankosten- und Deckungsbeitrags-

bestimmen. Brauchbar sind die empirisch-statistischen Methoden, da in der Praxis eine vollständige Loslösung von Vergangenheitswerten nur schwer vorstellbar ist.[43] Zu beachten ist jedoch, daß diese Verfahren in der Praxis vielfach zu unkritisch angewandt werden und somit zu unzureichenden Planungsergebnissen führen.[44] Aus diesem Grund empfiehlt sich bei diesen Methoden nur eine Anwendung in Kombination mit den bisher vorgestellten Methoden der Kostenplanung. Grundsätzlich sind alle Kostenplanungsmethoden miteinander kombiniert zu ihrer gegenseitigen Plausibilisierung anzuwenden.

Häufig wird die Ansicht vertreten, daß aus Zeit- und Kostengründen eine sehr große Genauigkeit der Kostenvorgaben nicht so entscheidend ist, da die flexible Kostenrechnung „automatisch" auf eine schrittweise Verbesserung der Vorgabewerte ausgerichtet ist.[45] Dieser Auffassung kann hinsichtlich der Wirtschaftlichkeitsbetrachtung einer Kraft-Wärme-Kopplungsanlage nicht zugestimmt werden, da eine einmal getroffene Investitionsentscheidung nicht rückgängig gemacht werden kann. Um Fehlinvestitionen zu vermeiden, kommt es daher auf eine möglichst genaue Kosten- und Erlösplanung an.

Weiterhin ist anzumerken, daß bei der Kostenplanung die Differenzierung in fixe und variable Kosten zu empfehlen ist, auch wenn hinsichtlich der Investitionsentscheidung lediglich die Vollkosten den Planerlösen gegenübergestellt werden müssen.[46] Die Unterscheidung in fixe und variable Kostenbestandteile ist im Vorfeld der Investitionsentscheidung hilfreich, um die Auswirkungen einer Variation einzelner Kostenbestimmungsfaktoren auf die variablen Kosten detailliert untersuchen zu können.[47]

Besonders wertvoll wird die Teilkostenrechnung jedoch erst nach der Investitionsentscheidung, da hierdurch die Optimierung der Fahrweise („Intensitätsmäßige Anpassung") oder der Auslastung („Zeitliche Anpassung") einer KWK-Anlage ermöglicht wird.

II. Wert der Gutschriften und Einspeisevergütungen aus der Eigenerzeugung von Strom und Wärme als Erlöse einer KWK-Anlage

Mit Hilfe einer Kraft-Wärme-Kopplungsanlage wird gleichzeitig Strom und Wärme erzeugt. Die erzeugten Strom- und Wärmemengen werden dabei zunächst für den betrieblichen Eigenverbrauch bereitgestellt. Die hierdurch eingesparten Bezugskosten für Fremdenergie werden der KWK-Anlage „gutgeschrieben".

---

rechnung, in: Scheer, A.-W. (Hrsg.), Grenzplankostenrechnung. Stand und aktuelle Probleme, Wiesbaden 1988, S. 86ff.

43 Eine von jeglicher Analyse der Vergangenheit losgelöste Planung führt meist nicht zum Erfolg; vgl. hierzu Bergner, H.: Die Planung des Zukunftserfolges bei der Bewertung der Unternehmung als Ganzem, a.a.O., S. 178.

44 Vgl. Haberstock, L.: Kostenrechnung II, (Grenz-) Plankostenrechnung, a.a.O., S. 205; eine mangelnde Differenzierung in Teilpläne bzw. eine nicht stattfindende Analyse der vergangenheitsbezogenen Einzeldaten, d.h. Preise und Mengen einzelner Ertrags- und Aufwandsgüter, kann als eine derartige unkritische Anwendung bezeichnet werden. Werden Daten der Vergangenheit ohne Unterscheidung in fixe und variable Bestandteile, ohne Betrachtung ihrer möglichst tief (z.B. einzelne Ertragselemente) differenzierten Preis- und Mengengerüste und ohne Berücksichtigung ihrer Bedingungen, Beziehungen und Abhängigkeiten zur Planung bzw. einfachen Hochrechnung herangezogen, besteht die Gefahr einer ungenügenden Betrachtung der zukünftigen Gegebenheiten; vgl. hierzu auch Bergner, H.: Die Planung des Zukunftserfolges bei der Bewertung der Unternehmung als Ganzem, a.a.O., S. 178, 179, 182-183.

45 Vgl. Haberstock, L.: Kostenrechnung II, (Grenz-) Plankostenrechnung, a.a.O., S. 206; Däumler, K.-D., Grabe, J.: Kostenrechnung 3, Plankostenrechnung, a.a.O., S. 73.

46 Vgl. Gans, K.: Die analytische Kostenplanung als Grundlage der Grenzplan-Kostenrechnung, a.a.O., S. 224ff.

47 Auf die Wichtigkeit einer Planung in Abhängigkeit zum Beschäftigungsgrad weist auch Bergner hin; vgl. Bergner, H.: Die Planung des Zukunftserfolges bei der Bewertung der Unternehmung als Ganzem, a.a.O., S. 202ff; vgl. auch Witt, F.-J.: Deckungsbeitragsmanagement, München 1991, S. 83ff.

Falls die Kuppelprodukte zum Zeitpunkt der Erzeugung innerbetrieblich nicht genutzt werden können, besteht die Möglichkeit der Einspeisung in das öffentliche Netz. Technisch verhältnismäßig problemlos ist die Einspeisung von Strom, während die Einspeisung von überschüssig erzeugter Wärme in der Regel nicht möglich ist.[48] Neben den beiden wertmäßigen Gutschriften für Strom und Wärme sind als dritte Erlöskomponente sog. Einspeisevergütungen zu betrachten und in die Erlösberechnung miteinzubeziehen.

Im folgenden wird deshalb zunächst der Wert der Stromerzeugung und im Anschluß daran der Wert der Wärmeerzeugung einer KWK-Anlage analysiert.

1. Wert der Stromerzeugung

Der Wert der Stromerzeugung besteht aus der sogenannten Stromgutschrift und der Einspeisevergütung. Die Determinanten, die auf die Höhe des Wertes der Stromerzeugung wirken, und der Algorithmus zur Ermittlung der Stromgutschrift und der Einspeisevergütung werden im folgenden näher erläutert.

a. Die Stromgutschrift

aa. Grundsätzliches zur Stromgutschrift

Der Wert der elektrischen Energie, die aufgrund der Eigenerzeugung nicht mehr fremdbezogen werden muß, wird auch Stromgutschrift genannt. Die Stromgutschrift kann demnach auch als vermiedene Strombezugskosten definiert werden.[49] In der Betriebswirtschaft wird in diesem Zusammenhang der Begriff der Opportunitätserlöse benutzt.[50]

Die Besonderheit von Opportunitätserlösen besteht darin, daß sich diese nicht unmittelbar aus den Herstellungskosten der zu bewertenden Leistung ableiten lassen, sondern nur mittelbar aus dem kostenmäßigen Vergleich mit alternativen Möglichkeiten zur Deckung des Leistungsbedarfs.[51] Für den Fall der Kraft-Wärme-Kopplung bedeutet dieses, daß die Opportunitätserlöse[52], hier speziell die vermiedenen Strombezugskosten, berechnet werden, indem die an das EVU zu zahlenden Strombezugskosten vor Erstellung der Kraft-Wärme-Kopplungsanlage von den Strombezugskosten nach Erstellung der Kraft-Wärme-Kopplungsanlage subtrahiert werden.[53]

---

48 Auf die Möglichkeiten der Einspeisung von Wärme wird im folgenden noch eingegangen.

49 Vgl. o.V.: Wirtschaftlichkeitsbetrachtungen, in: Arbeitsgemeinschaft für sparsamen und umweltfreundlichen Energieverbrauch (ASUE) e.V. (Hrsg.), Blockheizkraftwerke. Grundlagen der Technik. Anwendungsmöglichkeiten, Hamburg ohne Datumsangabe, S. 23; Piller, W., Rudolph, M.: Kraft-Wärme-Kopplung. Zur Theorie und Praxis der Kostenrechnung, a.a.O., S. 70ff; Handrock, W.: Das energiewirtschaftliche Umfeld der Kraft-Wärme-Kopplung, a.a.O., S. 16; Elsässer, R., Maier, W.: Profitables Potential? Elektrisches Potential und Wirtschaftlichkeit der Kraft-Wärme-Kopplung in Industrie und Gewerbe, in: Energie 36 (1984) 1, S. 17ff; Hein, D.: Einsatz der Kraft-Wärme-Kopplung. Technik, Wirtschaftlichkeit und Umwelt, a.a.O., S. 31.

50 Vgl. Hänichen, T.: Die Erlösentstehung im Industriebetrieb und ihre Abbildung im internen Rechnungswesen, a.a.O., S. 196ff.

51 Vgl. . Hänichen, T.: Die Erlösentstehung im Industriebetrieb und ihre Abbildung im internen Rechnungswesen, a.a.O., S. 198.

52 Im folgenden wird im Zusammenhang mit der innerbetrieblichen Strom- und Wärmeverwendung nicht von Opportunitätserlösen, sondern von der Strom- und Wärmegutschrift gesprochen. Es ist jedoch stets zu beachten, daß es sich hier um Opportunitätserlöse handelt.

53 Vgl. Piller, W., Rudolph, M.: Kraft-Wärme-Kopplung. Zur Theorie und Praxis der Kostenrechnung, a.a.O., S. 71; Rauck, H.: Dezentrale Kraft-Wärme-Kopplung als wirtschaftliche und umweltfreundliche Form der Bereitstellung von Strom und Wärme, Firmeninterne Studie der MAN Technologie AG, 1990, S. 5; o.V.: Einsatzmöglichkeiten für Blockheizkraftwerke in Baden-Württemberg, Studie im Auftrag des Ministeriums für Wirtschaft, Mittelstand und Technologie, Baden-Württemberg, Fichtner, Beratende Ingenieure, ISP. Institut für angewandte Systemforschung und Prognose e.V., Hannover 1986, ohne Seitenangabe; Hugel, G., Schmitz, H.: Betriebliche Energiewirtschaft, Anleitung für Klein- und Mittelbetriebe, a.a.O., S. 155.

aaa. Stromgutschrift, Zusatzstrombezug und Reservestrombezug

Bei der Berechnung der Strombezugskosten nach Erstellung der Kraft-Wärme-Kopplungsanlage kann auf die Erkenntnisse des Kapitels D zurückgegriffen werden.[54] Die Stromfremdbezugskosten beim KWK-Betrieb sind dabei in Reservestrom- und Zusatzstromkosten zu trennen.

Als Reservestrom wird jener Strom bezeichnet, der aufgrund einer technischen Störung der KWK-Anlage oder aufgrund von Wartungsarbeiten vom Energieversorgungsunternehmen fremdbezogen werden muß. Dieser Reservestrom wird mit besonderen Konditionen vom EVU zur Verfügung gestellt.[55]

Der Zusatzstrombezug entsteht, da die KWK-Anlage in der Regel nur einen Teil des innerbetrieblichen Strombedarfs decken kann, so daß zusätzlicher Strom beim EVU fremdbezogen werden muß. Die Höhe des Zusatzstrombezugs hängt in erster Linie von der Auslegung bzw. Dimensionierung der Anlage und teilweise auch von der im Tagesablauf unterschiedlichen innerbetrieblichen Stromnachfrage ab.[56] Der größte Teil der zusätzlichen Strombezugskosten entsteht aus dem Zusatzstrombezug.

Abbildung F44: Stromgutschrift, Reserve- und Zusatzstrombezug sowie die Einspeisevergütung anhand einer Tagesganglinie

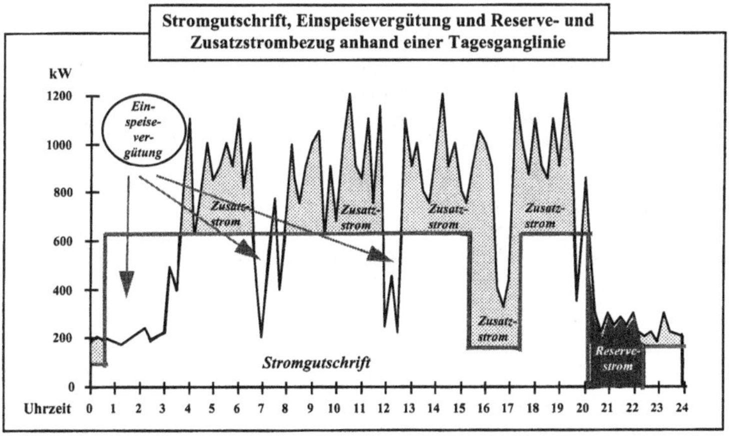

Quelle: Eigene Darstellung.

In der obigen Abbildung wird anhand einer Tagesganglinie für Strom der Zusammenhang zwischen Stromgutschrift, Zusatz- und Reservestrom deutlich:

---

54 Die Strombezugskosten vor Erstellung der Kraft-Wärme-Kopplungsanlage wurden im Kapitel D durch die Multiplikation des Mengengerüstes des Stromfremdbezugs, welches mittels sogenannter Belastungs- und Ganglinien ermittelt wurde, mit dem Preisgerüst, dem Arbeits- bzw. Leistungspreis, ermittelt.

55 Vgl. VDI-Richtlinie 3985 (Entwurf), a.a.O., S. 14; Schreiner, E.: Kraft-Wärme-Kopplung zur Energieversorgung von Flaschenfüllanlagen in Brauereien, Mineralbrunnen und Erfrischungsgetränkebetrieben, a.a.O., S. 5.

56 Vgl. Meyer-Plate, I.: Marktübersicht über KWK-Anlagen im Leistungsbereich 2 bis 20 MW_{el}, a.a.O., S. 2; Belting, T.: Blockheizkraftwerke, a.a.O., S. 49; Rudolph, M.: Kosten und Wirtschaftlichkeit von KWK-Anlagen, a.a.O., S. 4ff; VDI-Richtlinie 3985 (Entwurf), a.a.O., S. 10ff.

Man erkennt in der Abbildung ein KWK-Aggregat, das fast während des ganzen Tages mit einer elektrischen Leistung von etwas über 600 kW betrieben wird. Die helle Fläche, die unter der Tagesganglinie des Unternehmens liegt und auch unter der des KWK-Aggregates, repräsentiert die Stromgutschrift. In diesem Bereich stimmen Erzeugung und Verbrauch von Strom zeitlich überein. Die etwas dunklere Fläche über dem KWK-Aggregat, aber unter der Tagesganglinie, stellt den Zusatzstrom dar, den das Unternehmen trotz des Betriebes einer KWK-Anlage vom EVU beziehen muß. Man erkennt in der Abbildung, daß die Intensität des KWK-Aggregates zwischen 15.00h und 17.00h reduziert wird, so daß ein erhöhter Zusatzstrombezug nötig ist.[57] Zwischen 20.00h und ca. 22.00h wird das Aggregat beispielsweise aufgrund von Wartungsarbeiten abgeschaltet, so daß hier ein eventueller Vertrag über Reservestrombezug greifen muß. Darüber hinaus erkennt man, daß an diesem Tag immer dann eine Einspeisevergütung erzielt wird, wenn die Stromerzeugung des KWK-Aggregates über dem entsprechenden Strombedarf liegt.

Die Stromgutschrift ist demzufolge bei gegebenem innerbetrieblichen Strombedarf um so größer, je höher die elektrische Leistung der KWK-Anlage im Vergleich zum elektrischen Leistungsbedarf des Unternehmens ist. Die Stromgutschrift erreicht ihr Maximum, wenn der gesamte innerbetriebliche Strombedarf durch die KWK-Anlage gedeckt wird, d.h. wenn die elektrische Anlagenleistung mindestens genau so groß wie der elektrische Leistungsbedarf des Unternehmens ist.[58]

bbb. Direkte versus indirekte Ermittlung der Stromgutschrift

Die Stromgutschrift kann indirekt oder direkt ermittelt werden. Bei der indirekten Ermittlung ergibt sich die Stromgutschrift aus der Differenz aus den gesamten Strombezugskosten, die ohne KWK-Anlage entstehen würden, und den Strombezugskosten, die aufgrund des fremdbezogenen Zusatzstromes entstehen.[59] Wenn die Stromgutschrift direkt ermittelt wird, muß der durch die KWK-Anlage gedeckte Strombedarf mit Preisen bewertet werden.

Die Stromgutschrift besteht sowohl bei der direkten als auch bei der indirekten Bewertung des eigenerzeugten Stromes aus einem variablen und einem fixen Teil. Der variable Teil bezieht sich auf die durch die KWK-Anlage gedeckte und bewertete Stromarbeit, der fixe Teil der Stromgutschrift ergibt sich durch die Bewertung der ersparten Leistung mit dem Leistungspreis.[60]

Stromgutschrift als variabler Erlösbestandteil

Die Ermittlung der Stromarbeitsersparnis gestaltet sich bei der direkten Bewertung schwieriger als bei der indirekten Bewertung des eigenerzeugten Stromes:

Bei der direkten Bewertung bereitet jedoch nicht die Ermittlung des Mengengerüstes der Stromarbeit in kWh Probleme, sondern die Ermittlung des Preisgerüstes in DM/kWh. Das Preisgerüst bzw. der Arbeitspreis kann nur unter der Bedingung eines vor und nach einer KWK-Investition identischen, durchschnittlichen EVU-Arbeitspreises direkt ermittelt werden. In der Regel wird jedoch der durchschnittliche EVU-Arbeitspreis nach KWK über dem

---

57 Es ist vorstellbar, daß zu diesem Zeitpunkt kein Wärmebedarf besteht und eine Anlage mit einem Freiheitsgrad in Betrieb ist.

58 Vgl. Vogelsang, J.: Zur Wirtschaftlichkeit von Blockheizkraftwerken bei unterschiedlichen Einsatzbedingungen, VDI-Seminar Blockheizkraftwerke in Dortmund, 25.-26.10.1990, Düsseldorf 25.02.1990, S. 17; Rauck, H.: Dezentrale Kraft-Wärme-Kopplung als wirtschaftliche und umweltfreundliche Form der Bereitstellung von Strom und Wärme, a.a.O., S. 5.

59 Vgl. Belting, T.: Blockheizkraftwerke, a.a.O., S. 55.

60 Vgl. Hein, D.: Einsatz der Kraft-Wärme-Kopplung. Technik, Wirtschaftlichkeit und Umwelt, a.a.O., S. 28 und 29.

durchschnittlichen EVU-Arbeitspreis vor KWK liegen.[61] Der höhere Arbeitspreis für den Zusatzstrom nach KWK ist auf die in der Praxis vorherrschende Staffelung des Arbeitspreises nach der beim EVU bezogenen Strommenge zurückzuführen.[62] Da der Stromfremdbezug aufgrund der Eigenerzeugung durch die KWK-Anlage sinkt, gelangt das Unternehmen meistens in eine ungünstigere Preisstaffel.[63] Wird also die Stromgutschrift direkt ermittelt, erfolgt die Berechnung des variablen Anteils der Stromgutschrift auf der Basis des Durchschnittspreises, der für den Stromfremdbezug ohne Betrieb einer KWK-Anlage Gültigkeit hatte. Demnach besteht hier die Gefahr, die Stromgutschrift hinsichtlich ihres Preisgerüstes überzubewerten, da die erhöhten Preise für den Zusatzstrom in der Stromgutschrift noch nicht berücksichtigt sind. Um mit der direkten Ermittlungsmethode die exakte Stromgutschrift zu ermitteln, muß die mit dem konstanten Arbeitspreis vor KWK berechnete Stromgutschrift um die erhöhten Zusatzstromkosten, d.h. die Differenz zwischen durchschnittlichen Arbeitspreis vor und nach KWK multipliziert mit der Zusatzstrommenge, korrigiert werden.

Die Höhe der tatsächlich vermiedenen Strombezugskosten errechnet sich bei der indirekten Ermittlung durch Bildung der Differenz aus den Strombezugskosten vor KWK und nach KWK.[64] Hierbei wird deutlich, daß um so weniger Strombezugskosten vermieden werden, je höher der durchschnittliche Arbeitspreis nach KWK im Vergleich zum Arbeitspreis vor KWK ist. Die Abhängigkeit der vermiedenen Strombezugskosten bzw. der Stromgutschrift von der Entwicklung der durchschnittlichen Arbeitspreise bedeutet wiederum, daß der variable Teil der Stromgutschrift nur bei Kenntnis der Höhe des Zusatzstrombezugs und der hierdurch erreichbaren Preisstaffelregelung bestimmt werden kann.

Insgesamt ist die indirekte Methode der Ermittlung der Stromgutschrift der direkten Methode vorzuziehen, da hierbei nicht die Gefahr einer Schönung der Höhe der Stromgutschrift besteht, die letztendlich die Wirtschaftlichkeit einer KWK-Anlage unberechtigt verbessert.

Stromgutschrift als fixer Erlösbestandteil

Nach der Bestimmung des variablen Teils der Stromgutschrift ist der fixe Teil zu ermitteln. Zunächst wird festgestellt, welche Leistung zusätzlich zur eigenerzeugten KWK-Leistung noch von außen bezogen werden muß.[65] Es muß jedoch in diesem Zusammenhang darauf hingewiesen werden, daß in der Praxis der tatsächliche fixe Anteil der Stromgutschrift von dem Ergebnis, das sich aus dem dargestellten Berechnungsmodus ergibt, nach unten abweichen kann.

Eine Abweichung ist dann möglich, wenn es innerhalb des Betrachtungszeitraums, der für die Berechnung des Leistungspreises von Bedeutung ist, zu folgender, wirtschaftlich ungünstigen Konstellation kommt: Es kann einen Zeitpunkt geben, bei dem das Unternehmen zwar keinen innerbetrieblichen Wärmebedarf aufweist, aber eine Spitzenleistung seines Strombedarfs nachfragt. Bei einer streng wärmeorientierten Fahrweise ist die vom EVU angeforderte Spitzenleistung mit der identisch ist, die das Unternehmen auch ohne dem Vorhandensein eines KWK-Aggregates hätte, so daß der an das EVU zu entrichtende fixe Kostenblock vor und nach KWK ebenfalls identisch ist. Bei dieser Konstellation besteht die Stromgutschrift demzufolge lediglich aus einem variablen Teil.[66] Aus diesem Grund ist es für Unternehmen

---

[61] Vgl. die nachfolgenden Ausführungen zum Zusatzstrombezug.

[62] Zu den Konditionen des Strombezugs vgl. Kapitel D.II.1.

[63] In den meisten Fällen (Zonentarif) kann das Unternehmen beim Betrieb einer KWK-Anlage weniger Stromarbeit vom preisgünstigsten Tarif in Anspruch nehmen.

[64] Vgl. Belting, T.: Blockheizkraftwerke, a.a.O., S. 55 und 56.

[65] Vgl. Piller, W., Rudolph, M.: Kraft-Wärme-Kopplung. Zur Theorie und Praxis der Kostenrechnung, a.a.O., S 79ff; Belting, T.: Blockheizkraftwerke, a.a.O., S. 49.

[66] Vgl. auch Göricke, P.: Blockheizkraftwerke. Ihre Technik - Ihre Probleme, a.a.O., S. 175.

wirtschaftlich bedeutsam, daß innerhalb eines bestimmten Rahmens der innerbetriebliche Strom- und Wärmebedarf zeitlich synchron verläuft.[67]

Meistens ist eine derartige Korrelation in der Praxis zwar vorhanden[68], es ist jedoch angebracht, diese Sonderfälle bei einer Wirtschaftlichkeitsbetrachtung unternehmensindividuell zu berücksichtigen bzw. die möglichen Differenzen zwischen der minimalen KWK-Leistung und der zum selben Zeitpunkt abgeforderten Maximalleistung hinsichtlich des Strombedarfs zu analysieren.[69]

Darüber hinaus besteht bei der indirekten Ermittlung der (Leistungs-) Stromgutschrift ebenfalls die Gefahr von Verzerrungen. Dies ist der Fall, wenn der Leistungspreis vor und nach KWK unterschiedlich ist. Je größer eine Anlage im Vergleich zum Strombedarf dimensioniert ist und je höher die Stromkennzahl ist, desto mehr innerbetrieblichen Leistungsbedarf kann die KWK-Anlage substituieren und desto eher wird der Leistungspreis des Zusatzstromes vom EVU einen höheren Wert pro KW annehmen.

Zusammenfassend kann festgestellt werden, daß sich die Stromgutschrift aus einem fixen und einem variablen Teil zusammensetzt. Hierbei läßt sich die Stromgutschrift am zweckmäßigsten durch eine indirekte Ermittlung, d.h. durch Bildung der Differenz aus den Strombezugskosten vor KWK und nach KWK berechnen. In der folgenden Tabelle ist die indirekte Ermittlung der Stromgutschrift zusammenfassend dargestellt:

Tabelle F17: Schema zur Berechnung der Stromgutschrift

Strombezugskosten vor KWK			
	Leistungspreis		
	Arbeitspreis		
			Summe vor KWK
Strombezugskosten nach KWK			
Zusatzstrombezug			
	Leistungspreis		
	Arbeitspreis		
		Summe Zusatzstrom	
Reservestrombezug			
	Leistungspreis		
	Arbeitspreis		
		Summe Rerservestrom	
			Summe nach KWK
Summe vor KWK abzgl. Summe nach KWK =			**Stromgutschrift**

Quelle: Eigene Darstellung

67 Vgl. Elsässer, R., Maier, W.: Profitables Potential? Elektrisches Potential und Wirtschaftlichkeit der Kraft-Wärme-Kopplung in Industrie und Gewerbe, a.a.O., S. 17ff; Belting, T.: Blockheizkraftwerke, a.a.O., S. 54.

68 Riebel spricht in diesem Zusammmenhang von der Diskrepanz der Marktverhältnisse der erzeugten Kuppelprodukte. Gleichwohl ist Riebel der Ansicht, daß „bei der Kopplung des Wärme- und Strombedarfs in Heizkraftwerken" ein „günstiger Fall" vorliegt, da die Stromerzeugung dieser Werke in der Regel in ein größeres Energieverbundsystem eingebunden ist: „Glücklicherweise verlaufen wenigstens im großen und ganzen der allgemeine Strombedarf und der Wärmebedarf jahreszeitlich weitgehend parallel." Vgl. Riebel, P.: Die Kuppelproduktion. Betriebs- und Marktprobleme, a.a.O., S. 212; vgl. zur Korrelation auch: Meyer-Plate, I.: Marktübersicht über KWK-Anlagen im Leistungsbereich 2 bis 20 MW_{el}, a.a.O., S. 2. Andererseits muß deutlich darauf hingewiesen werden, daß insbesondere der Raumwärmebedarf aufgrund der Temperaturschwankungen saisonal unterschiedlich ausgeprägt ist; vgl. Rouvel, L.: Kraft-Wärme-Kopplung in Krankenhäusern, a.a.O., S. 432ff.

69 Vgl. Hugel, G., Schmitz, H.: Betriebliche Energiewirtschaft, Anleitung für Klein- und Mittelbetriebe, a.a.O., S.155, Belting, T.: Blockheizkraftwerke, a.a.O., S. 55.

Die in der Tabelle dargestellten Strombezugskosten vor KWK werden gemäß der Darstellung im Kapitel D ermittelt. Die Strombezugskosten nach KWK setzen sich aus den Kosten für den Zusatzstrombezug und den Kosten für den Reservestrombezug zusammen.[70] Hinsichtlich der Höhe des Zusatz- und Reservestrombezugs sind einige Besonderheiten zu beachten, die im folgenden näher erläutert werden.

bb. Regelungen zum Reserve- und Zusatzstrombezug

Der Zusatzstrombezug wird benötigt, um den Teil des Strombedarfs, der nicht mit einer industriellen KWK-Anlage gedeckt werden kann, durch externe Belieferung abzudecken. Vom Zusatzstrom ist der Reservestrom zu unterscheiden: Mit Reservestrom wird der Teil der elektrischen Arbeit und Leistung bezeichnet, der benötigt wird, wenn die KWK-Anlage ausfällt oder gewartet wird und für eine abgrenzbare Zeitdauer keine elektrische Energie produzieren kann.

Reserve- und Zusatzstrombezug führen zu Kosten des Stromfremdbezugs nach Erstellung der KWK-Anlage. Wie im folgenden gezeigt wird, ändern sich die Konditionen für diesen Energiefremdbezug aufgrund der Eigenerzeugung von Strom. Die veränderten Konditionen wirken dabei nachteilig auf die mittels KWK-Anlage erzielbaren Erlöse, d.h. sie sind als Erlösschmälerungen interpretierbar. Bei der Ermittlung der Stromgutschrift sind diese Erlösschmälerungen zwingend zu berücksichtigen.

aaa. Reservestrombezug

Reservestrom wird vom lokalen Energieversorgungsunternehmen zur Verfügung gestellt, sofern der KWK-Betreiber entsprechende Vereinbarungen mit dem EVU getroffen hat.[71] Es bleibt jedoch dem Betreiber der KWK-Anlage nach dem Wortlaut der aktuellen Verbändevereinbarung selbst überlassen, ob und in welcher Höhe er eine Reserveleistung beim EVU bestellt.[72]

Wird zwischen dem KWK-Betreiber und dem jeweiligen EVU ein Reservestromvertrag geschlossen, so hat dieser Vertrag in der Regel spezielle Konditionen. Die Begründung für diese besonderen Konditionen liegt darin, daß der Bedarf außerplanmäßig auftritt. Da es nicht voraussehbar ist, ob und wie oft die KWK-Anlage technische Störungen aufweisen wird, kann der voraussichtliche Reservestrombezug nur geschätzt werden. Bei der Schätzung kann auf Erfahrungen anderer KWK-Nutzer bzw. auf die Angaben des Anlagenherstellers zurückgegriffen werden.

Die Kosten für den Reservestrombezug setzen sich aus einem fixen Leistungs- und einem variablen Arbeitspreis zusammen. Die Kosten für den Reservestrombezug werden jedoch in der Regel nur einen kleinen Teil der gesamten Strombezugskosten ausmachen, da die KWK-Anlage nur selten störungsbedingt ausfällt.

Der Betreiber kann zwischen einer Kurzzeitreserve, die für einen kurzzeitigen Ausfall benötigt wird, und einer Langzeitreserve, die für eine Ausfallzeit von bis zu 30 Tagen pro Jahr

---

[70] Vgl. o.V.: Wirtschaftlichkeitsbetrachtungen (Blockheizkraftwerke), a.a.O., S. 23; Belting, T.: Blockheizkraftwerke, a.a.O., S. 49; Elsässer, R., Maier, W.: Profitables Potential? Elektrisches Potential und Wirtschaftlichkeit der Kraft-Wärme-Kopplung in Industrie und Gewerbe, a.a.O., S. 17ff; VDI-Richtlinie 3985 (Entwurf), a.a.O., S. 14ff.

[71] Vgl. Handrock, W.: Das energiewirtschaftliche Umfeld der Kraft-Wärme-Kopplung, a.a.O., S. 22; Schreiner, E.: Kraft-Wärme-Kopplung zur Energieversorgung von Flaschenfüllanlagen in Brauereien, Mineralbrunnen und Erfrischungsgetränkebetrieben, a.a.O., S. 5; Belting, T.: Blockheizkraftwerke, a.a.O., S. 52; Loew, H.: Einführung in die Elektrizitätswirtschaft, a.a.O., S. 98.

[72] Vgl. Ziffer 3 der Verbändevereinbarung; Loew, H.: Einführung in die Elektrizitätswirtschaft, a.a.O., S. 98; Elsässer, R., Maier, W.: Profitables Potential? Elektrisches Potential und Wirtschaftlichkeit der Kraft-Wärme-Kopplung in Industrie und Gewerbe, a.a.O., S. 18ff; Belting, T.: Blockheizkraftwerke, a.a.O., S. 53.

kalkuliert ist, unterscheiden.[73] Es ist jedoch durchaus möglich, daß der Betrieb auf die Reserveleistungsbereitstellung völlig verzichtet und den Ausfall der KWK-Anlage durch Lastmanagementmaßnahmen auffängt. Dies kann im Extremfall bedeuten, daß der Betreiber einen Teil seiner Produktionsanlagen und Maschinen kurzfristig außer Betrieb nimmt oder mit den stromverbrauchsintensiven Anlagen vorübergehend weniger Leistung abfordert. Diese Maßnahme wird auch als Lastabwurf bezeichnet.

Die Kosten für die Reserveleistung sind geringer als die Kosten, die entstehen, wenn durch den Ausfall der Kraft-Wärme-Kopplungsanlage Leistung nach den Konditionen des Vollstrombezugs in Anspruch genommen wird. Der Grund liegt, wie im Kapitel C erläutert, in der ungünstigen Berechnungsweise der Leistungsbereitstellung.

Die Reserveleistung kann in eine bereitgestellte Leistung und eine in Anspruch genommene Leistung[74] unterteilt werden. Außer der bereitgestellten und in Anspruch genommenen Reserveleistung muß die bezogene Reservearbeit bezahlt werden, die in der Höhe meist tages- und jahreszeitlich differenziert ist. Diese Reservearbeit liegt jedoch über den normalen Tarifen des Unternehmens, so daß der Vorteil der geringeren Reserveleistung relativiert werden muß.[75]

bbb. Zusatzstrombezug

Neben dem Reservestrom bezieht ein Unternehmen mit einer Kraft-Wärme-Kopplungsanlage Zusatzstrom. Die Kosten für den Zusatzstrombezug setzen sich - analog zum Vollstrombezug - aus den fixen Kosten für die Zusatzleistung und den variablen Kosten für die Zusatzarbeit zusammen. Der Zusatzstrombezug erfolgt dabei zu den gleichen Konditionen wie ein potentieller Vollstrombezug.

Dies bedeutet, daß ein Unternehmen mit KWK-Anlage den Zusatzstrom zu den gleichen Bedingungen wie ein Betrieb ohne KWK-Anlage erhält.[76] Dabei muß allerdings beachtet werden, daß die Durchschnittskosten pro bezogener Stromeinheit bei Einsatz einer KWK-Anlage steigen.[77] Dieser Sachverhalt geht aus der folgenden Abbildung F 45 hervor:

Der Fall 1 repräsentiert ein Unternehmen, das einen jährlichen Strombedarf an zwei Einheiten hat, der zu Gesamtkosten von vier Einheiten führt. Davon ist eine Einheit als fixe Kosten und drei Einheiten sind als variable Kosten zu betrachten. Das Verhältnis der variablen Kosten zu den fixen Kosten ergibt sich als Resultante des jährlichen Bedarfs an Strommenge und Spitzenleistung.

Der Fall 2 repräsentiert ein Unternehmen mit einem höheren Strombedarf, welches aufgrund der höheren Spitzenleistung einen erhöhten Fixkostenblock zu tragen hat, aber infolge der

---

[73] Vgl. Hugel, G., Schmitz, H.: Betriebliche Energiewirtschaft, Anleitung für Klein- und Mittelbetriebe, a.a.O., S.155.

[74] Die Hamburgischen Elektrizitätswerke (HEW) verlangen beispielsweise für die Vorhaltung von Reserveleistung 25% und für die Inanspruchnahme weitere 15% bis 25% des normalen Leistungspreises; vgl. o.V.: Regelungen für Zusatz- und Reservestromlieferungen für Klein-BHKW im Niederspannungsbereich in Anlehnung an die allgemeinen Stromtarife der HEW, Hamburg 1995.

[75] In der nachfolgenden Berechnung der Reservearbeit wurde dieser Umstand im Preisgerüst berücksichtigt.

[76] Vgl. Ziffer 2 der Verbändevereinbarung; vgl. auch Belting, T.: Blockheizkraftwerke, a.a.O., S. 53.

[77] Vgl. Loew, H.: Einführung in die Elektrizitätswirtschaft, a.a.O., S. 98; Schreiner, E.: Kraft-Wärme-Kopplung zur Energieversorgung von Flaschenfüllanlagen in Brauereien, Mineralbrunnen und Erfrischungsgetränkebetrieben, a.a.O., S. 5; Bertelmann bezeichnet die Kosten für den Zusatzstrombezug im allgemeinen als „unangemessen hoch"; vgl. Bertelmann, H., v. Braunmühl, W.: Neue Betriebsformen in der Energieversorgung. Contracting und rationelle Energienutzung. Leitfaden für Contracting-Verfahren bei Kraft-Wärme gekoppelten Anlagen in Industrie- und Gewerbebetrieben, Bericht des Wuppertal Institut für Klima, Umwelt, Energie GmbH, im Auftrag des Umweltbundesamtes, F&E-Vorhaben 10407372, S. 7.

größeren Bezugsmenge einen Mengenrabatt erhält.[78] Aus diesem Grund ist bei diesem Unternehmen die Kostenkurve der variablen Kosten etwas flacher.

Abbildung F45: Zusatzstrombezug versus vollständiger Fremdbezug

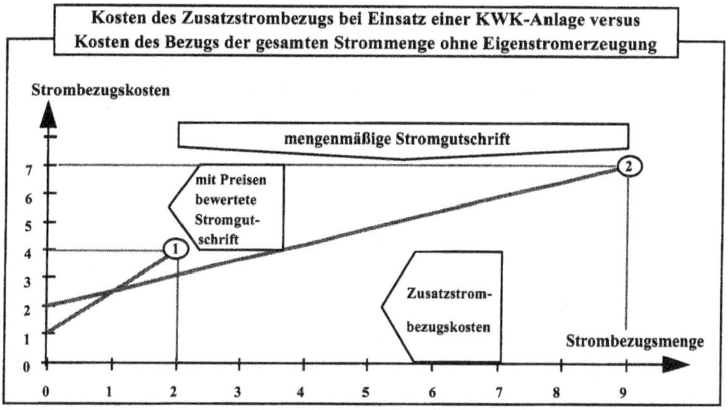

Quelle: Eigene Darstellung.

Wenn nun dieses Unternehmen durch den Einsatz einer innerbetrieblichen KWK-Anlage hinsichtlich seines Fremdbezugs sowohl an Strommenge - in diesem Fall sind dies sieben Einheiten - als auch an Stromleistung einspart, fällt dieses Unternehmen in der Rabattstufe auf das Niveau des Unternehmens, das im Fall 1 dargestellt wurde. Die wirtschaftliche Folge ist, daß das Unternehmen zwar Strombezugskosten in Höhe von drei Einheiten Stromgutschrift einspart und nur noch Zusatzstrombezugskosten in Höhe von vier Einheiten hat, aber die Durchschnittskosten pro fremdbezogener (Zusatzstrom-) Einheit steigen.

Letztlich bezieht sich also die obige Aussage hinsichtlich der Konditionen des Zusatzstrombezugs auf ein vergleichbares Unternehmen mit einem geringeren innerbetrieblichen Strombedarf.

cc. Berechnung der Stromgutschrift

Die bereits dargestellte Berechnung der Stromgutschrift soll im folgenden anhand eines Beispiels verdeutlicht werden. Hierbei wird auf die Berechnungen des im Kapitel D vorgestellten Beispielunternehmens zurückgegriffen. Das Beispielunternehmen hat einen Leistungsbedarf von 1,25 MW und einen Stromarbeitsbedarf von 5.000 MWh.[79]

Die vom EVU bezogene Stromarbeit wird, abhängig davon, ob diese in der Hoch- bzw. Niedertarifzeit bezogen wird, mit einem unterschiedlichen Tarif bewertet. Ferner unterliegt das Unternehmen einem Zonentarif, d.h. aus höheren Bezugsmengen resultieren niedrigere Preise pro kWh Strom. Aus dem Zonentarif und dem nach Tageszeit differenzierten Strompreis ergibt sich ein durchschnittlicher Arbeitspreis von DM 0,1288 pro kWh Strom.[80]

---

78 Der Mengenrabatt muß dabei nicht zwingend aus niedrigeren Tarifen resultieren, sondern kann die Folge eines Zonentarifs sein: Durch das Erreichen einer höheren Zone ab einer bestimmten Bezugsmenge resultiert für die zusätzlich bezogenen Strommengen ein geringerer Tarif. Vgl. hierzu auch die Ausführungen in Kapitel D.II.1.a.cc.aaa.

79 Vgl. Kapitel D.

80 Vgl. Tabelle 7 in Kapitel D.

In der folgenden Tabelle sind die Strombezugskosten des Beispielunternehmens zusammenfassend dargestellt:

Tabelle F18: Berechnung der Strombezugskosten vor Erstellung der Kraft-Wärme-Kopplungsanlage

	Leistung		Arbeit	
Menge	1.250	kW	5.000.000	kWh
Preis	200,00	DM/kW	0,1288	DM/kWh
Bezugskosten	250.000	DM	644.000	DM

Quelle: Eigene Darstellung.

Dieses Unternehmen entschließt sich, eine Wirtschaftlichkeitsanalyse zur Beurteilung der Vorteilhaftigkeit einer Kraft-Wärme-Kopplungsanlage durchzuführen. Gemäß den Ausführungen im Kapitel E betrachtet dieses Unternehmen ein Blockheizkraftwerk (BHKW) mit einer elektrischen Leistung von 0,73 MW als geeignetste Anlage.

Mit Hilfe verschiedener charakteristischer Tagesganglinien und daraus abgeleiteten Dauerlinien ist es nun möglich, die durch das BHKW voraussichtlich erzielbare Strombedarfsdeckung zu ermitteln.

Abbildung F46: Stromgutschrift anhand einer Jahresdauerlinie für Strom

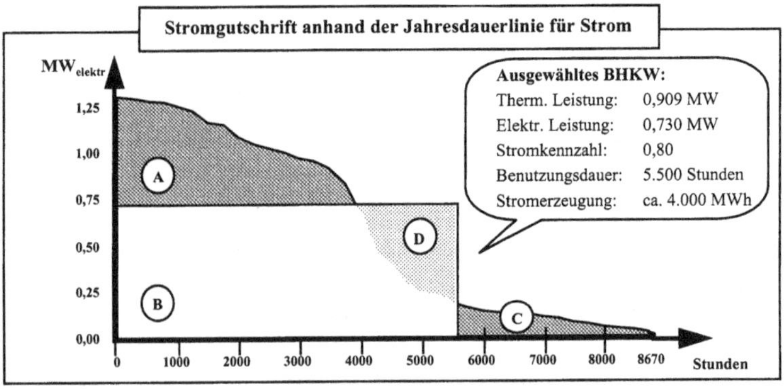

Quelle: Eigene Darstellung.

In der obigen Abbildung ist anhand der Jahresdauerlinie für Strom der gesamte Strombedarf des Industrieunternehmens sowie die entsprechende, durch das BHKW erzielte Strombedarfsdeckung eingezeichnet. Hierbei wurde die im Kapitel E abgeleitete Vollbenutzungsstundenzahl von 5.500 Stunden beibehalten.

Die Flächen A, B und C repräsentieren den Strombedarf des Unternehmens in Höhe von 5.000 MWh. Die Fläche D stellt die Stromerzeugung dar, die in das EVU-Netz eingespeist werden muß. Es wird angenommen, daß 500 MWh (Fläche D) der gesamten Stromerzeugung in Höhe von ca. 4.000 MWh (Flächen B und D)[81] eingespeist werden müssen.[82] Die Fläche B stellt die Stromgutschrift (3.500 MWh) dar.

---

[81] Rechenweg: 0,73 MW (elektrische Leistung des KWK-Aggregates) multipliziert mit ca. 5.500 h ergibt ca. 4.000 MWh.

[82] Auf die Probleme der Ermittlung der Einspeisevergütung wird im folgenden noch eingegangen.

aaa. Ermittlung der zusätzlich zu beziehenden Stromarbeit

Die voraussichtliche Strombedarfsdeckung liegt bei 3.500 MWh pro Jahr (Fläche B). Wenn 3.500 MWh der insgesamt benötigten 5.000 MWh Strom (Flächen A, B und C) durch die Eigenerzeugung gedeckt werden können, dann müssen nur noch 1.500 MWh Strom (Summe der Flächen A und C) fremdbezogen werden.

Das Unternehmen schätzt hierbei aufgrund von Herstellerangaben, daß wegen Wartungs- und Instandhaltungsarbeiten eine Reservearbeit von ca. 50 MWh bei einer Reserveleistung von 0,28 MW fremdbezogen werden muß.[83] Zieht man diese Reservearbeit von dem notwendigen Stromfremdbezug ab, dann resultiert hieraus ein Zusatzstrombezug in Höhe von 1.450 MWh. Die errechnete Reservearbeit und der Zusatzstrombezug werden mit dem jeweiligen Arbeitspreis multipliziert. Da der Arbeitspreis je nach Tages- und Jahreszeit differieren kann, ist der benötigte Reserve- und Zusatzstrom möglichst differenziert zu ermitteln. Des weiteren ist zu beachten, daß der Arbeitspreis je nach Abnahmemenge unterschiedlich hoch ist.

Die Berechnung des Arbeitspreises, den das Unternehmen für Reserve- und Zusatzstrom an das EVU zu entrichten hat, ist in der folgenden Tabelle dargestellt:

Tabelle F19: Arbeitspreise des Zusatz- und Reservestrombezugs

	Arbeitspreis: Zusatzstrombezug EVU		
	Menge (kWh)	Preis (DM/kWh)	DM/a
HT	200.000	0,190	38.000
	600.000	0,170	102.000
	128.000	0,140	17.920
NT	200.000	0,110	22.000
	322.000	0,100	32.200
Summe	**1.450.000**	**0,1463**	**212.120**
	Arbeitspreis: Reservestrombezug EVU		
	Menge (kWh)	Preis (DM/kWh)	DM/a
HT	35.000	0,180	6.300
NT	15.000	0,110	1.650
Summe	**50.000**	**0,159**	**7.950**

Quelle: Eigene Darstellung.

In der Tabelle ist hinsichtlich des Zusatzstromes zu beachten, daß der durchschnittliche variable Arbeitspreis pro kWh mit 14,63 Pf um 1,75 Pf über dem durchschnittlichen Arbeitspreis des Vollstrombezugs (DM 0,1288/kWh) vom EVU liegt.

Damit sind Zusatzstrombezieher durch niedrigere Abnahmemengen gegenüber Vollstrombezieher benachteiligt. Der Nachteil, der aus dem um 1,75 Pf/kWh höheren Arbeitspreis bei Zusatzstrombezug resultiert, summiert sich auf insgesamt ca. TDM 25. Aufgrund dieser höheren Kosten ergeben sich mit der Eigenstromerzeugung geringere Opportunitätserlöse, d.h. die Stromgutschrift wird verringert und die Wirtschaftlichkeit der KWK-Anlage negativ beeinflußt.

bbb. Ermittlung der zusätzlich zu beziehenden Stromleistung

Neben der ersparten Stromarbeit muß ebenfalls die ersparte Leistung ermittelt werden. Die durch die KWK-Anlage ersparte Leistung kann aus den Tagesganglinien des innerbetrieb-

[83] Durch die Reserveleistung von 0,28 MW stehen dem Unternehmen im Störfall über die noch zu ermittelnde Leistung des Zusatzstromes hinaus weitere 0,28 MW zur Verfügung. Beträgt also die Leistung des Zusatzstrombezuges noch 0,52 MW (Differenz aus 1,25 MW und 0,73 MW), so stehen dem Unternehmen auf jeden Fall 0,8 MW zur Verfügung.

lichen Strombedarfs ermittelt werden, indem die Erzeugungsleistung der KWK-Anlage mit dem jeweiligen Leistungsbedarf des Unternehmens verglichen wird.

Wenn die KWK-Anlage stromorientiert gefahren wird, d.h. die Anlage dann in Betrieb ist, wenn ein entsprechender Strombedarf besteht, dann entspricht die ersparte Leistung voraussichtlich der elektrischen Leistung der KWK-Anlage, d.h. im Beispielunternehmen 0,73 MW.[84]

Wird die KWK-Anlage jedoch nicht stromorientiert, sondern wärmeorientiert gefahren, dann muß über die Tagesganglinie des Wärmebedarfs zunächst ermittelt werden, wann die KWK-Anlage mit welcher Leistung in Betrieb ist. Da die Wärmeerzeugung und die Stromerzeugung über die Stromkennzahl fest aneinander gekoppelt sind, können aufgrund der Wärmeerzeugung Rückschlüsse auf die Stromerzeugung gezogen werden.

Die aus der wärmeorientierten Fahrweise resultierende Stromerzeugung wird dem jeweiligen Strombedarf gegenübergestellt, damit die Leistungsgutschrift berechnet werden kann. Hat das Unternehmen beispielsweise zu einem bestimmten Zeitpunkt einen Leistungsbedarf von 1,25 MW und wird die KWK-Anlage zu diesem Zeitpunkt mit einer elektrischen Erzeugungsleistung von 0,5 MW in Teillast gefahren, dann muß das Unternehmen vom EVU eine elektrische Leistung in Höhe von 0,75 MW beziehen. Wenn diese 0,75 MW der elektrischen Leistung von 1,25 MW, die ohne KWK bezogen würde, gegenübergestellt wird, dann beträgt die Leistungsersparnis 0,5 MW. Im ungünstigsten Fall ist die Anlage zu diesem Zeitpunkt nicht in Betrieb, so daß mit der KWK-Anlage keine Leistungsgutschrift erzielt werden kann.

Die Ermittlung der Leistungsgutschrift ist demnach problematisch, wenn die KWK-Anlage nicht stromorientiert gefahren wird, da die Ermittlung nur über den Umweg der Tagesganglinien des Wärmebedarfs möglich ist.[85]

Die Leistungsgutschrift ist jedoch um so größer, je größer die Korrelation zwischen dem Wärme- und Strombedarf des Unternehmens ist und je mehr die KWK-Anlage hinsichtlich ihrer Vollbenutzungsstundenzahl ausgelastet ist[86], je geringer der betriebliche Strombedarf im Vergleich zum Wärmebedarf ist und je höher die Stromkennzahl ist. Daraus kann gefolgert werden, daß die Prämisse der Korrelation zwischen Strom- und Wärmebedarf um so mehr an Bedeutung verliert, je kleiner das Aggregat dimensioniert ist. Unterdimensionierte Anlagen bieten höhere Chancen der Auslastung hinsichtlich Stundenanzahl und Intensität, so daß das Risiko, die potentiell mögliche Leistungsgutschrift zumindest teilweise zu verlieren, reduziert werden kann.

Im Beispielunternehmen wird davon ausgegangen, daß der Wärmebedarf und der Strombedarf verhältnismäßig synchron verlaufen. Darüber hinaus wurde ein BHKW mit hoher Stromkennzahl ausgewählt, das zudem im Vergleich zum betrieblichen Energiebedarf wohl eher unterdimensioniert ist: Bei der vorgestellten deduktiven Methode, die auch die Dimensionierung berücksichtigt, wurde beispielsweise zugunsten einer hohen Auslastung in Form von 5.500

---

84 Göricke warnt jedoch davor, eine KWK-Anlage durch eine stromorientierte Fahrweise, d.h. durch ein „Abfahren von elektrischen Leistungsspitzen“, wirtschaftlich betreiben zu wollen: Vgl. Göricke, P.: Blockheizkraftwerke. Ihre Technik - Ihre Probleme, a.a.O., S. 175. Wie eine KWK-Anlage möglichst wirtschaftlich betrieben werden soll, ist jedoch durch eine Wirtschaftlichkeitsbetrachtung zu ermitteln. Pauschale Aussagen hinsichtlich der Orientierung nach Strom oder Wärme unterstützen einen industriellen KWK-Betreiber in den meisten Fällen nicht bei seiner Entscheidung zur Fahrweise. Aus diesem Grund befaßt sich das Kapitel G ausführlich mit dem Problem der Fahrweisenoptimierung.

85 Dieses Problem wird im Rahmen einer Wirtschaftlichkeitsbetrachtung noch vergrößert, da in diesem Fall die geplanten Tagesganglinien für Wärme den entsprechenden geplanten Tasgesganglinien für Strom gegenübergestellt werden müssen. Die daraus resultierende geplante Stromerzeugung der KWK-Anlage muß dann erneut den geplanten Tagesganglinien des Strombedarfs gegenübergestellt werden.

86 Dies impliziert nicht nur eine hohe Anzahl von Stunden, in denen die KWK-Anlage in Betrieb ist, sondern darüber hinaus eine möglichst hohe Last bzw. Intensität.

Benutzungsstunden auf ein leistungsstärkeres Aggregat verzichtet. Aus diesem Grund wird im folgenden davon ausgegangen, daß das Mengengerüst der Leistungsgutschrift der elektrischen Leistung des BHKW entspricht.[87] Daraus ergibt sich eine Leistungsgutschrift in Höhe von 0,73 MW, d.h. es müssen bei einem gesamten Bedarf in Höhe von 1,25 MW noch 0,52 MW an elektrischer Leistung vom EVU bezogen werden.

Hinsichtlich der Reserveleistung werden die oben angesprochenen 0,28 MW angesetzt, so daß dem Unternehmen insgesamt 0,80 MW Stromleistung zur Verfügung stehen. Für das Preisgerüst der Reserveleistung werden praxisnahe DM 90,00/kW angenommen.[88] Für den unwahrscheinlichen Fall, daß die Leistung von 0,80 MW nicht ausreicht, werden dem Unternehmen vom EVU Zuschläge auf Basis des Zusatzstrom-Leistungspreises in Rechnung gestellt

In der folgenden Tabelle sind die oben verwendeten Daten übersichtlich zusammengestellt:

Tabelle F20: Berechnung der Kosten aus dem Leistungsbezug

		Leistungspreise	
		Zusatzstrom	Reservestrom
Menge	kW	520	280
Preis	DM/kW	200,00	90,00
Bezugskosten	**DM**	**104.000**	**25.200**

ccc. Ermittlung der Stromgutschrift

Nachdem die Kosten des Stromfremdbezugs nach KWK und vor KWK bestimmt worden sind, kann durch die Bildung der Differenz zwischen beiden Größen die Stromgutschrift ermittelt werden. Die Strombezugskosten vor und nach KWK sowie die hieraus resultierende Stromgutschrift sind in der folgenden Tabelle dargestellt:

Tabelle F21: Berechnung der Stromgutschrift

	Vor KWK	**Nach KWK**			**Stromgutschrift**
	Vollstrombezug	Reservestrom	Zusatzstrom	Gesamt	
Arbeitspreis [DM]	644.000	7.950	212.120	220.070	423.930
Leistungspreis [DM]	250.000	25.200	122.000	147.200	102.800
Summe [DM]	**894.000**	**33.150**	**334.120**	**367.270**	**526.730**

Die in der Tabelle angegebene Stromgutschrift kann ermittelt werden, indem die Differenz aus den gesamten Kosten des Vollstrombezugs (DM 894.000) und den gesamten Strombezugskosten nach KWK (DM 367.270) gebildet wird. Die zweite Berechnungsvariante (sog. direkte Methode) besteht aus der Ermittlung der Arbeits- und Leistungspreisersparnis mit anschließender Aufsummierung zur Stromgutschrift.[89] Auf die Gefahren bei der Ermittlung der Stromgutschrift nach der direkten Methode wurde bereits hingewiesen.

---

[87] Eine exakte Untersuchung über die Korrelation von Wärme- und Strombedarf kann jedoch lediglich auf Basis möglichst vieler typischer aber auch untypischer Tagesganglinien durchgeführt werden. Sollte entgegen der Planung der Umstand eintreten, daß die geplante Leistungsgutschrift nicht erzielt werden kann, muß in einer gesonderten Wirtschaftlichkeitsbetrachtung über die Investition in einen Notkühler oder in einen Wärmespeicher nachgedacht werden. Dadurch ist es möglich, Strom auch dann zu erzeugen, wenn kein Wärmebedarf vorliegt.

[88] Die zugrundgelegten DM 90,00/kW bestehen in diesem Fall aus ca. DM 15 bis 20 für die Kurzzeitreserve und weitere ca. DM 70 bis 80 für die entsprechende Langzeitreserve.

[89] Vgl. Piller, W., Rudolph, M.: Kraft-Wärme-Kopplung. Zur Theorie und Praxis der Kostenrechnung, a.a.O., S 69ff; Belting, T.: Blockheizkraftwerke, a.a.O., S. 49.

Die gesamte Stromgutschrift kann je nach Objekt und Fahrweise eine Höhe von 15 bis 30 Pf/kWh erreichen.[90] Wird die Stromgutschrift für das oben dargestellte Beispiel berechnet, dann ergibt sich eine durchschnittliche Stromgutschrift von ca. DM 0,15 pro kWh.[91]

Die erzielbare Stromgutschrift pro kWh ist grundsätzlich um so höher, je höher der Durchschnittspreis des Stromfremdbezugs eines Unternehmens ist.[92] Neben dem Durchschnittspreis hängt die Stromgutschrift ebenfalls von der Höhe der möglichen Leistungsersparnis ab. Die Leistungsersparnis wird durch die Fahrweise der Anlage beeinflußt und ist um so höher, je mehr ursprüngliche fixkostenintensive Lastspitzen durch die Existenz und den Betrieb der KWK-Anlage sowie durch ein damit einhergehendes Lastmanagement ausgeglichen werden können.

b. Die Stromeinspeisevergütung

Überschüssig produzierte elektrische Energie entsteht immer zu den Zeitpunkten, an denen die industrielle Kraft-Wärme-Kopplungsanlage eine größere Strommenge produziert als das Unternehmen aktuell nachfragt.[93] In Abbildung F1 dieses Kapitels wurde die Einspeisevergütung graphisch anhand einer Tagesganglinie verdeutlicht.

KWK-Anlagen werden in der Regel parallel zum öffentlichen Netz betrieben, so daß einerseits stets die Einspeisung der überschüssigen elektrischen Energie ermöglicht wird und andererseits der zusätzlich benötigte externe Strombedarf gedeckt werden kann.[94]

Über die Höhe der Einspeisevergütung lassen sich keine allgemeingültigen Aussagen machen, da diese einerseits von den regionalen Gegebenheiten und andererseits vom verwendeten Brennstoff der KWK-Anlage abhängig ist.[95] Sie kann deshalb beträchtliche Unterschiede in der Höhe und der Art der Berechnung aufweisen. Zur Energieeinspeisung gibt es jedoch eine Reihe von gesetzlichen, verbandlichen und privatwirtschaftlichen Regelungen, die im folgenden näher beleuchtet werden.

aa. Regelungen auf Basis von Gesetzen

Die Regelung mit der höchsten normativen Kraft ist das Stromeinspeisegesetz[96], welches seit dem 01.01.1991 in Kraft ist und die Einspeisung von Strom aus regenerativen Quellen begünstigt.

Zu den regenerativen Quellen zählen neben der Sonnen- und Windenergie sowie der Wasserkraft auch Deponie- und Biogas sowie die biologischen Rest- und Abfallstoffe der Land- und

---

90 Vgl. Belting, T.: Blockheizkraftwerke, a.a.O., S. 3.

91 Die Stromgutschrift von DM 0,15 pro kWh errechnet sich durch Division von DM 526.730 durch die erzeugte und im Unternehmen genutzten Stromeinheiten in Höhe von 3.500.000 kWh.

92 Vgl. Meyer-Plate, I.: Marktübersicht über KWK-Anlagen im Leistungsbereich 2 bis 20 MW_{el}, a.a.O., S. 2.

93 Vgl. Handrock, W.: Das energiewirtschaftliche Umfeld der Kraft-Wärme-Kopplung, a.a.O., S. 17; Belting, T.: Blockheizkraftwerke, a.a.O., S. 49; o.V.: Einsatzmöglichkeiten für Blockheizkraftwerke in Baden-Württemberg, a.a.O., ohne Seitenangabe; Meyer-Plate, I.: Marktübersicht über KWK-Anlagen im Leistungsbereich 2 bis 20 MW_{el}, a.a.O., S. 2; Rauck, H.: Dezentrale Kraft-Wärme-Kopplung als wirtschaftliche und umweltfreundliche Form der Bereitstellung von Strom und Wärme, a.a.O., S. 5; Suttor, K.-H., Suttor, W.: Die KWK-Fibel, a.a.O., S. 67.

94 Vgl. Schreiner, E.: Kraft-Wärme-Kopplung zur Energieversorgung von Flaschenfüllanlagen in Brauereien, Mineralbrunnen und Erfrischungsgetränkebetrieben, a.a.O., S. 5; Belting, T.: Blockheizkraftwerke, a.a.O., S. 53; Elsässer, R., Maier, W.: Profitables Potential? Elektrisches Potential und Wirtschaftlichkeit der Kraft-Wärme-Kopplung in Industrie und Gewerbe, a.a.O., S. 17ff.

95 Vgl. Handrock, W.: Das energiewirtschaftliche Umfeld der Kraft-Wärme-Kopplung, a.a.O., S. 17; Belting, T.: Blockheizkraftwerke, a.a.O., S. 53.

96 Vgl. Gesetz über die Einspeisung von Strom aus erneuerbaren Energien in das öffentliche Netz (Stromeinspeisungsgesetz) vom 07.12.90, BGBl. I, S. 2633-2634. Da sich der Begriff Stromeinspeisegesetz eingebürgert hat, wird dieser im folgenden zur Vereinfachung benutzt.

Forstwirtschaft.[97] Das Stromeinspeisegesetz wird für den Betrieb einer industriellen Kraft-Wärme-Kopplungsanlage dann betriebswirtschaftlich bedeutsam, wenn z.B. Biogas oder Abfallstoffe verfeuert werden.

Das Gesetz legt eine Mindesteinspeisevergütung[98] für den regenerativ erzeugten und in das öffentliche Netz eingespeisten Strom fest. Diese Mindestvergütung orientiert sich am Durchschnittserlös je kWh aus der Stromabgabe von Elektrizitätsversorgungsunternehmen an alle Letztverbraucher.[99]

Der aus regenerativen Energien gewonnene und eingespeiste Strom wird mit folgenden Mindestsätzen vergütet:[100]

- aus Sonnen- und Windenergie mit 90% des Durchschnittssatzes, z.Zt. 17,21 Pf/kWh
- aus Wasserkraft und Deponiegas (Anlagen unter 500 kW Leistung) mit 80% des Durchschnittssatzes, z.Zt. 15,30 Pf/kWh
- aus Wasserkraft und Deponiegas (Anlagen von 500 bis 5.000 kW Leistung) sowie aus Biomasse mit 65% des Durchschnittssatzes, z.Zt. 12,43 Pf/kWh

Das Stromeinspeisegesetz wird aktuell diskutiert und ist im Zusammenhang mit zwei Entwicklungen interessant: Zum einen herrscht Streit über die Verfassungskonformität dieses Gesetzes, und zum anderen wird versucht, die normativen Regelungen dieses Gesetzes auch auf die Stromerzeugung aus rationeller Energienutzung, d.h. auf alle KWK-Anlagen, unabhängig von der Art des verwendeten Brennstoffes, auszudehnen.[101]

Das Land Brandenburg startete 1993 eine Bundesratsinitiative mit dem Ziel, das Stromeinspeisegesetz um den Tatbestand der Einspeisung von Strom aus KWK-Anlagen zu ergänzen[102]. Danach sollte neben den erneuerbaren Energien auch die Einspeisung von Strom aus Kraft-Wärme-Kopplung gesetzlich so geregelt werden, daß sich eine angemessene Vergütung ergibt.

Ein wesentlicher Grund für diese Landesinitiative war die Erkenntnis, daß sich besonders für kleinere Einspeiser aufgrund der Marktmacht der EVU unbefriedigende Einspeisevergütungen ergeben und die Preisbildung nicht nur den Verhandlungen zwischen einspeisewilligen Erzeugern und aufnehmenden EVU überlassen bleiben dürfte. Ein weiterer Grund war, daß die vertragliche Regelung der komplexen Einspeisebedingungen bei kleinen Einspeisern dazu führt, daß die Kosten für die Einholung des Einspeiseangebotes und die Vereinbarung der Stromeinspeisebedingungen im Verhältnis zu den Erlösen aus der Stromeinspeisung zu hoch sind und damit abschreckend auf potentielle Einspeiser bzw. generell alle potentiellen KWK-Betreiber wirken könnten.[103]

---

[97] Vgl. § 1 des Stromeinspeisungsgesetzes.

[98] Vgl. § 3 des Stromeinspeisungsgesetzes.

[99] Vgl. Belting, T.: Blockheizkraftwerke, a.a.O., S. 53 und 54.

[100] Vgl. o.V.: Bonn hält fest am Einspeisegesetz, in: IZE (Hrsg.): Stromthemen 1/96, Informationen zu Energie und Umwelt, Frankfurt 1996, S. 1-3.

[101] o.V.: Selbstjustiz der Energieversorger. Politiker kritisieren Mißachtung des Stromeinspeisegesetzes, Süddeutsche Zeitung, 11.05.1995, S. 20.

[102] Vgl. Gesetzantrag des Landes Brandenburg: Entwurf eines Gesetzes zur Änderung des Gesetzes über die Einspeisung von Strom aus erneuerbaren Energien in das öffentliche Netz (Stromeinspeisungsgesetz), Bundesrats-Drucksache 186/93 vom 23.03.93; Matthes, F.-C. u.a.: Kriterien und Instrumente zur Bewertung des Potentials der Kraft-Wärme-Kopplung in Brandenburg, Studie des Öko-Institutes e.V. im Auftrag des Landesumweltamtes Brandenburg, Freiburg und Berlin, Mai 1994.

[103] Vgl. Handrock, W.: Das energiewirtschaftliche Umfeld der Kraft-Wärme-Kopplung, a.a.O., S. 19; Bouillon, H.: Möglichkeiten und Grenzen der Kraft-Wärme-Kopplung, in: Tagungsbericht 14. Hochschultage Energie, Essen 29./30. September 1993, S. 47; Beck, P.: Vergütung von Stromeinspeisungen aus KWK. Die Initiative Brandenburgs und neuere Entwicklungen, Vortrag gehalten auf der Euroforum-Konferenz "Kraft-Wärme-

Die Initiative Brandenburgs enthielt folgende Hauptelemente:

- Der begünstigte Anlagenbestand sollte durch die elektrische Leistung von 5.000 kW nach oben begrenzt werden. Damit erfolgt die Eingrenzung auf die Anlagen, bei denen die Transaktionskosten eine wesentliche Rolle spielen und bei denen sich asymetrische Marktverhältnisse besonders gravierend auswirken können.
- Der Anlagennutzungsgrad, der vom Wirkungsgrad und der Auslastung der KWK-Anlage bestimmt wird, sollte mindestens 70% im Jahresmittel erreichen. Dadurch sollten nur Anlagen mit einer effektiven Energieausnutzung begünstigt werden.
- Im Mittel über alle Einspeisefälle sollte eine Mindestvergütung von 70% der Durchschnittserlöse je kWh aus der Stromabgabe von Elektrizitätsversorgungsunternehmen an alle Letztverbraucher gezahlt werden, d.h. ca. 13 Pf/kWh anstatt von ca. 8-12 Pf/kWh nach den Regelungen der Verbändevereinbarung.

Unter dem politischen Druck der brandenburgischen Gesetzesinitiative ist die Vergütung nach den Regelungen der Verbändevereinbarung in den im Jahre 1994 stattgefundenen Verhandlungen zwischen der Energiewirtschaft und der Industrie verbessert worden.

Diese modifizierte Verbändevereinbarung enthält vor allem - wie von Brandenburg gefordert - eine überproportionale Verbesserung im Segment der Kleineinspeiser. Auch in struktureller Hinsicht wurden Verbesserungen aufgenommen, die in der Initiative gefordert wurden, beispielsweise die Minimierung des Meßaufwandes mit der Folge geringerer Meßkosten.

Die Folge war, daß das Land Brandenburg zwischenzeitlich seine Bundesratsinitiative zurückgezogen hat. Damit wurde das originäre Ziel der EVU - eine gesetzliche Regelung zu vermeiden - in den Verhandlungen zwischen der Energiewirtschaft und der Industrie vorerst erreicht.[104]

Trotzdem ist das Thema, die Einspeisung aus Anlagen der rationellen Energienutzung in das Stromeinspeisegesetz zu integrieren, nach wie vor aktuell:[105] So wollen nun unter anderem die Bundesländer Hessen und Nordrhein-Westfalen aktiv werden und über eine neue Bundesratsinitiative die Einbeziehung der KWK-Anlagen in das Stromeinspeisegesetz fordern.[106]

Das Stromeinspeisegesetz gerät darüber hinaus noch aus einem anderen Grund unter Druck: Nachdem das Bundesverfassungsgericht über die Verfassungswidrigkeit des „Kohlepfennigs" entschieden hat - dies wurde von den Energieversorgungsunternehmen sehr positiv aufgenommen -, versuchen einige Energieversorgungsunternehmen und ihr Verband, die Vereinigung Deutscher Elektrizitätswerke (VDEW), das Stromeinspeisegesetz auf Verfassungskonformität überprüfen zu lassen.[107] Da die Elektrizitätswirtschaft jedoch den Zeitpunkt der direkten Überprüfungsmöglichkeit verstreichen ließ, versuchen nun einige Energieversorgungsunternehmen hilfsweise durch die Verweigerung von gesetzlich fixierten Einspeisever-

---

Kopplung" am 7. und 8. März 1995 in Düsseldorf, Skript Seite 5 und 6; Bertelmann, H., v. Braunmühl, W.: Leitfaden für Contracting-Verfahren bei Kraft-Wärme gekoppelten Anlagen in Industrie- und Gewerbebetrieben, a.a.O., S. 7.

104 Vgl. Beck, P.: Vergütung von Stromeinspeisungen aus KWK. a.a.O., S. 11; Handrock, W.: Das energiewirtschaftliche Umfeld der Kraft-Wärme-Kopplung, a.a.O., S. 19; Kreklau, C.: Alternative zum Gesetz, in: Zeitschrift für kommunale Wirtschaft, Nr. 10 vom 08.10.94; Matthes, F.-C. u.a.: Kriterien und Instrumente zur Bewertung des Potentials der Kraft-Wärme-Kopplung in Brandenburg, a.a.O., ohne Seitenangabe.

105 Vgl. Belting, T.: Blockheizkraftwerke, a.a.O., S. 53.

106 Vgl. o.V.: Selbstjustiz der Energieversorger. Politiker kritisieren Mißachtung des Stromeinspeisegesetzes, in: Süddeutsche Zeitung, 11.05.1995, S. 20; o.V.: Strom-Verbilligung trifft BHKW, a.a.O., S. 2.

107 Das Bundesverfassungsgericht hat den "Kohlepfennig", den Aufschlag auf den Strompreis zur Subventionierung des deutschen Steinkohlebergbaus, als verfassungsrechtlich unzulässige Sonderabgabe verworfen und diesen Aufschlag ab dem 01.01.1996 untersagt: Urteil am 07.12.1994, vgl. Aktenzeichen: 2 BvR 633/86; o.V.: Kohlepfennig unzulässig, in: Zeitung für Kommunale Wirtschaft (ZfK), Heft 12, Dezember 1994, S. 1.

gütungen eine Verfassungsklage zu provozieren.[108] Diese Vorgehensweise ist jedoch von verschiedenen gesellschaftlichen Seiten und von allen politischen Parteien einhellig kritisiert worden.[109]

Trotzdem haben die Energieversorgungsunternehmen ihr Ziel erreicht, da das Landgericht Karlsruhe im Rechtsstreit zwischen dem Badenwerk und einem privaten Einspeiser am 29.09.95 zu der Ansicht gelangte, daß das Stromeinspeisegesetz verfassungswidrig sei.[110] Das Landgericht setzte daher am 29.09.95 das Verfahren aus, um die Zulässigkeit des Stromeinspeisegesetzes direkt durch das Bundesverfassungsgericht (BVerfG) prüfen zu lassen. Das Bundesverfassungsgericht führte aus, daß das Landgericht Karlsruhe nicht ausreichend geprüft hätte, ob das Stromeinspeisegesetz überhaupt als verfassungswidrige Sonderabgabe anzusehen sei. Es könne sich daher ebenso um eine verfassungsrechtlich zulässige Preisregelung handeln. Das Bundesverfassungsgericht lehnte aus diesem Grund die Annahme der Landgerichts-Vorlage ab und verwies sie zur weiteren Bearbeitung an das Landgericht zurück.[111]

Obwohl die Elektrizitätswirtschaft und ihr Verband, der VDEW, ihr Hauptziel, die Aufhebung des Stromeinspeisegesetzes, aus verfassungsrechtlichen Gründen bisher nicht erreicht haben, zeigt ihr Vorgehen Wirkung: Bereits vor der endgültigen gerichtlichen Entscheidung geht der Zubau neuer Anlagen in einigen Gebieten durch die Unsicherheit über den Ausgang des Prozesses zurück.[112]

Unter Druck gerät das Stromeinspeisegesetz auch aufgrund der Liberalisierung der Strommärkte. Ab 1999 wird voraussichtlich, wie im Kapitel B dargestellt, der europäische Strommarkt teilweise geöffnet. Dieses bedeutet, daß Großkunden selbst bestimmen können, von welchem Energieversorger sie den Strom beziehen. In diesem Zusammenhang soll in der Sommerpause 1997 eine Novelle zum Stromeinspeisegesetz als Gesetzentwurf vorgelegt werden.[113]

Bei der Liberalisierung werden die Energieversorger benachteiligt, die gemäß Stromeinspeisegesetz viel Strom aus regenerativen Energien ankaufen müssen. Insbesondere die ausländischen Anbieter besitzen hierdurch Kostenvorteile und könnten die deutschen EVU im Preis unterbieten.[114] Daher ist es denkbar, daß die Bundesregierung, um die Liberalisierung durch

---

[108] Das Badenwerk verweigerte z.B. einem Betreiber einer Wasserkraftanlage die Zahlung der gesetzlich vorgeschriebenen Vergütung im April und Mai 1995, um damit eine Klage gegen sich zu provozieren, vgl. o.V.: Stromkonzerne entfachen Sturm der Entrüstung. Widerstand gegen Einspeisungsgesetz ruft in Bonn einhellige Kritik hervor, in: Frankfurter Rundschau, 11.05.95, S. 13; o.V.: Stromkonzerne müssen für Abnahme von Alternativenergien weiter mehr bezahlen. Vorlage gegen Stromeinspeisungsgesetz vor dem Bundesverfassungsgericht gescheitert, Süddeutsche Zeitung, 18.01.96, S. 15; o.V. Selbstjustiz der Energieversorger. Politiker kritisieren Mißachtung des Stromeinspeisegesetzes, in: Süddeutsche Zeitung, 11.05.1995, S. 20.

[109] Vgl. o.V.: Auf direktem Weg zum Verfassungsgericht. Landgericht Karlsruhe: Einspeisevergütung verfassungswidrig, in: Zeitung für Kommunale Wirtschaft (ZfK), Heft 10, Oktober 1995, S. 16.

[110] Vgl. Leuscher, U.: Einspeisungsgesetz verfassungswidrig?, in: Stromthemen, 12. Jahrgang 1995, Heft 11, S. 7.

[111] Vgl. o.V.: Stromvergütungs-Vorlage in Karlsruhe abgelehnt, in: Zeitung für kommunale Wirtschaft (ZfK), Heft 2, 1996, S. 1; o.V.: Stromkonzerne müssen für Abnahme von Alternativenergien weiter mehr bezahlen. Vorlage gegen Stromeinspeisungsgesetz vor dem Bundesverfassungsgericht gescheitert, in: Süddeutsche Zeitung, 18.01.96, S. 15.

[112] Zum Beispiel hat die Paderborner PESAG allen Banken von einer Kreditvergabe für Windkraftwerke abgeraten, solange noch keine Klärung in Karlsruhe erfolgt ist; vgl. o.V.: Einspeisegesetz, in: Energiedepesche, 9. Jahrgang 1995, Heft 2, S. 15; Handrock, W.: Das energiewirtschaftliche Umfeld der Kraft-Wärme-Kopplung, a.a.O., S. 16; Müschen, K., Romberg, E.: Strom ohne Atom, a.a.O., S. 184/185.

[113] Vgl. o.V.: Minister Rexrodt: Die Preise werden fallen, a.a.O., S. G3.

[114] Vgl. o.V.: Bei Wettbewerb ist der Rahmen entscheidend. VDEW zur Liberalisierung des Strommarktes, in: Stromthemen, Jg. 13 (1996), Heft 7, S. 3.

die Benachteiligung der deutschen Versorger nicht zu gefährden, Änderungen am Stromeinspeisegesetz vornimmt.[115]

bb. Regelungen auf Basis von verbandlichen Vereinbarungen

Wichtigste Regelung für die Verwertung des in KWK-Anlagen hergestellten Stroms ist die sogenannte *Verbändevereinbarung*[116]. Sie wurde 1979 von der Vereinigung Deutscher Elektrizitätswerke (VDEW), der Vereinigung Industrielle Kraftwirtschaft (VIK) und dem Bundesverband der Deutschen Industrie (BDI) mit dem Ziel beschlossen, die industrielle Stromerzeugung zur sinnvollen Ausschöpfung der Eigenerzeugungspotentiale mit Hilfe der Kraft-Wärme-Kopplung zu fördern.[117]

Die Verbändevereinbarung regelt die Stromeinspeisung für alle KWK-Anlagen, die nicht durch das oben beschriebene Stromeinleitungsgesetz erfaßt sind.[118] Voraussetzung für die Anwendung der Regelungen der Verbändevereinbarung ist, daß der Strom in KWK-Anlagen "energiepolitisch sinnvoll" erzeugt wird.[119] Energiepolitisch sinnvoll bedeutet in diesem Zusammenhang, daß die Stromerzeugung in KWK-Anlagen Primärenergie sparen hilft.

Durch den Abschluß der Verbändevereinbarung wurde 1979 ein unbefriedigender regelungsfreier Zustand aufgehoben: Zahlreiche Energieversorgungsunternehmen haben bis zu diesem Zeitpunkt die industrielle Eigenerzeugung und die Überschußeinspeisung durch Restriktionen wie die ungleiche Behandlung von Zusatz- und Vollstrombezug[120], die zwangsweise Bereitstellung der Reserveleistung in Höhe der KWK-Anlagenleistung[121] und die Erhebung eines Parallelfahrentgeltes[122] behindert.

Die zuletzt am 27.09.94 modifizierte Verbändevereinbarung[123] besteht aus zwei wesentlichen Elementen: Zum einen aus der Regelung über die Vergütung für eingespeisten Strom und zum zweiten aus den Bedingungen für den Reserve- und Zusatzstrombezug beim Betrieb von KWK-Anlagen. Im folgenden wird zunächst auf die Regelung über die Vergütung für eingespeisten Strom näher eingegangen.

---

[115] Vgl. o.V.: VKU attackiert Rexrodt-Entwurf, in: Stromthemen, Jg. 13 (1996), Heft 7, S. 3.

[116] Die eigentliche Bezeichnung der Verbändevereinbarung ist: Grundsätze über die Intensivierung der stromwirtschaftlichen Zusammenarbeit zwischen öffentlicher Elektrizitätsversorgung und industrieller Kraftwirtschaft vom 01.08.1979 in der Fassung vom 27.06.1988 und 27.09.1994. Da diese Grundsätze zwischen den Verbänden Vereinigung Deutscher Elektrizitätswerke (VDEW), Bundesverband der Deutschen Industrie (BDI) und Verband der Industriellen Energie- und Kraftwirtschaft (VIK) beschlossen wurde, hat sich die Bezeichnung Verbändevereinbarung eingebürgert und soll im folgenden benutzt werden.

[117] Vgl. Präambel der Verbändevereinbarung.

[118] Vgl. Belting, T.: Blockheizkraftwerke, a.a.O., S. 54; Schreiner, E.: Kraft-Wärme-Kopplung zur Energieversorgung von Flaschenfüllanlagen in Brauereien, Mineralbrunnen und Erfrischungsgetränkebetrieben, a.a.O., S. 5.

[119] Vgl. Ziffer 4.1 der Verbändevereinbarung.

[120] In der Verbändevereinbarung ist geregelt, daß der Zusatzstrombezug zu den gleichen Konditionen zu erfolgen hat wie ein potentieller Vollstrombezug ohne KWK-Anlage. Vor 1979 war es üblich, daß die EVU für den Zusatzstrom einen höheren Preis forderten als für einen potentiellen Vollstrombezug; vgl. auch Belting, T.: Blockheizkraftwerke, a.a.O., S. 53; vgl. hierzu auch die Ausführungen zum Zusatzstrombezug.

[121] In der Verbändevereinbarung ist geregelt, daß eine freie Wahl darüber bestehen muß, ob eine Reserveleistung angemeldet und bezahlt wird oder ob das Unternehmen die Bereitstellung einer Reserveleistung ablehnt. Vor 1979 mußte in allen Fällen eine Reserveleistung angemeldet und bezahlt werden, auch wenn diese aus Gründen eines Lastmanagementes nicht nötig war. Auch dies führte zur materiellen Diskriminierung der KWK-Anlagen.

[122] KWK-Anlagen werden in der Regel elektrisch parallel zum öffentlichen Netz betrieben, d.h. im sogenannten Parallelbetrieb. Dafür muß kein Entgelt gezahlt werden, obwohl dem Netz unter anderem "Regelungsleistungen" entnommen werden. Vor 1979 war es bei den EVU jedoch üblich, für den parallelen Betrieb ein Entgelt zu berechnen.

[123] Vgl. o.V.: Weiterentwicklung der Verbändevereinbarung über die stromwirtschaftliche Zusammenarbeit 1994, VIK-Mitteilungen, Heft 5, Essen 1995.

Je nach Art der Einspeisung wird in eine Einspeisung ohne Programmlieferverpflichtung des Einspeisers und in eine Einspeisung mit Programmlieferverpflichtung unterschieden.[124]

aaa. Einspeisung mit Programmlieferverpflichtung

Grundsätzlich orientiert sich die Höhe der Vergütung bei dieser Einspeisungsart an den vermiedenen Kosten der Stromerzeugung beim EVU.

Seit der Modifizierung der Verbändevereinbarung im September 1994 werden unter den vermiedenen Kosten nicht nur die vermiedenen variablen Kosten - in der Regel die Brennstoffkosten - sondern auch die vermiedenen Fixkosten für Kraftwerkskapazitäten, die beim EVU möglicherweise nicht errichtet werden müssen, subsumiert.[125]

Bei Einspeisungen mit Programmlieferverpflichtung handelt es sich um die Lieferung von Strom mit hoher Leistungsqualität. Voraussetzung für diese Vereinbarung sind ein grundsätzlicher Leistungsbedarf des EVU, eine langfristige Vorankündigung der einzuspeisenden Mengen vom industriellen Unternehmen und eine Anpassung der Leistung der KWK-Anlage an den Fahrplan bzw. Leistungsbedarf des EVU.[126]

Da diese Forderungen sehr harte Bedingungen für das industrielle Unternehmen mit KWK-Anlage darstellen und zur materiellen Diskriminierung der KWK-Anlage geeignet sind, wenn der Leistungsbedarf eines EVU möglicherweise zurückgeht, kommt eine Regelung mit Programmlieferverpflichtung sehr selten zustande.

bbb. Einspeisung ohne Programmlieferverpflichtung

In der Regel werden Industrieunternehmen, die KWK-Anlagen betreiben, ihren überschüssig produzierten Strom ohne Programmlieferverpflichtung einspeisen, da die oben beschriebenen harten Bedingungen für eine Programmlieferverpflichtung aus der Sicht eines Industrieunternehmens nur schwer zu erfüllen sind.

Diese Einspeisungen ohne Programmlieferverpflichtung erfolgen unstetig und ohne Verläßlichkeit für das EVU. Die Einspeisungen können nach einer zweigliedrigen Preisregelung vergütet werden.

Diese Preisregelung besteht aus einem in vier Zeitzonen differenzierten Arbeitspreis und einem nach Winter und Sommer differenzierten Leistungspreis, der von der Zeit- bzw. Arbeitsverfügbarkeit der angemeldeten Soll-Leistung abhängig ist.[127]

Die folgende Tabelle enthält beispielhafte Vergütungssätze, die jedoch keine verbindliche Aussage zur Höhe der Einspeisevergütung darstellen:

---

[124] Vgl. Vereinigung Deutscher Elektrizitätswerke (VDEW): Erläuterungen zur Verbändevereinbarung "Stromwirtschaftliche Zusammenarbeit", Frankfurt am Main 1994, S. 15ff; Handrock, W.: Das energiewirtschaftliche Umfeld der Kraft-Wärme-Kopplung, a.a.O., S. 19; Belting, T.: Blockheizkraftwerke, a.a.O., S. 53.

[125] Vgl. Vereinigung Deutscher Elektrizitätswerke (VDEW): Erläuterungen zur Verbändevereinbarung "Stromwirtschaftliche Zusammenarbeit", a.a.O., S. 8ff.

[126] Vgl. Ziffer 4.4.1 der Verbändevereinbarung; vgl. auch Hoffmann, T.: Stromwirtschaftliche Einordnung von BHKW, a.a.O., S. 8.

[127] Vgl. Ziffer 4.3.b der Verbändevereinbarung.

Tabelle F22: Beispiel für Einspeisevergütungen

Zeit	Tarif	Arbeitspreis (variabel)		Leistungspreis (fix)	
		Einspeisevergütung	Einheit	Einspeisevergütung	Einheit
Sommerzeit	Hochtarif	DM 0,07	kWh	DM 110,00	kW
	Niedertarif	DM 0,05	kWh	DM 110,00	kW
Winterzeit	Hochtarif	DM 0,08	kWh	DM 230,00	kW
	Niedertarif	DM 0,06	kWh	DM 230,00	kW

Quelle: Anlage zu Ziffer 4.3 -Beispiel 1- der Verbändevereinbarung.

Die Ermittlung der Einspeisevergütung, bei der die variablen und die fixen Kosten der Stromerzeugung eines EVU berücksichtigt werden, ist relativ aufwendig und erfordert eine umfangreiche Meßtechnik. Vereinfachend ausgedrückt wird bei der Leistungsvergütung die tatsächliche Ist-Leistung während des jeweiligen Abrechnungshalbjahres herangezogen.

Eine industrielle KWK-Anlage mit einer elektrischen Leistung von beispielsweise 0,8 MW und einer Vollbenutzungsstundenzahl von 6000 h produziert 4800 MWh elektrische Arbeit. Davon werden 1800 MWh, also ca. 37%, relativ gleichmäßig in das EVU-Netz eingespeist. Unter der Voraussetzung, daß im Sommer wie im Winter jeweils eine Strommenge von 900 MWh eingespeist wird und daß die Verteilung von Hoch- und Niedertarif jeweils hälftig ist, sowie unter der Voraussetzung, daß die eingespeiste Leistung 0,2 MW beträgt[128], errechnet sich mit Hilfe der obigen Vergütungssätze ein Durchschnittspreis von ca. DM 0,10/kWh.

In die Verbändevereinbarung wurde eine Pauschalvergütung für Klein-einspeisungen in das Niederspannungsnetz neu aufgenommen.[129] Damit wird unter anderem dem proportional sehr hohen Meßaufwand - mit der Folge hoher laufender Kosten - für den Nachweis der Soll-Leistungsverfügbarkeit von Klein-KWK-Anlagen Rechnung getragen.

Diese vereinfachte Vergütungsregelung besteht darin, daß der Leistungspreis entfällt und die vier Arbeitspreise entsprechend angehoben werden.[130] Diese Einspeiseregelung könnte folgendermaßen aussehen:

Tabelle F23: Beispiel einer Einspeiseregelung für Kleineinspeiser

Zeit	Tarif	Pauschalpreis (variabel)		Leistungspreis (fix)	
		Einspeisevergütung	Einheit	Einspeisevergütung	Einheit
Sommerzeit	Hochtarif	DM 0,10	kWh	DM 0	kW
	Niedertarif	DM 0,07	kWh	DM 0	kW
Winterzeit	Hochtarif	DM 0,14	kWh	DM 0	kW
	Niedertarif	DM 0,09	kWh	DM 0	kW

Quelle: Anlage zu Ziffer 4.3 -Beispiel 3- der Verbändevereinbarung.

Diese vereinfachte Vergütungsregelung gilt für KWK-Anlagen mit einer elektrischen Leistung von maximal 30 kW, d.h. ausschließlich für sehr kleine BHKW-Anlagen. Da diese Leistungsgröße für einen industriellen Einsatz kaum von Bedeutung ist, hat diese Regelung für den industriellen KWK-Einsatz nur geringe Bedeutung.

In manchen Gebieten jedoch, meistens im Bereich der Stadtwerke, werden die in der Verbändevereinbarung genannten Mindestvergütungen durch freiwillige Zahlungen zum Teil deut-

---

128 Die eingespeiste Leistung kann maximal 37% von 0,8 MW, also knapp 0,3 MW betragen. Nachdem jedoch in der Praxis die Einspeisung von überschüssigem Strom nicht regelmäßig verläuft, wird die eingespeiste Leistung unter 0,3 MW, also beispielsweise bei 0,2 MW liegen.

129 Vgl. Ziffer 4.3.b der Verbändevereinbarung.

130 Vgl. Hoffmann, T.: Stromwirtschaftliche Einordnung von BHKW, a.a.O., S. 8.

lich überschritten. Die Wirtschaftlichkeit für KWK-Anlagen in diesen Gebieten verbessert sich dadurch.[131]

Trotz positiver Reaktionen auf die Modifizierung bleibt grundlegende Kritik an der Form und am Erfolg der Verbändevereinbarung bestehen:[132] In der bisherigen Praxis ergaben sich zwischen den EVU unplausible Differenzen in der Vergütungspraxis, die Zweifel daran begründen, daß die Regelungen der Verbändevereinbarung zu einer Gleichbehandlung von Einspeisern führen. Die Vergütungen bei vergleichbaren Einspeisefällen streuten in der Praxis um den Faktor 1,8. Dies bedeutet, daß die besten Konditionen um den Faktor 1,8 über dem schlechtesten Wert lagen. Da die Verkaufspreise für Strom in vergleichbaren Fällen nur um den Faktor 1,3 streuten, können keine Ist-Kosten konformen Konditionen vorliegen. Bei angemessener Vergütung müßte die Streuung in beiden Fällen annähernd gleich sein.[133]

Einhellig wird von den Kritikern der Verbändevereinbarung auch die Meinung vertreten, daß es nicht korrekt ist, die Einspeisevergütung - wie in den meisten Fällen üblich - lediglich an den variablen Kosten der Stromerzeugung zu orientieren. Die Vergütung müsse, so die Kritiker, an den langfristigen Grenzkosten der Stromerzeugung, die neben den variablen Kosten auch Teile der fixen Kosten beinhalten, ausgerichtet werden.[134]

Grundsätzlich ist bei der Anwendung der Regelungen zu beachten, daß die Verbändevereinbarung lediglich eine inhaltliche Vereinbarung darstellt, die für die Mitglieder der Verbände nicht bindend ist.[135] Damit ist klar, daß der Inhalt der Regelungen nicht direkt eingefordert werden kann und es im Zweifelsfall von der Stärke der Verhandlungspartner abhängt, wie eine individuelle Vereinbarung zwischen einem EVU und einem Unternehmen, das überschüssigen Strom in das EVU-Netz einspeist, konkret ausgestaltet ist. Prinzipiell gilt jedoch für die Eigenstromerzeugung der Grundsatz, daß gemäß § 103 Abs. 5 GWB die Verwertung von in eigenen Anlagen hergestellter Energie nicht unbillig behindert werden darf.[136] Der Tatbestand der unbilligen Behinderung wird allerdings nur auf dem Klageweg von den zuständigen Gerichten geprüft und verursacht in der Regel nicht nur hohe Kosten, sondern zieht sich auch zeitlich in die Länge.

cc. Einspeisevergütung auf Basis privatrechtlicher Verträge

Die oben skizzierten Regelungen auf der Basis von Gesetzen und verbandlichen Vereinbarungen sind im konkreten Einzelfall zur Ermittlung der Stromeinspeisevergütung wenig hilfreich, da diese Regelungen nur Mindestvergütungen bzw. Richtlinien darstellen. Die

---

131 Beispielsweise hat die Stadt Frankfurt am Main im September 1992 beschlossen, daß die Stadtwerke in Anlehnung an die Regelungen des Stromeinspeisegesetzes den eingespeisten Strom aus KWK-Anlagen kleiner bis mittlerer Größe mit ca. 14 Pf je Kilowattstunde vergüten müssen. Ein im Jahre 1995 abgeschlossener Kooperationsvertrag zwischen den Hamburgischen Elektriziätswerken (HEW) und der Freien und Hansestadt Hamburg legt fest, daß die HEW für Strom aus KWK-Anlagen, die über eine elektrische Leistung von max. 1,5 MW verfügen, ab dem 01.01.97 eine Vergütung in Höhe von 75% des durchschnittlichen Stromverkaufspreises der Hamburgischen Elektrizitätswerke, d.h. ca. 13 Pf je Kilowattstunde, zu zahlen haben.

132 Vgl. unter anderem Rauck, H.: Dezentrale Kraft-Wärme-Kopplung als wirtschaftliche und umweltfreundliche Form der Bereitstellung von Strom und Wärme, a.a.O., S. 6; Klien, J.:, Gabler, W.: Datenbank Blockheizkraftwerke, Technische Beschreibung, Darmstadt 1990; Belting, T.: Blockheizkraftwerke, a.a.O., S. 53; Winkler, R.: Mehr Geld für selbsterzeugten Strom, in: Stromthemen, 12. Jahrgang 1995, Heft. 4, S. 6.

133 Vgl. o.V.: Stadtwerke Schwäbisch Hall, Große Unterschiede bei den Einspeise-Preisen für Strom aus Kraft-Wärme-Kopplung, in: Kommunale Briefe für Ökologie Nr. 15, 1992.

134 Vgl. u.a. o.V.: Stellungnahme zum Fragenkatalog des Unterausschusses des Wirtschaftsausschusses des Bundesrates betreffend den Antrag des Landes Brandenburg zu Novellierung des Stromeinspeisungsgesetzes (Einbeziehung von Strom aus KWK-Anlagen), Wuppertaler Institut für Klima, Umwelt, Energie (Hrsg.), Wuppertal 1993; Jochem, E.: Volkswirtschaftliche und energiewirtschaftliche Aspekte der industriellen und gewerblichen KWK-Anwendung, a.a.O., S. 153.

135 Vgl. Belting, T.: Blockheizkraftwerke, a.a.O., S. 53ff.

136 Vgl. Klien, J.: Planungshilfe, a.a.O., S. 86.

Einspeisevergütung kann sich regional sehr verschieden darstellen, so daß einer Wirtschaftlichkeitsanalyse in jedem Fall eine Angebotseinholung bezüglich der konkreten Regelungen des zuständigen EVU vorausgehen muß.[137]

Zur Bestimmung der regionalen Einspeisevergütungen muß also ein verbindliches Angebot vom jeweils zuständigen Energieversorgungsunternehmen eingeholt werden. Um eine möglichst konkrete Auskunft zu den Einspeisekonditionen zu erhalten, ist dem KWK-Betreiber zu empfehlen, seinerseits ein möglichst konkretes Lieferangebot zu machen.[138] Dieses Lieferangebot muß die Höhe der eingespeisten Leistung detailliert aufgeschlüsselt nach Tages- und Jahreszeit enthalten.

Das EVU-Angebot zu den Konditionen der Einspeisevergütung enthält unter anderem folgende wesentliche Elemente:[139]

Zunächst werden die Arbeitspreisvergütung und die Leistungspreisvergütung vertraglich festgehalten. In den meisten Fällen jedoch, insbesondere in solchen ohne Programmlieferverpflichtung, wird ein durchschnittlicher Preis pro kWh festgelegt. Dieser wird dann preislich differenziert hinsichtlich Sommer und Winter bzw. jeweils nach Hoch- und Niedertarif.

Ein weiterer Vertragspunkt ist - vor allem bei Verträgen mit einer längeren Laufzeit - eine Preisgleitklausel, die bei einer unerwarteten Verteuerung der Strombereitstellung, z.B. durch Erhöhungen der Brennstoffpreise, die Einspeisevergütungen an die neue Situation anpaßt. Die Preisgleitklausel wird dabei in den meisten Fällen an die Endverbraucherpreise für Strom gekoppelt. Weiterhin wird in den entsprechenden Verträgen ein Verrechnungspreis für Meßeinrichtungen vereinbart: Die Einspeisung von Strom erfordert die Installation von Meßeinrichtungen, die sowohl die gelieferte Stromarbeit als auch die Stromleistung erfassen. Für die Bereitstellung dieser Meßeinrichtungen ist in der Regel ein Entgelt, der Verrechnungspreis für die Einspeisung, an das EVU zu zahlen. Schließlich wird vertraglich festgelegt, daß der Betrieb der innerbetrieblichen KWK-Anlage keine Rückwirkungen auf das Netz des EVU verursachen darf. Rückwirkungen entstehen beispielsweise dadurch, daß die KWK-Anlage mit einer höheren Spannung als der Netzspannung einspeist. Außerdem muß durch geeignete Regelungseinrichtungen sichergestellt sein, daß die KWK-Anlage sofort außer Betrieb geht, wenn es zu einer EVU-Netzstörung, beispielsweise durch Kurzschluß, kommt. Lediglich die KWK-Anlagen mit Notstromfunktion dürfen im Inselnetz weiterarbeiten, wenn die Verbindung zum EVU - meist automatisch - elektrisch getrennt ist.

Das Angebot des EVU bildet letztendlich die Basis des Preisgerüstes, auf dessen Grundlage die Wirtschaftlichkeitsanalyse durchgeführt wird. Da es hinsichtlich der Einspeisevergütung keine verbindliche gesetzliche oder verbandliche Regelung gibt, kommt diesem EVU-Angebot eine besondere Bedeutung zu.

Die oben beschriebenen gesetzlichen und verbandlichen Regelungen sind jedoch insofern wichtig, als sie den potentiellen KWK-Betreiber vor unbilliger Benachteiligung bezüglich der Einspeisevergütung schützen. Für den Fall, daß die angebotene Einspeisevergütung offensichtlich geringer ist als die tatsächlich vermiedenen variablen und fixen Kosten des EVU, besteht zumindest die Möglichkeit, mit Rechtsmitteln gegen diese Benachteiligung vorzugehen.

---

137 Vgl. VDI-Richtlinie 3985 (Entwurf), a.a.O., S. 21; Elsässer, R., Maier, W.: Profitables Potential? Elektrisches Potential und Wirtschaftlichkeit der Kraft-Wärme-Kopplung in Industrie und Gewerbe, a.a.O., S. 17ff.

138 Vgl. Belting, T.: Blockheizkraftwerke, a.a.O., S. 56.

139 Vgl. Suttor, K.-H., Suttor, W.: Die KWK-Fibel, a.a.O., S. 87.

Im folgenden wird eine privatrechtliche Vereinbarung über die Einspeisevergütung beispielhaft[140] dargestellt, um - zurückgreifend auf das bei der Behandlung der Stromgutschrift verwendete Beispiel - die jährliche Einspeisevergütung zu berechnen. Dabei wird - wie bereits bei den Ausführungen zur Stromgutschrift erläutert - davon ausgegangen, daß von den in der unternehmenseigenen KWK-Anlage jährlich produzierten 4.000 kWh nur 3.500 kWh innerbetrieblich verwendet werden können. Dies bedeutet, daß etwas mehr als 12% der eigenerzeugten Strommenge in das EVU-Netz eingespeist werden müssen.

Tabelle F24: Tarife für die Einpeisevergütung

Tarife für Einspeisevergütungen				
	Winter		Sommer	
	Hochtarif	Niedertarif	Hochtarif	Niedertarif
DM/kWh	0,08	0,06	0,12	0,07

Es ist zu erkennen, daß die vom EVU gewährten Einspeisevergütungen im Sommer niedriger sind als im Winter. Dies liegt daran, daß bei den EVU in den Wintermonaten aufgrund der erhöhten Nachfrage, die vor allem aus privaten Haushalten resultiert, mehr Strom als im Sommer erzeugt werden muß. Dazu bedienen sich die EVU sogenannter Spitzenlastkraftwerke[141], deren Kostenstruktur von hohen fixen und verhältnismäßig geringen variablen Kostenanteilen gekennzeichnet ist.

Aus der obigen Vereinbarung ergibt sich die folgende Einspeisevergütung, wobei angenommen wurde, daß die einzuspeisenden Strommengen in den Wintermonaten über denen der Sommermonate liegen. Der Grund hierfür ist, daß bei der in der Praxis oftmals wärmeorientierten Fahrweise das KWK-Aggregat in den Wintermonaten mehr Wärme und dadurch mehr Strom erzeugen wird, so daß die Notwendigkeit einer Einspeisung des überschüssig produzierten Stromes eher in den Wintermonaten auftreten wird. Dies wiederum führt im Zusammenhang mit den preislich höheren Einspeisevergütungen pro kWh zu einem positiven Effekt bei der Wirtschaftlichkeitsbetrachtung einer industriellen KWK-Anlage.

Tabelle F25: Berechnung der Einspeisevergütung

	Sommer			Winter			Summe	
	Menge	Tarif	Vergütung	Menge	Tarif	Vergütung	Menge	Vergütung
Einheit	kWh	DM/kWh	DM	kWh	DM/kWh	DM	kWh	DM
Hochtarif	80.000	0,08	6.400	250.000	0,12	30.000	330.000	36.400
Niedertarif	30.000	0,06	1.800	140.000	0,07	9.800	170.000	11.600
Summe	**110.000**		**8.200**	**390.000**		**39.800**	**500.000**	**48.000**

Die durchschnittliche Einspeisevergütung errechnet sich aus dem Gesamtbetrag (DM 48.000) und der gesamten Einspeisung (500.000 kWh). Sie beträgt in diesem Fall knapp DM 0,10/kWh und entspricht damit einem Wert, der auch in der Praxis durchaus vorstellbar ist.

Trotz der Verbändevereinbarung mit ihren zu begrüßenden Regelungen und der sich daraus langsam entwickelnden bundesweiten Vereinheitlichung bei der Behandlung von KWK-Anlagen betreiben manche EVU jedoch weiterhin eine Preispolitik, die hemmende Preis- und

---

[140] Die dargestellte Einpeisevergütung basiert auf einem durchschnittlichen Betrag pro kWh, der jedoch -wie in der Praxis üblich- nach Hoch- und Niedertarif und nach Sommer und Winter differenziert ist. Die nicht durchgeführte Kostenaufspaltung in fixe und variable Kosten bedeutet jedoch nicht, daß nur die variablen vermiedenen Kosten des EVU in Ansatz gebracht wurden. Vielmehr dient diese Regelung in der Praxis der einfacheren Abrechnung.

[141] Vgl. hierzu auch Kapitel B.III.4.b.

Vergütungselemente enthält und die stärkere Verbreitung von KWK-Anlagen im jeweiligen Verteilungsgebiet des EVU erschwert. Zu diesen Hemmnissen zählen insbesondere die nachfolgend aufgeführten zwei Punkte:[142]

- Mengenrabatte bei sehr großen Stromabnahmemengen
- Sonderpreisangebote an potentielle Eigenerzeuger nach Bekanntwerden der Investitionspläne für eine unternehmensinterne bzw. industrielle KWK-Anlage.

Zu den Mengenrabatten[143] bei sehr großen Stromabnahmemengen:

Durch die industrielle Eigenerzeugung von Strom reduziert sich die vom EVU fremdbezogene Strommenge. Durch die geringere Bezugsmenge entfallen unter Umständen Mengenrabatte, die die Kosten pro fremdbezogener Einheit Strom erhöhen. Diese indirekte Strompreiserhöhung - in diesem Fall erhöhen sich die Durchschnittskosten je kWh - ist in einer Wirtschaftlichkeitsbetrachtung zu berücksichtigen und belastet die Rentabilität einer industriellen Kraft-Wärme-Kopplungsanlage.

Zu den Sonderpreisangeboten an potentielle Eigenerzeuger:

Die Sonderpreisangebote sind zumindest insofern positiv, als sie die Strombezugskosten des Unternehmens senken. Volkswirtschaftlich bzw. ökologisch von Nachteil ist, daß in der Folge der Bau bzw. Einsatz einer industriellen Kraft-Wärme-Kopplungsanlage meist unwirtschaftlich wird.[144]

Insgesamt kann man hinsichtlich der Einspeisevergütung von überschüssig produziertem Strom festhalten, daß es keine exakten Regelungen über die Höhe der Vergütung gibt. In der Praxis bewegt sich die Höhe der Einspeisevergütung meistens in der Größenordnung der variablen Stromerzeugungskosten des industriellen KWK-Betreibers.

Daraus ergibt sich, daß in der Regel durch die Einspeisung von Strom in das EVU-Netz auch in einem für einen KWK-Betreiber günstigen Fall lediglich ein geringer Deckungsbeitrag erwirtschaftet werden kann. Dies hat zur Folge, daß bei der Dimensionierung einer industriellen KWK-Anlage unter Umständen darauf geachtet werden muß, die Einspeisemengen gering zu halten.[145]

Daher sollte die Auslegung der KWK-Anlage nicht allein anhand des Wärmebedarfs geschehen, sondern auch der zukünftige Strombedarf sollte in die Berechnung der Dimensionierung miteinfließen. Das ist um so wichtiger, je geringer die vom EVU im Rahmen der Planung abgestimmten Einspeisevergütungen sind.

2. Wert der Wärmeerzeugung (Wärmegutschrift)

Eine Kraft-Wärme-Kopplungsanlage erzielt durch ihren Betrieb auch auf der Wärmeseite "Erlöse", wobei es sich nicht um Erlöse im engeren Sinne handelt, sondern um vermiedene Kosten.[146] Vermiedene Kosten sind die durch den Betrieb der KWK-Anlage entfallenden Kosten für die alternative Bereitstellung von Wärme.[147]

---

[142] Vgl. Belting, T.: Blockheizkraftwerke, a.a.O., S. 3; Müschen, K., Romberg, E.: Strom ohne Atom, a.a.O., S. 246.

[143] Vgl. Müschen, K., Romberg, E.: Strom ohne Atom, a.a.O., S. 249.

[144] Vgl. Müschen, K., Romberg, E.: Strom ohne Atom, a.a.O., S. 184.

[145] Vgl. Hugel, G., Schmitz, H.: Betriebliche Energiewirtschaft, Anleitung für Klein- und Mittelbetriebe, a.a.O., S. 154. Im folgenden Kapitel wird u.a. ausführlich auf die Erlöse aus der Einspeisevergütung in Abhängigkeit von der Last sowie in Abhängigkeit vom Freiheitsgrad einer KWK-Anlage eingegangen.

[146] Bei den „Erlösen" auf der Wärmeseite handelt es sich - wie auch bei den „Erlösen" aus innerbetrieblich genutztem Strom - um Opportunitätserlöse. Zu einer ausführlicheren Darstellung vgl. Hänichen, T.: Die Erlösentstehung im Industriebetrieb und ihre Abbildung im internen Rechnungswesen, a.a.O., S. 196ff. Im

Bei einer stromorientierten Fahrweise ist es möglich, daß durch die KWK-Anlage mehr Wärme erzeugt wird, als innerbetrieblich benötigt wird. Die zuviel produzierte Wärme kann, beispielsweise an einen Nachbarbetrieb, veräußert werden. Darauf wird im zweiten Teil dieses Abschnitts kurz eingegangen.

a. Eigenverbrauch von Wärme

Die alternative Wärmebereitstellung kann durch eine innerbetriebliche Heizkesselanlage oder auch durch die Fernwärmelieferung erfolgen.[148] Die Höhe der in Folge der KWK-Investition entfallenden Kosten wird als "Wärmegutschrift" bezeichnet.[149]

Zunächst wird der Fall dargestellt, bei dem die Wärmeerzeugung der KWK-Anlage die Fernwärmelieferungen substituiert.

aa. Fernwärme versus Wärmegutschrift

Wie im Kapitel D ausgeführt, bestehen die Bezugskonditionen für Fernwärme im wesentlichen aus zwei Bestandteilen, wovon ein Bestandteil fix, der andere Bestandteil variabel ist: Der fixe Bestandteil wird durch den Leistungspreis für die Bereitstellung der Wärmeleistung, und der variable Bestandteil wird durch den Arbeitspreis für die abgenommene Wärmemenge repräsentiert. Durch den Betrieb der KWK-Anlage verringern sich somit die Kosten sowohl für den Leistungsbezug als auch für den Arbeitsbezug.

Die Kostenersparnis beim Arbeitsbezug errechnet sich - analog zu den Ausführungen bei der Stromgutschrift - aus dem Produkt von der in der KWK-Anlage erzeugten Wärme und dem Arbeitspreis.

Ob die KWK-Anlage zusätzlich die fixen Kosten für den Leistungsbezug verringern kann, hängt von ihrer Verfügbarkeit[150] und von ihrer zeitlichen Betriebsstruktur und Fahrweise ab. Die Kostenersparnis beim Leistungsbezug errechnet sich aus dem Produkt aus dem Fernwärmeleistungspreis und dem aufgrund der KWK-Anlage eingesparten Leistungsbezug beim Fernwärmelieferanten. Die KWK-Anlage kann dann keine Gutschrift aus dem Leistungspreis erzielen, wenn die vom Unternehmen nachgefragte Spitzenleistung trotz KWK-Betrieb unverändert hoch bleibt. Dieser Fall ist vor allem dann wahrscheinlich, wenn das KWK-Aggregat stromorientiert betrieben wird, da bei dieser Fahrweise weniger auf den aktuellen innerbetrieblichen Wärmebedarf, sondern auf den Strombedarf geachtet wird.

Trotz stromorientierter Fahrweise kann die Leistungsersparnis für Fernwärme hoch sein. Dieses gilt insbesondere dann, wenn der Wärmebedarf sehr stark mit dem Strombedarf korreliert und hierdurch die Anlage nur außer Betrieb ist, wenn keine hohe Wärmeleistung abgefordert wird. Eine hohe Leistungsersparnis ist ebenfalls sichergestellt, wenn die KWK-Anlage eine sehr hohe Auslastung erreicht, weil hierdurch die Wahrscheinlichkeit sinkt, daß die Anlage gerade dann stillsteht, wenn ein hoher Leistungsbedarf an Wärme besteht.

---

folgenden wird der Begriff „Wärmegutschrift" im Zusammenhang mit den Opportunitätserlösen der Wärme verwendet.

[147] Vgl. Elsässer, R., Maier, W.: Profitables Potential? Elektrisches Potential und Wirtschaftlichkeit der Kraft-Wärme-Kopplung in Industrie und Gewerbe, a.a.O., S. 17ff; Belting, T.: Blockheizkraftwerke, a.a.O., S. 55; Hein, D.: Einsatz der Kraft-Wärme-Kopplung. Technik, Wirtschaftlichkeit und Umwelt, a.a.O., S. 31.

[148] Vgl. Noske, H., Kettig, F.: Modellhafte BHKW-Wirtschaftlichkeitsrechnungen, in: Zeitschrift für Elektrizitätswirtschaft, Jahrgang, 1992, S. 288; Hein, D.: Einsatz der Kraft-Wärme-Kopplung. Technik, Wirtschaftlichkeit und Umwelt, a.a.O., S. 31.

[149] Vgl. o.V.: Wirtschaftlichkeitsbetrachtungen (Blockheizkraftwerke), a.a.O., S. 23.

[150] Mit Verfügbarkeit wird die Zeit bezeichnet, in der eine KWK-Anlage prinzipiell in der Lage ist, in Betrieb zu sein, d.h. verfügbar zu sein. Die Verfügbarkeit wird eingeschränkt durch planmäßige Wartungsarbeiten sowie planmäßige und außerplanmäßige Reparaturen. Die Verfügbarkeit wird als Prozentwert angegeben.

bb. Unternehmenseigene Heizkesselanlage versus Wärmegutschrift

In der Regel wird die Kraft-Wärme-Kopplungsanlage jedoch nicht gegen Fernwärmelieferungen konkurrieren, sondern die Wärmeerzeugung in der herkömmlichen, innerbetrieblich vorhandenen Heizkesselanlage verringern.[151]

Hierbei kann die Kesselanlage nicht vollständig durch die KWK-Anlage ersetzt werden, da die KWK-Anlage aus wirtschaftlichen Gründen nicht nach dem maximalen Leistungsbedarf an Wärme ausgelegt wird und die betriebliche Wärmeversorgung nur durch den gleichzeitigen Betrieb von KWK-Anlage und Kessel sicherzustellen ist. Der Weiterbetrieb der Kesselanlage hat wiederum Konsequenzen bezüglich der Kostenersparnis, die mit der KWK-Anlage realisiert werden kann. Einsparungen sind somit nur im Hinblick auf die variablen Brennstoffkosten möglich, da alle weiteren Kesselkosten auf kurze Sicht fix sind und daher weiterhin anfallen. Langfristig können unter Umständen Kosten eingespart werden, wenn die in der Zukunft neu zu beschaffende Kesselanlage kleiner ausgelegt werden kann. Die hierdurch vermiedenen Investitionen und laufenden Kosten können der KWK-Anlage gutgeschrieben werden.

Im folgenden wird jedoch angenommen, daß die Kostenersparnis und damit die Höhe der Wärmegutschrift lediglich aus den variablen Brennstoffkosten besteht. Die Wärmegutschrift errechnet sich hierbei aus dem Produkt aus verringertem Brennstoffverbrauch der Heizkesselanlage und dem Preis für den Bezug je Einheit Brennstoff.[152]

Die Berechnung der Wärmegutschrift wird anhand des bereits bekannten Beispiels verdeutlicht. In der folgenden Tabelle wird zunächst der Bedarf an Brennstoff in kWh berechnet, der aufgrund des Einsatzes einer betrieblichen KWK-Anlage nicht mehr durch den Kessel gedeckt wird.

Tabelle F26: Bedarf an Brennstoffmengen für den Kessel nach KWK-Einsatz

	Menge	Leistung	Benutzungsstunden
Innerbetrieblicher Bedarf	11.000.000 kWh	3.929 kW	2.800 h
Deckung durch KWK-Aggregat	5.000.000 kWh	910 kW	5.500 h
Verbleibender Bedarf	6.000.000 kWh	3.019 kW	
Wirkungsgrad: 85% (Kehrwert)	Faktor: ca. 1,18	Faktor: ca. 1,18	
Bedarf an Brennstoffmengen	7.059.412 kWh	3.559 kW	1.987 h

Es ist ersichtlich, daß der Wirkungsgrad des Kessels von vormals ca. 90% um 5% auf 85% reduziert wird. Der Grund hierfür ist, daß durch den Betrieb einer KWK-Anlage die Auslastung des Kessels und somit der Wirkungsgrad um einige Prozentpunkte sinkt.

Nachdem die am Markt zu beschaffende Brennstoffmenge - in diesem Fall wurde wie bei der Ermittlung der innerbetrieblichen Wärmekosten auf den Energieträger Erdgas zurückgegriffen - errechnet wurde, muß die Brennstoffmenge in einem zweiten Schritt mit den Arbeits- und Leistungspreisen bewertet werden.[153] Dabei wurde im Beispiel auf das Preisgerüst des Erdgases zurückgegriffen.

---

[151] Vgl. Traube, K., Schulz, W.: Ökologische und ökonomische Wirkung des Zubaus von KWK-Anlagen in der Bundesrepublik Deutschland, a.a.O., S. 36; Hein, D.: Einsatz der Kraft-Wärme-Kopplung. Technik, Wirtschaftlichkeit und Umwelt, a.a.O., S. 31; Jost, A.: Dezentrale Kraft-Wärme-Kopplung mit Verbrennungsmotoren und Gasturbinen, a.a.O., S. 7; o.V.: Wirtschaftlichkeitsbetrachtungen (Blockheizkraftwerke), a.a.O., S. 23.

[152] Vgl. VDI-Richtlinie 3985 (Entwurf), a.a.O., S. 10ff; Belting, T.: Blockheizkraftwerke, a.a.O., S. 53.

[153] Vgl. VDI-Richtlinie 3985 (Entwurf), a.a.O., S. 12ff.

Tabelle F27: Brennstoffkosten für den Kessel nach KWK-Einsatz (Erdgasbezugskosten)

	Preis	Menge	Kosten
Arbeitspreis	0,02 DM/kWh	7.059.412 kWh	DM 141.188
Leistungspreis	12 DM/kWh	3.559 kW	DM 42.709
Summe			DM 183.897

Von den dadurch ermittelten Kosten nach KWK-Einsatz müssen die ursprünglichen Brennstoffkosten vor dem Einsatz einer KWK-Anlage abgezogen werden. Die entstehende Differenz ergibt den Wert der Wärmegutschrift.

Tabelle F28: Berechnung der Wärmegutschrift

	vor KWK	nach KWK	Wärmegutschrift
Arbeitspreis	DM 244.444	DM 141.188	DM 103.256
Leistungspreis	DM 52.381	DM 42.709	DM 9.672
Summe	DM 296.825	DM 183.897	DM 112.928

Unter der Voraussetzung, daß der Energieträger, mit dem der Kessel betrieben wird, identisch mit dem der KWK-Anlage ist, können sich aufgrund des höheren Brennstoffbezuges geringere durchschnittliche Brennstoffkosten ergeben. Die geringeren durchschnittlichen Brennstoffkosten können unter Umständen aufgrund des größeren Spielraums bei Preisverhandlungen mit dem jeweiligen Brennstofflieferanten realisiert werden. Es ist jedoch zu beachten, daß die mögliche Kostenreduzierung beim Energieträger Heizöl in der Regel nicht so hoch ist wie etwa beim Erdgas. Dieses ist auf die fixen Anfahrtskosten für die Lieferung von Heizöl zurückzuführen.

Der Wert der Wärmegutschrift kann auch anhand der Jahresdauerlinie für Wärme verdeutlicht werden.[154] Voraussetzung für die folgende Darstellung sind die Daten aus den obigen Tabellen sowie eine wärmeorientierte Fahrweise.[155] Daraus ergibt sich, daß keine Produktion überschüssiger Wärme erfolgt, die über einen Kühlturm o.ä. abgeleitet werden müßte.

Abbildung F47: Wärmegutschrift anhand einer Jahresdauerlinie für Wärme

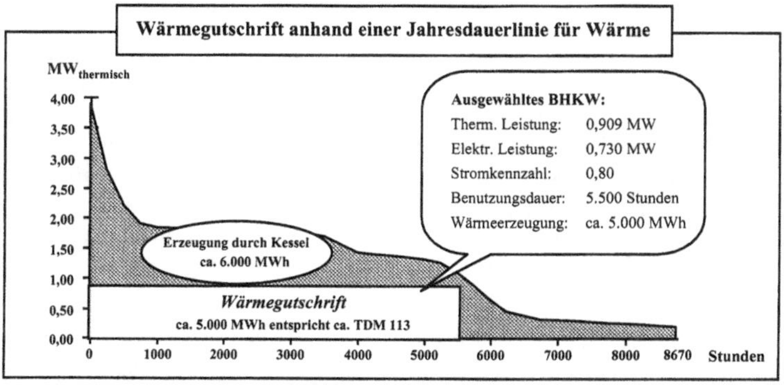

Quelle: Eigene Darstellung.

[154] Vgl. Hein, D.: Einsatz der Kraft-Wärme-Kopplung. Technik, Wirtschaftlichkeit und Umwelt, a.a.O., S. 31.

[155] Vgl. Jost, A.: Dezentrale Kraft-Wärme-Kopplung mit Verbrennungsmotoren und Gasturbinen, a.a.O., S. 9; Belting, T.: Blockheizkraftwerke, a.a.O., S. 9; Elsässer, R., Maier, W.: Profitables Potential? Elektrisches Potential und Wirtschaftlichkeit der Kraft-Wärme-Kopplung in Industrie und Gewerbe, a.a.O., S. 17ff.

An der kurzen Seite des weißen Rechtecks (Ordinate) ist die thermische Leistung (0,91 kW) des in Kapitel D beispielhaft vorgestellten Blockheizkraftwerkes abgetragen und an der langen Seite (Abszisse) die Anzahl der Vollbenutzungsstunden (5.500 h).

Die Fläche des Rechteckes stellt die thermische Arbeit des Blockheizkraftwerkes in Höhe von ca. 5.000 kWh dar, die weiter oben mit ca. 113.000 DM bewertet wurde. Die Fläche unterhalb der Jahresdauerlinie inklusive des Rechteckes spiegelt den gesamten Wärmebedarf (ca. 11.000 MWh) des Unternehmens wider, die schraffierte Fläche (ca. 6.000 MWh) unterhalb der Kurve ohne Berücksichtigung der Wärmearbeit des Blockheizkraftwerkes repräsentiert die Wärmearbeit, die auch nach einer Investition in eine KWK-Anlage durch den unternehmenseigenen Kessel erzeugt werden muß.

Zu beachten ist dabei, daß bei der Bewertung dieser Flächen mit Preisen die letztgenannte Fläche, der sogenannte nach der KWK-Erzeugung verbleibende Bedarf, mit höheren Preisen als im Falle des Nichtvorhandenseins einer KWK-Anlage bewertet werden muß, da der Wirkungsgrad des Kessels mit sinkender Auslastung meistens abnimmt.

Durch den dargestellten Berechnungsmodus der Wärmegutschrift wird dieser kostenerhöhende Effekt bei der Wirtschaftlichkeitsbetrachtung von KWK-Anlagen berücksichtigt, da die Wärmegutschrift um den Zusatzkostenanteil des verringerten Kesselwirkungsgrades reduziert wurde. Dies bedeutet, daß die Wirtschaftlichkeit einer KWK-Anlage dadurch zu Recht nach dem Prinzip der Kostenverursachung belastet wurde. Im Gegenzug sind bei einer exakten Berechnung der Wirtschaftlichkeit die eventuell möglichen und bereits erwähnten Mengenrabatte beim Brennstoffbezug zu berücksichtigen.

b. Einspeisung überschüssiger Wärme

Grundsätzlich besteht die Möglichkeit, Wärme in das öffentliche Fernwärmenetz einzuspeisen.[156] Hierbei ist jedoch zu bedenken, daß die Kosten der Fernwärmeversorgung, also die Erzeugungs- und Verteilungskosten, mit den anlegbaren Wärmekosten am Wärmemarkt konkurrieren müssen. Dies bedeutet, daß die eingespeiste Wärme aus betriebswirtschaftlicher Sicht preisgleich oder günstiger sein muß als die Wärme von Kraftwerken.

Unter dem Aspekt des Anlegbarkeitsprinzips ist jedoch nur wenig Aktionsspielraum für Betreiber von industriellen KWK-Anlagen, da die Verteilungskosten sehr hoch sind. Sogenannte stadtnahe "Ohnehin-Kraftwerke", dabei handelt es sich um Kraftwerke, die aus stromwirtschaftlichen Gründen ohnehin von Kommunen oder EVU gebaut werden, verfeuern in der Regel kostengünstigere Brennstoffe. Zu den kostengünstigeren Brennstoffen kommen Größenvorteile, die sich insbesondere in den Verteilungskosten niederschlagen.

Da die "Ohnehin-Kraftwerke" in der Regel auf die Erzeugung von elektrischer Energie ausgerichtet sind[157] und Wärme unter kostenrechnerischen Gesichtspunkten als Abfallprodukt kalkuliert wird, sind die Restkosten der Wärmeerzeugung so gering, daß die verhältnismäßig kleinen betrieblichen Kraft-Wärme-Kopplungsanlagen keine wirtschaftlich bessere Alternative darstellen.[158]

---

156 Ein Beispiel für den erfolgreichen Aufbau und Betrieb eines Blockheizkraftwerkes mit zentraler Fernwärmeversorgung ist das Bezirkskrankenhaus Haar und das Neubaugebiet Eglfing in Haar. Hier waren die Voraussetzungen durch die Errichtung eines Neubaugebietes und der gleichzeitig anstehenden Sanierung der Heizungsanlage Haar gegeben, ein BHKW mit zentraler Wärmeversorgung zu errichten. Vgl. hierzu o.V.: Projektbeschreibung des Aufbaus des Blockheizkraftwerks Haar, Isar-Amparwerke AG, 15.04.1994.

157 Vgl. Elsässer, R., Maier, W.: Profitables Potential? Elektrisches Potential und Wirtschaftlichkeit der Kraft-Wärme-Kopplung in Industrie und Gewerbe, a.a.O., S. 17ff. Zur stromorientierten Dimensionierung und Fahrweise vgl. insbesondere Kapitel G.

158 Vgl. Vogelsang, J.: Zur Wirtschaftlichkeit von Blockheizkraftwerken bei unterschiedlichen Einsatzbedingungen, a.a.O., S. 20.

Die konkreten Einspeisemöglichkeiten von Wärme in das öffentliche Fernwärmenetz werden aus den oben genannten Gründen nicht weiter verfolgt.

Darüber hinaus besteht eventuell die Möglichkeit, überschüssig produzierte Wärme beispielsweise an einen Nachbarbetrieb zu veräußern. Auch dies gestaltet sich in der Praxis sehr schwierig, da auch hier preislich mit den Wärmeerzeugungskosten des Nachbarbetriebes konkurriert werden muß. Nur in besonderen Fällen mit kurzen Leitungswegen und entsprechend geringen Transport- und Verteilungskosten kann die Fremdbelieferung wirtschaftlich interessant sein.

III. Kosten der Eigenerzeugung von Strom und Wärme

Nachdem im letzten Abschnitt die Erlöse aus der Investition in eine Kraft-Wärme-Kopplungsanlage zusammengetragen wurden, werden zur Ermittlung der Gesamtwirtschaftlichkeit der Investition noch die Kosten benötigt.

Die Kostenbestimmung wird das Interesse der hier folgenden Ausführungen sein. Im Kapitel D wurde bereits beschrieben, wie die betrieblichen Energiekosten bei Fremdbezug zu ermitteln sind. Dieser Abschnitt baut unmittelbar auf diesen Ausführungen auf und stellt die Ermittlung der Kosten bei Eigenerzeugung dar.

Die Ermittlung der Kosten aus dem Betrieb einer Kraft-Wärme-Kopplungsanlage wird durch die Anwendung der VDI-Richtlinie 2067 erleichtert. Die VDI-Richtlinie besteht aus allgemeinen Richtwerten, die bei der Abschätzung der Betriebskosten einer Kraft-Wärme-Kopplungsanlage hilfreich sind. Die VDI Richtlinie unterscheidet dabei folgende Kostenarten:

Tabelle F29: Kostenarten der VDI-Richtlinie 2067

Kostenarten	Beispiele
Kapitalgebundene Kosten	Kapitalverzinsung, Abschreibung, Instandhaltungskosten und Kosten für Erneuerungen
Verbrauchsgebundene Kosten	Brennstoff- bzw. Energiekosten
Betriebsgebundene Kosten	Personalkosten, Bedienungskosten, Wartungskosten
Sonstige Kosten	Kosten für Versicherungen und Steuern

Quelle: VDI-Richtlinie 2067, Blatt 7, Blockheizkraftwerke. Berechnung der Kosten von Wärmeerzeugungsanlagen, a.a.O, S. 4ff.

Diese Kostenunterteilung des VDI wurde von einem Großteil der Literatur, welche die Wirtschaftlichkeit von KWK-Anlagen behandelt, übernommen und angewandt.[159] Die Wirtschaftlichkeitsbetrachtung dieser Untersuchung wird jedoch von der VDI-Richtlinie abweichen. Der Grund liegt darin, daß einige für die Investitionsrechnung wichtige Kostenarten und -aspekte in der Richtlinie nicht aufgeführt sind.

Es handelt sich dabei insbesondere um Kosten, die bei der Beschaffung und Implementierung anfallen, sowie Kosten, die mit der Entsorgung der Kraft-Wärme-Kopplungsanlage eng verbunden sind. Die VDI-Richtlinie beschreibt demnach nur Kosten, die unmittelbar mit der Nutzung der Anlage zusammenhängen.

---

159 So ist diese Kostenaufteilung zum Beispiel zu finden bei: Rauck, H.: Dezentrale Kraft-Wärme-Kopplung als wirtschaftliche und umweltfreundliche Form der Bereitstellung von Strom und Wärme, a.a.O., S. 5; Suttor, K.-H., Suttor, W.: Die KWK-Fibel, a.a.O., S. 65; Schreiner, E.: Kraft-Wärme-Kopplung zur Energieversorgung von Flaschenfüllanlagen in Brauereien, Mineralbrunnen und Erfrischungsgetränkebetrieben, a.a.O., S. 70ff. Moog, W.: Betriebliches Energie-Handbuch, a.a.O., S. 126; Belting, T.: Blockheizkraftwerke, a.a.O., S. 50ff; Hein, D.: Einsatz der Kraft-Wärme-Kopplung. Technik, Wirtschaftlichkeit und Umwelt, a.a.O., S. 31; VDI-Richtlinie 3985 (Entwurf), a.a.O., S. 1ff.

Ein weiterer Grund für die Wahl einer alternativen Kostenunterteilung liegt in der mangelnden Unterscheidung von fixen und variablen Kosten.[160] Bei der Entscheidung, ob bei einer gegebenen Einspeisevergütung Strom in das öffentliche Netz eingespeist werden soll oder ob es günstiger ist, die Anlage abzuschalten, spielen variable und fixe Kosten eine wichtige Rolle.[161] Liegt die Einspeisevergütung unter den variablen Kosten, ist es betriebswirtschaftlich vorteilhafter, auf eine Stromeinspeisung zu verzichten.[162]

Den beschriebenen Nachteilen der VDI-Richtlinie 2067 wird beispielsweise durch die folgende chronologische Reihung[163] der Kosten sowie der Unterscheidung in fixe und variable Kosten entgegengewirkt:

Der Kostenanfall wird zeitlich in drei Phasen unterteilt: die Beschaffungs- und Implementierungsphase, die Nutzungsphase und die Entsorgungsphase. Die Beschaffungs- und Implementierungsphase ist durch das Einholen eines Angebotes, dem Aufstellen einer entsprechenden Kraft-Wärme-Kopplungsanlage und der Anpassung der Produktionsprozesse an die Eigenerzeugung von Strom und Wärme gekennzeichnet. Diese erste Phase ist ausschließlich von Auszahlungen geprägt, die sich in der nachfolgenden Nutzungsphase amortisieren müssen.

Die Auszahlungen bzw. Kosten der Nutzungsphase bestehen aus fixen und variablen Anteilen. Am Ende der Nutzungsdauer sind durch einen eventuellen Verkauf der Kraft-Wärme-Kopplungsanlage Restverkaufserlöse zu erzielen. In diesem Zusammenhang sind aber auch Auszahlungen für die Verschrottung und/oder die Sanierung des verschmutzten Bodens möglich. Die Sanierung kann mit hohen finanziellen Belastungen verbunden sein, die bei der Wirtschaftlichkeitsbetrachtung der KWK-Anlage zugerechnet werden müssen.

Im folgenden werden die Kosten getrennt nach den genannten drei Phasen analysiert. Jede dieser Phasen ist durch eine ganz spezifische Kosten- und Erlösstruktur gekennzeichnet. Die Beschaffungs- und Implementierungsphase ist ausschließlich durch Auszahlungen charakterisierbar, in der Nutzungsphase werden Einzahlungsüberschüsse erwirtschaftet und über die Zahlungsstruktur der Entsorgungsphase lassen sich in den meisten Fällen noch keine genauen Aussagen machen.

---

[160] Auf die betriebswirtschaftliche Notwendigkeit der Unterscheidung von proportionalen und fixen Kosten wiesen u.a. Schmalenbach, Mellerowicz, Rummel, Gutenberg, Riebel etc. hin: Vgl. u.a. Schmalenbach, E.: Kostenrechnung und Preispolitik, a.a.O., S. 41ff; auf die erhöhte Aussagefähigkeit durch die Unterscheidung von fixen und variablen Kosten im Zusammenhang mit der Planung des Zukunftserfolges einer Unternehmung oder auch eines Teilbereiches einer Unternehmung weist auch Bergner hin; vgl. Bergner, H.: Die Planung des Zukunftserfolges bei der Bewertung der Unternehmung als Ganzem, a.a.O., S. 202ff.

[161] Vgl. hierzu auch Hoffmann, T.: Stromwirtschaftliche Einordnung von BHKW, a.a.O., S. 8. Zur Relevanz einer Kostenaufspaltung vgl. auch Kilger, W.: Offene Probleme der Plankosten- und Deckungsbeitragsrechnung, a.a.O., S. 95ff; Gans, K.: Die analytische Kostenplanung als Grundlage der Grenzplan-Kostenrechnung, a.a.O., S. 209-227.

[162] Variable Kosten der Stromeinspeisung bedeuten nicht, daß es möglich ist, die Kosten der Kuppelproduktion dem Kostenträger Strom zuzuordnen. Vielmehr sind unter variablen Kosten die Kosten zu verstehen, die durch das Ausschalten der KWK-Anlage vermeidbar sind (z.B. Brennstoffkosten). Die variablen Kosten sind damit, in Hinblick auf die Bezugsgröße Strom und Wärme, Gemeinkosten. Dieses entspricht auch der Grundidee der relativen Einzelkostenrechnung, die besagt, daß es auf die Bezugsgröße ankommt, ob Kosten fix oder variabel sind; vgl. Riebel, P.: Einzelkosten- und Deckungsbeitragsrechnung, a.a.O., S. 309.

[163] Die chronologische Reihung der Ein- und Auszahlungen wird auch von Riebel in seiner periodenbezogenen Einzelkosten- und Deckungsbeitragsrechnung verfolgt. Riebel bezeichnet die Kosten, die einer bestimmten Periode zuzuordnen sind, als Periodeneinzelkosten und die Erlöse als Periodenbeitrag. Die Periodeneinzelkosten werden von Riebel wiederum in fixe und variable Periodeneinzelkosten unterschieden; vgl. Riebel, P.: Einzelkosten- und Deckungsbeitragsrechnung, a.a.O., S. 343ff.

Die Untergliederung der Kostenanalyse in Phasen erleichtert die Ermittlung des Zahlungsflusses und damit die Anwendung der weiter unten dargestellten dynamischen Investitionsrechenverfahren.

1. Kosten der Beschaffungs- und Implementierungsphase

Die Beschaffungsphase umfaßt den Zeitraum von der Idee, eine Investition in eine Kraft-Wärme-Kopplungsanlage durchzuführen, bis zur endgültigen Erstellung dieser Anlage. Dieser Phase sind außer den Investitionskosten auch alle Transaktionskosten, also Kosten der Informationssuche, des Vertragsabschlusses und der Vertragskontrolle, hinzuzurechnen.

Die Implementierungsphase umfaßt alle Maßnahmen zur Eingliederung der KWK-Anlage in die bestehende Unternehmung.

a. Beschaffungsphase

aa. Planungs- und Projektierungskosten

Der Beschaffung einer bestimmten Kraft-Wärme-Kopplungsanlage geht eine umfangreiche Informationssuche bezüglich der verschiedenen technischen Konzepte und der Wirtschaftlichkeit der verschiedenen Alternativen voraus.[164]

Um die in Betracht kommenden Alternativen zusammenzutragen, sind umfangreiche Informationen der betrieblichen Energiebedarfsstruktur sowie des Marktes und der Umwelt notwendig.[165] Mit der Entscheidung über den Kauf einer Kraft-Wärme-Kopplungsanlage wird über einen noch schwer abzuschätzenden Zahlungsstrom entschieden.[166] Das Risiko der Fehleinschätzung[167] des Zahlungsstromes ist um so größer, je langfristiger die Nutzungsdauer der Investition ist und je schwieriger eine getroffene Entscheidung korrigiert werden kann.[168] Da die technische Nutzung von Kraft-Wärme-Kopplungsanlagen je nach Konzept zwischen ca. 15 und über 40 Jahren liegt[169] und eine einmal getroffene Entscheidung nicht korrigierbar ist, ist das Risiko entsprechend groß.[170] Die Anstrengungen für die Planung und Informationssuche steigen mit höherem Investitionsvolumen an, um das Risiko einer Fehlentscheidung zu reduzieren.[171]

Gerade bei Investitionsentscheidungen in Kraft-Wärme-Kopplung sind langfristige Prognosen über die künftige Entwicklung der Energiepreise und des betrieblichen Energiebedarfs nötig.

---

[164] Vgl. Hein, D.: Einsatz der Kraft-Wärme-Kopplung. Technik, Wirtschaftlichkeit und Umwelt, a.a.O., S. 25ff; Büchner, J., Wieber, W.: Realisierung, a.a.O., S. 230ff; vgl. insbesondere Kapitel E.II.

[165] Vgl. Jost, A.: Dezentrale Kraft-Wärme-Kopplung mit Verbrennungsmotoren und Gasturbinen, a.a.O., S. 16; Büchner, J., Wieber, W.: Realisierung, a.a.O., S. 237ff; Suttor, K.-H., Suttor, W.: Die KWK-Fibel, a.a.O., S. 59.

[166] Vgl. Gutenberg, E.: Die Produktion, a.a.O., S. 174.

[167] Zu den strategischen Risiken der Planung vgl. Bussmann, K.-F.: Produktionsrisiken, a.a.O., Sp. 1577.

[168] Vgl. May, D.: Die entscheidungstheoretisch fundierte Organisation der Investitionsentscheidung im Industrieunternehmen, Dissertation, Berlin 1983, S. 124; Stelzer, L.: Investitions- und Wirtschaftlichkeitsrechnungen. Anwendungsmöglichkeiten für die Unternehmen der Elektrizitätswirtschaft, in: Elektrizitätswirtschaft, Jahrgang 91 (1992), Heft 16, S. 1035.

[169] Zu der Nutzungs- und Lebensdauer verschiedener KWK-Konzepte vgl. Kapitel E.II und VDI Richtlinie 2067, Blatt 7, Blockheizkraftwerke. Berechnung der Kosten von Wärmeversorgungsanlagen, in: Verein Deutscher Ingenieure (VDI) (Hrsg.), Düsseldorf 1991, S. 5.

[170] Vgl. Bouillon, H.: Möglichkeiten und Grenzen der Kraft-Wärme-Kopplung, a.a.O., S. 47; Gutenberg, E.: Die Produktion, a.a.O., S. 176.

[171] Gutenberg sieht in den komplexen Konsequenzen einer derartigen Investitionsentscheidung eine deutliche Erschwerung der Investitionsplanung; vgl. Gutenberg, E.: Die Produktion, a.a.O., S. 175; Kortzfleisch, G. von: Die Grundlagen der Finanzplanung, a.a.O., S. 110 und 111

Prognosemethoden[172], wie Zeitreihenanalyse, Trendprojektionen, ökonometrische Verfahren und Simulationsmodelle sind hilfreich, sofern die Daten eine Mindestqualität aufweisen. Vor allem auf den Energiemärkten spielen auch politische Entwicklungen, Gesetze und Vorschriften eine große Rolle.[173] Wegen der hieraus entstehenden großen Unsicherheit muß verstärkt auf die menschliche Urteilskraft zurückgegriffen werden. Das zur Beurteilung notwendige Spezialwissen ist jedoch in der Regel nicht im Unternehmen vorhanden. Daher kann die Einschaltung externer Berater besonders im Entscheidungsprozeß notwendig sein.[174] Die externen Berater erstellen eine Wirtschaftlichkeits- bzw. Machbarkeitsstudie, in der die konkreten Varianten und Technologien erarbeitet und bewertet werden.[175]

Um die Investitionsentscheidung bei mangelnder Rentabilität möglichst frühzeitig verwerfen und den Planungsaufwand minimieren zu können, empfiehlt sich die Durchführung einer Voruntersuchung.[176] Die Kosten für die Voruntersuchung halten sich im Vergleich zur Detailstudie in Grenzen. Sofern die Voruntersuchung nicht negativ ausfällt, wird diese durch detailliertere Wirtschaftlichkeitsanalysen konkretisiert.

In der Detailstudie werden nur noch wenige Alternativen verfolgt, wobei zur Bewertung der Alternativen verschiedene Angebote von Anlagenanbietern eingeholt werden. Es müssen ebenfalls Angebote vom EVU zur Stromeinspeisevergütung vorliegen, um die Wirtschaftlichkeit bewerten zu können.[177] Diese Detailstudie verursacht je nach Komplexität der Anlage und Struktur der innerbetrieblichen Energiesituation einen verhältnismäßig hohen Planungsaufwand.[178]

Ob der Planungsaufwand für die Investitionsentscheidung wesentlich und damit in die Wirtschaftlichkeitsrechnung einzubeziehen ist, hängt vom Analysezeitpunkt ab:

Bei der Voruntersuchung sind die Kosten der nachgelagerten Detailplanung noch entscheidungsrelevant und in die erste grobe Wirtschaftlichkeitsbetrachtung der Voruntersuchung einzubeziehen. Wenn sich das Unternehmen für die Durchführung der Detailuntersuchung entschieden hat, sind die Kosten für die Wirtschaftlichkeitsanalyse irrelevant, da die Kosten unabhängig von der Entscheidung für oder gegen die Erstellung einer Kraft-Wärme-Kopplungsanlage anfallen. Dies bedeutet, daß zum Zeitpunkt der Detailuntersuchung die Kosten dieser Untersuchung sowie die der Voruntersuchung nicht mehr in die Wirtschaftlichkeitsbetrachtung einfließen dürfen.

Die Projektierung und Planung kann mit externer Unterstützung oder mit internen Mitteln erfolgen. Voraussetzung für eine mit internen Mitteln durchgeführte Untersuchung ist, daß in

---

172 Vgl. u.a. Blohm, H., Steinbruch, K.: Technische Prognosen in der Praxis. Methoden, Beispiele, Probleme, Düsseldorf 1972; Ayres, U.: Prognose und langfristige Planung in der Technik, München 1971; Mellerowicz, K.: Planung und Plankostenrechnung, Band I, Betriebliche Planung, 3. Auflage, Freiburg 1972, S. 62ff.

173 Es ist zu beachten, daß der eigentlichen Investition ein Planungs- und Genehmigungsverfahren vorgeschaltet ist. So sind Kraft-Wärme-Kopplungsanlagen nach dem Bundes-Immissionschutzgesetz (BImSchG) ab einer bestimmten Leistungsgröße genehmigungsbedürftige Anlagen. Die genehmigende Behörde ist das jeweilige Regierungspräsidium oder das Landratsamt. Das Genehmigungsverfahren wird nach § 10 des Bundesimmissionsschutzgesetzes durchgeführt und setzt einen schriftlichen Antrag voraus. Vgl. hierzu Gollas, A.: Umweltaspekte und Genehmigungsverfahren bei Gasturbinen, a.a.O., S. 52ff.

174 Vgl. Vogelsang, J.: Zur Wirtschaftlichkeit von Blockheizkraftwerken bei unterschiedlichen Einsatzbedingungen, a.a.O., S. 15; Muders, H.: Blockheizkraftwerke, a.a.O., S. 3; Kaier, U.: Kraft-Wärme-Kopplung mit Kompaktsystemen, Planungsunterlagen Energieconsulting Heidelberg, Mai 1995.

175 Vgl. Aggteleky, B., Bajna, N.: Projektplanung, München/Wien 1992, S. 209; Suttor, K.-H., Suttor, W.: Die KWK-Fibel, a.a.O., S. 110.

176 Vgl. Aggteleky, B., Bajna, N.: Projektplanung, a.a.O., S. 210.

177 Vgl. Suttor, K.-H., Suttor, W.: Die KWK-Fibel, a.a.O., S. 110.

178 Je weniger synchron beispielsweise der betriebliche Strom- und Wärmebedarf verlaufen, desto mehr Aufwand entsteht bei der Analyse der unterschiedlichen Tagesganglinien.

der Unternehmung entsprechendes Fachwissen vorhanden ist. Bei interner Projektierung und Planung sind, wie auch bei externer Leistungserbringung, die wesentlichen Kosten einzubeziehen.

Die internen Kosten werden - sofern sie noch entscheidungsrelevant sind - durch das externe Rechnungswesen und die Betriebsbuchhaltung ermittelt, gegebenenfalls durch die Controlling-Abteilung aufbereitet, und dem Kostenträger „Kraft-Wärme-Kopplungsanlage“ zugeordnet.[179]

Die externen Kosten für ein Ingenieurbüro ergeben sich aus der zu zahlenden Gebühr.[180] Dabei kann die Gebührenberechnung zu festen Einheitspreisen, zu einem Prozentsatz der Bausumme, zum Pauschalpreis oder zu einem festgelegten Vergütungssatz pro geleisteter Ingenieurstunde oder -tag erfolgen. In der Regel werden jedoch die Gebühren der Ingenieurbüros in Abhängigkeit der gesamten Investitionssumme nach den Preistafeln der HOAI[181] zu entrichten sein. Hierbei werden Gebührensätze von ca. 10% bis 35% der Investitionssumme genannt.[182]

bb. Absicherung von Risiken der Planungs- und Errichtungsphase

Die Planung und Errichtung von Kraft-Wärme-Kopplungsanlagen ist mit einer Vielzahl von Risiken verbunden, die sich durch den Abschluß entsprechender Versicherungen abdecken lassen.[183] Welche Versicherungen vom Unternehmen abzuschließen sind, hängt insbesondere auch davon ab, ob die KWK-Anlage in eigener Regie erstellt wird oder ein anderes Unternehmen, in der Regel der Hersteller, mit der Errichtung betraut wird.

Die genaue Risikoverteilung wird im jeweiligen Werkvertrag festgelegt oder aufgrund von gesetzlichen Bestimmungen geregelt. Bereits bei der Ausschreibung sollte auf einer höheren organisatorischen Hierarchieebene darauf geachtet werden, wer welche Versicherung in welcher Höhe abzuschließen hat.[184] So können unnötige Kosten durch etwaige Doppelversicherungen vermieden werden.

Mit einer Bauherrenversicherung bzw. Bauleistungsversicherung lassen sich Risiken absichern, die mit der Errichtung der KWK-Anlage zusammenhängen. Aufgrund gesetzlicher Bestimmungen ist ein Bauherr verpflichtet, Dritte zu entschädigen, wenn diese aufgrund unzureichender Baustellenabsicherung einen Personen- oder Sachschaden erleiden. Das Bauherren-Haftpflichtrisiko ist im Normalfall bis zu einer gewissen Bausumme in der Betriebshaftpflichtversicherung eingeschlossen.[185]

Eine Transportversicherung deckt Schäden an den zu transportierenden Teilen der KWK-Anlage während des Transportes vom Hersteller bzw. Lieferanten zur Baustelle ab.[186]

---

[179] Vgl. hierzu auch den Teilabschnitt „Interne Leistungsverflechtung“.

[180] Vgl. VDI-Richtlinie 3985 (Entwurf), a.a.O., S. 19; Suttor, K.-H., Suttor, W.: Die KWK-Fibel, a.a.O., S. 81.

[181] Vgl. Honorarordnung für Architekten und Ingenieure (HOAI), in der Fassung vom 04.03.1991 (BGBl. I S. 533), geändert durch Verordnung vom 21.09.1995 (BGBl. I S. 1174).

[182] Die Vergütung erfolgt gemäß der Honorartafel zu § 74 HOAI. Diese Tafel ist im Teil IX. "Leistungen bei der Technischen Ausrüstung", § 68 bis § 79 HOAI, enthalten.

[183] Vgl. Bussmann, K.-F.: Produktionsrisiken, a.a.O., Sp. 1574; Suttor, W.: Praxis Kraft-Wärme-Kopplung, Band 2, Teil 7/6.1, a.a.O., S. 1; Schwering, M.: Versicherung, in: Arbeitsgemeinschaft Weiterbildung Energie und Wasser (Hrsg.), Der Kaufmann in der Energie- und Wasserversorgung, Frankfurt am Main 1992, S. 833ff.

[184] Vgl. Hummel, S., Männel, W.: Kostenrechnung 1. Grundlagen, Aufbau und Anwendung, 4. Auflage, Wiesbaden 1986, S. 33.

[185] Vgl. Suttor, W.: Praxis Kraft-Wärme-Kopplung, Band 2, Teil 7/6.1, a.a.O., S. 3.

[186] Vgl. Schwering, M.: Versicherung, a.a.O., S. 855; Suttor, W.: Praxis Kraft-Wärme-Kopplung, Band 2, Teil 7/6.1, a.a.O., S. 2.

Durch eine Montageversicherung können Schäden an den zu montierenden maschinellen und elektrischen Anlagen während der Montage, Inbetriebnahme und Erprobung abgedeckt werden. Die Montageversicherung sowie die Bauleistungsversicherung bedürfen aufgrund der Objektbezogenheit in der Regel einer individuellen Ausgestaltung.[187]

Der Abschluß einer Haftpflichtversicherung ist für alle Beteiligten jeweils zu empfehlen. Dies gilt unabhängig davon, ob es sich um den Auftragnehmer oder Auftraggeber handelt. Eine Haftpflichtversicherung schützt den Auftragnehmer beispielsweise bei Schäden, die er anläßlich des Baus oder der Montage der Kraft-Wärme-Kopplungsanlage am Auftraggebereigentum verursacht und zu verantworten hat. Aber auch für den Auftraggeber bzw. Betreiber besteht die Gefahr, daß er aufgrund eines von ihm verursachten Schadens am Eigentum Dritter in Anspruch genommen wird.[188]

b. Implementierungsphase

Mit Implementierungsphase ist jene Phase gemeint, in der die KWK-Anlage in die bisherige Produktionsstruktur und bisherigen Produktionsprozesse eingefügt wird.

So müssen in diesem Zusammenhang unter Umständen Mitarbeiter geschult[189] oder auch neu eingestellt werden[190], die schließlich auch für den ordnungsgemäßen und wirtschaftlichen Betrieb der KWK-Anlage verantwortlich sind.[191] Darüber hinaus muß die Beschaffung und Einlagerung von Brennstoffen, die zum Betrieb der KWK-Anlage notwendig sind, eingeleitet werden.[192] Mit den Elektrizitätsversorgern müssen Verhandlungen über die Einspeisung eventuell überschüssiger elektrischer Energie aufgenommen und Verträge abgeschlossen werden. Schließlich sind gegebenenfalls Produktionsprozesse des Unternehmens an die KWK-Anlage anzupassen.[193] Diese Anpassungsmaßnahmen kann man als Abstimmung zwischen Verfahrens- und Energietechnik bezeichnen. Sie können vor allem deshalb notwendig sein, um die durch die Kraft-Wärme-Kopplungsanlage erzeugte Wärme innerhalb der Unternehmung anwenden zu können. So kann es sinnvoll sein, einen Teil der Produktionsprozesse von Dampfbeheizung auf Heißwasserbeheizung umzustellen.[194] Die Umrüstung kann jedoch mit Problemen verbunden sein, sei es durch die Notwendigkeit der Abänderung eines Prozeßablaufes[195] oder die erforderliche Vergrößerung bzw. Veränderung der Heizflächen.

Nachdem alle Maßnahmen zur Implementierung und ein erfolgreicher Probelauf durchgeführt wurden, steht die Kraft-Wärme-Kopplungsanlage zur endgültigen Nutzung zur Verfügung.

---

[187] Vgl. Schwering, M.: Versicherung, a.a.O., S. 855; Suttor, W.: Praxis Kraft-Wärme-Kopplung, Band 2, Teil 7/6.1, a.a.O., S. 3f.

[188] Vgl. Suttor, W.: Praxis Kraft-Wärme-Kopplung, Band 2, Teil 7/6.1, a.a.O., S. 5.

[189] Vgl. zur physischen Produktionsvorbereitung Bergner, H.: Vorbereitung der Produktion, physische, a.a.O., Sp. 2174.

[190] Vgl. Gutenberg, E.: Die Produktion, a.a.O., S. 183.

[191] Vgl. Kremeyer, H.: Eigenfertigung und Fremdbezug unter finanzwirtschaftlichen Aspekten, a.a.O., S. 114.

[192] Vgl. Bergner, H.: Vorbereitung der Produktion, physische, a.a.O., Sp. 2174. Gutenberg, E.: Die Produktion, a.a.O., S. 189.

[193] Vgl. Suttor, K.-H., Suttor, W.: Die KWK-Fibel, a.a.O., S. 41-43.

[194] Im Kapitel E wurde erläutert, daß die Wärmeausgangstemperatur bzw. das von der Produktion geforderte Nutztemperaturniveau ein wesentliches Unterscheidungsmerkmal der verschiedenen Typen von Kraft-Wärme-Kopplungsanlagen ist. Wenn die betrieblichen Produktionsprozesse die Bereitstellung von Heißwasser verlangen, dann werden somit die zur Auswahl stehenden Alternativen eingegrenzt, bzw. es wird unter Umständen eine kostenintensive Nachbereitung der im Kraft-Wärme-Kopplungsprozeß erzeugten Wärme notwendig.

[195] Gutenberg spricht im Rahmen der Bereitstellungsplanung von Disproportionalitäten im Produktionsgefüge, die bei der Implementierung von neu investierten Anlagen entstehen können: Vgl. Gutenberg, E.: Die Produktion, a.a.O., S. 175.

2. Kosten der Nutzungsphase

Die Kosten der Nutzungsphase lassen sich in fix und variabel unterscheiden. Auch wenn die Abgrenzung fixer und variabler Kostenbestandteile nicht ganz unproblematisch ist, bringt diese Unterscheidung eine Reihe von Vorteilen mit sich.[196]

Im nachfolgenden Kapitel G wird es unter anderem um die Entscheidung gehen, ob bei einer bestimmten Einspeisevergütung bzw. bei einem bestimmten Lastzustand des KWK-Aggregates Strom in das öffentliche Netz eingespeist werden soll. Um diese Entscheidung treffen zu können, ist es wichtig, die Preisuntergrenze einer solchen Einspeisevergütung zu bestimmen. Die Preisuntergrenze stellt den Preis dar, bei dem gerade die variablen Kosten gedeckt werden.

a. Fixe Kosten der Nutzungsphase

aa. Investitionskosten

Einen Hauptteil der fixen Kosten der Nutzungsphase stellen die Abschreibungen auf die Kraft-Wärme-Kopplungsanlage dar. Die Höhe der Abschreibungen pro Geschäftsjahr hängt zum einen vom Umfang der getätigten Investitionen und zum anderen von der gewöhnlichen Nutzungsdauer der Anlage ab.

Der Umfang der Investitionen wird von verschiedenen Einflußfaktoren, wie Art des technischen Konzeptes, Dimensionierung, Ausstattungsumfang und Spezifikation, beeinflußt.[197] Aber auch zur Erfüllung von Umweltschutzauflagen, z.B. zur Einhaltung der Vorschriften der TA-Lärm und TA-Luft, sind unter Umständen zusätzliche Investitionen erforderlich.[198] Dazu gehören beispielsweise Filter- oder Lärmschutzmaßnahmen.[199]

Neben den direkten Investitionen können weitere Kosten bei der Erstellung einer Kraft-Wärme-Kopplungsanlage entstehen:[200]

- Grunderwerbs- und Notargebühren
- Grunderwerbssteuer
- Erschließungsbeiträge
- Umbau von vorhandenen Gebäuden und Gebäudeteilen

Diese Kosten sind in der Regel weitgehend unabhängig von der Art des technischen Konzeptes und wurden deshalb bei der Untersuchung der technischen Möglichkeiten nicht betrachtet.

---

196 Vgl. u.a. Schmalenbach, E.: Kostenrechnung und Preispolitik, a.a.O., S. 41ff.

197 Vgl. zu den Investitionskosten verschiedener technischer Kraft-Wärme-Kopplungskonzepte Kapitel E und hier insbesondere Abschnitt II.1.j.

198 Beim Betrieb von Gasanlagen sind Investitionen in Entschwefelungsanlagen nötig, um die Anforderungen der TA-Luft zu erfüllen; vgl. o.V.: Wirtschaftlichkeitsuntersuchungen verschiedener Verfahren zur Eigenerzeugung von Strom und Dampf bei der Neuen Metallhütte Lübeck GmbH, Energieberatung GmbH, Internes und unveröffentlichtes Arbeitspapier, Essen 1989, S. 4; vgl. die allgemeineren Ausführungen zur TA-Luft und TA-Lärm bei Hoffmann, T.: Stromwirtschaftliche Einordnung von BHKW, a.a.O., S. 8; VDI-Richtlinie 3985 (Entwurf), a.a.O., S. 18.

199 Die Investitionskosten zur Erfüllung der Umweltschutzauflagen sind ein Grund für die in der Vergangenheit stetig gestiegenen Investitionskosten. Hierdurch sind die Kosten insbesondere für BHKW stärker gestiegen als die Kosten für sonstige Maschinen; vgl. hierzu Vogelsang, J.: Kombinierer. Wirtschaftlichkeitsüberlegungen zur Installation von Blockheizkraftwerken, in: Maschinenmarkt, Würzburg, Heft 40/1992, S. 49.

200 Vgl. Kremeyer, H.: Eigenfertigung und Fremdbezug unter finanzwirtschaftlichen Aspekten, Wiesbaden 1982, S. 156; Stelzer, L.: Investitions- und Wirtschaftlichkeitsrechnungen, a.a.O., S. 1034; Vogelsang, J.: Zur Wirtschaftlichkeit von Blockheizkraftwerken bei unterschiedlichen Einsatzbedingungen, a.a.O., S. 16; Moog, W.: Betriebliches Energie-Handbuch, a.a.O., S. 126.

Die Höhe dieser Kosten hängt vielmehr von den individuellen Gegebenheiten des Unternehmens ab, das an dem Betrieb einer KWK-Anlage interessiert ist. Bei der Errichtung eines Blockheizkraftwerkes muß beispielsweise beachtet werden, ob die dafür notwendigen Gebäude im Unternehmen vorhanden sind bzw. ob das Blockheizkraftwerk in geeigneter Weise in den Produktionshallen aufgestellt werden kann.[201] Ist dies nicht möglich, müssen die daraus resultierenden und mitunter umfangreichen und kostspieligen baulichen Maßnahmen bei einer Wirtschaftlichkeitsbetrachtung[202] mitberücksichtigt werden.

Die Höhe der bilanziell zu aktivierenden Investitionen und damit auch der Umfang der Abschreibungen können durch Investitionshilfen seitens der Bundesregierung, der Länder, der Gemeinden und der Europäischen Union gemindert werden.[203] Aber auch andere Fördermaßnahmen, z.B. steuerliche Vergünstigungen, Betriebskostenzuschüsse und Finanzierungshilfen, wirken sich positiv auf die Wirtschaftlichkeit der KWK-Anlage aus.[204]

Um in den Genuß einer der genannten Fördermaßnahmen zu kommen, sind in der Regel verschiedene Voraussetzungen zu erfüllen, die z.B. die Unternehmensgröße und -form oder den Einsatz eines bestimmten Energieträgers betreffen. So richten sich einige Fördermaßnahmen ausschließlich an öffentliche Betriebe und kommen somit nicht für industrielle Unternehmen in Betracht.[205] Des weiteren kann die Förderung an den Einsatz regenerativer Energien oder an die Beantragung durch mittelständische Unternehmen gekoppelt sein.[206]

Wichtige Förderprogramme[207] der Bundesregierung sind das ERP-Energiesparprogramm, mit dem Darlehen für kleine bis mittelständische Unternehmen bereitgestellt werden, das KfW-Modernisierungsprogramm für die neuen Bundesländer, das KfW-Mittelstandsprogramm und das KfW-Umweltschutzprogramm für gewerbliche Unternehmen und Freiberufler.[208] Ferner gibt es auf Landesebene Fördermöglichkeiten wie Investitionszulagen, zinsvergünstigte Kredite und Bürgschaften.[209]

Bei der Beantragung der Fördermaßnahmen muß beachtet werden, daß nur begrenzte finanzielle Mittel zur Verfügung stehen. Daher kann es durchaus sein, daß die finanziellen Mittel zum Zeitpunkt der Beantragung bereits vollständig ausgeschöpft sind.[210]

---

[201] Vgl. Vogelsang, J.: Zur Wirtschaftlichkeit von Blockheizkraftwerken bei unterschiedlichen Einsatzbedingungen, a.a.O., S. 15; Stelzer, L.: Investitions- und Wirtschaftlichkeitsrechnungen, a.a.O., S. 1035.

[202] Zur Wirtschaftlichkeitsbetrachtung vgl. Kapitel H.

[203] Vgl. hierzu auch Junker, H.-J., Dähler, J.: Finanzierung, in: Suttor, K.-H., Suttor, W. (Hrsg.), Handbuch der Kraft-Wärme-Kopplung. Für Planer, Betreiber, Ausbildung., Karlsruhe 1991, S. 272.

[204] Vgl. Meliß, M.: Erneuerbare Energien verstärkt nutzen, in: Bundesministerium für Wirtschaft (Hrsg.), 3. Auflage, Bonn Mai 1995, S. 107f, GERTEC-Ingenieure: Mögliche Finanzierungs- und Betreiberkonzeptionen für das Blockheizkraftwerk Groß-Zimmern, in: Hessisches Ministerium für Umwelt, Energie und Bundesangelegenheiten (Hrsg.), Wiesbaden November 1992, S. 24; Büchner, J., Wieber,W.: Realisierung, a.a.O., S. 242.

[205] Vgl. GERTEC-Ingenieure: Mögliche Finanzierungs- und Betreiberkonzeptionen für das Blockheizkraftwerk Groß-Zimmern, a.a.O., S. 24.

[206] Vgl. Hein, D.: Einsatz der Kraft-Wärme-Kopplung. Technik, Wirtschaftlichkeit und Umwelt, a.a.O., S. 25.

[207] Auf eine genaue Aufzählung der Fördermaßnahmen wurde im Rahmen dieser Arbeit verzichtet, da viele Förderprogramme häufigen Veränderungen unterliegen bzw. die Voraussetzungen der Förderfähigkeit zu individuell sind. Eine spezielle Zusammenstellung der für ein bestimmtes Unternehmen in Frage kommenden Förderungen kann über das Bundesministerium für Wirtschaft bezogen werden.

[208] Vgl. Meliß, M.: Erneuerbare Energien verstärkt nutzen, a.a.O., S. 107; Jochem, E.: Volkswirtschaftliche und energiewirtschaftliche Aspekte der industriellen und gewerblichen KWK-Anwendung, a.a.O., S. 161ff.

[209] Zur ausführlichen Zusammenstellung der Förderprogramme auf der Landesebene vgl. Suttor, W.: Praxis Kraft-Wärme-Kopplung, Band 1, Teil 4/7.1, a.a.O., S. 3; vgl. auch GERTEC-Ingenieure: Mögliche Finanzierungs- und Betreiberkonzeptionen für das Blockheizkraftwerk Groß-Zimmern, a.a.O., S. 27ff; Junker, H.-J., Dähler, J.: Finanzierung, a.a.O., S. 272 und 273.

[210] Vgl. Meliß, M.: Erneuerbare Energien verstärkt nutzen, a.a.O., S. 107.

Des weiteren ist zu beachten, daß es keinen Rechtsanspruch auf Förderung gibt. Die Förderung kann daher erst als sicher angenommen werden, wenn eine verbindliche Bewilligung durch die entsprechenden Verantwortlichen vorliegt.[211]

bb. Kapitalkosten

Kapitalkosten sind die Kosten, die für das zur Verfügung gestellte Kapital entstehen. Die Kapitalkosten hängen hierbei sehr stark mit der gewählten Art der Finanzierung zusammen und sind im Einzelfall dem jeweiligen Finanzierungsvertrag zu entnehmen. Im Finanzierungsvertrag ist in der Regel ein Zinssatz festgelegt, der sich wiederum an den Kapitalmarktzinsen orientiert.[212]

Bezüglich der in die Investitionsentscheidung einzubeziehenden Finanzierungskosten ist zu beachten, daß insbesondere bei der Anwendung der dynamischen Investitionsrechenverfahren die zu zahlenden Zinsen indirekt durch die Diskontierung mit dem Kalkulationszins abgegolten sind.[213] Die Bestimmung des Kalkulationszinses und weiterer Finanzierungskosten wird im Kapitel Finanzierung nochmals aufgegriffen.

cc. Fixe Wartungs- und Instandhaltungskosten

Unter Instandhaltung sind die Aufwendungen zu zählen, die während der Nutzungsdauer zur Erhaltung des bestimmungsmäßigen Gebrauchs erbracht werden müssen. Instandhaltung wird deshalb notwendig, weil durch Alterung und Witterungseinwirkungen Mängel an der baulichen Substanz oder den Anlagen entstehen.[214]

Die Wartung schließt die Pflege, die Überwachung, die Reinigung sowie die Inspektion der Anlage ein.[215] Die Kosten der Wartung sind bei der Verwendung verschiedener Brennstoffe nicht gleich hoch, da unterschiedliche Wartungs- und Reinigungsmaßnahmen durchzuführen sind. Für die Durchführung von Wartung und Reinigung bei öl- und gasbefeuerten Anlagen gibt es Spezialfirmen oder spezielle Abteilungen beim Hersteller.[216] Von diesen Firmen werden im Rahmen eines Wartungsvertrages für eine Pauschalsumme Arbeiten für einen bestimmten Zeitraum übernommen. Die Höhe der jährlichen Kosten richtet sich im allgemeinen nach der Anlagengröße und entspricht dem Zeitaufwand für die Durchführung der Wartungsarbeiten.[217]

Anstelle der unternehmensexternen Wartungslösung ist es unter Umständen vorteilhaft, die Wartung und Instandhaltung durch betriebseigenes Personal durchführen zu lassen.[218] Die

---

211 Vgl. Meliß, M.: Erneuerbare Energien verstärkt nutzen, a.a.O., S. 108.

212 Zur Berechnung der Finanzierungskosten und zu den verschiedenen Finanzierungsmöglichkeiten vergleiche Kapitel H und I.

213 Vgl. Gutenberg, E.: Grundlagen der Betriebswirtschaftslehre, Band III, Die Finanzen, Berlin 1980, S. 350.

214 Vgl. Adam, S.: Optimierung der Anlageninstandhaltung. Verfügbarkeitsanforderungen, Ausfallkosten und Ausfallverhalten als Bestimmungsgrößen wirtschaftlich sinnvoller Instandhaltungsstrategie, Berlin 1989; S. 88ff; vgl. Renkes, D.: Grundlagen der Instandhaltung, a.a.O., S. 5ff; VDI Richtlinie 2067, Blatt 7, a.a.O., S. 6; Vogelsang, J.: Zur Wirtschaftlichkeit von Blockheizkraftwerken bei unterschiedlichen Einsatzbedingungen, a.a.O., S. 16; Moog, W.: Betriebliches Energie-Handbuch, a.a.O., S. 126; Jost, A.: Dezentrale Kraft-Wärme-Kopplung mit Verbrennungsmotoren und Gasturbinen, a.a.O., S. 16.

215 Vgl. Gülker, E., Eichler, T.: Wartung, in: Rationalisierungs-Kuratorium der Deutschen Wirtschaft (RKW) e.V., Instandhaltungsmanagement, Band III, Eschborn 1993, S. 1629; Kreuziger, D.: Ein Rennpferd unter den Kraftmaschinen. Instandhaltung an Gasturbinenanlagen, in: Energie, Jg. 45 (1993), Nr. 11, S. 27.

216 Vgl. Adam, S.: Optimierung der Anlageninstandhaltung, a.a.O., S. 184ff; Vogelsang, J.: Zur Wirtschaftlichkeit von Blockheizkraftwerken bei unterschiedlichen Einsatzbedingungen, a.a.O., S. 16; o.V.: MAN-Maschinenfabrik Augsburg: Wirtschaftlichkeitsberechnung einer BHKW-Anlage, Essen 1980, S. 3.

217 Vgl. VDI Richtlinie 2067, Blatt 7, a.a.O., S. 15; Jost, A.: Dezentrale Kraft-Wärme-Kopplung mit Verbrennungsmotoren und Gasturbinen, a.a.O., S. 16.

218 Vgl. Gülker, E., Eichler, T.: Wartung, a.a.O., S. 1677; Kremeyer, H.: Eigenfertigung und Fremdbezug unter finanzwirtschaftlichen Aspekten, a.a.O., S. 136.

Eigenleistung wird um so vorteilhafter, je größer und wartungsintensiver die Anlage ist. Wenn qualifiziertes Personal in der Firma vorhanden ist, dann bieten sich die unternehmensinterne Wartung und Instandhaltung ebenfalls an.

Im Kapitel E wurden die Wartungs- und Instandhaltungskosten verschiedener KWK-Konzepte dargestellt. Hierbei wurden Richtwerte hinsichtlich der zu erwartenden Kosten gegeben. Diese Richtwerte können jedoch vom Unternehmen beeinflußt werden, weil die durchgeführten Wartungs- und Instandhaltungsarbeiten präventiven Charakter haben und sich jedes Unternehmen hinsichtlich des Ausmaßes der durchzuführenden Arbeiten selbst entscheiden muß. Zu viel Wartung und Instandhaltung verursacht unter Umständen Kosten, die in keinem Verhältnis zum Nutzen stehen. Wenn zu wenig gewartet wird, dann kann sich im Gegensatz dazu die Lebensdauer der Anlage verringern oder der Ausfall der Anlage zu hohen Kosten im Unternehmen führen.[219]

In Hinblick auf das Ausmaß der durchzuführenden Arbeiten werden in der Literatur drei Strategien beschrieben[220]: Hierbei handelt es sich um eine reine Präventivstrategie, eine ausfallbedingte Strategie und eine Strategie mit einfacher Inspektion.

Bei der Präventivstrategie werden Anlagenteile, die einem nutzungsbedingten Verschleiß unterliegen, regelmäßig ausgetauscht, so daß die Wahrscheinlichkeit eines Anlagenausfalls minimiert wird. Der regelmäßige Austausch von Anlagenteilen hat den Nachteil, daß hierdurch sehr hohe Kosten verursacht werden.[221]

Die ausfallbedingte Strategie setzt nicht auf präventive Wartung und Instandhaltung, sondern hier wird solange gewartet, bis die KWK-Anlage defekt ist und repariert werden muß. Hierdurch wird zwar das Austauschen nicht defekter Anlagenteile und damit Kosten vermieden, jedoch entstehen unter Umständen hohe ausfallbedingte Kosten. Außerdem können an der KWK-Anlage Schäden in größerem Ausmaß entstehen, weil der Defekt eines Anlagenteils den Defekt weiterer Anlagenteile hervorrufen kann.[222]

Die Strategie mit einfacher Inspektion ist eine Mischung aus den beiden vorgenannten Strategien. Durch Inspektionen wird versucht, mögliche Schäden möglichst frühzeitig zu erkennen und zu beheben. Die Inspektionen verursachen zwar Kosten, aber ausfallbedingte Kosten bzw. Kosten durch vorzeitigen Austausch noch intakter Anlagenteile können vermieden werden.[223]

Zur Festlegung der durchzuführenden Strategie sind die Folgekosten eines Anlagenstillstandes und dessen Eintrittswahrscheinlichkeit den Kosten der jeweiligen Strategie gegenüberzustellen.[224]

Für die KWK-Anlage ist eine Mischung aus den drei genannten Strategien möglich. So sind Anlagenteile, deren Lebensdauer statistisch vorherzusehen ist und deren Austausch keine hohen Kosten verursacht, möglichst präventiv zu erneuern. Bei Anlagenteilen, bei denen der Schadenseintritt zufällig ist und deren Austausch hohe Kosten verursacht, kann ein Defekt abgewartet werden. Durch regelmäßige Inspektion der KWK-Anlage können Abweichungen von der ordnungsgemäßen Funktion der Anlage schon frühzeitig erkannt werden.

---

219 Vgl. Renkes, D.: Grundlagen der Instandhaltung, a.a.O., S. 5ff.

220 Vgl. Adam, S.: Optimierung der Anlageninstandhaltung, a.a.O., S. 65ff; van Laak, H.: Strategien der Instandhaltung, in: Rationalisierungs-Kuratorium der Deutschen Wirtschaft (RKW) e.V., Instandhaltungsmanagement, Band I, Eschborn 1993, S. 461ff; Kreuziger, D.: Ein Rennpferd unter den Kraftmaschinen. Instandhaltung an Gasturbinenanlagen, a.a.O., S. 27.

221 Vgl. van Laak, H.: Strategien der Instandhaltung, a.a.O., S. 465f.

222 Vgl. van Laak, H.: Strategien der Instandhaltung, a.a.O., S. 467ff.

223 Vgl. van Laak, H.: Strategien der Instandhaltung, a.a.O., S. 469f.

224 Vgl. Adam, S.: Optimierung der Anlageninstandhaltung, a.a.O., S. 121.

Es ist jedoch möglich, die aus der Verfolgung einer Strategie resultierenden Risiken zu reduzieren.[225] Die Risiken der ausfallbedingten Strategie können z.B. durch die Bestellung einer Reserveleistung beim EVU oder durch den Abschluß einer Betriebsunterbrechungsversicherung gemildert werden.[226] Wenn hingegen durch eine präventive Wartung der Ausfall der KWK-Anlage sehr unwahrscheinlich wird, dann kann auf die Bestellung von Reservestrom bzw. den Abschluß von Versicherungen verzichtet werden.

dd. Personalkosten für die Anlagenbedienung

Die Kosten für Personal entstehen durch die Bedienung und Betriebsführung der Gesamtanlage einschließlich einfacher Inspektionsgänge.[227] Insbesondere bei kleinen Anlagen ist zu prüfen, ob das Personal ausschließlich für den Betrieb dieser KWK-Anlage eingestellt werden muß und damit mit den vollen Jahreskosten zu Buche schlägt, oder ob die Anlagenbedienung neben anderen Tätigkeiten miterledigt werden kann.[228]

Bei der Ermittlung der Personalkosten ist zu beachten, daß der Personalkostenanteil für die Wartung und Reparatur bereits berücksichtigt wurde. Es sind die betrieblichen Personalkosten zu ermitteln, die zusätzlich durch den Betrieb der KWK-Anlage anfallen. Je nach eingesetzter Technik bzw. Wahl des technischen Konzeptes unterscheiden sich die Personalkosten beträchtlich. Bei kleineren KWK-Anlagen kann auf ständige personelle Überwachung verzichtet werden, im allgemeinen reicht bei diesen Anlagen eine tägliche, kurze Sichtkontrolle und die Überwachung mittels Störmeldung. Bei großen KWK-Anlagen kann im Gegensatz dazu die ständige Überwachung durch mehrere Personen erforderlich sein.[229]

Ob die Personalkosten für die Wirtschaftlichkeitsanalyse entscheidungsrelevant sind, hängt davon ab, ob Personal intern umgesetzt werden kann oder durch Neueinstellungen akquiriert werden muß. Zur Bewertung der Personalkosten bei interner Weiterbeschäftigung lassen sich zwei Fälle unterscheiden.

Im ersten Fall wird unterstellt, daß es in der Firma aufgrund von Betriebsvereinbarungen generell nicht möglich ist, Personal zu entlassen, so daß Personal in bestimmten Bereichen überschüssig ist.[230] Hier können die Personalkosten kurzfristig aus der Wirtschaftlichkeitsrechnung ausgeklammert werden, da die Personalkosten unabhängig von der Investition anfallen. Langfristig sind alle Personalkosten aufgrund der natürlichen Fluktuation variabel.[231] Aus der Feststellung, daß Personalkosten langfristig nicht fix sind, folgt die Notwendigkeit, die Kosten für Personal langfristig in die Wirtschaftlichkeitsrechnung einfließen zu lassen.

---

225 Vgl. Bussmann, K.-F.: Produktionsrisiken, a.a.O., Sp. 1582.

226 Zur Betriebsunterbrechungsversicherung vgl. Abschnitt III.2.a.ff in diesem Kapitel und die dort angegebenen Nachweise.

227 Vgl. VDI-Richtlinie 2067, Blatt 7, a.a.O., S. 7; Jost, A.: Dezentrale Kraft-Wärme-Kopplung mit Verbrennungsmotoren und Gasturbinen, a.a.O., S. 16; Moog, W.: Betriebliches Energie-Handbuch, a.a.O., S. 126.

228 Vgl. Kremeyer, H.: Eigenfertigung und Fremdbezug unter finanzwirtschaftlichen Aspekten, a.a.O., S. 158; Hugel, G., Schmitz, H.: Betriebliche Energiewirtschaft, Anleitung für Klein- und Mittelbetriebe, a.a.O., S. 155.

229 Vgl. Vogelsang, J.: Zur Wirtschaftlichkeit von Blockheizkraftwerken bei unterschiedlichen Einsatzbedingungen, a.a.O., S. 16. Gutenberg, E.: Die Produktion, a.a.O., S. 95.

230 Dieser Fall ist besonders im öffentlichen/kommunalen Dienst üblich, kommt aber auch im industriellen Bereich vor. Hier bleibt oft nur die Möglichkeit neue Betätigungsfelder zu suchen, um das vorhandene Personal zu beschäftigen. Kommunale KWK-Anlagen sind dabei eine von vielen Varianten des Insourcing.

231 Personal wird für immer längere Zeit im Unternehmen gebunden, teils aus produktionswirtschaftlichen Gründen, teils, um sozial-gesetzlichen Regelungen Rechnung zu tragen. Insbesondere die sozial-gesetzlichen Regelungen haben zu längeren Kündigungsfristen geführt. Vgl. hierzu insbesondere im Hinblick auf die Bildung von fixen Kosten: Bergner, H.: Der Ersatz fixer Kosten durch variable Kosten, a.a.O., S. 142-162.

Der zweite Fall zur Bewertung der Personalkosten geht von der Möglichkeit der Entlassung von Mitarbeitern aus. Werden durch die Erstellung einer KWK-Anlage Entlassungen vermieden, müssen die durch die Weiterbeschäftigung vermiedenen Kosten ermittelt und der KWK-Anlage gutgeschrieben werden. Zu diesen vermiedenen Kosten gehören beispielsweise Abfindungszahlungen und nicht monetär bewertbare Faktoren wie Betriebsklima, Abwanderung von Know How zur Konkurrenz und Imageverlust.

ee. Verwaltungsaufwendungen

Verwaltungsaufwendungen fallen unter anderem für Beschaffungsaufgaben[232] und für die Lohnbuchhaltung an. Ob die Verwaltungskosten für die Investitionsentscheidung von Bedeutung sind, hängt davon ab, ob diese Kosten zusätzlich, also in der Folge der Investition entstehen.

Zusätzliche Kosten entstehen zum Beispiel durch zusätzliches Personal oder durch den Kauf zusätzlicher technischer Hilfsmittel zur Erledigung der neu hinzukommenden Aufgaben.

Für den Verwaltungsaufwand gibt die VDI-Richtlinie Schätzwerte vor, die für Anlagen größer als 2 MW bei 0,8% bis 1,2% und für kleinere Anlagen bei 1% bis 2% pro Jahr liegen.

ff. Steuern und Abgaben

Die Kostensteuern[233] lassen sich in fix zu entrichtende Steuern und variable Steuern unterteilen. Die Aufteilung der Steuern in fixe und variable Steuern richtet sich dabei auch danach, ob die Steuerbemessungsgrundlagen aus der Beschäftigung oder der Betriebsbereitschaft resultieren.[234] Die variablen Steuerarten, wie Einkommen- oder Ertragssteuer, werden bei der Zusammenstellung der variablen Kosten vorgestellt. Fixe Steuern, die unabhängig von der Erzeugung anfallen, sind beispielsweise die Gewerbekapitalsteuer oder die Grund- und Bodensteuer.

Die Berechnung der Gewerbekapitalsteuer[235] orientiert sich am Betriebsvermögen, welches nach § 12 (2) Ziff. 1 GewStG um Hinzurechnungen und Kürzungen korrigiert wird. Der Gewerbekapitalsteuersatz bzw. der Hebesatz ist vom Standort des Unternehmens abhängig. Ein typischer Gewerbekapitalsteuersatz ist z.B. 0,8% von der Bemessungsgrundlage.[236]

Eine Investition in Kraft-Wärme-Kopplung erhöht das Betriebsvermögen, so daß auch die zu entrichtenden fixen, kapitalgebundenen Steuern ansteigen.[237] Eine Belastung durch die Grundsteuer ergibt sich nur, wenn mit der Investition in eine KWK-Anlage ein Grundstücksankauf verbunden ist.

Eine grundsätzliche Ausnahme hierbei bildet die Investitionsfinanzierung durch Leasing. Hier wird die Kraft-Wärme-Kopplungsanlage beim Leasinggeber aktiviert, erhöht also beim Leasingnehmer nicht das Betriebsvermögen und vermeidet aus der Sicht des Leasingnehmers die Zahlung von am Betriebsvermögen gebundenen Steuern.[238]

---

232 Vgl. Kremeyer, H.: Eigenfertigung und Fremdbezug unter finanzwirtschaftlichen Aspekten, a.a.O., S. 114.

233 Als Kostensteuern werden alle Steuern bezeichnet mit Ausnahme der Körperschaftsteuer und der Mehrwertsteuer. In der Regel wird die Körperschaftsteuer als Gewinnsteuer interpretiert, die Mehrwertsteuer dagegen stellt aus Sicht des Unternehmens einen durchlaufenden Posten dar; vgl. Kilger, W.: Flexible Plankostenrechnung und Deckungsbeitragsrechnung, a.a.O., S. 418.

234 Vgl. Kilger, W.: Flexible Plankostenrechnung und Deckungsbeitragsrechnung, a.a.O., S. 418.

235 Die Gewerbekapitalsteuer ist wie die Gewerbeertragsteuer Teil der Gewerbesteuer.

236 Vgl. Drukarczyk, J.: Theorie und Politik der Finanzierung, 2. Auflage, München 1993, S. 180.

237 Piller beziffert die zu erwartenden fixen Steuern (Gewerbekapital-, Gewerbeertrags- und Vermögensteuer) auf ca. 0,9% des Bruttoinvestitionswertes; vgl. Piller, W., Rudolph, M.: Kraft-Wärme-Kopplung. Zur Theorie und Praxis der Kostenrechnung, a.a.O., S. 211.

238 Zu den Vor- und Nachteilen von Leasing vgl. das Kapital G.

Auf die Darstellung der steuerlichen Feinheiten wird hier verzichtet. Aufgrund der Komplexität des deutschen Steuersystems lassen sich auch keine generellen Aussagen zur Höhe der fix zu entrichtenden Steuern machen.

gg. Versicherungen

Der Betrieb von Kraft-Wärme-Kopplungsanlagen ist mit einer Vielzahl von Risiken verbunden, die es durch Versicherungen abzudecken gilt.[239] Auf die Möglichkeiten, etwaige Risiken bei der Errichtung und Montage einer KWK-Anlage mittels Versicherungen in kalkulierbare Betriebskosten umzuwandeln, wurde bereits bei der Darstellung der Beschaffungsphase hingewiesen.

Während der Nutzungsphase ist der Abschluß einer Betriebs-Haftpflichtversicherung zu empfehlen, die gegebenenfalls noch durch eine Feuerversicherung ergänzt werden kann. Dadurch lassen sich auch Gefahren, wie Brand, Blitzschlag, Explosion etc. absichern.[240]

Der Betreiber einer Kraft-Wärme-Kopplungsanlage ist bei Verwendung gewässerschädlicher Stoffe aufgrund § 22 Abs. 1 und 2 Wasserhaushaltsgesetz dazu verpflichtet, eine Gewässerschadenhaftpflichtversicherung abzuschließen. Gewässerschädliche Stoffe sind unter anderem Öl und Kraftstoffe.[241]

Die Maschinenversicherung[242] wird dann bedeutsam, wenn an der Kraft-Wärme-Kopplungsanlage Sachschäden aufgrund von z.B. Bedienungsfehler eintreten. Das durch Bedienungsfehler mögliche Schadenspotential sollte nicht unterschätzt werden. Trotz guter Schulung und ausgeklügelter Technik kann der Mensch Fehler machen, die zu einem unkalkulierbaren Schadensrisiko führen können. Entsprechend negative Erfahrungen der Versicherer bei Kraft-Wärme-Kopplungsanlagen belegen dies.[243]

Besonders die Betriebsunterbrechungsversicherung[244] kann beim Betrieb einer Kraft-Wärme-Kopplungsanlage von großer Bedeutung sein. Durch den Ausfall der Strom- und Wärmeerzeugung kann es zum Ausfall der Produktion kommen. Außerdem kann sich der KWK-Betreiber vertraglich gegenüber dem EVU zur kontinuierlichen Einspeisung von Strom in das öffentliche Netz verpflichtet haben. Durch den Betriebsausfall wird die Stromeinspeisung unmöglich, und es kommt zur Zahlung von Vertragsstrafen. Mehrkosten aus der Störung der Stromerzeugung können z.B. auch in der Zahlung eines erhöhten Leistungspreises liegen, der aus der höheren Leistungsabnahme aus dem öffentlichen Stromnetz resultiert.[245]

---

[239] Für den Abschluß einer Maschinenbruch-, Feuer- und Haftpflichtversicherung ist mit einer Versicherungsprämie von ca. 1% der Bruttoinvestition des maschinellen Teils zu rechnen. Vgl. Piller, W., Rudolph, M.: Kraft-Wärme-Kopplung. Zur Theorie und Praxis der Kostenrechnung, a.a.O., S. 211.

[240] Durch entsprechende Zusatzversicherungen (sog. EC-Deckung = extended coverage) kann der Versicherungsschutz auch auf innere Unruhen, böswillige Beschädigung, Streik, Aussperrung etc. erweitert werden; vgl. Schwering, M.: Versicherung, a.a.O., S. 846.

[241] Vgl. Suttor, W.: Praxis Kraft-Wärme-Kopplung, Band 2, Teil 7/6.1, a.a.O., S. 7.

[242] Eine Maschinenversicherung deckt beispielsweise menschliches Versagen (Bedienungsfehler, Ungeschicklichkeit), Ursachen aus dem Betrieb (Kurzschluß, Überstrom, Folgeschäden aus Überlastung und Verschleiß etc.) und Herstellungsfehler (Konstruktions- und Materialfehler) ab; vgl. Schwering, M.: Versicherung, a.a.O., S. 849.

[243] Vgl. Suttor, W.: Praxis Kraft-Wärme-Kopplung, Band 2, Teil 7/6.1, a.a.O., S. 6; o.V.: MAN-Maschinenfabrik Augsburg: Wirtschaftlichkeitsberechnung einer BHKW-Anlage, a.a.O., S. 3; Rauck, H.: Dezentrale Kraft-Wärme-Kopplung als wirtschaftliche und umweltfreundliche Form der Bereitstellung von Strom und Wärme, a.a.O., S. 5.

[244] Vgl. Schwering, M.: Versicherung, a.a.O., S. 849.

[245] Ein Feldversuch hinsichtlich der Störungsanfälligkeit von BHKW ergab eine mittlere Betriebsdauer zwischen 2 Störungen von 2640 bis 8400 Stunden. Die meisten Störungen waren auf undichte Auslaßventile, defekte Zündkerzen, Luft im Kühlwasser, Rückleistungüberwachung etc. zurückzuführen und konnten meist sehr schnell behoben werden. Vgl. Lang, J.: Blockheizkraftwerke, a.a.O., S. 1ff.

In der Regel existieren in den Unternehmen bereits Versicherungen, die jedoch noch an die hinzutretende Kraft-Wärme-Kopplungsanlage angepaßt werden müssen. Die Anpassung der Versicherungen sollte jedoch nicht versäumt werden, da andernfalls Deckungslücken entstehen können. Darüber hinaus ist in regelmäßigen Zeitabständen generell zu überprüfen, ob die Prämiensätze noch der Marktlage entsprechen.[246]

hh. Kosten für Emissionsschutzüberwachungen und Schornsteinreinigung

Die Rauchgasmessung und die Kontrolle der Abgasverluste sind nach der 1. DVO zum Bundesimmissionsschutzgesetz festgelegt. Genaue Angaben über die Kosten von Schornsteinreinigungen sind der Kehrgebührordnung für das Schornsteinfegerwesen des jeweiligen Regierungsbezirks zu entnehmen. Die Schornsteinreinigungskosten werden entscheidend durch das gewählte Kraft-Wärme-Kopplungskonzept und den verwendeten Brennstoff beeinflußt.

b. Variable Kosten der Nutzungsphase

Die variablen Kosten hängen von der Höhe der betrieblichen Wärme- und Stromproduktion und von dem der Kraft-Wärme-Kopplungsanlage zugrunde liegenden technischen Konzept ab. Die Bestimmung der variablen Kosten ist demnach erst dann möglich, wenn die genaue betriebliche Energiebedarfsstruktur ermittelt und das Produktionsprogramm der Kraft-Wärme-Kopplungsanlage festgelegt ist.

aa. Brennstoffkosten

Für die Berechnung der jährlichen Brennstoffkosten werden folgende Größen benötigt:[247]

- der jährliche Strom- und Wärmebedarf, der durch die Kraft-Wärme-Kopplungsanlage gedeckt werden soll, gemessen in kWh
- die spezifischen Brennstoffkosten in der Einheit DM pro kWh
- der Wirkungsgrad der Kraft-Wärme-Kopplungsanlage zuzüglich der Leitungsverluste beim Energietransport zum Endabnehmer

Die jährlichen Brennstoffkosten ergeben sich nun nach der folgenden Formel:

$$Brennstoffkosten[DM] = \frac{Strom\text{- und } Wärmeerzeugung\ der\ KWK\text{-}Anlage\ [kWh]\ x\ spez.\ Brennstoffkosten\ [DM / kWh]}{Gesamtwirkungsgrad}$$

Die Ermittlung der jährlichen Strom- und Wärmeerzeugung wurde bereits bei der Beschreibung des Mengengerüstes der Strom- bzw. Wärmegutschrift beschrieben. Hier wurde ausgeführt, daß die Erzeugung der KWK-Anlage vom innerbetrieblichen Strom- und Wärmebedarf abhängt, welcher mit Hilfe von Belastungs- und Dauerlinien grafisch dargestellt werden kann.[248]

Die Strom- und Wärmeerzeugung wird in kWh oder einer anderen Äquivalenzeinheit ausgedrückt. Da Brennstoffe ebenfalls in Kilowattstunden ausgedrückt werden können, kann von der Strom- und Wärmeerzeugung auf das Mengengerüst der Brennstoffkosten geschlossen

---

[246] Vgl. Kilger, W.: Flexible Plankostenrechnung und Deckungsbeitragsrechnung, a.a.O., S. 420; Hummel, S., Männel, W.: Kostenrechnung 1, a.a.O., S. 33 und 135.

[247] Vgl. VDI-Richtlinie 2067, Blatt 7, a.a.O., S. 6; o.V.: MAN-Maschinenfabrik Augsburg: Wirtschaftlichkeitsberechnung einer BHKW-Anlage, Essen 1980, S. 3; Hugel, G., Schmitz, H.: Betriebliche Energiewirtschaft, Anleitung für Klein- und Mittelbetriebe, a.a.O., S. 155; Schreiner, E.: Kraft-Wärme-Kopplung zur Energieversorgung von Flaschenfüllanlagen in Brauereien, Mineralbrunnen und Erfrischungsgetränkebetrieben, a.a.O., S. 82ff.

[248] Zur Ermittlung von Belastungs- und Ganglinien vgl. auch Kapitel D.

werden.[249] Hierbei ist jedoch zu beachten, daß bei der Umwandlung des Brennstoffes in Strom und Wärme und bei der Weiterleitung zu den Energieverbrauchern Energieverluste entstehen, die durch den Gesamtwirkungsgrad der Kraft-Wärme-Kopplungsanlage ausgedrückt werden können. Wenn die Strom- und Wärmeerzeugung durch den Gesamtwirkungsgrad der KWK-Anlage dividiert wird, dann erhält man den insgesamt notwendigen Brennstoffeinsatz, ausgedrückt in kWh.[250]

Nach Ermittlung des Mengengerüstes des Brennstoffbedarfs muß das dazugehörige Preisgerüst ermittelt werden. Das Preisgerüst, welches auch als spezifische Brennstoffkosten bezeichnet wird, ist möglichst in der Einheit DM/kWh auszudrücken. Die spezifischen Brennstoffkosten sind beim örtlichen Brennstoffhandel bzw. dem zuständigen Gasversorgungsunternehmen zu erfragen.

Die spezifischen Brennstoffkosten (DM/kWh) werden mit dem oben ermittelten Brennstoffbedarf multipliziert. Hieraus ergeben sich die gesamten Brennstoffkosten (DM).

Zur Verdeutlichung des Rechenweges werden nachfolgend anhand des bereits bekannten Beispiels die Brennstoffkosten für die KWK-Anlage ermittelt:

Tabelle F30: Berechnung der Brennstoffkosten einer KWK-Anlage

	Arbeit	**Leistung**	**Summe**
Elektrische Erzeugung	4.000.000 kWh	730 kW	
Thermische Erzeugung	5.000.000 kWh	910 kW	
Gesamtproduktion KWK-Aggregat	9.000.000 kWh	1.640 kW	
Wirkungsgrad (85%) bzw. Kehrwert	Faktor ca. 1,18	Faktor ca. 1,18	
Bedarf an Brennstoffmenge bzw.-leistung	10.620.000 kWh	1.930 kW	
Leistungspreis Erdgas		DM 12,00/kW	
Arbeitspreis Erdgas	DM 0,02/kWh		
Kosten für Brennstoff (nur KWK)	**DM 212.400**	**DM 23.160**	**DM 235.560**

Insgesamt ergeben sich demzufolge für das bekannte Unternehmen Brennstoffkosten ausschließlich für das KWK-Aggregat in Höhe von ca. DM 235.560,00.

bb. Hilfsstoffe

Neben Schmiermitteln und anderen Hilfsstoffen[251] wird bei Kraft-Wärme-Kopplungsanlagen Hilfsenergie meist in Form von elektrischem Strom benötigt. Strom wird durch den Betrieb von Nebenaggregaten wie Gebläse, Umwälzpumpen und Regeleinrichtungen verbraucht.[252]

Der Strombedarf ist anhand der elektrischen Anschlußwerte und der voraussichtlichen Jahresbenutzungsstunden zu ermitteln. Die entsprechenden Kosten ergeben sich dann aus der Multiplikation des voraussichtlichen Strombedarfs mit den Versorgungstarifen des zuständigen Energieversorgungsunternehmens. Da der eigenerzeugte Strom gleichzeitig als Hilfsenergie eingesetzt werden kann, läßt sich die Berechnung der Hilfsenergiekosten vereinfachen. Diese Vereinfachung ist deshalb möglich, weil die eigenerzeugte Energie ebenfalls mit den Versorgungstarifen des EVU bewertet wird. Kosten und Stromgutschrift lassen sich demnach

---

[249] Vgl. Jost, A.: Dezentrale Kraft-Wärme-Kopplung mit Verbrennungsmotoren und Gasturbinen, a.a.O., S. 7; Hoffmann, T.: Stromwirtschaftliche Einordnung von BHKW, a.a.O., S. 7.

[250] Vgl. VDI-Richtlinie 3985 (Entwurf), a.a.O., S. 18; Suttor, W.: Praxis Kraft-Wärme-Kopplung, Band 2, Teil 5/8.3, a.a.O., S. 6.

[251] Vgl. Hugel, G., Schmitz, H.: Betriebliche Energiewirtschaft, Anleitung für Klein- und Mittelbetriebe, a.a.O., S. 155.

[252] Vgl. Kremeyer, H.: Eigenfertigung und Fremdbezug unter finanzwirtschaftlichen Aspekten, a.a.O., S. 120; VDI-Richlinie 2067, Blatt 7, a.a.O., S. 6.

zu Null konsolidieren. Diese Vorgehensweise ist aus Sicht der Investitionsrechnung zweckmäßig.

Aus der Sicht der Kostenrechnung ist es jedoch sinnvoller, die Kosten verursachungsgerecht zuzuordnen und daher keine Konsolidierung von Stromgutschrift und Kosten vorzunehmen. Hierdurch läßt sich einerseits die Stromerzeugung exakter darstellen und andererseits sind die Anstrengungen zur Einsparung von Hilfsenergie besser kontrollierbar. Natürlich setzt die Kontrolle des Hilfsenergieverbrauchs voraus, daß über Stromzähler der Energieverbrauch gemessen werden kann.

cc. Variable Wartungs- und Instandhaltungskosten

Die Wartungs- und Instandhaltungskosten sind, wie oben dargestellt, in fix und variabel zu differenzieren, wobei sowohl fixe als auch variable Kosten gleichzeitig anfallen können. Es sind z.B. Wartungsverträge sehr verbreitet, die an die Erzeugung, d.h. den Anlagenbetrieb, gekoppelt sind.[253] Die hierdurch entstehenden variablen Kosten sind in der Regel an die erzeugte thermische oder elektrische Arbeit in kWh gekoppelt.[254]

Schon beim Kauf ist auf die Betriebs- und Wartungskosten der Aggregate zu achten, die nicht nur konzeptbedingt, sondern auch bei den verschiedenen Herstellern eines bestimmten Konzeptes beträchtlich voneinander abweichen können. Außerdem ist für die Wirtschaftlichkeitsanalyse einzuplanen, daß die Kosten für Wartung und Instandhaltung mit höherem Anlagenalter verschleißbedingt ansteigen können.[255]

dd. Personalkosten

Die Personalkosten wurden unter den fixen Kostenbestandteilen bereits ausführlich beschrieben. Es wurde ausgeführt, daß die Personalkosten auf kurze Sicht fix sind, da das Personal bei kurzzeitigen Anlagenausfällen nicht entlassen werden kann. Langfristig sind Arbeitsverträge jedoch kündbar, bzw. es wird der Personalbestand durch natürliche Fluktuation abgebaut.[256]

Die Personalkosten können jedoch auch kurzfristig variabel sein, z.B. durch die Entscheidung für Überstunden.

ee. Variable Steuern

Variabel sind jene Steuern, die von der Erzeugung von Strom- und Wärme abhängen. Zu den variablen Steuern gehören unter anderem die Körperschaftsteuer[257] und die Gewerbeertragsteuer[258].

---

[253] Vgl. Adam, S.: Optimierung der Anlageninstandhaltung, a.a.O., S. 94; Belting, T.: Blockheizkraftwerke, a.a.O., S. 57.

[254] So ist z.B. bei BHWK mit variablen Wartungskosten zwischen 0,8 Pf/kWh$_{el}$ bis 6,0 Pf/KWh$_{el}$ zu rechnen (Stand 1995); vgl. VDI-Richtlinie 3985 (Entwurf), a.a.O., S. 18.

[255] Vgl. Gülker, E., Eichler, T.: Wartung, a.a.O., S. 1717; o.V.: Blockheizkraftwerke in der Industrie, a.a.O., S. 21; Jost, A.: Dezentrale Kraft-Wärme-Kopplung mit Verbrennungsmotoren und Gasturbinen, a.a.O., S. 16; zu den verschiedenen Instandhaltungskosten in Abhängigkeit verschiedener Kraftwerkstypen vgl. VDI-Richtlinie 2067, Blatt 7, a.a.O., S. 5; Muders, H.: Blockheizkraftwerke, a.a.O., S. 6.

[256] Kilger weist in diesem Zusammenhang auf die Bedeutung der Fristigkeit der Kostenplanung hin, da sich in längeren Zeiträumen mehr Kostenarten an die Beschäftigung anpassen lassen als in kürzeren. Bei den Löhnen, so Kilger, kann von einem Anpassungszeitraum von etwa 3 bis 6 Monaten und bei den Gehältern von einem Anpassungszeitraum von 1 bis 2 Jahren ausgegangen werden; vgl. Kilger, W.: Einführung in die Kostenrechnung, a.a.O., S. 202.

[257] In der Literatur ist umstritten, ob die Körperschaftsteuer zu den variablen Kostensteuern oder zu den Gewinnsteuern zu rechnen ist; vgl. Kilger, W.: Flexible Plankostenrechnung und Deckungsbeitragsrechnung, a.a.O., S. 418.

[258] Vgl. Stumpf, H.: Wirtschaftliche Rahmenbedingungen und Kriterien der kommunalen Energiewirtschaft, in: Leonhardt, W. (Hrsg.) u.a., Kommunales Energiehandbuch, Karlsruhe 1989, Wibera-Sonderdruck Nr. 208, S. 403ff. Streng genommen handelt es sich bei der Gewerbeertragsteuer um eine überproportionale Steuer,

Mit dieser Art Besteuerung beteiligt sich der Staat am Investitionserfolg- bzw. Investitionsmißerfolg. Der Investitionserfolg liegt darin, daß die Einsparungen aus dem Betrieb der Kraft-Wärme-Kopplungsanlage zuzüglich der Einspeisevergütung größer als die Kosten sind. Hierdurch erhöht sich der gesamte Unternehmenserfolg, wobei dieser Erfolg um den Grenzsteuersatz gekürzt wird.[259] Es ist zu beachten, daß der Grenzsteuersatz und nicht die durchschnittliche steuerliche Belastung in die Wirtschaftlichkeitsrechnung einfließt, da die Kraft-Wärme-Kopplungsanlage als letzte dem Unternehmen hinzutretende Einheit den Grenzsteuersatz verursacht.

Sofern die Verluste aus der Kraft-Wärme-Kopplungsanlage mit Gewinnen anderer Bereiche verrechnet werden können, beteiligt sich der Staat indirekt an einen Investitionsmißerfolg. Auch in diesem Fall ist der Grenzsteuersatz für die Wirtschaftlichkeitsanalyse heranzuziehen.

3. Kosten der Entsorgungsphase

Mit Beendigung der Strom- und Wärmeerzeugung kann es zu Kosten oder auch Erlösen im Zusammenhang mit der Entsorgung der Kraft-Wärme-Kopplungsanlage kommen.

Die Kosten entstehen durch eventuell notwendige Sanierungsmaßnahmen des Bodens oder auch durch die Demontage und Verschrottung der Anlage. Erlöse können sich aus Restverkaufseinnahmen ergeben. Die Höhe der Kosten und der Erlöse ist zum Investitionszeitpunkt nicht abschätzbar, da es zur Zeit noch nicht genügend Zahlenmaterial zu den Entsorgungskosten gibt.

Es kann aber davon ausgegangen werden, daß die Entsorgung eher mit Kosten verbunden sein wird. Diese Kosten stellen ein nicht zu unterschätzendes Risiko dar, da sich die gesetzlichen Anforderungen zur ordnungsgemäßen Entsorgung von umweltbelastenden Stoffen in der Vergangenheit stetig verschärft haben. Wenn ein Investitionsprojekt nach Diskontierung und Risikobetrachtungen nur einen kleinen Erfolg ausweist, ist es wichtig an die mit der Entsorgung verbundenen Kosten zu denken und das Projekt zu verwerfen.

IV. Gegenüberstellung von Erlösen und Kosten einer KWK-Anlage

Im vorliegenden Kapitel wurden die mit der KWK-Investition verbundenen Konsequenzen entsprechend ihres zeitlichen Anfalls der Beschaffungs- und Implementierungsphase, der Nutzungsphase und der Entsorgungsphase zugeordnet. Diese zeitliche Unterscheidung wurde mit der unterschiedlichen Zahlungswirksamkeit der einzelnen Posten und der Bedeutung der Zahlungswirksamkeit für die Investitionsrechnung begründet.[260]

Durch Gegenüberstellung der periodenbezogenen Kosten und -erlöse kann der Einzahlungsüberschuß der jeweiligen Periode ermittelt werden. Die Ermittlung des Einzahlungsüberschusses bringt verschiedene Vorteile mit sich, die insbesondere in der Bereitstellung einer besseren Datenbasis für die noch zu beschreibenden Investitionsrechenverfahren liegen. Auf die Durchführung der klassischen Ergebnisrechnung kann dennoch nicht verzichtet werden, da die Ermittlung der exakten Einzahlungsüberschüsse nur über diese Form der Datenaufbereitung möglich ist. So sind der Kraft-Wärme-Kopplungsanlage ebenfalls erfolgsabhängige und auszahlungswirksame Gewinnsteuern zuzurechnen, deren Berechnung wiederum die Bestimmung des periodenbezogenen Investitionserfolges voraussetzt.

Zur Ermittlung der zu zahlenden Gewinnsteuern muß der periodenbezogene Einzahlungsüberschuß der Nutzungsphase um die steuerlich anzusetzenden Abschreibungen sowie zu-

---

da sie erst dann anfällt, wenn die Gewinnschwelle bzw. der kostendeckende Mindestumsatz erreicht wird: vgl. Kilger, W.: Flexible Plankostenrechnung und Deckungsbeitragsrechnung, a.a.O., S. 418.

[259] Vgl. Gutenberg, E.: Die Finanzen, a.a.O., S. 219 und 220.

[260] Vgl. Bouillon, H.: Möglichkeiten und Grenzen der Kraft-Wärme-Kopplung, a.a.O., S. 47.

sätzlich um die Fremdkapitalzinsen[261] bereinigt werden. Der so ermittelte steuerliche Gewinn muß mit dem Grenzsteuersatz des Unternehmens multipliziert werden, um die Gewinnsteuern zu erhalten. Die Begründung für die Verwendung des Grenzsteuersatzes anstatt des Durchschnittssteuersatzes liegt in der Forderung des Kostenverursachungsprinzips.[262] Folgt man diesem Prinzip, dann verursacht die Kraft-Wärme-Kopplungsanlage einen zusätzlichen Unternehmensgewinn, der wiederum zusätzliche Steuerzahlungen verursacht. Diese zusätzlichen Steuerzahlungen ergeben sich hierbei aus dem Grenzsteuersatz der Unternehmung.

In Hinblick auf die Ermittlung der Gewinnsteuer sind jedoch zwei Spezialfälle zu unterscheiden. Zum einen ist es möglich, daß das Unternehmen zeitweilig keine Gewinne erwirtschaftet, zum anderen kann der Ergebnisbeitrag der Kraft-Wärme-Kopplungsanlage einen negativen Wert aufweisen.

Im ersten Fall, wenn das Unternehmen zeitweilig keine Gewinne erwirtschaftet, ist auch der Grenzsteuersatz gleich Null, d.h. der KWK-Anlage werden keine Steuerzahlungen belastet.

Im zweiten Fall, bei einem negativen Ergebnisbeitrag der KWK-Anlage, wird aufgrund der KWK-Anlage der gesamte Unternehmensgewinn gemindert. Aufgrund des verminderten Unternehmensgewinns reduziert sich aber auch die insgesamt zu entrichtende Steuerzahlung. Die reduzierte Steuerzahlung ist nach dem Kostenverursachungsprinzip der KWK-Anlage zuzurechnen. Der Fall eines negativen Ergebnisbeitrages ist insbesondere dann wahrscheinlich, wenn auf die KWK-Anlage Sonderabschreibungen vorgenommen werden können. Diese Sonderabschreibungen können nicht mit den erzielbaren Einsparungen der KWK-Anlage gedeckt werden.

Nachdem die Steuerzahlungen bzw. Steuerrückerstattungen bestimmt wurden, kann der Jahresüberschuß der KWK-Anlage berechnet werden. Hierzu wird der ursprünglich berechnete Jahresüberschuß um die Steuerzahlungen reduziert bzw. um eventuelle Steuerrückerstattungen erhöht.

Zur besseren Verdeutlichung der Ausführungen in diesem Kapitel wird im folgenden auf das bekannte Beispiel zurückgegriffen. Dabei wird von dem in Kapitel E dargestellten BHKW ausgegangen, welches Investitionskosten in Höhe von DM 2.150 pro KW elektrischer Leistung erfordert. Da das BHKW eine elektrische Nennleistung von 730 KW erreicht, betragen die Investitionskosten für dieses BHKW DM 1.569.500.

Diese Investitionskosten bilden die Basis für die Berechnung der fixen Kosten der KWK-Anlage.

Wie im Kapitel E erläutert, gibt es einen Zusammenhang zwischen Anlagengröße und Beaufsichtigungszeit, wobei der genaue Zusammenhang vom gewählten KWK-Konzept abhängig ist. Für das gewählte BHKW kann als Personalaufwand die Richtzahl 0,1 Mannjahre pro MW elektrischer Leistung herangezogen werden. Bei einer elektrischen Leistung von 0,73 MW für das gewählte BHKW ergeben sich demnach 0,073 Mannjahre. Diese 0,073 Mannjahre sind mit den Personalkosten pro Jahr, die mit DM 60.000 p.a. angesetzt werden sollen, zu multiplizieren. Hierdurch ergeben sich jährliche fixe Personalkosten in Höhe von DM 4.380.[263]

---

[261] Nur Fremdkapitalzinsen können steuerlich geltend gemacht werden. Eigenkapitalkosten mindern hingegen nicht die Berechnungsgrundlage der Gewinnsteuer. Dieses hat zur Folge, daß die Fremdkapitalkosten nach Steuern im Gegensatz zu den Eigenkapitalkosten nach Steuern geringer sind als ohne Betrachtung von Steuern. Dieses ist bei der Finanzierungsentscheidung zu berücksichtigen. Vgl. hierzu die Ausführungen zur Finanzierung und hierbei insbesondere die Bestimmung des Kalkulationszinses. (Kapitel I).

[262] Auf das Kostenverursachungsprinzip wird bei der Diskussion der Kostenaufteilung auf die Kuppelprodukte in diesem Kapitel eingegangen.

[263] Zu den konzeptabhängigen Personalkosten vgl. Kapitel E.

Die folgende Tabelle stellt die fixen Kosten dar, die mit dem Betrieb einer KWK-Anlage verbunden sind.

Tabelle F31: Berechnung der fixen Kosten

Kostenart	%/p.a. vom Inv.Volumen	Fixe Kosten in DM/p.a.
Wartung/Instandhaltung	2,00%	31.390
Verwaltung	1,50%	23.543
Steuern/Abgaben	1,00%	15.695
Versicherungen	1,20%	18.834
Personalkosten	0,1MJ/MWx0,73MWxTDM60	4.380
Summe		**93.842**

In der nachfolgenden Tabelle sind die variablen Kosten dargestellt, die sich aus den Erdgasbezugskosten sowie den Wartungs- und Instandhaltungskosten zusammensetzen.

Tabelle F32: Berechnung der variablen Kosten

Kostenart	Bedarf/Bezugsgröße	DM pro Einheit	var. Kosten in DM/p.a.
Leistungspreis Erdgas	1.930 kW	DM 12,00/kW	23.160
Arbeitspreis Erdgas	10.620.000 kWh	DM 0,02/kWh	212.400
var. Instandhaltg./Wartg.	5.000.000 kWh therm.	18,00/kWh	89.991
Summe			**325.551**

Nach Ermittlung der fixen und variablen Kostenbestandteile ist es möglich, durch Gegenüberstellung der Kosten vor und nach Investition in eine KWK-Anlage den jährlichen Jahresüberschuß vor Steuern darzustellen.

Tabelle F33: Gegenüberstellung der Kosten vor und nach KWK (Kapitel D versus Kapitel F)

		Vor KWK in DM (Kapitel D)	Nach KWK in DM (Kapitel F)
Strombedarf	Kosten aus Leistungspreis	250.000	104.000
Strombedarf	Kosten aus Arbeitspreis	644.000	212.120
Strombedarf	Kosten aus Reserveleistung	0	25.200
Strombedarf	Kosten aus Reservearbeit	0	7.950
Stromerlös	Einspeisevergütung (Erlös)	0	-48.000
Wärmebedarf (Kessel)	variable Brennstoffkosten	296.825	183.897
KWK-Anlage	variable Kosten	0	325.551
KWK-Anlage	fixe Kosten	0	93.842
Summe p.a.		**1.190.825**	**904.560**
Einzahlungsüberschuß p.a.			**286.265**

Aus der abschließenden Tabelle ist ersichtlich, daß die KWK-Anlage einen jährlichen Einzahlungsüberschuß von knapp DM 290.000 erwirtschaftet. Dieser Einzahlungsüberschuß ist Basis für die weitere Wirtschaftlichkeitsanalyse.

Der nach diesem Schema ermittelte Jahresüberschuß gilt nur, wenn sich die entsprechenden Rahmenbedingungen nicht ändern. Da hiervon nicht ausgegangen werden kann, muß das Unternehmen den Jahresüberschuß jedes Jahr neu ermitteln. Hierzu kann in der Regel auf die allgemeine Unternehmensplanung, z.B. die Umsatz- oder Energiebedarfsplanung, zurückgegriffen werden.[264]

---

[264] Zur Abstimmung der Investitionsplanung mit anderen Teilplänen einer Unternehmung vgl. Kortzfleisch, G. von: Die Grundlagen der Finanzplanung, a.a.O., S. 113 und 144.

Durch die Berücksichtigung der allgemeinen Unternehmensplanung lassen sich bereits geplante Erweiterungsinvestitionen in den Maschinenpark und die daraus resultierenden Energieverbräuche in die Wirtschaftlichkeitsanalyse einbeziehen.[265]

Eine nach Jahren differenzierte Betrachtung der erwarteten Einzahlungsüberschüsse gewinnt insbesondere dann an Bedeutung, wenn das Unternehmen in seiner mittel- bzw. langfristigen Planung Umsatzrückgänge, Produktionsprogrammänderungen, Produktionsstandortverlagerungen, Ersatzinvestitionen in modernere und weniger energieintensive Maschinen oder Desinvestitionen bzw. eine geringere Fertigungstiefe erwartet.

In diesen Fällen müssen die Konsequenzen hinsichtlich des künftigen Energieverbrauchs geprüft und bei der Dimensionierung der KWK-Anlage berücksichtigt werden. Durch dieses Vorgehen lassen sich Überkapazitäten vermeiden, welche die Wirtschaftlichkeit aufgrund der geringeren Fixkostendegression gefährden können.

V. Zuordnung der Gesamtkosten des KWK-Prozesses auf die einzelnen Kuppelprodukte

1. Zur Notwendigkeit der Kostenzuordnung

Die Kuppelprodukte Strom und Wärme haben, je nach Unternehmen, eine unterschiedliche Bedeutung. Wird die KWK-Anlage von einem industriellen Unternehmen betrieben, dann ist die Strom- und Wärmeerzeugung und damit die Kostenzuordnung von geringerer Bedeutung, als wenn die KWK-Anlage von einem Energieversorgungsunternehmen betrieben wird.

Aus Sicht eines industriellen Unternehmens stellen die Kuppelprodukte sog. Hilfskostenträger dar, da die Kuppelprodukte - sieht man von der Möglichkeit der Einspeisung ab - betriebsintern verbraucht werden und damit eine innerbetriebliche Leistung darstellen.[266]

Aus Sicht eines EVU ist Strom hingegen ein Hauptkostenträger, da dieses Produkt die wesentliche Absatzleistung und damit Einnahmequelle repräsentiert.

a. Die Notwendigkeit der Kostenzuordnung aus Sicht eines industriellen Unternehmens

In diesem Kapitel wurden bisher sowohl die Erlöse und innerbetrieblichen Gutschriften als auch die variablen und fixen Kosten erläutert, die bei der Erzeugung von Strom und Wärme mit einer KWK-Anlage entstehen.

Während die Erlöse und innerbetrieblichen Gutschriften den einzelnen Kuppelprodukten zugeordnet werden können, ist bei der Kuppelproduktion die jeweilige Kostenzuordnung nicht möglich, da eine nach Einzelprodukten differenzierte Kostenträgerrechnung nicht exakt durchführbar ist. Die Anwendung des Kostenverursachungsprinzips, d.h. die produktindividuelle Zurechnung der Kosten, bleibt somit der Kuppelproduktion versagt.[267]

Der Umstand, daß die Vollkosten den Kuppelprodukten Strom und Wärme nicht verursachungsgerecht zugeordnet werden können, ist jedoch für die Investitionsentscheidung nicht

---

[265] Die Einzahlungsüberschüsse verschiedener Perioden lassen sich mit den im Kapitel H vorgestellten Investitionsrechenverfahren analysieren.

[266] Zur innerbetrieblichen Leistungsverrechnung bzw. zu sog. sofort als Einsatzleistungen verbrauchten Hilfsleistungen vgl. Bergner, H.: innerbetriebliche Leistungsverrechnung, in: Grochla, E., Wittmann, W. (Hrsg.), Handwörterbuch der Betriebswirtschaftslehre, Band 2, 4. Auflage, Stuttgart 1975, Sp. 2483-2496. Vgl. auch Haberstock, L.: Kostenrechnung I, a.a.O., S. 162, Fußnote 2.

[267] Vgl. Kilger, W.: Optimale Produktions- und Absatzplanung, a.a.O., S. 353; Kilger, W.: Flexible Plankostenrechnung und Deckungsbeitragsrechnung, a.a.O., S. 18.

problematisch, da bei der Wirtschaftlichkeitsrechnung die gesamten Kosten und Erlöse einander gegenübergestellt werden.[268]

Trotzdem kann es aus folgenden Gründen interessant sein, eine Kostenaufteilung auf die beiden Kuppelprodukte Strom und Wärme vorzunehmen:

Die Kostenaufteilung wird in einem industriellem Unternehmen bedeutsam, wenn das interne Rechnungswesen Verrechnungspreise[269] für die innerbetriebliche Leistungsverflechtung festlegen muß. Durch die Verrechnung der Gemeinkosten[270] mit Hilfe des Betriebsabrechnungsbogens (BAB) ist es für die Kostenstellen im Unternehmen grundsätzlich möglich, ihre Produktionsprozesse anhand der innerbetrieblichen Verrechnungspreise für Strom und Wärme zu optimieren.[271] Dies kann wiederum Auswirkungen auf die Energienachfrage einer Kostenstelle haben und dadurch die Wirtschaftlichkeit der Anlage bzw. des gesamten Unternehmens beeinflussen. Der Grund hierfür ist, daß durch nicht verursachungsgerechte künstliche Verrechnungspreise Kostenstellenverantwortliche unter Umständen zu Entscheidungen verleitet werden, die sowohl die Effizienz als auch die Wettbewerbsfähigkeit eines Unternehmens verschlechtern.[272]

Darüber hinaus ist die Bewertung von Strom und Wärme im Hinblick auf die Bilanzierung bedeutsam, da die Kosten für Strom und Wärme als Fertigungsgemeinkosten aktiviert werden können.[273] Wird das Aktivierungswahlrecht des Handelsrechts in Anspruch genommen, so fließen dadurch die nach Strom- und Wärmeverbrauch differenzierten Kosten in die Herstel-

---

[268] Vgl. Riebel, P.: Einzelkosten und Deckungsbeitragsrechnung. Grundfragen einer markt- und entscheidungsorientierten Unternehmensrechnung, a.a.O., S. 675; vgl. auch Rudolph, M.: Kostenzuordnung und Wirtschaftlichkeit bei Kraft-Wärme-Kopplung, in: VDI-Gesellschaft Energietechnik, Möglichkeiten und Grenzen der Kraft-Wärme-Kopplung, VDI-Bericht 923, S. 107.

[269] Zu den Verrechnungspreisen vgl. ausführlich Kilger, W.: Flexible Plankostenrechnung und Deckungsbeitragsrechnung, a.a.O., S. 197ff.

[270] Einzelkosten sind definiert als Kosten, die dem Kostenträger aus der Kostenartenrechnung ohne Umweg über den BAB bzw. ohne Schlüsselung im Rahmen der Kostenstellenrechnung direkt zugeordnet werden können. Gemeinkosten sind variable oder fixe Kosten, die nicht direkt dem einzelnen Kalkulationsobjekt zugeordnet werden können, da sie nicht von einer Produkteinheit allein verursacht worden sind. Bei den Gemeinkosten ist das Kostenverursachungsprinzip kaum anzuwenden. Vgl. hierzu u.a. Haberstock, L.: Kostenrechnung I, a.a.O., S. 75; Einzelkosten, die per definitionem immer variabel sind, werden manchmal auch als Gemeinkosten betrachtet und behandelt: Wenn es das Wirtschaftlichkeitsprinzip - Einfachheit vor Genauigkeit - sinnvoll erscheinen läßt, daß variable Kosten nicht direkt auf den Kostenträger zugeordnet werden, spricht man in diesem Fall von sog. unechten Gemeinkosten; vgl. hierzu auch Haberstock, L.: Kostenrechnung I, a.a.O., S. 11 und S. 75; Götzinger, M., Michael, H.: Kosten- und Leistungsrechnung, a.a.O., S. 56 und S. 63. Kilger spricht sich anstelle des Begriffes „Gemeinkosten“ für den Begriff „ Kostenstellenkosten“ aus, da durchaus einige (variable) Gemeinkosten dem Verursachungsprinzip entsprechend auf die Kostenträger umgelegt werden können. Darüber hinaus gibt es bestimmte Einzelkosten, z.B. die Fertigungslöhne, die aufgrund ihrer Eigenschaft als Einzelkosten theoretisch nicht über Kostenstellen abgerechnet werden müßten, aber aus Einfachheitsgründen und aus Gründen der Kontrolle in der Praxis über die Kostenstellenrechnung geführt werden; vgl. Kilger, W.: Flexible Plankostenrechnung und Deckungsbeitragsrechnung, a.a.O., S. 19 und 20.

[271] Zu den Voraussetzungen für diese Optimierungsprozesse (z.B. Einrichtungen zur Messung der Verbrauchsmengen in den Kostenstellen, Verwendung und Arten von Bezugsgrößen) vgl. Bergner, H.: Innerbetriebliche Leistungsverrechnung, a.a.O., Sp. 2487.

[272] Zum Problem der Interdependenzen der innerbetrieblichen Leistungsverflechtung vgl. Kilger, W.: Flexible Plankostenrechnung und Deckungsbeitragsrechnung, a.a.O., S. 426ff. Porter führt im Rahmen der Diskussion der vertikalen Integration aus, daß falsch gesetzte innerbetriebliche Verrechnungspreise negative Konsequenzen für die Wettbewerbsfähigkeit des gesamten Unternehmens haben können; vgl. Porter, M.-E.: Wettbewerbsstrategie (Competitive Strategy), Methoden zur Analyse von Branchen und Konkurrenten, 6. Auflage, Frankfurt 1990, S. 382 und 391.

[273] Vgl. zu den Herstellungskosten in der Handelsbilanz bzw. im Handelsrecht § 255, Absatz II, HGB. Material- und Fertigungsgemeinkosten dürfen jedoch in der Steuerbilanz nicht aktiviert werden. Vgl. Abschnitt 33 EStR.

lungskosten der Produkte mit ein.[274] Betriebswirtschaftlich bedeutend ist dieser Umstand jedoch erst dann, wenn ein Unternehmen mehrere lagerfähige Produkte herstellt, die hinsichtlich ihres Strom- und Wärmeverbrauches stark differieren.

Schließlich kann das Problem der mangelnden verursachungsgerechten Kostenaufteilung alle Entscheidungen eines Unternehmens beeinflussen, die auf der Kalkulation der variablen Kosten des Strom- und/oder Wärmeverbrauchs basieren. Durch eine ungünstige Bewertung des Stroms bzw. der Wärme können unter Umständen Entscheidungen getroffen werden, die sich nachteilig auf den Erfolg des Unternehmens auswirken.

b. Die Notwendigkeit der Kostenzuordnung aus Sicht eines Energieversorgungsunternehmens

Das Problem der willkürlichen Kostenzuordnung ist bei Energieversorgungsunternehmen stärker ausgeprägt als bei Industrieunternehmen.

In Energieversorgungsunternehmen stellt das Kuppelprodukt Strom das Hauptabsatzprodukt dar, so daß hier durch die Kostenträgerstück- und -zeitrechnung eine unmittelbare Beeinflussung gegeben ist: Die Kostenträgerrechnung hat hier die Aufgabe zu erfüllen, die Herstell- und Selbstkosten der (Haupt-)kostenträger zu ermitteln. Diese werden zur Durchführung der kurzfristigen Erfolgsrechnung[275], zur Unterstützung preispolitischer Entscheidungen und als Ausgangsdaten für Problemstellungen der Planungsrechnung benötigt. Die letzte grundsätzliche Aufgabe der Kostenträgerrechnung, die Bewertung der Bestände an Halb- und Fertigfabrikaten zu ermöglichen, ist bei den EVU aufgrund der Nichtspeicherbarkeit des Hauptproduktes Strom von untergeordneter Bedeutung.[276]

2. Kraft-Wärme-Kopplung als eine Form der Kuppelproduktion

Als Kuppelproduktion werden Produktionsprozesse bezeichnet, bei denen zwei oder mehrere Produkte simultan erzeugt werden. Die gleichzeitige Erzeugung ist naturgesetzlich oder auch technisch bedingt.[277] Die aus der Kuppelproduktion hervorgehenden Produkte werden auch als Produktbündel bezeichnet. Das Produktbündel der Kuppelproduktion besteht normalerweise aus dem gewünschten Hauptprodukt und einem bzw. mehreren Nebenprodukten.[278]

Bei der Kraft-Wärme-Kopplung fallen die zwei Kuppelprodukte Strom und Wärme an. Es kann jedoch keine allgemeingültige Aussage gemacht werden, welches der beiden Produkte das Haupt- und welches das Nebenprodukt ist. Die Entscheidung, ob der Strom oder die Wärme als Haupt- bzw. Nebenprodukt zu betrachten ist, hängt vom Hauptziel der Erstellung der Kraft-Wärme-Kopplungsanlage ab: Ein Energieversorgungsunternehmen erstellt eine Kraft-Wärme-Kopplungsanlage in der Regel mit dem originären Ziel, Strom zu produzieren. Daher ist für ein Energieversorgungsunternehmen Strom das Hauptprodukt.

---

[274] Vgl. den Kommentar zum § 255 in Adler, Düring, Schmaltz: Rechnungslegung und Prüfung der Unternehmen. Kommentar zum HGB, AktG, GmbHG, PublG nach den Vorschriften des Bilanzrichtlinien-Gesetzes, Band I, 5. Auflage, Stuttgart 1987, Tz. 279 u. 280.

[275] Vgl. Kilger, W.: Einführung in die Kostenrechnung, a.a.O., S. 392ff.

[276] Zu den Aufgaben der Kostenträgerrechnung vgl. u.a. Haberstock, L.: Kostenrechnung I, a.a.O., S. 163ff.

[277] Kuppelproduktionsprozesse sind besonders häufig in der chemischen Industrie, der Kohlenindustrie bzw. in Kokereien, der Papierindustrie, der Porzellanindustrie und in der Metallindustrie zu finden. Vgl. u.a. Schmalenbach, E.: Kostenrechnung und Preispolitik, a.a.O., S. 249ff; Kilger, W.: Einführung in die Kostenrechnung, a.a.O., S. 354; vgl. auch Kapitel E.

[278] Vgl. Riebel, P.: Die Elastizität des Betriebes, Eine produktions- und marktwirtschaftliche Untersuchung, a.a.O., S. 27ff; Riebel, P.: Kuppelproduktion, a.a.O., Sp. 1015; Riebel, P.: Die Kuppelproduktion. Betriebs- und Marktprobleme, a.a.O., S. 11ff; Hummel, S., Männel, W.: Kostenrechnung 1, a.a.O., S. 305; Götzinger, M., Michael, H.: Kosten- und Leistungsrechnung, a.a.O., S. 160; Heinen, E., Dietel, B.: Kostenrechnung, in: Heinen, E. (Hrsg.): Industriebetriebslehre, Entscheidungen im Industriebetrieb, 9. Auflage, Wiesbaden 1991, S. 1227.

Die KWK-Anlage kann jedoch auch mit dem Ziel der preiswerten Versorgung mit Wärme errichtet werden. Von dieser Zielsetzung ist auszugehen, wenn eine KWK-Anlage mit niedriger Stromkennzahl beschafft wird, d.h. die Anlage eine hohe Wärmeerzeugung ermöglicht.[279] Hier ist die Wirtschaftlichkeit unmittelbar an die Nutzung der Wärme gekoppelt, so daß die Wärme als Hauptprodukt zu betrachten ist.

Beim industriellen Einsatz einer KWK-Anlage ist die Unterscheidung in Haupt- und Nebenprodukte in der Regel problematisch, da die Wirtschaftlichkeit der Anlage von der gleichzeitigen Nutzung von Strom und Wärme abhängt.

Ein weiteres Kennzeichen der Kuppelproduktion ist, daß die Zusammensetzung des Produktbündels überhaupt nicht oder nur in engen Grenzen variierbar ist.[280] Je nach Variierbarkeit der Zusammensetzung des Produktbündels wird zwischen starrer und elastischer Produktkopplung unterschieden.[281]

Ob es sich bei der Erzeugung von Strom und Wärme mittels Kraft-Wärme-Kopplungsanlage um eine starre oder elastische Kuppelproduktion handelt, ist im folgenden zu klären: Eine wichtige Größe bei der Beantwortung dieser Frage bildet die Stromkennzahl, die das Verhältnis der Kuppelprodukte Strom und Wärme ausdrückt. Unklar bleibt jedoch, ob eine sich ändernde Stromkennzahl eine elastische Kuppelproduktion impliziert. Um sich Klarheit verschaffen zu können, soll daher in KWK-Anlagen mit einem und zwei Freiheitsgraden unterschieden sowie die Möglichkeit des Kondensations- oder Auspuffbetriebes betrachtet werden.

Bei KWK-Anlagen mit einem Freiheitsgrad ist die Stromkennzahl bei gegebenen Produktionsbedingungen definitionsgemäß konstant. Werden die Produktionsbedingungen verändert, z.B. durch die Veränderung des Lastzustandes, dann kommt es zu einer Veränderung der Stromkennzahl. Diese Veränderung soll jedoch im Rahmen dieser Arbeit nicht als elastische Kuppelproduktion gewertet werden, sondern die Produktion durch KWK-Anlagen mit einem Freiheitsgrad wird hier als starre Kuppelproduktion gedeutet.[282]

Bei einer KWK-Anlage mit einem Freiheitsgrad, die jedoch über einen Kühlturm und damit über die Möglichkeit des Kondensationsbetriebs verfügt, kann die Stromkennzahl gezielt beeinflußt werden. Diese Beeinflussung ist darauf zurückzuführen, daß die erzeugte Wärme an die Umgebung abgegeben, also vernichtet wird. Die Vernichtung[283] eines Kuppelproduktes kann jedoch keinesfalls als Aufhebung des Kuppelverhältnisses interpretiert werden. Somit ändert sich bei einem Kondensationsbetrieb hinsichtlich des Kuppelverhältnisses nichts gegenüber Anlagen mit einem Freiheitsgrad. Auch hier kann von starrer Kuppelproduktion gesprochen werden.

---

[279] Vgl. hierzu das Konzept der Dampfturbine in Kapitel E.

[280] Vgl. Piller, W., Rudolph, M.: Kraft-Wärme-Kopplung. Zur Theorie und Praxis der Kostenrechnung, a.a.O., S. 21; Hummel, S., Männel, W.: Kostenrechnung 1, a.a.O., S. 305.

[281] Vgl. Riebel, P.: Kuppelproduktion, a.a.O., Sp. 1015; Hummel, S., Männel, W.: Kostenrechnung 1, a.a.O., S. 305.

[282] Ob die Veränderung des Kuppelverhältnisses aufgrund veränderter Produktionsbedingungen als starre oder elastische Kuppelproduktion angesehen werden kann, ist in der Literatur durchaus umstritten. Riebel kommt hierbei zum Schluß, daß jegliche Veränderung des Kuppelverhältnisses als elastische Kuppelproduktion anzusehen ist und wertet die starre Kuppelproduktion als Ausnahmefall: „Im Gegensatz zur herrschenden Anschauung bin ich nach Prüfung zahlreicher Beispiele zu dem Ergebnis gekommen, daß absolut starre Mengenverhältnisse unbedingt als Ausnahmefall anzusehen sind." Riebel, P.: Die Kuppelproduktion. Betriebs- und Marktprobleme, a.a.O., S. 92.

[283] Der Begriff „Vernichtung" eines Kuppelproduktes findet sich auch in der Literatur der Kuppelproduktion; vgl. Riebel, P.: Die Kuppelproduktion. Betriebs- und Marktprobleme, a.a.O., S. 195; Laßmann, G., Hahn, D.: Produktionswirtschaft, Controlling industrieller Produktion, Band 1, 2. Auflage, Heidelberg 1990, S. 317.

Anlagen mit zwei Freiheitsgraden weisen die Besonderheit auf, daß der maximale Wirkungsgrad bei einer Fahrweise unterhalb der maximalen elektrischen Leistung erzielt wird. Eine weitere Erhöhung der Last bewirkt, daß auf der einen Seite zwar absolut mehr Strom erzeugt wird, aber auf der anderen Seite die Erzeugung nutzbarer Wärme sinkt, was wiederum zu einer höheren Stromkennzahl bei sinkendem Wirkungsgrad führt. Diese Steigerungsmöglichkeit ist auf aufwendige technische Apparaturen bei derartigen Anlagen zurückzuführen. Aufgrund dieser Besonderheit kann bei Anlagen mit zwei Freiheitsgraden von einer elastischen Kuppelproduktion gesprochen werden.[284]

Bei der Kraft-Wärme-Kopplung handelt es sich zudem um eine sogenannte vertikale Produktkopplung, da beim Kuppelproduktionsprozeß die beiden Produkte Wärme und Strom nacheinander und nicht gleichzeitig erzeugt werden.[285]

Hinsichtlich der Speicherbarkeit und der Transportierbarkeit stellt Riebel fest, daß Strom zwar nicht speicherbar, aber aufgrund des vorhandenen Netzes über große Entfernungen ohne große Verluste transportierbar ist.

Im Gegensatz dazu kann Wärme unter dem Einsatz von Kosten gespeichert werden. Aufgrund der mit der Speicherung verbundenen Kosten sollte die erzeugte Wärme jedoch einer möglichst raschen Verwendung zugeführt werden. Im Gegensatz zu Strom verfügt die Wärme über einen nur sehr geringen Transportradius.[286]

Aus diesem Grund besteht die Produktkopplung nicht nur hinsichtlich der Entstehung, sondern auch hinsichtlich der jeweiligen Verwendung.

Da sich für die Kuppelprodukte unterschiedliche Absatzwege und Absatzreichweiten ergeben, besteht letztendlich die Notwendigkeit, den Standort im Verbrauchsgebiet des begrenzter transportierbaren Kuppelproduktes, d.h. der Wärme, zu wählen und die Kapazität entsprechend der Wärme-Aufnahmefähigkeit bzw. anhand des Wärmebedarfs des Unternehmens zu bestimmen. Dies ist nach Riebel nötig, obwohl die Kapazität zur Erzeugung der übrigen Kuppelprodukte eine erheblich größere Auslegung zulassen würde.[287]

3. Methoden der Kostenzuordnung und deren Eignung für die Bewertung von KWK-Anlagen

Im betrieblichen Rechnungswesen sind verschiedene Prinzipien entwickelt worden, die eine möglichst genaue und „gerechte" Zuordnung von Kosten ermöglichen sollen. Nicht jedes Prinzip kann in jeder Situation angewendet werden. Vielmehr ist jeweils zu entscheiden, welcher Zurechnungsgrundsatz die jeweilige Situation am besten abbildet.

Folgende Zurechnungsgrundsätze sind in der Praxis gebräuchlich:[288]

---

[284] Vgl. Riebel, P.: Die Kuppelproduktion. Betriebs- und Marktprobleme, a.a.O., S. 95ff; das Verhältnis der Kuppelproduktionsmengen kann bei Anlagen mit einem Freiheitsgrad lediglich in bestimmten Teilbereichen durch Laständerung variiert werden. Laständerung bedeutet jedoch in der industriellen KWK-Praxis meist Lastreduktion und führt aufgrund eines sinkenden Gesamtwirkungsgrades zu ungünstiger Wirtschaftlichkeit; vgl. hierzu auch Kapitel E und G.

[285] Riebel spricht sich in diesem Zusammenhang gegen den von Rummel verwendeten Begriff der „vertikalen Kupplung" aus. Aus Gründen der terminologischen Klarheit plädiert Riebel nachdrücklich für die Begriffe vertikale bzw. horizontale Kuppelprozesse; vgl. Riebel, P.: Die Kuppelproduktion. Betriebs- und Marktprobleme, a.a.O., S. 77ff.

[286] Vgl. Riebel, P.: Die Kuppelproduktion. Betriebs- und Marktprobleme, a.a.O., S. 75.

[287] Auf die Kraft-Wärme-Kopplung übertragen bedeutet dies, daß sich Riebel für eine Dimensionierung anhand des innerbetrieblichen Wärmebedarfs ausspricht, obwohl der innerbetriebliche Strombedarf eine weitaus größere Dimensionierung der KWK-Anlage zulassen würde; vgl. Riebel, P.: Die Kuppelproduktion. Betriebs- und Marktprobleme, a.a.O., S.75 und 76.

[288] Vgl. Kilger, W.: Flexible Plankostenrechnung und Deckungsbeitragsrechnung, a.a.O., S. 16 und 17; Bergner, H.: innerbetriebliche Leistungsverrechnung, a.a.O., Sp. 2486; Heinen, E., Dietel, B.: Kostenrechnung, a.a.O.,

- das Prinzip der Kostenverursachung,
- das Prinzip der Kostentragfähigkeit,
- das Prinzip der Durchschnittsbildung.

a. Prinzipien der Kostenzuordnung

Das Prinzip der Kostenverursachung[289] besagt, daß alle Kosten verursachungsgerecht dem jeweiligen Kostenträger zuzuordnen sind. Der Kostenträger ist hierbei als Ursache für die Entstehung einer bestimmten Kostenhöhe anzusehen. Zuzurechnen sind demnach nur die Kosten, die nicht entstehen würden, wenn der jeweilige Kostenträger als Entstehungsursache wegfallen würde.[290]

Bei der Kraft-Wärme-Kopplung ist es nicht möglich, die entstehenden Kosten nach dem Kostenverursachungsprinzip zuzuordnen. Alle Versuche, eine verursachungsgerechte Zurechnung der Kosten zu erreichen, müssen daher als „aussichtslos" angesehen werden, da sie erfahrungsgemäß „zu künstlichen Resultaten ohne genügendes gedankliches Fundament"[291] führen.

Wenn das Kostenverursachungsprinzip nicht anwendbar ist[292], kann eine Verrechnung der Kosten nach dem Prinzip der Kostentragfähigkeit bzw. nach dem Leistungsentsprechnungsprinzip[293] erfolgen.[294] Als allgemein anerkannte Bezugsgröße[295] bietet sich bei diesem Prinzip der Deckungsbeitrag oder der Marktpreis an: Hier übernimmt der Kostenträger den größten Anteil der Kosten, der die höchsten Deckungsbeiträge oder den höchsten Marktpreis erwirtschaftet.

Wenn das Tragfähigkeitsprinzip versagt, kommt noch das Durchschnittsprinzip in Frage.[296] Das Durchschnittsprinzip ist das allgemeinste und am weitesten verbreitete Anlastungs-

---

S. 1281; Wöhe, G.: Einführung in die allgemeine Betriebswirtschaftslehre, 16. Auflage, München 1986, S. 1139; Hummel, S., Männel, W.: Kostenrechnung 1, a.a.O., S. 52ff.

289 Das Prinzip der Kostenverursachung ist in weitere Prinzipien unterteilbar, wobei die Abgrenzung der Prinzipien nicht Gegenstand dieser Untersuchung ist und deshalb auf die entsprechende Literatur verwiesen sei. Unterscheiden läßt sich das Kausal- oder Kausalitätsprinzip, das Funktionalprinzip, das Relevanzprinzip, das Proportionalitätsprinzip (Rummel), das Marginalprinzip, das Final- bzw. Kosteneinwirkungsprinzip (Kosiol) und das Identitätsprinzip (Riebel); vgl. Kilger, W.: Flexible Plankostenrechnung und Deckungsbeitragsrechnung, a.a.O., S. 16 und 17; Börner, D.: Kostenverteilung, Prinzipien und Technik, in: Kosiol, E., Chmielewicz, K., Schweitzer, M. (Hrsg.), Handwörterbuch des Rechnungswesens, 2. Auflage, Sp. 1108; Hummel, S., Männel, W.: Kostenrechnung 1, a.a.O., S. 53-57.

290 Vgl. Börner, D.: Kostenverteilung, Prinzipien und Technik, a.a.O., Sp. 1108.

291 Schmalenbach, E.: Kostenrechnung und Preispolitik, a.a.O., S. 250; vgl. auch Götzinger, M., Michael, H.: Kosten- und Leistungsrechnung, a.a.O., S. 160.

292 Dies trifft grundsätzlich für den Großteil der Gemeinkosten, insbesondere für die fixen Gemeinkosten, zu; vgl. u.a. Kilger, W.: Flexible Plankostenrechnung und Deckungsbeitragsrechnung, a.a.O., S. 20; im Fall der Kraft-Wärme-Kopplung trifft dies nahezu für alle anfallenden Kosten zu.

293 Das Leistungsentsprechnungsprinzip (H. Koch) ist sehr weit interpretierbar, so daß hier auch nicht leistungsbezogene Bezugsgrößen in Frage kommen. So sind als Bezugsgröße auch Entwicklungsaufwendungen o.ä. denkbar; vgl. Kilger, W.: Flexible Plankostenrechnung und Deckungsbeitragsrechnung, a.a.O., S. 24.

294 Das Tragfähigkeitsprinzip wird auch als Deckungsprinzip, Kostendeckungsprinzip oder Kostentragfähigkeitsprinzip bezeichnet. Das Tragfähigkeitsprinzip erwächst aber nicht aus dem Verursachungsdenken, sondern vielmehr aus dem Belastbarkeitsargument; vgl. Kilger, W.: Flexible Plankostenrechnung und Dekkungsbeitragsrechnung, a.a.O., S. 19; Hummel, S., Männel, W.: Kostenrechnung 1, a.a.O., S. 59.

295 Bezugsgrößen sollen ohne großen Aufwand zu bestimmen sein und darüber hinaus unkompliziert, leicht verständlich und einfach anzuwenden sein; vgl. Götzinger, M., Michael, H.: Kosten- und Leistungsrechnung, a.a.O., S. 115; vgl. auch Bergner, H.: innerbetriebliche Leistungsverrechnung, a.a.O., Sp. 2487.

296 Das Durchschnittsprinzip entfernt sich noch weiter vom Kostenverursachungsprinzip als das Tragfähigkeitsprinzip: Es orientiert sich eher am Gleichmäßigkeitspostulat; vgl. Hummel, S., Männel, W.: Kostenrechnung 1, a.a.O., S. 59.

prinzip. Wie der Name bereits ausdrückt, wird ein Durchschnitt im Bezug auf eine bestimmte Größe gebildet. Die Bezugsgröße muß hierbei möglichst genau die Kostenverursachung beschreiben. Da aber die Wahl der Bezugsgröße sehr subjektiv ist und letztendlich jede Größe als Bezugsgröße in Frage kommt, ist das Durchschnittsprinzip eine besonders willkürliche Kostenverteilungsmethode.

b. Methoden der Kostenzuordnung bei der Kraft-Wärme-Kopplung

Zur Kostenaufteilung bei Kuppelprodukten kristallisieren sich im Rahmen der Kostenträgerrechnung zwei grundlegende Methoden heraus:[297] Zum einen handelt es sich um die Subtraktions- bzw. Restwertmethode, zum anderen um die Verteilungsmethode.[298] Beide Methoden basieren auf dem Grundgedanken der Divisionskalkulation.[299]

Dieser besagt, daß keine Differenzierung nach Einzel- und Gemeinkosten stattfindet. Es werden demzufolge stets die Vollkosten der KWK-Anlage herangezogen; ein KWK-bezogener Betriebsabrechnungsbogen (BAB) ist nicht erforderlich. Im folgenden werden diese beiden Methoden kurz vorgestellt und im Anschluß daran auf ihre Eignung zur Bewertung der Kuppelprodukte Strom und Wärme untersucht.

aa. Restwertmethode

Wesentliche Voraussetzung für die Anwendung der Restwertmethode ist, daß in ein Hauptprodukt und ein bzw. mehrere Nebenprodukte unterschieden werden kann. Beim Restwertverfahren werden die Erlöse der Nebenprodukte von den Vollkosten subtrahiert. Die restlichen Kosten werden dem Hauptprodukt zugeordnet und ins Verhältnis zur Produktionsmenge des Hauptproduktes gesetzt.[300] Bei Anwendung der Restwertmethode wird damit implizit unterstellt, daß die Selbstkosten der Nebenprodukte ihrem Verkaufspreis entsprechen.

Es lassen sich bei der Kraft-Wärme-Kopplung zwei grundsätzlich verschiedene Varianten der Restwertmethode unterscheiden:[301]

- die Restwertbetrachtung mit exogener Strombewertung,
- die Restwertbetrachtung mit exogener Wärmebewertung.

Die Anwendung der beiden Varianten ist davon abhängig, welches der beiden Produkte das Nebenprodukt ist.

aaa. Restwertbetrachtung mit exogener Strombetrachtung

Bei der Restwertbetrachtung mit exogener Strombetrachtung ist der Strom das Nebenprodukt und die Wärme das Hauptprodukt. Der Strom wird dabei so bewertet, wie er anderweitig

---

[297] Vgl. hierzu auch Bergner, H.: Innerbetriebliche Leistungsverrechnung, a.a.O., Sp. 2487.

[298] Vgl. Kilger, W.: Einführung in die Kostenrechnung, a.a.O., S. 356ff; Hummel, S., Männel, W.: Kostenrechnung 1, a.a.O., S. 309ff; Götzinger, M., Michael, H.: Kosten- und Leistungsrechnung, a.a.O., S. 160 und 306; Heinen, E., Dietel, B.: Kostenrechnung, a.a.O., S. 1180; zur Ermittlung des Wertansatzes der Kuppelprodukte für die Aufstellung der Bilanz können verschiedene Kostenaufteilungsmethoden, vorausgesetzt diese sind sachlich begründbar, angewandt werden; vgl. Adler/Düring/Schmaltz: Rechnungslegung und Prüfung der Unternehmen, Band I, a.a.O., Kommentar zum § 255, Tz. 280.

[299] Vgl. Kortzfleisch, G. von: Divisionskalkulation, in: Kosiol, E. u.a. (Hrsg.) Handwörterbuch des Rechnungswesens, Stuttgart 1979, Sp. 418-430; Hummel, S., Männel, W.: Kostenrechnung 1, a.a.O., S. 307; Haberstock, L.: Kostenrechnung I, a.a.O., S. 166.

[300] Vgl. Kilger, W.: Einführung in die Kostenrechnung, a.a.O., S. 357ff; Götzinger, M., Michael, H.: Kosten- und Leistungsrechnung, a.a.O., S. 162.

[301] Vgl Piller, W., Rudolph, M.: Kraft-Wärme-Kopplung. Zur Theorie und Praxis der Kostenrechnung, a.a.O., S. 58; Rudolph, M.: Kosten und Wirtschaftlichkeit von KWK-Anlagen, a.a.O., S. 2f; Rudolph, M.: Kostenzuordnung und Wirtschaftlichkeit bei Kraft-Wärme-Kopplung, a.a.O., S. 107.

(exogen) zu beschaffen wäre. Die Bewertung des Stromes entspricht also der oben dargestellten Berechnung der Stromgutschrift.

Die exogen bewertete Stromerzeugung wird von den Vollkosten subtrahiert, so daß die Wärmerestkosten übrig bleiben, die in der Literatur häufig als Wärmegestehungskosten bezeichnet werden. Wenn die Wärmegestehungskosten in das Verhältnis zur erzeugten Wärmemenge gesetzt werden, dann ergeben sich die spezifischen Wärmekosten pro Einheit, die z.B. in DM pro MWh ausgedrückt werden können.

Diese spezifischen Wärmegestehungskosten sind ein Maßstab zum Vergleich mit einer konkurrierenden Wärmeerzeugungsanlage bzw. den Kosten der Fernwärmeversorgung.[302]

bbb. Restwertbetrachtung mit exogener Wärmebewertung

Die Restwertbetrachtung mit exogener Wärmebewertung geht analog wie die exogene Strombewertung vor.

Bei exogener Wärmebewertung ist die Wärme das Nebenprodukt und der Strom das Hauptprodukt. Von den Vollkosten der KWK-Anlage wird der Wert der erzeugten Wärme abzüglich eventueller Weiterverarbeitungs- und/oder Verteilungskosten subtrahiert.[303] Damit erhält man die sog. Stromgestehungskosten, die im Anschluß mit den Alternativkosten der entsprechenden Strombeschaffung zu vergleichen sind.[304]

ccc. Eignung der vorgestellten Restwertmethoden

Die Anwendung der Restwertmethoden ist dann geeignet, wenn der Preis kalkuliert werden soll, mit dem man gerade die Selbstkosten des Hauptproduktes deckt.[305] Dadurch ist es möglich, die Preise des Fremdbezugs mit den Selbstkosten der Eigenerzeugung zu vergleichen und auf dieser Grundlage Aussagen zur Vorteilhaftigkeit der Eigenerzeugung des Hauptproduktes zu machen. Dieses Verfahren ist zu den statischen Investitionsverfahren zu zählen und demnach nur für grobe Überschlagsrechnungen geeignet. Wie im Kapitel H gezeigt wird, gibt es geeignetere Verfahren zur Bewertung von Investitionsprojekten.

Zu untersuchen ist noch, ob das Restwertverfahren für die innerbetriebliche Leistungsverflechtung geeignet ist.

Durch die Annahme, daß die Kosten des Nebenproduktes genau dessen Erlösen entsprechen, werden dem Nebenprodukt in der Regel höhere Kosten zugewiesen, als objektiv gerechtfertigt ist. Wenn die Kraft-Wärme-Kopplungsanlage insgesamt vorteilhafter als der Fremdbezug ist und das Nebenprodukt mit Fremdbezugskosten bewertet wird, dann muß ceteris paribus das Hauptprodukt preiswerter als bei Fremdbezug sein. Durch die Investition in eine Kraft-Wärme-Kopplungsanlage wird demnach der innerbetriebliche Verrechnungspreis des Hauptproduktes sinken, wobei der innerbetriebliche Verrechnungspreis des Nebenproduktes konstant bleibt.

Mit Hilfe von Verrechnungspreisen wird versucht, das Verhalten innerhalb des Unternehmens zu steuern. Die Nutzung von Leistungen, deren Herstellung teuer ist, soll durch höhere Verrechnungspreise reduziert werden. Ein zu hoher Wärmepreis kann zum Beispiel bei einigen Kostenstellen Investitionen in Wärmedämmaßnahmen auslösen. Durch diese Wärmedämmaßnahmen wird unter Umständen der teure Wärmebezug aufgrund einer auf die Kosten-

---

302 Vgl. Rudolph, M.: Kosten und Wirtschaftlichkeit von KWK-Anlagen, a.a.O., S. 2f; Vogelsang, J.: Zur Wirtschaftlichkeit von Blockheizkraftwerken bei unterschiedlichen Einsatzbedingungen, a.a.O., S. 18.

303 Vgl. Rudolph, M.: Kosten und Wirtschaftlichkeit von KWK-Anlagen, a.a.O., S. 107ff.

304 Vgl. Rudolph, M.: Kosten und Wirtschaftlichkeit von KWK-Anlagen, a.a.O., S. 2f.

305 Vgl. Vogelsang, J.: Zur Wirtschaftlichkeit von Blockheizkraftwerken bei unterschiedlichen Einsatzbedingungen, a.a.O., S. 18.

stelle bezogenen und isolierten Wirtschaftlichkeitsbetrachtung des verantwortlichen Kostenstellenleiters reduziert. Die Reduzierung der Wärmeabnahme ist jedoch nicht unbedingt dem Kraft-Wärme-Kopplungsprozeß förderlich. Das Funktionieren der Anlage setzt sogar zwingend voraus, daß Wärme aus dem Netz abgenommen wird, weil ansonsten die Stromproduktion ins Stocken gerät. Wenn die Wärme nicht innerhalb des Unternehmens genutzt werden kann, dann muß sie durch Investitionen in Kühltürme oder durch die Einleitung in Flüsse oder Seen teuer entsorgt werden.

Wenn der Wärmepreis zu hoch angesetzt wird, dann wird der Strompreis relativ zu niedrig angesetzt. Das wiederum kann einige Kostenstellen dazu verführen, mit der ökonomisch wertvollen Nutzenergie Strom unwirtschaftlich umzugehen. Summiert man die beiden beschriebenen Effekte, so kann es zu einer betriebswirtschaftlich ungünstigen Substitution von Wärme durch Strom im gesamten Unternehmen kommen.

Die beschriebenen Gefahren, die mit der Über- oder Unterbewertung des Stroms und der Wärme zusammenhängen, können bei allen willkürlichen Kostenschlüsseln auftreten. Bei den Restwertverfahren sind diese Gefahren jedoch besonders stark ausgeprägt aufgrund der systematischen Überbewertung des Nebenproduktes, d.h. der Annahme, daß die Erlöse gleich den Kosten sind.

Von einer in der Fachliteratur vielfach diskutierten Anwendung der Restwertmethode ist also, insbesondere im Hinblick auf die Effekte bei der innerbetrieblichen Leistungsverflechtung, abzuraten.[306]

Das Restwertverfahren bleibt demzufolge den mit Kraft-Wärme-Kopplung operierenden Energieversorgungsunternehmen vorbehalten, die sich auf die Erzeugung von Strom spezialisiert haben und über dieses Verfahren die Preisuntergrenze des Stroms bestimmen können.

bb. Verteilungsmethode

Die Verteilungsmethode[307] orientiert sich am Tragfähigkeitsprinzip.[308] Die Anwendung der Verteilungsmethode empfiehlt sich dann, wenn die Bestimmung eines einzelnen Hauptproduktes nicht möglich ist. In diesem Fall sind die Kosten nach einem Verteilungsschlüssel[309] aufzuteilen. Verteilungsschlüssel können hierbei quantitative oder technische Größen sein, wobei in der Praxis auch wertmäßige Schlüssel angewandt werden.[310] Im folgenden werden zunächst technische Äquivalenzziffern betrachtet.[311]

---

306 Vgl. Hummel, S., Männel, W.: Kostenrechnung 1, a.a.O., S. 309.

307 Liegt ein Kuppelprozeß mit mehreren Haupt- und mehreren Nebenprodukten vor, dann sind die Restwert- und Verteilungsmethode miteinander kombinierbar. Für die Kraft-Wärme-Kopplung heißt das, daß etwaige andere Nutzenkomponenten aus dem Betrieb der Anlage - wie Einsparung der Anschaffung eines Notstromaggregates - zuerst von den Vollkosten abgezogen werden und der Restwert gemäß der Kostenverteilungsmethode auf die beiden Hauptprodukte Strom und Wärme verteilt wird; vgl. hierzu Haberstock, L.: Kostenrechnung I, a.a.O., S. 190; Heinen, E., Dietel, B., a.a.O., S. 1184; Kilger, W.: Einführung in die Kostenrechnung, a.a.O., S. 362.

308 Vgl. Hummel, S., Männel, W.: Kostenrechnung 1, a.a.O., S. 307; Götzinger, M., Michael, H.: Kosten- und Leistungsrechnung, a.a.O., S. 161.

309 Haberstock spricht in diesem Fall von Äquivalenzziffern; vgl. Haberstock, L.: Kostenrechnung I, a.a.O., S. 189.

310 Vgl. Hummel, S., Männel, W.: Kostenrechnung 1, a.a.O., S. 306; Götzinger, M., Michael, H.: Kosten- und Leistungsrechnung, a.a.O., S. 161.

311 Von Kortzfleisch unterscheidet bei den Äquivalenzziffern hinsichtlich der Einheit zwischen technischen Dimensionen, Zeitdimensionen und Wertdimensionen; vgl. Kortzfleisch, G. von: Äquivalenzziffernkalkulation, in: Kosiol, E. u.a. (Hrsg.), Handwörterbuch des Rechnungswesens, Stuttgart 1979, Sp. 41-49.

aaa. Quantitative oder technische Bezugsgrößen

Die Kostenaufteilung kann auf der Grundlage von quantitativen oder technischen Verteilungsschlüsseln erfolgen. Der Verteilungsschlüssel wird bestimmt, indem die Kuppelprodukte mit Hilfe einer Bezugsgröße zueinander ins Verhältnis gesetzt werden. Der Wahl einer geeigneten Bezugsgröße kommt damit ein besonderes Gewicht zu. Die Bezugsgröße muß möglichst genau die Ursache der Kostenentstehung widerspiegeln.[312]

Für die Kraft-Wärme-Kopplung ist die Menge als Bezugsgröße denkbar, wobei die Menge hier die Energiemenge, gemessen in kWh, ist. Die Nutzenergiemengen von Strom und Wärme werden addiert und die Vollkosten werden ins Verhältnis zu der errechneten Nutzenergie gesetzt. Somit erhält man die Vollkosten pro erzeugter Energieeinheit (z.B. DM pro kWh). Diese Kosten pro Energieeinheit werden nun mit der erzeugten Energiemenge von Strom oder Wärme multipliziert, um eine Aufteilung der Vollkosten zu erreichen.

$$Kosten^{Wärme} = \frac{Vollkosten}{Energie^{Wärme} + Energie^{Strom}} \times Energie^{Wärme}$$

$$Kosten^{Strom} = \frac{Vollkosten}{Energie^{Wärme} + Energie^{Strom}} \times Energie^{Strom}$$

Da einige Kosten der Erstellung und des Betriebes einer Kraft-Wärme-Kopplungsanlage direkt zugeordnet werden können, ist es sinnvoll, die Vollkosten um die zurechenbaren Einzelkosten zu bereinigen. Einzelkosten beim Betrieb einer Kraft-Wärme-Kopplungsanlage sind beispielsweise die Kosten der Weiterleitung von Strom oder Wärme, da für beide Energieträger separate Verteilungsleitungen erstellt werden müssen. Die obigen Formeln können demnach folgendermaßen modifiziert werden:

$$Kosten^{Wärme} = \frac{Gemeinkosten}{Energie^{Wärme} + Energie^{Strom}} \times Energie^{Wärme} + Wärmeeinzelkosten$$

$$Kosten^{Strom} = \frac{Gemeinkosten}{Energie^{Wärme} + Energie^{Strom}} \times Energie^{Strom} + Stromeinzelkosten$$

Dieses Kostenzurechnungsverfahren hat jedoch einen Nachteil: Die zugrundegelegten Energiemengen sagen nichts darüber aus, welchen Nutzen die Energie beim Anwender hervorruft.[313] Eine kWh Strom hat beim Anwender einen wesentlich höheren Nutzen als eine kWh Wärme. Die Ursache ist, daß sich die Energiequalitätsgrade jeweils unterscheiden.

Aus diesem Grund haben sich im Zusammenhang mit der Kraft-Wärme-Kopplung folgende drei Grundtypen physikalischer Bezugsgrößen herauskristallisiert:[314] Die erste Bezugsgröße basiert auf einer kalorischen Bewertung[315], die zweite Bezugsgröße bezieht sich auf eine ener-

---

[312] Vgl. Hummel, S., Männel, W.: Kostenrechnung 1, a.a.O., S. 306ff; Kortzfleisch, G. von: Äquivalenzziffernkalkulation, a.a.O., Sp. 42.

[313] Die stofflichen Eigenschaften der Kuppelprodukte werden vernachlässigt; vgl. Hummel, S., Männel, W.: Kostenrechnung 1, a.a.O., S. 307.

[314] Zum Vergleich der drei Grundtypen und deren physikalischen Erörterung vgl. Rudolph, M.: Kostenzuordnung und Wirtschaftlichkeit bei Kraft-Wärme-Kopplung, a.a.O., S. 107ff.

[315] Bei Hummel als Heizwert bezeichnet; vgl. Hummel, S., Männel, W.: Kostenrechnung 1, a.a.O., S. 307.

getische Bewertung[316], während der dritte Grundtyp eine Bewertung anhand des Abbaus des Arbeitswertes vornimmt.

Die kalorische Bewertung stellt die Stromerzeugung in der Regel vorteilhafter dar[317], während durch die Bewertung nach dem Abbau des Arbeitswertes die Stromerzeugung benachteiligt wird. Bei der Bewertung nach dem Arbeitswert wird der Strom in der Weise bewertet, als wenn eine Anlage mit zwei Freiheitsgraden ausschließlich der Stromproduktion dient. In diesem Fall gehen die Vorteile der Kraft-Wärme-Kopplung gänzlich auf die Wärmeproduktion über. Der zweite Grundtyp, die Bewertung nach dem Energieinhalt (energetische Bewertung), ist in etwa in die Mitte der beiden Extreme einzureihen.[318]

Zusammenfassend ermöglicht keine der drei Lösungsansätze eine verursachungsgerechte Kostenzuordnung, wenngleich die energetische Bewertung der Abbildung der Wirklichkeit am ehesten entspricht.

Auch die Kostenaufteilung nach dem Energie- oder Exergiegehalt kann aus mehreren Gründen nicht befriedigen:[319] Zum einen spricht die komplizierte Berechnung gegen eine Anwendung. Zum anderen beruht die Berechnung auf einem bestimmten Lastzustand und ist damit nicht repräsentativ für den Erfassungszeitraum, der sich meistens aus sehr unterschiedlichen Betriebsverhältnissen zusammensetzt. Schließlich gelten die Bewertungsmaßstäbe nur für den reinen theoretischen KWK-Prozeß im engen thermodynamischen Sinn, der alle außerhalb auftretenden Verluste und Energieverbräuche nicht berücksichtigt.[320]

Der größte Nachteil der Anwendung technischer Bezugsgrößen liegt darin, daß zwar versucht wird, mit schwer verständlichen Bezugsgrößen den Energieinhalt der Kuppelprodukte zu berücksichtigen, jedoch nicht beachtet wird, daß Brennstoffkosten zu bezahlen sind.[321] Obwohl ein hoher Exergieinhalt aus physikalischer und ökologischer Sicht interessant ist, ist es für den Endenergienutzer, der Wärme benötigt, hingegen nicht bedeutsam, ob die Wärme theoretisch in andere Energieformen umgewandelt werden könnte.

bbb. Aufteilung der Kosten aufgrund von Erlösen

In der Betriebswirtschaft wird der Kostenzuordnung nach ökonomischen Maßgrößen deshalb der Vorzug gegeben.[322] Zur Aufteilung der Vollkosten der Kuppelproduktion anhand von Erlösen[323] müssen in einem ersten Schritt die Erlöse bzw. Einsparungen aus der Strom- und

---

316 Vgl. ausführlich Knoche, K.-F., Rudolph, M., Schaefer, H.: Problematik der Bewertung von Energieträgern und Umwandlungsprozessen, a.a.O., S. 433.

317 Bei der kalorischen Bewertung wird der Strom bei voller Wärmeauskoppelung überbewertet; ist es jedoch möglich, eine Anlage im Kondensations- oder Auspuffbetrieb zu fahren, entspricht der Wert der Stromerzeugung dann exakt dem der Wärmeerzeugung, wenn keine Wärme mehr genutzt wird. Die Kostenzuordnung hängt demzufolge vom Grad der Wärmeauskoppelung ab, die ihrerseits in keinem begründeten Zusammenhang zur Kostenverursachung steht; vgl. Rudolph, M.: Kostenzuordnung und Wirtschaftlichkeit bei Kraft-Wärme-Kopplung, a.a.O., S. 109ff.

318 Zur genauen Berechnung der Exergie vgl. Piller, W., Rudolph, M.: Kraft-Wärme-Kopplung. Zur Theorie und Praxis der Kostenrechnung, a.a.O., S. 52f.

319 Vgl. Bouillon, H.: Möglichkeiten und Grenzen der Kraft-Wärme-Kopplung, a.a.O., S. 47.

320 Vgl. Rudolph, M.: Kostenzuordnung und Wirtschaftlichkeit bei Kraft-Wärme-Kopplung, a.a.O., S. 111.

321 Kilger bemerkt in diesem Zusammenhang, daß es chemischen oder physikalischen Größen grundsätzlich am kausalen Zusammenhang zur Kostenverursachung mangelt; vgl. Kilger, W.: Einführung in die Kostenrechnung, a.a.O., S. 362; Rudolph, M.: Kostenzuordnung und Wirtschaftlichkeit bei Kraft-Wärme-Kopplung, a.a.O., S. 112.

322 Vgl. Kilger, W.: Einführung in die Kostenrechnung, a.a.O., S. 362; Götzinger, M., Michael, H.: Kosten- und Leistungsrechnung, a.a.O., S. 161.

323 Kilger bezeichnet dieses Verfahren als Marktpreis-Äquivalenzziffern-Verfahren; vgl. Kilger, W.: Einführung in die Kostenrechnung, a.a.O., S. 362; Hummel, S., Männel, W.: Kostenrechnung 1, a.a.O., S. 307.

Wärmeproduktion berechnet werden. Dazu geht man so vor, wie es im ersten Abschnitt dieses Kapitels beschrieben wurde.

Die Erlöse von Strom und Wärme werden zueinander ins Verhältnis gesetzt. Wenn dieses Erlösverhältnis gleich dem Kostenverhältnis gesetzt wird, läßt sich die folgende Formel herleiten:

$$Kosten^{Wärme} = Gemeinkosten \times \left(\frac{Erlöse^{Strom}}{Erlöse^{Wärme}} + 1 \right)^{-1} + Wärmeeinzelkosten$$

$$Kosten^{Strom} = Gemeinkosten \times \left(\frac{Erlöse^{Wärme}}{Erlöse^{Strom}} + 1 \right)^{-1} + Stromeinzelkosten$$

Die Gemeinkosten werden berechnet, indem die Wärme- und Stromeinzelkosten von den Vollkosten subtrahiert werden.

Der Vorteil dieser Methode besteht in der einfachen Art der Berechnung, der Verständlichkeit der Bezugsgröße sowie in der Berücksichtigung von zwei Hauptprodukten. Zu beachten ist jedoch, daß auch bei der Verteilungsmethode unter Zuhilfenahme von Erlösen bzw. Gutschriften nicht nach Kostenverursachungsgesichtspunkten, sondern nach Kostentragfähigkeitsaspekten vorgegangen wird. Letztendlich muß festgehalten werden, daß die Kalkulation von Kuppelprodukten mit einer verursachungsgerechten Kalkulation nichts mehr gemeinsam hat und die Grenzen der Kostenrechnung hier offensichtlich werden. Aus diesem Grund sind alle hier vorgestellten Verfahren der Kostenzuordnung für die dispositiven Zwecke der Kostenrechnung nur mit Vorsicht zu verwenden.[324]

Für die Wirtschaftlichkeitsbetrachtung der Investition in eine KWK-Anlage ist die Kostenzuordnung auf die beiden Kuppelprodukte nicht notwendig. Die Kalkulation eines Verrechnungspreises für Strom und Wärme gewinnt jedoch an Bedeutung, je höher der Anteil der Strom- und Wärmekosten an den Kostenträgern eines Industrieunternehmens ist und je unterschiedlicher sich der Anfall dieser beiden Kostenarten auf die Kostenstellen eines industriellen Unternehmens verteilt.

Wird Strom bzw. Wärme teilweise fremdbezogen, dann empfiehlt sich zur Ermittlung der Verrechnungspreise ein ausgewogenes Mittel zwischen den Plangrenzherstellkosten der Eigenerstellung und den Einstandspreisen für den Fremdbezug.[325]

VI. Zusammenfassung Kapitel F

Mit der Ermittlung der Kosten und Erlöse, die aus dem Betrieb einer Kraft-Wärme-Kopplungsanlage resultieren, wurde in diesem Kapitel die Grundlage für eine weitergehende Wirtschaftlichkeitsanalyse gelegt.

Die Ermittlung der erwarteten Kosten und Erlöse setzt umfangreiche Planungen voraus. Hierbei kann auf die traditionellen Planungsmethoden zurückgegriffen werden. Planungsmethoden, die ausschließlich auf Vergangenheitswerten basieren, sind nur bedingt geeignet, da ein Unternehmen mit der Investition in eine Kraft-Wärme-Kopplungsanlage in der Regel Neuland betritt. Für die Kosten- und Erlösplanung ist es daher auch erforderlich, interne Schätzungen und externe Informationen zu nutzen. Externe Informationsquellen sind z.B.

---

324 Vgl. Kilger, W.: Einführung in die Kostenrechnung, a.a.O., S. 362; Hummel, S., Männel, W.: Kostenrechnung 1, a.a.O., S. 309.

325 Vgl. Kilger, W.: Flexible Plankostenrechnung und Deckungsbeitragsrechnung, a.a.O., S. 205.

Energieberater und Herstellerangaben sowie Informationen von anderen Unternehmen, die bereits eine industrielle KWK-Anlage betreiben. In jedem Fall sind diese Informationen auf ihre Verläßlichkeit zu untersuchen. Die Planung wird weiterhin erschwert, weil insbesondere die Kosten von technischen Einflußgrößen, wie z.B. der Intensität des Anlagenbetriebes, abhängig sind.

Aufgrund der dargestellten Probleme empfiehlt sich in vielen Fällen die gleichzeitige Anwendung von mehreren Planungsmethoden zum Zweck ihrer gegenseitigen Plausibilisierung.

Darüber hinaus wurde festgestellt, daß eine **Differenzierung in fixe und variable Kostenbestandteile** bereits im Planungsstadium zu befürworten ist. Diese Kostenaufteilung ist nicht unbedingt erforderlich für die Investitionsentscheidung, aber sie führt zu praktischen Vorteilen bei der Variation bestimmter Parameter im Rahmen der Vorteilhaftigkeitsbetrachtung. Ferner ermöglicht nur die Unterscheidung in beschäftigungsabhängige und unabhängige Kosten eine dispositive Betrachtung der Wirtschaftlichkeit einer bestehenden KWK-Anlage, z.B. hinsichtlich der Fahrweisenentscheidung. Auch Soll-Ist-Vergleiche, Auslastungsanalysen oder auch Untersuchungen zum Ausbau der bereits vorhandenen KWK-Kapazität mit weiteren Modulen führen nur mit einem System der Teilkostenrechnung zu aussagefähigen Ergebnissen.

Die **Erlöse** aus dem Betrieb einer Kraft-Wärme-Kopplungsanlage setzen sich grundsätzlich aus der innerbetrieblich zu erzielenden Strom- und Wärmegutschrift und aus der Einspeisevergütung zusammen. Zu beachten ist hierbei, daß es sich bei der Strom- und Wärmegutschrift um keine echten Erlöse, sondern um Kosteneinsparungen der alternativen oder gekoppelten Strom- und Wärmebereitstellung handelt.

Die **Stromgutschrift** entspricht den durch Kraft-Wärme-Kopplung vermiedenen Stromfremdbezugskosten, wobei die Höhe der Stromgutschrift sowohl direkt als auch indirekt ermittelt werden kann. Es wurde herausgearbeitet, daß bei der direkten Methode die Gefahr besteht, eine überhöhte bzw. geschönte Stromgutschrift in die Wirtschaftlichkeitsrechnung mit aufzunehmen, die die Vorteilhaftigkeitsbetrachtung einer KWK-Anlage erheblich verfälschen kann. Die Ursache hierfür sind die durch den reduzierten Stromfremdbezug meistens erhöhten durchschnittlichen Zusatzstrombezugskosten.

Die Stromgutschrift setzt sich aus einer fixen Leistungsgutschrift und einer variablen Arbeitsgutschrift zusammen. Sowohl die variable Arbeitsgutschrift (Stromarbeit in kWh) als auch die fixe Leistungsgutschrift (Stromleistung in kW) ist dabei in der Regel um so größer, je höher die elektrische Nennleistung eines KWK-Aggregates ist, da durch eine höhere elektrische Nennleistung der verbleibende Stromfremd- bzw. Zusatzstrombezug reduziert werden kann.

In der Praxis bewegt sich das Preisgerüst der Stromgutschrift in etwa zwischen DM 0,10 bis DM 0,15 pro kWh. Die genaue Höhe hängt von der nachgefragten Stromarbeit des industriellen Unternehmens ab. Je mehr Strom ein Unternehmen nachfragt und je günstiger demzufolge die Konditionen des Stromfremdbezugs sind, desto geringer ist das Preisgerüst der Stromgutschrift. Unternehmen mit hoher Stromnachfrage haben folglich hinsichtlich des Preisgerüstes der Stromgutschrift Nachteile gegenüber kleineren Unternehmen mit geringerem Bedarf an elektrischer Energie. Diese Nachteile werden jedoch bei Wirtschaftlichkeitsuntersuchungen dadurch überkompensiert, daß größere Unternehmen unter anderem günstigere spezifische Investitionskosten in der Vorteilhaftigkeitsrechnung geltend machen können (Kapitel E).

Die Höhe der Stromgutschrift (Mengengerüst) hängt aber auch in entscheidendem Maße von der Fahrweise einer KWK-Anlage sowie von der Synchronität und Regelmäßigkeit der innerbetrieblichen Strom- und Wärmenachfrage ab: Wird eine KWK-Anlage streng wärmeorientiert betrieben, ist das Mengengerüst der Stromgutschrift in der Regel geringer als bei einer Orientierung der Fahrweise am innerbetrieblichen Strombedarf.

Besteht zwischen der innerbetrieblichen Strom- und Wärmenachfrage nur eine geringe Korrelation, so ist bei einer wärmegeführten Fahrweise dann keine Leistungsgutschrift zu erwirtschaften, wenn die vom EVU abgeforderte Spitzenleistung vor und nach der Investition in eine KWK-Anlage identisch ist. Die Höhe der Arbeitsgutschrift wiederum hängt bei einer wärmeorientierten Fahrweise nicht nur von der elektrischen Nennleistung eines KWK-Aggregates und der Synchronität von Strom- und Wärmenachfrage ab, sondern wird in erster Linie auch von der Auslastung bzw. der Anzahl der Vollbenutzungsstunden einer KWK-Anlage bestimmt.

Bei einer stromgeführten Fahrweise ist insbesondere beim „Abfahren" von innerbetrieblichen elektrischen Leistungsspitzen eine hohe Leistungsgutschrift zu erzielen, wobei die eingesparte eigenerzeugte Stromarbeit ebenfalls von der Auslastung der Anlage abhängt. Eine überwiegend stromgeführte Fahrweise setzt jedoch eine Entkoppelung der innerbetrieblichen Strom- und Wärmenachfrage in Form eines zweiten Freiheitsgrades oder eines Kühlers o.ä. voraus. Darüber hinaus führt die am innerbetrieblichen Strombedarf ausgerichtete Fahrweise in der Regel nicht zu den gewünschten ökologischen Effekten der Primärenergieeinsparung, Ressourcenschonung und CO_2-Reduzierung.

Bei der korrekten Ermittlung der Stromgutschrift nach der indirekten Methode sind die Kosten des Zusatzstrom- und Reservebezugs von den gesamten Stromfremdbezugskosten vor dem Betrieb einer KWK-Anlage abzuziehen.

Beim **Zusatzstrombezugs** sind Unternehmen, die in eine KWK-Anlage investiert haben, nach der aktuellen Verbändevereinbarung vom jeweiligen EVU zu den gleichen Konditionen zu versorgen wie bei einem potentiellen Stromvollbezug. Dies führt - aufgrund der niedrigeren Abnahmemengen und den daraus resultierenden geringeren Mengenrabatten - in der Regel trotzdem zu erhöhten durchschnittlichen Zusatzstrombezugskosten und reduziert demzufolge bei einer korrekten Ermittlung die Höhe der gesamten Stromgutschrift.

Bei den **Reservebezugskosten** steht es jedem KWK-betreibenden Unternehmen nach der Verbändevereinbarung frei, ob und in welcher Höhe es beim zuständigen EVU Reserveleistung bestellt. Entscheidet sich ein Unternehmen dafür, keine oder zu wenig Reserveleistung anzufordern, so müssen eventuelle Stillstandszeiten der KWK-Anlage durch innerbetriebliche Lastabwurfsmaßnahmen ausgeglichen werden. Eine weitere Möglichkeit besteht darin, beim jeweiligen EVU die dann außerhalb der individuellen Vereinbarung benötigte Stromleistung mit hohen preislichen Zuschlägen nachzufragen.

Kann nicht der gesamte erzeugte Strom innerhalb des Unternehmens genutzt werden, so ist eine **Einspeisung** in das öffentliche Netz möglich. Die Konditionen und Voraussetzungen der Einspeisung sind bei Verwendung regenerativer Energien im Stromeinspeisegesetz und in allen anderen Fällen in der sog. Verbändevereinbarung aus dem Jahr 1994 geregelt.

Die Verbändevereinbarung entfaltet jedoch - im Gegensatz zum Stromeinspeisegesetz - keine normative Kraft, so daß die hier getroffenen Aussagen, insbesondere die Aussagen zur Höhe der Einspeisevergütung, nur als Richtwerte angesehen werden können. In der Praxis beträgt die Einspeisevergütung abhängig von der individuellen Vereinbarung mit dem zuständigen EVU zwischen DM 0,05 und DM 0,10 pro kWh. Wird der eingespeiste Strom mit regenerativen Energien erzeugt, beträgt die Einspeisevergütung nach dem aktuellen Stromeinspeisegesetz zwischen DM 0,12 und DM 0,17 pro kWh.

Die Richtwerte der aktuellen Verbändevereinbarung werden von den Elektrizitätsversorgungsunternehmen regionalbedingt unter- oder überschritten, so daß es für ein an Kraft-Wärme-Kopplung interessiertes Unternehmen unerläßlich ist, im Vorfeld der Investitionsentscheidung Erkundigungen zu den exakten Konditionen der Stromeinspeisung beim zuständigen EVU einzuholen.

Die Konditionen der Stromeinspeisung verbessern sich, wenn dem EVU eine Einspeisung mit Programmlieferverpflichtung garantiert wird. Da die Lieferverpflichtung von den Unternehmen häufig nicht sichergestellt werden kann, wählen sie die Einspeisevergütung ohne Programmlieferverpflichtung. Dabei ist es möglich, daß diese unter Umständen nicht einmal die variablen Kosten der industriellen Eigenstromerzeugung deckt.

Erhält das regional zuständige Elektrizitätsversorgungsunternehmen Kenntnis darüber, daß ein Industriebetrieb Interesse an der Erstellung einer unternehmenseigenen KWK-Anlage zeigt, so kann dies beim Elektrizitätsversorgungsunternehmen zu einem gewissen Entgegenkommen führen: Reduzierte Strombezugskosten bringen den KWK-interessierten Industriebetrieb unter Umständen von seinen Investitionsplänen ab. Obgleich die Kraft-Wärme-Kopplung unbestreitbare volkswirtschaftliche und ökologische Vorteile bietet, kann daraufhin die Investition in eine Kraft-Wärme-Kopplungsanlage unwirtschaftlich sein, so daß aus betriebswirtschaftlicher Sicht auf eine Realisierung verzichtet werden muß.

Neben der Stromgutschrift können der KWK-Anlage Erlöse aus der Wärmeerzeugung, die sogenannte **Wärmegutschrift**, zugerechnet werden. Die Wärmegutschrift entspricht den vermiedenen Wärmeerzeugungskosten. Durch die Erstellung einer KWK-Anlage können entweder die Kosten des Bezugs von Fernwärme oder die Kosten der Wärmeerzeugung einer betrieblichen Kesselanlage vermieden werden. Den praxisnäheren Fall stellt die Vermeidung von Kosten der betrieblichen Kesselanlage dar. Hierbei können jedoch, zumindest kurzfristig, lediglich die vermiedenen variablen Kosten der KWK-Anlage gutgeschrieben werden, da die Kesselanlage zur Deckung der Spitzenlast weiterhin in Betrieb ist und somit in unveränderter Höhe Fixkosten verursacht. Die vermiedenen variablen Kosten der Wärmeerzeugung bestehen in der Hauptsache aus den vermiedenen variablen Brennstoffkosten. Aus diesem Grund ist die Wärmegutschrift im Vergleich zur Stromgutschrift eher gering. In der Praxis beträgt das Preisgerüst der Wärmegutschrift in Abhängigkeit vom verwendeten Brennstoff und vom Wirkungsgrad der Kesselanlage in etwa zwischen DM 0,02 und 0,04 pro kWh.

Den Erlösen aus der Investition in eine Kraft-Wärme-Kopplungsanlage stehen entsprechende Kosten für die Erzeugung von Strom und Wärme gegenüber.

Die **Erzeugungskosten** wurden in diesem Kapitel nach ihrem zeitlichen Anfall der Beschaffungs- und Implementierungsphase, der Nutzungsphase und der Entsorgungsphase zugeordnet. Diese zeitlich differenzierte Kostendarstellung stellt eine wesentliche Voraussetzung für die Anwendung der dynamischen Investitionsrechnung dar. Außerdem ermöglicht diese Darstellung eine systematische und vollständige Kostenerfassung und -analyse.

Bei der Kostenerfassung ist die **Nutzungsphase** von besonderem Interesse, da sich diese über den größten Zeitraum erstreckt und diese Phase das umfangreichste Optimierungspotential aufweist. Die Kosten wurden hierbei, den Überlegungen bei der Kostenplanung folgend sowie den Voraussetzungen einer Grenzplankostenrechnung entsprechend, in fixe und variable Kostenbestandteile unterteilt.

Die fixen wie auch die variablen Kosten werden durch das gewählte KWK-Konzept und die Anlagendimensionierung beeinflußt. Zur Höhe der Kosten verschiedener Anlagenkonzepte wurden im Kapitel E bereits Richtwerte genannt. Diese Richtwerte können jedoch eine detaillierte Wirtschaftlichkeitsrechnung nicht ersetzen. So ist durch das Unternehmen eine individuelle Wartungsstrategie zu erarbeiten und mit weiteren Maßnahmen, wie dem Abschluß von Versicherungen bzw. der Bestellung von Reserveleistung, abzustimmen. Ebenso ist zu prüfen, inwiefern zusätzliche Personalkosten, etwa durch Neueinstellungen, zu berücksichtigen sind. Weiterhin sind die je nach Bundesland und Unternehmen unterschiedlichen

Fördermaßnahmen, z.B. steuerliche Vergünstigungen, Investitionshilfen, Betriebskostenzuschüsse und Finanzierungshilfen, in die Untersuchung einzubeziehen.

Bei der Planung der Erlöse und der Kosten, die aus dem Betrieb einer KWK-Anlage resultieren, muß nicht zwingend auf ein einziges repräsentatives Jahr abgestellt werden. Je eher die Inhalte der strategischen Unternehmensplanung die zukünftige innerbetriebliche Strom- und Wärmenachfrage beeinflussen, desto sinnvoller ist eine nach Jahren differenzierte Planung der Kosten und Erlöse einer innerbetrieblichen KWK-Anlage. Zu beachten ist allerdings, daß grundsätzlich mit zunehmendem Planungshorizont die Qualität der Prognose abnimmt, d.h. die Einzahlungsüberschüsse einer KWK-Anlage über den Zeitraum ihrer Lebensdauer nicht genau vorausgesagt werden können.

Neben der Erfassung der Kosten und Erlöse wurde im Rahmen dieses Kapitels **die Problematik der Kuppelproduktion** beleuchtet. Bei der Kraft-Wärme-Kopplung besteht das Problem, daß die Kosten nicht nach dem Prinzip der Kostenverursachung den Kuppelprodukten Strom und Wärme zugeordnet werden können.

Dieses Problem betrifft weniger die industriellen KWK-Nutzer, sondern vor allem die KWK-betreibenden EVU, da diese zur Bestimmung der Preisuntergrenze ihrer hauptsächlichen und externen Absatzleistung eine Kalkulationsgrundlage benötigen.

Trotzdem wurden auch für industrielle KWK-Betreiber einige wesentliche Aspekte aufgezeigt, die eine eingehende Betrachtung der möglichen Kostenzuordnungsmethoden im Fall der Kuppelproduktion rechtfertigen. Vorrangig sind hier die Gefahren, die sich aus falschen innerbetrieblichen Verrechnungspreisen ergeben können, angeführt worden: Aufgrund der Steuerungsfunktion der Verrechnungspreise im Rahmen der dispositiven Aufgabe der Kostenrechnung kann eine unkorrekte Bewertung von Strom oder Wärme zu unerwünschten Reaktionen der Verantwortlichen in den Kostenstellen des Unternehmens führen.

Die im industriellen Bereich für die innerbetriebliche Leistungsverflechtung notwendige Kostenzuordnung ist durchführbar, indem auf Methoden wie die Restwertbetrachtung mit exogener Strom- bzw. Wärmebewertung oder die Kostenverteilung anhand von technischen bzw. betriebswirtschaftlichen Bezugsgrößen zurückgegriffen wird.

Die in der Literatur vorgeschlagenen Methoden wurden hinsichtlich ihrer Eignung für die Kraft-Wärme-Kopplung untersucht. Hierbei wurde herausgearbeitet, daß die Restwertbetrachtung nicht geeignet ist, da diese zu einer systematischen Über- oder Unterbewertung eines Kuppelproduktes führt. Auch die möglichen technischen Bezugsgrößen sind nur bedingt für die Kostenzuordnung geeignet. Wird die einfachste technische Bezugsgröße „kWh" gewählt, so wird nicht berücksichtigt, daß eine kWh Strom beim Verbraucher aufgrund des höheren Energieinhalts einen erheblichen größeren Nutzen hervorruft als eine kWh Wärme. Andere technische Bezugsgrößen sind meist schwer verständlich und berücksichtigen nicht die Gegebenheiten des Marktes, die in Form der Einheit „DM pro Stück" zum Ausdruck kommen. Eine sinnvollere Kostenzuordnung wird durch die Bezugsgröße Erlöse ermöglicht. Hierbei werden nach dem Prinzip der Kostentragfähigkeit dem Kostenträger, der die höchsten Erlöse erzielt, die meisten Kosten zugeordnet.

Zusammenfassend wurde in diesem Kapitel dargestellt, mit welchen Methoden welche Erlös- und Kostenarten, die die Anschaffung und den Betrieb einer industriellen KWK-Anlage betreffen, zu planen sind. Die Erlösarten sind hierbei die Strom- und die Wärmegutschrift sowie die Einspeisevergütung. Die wichigsten Kostenarten während der Nutzungsphase sind die Brennstoffkosten sowie die Kosten für Wartung und Instandhaltung. Ist eine KWK-Anlage bereits in Betrieb oder sind die Verantwortlichen eines industriellen Unternehmens bestrebt, sich vor der Anschaffung einer KWK-Anlage Gedanken über deren Fahrweise zu machen, so spielen genau diese drei Erlösarten sowie die angesprochenen beiden Kostenarten aufgrund ihrer Abhängigkeit vom Beschäftigungsgrad eine entscheidende Rolle. Daneben muß bei der Entscheidung über die Fahrweise einer KWK-Anlage beachtet werden, daß es sich beim Wärme-Kraft-Prozeß um eine Form der Kuppelproduktion handelt.

G. Untersuchungen zur Optimierung der Fahrweise einer KWK-Anlage im Vorfeld der Investitionsentscheidung

Die Erzeugung von Strom und Wärme und damit verbunden das Mengengerüst der Erlös- und Kostenentstehung wird entscheidend durch die Fahrweise[1] einer KWK-Anlage beeinflußt. Da die gesamte Wirtschaftlichkeitsanalyse auf diesem Mengengerüst aufbaut, erscheint eine nähere Betrachtung der Fahrweise bereits im Vorfeld der Investitionsentscheidung lohnend.

I. Das Problem der Fahrweise aus unterschiedlichen Sichtweisen

Im Kapitel F wurde erläutert, wie Kosten und Erlöse einer Kraft-Wärme-Kopplungsanlage zu ermitteln sind. Der Ermittlung der Kosten und Erlöse wurden hierbei ein Mengengerüst - die erzeugte Menge an Strom und Wärme - und ein Preisgerüst zugrunde gelegt. Wie dabei gezeigt werden konnte, basiert das Preisgerüst auf den Preisen für fremdbezogenen Strom sowie den ersparten Brennstoffkosten für die alternative Wärmeerzeugung in der betrieblichen Kesselanlage. Das Mengengerüst hingegen resultiert aus den im Kapitel D ermittelten Belastungs- und Dauerlinien des innerbetrieblichen Strom- und Wärmebedarfs.

Bei der Ermittlung des Mengengerüstes auf der Basis des innerbetrieblichen Strom- und Wärmebedarfs wurde jedoch implizit die Prämisse gesetzt, daß die KWK-Anlage tatsächlich bei entsprechendem Bedarf durch die Verantwortlichen im Unternehmen in Betrieb gesetzt wird. Dies bedeutet, daß der Bedarf an Strom und Wärme lediglich eine mögliche Steuergröße ist, an welcher die Erzeugung der KWK-Anlage ausgerichtet werden kann. Die Erzeugung kann auch an anderen Größen ausgerichtet sein, die eine besonders vorteilhafte Betriebsweise der KWK-Anlage versprechen. Diese freie Entscheidung über die Betriebsweise der Anlage resultiert aus der Möglichkeit, den betrieblichen Strombedarf jederzeit durch den Strombezug vom EVU und den Wärmebedarf jederzeit durch den innerbetrieblich vorhandenen Kessel zu decken.

Die Ursache der Kosten- und Erlösentstehung sind demnach die Entscheidungen des Unternehmens zur Fahrweise der KWK-Anlage, die insofern die Wirtschaftlichkeit der KWK-Anlage wesentlich beeinflussen. Durch falsche Entscheidungen kann die Wirtschaftlichkeit gefährdet werden, während durch eine wohlüberlegte Anlagenfahrweise die Wirtschaftlichkeit der KWK-Anlage wesentlich verbessert werden kann. Für die Wirtschaftlichkeitsbetrachtung ist es daher unerläßlich, Kriterien zu finden, die die Optimierung der Fahrweise ermöglichen.

Die Optimierung der Anlagenfahrweise wurde im einschlägigen Schrifttum umfassend thematisiert, wobei die Abhandlungen überwiegend die Perspektive eines Elektrizitätsversorgungsunternehmens wiedergeben.[2]

1. Das Problem der Fahrweise aus Sicht eines Energieversorgungsunternehmens

Die Fahrweisenentscheidung eines Elektrizitätsversorgungsunternehmens ist durch andere Unternehmensziele geprägt als die eines Industrieunternehmens. Die oberste Zielsetzung

---

[1] Der Begriff „Fahrweise“ ist zwar sprachlich nicht passend, da die KWK-Anlage nicht wirklich „gefahren“ wird, dennoch soll „Fahrweise“ als in der Praxis gebräuchlicher Ausdruck im Rahmen dieser Arbeit verwendet werden.

[2] Vgl. hierzu u.a. Scholten, J.: Optimale Energieeinsatzplanung thermischer Kraftwerkssyteme, Dissertation, Aachen 1993; Handschin, E., Slomski, H., Ortjohann, E., Voß, J.: Energieeinsatzoptimierung thermischer Kraftwerke, in: Elektrizitätswirtschaft, Jg. 85 (1986), Heft 5, S. 182ff; Taud, R.: Optimale kurzfristige Kraftwerkseinsatzplanung unter Berücksichtigung der Kraftwerkszuverlässigkeit, Dissertation, Aachen 1979; Seeger, T.: Tageseinsatzoptimierung in Kraftwerkssystemen mit Kraft-Wärme-Kopplung, Dissertation, Osnabrück 1991; Dubois, R.: Optimale Tageseinsatzplanung von Kraft-Wärme-Kopplungssystemen unter Berücksichtigung von Kurzzeitwärmespeichern, Dissertation, Aachen 1986.

eines EVU ist die sichere Versorgung der Öffentlichkeit mit Elektrizität.[3] Dieser Zielsetzung müssen andere Interessen untergeordnet werden. Ausgangspunkt der aus der Sicht eines EVU beschriebenen Fahrweisenoptimierung ist ein gegebener, von der Öffentlichkeit nachgefragter Strombedarf, den es durch den bestehenden Kraftwerkspark zu decken gilt.[4] Da dieser Strombedarf kaum beeinflußt werden kann und in der Elektrizitätswirtschaft eine feste Preisstruktur vorherrscht, resultieren aus dem gegebenen Strombedarf feste Erlöse.[5]

Diese Erlöse können unter Umständen durch den Export in andere EVU-Netze erhöht werden. Diese Möglichkeit kann jedoch vernachlässigt werden, da die EVU in erster Linie bestrebt sind, den Strombedarf im eigenen Versorgungsbereich vollständig durch die Eigenerzeugung abzudecken. Daher müssen die Energieversorgungsunternehmen von verhältnismäßig fixen, kaum veränderbaren Erlösen ausgehen.

Da die Energieversorgungsunternehmen auch bestrebt sind, einen möglichst hohen Gewinn aus der Stromerzeugung zu erzielen, können die Gewinne bei fixen Erlösen nur erhöht werden, indem die Erzeugungskosten minimiert werden. Der Minimierung der Erzeugungskosten widmet sich demzufolge auch die überwiegende Literatur, die sich mit der Optimierung der Anlagenfahrweise auseinandersetzt.

Grundlage und Ausgangspunkt der Einsatzoptimierung eines EVU bilden hierbei die im jeweiligen Betrachtungszeitraum erwarteten Lastverläufe des Energiebedarfs.[6] Anhand dieser Lastverläufe wird versucht, den Kraftwerkspark so zu steuern, daß der Bedarf insgesamt kostenminimierend gedeckt wird. Hierbei muß entschieden werden, ob ein Spitzen-, Mittel- oder Grundlastkraftwerk[7] in Betrieb gesetzt wird und wo die optimalen An- und Abfahrzeitpunkte aller vorhandenen Erzeugungsanlagen liegen.[8]

Auf die Literatur, die sich mit der Optimierung der Anlagenfahrweise der Erzeugungsanlagen von Energieversorgungsunternehmen befaßt, kann im Hinblick auf die Analyse der Kostenseite des KWK-Anlagenbetriebes zumindest teilweise zurückgegriffen werden.[9]

So gibt es umfangreiche Modelle, die den Einfluß der Anlagenfahrweise auf den Brennstoffverbrauch untersuchen. Mit computergestützten Programmen wird versucht, den Kraft-

---

3 Vgl. Energiewirtschaftsgesetz (EnWG), Gesetz zur Förderung der Energiewirtschaft vom 13.12.1935 i.d.F. vom 19.12.1977, BGBl. I,§ 1ff EnWG (insbesondere § 6 EnWG).

4 Riebel führt die mangelnde Beeinflußbarkeit der Nachfrage darauf zurück, daß „das Werk" mit dem Anschluß eines Stromabnehmers „dem Verkauf auf jederzeitigen Abruf und sofortiger Lieferung einer mengenmäßig und zeitlich ungewissen Leistung zugestimmt hat"; vgl. Riebel, P.: Die Elastizität des Betriebes. Eine produktions- und marktwirtschaftliche Untersuchung, a.a.O, S. 62f und S. 67.

5 Vgl. Messmann, H.: Anschauliche Theorie der verbundenen Produktion, Dissertation, Mannheim 1952, S. 12.

6 Vgl. Tröscher, H.: Systemtechnische Methoden zur Untersuchung der Möglichkeiten zentraler und dezentraler Stromerzeugung unter besonderer Berücksichtigung der Energiespeicherung und der Kraft-Wärme-Kopplung, a.a.O., S. 25ff; Seeger, T.: Tageseinsatzoptimierung in Kraftwerkssystemen mit Kraft-Wärme-Kopplung, a.a.O., S. 5.

7 Vgl. hierzu Kapitel B.III.4.b.

8 Die Steuerung des Kraftwerksparkes kann hierbei im voraus geplant werden, da die Belastungskurven bestimmter Tages- und Jahreszeiten, Wochen- und Feiertage charakteristische Bilder aufweisen. Ein eventueller geringerer Bedarf eines Verbrauchers wird hierbei durch einen höheren Bedarf eines anderen Verbrauchers ausgeglichen; vgl. Riebel, P.: Die Elastizität des Betriebes. Eine produktions- und marktwirtschaftliche Untersuchung, a.a.O, S. 63.

9 Vgl. u.a. Katzerke, Ch.: Bedarfsorientierte Optimierung industrieller Energieversorgungssysteme auf der Basis Kraft-Wärme-Kopplung, Dissertation, Hannover 1989; Hammer, H., Neumann, G.: Über den optimalen Anlageneinsatz bei gekoppelter Strom- und Wärmeproduktion, in: Wärme, Jahrgang 85 (1979), Heft 1, S. 1-10; Seeger, T.: Tageseinsatzoptimierung in Kraftwerkssystemen mit Kraft-Wärme-Kopplung, a.a.O., Edwin, K.W., Braun, H., Dubois, R.: Wirtschaftliche Tageseinsatzplanung für Versorgungssysteme mit Kraft-Wärme-Kopplung, Energiewirtschaftliche Tagesfragen, Jahrgang 33 (1983), S. 499-508.

werkspark so zu steuern, daß der Brennstoffverbrauch minimiert wird.[10] Indem der Brennstoffverbrauch minimiert wird, kommt es gleichzeitig zu einer Minimierung der gesamten variablen, d.h. durch die Anlagenfahrweise beeinflußbaren Kosten. Dabei wird in der Literatur nahezu ausschließlich auf die Minimierung des Verbrauchs abgestellt, da die Brennstoffpreise durch einen veränderten Brennstoffbezug in der Regel nicht beeinflußt werden können.

Die ausschließliche Betrachtung des Verbrauchs, d.h. des Mengengerüstes, führt wiederum dazu, daß in der bestehenden Literatur nur selten die betriebswirtschaftlichen Begriffe „Kosten" und „Erlöse" zu finden sind.[11]

2. Das Problem der Fahrweise aus Sicht eines Industrieunternehmens

Zur Optimierung der Anlagenfahrweise einer industriell betriebenen KWK-Anlage reicht es im Gegensatz zum Betrieb einer KWK-Anlage in einem EVU nicht aus, den Brennstoffverbrauch, d.h. den gewichtigsten Teil der variablen Kosten, zu minimieren. Vielmehr ist es erforderlich, zusätzlich die aus dem Anlagenbetrieb resultierenden Erlöse zu betrachten.

Diese Erlöse sind bei industriellem Anlagenbetrieb im Gegensatz zu den Energieversorgungsunternehmen nicht fix, sondern können gezielt beeinflußt werden. So ist es für ein industrielles Unternehmen möglich, die Erlöse zu steuern, indem der erzeugte Strom innerhalb des Unternehmens genutzt oder in das öffentliche Netz eingespeist wird.[12] Außerdem muß das Unternehmen entscheiden, ob es bei gegebenen Strombezugskosten günstiger ist, Strom vom EVU zu beziehen oder selbst zu erzeugen.

Neben dem erzeugten Strom ist weiterhin die gleichzeitig erzeugte Wärme zu berücksichtigen. So muß sich ein Unternehmen entscheiden, ob die Anlage nur dann gefahren wird, wenn die erzeugte Wärme innerbetrieblich genutzt werden kann oder, sofern es die technischen Gegebenheiten zulassen, im Kondensationsbetrieb ausschließlich Strom erzeugt wird.

Ein industrielles Unternehmen hat damit eine Reihe von Möglichkeiten, die mit der KWK-Anlage erzielbaren Erlöse zu beeinflussen. Bei der Beeinflussung der Erlöse darf jedoch die Entstehung der Kosten nicht außer acht gelassen werden, d.h. die Erlöse und die Kosten müssen gleichzeitig optimiert werden.[13] Das Problem der Optimierung von Erlösen und Kosten von Produktionsprozessen ist in der Betriebswirtschaft unter dem Begriff der „Programmabsatzplanung" bekannt geworden.[14]

---

[10] Vgl. Taube, W., Müller-Reinke, R., Untiet, M.: Rechnergestützte Einsatzoptimierung in der Lastverteilung der Preussen Elektra AG, in: Elektrizitätswirtschaft, Jg. 87 (1988), Heft 22, S. 1098ff; Hanselmann, M., Kaltschmitt, M.: Kostenreduktion möglich. EDV-gestütztes Planungsinstrument für Kraftwerke, a.a.O., S. 48-53; Seeger, T., Verstege, J.: Rechnergestützte Tageseinsatzoptimierung in Kraft-Wärme-Kopplungssystemen, in: Elektrizitätswirtschaft, Jahrgang 88 (1989), Heft 5, S. 219ff; Tröscher, H.: Systemtechnische Methoden zur Untersuchung der Möglichkeiten zentraler und dezentraler Stromerzeugung unter besonderer Berücksichtigung der Energiespeicherung und der Kraft-Wärme-Kopplung, a.a.O., S. 123ff.

[11] In der Literatur, in der dennoch Kosten betrachtet werden, um beispielsweise unterschiedliche Brennstoffpreise zu berücksichtigen, wird der Kostenbegriff in einer der Betriebswirtschaft noch unbekannten Weise benutzt. So ist z.B. nicht von variablen Bennstoffkosten die Rede, sondern von „Absolutkosten des Brennstoffverbrauchs"; vgl. Seeger, T.: Tageseinsatzoptimierung in Kraftwerkssystemen mit Kraft-Wärme-Kopplung, a.a.O., S. 26.

[12] Vgl. Kapitel F.II.1.

[13] In der derzeitigen KWK-Praxis wird die Kostenseite jedoch überwiegend außer acht gelassen. Steuergröße beim Betrieb der KWK-Anlage ist in der Regel ausschließlich der innerbetriebliche Strom- und Wärmebedarf. Hierbei wird der Betrieb der KWK-Anlage insbesondere an den An- und Abfahrzeiten von Produktionsanlagen ausgerichtet; vgl. Suttor, W.: Praxis Kraft-Wärme-Kopplung, a.a.O., Teil 5/8.3, S. 22.

[14] Vgl. Gutenberg, E.: Die Produktion, a.a.O., S. 147ff; Laßmann, G., Hahn, D.: Produktionswirtschaft, Controlling industrieller Produktion, a.a.O., S. 121 und 223ff; Reichwald, R., Dietel, B.: Produktionswirtschaft, a.a.O., S. 479ff; Kern, W.: Produktionsprogramm, in: Kern W. (Hrsg.): Enzyklopädie der Betriebswirtschaftslehre, Band VI, Handwörterbuch der Produktion, Stuttgart 1979, Sp. 1563-1572.

In den Ausführungen dieses Kapitels wird deshalb insbesondere auf die Erkenntnisse der Programmabsatzplanung zurückgegriffen. Die bestehenden, eher ingenieurwissenschaftlich und ausschließlich auf Kostenminimierung ausgerichteten Konzepte der fachspezifischen Literatur dienen der Einsatzoptimierung von EVU-Kraftwerken. Sie tragen aufgrund der Vernachlässigung der Erlöse nur wenig zu einer betriebswirtschaftlichen Behandlung des Fahrweisenproblems aus der Sicht eines industriellen Betriebs bei.[15]

II. Arten von Fahrweisen

Im folgenden Abschnitt werden die grundsätzlichen Möglichkeiten dargelegt, auf welche Weise eine KWK-Anlage betrieben werden kann. Dabei wird in der Literatur meistens zwischen einer wärmeorientierten und einer stromorientierten Fahrweise unterschieden.

1. Wärmeorientierte Fahrweise

Bei der wärmeorientierten Fahrweise ist die Führungsgröße für den Betrieb der Anlage ausschließlich der innerbetriebliche Wärmebedarf.[16] Wenn der Wärmebedarf eines Unternehmens zu einem bestimmten Zeitpunkt sinkt, dann wird die Anlagenfahrweise an diesen verminderten Wärmebedarf angepaßt, indem die Anlage entweder in Teillast gefahren oder, wenn dieses nicht möglich oder wirtschaftlich nicht sinnvoll ist, ausgeschaltet wird.[17]

Für Anlagen mit zwei Freiheitsgraden[18] besteht zusätzlich die Möglichkeit, das Verhältnis von Strom- zu Wärmeerzeugung so zu verändern, daß die erzeugte Wärme mit der im Unternehmen benötigten Wärme übereinstimmt.[19] In diesem Fall spricht man von einer entkoppelten Stromerzeugung oder von einem Kondensations- / Auspuffbetrieb. Das bedeutet, daß ein Teil oder - im Extremfall - die gesamte durch Kuppelproduktion erzeugte Wärme nicht genutzt wird.

a. Wärmeorientierte Fahrweise bei Anlagen mit einem Freiheitsgrad

Fährt man Anlagen mit einem Freiheitsgrad primär wärmeorientiert, so ist die erzeugte elektrische Energie eine Restgröße, d.h. es wird nicht darauf geachtet, ob und wieviel Strom im Unternehmen benötigt wird und wie hoch die in das öffentliche Netz eingespeiste Stromleistung ist.[20] Der Vorteil der Wärmeorientierung liegt darin, daß nur wenig Primärenergie verloren geht und somit ein sehr hoher Gesamtwirkungsgrad erreicht wird. Der Grund für den hohen Brennstoffausnutzungsgrad besteht darin, daß eventuell überschüssig erzeugter Strom jederzeit in das öffentliche Netz eingespeist werden kann. Die Anlage ist nicht in Betrieb,

---

15 Selbst bei einem Modell zur Einsatzoptimierung dezentral angeordneter, z.B. industrieller KWK-Anlagen, wird mit einer Minimierungsfunktion argumentiert, die ausschließlich auf die Kosten und nicht auf die Erlöse abstellt; vgl. Tröscher, H.: Systemtechnische Methoden zur Untersuchung der Möglichkeiten zentraler und dezentraler Stromerzeugung unter besonderer Berücksichtigung der Energiespeicherung und der Kraft-Wärme-Kopplung, a.a.O., S. 123ff und insbesondere S. 126ff.

16 Vgl. VDI-Richtlinie 3985 (Entwurf), Grundsätze für Planung, Ausführung und Abnahme von Kraft-Wärme-Kopplung und Verbrennungsmaschinen, a.a.O., S. 14; Schaefer, H.: Erzeugung elektrischer Energie. Thermische Stromerzeugungsanlagen, a.a.O., S. 104.

17 Vgl. Budde, H.-J., Deuster, G., Zahn, G.: Zusammenarbeit der Anlagenbetreiber mit der Versorgungswirtschaft, a.a.O., S. 201.

18 Vgl. Kapitel E.II.4.

19 Vgl. Hofer, R.: Analyse der Potentiale industrieller Kraft-Wärme-Kopplung, a.a.O., S. 8 und 9; Schaefer, H.: Erzeugung elektrischer Energie. Thermische Stromerzeugungsanlagen, a.a.O., S. 104.

20 Vgl. Budde, H.-J., Deuster, G., Zahn, G.: Zusammenarbeit der Anlagenbetreiber mit der Versorgungswirtschaft, a.a.O., S. 201; Piller, W., Rudolph, M.: Kraft-Wärme-Kopplung-Zur Theorie und Praxis der Kostenrechnung, a.a.O., S. 29ff; Hofer, R.: Analyse der Potentiale industrieller Kraft-Wärme-Kopplung, a.a.O., S. 8 und 9; VDI-Richtlinie 3985 (Entwurf), a.a.O., S. 14.

wenn keine Wärme oder Wärme nur in unzureichender Höhe innerbetrieblich verwendbar ist.[21]

Trotz einer möglicherweise streng wärmeorientierten Fahrweise tritt in der industriellen Praxis häufig der Fall ein, daß selbst bei Vollast die erzeugte Wärmearbeit und/oder das bereitgestellte Temperaturniveau für die innerbetrieblichen Produktionszwecke nicht ausreicht. In diesen Fällen kann die zusätzlich benötigte Wärme durch andere Wärmeerzeuger, in der Regel durch einen Kessel, gedeckt werden.[22]

Bei Anlagen mit einem Freiheitsgrad besteht aus betriebswirtschaftlicher Sicht die Gefahr, daß die geplante Auslastung, d.h. die Anzahl der geplanten Vollbenutzungsstunden, nicht erreicht wird: Je öfter eine KWK-Anlage nicht in Betrieb ist, z.B. aufgrund der fehlenden Korrelation zwischen innerbetrieblichem Wärme- und Strombedarf, desto weniger Deckungsbeiträge können zur Deckung der beschäftigungsunabhängigen Kosten erwirtschaftet werden.

b. Wärmeorientierte Fahrweise bei Anlagen mit zwei Freiheitsgraden

Bei Anlagen mit zwei Freiheitsgraden ist eine streng wärmeorientierte Fahrweise in der Praxis kaum anzutreffen. Der Sinn einer Anlage mit zwei Freiheitsgraden liegt genau darin, daß die elastische Kuppelproduktion der beiden Nutzenergiearten Strom und Wärme technisch realisiert werden kann und somit eine vom aktuellen innerbetrieblichen Wärmebedarf unabhängige und damit im Extremfall rein stromorientierte Fahrweise möglich ist.

Die wirtschaftlichen Konsequenzen einer streng stromorientierten Fahrweise von KWK-Anlagen mit zwei Freiheitsgraden werden unter anderem im folgenden Abschnitt behandelt.

2. Stromorientierte Fahrweise

Im Gegensatz zur Wärmeorientierung ist bei einer streng stromorientierten Fahrweise die ausschließliche Führungsgröße der innerbetriebliche Strombedarf.[23]

a. Stromorientierte Fahrweise bei Anlagen mit einem Freiheitsgrad

Bei dieser Fahrweise ist die Kraft-Wärme-Kopplungsanlage mit einem Freiheitsgrad dann in Betrieb, wenn ein entsprechend hoher innerbetrieblicher Strombedarf besteht. Der Vorteil hierbei ist, daß sich der Stromfremdbezug durch eine sinnvolle Eigenstromerzeugung minimieren läßt.

Voraussetzung für eine stromorientierte Fahrweise von KWK-Anlagen mit einem Freiheitsgrad ist, daß die evtl. zu einem bestimmten Zeitpunkt überschüssig produzierte Wärme beispielsweise mit Hilfe von Kühltürmen abgeleitet oder in Form von Wärmespeichern[24] einer späteren Nutzung zugeführt werden kann. Die in diesem Fall mangelnde Nutzbarkeit der zwangsläufig erzeugten Wärme wirkt nachteilig auf die Wirtschaftlichkeit, da der Brennstoffausnutzungsgrad sinkt. Dem die Wirtschaftlichkeit belastenden Effekt des sinkenden

---

[21] Vgl. Piller, W., Rudolph, M.: Kraft-Wärme-Kopplung. Zur Theorie und Praxis der Kostenrechnung, a.a.O., S. 30ff.

[22] Vgl. VDI-Richtlinie 3985 (Entwurf), a.a.O., S. 14; Suttor, W.: Praxis Kraft-Wärme-Kopplung, a.a.O., Teil 5/8.3, S. 17; Piller, W., Rudolph, M.: Kraft-Wärme-Kopplung. Zur Theorie und Praxis der Kostenrechnung, a.a.O., S. 39 und 40.

[23] Vgl. VDI-Richtlinie 3985 (Entwurf), a.a.O., S. 14.

[24] Ein Wärmespeicher dient nicht nur dazu, die Wärmeauskopplung zu ermöglichen, wenn kein Wärmebedarf besteht, sondern auch dazu, in Zeiten, in denen kein Strom-, jedoch Wärmebedarf besteht (beispielsweise an Wochenenden), die KWK-Anlage nicht unnötig bzw. unwirtschaftlicherweise anschalten zu müssen; vgl. Piller, W., Rudolph, M.: Kraft-Wärme-Kopplung. Zur Theorie und Praxis der Kostenrechnung, a.a.O., S. 155. Letztendlich ist hier aus betriebswirtschaftlicher Sicht zu untersuchen, ob die Kosten aus einem eventuellen KWK-Betrieb zur Deckung des Wärmebedarfs abzüglich der erlösbaren Einspeisevergütungen geringer sind als aus der abgeschalteten KWK-Anlage und der Deckung des Wärmebedarfs aus dem Wärmespeicher.

Gesamtwirkungsgrades wirkt jedoch die unter Umständen steigende Anlagenauslastung entgegen.

b. Stromorientierte Fahrweise bei Anlagen mit zwei Freiheitsgraden

Meist werden KWK-Anlagen mit zwei Freiheitsgraden eher stromorientiert betrieben, wobei aus Wirtschaftlichkeitsgründen darauf geachtet wird, daß die Stromkennzahl zu jedem Zeitpunkt „minimal“ ist.

„Minimale Stromkennzahl“ bedeutet in diesem Fall nicht eine Fahrweise im extremen Teillastbereich, sondern eine Fahrweise knapp unter der elektrischen Nennleistung[25] bei maximal möglicher Nutzung der zwangsläufig erzeugten Wärme. Minimale Stromkennzahl bedeutet also die unter der Voraussetzung einer vollständigen Wärmeauskopplung maximale Stromkennzahl.

Je weniger Wärme genutzt wird, desto niedriger ist der Brennstoffausnutzungsgrad, der wiederum die Wirtschaftlichkeit belastet. Mit anderen Worten, mit zunehmendem Kondensations- oder Auspuffbetrieb, also mit steigendem Anteil von nicht genutzter Wärme zu möglicher Wärmenutzung, steigt die Stromkennzahl auf Kosten des Gesamtwirkungsgrades.[26] Wie bereits erläutert[27], kann die Stromkennzahl dadurch gegen unendlich konvergieren, was zur Folge hat, daß der Brennstoffausnutzungsgrad bzw. der Gesamtwirkungsgrad im Extremfall von ca. 90% auf Werte von ca. 30% bis 40% sinken kann.[28]

Letztendlich entsteht auch hier die Frage nach einem Kompromiß zwischen Anlagenauslastung oder Nutzungsgrad auf der einen und Gesamtwirkungsgrad oder Stromkennzahl auf der anderen Seite.

3. Wechselnde Fahrweise

Wenn es aus technischen Gründen nicht zwingend erforderlich ist, die Anlage wärmeorientiert zu fahren, dann besteht die Möglichkeit einer wechselnden oder kombinierten Fahrweise.[29] Hierdurch lassen sich die Vor- und Nachteile der Strom- und Wärmeorientierung miteinander verbinden, so daß eine höhere Wirtschaftlichkeit erreicht wird.

So kann es unter Umständen für eine Anlage mit zwei Freiheitsgraden wirtschaftlich sein, die Kraft-Wärme-Kopplungsanlage trotz mangelndem Wärmebedarf zu fahren, weil die Stromgutschrift - z.B. in der Haupttarifzeit - so hoch ist, daß der Wegfall der Wärmegutschrift kompensiert werden kann. In der Nebentarifzeit, in der der Arbeitspreis für den Stromfremdbezug relativ gering ist, kann ein Wechsel auf die wärmeorientierte Fahrweise sinnvoll sein, da in diesem Fall nur die gleichzeitige Nutzung von Strom und Wärme einen positiven Deckungsbeitrag ermöglicht.

Eine wechselnde Fahrweise bei Anlagen mit einem Freiheitsgrad ist nur dann möglich, wenn die entsprechenden technischen Voraussetzungen für eine stromorientierte Fahrweise gegeben sind.

---

[25] Im Kapitel E.II.4 wurde deutlich gemacht, daß bei KWK-Anlagen mit zwei Freiheitsgraden die elektrische Maximalleistung nur dann erreicht wird, wenn unter Vollast keine Wärme ausgekoppelt wird. Nur mit einer Leistungseinbuße, je nach Konzept und Spezifikation, von ca. 10% bis 20% kann der maximale Gesamtwirkungsgrad erreicht werden; vgl. Piller, W., Rudolph, M.: Kraft-Wärme-Kopplung. Zur Theorie und Praxis der Kostenrechnung, a.a.O., S. 36; Schaefer, H.: Erzeugung elektrischer Energie. Thermische Stromerzeugungsanlagen, a.a.O., S. 107.

[26] Vgl. Hofer, R.: Analyse der Potentiale industrieller Kraft-Wärme-Kopplung, a.a.O., S. 4ff; Seeger, T.: Tageseinsatzoptimierung in Kraftwerkssystemen mit Kraft-Wärme-Kopplung, a.a.O., S. 20ff.

[27] Vgl. Kapitel E.II.4.

[28] Vgl. Deuster, G.: Grundlagen der deutschen Fernwärmewirtschaft, a.a.O., S. 102.

[29] Vgl. VDI-Richtlinie 3985 (Entwurf), a.a.O., S. 14.

III. Randbedingungen für eine bestimmte Fahrweise

In der Praxis kann die Entscheidung über eine bestimmte Fahrweise vom Nutzer bzw. Betreiber einer Anlage aufgrund bestimmter externer Einflüsse nicht immer frei getroffen werden.[30] Man kann dabei zwischen technischen, rechtlichen, betriebswirtschaftlichen und auch ökologischen Randbedingungen unterscheiden, die im folgenden kurz vorgestellt werden.

1. Technische Randbedingungen

a. Wärmeorientierung

Wenn die durch die Kraft-Wärme-Kopplungsanlage mit einem Freiheitsgrad erzeugte Wärme innerbetrieblich nicht genutzt werden kann, dann muß diese überschüssige Wärme z.B. über einen Kühlturm an die Umgebung abgegeben werden, da andernfalls der Kraft-Wärme-Prozeß ins Stocken gerät.[31] Eine derartige Kühleinrichtung ist jedoch nicht in jedem Unternehmen vorhanden und deren Anschaffung verursacht zusätzliche Investitionskosten. Für den Fall, daß keine Kühleinrichtung existiert, ist die Wärmeorientierung keine optionale Fahrweise, sondern eine technische Notwendigkeit.

Die wärmeorientierte Fahrweise ist auch dann zwingend erforderlich, wenn der neben der Kraft-Wärme-Kopplungsanlage installierte Kessel die Wärmeversorgung im Alleinbetrieb nur teilweise sicherstellen kann. Die Sicherung der Wärmeversorgung erfordert in diesem Fall, daß KWK-Anlage und Kessel zu den Zeiten, bei denen die innerbetriebliche Wärmenachfrage größer als die maximale Erzeugung der KWK-Anlage oder des Kessels ist, gleichzeitig Wärme produzieren. Die gleichzeitige Wärmeproduktion durch Kessel und KWK-Anlage ist insbesondere im Winter der Fall, wenn der Wärmebedarf überdurchschnittlich hoch ist.

Neben der Investition in einen Kühlturm kann die Loslösung von der strikten Wärmeorientierung durch die Anschaffung eines Wärmespeichers erreicht werden.[32] Mit dessen Hilfe kann ein zeitweiliges Überangebot an Wärme für einen bestimmten Zeitraum aufgefangen werden, indem die gespeicherte Wärme zu Zeiten niedrigen Wärmebedarfs gespeichert und bei sehr hohem Wärmebedarf dem Wärmespeicher wieder entnommen wird.[33] Da der Wärmespeicher zusätzliche Investitionen erfordert und eine Entscheidung hinsichtlich der Speicherkapazität getroffen werden muß, ist eine gesonderte Investitionsrechnung durchzuführen. Hierbei ist abzuwägen, ob der durch den Wärmespeicher ermöglichte zusätzliche KWK-Anlagenbetrieb die zusätzlichen Investitionsauszahlungen für den Wärmespeicher rechtfertigt.

Weitere technische Randbedingungen werden durch die jeweiligen KWK-Konzepte und deren technische Spezifikationen vorgegeben: Bei der Entscheidung, ob eine Anlage ausgeschaltet wird, spielt insbesondere die Frage nach der dann noch vorhandenen Betriebsbereitschaft[34] und nach der minimalen Anfahrzeit[35] eine wesentliche Rolle.[36]

---

[30] Vgl. Hanselmann, M., Kaltschmitt, M.: Kostenreduktion möglich, EDV-gestütztes Planungsinstrument für Kraftwerke, a.a.O., S. 49.

[31] Vgl. ausführlich die technischen Konzepte im Kapitel E.I.2.

[32] Vgl. Scholz, F.: Wärmespeicher entkoppeln Bedarf und Anfall von Wärme und Elektrizität, BWK, Jahrgang 35 (1983), Nr. 7/8, S. 341ff; Tröscher, H.: Systemtechnische Methoden zur Untersuchung der Möglichkeiten zentraler und dezentraler Stromerzeugung unter besonderer Berücksichtigung der Energiespeicherung und der Kraft-Wärme-Kopplung, a.a.O., S. 38ff; Lambrecht, J., Söderström, M.: Einsatzmöglichkeiten von Wärmespeichern in der Industrie, BWK, Jahrgang 39 (1987), Nr. 7/8, S. 359ff.

[33] Wärmespeicher ermöglichen auch eine ruhigere Fahrweise und eine ausgeglichenere Auslastung der KWK-Anlagen; vgl. Seeger, T.: Tageseinsatzoptimierung in Kraftwerkssystemen mit Kraft-Wärme-Kopplung, a.a.O., S. 38; Büchner, J., Wieber, W.: Realisierung, a.a.O., S. 235.

[34] Der Begriff wurde von Schmalenbach geprägt: Schmalenbach unterscheidet insbesondere zwischen fixen Kosten, Kosten der Betriebsbereitschaft und Sprungkosten. Er führt aus, daß Sprungkosten meistens dann

Heinen[37] und Riebel[38] erklären den Grad oder das Ausmaß dieser technisch bedingten Restriktionen mit den Begriffen Betriebs- und Leistungsbereitschaft bzw. statische und dynamische Betriebsbereitschaft.

Bei der Fahrweisenentscheidung sind außerdem die Laständerungsgeschwindigkeiten sowie die Mindesteinsatz- und Mindeststillstandzeiten der jeweiligen KWK-Anlage zu berücksichtigen.[39]

b. Stromorientierung

Technische Randbedingungen bei der Entscheidung zur stromorientierten Fahrweise entstehen dann, wenn es für das Unternehmen nicht möglich ist, überschüssig erzeugten Strom in das öffentliche Netz einzuspeisen. In diesem Zusammenhang ist zu unterscheiden, ob die Kraft-Wärme-Kopplungsanlage im Netzparallelbetrieb oder im Inselbetrieb gefahren wird.[40]

Im **Netzparallelbetrieb** versorgt die KWK-Anlage die Verbraucher bis zum Erreichen der maximalen elektrischen Leistung der KWK-Anlage. Zusätzlicher Strombedarf wird durch Zusatzstrombezug vom EVU gedeckt.[41]

---

entstehen, wenn von Unterbeschäftigung zu Vollbeschäftigung übergegangen wird. Übertragen auf das Ein- und Ausschalten einer KWK-Anlage können die ausschließlich aus dem Anfahrvorgang resultierenden zusätzlichen Kosten (beispielsweise zusätzliche Brennstoffkosten, die durch das Aufheizen der Komponenten eines KWK-Aggregates entstehen) durchaus den Sprungkosten im Sinne Schmalenbachs zugeordnet werden; vgl. Schmalenbach, E.: Kostenrechnung und Preispolitik, a.a.O., S. 57-59.

35 Vgl. Riebel, P.: Die Elastizität des Betriebes. Eine produktions- und marktwirtschaftliche Untersuchung, a.a.O, S. 65; Hanselmann, M., Kaltschmitt, M.: Kostenreduktion möglich, EDV-gestütztes Planungsinstrument für Kraftwerke, a.a.O., S. 49.

36 Aus produktions- bzw. kostentheoretischer Sicht kann dieser Umstand auch als quantitative Anpassung interpretiert werden. Gutenberg unterscheidet auf Basis der Produktionsfunktionen vom Typ B im Rahmen der quantitativen Anpassung zwischen den Fällen A (Betriebmittelverkauf oder -ankauf) und B: Fall B bezeichnet dabei das Abschalten einer Anlage unter Beibehaltung der Betriebsbereitschaft. Fall B führt letztlich zu einem Verzicht auf den Abbau von intervallfixen Kosten. Diese remanenten intervallfixen Kosten bzw. Sprungkosten (Schmalenbach) können - nach Gutenberg - als Leerkosten bezeichnet werden; vgl. Gutenberg, E.: Die Produktion, a.a.O., S. 348ff und 380.

37 Heinen geht aus produktions- bzw. kostentheoretischer Sicht noch einen Schritt weiter als Gutenberg und unterscheidet übertragen auf das Problem des An- und Ausschaltens einer KWK-Anlage und den daraus resultierenden wirtschaftlichen Konsequenzen zwischen Betriebs- und Leistungsbereitschaft; vgl. Heinen, E.: Betriebswirtschaftliche Kostenlehre, Kostentheorie und Kostenentscheidungen, a.a.O., S. 75, 457, 579.

38 Riebel unterscheidet in ähnlicher Weise wie Heinen zwischen statischer und dynamischer Betriebsbereitschaft. Dabei führt Riebel aus, daß beispielsweise „Turbinen, die leerlaufen, gewissermaßen mit der Intensität Null produzieren, und im gleichen Augenblick Strom zu erzeugen vermögen, indem ein Stromverbraucher eingeschaltet wird ... den höchsten Grad dynamischer Betriebsbereitschaft aufweisen"; Riebel, P.: Einzelkosten- und Deckungsbeitragsrechnung, a.a.O., S. 84.

39 Vgl. Hanselmann, M., Kaltschmitt, M.: Kostenreduktion möglich, EDV-gestütztes Planungsinstrument für Kraftwerke, a.a.O., S. 49.

40 Vgl. VDI-Richtlinie 3985 (Entwurf), a.a.O., S. 14; Tröscher, H.: Systemtechnische Methoden zur Untersuchung der Möglichkeiten zentraler und dezentraler Stromerzeugung unter besonderer Berücksichtigung der Energiespeicherung und der Kraft-Wärme-Kopplung, a.a.O., S. 37.

41 Wird eine KWK-Anlage parallel zum Netz der öffentlichen Versorgung betrieben, so hat der Betreiber dafür Sorge zu tragen, daß keine schädlichen Rückwirkungen auf das öffentliche Netz entstehen können. Darüber hinaus müssen alle Unternehmen, die zusätzlich erzeugten Strom in das EVU-Netz einspeisen, beim zuständigen EVU eine Reihe von Unterlagen einreichen: z.B. einen Lageplan des Unternehmens mit den entsprechenden Grundstücksgrenzen, einen Übersichtsschaltplan der gesamten elektrischen Anlage mit den entsprechenden Nenndaten der eingesetzten Betriebsmittel, Stromlaufpläne für die Schutzeinrichtungen mit ausreichenden Angaben über Art, Schaltung und Funktion der einzelnen Schutzrelais, eine genaue technische Beschreibung der Antriebsmaschine des Generators sowie des Generators selbst. Daneben hat das EVU-Personal in der Regel freien Zutritt zu den Schalteinrichtungen des Unternehmens; vgl. Budde, H.-J., Deuster, G., Zahn, G.: Zusammenarbeit der Anlagenbetreiber mit der Versorgungswirtschaft, a.a.O., S. 216.

Im **Inselbetrieb** ist die Kraft-Wärme-Kopplungsanlage alleiniger Stromlieferant.[42] Da die Sicherung der Stromversorgung in diesem Fall wichtiger ist als die Sicherung der Wärmeversorgung, zumal der Wärmebedarf durch einen entsprechenden Kessel gedeckt werden kann, ist eine stromorientierte Anlagenfahrweise zwingend erforderlich. In diesem speziellen Fall ist jedoch eine entsprechend großzügige Dimensionierung anhand der unternehmensindividuell nachgefragten elektrischen Spitzenleistung vorzunehmen.[43]

2. Rechtliche und betriebswirtschaftliche Randbedingungen

Rechtliche Randbedingungen betreffen die verfügbaren Bezugsverträge und die einzuhaltenden Lieferverpflichtungen.[44] In Bezugsverträgen kann vertraglich eine Mindestabnahme z.B. von Erdgas fixiert sein. Um diese Mindestabnahme zu gewährleisten, ist eine Mindestbetriebsdauer der KWK-Anlage notwendig. Diese Notwendigkeit kann beispielsweise dazu führen, daß auf Kosten des Gesamtwirkungsgrades mehr Wärme produziert wird als unternehmensintern benötigt wird. Die zusätzlich erlöste Stromgutschrift und/oder Einspeisevergütung zuzüglich des Effektes der Realisierung der Mindestabnahmemenge rechtfertigt jedoch diese auf den ersten Blick unrentabel erscheinende Fahrweise.[45]

Auch wenn eine Mindestabnahmemenge nicht explizit festgelegt ist, können betriebswirtschaftliche Gründe eine hohe Brennstoffabnahmemenge erfordern. Dies ist insbesondere dann der Fall, wenn durch einen hohen Brennstoffbezug überproportional hohe Rabatte pro bezogener Energieeinheit zu erzielen sind.[46]

Ein weiterer betriebswirtschaftlicher Grund für den Einfluß auf die Anlagenfahrweise sind die Bezugsbedingungen für Strom und Wärme. Wenn die Strombezugskonditionen von einem hohen Leistungs- und einem geringen Arbeitspreis gekennzeichnet sind, dann ist bei der Anlagenfahrweise ein besonderes Gewicht auf die Leistungsgutschrift zu legen. Eine hohe Leistungsgutschrift läßt sich jedoch nur dann erzielen, wenn die KWK-Anlage insbesondere bei hohem Bedarf an Stromleistung gefahren wird. Dies wiederum impliziert eine eher stromorientierte Fahrweise.

Ein rechtlicher Grund entsteht, wenn für das Unternehmen Lieferverpflichtungen, z.B. zur Einspeisung von Strom zu einer bestimmten Tageszeit, bestehen.[47] Wenn es dem Unternehmen nicht möglich ist, Strom in das öffentliche Netz einzuspeisen, muß eine Erzeugung, die den innerbetrieblichen Bedarf übersteigt, vermieden werden.

Grundsätzlich ist jedoch eine Stromeinspeisung nach der Verbändevereinbarung möglich. Es ist aber zu beachten, daß die Verbändevereinbarung nur gilt, wenn der Strom bei gleichzeitiger Wärmenutzung erzeugt wird. Dieses bedeutet, daß die alleinige Erzeugung von einzuspeisendem Strom unter Umständen nicht möglich ist.

---

42 Vgl. Büchner, J., Wieber, W.: Realisierung, a.a.O., S. 235; VDI-Richtlinie 3985 (Entwurf), a.a.O., S. 14.

43 Der Inselbetrieb von Kraft-Wärme-Kopplungsanlage ist besonders in Unternehmen der neuen fünf Bundesländer verbreitet. Vgl. hierzu Bublitz, D.: Kraft-Wärme-Kopplung am Beispiel der Versorgung einer Großstadt, in: VDI Berichte (Hrsg.), Bericht Nr. 923, a.a.O., S. 127.

44 Vgl. Hanselmann, M., Kaltschmitt, M.: Kostenreduktion möglich, EDV-gestütztes Planungsinstrument für Kraftwerke, a.a.O., S. 49.

45 Vgl. Seeger, T.: Tageseinsatzoptimierung in Kraftwerkssystemen mit Kraft-Wärme-Kopplung, a.a.O., S. 51f.

46 Zu den unterschiedlichen Rabattregelungen bei Bezug verschiedener Brennstoffe vgl. Kapitel B.III.

47 Vgl. Hanselmann, M., Kaltschmitt, M.: Kostenreduktion möglich, EDV-gestütztes Planungsinstrument für Kraftwerke, a.a.O., S. 49; vgl. auch die Ausführungen von Kapitel F.II.1.b.aaa zu den Stromeinspeisungen mit Programmverpflichtung.

3. Ökologische Randbedingungen

Unter ökologischen Randbedingungen sind die gesetzlich festgelegten Emissionsgrenzwerte und -mengen für Schwefeldioxide oder Stickoxide, maximale Wasserverbrauchsmengen oder Wärmeeinleitungsgrenzen in Gewässer zu verstehen.[48]

So kann aus diesen ökologischen Randbedingungen die Notwendigkeit entstehen, die Erzeugung der KWK-Anlage für bestimmte Tageszeiten ruhen zu lassen. Dabei ist es auch denkbar, daß die einzuhaltenden Grenzwerte als Momentanwerte oder als Beschränkung der über einen Betrachtungszeitraum kumulierten Emissionsmenge vorliegen. Schließlich werden bei älteren Anlagen auch Restlaufzeiten als Betriebsbeschränkung festgelegt.[49]

Aufgrund der genannten Einschränkungen reduziert sich die maximal erreichbare Vollbenutzungsdauer der Anlage, so daß negative Konsequenzen für die Wirtschaftlichkeit des Anlagenbetriebes entstehen können.

IV. Entscheidungsprobleme bei der Fahrweisenwahl

Wenn technische, rechtliche oder ökologische Randbedingungen vorliegen, dann hat das Unternehmen nur einen beschränkten Entscheidungsspielraum hinsichtlich der Fahrweise der Kraft-Wärme-Kopplungsanlage.

Besonders wichtig wird die Fahrweisenentscheidung immer dann, wenn es keine wesentlichen Restriktionen hinsichtlich einer bestimmten Fahrweise gibt, d.h. alle möglichen Fahrweisen zwischen Mindestlast und Vollast - unter Umständen jeweils mit und ohne Wärmeauskopplung - denkbar sind.

Im folgenden wird versucht, das Entscheidungsproblem der optimalen Fahrweise zunächst aus Sicht der Produktionsmengenplanung bei Kuppelproduktion zu beleuchten.

1. Kraft-Wärme-Kopplung und das Konzept der Produktionsprogrammplanung einer Kuppelproduktion

a. Produktionsprogrammplanung im Standardmodell von Gutenberg

Zur Produktionsprogrammplanung[50] gibt es in der betriebswirtschaftlichen Literatur eine Reihe von Modellen. Das Standardmodell der Programmplanung stammt von Gutenberg, der die Aufgabe der Programmplanung folgendermaßen beschreibt: „Die Aufgabe der Produktionsplanung besteht darin zu bestimmen, welche Mengen von jeder Erzeugnisart hergestellt werden müssen, damit der Gesamtgewinn der Planungsperiode so groß wie möglich wird.“[51] In Hinblick auf diese Zielsetzung der Gesamtgewinnmaximierung sind die Produk-

---

48 Vgl. Hanselmann, M., Kaltschmitt, M.: Kostenreduktion möglich, EDV-gestütztes Planungsinstrument für Kraftwerke, a.a.O., S. 49; Seeger, T.: Tageseinsatzoptimierung in Kraftwerkssystemen mit Kraft-Wärme-Kopplung, a.a.O., S. 53; zu den gesetzlichen und umweltrelevanten Vorschriften vgl. auch VDI-Richtlinie 3985 (Entwurf), a.a.O., S. 15.

49 Vgl. Seeger, T.: Tageseinsatzoptimierung in Kraftwerkssystemen mit Kraft-Wärme-Kopplung, a.a.O., S. 53.

50 Die Produktionsprogrammplanung ist ein Teil der Produktionsplanung eines Unternehmens. Die Produktionsplanung industrieller Unternehmen umfaßt die Planung des Produktionsprogramms, die Planung der Bereitstellung jener Produktionsfaktoren, die zur Produktion der Erzeugnisse des Unternehmens benötigt werden und die Planung des Produktionsprozesses; vgl. Gutenberg, E.: Die Produktion, a.a.O., S. 149. Im folgenden wird angenommen, daß es keine Restriktionen hinsichtlich der Bereitstellung der für die Erzeugung benötigten Produktionsfaktoren gibt und auch der Produktionsprozeß durch die Technologie der KWK-Anlage fest vorgegeben ist. Daher wird im Rahmen der Produktionsplanung ausschließlich die Produktionsprogramm- bzw. die Produktionsmengenplanung betrachtet.

51 Gutenberg, E.: Die Produktion, a.a.O., S. 151; Vgl. auch Kilger, W.: Optimale Produktions- und Absatzplanung, a.a.O., S. 16.

tionsprogrammplanung und die Optimierung der Fahrweise einer Kraft-Wärme-Kopplungsanlage identisch.

Gutenberg nennt in seinem allgemeinen Produktionsmodell, das die Grundlage der Programmplanung ist, drei Bestimmungsgrößen des gewinnmaximalen Produktionsprogramms:[52] Zu den Bestimmungsgrößen gehören die Produktionskoeffizienten, die Begrenzung an Produktionsfaktoren und der Stückdeckungsbeitrag[53] je Erzeugnisart.

Die **Produktionskoeffizienten** sind die Mengen an produktiven Faktoren, die in einem Produkt enthalten sind. Hierzu gehören im Falle der Kraft-Wärme-Kopplung die bereits im Kapitel F beschriebenen Kostenarten, wie z.B. die Brennstoff- und Wartungskosten. Die Verhältnisse der produktiven Faktoren zueinander, d.h. die Produktionskoeffizienten, können hierbei konstant oder variabel sein. In einem seiner erweiterten Modelle erklärt Gutenberg die Gründe für die Höhe der eingesetzten produktiven Faktoren. Hierbei spielt die bereits dargestellte Produktionsfunktion vom Typ B eine zentrale Rolle. Die Produktionsfunktion vom Typ B drückt aus, daß die Höhe des Faktorverbrauchs und damit die Höhe der entsprechenden Kosten von der Intensität des Anlagenbetriebes abhängt.[54] Inwiefern sich die Intensität des Anlagenbetriebes auf das optimale Produktionsprogramm einer Kraft-Wärme-Kopplungsanlage auswirkt, wird im Verlauf dieses Kapitels näher beleuchtet.

Die zweite Bestimmungsgröße des optimalen Produktionsprogramms ist die **Begrenzung an Produktionsfaktoren.**[55] Begrenzte Produktionsfaktoren können nach Gutenberg unter anderem aufgrund von „Rohstoffknappheit, Arbeitskräftemangel, begrenzten Produktionskapazitäten der Erzeugungseinheiten, Arbeitszeitbeschränkungen, störungsbedingten Wartezeiten, Beschränkungen absatzwirtschaftlicher und finanzieller Art“[56] entstehen. Die Aufzählung Gutenbergs hinsichtlich der möglichen Engpässe trifft exakt auf die Kraft-Wärme-Kopplung zu. Im Rahmen dieses Kapitels werden zur Vereinfachung lediglich Engpässe absatzwirtschaftlicher Art (Begrenzung an Strom- und Wärmebedarf im Unternehmen) und Produktionsengpässe (maximale Erzeugungsleistung der KWK-Anlage) betrachtet.

Die dritte Bestimmungsgröße des optimalen Produktionsprogramms sieht Gutenberg im **Stückdeckungsbeitrag**, mit welchem die einzelnen Erzeugnisse verkauft werden. Gutenberg empfiehlt die Verwendung des Deckungsbeitrages pro Stück anstatt des Gewinns pro Stück, weil die Kosten der Betriebsbereitschaft - also die fixen Kosten - nicht entscheidungsrelevant sind. Dies bedeutet, daß die Bestimmung der Erzeugnismengen von den fixen Kosten unabhängig ist.[57] In den Ausführungen dieses Kapitels wird im folgenden ebenfalls ausschließlich der Deckungsbeitrag bzw. Stückdeckungsbeitrag verwendet.[58]

Ausgehend von den genannten Bestimmungsgrößen läßt sich mittels der linearen Programmierung das optimale Produktionsprogramm ermitteln.

Für die Kraft-Wärme-Kopplung ist die Verwendung der linearen Programmierung nicht notwendig, da das optimale Produktionsprogramm durch die Aufstellung allgemein gültiger Entscheidungsregeln, wie noch zu zeigen ist, einfacher festgelegt werden kann.

---

[52] Vgl. Gutenberg, E.: Die Produktion, a.a.O., S. 152f.

[53] Gutenberg verwendet nicht den Begriff Stückdeckungsbeitrag, sondern den Begriff Brutto-Stückgewinn. Der Brutto-Stückgewinn ist jedoch in seiner Berechnung identisch mit dem Stückdeckungsbeitrag bzw. mit dem Deckungsbeitrag pro Stück. Da sich in der Literatur der Begriff Deckungsbeitrag durchgesetzt hat, soll im folgenden, abweichend von Gutenberg, der Begriff Deckungsbeitrag verwandt werden.

[54] Zur Darstellung und Diskussion der Produktionsfunktion vom Typ B vgl. auch Kapitel F.I.2.a.

[55] Vgl. auch Kilger, W.: Optimale Produktions- und Absatzplanung, a.a.O., S. 46.

[56] Gutenberg, E.: Die Produktion, a.a.O., S. 152f.

[57] Vgl. Gutenberg, E.: Die Produktion, a.a.O., S. 153.

[58] Vgl. hierzu auch Kilger, W.: Optimale Produktions- und Absatzplanung, a.a.O., S. 68ff.

b. Produktionsprogrammplanung unter Berücksichtigung von Kuppelproduktion

Das Standardmodell von Gutenberg wurde für den Spezialfall der Kuppelproduktion weiterentwickelt.[59] Der Unterschied zwischen der Programmplanung bei Kuppelproduktion und dem Modell von Gutenberg liegt in der Berücksichtigung der simultanen Ausbringung zweier oder mehrerer Produkte.[60]

Bei der Programmplanung der Kuppelproduktion muß einerseits zwischen starrer und elastischer Kuppelproduktion unterschieden werden, andererseits muß berücksichtigt werden, daß es für ein oder mehrere Kuppelprodukte Absatzbeschränkungen geben kann.[61]

Ist die Kuppelproduktion elastisch, dann ist im Rahmen der Programmplanung zu entscheiden, wie das **Kuppelverhältnis** möglichst deckungsbeitragsmaximal zu gestalten ist.[62] Hierbei wird das Kuppelverhältnis so gesteuert, daß, sofern es keine Absatzbeschränkungen gibt, von demjenigen Kuppelprodukt am meisten erzeugt wird, das einen höheren Deckungsbeitrag erbringt.

Wie bereits erläutert[63], liegt im Fall der Kraft-Wärme-Kopplung lediglich bei Anlagen mit zwei Freiheitsgraden eine elastische Kuppelproduktion vor, da nur hier die Stromkennzahl gezielt verändert werden kann. Da mit dem erzeugten Strom eine höhere Vergütung als mit Wärme zu erzielen ist, könnte vermutet werden, die Stromerzeugung im Verhältnis zur gleichzeitigen Wärmeerzeugung möglichst maximal zu gestalten. Die Entscheidung kann jedoch nicht ausschließlich auf der Grundlage der Vergütung getroffen werden, da der innerbetriebliche Strombedarf zum einen beschränkt ist und zum anderen der Wirkungsgrad aufgrund der Wärmevernichtung bei einer maximalen Stromerzeugung negativ beeinflußt wird. Wie die Stromkennzahl, d.h. das Kuppelverhältnis, möglichst deckungsbeitragsmaximal zu gestalten ist, wird in diesem Kapitel an entsprechender Stelle wieder aufgegriffen. Aufgrund der besonderen Entscheidungsprobleme der elastischen Kuppelproduktion wird dabei jeweils zwischen Anlagen mit einem und mit zwei Freiheitsgraden unterschieden.

Die Programmplanung bei Kuppelproduktion muß weiterhin berücksichtigen, ob es **Absatzhöchstmengen** gibt, d.h. ob die Verwendungsmöglichkeiten der Kuppelprodukte beschränkt sind. Absatzhöchstmengen werden für die Programmplanung bedeutend, wenn es für das eine Kuppelprodukt keine weitere Verwendungsmöglichkeit gibt, das andere Kuppelprodukt jedoch weiterhin abgesetzt werden kann. Hier ist zu entscheiden, ob der Erlös des weiterhin absetzbaren Kuppelproduktes eine Vernichtung des nicht mehr verwendbaren Kuppelproduktes aus betriebswirtschaftlicher Sicht rechtfertigt.[64]

---

59 Einen wichtigen Beitrag zur Programmplanung bei Kuppelprodukten hat Riebel geleistet; vgl. Riebel, P.: Zur Programmplanung bei Kuppelprodukten, in: ZfhF (NF), Jahrgang 23 (1971), S. 733-775; vgl. hierzu auch alle anderen im Literaturverzeichnis angegebenen Arbeiten von Riebel. Einen sehr guten Überblick über die Programmplanung bei der Kuppelproduktion gibt auch Brink; vgl. Brink, H.-J.: Zur Planung des optimalen Fertigungsprogramms, Diss., Saarbrücken 1968.

60 Vgl. Riebel, P.: Kuppelproduktion, a.a.O., Sp. 1009-1022, insbesondere Sp. 1018.

61 Vgl. Riebel, P.: Die Kuppelproduktion. Betriebs- und Marktprobleme, a.a.O., S. 91-114; Riebel, P.: Kuppelproduktion, a.a.O., Sp. 1015; vgl. auch Kilger, W.: Optimale Produktions- und Absatzplanung, a.a.O., S. 340ff; Brink, H.-J.: Zur Planung des optimalen Fertigungsprogramms, a.a.O., S. 40.

62 Vgl. hierzu den Beitrag von Riebel zur relativen Aufnahmefähigkeit der Märkte: Riebel, P.: Kuppelproduktion, a.a.O., Sp. 1017; Riebel, P.: Die Kuppelproduktion. Betriebs- und Marktprobleme, a.a.O., S. 185ff. Riebel unterscheidet hier ohne weiteres übertragbar auf die Kraft-Wärme-Kopplung- u.a. nach dem Absatzvolumen (beschränkter Markt für alle Kuppelprodukte oder auch nur für einzelne Kuppelprodukte des gesamten Kuppelproduktionsprozesses) und nach der Regelmäßigkeit des Absatzes.

63 Vgl. Kapital F.II.

64 Vgl. Riebel, P.: Die Kuppelproduktion. Betriebs- und Marktprobleme, a.a.O., S. 195; Kilger, W.: Optimale Produktions- und Absatzplanung, a.a.O., S. 354; Laßmann, G., Hahn, D.: Produktionswirtschaft, Controlling industrieller Produktion, a.a.O., S. 318ff.

Bei einer KWK-Anlage stellt der innerbetriebliche Strom- und Wärmebedarf die Absatzhöchstmenge dar. Wird mit der KWK-Anlage der gesamte innerbetriebliche Strom- und Wärmebedarf gedeckt, dann muß für die überschüssige Produktion nach alternativen Verwendungsmöglichkeiten gesucht werden. Eine alternative Verwendungsmöglichkeit für den Strom wird durch die Einspeisung in das öffentliche Netz geboten, wobei die Einspeisung in unbegrenzter Höhe möglich ist. Für die Wärme gibt es im Gegensatz dazu keine alternative Verwendung, d.h. überschüssige Wärme kann lediglich, sofern die technischen Voraussetzungen bestehen, vernichtet werden.[65] Demnach muß im Rahmen der Produktionsplanung und der Fahrweisenwahl die Entscheidung getroffen werden, ob die Stromerlöse eine Vernichtung der Wärme rechtfertigen oder ob die Erzeugungsmenge durch den Anlagenbetrieb in Teillast reduziert werden soll.[66]

Darüber hinaus werden im Rahmen der Produktionsprogrammplanung kuppelproduktbezogene **Vertriebs- und Vernichtungskosten** berücksichtigt und als zuordenbare Einzelkosten von den jeweiligen Erlösen in Abzug gebracht.[67] Vertriebskosten sind hierbei insbesondere Transportkosten und Vertriebsprovisionen; zu den Vernichtungskosten sind alle Kosten zu zählen, die im Zusammenhang mit der Entsorgung entstehen.[68] Die Vernichtung eines Kuppelproduktes kann dann betriebswirtschaftlich von Vorteil sein, wenn dadurch das Gesamtergebnis gesteigert wird.[69]

Da die produzierten Strom- und Wärmemengen innerbetrieblich verwendet werden, entstehen keine Vertriebskosten. Verdeckte Vertriebskosten entstehen lediglich durch die Einspeisung des überschüssigen Stroms in das EVU-Netz. In den in der Regel vom EVU gewährten (niedrigen) Einspeisevergütungen sind die Vertriebskosten berücksichtigt. Hinsichtlich der Vernichtungskosten ist anzumerken, daß die Vernichtung der Wärme beim Kondensations- oder Auspuffbetrieb durch den reduzierten Gesamtwirkungsgrad zum Ausdruck kommt. Ferner können für die Wärmevernichtung Kosten aufgrund des Betriebes eines Kühlturmes oder durch die Einleitung in Flüsse oder Seen entstehen.

Ist das Kuppelprodukt ein Zwischenprodukt, dann müssen bei der Produktionsprogrammplanung die **Weiterverarbeitungsmöglichkeiten** berücksichtigt werden.[70] Ein Zwischenprodukt, dem unter normalen Umständen ein nur geringer Verrechnungspreis zugestanden wird, kann als Engpaß sehr wertvoll für das Unternehmen werden. Vom Engpaßprodukt hängt die nachfolgende Produktion und damit die Möglichkeit der Erlöserzielung ab.

---

65 Wärme wird insbesondere im Sommer kaum benötigt , da in dieser Jahreszeit keine Heizenergie benötigt wird. Die Wärme muß vernichtet werden, es sei denn, sie fließt in sogenannte Absorptionskältemaschinen, um ein im Sommer begehrtes Gut zu produzieren: Kälte für die Klimatisierung von Bürogebäuden. Vgl. Kemkens, W.: Gewaltige Kräfte. Der Klimagau läßt sich durch Energieeinsparungen und intelligente Nutzung der Ressourcen verhindern, a.a.O., S. 69.

66 Vgl. Kilger, W.: Optimale Produktions- und Absatzplanung, a.a.O., S. 81.

67 Vgl. Brink, H.-J.: Zur Planung des optimalen Fertigungsprogramms, a.a.O., S. 43; Riebel P.: Einzelkosten und Deckungsbeitragsrechnung, Grundfragen einer markt- und entscheidungsorientierten Unternehmensrechnung, a.a.O., S. 310ff; Laßmann, G., Hahn, D.: Produktionswirtschaft, Controlling industrieller Produktion, a.a.O., S. 316ff; Scherrer, G.: Kostenrechnung, 2. Auflage, Stuttgart 1991, S. 218.

68 Vgl. Riebel, P.: Die Kuppelproduktion. Betriebs- und Marktprobleme, a.a.O., S. 201.

69 Vgl. Riebel, P.: Die Kuppelproduktion. Betriebs- und Marktprobleme, a.a.O., S. 195; Laßmann, G., Hahn, D.: Produktionswirtschaft, Controlling industrieller Produktion, a.a.O., S. 317; Brink, H.-J.: Zur Planung des optimalen Fertigungsprogramms, a.a.O., S. 43f.

70 Vgl. Gutenberg, E.: Die Produktion, a.a.O., S. 156f; Riebel, P.: Einzelkosten- und Deckungsbeitragsrechnung, a.a.O., S. 319ff; Kilger, W.: Optimale Produktions- und Absatzplanung, a.a.O., S. 39, 343 und 359. Laßmann, G., Hahn, D.: Produktionswirtschaft, Controlling industrieller Produktion, a.a.O., S. 318ff; Sabel, H.: Kurzfristige Programmplanung, in: Kern W. (Hrsg.): Enzyklopädie der Betriebswirtschaftslehre, Band VI, Handwörterbuch der Produktion, Stuttgart 1979, Sp. 1696f.

Die Kuppelprodukte Strom und Wärme stellen zwar Zwischenprodukte dar, jedoch wird nur in Ausnahmefällen einer der beiden Produkte zum Engpaß. Ein Engpaß kann nur entstehen, wenn die alternative Möglichkeit des Strombezugs vom EVU oder die Wärmebereitstellung durch die betriebliche Kesselanlage nicht gegeben ist. In diesem Fall muß die Anlagenfahrweise nach diesem Engpaß ausgerichtet werden.

Bei der Produktionsprogrammplanung müssen auch **Weiterverarbeitungskosten** berücksichtigt werden. Diese Kosten müssen dem jeweiligen Kuppelprodukt zugerechnet werden und mindern damit den Erlös, der mit dem Produkt zu erzielen ist.[71]

Das Kuppelprodukt Strom bedarf generell keiner Nachbearbeitung, da es sofort verbraucht wird. Dies gilt in der Regel auch für die Wärme. Eine Ausnahme bildet der Fall, daß das gewonnene Temperaturniveau für den betrieblichen Produktionsprozeß nicht ausreicht und die Wärme nacherhitzt werden muß.

Eine weitere Besonderheit beim Betrieb einer KWK-Anlage besteht darin, daß die KWK-Anlage selbst eine bestimmte **Mindestkapazität** aufweist. Wird diese Mindestkapazität unterschritten, dann ist die Erzeugung von Strom und Wärme nicht mehr möglich.

In der Literatur über die Kuppelproduktion wird häufig der von Stackelberg[72] eingeführte Begriff der **Bündel** oder **Päckchen** genutzt.[73] Durch das Bilden von Bündeln wird verdeutlicht, daß die Erlöse, die mit den Kuppelprodukten erzielt werden, stets im Zusammenhang zu betrachten sind.[74] Die Bildung von Bündeln ist hierbei eine Konsequenz aus der mangelnden Zuordenbarkeit der Kosten auf die entstehenden Kuppelprodukte.[75] So ist ein Bündel im Zusammenhang mit der Kraft-Wärme-Kopplung aus den verschiedenen Erlösarten zusammengesetzt, die sich aus der unterschiedlichen Verwendung des erzeugten Stroms und der Wärme ergeben.

In der folgenden Abbildung sind alle möglichen Bündel dargestellt, die zu einem beliebigen Zeitpunkt beim Betrieb einer KWK-Anlage entstehen können.

Tabelle G34: Zusammenstellung der möglichen Kuppelproduktionsbündel bei der Kraft-Wärme-Kopplung

Erlöse der Kuppelprodukte	1 und 2 Freiheitsgrade ohne Wärmevernichtung			2 Freiheitsgrade[76] mit Wärmevernichtung		
	B1	**B2**	**B3**	**B4**	**B5**	**B6**
Wärmegutschrift	X	X	X			
Stromgutschrift	X	X		X	X	
Einspeisevergütung		X	X		X	X

Quelle: Eigene Darstellung.

Insgesamt können sechs Erlösbündel unterschieden werden, wobei der Eintritt der einzelnen Bündel von verschiedenen Einflußgrößen abhängig ist. Zum einen sind die Bündel B4 bis B6

---

71 Vgl. Riebel, P.: Die Kuppelproduktion. Betriebs- und Marktprobleme, a.a.O., S. 18, 158f, 196ff.

72 Vgl. Stackelberg, H. von: Grundlagen einer reinen Kostentheorie, Wien 1932, S. 55.

73 Vgl. Riebel, P.: Die Kuppelproduktion, Betriebs- und Marktprobleme, a.a.O., S. 127ff., 135ff, 198ff; Brink, H.-J.: Zur Planung des optimalen Fertigungsprogramms, a.a.O., S. 29; Riebel, P.: Einzelkosten- und Dekkungsbeitragsrechnung, Grundfragen einer markt- und entscheidungsorientierten Unternehmensrechnung, a.a.O., S. 312; Riebel, P.: Kuppelproduktion, a.a.O., Sp. 1018; Laßmann, G., Hahn, D.: Produktionswirtschaft, Controlling industrieller Produktion, a.a.O., S. 316; Messmann, H.: Anschauliche Theorie der verbundenen Produktion, a.a.O., S. 13.

74 Vgl. Messmann, H.: Anschauliche Theorie der verbundenen Produktion, a.a.O., S. 33f.

75 Vgl. Kapitel F.V.2.

76 Ein Notkühler oder auch ein Wärmespeicher einer Anlage mit einem Freiheitsgrad führt dazu, daß derartige Anlagen als Anlagen mit zwei Freiheitsgraden betrachtet werden müssen; vgl. hierzu auch Kapitel E.I.2.

nur unter der Bedingung erzielbar, daß zwangsläufig erzeugte Wärme vernichtet werden kann. Zum anderen wird das Erreichen der einzelnen Bündel vom innerbetrieblichen Strom- und Wärmebedarf im Vergleich zur elektrischen und thermischen Anlagenleistung beeinflußt. Ist die KWK-Anlage extrem unterdimensioniert, z.B. unterhalb der elektrischen und thermischen Grundlast[77] des Unternehmens, so wird es nur selten oder gar nicht zu einer Stromeinspeisung in das öffentliche Netz kommen (Bündel 1 und Bündel 4).

Schließlich ist das Auftreten der einzelnen Bündel vom betrachteten Zeitraum abhängig. Wird nur ein kleiner Zeitraum, etwa eine Stunde betrachtet, so ist es denkbar, daß die gesamte erzeugte Wärme- und Strommenge innerbetrieblich genutzt wird. Bei einer längerfristigen Betrachtung hingegen, z.B. einen Tag, kommt es in der Regel zur Einspeisung von Strom.

Weiterhin kann festgestellt werden, daß in der Regel ein Mindestbedarf, unabhängig vom betrachteten Zeitpunkt, an Strom und Wärme besteht. Daher stellt die Erzielung der Erlösbündel B1 und B2 den am ehesten in der Praxis eintretenden Fall dar.

2. Entscheidungsfeld hinsichtlich der Fahrweise einer KWK-Anlage

Die Problematik der Fahrweisenentscheidung umfaßt vor allem die Festlegung, ob die KWK-Anlage bei gegebenem Energiebedarf angeschaltet, ausgeschaltet, in Vollast oder einer bestimmten Teillast gefahren wird. Außerdem ist zu entscheiden, ob eine KWK-Anlage, sofern die technischen Voraussetzungen dafür gegeben sind, bei geringem Wärmebedarf in Teillast mit voller Wärmenutzung oder in Vollast mit teilweiser Wärmevernichtung gefahren werden soll.[78] Letztendlich wird durch diese Entscheidung festgelegt, welcher Lastzustand und welcher Grad der Wärmeauskopplung bei gegebenem Strom- und Wärmebedarf zu einem aus betriebswirtschaftlicher Sicht optimalen Bündel der Kuppelproduktion führen.

Zur Erörterung eines Modells zur diesbezüglichen Entscheidungsfindung wird im folgenden von den in der KWK-Literatur[79] strapazierten Begriffen der Wärme- oder Stromorientierung abgegangen, da diese für den Betreiber einer industriellen KWK-Anlage keine oder nur eine unzureichende Entscheidungshilfe bieten. Ein KWK-Betreiber ist vielmehr in erster Linie daran interessiert, seine Anlage nach dem Kriterium der Gewinnmaximierung zu fahren, wobei bei diesem Bestreben der innerbetriebliche Strom- und Wärmebedarf durch die Einbeziehung von Kosten und Erlösen zwar berücksichtigt wird, jedoch nicht das vorrangige Ziel darstellt.

a. Zur Rolle des Deckungsbeitrages

Beim Finden der optimalen Anlagenfahrweise spielt der Deckungsbeitrag eine zentrale Rolle. Dieser gibt an, wieviel ein Bezugsobjekt zur Deckung der fixen Gemeinkosten beiträgt. Zur Berechnung des Deckungsbetrages kommen verschiedene Bezugsobjekte, so auch eine Kraft-Wärme-Kopplungsanlage, in Frage.[80]

---

[77] Zur Grundlast vgl. Kapitel D.I.

[78] Vgl. hierzu auch Büchner, J., Wieber, W.: Realisierung, a.a.O., S. 234. Laut Büchner und Wieber bekommt die Wärmeenergie hier „in manchen Fällen den Charakter von kostenloser oder sogar kostenverursachender Abwärme".

[79] Vgl. u.a. Budde, H.-J., Deuster, G., Zahn, G.: Zusammenarbeit der Anlagenbetreiber mit der Versorgungswirtschaft, a.a.O., S. 201; Piller, W., Rudolph, M.: Kraft-Wärme-Kopplung. Zur Theorie und Praxis der Kostenrechnung, a.a.O., S. 39; Büchner, J., Wieber, W.: Realisierung, a.a.O., S. 235.

[80] Bei der Wahl eines Bezugsobjektes oder einer Bezugsgröße sind jedoch eine Reihe von Besonderheiten zu beachten. Auf die Darstellung dieser Besonderheiten im einzelnen wird jedoch im Rahmen dieser Arbeit verzichtet und auf die entsprechende Literatur verwiesen. Zur Problematik der Bezugsgrößenwahl vgl. insbesondere Kilger, W.: Flexible Plankostenrechnung und Deckungsbeitragsrechnung, a.a.O., S. 48ff, 324ff, 440ff; Kilger, W.: Einführung in die Kostenrechnung, a.a.O., S. 163ff, 336ff; vgl. u.a. auch Haberstock, L.: Kostenrechnung I, a.a.O., S. 156ff., 178ff; Haberstock, L.: Kostenrechnung II, (Grenz-)Plankostenrechnung,

Die Berechnung des Deckungsbeitrages erfolgt mit Hilfe des Systems der flexiblen Teilkostenrechnung oder sogar mit der sogenannten flexiblen Plankostenrechnung auf Grenzkostenbasis.[81] Die wesentliche Aufgabe der flexiblen Plankostenrechnung auf Grenzkostenbasis[82] besteht in der Bereitstellung entscheidungsrelevanter Kosten, die für die Lenkung des Unternehmens, d.h. für dispositive Zwecke, notwendig sind.[83] Die entscheidungsrelevanten Kosten sind in den meisten Fällen die sogenannten Grenz- oder generell die variablen Kosten.[84]

Bei der Optimierung der Fahrweise einer Kraft-Wärme-Kopplungsanlage leistet die flexible Plankostenrechnung auf Grenzkostenbasis wertvolle Hilfe.[85] So sind für die Festlegung, ob eine KWK-Anlage an- oder ausgeschaltet oder welcher Lastzustand angenommen werden soll, ausschließlich die variablen Kosten und die erzielbaren Erlöse entscheidungsrelevant. Fixe Kosten spielen bei der Fahrweisenentscheidung keine Rolle, da diese unabhängig von der Beschäftigung der KWK-Anlage anfallen.

Der Deckungsbeitrag einer KWK-Anlage wird aus der Differenz zwischen den Erlösen und den variablen Kosten des jeweiligen Lastzustandes ermittelt. Kann mit dem Betrieb der KWK-Anlage ein positiver Deckungsbeitrag erwirtschaftet werden, dann ist es für das Unternehmen lohnend, die KWK-Anlage in Betrieb zu setzen.[86] Können mit dem Anlagenbetrieb hingegen nicht einmal die variablen Kosten gedeckt werden, d.h. ist der zu erzielende Deckungsbeitrag negativ, so ist es für das Unternehmen vorteilhafter, die Anlage auszuschalten und den entsprechenden Strombedarf durch Fremdbezug und den Wärmebedarf durch den Betrieb der betrieblichen Kesselanlage zu decken.

Bei der Verwendung des Deckungsbeitrages zur Steuerung der Fahrweise einer Kraft-Wärme-Kopplungsanlage sind jedoch Randbedingungen, wie die bereits geschilderten Mindestlaufzeiten[87] oder die Anlaufdauer, zu beachten.[88] Diese Randbedingungen können einen Anlagenbetrieb erzwingen, der aufgrund eines kurzfristig negativen Deckungsbeitrages unwirtschaftlich erscheint.

---

a.a.O., S. 46ff., 54ff, 78ff; Bergner, H.: innerbetriebliche Leistungsverrechnung, a.a.O., Sp. 2487f; Kortzfleisch, G. von: Äquivalenzziffernkalkulation, a.a.O, Sp. 43-44; zur Hierarchie von Bezugsgrößen vgl. insbesondere Riebel P.: Einzelkosten und Deckungsbeitragsrechnung, Grundfragen einer markt- und entscheidungsorientierten Unternehmensrechnung, a.a.O., S. 37-39; 48, 154ff., 404ff.

81 Zur Deckungsbeitragsrechnung bzw. der Grenzplankostenrechnung vgl. insbesondere Kilger, W.: Flexible Plankostenrechnung und Deckungsbeitragsrechnung, a.a.O., S. 15ff; Kilger, W.: Einführung in die Kostenrechnung, a.a.O., S. 54ff; Haberstock, L.: Kostenrechnung I, Einführung, a.a.O., S. 61ff; Haberstock, L.: Kostenrechnung II, (Grenz-)Plankostenrechnung, a.a.O., S. 17ff.

82 Es sind flexible Plankostenrechnungssysteme auf Vollkostenbasis und auf Grenzkostenbasis zu unterscheiden. Einen schnellen Überblick über die jeweilige Eignung dieser Systeme hinsichtlich der Aufgaben der Kostenrechnung bietet Haberstock, L.: Kostenrechnung II, (Grenz-)Plankostenrechnung, a.a.O., S. 37, Übersicht 1.

83 Die Bereitstellung von Datenmaterial für dispositive Zwecke ist eine der drei Aufgaben der Kostenrechnung. Die anderen zwei Aufgaben der Kostenrechnung bestehen in der Kontrolle der Wirtschaftlichkeit (Kontrollaufgabe) sowie in der Kalkulation der betrieblichen Leistungen (Dokumentationsaufgabe); vgl. insbesondere Kilger, W.: Flexible Plankostenrechnung und Deckungsbeitragsrechnung, a.a.O., S. 15-21; Haberstock, L.: Kostenrechnung II, (Grenz-) Plankostenrechnung, a.a.O, S. 12.

84 Bei langfristigen Entscheidungen, insbesondere Investitionsentscheidungen, sind auch fixe Kosten entscheidungsrelevant; vgl. Kilger, W.: Flexible Plankostenrechnung und Deckungsbeitragsrechnung, a.a.O., S. 186f; Bergner, H.: Der Ersatz fixer Kosten durch variable Kosten, a.a.O., S. 141-162.

85 Vgl. Brink, H.-J.: Zur Planung des optimalen Fertigungsprogramms, a.a.O., S. 35.

86 Vgl. Suttor, W.: Praxis Kraft-Wärme-Kopplung, a.a.O., Teil 5/8.3, S. 17.

87 Vgl. Hanselmann, M., Kaltschmitt, M.: Kostenreduktion möglich, EDV-gestütztes Planungsinstrument für Kraftwerke, a.a.O., S. 49.

88 Riebel bezeichnet die Anlaufdauer sowie Empfindlichkeit gegenüber Unterbrechungen auch als Symptome der technischen Beweglichkeit; vgl. Riebel, P.: Die Elastizität des Betriebes, Eine produktions- und marktwirtschaftliche Untersuchung, a.a.O., S. 65.

Bei der Ermittlung des Deckungsbeitrages sind weitere Besonderheiten zu beachten. Daher werden im folgenden die mit dem Betrieb einer Kraft-Wärme-Kopplungsanlage auftretenden Entscheidungsprobleme erläutert.

b. Ausgangssituation

Die im Zusammenhang mit der Fahrweise entstehenden Entscheidungsprobleme werden anhand der folgenden Ausgangssituation dargestellt.

Die Höhe des Deckungsbeitrages einer Betrachtungsperiode kann durch die Wahl eines bestimmten Lastzustandes gezielt beeinflußt werden. Die Abhängigkeit des Deckungsbeitrages vom Lastzustand verdeutlicht hierbei die folgende Abbildung.

Abbildung G48: Die Abhängigkeit des Deckungsbeitrages vom Lastzustand

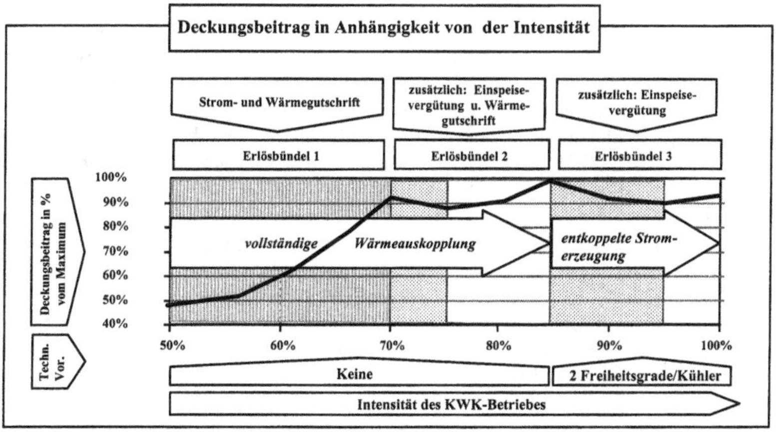

Quelle: Eigene Darstellung.

Der Deckungsbeitrag, der aus dem Betrieb der KWK-Anlage resultiert, errechnet sich aus den im Kapitel E dargestellten Erlösen und variablen Kosten der Nutzungsphase. Die Erlöse setzen sich hierbei aus der Stromgutschrift, der Wärmegutschrift und der Einspeisevergütung zusammen, die variablen Kosten resultieren aus der erzeugten Menge an Strom und Wärme. Sowohl die Erlöse als auch die variablen Kosten werden maßgeblich durch die erzeugte Menge an Strom und Wärme beeinflußt, die wiederum vom gewählten Lastzustand abhängt.

Ausgangspunkt der Abbildung ist ein Lastzustand von 50%, welcher der Mindestlast der dargestellten Anlage entspricht.[89] Die mit dieser Last erzeugte Wärme- und Strommenge kann vollständig im Unternehmen genutzt werden. Wird, ausgehend von dieser Last, die Erzeugungsintensität erhöht, so können die zusätzlich erzeugten Einheiten an Strom und Wärme solange vollständig innerhalb des Unternehmens verwendet werden, bis der Lastpunkt von 70% erreicht ist. Bei diesem Lastpunkt ist der betriebliche Strombedarf des Unternehmens vollständig gedeckt, jedoch besteht weiterhin ein Bedarf an Wärme. Die KWK-Anlage befindet sich also im Erlösbündel 1, da die produzierte Stromleistung noch kleiner als bzw. so groß (70%) wie der innerbetriebliche Leistungsbedarf ist.

[89] Die Mindestlast kann jedoch auch einen anderen Wert entsprechen, je nachdem welches KWK-Konzept bzw. welche KWK-Anlage gewählt wurde; vgl. hierzu die Ausführungen im Kapitel E.II.

Wird die Intensität über den Lastpunkt von 70% erhöht, so kann der zusätzlich erzeugte Strom nicht mehr innerhalb des Unternehmens genutzt werden und muß in das öffentliche Stromnetz eingespeist werden. Die zusätzlich erzeugte Wärme kann hingegen weiterhin im Unternehmen genutzt werden, so daß sich der aufgrund der Lasterhöhung erzielbare Deckungsbeitrag aus den zusätzlichen Erlösen der Einspeisevergütung und der Wärmegutschrift sowie den zusätzlich entstehenden Kosten ermittelt. In der Abbildung ist der zusätzlich erzielbare Deckungsbeitrag positiv, so daß der gesamte Deckungsbeitrag bei einer Lasterhöhung steigt. Die KWK-Anlage hat jedoch aufgrund der mit der Lasterhöhung verbundenen Einspeisevergütung vom Erlösbündel 1 in das Erlösbündel 2 übergewechselt.

Bei einer Last von 85% ist auch der gesamte innerbetriebliche Wärmebedarf gedeckt, so daß durch eine weitere Lasterhöhung weder der zusätzlich erzeugte Strom noch die zusätzlich erzeugte Wärme im Unternehmen genutzt werden können. Anzumerken ist, daß eine weitere Lasterhöhung nur möglich ist, wenn die entsprechenden Voraussetzungen zur Vernichtung von Wärme gegeben sind. Diese technischen Voraussetzungen sind nur bei Anlagen mit einem Kühlturm oder bei Anlagen mit zwei Freiheitsgraden gegeben. Die Anlage befindet sich trotz Wärmevernichtung nach wie vor im Erlösbündel 2, da Teile der produzierten Wärme innerbetrieblich genutzt werden und zu einer Wärmegutschrift führen. Für den in industriellen Unternehmen unwahrscheinlichen Fall, daß zu einem bestimmten Lastpunkt die produzierte Wärme vollständig vernichtet wird, befindet sich die Anlage unter den obigen Voraussetzungen (Stromgutschrift und Einspeisevergütung werden gleichzeitig erzielt) im Erlösbündel 5.[90]

Bei einer Steigerung der Intensität über eine Last von 85% hinaus bestehen die Erlöse des zusätzlichen Deckungsbeitrages lediglich aus der Einspeisevergütung. Da jedoch die zusätzlichen Erzeugungskosten in verhältnismäßig konstanter Höhe[91] anfallen, reichen die Erlöse der alleinigen und geringen Einspeisevergütung pro kWh Strom nicht mehr aus, um einen zusätzlichen Deckungsbeitrag zu erwirtschaften. Aufgrund dieses negativen Deckungsbeitrags führt die Erhöhung der Erzeugungsintensität zum Absinken des Gesamtdeckungsbeitrages.[92] Der maximale Deckungsbeitrag wird demnach bei einer Intensität von 85% erzielt.

Anzumerken ist zum Lastbereich zwischen 85% und 100%, daß der Gesamtdeckungsbeitrag ab einer Last von ca. 95% wieder steigt, was einerseits auf einen mit höherer Last steigenden Wirkungsgrad und hierdurch sinkende Kosten sowie andererseits auf eine steigende Stromkennzahl und damit steigende Erlöse zurückzuführen ist.

Bei der Interpretation der Abbildung ist zu berücksichtigen, daß der Zusammenhang zwischen Deckungsbeitrag und Last lediglich einen Zustand von nur kurzer Dauer abbildet. Ändert sich der Bedarf an Strom oder Wärme, so ändert sich auch der Lastpunkt, bei dem der Bedarf an Strom bzw. Wärme durch die Erzeugung gedeckt ist.

Die Messung der Energieströme kann bildlich so veranschaulicht werden, daß zu einem bestimmten Augenblick ein Foto von den Energieströmen der KWK-Anlage gemacht wird.

---

[90] Vgl. Tabelle G1 in diesem Kapitel.

[91] Tatsächlich fallen auf die Kuppelprodukte insgesamt etwas geringere durchschnittliche variable Kosten an, da durch eine Intensitätserhöhung der Wirkungsgrad verbessert wird.

[92] Suttor verdeutlicht, daß der Fall eines unvorteilhaften Anlagenbetriebes in der Praxis der Kraft-Wärme-Kopplung durchaus relevant ist. Suttor wörtlich: „Die Zahl der Einflußgrößen auf den optimalen Betrieb ist so groß und verschieden wirkend, daß vom Bedienungspersonal nicht erwartet werden kann, daß es ständig die richtige Wahl trifft. Der Stolz auf die derzeit unschlagbar hohen energetischen Nutzungsgrade der eigenen Anlage kann dazu verführen, unabhängig von der zweckmäßigen Betriebsweise die Anlage ständig voll auszufahren, in der Annahme, daß dadurch die spezifischen kapitalabhängigen Kostenanteile zurückgehen." Nicht vollends klar wird, was Suttor unter „spezifische kapitalabhängige Kostenanteile" versteht, jedoch sind damit vermutlich die fixen Kosten gemeint. Vgl. Suttor, W.: Praxis Kraft-Wärme-Kopplung, a.a.O., Teil 5/8.3, S. 22.

Von diesem Foto kann abgelesen werden, wieviel Strom gerade eingespeist und/oder innerbetrieblich genutzt wird und wieviel der erzeugten Wärme vernichtet oder für betriebliche Zwecke verwendet wird.

Es ist jedoch zu beachten, daß ein Foto lediglich einen Zustand abbilden kann und dadurch die Zeit unberücksichtigt bleibt, d.h. die Energieströme bilden keine Strom- oder Wärmearbeit, sondern lediglich die jeweilige thermische bzw. elektrische Leistung ab. Da aus einer Leistung keine Erlöse und keine Kosten entstehen können, muß die vom Foto jeweils abgelesene thermische bzw. elektrische Leistung mit einer selbst gewählten Zeitdauer multipliziert werden. Hieraus ergibt sich die Strom- und Wärmearbeit differenziert nach innerbetrieblicher Nutzung und Einspeisung bzw. Vernichtung, welche durch die Multiplikation mit dem entsprechenden Preisgerüst die jeweiligen Erlöse und die gesamten variablen Kosten ergibt. Die Erlöse und variablen Kosten erlauben wiederum die Berechnung des Deckungsbeitrags, welcher in der gewählten Zeitdauer bei gegebenem Strom- und Wärmebedarf erzielt werden kann.

Der so ermittelte Deckungsbeitrag ergibt jedoch nur einen einzelnen Punkt der obigen Kurve. Um die vollständige Kurve darstellen zu können, muß das Foto gleichzeitig für verschiedene Lastzustände wiederholt werden, wobei der Bedarf auf jedem Foto identisch sein muß. Von den jeweiligen Fotos müssen für jeden einzelnen Lastpunkt die Energieströme abgelesen und mit einer identischen Zeitdauer multipliziert werden. Hierdurch läßt sich für jeden Lastpunkt ein Deckungsbeitrag errechnen, dessen Höhe von den hier erzielbaren Erlösbündeln[93] abhängig ist.

Jeder Lastpunkt und Deckungsbeitrag markiert einen Punkt in der Abbildung. Werden die einzelnen Punkte miteinander verbunden, dann resultiert hieraus die oben dargestellte Kurve. Das Verbinden der einzelnen Punkte ist jedoch nur gestattet, wenn tatsächlich jeder Lastpunkt angenommen werden kann, da die Kurve andernfalls unstetig ist.

Auch wenn die dargestellte Kurve nur für einen kurzen Zeitraum und bei konstantem Energiebedarf gilt, so können aus dieser Kurve wesentliche Rückschlüsse auf die Fahrweise einer Kraft-Wärme-Kopplungsanlage abgeleitet werden.[94] Diese Rückschlüsse und die aus der Kurve ableitbaren Entscheidungsprobleme werden im folgenden dargestellt.

c. Entscheidungsprobleme

Der Betreiber einer KWK-Anlage muß zu einem bestimmten Zeitpunkt die Entscheidung treffen, die Anlagenleistung zu erhöhen oder zu senken. Hierbei hat der Betreiber einer KWK-Anlage mit einem Freiheitsgrad andere Entscheidungsprobleme als der Betreiber einer KWK-Anlage mit zwei Freiheitsgraden bzw. mit Kühlturm. Daher wird bei der Erläuterung der Entscheidungsprobleme zwischen einem und zwei Freiheitsgraden unterschieden.

aa. Entscheidungsprobleme beim Betrieb von KWK-Anlagen mit einem Freiheitsgrad

Grundsätzlich wird der Betreiber einer KWK-Anlage bestrebt sein, die Anlage möglichst mit Vollast zu fahren. Dieses Bestreben ist zum einen in dem bei Vollast maximalen Wirkungs-

---

[93] Der Begriff Erlösbündel wird im folgenden für die bei einem bestimmten Lastpunkt erzielbaren Erlöse benutzt. Die Erlösbündel können sich aus der Stromgutschrift, Wärmegutschrift und Einspeisevergütung zusammensetzen, wobei die Stromgutschrift und Wärmegutschrift, sofern ein marginaler Strom- bzw. Wärmebedarf besteht, immer Bestandteil des Erlösbündels sind. Die Einspeisevergütung hingegen wird erst erzielt, nachdem der innerbetriebliche Strombedarf gedeckt ist.

[94] Zu beachten ist bei Abbildung G1, daß der erzielte Deckungsbeitrag - z.B. beim Lastzustand von 85% - korrekt dargestellt ist, jedoch aus dem Kurvenverlauf nicht auf die Zusammensetzung der Deckungsbeiträge differenziert nach den einzelnen Erlösen geschlossen werden kann. So kann aus der Abbildung G1 nicht gefolgert werden, daß bei einem Lastzustand von 85% ca. 60% des maximalen Deckungsbeitrages „durch die ersten 60% der Intensität" erzielt werden.

grad und zum anderen in der dabei maximalen Stromkennzahl begründet. Aus einem maximalen Wirkungsgrad resultieren relative minimale Kosten[95], und aus der maximalen Stromkennzahl ergibt sich die maximal mögliche Strom- und Wärmeausbeute.[96]

Den Vorteilen eines Vollastbetriebs stehen jedoch Probleme gegenüber, wenn sich aus der Vollast Änderungen in den Erlösstrukturen ergeben. Diese Probleme treten jedoch nur auf, wenn der innerbetriebliche Strombedarf kleiner ist als die maximale elektrische Leistung der KWK-Anlage.

Es entsteht kein Entscheidungsproblem hinsichtlich der optimalen Fahrweise und keine veränderte Erlösstruktur, wenn der innerbetriebliche Wärmebedarf kleiner ist als die maximale thermische Leistung der KWK-Anlage. Da Wärme bei Anlagen mit einem Freiheitsgrad nicht vernichtet werden kann, muß die Last der KWK-Anlage soweit reduziert werden, bis die gesamte Wärme innerhalb des Unternehmens genutzt wird. In diesem Fall besteht also kein Entscheidungsproblem,[97] da die Absenkung der Last eine technische Notwendigkeit ist.[98]

Es entsteht jedoch ein Entscheidungsproblem, wenn der erzeugte Strom nicht vollständig innerbetrieblich genutzt werden kann: Hier muß sich das Unternehmen entscheiden, ob der überschüssige Strom in das öffentliche Netz eingespeist werden soll, oder ob es sinnvoller ist, die Last soweit zu reduzieren, daß der gesamte erzeugte Strom im Unternehmen genutzt wird. Das geschilderte Entscheidungsproblem besteht in der obigen Abbildung G48 bei einer Last von 70%, da dieser Lastpunkt den Übergang vom Erlösbündel 1 zum Erlösbündel 2 markiert.

Weist eine KWK-Anlage ein sehr ungünstiges Teillastverhalten auf, dann kann ein weiteres Entscheidungsproblem entstehen: Wird diese Anlage mit sehr geringer Last gefahren, so verschlechtern sich der Wirkungsgrad und die Stromkennzahl unter Umständen auf ein sehr niedriges Niveau, so daß der Anlagenbetrieb trotz entsprechender Strom- und Wärmeerlöse unwirtschaftlich wird. In diesem Fall ist die Anlage solange auszuschalten, bis wieder ein erhöhter innerbetrieblicher Bedarf an Wärme besteht.

Zusammenfassend ist bis zu diesem Punkt festzuhalten, daß Betreiber einer KWK-Anlage mit einem Freiheitsgrad grundsätzlich einer streng wärmeorientierten Fahrweise folgen müssen. Es kann aber ein Entscheidungsproblem entstehen, wenn in einem niedrigen Lastzustand von dem Erlösbündel „Stromgutschrift und Wärmegutschrift" in das Erlösbündel „Einspeisevergütung und Wärmegutschrift" übergegangen wird und sich aufgrund eines ungünstigen Teillastverhaltens dann ein negativer Deckungsbeitrag ergibt.

Zusätzlich ist zu prüfen, ob es wirtschaftlich sinnvoll ist, einen bestimmten Lastpunkt zu unterschreiten, oder ob ein verschlechtertes Teillastverhalten das Ausschalten der KWK-Anlage rechtfertigt.[99]

Folglich kann auch eine streng wärmeorientierte Fahrweise - zumindest streckenweise - zu negativen zusätzlichen Deckungsbeiträgen führen. Dies bedeutet, daß auch Anlagen mit einem Freiheitsgrad hinsichtlich ihrer optimalen Fahrweise untersucht werden müssen, da das

---

95 Relative minimale Kosten bedeutet, daß bei Voll- oder Optimallast die Kosten pro produzierter Kuppelproduktionseinheiten minimiert werden. Relative minimale Kosten sind in diesem Sinne minimale Durchschnittskosten, bezogen auf jeweils ein produziertes Bündel.

96 Zwischen maximalem Wirkungsgrad und maximaler Strom- und Wärmeausbeute besteht hierbei ein direkter mathematischer Zusammenhang, da die Summe aus Strom- und Wärmeausbeute dem Wirkungsgrad entspricht. Vgl. Kapitel E.I.2.

97 Das Entscheidungsproblem kann jedoch dann eintreten, wenn das Unternehmen über einen Wärmespeicher verfügt. Für diesen Fall entstehen die selben Entscheidungsprobleme wie bei Anlagen mit zwei Freiheitsgraden. Für den Spezialfall des Wärmespeichers sei daher auf die Ausführungen im folgenden Abschnitt verwiesen.

98 Vgl. Messmann, H.: Anschauliche Theorie der verbundenen Produktion, a.a.O., S. 35f.

99 Vgl. Suttor, W.: Praxis Kraft-Wärme-Kopplung, a.a.O., Teil 5/8.3, S. 17.

Kriterium der strengen Wärmegeführtheit nicht immer zum besten wirtschaftlichen Ergebnis führen muß.

bb. Entscheidungsprobleme beim Betrieb von KWK-Anlagen mit zwei Freiheitsgraden

Die oben dargestellten Entscheidungsprobleme treten in gleicher Weise auch für KWK-Betreiber auf, die ihre Anlage im Kondensations- oder Auspuffbetrieb betreiben können.

Ein weiteres Entscheidungsproblem entsteht, wenn eine zusätzlich erzeugte Einheit Wärme nicht mehr innerbetrieblich nutzbar ist und vernichtet werden muß. In diesem Fall ist in Abhängigkeit vom Strombedarf der Übergang in zwei alternative Erlösbündel denkbar.

Diese beiden Fälle sollen anhand der folgenden Abbildung erläutert werden:

Abbildung G49: Deckungsbeitrag in Abhängigkeit von der Intensität

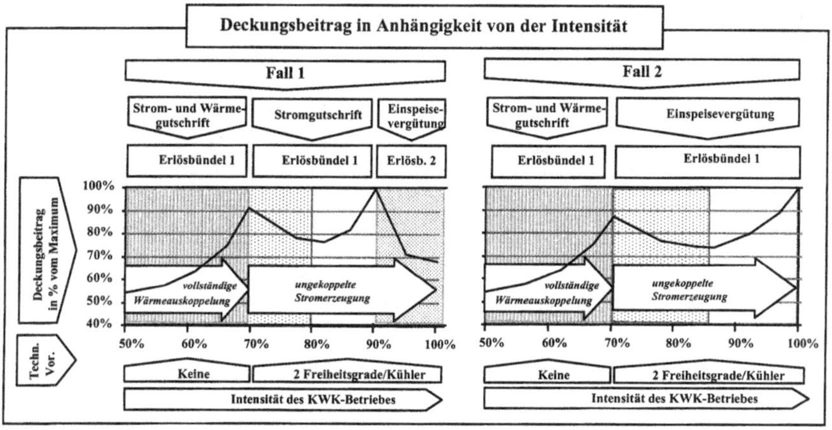

Quelle: Eigene Darstellung.

Falls weiterhin ein innerbetrieblicher Bedarf an Strom besteht, wird bei einer weiteren Lasterhöhung die Stromgutschrift erhöht. Ab einem Lastzustand von 90% der Maximalintensität ist der gesamte Strombedarf gedeckt sein, so daß eine zusätzlich erzeugte Einheit Strom lediglich in das öffentliche Netz eingespeist werden kann. Diese Situation ist in der obigen Abbildung im linken Teil als Fall 1 dargestellt.

Neben diesem Fall 1 kann auch der Fall 2 eintreten, der unterstellt, daß in einem Lastpunkt der gesamte innerbetriebliche Strom- und Wärmebedarf gleichzeitig gedeckt ist und hier ein sofortiger Übergang zu einer zusätzlichen „Einspeisevergütung" stattfindet. Dieser Fall ist im rechten Teil der Abbildung dargestellt. Die gleichzeitige eintretende Deckung von Strom- und Wärmebedarf ist jedoch äußerst unwahrscheinlich, da in der Regel entweder der Bedarf an Strom oder an Wärme zuerst gedeckt ist.

Es lassen sich keine generellen Aussagen über die Wahrscheinlichkeit, ob zuerst der Strom- oder zuerst der Wärmebedarf gedeckt ist, machen. Es ist jedoch anzunehmen, daß im Winter ein verhältnismäßig hoher Wärmebedarf besteht, so daß es zu einer vorzeitigen Deckung des

Strombedarfs kommt. Im Sommer hingegen wird es eher zu einer vollständigen Deckung des Wärmebedarfs kommen, so daß ein Teil der Wärme vernichtet werden muß.[100]

Wie oft die elektrische oder thermische Anlagenleistung den Bedarf übersteigt, hängt auch von der Dimensionierung der KWK-Anlage ab. Ist die Anlage unterdimensioniert oder unterliegt der Bedarf nur geringen Schwankungen[101], dann kann die Anlage häufiger in Vollast gefahren werden, ohne daß die genannten Entscheidungsprobleme entstehen. Im Extremfall, wenn die Anlage unterhalb der thermischen und elektrischen Grundlast[102] dimensioniert ist, kann die Anlage das gesamte Jahr in Vollast gefahren werden, bei ausschließlicher Erzielung des Erlösbündels 1 „Strom- und Wärmegutschrift".

Eine Anlagenauslegung unterhalb der Grundlast gewährleistet zwar eine maximale Auslastung, aber die Potentiale der Kraft-Wärme-Kopplung werden hierdurch nicht genutzt. Um jedoch das gesamte Potential nutzen zu können, wird bei der Auslegung der KWK-Anlage bewußt in Kauf genommen, daß sowohl die thermische als auch die elektrische Anlagenleistung zeitweise den Bedarf überschreitet.[103] Dies bedeutet nicht notwendigerweise, daß die Anlage ausgeschaltet oder in Teillast gefahren wird und hierdurch die Auslastung[104] der Anlage sinkt. Die tatsächliche Anlagenauslastung resultiert aus der Lösung der oben geschilderten Entscheidungsprobleme.

Das Entscheidungsproblem des KWK-Betreibers besteht in der Frage, ob ein Wechsel von einem Erlösbündel zu einem anderen Erlösbündel wirtschaftlich sinnvoll ist. Wenn die Wärme vernichtet wird, dann müssen die hieraus resultierenden Kosten durch die Erlöse aus der Stromerzeugung mindestens kompensiert werden. Ob der Übergang wirtschaftlich sinnvoll ist, kann hierbei mit Hilfe des zusätzlich erzielbaren Deckungsbeitrages festgestellt werden.[105]

Ist der Deckungsbeitrag positiv, dann ist ein Wechsel in eine andere Erlöszusammensetzung sinnvoll, andernfalls muß die Anlagenleistung dem verminderten Bedarf angepaßt werden.

---

[100] Dies trifft vor allem auf den Raumwärmebedarf zu. Hinsichtlich des Prozeßwärmebedarfs muß es in der Regel nicht zwingend zu saisonalen Schwankungen kommen, sofern diese nicht produktions- bzw. absatzbedingt sind; vgl. hierzu auch Büchner, J., Wieber, W.: Realisierung, a.a.O., S. 239.

[101] In Kapitel D.I. wurde festgestellt, daß neben der Synchronität von innerbetrieblichem Strom- und Wärmebedarf vor allem auch die Regelmäßigkeit des jeweiligen Bedarfs eine wesentliche Voraussetzung für den wirtschaftlichen Betrieb einer KWK-Anlage ist.

[102] Die Grundlast stellt die thermische bzw. elektrische Leistung dar, die über das gesamte Jahr im Unternehmen mindestens benötigt wird. Die Grundlast läßt sich aus der Jahresdauerlinie des Unternehmens ablesen. Vgl. Bellmann, K.: Die wirtschaftlich optimale Deckung des Elektrizitätsbedarfs. Ein simulatives Planungssystem als Entscheidungshilfe für die Investitionspolitik zur Elektroenergieversorgung, Frankfurt a.M. / Zürich 1975; Siehe hierzu auch Kapitel D.I.4.d.

[103] Vgl. hierzu die Ausführungen zur Auslegung einer Kraft-Wärme-Kopplungsanlage im Kapitel E.III.

[104] Die Nutzungsdauer bzw. Auslastung wurde bereits mehrfach als Kriterium für einen wirtschaftlichen Anlagenbetrieb herangezogen, z.B. im Zusammenhang mit der Dimensionierung (Kapitel E.III.2). Eine hohe Anlagenauslastung kann jedoch nur dann als Kriterium für die Wirtschaftlichkeit gelten, wenn mit jeder erzeugten Einheit Strom und Wärme ein positiver Deckungsbeitrag erzielt wird. Bei einer Anlage mit zwei Freiheitsgraden ist es ohne weiteres möglich, die Anlage ohne Unterbrechung während des gesamten Jahres laufen zu lassen. Mit dieser hohen Anlagenauslastung geht jedoch unter Umständen eine sinkende Wirtschaftlichkeit einher. Dieses ist insbesondere dann der Fall, wenn die erzielbaren Erlöskombinationen die variablen Kosten nicht decken.

[105] Auch Brink empfiehlt, die Festlegung der optimalen Intensität bei Vernichtung eines Kuppelproduktes auf der Grundlage des zusätzlich erzielbaren Deckungsbeitrags zu treffen. Brink wörtlich: „Die Unternehmung wird so lange den Ausstoß im Kuppelprozeß erhöhen, bis die Grenzerlöse der übrigen Kuppelprodukte der Summe aus den Grenzherstellkosten des Kuppelprozesses und den Grenzvernichtungskosten für die Überschußmenge entsprechen." Brink, H.-J.: Zur Planung des optimalen Fertigungsprogramms, a.a.O., S. 44.

d. Fazit aus den Entscheidungsproblemen

Die mit der Fahrweise zusammenhängenden Entscheidungsprobleme sollen im folgenden nochmals zusammenfassend dargestellt werden. Diese Erörterung bildet die Grundlage für alle weiteren Untersuchungen zur Fahrweise.

Eine zusammenfassende Darstellung der Entscheidungsprobleme der optimalen Fahrweise gibt die folgende Abbildung:

Abbildung G50: Entscheidungsprobleme der optimalen Anlagenfahrweise

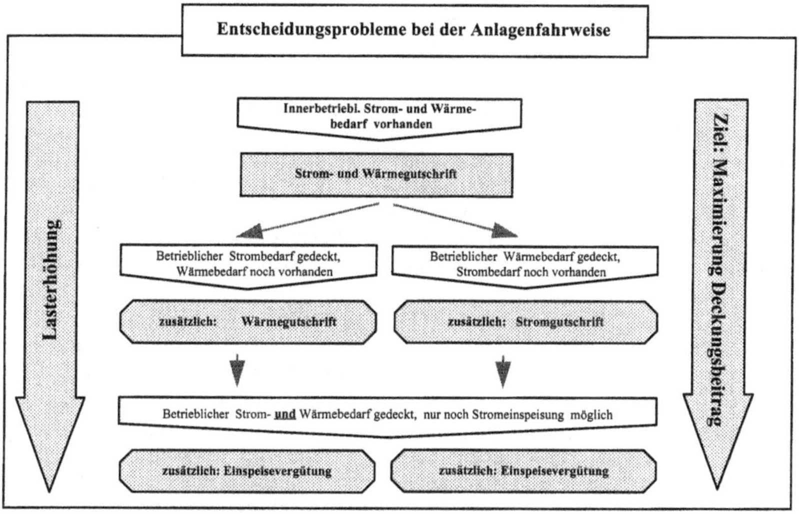

Quelle: Eigene Darstellung

Ausgangspunkt der Untersuchung der optimalen Fahrweise ist ein Lastpunkt, bei dem die gesamte erzeugte Strom- und Wärmemenge innerhalb des Unternehmens genutzt wird. Hierbei sei angenommen, daß dieser Lastpunkt oberhalb der Mindestlast der KWK-Anlage liegt. Wird die Last der KWK-Anlage weiter erhöht, dann sind hinsichtlich der Bedarfsdeckung zwei Fälle zu unterscheiden:

Im ersten Fall führt eine weitere Lasterhöhung zur vollständigen Deckung des innerbetrieblichen Strombedarfs, so daß mit der zusätzlichen Erzeugung lediglich die Erzielung des zusätzlichen Erlösbündel „Wärmegutschrift und Einspeisevergütung" möglich ist. Der zweite Fall bezieht sich auf die vollständige Deckung des innerbetrieblichen Wärmebedarfs, so daß mit einer Lasterhöhung nur das zusätzliche Erlösbündel „Stromgutschrift" erwirtschaftet werden kann.

Eine weitere Lasterhöhung führt unter Umständen dazu, daß mit der Lasterhöhung lediglich eine zusätzliche Einspeisevergütung erzielt werden kann. Die Einspeisevergütung ist hierbei das einzige Erlösbündel, das keinen Absatzbeschränkungen unterliegt, so daß die Erzielung der Einspeisevergütung bis zum Erreichen der Vollast sichergestellt werden kann.

Es ist jedoch stets zu beachten, daß die Vernichtung von Wärme eine Anlage mit zwei Freiheitsgraden oder entsprechende Kühleinrichtungen voraussetzt.[106]

Bei jedem Übergang von einem Erlösbündel zu einem anderen muß geprüft werden, ob der Übergang wirtschaftlich sinnvoll ist. Hierzu ist jeweils der zusätzlich erzielbare Deckungsbeitrag zu ermitteln. Ist der zusätzliche Deckungsbeitrag größer als Null, so ist eine Lasterhöhung wirtschaftlich sinnvoll. Ist der zusätzliche Deckungsbeitrag negativ, so ist die Lasterhöhung bzw. das entsprechende Erlösbündel zu vermeiden.[107]

V. Der Grenz-Deckungsbeitrag als Instrument zur Optimierung der Fahrweise

1. Zur Notwendigkeit einer Grenzbetrachtung

Bei der Frage, ob eine bestimmte Anlagenintensität, die unter der elektrischen Nennleistung des KWK-Aggregates liegt, bei einer gegebenen Energiebedarfssituation erhöht werden soll, kann jedoch der Deckungsbeitrag alleine keine Entscheidungshilfe bieten. Der Grund hierfür ist, daß es bei betrieblichen Entscheidungen grundsätzlich von Bedeutung ist, welche kostenmäßigen Änderungen mit diesen Entscheidungen verbunden sind. Das Denken in Änderungen wird in der Betriebswirtschaft als Marginalanalyse[108] bezeichnet. Das dieser Analyse zugrundegelegte Marginalprinzip besagt, daß zur Erfüllung der dipositiven Aufgaben der Kostenrechnung Grenzbetrachtungen nötig sind. Grenzbetrachtungen bedeuten, daß die, durch die Änderungen ausgelösten, hinzukommenden und wegfallenden Grenzkosten und Grenzerlöse berücksichtigt werden.[109]

Bei der Entscheidung, ob eine Lastvariation bei einer KWK-Anlage durchgeführt werden soll, muß demzufolge der Frage nachgegangen werden, inwiefern der zusätzliche Deckungsbeitrag der Lastvariation den bisherigen Deckungsbeitrag vor der Lastvariation beeinflußt.[110]

Es ist zu untersuchen, ob die aus einer Intensitätserhöhung resultierenden variablen Kosten des KWK-Betriebes durch die zusätzlichen Erlöse aus der Strom- und Wärmeproduktion überkompensiert werden. Nur wenn dies der Fall ist, kann auch aus betriebswirtschaftlichen Gründen eine Intensitätserhöhung durchgeführt werden. Ein bestimmter Intensitätszustand ist dann betriebswirtschaftlich optimal, wenn der dabei erzielbare Deckungsbeitrag maximiert wird bzw. der Grenz-Deckungsbeitrag einem Wert größer Null entspricht.[111]

---

106 In der Abbildung G3 wurde diesem Umstand Rechnung getragen, indem diese zusätzlichen Erlöse in achteckigen Kästchen dargestellt wurden.

107 In bestehenden Kraft-Wärme-Kopplungsanlagen wird den beschriebenen Entscheidungsproblemen nur geringe Beachtung geschenkt. So werden die KWK-Anlagen in der Regel nach einem festen Betriebsplan geregelt und gesteuert; vgl. hierzu Suttor, W.: Praxis Kraft-Wärme-Kopplung, a.a.O., Teil 5/8.3, S. 17. Diese Anlagenfahrweise macht deutlich, daß in der Lösung der geschilderten Entscheidungsprobleme ein bisher ungenutztes Potential zur Erhöhung der Wirtschaftlichkeit von Kraft-Wärme-Kopplungsanlagen vorhanden ist.

108 Zum Marginalprinzip vgl. Männel, W.: Grenz- und Residualkosten, in: Kosiol u.a. (Hrsg.), Handwörterbuch des Rechnungswesens, Stuttgart 1981, Sp. 961; Hummel, S., Männel, W.: Kostenrechnung 1, Grundlagen, Aufbau und Anwendung, a.a.O., S. 57; Meffert, H.: Absatzplanungsrechnung, in: Kosiol u.a. (Hrsg.), Handwörterbuch des Rechnungswesens, Stuttgart 1981, Sp. 16; Brink, H.-J.: Zur Planung des optimalen Fertigungsprogramms, a.a.O., S. 35ff.

109 Vgl. Hummel, S., Männel, W.: Kostenrechnung 1, Grundlagen, Aufbau und Anwendung, a.a.O., S. 57; Küpper, H.-U.: Kostenbewertung, in: Kosiol u.a. (Hrsg.), Handwörterbuch des Rechnungswesens, Stuttgart 1981, Sp. 1014; Messmann, H.: Anschauliche Theorie der verbundenen Produktion, a.a.O., S. 39.

110 Die Berechnung des Grenz-Deckungsbeitrages zur Optimierung der Intensität wird auch von Brink vorgeschlagen. Brink, H.-J.: Zur Planung des optimalen Fertigungsprogramms, a.a.O., S. 43f.

111 Küpper formuliert den Zusammenhang zwischen Deckungsbeitragsmaximierung und Grenz-Deckungsbeiträgen wie folgt: Zum Zweck einer Deckungsbeitragsmaximierung gibt der Grenz-Deckungsbeitrag an, „um wieviel sich der Gesamt-Deckungsbeitrag ändert, wenn man den betrachteten knappen Gütervorrat (z.B. an Stoffen oder Maschinenkapazität) um eine infinitesimale Einheit verändert." Küpper, H.-U.: Kostenbewertung, a.a.O., Sp. 1014.

Die Höhe des Grenz-Deckungsbeitrags, also der Differenz aus den Grenzkosten[112] und den Grenzerlösen[113], wird direkt durch die Wahl eines bestimmten Lastzustandes beeinflußt. Die Grenzkosten steigen hierbei mit sinkender Last, da sich mit sinkender Erzeugungsintensität der Wirkungsgrad verschlechtert und damit der Brennstoffeinsatz erhöht.[114]

In der betriebswirtschaftlichen Literatur wird bei der Analyse des Deckungsbeitrages häufig davon ausgegangen, daß die Grenzerlöse eine konstante Höhe aufweisen und identisch mit den Stückerlösen der zu untersuchenden Ausbringungseinheit sind.[115] Die Annahme, daß die Grenzerlöse den Stückerlösen entsprechen, ist jedoch nur vertretbar, wenn das Preis- und Mengengerüst, welches der Erlösermittlung zugrunde liegt, von der Veränderung der zu untersuchenden Größe unabhängig ist. Dieses trifft im Fall der Kraft-Wärme-Kopplung in der Regel nicht zu.

Erstens weisen die dem Preisgerüst zugrunde liegenden Strom- und Wärmepreise Sprünge auf. So fallen die Preise sprunghaft, wenn bei einer zusätzlich erzeugten Einheit Strom von der innerbetrieblichen Nutzung zur Einspeisung in das öffentliche Netz übergegangen wird, bzw. wenn eine zusätzlich erzeugte Einheit Wärme nicht mehr innerbetrieblich genutzt werden kann.

Zweitens weist die Kraft-Wärme-Kopplung die Besonderheit auf, daß sich mit der Last das Mengengerüst der Erlösermittlung ändert. So sinkt mit einer geringeren Last die Stromkennzahl, d.h. es verringert sich die Stromerzeugung im Verhältnis zur Wärmeerzeugung. Dies führt wiederum zu sinkenden Erlösen, da für Wärme nur eine im Vergleich zum Strom geringe Vergütung zu erzielen ist.[116]

Aus diesen beiden Gründen reicht es nicht aus, lediglich die Grenzkosten zu betrachten, sondern zum Zweck der Optimierung der Anlagenfahrweise müssen auch die Grenzerlöse und vor allem die Grenzdeckungsbeiträge berechnet werden.[117] Die Grundlagen zur diesbezüglichen Berechnung werden im folgenden erörtert.[118]

2. Grenz-Bündel als Voraussetzung zur Ermittlung des Grenzdeckungsbeitrages

In den bisherigen Ausführungen wurde mehrfach darauf hingewiesen, daß sich der Gesamtdeckungsbeitrag eines Lastzustandes aus verschiedenen Erlösen, die aus der unterschiedlichen Verwendung der erzeugten Strom- und Wärmemenge resultieren, zusammensetzen kann. Die

---

112 Zu den theoretischen Grundlagen der Grenzkosten bei einer Kuppelproduktion vgl. Messmann, H.: Anschauliche Theorie der verbundenen Produktion, a.a.O., S. 34f.

113 Riebel verwendet hierfür auch den aus der Mikroökonomie stammenden Begriff des Grenznutzens; vgl. Riebel, P.: Die Kuppelproduktion. Betriebs- und Marktprobleme, a.a.O., S. 194.

114 Der theoretische Hintergrund der steigenden Erzeugungskosten mit sinkender Last wird durch die von Gutenberg entwickelte Produktionsfunktion vom Typ B gebildet. Vgl. hierzu die Ausführungen im Kapitel F.I.2.a.

115 Da der Grenzerlös mit dem Preisgerüst der jeweiligen Erlöskomponenten gleichgesetzt wird, wird der Begriff des Grenzerlöses auch kaum in der Kostenrechnung verwandt. Er findet jedoch im Rahmen des Marketing und in der Mikroökonomie breite Anwendung im Zusammenhang mit preispolitischen Betrachtungen; vgl. Schumann, J.: Grundzüge der mikroökonomischen Theorie, 4. Auflage, Berlin, Heidelberg 1984, S. 197ff; Meffert, H.: Marketing, Grundlagen der Absatzpolitik, 7. Auflage, Wiesbaden 1986, S. 459ff; Wöhe, G.: Einführung in die allgemeine Betriebswirtschaftslehre, a.a.O., S. 573ff.

116 Vgl. Gälweiler A.: Abrechnung der Energiekosten, a.a.O., Sp. 465.

117 Zu sog. marginalanalytischen Lösungsansätzen der Produktions- und Absatzplanung vgl. auch Riebel, P.: Kuppelproduktion, a.a.O., Sp. 1009-1022, insbesondere Sp. 1019; Riebel, P.: Die Kuppelproduktion. Betriebs- und Marktprobleme, a.a.O., S. 134; Kilger, W.: Optimale Produktions- und Absatzplanung, a.a.O., S. 354ff.

118 Wird sich im Rahmen der folgenden Analyse auf den gesamten, bei einer bestimmten Last zu erzielenden Deckungsbeitrag bezogen, dann wird zur besseren Abgrenzung der Begriff „Gesamtdeckungsbeitrag" gewählt.

verschiedenen Erlöszusammenstellungen wurden auch als „Bündel" oder „Päckchen" bezeichnet. Hierbei konnten sechs verschiedene Bündel unterschieden werden, die bei einem bestimmten Lastzustand auftreten können und Bestandteil der Gesamterlöse und damit des Gesamtdeckungsbeitrages sein können.[119]

Da festgestellt wurde, daß die Fahrweise nicht auf der Grundlage des Gesamtdeckungsbeitrages optimiert werden kann, ist die Betrachtung der bisherigen Bündel nicht sinnvoll. Vielmehr stellen für die folgende Grenzbetrachtung die „Grenz-Bündel" die Untersuchungseinheit dar.[120] Als Grenz-Bündel werden im folgenden jene Erlöse verstanden, die sich bei einer Grenzbetrachtung gleichzeitig verändern können.

Unter Grenzbetrachtung ist, wie erläutert, eine marginale Änderung der Intensität, d.h. der elektrischen und thermischen Erzeugungsleistung zu verstehen. Hierbei sei angenommen, daß die sich ändernde elektrische und thermische Erzeugungsleistung derart klein ist, daß sie jeweils nur zur Erhöhung eines Erlösbestandteils führt. Eine marginale Erhöhung der elektrischen Erzeugungsleistung führt entweder zur Erhöhung der innerbetrieblichen Strombedarfsdeckung oder zur Erhöhung der Einspeisung in das öffentliche Netz. Zusätzlich erzeugte Wärme wird entweder innerhalb des Unternehmens genutzt oder muß vernichtet werden.

Bei einer marginalen Veränderung der Last können sich demnach maximal zwei Erlösbestandteile verändern: Der eine Erlösbestandteil stammt aus der Stromerzeugung und der andere Erlösbestandteil aus der Wärmeerzeugung. Hieraus folgt, daß sich die Grenz-Bündel ebenfalls nur aus zwei Bestandteilen zusammensetzen können. Die eine Komponente des Grenz-Bündels resultiert aus dem zusätzlich erzeugten Strom, die andere Komponente des Grenz-Bündels aus der zusätzlich erzeugten Wärme.

Da Grenz-Bündel lediglich aus einem Strom- und einem Wärmeerlös bestehen können und diese Bestandteile jeweils zwei verschiedene Zustände annehmen können, lassen sich vier mögliche Grenz-Bündel bilden:

1. Grenz-Bündel: Stromgutschrift und Wärmegutschrift (SG + WG)

Beim ersten Grenz-Bündel führt die marginale Lasterhöhung zu einer zusätzlichen Stromgutschrift sowie zu einer zusätzlichen Wärmegutschrift. Beide zusätzlich erzeugten Kuppelprodukte können demzufolge unternehmensintern verwendet werden und führen zu entsprechenden Gutschriften. Die Absatzhöchstmenge der beiden Kuppelprodukte ist noch nicht erreicht.

2. Grenz-Bündel: Einspeisevergütung und Wärmegutschrift (EV + WG)

Beim zweiten Grenz-Bündel kann die zusätzlich erzeugte Einheit Wärme weiterhin unternehmensintern genutzt werden. Da der innerbetriebliche Strombedarf hingegen gedeckt ist, führt der zusätzlich erzeugte Strom zu einer zusätzlichen Einspeisevergütung. Die innerbetriebliche Absatzhöchstmenge des Kuppelprodukts Strom ist gesättigt; es wird der externe Absatzmarkt (EVU-Netz) in Anspruch genommen.

3. Grenz-Bündel: Stromgutschrift (SG)

Beim dritten Grenz-Bündel kann die zusätzlich erzeugte Wärme innerbetrieblich nicht genutzt werden, so daß diese vernichtet werden muß. Da jedoch ein weiterer innerbetrieblicher Strombedarf besteht, führt der zusätzlich erzeugte Strom zu einer Erhöhung der Stromgutschrift. Dieses Grenz-Bündel kann nur durch Anlagen mit zwei Freiheitsgraden oder Anlagen im Kondensations- oder Auspuffbetrieb erreicht werden. Für Anlagen mit einem Freiheitsgrad

---

119 Die Bündel, die bei gegebenem Lastzustand und statischer Betrachtung zu unterscheiden sind, sind folgende: Stromgutschrift + Wärmegutschrift; Stromgutschrift + Wärmegutschrift + Einspeisevergütung; Stromgutschrift + Einspeisevergütung; Einspeisevergütung; Wärmegutschrift + Einspeisevergütung; Stromgutschrift.

120 Auch Riebel verwendet den Begiff des Grenz-Päckchens oder Grenz-Bündels; vgl. Riebel, P.: Einzelkosten und Deckungsbeitragsrechnung, a.a.O., S. 323.

ohne Wärmespeicher- oder Wärmevernichtungsmöglichkeit kommt dieses Grenz-Bündel nicht in Frage.

4. Grenz-Bündel: Einspeisevergütung (EV)

Das vierte Grenz-Bündel ist dadurch charakterisiert, daß durch eine Lasterhöhung ausschließlich Einspeisevergütungen erzielt werden. Die simultan erzeugte zusätzliche Wärmemenge kann nicht mehr unternehmensintern verwendet werden und wird demzufolge vernichtet. Die technischen Voraussetzungen sind mit denen der Stromgutschrift identisch.

In welchem der vier Grenz-Bündel sich das Unternehmen bei einer marginalen Laständerung befindet, hängt insbesondere davon ab, wie hoch die momentane Erzeugung von Strom und Wärme im Vergleich zum entsprechenden innerbetrieblichen Strom- und Wärmebedarf ist.

Wenn z.B. weniger Strom und Wärme erzeugt als benötigt wird, dann führt eine Erhöhung der Last, sofern die KWK-Anlage noch nicht unter Vollast gefahren wird, zu einer Erhöhung der Strom- und Wärmegutschrift (Grenz-Bündel 1: SG + WG). Wenn die Lasterhöhung dagegen zu einem Zeitpunkt durchgeführt werden soll, zu dem sowohl der innerbetriebliche Strom- als auch der innerbetriebliche Wärmebedarf bereits gedeckt sind, befindet sich die KWK-Anlage im Grenz-Bündel 4 (EV).

3. Algorithmus zur Bestimmung für die Entscheidung wesentlicher Grenz-Bündel

Wie die für die momentane Grenzbetrachtung in Betracht kommenden Grenz-Bündel unter praxisnahen Bedingungen deduktiv bestimmt werden können, ist mit der folgenden Abbildung verdeutlicht:

Abbildung G51: Algorithmus zur Bestimmung der Grenz-Bündel

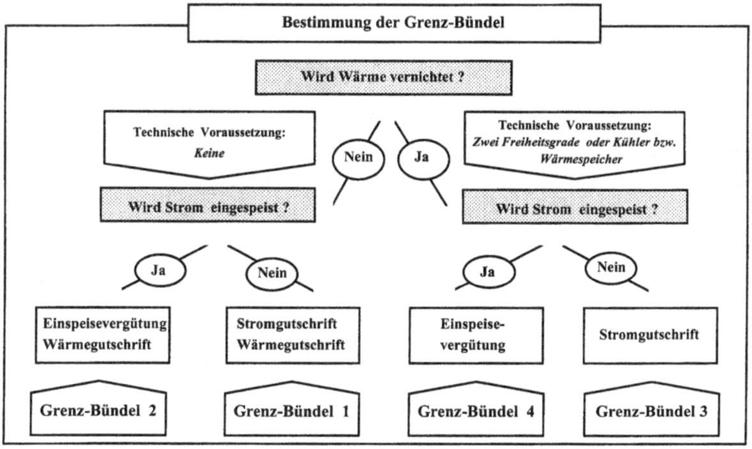

Quelle: Eigene Darstellung.

Die Grenz-Bündel können durch zwei Kriterien eindeutig voneinander unterschieden werden: Das erste Kriterium ist die innerbetriebliche Wärmenutzung:

Wird zum betrachteten Zeitpunkt die gesamte erzeugte Wärme innerbetrieblich genutzt, so lassen sich die in Frage kommenden Grenz-Bündel auf „Einspeisevergütung und Wärmegutschrift“ (Grenz-Bündel 2) und „Stromgutschrift und Wärmegutschrift“ (Grenz-Bündel 1) beschränken.[121] Bei Anlagen mit einem Freiheitsgrad und ohne Wärmevernichtung sind diese beiden Grenz-Bündel grundsätzlich die einzigen, die in das Kalkül einbezogen werden müssen.

Das zweite Kriterium, nach dem unterschieden werden kann, ist die Einspeisung von Strom in das öffentliche Netz:

Wird in einem bestimmten Lastzustand Strom in das öffentliche Netz eingespeist, so können nur die Grenz-Bündel „Einspeisevergütung" (Grenz-Bündel 4) sowie „Einspeisevergütung und Wärmegutschrift" (Grenz-Bündel 2) die für die Grenzbetrachtung in Betracht kommenden Bündel sein.

Wird weder Wärme innerbetrieblich genutzt noch Strom eingespeist, so kommt ausschließlich das Grenz-Bündel 3 („Stromgutschrift") in Betracht.[122]

Werden die beiden Kriterien folglich zusammen betrachtet, so kann das zu untersuchende Grenz-Bündel eindeutig bestimmt werden.

Die beschriebene Ermittlung des für die Grenzbetrachtung in Betracht kommenden Grenz-Bündels ist für jedes Unternehmen zu handhaben, sofern entsprechende Meßeinrichtungen im Unternehmen vorhanden sind. Die Meßeinrichtungen müssen hierbei nicht die genaue eingespeiste Strommenge oder die Höhe der vernichteten Wärme bestimmen können, sondern lediglich eine rein qualitative Aussage ermöglichen.[123]

4. Rangreihung der Grenz-Bündel

Wenn in der Betriebswirtschaft die Bezeichnung „Grenz" benutzt wird, dann soll damit ausgedrückt werden, daß die Veränderung einer Größe aufgrund der Veränderung einer anderen Größe Gegenstand der Untersuchung ist. Für die deckungsbeitragsorientierte Fahrweise ist, wie die Bezeichnung es bereits ausdrückt, der Einfluß der Fahrweise auf den Deckungsbeitrag das Untersuchungsziel. Es bleibt jedoch zu erörtern, wie die Grenz-Bündel in dieses Schema passen.

Der Grenz-Deckungsbeitrag stellt jenen Deckungsbeitrag dar, der bei einer Variation der Erzeugungsintensität einer Veränderung unterliegt. Da der Grenz-Deckungsbeitrag, je nach Verwendung des Stromes und der Wärme, eine unterschiedliche Höhe aufweist, wurden alle möglichen, nach der Art der Verwendung unterschiedlichen Grenz-Bündel ermittelt.

Die Grenz-Bündel sind hierbei, sofern sie in der jeweiligen Situation im Unternehmen realisierbar sind, identisch mit dem Grenz-Deckungsbeitrag. Wie das Grenz-Bündel bei einem bestimmten Energiebedarf zu bestimmen ist, wurde mit der Abbildung G4 verdeutlicht. Warum durch diesen Algorithmus das jeweilige Grenz-Bündel bestimmt werden kann, soll folgende Argumentation verdeutlichen.

Durch eine Reduktion der Last verringert sich die Erzeugung von Strom und Wärme. Das Unternehmen muß nun entscheiden, wie die Verwendung von Strom und Wärme an die verminderte Erzeugung anzupassen ist.

---

[121] Diese Aussage gilt nur unter der Bedingung, daß sich dieser Zustand bei einer marginal höheren Erzeugung nicht ändert, d.h. die nächste erzeugte Einheit Wärme ebenfalls innerbetrieblich genutzt werden kann. Da es jedoch hier auf die deduktive und praxisnahe Bestimmung des relevanten Grenzbündels ankommt, sei dieser Spezialfall vernachlässigt.

[122] Auch hier gilt, daß im Spezialfall der vollständigen Deckung des innerbetrieblichen Strombedarfs zwar kein Strom eingespeist wird, aber die Grenzbetrachtung dennoch das Grenzbündel „Einspeisevergütung" ergibt. Von diesem Spezialfall sei zur Vereinfachung abgesehen.

[123] Entsprechende Meßeinrichtungen sind bereits insbesondere in größeren Anlagen vorhanden; vgl. Suttor, W.: Praxis Kraft-Wärme-Kopplung, a.a.O., Teil 5/8.3, S. 22.

Das Entscheidungskriterium wird hierbei sein, daß zuerst die Verwendung mit der geringsten Erlösmöglichkeit reduziert wird. Auf der Stromseite wird somit die Einspeisung verringert, während auf der Wärmeseite die Wärmevernichtung vermieden wird. Das Unternehmen ist folglich bestrebt, mit der Erzeugung vor allem den innerbetrieblichen Strom- und Wärmebedarf zu decken.

Aus diesem Handlungsschema können Rückschlüsse hinsichtlich der Grenz-Bündel gezogen werden. Hierzu sind die Grenz-Bündel in ranghöhere und rangniedrigere Grenz-Bündel zu unterteilen, wobei ein ranghöheres stets einen höheren Deckungsbeitrag aufweist als ein rangniedrigeres Grenzbündel.[124] Die Unterteilung in rangniedrige und ranghöhere Grenz-Bündel ist aufgrund der Preissprünge je nach Verwendung von Strom und Wärme möglich.

Eine Rangreihung ist unter den folgenden zwei Bedingungen stets eindeutig möglich:

Bedingung 1: Der Preis für innerbetrieblich genutzten Strom ist stets größer als der Preis der Einspeisevergütung.

Bedingung 2: Der Preis für innerbetrieblich genutzte Wärme ist positiv.

Da diese beiden Bedingungen den Verhältnissen in der industriellen KWK-Praxis entsprechen, kann der Deckungsbeitrag der einzelnen Grenz-Bündel der Höhe nach sortiert werden:

$$DB^{SG+WG} > DB^{EV+WG} > DB^{EV}$$

$$DB^{SG+WG} > DB^{SG} > DB^{EV}$$

Legende:

DB^{SG} = Deckungsbeitrag des Grenz-Bündels „Stromgutschrift“

DB^{EV} = Deckungsbeitrag des Grenz-Bündels „Einspeisevergütung“

DB^{EV+WG} = Deckungsbeitrag des Grenz-Bündels „Einspeisevergütung und Wärmegutschrift“

DB^{SG+WG} = Deckungsbeitrag des Grenz-Bündels „Stromgutschrift und Wärmegutschrift“

Zu beachten ist, daß keine eindeutige Aussage getroffen werden kann, ob das Grenz-Bündel „EV+WG“ oder „SG“ einen höheren Deckungsbeitrag aufweist. Dieses ist aber auch nicht erforderlich, da diese beiden Grenz-Bündel einander ausschließen: Bei einer kontinuierlichen Lasterhöhung wird entweder zuerst der innerbetriebliche Wärmebedarf oder zuerst der innerbetriebliche Strombedarf gedeckt sein: Ist der innerbetriebliche Wärmebedarf gedeckt, ergibt sich zusätzlich das Grenz-Bündel 3 („SG“). Ist jedoch der innerbetriebliche Strombedarf gedeckt, so besteht der zusätzliche Erlös aus dem Grenz-Bündel 2 („EVG und WG“).[125]

Auch für die unwahrscheinliche Situation, daß der innerbetriebliche Strom- und Wärmebedarf aufgrund einer kontinuierlichen Lasterhöhung gleichzeitig gedeckt wird, müssen die Grenz-Bündel 2 und 3 nicht miteinander verglichen werden, da es nach der innerbetrieblichen Bedarfsdeckung zum Grenz-Bündel 4 („EVG“) kommt.[126] Es bleibt daher festzuhalten, daß die beiden Grenz-Bündel 2 und 3 nie direkt miteinander verglichen werden müssen.

Da hinter der gesamten Analyse die Annahme steht, daß durch die Fahrweise grundsätzlich das Grenz-Bündel mit dem geringsten Deckungsbeitrag zuerst vermieden wird, wird mit der

---

[124] Riebel argumentiert im Zusammenhang mit der Produktarten- und -mengenplanung bei mehreren Verwertungsmöglichkeiten von zwei oder mehr unmittelbaren Kuppelprodukten mit einer „Rangfolge der Verwertungsmöglichkeiten“: vgl. Riebel, P.: Einzelkosten und Deckungsbeitragsrechnung, a.a.O., S. 323; vgl. insbesondere auch Riebel, P.: Die Kuppelproduktion. Betriebs- und Marktprobleme, a.a.O., S. 124ff; Riebel, P.: Kuppelproduktion, a.a.O., Sp. 1020.

[125] Vgl. hierzu Abbildung G3 in diesem Kapitel.

[126] Vgl. auch den rechten Teil der Abbildung G2 in diesem Kapitel.

oben dargestellten Bestimmung des Grenz-Bündels die Grundlage für die Berechnung des Grenz-Deckungsbeitrags gelegt.

Durch die Bildung von Grenz-Bündeln können die geschilderten Entscheidungsprobleme wesentlich vereinfacht werden: Das Entscheidungsproblem eines Industrieunternehmens ist die Frage, ob eines oder mehrere der vier möglichen Grenz-Bündel unter Berücksichtigung und in Abhängigkeit aller möglichen Lastzustände durch eine entsprechende Fahrweise bewußt zu vermeiden sind. Als Kriterium, ob die Vermeidung eines Grenz-Bündels wirtschaftlich sinnvoll ist, kann der Grenz-Deckungsbeitrag[127] herangezogen werden. Der Berechnung des Grenz-Deckungsbeitrags widmet sich das folgende Kapitel.

VI. Ermittlung des Grenz-Deckungsbeitrags

Der Grenz-Deckungsbeitrag entspricht jeweils den Erlösen vermindert um die variablen Kosten, die aus einer zusätzlich erzeugten Einheit Strom oder Wärme resultieren.

1. Ermittlung der Grenzerlöse

Ein erster Schritt zur mathematischen Bestimmung der Deckungsbeiträge der vier Grenz-Bündel (GB) ist die Ermittlung der jeweiligen Grenzerlöse (GE_{GB}).[128] Die Grenz-Bündel setzen sich jeweils aus einem Strom- und Wärmeerlös zusammen.

Der Stromerlös errechnet sich aus dem Preis pro kWh Strom (p_{GB}^{el}) multipliziert mit der erzeugten elektrischen Arbeit (A_{GB}^{el}), der Wärmeerlös aus dem Preis pro kWh Wärme (p_{GB}^{th}) multipliziert mit der erzeugten thermischen Arbeit (A_{GB}^{th}).[129]

$$GE_{GB} = p_{GB}^{el} \times A_{GB}^{el} + p_{GB}^{th} \times A_{GB}^{th}$$

Legende:

GE_{GB}	=	Grenzerlös des Grenzbündels
p_{GB}^{el}	=	Preis pro Kilowattstunde Strom
A_{GB}^{el}	=	elektrische Arbeit des Grenz-Bündels
p_{GB}^{th}	=	Preis pro Kilowattstunde Wärme
A_{GB}^{th}	=	thermische Arbeit des Grenz-Bündels

Wie im Abschnitt „Ausgangssituation“ beschrieben, wird bei einer Grenzbetrachtung ermittelt, wie die erzeugte elektrische und thermische Leistung der KWK-Anlage in einem bestimmten Augenblick verwendet wird.

---

[127] Im folgenden werden die Begriffe Grenz-Deckungsbeitrag und Deckungsbeitrag eines Grenzbündels synonym verwandt.

[128] Der Index „GB“ steht für Grenzbündel. Die Unterlegung des Grenzerlöses mit einem Index soll verdeutlichen, daß die Grenzerlöse je nach berechnetem Grenz-Bündeln eine unterschiedliche Höhe aufweisen.

[129] Der Ansatz eines festen Arbeitspreises für fremdbezogenen Strom ist mit der im Kapitel F.II.1.a.aa.bbb geschilderten direkten Ermittlungsmethode der Stromgutschrift vergleichbar. Die direkte Ermittlungsmethode wurde hierbei kritisiert, weil sie nur unzureichend berücksichtigt, daß durch einen geringeren Stromfremdbezug der durchschnittliche Arbeitspreis für fremdbezogenen Strom aufgrund eines Zonenrabatts steigen kann. Demnach ist es unter Umständen nicht immer ganz korrekt, einen konstanten Strompreis bei der Ermittlung des Grenzerlöses einzusetzen. Mit der Fahrweise kann sich der Stromfremdbezug ändern, was zu (sehr geringen) Auswirkungen auf die Höhe des durchschnittlichen Arbeitspreises sowie der Stromgutschrift führen kann.

Dies bedeutet, daß lediglich Daten zur Verwendung der Leistung vorliegen, während zur Ermittlung der Grenzerlöse die elektrische bzw. thermische Arbeit benötigt wird. Da die Arbeit (A) physikalisch als Leistung (L) multipliziert mit der Zeit (t) definiert ist, kann die Gleichung zur Ermittlung des Grenzerlöses mathematisch umgeformt werden:

$$A = L \times t$$

$$GE_{GB} = \left(p_{GB}^{el} \times L_{GB}^{el} + p_{GB}^{th} \times L_{GB}^{th}\right) \times t$$

Um den Einfluß der Stromkennzahl auf die Höhe der Erlöse zu verdeutlichen, ist die thermische Leistung in der Gleichung des Grenzerlöses zu substituieren. Die Stromkennzahl ist hierbei definiert als Stromausbeute dividiert durch Wärmeausbeute oder als elektrische Anlagenleistung dividiert durch thermische Anlagenleistung.[130]

Wird die Gleichung zur Berechnung der Stromkennzahl (SKZ) nach der thermischen Leistung aufgelöst und in die Gleichung des Grenzerlöses eingesetzt, so ergibt sich folgender Term:

$$SKZ = \frac{L_{GB}^{el}}{L_{GB}^{th}} \; ; \; L_{GB}^{th} = \frac{L_{GB}^{el}}{SKZ}$$

$$GE_{GB} = \left(p_{GB}^{el} \times L_{GB}^{el} + p_{GB}^{th} \times \frac{L_{GB}^{el}}{SKZ}\right) \times t$$

$$GE_{GB} = \left(p_{GB}^{el} + p_{GB}^{th} \frac{1}{SKZ}\right) \times L_{GB}^{el} \times t$$

Legende:

SKZ	=	Stromkennzahl
L_{GB}^{el}	=	elektrische Leistung des Grenz-Bündels
L_{GB}^{th}	=	thermische Leistung des Grenz-Bündels
p_{GB}^{el}	=	Preis pro Kilowattstunde
p_{GB}^{th}	=	Preis pro Kilowattstunde Wärme
t	=	Zeit

Die Substitution der thermischen Leistung durch einen Term, der die Stromkennzahl beinhaltet, ist für die weitere Analyse hilfreich. So lassen sich hierdurch die Auswirkungen einer sich mit der Last ändernden Stromkennzahl verdeutlichen.

Bei Interpretationen muß jedoch beachtet werden, daß die vorliegende Gleichung durch eine äquivalente Umformung der Ausgangsgleichung hergeleitet wurde. Dieses bedeutet, daß hinter der Gleichung des Grenzerlöses ein Preisgerüst und ein Mengengerüst stehen, wobei das Mengengerüst durch die Faktoren Stromkennzahl, Leistung und Zeit nicht sofort erkennbar ist.

Aus dieser Gleichung lassen sich alle vier möglichen Erlöse der Grenz-Bündel pro erzeugter kWh Strom durch Einsatz der konkreten Preise pro kWh Strom bzw. Wärme ableiten. Die Modifikationen dieser Gleichung sind in der folgenden Abbildung G 52 dargestellt.

---

[130] Vgl. zur Definition der Strom- und Wärmeausbeute Kapitel E.I.2.

Abbildung G52: Berechnung der Grenzerlöse

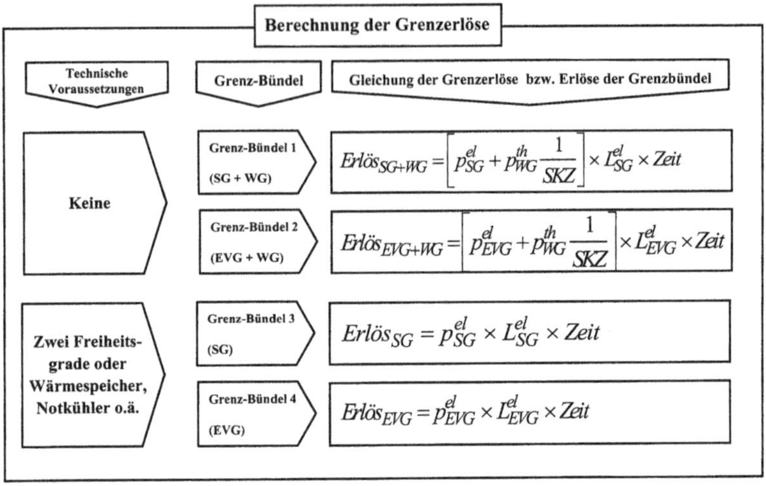

Quelle: Eigene Darstellung

Aus der Abbildung ist ersichtlich, daß die vier Erlöse der Grenz-Bündel nicht bei allen KWK-Anlagen auftreten können. So muß stets nach Anlagen mit einem und zwei Freiheitsgraden oder Kühler unterschieden werden. Außerdem sei nochmals darauf verwiesen, daß bei einer marginalen Laständerung nur jeweils eines der vier dargestellten Grenz-Bündel auf den Grenz-Deckungsbeitrag wirkt.

Zur Berechnung der Grenzerlöse ist die marginale Laständerung zu definieren. Hierbei ist es vorteilhaft, eine prozentuale Abweichung von 1% vom Ausgangswert bzw. vom ursprünglichen Lastzustand als marginale Laständerung zu betrachten.[131] Wird z.B. bei einer KWK-Anlage, die zum Betrachtungszeitpunkt mit einer elektrischen Leistung von 100 kW betrieben wird, eine marginale Lasterhöhung von 1% durchgeführt, dann erzeugt diese Anlage 1 kW_{el} mehr Stromleistung. Hierdurch erhöht sich die Erzeugungsleistung von 100 kW_{el} auf 101 kW_{el}. Mit der elektrischen Anlagenleistung erhöht sich gleichzeitig die thermische Anlagenleistung. Die aus einer Laständerung der elektrischen Leistung resultierende Erhöhung der thermischen Leistung ist von der Stromkennzahl abhängig. Weist die Stromkennzahl im gewählten Lastzustand z.B. einen Wert von 0,8 auf, dann erhöht sich die thermische Leistung um 1,25 KW.[132]

Durch die Erhöhung der Last um 1% vom Ausgangswert steigt sowohl die elektrische als auch die thermische Leistung der KWK-Anlage um ebenfalls jeweils 1% vom Ausgangswert. Da aus einer Leistung keine Erlöse resultieren können, muß eine bestimmte Zeitdauer gewählt werden, die der Anlage zur Erzeugung von zusätzlicher Strom- und Wärmearbeit zur Verfügung steht. Die Zeitdauer kann hierbei theoretisch beliebig gewählt werden, jedoch ist dieses bei der Interpretation zu berücksichtigen. Eine einfach zu interpretierende Größe ist z.B. eine Stunde.

---

[131] Eine prozentuale Darstellung der Laständerung ist für die weitere Analyse vorteilhaft. Hierdurch wird es möglich, die Deckungsbeiträge verschiedener Lastzustände miteinander zu vergleichen.

[132] Rechenweg: 1 kW elektrische Leistung dividiert durch die Stromkennzahl von 0,8 ergibt 1,25 kW thermische Leistung (Stromkennzahl ist definiert als elektrische Leistung dividiert durch thermische Leistung).

Wenn durch eine Lasterhöhung eine zusätzliche Stromleistung in Höhe von 1 kW_{el} bereitsteht und betrachtet wird, welche zusätzliche Stromarbeit in einem Zeitraum von einer Stunde erzeugt wird, dann ergibt sich eine zusätzliche Stromarbeit von 1 kWh_{el}. Durch die äquivalente Vorgehensweise bei der Ermittlung der Wärmearbeit errechnet sich im gegebenen Beispiel eine zusätzliche thermische Arbeit von 1,25 kWh_{th}.

Diese zusätzliche elektrische und thermische Arbeit ist im Hinblick auf ihre Verwendung zu untersuchen. Hierbei sei angenommen, daß sowohl der innerbetriebliche Strom- als auch der innerbetriebliche Wärmebedarf im betrachteten Lastzustand noch nicht vollständig gedeckt sind. Daher führt die zusätzliche Erzeugung zur Erhöhung der Stromgutschrift und der Wärmegutschrift. Dieses wiederum bedeutet, daß für unsere Untersuchung das Grenzbündel 1 („Stromgutschrift und Wärmegutschrift") wesentlich ist. Wird das ermittelte Preisgerüst mit dem Mengengerüst multipliziert, so ergibt sich folgender Deckungsbeitrag:[133]

$$GE_{SG+WG} = 1\,kWh^{el} \times 0{,}10\,DM/kWh^{el} + 1{,}25\,kWh^{th} \times 0{,}03\,DM\,/\,kWh^{th} = 0{,}1375\,DM\ pro\ Stunde$$

$$GE_{SG+WG} = \left(0{,}10\,DM + 0{,}03\,DM\,\frac{1}{0{,}80}\right) \times 1\,kW \times 1\,h = 0{,}1375DM\ pro\ Stunde$$

Die beschriebene Laständerung von 1% vom Ausgangswert führt demnach in einem Zeitraum von einer Stunde zu einem zusätzlichen Deckungsbeitrag von ca. 0,1375 DM.

Bei der Interpretation ist stets zu beachten, daß bei der beschriebenen Grenzbetrachtung alle Rahmenbedingungen, insbesondere der innerbetriebliche Strom- und Wärmebedarf, konstant gesetzt und ausschließlich die Last variiert wird. Hierdurch läßt sich feststellen, welches Grenz-Bündel von der zusätzlichen Erzeugung profitiert. Wenn sich die Bedarfssituation verändert, dann muß die Ermittlung des Grenzerlöses unter Umständen für ein anderes Grenz-Bündel erfolgen. Die Ermittlung des Grenzerlöses für eine Stunde ist demnach hypothetisch, weil der errechnete Grenzerlös nur erzielt werden kann, wenn die erzeugte Arbeit während der gesamten Stunde in das jeweilige Bündel fließt.

Die Prämisse, daß die Bedarfssituation eines bestimmten Zeitraumes nur geringen Schwankungen unterliegt, ist jedoch durchaus realisierbar. Der Zeitraum muß nur hinreichend klein gewählt werden. Geringe Schwankungen des innerbetrieblichen Bedarfs stellen außerdem keine grundlegende Änderung der Rahmenbedingungen dar, sofern für die zusätzlich erzeugte Leistung weiterhin dasselbe Grenz-Bündel von Bedeutung ist.

Ferner muß die Stromkennzahl, die Bestandteil der obigen Gleichung ist, mit Vorsicht interpretiert werden. Bei alleiniger Betrachtung der Gleichung könnte vermutet werden, daß eine niedrige Stromkennzahl positive Auswirkungen auf den Grenzdeckungsbeitrag hat. Die Vermutung erscheint jedoch unplausibel angesichts der Tatsache, daß mit Strom eine höhere Vergütung zu erzielen ist als mit Wärme.

Die vermuteten positiven Wirkungen einer kleineren Stromkennzahl auf die Erlöse sind nur scheinbar vorhanden. So sinkt die Stromkennzahl nur, wenn die Last reduziert wird. Eine Lastreduzierung bedeutet wiederum, daß insgesamt weniger Strom und Wärme in der gleichen Zeitperiode erzeugt wird. Bei Betrachtung identischer Zeitperioden sind die Grenzerlöse in der Summe niedriger als bei höherer Last und höherer Stromkennzahl.

Den Zusammenhang zwischen einer niedrigen Stromkennzahl und dem Grenzerlös verdeutlicht das folgende Beispiel:

---

[133] Als Preisgerüst für den Strom wird 0,10 DM/kWh angesetzt, das entsprechende Preisgerüst für die Wärmegutschrift soll DM 0,03/kWh betragen. Im übrigen wird die Rechnung im folgenden mit der Ursprungsgleichung sowie mit der daraus abgeleiteten Gleichung, die die Stromkennzahl beinhaltet, durchgeführt.

Tabelle G35: Beispiel zur Verdeutlichung des Zusammenhanges von Stromkennzahl und Grenzerlös

	Vollast = 100%	**Last = 50%**
Anlagenleistung (elektrisch)	100 kW	70 kW
Anlagenleistung (thermisch)	125 kW	115 kW
Stromkennzahl	0,80	0,61
1% Laständerung (elektrisch)	1 kW	0,7 kW
1% Laständerung (thermisch)	1,25 kW	1,15 kW
Betrachtete Zeitdauer	1 Stunde	1 Stunde
Preis „Stromgutschrift"	DM 0,10/kWh	DM 0,10/kWh
Preis „Wärmegutschrift"	DM 0,03/kWh	DM 0,03/kWh
➔ Grenzerlös: „Stromgutschrift"/h	DM 0,10	DM 0,07
➔ Grenzerlös: „Wärmegutschrift"/h	DM 0,0375	DM 0,0345
➔ Summe Grenzerlös „SG+WG"/h	DM 0,1375	DM 0,1045

Quelle: Eigene Darstellung.

In der Tabelle handelt es sich jeweils um dieselbe KWK-Anlage, für die eine Grenzbetrachtung für den Vollast- und für den Teillastbetrieb durchgeführt wird. Aus den Werten in der Tabelle wird deutlich, daß bei Teillastbetrieb eine im Vergleich zur Vollast geringere elektrische und thermische Anlagenleistung erzielt werden kann. Wird für beide Teillastzustände eine identische Laständerung von 1% vom Ausgangswert durchgeführt, so verändern sich die elektrische und die thermische Leistung bei Vollastbetrieb stärker als bei Teillastbetrieb.

Werden die aus der Laständerung in Höhe von 1% resultierenden, zusätzlichen Erlöse mit einer identischen Zeitperiode (hier: 1 Stunde) multipliziert und mit dem entsprechenden Preisgerüst bewertet, so führt der Vollastbetrieb zu einem höheren Erlös des Grenzbündels 1 („Stromgutschrift und Wärmegutschrift") als der Teillastbetrieb.

Das Ergebnis der Tabelle war abzusehen, da eine prozentuale Änderung von einem höheren Wert ebenfalls einen höheren Wert ergibt. Gegen das Beispiel in der Tabelle könnte hervorgebracht werden, daß anstelle der prozentualen Abweichung eine absolute Abweichung zu betrachten sei. Die Betrachtung einer absoluten Abweichung ist jedoch unzulässig, da eine Grenzbetrachtung mathematisch als prozentuale Abweichung vom Ausgangswert durchzuführen ist.

2. Ermittlung der Grenzkosten

Im Gegensatz zu den Erlösen muß bei der Ermittlung der Kosten nicht in Grenz-Bündel unterschieden werden, da die Kosten, anders als das Preisgerüst der Erlöse, keine Sprünge aufweisen.

Eine für den innerbetrieblichen Verbrauch erzeugte kWh Strom verursacht dieselben Kosten wie eine in das öffentlichen Netz eingespeiste kWh Strom. Dieses gilt ebenso für die erzeugte Wärme. Die Kosten fallen unabhängig davon an, ob die Wärme im Unternehmen genutzt werden kann, oder ob die Wärme mangels Nutzbarkeit an die Umgebung abgegeben bzw. vernichtet werden muß.

Die variablen Kosten entsprechen den im Kapitel F beschriebenen variablen Kosten der Nutzungsphase. Zu diesen variablen Kosten der Nutzungsphase zählen die Brennstoff- und Hilfsstoffkosten, die variablen Wartungs- und Instandhaltungskosten sowie die variablen Personalkosten.

Im Zusammenhang mit der Entscheidung für eine bestimmte Anlagenfahrweise sind die Brennstoffkosten und die Kosten für Wartung und Instandhaltung von besonderem Interesse, da diese den größten variablen Kostenblock darstellen. Im folgenden werden daher die Auswirkungen der Fahrweisenwahl anhand dieser beiden Kostenarten analysiert.

Die Brennstoffkosten errechnen sich aus dem Wirkungsgrad der Kraft-Wärme-Kopplungsanlage und den insgesamt erzeugten kWh an Strom und Wärme.[134] Der Wartungsaufwand wird meist in Abhängigkeit von der erzeugten Wärmearbeit ausgedrückt.[135] Die Bestimmungsgrößen dieser beiden variablen Kostenarten[136] lassen sich in einer Gleichung berücksichtigen.

$$K_{GBr}^{\mathrm{var}} = \frac{spez.BK}{WGR^{ges}} \times \left(A_{GB}^{el} + A_{GB}^{th}\right) + A_{GB}^{th} \times p_{Wartung}^{KWh_{th}}$$

Legende:

$spez. BK$	=	Spezifische Brennstoffkosten
WGR^{ges}	=	Gesamtwirkungsgrad
A_{GB}^{el}	=	Elektrische Arbeit des Grenz-Bündels
A_{GB}^{th}	=	Thermische Arbeit des Grenz-Bündels
$p_{Wartung}^{kWh_{th}}$	=	Wartungskosten pro kWh thermisch

In dieser Gleichung können, wie bei der Ermittlung der Grenzerlöse, die Leistung, Zeit und Stromkennzahl eingesetzt werden:

$$K_{GB}^{\mathrm{var}} = \left(\frac{spez.BK}{WGR^{ges}} \times \left(L_{GB}^{el} + L_{GB}^{th}\right) + L_{GB}^{th} \times p_{Wartung}^{KWh_{th}}\right) \times t$$

Legende:

L_{GB}^{el}	=	elektrische Leistung des Grenz-Bündels
L_{GB}^{th}	=	thermische Leistung des Grenz-Bündels
t	=	Zeit
SKZ	=	Stromkennzahl

$$L_{GB}^{th} = \frac{L_{GB}^{el}}{SKZ}$$

$$K_{GB}^{\mathrm{var}} = \left(\frac{spez.BK}{WGR^{ges}} \times \left(L_{GB}^{el} + \frac{L_{GB}^{el}}{SKZ}\right) + \frac{L_{GB}^{el}}{SKZ} \times p_{Wartung}^{KWh_{th}}\right) \times t$$

$$K_{GB}^{\mathrm{var}} = \left[\frac{spez.BK}{WGR^{ges}}\left(1 + \frac{1}{SKZ}\right) + \frac{1}{SKZ}\, p_{Wartg.}^{kWh^{th}}\right] \times L_{GB}^{el} \times t$$

[134] Zur grundsätzlichen Form einer Kostenfunktion bei einer Kuppelproduktion: vgl. Messmann, H.: Anschauliche Theorie der verbundenen Produktion, a.a.O., S. 30; zu den Brennstoffkosten bei einer KWK-Anlage vgl. Kapitel F.III.2.b.aa; Seeger schlägt u.a. eine Berechnung der Brennstoffkosten durch Interpolation von diskreten Meßwerten vor, falls analytische Methoden versagen; vgl. Seeger, T.: Tageseinsatzoptimierung in Kraftwerkssystemen mit Kraft-Wärme-Kopplung, a.a.O., S. 24.

[135] Vgl. hierzu Kapitel F.2.b.cc.

[136] Es wird darauf verwiesen, daß obwohl die Wartungskosten auf die erzeugten kWh Wärme bezogen werden hier keine Zuordnung der Kosten auf die einzelnen Kuppelprodukte erfolgt.

Mit Hilfe dieser hergeleiteten Gleichung können die variablen Kosten abgebildet werden, die durch die zusätzliche thermische und elektrische Leistung in einer bestimmten Zeit zusätzlich verursacht werden.

Hinsichtlich der Interpretation der zusätzlichen elektrischen und thermischen Leistung und der Zeit, mit der die KWK-Anlage zur Erzielung der zusätzlichen Leistung gefahren wird, sind die bei der Darstellung der Grenzerlöse getroffenen Aussagen zu übertragen. Darüber hinaus muß, insbesondere bei Anlagen mit der Möglichkeit der Wärmevernichtung, die Definition der Stromkennzahl beachtet werden. Diese Problematik wird ausführlich im Rahmen der Interpretation der Einflußgröße „Stromkennzahl" behandelt.

a. Interpretation der Einflußgrößen Brennstoffkosten und Wartungsaufwand

Die spezifischen Brennstoffkosten sowie der variable Wartungsaufwand sind exogen vorgegeben[137] und damit unabhängig von der Anlagenfahrweise.

Der Wartungsaufwand ist jedoch in hohem Maße von der Konzeptwahl abhängig.[138] Während die variablen Wartungskosten in einem Blockheizkraftwerk eine Größenordnung von ca. 0,02 DM/kWh_{th} erreichen, können diese bei Gasturbinen lediglich 0,004 DM/$kWh_{th.}$ betragen.[139] Darüber hinaus sind die variablen Kosten der Wartung von der Leistungsgröße eines KWK-Aggregates abhängig. Je höher die elektrische Nennleistung eines bestimmten Konzeptes, desto geringer ist in der Regel der Wartungsaufwand pro erzeugter kWh Wärme. Schließlich hängen die Wartungskosten auch davon ab, in welchem Umfang und in welcher Qualität die Wartungsarbeiten durchgeführt werden und inwieweit dabei unternehmenseigenes Personal zum Einsatz kommt.

Auch die spezifischen Brennstoffkosten werden durch die Konzeptwahl beeinflußt.[140] Je nach Konzeptwahl können unter Umständen nur bestimmte Brennstoffe verfeuert werden.[141] Darüber hinaus besteht ein gewisser Einfluß der Leistungsgröße im Zusammenhang mit einer hohen Auslastung eines KWK-Aggregates auf die spezifischen Brennstoffkosten, da diese Kosten bei unterschiedlich großen Bestellmengen variieren können.[142]

b. Interpretation der Einflußgrößen Gesamtwirkungsgrad und Stromkennzahl

Neben den spezifischen Brennstoffkosten und dem Wartungsaufwand wird die Höhe der variablen Kosten pro kWh Strom in der Hauptsache durch die beiden Größen Gesamtwirkungsgrad und Stromkennzahl bestimmt.[143] Bei der Diskussion dieser Einflußgrößen ist die Unterscheidung nach der Anzahl der Freiheitsgrade sinnvoll.

---

137 Vgl. die Ausführungen zu den verschiedenen KWK-Konzepten im Kapitel E.II.3 sowie den variablen Kosten der Nutzungsphase im Kapitel F.III.2.b.

138 Vgl. Kapitel E.II.3.

139 Vgl. Hein, K.: Blockheizkraftwerke. Dezentrale Kraft-Wärme-Kopplung, a.a.O., S. 5; Suttor, K.-H., Suttor, W.: KWK-Fibel, a.a.O., S. 10; Mau, G.: Handbuch Dieselmotoren im Kraftwerks- und Schiffsbetrieb, a.a.O., S. 480; vgl. auch Kapitel E.II.3.b und d.

140 Vgl. Seeger, T.: Tageseinsatzoptimierung in Kraftwerkssystemen mit Kraft-Wärme-Kopplung, a.a.O., S. 27.

141 Vgl. Suttor, K.-H., Suttor, W.: Die KWK-Fibel, a.a.O., S. 10; eine Berücksichtigung von verschiedenen Brennstoffen in einer Anlage kann erfolgen, sofern von festen Anteilen der einzelnen Brennstoffarten ausgegangen wird. Zur Berücksichtigung verschiedener Brennstoffe vgl. auch Seeger, T.: Tageseinsatzoptimierung in Kraftwerkssystemen mit Kraft-Wärme-Kopplung, a.a.O., S. 31ff.

142 Leistungsstärkere KWK-Anlagen mit einer hohen Auslastung verbrauchen größere Mengen an Brennstoff, die sich in besseren Einkaufskonditionen niederschlagen können; vgl. Kapitel F.III.2.b.aa.

143 Vgl. Gälweiler A.: Abrechnung der Energiekosten, a.a.O., Sp. 467; Suttor, W.: Praxis Kraft-Wärme-Kopplung, a.a.O., Teil 5/8.3, S. 17.

aa. KWK-Anlagen mit einem Freiheitsgrad ohne Kühleinrichtung oder Wärmespeicher

Bei Anlagen mit einem Freiheitsgrad, bei denen eine ungekoppelte Stromerzeugung nicht möglich ist, wird die Höhe der variablen Kosten ausschließlich durch die Anlagenfahrweise zwischen den beiden Extremen Mindestlast und Vollast bestimmt.

In der Regel sinken bei allen zur Verfügung stehenden Konzepten bei Verringerung der Intensität der Gesamtwirkungsgrad - bestehend aus der Summe von Stromausbeute und Wärmeausbeute - und die Stromkennzahl, die sich aus dem Quotienten von Stromausbeute und Wärmeausbeute errechnet.[144]

Die folgende Abbildung stellt in abstrakter Form diesen Zusammenhang in Abhängigkeit der Last einer KWK-Anlage dar:[145]

Abbildung G53: Wirkung einer Laständerung auf Stromausbeute und Wärmeausbeute sowie Stromkennzahl und Gesamtwirkungsgrad bei KWK-Anlagen mit einem Freiheitsgrad

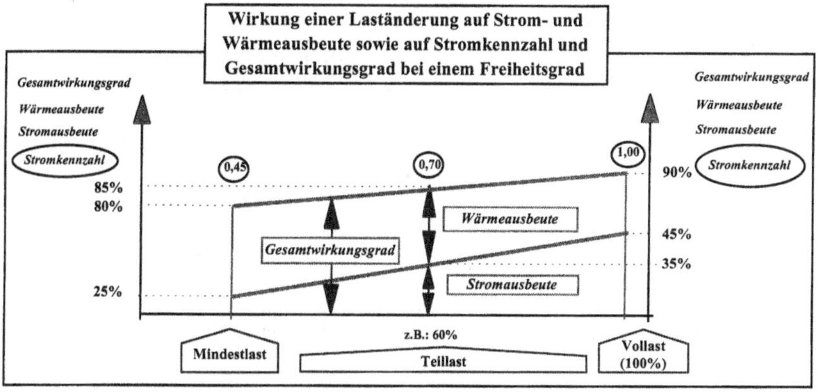

Quelle: Eigene Darstellung.

Aus der Abbildung wird deutlich, daß drei der vier dargestellten Größen bei Reduzierung der Intensität sinken: die Stromkennzahl, die Stromausbeute und der Gesamtwirkungsgrad.[146] Wesentlich für die folgenden Ausführungen ist die Wirkungsweise der untersuchten vier Größen: Der Gesamtwirkungsgrad bzw. der Brennstoffausnutzungsgrad sinkt beispielsweise von 90% auf 80%, da das Zusammenspiel der einzelnen technischen Komponenten eines KWK-Aggregates bei Minimallast nicht optimal möglich ist.[147]

Ein zweiter Effekt ist, daß mit der Reduzierung des Gesamtwirkungsgrades überproportionales Absinken der Stromausbeute im Beispiel von 45% auf 25% einhergeht. Die Wämeausbeute hingegen steigt mit der Lastreduzierung,[148] da ein höherer Anteil der zuge-

---

[144] Vgl. hierzu die Ausführungen zum Prinzip der Kraft-Wärme-Kopplung in Kapitel E.I.2.

[145] Vgl. hierzu auch die Abbildung E4 in Kapitel E.

[146] Vgl. Gälweiler A.: Abrechnung der Energiekosten, a.a.O., Sp. 467.

[147] Vgl. u.a. Gutenberg, E.: Die Produktion, a.a.O., S. 364; Vgl. Gälweiler A.: Abrechnung der Energiekosten, a.a.O., Sp. 467.

[148] Bei Vollast nimmt die Wärmeausbeute einen Wert von 45% an, bei Teillast von 50% und bei Mindestlast von 55%. Diese Werte sind jeweils aus der Abbildung ersichtlich, indem vom jeweiligen Gesamtwirkungsgrad die entsprechende Stromausbeute subtrahiert wird.

führten Brennstoffe in mechanische Energie umgesetzt wird.[149] Die sinkende Stromausbeute sowie die zum selben Zeitpunkt steigende Wärmeausbeute führen zu einer überproportionalen Reduktion der Stromkennzahl.[150]

Zusammenfassend ist festzustellen, daß die Fahrweise in Teillast mit erheblichen Einbußen hinsichtlich Stromausbeute, Stromkennzahl und Gesamtwirkungsgrad verbunden ist.

Da die Stromkennzahl Bestandteil der Gleichung zur Ermittlung der Erlöse und der variablen Kosten ist, und darüber hinaus der Gesamtwirkungsgrad Bestandteil der Gleichung zur Berechnung der variablen Kosten ist, hat dies Auswirkungen auf die Höhe des Grenz-Deckungsbeitrags in einer bestimmten Betrachtungsperiode. Dies gilt unabhängig davon, in welchem Grenzbündel sich die KWK-Anlage befindet, da die variablen Kosten unabhängig von der Art des Grenz-Bündels anfallen. Die variablen Kosten einer KWK-Anlage können lediglich durch den Lastzustand bzw. durch die Fahrweise beeinflußt werden.

Schließlich muß bei der Abbildung beachtet werden, daß bei Lastreduzierung hinsichtlich des Gesamtwirkungsgrades nur jeweils Punkte auf der oberen horizontalen schwarzen Linie erreicht werden können, da die Stromkennzahl bei einem bestimmten Lastzustand von KWK-Anlagen mit einem Freiheitsgrad starr ist.[151]

bb. KWK-Anlagen mit der Möglichkeit der Vernichtung von Wärme

Bei KWK-Anlagen mit zwei Freiheitsgraden oder in Fällen, in denen ein Kühlturm oder ähnliche technische Einrichtungen vorhanden sind, entwickelt sich die Wirkungsweise einer Laständerung auf die Stromkennzahl und den Gesamtwirkungsgrad analog zu den obigen Ausführungen, jedoch muß aufgrund des möglichen Kondensations- oder Auspuffbetriebes bei Anwendung der Kostengleichung der folgende wesentliche Punkt beachtet werden:

Wie aus Kapitel E bekannt ist, konvergiert die Stromkennzahl bei Vernichtung der Wärme bei einer Grenzbetrachtung gegen unendlich. Der Grund hierfür ist, daß sich die Stromkennzahl per definitionem auf die nutzbaren Kuppelproduktmengen bezieht. Soll nun eine Grenzbetrachtung durchgeführt werden, so sind jedoch nicht diejenigen Erzeugungskosten von Bedeutung, die sich nur auf die Nutzung beziehen, sondern diejenigen, die sich auf die Erzeugung beziehen.

Mit anderen Worten: Würde die Kostengleichung im Falle eines sehr hohen Anteils von nicht genutzter, sondern vernichteter Wärme (bzw. bei sehr hoher Stromkennzahl) angewendet, so konvergieren die Brennstoffkosten gegen den Quotienten aus den spezifischen Brennstoffkosten und dem Gesamtwirkungsgrad. Die Wartungskosten hingegen würden bei einem Limes von „Stromkennzahl gegen unendlich" gegen Null konvergieren. In der Summe würde sich demzufolge für die variablen Kosten ein Wert ergeben, der den spezifischen Brennstoffkosten dividiert durch den Gesamtwirkungsgrad entspricht. Dieser Wert ist jedoch nicht korrekt. Hieraus folgt, daß die bisher angewandte Definition der Stromkennzahl im Falle von zwei Freiheitsgraden, sofern die Anlage im Kondensations- oder Auspuffbetrieb gefahren wird, zu falschen Ergebnissen führt.

Die Lösung dieses Problems besteht darin, daß generell - unabhängig vom Freiheitsgrad - bei der Ermittlung der Grenzkosten diejenige Stromkennzahl gewählt werden muß, die den

---

149 Dies gilt insbesondere für Blockheizkraftwerke; vgl. Hofer, R.: Analyse der Potentiale der Kraft-Wärme-Kopplung, a.a.O., S. 30 und 31.

150 Die Stromkennzahl errechnet sich durch Division von Stromausbeute durch Wärmeausbeute: Rechenbeispiel: Bei Mindestlast wird eine Stromausbeute von 25% erreicht, die Wärmeausbeute beträgt 55% (80% abzgl. 25% = 55%). 25% dividiert durch 55% ergibt eine Stromkennzahl von ca. 0,45 (siehe Abbildung).

151 Bezogen auf die Abbildung bedeutet dies, daß sich der Gesamtwirkungsgrad je nach Lastzustand zwischen 80% und 90% bewegt. Die Strom- bzw. Wärmeausbeute bewegt sich entsprechend zwischen 25% und 45% bzw. 45% und 55%.

erzeugten Mengen entspricht. Bei der Ermittlung der Grenzkosten muß also unberücksichtigt bleiben, welche Wärmemenge im Unternehmen tatsächlich genutzt wird.

Die jeweiligen Stromkennzahlen, die bei einer vollständigen Wärmeauskopplung[152] entstehen, können aufgrund des gewählten Teillastzustandes bestimmt werden.[153]

Abbildung G54: Wirkung einer Laständerung auf Stromausbeute und Wärmeausbeute bei KWK-Anlagen mit zwei Freiheitsgraden bzw. bei möglicher Wärmevernichtung

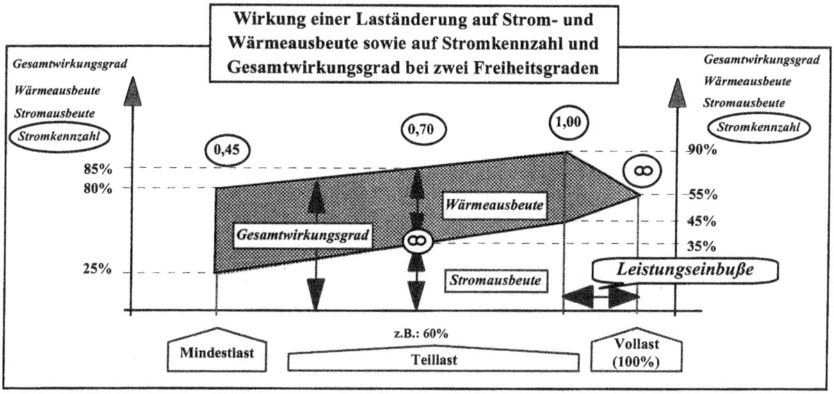

Quelle: Eigene Darstellung.

Aus der obigen Abbildung gehen - analog zur Abbildung G53 - die Zusammenhänge von Strom- und Wärmeausbeute sowie Gesamtwirkungsgrad und Stromkennzahl bei Anlagen mit zwei Freiheitsgraden hervor. Es ist ersichtlich, daß die maximale elektrische Leistung bei einer Anlage mit zwei Freiheitsgraden nur erreicht werden kann, wenn die Wärme bei Vollast vollständig vernichtet wird.[154] In diesem Fall ist die Stromkennzahl unendlich.[155]

Wird eine geringe Leistungseinbuße[156] in Höhe von einigen Prozentpunkten in Kauf genommen, so ist gemäß der Abbildung der höchste Gesamtwirkungsgrad von 90% bei einer Stromkennzahl von 1,0 erzielbar. Bei diesem Lastpunkt erreichen die Wärme- und die Stromausbeute jeweils Werte von 45%. Bei weiterer Lastreduzierung fällt auch bei KWK-Anlagen mit zwei Freiheitsgraden die Stromkennzahl, jedoch ausschließlich unter der Bedingung, daß die Wärme nicht ungenutzt abgegeben wird bzw. daß man sich auf der oberen horizontalen Linie des Gesamtwirkungsgrades bzw. der Wärmeausbeute bewegt. Der Grund hierfür ist, daß - analog zu den Anlagen mit einem Freiheitsgrad - die Stromausbeute sinkt und die Wärmeausbeute steigt.

---

152 Die Bedingung der vollständigen Wärmeauskopplung impliziert, daß keine Wärme vernichtet wird. Die lastabhängigen Stromkennzahlen bei vollständiger Wärmeauskopplung beziehen sich demzufolge nicht nur auf die genutzten Mengen, sondern auch auf die erzeugten Mengen.

153 Das Teillastverhalten einer KWK-Anlage ist ein wesentliches Kriterium bei der Auswahl des KWK-Konzeptes und des KWK-Anlagenherstellers. Daher sind in der Regel umfangreiche technische Unterlagen über das Teillastverhalten von den Herstellern verfügbar.

154 Vgl. Abbildung E5 in Kapitel E.

155 Vgl. Hofer, R.: Analyse der Potentiale der Kraft-Wärme-Kopplung, a.a.O., S. 5; Schaefer, H. : Erzeugung elektrischer Energie. Thermische Stromerzeugungsanlagen, a.a.O., S. 100ff.

156 Diese Leistungseinbuße kann in der Praxis bis zu 20% sein; vgl. Schaefer, H. : Erzeugung elektrischer Energie. Thermische Stromerzeugungsanlagen, a.a.O., S. 106; Piller, W., Rudolph, M.: Kraft-Wärme-Kopplung. Zur Theorie und Praxis der Kostenrechnung, a.a.O., S. 37.

Im Unterschied zu den Anlagen mit einem Freiheitsgrad kann die Wärmeausbeute bei einem bestimmten Lastzustand jedoch - je nach anteilsmäßiger Höhe der nicht genutzten Wärme - jeden Punkt erreichen, der in der Abbildung schraffiert dargestellt ist.[157] Wenn man also bei einem bestimmten Teillastzustand zunehmend Wärme nicht nutzt bzw. zur ungekoppelten Stromerzeugung übergeht, muß man sich vom entsprechenden Punkt der oberen Linie vertikal nach unten bewegen. Dies hat zur Folge, daß der Gesamtwirkungsgrad sinkt und die Stromkennzahl steigt.

Bei einem Teillastzustand von z.B. 60% wurde in der Abbildung eine Stromkennzahl von unendlich eingezeichnet, da in diesem Fall die Wärme vollständig vernichtet wird. Der Gesamtwirkungsgrad sinkt entsprechend der Abbildung auf einen Wert von ca. 35%. Die Stromkennzahl steigt von 0,70 auf einen unendlichen Wert.

Bei Berechnung der variablen Kosten bzw. Grenzkosten muß in diesem Fall - unabhängig von der Höhe der Wärmenutzung - die Stromkennzahl von 0,70 verwendet werden, da nur diese die erzeugten statt die genutzten Mengen der Wärmearbeit berücksichtigt.

c. Einfluß von An- und Abfahrvorgängen auf die variablen Kosten

Der Wirkungsgrad ist auch davon abhängig, wie oft die Anlage an- und abgefahren wird.[158] Es ist jedoch problematisch, den Einfluß häufiger An- und Abfahrvorgänge auf den Wirkungsgrad in Form einer Gleichung abzubilden.[159] Aus diesem Grund wird diese Problematik im folgenden kurz qualitativ erläutert.

Häufige An- und Abfahrvorgänge haben einen negativen Einfluß auf den Wirkungsgrad, da es eine gewisse Zeit dauert, bis alle Anlagenteile der Kraft-Wärme-Kopplungsanlage wieder ihre optimale Betriebstemperatur erreichen.[160] Hierbei dauert das Erreichen der optimalen Betriebstemperatur um so länger, je länger die vorausgegangene Stillstandszeit war.[161] Mit niedrigerer Betriebstemperatur kann jedoch das notwendige Nutztemperaturniveau nicht erreicht werden, so daß die erzeugte Wärme unmittelbar nach Anschalten der Anlage in der Regel nicht innerbetrieblich nutzbar ist.[162] Hieraus ist der geringe Wirkungsgrad beim Anfahren der Anlage zu erklären.

Weiterhin erhöhen häufige An- und Abfahrvorgänge den variablen und fixen Wartungsaufwand und beeinflussen die Lebensdauer einer KWK-Anlage negativ.

---

[157] Vgl. auch Abbildung E5 von Kapitel E.

[158] Vgl. Bergner, H.: Vorbereitung der Produktion, physische, a.a.O., Sp. 2175; Gälweiler A.: Abrechnung der Energiekosten, a.a.O., Sp. 467; Hanselmann, M., Kaltschmitt, M.: Kostenreduktion möglich, EDV-gestütztes Planungsinstrument für Kraftwerke, a.a.O., S. 49.

[159] Vgl. Hanselmann, M., Kaltschmitt, M.: Kostenreduktion möglich, EDV-gestütztes Planungsinstrument für Kraftwerke, a.a.O., S. 49; Suttor, W.: Praxis Kraft-Wärme-Kopplung, a.a.O., Teil 5/8.3, S. 17.

[160] Riebel charakterisiert die „Empfindlichkeit gegenüber Unterbrechnungen" als „technische Beweglichkeit". So sind z.B. Wasserkraftwerke am beweglichsten, da diese schon nach wenigen Minuten auf die volle Leistung gebracht werden können. Vgl. Riebel, P.: Die Elastizität des Betriebes. Eine produktions- und marktwirtschaftliche Untersuchung, a.a.O., S. 64 f; vgl. auch Bergner, H.: Vorbereitung der Produktion, physische, a.a.O., Sp. 2175.

[161] Seeger bildet den Einfluß von Startvorgängen unter Zuhilfenahme einer Exponentialfunktion ab. Dabei stellen die Startkosten eine Funktion dar, in der folgende Einflußgrößen berücksichtigt werden: Stillstandszeitunabhängige Kosten, Kaltstartkosten, vorausgegangene Stillstandszeit und Auskühlungskonstante; vgl. Seeger, T.: Tageseinsatzoptimierung in Kraftwerkssystemen mit Kraft-Wärme-Kopplung, a.a.O., S. 26.

[162] Vgl. Bergner, H.: Vorbereitung der Produktion, physische, a.a.O., Sp. 2175 und 2176; Riebel, P.: Die Elastizität des Betriebes. Eine produktions- und marktwirtschaftliche Untersuchung, a.a.O., S. 65f.

3. Ermittlung des Grenz-Deckungsbeitrags

Für die vier Grenz-Bündel lassen sich anhand der hergeleiteten Grenzerlöse sowie der variablen bzw. Grenzkosten die vier entsprechenden Grenz-Deckungsbeiträge zusammenfassend wie folgt darstellen:

Abbildung G55: Die vier möglichen Fälle von Grenz-Deckungsbeiträgen pro kWh erzeugtem Strom

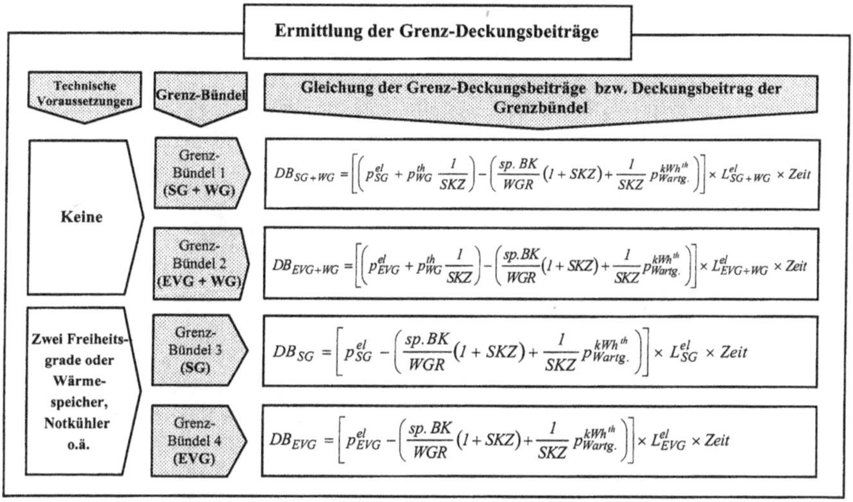

Quelle: Eigene Darstellung.

Die dargestellten Gleichungen lassen eine wirtschaftliche Beurteilung jeder beliebigen Fahrweise jeder KWK-Anlage zu. Dabei sind die Gleichungen auf der Kosten- und Erlösseite unabhängig vom technischen Konzept der Anlage bzw. von der Anzahl der Freiheitsgrade anzuwenden.

Darüber hinaus sind die Gleichungen unabhängig von der Wahl oder der konzeptabhängigen Notwendigkeit eines bestimmten Brennstoffes zutreffend. Ebenso wurde berücksichtigt, daß KWK-Anlagen auf dem Markt verfügbar sind, die die Möglichkeit des Kondensations- oder Auspuffbetriebs bieten.

Letztlich bietet die Ausrichtung der Gleichungen auf die Stromkennzahl und den Gesamtwirkungsgrad die Möglichkeit, sowohl das vom technischen Konzept abhängige Teillastverhalten als auch Unterschiede, die aus der elektrischen Nennleistung eines Aggregates resultieren, abzubilden.

Auf der Erlösseite ist es möglich, je nach Unternehmen unterschiedlich hohe Preisgerüste für die Wärme- und Stromgutschriften zu berücksichtigen.

Bei der Interpretation ist zu beachten, daß der Berechnung des Grenz-Deckungsbeitrages eine bestimmte Zeitdauer unterstellt wurde. Wird eine längere Zeitdauer gewählt, so ist es nicht unbedingt gegeben, daß die Rahmenbedingungen die gesamte Zeit unverändert bleiben. Aus diesem Grund muß bei der Berechnung des Deckungsbeitrages eines Grenz-Bündels nicht nur die Last konstant gehalten werden, sondern es darf sich auch bei diesem Lastzustand das betrachtete Grenz-Bündel nicht ändern. Die Untersuchung darf sich folglich nur jeweils auf ein Grenz-Bündel und auf einen Lastzustand beziehen.

Sofern die beiden obigen Bedingungen erfüllt sind, darf sich während des Untersuchungszeitraumes der innerbetriebliche Bedarf an Strom und Wärme ändern und die Dauer des Untersuchungszeitraumes (in den Formeln mit „t“ bezeichnet) kann theoretisch beliebige Werte annehmen. Die genaue Wahl der Zeitdauer spielt keine Rolle bei der Untersuchung, da die Höhe des ermittelten Deckungsbeitrages pro Grenz-Bündel für die Fahrweisenentscheidung keine Bedeutung hat. Für die Fahrweisenentscheidung ist es ausschließlich von Bedeutung, ob der Grenz-Deckungsbeitrag positiv oder negativ ist.

Hierbei gilt, daß das Vorzeichen des Grenz-Deckungsbeitrages unabhängig von der gewählten Zeitspanne ist. Mathematisch kann dieses so erklärt werden, daß die obigen Gleichungen bei einer kürzeren Zeitspanne lediglich dividiert werden, mit der Folge, daß der jeweilige Grenz-Deckungsbeitrag kleiner wird. Die Division mit einer positiven Zahl verändert jedoch nicht das Vorzeichen des Grenz-Deckungsbeitrages, so daß stets eine richtige Fahrweisenentscheidung gefällt werden kann.

VII. Ableitung von Entscheidungsregeln

Wie im Abschnitt „Entscheidungsproblem“ erläutert, umschließt die Problematik der Fahrweisenfestlegung die Entscheidung, ob die KWK-Anlage

- an- oder ausgeschaltet,
- in Voll- oder Teillast,
- mit oder ohne Wärmevernichtung gefahren werden soll.

Sofern es keine technischen, rechtlichen, ökologischen oder anderen Randbedingungen gibt, die den Entscheidungsspielraum eingrenzen, können die genannten Entscheidungsprobleme ausschließlich mit Hilfe des gefundenen Zusammenhanges zwischen dem Deckungsbeitrag oder dem Grenz-Deckungsbeitrag und dessen Einflußgrößen gelöst werden.

Voraussetzung für eine deckungsbeitragsorientierte Fahrweise ist die Kenntnis aller beschriebenen Parameter, die in die Gleichungen einfließen. Dabei sind insbesondere die Stromkennzahlen und Wirkungsgrade bei allen möglichen Lastzuständen einer KWK-Anlage zu beachten.

1. An- oder Ausschalten der Kraft-Wärme-Kopplungsanlage

a. Entstehung des Entscheidungsproblems

In diesem Kapitel wurde verdeutlicht, daß das Entscheidungskriterium für eine wirtschaftliche Fahrweise der Deckungsbeitrag des jeweilen Grenz-Bündels ist. Kann mit einem Grenz-Bündel kein positiver Deckungsbeitrag erwirtschaftet werden, so ist die Last soweit zu reduzieren, daß das entsprechende Grenz-Bündel vermieden wird. Wie ist jedoch zu entscheiden, wenn die Last bereits bis auf das technische Minimum reduziert ist, d.h. die anlagenspezifische Mindestlast erreicht ist, und das negative Grenz-Bündel durch weitere Lastreduzierung nicht mehr zu umgehen ist?

In diesem Fall ist zwischen Anlagen mit und ohne der Möglichkeit der Wärmevernichtung zu unterscheiden. Für Anlagen ohne Möglichkeit der Wärmevernichtung ist es eine technische Notwendigkeit, das Grenz-Bündel 3 („Stromgutschrift“) und das Grenz-Bündel 4 („Einspeisevergütung“) zu vermeiden.[163] Wenn diese beiden Grenz-Bündel trotz Erreichen der Mindestlast nicht vermeidbar sind, so ist die KWK-Anlage auszuschalten. Demnach kann

---

[163] In KWK-Anlagen wird beim Erreichen bestimmter kritischer Situationen die Anlage automatisch ausgeschaltet. Zu diesen kritischen Situationen gehört insbesondere auch der Fall, daß trotz einer Lastreduktion überschüssige Wärme anfällt und hierdurch der KWK-Prozeß ins Stocken gerät; vgl. Suttor, W.: Praxis Kraft-Wärme-Kopplung, a.a.O., Teil 5/8.3, S. 22.

für Anlagen ohne Möglichkeit der Wärmevernichtung nur ein Entscheidungsproblem hinsichtlich des Ausschaltens der KWK-Anlage entstehen, wenn eines der beiden verbleibenden Grenz-Bündel 1 und 2 bei Erreichen der Mindestlast einen negativen Wert aufweist.

Bei Anlagen mit der Möglichkeit der Wärmevernichtung ist das Entscheidungsproblem, ob die KWK-Anlage ausgeschaltet werden soll, demnach bedeutender als bei Anlagen ohne Wärmevernichtung. Immer wenn eines der vier Grenz-Bündel bei Mindestlast einen negativen Deckungsbeitrag aufweist, so sind die Konsequenzen des weiteren Anlagenbetriebes und des Ausschaltens der KWK-Anlage gegeneinander abzuwägen.

b. Entscheidungskriterium

Bei der Entscheidung, ob die KWK-Anlage im Mindestlastzustand auszuschalten ist, ist eine Grenzbetrachtung ungeeignet, da hier lediglich die letzte erzeugte Einheit analysiert wird.

Das Abschalten der KWK-Anlage betrifft jedoch die gesamte Erzeugung von Strom und Wärme. Demnach muß hier auch der Gesamt-Deckungsbeitrag, der im Mindestlastpunkt erwirtschaftet wird, als Entscheidungskriterium herangezogen werden.

Der Gesamt-Deckungsbeitrag wird berechnet, indem die gesamten variablen Kosten und Erlöse[164] einander gegenübergestellt werden. Errechnet sich hierbei ein positiver Gesamt-Deckungsbeitrag, so ist der Anlagenbetrieb weiterhin vorteilhaft. Wird ein negativer Gesamt-Deckungsbeitrag ermittelt, so kann hieraus nicht automatisch auf das Abschalten der KWK-Anlage geschlossen werden.[165]

Bei einem negativen Gesamt-Deckungsbeitrag ist abzuwägen, ob die erwirtschafteten Verluste größer oder kleiner sind als die Kosten des Ab- und erneuten Anfahrens der KWK-Anlage. Diese Kosten setzen sich insbesondere aus erhöhtem Materialverschleiß, mit entsprechend negativen Auswirkungen auf die Anlagenlebensdauer, und einem ungünstigen Wirkungsgrad beim Anfahren der Anlage zusammen.[166] Weiterhin sind etwaige Mindestlaufzeiten zu beachten, die ebenfalls vom gewählten KWK-Konzept abhängen.[167]

c. Determinanten der Entscheidungsfindung

aa. Die Rolle der Stillstandszeit

Die Stillstandszeit ist die Zeitspanne zwischen dem Aus- und Anschalten der KWK-Anlage. Die KWK-Anlage wird erst dann wieder angeschaltet, wenn für längere Zeit ein positiver Deckungsbeitrag erwirtschaftet werden kann. Ob ein positiver Deckungsbeitrag zu erwarten ist, hängt wiederum von der Höhe der Erlöse und der variablen Kosten ab.

Die erwartete Stillstandszeit der KWK-Anlage spielt bei der Entscheidung, ob die KWK-Anlage bei negativem Gesamt-Deckungsbeitrag abzuschalten ist, eine wesentliche Rolle.[168] Bei der Entscheidung ist folgendes Vorgehen zu empfehlen: In einem ersten Schritt wird der

---

[164] Bei der Betrachtung der gesamten Erlöse kann wieder auf die in Abschnitt IV vorgestellten drei bzw. sechs „Bündel" oder „Päckchen" zurückgegriffen werden.

[165] Vgl. Seeger, T.: Tageseinsatzoptimierung in Kraftwerkssystemen mit Kraft-Wärme-Kopplung, a.a.O., S. 73ff.

[166] Vgl. Seeger, T.: Tageseinsatzoptimierung in Kraftwerkssystemen mit Kraft-Wärme-Kopplung, a.a.O., S. 27; Suttor, W.: Praxis Kraft-Wärme-Kopplung, a.a.O., Teil 5/8.3, S. 17.

[167] Hofer weist darauf hin, daß insbesondere bei Verbrennungsmotoren (BHKW) mit Rücksicht auf die thermische Wechselbeanspruchung eine Mindestlaufzeit je Start von ca. 1 bis 3 Stunden nicht unterschritten werden sollte; vgl. Hofer, R.: Analyse der Potentiale industrieller Kraft-Wärme-Kopplung, a.a.O., S. 30; siehe hierzu auch: Technische Unterlagen der Firmen MAN und Jenbacher.

[168] Ein EDV-gestütztes Konzept für Elektrizitätsversorgungsunternehmen, das auch die Ausfilterung überflüssiger An- und Abfahrvorgänge von KWK-Anlagen berücksichtigt, stellt Seeger vor; vgl. Seeger, T.: Tageseinsatzoptimierung in Kraftwerkssystemen mit Kraft-Wärme-Kopplung, a.a.O., S. 70ff und 94.

Verlust bestimmt, der bei einem fortgesetzten Anlagenbetrieb entsteht. Die Berechnung erfolgt mit den hergeleiteten Formeln, wobei für die Zeit die erwartete Stillstandszeit eingesetzt wird. Diesem Verlust werden in einem zweiten Schritt die Kosten des Anfahrens der KWK-Anlage gegenübergestellt. Übersteigen diese Kosten den erwarteten Verlust, so ist auf ein Ausschalten der KWK-Anlage zu verzichten und die Anlage trotz eines negativen Gesamt-Deckungsbeitrag weiterhin zu betreiben.

Hierbei wird deutlich, daß die erwartete Stillstandszeit einen wesentlichen Einfluß auf die Entscheidung hat: Je geringer die erwartete Stillstandszeit der KWK-Anlage ist, desto niedriger wird der erwartete Verlust eines fortgesetzten KWK-Betriebs sein. Daraus folgt, daß bei eher geringen zu erwartenden Stillstandszeiten die Anlage trotz eines negativen Gesamt-Deckungsbeitrags weiter betrieben werden wird bzw. kann.

bb. Ermittlung der erwarteten Stillstandszeit

Die Ursache für das Ausschalten der KWK-Anlage liegt in einem negativen Gesamt-Deckungsbeitrag, der wiederum aus zu geringen Erlösen und/oder zu hohen variablen Kosten resultiert. Die variablen Kosten stellen in diesem Fall eine Konstante dar, da die Entscheidung über Fortsetzung des Anlagenbetriebs oder Ausschalten der Anlage stets am Punkt der Mindestlast gefällt werden muß.

Die Höhe der Erlöse jedoch hängt zum einen von der innerbetrieblichen Nutzbarkeit der erzeugten Kuppelprodukte und zum anderen vom Preisgerüst der Erlöse ab. Hierbei besteht zwischen beiden Größen häufig eine positive Korrelation, d.h. ist der Bedarf gering, z.B. in der Nacht, ist auch der Strombezugspreis und damit die Stromgutschrift gering.

Demnach wird es wahrscheinlich sein, daß die KWK-Anlage insbesondere in der Nacht außer Betrieb gesetzt wird. Da in der Nacht die Einspeisevergütung in der Regel noch niedriger ist als zur verbrauchsintensiven Tageszeit, kann der Strom bei mangelndem innerbetrieblichen Bedarf auch nicht gewinnbringend veräußert werden.

Bei der Ermittlung der voraussichtlichen Stillstandszeit muß insbesondere der Stromgutschrift besondere Aufmerksamkeit geschenkt werden, da sich mit der Stromgutschrift die höchsten Erlöse erzielen lassen. Die Höhe der erwarteten Stromgutschrift kann anhand der Tagesbelastungskurven des Strombedarfs beurteilt werden.[169] So läßt sich feststellen, wann der Anlagenbetrieb wieder wirtschaftlich sinnvoll ist.

Anhand charakteristischer Belastungslinien des Strom- und Wärmebedarfs läßt sich im Rahmen der Einsatzoptimierung der KWK-Anlage verhältnismäßig gut abschätzen, wie lange mit einem Stillstand der KWK-Anlage zu rechnen ist.[170] Kann anhand von repräsentativen Belastungslinien festgestellt werden, daß der innerbetriebliche Energiebedarf voraussichtlich nur kurzfristig geringe Werte aufweist, so ist das Ausschalten der KWK-Anlage zu vermeiden.

Grundsätzlich müssen jedoch bei diesen Überlegungen, die konzeptabhängigen Unterschiede beachtet werden:

So sind z.B. die Anfahrdauer sowie die entsprechenden Anfahrkosten konzeptabhängig unterschiedlich. Aus diesem Grund muß im Einzelfall auch die Höhe der Anfahrkosten in Abhängigkeit vom KWK-Konzept und von der Zeit betrachtet werden: Gasturbinen beispielsweise haben in der Regel eine sehr kurze Anlaufdauer, während Dampfturbinen grundsätzlich sehr träge auf Laständerungen reagieren. Ein weiterer Punkt, der im Einzelfall be-

---

[169] Zur Bestimmung der Tagesbelastungslinien vgl. Kapitel D.I.4.c.

[170] Vgl. Seeger, T.: Tageseinsatzoptimierung in Kraftwerkssystemen mit Kraft-Wärme-Kopplung, a.a.O., S. 73ff.

achtet werden muß, sind die konzeptabhängig verschiedenen thermischen Belastungen, die aus zu häufigem An- und Abschalten einer Anlage resultieren. Auf die Unterschiede der einzelnen Konzepte hinsichtlich Mindeststillstandszeiten wurde bereits hingewiesen.

2. Entscheidungsalgorithmus Vollast oder Teillast

Im Abschnitt IV dieses Kapitels wurde die Frage aufgeworfen, wie die KWK-Anlage möglichst vorteilhaft für das Unternehmen zu fahren ist. In den folgenden Abschnitten wurde herausgearbeitet, daß zum einen ein möglichst hoher Lastzustand anzustreben ist und zum anderen jede erzeugte kWh Strom und Wärme einen positiven Deckungsbeitrag erwirtschaften muß.

Die Berechnung des Deckungsbeitrages der verschiedenen Grenzbündel dient hierbei als Entscheidungskriterium und ermöglicht eine vorteilhafte Steuerung des Lastzustandes der KWK-Anlage.

a. Praktische Umsetzung der deckungsbeitragsorientierten Anlagenfahrweise

Die in diesem Kapitel dargestellte Vorgehensweise der deckungsbeitragsorientierten Anlagenfahrweise ist noch im Hinblick auf ihre Umsetzbarkeit in die Praxis zu untersuchen.

Die deckungsbeitragsorientierte Anlagenfahrweise eignet sich, wie zu Beginn dieses Kapitels erwähnt, in erster Linie für industrielle Unternehmen. Für Elektrizitätsversorgungsunternehmen hingegen ist diese Fahrweise aufgrund deren Pflicht der öffentlichen Versorgung mit Strom nur in begrenztem Maße geeignet. EVU können daher bei einem negativen Grenz-Deckungsbeitrag nicht auf die Erzeugung verzichten, so daß bei fixen Erlösen lediglich die Minimierung der Kosten angestrebt werden kann.

Industrielle Unternehmen, für die die deckungsbeitragsorientierte Fahrweise in Frage kommt, können nur begrenzte Managementkapazitäten aufwenden, um die Anlagenfahrweise zu optimieren. Die dargestellte Anlagenoptimierung setzt jedoch voraus, daß die Erzeugung und die Nutzung von Strom und Wärme jederzeit im Hinblick auf den Deckungsbeitrag untersucht werden und entsprechende Maßnahmen zu Anpassung der Erzeugungsintensität eingeleitet werden.

Diese ständige Kontrolle des aktuell erzielbaren Grenz-Deckungsbeitrages kann insbesondere für kleine KWK-Anlagen unwirtschaftlich sein, so daß ein vereinfachter Entscheidungsalgorithmus entwickelt werden muß, der praktikabel und trotzdem hinreichend genau ist. Ein möglicher Entscheidungsalgorithmus wird im folgenden vorgestellt.

b. Entscheidungsalgorithmus zur Bestimmung des optimalen Lastzustandes

Eine Grundvoraussetzung der deckungsbeitragsorientierten Anlagenfahrweise ist die Kenntnis des jeweils relevanten Grenz-Bündels. Nur wenn die relevanten Grenz-Bündel bekannt sind, kann der Grenzdeckungsbeitrag berechnet und auf dessen Grundlage eine Fahrweisenentscheidung getroffen werden. Ein Algorithmus zur Bestimmung der jeweils relevanten Grenzbündel wurde bereits im Abschnitt V beschrieben.

Nachdem das relevante Grenz-Bündel bestimmt ist, kann in einem nächsten Schritt der Grenz-Deckungsbeitrag ermittelt werden. Die Grundlage zur Ermittlung bildet hierbei die in diesem Kapitel entwickelte Gleichung.

Die Gleichung ist jedoch nur anwendbar, wenn die verschiedenen Eingangsgrößen, wie der lastabhängige Wirkungsgrad bzw. die Stromkennzahl und das der Berechnung der Erlöse zugrunde liegende Preisgerüst, bekannt sind. Da für jeden Lastzustand andere Daten herangezogen werden müssen, ist die direkte Anwendung der Gleichung für die Praxis eher problematisch. Eine Alternative hierzu bietet eine EDV-gestützte Berechnung des jeweiligen Grenz-Deckungsbeitrages oder entsprechende Tabellen, die die Abhängigkeit zwischen Last und

Deckungsbeitrag der Grenz-Bündel verdeutlichen. Wie eine solche Tabelle gestaltet sein kann, ist im folgenden dargestellt:

Abbildung G56: Entscheidungstabelle einer deckungsbeitragsorientierten Anlagenfahrweise

Entscheidungstabelle der deckungsbeitragsorientierten Anlagenfahrweise

Auftreten eines positiven Deckungsbeitrages in Abhängigkeit des Lastzustandes

Lastzustand	Grenz-Bündel 1 Wärmegutschrift Stromgutschrift	Grenz-Bündel 2 Einspeisevergütung Wärmegutschrift	Grenz-Bündel 3 Stromgutschrift	Grenz-Bündel 4 Einspeisevergütung
50%	Ja	Nein	Nein	Nein
60%	Ja	Nein	Nein	Nein
70%	Ja	Ja	Nein	Nein
80%	Ja	Ja	Ja	Nein
90%	Ja	Ja	Ja	Nein
100%	Ja	Ja	Ja	Nein

Quelle: Eigene Darstellung

In der Tabelle ist dargestellt, ob mit den verschiedenen Grenz-Bündeln in einem bestimmten Lastzustand ein positiver Deckungsbeitrag zu erzielen ist. Ein „Ja" kennzeichnet dabei einen positiven und ein „Nein" einen negativen Deckungsbeitrag.

Es wurden keine konkreten Deckungsbeiträge in die Tabelle eingetragen, sondern ausschließlich eine „JA" oder „NEIN" als Empfehlung zur Fahrweise gegeben. Der Verzicht auf die Angabe konkreter Werte ist hierbei durchaus sinnvoll, da die Höhe des Deckungsbeitrages jeweils von der Länge des betrachteten Zeitraums abhängt. Der Zeitraum, für den eine getroffene Fahrweisenentscheidung gilt, ist hierbei kaum abzusehen, da die Entscheidung auf der Basis einer konkreten Bedarfssituation und damit eines konkreten Grenz-Bündels getroffen wird und unter Umständen sehr bald revidiert werden muß.

Bei der Steuerung der Fahrweise auf der Grundlage einer derartigen Tabelle ist jedoch zu beachten, daß für die jeweilige Tabelle nur ein bestimmtes Preisgerüst gilt. Da sich die Preise jedoch, insbesondere die der Stromgutschrift und Einspeisevergütung, saisonal und je nach Tageszeit unterscheiden,[171] sind für die jeweils unterschiedlichen Preise verschiedene Tabellen anzufertigen.

So werden an einem Tag zwei Tabellen benötigt, einmal für die Hochtarif- und zum anderen für die Niedertarifzeit. Die Tabelle für die Niedertarifzeit wird hierbei aufgrund der geringen Einspeisevergütung und Stromarbeitspreise häufiger empfehlen, bestimmte Grenz-Bündel durch eine entsprechende Fahrweise zu vermeiden, als die Tabelle, die auf den Hochtarif Bezug nimmt. Die Tabellen sind dabei solange gültig, wie es keine Strompreisänderung gibt.[172]

[171] Zur Darstellung des Preisgerüstes, insbesondere des Stromfremdbezuges vgl. Kapitel D.II.

[172] Es ist zu beachten, daß der Preis für fremdbezogenen Strom aufgrund von Mengenrabatten, Staffeltarifen etc. auch bei einer veränderten Bezugsmenge variiert. Da die Fahrweise einen direkten Einfluß auf die vom EVU bezogene Strommenge nimmt, hat die Fahrweise einen Einfluß auf die eigene Entscheidungsgrundlage. Diese Effekte sollen jedoch im Rahmen dieser Arbeit nicht weiter verfolgt werden.

c. Schlußfolgerungen zur Bestimmung des optimalen Lastzustandes

Auf der Grundlage der in diesem Kapitel gewonnenen Erkenntnisse können folgende Gesetzmäßigkeiten formuliert und entsprechende Empfehlungen zur deckungsbeitragsoptimalen Fahrweise einer Kraft-Wärme-Kopplungsanlage getroffen werden:

Folgerungen aus der Existenz lastabhängiger Kosten

Wenn ein Grenz-Bündel in einem beliebigen Teillastzustand einen positiven Deckungsbeitrag aufweist, dann muß dieses Grenz-Bündel in einem höheren Lastzustand ebenfalls einen positiven Deckungsbeitrag aufweisen. Diese Gesetzmäßigkeit ist auf die mit höherer Last sinkenden variablen Kosten zurückzuführen. Sinkende variable Kosten bei konstantem Preisgerüst implizieren einen steigenden Grenzdeckungsbeitrag bei einer steigenden Last.

Wenn dieser Zusammenhang gilt, dann muß auch der umgekehrte Fall gelten: Kann ein Grenz-Bündel im Vollastzustand keinen positiven Deckungsbeitrag erwirtschaften, so ist auch im Teillastzustand mit diesem Grenz-Bündel kein Deckungsbeitrag zu erzielen. Dieses Grenz-Bündel ist daher grundsätzlich durch eine entsprechende Fahrweise zu vermeiden.

Folgerungen aufgrund der Rangordnung der Grenz-Bündel

Die vier Grenz-Bündel können in rangniedrigere und ranghöhere Grenz-Bündel unterschieden werden, wobei die ranghöheren Grenz-Bündel einen höheren Deckungsbeitrag aufweisen als die rangniedrigeren Grenz-Bündel.[173]

Aus der Möglichkeit, die Grenz-Bündel nach dem Deckungsbeitrag zu reihen, läßt sich eine wesentliche Gesetzmäßigkeit ableiten: Ist der Deckungsbeitrag eines rangniedrigeren Grenz-Bündels in einem bestimmten Lastzustand positiv, so sind die Deckungsbeiträge der ranghöheren Grenz-Bündel im selben Lastzustand ebenfalls positiv.

Zusammenführung der Gesetzmäßigkeiten der Rangreihung und der lastabhängigen Kosten

Weist ein Grenz-Bündel in einem bestimmten Lastzustand einen positiven Deckungsbeitrag auf, so muß der Deckungsbeitrag dieses Grenz-Bündels in jedem darüber liegenden Lastzustand ebenfalls positiv sein. Da aus dem positiven Deckungsbeitrag eines rangniedrigen Grenz-Bündels folgt, daß die ranghöheren Grenz-Bündel im entsprechenden Lastbereich ebenfalls positiv sind, kann folgende wichtige Schlußfolgerung zum Entscheidungsproblem Teil- versus Vollast getroffen werden:

Wenn das rangniedrigste Grenz-Bündel 4 („Einspeisevergütung“) in einem beliebigen Lastpunkt, der unter der Vollast liegt, einen positiven Deckungsbeitrag aufweist, so ist auch bei Vollast ein positiver Deckungsbeitrag zu erzielen. Hieraus folgt wiederum, daß der Deckungsbeitrag aller (ranghöheren) Grenz-Bündel bei Vollast ebenfalls positiv sein muß, was wiederum impliziert, daß ein Anlagenbetrieb in Vollast zu empfehlen ist.

Aus der obigen Tabelle geht hervor, daß der Deckungsbeitrag des Grenz-Bündels 4 (Einspeisevergütung) stets negativ ist. Somit muß durch die Anlagenfahrweise vermieden werden, daß Strom bei gleichzeitiger Wärmevernichtung in das öffentliche Netz eingespeist wird.

Der Lastzustand ist bis zu dem Punkt zu verringern, an dem entweder keine weitere Einspeisung erfolgt oder die gesamte erzeugte Wärme innerbetrieblich genutzt werden kann. Tritt keine Einspeisung auf, so befindet sich das Unternehmen im Grenz-Bündel 3 („Stromgutschrift“). Im Fall der vollständigen Wärmenutzung wird hingegen das Grenz-Bündel 2 („Einspeisevergütung und Wärmegutschrift“) erreicht.

---

[173] Zur Rangreihung der Grenz-Bündel vgl. Abschnitt V.4 in diesem Kapitel.

Je nachdem, welches Grenz-Bündel nach einer Lastreduzierung relevant wird, ist erneut zu prüfen, ob im erreichten Lastzustand ein positiver Grenz-Deckungsbeitrag erwirtschaftet werden kann. Ist dieses nicht der Fall, z.B. bei einer Last von 70% oder darunter beim Grenz-Bündel 3 („Stromgutschrift"), ist mit einer weiteren Lastreduzierung auch dieses Grenz-Bündels zu vermeiden.

Das ranghöchste Grenz-Bündel stellt das Grenz-Bündel 1 („Stromgutschrift und Wärmegutschrift") dar. Es wird deutlich, daß mit Erreichen dieses Grenz-Bündels in jedem Lastpunkt ein positiver Grenz-Deckungsbeitrag erzielt werden kann.[174] Demnach ist durch die Fahrweise wenigstens die vollständige Abdeckung dieses Grenz-Bündels anzustreben. Ein Entscheidungsproblem kann nur eintreten, wenn entweder der Strom- oder der Wärmebedarf vorzeitig gedeckt ist.

Bei den Darstellungen in diesem Abschnitt wurden keine weiteren Differenzierungen im Hinblick auf einen Freiheitsgrad oder zwei Freiheitsgraden vorgenommen, da die getroffenen Aussagen in beiden Fällen gültig sind.

Für Anlagen ohne Möglichkeit der Wärmevernichtung ist jedoch eine Besonderheit zu beachten: Für diese Anlagen sind zwei Grenz-Bündel, wie bereits mehrfach betont, generell nicht erzielbar, so daß in der Abbildung G 8 in den Spalten „Stromgutschrift" (Grenz-Bündel 3) und „Einspeisevergütung" (Grenz-Bündel 4) jeweils ein „Nein" eingetragen werden muß. Dieses ist zugleich als negativer Deckungsbeitrag interpretierbar, so daß auch hier durch eine entsprechende Fahrweise diese beiden Grenz-Bündel vermieden werden sollten.

Zu Beginn dieses Kapitels wurde die wärmeorientierte Fahrweise vorgestellt und die Frage aufgeworfen, wie vorteilhaft diese Fahrweise für das Unternehmen ist. Mit den in diesem Kapitel gewonnenen Erkenntnissen kann diese Frage beantwortet werden.

Die rein wärmeorientierte Fahrweise, d.h. die Steuerung der Anlage nach dem Wärmebedarf, kommt dann zum identischen Ergebnis wie die deckungsbeitragsorientierte Fahrweise, wenn die zwei folgenden Bedingungen erfüllt sind: Die Analyse der deckungsbeitragsorientierten Fahrweise muß empfehlen, daß einerseits die Wärmevernichtung generell zu vermeiden ist und andererseits, daß das Grenz-Bündel 1 („Stromgutschrift und Wärmegutschrift") sowie das Grenz-Bündel 2 („Einspeisevergütung und Wärmegutschrift") in jedem Lastzustand einen positiven Deckungsbeitrag aufweisen.

Die erste Bedingung ist zumindest bei Anlagen ohne Wärmevernichtung stets erfüllt. Die zweite Bedingung des lastunabhängig immer positiven Deckungsbeitrages hingegen ist als problematisch anzusehen:

Während bei vollständiger innerbetrieblicher Strom- und Wärmenutzung von einem positiven Deckungsbeitrag auszugehen ist, kann bei der teilweisen Einspeisung von Strom in das öffentliche Netz durchaus die Situation eintreten, daß der Deckungsbeitrag des Grenz-Bündels 2 einen negativen Wert aufweist. Wird die Fahrweise in diesem Fall streng am Wärmebedarf ausgerichtet, so hat dieses negative Auswirkungen auf die Wirtschaftlichkeit der Anlage. Aus diesem Grund wird im Rahmen dieses Kapitels eine streng am Deckungsbeitrag orientierte Fahrweise empfohlen, die über die reine Wärmeorientierung hinaus den Deckungsbeitrag eines bestimmten Lastzustandes berücksichtigt.

Bei Anlagen mit der Möglichkeit der Wärmevernichtung leistet eine deckungsbeitragsoptimierte Fahrweise hingegen weitaus wertvollere Dienste. Der Grund liegt in dem um zwei

---

[174] Theoretisch kann es auch einen (sehr niedrigen) Lastzustand geben, bei dem die negativen Effekte aus reduziertem Gesamtwirkungsgrad und gesunkener Stromkennzahl zu variablen Kosten führen, die über dem Erlös des Grenzbündels 1 („Stromgutschrift und Wärmegutschrift") liegen. Dieses tritt um so eher ein, je niedriger die relative Mindestlast ist bzw. je stärker die Stromkennzahl und der Gesamtwirkungsgrad durch zunehmende Intensitätsreduzierung sinken.

Grenz-Bündel erweiterten Entscheidungsfeld. Hinzu kommt, daß gerade diese zusätzlichen Bündel aufgrund des Wegfalls der Wärmeerlöse der Gefahr unterliegen, einen negativen Deckungsbeitrag zu erwirtschaften.

Aus diesem Grund ist in diesem Fall die Ausrichtung der Fahrweise an den Deckungsbeitrag für eine an wirtschaftlichen Kriterien orientierte Optimierung empfehlenswert, zumal die in der Literatur mitunter empfohlene stromorientierte Fahrweise für den industriellen KWK-Betreiber keine konkrete Entscheidungshilfe bietet.

VIII. Problembereiche der deckungsbeitragsorientierten Anlagenfahrweise

1. Generelle Kritik an der Anwendung des Deckungsbeitrages

Ein wesentlicher Kritikpunkt der Verwendung des Deckungsbeitrages ist, daß die Fixkosten und damit der Gesamterfolg außer Betracht gelassen werden.[175] Das kann dazu führen, daß der KWK-Anlage trotz eines hohen Deckungsbeitrages bei einer Vollkostenbetrachtung ein Verlust zuzurechnen ist. Die Vernachlässigung des Gesamterfolges ändert jedoch nichts an der Fahrweisenentscheidung. Die durch den Betrieb einer KWK-Anlage entstehenden Fixkosten werden im Vorfeld der Investitionsentscheidung in Form einer Wirtschaftlichkeitsbetrachtung erfaßt und betrachtet. Ist das Ergebnis dieser Wirtschaftlichkeitsbetrachtung, daß durch den Betrieb einer KWK-Anlage bestimmte Kosten nicht durch entsprechende Erlöse bzw. Einsparungen in Form von Strom-, Wärmegutschriften und Einspeisevergütungen gedeckt werden können, ist das Investitionsvorhaben abzulehnen. Wird erst nach der Investitionsentscheidung, z.B. aufgrund einer Nachkalkulation[176] bzw. einer Abweichungsanalyse[177], festgestellt, daß die bereits bestehende KWK-Anlage trotz optimaler Fahrweise nur Deckungsbeiträge erwirtschaften kann, die in ihrer Summe nicht den gesamten Fixkostenblock abdecken, so war die vorangegangene Wirtschaftlichkeitsrechnung ungenügend und basierte auf falschen Prämissen.[178] Zusammenfassend kann das Kriterium für eine optimale Fahrweisenentscheidung keine andere Größe als der Deckungsbeitrag sein. Nicht gedeckte Fixkosten sind in erster Linie das Ergebnis einer wirtschaftlich ungünstigen Investitionsentscheidung.[179]

Ein weiterer Kritikpunkt, der im Zusammenhang mit der Teilkostenrechnung genannt wird, betrifft die Notwendigkeit, die Bestände in der Handels- und Steuerbilanz auf Vollkostenbasis

---

175 Vgl. hierzu auch Kilger, der -neben anderen Autoren- dies zu entkräften vermag; Kilger, W.: Offene Probleme der Plankosten- und Deckungsbeitragsrechnung, in: Scheer, A.-W. (Hrsg.), Grenzplankostenrechnung. Stand und aktuelle Probleme, Wiesbaden 1988, S. 95ff; Kilger, W.: Flexible Plankostenrechnung und Deckungsbeitragsrechnung, a.a.O., S. 81; Haberstock, L.: Kostenrechnung II. (Grenz-) Plankostenrechnung, a.a.O., S. 33-36; Däumler, K.-D., Grabe, J.: Kostenrechnung 3, Plankostenrechnung, a.a.O. S. 11ff; Scherrer, G.: Kostenrechnung, 2. Auflage, Stuttgart 1991, S. 136ff; Mayer, E.: Kostenrechnung 1 für Studium und Praxis, 4. Auflage, Bad Homburg 1988, S. 156ff; Götzinger, M., Michael, H.: Kosten- und Leistungsrechnung, a.a.O., S. 203ff; Hummel, S., Männel, W.: Kostenrechnung 1, a.a.O., S. 45-52.

176 Vgl. u.a. Kilger, W.: Flexible Plankostenrechnung und Deckungsbeitragsrechnung, a.a.O., S. 28ff. und 648ff; Haberstock, L.: Kostenrechnung II. (Grenz-) Plankostenrechnung, a.a.O., S. 382ff; Hummel, S., Männel, W.: Kostenrechnung 1, a.a.O., S. 312ff.

177 Ist eine Grenzplan-Kostenrechnung vorhanden, so können sinnvollerweise Preis- und Mengen- bzw. Verbrauchsabweichungen analysiert werden. Darüber hinaus gibt es eine Reihe von Spezialabweichungen (z.B. Ausbeutegradabweichung, Intensitätsabweichung, Verrechnungsabweichung), die insbesondere für KWK-Anlagen lohnenswert scheinen. Zu den einzelnen Abweichungen vgl. u.a. Haberstock, L.: Kostenrechnung II. (Grenz-) Plankostenrechnung, a.a.O., S. 272ff. und 306ff; vgl. auch Witt, F.-J.: Deckungsbeitragsmanagement, a.a.O., S. 86ff.

178 Zur Analyse der Fixkosten im Fall einer Grenzplankostenrechnung vgl. u.a. Haberstock, L.: Kostenrechnung II. (Grenz-) Plankostenrechnung, a.a.O., S. 351ff.

179 Zu den Disproportionalitäten bei ungünstiger Dimensionierung und der nicht beliebigen Teilbarkeit von betrieblichen Anlagen vgl. Gutenberg, E.: Die Produktion, a.a.O., S. 175.

zu bewerten.[180] Diese Kritik greift jedoch nicht für die Kraft-Wärme-Kopplung, da Strom und Wärme nicht lagerfähig sind.[181]

Zur Teilkostenrechnung wird außerdem kritisch bemerkt, daß hierdurch zu niedrige Preise für den Verkauf angesetzt werden.[182] Dieses Argument trifft für die Kraft-Wärme-Kopplung insofern zu, als die Kosten für erzeugte Wärme und Strom über Verrechnungspreise an die Kostenstellen weitergereicht werden. Falsch gesetzte Preise können somit Auswirkungen auf die Nachfrage von Strom und Wärme haben und zu unerwünschtem Verhalten der Kostenstellenleiter führen.[183] Da die deckungsbeitragsorientierte Fahrweise auf dem Bedarf beruht, betrifft die Bestimmung von Verrechnungspreisen ausschließlich auf Basis von variablen Kosten auch indirekt die Anlagenfahrweise.

2. Ermittlung und Aktualisierung für die Entscheidung wesentlicher Daten

a. Ermittlung der Grenz-Bündel

Die Grenz-Bündel spielen bei der deckungsbeitragsorientierten Anlagenfahrweise eine zentrale Rolle, da erst diese eine Grenzbetrachtung ermöglichen. Ohne Grenzbetrachtung wiederum können keine Entscheidungen zur Fahrweise getroffen werden, da keine Aussagen über die Entwicklung des Deckungsbeitrages bei einer Laständerung möglich sind.

Die Voraussetzung für eine Grenzbetrachtung bzw. die Ermittlung der Grenz-Bündel ist, daß das Unternehmen Kenntnis hat, wohin eine zusätzlich erzeugte Einheit Strom und Wärme fließt. Da Strom und Wärme nicht sichtbar sind, kann diese Kenntnis nur erlangt werden, wenn entsprechende Meßeinrichtungen vorhanden sind, auf die zur Fahrweisenentscheidung zurückgegriffen werden kann.

Für die meisten Unternehmen ist davon auszugehen, daß die entsprechenden Meßeinrichtungen vorhanden sind, da ansonsten z.B. nicht nachvollziehbar wäre, wieviel Strom in das öffentliche Netz eingespeist wird. Problematisch ist allerdings die Geschwindigkeit, mit der auf die entsprechenden Daten zurückgegriffen werden kann. So muß die Fahrweise kontinuierlich an den Bedarf angepaßt werden, das heißt, die Bedarfsinformationen müssen im Idealfall sofort, d.h. ohne Verzögerung, zur Entscheidungsfindung zur Verfügung stehen.

Dieses ist jedoch oftmals nicht möglich: Die meisten Unternehmen regeln die Fahrweise der KWK-Anlage manuell oder anhand von technischen Einrichtungen, die z.B. die Fahrweise der KWK-Anlage dem aktuellen Wärmebedarf des Unternehmens anpassen. Durch eine manuelle Regelung geht zwischen dem Bemerken der Bedarfsänderung und der Anpassung der Anlagenfahrweise Zeit verloren. Ein weiterer Grund, daß die notwendigen Informationen bei manueller Fahrweise nicht zur Verfügung stehen, ist, daß insbesondere kleinere Anlagen ohne Bedienungspersonal gesteuert werden. Hier wird die Anlage nach einem festgelegten Programm gefahren, da die Einsparungen an Kosten für das Bedienungspersonal höher gewichtet werden als die Einsparungen bei einer optimierten Fahrweise. Demnach kommt die deckungsbeitragsorientierte Fahrweise zur Zeit nur für größere Anlagen in Betracht, bei denen die Anlagenfahrweise durch entsprechendes Personal beeinflußbar ist. Das Problem der Zeitverzögerung kann jedoch auch hier nicht überwunden werden.

---

[180] Vgl. u.a. Haberstock, L.: Kostenrechnung II. (Grenz-) Plankostenrechnung, a.a.O., S. 33f.

[181] Zur Lagerfähigkeit gibt es Ausnahmen. So kann die Wärme über einen begrenzten Zeitraum in Wärmespeichern und der Strom in Batterien gespeichert werden. Von diesen beiden Grenzfällen soll jedoch hier abgesehen werden.

[182] Vgl. u.a. Kilger, W.: Offene Probleme der Plankosten- und Deckungsbeitragsrechnung, a.a.O., S. 95ff; Haberstock, L.: Kostenrechnung II. (Grenz-) Plankostenrechnung, a.a.O., S. 34f.

[183] Die Problematik von Verrechnungspreisen wurde bereits im Kapitel F.V. erläutert.

Die Zeitverzögerung ist jedoch nicht zu hoch zu gewichten, da eine sofortige Laständerung bei schwankendem Bedarf ohnehin nicht sinnvoll ist.[184] Vielmehr ist der Bedarf zu planen und die Erzeugung hierauf abzustimmen. Das Problem des fehlenden Bedienungspersonals kann theoretisch durch die Entwicklung von automatischen Steuerprogrammen auf der Basis der EDV gelöst werden. Die entsprechende Software muß hierbei die in diesem Kapitel entwickelten Entscheidungsregeln berücksichtigen. Eine Voraussetzung des Einsatzes von EDV ist, daß die EDV direkt auf Meßdaten zum aktuellen Strom- und Wärmebedarf und auch auf die jeweilige Verwendung der erzeugten Kuppelprodukte zurückgreifen kann.

b. Ermittlung der technischen Daten

Zur Berechnung des Deckungsbeitrages, der in einem bestimmten Lastzustand zu erzielen ist, werden Informationen zum Wirkungsgrad und zur Stromkennzahl benötigt. Die Ermittlung dieser Informationen ist jedoch nicht unproblematisch.

Die Ermittlung dieser Daten bereitet Schwierigkeiten, da sich insbesondere der Wirkungsgrad und die Stromkennzahlen aufgrund von Verschleißerscheinungen der KWK-Anlage im Zeitablauf verändern können.[185] Demnach gelten die technischen Daten nur für einen begrenzten Zeitraum und müssen regelmäßig den neuen Gegebenheiten angepaßt werden.

Die Ermittlung der Daten auf der Grundlage statistischer Methoden ist nicht ohne weiteres möglich, da zum Beispiel die Ermittlung des lastabhängigen Wirkungsgrades voraussetzt, daß die Last für eine bestimmte Zeit konstant gehalten wird, um hierdurch den Brennstoffeinsatz und die Erzeugungsmenge zu messen. Da die Last und weitere Rahmenbedingungen nur für eine begrenzte Zeit unverändert gehalten werden können, kann die statistische Erhebung auf einer nur kleinen Stichprobe basieren, so daß Störgrößen das Ergebnis verfälschen können.

In der Regel stützt sich das Unternehmen bei der Einschätzung des Lastverhaltens auf die Angaben des Herstellers der KWK-Anlage. Aufgrund der Veränderung des Lastverhaltens in der Zeit sowie der Abweichungen, die verschiedene Anlagen gleichen Typs aufweisen können, werden diese Daten die tatsächlich entstehenden Kosten nicht exakt wiedergeben. Dies wiederum bedeutet, daß die Datengrundlage für die deckungsbeitragsorientierte Fahrweise nicht genau der Realität entspricht und hierdurch Fehlentscheidungen möglich sind.

c. Ermittlung des Preisgerüstes

Die Ermittlung des Deckungsbeitrages setzt voraus, daß das Preisgerüst der variablen Kosten und Erlöse bekannt ist. Das Preisgerüst der variablen Kosten setzt sich im beschriebenen Modell aus der Wartung und den Brennstoffpreisen zusammen, das der Erlöse besteht aus der Wärmegutschrift, dem variablen Teil der Stromgutschrift sowie der Einspeisevergütung.

aa. Brennstoffkosten und Wärmegutschrift

Die Brennstoffpreise können den bestehenden Lieferverträgen entnommen werden, wobei es häufig nicht möglich ist, konkrete Preise herauszulesen. Meist sind diese an die Abnahmemenge gekoppelt und weisen, z.B. bei Erdgas, je nach Tageszeit eine unterschiedliche Höhe auf. Ferner unterliegen die Brennstoffpreise im Zeitablauf Veränderungen, wobei die Häufigkeit der Veränderungen davon abhängt, wie langfristig der Vertrag abgeschlossen wird.

Bei der Veränderung der Brennstoffpreise müssen die konkreten Entscheidungskriterien für die Fahrweise jeweils den neuen Bedingungen angepaßt werden. Dieses bedeutet wiederum,

---

[184] Vgl. die folgenden Bemerkungen zur Laständerungsgeschwindigkeit und -kosten.

[185] Vgl. Gutenberg, E.: Die Produktion, a.a.O., S. 176; Riebel, P.: Einzelkosten- und Deckungsbeitragsrechnung, a.a.O., S. 555.

daß eine rege Kommunikation zwischen der Einkaufsabteilung und den für die Fahrweisenentscheidung Verantwortlichen notwendig ist.

Eng an die Brennstoffpreise ist die Wärmegutschrift gekoppelt, da diese von den Kosten der alternativen Erzeugung von Wärme abhängig ist. Auch diese Opportunitätskosten der Wärmeerzeugung hängen maßgeblich von den Brennstoffkosten ab. Folglich muß auch die Wärmegutschrift regelmäßig den veränderten Bedingungen angepaßt werden.

bb. Wartung

Die Bestimmung des Preises für die Wartung erweist sich als schwierig, da die Wartungskosten in der Regel eine Schätzung der aus der Erzeugung resultierenden Kosten, z.B. der Verschleißkosten, darstellen.[186] Da Schätzungen regelmäßig nicht wie geplant eintreten, wird demzufolge auch nicht der später tatsächlich realisierte Preis unterstellt.

Ein weiteres Problem ist, daß Wartungsverträge so gestaltet werden können, daß für die Wartung ausschließlich ein fixer oder ein variabler Preis zu zahlen ist. Daneben können Wartungsverträge gleichzeitig auch aus fixen und variablen Kostenbestandteilen bestehen.[187] Schließlich besteht die Möglichkeit, daß Schäden an Maschinen durch Versicherungen abgedeckt werden.[188] Je höher der fixe Anteil an den Wartungskosten ist, desto geringer sind die variablen Kosten der Erzeugung und desto höher ist der jeweils zu ermittelnde Deckungsbeitrag pro Grenz-Bündel. Dies wiederum führt dazu, daß die Anlage eher eingeschaltet oder tendenziell mit höherer Last betrieben wird. Insgesamt gilt, je höher der Anteil der fixen Kosten an den Gesamtkosten einer KWK-Anlage ist, desto eher verliert das Kriterium des Deckungsbeitrages für die Fahrweisenentscheidung an Bedeutung, da im Extremfall bei allen denkbaren Situationen der Deckungsbeitrag positiv ist und die Anlage demzufolge immer betrieben wird.

Dies führt zur Überlegung, daß es durchaus sinnvoll ist - unter Abwägung der zu vergleichenden Kostenarten hinsichtlich ihrer Höhe bei unterschiedlichen Beschäftigungen - auch aus Gründen der Flexibilität möglichst viele Kosten variabel zu gestalten.[189]

cc. Einspeisevergütung

Auch bei der Bestimmung des Preisgerüstes der Einspeisevergütung wurden einige Problembereiche ausgeklammert.

So ist zu beachten, daß eine reine Einspeisung bei voller Wärmevernichtung unter Umständen zur Verstimmung des örtlichen EVU beiträgt, da die Verbändevereinbarung[190] nur die Einspeisung von Strom abdeckt, der bei gleichzeitiger Wärmenutzung erzeugt wird. Auch wenn die Nutzung von Wärme im Einzelfall, insbesondere bei kurzzeitig sinkendem Wärmebedarf, nicht nachprüfbar ist, sollten mögliche Verstimmungen mit dem EVU vermieden werden. Aus diesem Grund kann es sinnvoll sein, auf den geringen Deckungsbeitrag bei reiner Stromeinspeisung oder einer Fahrweise im Kondensations- oder Auspuffbetrieb zu verzichten und somit die Möglichkeiten der Einspeisung von Strom langfristig sicherzustellen.

---

[186] Kilger, W.: Planung der Produktionskosten, a.a.O., Sp. 1555.

[187] Kilger schlägt vor, daß der Gebrauchsverschleiß den variablen Kosten zugeordnet werden kann, der Zeitverschleiß hingegen den fixen Kosten zugeordnet werden soll; vgl. Kilger, W.: Planung der Produktionskosten, a.a.O., Sp. 1555.

[188] Zu den verschiedenen Versicherungsarten vgl. insbesondere Kapitel F.III.2.a.ff.

[189] Vgl. hierzu auch Bergner, H.: Der Ersatz fixer Kosten durch variable Kosten, a.a.O., S. 141-162; siehe hierzu auch Kapitels H.I.1.

[190] Zur Darstellung der Verbändevereinbarung vgl. Kapitel F.II.1.b.bb.

dd. Stromgutschrift

Es wurde bereits erläutert, daß die zu berücksichtigenden Strompreise aus den Preisen des alternativen Stromfremdbezugs resultieren, welche wiederum von den bezogenen Mengen abhängen.[191]

Da sich infolge der teilweisen Eigenstromerzeugung einer Kraft-Wärme-Kopplungsanlage der Fremdbezug an Strom verändert, verändern sich auch die Preise und damit die Entscheidungsgrundlage der deckungsbeitragsorientierten Fahrweise selbst.[192] Die Bestimmung eines exakten Preises setzt demnach voraus, daß die Interdependenzen zwischen Strompreis und Erzeugung berücksichtigt werden. Der damit verbundene Aufwand führt jedoch nicht zu einer wesentlichen Verbesserung der Entscheidungsgrundlage. Daher wird empfohlen, lediglich Tarifabstufungen nach Hoch- und Niedertarif oder nach Sommer und Winter bei der Aufstellung von Entscheidungsregeln zu berücksichtigen.

3. Unvollständige Berücksichtigung für die Entscheidung wesentlicher Daten

a. Leistungsgutschrift

Die Leistungsgutschrift ist ein Teil der Stromgutschrift und wird erwirtschaftet, wenn es gelingt, durch den Betrieb der KWK-Anlage den Leistungsbezug vom EVU zu reduzieren. Ob eine Leistungsgutschrift durch den Anlagenbetrieb erwirtschaftet werden kann, hängt insbesondere von der Fahrweise ab. So muß die KWK-Anlage immer dann in Betrieb sein, wenn ein entsprechend hoher Leistungsbedarf im Unternehmen besteht.

Bei der Berechnung des für die Fahrweise entscheidungsrelevanten Deckungsbeitrages fließt nicht die Leistungsgutschrift ein, sondern ausschließlich die Arbeitsgutschrift. Der Grund liegt darin, daß die Entstehung der Leistungsgutschrift nicht verursachungsgerecht zugeordnet werden kann. Wird die KWK-Anlage bei hohem innerbetrieblichen Leistungsbedarf einmalig nicht angeschaltet, so fällt die Leistungsgutschrift weg.[193]

Es muß deshalb die Frage gestellt werden, ob der Fall eintreten kann, daß die Anlage aufgrund einer deckungsbeitragsorientierten Fahrweise nicht in Betrieb ist und hierdurch keine Leistungsgutschrift erzielt werden kann. Dieser Fall kann nur eintreten, wenn im Unternehmen ein momentan sehr hoher Spitzenleistungsbedarf besteht und die KWK-Anlage zu diesem Zeitpunkt in Teillast gefahren oder sogar ausgeschaltet ist, da der Deckungsbeitrag der zusätzlichen Erzeugung negativ ist.

Wenn ein hoher innerbetrieblicher Bedarf an Strom und Wärme besteht, dann befindet sich das Unternehmen entweder im Grenz-Bündel 1 „Stromgutschrift und Wärmegutschrift“ oder im Grenz-Bündel 3 „Stromgutschrift“.

Der Umstand, daß eine sich eventuell in Teillast befindliche KWK-Anlage aufgrund eines negativen Deckungsbeitrages im Grenz-Bündel „Stromgutschrift und Wärmegutschrift“ ausgeschaltet wird, wird in der Praxis nicht von Bedeutung sein. Zum einen impliziert ein

---

[191] Vgl. die Erläuterungen zu den Konditionen des Stromfremdbezugs im Kapitel D.II.1.

[192] Wenn sich durch eine erhöhte Erzeugung von Strom die Fremdbezugspreise erhöhen, dann sinkt der Arbeitspreis der Stromgutschrift und damit sinkt der Deckungsbeitrag der zusätzlichen Erzeugung. Vgl. hierzu die indirekte Berechnung der Stromgutschrift im Kapitel F.II.1.a.aa.bbb.

[193] Auf die Möglichkeit, daß bei einer wärmeorientierten Fahrweise nicht alle „die Bezugsleistung des EVU bestimmenden Maxima erwischt werden“ weist auch Göricke, Mitarbeiter eines EVU, in seinem kritischen Artikel zum industriellen KWK-Einsatz hin; vgl. Göricke, P.: Blockheizkraftwerke. Ihre Technik. Ihre Probleme, a.a.O., S. 173.

hoher Spitzenbedarf, daß die KWK-Anlage eher in Vollast gefahren werden kann[194] und damit zu relativ geringen Kosten produziert. Zum andern kann bei vollständiger innerbetrieblicher Verwendung des erzeugten Stromes und der Wärme (Grenz-Bündel 1) ein höchstmöglicher Erlös erzielt werden.

Der Fall, daß sich das Unternehmen beim Spitzenleistungsbedarf an Strom im Grenz-Bündel „Stromgutschrift" befindet, ist jedoch problematischer. Aufgrund des Wegfalls der Wärmegutschrift ist es eher denkbar, daß der Deckungsbeitrag in einem bestimmten Teillastzustand negativ ist. Es ist jedoch zu beachten, daß auch in diesem Grenz-Bündel die Anlage bei niedrigen variablen Kosten in Vollast gefahren werden kann. Da trotz Wegfall der Wärme als Erlösbestandteil aufgrund des verhältnismäßig hohen Strompreises noch ein hoher Erlös erzielt werden kann, ist von einem Anlagenbetrieb auch in diesem Grenz-Bündel auszugehen.

Dieser Argumentation folgend wird die Anlage immer dann in Betrieb sein, wenn eine hohe Leistung nachgefragt wird, und durch die deckungsbeitragsorientierte Fahrweise wird indirekt auch die Erzielung der Leistungsgutschrift sichergestellt. Eine zusätzliche Berücksichtigung der Leistungsgutschrift als Erlösbestandteil oder als Randbedingung ist demnach nicht nötig, weil die deckungsbeitragsorientierte Fahrweise implizit über die Kopplung an den Strombedarf die optimale Fahrweise gewährleistet.

b. Verschleiß

Die Kraft-Wärme-Kopplungsanlage unterliegt einem beschäftigungsbedingten Verschleiß. Da dieser Verschleiß nicht direkt meßbar ist, sondern erst in der Zukunft eintritt, z.B. durch erhöhte Wartungs- und Instandhaltungskosten, kann der Verschleiß lediglich geschätzt werden.[195]

Die verschleißbedingten Kosten sind implizit durch den Ansatz von Wartungskosten im Modell enthalten, jedoch ist es fraglich, ob die Schätzung den tatsächlichen Verschleiß und damit die durch den Anlagenbetrieb auftretenden Kosten abdeckt.[196] Da Schätzungen nur Annahmen sind, werden die Wartungskosten meist zu hoch oder zu niedrig angesetzt, wodurch die Kostenentstehung nicht korrekt ausgedrückt wird. Die nicht korrekte Berücksichtigung der entstehenden Kosten ist hierbei wahrscheinlich, da das Unternehmen insbesondere kurz nach der Erstellung der KWK-Anlage keine Erfahrungen hinsichtlich der Entwicklung der Wartungs- und Instandhaltungskosten hat. So muß sich das Unternehmen auf die Angaben des Herstellers verlassen, der jedoch als Verkäufer eine eher zu optimistische Entwicklung der Wartungskosten prognostiziert.

Weitere verschleißbedingte Kosten sind ebenfalls noch nicht erfaßt. So erhöht sich mit der Zeit die Unfallgefahr oder es kommt vermehrt zu Anlagen- und damit zu Erlösausfällen.[197]

---

[194] Die Gültigkeit dieser Aussage ist zum einen davon abhängig, was unter dem Begriff „Spitzenbedarf" verstanden wird, und zum anderen wie groß die KWK-Anlage dimensioniert ist. Im Rahmen dieser Arbeit wird unter Spitzenbedarf verstanden, daß eine elektrische Leistung im Unternehmen abgefordert wird, die weit über dem durchschnittlichen Verbrauch des Unternehmens liegt. Die Dimensionierung der Anlage spielt bei der Frage, ob die Anlage beim Spitzenbedarf in Vollast gefahren wird, insofern eine Rolle, als daß die Anlage so dimensioniert werden kann, daß selbst beim Spitzenbedarf kein Vollastbetrieb möglich ist. Da dieser Fall für die Praxis nicht relevant ist, soll hiervon abgesehen werden.

[195] Vgl. Gallus, G.: Betriebsmittel: Begriffe und Arten, in: Kern W. (Hrsg.): Enzyklopädie der Betriebswirtschaftslehre, Band VI, Handwörterbuch der Produktion, Stuttgart 1979, Sp. 359; Riebel, P.: Einzelkosten- und Deckungsbeitragsrechnung, a.a.O., S. 555; Gutenberg, E.: Die Produktion, a.a.O., S. 71 und 176.

[196] Vgl. Kilger, W.: Planung der Produktionskosten, a.a.O., Sp. 1555.

[197] Zum Risiko des Anlagenausfalls vgl. Bussmann, K.-F.: Produktionsrisiken, a.a.O., Sp.1582.

c. Laständerungsgeschwindigkeiten und -kosten

Im dargestellten Modell der deckungsbeitragsorientierten Anlagenfahrweise wurde vorausgesetzt, daß sich die Erzeugung an einen sich ändernden Bedarf sofort anpassen läßt. Diese Prämisse ist jedoch in der Praxis nur bedingt erfüllt. Der Grund liegt darin, daß die KWK-Anlage eine bestimmte Zeit benötigt, um einen neuen Lastzustand anzunehmen. Hierbei hängt die Zeitdauer maßgeblich vom gewählten Konzept und Anlagentyp ab. Mit einer Gasturbine lassen sich sehr viel schneller Lastwechsel vornehmen als mit einer Dampfturbine.[198]

Da die Erzeugung nicht unmittelbar an einen wechselnden Bedarf angepaßt werden kann, ist eine zeitweilige Anlagenfahrweise mit negativem Deckungsbeitrag nicht zu verhindern. Die Problematik, ob die Anlage bei einem Absinken des Bedarfs in Teillast gefahren werden soll, ist noch komplexer. In der Zeit, die zur Anpassung an eine neue Bedarfssituation benötigt wird, können sich wiederum die Energiebedarfswerte ändern. Die Entscheidung einer Laständerung kann somit schon überholt sein, bevor der neue Lastzustand erreicht ist.

Die Konsequenz aus der Dauer einer Laständerung ist, daß die Fahrweise nicht auf der Grundlage rein kurzfristiger Bedarfsdaten geändert werden kann, sondern eine langfristige Bedarfsentwicklung zugrunde gelegt werden muß. Die Bedarfsentwicklung läßt sich aus den Tagesbelastungslinien ablesen und ist damit im voraus abschätzbar.[199]

Ein weiteres Problem, das bei einer Laständerung zu beachten ist, sind die Laständerungskosten, die insbesondere in einem erhöhten Verschleiß liegen. Diese Kosten sind bei der Optimierung zu berücksichtigen, indem bei einer Laständerung jeweils gewichtet wird, ob die entstehenden Kosten den zusätzlichen (kurzfristigen) Deckungsbeitrag rechtfertigen.

d. Berücksichtigung von KWK-Anlagen in Modulbauweise

Bei der Beschreibung der deckungsbeitragsorientierten Anlagenfahrweise war die Optimierung eines einzelnen KWK-Aggregates der Ausgangspunkt. Es ist jedoch auch möglich, daß die KWK-Anlage aus mehreren Modulen besteht, wie es insbesondere beim BHKW häufig der Fall ist.[200] Hier ist zu entscheiden, mit welcher Intensität jedes einzelne Modul zu fahren ist und ob eines oder mehrere der Module an- oder ausgeschalten werden sollen.

Dabei ist es das Ziel, möglichst viele Module in Vollast zu fahren und Nachfrageschwankungen durch die Steuerung eines einzigen oder weniger Aggregate auszugleichen. Bei einer Grenzbetrachtung wird lediglich dieses Modul betrachtet, so daß die Ausführungen dieses Kapitels, die ebenfalls auf einem Aggregat basieren, übertragen werden können. Zu beachten ist jedoch, daß nach dem Ausschalten eines Moduls die Fahrweise für ein weiteres zu überprüfen ist und gegebenenfalls auch dieses Modul auszuschalten bzw. in Teillast zu fahren ist.

Der Vorteil von Anlagen in Mehrmodulbauweise ist, daß lediglich ein Modul in Teillast und alle anderen in Vollast gefahren werden und hierdurch ein sehr guter durchschnittlicher Wirkungsgrad und eine günstige Stromkennzahl erreicht werden. Anlagen in Mehrmodulweise eignen sich daher insbesondere für Unternehmen mit einem stark schwankenden Strom- und Wärmebedarf.

---

198 Vgl. hierzu die Ausführungen in Kapitel E.II.3.a und b.

199 Seeger hat in Modellen aufgezeigt, wie Ein- und Ausschaltpunkte von KWK-Anlagen auf der Grundlage von Belastungslinien geplant werden können. Die Ausführungen Seegers können auch auf die Entscheidungen, ob der Lastzustand zu wechseln ist, übertragen werden. Vgl. Seeger, T.: Tageseinsatzoptimierung in Kraftwerkssystemen mit Kraft-Wärme-Kopplung, a.a.O., S. 91ff.

200 Vgl. hierzu Kapitel E.II.3.d mit weiteren Nachweisen.

IX. Erkenntnisse für die Dimensionierung einer KWK-Anlage

Im Kapitel E wurde bereits erläutert, wie mit Hilfe einer pragmatisch-deduktiven Methode die KWK-Anlage dimensioniert, d.h. die thermische und elektrische Anlagenleistung ermittelt werden kann. Diese Methode kann jedoch in Hinblick auf die Genauigkeit des gefundenen Ergebnisses aus mehreren Gründen nicht befriedigen.

Die thermische Anlagenleistung wurde durch eine prozentuale Anlehnung am maximalen Wärmeleistungsbedarf des Unternehmens bestimmt. Ausgangspunkt war hierbei die Jahresdauerlinie[201] des Unternehmens für den Wärmebedarf. Die Jahresdauerlinie spiegelt jedoch nicht den im Zeitablauf schwankenden Wärmebedarf des Unternehmens wider. So werden durch die Jahresdauerlinie in keiner Weise tageszeit- oder saisonabhängige Spitzen abgebildet. Unterschiedliche Unternehmen können durchaus identische Jahresdauerlinienverläufe aufweisen, auch wenn die in identischer Höhe nachgefragte Wärmeleistung hinsichtlich ihrer Konstanz und Regelmäßigkeit völlig verschieden ausgeprägt ist. So kann z.B. die KWK-Anlage eines Unternehmens mit sehr gleichmäßigem Wärmebedarf größer ausgelegt werden als bei einem Unternehmen mit einem ungleichmäßigen Wärmebedarf. Daher muß sich die Anlagendimensionierung für beide Unternehmen unterscheiden. Dies macht deutlich, daß die Bestimmung der thermischen Anlagenleistung anhand eines pauschalen Prozentwertes für verschiedene Unternehmen nicht zu einem gleich guten Ergebnis führen kann.

Die Bestimmung der elektrischen Anlagenleistung mit der pragmatisch-deduktiven Methode ist in gleicher Weise problematisch, da auch hier durch das alleinige Instrument der geordneten Jahresganglinie die Chronologie des Strombedarfs vollständig vernachlässigt wird.

Hinzu kommt, daß KWK-Anlagen für einen wirtschaftlichen Betrieb auf eine gewisse zeitliche Korrelation oder Synchronität des Strom- und Wärmebedarfs angewiesen sind. Dieser für eine Investitionsentscheidung wesentliche Aspekt wird bei der pragmatisch-deduktiven Methode ebenfalls nicht berücksichtigt.

Ein in der Praxis angewandter Lösungsansatz besteht darin, daß erfahrene Energieberater neben den Jahresdauerlinien zusätzlich einige repräsentative Tagesganglinien bei Fragen der Dimensionierung hinzuziehen. In vielen Fällen wird dann mittels einer Kombination aus Sichtprüfung, Erfahrung und graphischen Mitteln über die optimale Dimensionierung entschieden. Ohne die zweifellos vorhandenen Erfahrungen von guten Beratern abwerten zu wollen, kann auch diese Herangehensweise nicht immer zum optimalen Ergebnis führen, da die Analyse der vorhandenen Unterlagen auf Basis von rein subjektiven Bewertungsmaßstäben vorgenommen wird.

Aus diesem Grund ist eine alternative Methode zu entwickeln, die den Mängeln einer jeden größtenteils auf Erfahrung und pauschalen Werten basierenden Methode entgegenwirkt.

Grundsätzlich wird mit der Dimensionierung das Ziel verfolgt, die optimale thermische und elektrische Leistung einer KWK-Anlage zu bestimmen. Optimal bedeutet hierbei, daß es keine alternative Anlage gibt, mit der der Gewinn aus der Investition und dem Betrieb einer KWK-Anlage weiter gesteigert werden kann. Der Gewinn einer KWK-Anlage wird dann maximal, wenn die Differenz aus Deckungsbeitrag und Fixkosten maximiert wird.

Die in diesem Kapitel entwickelten Kriterien zur Optimierung der Fahrweise geben eindeutige Empfehlungen, wie die KWK-Anlage bei gegebenen Eingangsdaten gesteuert werden muß, um die höchstmögliche Wirtschaftlichkeit zu erzielen. Werden die Eingangsdaten in Abhängigkeit von der Dimensionierung geändert, so ändern sich die Entscheidungsregeln und dadurch die Fahrweise sowie die Höhe des maximal erzielbaren Deckungsbeitrages.

---

[201] Vgl. hierzu die Ausführungen in Kapitel E.III.

Aus einer größer dimensionierten KWK-Anlage resultieren z.B. höhere fixe Kosten, aber auch die Chance, einen höheren Deckungsbeitrag zu erzielen. Wie sich der Gewinn, d.h. die Differenz aus fixen Kosten und Deckungsbeitrag, bei einer größer dimensionierten Anlage im Vergleich zu einer kleineren Anlage bei gegebener Strom- und Wärmebedarfscharakteristik entwickelt, bleibt jedoch vorerst unklar.

Der folgende Teil widmet sich zunächst der Ermittlung des Deckungsbeitrages in Abhängigkeit verschiedener Dimensionierungen von KWK-Anlagen.

1. Der Deckungsbeitrag in Abhängigkeit von der Dimensionierung

Aus dem Wissen, wie eine bestimmte Anlage bei einem gegebenen innerbetrieblichen Energiebedarf gefahren wird, läßt sich für jede beliebige Zeitperiode der maximale Gesamt-Deckungsbeitrag errechnen.

Wird den Kuppelproduktionsmengen einer KWK-Anlage der innerbetriebliche Strom- und Wärmebedarf gegenübergestellt, so kann eindeutig bestimmt werden, wieviel des erzeugten Kuppelproduktes Strom innerbetrieblich genutzt bzw. eingespeist und wieviel des Kuppelproduktes Wärme genutzt bzw. vernichtet worden ist. Aus diesen Daten können sowohl die gesamten Erlöse als auch die gesamten variablen Kosten bestimmt und damit der gesamte Deckungsbeitrag berechnet werden. Der auf diese Weise ermittelte gesamte Deckungsbeitrag setzt keine Zuordnung von einzelnen Kosten der Kuppelproduktion auf die einzelnen Erlöse des Kuppelproduktionsprozesses voraus. Damit wird nicht gegen das Kostenverursachungsprinzip verstoßen.

Ein möglicher Lösungsansatz besteht also darin, in einem ersten Schritt die erwirtschafteten Deckungsbeiträge der beiden Kuppelprodukte Strom und Wärme verschiedener Anlagen bei einem gegebenen Energiebedarf für einen bestimmten Zeitraum zu betrachten. Dabei müssen die unterschiedlichen thermischen und elektrischen Leistungen von unterschiedlichen Anlagen berücksichtigt werden.

Der Verlauf einer Deckungsbeitragskurve für verschiedene Anlagen bei jeweils deckungsbeitragsoptimaler Fahrweise ist in der folgenden Abbildung wiedergegeben.

Abbildung G57: Verlauf des Gesamt-Deckungsbeitrages mit zunehmender Anlagendimensionierung bei deckungsbeitragsoptimaler Fahrweise

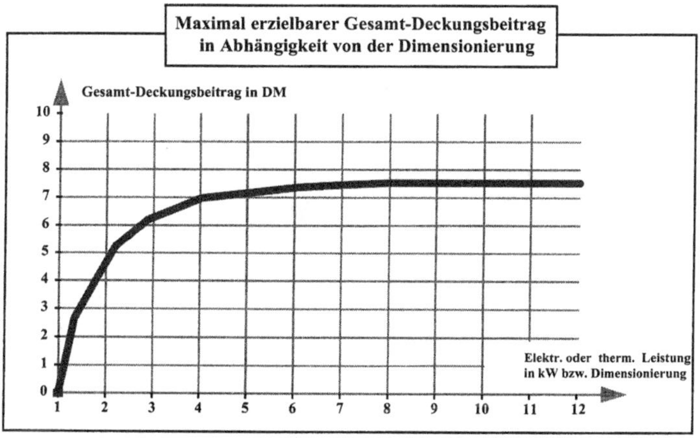

Quelle: Eigene Darstellung.

Die Kurve stellt den Gesamt-Deckungsbeitrag dar, der aus der thermischen sowie aus der elektrischen Erzeugung einer KWK-Anlage resultiert. Aus der Abbildung geht hervor, daß durch eine höhere Anlagenleistung zunächst ein höherer Deckungsbeitrag erzielt werden kann. Hinter diesem Zusammenhang steht die Überlegung, daß mit einer größeren Anlage ein größerer Anteil des innerbetrieblichen Energiebedarfs gedeckt werden kann.

Ob die Kurve des Deckungsbeitrages ab einer bestimmten Dimensionierung insgesamt einen steigenden (siehe Abbildung G9) oder fallenden Verlauf aufweist, hängt von verschiedenen Faktoren ab.

Wird die KWK-Anlage so groß dimensioniert, daß der thermische Leistungsbedarf des Unternehmens vollständig abgedeckt ist, dann kann durch die zusätzliche Erzeugung von Wärme kein weiterer Deckungsbeitrag erzielt werden. Aus diesem Grund wird der Teil des Deckungsbeitrages, der aus der Wärmeerzeugung resultiert, ab dem Punkt, bei dem das thermische Leistungsniveau der Anlage mit der innerbetrieblich nachgefragten Wärmeleistung übereinstimmt, parallel zur Abszisse verlaufen.

Im Gegensatz dazu gibt es für den erzeugten Strom keine Absatzhöchstgrenze. Ist der innerbetriebliche Spitzenbedarf gedeckt, kann zusätzlich erzeugter Strom in das öffentliche Netz eingespeist werden.[202] Ob die Kurve des Deckungsbeitrages aus der Stromerzeugung ab dem Punkt, bei dem der elektrische Leistungsbedarf des Unternehmens erreicht ist, sinkt, hängt davon ab, ob mit der Einspeisevergütung allein[203] noch positive Deckungsbeiträge zu erzielen sind.

Wenn in keinem Lastzustand der KWK-Anlage mit dem Grenz-Bündel 4 („Einspeisevergütung") ein positiver Deckungsbeitrag erzielt werden kann, kann das Absinken der Kurve jedoch dadurch verhindert werden, daß die Anlage gemäß der oben erläuterten Entscheidungsregeln abgeschaltet wird. Wenn im Grenz-Bündel 4 („Einspeisevergütung") ein positiver Deckungsbeitrag erzielt werden kann, wird der Teil des Deckungsbeitrages, der die Stromerzeugung repräsentiert, mit zunehmender elektrischer Leistung weiter ansteigen.

Man kann folglich feststellen, daß mit zunehmender thermischer und elektrischer Leistung einer KWK-Anlage und bei gegebenem Strom- und Wärmebedarf der Gesamt-Deckungsbeitrag zumindest bis zu einem bestimmten Punkt ansteigt. Hinsichtlich des Deckungsbeitrages der Wärmeproduktion wird es stets ein Maximum geben, während der Deckungsbeitrag aus der Stromerzeugung ab einem bestimmten Punkt in Abhängigkeit von der Höhe der Einspeisevergütung und der Fahrweise sinken oder steigen kann.[204] Bei gedanklicher Addition dieser beiden Kurven entsteht bei deckungsbeitragsoptimierter Fahrweise die abgebildete Kurve des Gesamt-Deckungsbeitrages.

2. Die Fixkosten in Abhängigkeit von der Dimensionierung

Die fixen Kosten steigen mit größerer Anlagendimensionierung, weil zum einen eine Anlage mit einer höheren thermischen und elektrischen Leistung höhere Investitionsauszahlungen erfordert und zum anderen die an die Anlagengröße gebundenen fixen Kosten wie Personalaufwand, fixe Wartungs- und Instandhaltungskosten bei größerer Dimensionierung steigen.

---

[202] Bei Anlagen mit einem Freiheitsgrad ist die Absatzhöchstgrenze jedoch an den innerbetrieblichen Wärmebedarf gekoppelt. Bei einer größeren Anlage wird demnach auch für den Strom ein Punkt erreicht, wo kein zusätzlicher Deckungsbeitrag mehr erzielt werden kann.

[203] Dies bedeutet vollständige Wärmevernichtung und vollständige Abdeckung der innerbetrieblichen Strom- und Wärmenachfrage. Daraus resultiert der Betrieb im Grenzbündel 4 („Einspeisevergütung").

[204] Theoretisch ist es auch möglich, daß der Deckungsbeitrag aus der Stromerzeugung als Parallele zur Abszisse verläuft. Dies würde implizieren, daß die variablen Kosten ab einer bestimmten elektrischen Anlagenleistung bei Vollast mit den Erlösen aus der Einspeisevergütung identisch sind. Weiterhin müßte dies ab dieser elektrischen Anlagenleistung für alle Anlagen gelten, die über eine höhere elektrische Leistung verfügen.

Die fixen Kosten steigen jedoch unterproportional mit zunehmender Größe der Anlage, was mit sinkenden spezifischen Investitionskosten begründbar ist.[205] Größer dimensionierte KWK-Anlagen werden mit einem geringeren Preis pro kW Anlagenleistung am Markt angeboten.

Abbildung G58: Die Fixkosten einer KWK-Anlage in Abhängigkeit von der Dimensionierung

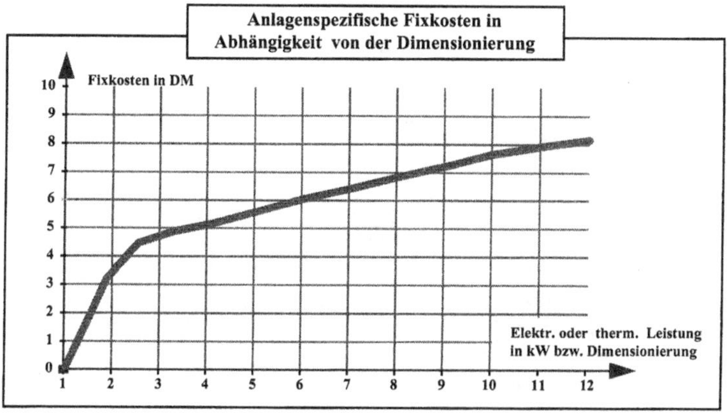

Quelle: Eigene Dars tellung

Aufgrund des geringeren Zuwachses an fixen Kosten bei einer größeren Anlage ist das Unternehmen bestrebt, die Anlage größer auszulegen. Dem stehen jedoch geringere zusätzliche Deckungsbeiträge gegenüber, wodurch ein Kompromiß zwischen beiden gegensätzlichen Effekten gefunden werden muß.[206]

Eine eindeutige Lösung ergibt sich mit Hilfe des Kriteriums der Gewinnmaximierung, wenn die jeweiligen Deckungsbeiträge verschiedener Anlagen den entsprechenden Fixkosten einer Anlage gegenübergestellt werden.

3. Der Gewinn in Abhängigkeit von der Dimensionierung

Wie der Deckungsbeitrag und die entsprechenden Fixkosten jeweils in Abhängigkeit von der Dimensionierung wirken, kann durch die Gewinnkurve veranschaulicht werden.

Im ersten Abschnitt steigt der Gewinn, was darauf zurückzuführen ist, daß die mit einer größeren Anlage hinzukommenden Deckungsbeiträge die hinzukommenden fixen Kosten übersteigen. Im zweiten Abschnitt sinkt der Gewinn, da die fixen Kosten einer größeren Anlage die zusätzlich erzielbaren Deckungsbeiträge übersteigen. Wird die Anlage zu groß ausgelegt, dann ist es sogar möglich, daß Verluste anfallen.

Die optimale Dimensionierung liegt in dem Punkt, in dem der Gewinn sein Maximum erreicht. Ziel der Dimensionierung ist also die Bestimmung dieses spezifischen Punktes. Indem der Einfluß einer größeren Dimensionierung auf den Deckungsbeitrag simuliert wird und

---

[205] Dieser Zusammenhang wird das „Gesetz der Größendegression" bezeichnet. Beste, T.: Fertigungswirtschaft und Beschaffungswesen, a.a.O., S. 164.

[206] Das Ergebnis dieses Kompromisses kann sein, daß u.U. „der Einsatz einer größeren Maschine, als zur Zeit gebraucht wird, d. h. die Hinnahme einer unausgenutzten Kapazität, berechtigt ist, weil sie ihre Leistungen zu niedrigeren Kosten je Einheit hergibt als eine voll ausgenutzte kleinere Maschine." ." Beste, T.: Fertigungswirtschaft und Beschaffungswesen, a.a.O., S. 164f.

hierbei die Erkenntnisse der optimalen Fahrweise berücksichtigt werden, wird das Finden der optimalen thermischen und elektrischen Anlagenauslegung auf der Basis von größtenteils objektiven Kriterien ermöglicht.

Wesentlich ist hierbei, daß sowohl der Deckungsbeitrag als auch die fixen Kosten direkt von der Dimensionierung beeinflußt werden. In der folgenden Abbildung werden die obigen Gedanken graphisch veranschaulicht:

Abbildung G59: Gewinnkurve in Abhängigkeit von der Dimensionierung

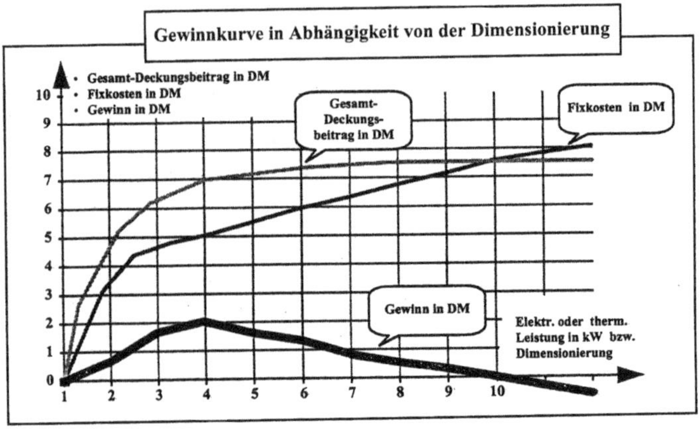

Quelle: Eigene Darstellung.

Der dargestellte Berechnungsmodus ist im Vorfeld der Investitionsentscheidung für ein repräsentatives Jahr für verschiedene mögliche Anlagendimensionierungen durchzuführen, so daß sich für jede Anlage ein Gesamt-Deckungsbeitrag auf Jahresbasis ergibt, bei dem eine nach dem Kriterium des Deckungsbeitrages optimale Fahrweise vorausgesetzt wurde.

Aus dieser Überlegung wird deutlich, daß diese Berechnung einen hohen rechentechnischen Aufwand erfordert. Dieser Aufwand kann jedoch verringert werden, wenn die heute zur Verfügung stehenden EDV-technischen Möglichkeiten genutzt werden. So ist es denkbar, ein Computerprogramm zu entwickeln, mit dem die Fahrweise einer KWK-Anlage eines repräsentativen Jahres simuliert wird.

Die Eingangsgrößen der Fahrweisensimulation, wie z.B. das Teillastverhalten der KWK-Anlage, die Brennstoffpreise, der nach Wärme- und Strombedarf differenzierte Energiebedarf sowie die Preisgerüste der Erlöse, werden hierbei individuell eingegeben.

Die Erfassung des Strom- und Wärmebedarfs muß hierbei anhand möglichst vieler charakteristischer Tagesbelastungslinien erfolgen. Auch der Erfassungsaufwand der anderen - insbesondere der technischen Größen - kann gering gehalten werden, indem durch Berater die Daten zusammengetragen werden und in verschiedenen Unternehmen jeweils wiederverwendet werden. Im EDV-Programm können ebenso Randbedingungen wie Mindestlaufzeiten oder Häufigkeit der Lastwechsel berücksichtigt werden.

Auf der Grundlage dieser Simulation verschiedener Dimensionierungen oder unter Umständen auch verschiedener KWK-Konzepte ergeben sich unterschiedliche Gesamt-Deckungsbeiträge für einen Betrachtungszeitraum von einem Jahr. Diesen Gesamt-Deckungsbeiträgen können stets - wie beschrieben - die dimensionierungs- oder konzeptabhängigen Fixkosten pro Jahr zugeordnet werden.

Die hier dargestellte Vorgehensweise, die optimale Dimensionierung auf der Basis fester Entscheidungsregeln zur Fahrweise zu finden, soll jedoch lediglich als Grundriß oder Diskussionsansatz für weitere Analysen verstanden werden: Es bleibt unbestritten, daß auch dieser Lösungsansatz letztendlich davon lebt, daß verschiedene Anlagendimensionierungen bei einer gegebenen Ausgangssituation untersucht werden müssen, um dadurch zu einem Ergebnis für die Dimensionierung zu gelangen. Es ist auch unbestritten, daß viele der zuvor erläuterten Probleme einer deckungsbeitragsoptimierten Fahrweise auch auf die Dimensionierung wirken und dadurch einer dringenden Interpretation bedürfen.

Trotzdem bietet dieser Ansatz eine sinnvollere Lösung als die hauptsächlich subjektive Festlegung der Dimensionierung. Bisher wird in den meisten Fällen selbst bei Berücksichtigung von genauen, objektiven und repräsentativen Tagesganglinien die Dimensionierung letztendlich auf der Basis von subjektiven Erfahrungswerten festgelegt.

Das beschriebene Modell greift die vorliegenden objektiven Daten auf und versucht, auch das letzte und entscheidende Stück der Dimensionierungsfrage anhand dieser Daten und auf Basis eines eindeutigen betriebswirtschaftlichen Kriteriums zumindest theoretisch zu bewältigen.

X. Zusammenfassung Kapitel G

Das Ziel der Anlagenfahrweise ist eine möglichst wirtschaftliche Erzeugung, die es durch die Entscheidung zwischen Voll- und Teillastbetrieb zu erreichen gilt. Bisher galten die wärme- oder die stromorientierte Fahrweise als besonders vorteilhafte Möglichkeiten der Anlagensteuerung. Bei der wärmeorientierten Anlagenfahrweise wird die vollständige Nutzung der erzeugten Wärme angestrebt, während die stromorientierte Fahrweise auf die vollständige innerbetriebliche Nutzung des erzeugten Stromes zielt. Inwiefern die bestehende Anlagensteuerung zu einer optimalen Wirtschaftlichkeit führt, und wie die Wirtschaftlichkeit zu verbessern ist, war Untersuchungsziel des vorliegenden Kapitels.

Zur Lösung der Fahrweisenproblematik kann auf die Erkenntnisse der Betriebswirtschaft, insbesondere auf die Produktionsprogrammplanung, zurückgegriffen werden. Die Steuergröße der Programmplanung ist der Deckungsbeitrag. Das Kriterium des Deckungsbeitrages kommt zwar auch für die Kraft-Wärme-Kopplung in Frage, jedoch sind aufgrund der Kuppelproduktion von Strom und Wärme einige Besonderheiten zu beachten.

So bestehen für die erzeugte Wärme - im Gegensatz zum Strom - Absatzhöchstmengen. Hieraus folgt, daß bei einer vollständigen Deckung des Wärmebedarfs zusätzlicher Strom nur erzeugt werden kann, wenn die gleichzeitig anfallende Wärme vernichtet wird. Weiterhin ist zu beachten, daß für den Strom unterschiedliche Tarife bestehen: Kann der erzeugte Strom innerhalb des Unternehmens genutzt werden, so erhöht sich die Stromgutschrift, andernfalls kann lediglich die geringe Einspeisevergütung erzielt werden.

Aufgrund der unterschiedlichen Verwendungsmöglichkeiten der erzeugten Kuppelprodukte ist das Entscheidungsproblem, vor das ein Unternehmen gestellt sein kann, zu präzisieren. So stellt sich bei der Fahrweisenwahl die Frage, ob eine bestimmte Verwendungsmöglichkeit, z.B. die Wärmevernichtung, durch die Reduzierung der Erzeugungsleistung vermieden werden soll. Durch eine geringere Erzeugungsleistung wird jedoch auch auf das zweite Kuppelprodukt verzichtet. Aus diesem Grund müssen bei der Fahrweisenentscheidung Strom und Wärme jeweils gemeinsam betrachtet werden.

Strom und Wärme kann jeweils auf zweierlei Art verwendet werden. Hieraus folgt, daß es vier mögliche Kombinationen geben kann, wie sich die Erlöse bei einer zusätzlichen Erzeugung verändern können. Diese vier Kombinationsmöglichkeiten wurden als Grenz-Bündel bezeichnet. Mit dem Wort „Bündel“ wird deutlich, daß eine Änderung der Erzeugungsleistung Strom und Wärme gleichzeitig betrifft und mit der Bezeichnung „Grenz“ wird hervorgehoben, daß es sich um eine Grenzbetrachtung handelt, d.h. lediglich die Wirkungen einer zusätzlichen Erzeugungsleistung untersucht werden.

Ein wichtiges Merkmal der Grenz-Bündel ist, daß diese nach der Höhe der erzielbaren Erlöse sortiert, d.h. in eine Rangreihe gebracht werden können. So weist das Grenz-Bündel „Stromgutschrift und Wärmegutschrift" pro erzeugter Einheit stets einen höheren Erlös auf als z.B. das Grenz-Bündel „Einspeisevergütung". Dieses Merkmal ist bei der Ableitung von Entscheidungsregeln hilfreich.

Hinsichtlich der relevanten Grenz-Bündel muß jedoch beachtet werden, daß nicht unbedingt alle Grenz-Bündel für eine spezifische KWK-Anlage in Frage kommen. So sind aus technischen Gründen die Grenz-Bündel „Stromgutschrift" und „Einspeisevergütung", die mit einer vollständigen Vernichtung der erzeugten Wärme verbunden sind, dann zwingend zu vermeiden, wenn es sich um eine KWK-Anlage mit einem Freiheitsgrad und ohne Möglichkeit des Kondensations- bzw. Auspuffbetriebs handelt.

Den Erlösen der vier Grenz-Bündel werden die Erzeugungskosten gegenübergestellt, die sich aus den variablen Kosten der Nutzungsphase, den Brennstoff- und Wartungskosten, zusammensetzen. Hierbei sind die Kosten einer zusätzlich erzeugten Einheit Strom und Wärme in ihrer Höhe unabhängig von der Verwendung. So fallen die Erzeugungskosten für z.B. Wärme unabhängig davon an, ob diese vernichtet oder genutzt wird. Zu beachten ist weiterhin, daß die Erzeugungskosten maßgeblich von der gewählten Erzeugungsintensität abhängen. Wird die Anlage in Teillast gefahren, so verschlechtern sich der Anlagenwirkungsgrad und die Stromkennzahl.

Durch die Gegenüberstellung der Erlöse und Kosten der Grenz-Bündel können die jeweiligen Deckungsbeiträge errechnet werden, die bei einer marginalen Änderung der Erzeugungsleistung zu erzielen sind. Diese Deckungsbeiträge bilden die Grundlage für die Ableitung von Entscheidungsregeln. Ist der Deckungsbeitrag negativ, so ist dieses Grenz-Bündel durch eine entsprechende Fahrweise, d.h. durch die Reduzierung der Erzeugungsleistung, zu vermeiden. Die Höhe des Deckungsbeitrages der Grenz-Bündel ist hierbei vom Lastzustand abhängig, in dem die Anlage gefahren wird, und vom jeweiligen Erlös, der mit den beiden Kuppelprodukten Strom und Wärme zu erzielen ist, wobei es hier je nach Tageszeit Unterschiede geben kann.

Bei der Ableitung der Entscheidungsregeln wurden Gesetzmäßigkeiten festgestellt: So weisen ranghöhere Grenz-Bündel einen positiven Deckungsbeitrag auf, wenn die rangniedrigeren Grenz-Bündel ebenfalls einen positiven Deckungsbeitrag aufweisen. Weiterhin kann aus einem positiven Deckungsbeitrag in einem niedrigen Lastzustand gefolgert werden, daß in einem höheren Lastzustand ebenfalls ein positiver Deckungsbeitrag bestehen muß. Aufgrund dieser Gesetzmäßigkeiten ist es für ein Unternehmen ausreichend, lediglich die für die Fahrweise kritischen Lastpunkte und Grenz-Bündel zu bestimmen. Dieses ermöglicht eine flexible Steuerung der KWK-Anlage.

Durch die Wahl eines Lastzustandes werden die negativen Grenz-Bündel vermieden. Es kann jedoch der Fall eintreten, daß die Erzeugungsintensität bereits derart vermindert wurde, daß der Mindestlastzustand erreicht und trotzdem in einem negativen Grenz-Bündel erzeugt wird. In diesem Fall stellt sich die Frage, ob die KWK-Anlage ausgeschaltet werden soll. Zur Beantwortung dieser Frage ist jetzt nicht mehr eine Grenzbetrachtung, sondern die Betrachtung des Gesamt-Deckungsbeitrags notwendig.

So ist es denkbar, daß im Mindestlastzustand zwar ein negativer Grenzdeckungsbeitrag, aber immer noch ein positiver Gesamt-Deckungsbeitrag erzielt wird. Aber auch aus einem negativen Gesamt-Deckungsbeitrag kann nicht ohne weiteres die Schlußfolgerung gezogen werden, die KWK-Anlage auszuschalten. In die Analyse sind ebenso die Kosten für An- und Abfahrvorgänge einzubeziehen. Diese An- und Abfahrkosten werden um so höher gewichtet, je geringer die erwartete Stillstandszeit ist, da der durch einen fortgesetzten Anlagenbetrieb entstehende Verlust unter Umständen kleiner ist als die Kosten des An- und Abschaltens der Anlage.

Die dargestellte Vorgehensweise der deckungsbeitragsorientierten Fahrweise eignet sich für die Steuerung jeder beliebigen KWK-Anlage, unabhängig davon, ob es sich um eine Anlage mit einem oder zwei Freiheitsgraden handelt. In diesem Kapitel wurde die entwickelte Fahrweise jedoch auch kritisch betrachtet. Kritisch ist so z.B. anzumerken, daß die Prämisse, daß die Erzeugungsleistung sofort an den Bedarf angepaßt werden kann, nur bedingt gilt, da Laständerungsgeschwindigkeiten und -kosten zu beachten sind. Weiterhin wurde kritisch angemerkt, daß die Ermittlung der entscheidungsrelevanten Daten einigen Aufwand verursachen kann und z.B. für den Verschleiß nur näherungsweise möglich ist.

Dennoch stellt die deckungsbeitragsorientierte Anlagenfahrweise einen geeigneten theoretischen Lösungsansatz zur Verbesserung der Wirtschaftlichkeit dar, welcher auf seine Umsetzbarkeit in die Praxis untersucht werden sollte.

Die gewonnen Erkenntnisse lassen sich für weitere Untersuchungen zur Wirtschaftlichkeit, z.B. zur Optimierung der Dimensionierung anwenden.

H. Verfahren zur Beurteilung der Vorteilhaftigkeit von Investitionen in die KWK-Technik

In den vorangegangenen Kapiteln wurden verschiedene, für eine Investition in Kraft-Wärme-Kopplung in Frage kommende Konzepte vorgestellt und hinsichtlich der Vor- und Nachteile analysiert. Des weiteren wurden die Einflußgrößen, die auf Erlöse und Kosten wirken, erläutert und Empfehlungen zur Verbesserung der Wirtschaftlichkeit des laufenden Anlagenbetriebes und zur Optimierung der Fahrweise gegeben. Die bisherigen Ausführungen müssen nunmehr soweit verdichtet werden, daß hieraus eine Entscheidung für oder gegen eine Investition in Kraft-Wärme-Kopplung abgeleitet werden kann. Das vorliegende Kapitel widmet sich der Vorstellung von Verfahren, die eine Verdichtung und Bewertung der gesammelten Informationen ermöglichen.

Der Vorstellung der Verfahren sind einige grundsätzliche Überlegungen zu Eigenfertigung und Fremdbezug vorangestellt. Dies soll helfen, die Bedeutung der Investition in Kraft-Wärme-Kopplung für das gesamte Unternehmen einzuordnen und gleichzeitig verhindern, die Investitionsentscheidung ausschließlich auf der Grundlage der im Anschluß vorgestellten klassischen Investitionsrechenverfahren zu treffen.

Die klassischen Investitionsrechenverfahren können in dynamische und statische Ansätze unterschieden werden, wobei die jeweiligen Ansätze unterschiedliche Vor- und Nachteile aufweisen. Die ebenfalls vorgestellte Nutzwertanalyse oder die Unsicherheit berücksichtigende Methoden versuchen, die Nachteile der klassischen Verfahren zu überwinden.

Auf der Grundlage der Ausführungen dieses Kapitels wird es möglich sein, die in den vergangenen Kapiteln vorgestellten alternativen KWK-Anlagen auf deren Vorteilhaftigkeit zu prüfen.

I. Grundsätzliche Überlegungen zur Entscheidung Eigenfertigung oder Fremdbezug

Die Entscheidung Eigenfertigung oder Fremdbezug[1] läßt sich nicht auf die Bewertung der Kosten und Leistungen reduzieren, die aus einer Investition in Kraft-Wärme-Kopplung resultieren.[2] Die Investitionsentscheidung muß im Rahmen des gesamten Entscheidungsprozesses des jeweiligen Unternehmens betrachtet werden.

Im Entscheidungsprozeß Eigenfertigung oder Fremdbezug haben sowohl strategische Überlegungen wie auch Risikoaspekte einen nicht zu unterschätzenden Einfluß. Der eigentlichen Investitionsrechnung auf der Basis von Kosten und Leistungen sind daher in diesem Ab-

---

[1] Alternativ zu dem Begriff Eigen- versus Fremdbezug werden häufig die Bezeichnungen Make or Buy, Fertigungstiefe, vertikale Integration oder Spezialisierung benutzt. Die vertikale Integration läßt sich wiederum in vertikale Vorwärts- und Rückwärtsintegration unterscheiden. Im Falle der Erstellung einer Kraft-Wärme-Kopplungsanlage handelt es sich um eine vertikale Rückwärtsintegration, weil das Unternehmen die Wertschöpfungskette in der Richtung der Vorlieferanten erweitert; vgl. Kotler, P.: Marketing Management, 4. Aufl., Stuttgart 1989, S. 78; Bergner, H.: Vorbereitung der Produktion, physische, a.a.O., Sp. 2178; Hax, A.-C., Majluf: Strategisches Management. Ein integratives Konzept aus dem MIT, Frankfurt am Main/New York 1991, S. 259; Porter, M.-E.: Wettbewerbsstrategie. Methoden zur Analyse von Branchen und Konkurrenten, a.a.O., S. 375.

[2] Zur ausführlichen Darstellung der Einflußgrößen bei der Entscheidung Eigenfertigung versus Fremdbezug vgl. u.a. Männel, W.: Selbermachen oder Kaufen?, erweiterte deutsche Bearbeitung des Buches „Make or Buy“ von Harry Gross, München 1969; Rasch, H.: Die Wahl zwischen Selbstherstellung und Fremdbezug als Einkaufs- und Investierungsproblem in der industriellen Unternehmung, Berlin 1968; Fürlinger, M.: Die Entscheidung für Beschaffung oder Eigenfertigung in Hinblick auf die Unternehmensführung, Dissertation, Stuttgart 1971.

schnitt einige grundsätzliche Überlegungen zur Entscheidung Eigenfertigung oder Fremdbezug vorangestellt.[3]

1. Strategische Kosten der Eigenfertigung

Die strategischen Kosten der Eigenfertigung ergeben sich im Wesentlichen aus der geringeren Reaktionsfähigkeit auf sich ändernde Umweltbedingungen, aus den Konsequenzen, die höhere Fixkosten mit sich bringen und der Ablenkung von den Kernkompetenzen des Unternehmens.[4] Insbesondere die Konsequenzen höherer Fixkosten sind als besonders bedeutend einzustufen, da diese zum einen die Marktaustrittsbarrieren erhöhen und zum anderen die Unternehmensführung zu einer hohen Anlagenauslastung zum Zweck der Deckung der Fixkosten zwingen.[5]

a. Reaktionsgeschwindigkeit bei veränderten Umweltbedingungen

Durch die Entscheidung zugunsten einer höheren Fertigungstiefe gehen Flexibilität und Elastizität verloren, d.h. das Unternehmen braucht länger, um auf sich ändernde Umweltbedingungen zu reagieren.[6] Sinkt beispielsweise dauerhaft die Nachfrage nach einem Produkt des Unternehmens, dann muß die Produktion an die neue Nachfragesituation angepaßt werden. Die Anpassung an die neue Nachfragesituation wird dabei um so schwieriger, je höher der Anteil der Eigenfertigung ist, also je mehr betriebliche Funktionen von der Umstellung des Produktionsprogramms betroffen sind.[7]

Die Herstellung eines anderen Produktes oder der ersatzlose Wegfall eines Produktionsprogramms haben auch für die Wirtschaftlichkeit der Kraft-Wärme-Kopplungsanlage Konsequenzen, da die Auslegung der Anlage auf einem bestimmten betrieblichen Bedarf an Strom und Wärme basiert. Wenn dieser Bedarf wegfällt, dann ist die Wirtschaftlichkeit der KWK-Investition gefährdet.

Wegen der verschiedenen Konsequenzen, die eine Produktionsprogrammänderung für die gesamte Unternehmung nach sich zieht, unterbleibt unter Umständen die notwendige schnelle Anpassung an neue Umweltzustände, da die Auswirkungen einer Entscheidung im ersten Schritt durch die verschiedenen Unternehmensinstanzen geprüft werden müssen.[8] Hierbei

---

3 Die alleinige Entscheidung auf der Grundlage von Investitionsrechenverfahren führt unter Umständen dazu, daß ein großer Teil der Markttransaktionen durch betriebsinterne Transaktionen ersetzt wird, d.h. es zu einer hohen Eigenfertigung kommt. Karlöf, B.: Unternehmensstrategie. Konzepte und Modelle für die Praxis, Frankfurt am Main/New York 1991, S. 147.

4 Vgl. Porter, M.-E.: Competitive Advantage. Creating and Sustaining Superior Performance, New York 1985, S. 15ff.

5 Porter bezeichnet den erhöhten Fixkostenanteil als Erhöhung des „operating leverage“. Porter, M.-E.: Wettbewerbsstrategie. Methoden zur Analyse von Branchen und Konkurrenten, a.a.O., S. 387.

6 Stalk weist darauf hin, daß Zeit und Flexibilität eine „Geheimwaffe“ im Wettbewerb seien. Stalk, G.: Zeit. Die entscheidende Waffe im Wettbewerb, in: Oetinger, Bolko von (Hrsg.), Das Boston Consulting Group Strategie-Buch, Düsseldorf u.a. 1993, S. 535ff; vgl. hierzu auch Rutt, H.-N.: Die flexible Organisation, in: Oetinger, Bolko von (Hrsg.), Das Boston Consulting Group Strategie-Buch, Düsseldorf u.a. 1993, S. 499ff. Zur Beweglichkeit bzw. Elastizität eines Unternehmens vgl. auch Bergner, H.: Der Ersatz fixer durch variable Kosten, a.a.O., S. 142ff.

7 Vgl. Jacob, H.: Flexibilität und ihre Bedeutung für die Betriebspolitik, in: Adam, D., Backhaus, K., Meffert, H., Wagner, H. (Hrsg.), Integration und Flexibilität. Eine Herausforderung für die allgemeine Betriebswirtschaftslehre, S. 57.

8 Vgl. Rutt, H.-N.: Die flexible Organisation, a.a.O., S. 505; Stalk, G.: Die 4 Regeln der Reaktionsgeschwindigkeit, in: Oetinger, Bolko von (Hrsg.), Das Boston Consulting Group Strategie-Buch, Düsseldorf u.a. 1993, S. 574; Jacob, H.: Flexibilität und ihre Bedeutung für die Betriebspolitik, a.a.O., S. 51.

gilt: Je höher die Fertigungstiefe ist, desto tiefer ist meist aus Koordinationsgründen die hierarchisch gegliederte Organisation und desto länger dauern folglich Entscheidungen.[9]

b. Erhöhung der Marktaustrittsbarrieren

Das Geschäftsziel eines Unternehmens ist in der Regel das Erzielen von Gewinnen durch die Herstellung eines bestimmten Produktes oder die Bereitstellung einer Dienstleistung. Hierbei können sich die Marktbedingungen durch ein verändertes Konsumentenverhalten oder durch größere Konkurrenz derart verändern, daß das Geschäftsziel nicht mehr erreicht wird, d.h. im bestehenden Markt keine Gewinne erzielt werden können.[10]

Erweist sich der Zustand mangelnder Gewinne als dauerhaft, so muß das Unternehmen prüfen, ob es sich aus dem bestehenden Markt zurückziehen sollte. Dieses kann durch den Verkauf oder die Schließung der entsprechenden Unternehmensteile erfolgen. Zur Prüfung des Marktrückzugs sind die entscheidungsrelevanten Kosten und Erlöse einander gegenüberzustellen. Entscheidungsrelevante Kosten sind all jene Kosten, die aufgrund des Marktrückzugs eingespart werden können, also variabel sind. Variabel sind bei der Schließung von Unternehmensteilen neben den Einzelkosten, z.B. Brennstoffe, auch ein großer Teil der Gemeinkosten.

Nicht entscheidungsrelevant sind hingegen die fixen Kosten aus der Abschreibung des Anlagevermögens, da das Anlagevermögen in der Regel nicht durch Verkauf in Geld umgewandelt werden kann. Insbesondere eine Kraft-Wärme-Kopplungsanlage kann hierbei - aufgrund des speziellen Zuschnitts auf den Käufer - häufig nicht veräußert werden.[11] Dieses führt dazu, daß die fixen Kosten aus der Abschreibung der KWK-Anlage unabhängig von der Fortführung der Unternehmensteile anfallen und damit nicht entscheidungsrelevant sind.[12]

Die nicht entscheidungsrelevanten Kosten sind bei den Marktaustrittsüberlegungen aus dem regulären Unternehmensergebnis herauszurechnen. Wenn sich hierdurch ein Unternehmensergebnis größer Null einstellt, dann ist es vorteilhaft, den entsprechenden Unternehmensteil weiterzuführen, d.h. auf den Rückzug aus dem Markt zu verzichten.[13]

Da die nicht entscheidungsrelevanten, d.h. unabhängig vom Marktaustritt anfallenden Abschreibungen einer Kraft-Wärme-Kopplungsanlage beträchtliche Ausmaße erreichen können, kann hieraus eine entscheidende Marktaustrittsbarriere entstehen. So ist es denkbar, daß ein Unternehmen aufgrund der getätigten Investition in die Kraft-Wärme-Kopplung und der hieraus entstehenden fixen Kosten eine notwendige Marktanpassung bzw. Neuausrichtung des Unternehmens unterläßt.

---

9 Nach Bergner läßt sich durch Verringerung der Fertigungstiefe und Verstärkung der Arbeitsteilung die Produktivität eines Unternehmens steigern. Die Begründung für eine geringere Fertigungstiefe sieht Bergner in den hierdurch sinkenden fixen Kosten des Unternehmens; vgl. Bergner, H.: Der Ersatz fixer Kosten durch variable Kosten, a.a.O., S. 142; vgl. auch Kappler, E., Rehkugler, H.: Konstitutive Entscheidungen, in: Heinen, E. (Hrsg.): Industriebetriebslehre, Entscheidungen im Industriebetrieb, 9. Auflage, Wiesbaden 1991, S. 80ff.

10 Vgl. Karlöf, B.: Unternehmensstrategie. Konzepte und Modelle für die Praxis, a.a.O., S. 171f; Hax, A.-C., Majluf: Strategisches Management. Ein integratives Konzept aus dem MIT, a.a.O., S. 35f.

11 Wenn die KWK-Anlage doch veräußert werden kann, dann werden die Abschreibungen wieder entscheidungsrelevant. Abschreibungen stellen den Werteverzehr der KWK-Anlage dar. Aufgrund des Werteverzehrs sinkt der Wiederverkaufpreis.

12 Porter bezeichnet langlebige und spezialisierte Aktiva als einen der hauptsächlichen Gründe für Marktaustrittsbarrieren. Vgl. Porter, M.-E.: Wettbewerbsstrategie. Methoden zur Analyse von Branchen und Konkurrenten, a.a.O., S. 324ff.

13 Vgl. Porter, M.-E.: Wettbewerbsstrategie. Methoden zur Analyse von Branchen und Konkurrenten, a.a.O., S. 325.

c. Fixkostenbeeinflußte Unternehmensstrategie

Die Entscheidung zur Eigenstromerzeugung kann Auswirkungen auf die in der Zukunft zu treffenden Entscheidungen etwa in Hinblick auf die Preissetzung und Positionierung von Produkten haben.

Durch das Setzen eines bestimmten Preises kann ein Unternehmen Einfluß auf die Nachfrage der Produkte nehmen. Bei der Preissetzungsentscheidung maximiert das Unternehmen den mit dem jeweiligen Produkt erzielbaren Deckungsbeitrag, der zur Deckung der fixen Kosten zur Verfügung steht. Bei der Preissetzung spielen demnach die fixen Kosten keine Rolle, sind also nicht entscheidungsrelevant.[14]

Die Höhe der fixen und variablen Kosten wird entscheidend durch die Fertigungstiefe beeinflußt.[15] Durch die Eigenerzeugung von Strom und Wärme sinken hierbei einerseits die variablen Kosten, und andererseits steigen die fixen Kosten. Dadurch verändert sich die Entscheidungsgrundlage für die Preissetzung.[16] Ein Unternehmen wird bei einem hohem Fixkostenblock eher einen niedrigeren Preis ansetzen als bei geringeren Fixkosten, um eine möglichst hohe Auslastung und damit eine hohe Fixkostendegression zu erzielen.[17] Demnach können die höheren Fixkosten der Eigenerzeugung von Strom zu einer aggressiveren Preispolitik führen.[18]

Aufgrund des Zwangs zur Fixkostendegression werden die Produkte unter Umständen anders am Markt positioniert als es bei niedrigen Fixkosten bei geringer Eigenfertigung der Fall wäre. So richtet sich das Unternehmen eher auf käuferstarke Segmente aus und verzichtet auf eine Ausrichtung auf hochprofitable Kundensegmente, die zwar hohe Stückdeckungsbeiträge, aber nur geringe Absatzmengen garantieren.

d. Verdeckung des eigentlichen Unternehmenszieles

Eine weitere Beeinflussung zukünftiger Unternehmensentscheidungen ist im finanziellen Bereich der Unternehmung zu finden. Wenn aufgrund der Investition in Kraft-Wärme-

---

14 Vgl. Meffert, H.: Marketing. Grundlagen der Absatzwirtschaft, a.a.O., S. 292; Porter, M.-E.: Wettbewerbsstrategie. Methoden zur Analyse von Branchen und Konkurrenten, a.a.O., S. 43f.

15 Vgl. Gutenberg, E.: Die Produktion, a.a.O., S. 327; Heinen, E., Dietel, B., Kostenrechnung, a.a.O., S. 1227; Reichwald R., Dietel B.: Produktionswirtschaft, a.a.O., S. 422ff; Bergner, H.: Der Ersatz fixer durch variable Kosten, a.a.O., S. 141ff; Picot, A.: Ein neuer Ansatz zur Gestaltung der Leistungstiefe, in: FfbF, Jahrgang 43, 1991, S. 336-357.

16 Hinzuweisen ist hierbei auf den Zusammenhang zu den Marktaustrittsbarrieren. Für ein Unternehmen ist es bei hohen Fixkosten schwierig zu desinvestieren und sich aus dem bestehenden Markt zurückzuziehen. Da auch ein teilweiser Rückzug nicht möglich ist, muß am Preiswettbewerb teilgenommen werden, um einen entsprechend hohen Absatz zu sichern. Vgl. Porter, M.-E.: Wettbewerbsstrategie. Methoden zur Analyse von Branchen und Konkurrenten, a.a.O., S. 43f; Hax, H.: Investitionstheorie, 3. Auflage, Würzburg/Wien 1976, S. 512.

17 Ein Unternehmen wird nach der mikroökonomischen Theorie den Markt mit Produkten beliefern, solange die Grenzkosten kleiner sind als der Grenzerlös. Durch eine höhere Eigenfertigung sinken hierbei die Grenzkosten, d.h. das Unternehmen wird mehr Produkte am Markt anbieten, als es bei höheren Grenzkosten bei Fremdbezug der Fall wäre. Da sich eine höhere Absatzmenge nur durch eine Preissenkung erreichen läßt, kommt es aufgrund der Eigenfertigung zu einer aggressiveren Preispolitik. Der optimale Preis kann hierbei durch Gewinnmaximierung unter Berücksichtigung der Preis-Absatz-Funktion und der Grenzkostenkurve des Unternehmens ermittelt werden; vgl. Meffert, H.: Marketing. Grundlagen der Absatzwirtschaft, a.a.O., S. 288ff; Siebke, J.: Preistheorie, in: Vahlens Kompendium der Wirtschaftstheorie und Wirtschaftspolitik, Band 2, 3. Auflage, S. 75ff.

18 Bei der Preissetzung spielt die Preisuntergrenze eine bedeutende Rolle, die wiederum von der Kostenstruktur des Unternehmens abhängt. Ein Unternehmen mit niedrigen variablen Kosten wird so mit einer aggressiveren Preispolitik agieren als ein Unternehmen mit hohen variablen Kosten. Vgl. Meffert, H.: Marketing. Grundlagen der Absatzwirtschaft, a.a.O., S. 302f; Porter, M.-E.: Wettbewerbsstrategie. Methoden zur Analyse von Branchen und Konkurrenten, a.a.O., S. 43f; Siebke, J.: Preistheorie, in: Vahlens Kompendium der Wirtschaftstheorie und Wirtschaftspolitik, a.a.O., S. 79ff.

Kopplung finanzielle Engpässe[19] entstehen, so werden unter Umständen zukünftige profitablere Investitionsprojekte verhindert.[20]

Da das eigentliche Unternehmensziel nicht die Eigenstromerzeugung, sondern die Erstellung einer bestimmten Leistung ist, kann die Verhinderung profitabler Investitionsprojekte nachhaltige Auswirkungen auf die Wettbewerbsfähigkeit des Unternehmens haben.[21]

Um die beschriebenen negativen Auswirkungen auf die Wettbewerbsfähigkeit zu vermeiden, kann es daher vorteilhaft sein, sich auf die Kernkompetenzen zu konzentrieren und diese weiter auszubauen.[22] Die Konzentration auf die Kernkompetenzen hat den Vorteil, daß das Unternehmen das macht, was es am besten kann. Aufgaben, die nicht zum Kerngeschäft gehören, werden an Unternehmen ausgelagert, die sich auf diese Aufgaben spezialisiert haben. Spezialisierung kann hierbei mit Kostenvorteilen verbunden sein, von denen alle Beteiligten profitieren.[23]

e. Schwächung der Verhandlungsposition

Die Tarife des Stromfremdbezugs werden zwischen Unternehmen und EVU ausgehandelt. Bei der Aushandlung der Stromtarife wird sich in der Regel der Partner durchsetzen, der sich in einer besseren Verhandlungsposition befindet. Die Verhandlungsposition ist hierbei um so besser, je bedeutender der eine Partner für den Unternehmenserfolg des anderen Partners ist.

Zur Zeit befindet sich ein EVU aufgrund seiner Monopolstellung in einer verhältnismäßig guten Verhandlungsposition, welche sich jedoch durch eine Liberalisierung auf dem Strommarkt verschlechtern kann.[24] Aufgrund dieser Monopolstellung des EVU kann ein Unternehmen lediglich mit der Drohung der Eigenerzeugung von Strom seine Verhandlungsposition stärken. Mit einer Liberalisierung des Strommarktes wirkt sich die Androhung eines EVU-Wechsels zusätzlich positiv auf die Position des Unternehmens aus. Es ist jedoch wahrscheinlich, daß der Wechsel des EVU nur für Unternehmen mit entsprechend großem Strombezug lohnend ist. Bei kleinem Strombezug ist das Unternehmen für andere EVU eher unattraktiv, da der Aufwand der Stromdurchleitung durch andere EVU-Netze und die Vertragsabschlußkosten verhältnismäßig hoch sind.[25]

Da mit der Entscheidung für die Eigenstromerzeugung die Strombezugsmenge sinkt, hat dieses nachhaltige Auswirkungen auf die zukünftige Verhandlungsposition und die Möglichkeit, an einer Liberalisierung der Strommärkte teilzuhaben. Diese Auswirkungen einer ver-

---

19 Zur Problematik der optimalen Finanzierung vgl. Kapitel H.

20 Vgl. Gutenberg, E.: Die Produktion, a.a.O., S. 163.

21 Vgl. Schäfer, E.: Die Unternehmung, 10. Auflage, Wiesbaden 1980, S. 213ff; zur Bedeutung des Unternehmenszweckes vgl. auch Hänichen, T.: Die Erlösentstehung im Industriebetrieb und ihre Abbildung im internen Rechnungswesen. Anforderungen an die Gestaltung einer Planerlösrechnung und theoriegeleitete Vorschläge zu ihrer Umsetzung, a.a.O., S. 311; Karlöf, B.: Unternehmensstrategie. Konzepte und Modelle für die Praxis, a.a.O., S. 148.

22 Vgl. Porter, M.-E.: Competitive Advantage. Creating and Sustaining Superior Performance, a.a.O., S. 15ff.

23 Es gibt Beispiele, in denen sich Unternehmen aus der Eigenerzeugung von Strom und Wärme zurückziehen, um sich hierdurch unter anderem auf ihre Kernkompetenzen konzentrieren zu können. So entschieden sich die Ford-Werke kürzlich, keine Ersatzinvestition in ihr Heizkraftwerk vorzunehmen, sondern die Versorgung an den Energieversorger GEW auszulagern. Vgl. Röhrlich, D.: Einzigartige Kooperation. Fordwerke beziehen Wärme von der GEW, a.a.O., S. 36-37. Auch die Höchst AG läßt sich in der Zukunft von der RWE mit Energie versorgen. In diesem Fall wurde jedoch ein Contracting-Vertrag zwischen beiden Partnern abgeschlossen, der den Bezug von 1500 GWh Strom regelt. Vgl. Amerschläger, R. (Höchst AG): Interview zum Abschluß eines Contracting-Vertrages zwischen der Höchst AG und RWE, in: Energie & Management, Zeitung für den Energiemarkt, 15.05.1996, S. 1-2.

24 Vgl. die Ausführungen zu den Merkmalen und den Tendenzen des Strommarktes im Kapitel B.III.4.

25 Zur Liberalisierung der Strommärkte vgl. Kapitel B.III.4.c.ff.

schlechterten Verhandlungsposition müssen vom jeweiligen Unternehmen in die strategischen Überlegungen einbezogen werden.

2. Strategischer Nutzen der Eigenfertigung

Der strategische Nutzen einer Eigenstromerzeugungsanlage liegt in erster Linie im hiermit verbundenen Kostenreduzierungspotential. Eine Kostenreduzierung ist von strategischer Bedeutung, weil hiermit die Wettbewerbsstrategie etwa der Kostenführerschaft abgerundet werden kann.[26]

Neben der Kostenreduzierung kann auch die Sicherung der Versorgung eine strategische Bedeutung haben.

a. Kostenreduzierungspotential

Der Vorteil der Eigenerstellung, insbesondere der Eigenerzeugung von Strom und Wärme mittels Kraft-Wärme-Kopplung, liegt also vor allem im hiermit verbundenen Kostenreduzierungspotential.[27] Ob allerdings dieses Kostenreduzierungspotential oder der oben beschriebene Verlust an Flexibilität höher gewichtet wird, hängt von der allgemeinen Unternehmensstrategie ab. Die Unternehmensstrategie, die auf Kostenführerschaft oder Produktführerschaft gerichtet sein kann, hängt wiederum vom Markt ab, in dem das Unternehmen agiert.[28]

Ein Stahlproduzent hat so zum Beispiel kaum Möglichkeiten, sein Produkt Stahl gegenüber seinen Konkurrenten mittels Produktvorteilen hervorzuheben. Auf dem Stahlmarkt haben daher die Anbieter Wettbewerbsvorteile, die aufgrund niedriger Kosten mit geringeren Preisen anbieten können. Da Stahlproduzenten einen sehr hohen Energiekostenblock aufweisen, wird gerade hier die strategische Komponente der Kostenführerschaft bei der Entscheidung Eigenerzeugung von Strom und Wärme mittels Kraft-Wärme-Kopplungsanlage in den Vordergrund rücken. Hochdifferenzierte Markenartikelhersteller mit kurzem Produktlebenszyklus sind hingegen auf den Erhalt von Flexibilität bedacht und werden daher grundsätzlich weniger Güter selbst erzeugen und so z.B. auch eher auf die Erstellung einer Kraft-Wärme-Kopplungsanlage verzichten.[29]

b. Sicherung der Versorgung

Durch die Erstellung der KWK-Anlage stellt das Unternehmen die Versorgung mit Strom und Wärme für den Fall von Lieferausfällen des EVU sicher.[30] Es ist jedoch darauf hinzuweisen, daß die deutsche Stromversorgung sehr sicher ist, so daß der strategische Nutzen aus der

---

26 Vgl. Porter, M.-E.: Competitive Advantage. Creating and Sustaining Superior Performance, a.a.O., S. 12ff; Porter, M.-E.: Wettbewerbsstrategie. Methoden zur Analyse von Branchen und Konkurrenten, a.a.O., S. 378; Bergner, H.: Der Ersatz fixer durch variable Kosten, a.a.O., S. 162.

27 Gutenberg spricht davon, daß Unternehmen häufig Investitionen veranlassen, um eine größere Fertigungstiefe zu erreichen. Diese Investitionen sind den Rationalisierungsinvestitionen zuzurechnen. Rationalisierungsinvestitionen werden mit dem Ziel errichtet, Kostenreduzierungspotentiale bzw. „rationellere Gestaltung des Erzeugungs- oder Fertigungsvorgangs" zu erreichen. Da auch die Kraft-Wärme-Kopplungsanlage mit diesem Ziel erstellt wird, kann diese im weitesten Sinne den Rationalisierungsinvestitionen zugerechnet werden; vgl. Gutenberg, E.: Die Produktion, a.a.O., S. 174.

28 Vgl. Karlöf, B.: Unternehmensstrategie. Konzepte und Modelle für die Praxis, a.a.O., S. 207ff; Habgood, A.-J.: Spezialisierung. Kostensenkung oder Preisrealisation, in: Oetinger, Bolko von (Hrsg.), Das Boston Consulting Group Strategie-Buch, Düsseldorf u.a. 1993, S. 141ff; Porter, M.-E.: Competitive Advantage. Creating and Sustaining Superior Performance, New York 1985, S. 62ff; Heinen, E.: Industriebetriebslehre als entscheidungsorientierte Unternehmensführung, in: Heinen, E. (Hrsg.): Industriebetriebslehre, Entscheidungen im Industriebetrieb, 9. Auflage, Wiesbaden 1991, S. 49ff.

29 Vgl. Habgood, A.-J.: Spezialisierung. Kostensenkung oder Preisrealisation, a.a.O., S. 142.

30 Zum strategischen Nutzen einer gesicherten Versorgung vgl. Karlöf, B.: Unternehmensstrategie. Konzepte und Modelle für die Praxis, a.a.O., S. 150.

Liefersicherheit für die meisten Unternehmen als eher gering anzusehen ist.[31] Interessant ist die Erhöhung der Versorgungssicherheit höchstens für die Unternehmen, denen aus einer Störung der Stromversorgung ein besonders großer Schaden entstehen würde.

Die Sicherung der Versorgung sollte ebenso nicht als Schutz vor steigenden Strompreisen verstanden werden. Wenn das Unternehmen den eigenerzeugten Strom zu Strompreisen verrechnet, die erheblich unter dem Marktpreis liegen, dann kann dieses unter Umständen nachteilige Auswirkungen auf die Wettbewerbsposition des Unternehmens haben.[32] Dieses ist z.B. dann der Fall, wenn sich der Leiter der nachgelagerten Produktion aufgrund der niedrigen Strompreise zum Ausbau der Fertigung entscheidet und hierdurch die KWK-Anlage erweitert werden müßte.[33]

3. Risikoüberlegungen

Mit einer Investition sind Risiken verbunden, die je nach Art der Investition und je nach Unternehmen eine unterschiedliche Ausprägung und damit eine unterschiedliche Auswirkung auf die Investitionsentscheidung haben können.[34] Die Risiken lassen sich in Finanzierungs- und Investitionsrisiken unterscheiden.

Investitionsrisiken entstehen, indem die realisierten Erlöse und Kosten negativ von den geplanten Werten abweichen können. Das Risiko einer negativen Abweichung wird um so größer, je länger der Planungshorizont ist, und der Risikoaspekt wird um so bedeutender, je eher die Abweichung existentielle Folgen hat.

Aber auch wenn alle Kosten- und Erlösgrößen wie geplant eintreten, können **Finanzierungsrisiken** aus der Art der Anlagenfinanzierung entstehen.[35] Die Erstellung einer Kraft-Wärme-Kopplungsanlage ist mit hohen Auszahlungen in der Investitionsphase verbunden, die dabei die Einsparungen aus dem reduzierten Stromverbrauch übersteigen. In dieser Phase muß das Unternehmen über ausreichende Liquidität verfügen, um alle finanziellen Verpflichtungen erfüllen zu können. Wenn das Unternehmen insgesamt nur über eine knappe Liquidität verfügt, dann kann eine zusätzliche Verschuldung das Risiko der Zahlungsunfähigkeit erhöhen.[36] Das Risiko der Zahlungsunfähigkeit ist dabei um so größer, je größer die zu deckenden Auszahlungsüberhänge im Vergleich zum betrieblichen Cash-Flow sind und je ungünstiger die betrieblichen Möglichkeiten der Fremdkapitalbeschaffung sind.[37]

---

31 Trotzdem sei an dieser Stelle nochmals auf den Stromausfall im Sommer 1996 in den USA, Teilen Canadas und Mexikos hingewiesen, der neben betriebswirtschaftlichen auch zu erheblichen volkswirtschaftlichen Schäden führte; vgl. Uhlmannsiek, B.: Bei Rekordhitze streikte Strom. Größte Netzstörung seit Jahren, a.a.O., S. 1.

32 Vgl. Porter, M.-E.: Competitive Strategy, Techniques for Analysing Industries and Competitors, New York 1980, S. 382.

33 Zur ausführlicheren Diskussion der Festlegung von Verrechnungspreisen für die Kuppelprodukte Strom und Wärme vgl. die Ausführungen im Kapitel F.V.

34 Vgl. Bussmann, K.-F.: Produktionsrisiken, a.a.O., Sp. 1572-1585.

35 Auch die Entscheidung, wie eine Investition finanziert werden soll, ist eine „make or buy" Entscheidung. So ist es möglich, Fremdkapitalgeber zu gewinnen, die die Finanzierung der Anlageninvestition übernehmen; vgl. Kremeyer, H.: Eigenfertigung und Fremdbezug unter finanzwirtschaftlichen Aspekten, a.a.O., S. 33; Bergner, H.: Der Ersatz fixer durch variable Kosten, a.a.O., S. 162.

36 Vgl. Kremeyer, H.: Eigenfertigung und Fremdbezug unter finanzwirtschaftlichen Aspekten, a.a.O., S. 15.

37 Nach Gutenberg sind die aus langfristiger Kapitalbindung resultierenden Gefahren besonders bei jenen Unternehmen groß, bei denen viele maschinelle Anlagen mit langer Kapitalrückflußzeit eingesetzt werden. Vgl. Gutenberg, E.: Die Produktion, a.a.O., S. 162.

Aufgrund der großen Bedeutung der Sicherung der langfristigen Liquidität sind umfangreiche Finanzplanungen nötig.[38] Hierdurch lassen sich die finanziellen Belastungen, die auch aus anderen betrieblichen Zahlungsverpflichtungen resultieren, prognostizieren. In diesem Rahmen lassen sich auch die finanziellen Risiken analysieren, die sich aus der Investition in die Kraft-Wärme-Kopplung ergeben.

Abschließend läßt sich feststellen, daß eine Entscheidung gegen die Eigenerzeugung aus Risikoaspekten um so wahrscheinlicher wird, je stärker das Investitions- und Finanzierungsrisiko ausgeprägt ist.

Da Investitionen in Kraft-Wärme-Kopplung sowohl einen langen Planungshorizont als auch einen hohen Auszahlungsüberhang in der Erstellungsphase aufweisen, ist zu vermuten, daß die beschriebenen Risikoaspekte ein wichtiger Grund dafür sind, daß das Potential der Kraft-Wärme-Kopplung in der Industrie noch nicht voll ausgeschöpft wird.[39]

II. Klassische Verfahren zur Beurteilung von Investitionen in Kraft-Wärme-Kopplung

Um zu beurteilen, ob eine Investition in eine Kraft-Wärme-Kopplungsanlage wirtschaftlich ist, stehen verschiedene Investitionsrechenmodelle zur Verfügung.

Die klassischen Verfahren zur Bewertung von Investitionsalternativen lassen sich in solche aufteilen, die ausschließlich monetär quantifizierbare Größen ins Kalkül ziehen und solche, die Imponderabilien erfassen.[40]

Zur ersten Gruppe gehören die statischen und die dynamischen Investitionsrechenverfahren, die ausschließlich quantifizierbare Größen verwenden.[41] Die statischen Verfahren, zu denen unter anderem die Kosten- und die Gewinnvergleichsrechnung, die Rentabilitätsanalyse und die statische Amortisationsdauer gehören, werden im ersten Abschnitt vorgestellt. Im zweiten Abschnitt werden die dynamischen Investitionsrechenverfahren, Kapitalwert, Zinsfuß, Annuität und Endwert, vorgestellt und diskutiert.

Diese statischen und dynamischen Bewertungsverfahren berücksichtigen keine Unsicherheitsaspekte, was einen entscheidenden Nachteil darstellt. Dieser Nachteil wird durch die im dritten Abschnitt vorgestellte Sensitivitätsanalyse auszugleichen versucht. Bei der Vorstellung der Sensitivitätsanalyse werden insbesondere die wichtigsten Einflußgrößen bei der Bewertung von Kraft-Wärme-Kopplungsanlagen ermittelt und deren Auswirkungen auf die Wirtschaftlichkeit dargestellt.

Durch die Investitionstheorie werden eine Reihe von Modifikationen und Weiterentwicklungen der statischen und dynamischen Investitionsrechenverfahren angeboten. In der Praxis liegt jedoch aufgrund der Unsicherheit des Zahlungsstromes und der Unmöglichkeit

---

38 Zur Darstellung des Ablaufes und der Bedeutung von Finanzplanungen vgl. u.a. Argentini, J.: Die Langfristplanung im Unternehmen, München 1970, S. 209f; Lücke, W.: Finanzplanung und Finanzkontrolle in der Industrie, Wiesbaden 1962, S. 21-23.

39 Vgl. Hofer, R.: Analyse der Potentiale industrieller Kraft-Wärme-Kopplung, a.a.O., S. 111 und 113; Hutter F., Thinius, D., Suttor, K.-H.: Elektrisches Potential und Wirtschaftlichkeit der gekoppelten Kraft- und Wärmewirtschaft in Industrie und Gewerbe, Gräfelfing 1984, S. 159ff; Müschen K; Romberg E.: Strom ohne Atom, a.a.O., S. 127.

40 Beide Arten von Verfahren werden üblicherweise getrennt voneinander durchgeführt, und die Ergebnisse werden dann im Anschluß miteinander verknüpft. Die gleichzeitige Verknüpfung beider Verfahren wird zwar in der Theorie diskutiert, die Anwendung ist jedoch nicht praktikabel; vgl. Fischer, J.: Heuristische Investitionsplanung. Entscheidungshilfen für die Praxis, Berlin 1981, S. 473.

41 Vgl. May, D.: Die entscheidungstheoretisch fundierte Organisation der Investitionsentscheidung, Dissertation, a.a.O., S. 126; Stelzer, L.: Investitions- und Wirtschaftlichkeitsrechnungen, a.a.O., S. 1035; Kappler, E., Rehkugler, H.: Kapitalwirtschaft, in: Heinen, E.: Industriebetriebswirtschaftslehre. Entscheidungen im Industriebetrieb, 9. Auflage, Wiesbaden 1991, S. 919.

der Erfassung aller wesentlichen Zahlungen die Problemlösung nicht in immer perfekteren und vor allem komplexeren Investitionsrechenverfahren, sondern in der Beschaffung von entscheidungsrelevanten Daten sowie einer zielführenden Auswertung dieser Informationen.[42]

Im Rahmen dieser Arbeit liegt der Schwerpunkt deshalb nicht in der detaillierten Darstellung der verschiedenen Investitionsrechenverfahren und ihren bestehenden Modifikationen, sondern in der Darstellung der jeweiligen Grundgedanken sowie der Vor- und Nachteile dieser Verfahren im Hinblick auf die Anwendung für die Wirtschaftlichkeitsanalyse einer Kraft-Wärme-Kopplungsanlage.[43]

1. Statische Verfahren und ihre Kritikwürdigkeit

Die statischen Investitionsrechenverfahren sind durch drei entscheidende Charakteristika gekennzeichnet:

- Die zeitliche Struktur bzw. Chronologie der Ein- und Auszahlungen wird nicht berücksichtigt.[44]
- Die Berechnungen basieren demzufolge auf einer repräsentativen oder durchschnittlichen Periode, wobei ein konstanter Zahlungsstrom von Ein- und Auszahlungen im Zeitablauf unterstellt wird.[45]
- Die Verfahren bauen direkt auf den Daten des internen Rechnungswesens auf, d.h. bei der statischen Investitionsrechnung steht kostenrechnerisches Denken im Vordergrund.[46]

Aus diesen Charakteristika resultieren eine Reihe von Nachteilen, die durch mögliche Modifikationen der statischen Verfahren teilweise kompensiert werden können. Durch diese Modifikationen wird jedoch der herausragende Vorteil der statischen Herangehensweise - die einfache Durchführung der Berechnung - konterkariert. Aber gerade die problemlose Handhabung der statischen Investitionsrechnung erweist sich für überschlägige Rechnungen zur Eingrenzung der zur Auswahl stehenden Alternativen in der Praxis oftmals als hilfreich.[47]

Im folgenden werden die Kosten- und Gewinnvergleichsrechnung, die Rentabilitätsrechnung sowie die statische Amortisationsdauer im Hinblick auf ihre praktische Anwendbarkeit für die Investitionsentscheidung bezüglich einer Kraft-Wärme-Kopplungsanlage untersucht. Hierbei wird besonderes Gewicht auf die Vorstellung der Kostenvergleichsrechnung gelegt, da diese von der Literatur im Zusammenhang mit Wirtschaftlichkeitsbetrachtungen von Kraft-Wärme-Kopplungsanlagen diskutiert und vorgeschlagen wird.[48]

---

42 Vgl. Blohm, H., Lüder, K.: Investition. Schwachstellen im Investitionsbereich des Industriebetriebes und Wege zu ihrer Beseitigung, 4. Auflage, Berlin 1978, S. 3.

43 Zur detaillierten Darstellung verschiedener Investitionsverfahren vgl. u.a. Götze, U., Bloech, J.: Investitionsrechnung. Modelle und Analysen zur Beurteilung von Investitionsvorhaben, 2. Auflage, Berlin/Heidelberg u.a. 1995; Kruschwitz, L.: Investitionsrechnung, 6. Auflage, Berlin, New York 1995; Schneider, E.: Theorie der Investition, 8. Auflage, Tübingen/Zürich 1973; Schmidt, R.-H.: Investitions- und Finanzierungstheorie, 2. Auflage, Wiesbaden 1986; Swoboda, P.: Investition und Finanzierung, 4. Auflage, Göttingen 1992; Perridon, L., Steiner, M.: Finanzwirtschaft der Unternehmung, 7. Auflage, München 1993, S. 40.

44 Vgl. u.a. Kappler, E., Rehkugler, H.: Kapitalwirtschaft, a.a.O., S. 919.

45 Zur Ableitung einer hypothetischen Durchschnittsperiode aus den Daten des gesamten Planungszeitraumes vgl. Perridon, L., Steiner, M.: Finanzwirtschaft der Unternehmung, a.a.O., S. 40.

46 Eine Ausnahme hinsichtlich der kostenrechnerischen Herangehensweise bildet die statische Amortisationsdauer. Hier werden ähnlich wie bei den dynamischen Investitionsrechenverfahren Zahlungen betrachtet.

47 Vgl. Belting, T.: Blockheizkraftwerke, a.a.O., S. 59; Stelzer, L.: Investitions- und Wirtschaftlichkeitsrechnungen, a.a.O., S. 1035.

48 Vgl. Winje, D., Witt, D.: Energiemanagement, a.a.O., S. 279.

a. Die Gewinnvergleichsrechnung

Bei der Gewinnvergleichsrechnung werden die ermittelten durchschnittlichen Kosten den erwarteten durchschnittlichen Erlösen des gesamten Planungszeitraums gegenübergestellt. Daraus wird im Anschluß der erwartete durchschnittliche Gewinn berechnet. Eine Investition ist dabei genau dann durchzuführen, wenn der ermittelte Gewinn einer Investition größer als Null und größer als der eines jeden anderen, zur Wahl stehenden Objektes ist.[49]

Der Hauptkritikpunkt der Gewinnvergleichsrechnung liegt in den statischen Modellannahmen begründet, wobei diese Kritik auch auf die anderen noch vorzustellenden Bewertungsverfahren übertragbar ist. Durch die Bildung des durchschnittlichen Gewinns bleibt der zeitliche Anfall der Zahlungen unberücksichtigt.[50]

Besonders gut ist die Problematik der Durchschnittsbildung anhand der Berechnung der Zinsen zu erklären. Am Anfang des Planungszeitraums ist die Kapitalbindung relativ hoch, an dessen Ende relativ gering. Hieraus resultieren am Anfang des Planungszeitraums höhere Zinsen als am Ende.[51] Diese unterschiedliche Höhe der Zinszahlungen bleibt bei der Ermittlung der durchschnittlichen Zinsen vollkommen unbeachtet, wodurch der berechnete Gesamtgewinn verzerrt dargestellt wird.

b. Die Kostenvergleichsrechnung

Das Ziel der Kostenvergleichsrechnung ist es, die kostenminimale Investitionsalternative zu finden. Ein Investitionsprojekt ist dabei dann vorteilhaft, wenn dessen Kosten geringer als die der Unterlassungsalternative[52] und eines jeden anderen, zur Wahl stehenden Projektes sind.[53]

Die kostenminimale Alternative ist jedoch nur dann auch gewinnmaximal, wenn mit der Investition jeweils die gleichen Erlöse erbracht werden. Sobald die Höhe der Erlöse der Alternativen nicht mehr übereinstimmt, kann aus der Kostenminimalität nicht zwingend auf Gewinnmaximalität geschlossen werden. Um die Kostenvergleichsrechnung anwenden zu können, muß also die Basisannahme gesetzt werden, daß die Leistungen der Investitionsalternativen identisch oder nicht entscheidungsrelevant sind.[54]

Um über die Durchführung einer Investition in Kraft-Wärme-Kopplung auf Grundlage der Kostenvergleichsrechnung entscheiden zu können, werden im ersten Schritt die Kosten für die Strom- und Wärmeerzeugung der jeweiligen Anlage ermittelt.[55] Im zweiten Schritt sind die Kosten aller zur Wahl stehenden Anlagen einschließlich der Alternative "Fremdbezug"

---

[49] Vgl. Betge, P.: Investitionsplanung, Wiesbaden 1991, S. 22; Kappler, E., Rehkugler, H.: Kapitalwirtschaft, a.a.O., S. 926; Brandt, H.: Investitionspolitik des Industriebetriebes, Wiesbaden 1970, S. 33.

[50] Vgl. Brandt, H.: Investitionspolitik des Industriebetriebes, a.a.O., S. 35; Däumler, K.-D.: Grundlagen der Investitions- und Wirtschaftlichkeitsrechnung, 6. Auflage, Berlin 1989, S. 152; Schneider, D.: Investition, Finanzierung und Besteuerung, 7. Auflage, Wiesbaden 1992, S. 77ff.

[51] Vgl. Götze, U., Bloech, J.: Investitionsrechnung. Modelle und Analysen zur Beurteilung von Investitionsvorhaben, a.a.O., S. 59.

[52] Als Unterlassungsalternative wird im folgenden der Verzicht auf die Investition in Kraft-Wärme-Kopplung und ein fortgesetzter Fremdbezug von Strom und Wärme verstanden.

[53] Vgl. Kern, W.: Grundzüge der Investitionsrechnung, Stuttgart 1974, S. 122; Götze, U., Bloech, J.: Investitionsrechnung. Modelle und Analysen zur Beurteilung von Investitionsvorhaben, a.a.O., S. 54; Blohm, H., Lüder, K.: Investition, 7. Auflage, München 1991, S. 156.

[54] Vgl. Götze, U., Bloech, J.: Investitionsrechnung. Modelle und Analysen zur Beurteilung von Investitionsvorhaben, a.a.O., S. 53; Blohm, H., Lüder, K.: Investition, a.a.O., S. 163; Buchner, R.: Grundzüge der Finanzanalyse, München 1981, S. 35; siehe auch Gutenberg, E.: Die Produktion, a.a.O., S. 179.

[55] Es müssen, wie im Kapitel F.III dargestellt, die gesamten Kosten einschließlich Abschreibungen und Zinsen einbezogen werden. Da sich die Kosten im Zeitablauf verändern, sei es durch Preisänderungen oder sich verändernde Abschreibungssummen, ist eine repräsentative durchschnittliche Periode zu ermitteln. Die Ermittlung dieser repräsentativen Periode stellt dabei die größte Fehlerquelle dar, da eine Durchschnittsbildung von Zahlungen verschiedener Zeitpunkte zu Verzerrungen im Ergebnis führt.

miteinander zu vergleichen. Hierbei ist das Projekt auszuwählen, welches die geringsten Kosten aufweist.[56]

Die Annahme, daß die Erlöse verschiedener Kraft-Wärme-Kopplungsanlagen identisch oder nicht entscheidungsrelevant sind, ist jedoch problematisch: Unterschiedliche Kraft-Wärme-Kopplungsanlagen erzeugen in der Regel nicht genau die gleiche Menge an Strom und Wärme, so daß diese Annahme der Kostenvergleichsmethode nicht erfüllt ist.[57] In der Literatur wird empfohlen, in diesem Fall die Stückkosten zu berechnen.[58] Durch die Ermittlung der Stückkosten der jeweiligen Alternative wird die Anwendung der Kostenvergleichsrechnung wieder möglich, da sich die Kosten nun jeweils auf eine Einheit der Leistungserbringung beziehen.

Um die Stückkosten berechnen zu können, werden einerseits die Kosten für die jeweiligen Kostenträger und andererseits die erzeugte Menge benötigt. Bei der Kraft-Wärme-Kopplung ist die Messung der erzeugten Menge Strom und Wärme zwar möglich, die verursachungsgerechte Zuordnung der Kosten auf die beiden Kuppelprodukte ist jedoch nicht möglich.

Im Kapitel F wurden die verschiedenen Möglichkeiten aufgezeigt, wie im Falle der Kuppelproduktion die Gesamtkosten auf die Kuppelprodukte Wärme und Strom zugeordnet werden können. Hierbei kommen unter anderem die Restwertbetrachtung mit exogener Strom- und Wärmebewertung oder die Verteilungsmethode unter Zuhilfenahme einer möglichst verursachungsgerechten Bezugsgröße in Frage.

Bei der Restwertbetrachtung mit exogener Wärmebewertung wird die erzeugte Wärme mit den bisherigen Erzeugungskosten bewertet und von den Vollkosten der Kuppelproduktion abgezogen. Die restlichen Kosten werden durch die produzierte Strommenge dividiert, wodurch sich die Kosten pro Einheit erzeugten Stroms ergeben.[59]

Bei der Kuppelproduktion ist eine verursachungsgerechte Kostenzuordnung nicht möglich. Je nach Wahl des Kostenzuordnungsverfahrens und der Bezugsgröße werden die Kosten mehr oder weniger willkürlich auf die Kostenträger Strom und Wärme umgelegt. Letztendlich werden dadurch entweder der Erzeugung der Wärme oder der Erzeugung von Strom zu hohe oder zu niedrige Kosten zugewiesen. Da jedoch bei allen Investitionsalternativen das gleiche Kostenzuordnungsverfahren angewandt wird, werden auch bei den anderen zu vergleichenden Projekten die Kostenträger systematisch über- oder unterbewertet. Es stellt sich somit die Frage, ob die Problematik der Kostenzuordnung vernachlässigt werden kann und die Stückkosten trotzdem als Vergleichsmaßstab genutzt werden können. Diese Frage kann dann positiv beantwortet werden, wenn die Stromkennzahl, also das Verhältnis von Stromproduktion zu Wärmenutzung, bei den zu vergleichenden KWK-Konzepten über den gesamten Betrachtungszeitraum identisch ist.

---

56 Vgl. Däumler, K.-D.: Grundlagen der Investitions- und Wirtschaftlichkeitsrechnung, a.a.O., S. 133ff; Blohm, H., Lüder, K.: Investition, a.a.O., S. 158.

57 Winje/Witt vertreten jedoch hinsichtlich der in der Kostenvergleichsrechnung innewohnenden Prämisse, daß die zu vergleichenden Erlöse bzw. Leistungen identisch sein müssen, folgende Ansicht: „Nicht alle diese Schwachstellen gelten generell auch für den Problemkreis des Energieberaters. In der Praxis der Energieberatung werden energietechnische Systeme in der Regel keine direkten Erlöse erwirtschaften. Nur wenn Produkte wie Wärme, Elektrizität erzeugt und weiterverkauft werden, sind Erlöse von Bedeutung.“ Winje, D., Witt, D.: Energiewirtschaft, a.a.O., S. 281. Zu dieser Ansicht ist anzumerken, daß es hinsichtlich der Diskussion der Kostenvergleichsrechnung nicht von Bedeutung ist, ob durch den Absatz externe Erlöse oder durch interne Verwendung Einsparungen erwirtschaftet werden. Die der Kostenvergleichsrechnung innewohnende Prämisse ist also in vollem Umfang auch auf den Energiebereich bzw. die Kraft-Wärme-Kopplung zu übertragen.

58 Vgl. Blohm, H., Lüder, K.: Investition, a.a.O., S. 163.

59 Vgl. Belting, T.: Blockheizkraftwerke, a.a.O., S. 58; siehe auch Kapitel F.V.3.b.aa.bbb.

Wenn z.B. eine Anlage gegenüber einer anderen bei gleicher Stromkennzahl genau doppelt soviel Strom und Wärme erzeugt, dann kann durch Halbierung der Kosten der größeren Anlage die Vergleichbarkeit direkt hergestellt werden. Dieses Beispiel gilt jedoch nur dann, wenn mit der größeren Anlage die gleichen Erlöse pro Einheit erzielbar sind wie mit der kleinen Anlage. Die Erlöse setzen sich aus der Einspeisung in das öffentliche Netz und der Stromgutschrift zusammen, wobei für die Einspeisung ein geringerer Stückerlös erzielbar ist als beim Eigenverbrauch.[60] Es ist sehr wahrscheinlich, daß bei der größeren Anlage die Einspeisevergütungen zunehmen, der Eigenverbrauch an Strom jedoch aufgrund der gegebenen Betriebsgröße und des damit gegebenen Strombedarfs in etwa konstant bleibt.[61] Dies hat zur Folge, daß die Durchschnittserlöse, die den Mittelwert der Einspeisevergütungen und der Stromgutschriften darstellen, bei der größeren KWK-Anlage sinken. Damit sind die Stückkosten der KWK-Anlagen wiederum nicht vergleichbar, was die Praktikabilität der Kostenvergleichsrechnung einschränkt.

Insgesamt läßt sich festhalten, daß die Kostenvergleichsrechnung nur in sehr wenigen Ausnahmesituationen zu guten Ergebnissen führt.[62] Es müssen entweder die erzeugten Mengen an Strom und Wärme quantitativ und qualitativ vollkommen identisch sein, oder zur Bildung der Stückkosten müssen die Stromkennzahl und die Erlöse pro erzeugter Einheit übereinstimmen. Letztendlich muß also die Dimensionierung und das Verhältnis der erzeugten Strom- und Wärmemengen der zu vergleichenden KWK-Anlagen nahezu identisch sein.

Diese Bedingungen sind aufgrund der Vielzahl der verschiedenen Kraft-Wärme-Kopplungskonzepte in der Regel nicht erfüllt, so daß die Investitionsbewertung mit Hilfe alternativer Investitionsrechenverfahren erfolgen muß.[63]

c. Die Rentabilitätsanalyse

Die Rentabilität wird ermittelt, indem dem ökonomischen Prinzip entsprechend das Verhältnis einer Gewinngröße zu einer Kapitaleinsatzgröße gebildet wird.[64]

Beide Größen werden in der Literatur unterschiedlich definiert. So kann der Gewinn einschließlich oder ohne Berücksichtigung der kalkulatorischen Zinsen berechnet werden. Aus dieser Unterscheidung ergeben sich die beiden Ansätze der Rentabilitätsrechnung, namentlich die Netto- und die Bruttodarstellung.

Im Rahmen der Bruttodarstellung wird der Gewinn ohne Berücksichtigung des Kapitaldienstes in das Verhältnis zum Kapitaleinsatz gesetzt. Eine Investition ist hierbei vorteilhaft, wenn die Rentabilität größer als der unternehmensindividuell zu bestimmende kalkulatorische Zinssatz ist. Bei der Nettodarstellung fließen die kalkulatorischen Zinsen bereits in die Ko-

---

60 Vgl. Kapitel F.II.1

61 In der industriellen Praxis wird mit zunehmender Leistung der Anlage zumindest der Leistungsanteil der Stromgutschrift steigen, da durch den Betrieb größer dimensionierter KWK-Aggregate in der Regel ein reduzierter Spitzenbedarf vom jeweiligen EVU nachgefragt werden wird. Dieser Effekt ist jedoch im Vergleich zu den steigenden Einspeisevergütungen von geringerer Bedeutung.

62 Anwendung findet die Kostenvergleichsrechnung insbesondere bei der Ermittlung der optimalen Finanzierung. Hierbei wird die Finanzierungsform ausgewählt, die ein gegebenes Investitionsvolumen zu den geringsten Kosten abdecken kann. Da die Leistung, in diesem Fall die Finanzierung eines Investitionsvolumens jeweils gleich ist, ist die Basisbedingung der Kostenvergleichsrechnung erfüllt und führt daher zum richtigen Ergebnis.

63 Vgl. Belting, T.: Analyse der Bewertungsmethoden für Strom- und Nutzwärmekosten, in: Brennstoff-Wärme-Kraft (BWK), Band. 36 (1984), Heft 11, S. 457-462; in der Praxis wird die Kostenvergleichsrechnung häufig angewandt, wenn die Kosten einer neuen mit denen einer alten Anlage verglichen werden (Ersatz- bzw. Rationalisierungsinvestitionen); vgl. Kappler, E., Rehkugler, H.: Kapitalwirtschaft, a.a.O., S. 924.

64 Vgl. Kappler, E., Rehkugler, H.: Kapitalwirtschaft, a.a.O., S. 927; Altrogge, G.: Investition, 3. Auflage, Oldenburg 1994, S. 329; Betge, P.: Investitionsplanung, a.a.O., S. 24.

stenberechnung ein. Dies bedeutet, daß eine Investition in eine KWK-Anlage dann sinnvoller als der vollständige Fremdbezug von Strom und Wärme ist, wenn die Rentabilität größer Null ist.

Die Bruttodarstellung ist der Nettodarstellung vorzuziehen, weil der Vorteil der Rentabilitätsrechnung in der Unabhängigkeit vom Kalkulationszins begründet ist.

Die durchschnittliche Kapitalbindung errechnet sich dann unproblematisch, wenn ein kontinuierlicher Kapitalrückfluß unterstellt wird. Die Berechnung kann in diesem Fall durch Halbierung des Gesamtkapitaleinsatzes erfolgen.[65]

$$\mathrm{Re}\,ntabilität^{Brutto} = \frac{durchschnittlicher\ Gewinn\,(exclusive\ Zinskosten)}{\frac{Kapitaleinsatz}{2}}$$

Der Vorteil dieser Methode liegt in der einfachen Handhabung sowie in der grundsätzlichen Vergleichskraft des Begriffes „Rendite“. Insbesondere bei Plausibilitätskontrollen kann die Praktikerregel „durchschnittlicher Periodenüberschuß dividiert durch durchschnittlichen Kapitaleinsatz“ eine erste Entscheidungsunterstützung darstellen.[66]

Ein wesentlicher Nachteil der Rentabilitätsrechnung besteht darin, daß diese beim Vergleich mehrerer Alternativen nur eine geringe Aussagekraft besitzt. Eine im Vergleich zu einem anderen Projekt höhere Rentabilität bedeutet nicht zwingend, daß dieses Projekt auch das vorteilhaftere darstellt. So kann ein Projekt mit geringem Kapitaleinsatz zwar die höchste Rendite, aber im Vergleich zu den Investitionsalternativen mit höherem Kapitaleinsatz einen geringeren absoluten Gewinn bedeuten.[67]

Eine KWK-Anlage beispielsweise, die stark unterdimensioniert ist, wird aufgrund der geringen absoluten Investitionskosten sowie des geringen Anteils am einzuspeisenden Strom eine verhältnismäßig hohe Rendite erwirtschaften. Eine größer dimensionierte KWK-Anlage wird im Vergleich dazu zwar eine geringere Rendite erwirtschaften, jedoch das der KWK-Technik innewohnende Potential an Gewinn zu einem höheren Grad ausnutzen.

Ähnlich wie bei der Gewinn- und Kostenvergleichsrechnung ist die Annahme, daß der Gewinn und die Kapitalbindung über die Zeit konstant sind, praktisch und theoretisch nicht aufrechtzuerhalten. Auch für die Rentabilitätsrechnung gelten demnach die Einwände, die allgemein gegen statische Verfahren vorgebracht werden.

d. Statische Amortisationsdauer

Die Amortisationsdauer[68] ist in der Praxis sehr verbreitet.[69] Sie mißt die Zeitspanne, die ein Projekt zur Wiedergewinnung des investierten Kapitals benötigt. Die Amortisationszeit kann

---

65 Vgl. Altrogge, G.: Investition, a.a.O., S. 329.

66 Vgl. Kappler, E., Rehkugler, H.: Kapitalwirtschaft, a.a.O., S. 927; Winje, D., Witt, D.: Energiewirtschaft, a.a.O., S. 284.

67 Zur ausführlicheren Darstellung der Entscheidung auf Grundlage der Rendite vgl. die äquivalenten Argumentationen des internen Zinsfußes in diesem Kapitel (Abschnitt II.2.c); vgl. hierzu auch Altrogge, G.: Investition, a.a.O., S. 335; Blohm, H., Lüder, K.: Investition, a.a.O., S. 39; Däumler, K.-D.: Grundlagen der Investitions- und Wirtschaftlichkeitsrechnung, a.a.O., S. 177; Kappler, E., Rehkugler, H.: Kapitalwirtschaft, a.a.O., S. 927.

68 Die allgemein im Bereich der Investitionsrechnung festzustellende verwirrende Vielfalt an Bezeichnungen ist bei der Amortisationsdauer besonders stark ausgeprägt. Für die Amortisationsdauer werden - ohne Anspruch auf Vollständigkeit erheben zu wollen - u.a. folgende Begriffe verwendet: Geldrückfluß-, Kapitalbindungs-, Kapitalrückfluß-, Kapitalwiedergewinnungs-, pay-back-, pay-off, pay-out, Refinanzierungs-, Rückfluß-, Rückgewinnungs-, Rücklauf-, Rückzahlungs-, Selbstzahlungs-, Wiedergewinnungs-, -dauer, -frist, -periode, -zeitraum, -zeit. Zu finden sind weitere Variationen in der Schreibweise, Groß-Klein-Schreibung,

ermittelt werden, indem das eingesetzte Kapital durch die durchschnittlichen Rückflüsse dividiert wird.[70] Ein Projekt ist dabei dann besser als die Unterlassungsalternative, wenn die so ermittelte Amortisationsdauer kleiner als ein bestimmter unternehmensindividueller Grenzwert ist:[71] Der Grenzwert ist ein Maß für das Risiko, das das jeweilige Industrieunternehmen zu übernehmen bereit ist. Durch den unternehmensintern festgelegten Grenzwert werden alle Investitionen ausgeschlossen, die diesen Wert nicht erfüllen.

$$Amortisationsdauer = \frac{eingesetztes\ Kapital}{durchschnittliche\ Rückflüsse}$$

Das Amortisationskriterium ist nur als ergänzendes Kriterium zu den sonstigen Verfahren zu sehen[72], da das Projekt mit der kürzesten Amortisationsdauer nicht unbedingt das vorteilhafteste ist. Bei Kraft-Wärme-Kopplungsanlagen unterscheidet sich die Lebensdauer der verschiedenen Konzepte unter Umständen beträchtlich.[73] Wenn die verschiedenen Anlagen anhand der Amortisationsdauer miteinander verglichen werden, dann führt dies dazu, daß Anlagen mit kürzerer Lebensdauer, aber schnellerem Kapitalrückfluß eher durchgeführt werden als Anlagen, bei denen sich die Einzahlungsüberschüsse über einen langen Zeitraum verteilen. Der Grund liegt darin, daß die ergebniswirksamen Zahlungen, die zwischen Amortisationszeitpunkt und Ersatzzeitpunkt der Anlage liegen, aus der Betrachtung ausgeschlossen sind.[74]

Bei Investitionen in Kraft-Wärme-Kopplung werden von den Unternehmen sehr häufig die gleichen maximalen Kapitalrückflußzeiten bzw. Grenzwerte angelegt wie bei Investitionen in Produktionsanlagen. So führen Kapitalrückflußzeiten von über fünf Jahren in der Industrie meist zur Ablehnung der KWK-Investition.[75]

Die Tatsache, daß Investitionen in die KWK-Technologie nur unter Berücksichtigung eines langen Zeithorizontes rentabel sind, beweisen Energieversorgungsunternehmen:[76] Energie-

---

Verwendung von Bindestrichen; vgl. hierzu insbesondere Altrogge, G.: Investition, a.a.O., S. 284. vgl. hierzu auch Kappler, E., Rehkugler, H.: Kapitalwirtschaft, a.a.O., S. 928.

69 Nach einer -allerdings bereits älteren- Umfrage von Grabbe wendeten 77% aller befragten Unternehmen die Amortisationsrechnung als zusätzliches Hilfsmittel zur Risikoabschätzung an; vgl. hierzu: Olfert, K.: Investition, 2. Auflage, Kiel 1982, S. 141. Die Amortisationsdauer ist auch in der angelsächsichen Literatur sehr verbreitet; vgl. Rao, R: Financial Management, Concepts and Applications, 2. Auflage, New York 1992, S. 240.

70 Im eingesetzten Kapital sind alle Zahlungen der Beschaffungs- und Implementierungsphase zu berücksichtigen. Die durchschnittlichen Rückflüsse ergeben sich aus dem Saldo der durchschnittlichen Ein- und Auszahlungen. Demzufolge ist hierbei im Gegensatz zu den bisher vorgestellten statischen Verfahren die Abschreibung nicht zu berücksichtigen.

71 Vgl. Götze, U., Bloech, J.: Investitionsrechnung. Modelle und Analysen zur Beurteilung von Investitionsvorhaben, a.a.O., S. 66; Betge, P.: Investitionsplanung, a.a.O., S. 26; Buchner, R.: Grundzüge der Finanzanalyse, a.a.O., S. 30.

72 Vgl. Altrogge, G.: Investition, a.a.O., S. 292f.

73 Zu den Charakteristika der verschiedenen KWK-Konzepte vgl. Kapitel E.II.

74 Vgl. Betge, P.: Investitionsplanung, a.a.O., S. 51f, 173, 303f; Kappler, E., Rehkugler, H.: Kapitalwirtschaft, a.a.O., S. 927ff.

75 Laut Klien verwerfen eine Reihe von Industrieunternehmen Investitionen mit Amortisationszeiten über 5 Jahren, obwohl Energiekosteneinsparungen von 15% bzw. eine Steigerung der Umsatzrendite von 0,5% möglich wäre; vgl. Klien, J.: Planungshilfe, a.a.O., S. 46; Belting, T.: Blockheizkraftwerke, a.a.O., S. 59; Hassel, P.: Contracting-Modelle für dezentrale Kraft-Wärme-Anlagen, a.a.O., S. 4; Bertelmann, H., Braunmühl, W. von: Leitfaden für Contacting-Verfahren bei Kraft-Wärme gekoppelten Anlagen in Industrie- und Gewerbebetrieben, Wuppertal 1993, S. 6f.

76 Vgl. Hutter F., Thinius, D., Suttor K.H.: Elektrisches Potential und Wirtschaftlichkeit der gekoppelten Kraft- und Wärmewirtschaft in Industrie und Gewerbe, a.a.O., S. 10ff; Elsässer, R.F., Maier, W.: Profitables Potential? Elektrisches Potential und Wirtschaftlichkeit der Kraft-Wärme-Kopplung in Industrie und Gewerbe, a.a.O., S. 17ff.

versorgungsunternehmen rechnen aus diesem Grund mit Amortisationszeiten von 15 bis 17 Jahren.[77]

2. Dynamische Verfahren

Mit den dynamischen Investitionsrechenverfahren läßt sich die größte Unzulänglichkeit der statischen Rechenverfahren überwinden: die Nichtberücksichtigung der zeitlichen Struktur der Zahlungsein- und -ausgänge. Die Vergleichbarkeit von Zahlungen verschiedener Zeitpunkte wird hergestellt, indem diese mit Hilfe eines Kalkulationszinses auf einen bestimmten Bezugszeitpunkt auf- oder abgezinst werden.[78]

Zu den dynamischen Investitionsrechenverfahren gehören unter anderem die Kapitalwert-Methode, die interne Zinsfuß- und die Annuitätenmethode. Da die dynamischen Verfahren in der Literatur ausführlich beschrieben sind, beschränkt sich diese Arbeit auf eine kurze Darstellung dieser drei Verfahren und die Diskussion der Anwendbarkeit für Investitionsentscheidungen in Kraft-Wärme-Kopplung.[79]

a. Die Kapitalwert-Methode

Das Kapitalwertverfahren ist das in der Praxis gebräuchlichste dynamische Verfahren zur Bewertung von Investitionen in die KWK-Technologie. Der Kapitalwert ergibt sich aus der Summe aller auf einen Zeitpunkt abgezinsten Ein- und Auszahlungen.[80] Die Abzinsung erfolgt mit einem Zinssatz, der der gewünschten Mindestverzinsung des Investors entspricht.[81] Hierbei gilt: Je höher die geforderte Mindestverzinsung, desto eher wird ein Projekt abgelehnt. Dies gilt insbesondere bei Investitionen in Kraft-Wärme-Kopplung, da durch einen hohen Zinssatz die hohen Auszahlungen der Anfangsperiode aufgewertet und die in der Zukunft liegenden Einzahlungen abgewertet werden.[82]

Wenn nach Abzinsung der Ein- und Auszahlungen ein positiver Kapitalwert errechnet wird, dann ist die Investition in die Kraft-Wärme-Kopplung vorteilhafter als die Unterlassungsalternative, also den weiteren Fremdbezug von Strom und Wärme. Da in der Regel mehrere Kraft-Wärme-Kopplungsanlagen vorteilhafter als die Unterlassungsalternative sind, müssen zusätzlich die Kapitalwerte der verschiedenen Anlagen miteinander verglichen werden.[83]

Dabei ist nicht unbedingt die KWK-Anlage mit dem höchsten Kapitalwert die vorteilhafteste. Problematisch wird die Anwendung des Kriteriums des Kapitalwertes, wenn die prognostizierten Lebensdauern der betrachteten Kraft-Wärme-Kopplungsanlagen beträchtlich vonein-

---

77 Vgl. o.V.: VDI, Investitionen für die Energietechnik bei schwankenden Energiepreisen, Bericht 534, Düsseldorf 1984, S. 172; Meckel, B: Contracting-Modelle als Möglichkeit zu Realisierung von Kraft-Wärme-Kopplungsanlagen, in: ASUE (Hrsg.), Kraft-Wärme-Kopplung. Energie sparen, Umwelt schonen, Band 16, Essen 1995, S. 39; Belting, T.: Blockheizkraftwerke, a.a.O., S. 62.

78 Vgl. Betge, P.: Investitionsplanung, a.a.O., S. 27; Schneider, D.: Investition, Finanzierung und Besteuerung, a.a.O., S. 79ff; Stelzer, L.: Investitions- und Wirtschaftlichkeitsrechnungen, a.a.O., S. 1036; Schmidt, R.-H.: Grundzüge der Investitions- und Finanzierungstheorie, 3. Aufl., Wiesbaden 1996, S. 126.

79 Vgl. Schmitt, D., Bergschneider, C.: Dezentrale Kraft-Wärme-Kopplung, a.a.O., S. 206.

80 Vgl. Gutenberg, E.: Die Finanzen, a.a.O., S. 349; Buchner, R.: Grundzüge der Finanzanalyse, a.a.O., S. 25; Kappler, E., Rehkugler, H.: Kapitalwirtschaft, a.a.O., S. 930; Hahn, O.: Finanzwirtschaft, München 1975, S. 97; Schneider, D.: Investition, Finanzierung und Besteuerung, a.a.O., S. 79; Winje, D., Witt, D.: Energiewirtschaft, a.a.O., S. 297.

81 Die Mindestverzinsung kann mit Hilfe des sogenannten Kalkulationszinses ausgedrückt werden. Zu den Bestimmungsfaktoren des Kalkulationszinses sei hierbei auf die Ausführungen des Kapitels I.II.3 verwiesen.

82 Vgl. Schmidt, R.-H.: Grundzüge der Investitions- und Finanzierungstheorie, a.a.O., S. 131.

83 Vgl. Busse von Colbe, W., Laßmann, G.: Betriebswirtschaftstheorie, Band 3, Investitionstheorie, 3. Aufl., Berlin/Heidelberg u.a. 1990, S. 51f; Götze, U., Bloech, J.: Investitionsrechnung. Modelle und Analysen zur Beurteilung von Investitionsvorhaben, a.a.O., S. 74. Stelzer, L.: Investitions- und Wirtschaftlichkeitsrechnungen, a.a.O., S. 1036; Gutenberg, E.: Die Finanzen, a.a.O., S. 350.

ander abweichen.[84] KWK-Anlagen mit einer längeren Lebensdauer können über einen längeren Zeitraum Einzahlungsüberschüsse erwirtschaften, so daß langlebige Anlagen unter Umständen einen höheren Kapitalwert aufweisen als hochrentable Investitionsalternativen, die lediglich über eine kurze Zeit hohe Überschüsse erzielen, anschließend aber aus technischen Gründen durch eine neue Anlage ersetzt werden müssen.[85]

So hat, um ein extremes Beispiel zu nennen, ein kleines Blockheizkraftwerk mit Turboaufladung eine Lebensdauer von 15 bis 20 Jahren, während eine Dampfturbine eine Lebensdauer von 35 bis 40 Jahren hat.[86] Bei dieser nahezu doppelten technischen Lebensdauer hat die Dampfturbine auch doppelt so lange Zeit, Einzahlungsüberschüsse zu erwirtschaften. Wenn bei einer Wirtschaftlichkeitsberechnung diese Dampfturbine einen höheren Kapitalwert aufweist als das Blockheizkraftwerk, dann kann hieraus nicht geschlossen werden, daß die Dampfturbine die betriebswirtschaftlich sinnvollere Investition ist. So ist es z.B. möglich, nach 20 Jahren die Investition in das Blockheizkraftwerk zu wiederholen und durch diese zweifache Investition einen unter Umständen in der Summe höheren Kapitalwert zu erwirtschaften. Durch diese Wiederholung der Investition sind die Zeiträume der beiden Projekte mit ca. 40 Jahren vergleichbar.[87]

Die Anwendung der Kapitalwert-Methode ist aber trotz der Möglichkeit einer künstlichen Beseitigung der grundsätzlich nicht vergleichbaren Zeiträume auch aus Risikoaspekten problematisch:

Investitionen mit kürzerer Lebensdauer sind in der Regel weniger riskant als Investitionen mit einer langen Lebensdauer. In dem obigen Beispiel könnte für das BHKW nach der Lebensdauer von 20 Jahren die Wirtschaftlichkeitsrechnung wiederholt durchgeführt werden. Dabei werden die aktuellsten Informationen in die Analyse einbezogen und auf deren Grundlage wird über die Ersatzinvestition entschieden. Bei der Dampfturbine ist eine Wirtschaftlichkeitsrechnung im Hinblick auf eine Ersatzinvestition nach 20 Jahren nicht sinnvoll, da sich eine Ersatzinvestition in der Regel wegen der langen Lebensdauer der Altinvestition noch nicht lohnt.

Wenn sich die Rahmenbedingungen des Strombezugs, der Stromeinspeisung oder der Brennstoffbezugskosten innerhalb dieser ersten 20 Jahren beispielsweise im negativen Sinn geändert haben, dann besteht bei der ursprünglichen Investition in das Blockheizkraftwerk die Möglichkeit, diese Investition nicht zu wiederholen und die Ersatzinvestition zu unterlassen. Bei der langlebigen Dampfturbine hingegen ist der Reaktionsspielraum auf veränderte Rahmenbedingungen wesentlich geringer: So kann auf die geänderten Rahmenbedingungen lediglich durch eine vorzeitige Stillegung der Dampfturbine reagiert werden, um so einen unwirtschaftlichen Anlagenbetrieb zu vermeiden. Unabhängig davon, ob die Anlage stillgelegt oder weiter betrieben wird, werden aufgrund der veränderten Rahmenbedingungen gegenüber der Planung geringere Einzahlungsüberschüsse erwirtschaftet.

Da bei einer Wirtschaftlichkeitsbetrachtung in der Regel mehrere technische Konzepte mit unterschiedlicher Lebensdauer in das Kalkül einbezogen werden und Investitionen in KWK-Anlagen grundsätzlich wiederholbar sind, ist der Kapitalwert als alleiniges Kriterium

---

84 Vgl. Götze, U., Bloech, J.: Investitionsrechnung. Modelle und Analysen zur Beurteilung von Investitionsvorhaben, a.a.O., S. 80; Winje, D., Witt, D.: Energiewirtschaft, a.a.O., S. 297.

85 Zur Berechnung des optimalen Ersatzzeitpunktes vgl. u.a. Schneider, D.: Investition, Finanzierung und Besteuerung, a.a.O., S. 100ff.

86 Vgl. die Ausführungen zur technischen Lebensdauer verschiedener KWK-Konzepte im Kapitel E.II.

87 In der Literatur wird das Herstellen der Vergleichbarkeit durch die Bildung von Investitionsketten als „Differenzinvestition" bezeichnet; vgl. u.a. Kappler, E., Rehkugler, H.: Kapitalwirtschaft, a.a.O., S. 921.

für die Entscheidung zwischen Fremdbezug und teilweiser Eigenerzeugung von Strom und Wärme nicht geeignet.[88]

Als zusätzliche Kriterien sind z.B. die Amortisationsdauer, die Durchführung einer Sensitivitätsanalyse[89] und die im folgenden beschriebene Annuitäten-Methode anzuwenden.

b. Die Annuitäten-Methode

Unter Annuitäten oder Renten versteht man Zahlungsreihen mit gleich hohen Zahlungen, die in gleichen Zeitabständen erfolgen.[90] Die Annuität wird auch häufig als Gewinnannuität bezeichnet und ist dadurch in gewisser Weise mit dem ökonomischen Gewinn vergleichbar.[91]

Zur Ermittlung der Gewinnannuität wird der Kapitalwert mit dem sogenannten Wiedergewinnungsfaktor multipliziert und mit Hilfe von mathematischen Verfahren in eine Reihe gleich hoher Zahlungen über die Anlagenlebensdauer verteilt.[92] Dabei ist die Investition in Kraft-Wärme-Kopplung vorteilhafter als die Unterlassungsalternative, wenn die Gewinnannuität größer als Null ist.[93]

Beim Vergleich verschiedener Investitionsalternativen, also bei der Suche der besten Alternative, ist auch die Annuitäten-Methode mit Vorsicht zu interpretieren: Das Annuitätenverfahren führt immer dann zur gleichen Empfehlung wie die Kapitalwert-Methode, wenn alle betrachteten Projekte die gleiche Laufzeit bzw. Lebensdauer haben.[94] Da dieser Fall bei der Betrachtung verschiedener Kraft-Wärme-Kopplungskonzepte meistes nicht auftritt, kann die Anwendung der zwei Verfahren zu widersprüchlichen Aussagen führen.[95] Es stellt sich die Frage, ob die Kapitalwert- oder die Annuitäten-Methode zu besseren Ergebnissen führt.

Zur Verdeutlichung der Problematik soll folgendes Beispiel dienen: Eine Dampfturbine erwirtschaftet über 40 Jahre eine Gewinnannuität von DM 100.000, mit einem BHKW läßt sich hingegen über 20 Jahre eine Gewinnannuität von DM 120.000 erzielen. Wenn in das BHKW nach 20 Jahren identisch reinvestiert werden kann, dann sind weitere 20 Jahre Gewinne in Höhe von DM 120.000 möglich. Die Annuitäten-Methode führt demnach unabhängig von der Lebensdauer zur richtigen Investitionsentscheidung. Das Kriterium der Gewinnannuität ist also speziell bei unterschiedlicher Lebensdauer und Wiederholbarkeit der Investitionsentscheidung dem des Kapitalwertes vorzuziehen.

---

88 Vgl. hierzu auch Kappler, E., Rehkugler, H.: Kapitalwirtschaft, a.a.O., S. 935; Schmitt, D., Bergschneider, C.: Dezentrale Kraft-Wärme-Kopplung, a.a.O., S. 206.

89 Vgl. Kappler, E., Rehkugler, H.: Kapitalwirtschaft, a.a.O., S. 941ff; Belting, T.: Blockheizkraftwerke, a.a.O., S. 56; Stelzer, L.: Investitions- und Wirtschaftlichkeitsrechnungen, a.a.O., S. 1036.

90 Vgl. Buchner, R.: Grundzüge der Finanzanalyse, a.a.O., S. 28; Schmidt, R.-H.: Grundzüge der Investitions- und Finanzierungstheorie, a.a.O., S. 126.

91 Vgl. Schmidt, R.-H.: Grundzüge der Investitions- und Finanzierungstheorie, a.a.O., S. 139.

92 Aufgrund der Berechnung der Annuität über den Kapitalwert bezeichnet Altrogge die Gewinnannuität als „zeitlich relativierter Kapitalwert". Altrogge, G.: Investition, a.a.O., S. 359; zum Wiedergewinnungsfaktor bzw. Annuitätenfaktor vgl. u.a. Schneider, D.: Investition, Finanzierung und Besteuerung, a.a.O., S. 81; Kappler, E., Rehkugler, H.: Kapitalwirtschaft, a.a.O., S. 934.

93 Vgl. Götze, U., Bloech, J.: Investitionsrechnung. Modelle und Analysen zur Beurteilung von Investitionsvorhaben, a.a.O., S. 88.

94 Vgl. Däumler, K.-D.: Grundlagen der Investitions- und Wirtschaftlichkeitsrechnung, a.a.O., S. 125; Altrogge, G.: Investition, a.a.O., S. 359; Schneider, D.: Investition, Finanzierung und Besteuerung, a.a.O., S. 81ff; Buchner, R.: Grundzüge der Finanzanalyse, a.a.O., S. 55.

95 Vgl. Stelzer, L.: Investitions- und Wirtschaftlichkeitsrechnungen, a.a.O., S. 1035ff.

Tabelle H36: Vergleich des Kapitalwertes und der Gewinnannuität

	Dampfturbine	BHKW
Benutzungsdauer	40	20
Zins	6%	6%
Gewinnannuität	100.000 DM	120.000 DM
Kapitalwert	1.504.630 DM	1.376.391 DM

Wenn die Investitionen jedoch nicht wiederholbar sind, führt der Kapitalwert theoretisch zu der wirtschaftlich vorteilhafteren Entscheidung:[96] Bei obigem Beispiel ist bei einmaliger Investitionsmöglichkeit die Gewinnannuität von DM 120.000 über 20 Jahre weniger Wert, als die Gewinnannuität von DM 100.000 über 40 Jahre. Dieses wird deutlich, wenn der Kapitalwert der langlebigen Dampfmaschine (ca. DM 1,5 Mio.) mit dem Kapitalwert des BHKW (ca. DM 1,4 Mio.) verglichen wird.

Im Rahmen der Entscheidung, welches der beiden Kriterien zur Beurteilung alternativer KWK-Projekte heranzuziehen ist, muß demnach überprüft werden, wie wahrscheinlich eine nochmalige Investition ist. Diese Überprüfung erweist sich jedoch in der Regel als schwierig, da der sehr große Zeitraum nicht überschaubar ist. Es ist jedoch anzunehmen, daß bei positiven Erfahrungen mit der Investition in eine KWK-Anlage diese Investition zu einem späteren Zeitpunkt wiederholt wird.[97] Daher kann grundsätzlich von einer Wiederholbarkeit der Investition ausgegangen werden, auch wenn die identische Ersatzinvestition aufgrund der technischen Weiterentwicklung der KWK-Technik nicht möglich ist. Demnach wird sich auch die Gewinnannuität der künftigen KWK-Investition ändern, was jedoch nicht notwendigerweise gegen die Anwendung des Annuitätenkriteriums spricht, da die neue Anlage besser auf die künftigen betrieblichen Bedürfnisse abgestimmt werden kann und somit eine verbesserte Wirtschaftlichkeit erwarten läßt.

Ein weiterer Punkt, der für die Gewinnannuität spricht, ist die bessere Interpretierbarkeit der ermittelten Zahl. So kann die Gewinnannuität als periodenbezogene Größe einfacher interpretiert und direkt mit dem "Durchschnittsgewinn"[98] verglichen werden.[99] Die Gewinnannuität wird jedoch nie genau identisch mit dem Durchschnittsgewinn sein, da bei der Gewinnannuität auch Zinseszinseffekte berücksichtigt werden.

Insgesamt kann festgestellt werden, daß sich die Gewinnannuität und der Kapitalwert als Kriterien für die Vorteilhaftigkeitsbeurteilung bei der Betrachtung eines einzelnen Projektes nicht unterscheiden, da die Gewinnannuität über den Kapitalwert berechnet wird. Abweichungen gibt es nur bei der Beurteilung mehrerer Projekte mit unterschiedlichen Projektlaufzeiten.[100] Hier ist individuell zu entscheiden, welches der beiden Kriterien eine bessere Entscheidungsbasis bietet.

Im Rahmen der weiteren Untersuchung wird zur Beurteilung von KWK-Anlagen auf die dargestellten beiden Investitionskriterien wiederholt zurückgegriffen. Dabei wird der Annuitätenmethode aufgrund der besseren Interpretierbarkeit in der Regel der Vorrang gegeben.

---

96 Vgl. Götze, U., Bloech, J.: Investitionsrechnung. Modelle und Analysen zur Beurteilung von Investitionsvorhaben, a.a.O., S. 89; Buchner, R.: Grundzüge der Finanzanalyse, a.a.O., S. 55.

97 Vgl. Belting, T.: Blockheizkraftwerke, a.a.O., S. 59ff.

98 Zur Ermittlung des Durchschnittsgewinns vgl. die Darstellung der statischen Investitionsrechnung im Abschnitt II.1.

99 Vgl. Götze, U., Bloech, J.: Investitionsrechnung. Modelle und Analysen zur Beurteilung von Investitionsvorhaben, a.a.O., S. 89; Kern, W.: Grundzüge der Investitionsrechnung, a.a.O., S. 58.

100 Der Kapitalwert unter Berücksichtigung der dynamischen Amortisationsdauer führt zum gleichen Ergebnis wie die Annuitätenmethode. Bei gleichen Kapitalwerten weist die Investition die höchste Annuität auf, die über die geringste Amortisationsdauer verfügt; vgl. Hahn, O.: Finanzwirtschaft, a.a.O., S. 97.

c. Die Zinsfuß-Methode

Der interne Zinsfuß[101] ist jener Zins, bei dem sich ein Kapitalwert von Null einstellt und bei dem der Barwert der Einzahlungen gleich dem Barwert der Auszahlungen ist.[102] Durch den internen Zinsfuß lassen sich Aussagen zur effektiven Verzinsung des im Investitionsprojekt gebundenen Kapitals treffen.[103]

Die Berechnung des internen Zinssatzes ist bei einer Zahlungsreihe, die mehr als drei Jahre umfaßt, nur mit Hilfe von Näherungsverfahren möglich.[104] Da die betrachteten Perioden bei Investitionen in Kraft-Wärme-Kopplung stets größer als drei Jahre sind, müssen demnach stets Näherungsverfahren zur Berechnung angewendet werden. Dabei wird die Berechnung um so aufwendiger, je mehr Perioden einzubeziehen sind.[105]

Hinzu kommt, daß wechselnde Vorzeichen in der Zahlungsreihe zu mehrdeutigen Ergebnissen führen.[106] Bei Investitionen in Kraft-Wärme-Kopplung kann es durchaus zu wechselnden Vorzeichen in der Zahlungsreihe kommen, insbesondere dann, wenn aufwendige Umrüst- und Instandhaltungszahlungen notwendig werden. In diesem Fall ist die Methode des internen Zinsfußes kein sinnvolles Entscheidungskriterium.

Die Investition in Kraft-Wärme-Kopplung ist auf der Basis dieses Verfahrens dem weiteren vollständigen Fremdbezug des innerbetrieblichen Strom- und Wärmebedarfs dann vorzuziehen, wenn der ermittelte interne Zinsfuß größer als der Zinssatz der kalkulatorischen Zinsen ist.[107]

Problematisch ist das Verfahren des internen Zinsfuß beim Vergleich alternativer KWK-Anlagen, da der Zinsfuß bei unterschiedlichen Anfangsauszahlungen zu unbefriedigenden Ergebnissen führt.[108] Ein hoher Zinsfuß bedeutet nicht notwendigerweise, daß mit dem

---

[101] Beim internen Zinsfuß besteht ähnlich wie bei der Amortisationsdauer eine große Begriffsvielfalt: Interner Zinssatz, Ertragssatz, Ertragsrate, Rendite, Rentabilität, effektive Verzinsung, Eigenverzinsung, interne Verzinsung oder auch die aus dem angelsächsischen übernommenen Begriffe: rate of return, internal rate of return, time adjusted rate of return, internal discounted cash flow return, mariginal rate of capital; vgl. Altrogge, G.: Investition, a.a.O., S. 318.

[102] Vgl. Hahn, O.: Finanzwirtschaft, a.a.O., S. 98; Schneider, D.: Investition, Finanzierung und Besteuerung, a.a.O., S. 84; Schmidt, R.-H.: Grundzüge der Investitions- und Finanzierungstheorie, a.a.O., S. 142; Rao, R: Financial Management, Concepts and Applications, a.a.O., S. 244.

[103] Vgl. Gutenberg, E.: Die Finanzen, a.a.O., S. 350.

[104] Als Näherungsverfahren kommen u.a. die Probiermethode, das Newtonsche Verfahren in Verbindung mit dem Hornerschema und das Bouldingsche Näherungsverfahren in Frage; vgl. Buchner, R.: Grundzüge der Finanzanalyse, a.a.O., S. 40.

[105] Aufgrund der komplizierten mathematischen Ermittlung des internen Zinsfußes wird sehr häufig Kritik an der Zinsfußmethode geübt; vgl. u.a. Hahn, O.: Finanzwirtschaft, a.a.O., S. 101; Buchner, R.: Zur Frage der Zweckmäßigkeit des internen Zinsfußes als investitionsrechnerisches Auswahlkriterium, in: ZfB, Jahrgang 43, 1973, S. 693ff; Kilger, W.: Zur Kritik am internen Zinsfuß, in: ZfB, 12/1965, S. 765ff.

[106] Die Mehrdeutigkeit der Ergebnisse läßt sich vermeiden, indem die Zahlungsreihe transformiert wird, jedoch mit der Gefahr, daß sich die Rangfolge des Investitionsprojekts verändert; vgl. Druckarzcyk, J.: Investitionstheorie und Konsumpräferenz, Berlin 1970, S. 137f; Buchner, R.: Zur Frage der Zweckmäßigkeit des internen Zinsfußes als investitionsrechnerisches Auswahlkriterium, a.a.O., S. 699ff; Buchner, R., Weinreich, J.: Zur Frage des rechentechnischen Problems der Mehrdeutigkeit des internen Zinsfußes, in: ZfbF, Jahrgang 49, 1979, S. 128ff. Eine weitere Möglichkeit ist die Einführung einer sogenannten Adaptionsverzinsung bei der negative Zahlungsüberschüsse mit der Anschaffungsausgabe oder anderen positiven Einzahlungsüberschüssen verrechnet werden; vgl. Meyer, H.: Die Fragwürdigkeit der Einwände gegen die interne Verzinsung, in: ZfbF, Jahrgang 30, 1978, S. 57ff.

[107] Vgl. Gutenberg, E.: Die Finanzen, a.a.O., S. 350; Stelzer, L.: Investitions- und Wirtschaftlichkeitsrechnungen, a.a.O., S. 1036.

[108] Vgl. Götze, U., Bloech, J.: Investitionsrechnung. Modelle und Analysen zur Beurteilung von Investitionsvorhaben, a.a.O., S. 91; Busse von Colbe, W., Laßmann, G.: Investitionstheorie, a.a.O., S. 112ff; Winje, D., Witt, D.: Energiemanagement, a.a.O., S. 279; Schmidt, R.-H.: Grundzüge der Investitions- und Finanzierungstheorie, a.a.O., S. 163.

Projekt die höchsten Gewinne zu erwirtschaften sind.[109] Der Zinsfuß drückt nur aus, wie hoch sich das eingesetzte Kapital verzinst. So kann eine kleine KWK-Anlage bei geringem Kapitaleinsatz eine sehr hohe Rendite aufweisen. Aber die Verzinsung von relativ wenig Kapital ergibt auch relativ geringe Überschüsse. Wird im Gegensatz dazu eine KWK-Anlage mit hohem Kapitaleinsatz gebaut, die sich aber mit einem geringeren Zinssatz verzinst, dann sind die Überschüsse unter Umständen trotzdem höher als bei der kleinen Anlage.[110] Die alleinige Anwendung des Renditekriteriums führt in der Regel dazu, daß eine KWK-Anlage unterdimensioniert wird und somit nicht die gewinnmaximale Anlagengröße gewählt wird.[111]

Es gibt eine Vielzahl von Lösungsmöglichkeiten, wie man die internen Zinssätze von Investitionen mit unterschiedlichen Anfangsauszahlungen vergleichbar machen kann. Auf die Vorstellung dieser Lösungsvorschläge wird in dieser Arbeit verzichtet, da der Nachteil unterschiedlicher Anfangsauszahlungen etwa durch Anwendung der Annuitäten-Methode vermieden werden kann.[112]

Der interne Zinsfuß ist besonders bei Risikobetrachtungen von Interesse: Wenn ein Projekt nur eine Verzinsung knapp über dem Kalkulationszins aufweist, dann reagiert dieses Projekt sensibler auf Schwankungen der Kapitalmarktzinsen als ein Projekt mit sehr hoher Verzinsung. Der interne Zinsfuß ist damit besonders als ergänzendes Kriterium von Interesse, da im Gegensatz zur Gewinnannuität oder dem Kapitalwert ein direkter Bezug zum Kapitaleinsatz hergestellt wird. Wenn zum Beispiel eine Wirtschaftlichkeitsanalyse ergibt, daß eine Dampfmaschine eine Gewinnannuität von DM 100.000 bei einem internen Zinsfuß von 10% erwirtschaftet, ein Blockheizkraftwerk hingegen eine Gewinnannuität in Höhe von DM 80.000 bei einem Zinsfuß von 50% erzielt, dann ist dem Blockheizkraftwerk der Vorzug zu geben. Das Kriterium Gewinnannuität wird also relativiert und in diesem Fall weniger stark gewichtet als ohne die Anwendung des internen Zinsfußes.

Ein großer Vorteil des internen Zinsfußes liegt in der Unabhängigkeit vom Kapitalmarktzins. Im obigen Beispiel sinkt die Gewinnannuität der Dampfturbine unter Null, wenn der Kalkulationszins über 10% steigt, beim BHKW wird die Gewinnschwelle erst bei einem Zinssatz von 50% unterschritten.

Der interne Zinsfuß weist demnach Vorteile hinsichtlich der Interpretierbarkeit und bei der Abschätzung von Zinsrisiken auf und ist insofern als ergänzendes Investitionskriterium geeignet.

d. Dynamische Amortisationsdauer

Die Amortisationsdauer in statischer Form wurde bereits erläutert.[113] Die dort getroffenen Aussagen lassen sich weitgehend auf die dynamische Variante übertragen.

Die dynamische Amortisationsdauer wird bestimmt, indem die Barwerte der Periodenüberschüsse solange summiert werden, bis diese die Höhe der Anfangsauszahlung erreichen.[114]

---

[109] Vgl. Busse von Colbe, W., Laßmann, G.: Investitionstheorie, a.a.O., S. 113f; Schneider, D.: Investition, Finanzierung und Besteuerung, a.a.O., S. 81; Schmidt, R.-H.: Grundzüge der Investitions- und Finanzierungstheorie, a.a.O., S. 145.

[110] Es sind unter Umständen Kapitalrestriktionen zu berücksichtigen. In diesem Fall kann die Investition in eine KWK-Anlage mit geringem Kapitaleinsatz von Vorteil sein, weil hierdurch Kapital für weitere Projekte zur Verfügung steht.

[111] Vgl. hierzu die Ausführungen bei der Rentabilitätsanalyse im Rahmen der Diskussion der statischen Verfahren.

[112] Zur Diskussion von Lösungsvorschlägen hinsichtlich der Problematik des internen Zinsfußes vgl. u.a. Meyer, H.: Die Fragwürdigkeit der Einwände gegen die interne Verzinsung, a.a.O., S. 59ff.

[113] Vgl. Abschnitt II.1.d in diesem Kapitel.

Eine Investition in eine KWK-Anlage ist sinnvoller als ein weiterer vollständiger Fremdbezug von Strom und Wärme, wenn eine von der Unternehmensführung vorgegebene Grenzamortisationsdauer nicht überschritten wird. Bei der Beurteilung alternativer Kraft-Wärme-Kopplungsanlagen führt die dynamische Amortisationsrechnung nicht unbedingt zum gleichen Ergebnis wie die anderen Investitionsrechenverfahren, da Zahlungen nach dem Amortisationszeitpunkt nicht betrachtet werden. So sollte auch eine in einem dynamischen Modell ermittelte Amortisationszeit nicht allein zur Beurteilung von Investitionsprojekten herangezogen werden, sondern lediglich als Risikomaßstab dienen.[115]

e. Kritik an den dynamischen Investitionsrechenverfahren

Die dynamischen Investitionsrechenverfahren werden aufgrund ihrer Mängel häufig diskutiert.[116] Trotz dieser Mängel kann jedoch nicht gänzlich auf die dynamischen Entscheidungsmodelle verzichtet werden, da ohne Berücksichtigung des chronologischen Einzahlungs- und Auszahlungsstromes eine rationale Entscheidung kaum möglich ist.[117] Wenn die dynamischen Rechenverfahren beispielsweise durch Sensitivitätsanalysen ergänzt werden, lassen sich die im folgenden dargestellten Mängel teilweise relativieren.[118]

aa. Monetäre Quantifizierbarkeit des Zahlungsstromes

Die Anwendung aller dynamischen und statischen Investitionsrechenverfahren erfordert, daß die durch die Investition ausgelösten Ein- und Auszahlungen genau monetär quantifizierbar sind.[119] Die Bedingung der vollständigen Quantifizierbarkeit der Zahlungsströme ist jedoch nur sehr selten gegeben, wie mit den folgenden Beispielen gezeigt werden kann:

Die Investition in eine Kraft-Wärme-Kopplungsanlage ist mit negativen Konsequenzen für verschiedene Unternehmensangehörige verbunden. So kann die Entscheidung über die Eigenstromversorgung für einige Manager eine zeitliche Mehrbelastung bedeuten. Durch diese zusätzliche Belastung ist es den jeweiligen Managern nicht mehr möglich, sich mit anderen wichtigen Aufgaben, wie der Suche nach neuen strategischen Geschäftsfeldern, zu befassen.[120]

Durch eine Investition in Kraft-Wärme-Kopplung kann außerdem der finanzielle Spielraum zur Durchführung künftiger Investitionen eingeengt werden, da es ab einer bestimmten Fremdverschuldung nicht mehr möglich ist, weiteres Kapital beispielsweise bei Banken aufzunehmen. Hierdurch werden unter Umständen Chancen von zukunftsträchtigeren Investitionen bereits im Vorfeld zunichte gemacht.[121]

---

114 Vgl. Hahn, O.: Finanzwirtschaft, a.a.O., S. 99; Munz, M.: Investitionsrechnung, 2. Auflage, Wiesbaden 1974, S. 37ff; Buchner, R.: Grundzüge der Finanzanalyse, a.a.O., S. 31.

115 Vgl. Götze, U., Bloech, J.: Investitionsrechnung. Modelle und Analysen zur Beurteilung von Investitionsvorhaben, a.a.O., S. 102.

116 Vgl. Brandt, H.: Investitionspolitik des Industriebetriebes, a.a.O., S. 89; Stelzer, L.: Investitions- und Wirtschaftlichkeitsrechnungen, a.a.O., S. 1036.

117 Vgl. Schneider, E.: Wirtschaftlichkeitsrechnung, Theorie der Investition, 7. Aufl., Tübingen, Zürich 1968, S. 143.

118 Vgl. Albach, H.: Investitionsrechnungen bei Unsicherheit, in: Büschgen, E. (Hrsg.), Handwörterbuch der Finanzwirtschaft, Band VI, Stuttgart 1976, Sp. 893ff; Winje, D., Witt, D.: Energiewirtschaft, a.a.O., S. 305.

119 Mit nicht quantifizierbar ist nicht nur die Unmöglichkeit der Datenerfassung gemeint, sondern auch die Tatsache, daß es nicht unbedingt wirtschaftlich ist, alle Daten zu erfassen. Es gilt der Grundsatz: Wirtschaftlichkeit vor Genauigkeit; vgl. Kruschwitz, L.: Bemerkungen zur Risikoanalyse aus theoretischer Sicht, in: ZfB, 50/1980, S. 801; Stelzer, L.: Investitions- und Wirtschaftlichkeitsrechnungen, a.a.O., S. 1037.

120 Vgl. Kappler, E., Rehkugler, H.: Kapitalwirtschaft, a.a.O., S. 916.

121 Vgl. Meckel, B: Contracting-Modelle als Möglichkeit zu Realisierung von Kraft-Wärme-Kopplungsanlagen, a.a.O., S. 39.

Der Prestigegewinn, der in der Öffentlichkeit durch eine Investition in den Umweltschutz erzielt wird und möglicherweise den Absatz verbessert, kann rechnerisch ebenfalls nicht ermittelt werden.[122] Weitere unwägbare Faktoren[123] bzw. Imponderabilien, die aus einer Investition in Kraft-Wärme-Kopplung resultieren, sind z.B. erhöhte Unfallgefahr und Lärm- oder Staubbelästigung.

Die Problematik des nicht quantifizierbaren Zahlungsstromes kann durch alternative Investitionsrechenverfahren, etwa durch die weiter unten vorgestellte Nutzwertanalyse, berücksichtigt werden. Die Nutzwertanalyse basiert auf subjektiven Wahrscheinlichkeitsurteilen zu nicht monetär quantifizierbaren Ereignissen, wie Risiken aus Umweltbelastungen. Aber auch einer Nutzwertanalyse sind dann Grenzen gesetzt, wenn noch keine Vorstellung darüber besteht, welche Ereignisse und Risiken überhaupt eintreten könnten.

bb. Unsicherheit

Auch wenn der Zahlungsstrom quantifizierbar ist, bleibt der Zahlungsfluß unsicher.[124] Alle klassischen Investitionsrechenverfahren unterstellen vollkommene Voraussicht und setzen damit voraus, daß alle Zahlungen genau prognostiziert werden können. In Wirklichkeit werden die Zahlungen jedoch durch mehr oder weniger grobe Schätzungen ermittelt. Diese Problematik ist bei Investitionen in Kraft-Wärme-Kopplung besonders ausgeprägt, da der Planungshorizont bis zu ca. vierzig Jahren reicht.[125] Innerhalb dieses Planungshorizontes sind eine Reihe von Veränderungen, z.B. auf den Brennstoff- und Strommärkten, möglich. Eine Änderung der Brennstoffpreise oder der Höhe der Einspeisevergütung hat dabei Auswirkungen auf die Wirtschaftlichkeit, die sich mit den klassischen Investitionsrechenverfahren nicht berücksichtigen lassen.[126]

Unsicher ist auch die voraussichtliche Nutzungszeit der Kraft-Wärme-Kopplungsanlage. Hinsichtlich der Nutzungszeit kann den Angaben des Herstellers vertraut werden, oder es kann auf die steuerlich vorgegebenen Nutzungszeiten aus den entsprechenden AfA-Tabellen oder auf externe Erfahrungen über die betriebsübliche Kraftwerksnutzungsdauer zurückgegriffen werden.[127] Gegen die Wahl der vom Hersteller angegebenen Anlagenlebensdauer spricht, daß der Ersatz einer Anlage meist ein wirtschaftliches und kein technisches Problem ist.[128] Aussagen dahingehend, wann es wirtschaftlich ist, die Anlage zu ersetzen, sind jedoch nicht möglich, da zu viele Faktoren wie beispielsweise die Entwicklung neuer Kraftwerkstypen hierbei eine Rolle spielen.[129] Die fehlende Kenntnis der voraussichtlichen Nutzungsdauer der KWK-Anlage kann zu fehlerhaften Wirtschaftlichkeitsanalysen führen. Unter Umständen wird eine Anlage abgelehnt, weil eine zu kurze Nutzungsdauer angesetzt wird, oder im umgekehrten Fall wird in eine KWK-Anlage investiert, weil der Nutzungszeitraum zu hoch angesetzt wurde.

---

[122] Vgl. Hahn, O.: Finanzwirtschaft, a.a.O., S. 81; Hein, D., Einsatz der Kraft-Wärme-Kopplung-Technik, Wirtschaftlichkeit, Umwelt, a.a.O., S. 25.

[123] Vgl. Hartner, G.: Die Determinanten der Investitionsentscheidung und ihre Wertigkeit im Entscheidungsprozeß, Wien 1968, S. 17.

[124] Die Unsicherheit zeigt Parallelen zu den nicht quantitativen Faktoren. Der Unterschied besteht jedoch darin, daß sich die Ergebnisse der Mengen- und Preisplanung quantifizieren lassen und lediglich eine Unsicherheit hinsichtlich der Realisierung der Größen besteht; vgl. Hahn, O.: Finanzwirtschaft, a.a.O., S. 81; Winje, D., Witt, D.: Energiewirtschaft, a.a.O., S. 313; Stelzer, L.: Investitions- und Wirtschaftlichkeitsrechnungen, a.a.O., S. 1041; Albach, H.: Investitionsrechnungen bei Unsicherheit, a.a.O., Sp. 894ff.

[125] Vgl. Winje, D., Witt, D.: Energiewirtschaft, a.a.O., S. 303.

[126] Vgl. Kappler, E., Rehkugler, H.: Kapitalwirtschaft, a.a.O., S. 917.

[127] Zu einer ausführlichen Diskussion der Ermittlung der Nutzungsdauer vgl. Schneider, D.: Investition, Finanzierung und Besteuerung, a.a.O., S. 100ff.

[128] Vgl. Kapitel E.II.1.h.

[129] Vgl. Schneider, D.: Investition, Finanzierung und Besteuerung, a.a.O., S. 101.

Bei Anwendung dynamischer Verfahren ist eine Fehlprognose bezüglich der Nutzungsdauer weniger problematisch als bei der statischen Vorgehensweise. Durch die Abdiskontierung bei den dynamischen Rechenverfahren haben entferntere Zahlungen einen geringeren Wert als zeitlich näher gelegene Zahlungen. Die betrachteten Zeiträume betragen zum Teil dreißig Jahre und mehr. Diskontiert man z.B. eine Zahlung von DM 1 Mio, die in dreißig Jahren erfolgt, mit einem Zinssatz von 8%, beträgt der Barwert ca. TDM 100. Dieses Beispiel zeigt, daß sich durch Diskontierung ein Irrtum bei den auszahlungswirksamen Beträgen, die zeitlich weiter entfernt sind, weniger auf den Barwert und somit auf die Investitionsentscheidung auswirkt als Zahlungen, die sofort fällig sind.[130]

Bei Unsicherheit des Zahlungsstromes bietet es sich an, Verfahren zur Entscheidung bei Unsicherheit, beispielsweise die Sensitivitätsanalyse, in den Wirtschaftlichkeitsvergleich mit einzubeziehen. Diese die Unsicherheit berücksichtigenden Verfahren bilden eine Ergänzung zu den traditionellen dynamischen Investitionsrechenverfahren und helfen, die sich aus Veränderungen der Rahmenbedingungen ergebenden Risiken besser abzuschätzen.[131]

cc. Analyse aus der Sicht des Kapitalgebers

Die vorgestellten Investitionsrechnungen beschränken sich auf die Perspektive der Kapitalgeber, die sich ausschließlich auf die ihnen entstehenden Auszahlungen und die diesen gegenüberstehenden Einzahlungen konzentrieren. In diesem Punkt zeigen sich die Grenzen der bestehenden Rechenverfahren, da Wirtschaftlichkeit und Rentabilität nicht immer die alleinigen Entscheidungskriterien sind.[132]

Investitionen in Kraft-Wärme-Kopplung sind jedoch mit einer Vielzahl von bisher unberücksichtigten Konsequenzen für Mensch und Natur verbunden, die sowohl positiv als auch negativ sein können. Diese Konsequenzen für Unbeteiligte werden auch externe Effekte genannt. Externe Effekte treten immer dann auf, wenn Verursacher und Betroffener nicht übereinstimmen.[133] Besonders bei Investitionen der öffentlichen Hand werden die sogenannten externen Effekte in eine Wirtschaftlichkeitsbetrachtung mit einbezogen, wodurch die herkömmlichen Investitionsrechenverfahren nur noch eingeschränkt Anwendung finden können.

Diese externen Effekte lassen sich durch die im folgenden vorgestellte Nutzwertanalyse berücksichtigen, die neben den traditionellen Investitionsrechenverfahren angewendet werden kann.

dd. Zurechenproblematik und Interdependenzen

Bei der Durchführung der Investitionsrechnung stellt sich das Problem, die durch die Investition verursachten Kosten zu ermitteln. Häufig werden unternehmensinterne Ressourcen durch mehrere Projekte genutzt. Somit ist es schwierig, die durch die Kraft-Wärme-Kopplungsanlage verursachten Kosten genau zu identifizieren und zuzuordnen.[134]

Das Problem der Kostenidentifikation kann durch die verschiedenen Methoden der Kosten- und Leistungsrechnung gelöst werden.

---

130 Bei den statischen Verfahren werden die unterschiedlichen Zeitpunkte der Zahlungen nicht berücksichtigt. Hierdurch wirkt sich eine falsche Prognose der Nutzungdauer oder eine zeitlich weit entfernt liegende Zahlung gravierend auf die errechnete Wirtschaftlichkeit aus.

131 Vgl. Winje, D., Witt, D.: Energiewirtschaft, a.a.O., S. 313; Stelzer, L.: Investitions- und Wirtschaftlichkeitsrechnungen, a.a.O., S. 1041.

132 Vgl. Mellerowicz, K.: Unternehmenspolitik, Band II, 2. Auflage, Freiburg 1963, S. 435.

133 Vgl. Tacke, W.: Umweltkosten im öffentlichen Bewußtsein, in: VDI-GET Jahrbuch 95, Düsseldorf 1995, S. 301ff; Glatzel, W.-D. et al.: „Kosten und Effektivität in der Umwelt- und Energiepolitik", in: VDI-GET Jahrbuch 95, Düsseldorf 1995, S. 101.

134 Vgl. Kappler, E., Rehkugler, H.: Kapitalwirtschaft, a.a.O., S. 917 und 918.

Die Wirtschaftlichkeit einer Kraft-Wärme-Kopplungsanlage wird auch durch Abhängigkeiten von anderen Parametern, beispielsweise durch zukünftige Unternehmensentscheidungen, beeinflußt. So führt die Entscheidung zur Stillegung von bestimmten Produktionsanlagen oder Maschinen zu einer Reduzierung des innerbetrieblichen Strom- und Wärmebedarfs. Dies beeinflußt wiederum die mögliche Auslastung einer industriellen KWK-Anlage und kann letztendlich aufgrund entstehender Überkapazitäten zur Unwirtschaftlichkeit der gesamten KWK-Anlage führen. Dies ist insbesondere dann möglich, wenn bei der Auslegung bzw. Dimensionierung der KWK-Anlage diese Unternehmensentwicklung nicht ausreichend berücksichtigt wurde und die Anlage daher weder auf den zukünftigen Energiebedarf ausgerichtet, noch ein Anlagentyp ausgewählt worden ist, der den betrieblichen Erfordernissen entspricht.

Die Auswirkungen von Schwankungen des innerbetrieblichen Strom- und Wärmebedarfs sind z.B. mit Hilfe geeigneter Sensitivitätsanalysen im Vorfeld der Investitionsentscheidung zu analysieren.

3. Anwendungsbeispiel der dargestellten Investitionsrechenverfahren

In diesem Abschnitt wird beispielhaft die Anwendung der statischen und dynamischen Investitionsrechenverfahren dargestellt. Hierzu wird auf das in dieser Arbeit bereits mehrfach angesprochene Beispielunternehmen zurückgegriffen. Die für die Investitionsrechnung notwendigen Daten sind in der folgenden Tabelle zusammengestellt:

Tabelle H37: Basisdaten für die Berechnungen der Ergebnisse nach den klassischen Investitionsrechenverfahren

Jährlicher Einzahlungsüberschuß	$E\ddot{U}$	DM 286.473
Investitionssumme:	I^0	DM 1.569.500
Nutzungsdauer:	ND	15
Kalkulationszins:	i	10%

Bei der Analyse wird aus Gründen der Vereinfachung auf eine einheitliche Basisperiode zurückgegriffen. In der Praxis ist jedoch nicht davon auszugehen, daß die Daten über einen Zeitraum von 15 Jahren konstant bleiben.

Gewinnvergleichsrechnung

Die Gewinnvergleichsrechnung basiert auf dem kostenrechnerischen Jahresgewinn. Dieser wird ermittelt, indem der Einzahlungsüberschuß um die linearen Abschreibungen und die kalkulatorischen Zinsen gemindert wird. Die kalkulatorischen Zinsen entsprechen der durchschnittlichen Kapitalbindung (die Hälfte der Investitionsauszahlung) multipliziert mit dem Kalkulationszins.

Tabelle H38: Ergebnis nach der Gewinnvergleichsrechnung

Einzahlungsüberschuß	286.473 DM
-AFA	-104.633 DM
-Kalkulatorische Zinsen	-78.475 DM
Gewinn	**103.365 DM**

Aufgrund des positiven Gewinns wird die Investition vorteilhafter als die Unterlassungsalternative erachtet.

Statische Amortisationsdauer

Die statische Amortisationsdauer errechnet sich durch Division der Investitionsauszahlung durch die durchschnittlichen Rückflüsse. Die durchschnittlichen Rückflüsse werden berechnet, indem der Einzahlungsüberschuß um die kalkulatorischen Zinsen gemindert wird.

$$Amortisationsdauer = \frac{I^0}{E\ddot{U} - \frac{I^0}{2} \times i} = \frac{1.569.500}{286.473 - \frac{1.569.500}{2} \times 0{,}1} \approx 7{,}5\ Jahre$$

Wenn die berechneten 7,5 Jahre einen unternehmensinternen Grenzwert übersteigen, wird die Investition verworfen.

Statische Rentabilität

Die Rentabilität, welche der Verzinsung des eingesetzten Kapitals entspricht, wird durch Division der Bruttoüberschüsse und der durchschnittlichen Kapitalbindung berechnet. Die Bruttoüberschüsse stellen hierbei den Unternehmensgewinn vor Zinszahlungen dar und werden berechnet, indem der Einzahlungsüberschuß um die Abschreibung gemindert wird. Die Investitionsauszahlungen wurden dabei linear über die gesamte Nutzungsdauer abgeschrieben.

$$\mathrm{Re}\,ntabilit\ddot{a}t = \frac{E\ddot{U} - \frac{I^0}{ND}}{\frac{I^0}{2}} = \frac{286.473 - \frac{1.569.500}{15}}{\frac{1.569.500}{2}} \times 100 = 23{,}17\%$$

Das zur Erstellung der Kraft-Wärme-Kopplungsanlage eingesetzte Kapital verzinst sich nach der statischen Rentabilität mit 23,17% pro Jahr. Wenn diese Rentabilität der erwarteten Mindestverzinsung der Kapitalgeber entspricht, dann ist die Investition in Kraft-Wärme-Kopplung vorteilhafter als die Unterlassungsalternative.

Kapitalwertverfahren

Das Kapitalwertverfahren gehört zu den in diesem Kapitel dargestellten dynamischen Investitionsrechenverfahren. Die Berechnung erfolgt, indem die über einen Zeitraum von 15 Jahren anfallenden Zahlungen auf den Zeitpunkt Null diskontiert und mit der Investitionsauszahlung verrechnet werden.

$$Kapitalwert = -I^0 + \frac{E\ddot{U} - \frac{E\ddot{U}}{(1+i)^{ND}}}{i} = -1.569.500 + \frac{286.473 - \frac{286.473}{1{,}1^{15}}}{0{,}1} = 609.436\ DM$$

Der Kapitalwert stellt den Wert dar, um den der Ertragswert des Unternehmens aufgrund der Investition in die Kraft-Wärme-Kopplung wächst. Ist der Kapitalwert größer als Null, so lohnt sich die Durchführung der Investition.

Gewinnannuität

Die Gewinnannuität wird auch als zeitlich relativierter Kapitalwert bezeichnet. Der Kapitalwert wird zur zeitlichen Relativierung mit dem Wiedergewinnungsfaktor multipliziert und hierdurch gleichmäßig auf die zukünftigen Perioden verteilt.

$$Gewinnannuit\ddot{a}t = Kapitalwert \times \frac{i}{1 - \frac{1}{(1+i)^{15}}} = 609.436 \times \frac{0{,}1}{1 - \frac{1}{1{,}1^{15}}} = 80.125\ DM$$

Die Gewinnannuität ist mit dem statisch ermittelten Gewinn der Gewinnvergleichsrechnung vergleichbar. Die ermittelten DM 80.125 weisen jedoch einen Unterschied von DM 23.240 zum statischen Gewinn (DM 103.365) auf. Dieses ist auf die mangelnde Berücksichtigung des zeitlichen Zahlungsanfalls bei der statischen Methode zurückzuführen.

Aufgrund der positiven, ermittelten Gewinnannuität ist die Durchführung der Investition bei einer rein monetären Betrachtung vorteilhafter als die Unterlassungsalternative.

Dynamische Amortisationsdauer

Die Gleichung zur Berechnung der Amortisationsdauer wird hergeleitet, indem die Gleichung zur Kapitalwertermittlung nach der Nutzungsdauer der KWK-Anlage aufgelöst wird. Zu beachten ist hierbei, daß zur Auflösung der Gleichung nach der Nutzungsdauer der Logarithmus gebildet werden muß. Die Nutzungsdauer, bei der sich ein Kapitalwert von Null ergibt, entspricht der Amortisationsdauer.

$$\textit{Amortisationsdauer} = \frac{\ln\left[\dfrac{1}{1-\dfrac{I^0}{E\ddot{U}}\times i}\right]}{\ln(1+i)} = \frac{\ln\left[\dfrac{1}{1-\dfrac{1.569.500}{286.473}\times 0{,}10}\right]}{\ln(1+0{,}10)} = 8{,}3\ \textit{Jahre}$$

Die dynamische Amortisationsdauer weicht in ihrer Höhe von der statischen Amortisationsdauer ab. Mit der statischen Herangehensweise wurde ein Wert von 7,5 Jahren berechnet. Dieses zeigt, daß das statische Verfahren die KWK-Anlage günstiger bewertet als es beim dynamischen Gegenstück der Fall ist. Die Begründung hierfür liegt in der mangelnden Berücksichtigung von Zinseszinseffekten.

Interner Zinsfuß

Wie bereits dargestellt wurde, ist die Berechnung des internen Zinsfußes problematisch. Die Berechnung erfolgt über Näherungsverfahren. Beim iterativen Näherungsverfahren werden zwei Basiszinssätze gewählt und jeweils der Kapitalwert berechnet. Hierbei ist darauf zu achten, daß sich möglichst ein negativer und ein positiver Kapitalwert ergeben.

- Kapitalwert (i=16%): DM 27.718
- Kapitalwert (i=18%): DM -110.901

Ausgehend von den berechneten Kapitalwerten und den zugehörigen Zinssätzen kann mit der folgenden Gleichung der interne Zinsfuß berechnet werden:

$$\textit{Zinsfuß} = 16\% + \frac{18\% - 16\%}{27.718 + 110.901} \times 27.718 = 16{,}4\%$$

Der interne Zinsfuß stellt das dynamische Gegenstück zur statischen Rentabilität dar. Auffallend ist, daß die statische Rentabilität mit 23,17% Verzinsung einen wesentlich höheren Wert aufweist als die interne Zinsfußmethode, d.h. auch diese statische Methode führt zu einer Überbewertung der Investition.

Insgesamt kann festgehalten werden, daß wahrscheinlich mit allen vorgestellten statischen und dynamischen Verfahren die Investition in Kraft-Wärme-Kopplung durchgeführt worden wäre. Es sind aber auch Fälle denkbar, in denen die Entscheidung nicht so klar für die Investition ausfällt. In Zweifelsfällen sollten Entscheidungen daher ausschließlich auf der Basis der dynamischen Verfahren und insbesondere auf der Basis der dynamischen Gewinnannuität oder des Kapitalwerts getroffen werden.

III. Weitere Verfahren zur Beurteilung von Investitionen in Kraft-Wärme-Kopplung

Aufgrund der Nachteile der dynamischen Investitionsrechenverfahren sind für eine Investitionsentscheidung weitere ergänzende Verfahren heranzuziehen. Nicht quantifizierbare Faktoren lassen sich so z.B. durch die Nutzwertanalyse und Unsicherheit z.B. durch die Risikoanalyse, Sensitivitätsanalyse, Korrekturverfahren und das Entscheidungsbaumverfahren berücksichtigen.

1. Nutzwertanalyse

Wenn mit einer Investition auch ein nicht monetär meßbares Ziel erreicht werden soll, sind die bisher vorgestellten Verfahren als alleiniges Entscheidungskriterium ungeeignet.[135] Die Nutzwertanalyse wird insbesondere dann angewandt, wenn Rendite-Bestrebungen bzw. finanzielle Konsequenzen eine nachgeordnete Rolle spielen.[136] Da aber Investitionsprojekte stets auch finanzielle Auswirkungen aufweisen, ist die Nutzwertanalyse immer als eine die traditionelle Investitionsrechnung ergänzende, nicht aber ersetzende Analyse zu verstehen.[137]

Öffentliche Investitionen sind so zum Beispiel häufiger vom maximal auszuschöpfenden Haushalt als von wirtschaftlichen Gesichtspunkten geleitet. So ist gesetzlich sogar verankert, daß Bund und Länder nicht-monetäre Komponenten in die Investitionsentscheidung einzubeziehen haben.[138]

Auch mit Investitionen in KWK-Anlagen können nicht-monetäre Ziele verfolgt werden. Eine Investition in KWK-Technik zeigt beispielsweise hohe Umweltkompetenz und stärkt möglicherweise - in Verbindung mit einem entsprechenden Marketing - das Image des Unternehmens.[139]

Der eigentlichen Nutzwertanalyse geht die Auswahl und Eingrenzung der Alternativen voraus. Die Eingrenzung kann z.B. durch Mindest- oder Höchstgrenzen finanzieller Kriterien wie Kapitalwert, interner Zinsfuß oder Amortisationsdauer erfolgen. Durch diese Vorauswahl kann unter Umständen die Anzahl der nutzwertanalytisch zu untersuchenden Alternativen erheblich eingeschränkt werden.[140]

---

135 Der Begründer Zangemeister definiert die Nutzwertanalyse als "Analyse einer Menge komplexer Handlungsalternativen mit dem Zweck, die Elemente dieser Menge entsprechend den Präferenzen des Entscheidungsträgers bezüglich eines multidimensionalen Zielsystems zu ordnen." Zangemeister, C.: Nutzwertanalyse in der Systemtechnik, 4. Auflage, Berlin 1976, S. 45. Zur Anwendung der Nutzwertanalyse bei energietechnischen Investitionen vgl. insbesondere auch Winje, D., Witt, D.: Energiewirtschaft, a.a.O., S. 337ff.

136 Vgl. o.V.: Methodenlehre der Planung und Steuerung, REFA Verband für Arbeitsstudien und Betriebsorganisation e.V. (Hrsg.), München 1985, S. 281.

137 Vgl. Blohm, H, Lüder, K.: Schwachstellenanalyse des Investitionsbereichs und Investitionsrechnung, 8. Aufl., München 1995, S. 177.

138 Für größere Projekte (>1 Mio. DM) wird in den Haushaltsordnungen für Bund und Länder gem. § 7 Vorl. VV BHO (1973) eine Kosten- und Nutzenuntersuchung verlangt; vgl. Kappler, E., Rehkugler, H.: Kapitalwirtschaft, a.a.O., S. 942.

139 Beispielsweise wirbt der Brausen- und Armaturenhersteller Hans Grohe mit einem Solarturm und zeigt damit seine Umweltkompetenz; vgl. Uhlmannsiek, B.: Sonnenstrom vom Fabrikdach, in: Stromthemen, 11. Jahrgang 1994, S. 4; Hein, D.: Einsatz der Kraft-Wärme-Kopplung. Technik, Wirtschaftlichkeit, Umwelt, a.a.O., S. 25 und 34.

140 Vgl. Blohm, H, Lüder, K.: Schwachstellenanalyse des Investitionsbereichs und Investitionsrechnung, 8. Auflage, a.a.O., S. 197.

Die Nutzwertanalyse besteht aus den folgenden Schritten:[141]

- Zielkriterienbestimmung
- Zielkriteriengewichtung
- Teilnutzenbestimmung
- Nutzwertermittlung
- Beurteilung der Vorteilhaftigkeit

Zur Zielkriterienbestimmung:

Im ersten Schritt der Nutzwertanalyse werden die für das jeweilige Unternehmen zu beachtenden Zielkriterien bestimmt. Bei der Definition der Zielkriterien bietet es sich unter Umständen an, diese beispielsweise nach technischen, wirtschaftlichen und sozialen Kriterien zu unterscheiden.[142]

Monetär nicht meßbare Zielgrößen im Zusammenhang mit einer Investition in eine KWK-Anlage sind z.B. Sicherheitsaspekte, Umweltkriterien oder technische Kriterien wie Reife der Technologie.

Bei der Bestimmung der Zielgrößen ist zu beachten, daß diese voneinander unabhängig sind, d.h. die Zielerreichung eines Kriteriums darf nicht die Erfüllung eines anderen Kriteriums voraussetzen.[143] Außerdem sind die Zielgrößen daraufhin zu überprüfen, ob sie bereits durch eine andere Größe abgedeckt sind. So geht z.B. das Kriterium Nutzungsgrad indirekt in die monetär meßbaren Kosten ein, so daß auf dessen Einbeziehung verzichtet werden kann. Das Kriterium Teillastverhalten sollte jedoch dann bei einer Nutzwertanalyse betrachtet werden, wenn bei einer vorangegangen monetären Berechnung durchgehend von einer Vollast-Fahrweise ausgegangen wurde und es realistisch erscheint, daß die KWK-Anlage in Zukunft unter Umständen auch mit Teillast betrieben wird.

So ist es durchaus vorstellbar, daß die je nach Teillastzustand verschiedenen Grenz-Deckungsbeiträge im Vorfeld der Investitionsentscheidung errechnet und ausgewertet werden und Berücksichtigung bei der Zielkriterienbestimmung finden.

Zur Zielkriteriengewichtung:

Nachdem die Zielgrößen definiert sind, werden diese im zweiten Schritt je nach Bedeutung gewichtet. Das Gewicht drückt hierbei die Bedeutung bei der Erreichung der Gesamtziels aus.[144] Es sollte beachtet werden, daß die Gewichtung subjektiv erfolgt, also die individuelle Präferenzstruktur des potentiellen KWK-Betreibers wiedergibt.[145]

Zur Teilnutzenbestimmung:

Im dritten Schritt erfolgt die Teilnutzenbestimmung für jede KWK-Anlage. Hierbei werden zunächst die Ausprägungen der einzelnen Alternativen hinsichtlich der verschiedenen Ziel-

---

[141] Diese Vorgehensweise zur Ermittlung des Nutzwertes wurde von verschiedenen Autoren übernommen: Vgl. Blohm, H, Lüder, K.: Schwachstellenanalyse des Investitionsbereichs und Investitionsrechnung, 8. Auflage, a.a.O., S. 177; Kappler, E., Rehkugler, H.: Kapitalwirtschaft, a.a.O., S. 942 und 943; Götze, U., Bloech, J.: Investitionsrechnung. Modelle und Analysen zur Beurteilung von Investitionsvorhaben, a.a.O., S. 144; Winje, D., Witt, D.: Energiewirtschaft, a.a.O., S. 339ff.

[142] Vgl. o.V.: Methodenlehre der Planung und Steuerung, a.a.O., S. 283.

[143] Vgl. Zangemeister, C.: Nutzwertanalyse in der Systemtechnik, a.a.O., S. 78f; Blohm, H, Lüder, K.: Schwachstellenanalyse des Investitionsbereichs und Investitionsrechnung, 8. Auflage, a.a.O., S. 178.

[144] Zur Gewichtung wurden verschiedene Skalierungsverfahren entwickelt; vgl. hierzu: Zangemeister, C.: Nutzwertanalyse in der Systemtechnik, a.a.O., S. 163ff; Blohm, H., Lüder, K.: Investition, a.a.O., S. 180ff.

[145] Vgl. Kappler, E., Rehkugler, H.: Kapitalwirtschaft, a.a.O., S. 943; Götze, U., Bloech, J.: Investitionsrechnung. Modelle und Analysen zur Beurteilung von Investitionsvorhaben, a.a.O., S. 145.

kriterien ermittelt, indem die Messung der Zielerreichung mittels Nominal-, Ordinal- oder Kardinalskala vorgenommen wird.[146] Die gemessenen Größen müssen anschließend jeweils in gewichtete Teilnutzenwerte transformiert werden, wobei die Teilnutzenskala für alle Kriterien einheitlich sein muß.

Die Überführung in Teilnutzenwerte kann dabei mit Hilfe einer Transformationsfunktion erfolgen, die zur Verbesserung der Objektivität führt.[147]

Zur Nutzwertermittlung:

Die eigentliche Nutzwertermittlung erfolgt im vierten Schritt. Hierbei werden alle gewichteten Teilnutzenwerte einer Alternative summiert und miteinander verglichen. Anhand der dadurch ermittelten Nutzwerte läßt sich die Vorteilhaftigkeit der Investitionsalternativen beurteilen. Hierzu werden die Nutzwerte in eine Rangordnung gebracht, wobei die KWK-Anlage mit dem höchsten Nutzwert auf den ersten Rang zu setzen ist.[148]

Unternehmensintern kann es beispielsweise Mindestgrenzwerte geben, die ein Investitionsprojekt erfüllen muß, damit es bei der dann noch folgenden monetären Bewertung weiterhin betrachtet wird.

Tabelle H39:Bewertung zweier hypothetischer KWK-Alternativen mit Hilfe der Nutzwertanalyse

Kriterien		**Alternative I**		**Alternative II**	
	Gewicht (%)	Zielerreichung	Teilnutzen	Zielerreichung	Teilnutzen
gutes Teillastverhalten der Anlage	15	6	90	5	75
Qualität des Kundendienstes des Herstellers	15	7	105	5	75
geringe Lieferzeit	15	8	120	6	90
hohe praktische Erprobung der Anlage	11	9	99	10	110
geringe Unfallrisiken	10	5	50	5	50
einfache Anlagenbedienung	9	8	72	5	45
Einbindung der KWK-Anlage in die bauliche Substanz des Unternehmens	8	6	48	8	64
geringes Risiko aus Rechtsstreitigkeiten aufgrund von Umweltbelastungen	6	5	30	4	24
positive Rückwirkungen auf den Absatz	4	5	20	4	16
unproblematische Entsorgung von Reststoffen	4	10	40	8	32
geringe Notwendigkeit von Personalschulungen	3	7	21	4	12
Summe	**100**		**695**		**593**

Quelle: In Anlehung an: Blohm, H, Lüder, K.: Investition, a.a.O., S. 192; Stelzer, L.: Investitions- und Wirtschaftlichkeitsrechnungen. Anwendungsmöglichkeiten für die Unternehmen der Elektrizitätswirtschaft, in: Elektrizitätswirtschaft, Nr. 16/1992, S. 1042.

---

146 Vgl. u.a. Bamberg G., Baur F.: Statistik, 5. Auflage, München 1987, S. 7; vgl. o.V.: Methodenlehre der Planung und Steuerung, a.a.O, S. 287.

147 Es lassen sich drei Typen von Transformationsfunktionen unterscheiden: die diskrete, die stückweise-konstante und die stetige Transformationsfunktion. Zur ausführlichen Darstellung und Erörterung der einzelnen Funktionen vgl. Blohm, H., Lüder, K.: Investition, a.a.O., S. 184ff.

148 Vgl. o.V.: Methodenlehre der Planung und Steuerung, a.a.O, S. 290.

In der obigen Tabelle sind beispielhaft eine Reihe von Kriterien einer KWK-Anlage dargestellt, die in eine Nutzwertanalyse einbezogen werden können. Diese Kriterien wurden auf einer Skala von 1 bis 9 je nach Zielerreichung bewertet.[149]

Je höher hierbei die Bewertung ist, desto höher ist der Nutzenbeitrag, den das jeweilige Kriterium liefert. Da die Kriterien unterschiedliche Bedeutung haben, wurden diese gewichtet. Multipliziert man Zielerreichung und Gewichtung, so ergibt sich hieraus der Teilnutzenwert. Durch die Bildung der Summe aller Teilnutzenwerte der Kriterien erhält man den Gesamtnutzen der jeweiligen KWK-Anlage. Dieser Gesamtnutzen kann für den Vergleich der verschiedenen KWK-Anlagen herangezogen werden. In der Tabelle würde die Alternative I der Alternative II vorgezogen werden, da der Gesamtnutzenwert der Alternative I größer ist.

Die Nutzwertanalyse ist keine geschlossene Entscheidungsrechnung, sondern ein offener Entscheidungsrahmen zur Gewährleistung von Transparenz und Nachvollziehbarkeit der Entscheidungsfindung.[150] Das Hauptproblem der Nutzwertanalyse stellt jedoch die Datenermittlung dar. So basieren die Zielkriterien, die Zielgewichte und die Teilnutzenwerte auf subjektiven Beurteilungen.[151]

Fraglich ist weiterhin, ob die Zielkriterien voneinander unabhängig sind. Im obigen Beispiel können zum Beispiel die subjektive Beurteilung des Kundendienstes des Herstellers und die Bedienungsfreundlichkeit der Anlage voneinander abhängen. Um eine wirklich unabhängige Datenerhebung zu gewährleisten, müßten möglichst verschiedene Angehörige des Unternehmens befragt werden. Die Gewinnung dieser subjektiven Aussagen ist jedoch mit relativ großem Aufwand verbunden.[152]

Der entscheidende Nachteil der Nutzwertanalyse liegt jedoch in der einseitigen Nutzenbetrachtung. Im obigen Beispiel sind ein besserer Herstellerservice, bessere Filteranlagen und eine schnellere Lieferung über den Anlagenpreis zu erkaufen. Aus diesem Grund ist die Nutzwertanalyse nicht als alleiniges Bewertungsverfahren, sondern lediglich als eine Ergänzung zu den bestehenden Investitionsrechenverfahren zu sehen.

Unter dieser Prämisse kann die Nutzwertanalyse für eine Entscheidung hinsichtlich einer Investition in Kraft-Wärme-Kopplung durchaus eine sinnvolle Ergänzung darstellen und helfen, nicht objektiv quantifizierbare Einflüsse zu bewerten.

2. Möglichkeiten der Berücksichtigung ungewisser zukünftiger Daten

Die in allen zukunftsbezogenen Informationen enthaltene Unsicherheit begründet das hauptsächliche Risiko von Investitionen.

Die wesentlichen Risiken, die aus der Erstellung und dem Betrieb einer Kraft-Wärme-Kopplungsanlage resultieren, sind in der folgenden Abbildung H 60 dargestellt:

[149] Der Nachteil einer Abstufung zwischen 1 und 9 ist, daß dem Entscheider ein sehr großer Bewertungsspielraum gegeben wird und hierdurch Objektivität verloren geht. Besser wäre die Einordnung der Zielerreichung in weniger Klassen bei Vorgabe der möglichen Antworten wie: sicher ja, wahrscheinlich ja, fraglich, wahrscheinlich nicht, sicher nicht. Diese Vorgabe von Antworten muß dann für jedes einzelne Zielkriterium erfolgen. Hierauf wurde in dieser Arbeit aus Vereinfachungsgründen verzichtet; vgl. hierzu auch Blohm, H., Lüder, K.: Investition, a.a.O., S. 192ff.

[150] Vgl. Blohm, H., Lüder, K.: Investition, a.a.O., S. 197; Winje, D., Witt, D.: Energiewirtschaft, a.a.O., S. 342.

[151] Subjektivitätsmildernd wirkt sich jedoch in diesem Fall die Einstufung der Teilnutzwerte in Teamarbeit aus; vgl. o.V.: Methodenlehre der Planung und Steuerung, a.a.O, S. 291.

[152] Vgl. Götze, U., Bloech, J.: Investitionsrechnung. Modelle und Analysen zur Beurteilung von Investitionsvorhaben, a.a.O., S. 150.

Abbildung H60: Mögliche Risiken beim Betrieb einer KWK-Anlage

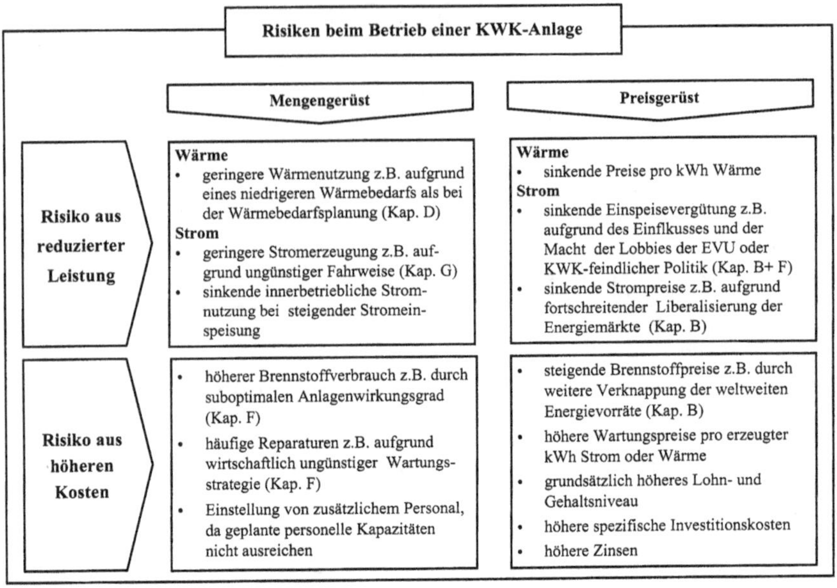

Quelle: Eigene Darstellung.

Die Risiken lassen sich in Kostensteigerungsrisiken einerseits und Leistungs- oder Erlösminderungsrisiken andererseits unterteilen.

Die Kostensteigerungsrisiken bestehen im wesentlichen im Risiko steigender Brennstoffkosten, höherer Wartungs- und Instandhaltungskosten und steigender Zinsen. Bei der Analyse der Ursachen der Kostensteigerung bietet es sich an, diese Risiken getrennt nach Mengen- und Preisgerüst zu untersuchen. So können höhere Brennstoffkosten sowohl auf einen unerwartet hohen Brennstoffverbrauch, z.B. durch einen ungünstigeren Anlagenwirkungsgrad, als auch steigenden Brennstoffpreisen zurückgeführt werden.

Die Leistungsminderungsrisiken, wie eine sinkende Strom- und Wärmegutschrift und eine sinkende Einspeisevergütung, beeinflussen die Erlösseite der KWK-Anlage.[153] Auch hier bietet sich eine nach Preis- und Mengengerüst getrennte Analyse an. Das Mengengerüst der Strom- und Wärmeerzeugung wird im wesentlichen durch die Anlagenauslastung, veranschaulicht mit der Vollbenutzungsdauer, beeinflußt, wobei diese durch die Anlagenfahrweise gesteuert werden kann. Die Anlagenfahrweise richtet sich wiederum an den innerbetrieblichen Strom- und Wärmebedarf, aber auch an die zu erzielenden Strom- und Wärmepreise aus.[154] Das Preisgerüst für Strom wird im wesentlichen durch die Entwicklung auf dem Strommarkt und für Wärme auf dem Wärme- oder Brennstoffmarkt beeinflußt.[155]

Genauso wie Risiken die Wirtschaftlichkeit einer Kraft-Wärme-Kopplungsanlage negativ beeinflussen, gibt es auch positive Einflüsse durch Chancen. Die Chancen liegen in steigen-

[153] Vgl. Kapitel F.II.
[154] Vgl. die Ausführungen im Kapitel G.
[155] Zur Entwicklung auf den genannten Märkten vgl. Kapitel B.III.

den Strompreisen, in einer besseren Auslastung der KWK-Anlage oder auch in geringeren Zinsen.

Der Vergrößerung der Transparenz der Risiken und Chancen dienen die im folgenden vorgestellten risikoanalytischen Modellerweiterungen[156], von denen am häufigsten die Sensitivitätsanalyse, das Korrekturverfahren, die Risikoanalyse und das Entscheidungsbaumverfahren angewendet werden.[157]

a. Korrekturverfahren

Beim Korrekturverfahren werden die Ausgangswerte um Risikozuschläge oder -abschläge korrigiert.[158] Beispielsweise kann der Kalkulationszins um eine Risikoprämie oder die laufenden Auszahlungen um einen bestimmten Prozentsatz erhöht bzw. die Einzahlungen oder die Nutzungsdauer entsprechend verringert werden.

Der Nachteil des Korrekturverfahrens besteht darin, daß auf die Unsicherheit durch pauschale Zu- oder Abschläge reagiert und einzelne, besonders unsichere Eingangsdaten nicht gesondert berücksichtigt werden.[159] Hierdurch werden unter Umständen Größen korrigiert, die nicht unsicher sind.

Ein weiterer Einwand gegen die Anwendung des Korrekturverfahrens bei Investitionen in Kraft-Wärme-Kopplung beruht darauf, daß die in die Investitionsrechnung einfließenden Daten von verschiedenen Stellen des Unternehmens stammen, die bereits eigene Datenkorrekturen vorgenommen haben. Auf der Grundlage der teilweise doppelt korrigierten Daten sind jedoch keine objektiven und rationalen Entscheidungen mehr möglich.[160]

Aufgrund der methodischen Mängel erscheint das Korrekturverfahren für die Einbeziehung der Unsicherheit nicht geeignet.[161]

b. Entscheidungsbaumverfahren

Mit Hilfe des Entscheidungsbaumverfahrens läßt sich unter Berücksichtigung von unterschiedlichen Umweltzuständen (z.B. Strompreis steigt) und deren Eintrittswahrscheinlichkeiten (z.B. 60%) sowie davon abhängigen Folgeentscheidungen eine auf statistischen Methoden beruhende Entscheidung für den Beginn des Planungszeitraumes treffen.[162]

---

[156] Zur ausführlichen Darstellung der risikoanalytischen Modellerweiterungen vgl. Kern, W.: Grundzüge der Investitionsrechnung, a.a.O.; Kruschwitz, L.: Investitionsrechnung, a.a.O.

[157] Vgl. May, D: Die entscheidungstheoretisch fundierte Organisation der Investitionsentscheidung im Industrieunternehmen, a.a.O., S 27; Götze, U., Bloech, J.: Investitionsrechnung. Modelle und Analysen zur Beurteilung von Investitionsvorhaben, a.a.O., S. 319.

[158] Vgl. Albach, H.: Wirtschaftlichkeitsrechnung bei unsicheren Erwartungen, Köln und Opladen 1959, S. 75ff; Frischmuth, G.: Daten als Grundlage für Investitionsentscheidungen, Theoretische Anforderungen und praktische Möglichkeiten der Datenermittlung im Rahmen des investitionspolitischen Entscheidungsprozesses, Berlin 1969, S. 121ff, Stelzer, L.: Investitions- und Wirtschaftlichkeitsrechnungen, a.a.O., S. 1042; Schwarz, H.: Optimale Investitionsentscheidungen, München 1967, S. 134ff.

[159] Vgl. Blohm, H., Lüder, K.: Investition, a.a.O., S. 248; Altrogge, G.: Investition, a.a.O., S. 383; Stelzer, L.: Investitions- und Wirtschaftlichkeitsrechnungen, a.a.O., S. 1042.

[160] Vgl. Winje, D., Witt, D.: Energiemanagement, a.a.O., S. 315.

[161] Vgl. Altrogge, G.: Investition, a.a.O., S. 384; Götze, U., Bloech, J.: Investitionsrechnung. Modelle und Analysen zur Beurteilung von Investitionsvorhaben, a.a.O., S. 319.

[162] Vgl. Grob, H.-L.: Einführung in die Investitionsrechnung, 2. Auflage, München 1994, S. 284; Magee, J.-F.: Die Technik des Entscheidungsbaumes, in: Harvard-Manager, Investition und Finanzierung, Band I, S. 10ff; Hax, H.: Investitionstheorie, a.a.O., S. 165; Kappler, E., Rehkugler, H.: Kapitalwirtschaft, a.a.O., S. 952; Götze, U., Bloech, J.: Investitionsrechnung. Modelle und Analysen zur Beurteilung von Investitionsvorhaben, a.a.O., S. 349; Schmidt, R.-H.: Grundzüge der Investitions- und Finanzierungstheorie, a.a.O., S. 303; Albach, H.: Investitionsrechnungen bei Unsicherheit, a.a.O., Sp. 905.

Dieses Verfahren ist jedoch nur geeignet, wenn eine geringe Anzahl von Umweltzuständen und ein kurzer Planungszeitraum zu berücksichtigen sind, da andernfalls der Entscheidungsbaum zu groß und damit nicht mehr praktikabel wird.[163] Da im Zusammenhang mit der Kraft-Wärme-Kopplung sowohl sehr viele Umweltzustände möglich sind, als auch ein großer Planungshorizont zu berücksichtigen ist, erweist sich das Entscheidungsbaumverfahren im Falle der Kraft-Wärme-Kopplung als ungeeignet.

c. Risikoanalyse

Für die Risikoanalyse ist charakteristisch, daß die unsicheren Einflußgrößen wie z.B. Brennstoffpreise oder Nutzungsdauer als Wahrscheinlichkeitsverteilungen dargestellt werden.[164]

Eine Wahrscheinlichkeitsverteilung stellt den Erwartungswert und die mögliche Schwankungsbreite um den Erwartungswert, d.h. die Varianz, dar.[165] Der Erwartungswert und die Varianz der unsicheren Eingangsgrößen lassen sich durch Prognosetechniken wie z.B. der Zeitreihenanalyse bestimmen.[166] Die Zeitreihenanalyse prognostiziert die zukünftige Entwicklung einer Größe auf der Basis von Vergangenheitsdaten, wobei die geschätzten zukünftigen Einflußgrößen in einem vom sog. Konfidenzniveau abhängigen Prognoseintervall darstellbar sind.[167]

Nachdem für alle unsicheren Einflußgrößen der Erwartungswert und die Varianz bestimmt sind, wird auf dieser Grundlage der Zielwert, z.B. der Kapitalwert oder die Gewinnannuität, berechnet. Der Zielwert ist wiederum eine Wahrscheinlichkeitsverteilung mit Erwartungswert und Varianz, auf dessen Grundlage die Entscheidung hinsichtlich der Vorteilhaftigkeit einer Investition getroffen werden kann.[168]

Die Varianz stellt dabei ein Indiz des Risikos dar, welches mit der Investition verbunden ist. Der Erwartungswert hingegen gibt die Höhe des Zielwertes an, der mit dem Wert vergleichbar ist, der mit den klassischen Investitionsrechenverfahren, z.B. der Annuitäten-Methode, unter der Annahme sicherer Erwartungen ermittelt worden ist.

Aus Varianz und Erwartungswert läßt sich ein Konfidenzintervall[169] berechnen, in dem der Zielwert mit einer bestimmten Wahrscheinlichkeit liegt. Je größer hierbei der Erwartungswert und je kleiner die Varianz ist, desto vorteilhafter ist die Investition.

Wenn bei einer Investitionsalternative ein hoher Erwartungswert bei einer hohen Varianz, d.h. hohem Risiko, und bei einer anderen Alternative ein niedriger Erwartungswert bei niedrigem Risiko errechnet wird, dann kann wegen der sich widersprechenden Kriterien Risiko und Erwartungswert keine eindeutige Entscheidung anhand einer der beiden Kriterien getroffen werden.

---

163 Vgl. Hax, H.: Investitionstheorie, a.a.O., S. 171; Magee, J.-F.: Die Technik des Entscheidungsbaumes, a.a.O., S. 15; Grob, H.-L.: Einführung in die Investitionsrechnung, a.a.O., S. 285.

164 Vgl. Hax, H.: Investitionstheorie, a.a.O., S. 142; Altrogge, G.: Investition, a.a.O., S. 390; Blohm, H., Lüder, K.: Investition, a.a.O., S. 263; Götze, U., Bloech, J.: Investitionsrechnung. Modelle und Analysen zur Beurteilung von Investitionsvorhaben, a.a.O., S. 333; Kappler, E., Rehkugler, H.: Kapitalwirtschaft, a.a.O., S. 951ff; Grob, H.-L.: Einführung in die Investitionsrechnung, a.a.O., S. 267.

165 Vgl. u.a. Bamberg G., Baur F.: Statistik, a.a.O., S. 122ff u. 127.

166 Vgl. Lütkepohl, H.: Introduction to Multiple Time Series Analysis, 2. Auflage, Berlin 1993; Franke, G., Hax, H.: Finanzwirtschaft des Unternehmens und Kapitalmarkt, a.a.O., S. 189; vgl. u.a. Bamberg G., Baur, F.: Statistik, a.a.O., S. 65.

167 Vgl. u.a. Lütkepohl, H.: Introduction to Multiple Time Series Analysis, a.a.O., S. 29ff; Altrogge, G.: Investition, a.a.O., S. 395; Bamberg G., Baur, F.: Statistik, a.a.O., S. 97.

168 Vgl. Altrogge, G.: Investition, a.a.O., S. 392.

169 Vgl. u.a. Bamberg G., Baur, F.: Statistik, a.a.O., S. 161.

In diesem Fall sind die Risikopräferenzen des Entscheidenden ausschlaggebend. Bei Risikofreude wird sich der für die Entscheidung Verantwortliche für die riskante Investition mit hohem Erwartungswert, bei Risikoaversität für die weniger riskante Investition mit geringerem Erwartungswert entscheiden.[170] Im Normalfall ist der Verantwortliche jedoch risikoavers, d.h er wird eher zu einer Investitionsalternative tendieren, die zwar einen geringeren Erwartungswert, aber auch ein geringeres Risiko aufweist.[171]

Im Sonderfall der Risikoneutralität werden Risikoaspekte vollkommen ausgeklammert und die Entscheidung ausschließlich auf der Grundlage des Erwartungswertes der Zielgröße getroffen. Hierbei kommt die Risikoanalyse zu demselben Ergebnis wie die im letzten Abschnitt dargestellten klassischen und Risiko ausschließenden Investitionsrechenverfahren.

Da bei der Risikoanalyse eine relativ große Anzahl von Einflußfaktoren sowie unterschiedliche Datenkonstellationen und deren Wahrscheinlichkeiten berücksichtigt werden können, erfreut sich die Risikoanalyse in der Unternehmenspraxis relativ großer Beliebtheit.[172] Zur Durchführung der Risikoanalyse muß jedoch aufgrund der großen, zu verarbeitenden Datenbasis auf EDV-technische Hilfsmittel zurückgegriffen werden. Angesichts der finanziellen Bedeutung der Investition in Kraft-Wärme-Kopplung und der sinkenden Kosten von Hard- und Software dürfte dies kaum ein Hindernis für die Anwendung darstellen.[173]

Problematisch ist jedoch die Bestimmung der Eingangsdaten, vor allem der Wahrscheinlichkeitsverteilungen, die nur mit umfangreichen ökonometrischen und statistischen Kenntnissen zu ermitteln sind. Ein weiterer Nachteil der Risikoanalyse besteht darin, daß lediglich eine Aussage dahingehend getroffen werden kann, in welchem Bereich sich der Zielwert, z.B. die Gewinnannuität, mit großer Wahrscheinlichkeit bewegen wird, daß aber keine Aussagen zum Einfluß einzelner Größen möglich sind.[174]

Die Schwierigkeiten bei der Bestimmung der Wahrscheinlichkeitsverteilung und die mangelnde Aussagekraft zum Einfluß einzelner Größen auf die Wirtschaftlichkeit können durch die ergänzende Anwendung der nachfolgend beschriebenen Sensitivitätsanalyse gelöst werden.

d. Sensitivitätsanalyse

Sensitivitätsanalysen[175] stellen eine Ergänzung der klassischen Investitionsrechenverfahren dar. Insbesondere für die Wirtschaftlichkeitsanalyse einer Kraft-Wärme-Kopplungsanlage ist

---

[170] Vgl. Hax, H.: Investitionstheorie, a.a.O., S. 134; Albach, H.: Investitionsrechnungen bei Unsicherheit, a.a.O., Sp. 900.

[171] Zur Diskussion der Meinungen in der Literatur hinsichtlich der Risikoeinstellung vgl. Drukarczyk, J.: Theorie und Politik der Finanzierung, 2. Auflage, München 1993, S. 105f und die dort angegebenen Quellen.

[172] Vgl. Götze, U., Bloech, J.: Investitionsrechnung. Modelle und Analysen zur Beurteilung von Investitionsvorhaben, a.a.O., S. 339; gegenteiliger Ansicht ist Stelzer: Vgl. Stelzer, L.: Investitions- und Wirtschaftlichkeitsrechnungen, a.a.O., S. 1042.

[173] Vgl. Götze, U., Bloech, J.: Investitionsrechnung. Modelle und Analysen zur Beurteilung von Investitionsvorhaben, a.a.O., S. 340.

[174] Vgl. Krause, W.: Investitionsrechnungen und unternehmerische Entscheidungen, Kritische Untersuchung der Möglichkeiten und Grenzen traditioneller und moderner Investitionsrechenverfahren, Berlin 1973, S. 31; Schmidt, R. B.: Unternehmungsinvestitionen, Strukturen. Entscheidungen, Kalküle, a.a.O., S. 75ff; Schneider, D.: Investition und Finanzierung, Lehrbuch der Investitions-, Finanzierungs- u. Ungewißheitstheorie, 3. Aufl., Opladen 1974, S. 162 u. S. 264; Götze, U., Bloech, J.: Investitionsrechnung. Modelle und Analysen zur Beurteilung von Investitionsvorhaben, a.a.O., S. 340.

[175] Die Sensitivitätsanalyse wird in der Literatur auch als Empfindlichkeits- oder Sensibilitätsanalyse bezeichnet; vgl. Kappler, E., Rehkugler, H.: Kapitalwirtschaft, a.a.O., S. 949; Albach, H.: Investitionsrechnungen bei Unsicherheit, in: Büschgen, E. (Hrsg.) Handwörterbuch der Finanzwirtschaft, Band VI, Stuttgart 1976, Sp. 898.

diese Methode hinsichtlich der Abschätzung des mit einer Investitionsalternative verbundenen Risikos hilfreich.[176]

Mit der Sensitivitätsanalyse lassen sich Zusammenhänge zwischen einer Eingangsgröße, z.B. den Brennstoffpreisen oder dem Arbeitspreis für Strom, und einem Zielkriterium, wie z.B. der Gewinnannuität, aufdecken.[177]

Die Sensitivitätsanalyse läßt sich in zwei unterschiedliche Herangehensweisen unterscheiden:[178]

- Bestimmung kritischer Werte:

Welcher Eingangswert oder welche Kombination von Eingangswerten darf nicht über- bzw. unterschritten werden, damit ein bestimmter Zielfunktionswert mindestens erreicht wird?

- Bandbreitenanalyse:

Wie stark ändert sich ein Zielwert bei einer vorgegebenen Abweichung einer oder mehrerer Eingangsgrößen?

Je nach Schwerpunkt der Analyse kann eine der beiden oder auch beide Herangehensweisen durchgeführt werden. Die Bandbreitenanalyse kommt insbesondere dann zur Anwendung, wenn eine grobe Vorstellung über den Bereich besteht, in dem sich die verschiedenen Eingangsparameter voraussichtlich bewegen werden. Mit der Bestimmung der kritischen Werte läßt sich im Gegensatz dazu ein Eindruck gewinnen, wie schnell die Wirtschaftlichkeit durch Veränderung verschiedener Eingangsgrößen gefährdet wird, bzw. bei welchem Grad einer Variation eines Eingangsparameters die Vorteilhaftigkeit einer KWK-Investition „umkippt".[179]

Beide Ansätze werden im folgenden vorgestellt und bezogen auf die Anwendung bei Investitionen in eine KWK-Anlage diskutiert.

aa. Bestimmung kritischer Werte

Bei der Darstellung der dynamischen Investitionsrechenverfahren wurde gezeigt, daß ein Investitionsprojekt vorteilhaft ist, wenn die Gewinnannuität größer als Null ist. Das Verfahren der kritischen Werte besteht nun darin, zusätzlich zu prüfen, inwieweit die als unsicher erachteten Eingangsgrößen von ihrem ursprünglichen Wert abweichen können, ohne daß die vorher getroffene Vorteilhaftigkeitsentscheidung revidiert wird.[180]

Als kritische Werte werden hierbei diejenigen unsicheren Größen bezeichnet, bei denen sich eine Gewinnannuität und ein Kapitalwert von Null ergibt.[181]

---

[176] Vgl. Suttor, W.: Praxis der Kraft-Wärme-Kopplung, Teil 5/4.1, S. 5ff; neben der Investitionsrechnung bietet sich die Sensitivitätsanalyse auch für den Finanzbereich insbesondere für die Liquiditätsplanung an; vgl. Dinkelbach, W., Isermann, H.: Sensitivitätsanalysen bei Finanzplanungsmodellen, in: Seelbach, H.: Finanzierung, München 1980, S. 228ff; Kappler, E., Rehkugler, H.: Kapitalwirtschaft, a.a.O., S. 949; Stelzer, L.: Investitions- und Wirtschaftlichkeitsrechnungen, a.a.O., S. 1042.

[177] Vgl. Terlau, W.: Strukturelle Sensitivitätsanalyse dynamischer ökonometrischer Prognosemodelle, Berlin 1992, S. 82ff; Altrogge, G.: Investition, a.a.O., S. 384; Schneider, D.: Investition, Finanzierung und Besteuerung, a.a.O., S. 184; Grob, H.-L.: Einführung in die Investitionsrechnung, a.a.O., S. 271; Hax, H.: Investitionstheorie, a.a.O., S. 122; Stelzer, L.: Investitions- und Wirtschaftlichkeitsrechnungen, a.a.O., S. 1042.

[178] Vgl. Blohm, H., Lüder, K.: Investition, a.a.O., S. 251.

[179] Vgl. Kappler, E., Rehkugler, H.: Kapitalwirtschaft, a.a.O., S. 949.

[180] Vgl. Blohm, H., Lüder, K.: Investition, a.a.O., S. 251.

[181] Vgl. Däumler, K.-D.: Grundlagen der Investitions- und Wirtschaftlichkeitsrechnung, a.a.O., S. 187; Grob, H.-L.: Einführung in die Investitionsrechnung, a.a.O., S. 271; Hax, H.: Investitionstheorie, a.a.O., S. 125; Franke, G., Hax, H.: Finanzwirtschaft des Unternehmens und Kapitalmarkt, 2. Auflage, Berlin/Heidelberg u.a. 1990, S. 193.

aaa. Algorithmus zur Bestimmung der kritischen Werte

Das Verfahren der kritischen Werte läuft in folgenden drei Schritten ab.

Im **ersten Schritt** werden alle als unsicher erachteten Eingangsgrößen bestimmt.[182] Für die Kraft-Wärme-Kopplung sind dies insbesondere die Stromkennzahl, die Brennstoffpreise, die Kosten des Stromfremdbezugs, die Einspeisevergütung, der Kalkulationszins, die Benutzungsdauer der Anlage, der Brennstoffausnutzungsgrad, die Lebensdauer der Anlage sowie die spezifischen Investitionskosten.[183]

Im **zweiten Schritt** wird eine Zielfunktion formuliert.[184] Im folgenden Beispiel ist die Gewinnannuität die Zielfunktion, die vorerst mit gegebenen Eingangsgrößen, also unter der Annahme sicherer Erwartungen berechnet wird. Nachdem die Gewinnannuität bestimmt ist, wird für jede Eingangsgröße jeweils der Wert gesucht, bei dem sich eine Gewinnannuität von Null einstellt.[185] Der kritische Wert für den Kalkulationszins und die Lebensdauer der Anlage entspricht hierbei exakt dem Wert des internen Zinsfußes bzw. der dynamischen Amortisationsdauer. Das bedeutet, daß mit der Bestimmung des internen Zinsfußes und der Amortisationsdauer bereits die Methodik der Sensitivitätsanalyse angewandt wird.

Der Berechnungsalgorithmus des internen Zinsfußes kann auf die Berechnung der anderen kritischen Werte, beispielsweise der kritischen Brennstoffpreise, übertragen werden. Hierbei wird die Zielgröße, in diesem Fall die Gewinnannuität, in Abhängigkeit der Brennstoffpreise unter Zuhilfenahme von Formeln dargestellt. Der kritische Wert wird nun ermittelt, indem die Gewinnannuität gleich Null gesetzt und die Formel nach den Brennstoffpreisen aufgelöst wird. Da die Auflösung wegen des komplexen Zusammenhanges der beiden Größen in der Regel nicht direkt möglich ist, wird das iterative Näherungsverfahren zur Bestimmung der kritischen Brennstoffpreise angewandt.[186]

Nachdem die kritischen Werte für die Wirtschaftlichkeit einer Kraft-Wärme-Kopplungsanlage bestimmt sind, müssen diese Werte in einem **dritten Schritt** hinsichtlich ihrer Bedeutung für die Investitionsentscheidung interpretiert werden. Eine bestimmte Eingangsgröße ist hierbei um so bedeutender, je eher eine kleine prozentuale Änderung dieser Eingangsgröße dazu führt, daß die gesamte Investition unvorteilhaft wird.

Die mit der Methode der kritischen Werte ermittelten sensitiven Einflußgrößen verdienen besondere Aufmerksamkeit und müssen im Rahmen der Investitionsrechnung hinsichtlich ihrer zukünftigen Entwicklung genauer untersucht werden. Es ist darüber hinaus zu beurteilen, welche Vorkehrungen einzuleiten sind, damit die Wirtschaftlichkeit der KWK-Anlage bei Veränderungen besonders sensitiver Parameter nicht gefährdet wird.[187]

bbb. Untersuchungsergebnisse sensitiver Einflußgrößen auf die Wirtschaftlichkeit

In der folgenden Tabelle sind für das Beispiel aus den vorangegangenen Kapiteln kritische Werte für vier verschiedene Eingangsgrößen dargestellt.

Für diese kritischen Werte wurden zusätzlich die prozentualen Abweichungen vom Ausgangswert ermittelt, da dies aus Interpretationsgründen vorteilhaft erscheint.

---

[182] Vgl. Altrogge, G.: Investition, a.a.O., S. 385.

[183] Vgl. Suttor, K.-H., Suttor, W.: Die KWK-Fibel, a.a.O., S. 91; vgl. u.a. auch Winje, D., Witt, D.: Energiemanagement, a.a.O., S. 316ff.

[184] Vgl. Kappler, E., Rehkugler, H.: Kapitalwirtschaft, a.a.O., S. 950; Däumler, K.-D.: Grundlagen der Investitions- und Wirtschaftlichkeitsrechnung, a.a.O., S. 188.

[185] Vgl. Stelzer, L.: Investitions- und Wirtschaftlichkeitsrechnungen, a.a.O., S. 1042.

[186] Vgl. Altrogge, G.: Investition, a.a.O., S. 388; Däumler, K.-D.: Grundlagen der Investitions- und Wirtschaftlichkeitsrechnung, a.a.O., S. 188.

[187] Vgl. Kappler, E., Rehkugler, H.: Kapitalwirtschaft, a.a.O., S. 950.

Tabelle H40: Kritische Werte sensitiver KWK-Eingangsgrößen

	Einheit	Ausgangswert	Kritischer Wert	Abweichung vom Ausgangswert (ca.)
Stromkennzahl		0,8	0,68	-15,00%
Arbeitspreis[188]	DM/kWh	0,129	0,105	-18,60%
Anlagenbenutzungsdauer	%	85%	63%	-25,50%
Investitionskosten	DM/kWel	2150	2730	27,00%

Quelle: Beispiel.

In der Tabelle sind die Einflußgrößen nach der Sensitivität geordnet, d.h. die Einflußgröße, deren negative Abweichung vom Planungswert am ehesten zur Unwirtschaftlichkeit der KWK-Anlage führt, steht in der obersten Zeile. Im folgenden sollen die wesentlichsten Einflußgrößen auf die Gewinnannuität einer Interpretation unterzogen werden.

Der Einfluß der Stromkennzahl

Die Stromkennzahl stellt die sensitivste Einflußgröße dar. Weicht die Stromkennzahl im Mittel des Betrachtungszeitraumes nur um ca. 15% nach unten ab, so ergibt sich eine Gewinnannuität von Null.

Fraglich ist jedoch, wie realistisch die Abweichung der Stromkennzahl in dieser Größenordnung ist. Eine Abweichung von 15% vom Sollwert setzt voraus, daß die KWK-Anlage des Beispielunternehmens in weiten Bereichen in Teillast gefahren wird.[189] Nur bei dieser Fahrweise sinkt der mit der KWK-Anlage erzielbare Deckungsbeitrag auf ein Niveau ab, mit dem die fixen Kosten des Anlagenbetriebes gerade noch gedeckt werden können.[190]

Sollten die unternehmensinternen Analysen ergeben, daß die Reduzierung der Stromkennzahl in der angegebenen Größenordnung aufgrund von unregelmäßigem oder wider Erwarten geringerem Energiebedarf bzw. nicht synchron verlaufender Strom- und Wärmebedarfscharakteristik realistisch ist, so kann das KWK-interessierte Unternehmen im Vorfeld der Investitionsentscheidung folgende Überlegungen anstellen:

Eine Möglichkeit besteht darin, die Anlage etwas geringer zu dimensionieren. Trotz geringerer Investitionskosten verringert sich zwar einerseits die Gewinnannuität, andererseits wird jedoch der Teillastbetrieb reduziert. Dies wiederum führt zu einer Erhöhung der Anzahl der Vollastbenutzungsstunden und damit zu einer höheren Kapazitätsauslastung.

Eine zweite Möglichkeit, um die Sensitivität der Stromkennzahl abzufedern, liegt in der Auswahl einer Anlage mit einem besseren Teillastverhalten.

---

[188] Zu beachten ist, daß die variablen Stromfremdbezugskosten vor einer KWK-Investition von den variablen Stromfremdbezugskosten nach der Investition abweichen. Dieses ist auf die ungünstigere Preisstaffelung zurückzuführen, in die das Unternehmen bei geringerem Stromfremdbezug gerät. In der durchgeführten Sensitivitätsanalyse wurde der Arbeitspreis auf der Basis der Strombezugskosten bei vollständigen Fremdbezug errechnet (DM 644.000/5.000.000 kWh = 0,1288). Der kritische Wert wurde berechnet, indem die einzelnen Tarifzonen des Staffeltarifes proportional um 18,6% vom Ausgangswert gesenkt wurden, bis sich eine Gewinnannuität von Null ergab. Der durchschnittliche Arbeitspreis errechnete sich bei diesen Tarifen, indem die gesamten variablen Strombezugskosten durch die im Unternehmen verbrauchten Kilowattstunden Strom dividiert wurden. (DM 524.200/5.000.000 kWh = 0,1048 DM/kWh).

[189] Vgl. hierzu die Ausführungen im Kapitel E.II.1.d.

[190] Der Deckungsbeitrag sinkt, da durch den Teillastbetrieb zum einen geringere Erlöse erzielt werden (sinkende relative Stromerzeugung aufgrund sinkender Stromkennzahl) und zum anderen die variablen Erzeugungskosten steigen (ungünstigerer Wirkungsgrad im Teillastbereich); vgl. Kapitel G.VI.2.

Der Einfluß des EVU-Arbeitspreises

Eine weitere sensitive Eingangsgröße ist im obigen Beispiel der Arbeitspreis für den vom EVU fremdbezogenen Strom. Hier führt eine durchschnittliche Preissenkung von ca. 19% dazu, daß die gesamte Investition unvorteilhaft wird.

Auch wenn eine Preissenkung in dieser Größenordnung wenig wahrscheinlich erscheint, so macht die Analyse doch deutlich, daß das Preisgerüst der Stromgutschrift für die Investitionsentscheidung eine wesentliche Einflußgröße darstellt.[191] Darüber hinaus ist aus der hohen Sensitivität des EVU-Arbeitspreises zu folgern, daß bei Durchführung eines laufenden Wirtschaftlichkeitsvergleichs einer bereits installierten KWK-Anlage die Stromgutschrift ständig den aktuellen Marktgegebenheiten angepaßt werden muß.[192]

Der Einfluß der Benutzungsdauer der KWK-Anlage

Eine bestimmte prozentuale Veränderung der Benutzungsdauer der Anlage (ca. 25%) hat geringere Auswirkungen auf die Wirtschaftlichkeit der KWK-Anlage als eine entsprechende Veränderung der Stromkennzahl (15%). Wesentlich ist jedoch, zunächst die Ursachen einer in praxi möglichen Reduzierung der Anlagenbenutzungsdauer zu untersuchen.

Die Anlagenbenutzungsdauer sinkt genau dann, wenn die Anlage in den geplanten Zeiträumen nicht immer angeschaltet ist. Der Grund hierfür können zwar häufige Instandhaltungs- und Reparaturarbeiten sein, in den meisten Fällen jedoch ist die wahre Ursache eine ungenügende Auslastung, die aus einer Überkapazität resultiert.

Überkapazitäten wiederum sind in der Regel auf einen unter dem Sollwert liegenden innerbetrieblichen Energiebedarf oder auf eine mangelnde Korrelation von Strom- und Wärmebedarf zurückzuführen. Beide Ursachen führen letztlich dazu, daß der KWK-Betreiber zunehmend dazu gezwungen wird, auf Teillastbetrieb umzustellen. Vom Sollwert abweichender erhöhter Teillastbetrieb wiederum führt zu einer Reduzierung der Stromkennzahl. Man erkennt also, daß die beiden Faktoren, die durchschnittlich realisierte Stromkennzahl und die Anlagenbenutzungsdauer, in der industriellen Praxis gleichzeitig auftreten.[193]

Dies macht deutlich, daß die einzelnen Parameter einer Sensitivitätsanalyse nicht isoliert voneinander betrachtet und interpretiert werden dürfen, sofern technische oder logische Zusammenhänge bestehen. Bei einer genaueren Analyse reagieren die beschriebenen zwei Faktoren wesentlich sensibler, als der errechnete kritische Wert anzugeben vermag.

Diese Überlegungen können ein Unternehmen dazu bewegen - analog zu den Ausführungen bei der Stromkennzahl - eine preiswertere KWK-Anlage mit geringerer elektrischer Nennleistung auf Kosten erhöhter spezifischer Investitionskosten anzuschaffen.

---

[191] Aus diesem Grund wurde auch in den vorangegangenen Kapiteln darauf hingewiesen, daß vor einer Investitionsentscheidung der Verhandlungsspielraum, der durch die EVU gegeben ist, soweit wie möglich ausgenutzt wird. Die Tatsache, daß der „erzielbare Strompreis" einen sensitiven Parameter darstellt, stellt auch Suttor im Rahmen einer Empfindlichkeitsbetrachtung eines GUD-Kraftwerks heraus. Vgl. Suttor, W.: Praxis der Kraft-Wärme-Kopplung, Teil 5/4.1, S. 5; Budde, H.-J., Deuster, G., Zahn, G.: Zusammenarbeit der Anlagenbetreiber mit der Versorgungswirtschaft, a.a.O., S. 215.

[192] Im Rahmen der Bandbreitenanalyse werden die Effekte und Ursachen einer Variation des Arbeitspreises für Strom nochmals ausführlicher betrachtet. Hinsichtlich der Notwendigkeit der laufenden Anpassung der Preisgerüste vgl. auch die Ausführungen in Kapitel G zur Optimierung der Fahrweise auf Basis des Dekkungsbeitrages.

[193] Theoretisch schließt eine Reduzierung der Anlagenbenutzungsdauer auf Basis der Anzahl der Vollastbenutzungsstunden eine aus Teillastbetrieb resultierende Stromkennzahl mit ein. In der industriellen Praxis jedoch treten beide Effekte gleichzeitig auf, d.h. die Reduzierung der Anzahl der Vollaststunden kann darauf beruhen, daß die Anlage nicht so oft eingeschaltet ist und/oder häufig in Teillast betrieben wird. Zu den möglichen Abhängigkeiten verschiedener Eingangsparameter vgl. u.a. auch Kappler, E., Rehkugler, H.: Kapitalwirtschaft, a.a.O., S. 950.

Eine zweite Möglichkeit besteht darin, eine KWK-Anlage mit zwei Freiheitsgraden auszuwählen. Ist dies aufgrund der jeweiligen Mindestleistungen nicht möglich, so kann die bereits in die engere Auswahl gezogene Anlage mit einem Wärmespeicher oder Notkühler ausgerüstet werden. Ein Wärmespeicher entkoppelt die Erzeugung der Wärme von ihrer Nutzung, ein Kühler ermöglicht die Vernichtung von Wärme.

Beide Möglichkeiten verhelfen zumindest während eines beschränkten Zeitraums zu einer vom innerbetrieblichen Wärmebedarf unabhängigen Fahrweise. Die gewonnene Flexibilität führt nicht nur zu höheren Stromgutschriften, sondern auch zu einer Erhöhung der Anlagenbenutzungsdauer. Der Wirkungsgrad der Anlage steigt jedoch nicht unbedingt, da die zusätzliche Anlagenbenutzungsdauer auf einer Fahrweise beruht, die vor allem Grenz-Bündeln drei („Stromgutschrift") und vier („Einspeisevergütung") zur Folge hat.

Die Grenz-Bündel drei und vier erzwingen im Fall des Notkühlers die Vernichtung der Wärme und im Fall des Wärmespeichers eine kostenerhöhende und nur kurzfristige Zwischenspeicherung. Während also die Vernichtung von Wärme den Wirkungsgrad der Anlage sofort reduziert, führt ein Wärmespeicher nur zu einer zeitweiligen Entkopplung von Nutzung und Erzeugung.

Einerseits werden die positiven wirtschaftlichen Effekte einer Auslastungserhöhung mit einem Kühler eher erreicht als mit einem Wärmespeicher. Andererseits beeinflußt ein Wärmespeicher den Gesamtwirkungsgrad weniger negativ als ein Kühler.

Gemäß den vorausgegangenen Überlegungen kann die Sensitivitätsanalyse der Einflußgröße Benutzungsdauer dazu anregen, die zusätzlichen Investitionen in die elastische Kuppelproduktion von Strom und Wärme auf ihre Wirtschaftlichkeit hin zu untersuchen.

Der Einfluß der spezifischen Investitionskosten der KWK-Anlage

Als letzter Parameter der Sensitivität wurden die spezifischen Investitionskosten untersucht. Hierbei stellt sich eine Gewinnannuität von Null ein, wenn die spezifischen Investitionskosten den geplanten Wert um 27% übersteigen.

Die Relevanz dieser Größe hängt davon ab, inwieweit die Investitionskosten der KWK-Anlage mit dem potentiellen Hersteller oder Generalunternehmer abgesichert sind. Je niedriger, unsicherer bzw. riskanter die Höhe der Investitionskosten ist, desto eher muß das Unternehmen durch Einholen zusätzlicher Informationen diesen Wert hinterfragen und auf seine mögliche Abweichung hin überprüfen.

ccc. Beurteilung des Verfahrens der kritischen Werte

Die geschilderte Verfahrensweise zur Berechnung der kritischen Werte führt zwar zu anschaulichen Ergebnissen, die aber doch nur begrenzt aussagefähig sind.[194]

So gilt der oben beschriebene Zusammenhang, daß eine Reduzierung der Benutzungsdauer dazu führt, daß die Investition unvorteilhaft wird, nur unter der Bedingung, daß alle anderen Einflußgrößen konstant bleiben. Zu beachten ist jedoch, daß mit einer Reduzierung der Benutzungsdauer ein erhöhter Teillastbetrieb verbunden sein kann.

Werden die Sensitivitäten einzelner Preisgerüste berechnet, ist auch hier bei einer isolierten Betrachtung Vorsicht geboten: Die Erhöhung der Arbeitspreise für Strom basiert aufgrund von vertraglich vereinbarten Preisgleitklauseln meist auf einer Erhöhung der Brennstoffpreise.[195] Die Brennstoffpreise für verschiedene Energieträger sind in der Regel durch das Anleg-

---

[194] Vgl. Kappler, E., Rehkugler, H.: Kapitalwirtschaft, a.a.O., S. 950; Franke, G., Hax, H.: Finanzwirtschaft des Unternehmens und Kapitalmarkt, a.a.O., S. 194; Winje, D., Witt, D.: Energiewirtschaft, a.a.O., S. 319.

[195] Zu den Strombezugsbedingungen vgl. Kapitel D.II.1.

barkeitsprinzip[196] voneinander abhängig.[197] Beide Preisgerüste, das der Strombezugskosten sowie das der Brennstoffpreise, gehen jedoch als Eingangsdaten in die Wirtschaftlichkeitsbetrachtung mit ein.

Eine Erhöhung der Brennstoffpreise kann auch dann eintreten, wenn die vom Unternehmen vertraglich garantierte Mindestabnahmemenge nicht erreicht wird. Der Grund dafür kann in einem reduzierten Energiebedarf des Unternehmens liegen, der somit zu einer Reduzierung der Benutzungsdauer der KWK-Anlage führt.

Darüber hinaus besteht eine grundsätzliche Abhängigkeit der Anlagenlebensdauer vom Kalkulationszins: Je höher der Kalkulationszins ist, desto niedriger ist der Einfluß der Nutzungsdauer auf die Wirtschaftlichkeit. Dieses ist darauf zurückzuführen, daß mit einem hohen Zinssatz die Zahlungen in der Zukunft sehr stark abgewertet werden, d.h. die diskontierten zukünftigen Zahlungen einen relativ geringen Gegenwartswert annehmen.

Die Bestimmung kritischer Werte ist folglich nicht immer zielführend. Um die Sensitivität einzelner Einflußgrößen korrekt interpretieren zu können, müssen die Abhängigkeiten der jeweiligen Einflußgrößen untereinander einer präzisen Überprüfung unterzogen werden.[198]

bb. Bandbreitenanalyse

Die hier vorgestellte Bandbreitenanalyse baut auf der Ermittlung der kritischen Werte auf. Dabei werden jedoch nicht nur diejenigen Werte der Einflußgrößen ermittelt, bei denen sich eine Gewinnannuität von Null einstellt, sondern für verschiedene Variationen der Einflußgrößen wird der Verlauf der Gewinnannuität in Form einer einzigen anschaulichen Kurve dargestellt.

Der Vorteil hierbei ist, daß die Einflußgrößen verschiedenen prozentualen Abweichungen vom Sollwert unterworfen werden können und die entsprechende Konsequenz auf die Gewinnannuität unmittelbar sichtbar wird.

Bei der Bandbreitenanalyse können zwei Formen unterschieden werden. Bei der ersten Variante, der sog. Partialanalyse, wird jeweils nur eine Einflußgröße variiert, währenddessen bei der zweiten Variante, der sog. Globalanalyse, mehrere oder gar alle Parameter gleichzeitig verändert werden.[199]

aaa. Die Bandbreitenanalyse als Partialanalyse

Aufbauend auf dem Beispielunternehmen aus den vorangegangenen Kapiteln und einer maximalen Abweichung von 30% der dort angegebenen Eingangsgrößen ist in der folgenden Abbildung H 61 die Gewinnannuität dargestellt.

Aus der Abbildung H 61 ist ablesbar, in welchem Bereich sich die Gewinnannuität bezogen auf die jeweiligen Eingangsparameter bewegen wird. Durch die prozentuale Darstellung der Eingangsparameter ist es möglich, die jeweiligen Auswirkungen der verschiedenen Parameter in einem einzigen Diagramm darzustellen.[200]

---

[196] Vgl. hierzu die Ausführungen in Kapitel B.III.

[197] Vgl. hierzu auch Budde, H.-J., Deuster, G., Zahn, G.: Zusammenarbeit der Anlagenbetreiber mit der Versorgungswirtschaft, a.a.O., S. 215 und 216.

[198] Vgl. Krause, W.: Investitionsrechnungen und unternehmerische Entscheidungen. Kritische Untersuchung der Möglichkeiten und Grenzen traditioneller und moderner Investitionsrechenverfahren, a.a.O., S. 30; Blohm, H., Lüder, K.: Investition, a.a.O., S. 255.

[199] Vgl. Stelzer, L.: Investitions- und Wirtschaftlichkeitsrechnungen, a.a.O., S. 1042.

[200] Vgl. Blohm, H., Lüder, K.: Investition, a.a.O., S. 252.

Abbildung H61: Verlauf der Gewinnannuität in Abhängigkeit von Veränderungen verschiedener Eingangsparameter

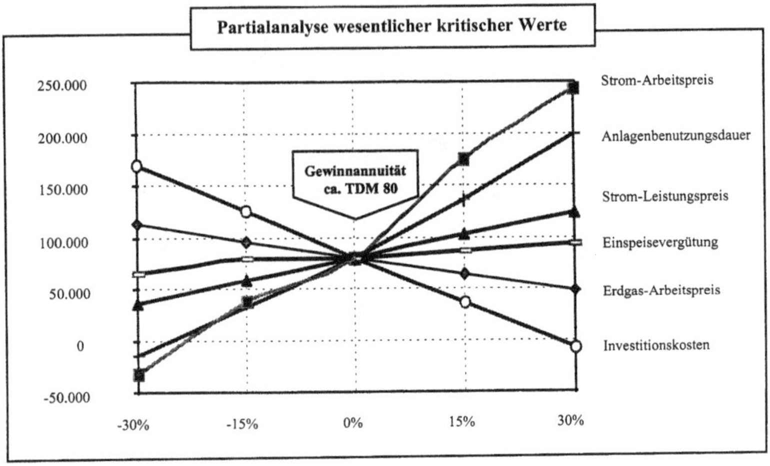

Quelle: Eigene Darstellung.

Die Abbildung verdeutlicht, welche Eingangsgrößen im Vergleich zu anderen besonders sensitiv sind und daher im Rahmen der Wirtschaftlichkeitsanalyse eingehender betrachtet werden müssen.

Steile Geraden in der Abbildung deuten auf einen wesentlichen, flache Geraden auf einen unwesentlichen Einfluß auf das Ergebnis hin. Die Abbildung zeigt, daß eine negative Abweichung des Arbeitspreises für Strom den größten Einfluß auf die Gewinnannuität hat. Wenn die Stromarbeitspreise um knapp 20% fallen, dann sinkt die Gewinnannuität auf einen negativen Wert. Aus der Abbildung geht auch hervor, daß neben dem Arbeitspreis für Strom nur noch die Anlagenbenutzungsdauer und die Höhe der Investitionskosten bei einer Variation von 30% eine negative Gewinnannuität verursachen.[201]

Der große Einfluß der *Stromarbeitspreise* auf die Gewinnannuität ist auf die Bedeutung des Stroms bei der Erwirtschaftung der Deckungsbeiträge des Grenzbündels eins („Strom- und Wärmegutschrift") sowie des Grenz-Bündels drei („Stromgutschrift") zurückzuführen.[202] Generell wirkt eine Strompreisreduzierung um so sensitiver auf die Wirtschaftlichkeit einer KWK-Anlage, je höher der Anteil der Stromgutschrift im Vergleich zu den gesamten Stromkosten eines Unternehmens ist. Dies ist um so eher der Fall, je höher die Stromkennzahl, je größer die Anlage dimensioniert ist, und je weniger die Fahrweise der Anlage vom innerbetrieblichen Wärmebedarf abhängt.

Einen ebenfalls großen Einfluß auf die Gewinnannuität hat die Anlagenbenutzungsdauer. Die Zusammenhänge zwischen *Anlagenbenutzungsdauer* und *Stromkennzahl* wurden bereits bei der Vorstellung der kritischen Werte interpretiert.

---

[201] Der jeweilige Schnittpunkt der eingezeichneten Kurven mit der Geraden, bei der die Gewinnannuität den Wert 0 annimmt, ist identisch mit den im Rahmen der kritischen Werte ermittelten Daten.

[202] Vgl. hierzu die Berechnung der Deckungsbeiträge im Kapitel G.VI.

Aus der Abbildung geht auch hervor, daß die *Einspeisevergütung* eine unsensitive Einflußgröße darstellt.[203] Es ist jedoch zu beachten, daß der Grad der Sensitivität des Preisgerüstes Einspeisevergütung mit dem Anteil der eingespeisten Menge an der gesamten Stromerzeugung ansteigt. Dies bedeutet, daß die Einspeisevergütung insbesondere bei im Vergleich zum innerbetrieblichen Bedarf eher höher dimensionierten Anlagen untersucht werden muß. Darüber hinaus erscheint eine Untersuchung sinnvoll, wenn es sich um eine Anlage mit zwei Freiheitsgraden handelt, da diese den Betrieb der KWK-Anlage auch im Grenzbündel drei („Stromgutschrift") sowie im Grenz-Bündel vier ("Einspeisevergütung") ermöglichen.

Als letzter Parameter der Sensitivität wird der *Arbeitspreis für Erdgas* interpretiert. Die Wirtschaftlichkeit der KWK-Anlage scheint wenig sensitiv auf Preisänderungen zu reagieren. Problematisch ist in diesem Fall die unterstellte einheitliche bzw. pauschale prozentuale Abweichung[204], weil eine Abweichung von 30% bei den Investitionskosten weniger wahrscheinlich ist als eine Abweichung von 30% bei den Brennstoffkosten. So ist es durchaus denkbar, daß sich die Brennstoffkosten von DM 0,02/kWh auf DM 0,04/kWh verdoppeln.[205] Eine Verdopplung der Investitionskosten ist hingegen ausgeschlossen, da die Investitionskosten aufgrund des kurzen Planungszeitraumes sehr gut zu überschauen sind und dadurch weniger starken Schwankungen unterliegen. Dies bedeutet, daß die Möglichkeit einer Erhöhung des Brennstoffpreises oder einer anderen betrachteten kritischen Einflußgröße während der gesamten Nutzungsdauer einer KWK-Anlage besteht, während die kostenrechnerischen Wirkungen der Investitionsauszahlungen mit der verbindlichen Bestellung der KWK-Anlage für die Nutzungsdauer festgeschrieben sind. Hinsichtlich der sensitiven Brennstoffpreise sollte schon im Vorfeld der Investitionsentscheidung darauf geachtet werden, einen geeigneten Brennstoff auszuwählen. Hierzu ist eine Untersuchung der Brennstoffmärkte sowie der entsprechende Abgleich mit den unternehmensindividuell verschiedenen Gegebenheiten notwendig.[206] Letztendlich ist die Entwicklung der Brennstoffkosten nach der Investitionsentscheidung vom Unternehmen nicht zu beeinflussen, so daß das Augenmerk des Unternehmens darauf gelegt werden muß, inwieweit ein reduzierter Bezug der Brennstoffmengen auf die durchschnittlichen Einkaufskonditionen wirken kann.

Ein grundsätzlicher Nachteil der Bandbreitenanalyse besteht darin, daß nicht erfaßt wird, wie sich die Veränderung einer Größe auf eine andere Größe auswirkt.[207] Ein Beispiel ist die bereits beschriebene gleichzeitige Veränderung von Strom- und Brennstoffpreisen.[208]

---

[203] Dies wird auch von Hr. Niebisch, Mitarbeiter des VIK (Vereinigung industrielle Kraftwirtschaft e.V.), nach telefonischer Rücksprache bestätigt: „In der Regel kann die Wirtschaftlichkeit einer industriellen KWK-Anlage nicht durch die Einspeisevergütung hergestellt werden." Dies bedeutet, wenn die KWK-Anlage nicht durch die Erlöskomponenten Strom- und Wärmegutschrift wirtschaftlich ist, dann kann die Einspeisevergütung als dritte Erlöskomponente in den meisten Fällen nicht zur Entscheidung über die Vorteilhaftigkeit einer Investition in eine KWK-Anlage wesentlich beitragen.

[204] Vgl. Franke, G., Hax, H.: Finanzwirtschaft des Unternehmens und Kapitalmarkt, a.a.O., 197; Kappler, E., Rehkugler, H.: Kapitalwirtschaft, a.a.O., S. 950.

[205] Zu dem Ergebnis, daß der Erdgaspreis einen besonders großen Einfluß auf die Wirtschaftlichkeit einer Kraft-Wärme-Kopplungsanlage hat, kommen unter anderem auch folgende Autoren: Vgl. Suttor, K.-H., Suttor, W.: Die KWK-Fibel, a.a.O., S. 93; Belting, T.: Blockheizkraftwerke, a.a.O., S. 57.

[206] Hier können beispielsweise bereits vorhandene langfristige Lieferverträge mit Gasversorgungsunternehmen oder Brennstoffhändlern, bestehende Öltanks oder Fernwärmeversorgungsleitungen von Bedeutung sein.

[207] Vgl. Rehkugler, H., Schindler, V.: Finanzierung, 6. Auflage, München 1994, S. 385; Winje, D., Witt, D.: Energiewirtschaft, a.a.O., S. 318f; Franke, G., Hax, H.: Finanzwirtschaft des Unternehmens und Kapitalmarkt, a.a.O., S. 197.

[208] Eine weitere Abhängigkeit besteht zu der Höhe der Einspeisevergütung: Je höher das Strompreisniveau ist, desto höher wird in der Regel auch die Einspeisevergütung sein (et vice versa); vgl. Jochem, E.: Volkswirtschaftliche und energiewirtschaftliche Aspekte der industriellen und gewerblichen KWK-Anwendung, a.a.O., S. 150; Budde, H.-J., Deuster, G., Zahn, G.: Zusammenarbeit der Anlagenbetreiber mit der Versorgungswirtschaft, a.a.O., S. 215 und 216.

Mit der folgenden Variante der Bandbreitenanalyse kann diesem Nachteil zum Teil entgegengewirkt werden.

bbb. Die Bandbreitenanalyse als Globalanalyse

Bei Anwendung der Bandbreitenanalyse als Globalanalyse können zum einen mehrere Einflußgrößen gleichzeitig variiert werden, zum anderen muß nicht auf pauschale prozentuale Veränderungen dieser Einflußgrößen zurückgegriffen werden. Dies führt zu einer Reihe von Vorteilen, da in der Unternehmenspraxis in der Regel eine vage Vorstellung dahingehend besteht, in welchem Intervall bzw. in welcher Bandbreite beispielsweise die Brennstoffpreise oder die Einspeisevergütung in der Zukunft liegen könnten. Diese Bandbreite ist der Ausgangspunkt der in diesem Teil behandelten Globalanalyse.[209]

Im ersten Schritt werden, ähnlich wie bei der Methode der kritischen Werte, die als unsicher erachteten Größen ermittelt. Da die zukünftige Entwicklung dieser Größen nicht vorhersehbar ist, wird in einem zweiten Schritt für die unsicheren Größen eine optimistische und eine pessimistische Schätzung durchgeführt.[210] Diese beiden Werte stellen damit die Bandbreite dar, in welcher sich der jeweilige Eingangswert, z.B. der Brennstoffpreis, mit großer Wahrscheinlichkeit bewegen wird. Wenn keine Schätzungen für die optimistischen und pessimistischen Werte möglich sind, kann das gewählte Intervall auch als ein Prozentsatz vom Ausgangswert angegeben werden.

Nachdem für die verschiedenen Eingangsparameter jeweils eine obere und untere Grenze festgelegt ist, erfolgt auf dieser Basis im dritten Schritt die Berechnung des Zielwertes, z.B. der Gewinnannuität. Wenn die Eingangsgrößen für die Berechnung der Gewinnannuität eine obere und eine untere Grenze umfassen, dann errechnet sich auch für die Gewinnannuität selbst ein oberer und ein unterer Wert. Dieser optimistische und pessimistische Wert stellt gleichzeitig den Bereich dar, in dem sich die künftige Gewinnannuität, beeinflußt von den jeweiligen Eingangsgrößen, bewegen wird.[211]

Im folgenden werden einige Parameter, die die Wirtschaftlichkeit einer KWK-Anlage bestimmen, herausgegriffen und um bestimmte Prozentsätze simultan variiert. Die nachfolgende Tabelle gibt Auskunft darüber, wie sich die Gewinnannuität gemäß den optimistischen und pessimistischen Prämissen entwickelt.

Tabelle H41: Simultane Variation abhängiger und unabhängiger Einflußgrößen

Simultan variierte Parameter	Einheit	Plan-/Sollwert	Pess. Schätzung		Opt. Schätzung	
UnabhängigeEinflußgrößen						
Arbeitspreis für Strom	DM/kWh el	0,1288	-10%	0,11592	+10%	0,14168
Investitionskosten	DM/kW el	2.150	+10%	2.365	-5%	2.042
Benutzungsdauer	Stunden/Jahr	5.500	-10%	4.950	+5%	5.775
Wartungskosten, variabel	DM/kWh th	18,00	+10%	19,80	-10%	16,20
AbhängigeEinflußgröße						
Arbeitspreis für Erdgas	DM/kWh	0,02	-5%	0,019	+5%	0,021
Gewinnannuität (ca.)	**DM/Jahr**	**80.125**		**0**		**189.000**

Quelle: Berechnungen basierend auf Beispiel.

209 Vgl. Blohm, H., Lüder, K.: Investition, a.a.O., S. 252; vgl. hierzu auch Scharff, E.-H.: Wirtschaftlichkeitsanalysen der Energieversorgung von Industriebetrieben, in: ASUE (Hrsg.), Rationelle Energieverwendung im Industriebetrieb, Schriftenreihe Nr. 5, 1981, S. 15-21.

210 Vgl. Jost, A.: Dezentrale Kraft-Wärme-Kopplung mit Verbrennungsmotoren und Gasturbinen, a.a.O., S. 8; Kappler, E., Rehkugler, H.: Kapitalwirtschaft, a.a.O., S. 950; Altrogge, G.: Investition, a.a.O., S. 389.

211 Vgl. Altrogge, G.: Investition, a.a.O., S. 391.

Es ist erkennbar, daß bei einer pessimistischen Variation von fünf Parametern um jeweils 10% und einmal um 5 % die Gewinnannuität einen Wert von Null annimmt. Alle Parameter - mit Ausnahme der beiden Arbeitspreise - können verhältnismäßig unabhängig voneinander reagieren. Daraus folgt, daß die Investition in eine KWK-Anlage bei gleichzeitigem Eintreffen mehrerer ungünstiger Zustände wesentlich sensitiver reagiert.

Sowohl in der optimistischen als auch in der pessimistischen Variante wurde der Tatsache Rechnung getragen, daß sich unter realistischen Bedingungen der Strom- und der Arbeitspreis für Erdgas nicht entgegengesetzt entwickeln müssen. In der Praxis kann eine Strompreisreduzierung beispielsweise durch eine Reduzierung der Brennstoffpreise induziert werden.[212]

Dies bedeutet bei der pessimistischen Schätzung, bei der von einer Reduzierung des Arbeitspreises für Strom ausgegangen wird, daß auch die Brennstoffkosten für Erdgas mit einem niedrigeren Wert angesetzt werden können.

Analog wurde bei der optimistischen Variante vorgegangen: Unter der für den wirtschaftlichen Betrieb einer KWK-Anlage günstigen Bedingung einer Strompreiserhöhung kann bei der Globalanalyse berücksichtigt werden, daß diese Erhöhung auf brennstoffpreisbedingte Ursachen zurückzuführen sein könnte. Aus diesem Grund kann - wie in der Tabelle aufgezeigt - bei der optimistischen Variante eine für die KWK-Anlage ungünstige Brennstoffpreiserhöhung unterstellt werden.

Die Globalanalyse eröffnet somit die Möglichkeit, die vielfältigen Interdependenzen von Einflußgrößen bei einer Wirtschaftlichkeitsbetrachtung in unterschiedlicher Qualität abzubilden. Dies stellt einen erheblichen Vorteil für ein KWK-interessiertes Unternehmen dar, da eine Reihe von Eingangsdaten der Wirtschaftlichkeitsrechnung mittel- oder unmittelbar voneinander abhängig sind. Darüber hinaus bietet die Globalanalyse den Vorteil, die mögliche Bandbreite eines bestimmten Zielwertes abzuschätzen.

Aber auch die Globalanalyse beruht letztlich auf subjektiven Annahmen und stellt deshalb nur ein zusätzliches Instrument dar, um das Entscheidungsrisiko einer Investition auf ein unvermeidbares Maß einzuschränken. Die Unsicherheit, die aus der Verwendung von zukünftigen Daten resultiert, kann keine Methode beheben.

IV. Zusammenfassung Kapitel H

Das vorliegende Kapitel hatte das Ziel, geeignete Verfahren aufzuzeigen, die eine Aufbereitung der Erkenntnisse der vorangegangenen Kapitel ermöglichen, um hierdurch die Basis für eine Investitionsentscheidung zu legen.

Der Vorstellung der Verfahren wurden einige grundsätzliche Überlegungen zur Eigenfertigung und zum Fremdbezug vorangestellt, die verhindern sollten, daß bei allen Vorteilen, die die Kraft-Wärme-Kopplung z.B. durch die erzielbaren Einsparungen bieten mag, nicht die gesamte Unternehmung aus den Augen verloren wird. So ist eine Investition nicht als einzelnes Objekt, sondern im Zusammenhang mit den Zielen des gesamten Unternehmens zu betrachten.

Die Erstellung einer Kraft-Wärme-Kopplungsanlage ist eine Entscheidung zugunsten einer höheren Eigenfertigung und gegen den weiteren Fremdbezug von Strom und Wärme. Diese Entscheidung kann von Vorteil sein, wenn die hierdurch ermöglichten Einsparungen Wettbewerbsvorteile erwarten lassen und so die allgemeine Unternehmensstrategie, etwa die Erlangung der Kostenführerschaft, unterstützt wird.

[212] Vgl. Jochem, E.: Volkswirtschaftliche und energiewirtschaftliche Aspekte der industriellen und gewerblichen KWK-Anwendung, a.a.O., S. 145.

Eine höhere Eigenfertigung hat jedoch auch Nachteile, die insbesondere aus höheren Fixkosten resultieren. Aufgrund der höheren Fixkosten verringert sich die Fähigkeit, flexibel auf veränderte Umweltbedingungen zu reagieren, so daß sich ein eventuell notwendiger Marktaustritt für das eigene Unternehmen schwieriger gestaltet. Ferner können negative wirtschaftliche Konsequenzen aus der mangelnden Konzentration auf die Kernkompetenzen des Unternehmens resultieren. Diese strategischen Überlegungen, die in der Regel einer detaillierteren Investitionsrechnung vorausgehen, können zur Ablehnung einer an sich vorteilhaften Investition in Kraft-Wärme-Kopplung führen.

Zur monetären Bewertung von Investitionen werden von der Theorie verschiedene Verfahren angeboten, die sich jeweils unterschiedlich gut für die Bewertung einer Kraft-Wärme-Kopplungsanlage eignen. Die in diesem Kapitel vorgestellten statischen Investitionsrechenverfahren sind aufgrund der mangelnden Berücksichtigung des zeitlichen Zahlungsanfalls nur bedingt für die Entscheidungsfindung geeignet. Die statischen Ansätze, zu denen die Gewinn- und Kostenvergleichsrechnung, die Rentabilitätsrechnung und die statische Amortisationsrechnung gehören, sind daher nur für überschlägige Rechnungen zu empfehlen.

Die dynamischen Investitionsrechenverfahren, z.B. die Kapitalwert-, Annuitäten- und Zinsfußmethode, überwinden zwar diesen Nachteil der statischen Rechnung, aber auch diese Verfahren weisen Nachteile auf, die den Einsatz für die Beurteilung von KWK-Anlagen nachteilig beeinflussen. Die zwei wesentlichen Nachteile liegen in der Annahme sicherer Erwartungen hinsichtlich der zugrunde gelegten Daten und in der Annahme, daß alle entscheidungserheblichen Daten quantifiziert werden können.

Aufgrund dieser Nachteile sind zur Entscheidung über die Erstellung einer Kraft-Wärme-Kopplungsanlage weitere Verfahren ergänzend hinzuzuziehen. Hierzu gehören insbesondere die Nutzwertanalyse, die die Einbeziehung nicht monetär quantifizierbarer Faktoren erlaubt, und Verfahren, die den Nachteil der mangelnden Berücksichtigung der Unsicherheit überwinden.

Zur Überwindung der Unsicherheit werden von der Literatur unter anderem das Korrekturverfahren, das Entscheidungsbaumverfahren, die Risikoanalyse und die Sensitivitätsanalyse angeboten. Im Rahmen dieses Kapitels wurde ausgeführt, daß das Korrekturverfahren und das Entscheidungsbaumverfahren für die Analyse der Unsicherheit, die mit der Investition in eine KWK-Anlage verbunden ist, ungeeignet sind. Die Risikoanalyse bietet zwar eine Möglichkeit der Analyse der Unsicherheit, ist jedoch aufgrund der aufwendigen Datenermittlung in der Praxis nur schwer umsetzbar.

Die Sensitivitätsanalyse erscheint als die geeignetste Methode, die mit der Investition verbundenen Risiken zu analysieren, so daß im Rahmen dieses Kapitels ein besonderes Gewicht auf deren Darstellung gelegt wurde. Mit der Sensitivitätsanalyse lassen sich Einflußgrößen mit besonders großer Wirkung auf die Wirtschaftlichkeit bestimmen. Dieses wiederum ermöglicht es den Unternehmen, weitere Informationen zu den besonders kritischen Einflußgrößen zusammenzutragen, um hierdurch das Risiko der Investitionsentscheidung mindern zu können.

Neben der Bestimmung der sensitiven Einflußgrößen wurde der Schwerpunkt auf die Analyse der Ursachen der Unsicherheit gelegt und mehrfach Verbindung zu den bisherigen Ausführungen in anderen Kapiteln hergestellt.

Mit den in diesem Kapitel dargestellten Verfahren zur Beurteilung der Vorteilhaftigkeit von Investitionen in die Kraft-Wärme-Kopplung wurde die Basis für die Investitionsentscheidung gelegt. Die Investitionsentscheidung sollte sich auf die Anwendung mehrerer Verfahren gleichzeitig stützen, um die allen dargestellten Methoden innewohnenden Nachteile zu überwinden.

I. Besonderheiten der Finanzierung einer Kraft-Wärme-Kopplungsanlage

In den vorangegangenen Kapiteln wurde untersucht, unter welchen Bedingungen eine Investition in Kraft-Wärme-Kopplung wirtschaftlich sinnvoll ist. Die Wirtschaftlichkeit der Investition ist eine notwendige, aber keine hinreichende Bedingung für die Errichtung der Kraft-Wärme-Kopplungsanlage. Neben der Wirtschaftlichkeit spielt auch die Finanzierbarkeit der Anlage eine bedeutende Rolle.[1]

Der erste Schritt im Rahmen der Finanzierung ist die Ermittlung des Finanzbedarfs, der mit der Investition in Kraft-Wärme-Kopplung verbunden ist. Hierbei sind die besonderen, im Anlagengeschäft üblichen Zahlungsmodalitäten zu beachten (Abschnitt I).

Nachdem der Finanzbedarf ermittelt ist, muß in einem zweiten Schritt untersucht werden, welche Möglichkeiten der Kapitalaufbringung für das Unternehmen in Frage kommen und welche Risiken mit der gewählten Finanzierung verbunden sind (Abschnitt II). Dabei ist es die Aufgabe der Finanzierung, zum einen die Finanzierungskosten zu minimieren und zum anderen das finanzielle Gleichgewicht des Unternehmens zu sichern[2], d.h. zu jedem Zeitpunkt für eine ausreichende[3] Liquidität zu sorgen. Ausreichende Liquidität ist für das Unternehmen von existentieller Bedeutung, da ein Mangel an Liquidität zur Zahlungsunfähigkeit und damit zur Insolvenz führen kann.[4]

Zur Sicherstellung der Finanzierung der Investition in Kraft-Wärme-Kopplung stehen eine Reihe unterschiedlicher Finanzierungsmöglichkeiten zur Verfügung. Für die Kraft-Wärme-Kopplung kommen vor allem Finanzierungssubstitute wie das Leasing oder der Mietkauf (Abschnitt III) und das speziell bei Investitionen in Energieeinsparungstechnologien angewandte Contracting (Abschnitt IV) in Betracht.

Auf die Darstellung des Contractingmodells wird im Rahmen dieser Arbeit ein besonderes Gewicht gelegt. Weitestgehend verzichtet wird hingegen auf die Beschreibung der konventionellen Finanzierungsmodelle, da die konventionellen Finanzierungsmodelle in der zahlreich vorhandenen Spezialliteratur ausführlich dargestellt sind.

I. Bestimmung des Finanzbedarfs einer Investition in Kraft-Wärme-Kopplung

Investitionen in Kraft-Wärme-Kopplungsanlagen sind von hohen Investitionsauszahlungen und verhältnismäßig langen Amortisationszeiten gekennzeichnet. Die Investitionsauszahlungen verteilen sich hierbei über einen Zeitraum, der in der Regel mit einer Anzahlung

---

[1] Gutenberg weist hierbei darauf hin, daß das finanzielle Gleichgewicht eines Unternehmens gefährdet ist und damit z.B. Produktionsausweitungen unterbleiben müssen, wenn die Eigenkapitalaustattung gering ist und nur begrenzte Kreditmöglichkeiten zur Verfügung stehen. Vgl. Gutenberg, E.: Die Finanzen, a.a.O., S. 162; Schneider, D.: Investition, Finanzierung und Besteuerung, a.a.O., S. 77ff; vgl. auch Junker, H.-J., Dähler, J.: Finanzierung, in: Suttor, K.-H., Suttor, W. (Hrsg.), Handbuch der Kraft-Wärme-Kopplung. Für Planer, Betreiber, Ausbildung., Karlsruhe 1991, S. 272.

[2] Vgl. Gutenberg, E.: Die Produktion, a.a.O., S. 58f; Gutenberg, E.: Die Finanzen, a.a.O., S. 273ff.

[3] Ausreichende Liquidität bedeutet hierbei nicht, daß mit der Finanzierung eine möglichst hohe Liquidität bereitgestellt werden soll, sondern lediglich soviel, daß die Unternehmenstätigkeit sichergestellt ist. Ausreichende Liquidität ist demnach als optimale Liquidität oder gewinnmaximale Zahlungsbereitschaft zu verstehen. Mit dem Begriff der optimalen Liquidität sind die Begriffe der Unter- und Überliquidität eng verbunden. Sie bezeichnen die Abweichungen nach unten bzw. oben vom Punkt der gewinnmaximalen Zahlungsbereitschaft; vgl hierzu Kortzfleisch, G. von: Die Grundlagen der Finanzplanung, Dissertation, Berlin 1957, S. 33ff; Hahn, O.: Finanzwirtschaft, a.a.O., S. 58ff.

[4] Zahlungsunfähigkeit ist hierbei das auf dem Mangel an Zahlungsmitteln beruhende dauernde Unvermögen des Schuldners, seine sofort zu erfüllenden Geldschulden zu begleichen; vgl. Potthoff, E.: Insolvenzen, in: Büschgen, H.-E. (Hrsg.), Handwörterbuch der Finanzwirtschaft, Enzyklopädie der Betriebswirtschaftslehre, Band VI, Stuttgart 1976, Sp. 818f; zum Problemkreis Insolvenzen vgl. auch Druckarcyk, J.: Unternehmen und Insolvenz, Wiesbaden 1987; Schneider, D.: Investition, Finanzierung und Besteuerung, a.a.O., S. 52ff.

beginnt und mit der Zahlung der letzten Rate an den Anlagenhersteller oder Generalunternehmer endet.

Der Zahlungsverlauf hängt dabei insbesondere vom gewählten KWK-Konzept und der Anlagengröße ab, da sich der Zeitraum vom Investitionsbeginn bis zur Fertigstellung je nach Konzept und Anlagengröße beträchtlich unterscheiden kann.[5] Der Zahlungsverlauf ist außerdem davon abhängig, welche Zahlungsbedingungen mit dem Lieferanten der KWK-Anlage oder dem für die Erstellung der Anlage herangezogenen Generalunternehmer ausgehandelt werden.[6]

Die Zahlungsbedingungen lassen sich unter anderem hinsichtlich Anzahlungshöhe und -termin, zeitlichem Anfall und Höhe der Teilzahlungen, Gewährleistungsrückbehalten und Zahlungszielen unterscheiden.[7]

Die Anzahlung gehört im KWK-Anlagengeschäft zu einem üblichen Zahlungsbestandteil und erfüllt hierbei zwei Funktionen. Einmal entlastet die Anzahlung den Generalunternehmer oder Anlagenhersteller in Hinblick auf seine Vorfinanzierung und zum anderen sichert die Anzahlung den Hersteller vor einem Vertragsbruch, d.h. einem Rücktritt vom Vertrag, ab.[8] Weiterhin sind Teilzahlungen üblich, die je nach Voranschreiten der Anlagenerstellung fällig werden. Diese Teilzahlungen sind so angelegt, daß die Finanzierungslücken des Herstellers im Durchschnitt gedeckt sind.[9]

Nach der Inbetriebnahme der KWK-Anlage wird dem Unternehmen in der Regel ein Zahlungsziel eingeräumt, welches dem Unternehmen ermöglicht, den Kaufpreis in Raten zu zahlen. Außerdem wird das Unternehmen einen bestimmten Betrag der Investitionssumme einbehalten, um einen gewissen Druck auf den Anlagenhersteller oder Generalunternehmer bei etwaigen, nachträglichen Mängeln ausüben zu können.[10]

Aus den verschiedenen Zahlungszeitpunkten ergibt sich für das KWK-Anlagengeschäft ein typischer Investitionsauszahlungsverlauf, welcher mit der folgenden Abbildung verdeutlicht wird.

In der Abbildung I 62 sind die verschiedenen Zahlungszeitpunkte verdeutlicht. Die erste Auszahlung wird mit der Auftragsvergabe und der hiermit fälligen Anzahlung markiert. Die nächste Auszahlung ergibt sich mit dem Erreichen eines bestimmten Projektstadiums, wobei ab diesem Zeitpunkt kontinuierliche Auszahlungen notwendig werden. Die restlichen Auszahlungen verteilen sich über einen längeren Zeitraum und beginnen mit der Fälligkeit der ersten Tilgungsrate.

---

5 Vgl. im Kapitel E.II die Ausführungen zur Bau- und Aufstellungszeit hinsichtlich der konzept- und leistungsabhängigen Unterschiede.

6 Bei der Aushandlung der Zahlungskonditionen spielt die Verhandlungspostition des Unternehmens eine bedeutende Rolle. Die Verhandlungsposition ist um so stärker, je weniger Aufträge der Anlagenhersteller bzw. Generalunternehmer hat und je bedeutender der Kunde ist. Die Verhandlungsposition kann aber auch dann stark sein, wenn die KWK-Anlage Referenzcharakter hat und der KWK-Hersteller sich aufgrund dieser Investition Folgeaufträge verspricht. Eine ebenfalls wichtige Rolle spielt die Kreditwürdigkeit des Kunden; vgl. Jonas, H.: Grenzen der Kreditfinanzierung, Wiesbaden 1960, S. 29; Jonas, H., Mellerowicz, K.: Bestimmungsfaktoren der Kreditfähigkeit, Berlin 1954.

7 Vgl. Hombach, H, Kockelkorn, G., Molter, W.: Einführung in die Auftragsfinanzierung, in: Backhaus, K., Siepert, H.-M. im Auftrag der Schmalenbach-Gesellschaft e.V. (Hrsg.), Auftragsfinanzierung im industriellen Anlagengeschäft, Berlin 1989, S. 7.

8 Vgl. Vormbaum, H.: Finanzierung der Betriebe, 8. Auflage, Wiesbaden 1990, S. 327.

9 Vgl. Vormbaum, H.: Finanzierung der Betriebe, a.a.O., S. 331.

10 Vgl. Hombach, H, Kockelkorn, G., Molter, W.: Einführung in die Auftragsfinanzierung, a.a.O., S. 8.

Abbildung I62: Investitionsauszahlungen, kumuliert

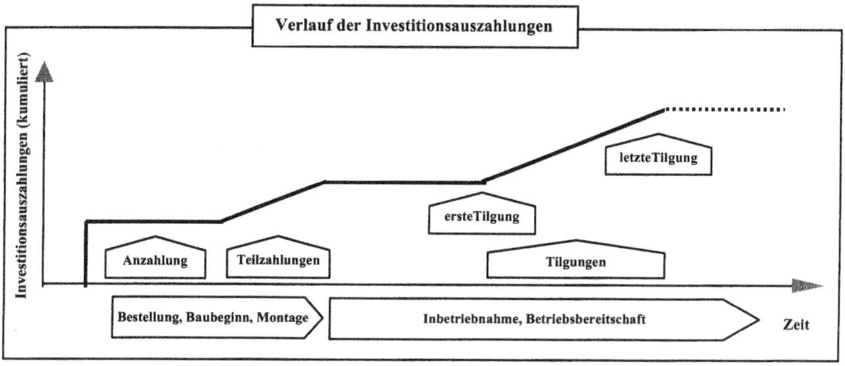

Quelle: In Anlehung an: Hombach, H, Kockelkorn, G., Molter, W.: Einführung in die Auftragsfinanzierung, a.a.O., S. 9.

Aus dem Zahlungsverlauf der Auszahlungen ergibt sich unter Berücksichtigung der Rückflüsse aus der Investition ein typischer Verlauf des zu deckenden Auszahlungsüberschusses, welcher in der folgenden Abbildung I 63 dargestellt ist.

Abbildung I63: Finanzierungsbedarf, kumuliert

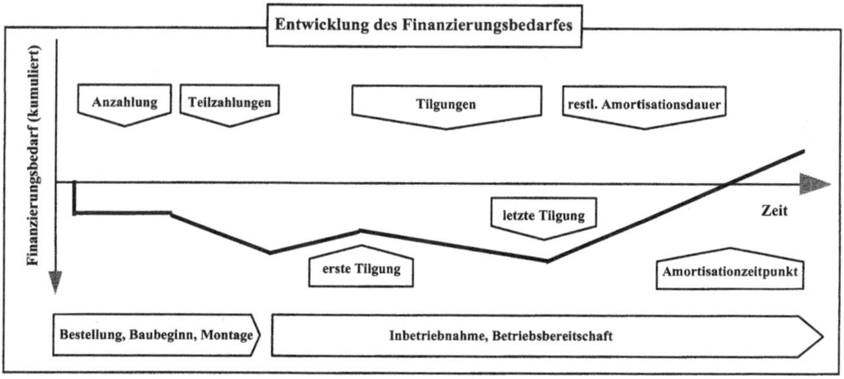

Quelle: In Anlehung an: Hombach, H, Kockelkorn, G., Molter, W.: Einführung in die Auftragsfinanzierung, a.a.O., S. 8.

Der Zeitraum beginnend mit der Auftragsvergabe bzw. Bestellung bis zur Inbetriebnahme der KWK-Anlage ist ausschließlich von Auszahlungen gekennzeichnet. Ab dem Erreichen der Betriebsbereitschaft fallen vorerst keine Auszahlungen an, da mit dem Lieferanten der KWK-Anlage eine Ratenzahlung vereinbart werden konnte. Mit der Betriebsbereitschaft erwirtschaftet die KWK-Anlage jedoch die ersten Einzahlungsüberschüsse, die zur Finanzierung der KWK-Investition zur Verfügung stehen. Hierdurch vermindert sich der Finanzierungsbedarf ab dem Zeitpunkt der Betriebsbereitschaft bis zur ersten fälligen Tilgung. Die Einzahlungsüberschüsse werden von nun an mit den Tilgungszahlungen verrechnet. Inwiefern der Finanzierungsbedarf weiter steigt, hängt von der vereinbarten Tilgung und der Höhe der

Einzahlungsüberschüsse ab. Nach der letzten Tilgungsrate stehen die gesamten mit der KWK-Anlage erwirtschafteten finanziellen Mittel zur Verringerung des Finanzierungsbedarfs zur Verfügung. Mit Erreichen des Amortisationszeitpunktes besteht kein weiterer, aus der KWK-Investition resultierender Finanzierungsbedarf.

II. Kriterien der Wahl einer Finanzierungsform

Sobald die Unternehmung den für die langfristige Finanzierung der Kraft-Wärme-Kopplungsanlage notwendigen Kapitalbedarf bestimmt hat, geht es in der nächsten Phase um die Bestimmung der Finanzierungsform, die zur Deckung dieses Kapitalbedarfs herangezogen werden soll.[11]

In der Unternehmenspraxis stehen eine Reihe alternativer Finanzierungsformen[12] zur Verfügung, die zur Deckung des Finanzbedarfs der Unternehmung in Frage kommen. Diese Finanzierungsformen können nach der Rechtsstellung des Kapitalgebers in Eigen- und Fremdfinanzierung, nach der Mittelherkunft in Innen- und Außenfinanzierung oder nach der Fristigkeit in kurz- und langfristige Finanzierung unterschieden werden.[13]

Jede Finanzierungsform weist ihre eigenen Charakteristika auf, wie z.B. Finanzierungskosten, steuerliche Behandlung, Rückzahlungszeitraum oder Verfügbarkeit.[14] Daher ist nicht jede Finanzierungsform gleichermaßen gut für ein bestimmtes Unternehmen oder zur Deckung des Finanzierungsbedarfs einer Kraft-Wärme-Kopplungsanlage geeignet.

Es ist das Ziel der folgenden Ausführungen, die Auswirkungen der Finanzierung auf das Unternehmen darzustellen. Es ist jedoch nicht möglich, unmittelbare Empfehlungen zur Gestaltung der Finanzierung abzuleiten, da diese von den Zielen und Gegebenheiten des einzelnen Unternehmens abhängt.

1. Kapitalstruktur

Im Rahmen der Finanzierung einer Kraft-Wärme-Kopplungsanlage muß sich ein Unternehmen entscheiden, ob die Investition mit Eigen- oder Fremdkapital finanziert werden soll. Die Höhe des Eigen- bzw. Fremdkapitals hat hierbei einen wesentlichen Einfluß auf das Risiko, aber auch auf die Chancen, die für die Eigentümer des Unternehmens entstehen.[15]

Sowohl Risiken als auch die Chancen aus der Kapitalstruktur sind um so größer, je höher der Anteil des Fremdkapitals im Vergleich zum Eigenkapital ist.[16] Die Risiken und Chancen

---

[11] Vgl. Dähler, J.: Finanzierung von Energie- und Kraftanlagen, Euroforum Konferenz für Kraft-Wärme-Kopplung, Düsseldorf, 07. bis 08.03.1995, S. 1ff.

[12] Auf die Darstellung der Finanzierungsformen wird im Rahmen dieser Arbeit verzichtet, da es hierzu umfassende Literatur gibt. Vgl. u.a. Busse, F.-J.: Grundlagen der betrieblichen Finanzwirtschaft, 3. Auflage, München 1993; Ross, S.-A., Westerfield, R.-W., Jeffrey, F.-J.: Corporate Finance, 3. Auflage, Boston 1993, S. 557-703; S. 45ff; Rehkugler, H., Schindler, V.: Finanzierung, 6. Auflage, München 1994, S. 43-147; Süchting, J.: Finanzmanagement. Theorie und Politik der Unternehmensfinanzierung, 2. Auflage, Wiesbaden 1978, S. 9-270.

[13] Vgl. Gutenberg, E.: Die Finanzen, a.a.O., 128ff; Perridon, L., Steiner, M.: Finanzwirtschaft der Unternehmung, 6. Auflage, Münster 1991, S. 273ff; Schmidt, R.-H.: Grundzüge der Investitions- und Finanzierungstheorie, 3. Auflage, Wiesbaden 1996, S. 18ff.

[14] Vgl. Perridon, L., Steiner, M.: Finanzwirtschaft der Unternehmung, a.a.O., S. 274.

[15] Vgl. Buchner, R.: Grundzüge der Finanzanalyse, a.a.O., S. 127; Süchting, J.: Finanzmanagement. Theorie und Politik der Unternehmensfinanzierung, a.a.O., S. 327; Beuton, E.-G.: The Basics of Investing, 5. Auflage, New York 1992, S. 86; Hahn, O.: Finanzwirtschaft, a.a.O., S. 105; Robichek, A., Meyers, S.: Optimal Financing Decision, New York 1965, S. 21; Ross, S.-A., Westerfield, R.-W., Jeffrey, F.-J.: Corporate Finance, a.a.O., S. 416; Schneider, D.: Investition, Finanzierung und Besteuerung, a.a.O., S. 547.

[16] Vgl. Buchner, R.: Die Bedeutung des Verschuldungsgrades für die Aufstellung von Regeln zur optimalen Finanzierungsentscheidung, in: WiSt, 9/1980, S. 54; Beuton, E.-G.: The Basics of Investing, a.a.O., S. 86; Hahn, O.: Finanzwirtschaft, a.a.O., S. 110; Rao, R: Financial Management, Concepts and Applications, a.a.O., S. 393.

wirken zum einen auf den Unternehmenserfolg, welcher mit der Eigenkapitalrentabilität ausgedrückt werden kann, und zum anderen auf die Liquiditätssituation des Unternehmens.

Die Risiken, die aufgrund der Kapitalstruktur auf die Liquiditäts- und Ergebnissituation des Unternehmens wirken, werden auch Kapitalstrukturrisiken genannt. Wird jedoch ausschließlich die Ergebnissituation betrachtet, dann spricht man vom Leverage-Effekt, oder abgeleitet von diesem Begriff auch vom Leverage-Risiko oder der Leverage-Chance.[17]

Der Leverage-Effekt entsteht, weil die Fremdkapitalgeber im Gegensatz zu den Eigenkapitalgebern erfolgsunabhängig entlohnt werden, d.h. einen festen Anspruch auf Verzinsung ihres eingesetzten Kapitals haben. Wird die KWK-Anlage größtenteils fremdfinanziert, dann besteht die Leverage-Chance darin, daß die mit der KWK-Anlage erzielten Überschüsse nach Zahlung aller Ansprüche der Fremdkapitalgeber positiv sind. Ist dieser Fall gegeben, dann steigt die Eigenkapitalrendite, da die Gewinne des Unternehmens steigen, obwohl das Eigenkapital eine konstante Höhe aufweist. Der Leverage-Effekt und damit die Auswirkungen auf die Eigenkapitalrendite sind hierbei um so höher, je größer der Fremdfinanzierungsanteil ist.[18]

Das Leverage-Risiko entsteht, wenn die erwirtschafteten Überschüsse der KWK-Anlage nicht ausreichen, um die Zinsen des Fremdkapitals zu decken. In diesem Fall müssen die Zinsen der Fremdkapitalgeber durch das Eigenkapital des Unternehmens gedeckt werden. Ist nicht genügend Eigenkapital vorhanden, dann droht dem Unternehmen die Überschuldung und damit der Konkurs. Dieses Konkursrisiko wird bei Ergebnisschwankungen um so größer, je höher der Verschuldungsgrad des Gesamtunternehmens ist.[19] Ob die Leverage-Chance von den Eigentümern höher gewichtet wird als das Leverage-Risiko, hängt von den jeweiligen persönlichen Präferenzen ab.[20]

Neben dem Leverage-Effekt, der vom Erfolg der Investition in eine Kraft-Wärme-Kopplungsanlage abhängig ist, wirkt die Kapitalstruktur auch auf das Liquiditätsrisiko. So ist es vorstellbar, daß mit der KWK-Anlage positive Überschüsse erwirtschaftet werden, aber die Zins- zuzüglich Tilgungszahlungen nicht durch den Cash Flow der KWK-Anlage gedeckt werden können. Diese Situation kann zur Zahlungsunfähigkeit und damit zum Konkurs des Unternehmens führen. Um das Liquiditätsrisiko zu vermindern, kommt der Kapitalüberlassungsdauer einer KWK-Finanzierung eine wesentliche Bedeutung zu.

---

[17] Vgl. Buchner, R.: Grundzüge der Finanzanalyse, a.a.O., S. 128; Süchting, J.: Finanzmanagement. Theorie und Politik der Unternehmensfinanzierung, a.a.O., S. 327; Robichek, A., Meyers, S.: Optimal Financing Decision, a.a.O., S. 34; Hahn, O.: Finanzwirtschaft, a.a.O., S. 110; Schmidt, R.-H.: Grundzüge der Investitions- und Finanzierungstheorie, a.a.O., S. 242; Ross, S.-A., Westerfield, R.-W., Jeffrey, F.-J.: Corporate Finance, a.a.O., S. 241; Rao, R: Financial Management, Concepts and Applications, a.a.O., S. 193; Busse, F.-J.: Grundlagen der betrieblichen Finanzwirtschaft, a.a.O., S. 416; Spremann, K.: Investition und Finanzierung, 4. Auflage, München/Oldenburg 1991, S. 281; Betge, P.: Investitionsplanung, a.a.O., S. 56.

[18] Vgl. Schneider, D.: Investition, Finanzierung und Besteuerung, a.a.O., S. 546.

[19] Vgl. Schneider, D.: Investition, Finanzierung und Besteuerung, a.a.O., S. 548; Schmidt, R.-H.: Grundzüge der Investitions- und Finanzierungstheorie, a.a.O., S. 237f.

[20] Im Gegensatz dazu haben Modigliani-Miller in ihrem Modell „der Irrelevanz der Kapitalstruktur" gezeigt, daß die Kapitalstruktur irrelevant für die Finanzierungsentscheidung eines Unternehmens ist. Die Argumentation lautet, daß die geforderte Eigenkapitalrendite der Eigentümer aufgrund des mit höherer Verschuldung ansteigenden Risikos ebenfalls steigt. Die höhere geforderte Eigenkapitalrendite entspricht hierbei der erwarteten Eigenkapitalrendite, welche aufgrund des Leverage-Effekts ebenfalls gestiegen ist. Da die erwartete und die geforderte Eigenkapitalrendite bei jeder gewählten Kapitalstruktur übereinstimmen, ist nach der Argumentation von Modigliani-Miller die Kapitalstruktur irrelevant. Das Modell von Modigliani-Miller gilt jedoch nur unter einer Reihe von Prämissen, wie vollständiger Kapitalmarkt, keine Existenz von Steuern und gleiche Risikoklassen der Unternehmen. Vgl. Modigliani, F., Miller, M.-H.: The Cost of Capital, Corporate Finance and the Theory of Investment, in: The American Economic Review, Vol. 48 (1958), S. 261ff; Zur ausführlichen Diskussion des Modigliani-Miller Modells vgl. u.a. Drukarczyk, J.: Theorie und Politik der Finanzierung, 2. Auflage, München 1993, S. 193ff; Schneider, D.: Investition, Finanzierung und Besteuerung, a.a.O., S. 552ff.

2. Kapitalüberlassungsdauer

Die Liquiditätswirkung einer Finanzierungsform hängt zum einen vom tatsächlichen Zufluß an Geldmitteln[21] und zum anderen vom Rückzahlungszeitraum bzw. der Kapitalüberlassungsdauer ab.

Eine eindeutige Zuordnung der Kapitalüberlassungsdauer bzw. Fristigkeit zu einzelnen Finanzierungsformen ist jedoch nicht möglich, da das Unternehmen bzw. seine Gesellschafter die Höhe des Eigenkapitals bestimmen und die Fristigkeit des eigenfinanzierten Kapitals demzufolge keine Bedeutung hat. Die Höhe des Eigenkapitals kann beispielsweise bei Kapitalgesellschaften durch Kapitalherauf- bzw. -herabsetzungen und bei Personengesellschaften durch Privateinlagen bzw. -entnahmen beeinflußt werden.[22] Wird jedoch die KWK-Anlage teilweise oder vollständig fremdfinanziert, spielt die Fristigkeit des aufgenommenen Kapitals eine wesentliche Rolle: Ob Fremdkapital langfristig zur Verfügung steht, hängt von den vertraglichen Regelungen wie Laufzeit, Unkündbarkeit durch die Gläubiger und vom Prolongationsverhalten der Kapitalgeber ab.[23]

Die Finanzierung mit Eigen- oder Fremdkapital unterscheidet sich hinsichtlich der Sicherheit der Kapitalbereitstellung. Während die Eigenkapitalausstattung durch das Unternehmen beeinflußt werden kann, ist die Bereitstellung von Fremdkapital unsicherer. So stellen Fremdkapitalgeber vor allem bei schlechter Geschäftslage aus Sicherheitserwägungen Kapital nur mit kurzfristiger Laufzeit bereit oder lehnen Prolongationen unter Umständen gänzlich ab.[24]

Um die mit dem unsicheren Verhalten von Fremdkapitalgebern verbundenen Risiken zu vermeiden, empfiehlt es sich, die langfristige Kapitalbindung durch die Kraft-Wärme-Kopplungsanlage auch möglichst langfristig zu finanzieren. Eine langfristige Finanzierung entspricht zudem dem Prinzip der Fristenkongruenz[25], das besagt, daß kurzfristige Mittel für kurzfristig gebundenes Kapital und langfristige Mittel für langfristig gebundenes Kapital aufzunehmen sind.[26]

Das Prinzip der Fristenkongruenz ist jedoch umstritten, da die Entwicklung der Liquidität der Gesamtunternehmung außer acht gelassen wird. So hat das Unternehmen z.B. gleichzeitig über die Aufbringung von Finanzmitteln für weitere Investitionen oder über die Rückzahlung

---

21 Es ist zu beachten, daß der tatsächliche Zufluß an Geldmitteln vom nominellen Betrag aufgrund von Agios (z.B. bei Schuldverschreibungen) oder Disagios (z.B. bei Schuldverschreibungen und Hypotheken) abweichen kann. Des weiteren verringern auch die Ausgaben bei der Kapitalaufnahme den tatsächlichen Kapitalzufluß. Ausgaben der Kapitalaufnahme sind z.B. Bankprovisionen und Bearbeitungsgebühren; vgl. Rehkugler, H., Schindler, V.: Finanzierung, a.a.O., S. 154.

22 Die Kapitalherabsetzung bzw. -entnahme ist aus Gläubigerschutzgründen nur in bestimmten gesetzlichen und vertraglichen Grenzen möglich. Vgl. HGB § 272; AktG § 231, § 232.

23 Vgl. Rehkugler, H., Schindler, V.: Finanzierung, a.a.O., S. 155.

24 Vgl. Rehkugler, H., Schindler, V.: Finanzierung, a.a.O., S. 155; Junker, H.-J., Dähler, J.: Finanzierung (KWK), a.a.O., S. 272.

25 Das Prinzip der Fristenkongruenz wird auch als Goldene Finanzierungsregel oder Goldene Bankregel bezeichnet; vgl. Vormbaum, H.: Finanzierung der Betriebe, a.a.O., S. 87; Hahn, O.: Finanzwirtschaft, a.a.O., S. 60 f.

26 Unklar bleibt hierbei jedoch, welche Laufzeit das aufgenommene Kapital konkret aufweisen sollte. Busse schlägt hierbei vor, daß die Abschreibungen der Anlage mit der Laufzeit übereinstimmen sollten. Vgl. Busse, F.-J.: Grundlagen der betrieblichen Finanzwirtschaft, a.a.O., S. 412. Es ist jedoch zu beachten, daß durch eine der Abschreibungsdauer entsprechende Laufzeit nicht sichergestellt werden kann, daß die notwendigen liquiden Mittel durch die KWK-Anlage erwirtschaftet werden. Die Sicherheit einer fristgerechten Rückzahlung kann jedoch - abhängig von der Abweichung zwischen Planung und Wirklichkeit - unter Umständen verbessert werden, wenn die Laufzeit des aufgenommenen Kredites der Amortisationsdauer entspricht. Zu einer ausführlicheren Diskussion des Prinzips der Fristenkongruenz; vgl. Gutenberg, E.: Die Finanzen, a.a.O., S. 277ff.

von Darlehen und Krediten aus früheren Finanztransaktionen zu entscheiden.[27] Zudem werden im Unternehmen kontinuierlich finanzielle Mittel durch die Erwirtschaftung von Gewinnen, Abschreibungen oder Rückstellungen freigesetzt.[28]

Bei der Entscheidung hinsichtlich der Fristigkeit der gewählten Finanzierung darf die KWK-Anlage daher nicht alleine betrachtet, sondern das Unternehmen muß vielmehr als „interdependentes System von Aus- und Einzahlungen“[29] verstanden werden. Dieses bedeutet, daß das optimale Finanzierungsprogramm im Zusammenhang mit der finanziellen Entwicklung der Gesamtunternehmung bestimmt werden muß.[30]

Die finanzielle Entwicklung kann durch einen langfristigen Finanzplan, der die Güter-, Geld- und Kreditströme des Unternehmens abbildet, dargestellt werden.[31] Um die erforderlichen Daten zu ermitteln, müssen alle Unternehmensbereiche in diese Planung einbezogen werden. Mit Hilfe dieses Finanzplans kann der langfristige Finanzbedarf abgeschätzt werden und dementsprechende Finanzierungsmaßnahmen eingeleitet werden.

Problematisch ist die langfristige Finanzplanung jedoch im Hinblick auf die Genauigkeit. So ist es schwierig, wenn nicht unmöglich, die künftige Entwicklung in Zahlen abzubilden. Es ist z.B. nicht anzunehmen, daß sich Umsatz- und Rentabilitätsschätzungen, die für drei, vier oder mehr Jahre vorgenommen werden, als völlig richtig erweisen werden. Diese Tatsache ist jedoch für die Planung verhältnismäßig bedeutungslos, „da die in Abständen vorgenommene Revision der Zukunftszahlen zur Folge hat, daß nicht gewartet werden muß, daß die zu einem bestimmten Zeitpunkt gemachten Schätzungen eintreffen werden“[32].

3. Finanzierungskosten

Die Finanzierungskosten sind in einmalige Kosten und laufende Kosten zu unterscheiden.[33] Einmalige Kosten sind z.B. Bankprovisionen, Bearbeitungsgebühren, Register- und Notarkosten, Kosten der Bestellung und Löschung von Sicherheiten und Bereitstellungsprovisionen. Als laufende Kosten werden Zinsen, Kreditversicherungen oder Kosten der Kapitalmarktpflege verstanden.[34]

Die laufenden Kosten können mit Hilfe eines Kalkulationszinses ausgedrückt werden. Der Kalkulationszins ist hierbei Ausdruck der vom Investor geforderten Mindestverzinsung seines durch die Investition gebundenen Kapitals.[35] Gleichzeitig hat der Kalkulationszins bei den bereits vorgestellten Investitionsrechenverfahren die Aufgabe, Zahlungen unterschiedlicher Zeitpunkte vergleichbar zu machen.

---

27 Zu den Bestimmungsgrößen des Kapitalbedarfs vgl. u.a. Schreglmann, W.: Faktoren des Kapitalbedarfs, Nürnberg 1972, S. 63ff; Gutenberg, E.: Die Finanzen, a.a.O., S. 12ff.

28 Vgl Gutenberg, E.: Die Finanzen, a.a.O., S. 279ff; Hahn, O.: Finanzwirtschaft, a.a.O., 61ff; Buchner, R.: Grundzüge der Finanzanalyse, a.a.O., S.161; Robichek, A., Meyers, S.: Optimal Financing Decision, a.a.O., 130; Rehkugler, H., Schindler, V.: Finanzierung, a.a.O., S. 37ff.

29 Vgl. Gutenberg, E.: Die Finanzen, a.a.O., S. 296.

30 Vgl. Gutenberg, E.: Die Finanzen, a.a.O., S. 296.

31 Zur Aufstellung eines langfristigen Finanzplanes vgl. u.a. Lehmann, B.: Liquidität und Liquiditätskontrolle aus der Sicht der Industrieunternehmung, Herne/Berlin 1966, 71ff; Lücke, W.: Finanzplanung und Finanzkontrolle, a.a.O., S. 45ff; Sandig, C.: Finanzen und Finanzierung der Unternehmung, Stuttgart 1968, S. 27ff; Sellien, H.: Finanzierung und Finanzplanung, 2. Auflage, Wiesbaden 1964, S. 123ff.

32 Gutenberg, E.: Die Finanzen, a.a.O., S. 334.

33 Vgl. Oettle, K.: Unternehmerische Finanzpolitik, Stuttgart 1966, S. 85ff; Hahn, O.: Finanzwirtschaft, a.a.O., S. 166.

34 Vgl. Rehkugler, H., Schindler, V.: Finanzierung, a.a.O., S. 156f.

35 Vgl. Gutenberg, E.: Die Produktion, a.a.O., S. 180; Stelzer, L.: Investitions- und Wirtschaftlichkeitsrechnungen, a.a.O., S. 1034.

Der Kalkulationszins ist für die Wirtschaftlichkeit einer Kraft-Wärme-Kopplungsanlage aufgrund der hohen Investitionsauszahlungen und der langen Nutzungsdauer von besonderer Bedeutung.[36] Der Auswahl eines geeigneten Kalkulationszinses kommt daher für die Investitionsentscheidung ein großes Gewicht zu.

Die Höhe des Kalkulationszinses ist von verschiedenen Einflußgrößen abhängig, wobei es in der Literatur keine allgemein anerkannte Vorgehensweise zur Bestimmung gibt. So ist es möglich, den Kalkulationszins nach Eigen- und Fremdkapitalkosten zu differenzieren, Unsicherheits- und Risikoaspekte in die Analyse einzubeziehen[37], Inflationserwartungen[38] und Steuern zu berücksichtigen.

Im folgenden werden die Auswirkungen der Finanzierung mit Eigen- bzw. Fremdkapital und der Einfluß von Steuern auf die Höhe des Kalkulationszinses dargestellt.

a. Fremd- und Eigenkapitalkosten

Der Kalkulationszins setzt sich aus den Kosten für das eingesetzte Fremd- und Eigenkapital zusammen.

Die *Eigenkapitalkosten* entsprechen der von den Eigentümern der Unternehmung geforderten Mindestverzinsung auf das von ihnen bereitgestellte Kapital. Wie hoch diese Mindestverzinsung im Einzelfall ist, hängt von den alternativen Verwendungsmöglichkeiten des Eigenkapitals, d.h. den Opportunitätskosten, ab.[39] Die Opportunitätskosten sind wiederum von den Investitionsmöglichkeiten des jeweiligen Unternehmens, in welches das Eigenkapital alternativ eingebracht werden könnte, abhängig. Hierbei hat ein Unternehmen, das einer stark expandierenden Branche angehört, unter Umständen profitablere Investitionsmöglichkeiten als ein Unternehmen in einer schrumpfenden Branche. In die von den Eigentümern geforderte Mindestverzinsung fließen ebenfalls Risikoaspekte ein. Für eine Investition mit hohem Risiko wird der Eigentümer - sofern Risikoaversität besteht - eine höhere Verzinsung erwarten als für eine Investition mit geringem Risiko.

Die Höhe der *Fremdkapitalkosten* ist unter anderem von der Art der Kapitalaufnahme abhängig.[40] Fremdkapital, das direkt auf dem Kapitalmarkt aufgenommen wird, weist häufig günstigere Kapitalzinsen auf als die Kreditaufnahme über Banken. Es ist jedoch zu beachten, daß die oben beschriebenen einmaligen Kosten bei der direkten Kapitalaufnahme am Kapitalmarkt höher sind. Weiterhin spielt es bei der Höhe der Fremdkapitalkosten eine Rolle, wie die Verhandlungsstärke des Unternehmens und der Bank ausgeprägt ist. Die Verhandlungsstärke wiederum wird unter anderem von der konjunkturellen Situation und der Bonität des Kreditnehmers beeinflußt.[41]

---

[36] Vgl. Vogelsang, J.: Kombinierer. Wirtschaftlichkeitsüberlegungen zur Installation von Blockheizkraftwerken, in: Maschinenmarkt, Würzburg, Heft 40/1992, S. 40.

[37] Unsicherheits- und Risikozuschläge auf den Kalkulationszins entsprechen der im Kapitel H.III.2.a bereits dargestellten Korrekturmethode. Bei der Darstellung der Korrekturmethode wurde auf die Nachteile von pauschalen Korrekturen hingewiesen. Aufgrund dieser Nachteile wird auf die Unsicherheits- und Risikozuschläge bei der Ermittlung des Kalkulationszinses verzichtet.

[38] Inflationserwartungen müssen dann in den Kalkulationszins einbezogen werden, wenn nominelle Zahlungen (inkl. Inflation) betrachtet werden. Wird hingegen eine Basisperiode betrachtet, die über die gesamte Laufzeit identische Zahlungen aufweist, dann handelt es sich um reale Zahlungen. Dieses wiederum bedeutet, daß der Kalkulationszins um Inflationserwartungen zu bereinigen ist. Es gilt also der Grundsatz: Nominale Zahlungen sind mit einem nominellen Zinssatz und reale Zahlungen mit einem realen Zinssatz zu diskontieren. Zur ausführlichen Diskussion der Einbeziehung von Inflation vgl. Schneider, D.: Investition, Finanzierung und Besteuerung, a.a.O., S. 301ff.

[39] Vgl. Drukarczyk, J.: Theorie und Politik der Finanzierung, a.a.O., S. 225f.

[40] Vgl. Rehkugler, H., Schindler, V.: Finanzierung, a.a.O., S. 156.

[41] Vgl. Krümmel, H.-J.: Bankzinsen, Köln/Berlin/München 1964, S. 229ff.

b. Auswirkungen von Steuern

Bei der Entscheidung, ob Fremdkapital oder Eigenkapital zur Finanzierung der Kraft-Wärme-Kopplungsanlage herangezogen werden soll, spielen auch steuerliche Aspekte eine Rolle.[42] So mindern zu zahlende Fremdkapitalzinsen im Gegensatz zu den kalkulatorischen Eigenkapitalzinsen den steuerlichen Unternehmensgewinn und damit die Steuerbemessungsgrundlage. Werden die aufgrund der steuerlichen Absetzbarkeit ersparten Steuerzahlungen der Fremdfinanzierung gutgeschrieben, dann reduzieren sich die Fremdkapitalkosten.[43] Die Reduzierung der Fremdkapitalkosten setzt jedoch voraus, daß das Unternehmen Gewinne erwirtschaftet.

Auch wenn die kalkulatorischen Eigenkapitalkosten die Steuerbemessungsgrundlage nicht mindern, wird deren Höhe von der Steuer beeinflußt. Dieses ist darauf zurückzuführen, daß die Steuern die Rendite einer alternativen Geldanlage reduzieren. Die Alternative zur Investition in Kraft-Wärme-Kopplung ist z.B. die Anlage am Kapitalmarkt, wobei auf die durch diese Anlageform erzielten Zinsen Einkommen- oder Körperschaftsteuer gezahlt werden muß. Hierdurch sinken die erzielbaren Renditen nach Steuern und damit auch die kalkulatorischen Eigenkapitalkosten.

Inwiefern es vorteilhaft ist, die Investition in Kraft-Wärme-Kopplung aus steuerlichen Gründen mit Eigen- oder Fremdkapital zu finanzieren, hängt einerseits vom Steuersatz ab, dem die Eigenkapitalgeber unterliegen und andererseits von der aufgrund der Absetzbarkeit der Fremdkapitalzinsen ersparten Steuerzahlungen.[44]

4. Auswirkungen der Finanzierung auf künftige Finanzierungskosten

Die Art der Finanzierung einer Kraft-Wärme-Kopplungsanlage kann auch Auswirkungen auf die künftigen Finanzierungskosten, d.h. den Zinssatz künftiger Kreditaufnahmen, haben. Auswirkungen auf die Finanzierungskosten treten dann auf, wenn sich durch die Erstellung und Finanzierung der Kraft-Wärme-Kopplungsanlage die Kreditwürdigkeit und damit die Verschuldungsmöglichkeiten des Unternehmens verändern.

Die Kreditwürdigkeit sinkt, wenn es für Fremdkapitalgeber unwahrscheinlicher wird, bereitgestellte Kredite aufgrund der Investition in Kraft-Wärme-Kopplung zurückzuerhalten.[45] Die Einschätzung[46] der Kreditwürdigkeit basiert hierbei unter anderem auf der Ertragslage und dem Schuldendeckungspotential des jeweiligen Unternehmens.[47]

---

[42] Zu einer ausführlichen Diskussion der Auswirkungen von Steuern auf die Finanzierungskosten vgl. Schneider, D.: Investition, Finanzierung und Besteuerung, a.a.O., S. 296ff.

[43] Die Fremdkapitalkosten reduzieren den Vorsteuergewinn und damit die Berechnungsgrundlage der Gesamtsteuerschuld. Wenn das Unternehmen DM 100.000 Fremdkapitalzinsen zahlt, dann bedeutet die steuerliche Abzugsfähigkeit bei einem Grenzsteuersatz von 50%, daß das Fremdkapital nur DM 50.000 kostet. Zur Vereinfachung kann der Kalkulationszins im voraus um diesen Grenzsteuersatz gekürzt werden. Aus einem Fremdkapitalzins von 10% kann sich so nach Steuern ein Zins von 5% ergeben.

[44] Drukarczyk stellt die steuerlichen Auswirkungen der Finanzierung mit Eigen- bzw. Fremdkapital und die hiermit verbundenen Auswirkungen auf die Wirtschaftlichkeit von Investitionen dar. Vgl. hierzu Drukarczyk, J.: Theorie und Politik der Finazierung, a.a.O., S. 197ff.

[45] Vgl. Hahn, O.: Finanzwirtschaft, a.a.O., S. 180f.

[46] Hierbei gibt es standardisierte Verfahren zur Einschätzung der Kreditwürdigkeit, die z.B. von Rating-Unternehmen wie Standard & Poors oder Moodys verwendet werden; vgl. Süchting, J.: Finanzmanagement. Theorie und Politik der Unternehmensfinanzierung, a.a.O., S. 448.

[47] Vgl. Buchner, R.: Grundzüge der Finanzanalyse, a.a.O., S. 197-213; Busse, F.-J.: Grundlagen der betrieblichen Finanzwirtschaft, a.a.O., S. 96f; Süchting, J.: Finanzmanagement. Theorie und Politik der Unternehmensfinanzierung, a.a.O., S. 449; Schmidt, R.-H.: Grundzüge der Investitions- und Finanzierungstheorie, a.a.O., S. 245; Münsterland, H.: Wert und Bewertung der Unternehmung, Wiesbaden 1966.

Durch die Investition in Kraft-Wärme-Kopplung können sich, sofern die KWK-Anlage wirtschaftlich betrieben werden kann, die zukünftigen Unternehmensgewinne erhöhen und damit die Ertragslage verbessern. Mit verbesserter Ertragslage wächst wiederum die Kreditwürdigkeit des Unternehmens.[48] Weiterhin wird durch die KWK-Investition das Anlagevermögen des Unternehmens erhöht. Es ist jedoch zu beachten, daß die KWK-Anlage aufgrund des speziellen Zuschnitts auf die Bedürfnisse des Unternehmens im Konkursfall nur bedingt in Geld umwandelbar ist. Daher werden die Fremdkapitalgeber für bereitgestelltes Kapital zusätzliche Sicherheiten verlangen. Dies hat zur Folge, daß sich das Schuldendeckungspotential des Unternehmens mit zunehmendem Fremdfinanzierungsanteil verringert, was sich wiederum negativ auf die künftigen Verschuldungsmöglichkeiten auswirkt.

Wenn sich aufgrund der Finanzierung der Kraft-Wärme-Kopplungsanlage die künftigen Finanzierungskosten des Unternehmens verändern, dann ist dies in der Wirtschaftlichkeitsanalyse zu berücksichtigen.[49]

Weitere Kosten, die aufgrund der gewählten Finanzierung in die Wirtschaftlichkeitsanalyse einzubeziehen sind, sind zum Beispiel Opportunitätskosten, die aufgrund von geschäftspolitischen Auflagen bzw. durch die Einflußnahme von Kreditgebern auf unternehmerische Entscheidungen entstehen.[50] Die Ermittlung dieser Opportunitätskosten bereitet jedoch Schwierigkeiten, da die Auswirkungen eines eingeschränkten Entscheidungsspielraumes kaum quantifiziert werden können.

III. Mietkauf und Leasing und ihre Eignung für den KWK-Betrieb

Der Mietkauf und das Leasing werden häufig als Möglichkeiten propagiert, den finanziellen Spielraum des Unternehmens zu erweitern. In diesem Abschnitt wird untersucht, inwiefern Leasing und Mietkauf die oben beschriebenen Auswirkungen auf das Unternehmen vermindern können.

1. Mietkauf

Der Mietkauf[51] weist sowohl Bestandteile der klassischen Kreditfinanzierung als auch des Leasings auf. Beim Mietkauf wird durch den Vermieter die Kraft-Wärme-Kopplungsanlage erstellt und an den Nutzer vermietet. Mieter und Vermieter vereinbaren eine unkündbare Mietzeit und eine feste, regelmäßig zu zahlende Miethöhe. Die Miethöhe richtet sich nach den Finanzierungskosten, die der Vermieter der KWK-Anlage aufzubringen hat.

Die KWK-Anlage bleibt über die gesamte Mietzeit im zivilrechtlichen Eigentum des Vermieters. In der Eigentumsfrage und in der Zahlung einer festen, regelmäßigen Miete gibt es Ähnlichkeiten mit dem noch zu beschreibenden Leasing. Der entscheidende Unterschied liegt jedoch im Andienungsrecht, d.h. dem festgelegten Eigentumsübergang am Ende der Mietzeit. Dieser Eigentumsübergang wird dahingehend interpretiert, daß das wirtschaftliche Eigentum beim Mieter liegt. Aufgrund dieses wirtschaftlichen Eigentums muß der Mieter die KWK-

---

48 Vgl. Hahn, O.: Finanzwirtschaft, a.a.O.,185.

49 Süchting bezeichnet die Auswirkungen der gewählten Finanzierung auf die künftigen Kapitalkosten als implizite Kapitalkosten und schlägt vor, die erwartete Zinsdifferenz zu den ohne die Investition realisierbaren Kapitalkosten in die Investitionsrechnung einzubeziehen. Vgl. Süchting, J.: Finanzmanagement. Theorie und Politik der Unternehmensfinanzierung, a.a.O., S. 513; vgl hierzu auch Hahn, O.: Finanzwirtschaft, a.a.O., S. 111.

50 So können vertraglich Entscheidungsbeschränkungen wie etwa Ausschließlichkeitsklauseln festgelegt sein. Ausschließlichkeitsklauseln können dem Unternehmen verbieten, sich weiter zu verschulden oder den Wert der realen Sicherheiten zu verringern. Neben diesen Entscheidungsbeschränkungen können weiterhin umfassende Informationspflichten, Mitspracherechte etc. bestehen; vgl. Kittel, H.: Der Einfluß der Kapitalgeber auf unternehmerische Entscheidungen, in: Finanzstrategie der Unternehmung, Herne/Berlin 1971, S. 5ff.

51 Vgl. Klien, J.: Planungshilfe, a.a.O., S. 58f.

Anlage im Anlagevermögen bilanzieren.[52] Die zu aktivierenden Anschaffungskosten dürfen hierbei nicht höher sein als bei einem vergleichbaren Kauf ohne vorhergehende Mietphase.[53] Die finanziellen Verpflichtungen, die aus dem Mietvertrag resultieren, müssen ebenfalls bilanziert werden.[54] Durch die Bilanzierungspflicht werden die künftigen Mietzahlungen wie Fremdkapital behandelt, so daß der Verschuldungsgrad des Unternehmens steigt. Die Folge ist, daß die Bonität des Mieters unter Umständen sinkt.

Der Kaufpreis wird zwar bei der Anschaffung der Kraft-Wärme-Kopplungsanlage - anders als bei der klassischen Kreditfinanzierung - nicht auf einmal, sondern in einer begrenzten Anzahl von Raten fällig, aber letztendlich gibt es kaum Unterschiede zwischen Mietkauf und Kreditfinanzierung.[55] Die Mietzahlungen lassen sich als Tilgungen plus Zinszahlungen interpretieren und sind gleichermaßen liquiditätswirksam. Es ist jedoch i.d.R. davon auszugehen, daß sich die Höhe der Mietzahlungen von dem Betrag der Kreditrückzahlung unterscheidet. Der Grund liegt in dem durch den Vermieter einkalkulierten Gewinn. Dieser spiegelt das Risiko der Zahlungsunfähigkeit des Mieters wider, das der Vermieter übernimmt. Da aber auch Kreditinstitute das Risiko der Zahlungsunfähigkeit in die Zinssätze einkalkulieren, hängt die Vorteilhaftigkeit des Mietkaufes von den konkreten Zahlungsbedingungen des Vermieters oder des Kreditinstituts ab. Um die beiden Finanzierungsvarianten miteinander vergleichen zu können, wird der jeweilige Zahlungsstrom mit dem gleichen Kalkulationszinsfuß abdiskontiert.[56]

Der Mietkauf kann demzufolge als eine mögliche Form der Fremdfinanzierung interpretiert werden. Das Unternehmen muß das gesamte wirtschaftliche Risiko, welches aus der Investition in die Kraft-Wärme-Kopplung resultiert, bei der Eigenfinanzierung wie auch beim Mietkauf selbst tragen.

2. Leasingmodelle

Unter dem Begriff des Leasing wird in der Regel die entgeltliche Nutzungsüberlassung von Anlagegegenständen an Leasing-Nehmer durch Leasing-Geber verstanden.[57]

Der Leasing-Geber gewährt dem Leasing-Nehmer hierbei ein langfristiges Nutzungsrecht an der Kraft-Wärme-Kopplungsanlage. Je nach Übernahme des technischen Investitionsrisikos

---

52 Vgl. Forster, K.-H: Erläuterungen zu den für alle Kaufleute geltenden Vorschriften zum Jahresabschluß, in: Institut für Wirtschaftsprüfer e.V. (Hrsg.), Wirtschaftsprüfer-Handbuch, Handbuch für Rechnungslegung, Prüfung und Beratung, Band I, 10. Auflage, Düsseldorf 1992, Abschnitt E, Rn. 25f.

53 Vgl. Tanski, S., Kurras, K.-P., Weitkamp, J.: Der gesamte Jahresabschluß, 3. Auflage, München, Wien 1991, S. 165.

54 Kapitalgesellschaften müssen nach § 285 Nr. 3 HGB Verpflichtungen aus schwebenden Rechtsgeschäften, die noch keinen Niederschlag in der Bilanz gefunden haben, aber künftig zu einer wesentlichen Belastung der Finanzlage führen werden, unter sonstigen finanziellen Verpflichtungen in die Bilanz einstellen. Unter diesen Paragraphen fallen insbesondere mehrjährige Mietverträge; vgl. Forster, K.-H: Erläuterungen zu den für Kapitalgesellschaften geltenden ergänzenden Vorschriften zum Jahresabschluß und zum Lagebericht sowie zum Abhängigkeitsbericht, in: Institut für Wirtschaftsprüfer e.V. (Hrsg.), Wirtschaftsprüfer-Handbuch, Handbuch für Rechnungslegung, Prüfung und Beratung, Band I, 10. Auflage, Düsseldorf 1992, Abschnitt F, Rn. 510.

55 Der Mietkauf ist hierbei als verdeckte Form des Kaufes interpretierbar; vgl. Tanski, S., Kurras, K.-P., Weitkamp, J.: Der gesamte Jahresabschluß, a.a.O., S. 165.

56 Die Vorgehensweise entspricht die der Ermittlung des Kapitalwerts; vgl. Kapitel H.II.2.a.

57 Diese Leasingdefinition ist wegen der vielen möglichen Vertragsbedingungen sehr allgemein gehalten. Leasing kann nach dem Leasingobjekt in Mobilien- und Immobilien-Leasing, nach der Stellung des Leasinggebers in direktes Leasing (=Herstellerleasing) und indirektes Leasing sowie nach dem Verpflichtungscharakter in Operate- und Finance-Leasing unterschieden werden. Vgl. Rehkugler, H., Schindler, V.: Finanzierung, a.a.O., S. 143; Kappler, E., Rehkugler, H.: Kapitalwirtschaft, a.a.O., S. 1008ff.

und je nach Verpflichtungscharakter des Vertrages wird zwischen Operating- und Finanzierungs-Leasing unterschieden.[58]

a. Finanzierungs-Leasing

Die technischen Risiken und die Verpflichtung zur Wartung- und Instandhaltung der KWK-Anlage liegen bei dieser Leasing-Form beim Leasing-Nehmer. Die Stellung des Leasing-Nehmers unterscheidet sich damit hinsichtlich Risiken und Pflichten nicht von der eines Käufers.[59]

Leasinggesellschaften stellen bei ihrer Werbung in der Regel den steuerlichen Vorteil von Leasing heraus. Sie argumentieren, daß die Leasingraten in voller Höhe als Betriebsausgaben abzugsfähig sind, während beim Kauf nur die Zinszahlungen und die Abschreibungen als Aufwand angesetzt werden können.[60] Da die Leasingraten höher sind als die Summe aus Abschreibungen und Zinszahlungen, ist es möglich, Steuerzahlungen in die Zukunft zu verschieben.[61]

Das Argument der Verschiebung von Steuerzahlungen ist jedoch für die Kraft-Wärme-Kopplung dann fraglich, wenn für die Anlage Sonderabschreibungen möglich sind. Durch Sonderabschreibungen können die Anschaffungskosten der Kraft-Wärme-Kopplungsanlage beschleunigt steuerlich geltend gemacht werden. Hierdurch lassen sich bei der Bilanzierung der KWK-Anlage beim Nutzer unter Umständen mehr Steuern in die Zukunft verschieben, als es mit dem Leasing möglich ist.

Neben der Verschiebung der Steuerzahlungen kann Leasing zu Gewerbeertragsteuervorteilen[62] führen. [63] Dieser Vorteil kann aber nur entstehen, sofern der Leasinggeber keine oder eine geringere Gewerbeertragsteuer als der Leasingnehmer zahlen muß. Dieses ist insbesondere dann der Fall, wenn der Leasinggeber seinen Geschäftssitz im Ausland hat, da in diesem Fall ein vorteilhafteres Besteuerungssystem gelten kann.[64]

---

58 Vgl. Mellwig, W.: Investition und Besteuerung, Wiesbaden 1985, S. 235; Rao, R: Financial Management, Concepts and Applications, a.a.O., S. 799; Busse, F.-J.: Grundlagen der betrieblichen Finanzwirtschaft, a.a.O., S. 362; Spremann, K.: Investition und Finanzierung, a.a.O., S. 329; Bergner, H.: Der Ersatz fixer durch variable Kosten, a.a.O., S. 157 und 158; Kappler, E., Rehkugler, H.: Kapitalwirtschaft, a.a.O., S. 1008ff; GERTEC-Ingenieure: Mögliche Finanzierungs- und Betreiberkonzeptionen für das Blockheizkraftwerk Groß-Zimmern, in: Hessisches Ministerium für Umwelt, Energie und Bundesangelegenheiten (Hrsg.), a.a.O., S. 17ff.

59 Vgl. Bergner, H.: Der Ersatz fixer durch variable Kosten, a.a.O., S. 157 und 158; Busse, F.-J.: Grundlagen der betrieblichen Finanzwirtschaft, a.a.O., S. 368; Spremann, K.: Investition und Finanzierung, a.a.O., S. 330; Ross, D.: International Treasury Management, 2. Aufl., Cambridge 1990, S. 143; Rehkugler, H., Schindler, V.: Finanzierung, a.a.O., S. 143; Kappler, E., Rehkugler, H.: Kapitalwirtschaft, a.a.O., S. 1009.

60 Vgl. Busse, F.-J.: Grundlagen der betrieblichen Finanzwirtschaft, a.a.O., S. 373; Spremann, K.: Investition und Finanzierung, a.a.O., S. 335.

61 Vgl. Spremann, K.: Investition und Finanzierung, a.a.O., S. 333; Bergner, H.: Der Ersatz fixer durch variable Kosten, a.a.O., S. 162; Dähler, J.: Finanzierung von Energie- und Kraftanlagen, a.a.O., Punkt 4.2.1.

62 Die Gewerbekapitalsteuer wird in dieser Arbeit nicht betrachtet, weil davon ausgegangen werden kann, daß diese abgeschafft wird. Vgl. hierzu o.V.: Streit um Gewerbekapitalsteuer beigelegt, in: Die Welt, 23.05.1997, S. 13.

63 Vgl. Busse, F.-J.: Grundlagen der betrieblichen Finanzwirtschaft, a.a.O., S. 373; Spremann, K.: Investition und Finanzierung, a.a.O., S. 332.

64 Neben dem Wegfall der Gewerbesteuer sind im Ausland unter Umständen Sonderabschreibungen oder andere Vergünstigungen möglich. Das Leasing im Ausland wird in der Literatur als Cross-Border-Leasing bezeichnet; vgl. Ross, D.: International Treasury Management, a.a.O., S. 212. Zu den Nachteilen des Cross-Border-Leasings vgl. Rodriguez, R.-M., Carter, E.-E.: International Financial Management, 3. Auflage, New Yersey 1984, S. 280.

Ein weiteres Argument der Leasing-Anbieter ist, Leasing führe zu einem besseren Bilanzbild, da keine Verbindlichkeiten zu passivieren seien.[65] Es muß jedoch bezweifelt werden, ob Bilanzanalysten der vordergründigen Bilanzoptik verfallen und die festen Leasingraten nicht in ihre Analyse einbeziehen. So fordern Banken bei der Gewährung von Krediten, daß die Kreditnehmer alle regelmäßigen Zahlungsverpflichtungen, unter die auch Leasingraten zu subsumieren sind, offenlegen.

Die Argumente der Verschiebung der Steuerzahlung und der Verbesserung des Bilanzbildes gelten neben den bereits genannten Einwänden nur unter der Bedingung, daß die Kraft-Wärme-Kopplungsanlage beim Leasing-Geber aktiviert werden kann. Beim Finanzierungs-Leasing hat die Finanzverwaltung bezüglich der bilanztechnischen und steuerlichen Behandlung Kriterien an die Zuordnung des Leasing Objektes aufgestellt. Danach erfolgt eine Zuordnung beim Leasing-Geber, wenn:[66]

- eine unkündbare Grundmietzeit von mindestens 40% und maximal 90% der betriebsgewöhnlichen Abschreibungszeit nach den entsprechenden Werten der AfA-Tabelle;
- eine feste Höhe der Leasing-Raten und die volle Amortisation incl. aller Nebenkosten bei der Leasing-Gesellschaft in dieser Zeit;
- der Übergang des Leasing-Objektes am Ende der Laufzeit des Leasing-Vertrages darf nicht grundsätzlich geregelt sein. Im Falle einer Kaufoption darf der vereinbarte Kaufpreis nicht unter dem Restbuchwert nach linearer Abschreibung liegen.

Bei Einhaltung dieser Kriterien liegt das wirtschaftliche und das zivilrechtliche Eigentum und damit die bilanzielle Zuordnung beim Leasing-Geber.[67] Dies bedeutet, daß der Leasing-Geber immer dann als wirtschaftlicher Eigentümer im Sinne des Steuerrechts angesehen wird, wenn er das Risiko der Wertminderung und die Chance der Wertsteigerung trägt.[68]

Es ist jedoch zu beachten, daß es sich bei Leasinggegenständen, die speziell auf die Bedürfnisse des Leasingnehmers zugeschnitten sind, um Spezialleasing handelt. Beim Spezialleasing erfolgt die steuerliche Zuordnung prinzipiell beim Leasing-Nehmer. Da gerade Kraft-Wärme-Kopplungsanlagen häufig speziell auf die Kundenbedürfnisse zugeschnitten werden, ist damit die steuerliche Zuordnung fraglich.[69] Der Vorteil von Leasing wird in der Regel mit steuerlichen Vorteilen, die aus der Aktivierung der KWK-Anlage beim Leasinggeber resultieren, begründet. Fällt jedoch die Aktivierungsmöglichkeit beim Leasing-Geber weg, dann sind die Vorteile des Leasings gegenüber der klassischen Finanzierung nicht mehr gegeben.

Unabhängig von der steuerlichen Zuordnung der Kraft-Wärme-Kopplungsanlage ist das Argument zu untersuchen, daß das Leasing wegen der geringen Anforderungen an die Kreditwürdigkeit Investitionen erlaube, die von Banken nicht oder nur zu hohen Zinsen gewährt werden würden.[70] Hier spielt die Frage der Sicherheiten eine Rolle. Leasing-Verträge erfordern in der Regel keine zusätzlichen Sicherheiten, sind also auch für Unternehmen möglich,

---

[65] Vgl. Rehkugler, H., Schindler, V.: Finanzierung, a.a.O., S. 146.

[66] Vgl. Forster, K.-H: Erläuterungen zu den für alle Kaufleute geltenden Vorschriften zum Jahresabschluß, a.a.O., Rn. 27.

[67] Es bleibt jedoch zu beachten, daß Wirtschaftsprüfer nach § 321 HGB „nachteilige Veränderungen ... der Finanzlage" im Prüfbericht aufzuführen haben. Da die mit dem Leasing der Kraft-Wärme-Kopplungsanlage verbundenen Leasingraten i.d.R. sehr hoch sind, kann dies die Finanzlage des Unternehmens nachteilig beeinflussen, so daß der Tatbestand des § 321 HGB erfüllt ist; vgl. hierzu Adler, Düring, Schmaltz: Rechnungslegung und Prüfung der Unternehmen, Band III, 5. Aufl., Kommentar zum § 321 HGB, Tz. 62.

[68] Vgl. Busse, F.-J.: Grundlagen der betrieblichen Finanzwirtschaft, a.a.O., S. 385.

[69] Vgl. GERTEC-Ingenieure: Mögliche Finanzierungs- und Betreiberkonzeptionen für das Blockheizkraftwerk Groß-Zimmern, a.a.O., S. 18; siehe hierzu auch Klien, J.: Planungshilfe Blockheizkraftwerke, Karlsruhe 1991, S. 57.

[70] Vgl. Rehkugler, H., Schindler, V.: Finanzierung, a.a.O., S. 147.

deren Beleihungsrahmen ausgeschöpft ist. Im Falle der Kraft-Wärme-Kopplungsanlage ist es jedoch fraglich, ob der Leasinggeber bei der Gefahr der Zahlungsunfähigkeit des Leasing-Nehmers die KWK-Anlage finanziert, da die KWK-Anlage aufgrund des speziellen Zuschnitts auf den Nutzer bei einem eventuellen Konkurs nur unter großem Verlust veräußert werden kann.

Das Argument, Leasing entspräche dem Prinzip der Fristenkongruenz, trifft ebenfalls nur bedingt zu, da die Rückflüsse aus dem Betrieb der KWK-Anlage nicht unbedingt den Leasingraten entsprechen und hierdurch Finanzierungslücken entstehen können.[71]

Vorteilhaft können sich beim Leasing die Marktkenntnisse der Leasing-Gesellschaft auswirken, welche durch Erfahrung im Umgang mit Herstellern, Planern, Behörden und Investitionsbanken gekennzeichnet sind.[72] Außerdem verfügen Leasing-Geber häufig über eine größere Marktmacht als das jeweilige Unternehmen, welches eine Investition in Kraft-Wärme-Kopplung plant.[73] Diese Marktmacht spiegelt sich in günstigeren Konditionen der Beschaffung von Kraft-Wärme-Kopplungsanlagen wider. Zu derartigen Größenvorteilen kommt hinzu, daß Leasinggeber durch die Spezialisierung auf bestimmte Anlagentypen Erfahrungen sammeln können, wodurch die Erstellungskosten ebenfalls sinken.

Ob jedoch die beschriebenen Vorteile aus den Erfahrungen und den günstigeren Beschaffungskosten oder eventuelle Steuervorteile an den Leasing-Nehmer in voller Höhe oder auch nur teilweise weitergegeben werden, ist sehr fraglich. So wird der Leasing-Geber in die Leasingraten einen Gewinn- und Risikoaufschlag einkalkulieren[74], der zumindest einen Großteil der quantifizierbaren Vorteile kompensiert.

Inwiefern das Leasing einer Kraft-Wärme-Kopplungsanlage gegenüber anderen Finanzierungsvarianten finanzielle Vor- oder Nachteile bringt, kann durch die Abdiskontierung des Zahlungsstromes aller zur Auswahl stehenden Finanzierungsvarianten überprüft werden. Der dabei ermittelte Kapitalwert kann als Vergleichs- und Entscheidungskriterium dienen.[75] In vielen Fällen liegen die absoluten Kosten des Finanzierungs-Leasings jedoch höher als bei den Formen der klassischen Finanzierungen mit Eigen- und/oder Fremdkapital oder bei Haltung einer ständigen eigenen Betriebsbereitschaft.[76]

b. Operating-Leasing

Im Gegensatz zum Finanzierungsleasing liegt beim Operating-Leasing das technische Betriebsrisiko beim Leasing-Geber.[77] Das technische Risiko umfaßt beispielsweise das Risiko der Beschädigung oder des Untergangs sowie die Wartung und Instandhaltung der Kraft-Wärme-Kopplungsanlage. Aufgrund der höheren Kosten und des höheren Risikos, welches der Leasinggeber zu tragen hat, liegt die Leasingrate des Operating-Leasing ceteris-paribus über der des Finanzierungs-Leasing.

---

71 Vgl. Spremann, K.: Investition und Finanzierung, a.a.O., S. 332; Rehkugler, H., Schindler, V.: Finanzierung, a.a.O., S. 147.

72 Vgl. Busse, F.-J.: Grundlagen der betrieblichen Finanzwirtschaft, a.a.O., S. 387; Laumans, W.: Kauf oder Leasing, in: Hagenmüller, F., Eckstein, W. (Hrsg.), Leasing-Handbuch für die betriebliche Praxis, 6. Auflage, Frankfurt 1992, S. 129ff; Ross, S.-A., Westerfield, R.-W., Jeffrey, F.-J.: Corporate Finance, a.a.O., S. 693ff; Kappler, E., Rehkugler, H.: Kapitalwirtschaft, a.a.O., S. 1009; Dähler, J.: Finanzierung von Energie- und Kraftanlagen, a.a.O., Punkt 4.2.1.

73 Vgl. Spremann, K.: Investition und Finanzierung, a.a.O., S. 333.

74 Vgl. Busse, F.-J.: Grundlagen der betrieblichen Finanzwirtschaft, a.a.O., S. 374; Laumans, W.: Kauf oder Leasing, a.a.O., S. 135; Bergner, H.: Der Ersatz fixer durch variable Kosten, a.a.O., S. 158.

75 Vgl. hierzu die Vor- und Nachteile des Kapitalwertkriteriums im Kapitel H.II.2.a.

76 Vgl. Bergner, H.: Der Ersatz fixer durch variable Kosten, a.a.O., S. 161.

77 Vgl. u.a. Busse, F.-J.: Grundlagen der betrieblichen Finanzwirtschaft, a.a.O., S. 366; Spremann, K.: Investition und Finanzierung, a.a.O., S. 330.

Abgesehen von der Risiko- und Aufgabenverteilung und der hieraus differierenden Leasingrate gibt es keine Unterschiede zwischen Finanzierungs- und Operating-Leasing. Daher können die Ausführungen des Finanzierungs-Leasing auf diese Leasingform übertragen werden.

IV. Contracting als besondere Finanzierungsform von Kraft-Wärme-Kopplungsanlagen

Es gibt eine Reihe von Gründe, aufgrund derer ein Unternehmen nicht in der Lage oder willens ist, in eine an sich vorteilhafte Kraft-Wärme-Kopplungsanlage zu investieren. Die Gründe liegen z.B. in knappen finanziellen Mitteln[78], im Fehlen von technischem und kaufmännischem Wissen sowie im mangelnden Überblick über die umfangreichen Gesetze, Verordnungen, Verwaltungs- bzw. Genehmigungsvorschriften und Fördermöglichkeiten, die es bei einer Investitionsentscheidung zu berücksichtigen gilt.[79]

Darüber hinaus erweist es sich in der industriellen Praxis vielfach als problematisch, daß im Unternehmen keine konkreten KWK-spezifischen Erfahrungen vorhanden sind, wie KWK-Anlagen zu planen, zu betreiben, zu warten und zu überwachen sind. Schließlich kann die in der KWK-Literatur als „Investitionsdilemma"[80] bezeichnete, verhältnismäßig lange Amortisationsdauer ein Hemmnis[81] sein, daß Investitionen in die Energietechnik - beispielsweise in eine KWK-Anlage - unterbleiben.[82]

In den Unternehmen, in denen einer oder mehrere Gründe gegen eine Investition in eine KWK-Anlage sprechen, wird das sogenannte Contracting häufig als ein Ausweg angesehen.[83] Ob Contracting wirklich einen Ausweg darstellt, soll Gegenstand der folgenden Ausführungen sein.

---

78 Vgl. Junker, H.-J., Dähler, J.: Finanzierung (KWK), a.a.O., S. 272; Hassel, P.: Contracting-Modelle für dezentrale Kraft-Wärme-Anlagen, a.a.O., S. 4; Suttor, W.: Praxis Kraft-Wärme-Kopplung, a.a.O., Teil 7/5.4, S. 1.

79 Vgl. Dähler, J.: Finanzierung von Energie- und Kraftanlagen, a.a.O., Punkt 4.2.3; Suttor, W.: Praxis Kraft-Wärme-Kopplung, a.a.O., Teil 7/5.1, S. 2ff; Jochem, E.: Volkswirtschaftliche und energiewirtschaftliche Aspekte der industriellen und gewerblichen KWK-Anwendung, a.a.O., S. 151ff; Seidel, M.: Tendenzen bei Entwicklung und Einsatz von Blockheizkraftwerken, a.a.O., S. 375; Bischof, T.: Der Weg vom Konzept zur Unterschrift-Projektentwicklung von Contracting-Vorhaben, in: Energie, 47. Jahrgang, Nr. 7/8, Essen 1995, S. 45ff.

80 Vgl. Hassel, P.: Contracting-Modelle für dezentrale Kraft-Wärme-Anlagen, a.a.O., S. 4; Suttor, W.: Praxis Kraft-Wärme-Kopplung, a.a.O., Teil 7/5.1, S. 2; Bertelmann, H., v. Braunmühl, W.: Leitfaden für Contracting-Verfahren bei Kraft-Wärme gekoppelten Anlagen in Industrie- und Gewerbebetrieben, a.a.O., S. 6.

81 Vgl. u.a. Junker, H.-J., Dähler, J.: Finanzierung (KWK), a.a.O., S. 274.

82 Jochem zählt zu den Hemmnissen auch die Demarkations- und Konzessionsverträge der EVU, die Verbändevereinbarung, die Mengenrabatte bei erhöhtem Strombezug bzw. den Wegfall derselben bei teilweiser Eigenerzeugung sowie Sonderpreisangebote der Elektrizitätsversorgungsunternehmen an potentielle KWK-Interessenten (sog. „Auspreisen"); vgl. Jochem, E.: Volkswirtschaftliche und energiewirtschaftliche Aspekte der industriellen und gewerblichen KWK-Anwendung, a.a.O., S. 151ff.

83 In folgenden Artikeln wird das Contracting als ein Ausweg bei der Überwindung der verschiedenen Investitionshemmnisse beschrieben: Vgl. Bischof, T.: Der Weg vom Konzept zur Unterschrift-Projektentwicklung von Contracting-Vorhaben, a.a.O., S. 45ff; Seidel, M.: Tendenzen bei Entwicklung und Einsatz von Blockheizkraftwerken, a.a.O., S. 375; Berge, W.: Reduzierung von Energiekosten, a.a.O., S. 29; Junker, H.-J., Dähler, J.: Finanzierung (KWK), a.a.O., S. 272; Röhrlich, D.: Sparen mit Garantie. Intelligente Regelsysteme kappen die teueren Spitzen beim Stromverbrauch, a.a.O., S. 74; Braunmühl, W. von: Contracting, Idee, Umsetzung, Erfahrungen, in: Energiewirtschaftliche Tagesfragen, Jg. 44 (1994), Heft 6, S. 354-361.

1. Definition des Contracting-Begriffs

Der Begriff Contracting kommt aus dem angelsächsischen Sprachgebiet[84] und bedeutet übersetzt „unter Vertrag nehmen". Unter Vertrag genommen wird der „Vertragslieferant", der in der Literatur als Contractor bezeichnet wird. Der Contracting-Begriff wird in der Literatur sehr unterschiedlich interpretiert.[85] So versteht Pfeiffer[86] unter Contracting „ein generelles Dienstleistungsangebot" und subsumiert unter diesem Begriff die Planung, Projektierung und Errichtung der Anlage im Auftrag des Kunden, wobei die Finanzierung und der Betrieb der Anlage Sache des Kunden ist und auch das Eigentum an der KWK-Anlage beim Kunden verbleibt. Bei dieser Definition des Contracting-Begriffs können keine Unterschiede beispielsweise zur Generalunternehmerschaft festgestellt werden, so daß das Contracting in der beschriebenen Form nichts Neues darstellen würde.

Eine andere Definition des Contracting-Begriffs wird von Suttor[87] gegeben, die sich eher an der Ursprungsdefinition des Anfang der achtziger Jahre in den USA geprägten Contracting orientiert: „Das Contracting ist eine für die KWK geeignete Organisationsform, bei der ein Unternehmen eine Gesamtkonzeption von der Planung über Bau, Errichtung und Vorfinanzierung bis zum Betrieb und der Anlagenwartung anbietet."

Diese Definition ist recht weitläufig gefaßt, insbesondere in den Punkten „ein Unternehmen" und „Vorfinanzierung". Nimmt man „ein Unternehmen" wörtlich, dann würde es sich bereits um Contracting handeln, wenn beispielsweise eine Kapitalgesellschaft ein Tochterunternehmen mit dem Betriebszweck gründet, für die Kapitalgesellschaft eine Kraft-Wärme-Kopplungsanlage zu erstellen, zu betreiben und zu finanzieren. In diesem Fall gibt es jedoch keinerlei Unterschiede zur klassischen Form der Anlagenerstellung.

In den nachfolgenden Ausführungen wird der Begriff des Contracting enger gefaßt, und es wird nur dann von Contracting gesprochen, wenn das Unternehmen, welches Contracting anbietet, nicht mehrheitlich mit dem Nutzer der KWK-Anlage in Verbindung steht.

Unter Vorfinanzierung soll im folgenden verstanden werden, daß die Investitionsauszahlungen für die Erstellung der Kraft-Wärme-Kopplungsanlage eine Vorfinanzierung der künftigen Energieeinsparungen darstellen. Dieses bedeutet, daß die Kraft-Wärme-Kopplungsanlage durch Dritte erstellt und finanziert wird und über die Strom- und Wärmekostenersparnis die Investitionsauszahlungen einschließlich der Finanzierungs- und Verwaltungskosten amortisiert werden.[88]

2. Verträge als Grundlage des Contracting

Wie die Übersetzung des Begriffes Contracting bereits andeutet, stehen Verträge im Mittelpunkt. Die Verträge können hierbei unterschiedlich hinsichtlich der Pflichten, der Risikoverteilung und der Eigentumsverhältnisse zwischen Unternehmen und Contractor ausgestaltet

---

[84] Mitunter wird Contracting auch als „Third Party Financing" bezeichnet; vgl. Jochem, E.: Volkswirtschaftliche und energiewirtschaftliche Aspekte der industriellen und gewerblichen KWK-Anwendung, a.a.O., S. 158.

[85] Hassel bezeichnet den Begriff Contracting als „Zauberwort": Vgl. Hassel, P.: Contracting-Modelle für dezentrale Kraft-Wärme-Anlagen, a.a.O., S. 4.

[86] Vgl. Pfeiffer, M.: Dienstleistungs-Contracting, in: Energie Spektrum, Magazin für das Energiemanagement, 2/1993, S. 219.

[87] Suttor, W.: Praxis Kraft-Wärme-Kopplung, a.a.O., Teil 7/2.1, S. 1.

[88] Vgl. Braunmühl, W. von: Contracting, Idee, Umsetzung, Erfahrungen, a.a.O., S. 354; Hassel, P.: Contracting-Modelle für dezentrale Kraft-Wärme-Anlagen, a.a.O., S. 1.

sein. Diese Verträge bilden die Basis für eine erfolgreiche Zusammenarbeit zwischen dem Contractor und dem Industriebetrieb.[89]

Die Möglichkeiten des Contractings lassen sich am besten erschließen, indem das Vertragswerk näher betrachtet wird. Die folgende Abbildung dient dazu, die Beteiligten und einige der wesentlichen Verträge des Contractings zu verdeutlichen.

Abbildung I64: Vertragsstruktur des Contractings

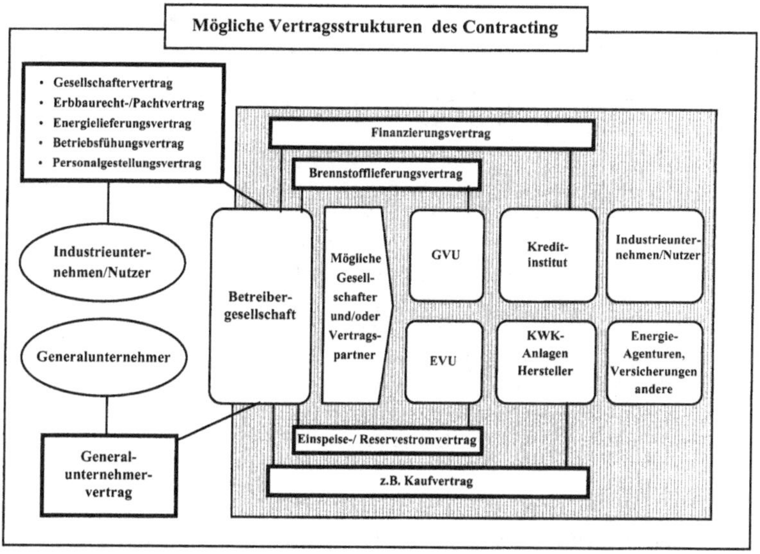

Quelle: Eigene Darstellung.

In der Abbildung I64 sind die wichtigsten Verträge und Vertragspartner eingezeichnet. Darüber hinaus sind eine Reihe weiterer Vertragspartner wie Wartungsfirmen oder staatliche Förderungseinrichtungen und weitere Verträge wie der Zusatzstromvertrag zwischen dem EVU und dem Industrieunternehmen denkbar.[90]

Da eine erschöpfende Darstellung aller denkbaren Vertragsstrukturen aufgrund der Vielfalt nicht sinnvoll erscheint, wird sich nur auf die wesentlichen, in der Abbildung aufgeführten Verträge beschränkt.

---

[89] Vgl. Niebisch, W.: Das VIK-Modell, Energieversorgung durch eine Betreibergesellschaft auf Basis von Lohnveredlung mit Landesbürgschaft, Essen 1991, S. 10; Hassel, P.: Contracting-Modelle für dezentrale Kraft-Wärme-Anlagen, a.a.O., S. 1; vgl. auch o.V.: Contracting in der kommunalen und industriellen Energieversorgung, in: Arbeitsgemeinschaft für sparsamen und umweltfreundlichen Energieverbrauch (ASUE) e.V. (Hrsg.), a.a.O., S. 2; Suttor, W.: Praxis Kraft-Wärme-Kopplung, a.a.O., Teil 7/4.1, S. 7; Dähler, J.: Finanzierung von Energie- und Kraftanlagen, a.a.O., Bischof, T.: Der Weg vom Konzept zur Unterschrift-Projektentwicklung von Contracting-Vorhaben, a.a.O., S. 49; Bertelmann, H., v. Braunmühl, W.: Leitfaden für Contracting-Verfahren bei Kraft-Wärme gekoppelten Anlagen in Industrie- und Gewerbebetrieben, a.a.O., S. 14ff.

[90] Vgl. Jochem, E.: Volkswirtschaftliche und energiewirtschaftliche Aspekte der industriellen und gewerblichen KWK-Anwendung, a.a.O., S. 158; Junker, H.-J., Dähler, J.: Finanzierung (KWK), a.a.O., S. 275ff; Braunmühl, W. von: Contracting, Idee, Umsetzung, Erfahrungen, a.a.O., S. 355.

a. Gesellschaftervertrag

Im ersten Schritt des Contractings erfolgt die Gründung des Contractors, der sogenannten Betreibergesellschaft, wobei diese Gründung mit oder ohne Beteiligung des Industrieunternehmens erfolgen kann.[91]

Die Betreibergesellschaft ist hierbei eine eigenständige Wirtschaftseinheit, deren Ziel die Erstellung, der Betrieb und die Finanzierung einer Kraft-Wärme-Kopplungsanlage ist. Die genauen Ziele sind im Gesellschaftervertrag zu definieren und können im Einzelfall voneinander abweichen. An der Betreibergesellschaft können verschiedene Unternehmen beteiligt sein. Interesse an einer Beteiligung an der Betreibergesellschaft zeigen neben dem Nutzer insbesondere Erdgas- und Stromversorgungsunternehmen, Energieagenturen, Anlagenhersteller und Kreditinstitute.[92] Jeder dieser potentiellen Partner verfolgt mit der Beteiligung an der Betreibergesellschaft eigene Interessen.[93]

Erdgasversorgungsunternehmen (GVU) sind mit ihrer Beteiligung daran interessiert, ihren Erdgasabsatz zu steigern bzw. zu sichern. Durch die Beteiligung des GVU wird jedoch auch eine sichere und preisgünstige Versorgung der KWK-Anlage mit Erdgas gewährleistet.[94]

Der Umstand, daß *Stromversorgungsunternehmen* an der Erstellung von Kraft-Wärme-Kopplungsanlagen interessiert sind, erscheint auf den ersten Blick unverständlich. Die Stromversorger haben jedoch handfeste Gründe, in der Betreibergesellschaft Gesellschafter zu werden. Die Gründe liegen unter anderem in:[95]

- der Gewinnung neuer Kunden, insbesondere wenn die KWK-Anlage außerhalb des Versorgungsgebietes des EVU liegt[96]
- der Absicherung der Belieferung bestehender Kunden, da die Errichtung der KWK-Anlage ohne Beteiligung des EVU den Verlust von Kunden bedeuten würde[97]

---

91 Vgl. Bertelmann, H., v. Braunmühl, W.: Leitfaden für Contracting-Verfahren bei Kraft-Wärme gekoppelten Anlagen in Industrie- und Gewerbebetrieben, a.a.O., S. 15; Bischof, T.: Der Weg vom Konzept zur Unterschrift-Projektentwicklung von Contracting-Vorhaben, a.a.O., S. 49; Suttor, W.: Praxis Kraft-Wärme-Kopplung, a.a.O., Teil 7/4.1, S. 7.

92 Ohne Anspruch auf Vollständigkeit zu erheben, gibt es zur Zeit folgende Anbieter von Contracting auf dem Markt: Gasversorgungsunternehmen - Maingas Energieanlagen GmbH; Stromversorger - VEW AG (Dortmund); Finanzdienstleister - Deutsche Anlagen Leasing GmbH (Mainz), Deutsche Bank AG (Frankfurt); Bayrische Hypobank; Energieagenturen/Ingenieurfirmen - Energieconsulting Heidelberg, EDS GmbH (Essen), Saarländische Energieagentur (Saarbrücken), Norddeutsche Energieagentur (Hannover), Westfälische Energieagentur. Vgl. hierzu auch Bertelmann, H., v. Braunmühl, W.: Leitfaden für Contracting-Verfahren bei Kraft-Wärme gekoppelten Anlagen in Industrie- und Gewerbebetrieben, a.a.O., S. 34; Meckel, B.: Contracting-Modelle, a.a.O., S. 41f.

93 Vgl. GERTEC-Ingenieure: Mögliche Finanzierungs- und Betreiberkonzeptionen für das Blockheizkraftwerk Groß-Zimmern, a.a.O., S. 14ff.

94 Vgl. Suttor, W.: Praxis Kraft-Wärme-Kopplung, a.a.O., Teil 7/4.1, S. 7; vgl. o.V.: Contracting in der kommunalen und industriellen Energieversorgung, a.a.O., S. 2.

95 Vgl. Jochem, E.: Volkswirtschaftliche und energiewirtschaftliche Aspekte der industriellen und gewerblichen KWK-Anwendung, a.a.O., S. 157; o.V.: Contracting in der kommunalen und industriellen Energieversorgung, a.a.O., S. 2.

96 Die deutschen Energieversorger halten sich jedoch an die jeweiligen Zuständigkeitsbereiche, so daß das Argument der Gewinnung neuer Kunden außerhalb des Versorgungsgebietes nicht greift. Es treten jedoch vermehrt ausländische Energieversorgungsunternehmen auf dem deutschen Mark auf. Hierzu gehört insbesondere der private britische Stromversorger PowerGen. Vgl. Amerschläger, R. (Hoechst AG): Interview zum Abschluß eines Contracting-Vertrages zwischen der Hoechst AG und RWE, a.a.O., S. 1.

97 Ein Beispiel für die Rückgewinnung von Kunden, die bisher den Strom mittels werkseigener Anlage erzeugt haben, ist der Abschluß eines Contracting-Vertrages zwischen der Hoechst AG und RWE. Bei dem Vertragswerk geht es um die Belieferung verschiedener Höchst-Standorte mit einer Strommenge von insgesamt 1500 GWh, die die Hoechst AG bisher größtenteils von der RWE bezogen hat. Amerschläger, R. (Hoechst

- der Auslastung betrieblicher Kapazitäten für Planungs-, Abwicklungs- und Betriebsführungsaufgaben sowie der Erschließung neuer Einnahmequellen durch das Beratungsgeschäft[98]
- der kostengünstigen Bereitstellung von Spitzenlaststrom, der andernfalls durch den Bau von Spitzenlastkraftwerken erzeugt werden müßte

Die Beteiligung insbesondere von Stromversorgungsunternehmen sorgt für die nötige Erfahrung, welche die Errichtung und der Betrieb einer KWK-Anlage erfordern. Durch die Beteiligung eines Stromversorgers ist auch die nötige Auslastung der KWK-Anlage aufgrund der Einspeisung überschüssigen Stroms in das öffentliche Netz gesichert. Das ist um so vorteilhafter für die Wirtschaftlichkeit der Anlage, je mehr sich das Interesse des EVU auch auf die Höhe der Einspeisevergütungen niederschlägt.[99]

Energieagenturen, deren Gesellschafter beispielsweise Banken und Versorgungsunternehmen sein können, bieten seit Jahren Contracting-Modelle an und haben bereits einige Projekte mit Erfolg realisiert.[100] Die Beteiligung von Energieagenturen ist vor allem aufgrund deren Erfahrungen und Kompetenz auf dem Gebiet der Kraft-Wärme-Kopplung interessant.

Die Motivation der *Anlagenhersteller* besteht insbesondere darin, ihre Kraft-Wärme-Kopplungsanlagen zu vertreiben. Durch die Teilnahme an einer Betreibergesellschaft wird der Absatz der hauseigenen KWK-Anlagen gesichert. Lohnend ist eine Beteiligung der Anlagenhersteller aufgrund ihrer großen technischen Kompetenz, die im Hinblick auf die Optimierung des KWK-Anlageneinsatzes in die Betreibergesellschaft eingebracht werden kann.

Kreditinstitute sichern durch ihre Beteiligung die notwendigen Finanzmittel, tragen in der Regel besonders Sorge für die Wirtschaftlichkeit und sind damit lukrative Partner in einer Betreibergesellschaft.

Ob sich die Betreibergesellschaft aus mehreren oder nur aus einem der genannten Gesellschafter zusammensetzt, ist in der Praxis von Fall zu Fall verschieden.[101] Darüber hinaus ist es denkbar, daß für die Betreibergesellschaft zwei Geschäftsführer eingetragen werden. In der Regel ist einer der Geschäftsführer für den technischen Aufgabenbereich zuständig, während der andere den kaufmännischen Teil übernimmt.[102]

Neben der Gesellschafterstruktur gibt es in der Praxis ebenfalls Unterschiede hinsichtlich der Rechtsform der Betreibergesellschaft.[103] Als Rechtsformen kommen beispielsweise die Kommanditgesellschaft (KG) oder die Gesellschaft mit beschränkter Haftung (GmbH) in

---

AG): Interview zum Abschluß eines Contracting-Vertrages zwischen der Hoechst AG und RWE, a.a.O., S. 2.

98 Vgl. Suttor, W.: Praxis Kraft-Wärme-Kopplung, a.a.O., Teil 7/5.1, S. 3.

99 Vgl. Jochem, E.: Volkswirtschaftliche und energiewirtschaftliche Aspekte der industriellen und gewerblichen KWK-Anwendung, a.a.O., S. 157.

100 Bischof, T.: Der Weg vom Konzept zur Unterschrift-Projektentwicklung von Contracting-Vorhaben, a.a.O., S. 45ff; Meyer-Renschhausen, M.: Organisations- und Finanzierungsformen energieeffizienter Energieerzeugungsanlagen, in: Energiewirtschaftliche Tagesfragen, Jg. 42 (1992), Heft 10, S. 684; Bertelmann, H., v. Braunmühl, W.: Leitfaden für Contracting-Verfahren bei Kraft-Wärme gekoppelten Anlagen in Industrie- und Gewerbebetrieben, a.a.O., S. 34.

101 Vgl. Suttor, W.: Praxis Kraft-Wärme-Kopplung, a.a.O., Teil 7/4.1, S. 5; o.V.: Contracting in der kommunalen und industriellen Energieversorgung, a.a.O., S. 2.

102 Vgl. o.V.: Contracting in der kommunalen und industriellen Energieversorgung, a.a.O., S. 8; GERTEC-Ingenieure: Mögliche Finanzierungs- und Betreiberkonzeptionen für das Blockheizkraftwerk Groß-Zimmern, a.a.O., S. 50.

103 Vgl. GERTEC-Ingeneure: Mögliche Finanzierungs- und Betreiberkonzeptionen für das Blockheizkraftwerk Groß-Zimmern, a.a.O., S. 50.

Frage. Häufig existieren für die Betreibergesellschaft Dach- bzw. Objektgesellschaften.[104] Die Objektgesellschaften betreuen dabei häufig mehrere Kraft-Wärme-Kopplungsanlagen, wodurch das Risiko gestreut wird.

b. Finanzierungsvertrag

Nach der Gründung der Betreibergesellschaft muß die Gesellschaftereinlage eingezahlt werden. Die Gesellschaftereinlage kann so bemessen sein, daß die gesamten Finanzierungskosten der Kraft-Wärme-Kopplungsanlage gedeckt werden. Ist das Gesellschafterkapital nicht ausreichend, dann müssen mit einem Kreditinstitut Verhandlungen über die Bereitstellung weiterer finanzieller Mittel angestrebt werden.

Die Finanzierung der Kraft-Wärme-Kopplungsanlage wird durch einen Finanzierungsvertrag mit den Fremdkapitalgebern fixiert. Hierbei dient die KWK-Anlage als Sicherheit für die Fremdkapitalgeber. Dies setzt jedoch voraus, daß die Betreibergesellschaft Eigentümer der KWK-Anlage ist.[105] Dabei ist zu beachten, daß die Kraft-Wärme-Kopplungsanlage auf dem Grund und Boden des fremden Unternehmens errichtet wird und daß nach dem Bürgerlichen Gesetzbuch (BGB) das Eigentum an einer beweglichen Sache dann dem Eigentümer des Grundstücks zuzurechnen ist, wenn „die bewegliche Sache mit dem Grundstücke derart verbunden ist, daß sie wesentlicher Bestandteil des Grundstücks wird".[106]

Die für den Contractor notwendige Eigentumsabsicherung kann beispielsweise durch die Eintragung einer beschränkten persönlichen Dienstbarkeit im Grundbuch des Nutzers, d.h. des Industriebetriebes, erfolgen[107]. Hierzu ist jedoch vorher ein Pacht- oder Grundstückskaufvertrag mit dem Industriebetrieb abzuschließen.

c. Pacht- oder Grundstückskaufvertrag

Die Grundlage für die Erstellung der Kraft-Wärme-Kopplungsanlage ist der Grund und Boden. Sofern die KWK-Anlage auf dem Betriebsgelände des Industrieunternehmens errichtet werden soll, wird ein Pacht- oder Kaufvertrag mit dem Unternehmen abgeschlossen. Werden darüber hinaus bestehende Altanlagen, Gebäude oder Komponenten zur Anlagenerrichtung benötigt, dann kauft die Betreibergesellschaft diese vom Industriebetrieb ab.[108]

d. Energielieferungsvertrag

Von zentraler Bedeutung für das Contracting ist der Abschluß des Energielieferungsvertrages.[109] Im Energielieferungsvertrag werden die Kosten der Belieferung, die Qualität der Lieferung, z.B. das Temperaturniveau der Wärme, und die Liefersicherheit festgelegt.[110] Die Konditionen der Strom- und Wärmelieferung sind dabei besonders wichtig. Diese Lieferkonditionen bestehen in der Regel, ähnlich wie beim Bezug vom EVU, aus einem Grund- und einem Arbeitspreis.[111] Der Grundpreis dient zur Deckung des Kapitaldienstes und ist in der

---

[104] Die Deutschen Anlagen Leasing GmbH (DAL), ein Finanzdienstleistungsunternehmen, ist in dieser Form konstruiert; vgl. Bertelmann, H., v. Braunmühl, W.: Leitfaden für Contracting-Verfahren bei Kraft-Wärme gekoppelten Anlagen in Industrie- und Gewerbebetrieben, a.a.O., S. 34.

[105] Vgl. Dähler, J.: Finanzierung von Energie- und Kraftanlagen, a.a.O., S. 3-4.

[106] Vgl. § 946 BGB (Verbindung mit einem Grundstück).

[107] Vgl. Meckel, B.: Contracting-Modelle, a.a.O., S. 42.

[108] Vgl. Bertelmann, H., v. Braunmühl, W.: Leitfaden für Contracting-Verfahren bei Kraft-Wärme gekoppelten Anlagen in Industrie- und Gewerbebetrieben, a.a.O., S. 14.

[109] Vgl. Junker, H.-J., Dähler, J.: Finanzierung (KWK), a.a.O., S. 276.

[110] Vgl. Amerschläger, R. (Hoechst AG), Interview zum Abschluß eines Contracting-Vertrages zwischen der Hoechst AG und RWE, a.a.O., S. 1.

[111] Vgl. Bertelmann, H., v. Braunmühl, W.: Leitfaden für Contracting-Verfahren bei Kraft-Wärme gekoppelten Anlagen in Industrie- und Gewerbebetrieben, a.a.O., S. 15.

Regel an die Zinsentwicklung gekoppelt. Der Arbeitspreis richtet sich im Gegensatz dazu nach der gelieferten Energiemenge und ist aus einem Wärme- und einem Stromarbeitspreis zusammengesetzt.[112]

Aufgrund der langen Laufzeiten der Lieferungsverträge von 10 bis 20 Jahren enthält der Energielieferungsvertrag i.d.R. Preisgleitklauseln. Die Arbeitspreise werden aus diesem Grund meistens an die Entwicklung der Brennstoffpreise, der Strompreise sowie unter Umständen auch an die Entwicklung der Löhne gebunden.[113]

Die Motivation für den Abschluß eines Energielieferungsvertrages liegt beim Industrieunternehmen in den günstigen Konditionen des Strom- und Wärmebezugs. Durch diese günstigen Konditionen kann das Unternehmen Einsparungen bei den Energiekosten erzielen, obwohl der Strom und die Wärme weiterhin, nun jedoch von der Betreibergesellschaft, fremdbezogen werden. Durch die Kopplung der Strom- und Wärmebezugskonditionen an den Zins oder an die Strompreise des EVU ist sichergestellt, daß der Energielieferungsvertrag langfristig günstiger ist als der Bezug vom EVU. Hieraus resultiert ein verhältnismäßig geringes Risiko für das Industrieunternehmen.[114]

Problematisch für das Industrieunternehmen können jedoch Vertragsklauseln werden, die z.B. Mindestabnahmemengen für Strom und Wärme zu festgelegten Zeiträumen bestimmen. Da der Vertrag aufgrund der langen Nutzungsdauer der KWK-Anlage sehr langfristig ausgelegt ist, ist es für das Unternehmen wesentlich, den künftigen Energiebedarf sehr präzise und realistisch zu planen.[115] Aus diesem Grund darf die Planung des künftigen Energiebedarfs nicht vollständig in externe Hände abgegeben werden. Es muß gerade bei externer Unterstützung des Planungsprozesses unbedingt darauf geachtet werden, daß unternehmenseigene Mitarbeiter in diesen Prozeß nicht nur eingebunden werden, sondern auch aktiv bei der Festlegung der zukünftigen Energiebedarfsmengen mitwirken. Hinzu kommt, daß das Mengengerüst des zukünftigen Energiebedarfs in der Regel auf einer entsprechend langfristigen Absatz- und Umsatzplanung basiert. Auch deshalb ist es notwendig, daß mindestens ein Mitglied der Geschäftsführung den Planungsprozeß begleitet. Das Risiko eines sinkenden oder zu hoch geplanten Energiebedarfs und der daraus resultierenden Dimensionierung oder Überkapazität trifft das Unternehmen auch dann, wenn die Kraft-Wärme-Kopplungsanlage selbst erstellt wird.[116]

Grundsätzlich hängt die genaue Ausgestaltung des Energielieferungsvertrages vom Einzelfall ab und muß daher stets individuell vereinbart werden.[117]

e. Generalunternehmervertrag

Ein Generalunternehmervertrag wird abgeschlossen, wenn die an der Betreibergesellschaft beteiligten Unternehmen nicht die nötige Erfahrung mitbringen, die Kraft-Wärme-Kopplungs-

---

112 Vgl. hierzu die Ausführungen des Kapitels D.II.

113 Vgl. Meckel, B.: Contracting-Modelle, a.a.O., S. 46; vgl. o.V.: Contracting in der kommunalen und industriellen Energieversorgung, a.a.O., S. 4.

114 Die Festlegung, wieviel Strom und Wärme zukünftig kosten, stellt Amerschläger als den wichtigsten Vertragspunkt beim Abschluß des Contracting-Vertrages zwischen der Hoechst AG und RWE heraus. Vgl. hierzu Amerschläger, R.: Interview zum Abschluß eines Contracting-Vertrages zwischen der Hoechst AG und RWE, a.a.O., S. 2.

115 Vgl. Bischof, T.: Der Weg vom Konzept zur Unterschrift-Projektentwicklung von Contracting-Vorhaben, a.a.O., S. 48.

116 Vgl. o.V.: Contracting in der kommunalen und industriellen Energieversorgung, a.a.O., S. 3.

117 Vgl. Bertelmann, H., v. Braunmühl, W.: Leitfaden für Contracting-Verfahren bei Kraft-Wärme gekoppelten Anlagen in Industrie- und Gewerbebetrieben, a.a.O., S. 15; Bischof, T.: Der Weg vom Konzept zur Unterschrift-Projektentwicklung von Contracting-Vorhaben, a.a.O., S. 48/49; o.V.: Contracting in der kommunalen und industriellen Energieversorgung, a.a.O., S. 16.

anlage zu planen und zu montieren. Der Vorteil des Generalunternehmervertrages liegt in den gut kalkulierbaren Investitionskosten[118], sofern mit dem Generalunternehmer ein Festpreis für die Erstellung der KWK-Anlage ausgemacht wurde. Der Nachteil eines Festpreises ist die in der Regel lange Bearbeitungszeit durch den Anbieter aufgrund der sehr exakt zu bestimmenden Spezifikationen.[119]

f. Betriebsführungsvertrag

Mit dem Betriebsführungsvertrag werden alle Rechte und Pflichten, die aus dem Betrieb der KWK-Anlage resultieren, festgelegt. Hierzu gehören insbesondere der Abschluß von Teilverträgen, die unter anderem die Brennstoff- und die Personalbereitstellung sowie die Wartung betreffen.[120]

aa. Betriebsführung durch den Betreiber

Die Brennstoffbereitstellung kann entweder durch das bestehende Versorgungsnetz des Industrieunternehmens sichergestellt werden, oder es muß ein gesonderter Vertrag, beispielsweise mit einem Erdgasversorger, abgeschlossen werden. Die Nutzung des bestehenden Versorgungsnetzes des Industrieunternehmens ist im Hinblick auf die hierdurch einzusparenden Investitionskosten und die erzielbaren Mengenrabatte interessant. Hieraus ergibt sich die Forderung, schon bei der Planung der Kraft-Wärme-Kopplungsanlage durch die Betreibergesellschaft möglichst die lokalen Gegebenheiten hinsichtlich der bestehenden Versorgungsstruktur des Industrieunternehmens zu berücksichtigen.

Der Betreiber kann sich im Rahmen der Betriebsführung entweder eigenen Personals bedienen oder er läßt sich in einem Personalgestellungsvertrag die Mitarbeiter des Nutzers zur Verfügung stellen. Im zweiten Fall bleibt das belieferte Industrieunternehmen Arbeitgeber der überstellten Mitarbeiter, während die fachliche Zuständigkeit auf den Betreiber übertragen wird.[121]

Die Festlegung der Verantwortlichkeiten hinsichtlich der Wartung ist ebenfalls Bestandteil des Betriebsführungsvertrags. Hierbei kann festgelegt werden, daß durch das Personal des Industrieunternehmens einfache Wartungsarbeiten und regelmäßige Anlageninspektionen durchzuführen sind.

bb. Betriebsführung durch den Nutzer

Es kann vertraglich festgelegt werden, daß die alleinige Betriebsführung beim Nutzer der KWK-Anlage liegt. In diesem Fall übernimmt die Betreibergesellschaft lediglich die Finanzierung und die Projektabwicklung der KWK-Anlage. Während des Betriebes sorgt die Betreibergesellschaft zusätzlich für die notwendigen Wartungs- und Instandhaltungsarbeiten. Die KWK-Anlage wird dem Industriebetrieb zur Nutzung überlassen. Für diese Überlassung zahlt der Nutzer eine feste Gebühr. Diese feste Gebühr orientiert sich an den Finanzierungskosten der KWK-Anlage, bestehend aus den Abschreibungen der Investitionsauszahlung, den Planungs- und Projektierungskosten und den Kosten für die Kapitalverzinsung. Zusätzlich werden die Kosten für Wartung und Instandsetzung sowie ein kalkulatorischer Gewinn der Betreibergesellschaft berücksichtigt.

---

[118] Vgl. o.V.: Contracting in der kommunalen und industriellen Energieversorgung, a.a.O., S. 3; vgl. Suttor, W.: Praxis Kraft-Wärme-Kopplung, a.a.O., Teil 7/5.1, S. 3.

[119] Vgl. Suttor, W.: Praxis Kraft-Wärme-Kopplung, a.a.O., Teil 7/5.1, S. 3.

[120] Vgl. Junker, H.-J., Dähler, J.: Finanzierung (KWK), a.a.O., S. 276ff.

[121] Vgl. Bertelmann, H., v. Braunmühl, W.: Leitfaden für Contracting-Verfahren bei Kraft-Wärme gekoppelten Anlagen in Industrie- und Gewerbebetrieben, a.a.O., S. 16.

Während der Betriebsphase beschränkt sich die Betreibergesellschaft auf Wartung, Instandhaltung und auf die Finanzverwaltung. Der Nutzer übernimmt die Betriebsführung der KWK-Anlage in eigener Regie.[122] Die Betriebsführung umfaßt folgende Bereiche:

- die Anlagensteuerung, die Anpassung der Anlage an den Bedarf und die Optimierung der Betriebsweise im Hinblick auf eine möglichst hohe Auslastung;
- die Anlagenüberwachung und die Anlagenbetriebsbetreuung mit eigenem Personal;
- der Einkauf der Brennstoffe und des benötigten Reserve- und Zusatzstromes.

Wenn im Betriebsführungsvertrag die gesamten Pflichten und auch das gesamte Risiko auf den Nutzer der KWK-Anlage übergehen, dann ist die Betriebsführung identisch mit derjenigen bei eigener KWK-Anlage. Das Risiko besteht für den Nutzer in sich verändernden Auslastungen und steigenden Brennstoffkosten, die die Wirtschaftlichkeit der KWK-Anlage verschlechtern.

Der Vorteil der vollständigen Betriebsüberlassung besteht darin, daß der Nutzer mit betriebsinternem Personal Eigenleistungen erbringen kann.[123] Hierdurch sinken die Contracting-Gebühren im Vergleich zur Komplettabwicklung durch die Betreibergesellschaft.

g. Einspeise- und Reservestromvertrag

Durch den Abschluß eines Einspeise- und Reservestrom-Vertrages stellt die Betreibergesellschaft sicher, daß überschüssig erzeugter Strom in das öffentliche Netz des EVU eingespeist werden kann.[124]

Positive Wirkungen auf die Wirtschaftlichkeit kann in diesem Fall die Beteiligung des Stromversorgungsunternehmens an der Betreibergesellschaft hervorrufen[125], da die Erlöse aus der Einspeisevergütung, die „regelmäßig unangemessen gering“[126] sind, durch die Beteiligung höher ausfallen dürften.

h. Vertragslaufzeit und Eigentumsübertragung auf den Nutzer

Ein wichtiger Vertragsbestandteil sind die Festlegungen hinsichtlich Vertragslaufzeit und ob eine Übertragung des Eigentums an den KWK-Nutzer in Frage kommt.[127]

Der Vertrag zwischen der Betreibergesellschaft und dem Nutzer wird in der Regel so gestaltet, daß das Eigentum an der Kraft-Wärme-Kopplungsanlage an den Nutzer übergeht, nachdem sich die Investitionsauszahlungen der Betreibergesellschaft über die gezahlten Leistungsentgelte amortisiert haben. Dazu sind zwei Varianten denkbar:[128]

Variante A:

Das Unternehmen zahlt für die Nutzung der KWK-Anlage den Strom- und Wärmepreis, den es bisher an das EVU zahlen mußte. Sobald sich die Investition über den Betrag der Einspa-

---

[122] Vgl. Meckel, B.: Contracting-Modelle, a.a.O., S. 43.

[123] Vgl. Bertelmann, H., v. Braunmühl, W.: Leitfaden für Contracting-Verfahren bei Kraft-Wärme gekoppelten Anlagen in Industrie- und Gewerbebetrieben, a.a.O., S. 16; Meckel, B.: Contracting-Modelle, a.a.O., S. 43.

[124] Die Ausführungen zum Einspeise- und Reservestromvertrag im Kapitel F.II können auf die Betreibergesellschaft übertragen werden; vgl. auch o.V.: Contracting in der kommunalen und industriellen Energieversorgung, a.a.O., S. 2.

[125] Vgl. Hassel, P.: Contracting-Modelle für dezentrale Kraft-Wärme-Anlagen, a.a.O., S. 12.

[126] Bertelmann, H., v. Braunmühl, W.: Leitfaden für Contracting-Verfahren bei Kraft-Wärme gekoppelten Anlagen in Industrie- und Gewerbebetrieben, a.a.O., S. 7.

[127] Vgl. Junker, H.-J., Dähler, J.: Finanzierung (KWK), a.a.O., S. 276.

[128] Vgl. GERTEC-Ingenieure: Mögliche Finanzierungs- und Betreiberkonzeptionen für das Blockheizkraftwerk Groß-Zimmern, a.a.O., S. 16.

rungen amortisiert hat, geht das Eigentum an der KWK-Anlage auf den Nutzer über. Für den Nutzer ergeben sich die Einsparungen daher erst nach der Amortisation der Anlage.

Variante B:

Der Nutzer zahlt einen geringeren Strom- und Wärmepreis als vor der Investition in Kraft-Wärme-Kopplung. Der Nutzer profitiert so bereits von Anfang an von der Rationalisierung, erwirbt jedoch erst später als bei der Variante A das Eigentum an der Anlage, da sich für die Betreibergesellschaft mit sinkenden Einnahmen auch die Amortisationszeit verlängert.

Unabdingbare Voraussetzung für das Contracting ist jedoch, daß mit der KWK-Anlage tatsächlich Einsparungen erzielt werden, die mindestens die bei der Betreibergesellschaft anfallenden Kosten für die Planung, die Finanzierung, die Realisierung und den Betrieb der KWK-Anlage sowie einen angemessenen Gewinn abdecken.[129]

3. Vor- und Nachteile des Contracting

a. Projektplanung

Die Planungsphase ist von großer Bedeutung für den Erfolg der Investition in Kraft-Wärme-Kopplung, da hier der Grad der Kostenbeeinflussung am höchsten ist.[130]

In der Planungsphase wird im Rahmen einer Wirtschaftlichkeitsanalyse abgeschätzt, ob die Errichtung der KWK-Anlage wirtschaftlich sinnvoll durchgeführt werden kann, welches Anlagenkonzept und welche Dimensionierung für das Unternehmen am geeignetsten sind und welche Risiken mit der Investition verbunden sind.[131]

Der Contractor verfügt bei der Anlagenplanung über Erfahrungen, die aus der Planung und Realisation anderer Projekte resultieren.[132] Diese Erfahrungen sind insbesondere bei der Abschätzung der künftigen Entwicklungen auf den Energiemärkten hilfreich. Durch die Einschätzung der Strom- oder Brennstoffpreisentwicklung kann das Risiko von Fehlentscheidungen, wie z.B. die Festlegung auf einen ungünstigen Brennstoff, reduziert werden.[133]

b. Vertragskosten

Die Erfahrungen des Contractors bei der Abschätzung der Projektrisiken sind jedoch hinsichtlich des Nutzens für das Unternehmen zu relativieren, da der Contractor mit der Erstellung der Kraft-Wärme-Kopplungsanlage eigene Interessen verfolgt und daher dem Unternehmen Informationen vorenthalten wird. Hierbei werden dem Unternehmen insbesondere die

---

[129] Vgl. GERTEC-Ingenieure: Mögliche Finanzierungs- und Betreiberkonzeptionen für das Blockheizkraftwerk Groß-Zimmern, a.a.O., S. 16.

[130] Aita u.a. weisen darauf hin, daß die maximale Beeinflußbarkeit der Kosten und der Wirtschaftlichkeit eines Bauprojektes in der Planungsphase gegeben ist. Mit fortschreitender Projektdauer reduzieren sich die Änderungsmöglichkeiten, so daß ab dem Zeitpunkt des Baubeginns nur noch ein verhältnismäßig geringer Teil der Gesamtkosten der unmittelbaren Beeinflussung unterliegt. Vgl. hierzu u.a. Aita, R., Veit, W., Schlichtenberger, W.: Planungs- und Bauablauf: Die Steuerung bauwirtschaftlicher und baubetrieblicher Prozesse, Wien/New York 1976, S. 14; Möller, A.: Planungs- und Bauökonomie, München Wien 1988, S. 41ff; Schub, A.: Stark, K.: Life-Cycle-Cost von Bauprojekten, Köln 1986, S. 3ff.

[131] So wurde bei einem Vortrag zu Contracting von einem Contracting-Experten geäußert, daß alle KWK-Anlagen für Contracting-Unternehmen ausscheiden, die eine Vollbenutzungsdauer unter 6000 Stunden und Gesamtinvestitionskosten über 2500 DM/KWel aufweisen; vgl. Frank, D.: Kraft-Wärme-Kopplung mit industriellen Contracting-Modellen, a.a.O., S. 3.

[132] Vgl. Junker, H.-J., Dähler, J.: Finanzierung (KWK), a.a.O., S. 274; Hassel, P.: Contracting-Modelle für dezentrale Kraft-Wärme-Anlagen, a.a.O., S. 7; Bischof, T.: Der Weg vom Konzept zur Unterschrift-Projektentwicklung von Contracting-Vorhaben, a.a.O., S. 45ff.

[133] Vgl. Frank, D.: Kraft-Wärme-Kopplung mit industriellen Contracting-Modellen, Konferenz Kraft-Wärme-Kopplung 07.-09.03.1995, S. 10; Suttor, W.: Praxis Kraft-Wärme-Kopplung, a.a.O., Teil 7/5.1, S. 3; Pfeiffer, M.: Dienstleistungs-Contracting, a.a.O., S. 219.

Informationen vorenthalten, die eine Einschätzung des Einsparpotentials durch die Investition in Kraft-Wärme-Kopplung ermöglichen.

Das mit der KWK-Anlage zu erzielende Einsparpotential stellt aber eine wichtige Information für die Vertragsverhandlungen dar. In den Vertragsverhandlungen wird unter anderem die Aufteilung der Einsparungen auf Contractor und KWK-Nutzer festgelegt.

Der KWK-Nutzer erhält die Einsparungen über einen verminderten Strom- und Wärmepreis. Der Nutzen des Contractors besteht in der Differenz aus dem vom Unternehmen gezahlten Preis und den eigenen Betriebs- und Refinanzierungskosten.[134] Hierbei wird deutlich, daß bezüglich des Strom- und Wärmepreises eine gegensätzliche Interessenlage besteht. Das Unternehmen ist bestrebt, einen möglichst geringen Strom- und Wärmepreis zu zahlen, während der Contractor möglichst hohe Preise für die Strom- und Wärmelieferungen anstrebt, damit die eigenen Betriebs- und Refinanzierungskosten gedeckt sind und ein möglichst großer Gewinn erwirtschaftet wird.[135]

Der Contractor wird aufgrund seines Gewinninteresses das mit der Kraft-Wärme-Kopplungsanlage erzielbare Einsparpotential eher unterbewertet darstellen, um einen möglichst hohen Strom- und Wärmepreis rechtfertigen zu können. Will der Nutzer die damit einhergehende Zahlung eines zu hohen Strom- und Wärmepreises verhindern, muß er zusätzliche Informationen über das Einsparpotential der Kraft-Wärme-Kopplungsanlage beschaffen. Hierzu wird die Einschaltung eines unabhängigen Beraters notwendig, der jedoch zusätzliche Kosten verursacht.

Neben den Beratungskosten entstehen beim Contracting zusätzliche Kosten aufgrund der aufwendigen Vertragsgestaltung mit dem Contracting-Unternehmen.[136] Zur Ausgestaltung von Contracting-Verträgen müssen auf beiden Seiten Fachleute aus dem technischen, betriebswirtschaftlichen und juristischen Bereich herangezogen werden.[137] Wie bereits dargestellt, sind bei den Verhandlungen mit dem Contractor Schwierigkeiten insbesondere in der Frage zu erwarten, welche Höhe die dem Contractor zukommenden Überschüsse haben. Zur Lösung dieses Problems ist es notwendig, die tatsächlichen dem Contractor entstehenden Kosten den Zahlungen des Nutzers gegenüberzustellen. Diese Kosten sind jedoch nicht ohne weiteres für den Außenstehenden bestimmbar, so daß die Angaben der Vertragspartner nicht immer überprüfbar sind.[138] Des weiteren muß eine Einigung über den als angemessen geltenden Gewinn erzielt werden. Auch dieser ist nicht objektiv feststellbar.

Insgesamt kann festgestellt werden, daß beim Contracting in der Entscheidungsphase keine Vorteile, sondern eher Nachteile zu erwarten sind. Diese Nachteile sind auf die unterschiedliche Interessenlage von Contractor und KWK-Nutzer zurückzuführen. Vor allem die erfahrungsgemäß hohen Vertragskosten können sich nachteilig auf die Beurteilung des Contracting als alternative Finanzierungsform auswirken.[139] Frank bezeichnet Contracting im

---

[134] Vgl. Berge, W.: Reduzierung von Energiekosten, a.a.O., S. 29.

[135] Vgl. GERTEC-Ingenieure: Mögliche Finanzierungs- und Betreiberkonzeptionen für das Blockheizkraftwerk Groß-Zimmern, a.a.O., S. 17.

[136] Vgl. Junker, H.-J., Dähler, J.: Finanzierung (KWK), a.a.O., S. 278; Jochem, E.: Volkswirtschaftliche und energiewirtschaftliche Aspekte der industriellen und gewerblichen KWK-Anwendung, a.a.O., S. 158; Suttor, W.: Praxis Kraft-Wärme-Kopplung, a.a.O., Teil 7/2.1, S. 2; GERTEC-Ingenieure: Mögliche Finanzierungs- und Betreiberkonzeptionen für das Blockheizkraftwerk Groß-Zimmern, a.a.O., S. 18.

[137] Vgl. Pfeiffer, M.: Dienstleistungs-Contracting, a.a.O., S. 221; Frank, D.: Kraft-Wärme-Kopplung mit industriellen Contracting-Modellen, a.a.O., S. 10.

[138] Vgl. GERTEC-Ingenieure: Mögliche Finanzierungs- und Betreiberkonzeptionen für das Blockheizkraftwerk Groß-Zimmern, a.a.O., S. 16; Pfeiffer, M.: Dienstleistungs Contracting, a.a.O. , S. 222.

[139] Vgl. Junker, H.-J., Dähler, J.: Finanzierung (KWK), a.a.O., S. 278; Suttor, W.: Praxis Kraft-Wärme-Kopplung, a.a.O., Teil 7/4.1, S. 9.

Energiebereich auch aufgrund des Beratungsbedarfs als eine „sehr teure und fixkostenintensive Veranstaltung mit extrem hohen Anforderungen an die Managementkapazität".[140]

c. Projektrealisierung

Nach Abschluß des Vertrages zwischen Contractor und Nutzer beginnt die Realisierung der KWK-Investition. Zur Realisierung der KWK-Anlage zählt insbesondere die Auftragsvergabe, die Bauüberwachung sowie die Inbetriebnahme.

Bei der Projektrealisierung wirken sich die umfangreichen Erfahrungen des Contractors positiv auf die Realisierungszeit und die Realisierungskosten aus. Die hier eingesparten Kosten können dem Nutzer indirekt durch geringere Strom- und Wärmepreise zugute kommen oder auch direkt über weniger Produktionsausfälle bei der Implementierung der KWK-Anlage.[141]

Fraglich ist jedoch, ob die Kostenvorteile des Contractors an den Nutzer tatsächlich weitergegeben werden. So ist es für den Nutzer nicht möglich, die genauen Projektierungs- und Investitionskosten nachzuvollziehen. Dies gilt vor allem dann, wenn die Gesellschafter der Betreibergesellschaft einen großen Teil der für die Investition notwendigen Leistungen in Eigenregie erbringen. In diesem Fall werden keine oder nur unzureichende Angebote eingeholt, da dem Gesellschafter der Betreibergesellschaft der Auftrag in der Regel automatisch zugesprochen wird. So wird z.B. bei Beteiligung eines Anlagenherstellers an der Contracting-Gesellschaft die KWK-Anlage dieses Anlagenherstellers im Unternehmen aufgebaut, unabhängig davon, ob es sich um die hinsichtlich des Preis-Leistungsverhältnisses günstigste KWK-Anlage handelt.

Da der KWK-Nutzer die anfallenden Investitionskosten nicht beeinflussen kann, sollte er die genaue Höhe vertraglich fixieren.[142] Durch diese vertragliche Fixierung geht das gesamte technische Risiko der Realisation der KWK-Anlage auf den Contractor über. Kann der Contractor im Gegensatz dazu die Anlage preiswerter realisieren, so fällt dem Contractor der gesamte Differenzbetrag zu. Bei der Fixierung der Investitionskosten wird der Contractor daher versuchen, einen möglichst hohen Festpreis für die Erstellung der Kraft-Wärme-Kopplungsanlage auszuhandeln, um hierdurch die eigenen Gewinnmöglichkeiten zu erhöhen. Für den KWK-Nutzer ist es daher unerläßlich, weitere Angebote einzuholen, um überhöhte Erstellungskosten zu vermeiden.

d. Finanzierung

Das Contracting wird häufig als eine neue Form der Finanzierung dargestellt.[143] Das Neue am Contracting ist, so wird argumentiert, daß die Rückzahlung der Investition - anders als bei den klassischen Finanzierungsformen - keine fixen Auszahlungen in Form von Tilgungs-, Miet- oder Leasingraten darstellen, sondern von der Höhe des Strom- und Wärmebedarfs abhängig sind.

Hierbei ist jedoch zu beachten, daß die Zahlungen an den Contractor sehr wohl aus einer fixen Grundgebühr und aus einem variablen Strom- und Wärmearbeitspreis bestehen.[144] Die Höhe der Grundgebühr und des Arbeitspreises hängt von der konkreten Vertragsgestaltung

---

140 Frank, D.: Kraft-Wärme-Kopplung mit industriellen Contracting-Modellen, a.a.O., S. 3.

141 Vgl. Hassel, P.: Contracting-Modelle für dezentrale Kraft-Wärme-Anlagen, a.a.O., S. 7.

142 Vgl. o.V.: Contracting, in: ASUE (Hrsg.), a.a.O., S. 3.

143 Vgl. Hassel, P.: Contracting-Modelle für dezentrale Kraft-Wärme-Anlagen, a.a.O., S. 7.

144 Vgl. Bertelmann, H., v. Braunmühl, W.: Leitfaden für Contracting-Verfahren bei Kraft-Wärme gekoppelten Anlagen in Industrie- und Gewerbebetrieben, a.a.O., S. 15; Frank, D.: Kraft-Wärme-Kopplung mit industriellen Contracting-Modellen, a.a.O., S. 5.

ab. Im Extremfall ist die Grundgebühr so bemessen, daß sie die gesamten fixen Kosten des Contractors einschließlich der Kapitalkosten deckt und die Arbeitspreise den variablen Kosten für Brennstoffe und Wartung entsprechen.[145]

Bei dieser Vertragskonstellation ergibt sich eine verhältnismäßig hohe, fest zu entrichtende Grundgebühr. Diese Grundgebühr entspricht aufgrund ihres fixen Charakters der bei der klassischen Fremdfinanzierung fälligen Tilgungs-, Miet- oder Leasingrate. Wenn sich aber die Rückzahlungsmodalitäten des Contracting nicht von der klassischen Finanzierung unterscheiden, dann stellt das Contracting im Hinblick auf die Finanzierung auch keine Neuheit dar.

Im Zusammenhang mit Contracting wird sehr häufig die Finanzierung als Vorteil hervorgehoben, weil das Contracting insbesondere Unternehmen mit geringem finanziellen Spielraum eine Investition in Kraft-Wärme-Kopplung ermöglicht.[146] Ob dieser Vorteil in der Praxis tatsächlich greift, ist jedoch einer näheren Prüfung zu unterziehen. Ein geringer finanzieller Spielraum entsteht für ein Unternehmen, wenn Fremdkapitalgeber das Risiko eines Konkurses als verhältnismäßig hoch einschätzen und deshalb nicht bereit sind, Kredite zur Verfügung zu stellen.[147]

Fraglich ist, ob sich bei einer solchen Konkursgefahr ein Contractor findet, welcher bereit ist, eine Kraft-Wärme-Kopplungsanlage zu finanzieren. Grundsätzlich wird sich nur dann ein Contractor finden, wenn mit dem Bau der KWK-Anlage ein Gewinn erzielt werden kann. Das Erzielen eines Gewinns wiederum ist nur dann möglich, wenn die Anlage mindestens bis zum Zeitpunkt der Amortisation in Betrieb ist. Geht das Unternehmen, welches die KWK-Anlage nutzt, vor dem Zeitpunkt der Amortisation in Konkurs, dann ist der Contractor zwar weiterhin Eigentümer der KWK-Anlage, kann aber in der Regel keine Deckungsbeiträge mehr erwirtschaften.[148]

Da die KWK-Anlage sehr speziell auf die Bedürfnisse des Nutzers zugeschnitten ist[149], sind Demontage und Verkauf der Anlage mit hohen Kosten verbunden. Ein vollständiger Kondensations- oder Auspuffbetrieb ist technisch nicht immer möglich und stellt deshalb nicht immer eine Lösung dar. Ist eine ausschließliche Stromerzeugung realisierbar, kann eine Einspeisung des gesamten erzeugten Stromes in das öffentliche Netz erwogen werden, sofern das EVU einverstanden ist und mit der Einspeisevergütung positive Deckungsbeiträge erzielt werden können. Wenn eine dieser Bedingungen verletzt ist, dann kommt auch diese Möglichkeit des Weiterbetriebes im Konkursfall nicht in Betracht.

Geht der Nutzer der KWK-Anlage vor Erreichen der Amortisationszeit in Konkurs, wird der Contractor den Verlust eines großen Teils des investierten Kapitals hinnehmen müssen. Hinsichtlich der Gefahr des Kapitalverlustes unterscheidet sich der Contractor daher nicht von anderen Fremdkapitalgebern. Aus diesem Grund wird der Contractor bestrebt sein, nur in die Unternehmen zu investieren, die eine geringe Konkursgefahr aufweisen.[150]

---

[145] Junker und Dähler sprechen in diesem Zusammenhang von „ vollkostendeckendem Abnahmevertrag hinsichtlich Strom und Wärme zwischen den Nutzern und der Projektgesellschaft". Junker, H.-J., Dähler, J.: Finanzierung (KWK), a.a.O., S. 276.

[146] Vgl. Hassel, P.: Contracting-Modelle für dezentrale Kraft-Wärme-Anlagen, a.a.O., S. 7.

[147] Vgl. Dähler, J.: Finanzierung von Energie- und Kraftanlagen, a.a.O., S. 3.

[148] Zum Bonitätsrisiko bei einer Projektfinanzierung von industriellen KWK-Anlagen vgl. auch Junker, H.-J., Dähler, J.: Finanzierung (KWK), a.a.O., S. 273 und 274.

[149] Vgl. Junker, H.-J., Dähler, J.: Finanzierung (KWK), a.a.O., S. 278.

[150] Dieses bestätigt sich auch nach den Aussagen eines Contractors auf dem Euroforum: „Die Bonität und das Standing unserer industriellen Partner muß über jeden Zweifel erhaben sein. Unsere Bereitschaft, in den Betrieb des Partners zu investieren, ist kein Finanzierungsersatz. Wir sind nur bereit, mit solchen Partnern zusammenzuarbeiten, die sich die Investition in eine Erweiterung oder in den Neubau einer Energieerzeu-

Das Contracting kommt demnach nur für Unternehmen in Frage, die über eine ausreichende Bonität verfügen.[151] Dieses wiederum bedeutet, daß diesen Unternehmen in der Regel andere Möglichkeiten der Fremdfinanzierung zur Verfügung stehen. Damit bietet auch das Contracting keine Alternative zu ansonsten aussichtslosen Finanzierungen.[152]

Als Vorteil muß dem Contracting aber zugute gehalten werden, daß die Kraft-Wärme-Kopplungsanlage nicht in der Bilanz aktiviert werden muß. Daher hilft das Contracting eine Erhöhung des Verschuldungsgrades des Unternehmens zu vermeiden. Dieses wirkt sich unter Umständen positiv auf die Kreditwürdigkeit aus, da viele Fremdkapitalgeber den Verschuldungsgrad als Kreditwürdigkeitskriterium heranziehen. Eine bessere Kreditwürdigkeit erhöht wiederum den Kreditrahmen und senkt aufgrund eines geringeren Risikozuschlages die Finanzierungskosten.[153]

Ein weiterer Vorteil, der sehr häufig mit dem Contracting verbunden wird, sind geringe Kapitalkosten, insbesondere wenn es sich beim Contractor um ein Kreditinstitut handelt bzw. wenn ein Kreditinstitut an der Betreibergesellschaft beteiligt ist. Die Motivation eines Kreditinstitutes zur Teilnahme an einer Betreibergesellschaft besteht jedoch nicht darin, Kapital zu günstigen Konditionen zur Verfügung zu stellen, sondern vielmehr in der Ausdehnung des Kreditvolumens bei einer möglichst hohen Zinsmarge.

Mit der Finanzierung einer Kraft-Wärme-Kopplungsanlage kann ein Kreditinstitut beide Interessen verwirklichen. Zum einen ist die Errichtung einer Kraft-Wärme-Kopplungsanlage mit hohen Investitionsauszahlungen bei langen Kapitalbindungen verbunden, so daß sich ein hohes Kreditvolumen ergibt. Zum anderen gelingt es dem Kreditinstitut aufgrund der vertraglichen Bindung des KWK-Nutzers an den Contractor, unter Umständen einen höheren Zinssatz als marktüblich durchzusetzen. Hierbei machen sich bereits einige Zehntel Prozent über dem Marktzins aufgrund des hohen Finanzierungsvolumens erheblich bei den Finanzierungskosten bemerkbar. Die hierdurch verursachten Mehrkosten müssen durch den Nutzer zusätzlich erwirtschaftet werden, welches sich in einer verlängerten Amortisationszeit bemerkbar macht.

e. Verwaltungs- und Koordinationskosten

Beim Betrieb der Kraft-Wärme-Kopplungsanlage entstehen Verwaltungskosten, die auf den Nutzer der Anlage umgelegt werden. Die Verwaltungskosten enthalten unter anderem auch die Kosten für die interne Koordination der Gesellschafter der Betreibergesellschaft.[154] Diese Koordinationskosten sind um so größer, je mehr Gesellschafter an der Betreibergesellschaft beteiligt sind.

Neben den Koordinationskosten sind weitere Kosten denkbar, die bei einem alleinigen KWK-Betrieb durch den Nutzer nicht anfallen würden. Solche Kosten können durch überhöhte Verrechnungssätze für interne, durch die Betreiber erbrachte Leistungen entstehen. Für den Nutzer ist es schwierig, die Leistungserbringung und die hierfür verrechneten Kosten nachzuvollziehen.

---

gungsanlage allemal selbst leisten können." Frank, D.: Kraft-Wärme-Kopplung mit industriellen Contracting-Modellen, a.a.O., S. 4.

151 Vgl. Dähler, J.: Finanzierung von Energie- und Kraftanlagen, a.a.O., S. 1-3.

152 Vgl. Pfeiffer, M.: Dienstleistungs-Contracting, in: Energie Spektrum, Magazin für das Energiemanagement, 2/1993, S. 221; Frank, D.: Kraft-Wärme-Kopplung mit industriellen Contracting-Modellen, a.a.O., S. 5; Seidel, M.: Tendenzen bei Entwicklung und Einsatz von Blockheizkraftwerken, a.a.O., S. 375.

153 Vgl. Junker, H.-J., Dähler, J.: Finanzierung (KWK), a.a.O., S. 277.

154 Vgl. Bischof, T.: Der Weg vom Konzept zur Unterschrift-Projektentwicklung von Contracting-Vorhaben, a.a.O., S. 48; Junker, H.-J., Dähler, J.: Finanzierung (KWK), a.a.O., S. 278.

Diese Verwaltungs- und Koordinationskosten werden auf die zu entrichtenden Strom- und Wärmepreise und damit auf den Nutzer umgelegt. Der Nutzer kann den erhöhten Kosten entgegenwirken, indem die zu bezahlenden Kosten vertraglich fixiert werden. Weiterhin ist es denkbar, daß der Nutzer selbst den Betrieb der KWK-Anlage übernimmt und hierbei im eigenen Interesse eine Kostenreduzierung anstrebt.

f. Rechtliche Benachteiligung

Problematisch kann das Contracting im Hinblick auf die bestehende Rechtslage werden. So wird ein Contracting-Unternehmen, welches eine KWK-Anlage zur Belieferung Dritter errichtet, energierechtlich zum Energieversorgungsunternehmen. Dies hat zur Folge, daß es zum Anlagebetrieb entsprechend dem Energiewirtschaftsgesetz einer Genehmigung bedarf.[155]

Der § 5 Energiewirtschaftsgesetz wird jedoch von der Mehrzahl der Bundesländer in Verbindung mit Contracting als ausgelagerte Eigenversorgung und nicht als Belieferung Dritter interpretiert, da der Contractor ausschließlich im Sinne des Nutzers tätig wird. Nach dieser Rechtsauffassung ist der Contractor frei von einer Genehmigung.[156] Probleme mit Konzessions- und Demarkationsverträgen können auftreten, wenn sich die KWK-Anlage auf einem Grundstück außerhalb des versorgten Unternehmens befindet oder weiter entfernte Betriebsstätten versorgt werden müssen.[157]

Für den Betrieb einer KWK-Anlage ist ebenfalls die Verbändevereinbarung von Bedeutung. In der Ziffer 5 der Verbändevereinbarung ist festgeschrieben, daß diese auch für das Contracting gilt, sofern keine Versorgung Dritter angestrebt wird.[158] Das Contracting wird somit durch die Verbändevereinbarung nicht benachteiligt.

g. Risiko- und Gewinnverteilung

Im Hinblick auf die Risiko- und Gewinnaufteilung zwischen Contractor und KWK-Nutzer kommt der Ausgestaltung des Vertrages eine besondere Bedeutung zu. Zu den Risiken gehören insbesondere das Bonitätsrisiko, das Betriebsrisiko und das technische Risiko.[159]

Das Bonitätsrisiko betrifft die langfristige Zahlungsunfähigkeit des Nutzers. Dieses Risiko muß zum einen von der Betreibergesellschaft bis zur Höhe des Eigenkapitals und zum anderen durch das Kreditinstitut, welches zusätzliches Fremdkapital zur Verfügung stellt, getragen werden.

Die Betriebsrisiken ergeben sich aus dem Betrieb der KWK-Anlage. Diese Risiken bestehen in einer mangelnden Auslastung der KWK-Anlage und in sich negativ verändernden Preisen.[160] Im Extremfall können sowohl der Nutzer als auch der Contractor das gesamte Betriebsrisiko übernehmen. In der Regel wird jedoch der Contractor versuchen, das gesamte Betriebsrisiko auf den KWK-Nutzer abzuwälzen. Daher ist der fixe Grundpreis häufig so

---

155 Vgl. Suttor, W.: Praxis Kraft-Wärme-Kopplung, a.a.O., Teil 7/5.1, S. 3; vgl. auch § 5 Abs. 1 EnWG.

156 Vgl. Braunmühl, W. von: Contracting, Idee, Umsetzung, Erfahrungen, a.a.O., S. 359.

157 Vgl. Bertelmann, H., v. Braunmühl, W.: Leitfaden für Contracting-Verfahren bei Kraft-Wärme gekoppelten Anlagen in Industrie- und Gewerbebetrieben, a.a.O., S. 7; Suttor, W.: Praxis Kraft-Wärme-Kopplung, a.a.O., Teil 7/5.1, S. 3.

158 Vgl. Ziffer 5 der Verbändevereinbarung; vgl. auch Vereinigung Deutscher Elektrizitätswerke (VDEW): Erläuterungen zur Verbändevereinbarung "Stromwirtschaftliche Zusammenarbeit", a.a.O., S. 25.

159 Vgl. o.V.: Contracting in der kommunalen und industriellen Energieversorgung, a.a.O., S. 3; Junker, H.-J., Dähler, J.: Finanzierung (KWK), a.a.O., S. 278; Frank, D.: Kraft-Wärme-Kopplung mit industriellen Contracting-Modellen, a.a.O., S. 5ff.

160 Vgl. Jochem, E.: Volkswirtschaftliche und energiewirtschaftliche Aspekte der industriellen und gewerblichen KWK-Anwendung, a.a.O., S. 159; Frank, D.: Kraft-Wärme-Kopplung mit industriellen Contracting-Modellen, a.a.O., S. 5f; Bischof, T.: Der Weg vom Konzept zur Unterschrift-Projektentwicklung von Contracting-Vorhaben, a.a.O., S. 48 u. 49.

bemessen, daß der Contractor seine gesamten fixen Kosten inklusive Gewinnanteil decken kann. Der Arbeitspreis richtet sich hingegen nach den variablen Kosten, wobei der Contractor das Risiko etwa der Veränderung der Brennstoffpreise über Preisgleitklauseln vollständig auf den KWK-Nutzer abwälzt.

Ein Partner von Contracting sagt hinsichtlich dieser Preiskonstruktion: „Sollte diese Konstruktion nicht möglich werden, verzichten wir auf die Durchführung des KWK-Projektes.“[161] Die Argumentation, warum die Kunden eine solche Preiskonstruktion akzeptieren sollten, begründet der Contracting-Partner folgendermaßen: „Diese Anforderungen könnten als nahezu kaum durchsetzbar erscheinen. Doch vermögen wir, unsere Forderungen mit dem Hinweis darauf zu überzeugen, daß - sofern der Industriebetrieb selbst die Maßnahmen durchführen würde - die gleichen Risiken auch für ihn auftreten würden.“[162] Diese Argumentation belegt, daß es zwischen Contracting und der konventionellen Eigenerstellung unter den genannten Vertragsbedingungen keine Unterschiede gibt. Demnach weist das Contracting in diesem Fall auch keine Vorteile im Hinblick auf die Risikoübernahme auf.

Technische Risiken treten insbesondere bei der Erstellung der KWK-Anlage auf und bestehen in höheren Implementierungs- und Investitionskosten.

Wenn sich der Contractor zur Übernahme von Risiko bereit erklärt, dann wird er dieses bei der Gewinnforderung berücksichtigen. Durch die höhere Gewinnforderung des Contractors reduzieren sich jedoch auch die Chancen für den KWK-Nutzer. Dabei gilt: Je niedriger das Risiko eines Vertragspartners, desto niedriger sind auch seine Chancen.

Hinsichtlich der Risikoaufteilung läßt sich die Empfehlung geben, daß der jeweilige Vertragspartner möglichst die Risiken übernimmt, die er auch selbst beeinflussen kann.[163] Hierdurch ist es möglich, das Gesamtrisiko aus der Erstellung der KWK-Anlage zu reduzieren.[164] So übernimmt der Contractor das technische Risiko, da dieses aufgrund seiner hohen technischen Kompetenz am ehesten für ihn überschaubar ist.[165]

Der Nutzer der KWK-Anlage kann am ehesten die Betriebsrisiken beeinflussen, indem er beispielsweise in Form einer wohldimensionierten Kapazität der KWK-Anlage auf eine möglichst hohe Auslastung der KWK-Anlage achtet.

h. Staatliche Förderung

Problematisch wird das Contracting auch dann, wenn die Zuteilung von öffentlichen Fördermitteln gefährdet wird. Dieses gilt insbesondere, wenn die Fördermittel nur an Unternehmen bis zu einem bestimmten Umsatz vergeben werden oder die Förderung an die Aufbringung von Eigenmitteln gebunden ist.[166]

i. Möglichkeit der Konzentration auf Kernkompetenzen

Das eigentliche Ziel eines Unternehmens ist nicht die Eigenstromerzeugung, sondern die Erstellung einer bestimmten Leistung. Die Investition in eine KWK-Anlage kann von den Zielen des Unternehmens ablenken, indem Managementkapazitäten gebunden werden. Dieses

---

161 Frank, D.: Kraft-Wärme-Kopplung mit industriellen Contracting-Modellen, a.a.O., S. 5.

162 Frank, D.: Kraft-Wärme-Kopplung mit industriellen Contracting-Modellen, a.a.O., S. 6.

163 Seidel bezeichnet dies als Risikoallokation; vgl. Seidel, M.: Tendenzen bei Entwicklung und Einsatz von Blockheizkraftwerken, a.a.O., S. 375; siehe auch o.V.: Contracting in der kommunalen und industriellen Energieversorgung, a.a.O., S. 3.

164 Vgl. Hassel, P.: Contracting-Modelle für dezentrale Kraft-Wärme-Anlagen, a.a.O., S. 7.

165 Vgl. o.V.: Contracting in der kommunalen und industriellen Energieversorgung, a.a.O., S. 3; Seidel, M.: Tendenzen bei Entwicklung und Einsatz von Blockheizkraftwerken, a.a.O., S. 375ff.

166 Vgl. Suttor, W.: Praxis Kraft-Wärme-Kopplung, a.a.O., Teil 7/5.1, S. 3.

kann sich wiederum auf die Innovationskraft und damit die Wettbewerbsfähigkeit des Unternehmens auswirken.

Durch das Contracting ist es sowohl möglich, sich auf die Kernkompentenzen zu konzentrieren als auch die Vorteile, welche die Kraft-Wärme-Kopplung bietet, zu nutzen.[167]

V. Zusammenfassung Kapitel I

In diesem Kapitel wurde verdeutlicht, daß die Finanzierung bei der Entscheidung, in Kraft-Wärme-Kopplungsanlage zu investieren, eine nicht zu unterschätzende Rolle spielt. Wenn die Investitionsrechnung eine KWK-Anlage als profitabel einstuft, dann ist hiermit noch nicht gesichert, daß die Investition realisiert werden kann. Die Ursache dafür liegt häufig in fehlenden finanziellen Mitteln.

Zur Finanzierung der Kraft-Wärme-Kopplungsanlage stehen eine Reihe verschiedener Finanzierungsformen zur Verfügung, wie z.B. die klassische Eigen- oder Fremdfinanzierung, Finanzierungssubstitute wie das Leasing und der Mietkauf oder auch das speziell für die Kraft-Wärme-Kopplung entwickelte Contracting.

Jede dieser Finanzierungsformen hat ihre eigenen Vor- und Nachteile, die jedoch vielfach Ähnlichkeiten aufweisen. Die Vor- und Nachteile ergeben sich zum einen aus der Kapitalstruktur und zum anderen aus der Möglichkeit der Risikoabwälzung auf die Fremdkapitalgeber.

Der Nachteil einer hohen Fremdfinanzierung liegt in den hiermit verbundenen, auf lange Sicht fixen Tilgungs- und Zinszahlungen und der hieraus resultierenden Einengung des künftigen finanziellen Spielraums. Um finanzielle Engpässe in der Zukunft zu vermeiden, muß die Finanzierung möglichst so erfolgen, daß die Rückzahlung zu jedem Zeitpunkt sichergestellt ist. Daher kommt der Finanzplanung eine wichtige Rolle bei der Auswahl der richtigen Finanzierungsform und der entsprechenden Laufzeit zu.

Ein wesentliches Charakteristikum der reinen Fremdfinanzierung liegt in der erfolgsunabhängigen Entlohnung der Fremdkapitalgeber. Die erfolgsunabhängige Entlohnung hat den Vorteil, daß die Eigenkapitalrendite, sofern die KWK-Anlage einen wirtschaftlichen Erfolg darstellt, erhöht werden kann. Bei einem Mißerfolg der Anlage wirkt dieser Effekt jedoch in entgegengesetzter Richtung.

In diesem Kapitel wurde auf die Darstellung der klassischen Finanzierungsformen verzichtet, da die Vor- und Nachteile hinreichend bekannt sind. Das Leasing und der Mietkauf können für den Fall der Kraft-Wärme-Kopplung als reine Fremdfinanzierungsformen interpretiert werden, da zum einen jeweils fixe Zahlungen, ähnlich wie bei der Rückzahlung eines Darlehens, fällig werden und zum anderen davon ausgegangen werden kann, daß die KWK-Anlage beim Anlagennutzer zu bilanzieren ist. Die Aktivierungspflicht beim Anlagennutzer ist zwar vom Einzelfall abhängig, aber der spezielle Zuschnitt der KWK-Anlage auf den Endbenutzer ist als Spezial-Leasing, mit der Konsequenz einer Aktivierungspflicht, interpretierbar. Durch die Aktivierungspflicht fällt der Hauptvorteil des Leasings - eine mögliche Steuerersparnis - weg. Auch das häufig vorgebrachte Argument, Leasing sei auch dann möglich, wenn das Unternehmen anderweitig keine finanziellen Mittel aufnehmen kann, ist nicht nachvollziehbar, da der Leasinggeber ebenfalls nicht bereit ist, ein hohes Bonitätsrisiko zu übernehmen.

Als eine neue Finanzierungsform, die eine Reihe von Finanzierungs- und Investitionshemmnissen zu überwinden vermag, wird in der Literatur das sogenannte Contracting propagiert. Beim Contracting schließt der Nutzer der KWK-Anlage einen Vertrag mit einer Betreiberge-

[167] Vgl. Amerschläger, R. (Hoechst AG): Interview zum Abschluß eines Contracting-Vertrages zwischen der Hoechst AG und RWE, a.a.O., S. 1; Braunmühl, W. von: Contracting, Idee, Umsetzung, Erfahrungen, a.a.O., S. 358.

sellschaft. Diese Betreibergesellschaft finanziert die Investition in die Kraft-Wärme-Kopplungsanlage und erhält die Investitionssumme einschließlich der laufenden Kosten über den Strom- und Wärmepreis zurück. Die Vorteile des Contracting, so wird argumentiert, liegen in der Überwindung von Finanzierungshemmnissen, im spezifischen Wissen und in der Übernahme des wirtschaftlichen Risikos durch das Contracting-Unternehmen.

Diese Argumente müssen jedoch kritisch beurteilt werden, da die Vorteile des Contracting nur bei einer entsprechenden Vertragsgestaltung realisiert werden können. Ob ein Unternehmen die wirtschaftlichen Risiken abwälzen kann, ist jedoch fraglich, da der Contracting-Partner das Risiko nur unter der Erwartung einer entsprechend hohen Rendite übernehmen wird.

Die Contracting-Unternehmen stellen, um das eigene Risiko zu minimieren, sehr hohe Anforderungen an die Rahmenbedingungen, z.B. erwartete Mindestlaufzeit und maximale Investitionskosten pro kW_{el}, ohne deren Erfüllung sie nicht zum Vertragsabschluß bereit sind. Aufgrund dieser hohen Anforderungen kann jedoch davon ausgegangen werden, daß nur ein geringes Risiko hinsichtlich des Investitionserfolges besteht. Unter diesen Bedingungen kann der KWK-Nutzer auch selbst die Investition durchführen.

Das Wissen, das ein Contracting-Unternehmen in das KWK-Projekt einbringt, läßt es sich durch einen Gewinnaufschlag vergüten. In diesem Punkt unterscheidet sich das Contracting-Unternehmen nicht von einem Generalunternehmer. Einen Unterschied gibt es jedoch im Hinblick auf das Erstellungsrisiko, da die Investitionssumme vertraglich festgelegt werden kann und negative Abweichungen dann zu Lasten des Contracting-Unternehmens gehen. Es ist jedoch anzumerken, daß das Contracting-Unternehmen nur bereit ist, dieses Erstellungsrisiko zu übernehmen, wenn dieses kalkulierbar ist.[168]

Weiterhin wird Contracting für die Finanzierung als vorteilhaft dargestellt, da sich die Investitionskosten durch den Strom- und Wärmebezug beim Contracting-Unternehmen amortisieren. Inwiefern dies vorteilhafter als bei den klassischen Finanzierungsformen ist, hängt von der Vertragsgestaltung ab. Das Contracting-Unternehmen wird jedoch bestrebt sein, vertraglich eine Mindestabnahme an Strom und Wärme zu vereinbaren, um das eigene Risiko möglichst zu reduzieren. Zusätzlich zu den Mindestabnahmeklauseln werden die Strom- und Wärmebezugskosten an die allgemeine Preisentwicklung gekoppelt. Hierdurch kann das Unternehmen weder das Mengen- noch das Preisgerüst beeinflussen, so daß die künftigen Zahlungen fix sind. Sind fixe Zahlungen vertraglich festgelegt, dann können keine Unterschiede zu den fixen Zahlungen des Leasing oder den Rückzahlungen eines Darlehens festgestellt werden.

Insgesamt kann also bezweifelt werden, daß durch das Contracting das Risiko aus der KWK-Investition reduziert werden kann oder die Investition vorteilhafter wird. Wenn sich ein Contracting-Unternehmen findet, dann ist dies ein Zeichen, daß das Projekt eine hohe Rentabilität verspricht.

---

[168] Vgl. Frank, D.: Kraft-Wärme-Kopplung mit industriellen Contracting-Modellen, a.a.O., S. 7.

J. Schlußbetrachtung

Der Einsatz von Kraft-Wärme-Kopplungsanlagen als Investitionsgut zur industriellen Eigenerzeugung von Energie trägt zur Schonung der weltweiten Energiereserven und zur Reduzierung der Schadstoffbelastung bei. Neben diesen ökologischen Vorteilen kann eine Kraft-Wärme-Kopplungsanlage auch aus betriebswirtschaftlicher Sicht vorteilhaft sein, indem sie die innerbetriebliche Energienachfrage eines industriellen Unternehmens kostengünstiger deckt als bei Energiefremdbezug. Die betriebswirtschaftlichen Vorteile sind jedoch nicht immer gegeben. Vielmehr setzt die Realisierung der Vorteile zum einen umfangreiche Planungen bereits beim Konzipieren der Kraft-Wärme-Kopplungsanlage, und zum anderen eine optimale Betriebsweise nach Erstellung der Anlage voraus.

Im Planungsstadium ist aus einer Vielzahl verschiedener Kraft-Wärme-Kopplungskonzepte das für das einzelne Unternehmen geeignete Konzept auszuwählen und exakt auf den langfristigen innerbetrieblichen Energiebedarf abzustimmen. Hierbei sind sowohl innerbetriebliche Faktoren, wie z.B. das erforderliche Temperaturniveau der nachgefragten Wärme und der Lastverlauf des betrieblichen Strom- und Wärmebedarfs, als auch außerbetriebliche Faktoren, z.B. die Strom- und Brennstoffpreisentwicklung, zu beachten. In dieser Arbeit wurden die außerbetrieblichen Faktoren analysiert und Instrumente aufgezeigt, die geeignet sind, die innerbetrieblichen Faktoren planbar zu machen. Darüber hinaus wurde festgestellt, daß bereits im Planungsstadium eine Differenzierung in fixe und variable Kostenbestandteile vorteilhaft ist. Diese Unterscheidung bildet die Grundlage, Abweichungen von inner- und außerbetrieblichen Faktoren vom Planwert und die daraus resultierenden Konsequenzen für die Wirtschaftlichkeit zu analysieren.

Für den Einsatz einer Kraft-Wärme-Kopplungsanlage müssen verschiedene betriebliche Voraussetzungen erfüllt sein, damit eine Investition einen wirtschaftlichen Erfolg erzielt: Der innerbetriebliche Wärmebedarf muß eine ausreichende Höhe aufweisen, um Größendegressionseffekte realisieren zu können. Je größer hierbei die Anlage, desto geringer die spezifischen Investitionskosten und desto geringer die Kosten pro erzeugter Einheit Strom und Wärme. Weiterhin sollten der Strom- und Wärmebedarf möglichst synchron und gleichmäßig über den Tag und das Jahr verteilt sein, um eine hohe Anlagenauslastung zu ermöglichen.

Die langfristige Planung wird erschwert, da sowohl die künftigen Entwicklungen auf den Brennstoffmärkten als auch die Entwicklung des unternehmensspezifischen Energiebedarfs ungewiß sind. Wie sich Planabweichungen sensitiver Einflußgrößen auf die Wirtschaftlichkeit auswirken, wurde in dieser Arbeit anhand spezieller Investitionsrechenverfahren veranschaulicht. Ebenfalls wurde aufgezeigt, wie bereits durch Entscheidungen im Planungsprozeß die negativen Auswirkungen der ungewissen künftigen Entwicklung vermindert werden können. Je kleiner z.B. die Kraft-Wärme-Kopplungsanlage im Verhältnis zum langfristigen Strom- und Wärmebedarf dimensioniert ist, desto geringer ist das Risiko einer Unterauslastung aufgrund eines geringeren künftigen Energiebedarfs.

Ein betriebswirtschaftliches Optimierungsproblem besteht darin, den Widerspruch zwischen der Forderung nach geringer Dimensionierung zur Reduzierung des Risikos eines verminderten innerbetrieblichen Strom- und Wärmebedarfs und der Forderung nach großer Anlagendimensionierung zur Realisierung von Größendegressionseffekten aufzulösen.

Negativ wird die Wirtschaftlichkeit von Kraft-Wärme-Kopplungsanlagen auch durch die Liberalisierung des Elektrizitätsmarktes beeinflußt. Ein höherer Wettbewerb auf dem Elektrizitätsmarkt führt zu sinkenden Strompreisen und damit auch zu geringeren Erlösen sowohl bei der Stromgutschrift als auch bei der Einspeisevergütung. Die Liberalisierung des Elektrizitätsmarktes wird jedoch zunächst nur für Unternehmen mit einem hohen Stromfremdbezug gelten. Durch die Eigenerzeugung von Strom reduziert sich jedoch der Stromfremdbezug, mit der Konsequenz, eventuell nicht an der Liberalisierung des Elektrizitätsmarktes teilhaben zu können.

Es konnte in dieser Arbeit gezeigt werden, daß sich nur die wenigsten Kraft-Wärme-Kopplungskonzepte aufgrund des hohen Mindestleistungsbedarfs für einen breiten industriellen Einsatz eignen. Für den Einsatz im mittelständischen industriellen Unternehmen eignet sich meist nur das Konzept „Blockheizkraftwerk". Dieses Konzept bietet grundsätzlich die Möglichkeit der modularen Bauweise, d.h. die Aufteilung der gesamten Anlagenleistung auf mehrere kleine Aggregate. Durch die Wahl eines modularen Systems läßt sich einerseits die Anlagenauslastung erhöhen und damit die Wirtschaftlichkeit verbessern, andererseits steigen die spezifischen Investitionskosten mit negativen Auswirkungen auf die Wirtschaftlichkeit.

Nach Erstellung der Kraft-Wärme-Kopplungsanlage kann durch eine optimale Betriebsweise die Wirtschaftlichkeit erhöht werden. Die optimale Betriebsweise umfaßt Überlegungen zur Wartungsstrategie und zur Anlagenfahrweise. Es konnte gezeigt werden, daß nur eine Fahrweise mit dem Ziel den Deckungsbeitrag zu maximieren, stets die beste Wirtschaftlichkeit gewährleistet. Diese Fahrweise wurde im Rahmen dieser Arbeit deckungsbeitragsorientierte Anlagenfahrweise genannt. Auf der Grundlage dieser deckungsbeitragsorientierten Fahrweise wurde ein Algorithmus aufgezeigt, der für die verschiedenen betrieblichen Situationen stets einen wirtschaftlich optimalen Anlagenbetrieb gewährleistet.

In dieser Arbeit wurden weiterhin die generellen Vor- und Nachteile einer zunehmenden Fertigungstiefe diskutiert. Mit zunehmender Fertigungstiefe steigen auch die Fixkosten. Je höher die Fixkosten sind, desto geringer ist die Flexibilität des Unternehmens, auf sich ändernde Umweltbedingungen zu reagieren. Die Konsequenzen aus der geringeren Flexibilität müssen mit den Vorteilen der Kraft-Wärme-Kopplung, d.h. dem Kosteneinsparungspotential, abgewogen werden.

Neben den hohen Fixkosten sind die Finanzierung und die lange Amortisationsdauer Hemmnisse, in die Technik der Kraft-Wärme-Kopplung zu investieren. Es wurde hierbei insbesondere diskutiert, inwiefern das speziell im Energiebereich angewandte Contracting diese Hemmnisse zu überwinden vermag. Dazu konnte festgestellt werden, daß die Vor- und Nachteile des Contractings in hohem Umfang von der Vertragsgestaltung zwischen Contractor und dem jeweiligen Unternehmen beeinflußt werden. Generell kann jedoch bezweifelt werden, daß mit dem Contracting alle genannten Hemmnisse überwunden werden.

Resümierend läßt sich feststellen, daß die Eigenerzeugung von Energie mittels einer Kraft-Wärme-Kopplungsanlage neben ökologischen Vorteilen auch aus betriebswirtschaftlicher Sicht interessant sein kann. Es bedarf jedoch im Einzelfall umfangreicher Untersuchungen zur Wirtschaftlichkeit, wobei die vorliegende Arbeit eine Grundlage hierfür sein soll.

Literaturverzeichnis

Adam, S.: Optimierung der Anlageninstandhaltung. Verfügbarkeitsanforderungen, Ausfallkosten und Ausfallverhalten als Bestimmungsgrößen wirtschaftlich sinnvoller Instandhaltungsstrategien, Berlin 1989.

Adler, Düring, Schmaltz: Rechnungslegung und Prüfung der Unternehmen, Kommentar zum HGB, AktG, GmbHG, PublG nach den Vorschriften des Bilanzrichtlinien-Gesetz, Band I, 5. Auflage, Stuttgart 1987.

Aggteleky, B., *Bajna*, N.: Projektplanung, München/Wien 1992.

Ahlheim, K.-H.: Die Energie, Mannheim 1983.

Aita, R.; *Veit*, W., *Schlichtenberger*, W.: Planungs- und Bauablauf. Die Steuerung bauwirtschaftlicher und baubetrieblicher Prozesse, Wien/New York 1976.

Albach, H.: Investitionsrechnungen bei Unsicherheit, in: Büschgen, H.-E. (Hrsg.), Handwörterbuch der Finanzwirtschaft, Enzyklopädie der Betriebswirtschaftslehre, Band VI, Stuttgart 1976, Sp. 893-908.

Albach, H.: Wirtschaftlichkeitsrechnung bei unsicheren Erwartungen, Köln/Opladen 1959.

Alber, G., *Fritsche*, U.: Energie Report Europa, Frankfurt am Main 1991.

Albers, K., *Stelzner*, P.: Ein Verfahren zur Prognose von Lastganglinien für unterschiedliche Einsatzgebiete, in: Elektrizitätswirtschaft, Jahrgang 92 (1993), Heft 6, S. 282-287.

Altrogge, G.: Investition, 3. Auflage, Oldenburg 1994.

Amerschläger, R. (Höchst AG), Interview zum Abschluß eines Contracting-Vertrages zwischen der Höchst AG und RWE, in: Energie & Management, Zeitung für den Energiemarkt, 15.05.1996, S. 1-2.

Argentini, J.: Die Langfristplanung im Unternehmen, München 1970.

Ayres, U.: Prognose und langfristige Planung in der Technik, München 1971.

Bamberg, G., *Baur*, F.: Statistik, 5. Auflage, München 1987.

Baumann, H.: Umweltschutz durch Effizienz. Technik hat Energieverbrauch vom Wachstum abgekoppelt, in: Die Welt, Sonderbeilage Welt der Energie III, 11.06.1997, S. G1.

Baumol, W.J., *Panzar*, J.C., *Willig*, R.D.: Contestable Markets and the Theory of Industry Structure, New York 1988.

Beck, P.: Vergütung von Stromeinspeisungen aus KWK. Die Initiative Brandenburgs und neuere Entwicklungen, Tagungsbericht, Euroforum-Konferenz „Kraft-Wärme-Kopplung“, Düsseldorf 07.-08.03.1995.

Becker, B., Leiter der Siemens-Gasturbinentechnik, zitiert in: Röhrlich, D.: Unter Druck gesetzt. Die Ausbeute an Strom wird größer, der Ausstoß von Klimagasen sinkt, in: Wirtschaftswoche vom 08.08.96, Nr. 33, S. 74-78.

Becker, E.: Deutsche Energiepolitik und ihre internationalen Herausforderungen, in: RWE Energie, 14. Hochschultage Energie, Tagungsbericht, Essen 29.-30.09.1993, S. 9-24.

Bellmann, K.: Die wirtschaftlich optimale Deckung des Elektrizitätsbedarfs. Ein simulatives Planungssystem als Entscheidungshilfe für die Investitionspolitik zur Elektroenergieversorgung, Frankfurt a.M. / Zürich 1975.

Belting, T.: Analyse der Bewertungsmethoden für Strom- und Nutzwärmekosten, in: Brennstoff-Wärme-Kraft (BWK), Jahrgang 84, Band 36, Heft 11, S. 457-462.

Belting, T.: Blockheizkraftwerke, in: Fachinformationszentrum Karlsruhe, Gesellschaft für wissenschaftlich-technische Information (Hrsg.), Bürgerinformation Neue Energietechniken (Bine), 2. Auflage, Köln 1993.

Bennigsen-Foerder, R. von: Umwelt und Energie. Kennzeichen des künftigen Fortschritts, in: Zeitschrift für Energiewirtschaft, Jahrgang 39 (1989), Heft 25, S. 1777.

Berge, W.: Reduzierung von Energiekosten. Contracting. Aufgabe und Chance, in: Energie. Das Magazin für Wirtschaft, Forschung, Technik und Umwelt, Jahrgang 46 (1994), Heft 9/94, Düsseldorf, S. 28-32.

Bergner, H.: Der Ersatz fixer Kosten durch variable Kosten, Zeitschrift für betriebswirtschaftliche Forschung, 19. Jahrgang 1967, S. 141-162.

Bergner, H.: Die Planung des Zukunftserfolges bei der Bewertung der Unternehmung als Ganzem, in: Ries, J., Kortzfleisch, G. von (Hrsg.), Betriebswirtschaftliche Planung zu industriellen Unternehmungen, Festgabe für Prof. Dr. Theodor Beste, Berlin 1959, S. 175-209.

Bergner, H.: Innerbetriebliche Leistungsverrechnung, in: Grochla, E., Wittmann, W. (Hrsg.), Handwörterbuch der Betriebswirtschaftslehre, Band 2, 4. Auflage, Stuttgart 1975, Sp. 2483-2496.

Bergner, H.: Vorbereitung der Produktion, physische, in: Kern, W. (Hrsg.), Handwörterbuch der Produktion, Stuttgart 1979, Sp. 2173-2186.

Bergner, H.: Zur Planung und ihrer frühen literarischen Behandlung, in: Kortzfleisch, G. von, Bergner, H. (Hrsg.), Betriebswirtschaftliche Unternehmensführung, Gedächtnisschrift für Theodor Beste, Berlin 1975, S. 1-56.

Bertelmann, H., *Braunmühl*, W. von: Leitfaden für Contracting-Verfahren bei Kraft-Wärme gekoppelten Anlagen in Industrie- und Gewerbebetrieben, Bericht des Wuppertal Institut für Klima - Umwelt - Energie, Wuppertal 1993.

Beste, T.: Fertigungswirtschaft und Beschaffungswesen, in: Hax, K., Wessels, T., Handbuch der Wirtschaftswissenschaften, Band I, 2. Auflage, Köln und Opladen 1966, S. 111-275.

Betge, P.: Investitionsplanung, Wiesbaden 1991.

Beuton, E.-G.: The Basics of Investing, 5. Auflage, New York 1992.

Birnbaum, K.-U., *Wagner*, H.-J.: Einheitliche Berechnung von CO_2-Emissionen, in: Energiewirtschaftliche Tagesfragen, Zeitschrift für Energiewirtschaft, Recht, Technik und Umwelt, Jahrgang 42 (1991), Düsseldorf, Heft ½, S. 78-80

Bischof, T.: Der Weg vom Konzept zur Unterschrift. Projektentwicklung von Contracting-Vorhaben, in: Energie. Das Magazin für Wirtschaft, Forschung, Technik und Umwelt, Jahrgang 47 (1995) Heft 7/8/95, Düsseldorf, S. 45-49.

Blohm, H, *Lüder*, K.: Schwachstellenanalyse des Investitionsbereichs und Investitionsrechnung, 8. Auflage, München 1995.

Blohm, H., *Lüder*, K.: Investition, Schwachstellen im Investitionsbereich des Industriebetriebes und Wege zu ihrer Beseitigung, 7. Auflage, München 1991.

Blohm, H., *Steinbruch*, K.: Technische Prognosen in der Praxis. Methoden, Beispiele, Probleme, Düsseldorf 1972.

Blotevogel, K., *Haverkamp*, J., *Seeger*, T.: Realisierung eines Systems zur Lastprognose und Tageseinsatzoptimierung, in: Elektrizitätswirtschaft, Jahrgang 90 (1991), Heft 19, S. 1028-1032.

Bohn, D.: Stand der Technik und Entwicklungsperspektiven in der Kraft-Wärme-Kopplung, in: Arbeitsgemeinschaft für sparsamen und umweltfreundlichen Energieverbrauch (ASUE) e.V. (Hrsg.), Internationale Fachtagung „Kraft-Wärme-Kopplung. Energie sparen, Umwelt schonen", Band 16, Essen 1995, S. 66-87.

Bohr, K.: Wirtschaftlichkeit, in: Kosiol, E., Chmielewicz, K., Schweitzer, M. (Hrsg.), Enzyklopädie der Betriebswirtschaftslehre, Band III, Handwörterbuch des Rechenwesens, 2. Auflage, Stuttgart 1981, Sp. 1795-1805.

Borch, G., *Fürböck*, L., *Mansfeld*, L., *Winje*, D.: Energiemanagement, in: Winje D., Hanitsch R. (Hrsg.), Handbuchreihe Energieberatung und Energiemanagement, Band I, Berlin u.a. 1991.

Börner, D.: Kostenverteilung, Prinzipien und Technik, in: Kosiol, E., Chmielewicz, K., Schweitzer, M. (Hrsg.), Enzyklopädie der Betriebswirtschaftslehre, Band III, Handwörterbuch des Rechnungswesens, 2. Auflage, Stuttgart 1981, Sp. 1105-1114.

Böttcher, C., *Rákoczy*, T.: Klimatechnik, in: Beitz, W., Küttner, K.-H., (Hrsg.), Dubbel. Taschenbuch für den Maschinenbau, 17. Auflage, Berlin/Heidelberg u.a. 1990, M 1-M 106.

Bouillon, H., *Ebersbach*, K.-F., *Rudolf*, M., *Schaefer*, H.: Technologien zur Einsparung von Energie, in: BMFT, Studie ET-5012A: Energieanwendung Industrie-Einführung, Bonn 1978.

Bouillon, H.: Möglichkeiten und Grenzen der Kraft-Wärme-Kopplung, in: RWE Energie, 14. Hochschultage Energie, Tagungsbericht, Essen 29.-30.09.1993, S. 39-54.

Brandt, H.: Investitionspolitik des Industriebetriebes, Wiesbaden 1970.

Braun, H.: Optimale Lastaufteilung in Versorgungsunternehmen mit Kraft-Wärme-Kopplung unter Berücksichtigung des Fernwärmenetzes, Dissertation, Aachen 1985.

Braunmühl, W. von: Contracting, Idee, Umsetzung, Erfahrungen, in: Energiewirtschaftliche Tagesfragen, Zeitschrift für Energiewirtschaft, Recht, Technik und Umwelt, Jahrgang 44 (1994), Düsseldorf 1994, Heft 6, S. 354-361.

Breuer H.: dtv-Atlas zur Physik, Band 1 Mechanik - Akustik - Thermodynamik - Optik, München 1987.

Brink, H.-J.: Zur Planung des optimalen Fertigungsprogramms, Dissertation, Saarbrücken 1968.

Bublitz, D.: Kraft-Wärme-Kopplung am Beispiel der Versorgung einer Großstadt, in: VDI-Gesellschaft Energietechnik (Hrsg.), Möglichkeiten und Grenzen der Kraft-Wärme-Kopplung, VDI-Bericht 923, Tagung in Würzburg vom 29.-30.10.91, Düsseldorf 1991, S. 123-138.

Büchner, J., *Wieber*, W.: Realisierung, in: Suttor, K.-H., Suttor, W. (Hrsg.), Handbuch der Kraft-Wärme-Kopplung. Für Planer, Betreiber, Ausbildung., Karlsruhe 1991, S. 230-250.

Buchner, R., *Weinreich*, J.: Zur Frage des rechentechnischen Problems der Mehrdeutigkeit des internen Zinsfußes, in: Zeitschrift für betriebswirtschaftliche Forschung (ZfbF), Jahrgang 31 (1979), S. 128-136.

Buchner, R.: Die Bedeutung des Verschuldungsgrades für die Aufstellung von Regeln zur optimalen Finanzierungsentscheidung, in: Wirtschaftswissenschaftliches Studium (WiSt), Heft 2, Jahrgang 9 (1980), S. 53 - 58.

Buchner, R.: Grundzüge der Finanzanalyse, München 1981.

Buchner, R.: Zur Frage der Zweckmäßigkeit des internen Zinsfußes als investitionsrechnerisches Auswahlkriterium, in: Zeitschrift für Betriebswirtschaft, Jahrgang 43 (1973), S. 693-710.

Budde, H.-J., *Deuster*, G., *Zahn*, G.: Zusammenarbeit der Anlagenbetreiber mit der Versorgungswirtschaft, in: Suttor, K.-H., Suttor, W. (Hrsg.), Handbuch der Kraft-Wärme-Kopplung. Für Planer, Betreiber, Ausbildung., Karlsruhe 1991, S. 201-220.

Büdenbender, U.: Energierecht. Eine systematische Darstellung des gesamten Rechts der öffentlichen Energieversorgung, in: TÜV Rheinland, Handbuchreihe Energie, Band 15, München/Köln 1982.

Busse von Colbe, W., *Laßmann*, G.: Betriebswirtschaftstheorie, Band 3, Investitionstheorie, 3. Auflage, Berlin/Heidelberg u.a. 1990.

Busse, F.-J.: Grundlagen der betrieblichen Finanzwirtschaft, 3. Auflage, München 1993.

Busse, L., *Klepper*, H.: Dampfturbinen, in: Beitz, W., Küttner K.-H., (Hrsg.), Dubbel. Taschenbuch für den Maschinenbau, 17. Auflage, Berlin/Heidelberg u.a. 1990, R 53-R 64

Bussmann, K.-F.: Produktionsrisiken, in: Kern W. (Hrsg.): Enzyklopädie der Betriebswirtschaftslehre, Band VII, Handwörterbuch der Produktion, Stuttgart 1979, Sp.1572-1585.

Bußmann, W.: Fernwärme vom Acker, in: Energie Spektrum. Das Magazin für das Energiemanagement, Jahrgang 10 (1995), S. 40.

Clausnitzer, G.: Elektrizität. Schlüssel für technischen Fortschritt und Energiesparen, in: Hauptberatungsstelle für Elektrizitätsanwendung (HEA) e.V., Strom in der Welt von Morgen, Frankfurt am Main 1988, S. 99-117.

Cube, H.-L.: Handbuch der Energiespartechniken, Band 1 und 2, Karlsruhe 1983.

Czakainski, M.: Energie für die Zukunft: Kernenergie. Bilanz und Perspektive, Frankfurt/Main, Berlin 1989.

Dähler, J.: Finanzierung von Energie- und Kraftanlagen, Tagungsbericht, Euroforum-Konferenz „Kraft-Wärme-Kopplung", Düsseldorf 07.-08.03.1995.

Däumler, K.-D., Grabe, J.: Kostenrechnung 3, Plankostenrechnung, 2. Auflage, Berlin 1988.

Däumler, K.-D.: Grundlagen der Investitions- und Wirtschaftlichkeitsrechnung, 6. Auflage, Berlin 1989.

Deparde, K.: Preis- und Tarifpolitik für elektrische Energie, in: Arbeitsgemeinschaft Weiterbildung Energie und Wasser (AGE) e.V. (Hrsg.), Der Kaufmann in der Energie- und Wasserversorgung, 3. Auflage, Frankfurt am Main 1992, S. 545-570.

Determann, H.-G.: Energiewirtschaftliche Einbindung, in: Suttor, K.-H., Suttor, W. (Hrsg.), Handbuch der Kraft-Wärme-Kopplung. Für Planer, Betreiber, Ausbildung., Karlsruhe 1991, S. 190-199.

Deuster, G.: Grundlagen der deutschen Fernwärmewirtschaft, in: Arbeitsgemeinschaft Weiterbildung Energie und Wasser (AGE) e.V. (Hrsg.), Der Kaufmann in der Energie- und Wasserversorgung, 3. Auflage, Frankfurt am Main 1992, S. 77-108.

Dinkelbach, W., *Isermann*, H.: Sensitivitätsanalysen bei Finanzplanungsmodellen, in: Seelbach, H.: Finanzierung, München 1980, S. 227 - 241.

Dittwald, F.: Wärmekraftanlagen, in: Weiterbildendes Studium „Energieplanung und Energiemanagement in Entwicklungsländern", Bereich Energietechniken der betrieblichen Ebene, Abschnitt 30, Schulungsunterlagen der Technischen Universität Berlin, Berlin 1990.

Drepper, W.: Kraft-Wärme-Kopplung in der kommunalen Energieversorgung bei vollständiger Berücksichtigung des elektrischen Verbundsystems, Aachen 1993.

Druckarcyk, J.: Investitionstheorie und Konsumpräferenz, Berlin 1970.

Druckarcyk, J.: Unternehmen und Insolvenz, Wiesbaden 1987.

Drukarczyk, J.: Theorie und Politik der Finanzierung, 2. Auflage, München 1993.

Dubois, R.: Optimale Tageseinsatzplanung von Kraft-Wärme-Kopplungs-Systemen unter Berücksichtigung von Kurzwärmespeichern, Dissertation, Aachen 1986.

Ebel, H.-R.: Durchleitung, Preisrecht und kartellrechtliche Mißbrauchsaufsicht in ihren Auswirkungen auf die Preisstruktur eines Energieversorgungsunternehmens, in: Verband der Industriellen Energie- und Kraftwirtschaft e.V. (VIK), VIK-Mitteilungen 2-1992, Essen 1992, S. 30-35.

Ebel, H.-R.: Entwicklung der kartellrechtlichen Mißbrauchsaufsicht über die Strompreise, in: Verband der Industriellen Energie- und Kraftwirtschaft e.V. (VIK), VIK-Mitteilungen 2-1993, Essen 1993, S. 40-43.

Ebersbach, K.-F.: Zur Methodik der Energieanalyse und -kontrolle: Lehrstuhl für Energiewirtschaft und Kraftwerkstechnik der Technischen Universität München (Hrsg.), Struktur und Tendenzen in der industriellen Energiebedarfsdeckung, VDI/VDE/GFPE-Tagung in Schliersee am 06./07.05.1985, Berlin/Heidelberg u.a. 1985, S. 68-75.

Edwin, K.W., *Braun*, H., *Dubois*, R.: Wirtschaftliche Tageseinsatzplanung für Versorgungssysteme mit Kraft-Wärme-Kopplung, Energiewirtschaftliche Tagesfragen, Zeitschrift für Energiewirtschaft, Recht, Technik und Umwelt, Jahrgang 33 (1983), Düsseldorf 1983, Heft 7, S. 499-508.

Edwin, K.-W., Technische Planung. Grundlage energiewirtschaftlicher Konzepte, in: Energiewirtschaftliche Tagesfragen, Zeitschrift für Energiewirtschaft, Recht, Technik und Umwelt, Jahrgang 31 (1981), Düsseldorf 1981, Heft 6, S. 468-477.

Eickhoff, G.: Concepts of Energy Technology, in: VDI-GET Conf.: Influence of Man on Climate III, Düsseldorf 1992, 2. Auflage, 1993, S. 39-52.

Elsässer, R., *Maier*, W.: Profitables Potential? Elektrisches Potential und Wirtschaftlichkeit der Kraft-Wärme-Kopplung, in Industrie und Gewerbe, in: Energie. Das Magazin für Wirtschaft, Forschung, Technik und Umwelt, Jahrgang 36 (1984), Heft 1, Düsseldorf, S. 17-20.

Fey, B.: Dampf-Heizkraftwerke, in: Suttor, K.-H., Suttor, W. (Hrsg.), Handbuch der Kraft-Wärme-Kopplung. Für Planer, Betreiber, Ausbildung., Karlsruhe 1991, S. 13-28.

Fietig, M.: Kleinblockheizkraftwerk macht von sich reden, in: Umwelt Magazin, Jahrgang (1993), Nr. 7, S. 52.

Finsinger, J.: Grundsätze der Tarifgestaltung. Ein Beitrag zur aktuellen Diskussion des degressiven Stromtarifs, Zeitschrift für Energiewirtschaft, Jahrgang 3 (1979), Heft 3, S. 188-194.

Finsinger, J.: Wettbewerb und Regulierung, München 1991.

Fischer, J.: Heuristische Investitionsplanung. Entscheidungshilfen für die Praxis, Berlin 1981.

Fischer, O., Jahnsen, H.-M.: Langfristige Finanzplanung deutscher Unternehmen, Hamburg 1975.

Flosdorff, R., Hilgarth, G.: Elektrische Energieverteilung, in: Moeller, F., Fricke, H., Frohne, H. (Hrsg.), Leitfaden der Elektrotechnik, Band IX, 5. Auflage, Stuttgart 1986.

Forster, K.-H: Erläuterungen zu den für alle Kaufleute geltenden Vorschriften zum Jahresabschluß, in: Institut für Wirtschaftsprüfer e.V. (Hrsg.), Wirtschaftsprüfer-Handbuch, Handbuch für Rechnungslegung, Prüfung und Beratung, Band I, 10. Auflage, Düsseldorf 1992, Abschnitt E, Rn. 1-427.

Forster, K.-H: Erläuterungen zu den für Kapitalgesellschaften geltenden ergänzenden Vorschriften zum Jahresabschluß und zum Lagebericht sowie zum Abhängigkeitsbericht, in: Institut für Wirtschaftsprüfer e.V. (Hrsg.), Wirtschaftsprüfer-Handbuch, Handbuch für Rechnungslegung, Prüfung und Beratung, Band I, 10. Auflage, Düsseldorf 1992, Abschnitt F, Rn. 1-766.

Frank, D.: Kraft-Wärme-Kopplung mit industriellen Contracting Modellen, Tagungsbericht, Euroforum-Konferenz „Kraft-Wärme-Kopplung", Düsseldorf 07.-08.03.1995.

Franke, G., *Hax*, H.: Finanzwirtschaft des Unternehmens und Kapitalmarkt, 2. Auflage, Berlin, Heidelberg, New York 1990.

Freiburger Elektrizitäts- und Wasserversorgungs GmbH, Allgemeine Tarife für die Versorgung mit elektrischer Energie 1995.

Friedrich, U.: Blockheizkraftwerke. Technik, Wirtschaftlichkeit, Anwendungsbedingungen, in: Fachinformationszentrum Karlsruhe, Gesellschaft für wissenschaftlich-technische Information (Hrsg.), Bürgerinformation Neue Energietechniken (Bine), Bine Projekt Info-Service Nr. 21, Bonn 1993, S. 1-4.

Frischmuth, G.: Daten als Grundlage für Investitionsentscheidungen, Theoretische Anforderungen und praktische Mög-lichkeiten der Datenermittlung im Rahmen des investitionspolitischen Entscheidungsprozesses, Berlin 1969.

Fuchs, M., *Eingartner*, M.: Grenzen der Nutzung regenerativer Energien, internes unveröffentliches Arbeitspapier, Verein deutscher Ingenieure (VDI), München 1994, S. 359-381.

Fürlinger, M.: Die Entscheidung für Beschaffung oder Eigenfertigung in Hinblick auf die Unternehmensführung, Dissertation, Stuttgart 1971.

Gabrysch, H.: Planung und Realisierung moderner KWK-Anlagen, Tagungsbericht, Euroforum-Konferenz „Kraft-Wärme-Kopplung", Düsseldorf 07.-08.03.1995.

Gallus, G.: Betriebsmittel: Begriffe und Arten, in: Kern W. (Hrsg.): Enzyklopädie der Betriebswirtschaftslehre, Band VII, Handwörterbuch der Produktion, Stuttgart 1979, Sp. 354-362.

Gälweiler A.: Abrechnung der Energiekosten, in: Kosiol E., Chmielewicz, K., Schweitzer, M. (Hrsg.), Enzyklopädie der Betriebswirtschaftslehre, Band III, Handwörterbuch des Rechenwesens, 2. Auflage, Stuttgart 1981, Sp. 463-471.

Gans, K.: Die analytische Kostenplanung als Grundlage der Grenzplan-Kostenrechnung, in: Scheer, A.-W. (Hrsg.), Grenzplankostenrechnung. Stand und aktuelle Probleme, Wiesbaden 1988, S. 209-227.

Garding, C.: Gib Gas! Neue Anbieter, Politik und das Kartellamt wollen das deutsche Gasmonopol brechen. Die Preise sinken, in: Focus, Heft 44, 1995, S. 292-296.

Gautier, F.: Wir müssen uns dem Wettbewerb stellen, in: Informationszentrale der Elektrizitätswirtschaft (IZE) e.V. (Hrsg.), Stromthemen, Informationen zu Energie und Umwelt, Jahrgang 13, Frankfurt am Main 1996, Nr. 1, S. 1-3

GERTEC-Ingenieure: Mögliche Finanzierungs- und Betreiberkonzeptionen für das Blockheizkraftwerk Groß-Zimmern, in: Hessisches Ministerium für Umwelt, Energie und Bundesangelegenheiten (Hrsg.), Wiesbaden 10/1992.

Gerwin, R.: Die Weltenergieperspektive, Stuttgart 1980.

Glatzel, W.-D. u.a.: Kosten und Effektivität in der Umwelt- und Energiepolitik, in: VDI-GET Jahrbuch 95, Düsseldorf 1995.

Gneuss, M.: Die Revolution läßt auf sich warten. Alternative Energien legen nur langsam zu - Öl, Kohle und Gas bleiben dominierend - Zukunft liegt bei Brennstoffzellen, in: Die Welt, Sonderbeilage Welt der Energie I, 09.06.1997, S. G6.

Gollas, A.: Gasturbinen-Heizkraftwerke,in: Suttor, K.-H., Suttor, W. (Hrsg.), Handbuch der Kraft-Wärme-Kopplung. Für Planer, Betreiber, Ausbildung., Karlsruhe 1991, S. 29-48.

Gollas, A.: Genehmigung, in: Suttor, K.-H., Suttor, W. (Hrsg.), Handbuch der Kraft-Wärme-Kopplung. Für Planer, Betreiber, Ausbildung., Karlsruhe 1991, S. 251-271.

Gollas, A.: Umweltaspekte und Genehmigungsverfahren, in: Verband der Industriellen Energie- und Kraftwirtschaft (VIK) e.V. (Hrsg.), VIK-Bericht Nr. 195, Gasturbinen in der Industrie, Essen 1986, S. 51-56.

Göricke, P.: Blockheizkraftwerke. Ihre Technik. Ihre Probleme, in: Energiewirtschaftliche Tagesfragen, Zeitschrift für Energiewirtschaft, Recht, Technik und Umwelt, Jahrgang 38 (1988), Düsseldorf 1988, Heft 3, S. 173-176.

Götze U., *Bloech*, J.: Investitionsrechnung. Modelle und Analyse zur Beurteilung von Investitionsvorhaben, 2. Auflage, Berlin 1995.

Götzinger, M., *Michael*, H.: Kosten- und Leistungsrechnung, Grundstudium Betriebswirtschaftslehre, Band 2, 4. Auflage, Heidelberg 1985.

Grawe J., *Loew*, H., *Turowske*, R.: Potentiale zur Minderung der CO2-Emissionen in der Bundesrepublik Deutschland, in: Zeitschrift für Energiewirtschaft, Jahrgang 40 (1990), Heft 10, S. 512.

Grawe J., *Schulz* E., *Winkler* R.: Energiesparen mit Strom, 4. Auflage, Bonn 1991.

Grawe, J., *Nickel*, M.: Der Beitrag der deutschen Elektrizitätswirtschaft zur Minderung der CO_2-Emissionen, in: Elektrizitätswirtschaft, Jahrgang 92, 1993, Heft 20, S. 1175-1178.

Grawe, J., *Turowski*, R.: Energiepolitischer Konsens und Bekämpfung der Klimagefahren, in: Zeitschrift für angewandte Umweltforschung, März 1989, S. 207.

Grawe, J., *Wagner*, E.: Nutzung erneuerbarer Energien durch die Elektrizitätswirtschaft, Stand 1992, in Informationszentrale der Elektrizitätswirtschaft (IZE) e.V. (Hrsg.), Stromdiskussion, Dokumente und Kommentare zur energiewirtschaftlichen und energiepolitischen Diskussion, Erneuerbare Energien. Ihre Nutzung durch die Elektrizitätswirtschaft, Frankfurt am Main 1993, S. 1511-1516.

Grawe, J.: Energiesparen und Kernenergie. Alternativen oder Elemente einer „gemischten" Energiepolitik?, in: Zeitschrift für Energiewirtschaft, Jahrgang 29 (1979), Heft 4, S. 238-251.

Grawe, J.: Grundlagen der deutschen Elektrizitätswirtschaft, in: Arbeitsgemeinschaft Weiterbildung Energie und Wasser (AGE) e.V. (Hrsg.), Der Kaufmann in der Energie- und Wasserversorgung, 3. Auflage, Frankfurt am Main 1992, S. 40-61.

Grawe, J.: Ökonomische und ökologische Folgen eines vorzeitigen Kernenergieverzichtes, in: Energiewirtschaftliche Tagesfragen, Zeitschrift für Energiewirtschaft, Recht, Technik und Umwelt, Jahrgang 44 (1994), Düsseldorf 1994, Heft 1, S. 16-18.

Grawe, J.: Wirkungen verschiedener Energieträger und -quellen auf die menschliche Gesundheit und die Umwelt, in: Geographie und Schule, Sonderheft Energie und Umwelt, Jahrgang 14, 1992, S. 1-13.

Grob, H.-L.: Einführung in die Investitionsrechnung, 2. Auflage, München 1994.

Gröner, H.: Elektrizitätsversorgung, in: Oberender, P. (Hrsg.), Marktstruktur und Wettbewerb in der Bundesrepublik Deutschland. Branchenstudien zur deutschen Volkswirtschaft, München 1984, S. 98-132.

Grube, C.: Gigantische Gas-Reserven. Vorkommen reichen noch 70 Jahre, in: Die Welt, 11.06.1997, S. 13.

Gülker, E., *Eichler*, T.: Wartung, in: Rationalisierungs-Kuratorium der Deutschen Wirtschaft (RKW) e.V., (Hrsg.), Instandhaltungsmanagement, Band III, Eschborn 1993, S. 1629 - 1729.

Gutenberg, E.: Grundlagen der Betriebswirtschaftslehre, Band 1, Die Produktion, 24. Auflage, Berlin/Heidelberg u.a. 1971.

Gutenberg, E.: Grundlagen der Betriebswirtschaftslehre, Band 2, Der Absatz, Berlin/Heidelberg u.a. 1979.

Gutenberg, E.: Grundlagen der Betriebswirtschaftslehre, Band 3, Die Finanzen, 8. Auflage, Berlin/Heidelberg u.a. 1980.

Haberstock, L.: Kostenrechnung I, 8. Auflage, Hamburg 1987.

Haberstock, L.: Kostenrechnung II. (Grenz-) Plankostenrechnung, 7. Auflage, Hamburg 1986.

Haberstock, L.: Kostensenkung, in: Kosiol u.a. (Hrsg.), Enzyklopädie der Betriebswirtschaftslehre, Band III, Handwörterbuch des Rechnungswesens, 2. Auflage, Stuttgart 1981, Sp. 1081-1085.

Habgood, A.-J.: Spezialisierung, Kostensenkung oder Preisrealisation, in: Oetinger, Bolko von (Hrsg.), Das Boston Consulting Group Strategie-Buch, Düsseldorf u.a. 1993, S. 141-143.

Hahn, O.: Finanzwirtschaft, München 1975.

Hakansson, K.: Handbuch der Fernwärmepraxis, 2. Auflage, Essen 1982.

Hammer, H., *Neumann*, G.: Über den optimalen Anlageneinsatz bei gekoppelter Strom- und Wärmeproduktion, in: Wärme, Jahrgang 85 (1979), Heft 1, S. 1-10.

Handrock, W.: Das energiewirtschaftliche Umfeld der Kraft-Wärme-Kopplung, in: Arbeitsgemeinschaft für sparsamen und umweltfreundlichen Energieverbrauch (ASUE) e.V. (Hrsg.), Internationale Fachtagung „Kraft-Wärme-Kopplung. Energie sparen, Umwelt schonen", Band 16, Essen 1995, S. 12-27.

Handschin, E., *Slomski*, H., *Ortjohann*, E., *Voß*, J.: Energieeinsatzoptimierung thermischer Kraftwerke, in: Elektrizitätswirtschaft, Jahrgang 85 (1986), Heft 5, S. 182-186.

Hänichen, T.: Die Erlösentstehung im Industriebetrieb und ihre Abbildung im internen Rechnungswesen. Anforderungen an die Gestaltung einer Planerlösrechnung und theoriegeleitete Vorschläge zu ihrer Umsetzung, in: Bergner, H., Kortzfleisch, G. von, Milling, P. (Hrsg.), Dissertation, Berlin 1995.

Hanselmann, M., *Kaltschmitt*, M.: Kostenreduktion möglich, EDV-gestütztes Planungsinstrument für Kraftwerke, in: Energie, Das Magazin für Wirtschaft, Forschung, Technik und Umwelt, Jahrgang 46 (1994), Heft 4, Düsseldorf, S. 48-53.

Hartmann, R.: Optimale Liquiditätsvorsorge durch Planung liquider Reservemittel in industriellen Unternehmungen, Zürich 1969.

Hartner, G.: Die Determinanten der Investitionsentscheidung und ihre Wertigkeit im Entscheidungsprozeß, Wien 1968.

Hassel, P.: Contracting-Modelle für dezentrale Kraft-Wärme-Anlagen, Arbeitsunterlage der Rhone-Poulenc Rhodia AG, Freiburg ohne Datumsangabe, S. 1-19.

Haupt, G., *Joyce*, J.-S.: GUD-Technik nutzt Gas, Siemens Power Journal, 3/93, S. 31-35.

Hax, A.-C., *Majluf*: Strategisches Management. Ein integratives Konzept aus dem MIT, Frankfurt am Main/New York 1991.

Hax, H. Die Koordination von Entscheidungsregeln, Berlin/Bonn/München 1965.

Hax, H.: Investitionstheorie, 3. Auflage, Würzburg/Wien 1976.

Heck, H.: Umstritten bis zum Schluß. Rexrodts Entwurf zum Energiegesetz stößt auf Ablehnung, in: Die Welt, Sonderbeilage Welt der Energie I, 09.06.1997, S. G4.

Hein, D.: Biomasse. Nachwachsende Energie aus Land- und Forstwirtschaft. Beitrag zur CARMEN-Brochüre, ohne Datum, S. 1-8.

Hein, D.: Einsatz der Kraft-Wärme-Kopplung. Technik, Wirtschaftlichkeit, Umwelt, in: VDI-Bericht Nr. 979, München 1992, S. 25-35.

Hein, D.: Kraft-Wärme-Kopplung mit Biomasse. Anforderungen, Möglichkeiten, Grenzen. Unterlagen des Lehrstuhls für Thermische Kraftanlagen der Technischen Universität München, ohne Datum, S. 1-10.

Hein, K.: Blockheizkraftwerke. Dezentrale Kraft-Wärme-Kopplung, 2. Auflage, Karlsruhe 1980.

Heinen, E., *Dietel*, B.: Kostenrechnung, in: Heinen, E. (Hrsg.): Industriebetriebslehre, Entscheidungen im Industriebetrieb, 9. Auflage, Wiesbaden 1991, S. 1157-1314.

Heinen, E.: Betriebswirtschaftliche Kostenlehre. Kostentheorie und Kostenentscheidungen, 6. Auflage, Wiesbaden 1983.

Heinen, E.: Industriebetriebslehre als entscheidungsorientierte Unternehmensführung, in: Heinen, E. (Hrsg.): Industriebetriebslehre, Entscheidungen im Industriebetrieb, 9. Auflage, Wiesbaden 1991, S. 1-72.

Heinrich, J.: Solare Nahwärme für 820 Wohnungen, in: Informationszentrale der Elektrizitätswirtschaft (IZE) e.V. (Hrsg.), Stromthemen, Informationen zu Energie und Umwelt, Jahrgang 12, Frankfurt am Main 1995, Nr. 12, S. 4.

Henkel, H.: Umweltschonende Energiebereitstellung in KWK-Anlagen, in: Suttor, K.-H., Suttor, W. (Hrsg.), Handbuch der Kraft-Wärme-Kopplung. Für Planer, Betreiber, Ausbildung., Karlsruhe 1991, S. 1-13.

Hennicke, P., *Hahn*, L.: Heutige Bewertung der Kernenergie. Energiewirtschaft und Umwelt, in: Buchwald, K., Engelhardt, W. (Hrsg.), Umweltschutz. Grundlagen und Praxis, Band 14, Bonn 1995, S. 118-140.

Hennicke, P., *Joffrey*, P., *Kohler*, S., *Seifried*, D., u.a..: Die Energiewende ist möglich, Frankfurt am Main 1985.

Henniger, C.: Fertigungskapazitäten bestimmen den Energieverbrauch, in: Sterner, S.: Energie sichern. Energie sparen, Düsseldorf 1975, S.129.

Hinterhuber, H.-H.: Strategische Unternehmensführung, 2. Auflage, Berlin 1980.

Hofer, R.: Analyse der Potentiale industrieller Kraft-Wärme-Kopplung, in: Schaefer, H.: Lehrstuhl für Energiewirtschaft und Kraftwerkstechnik (Hrsg.), Vorlesungsmanuskript, IfE Schriftenreihe, Heft 28, München 1994.

Hoffmann, H.: Energieorientierte Unternehmensplanung. Analyse der energiebezogenen Einflüsse auf die Unternehmensentwicklung sowie der Möglichkeiten zu ihrer Berücksichtigung in der Unternehmensplanung, Krefeld 1983.

Hoffmann, T.: Auswirkungen einer EG-Energie-/CO2-Steuer, in: Entsorgungspraxis, Heft ½, 1994, S. 44-47.

Hoffmann, T.: Stromwirtschaftliche Einordnung von BHKW, Vortragsskript, Vortrag im Rahmen der 26. Sitzung des Forschungsbeirates der Arbeitsgemeinschaft Fernwärme e.V., Frankfurt am Main 12.10.1994, S. 1-13.

Hoffmann, T.: Ziele der Energieversorgung, internes unveröffentlichtes Arbeitspapier des VDEW, Frankfurt am Main Januar 1996, S. 1-9.

Holm, G.: Die Erneuerbaren. Strom und Wärme aus regenerativen Energien, in: Informationszentrale der Elektrizitätswirtschaft (IZE) e.V. (Hrsg.), 5. Auflage, Frankfurt am Main 1994, S. 1-38.

Hölscher, K.: Entscheidungsmodelle für den Wirtschaftlichkeitsvergleich zwischen Eigenfertigung und Fremdbezug. Ein Beitrag zur Theorie der Entscheidung unter Unsicherheit, Dissertation, Köln 1969.

Höltker, K.H.: Modell zur Ermittlung des Heizleistungsbedarf, Dissertation, Aachen 1976.

Holzer, E.: Erdöl, in: Bulletin der Schweizer Elektrotechnik, Jahrgang 24, 1/1981, S. 76-78.

Hombach, H, *Kockelkorn*, G., *Molter*, W.: Einführung in die Auftragsfinanzierung, in: Backhaus, K., Siepert, H.-M. im Auftrag der Schmalenbach-Gesellschaft e.V. (Hrsg.), Auftragsfinanzierung im industriellen Anlagengeschäft, Berlin 1989, S. 3-21.

Hortmann, W., *Uhlmannsiek*, B.: Ein Kernkraftwerk verabschiedet sich. In Niederaichbach wächst über der abgerissenen Anlage wieder Gras, in: Informationszentrale der Elektrizitätswirtschaft (IZE) e.V. (Hrsg.), Stromthemen, Informationen zu Energie und Umwelt, Jahrgang 10, Frankfurt am Main 1995, Nr. 10, S. 3.

Hoven, I.: Ausschreibungswettbewerb um regionale Strommärkte, München 1992.

Huber, G., *Schirmer*, G.: Rationelle Nutzung von Energieressourcen, Berlin 1989.

Hugel, G., *Schmitz*, H.: Betriebliche Energiewirtschaft, Anleitung für Klein- und Mittelbetriebe, Rationalisierungs-Kuratorium der Deutschen Wirtschaft (RKW), Frankfurt am Main 1977.

Hummel, S., *Männel*, W.: Kostenrechnung 1. Grundlagen, Aufbau und Anwendung, 4. Auflage, Wiesbaden 1986.

Hutter F., *Thinius*, D., *Suttor* K.H.: Elektrisches Potential und Wirtschaftlichkeit der gekoppelten Kraft- und Wärmewirtschaft in Industrie und Gewerbe, Gräfelfing 1984.

Jacob, H.: Flexibilität und ihre Bedeutung für die Betriebspolitik, in: Adam, D., Backhaus, K., Meffert, H., Wagner, H. (Hrsg.), Integration und Flexibilität. Eine Herausforderung für die allgemeine Betriebswirtschaftslehre, Tagungsprotokoll der 51. wissenschaftlichen Jahrestagung des Verbandes der Hochschullehrer für Betriebswirtschaftslehre e.V., Münster 1989, S. 15-61.

Jahraus, B., *Dieckmann*, R.: Der Kombiprozeß mit indirekt kohlebefeuerter Gasturbine, in: Brennstoff-Wärme-Kraft (BWK), Jahrgang 93, Band 45, Heft 1-2, S. 33-36.

Jäschke, A.: Stand der Gasturbinentechnik, in: Verband der Industriellen Energie- und Kraftwirtschaft (VIK) e.V. (Hrsg.), VIK-Bericht Nr. 195, Gasturbinen in der Industrie, Essen 1986, S. 8-17.

Jochem, E.: Volkswirtschaftliche und energiewirtschaftliche Aspekte der industriellen und gewerblichen KWK-Anwendung, in: Suttor, K.-H., Suttor, W. (Hrsg.), Handbuch der Kraft-Wärme-Kopplung. Für Planer, Betreiber, Ausbildung., Karlsruhe 1991, S. 143-169.

Jonas, H., *Mellerowicz*, K.: Bestimmungsfaktoren der Kreditfähigkeit, Berlin 1954.

Jonas, H.: Grenzen der Kreditfinanzierung, Wiesbaden 1960.

Jost, A.: Dezentrale Kraft-Wärme-Kopplung mit Verbrennungsmotoren und Gasturbinen, Tagungsbericht, Fachseminar „Rationelle Energienutzung und Kraft-Wärme-Kopplung in der Industrie", Schliersee, 02.-03.05.94, S. 1-11.

Jungbluth, A., *Manthey*: Externe Abwärmenutzung, in: Forschungsstelle für Energiewirtschaft (FfE), Fernwärme - Forschungsinstitut (FFI), VDI-Gesellschaft Energietechnik (VDI), Vereinigung Industrielle Kraftwirtschaft e.V. (VIK) (Hrsg.), Rationelle Wärmenutzung in kleinen und mittleren Betrieben, München 1991, S. 72-114.

Junker, H.-J., *Dähler*, J.: Finanzierung, in: Suttor, K.-H., Suttor, W. (Hrsg.), Handbuch der Kraft-Wärme-Kopplung. Für Planer, Betreiber, Ausbildung., Karlsruhe 1991, S. 272-278.

Jürgensen, H: Mineralölindustrie, in: Oberender, P. (Hrsg.), Marktstruktur und Wettbewerb in der Bundesrepublik Deutschland. Branchenstudien zur deutschen Volkswirtschaft, München 1994, S. 140-162.

Kaier, U.: Kraft-Wärme-Kopplung mit Kompaktsystemen, Planungsunterlagen der Fa. Energieconsulting Heidelberg, Mai 1995, ohne Seitenangabe.

Kappler, E., *Rehkugler*, H.: Kapitalwirtschaft, in: Heinen, E. (Hrsg.), Industriebetriebslehre. Entscheidungen im Industriebetrieb, 9. Auflage, Wiesbaden 1991, S. 897-1068.

Kappler, E., *Rehkugler*, H.: Konstitutive Entscheidungen, in: Heinen, E. (Hrsg.): Industriebetriebslehre, Entscheidungen im Industriebetrieb, 9. Auflage, Wiesbaden 1991, S. 73-240.

Kargl, H.: Wertanalyse, in: Grochla, E.; Wittmann, W. (Hrsg.), Handwörterbuch des Betriebswirtschaft, 4. Auflage, Stuttgart 1976, Sp. 4425-4429.

Karlöf, B.: Unternehmensstrategie. Konzepte und Modelle für die Praxis, Frankfurt am Main/New York 1991.

Karow, V.: Stromerzeugung in Wärmekraftwerken, in: Informationszentrale der Elektrizitätswirtschaft (IZE) e.V. (Hrsg.), Strombasiswissen, Dokumente und Kommentare zur energiewirtschaftlichen und energiepolitischen Diskussion, Nr. 105, Frankfurt am Main ohne Datumsangabe, S. 1-5.

Katzerke, Ch.: Bedarfsorientierte Optimierung industrieller Energieversorgungssysteme auf der Basis Kraft-Wärme-Kopplung, Dissertation, Hannover 1989.

Keller, C.: Die geschlossene Gasturbine für Kernkraftanlagen, in: Neue Technik, Jahrgang 7, 1965, Nr. 34, S. 153-163.

Keller, C.: Ursprung und Entwicklung der Gasturbine mit geschlossenem Kreislauf, in: Escher-Wyss-Mitteilungen, Jahrgang 38, 1966, Nr. 1, S. 5-6.

Kemkens, W.: Gewaltige Kräfte. Der Klimagau läßt sich durch Energieeinsparungen und intelligente Nutzung der Ressourcen verhindern, in: Wirtschaftswoche vom 08.08.96, Nr. 33, S. 68-70.

Kemkens, W.: Stiefkind in der Erde, in: Wirtschaftswoche vom 08.08.96, Nr. 33, S. 79-80.

Keppel, W.: Gasturbinen, in: Brennstoff-Wärme-Kraft (BWK), Jahrgang 94, Band 46, Heft 4/94, S. 179-183.

Kern, W.: Grundzüge der Investitionsrechnung, Stuttgart 1974.

Kern, W.: Produktionsprogramm, in: Kern W. (Hrsg.): Enzyklopädie der Betriebswirtschaftslehre, Band VII, Handwörterbuch der Produktion, Stuttgart 1979, Sp. 1563-1572.

Kilger, W.: Einführung in die Kostenrechnung, 3. Auflage, Wiesbaden 1987.

Kilger, W.: Flexible Plankostenrechnung und Deckungsbeitragsrechnung, 9. Auflage, Wiesbaden 1988.

Kilger, W.: Offene Probleme der Plankosten- und Deckungsbeitragsrechnung, in: Scheer, A.-W. (Hrsg.), Grenzplankostenrechnung. Stand und aktuelle Probleme, Wiesbaden 1988, S. 83-104.

Kilger, W.: Optimale Produktions- und Absatzplanung, Opladen 1973.

Kilger, W.: Planung der Produktionskosten, in: Kern W. (Hrsg.): Enzyklopädie der Betriebswirtschaftslehre, Band VII, Handwörterbuch der Produktion, Stuttgart 1979, Sp. 1539-1557.

Kilger, W.: Produktions- und Kostentheorie, Wiesbaden 1958.

Kilger, W.: Zur Kritik am internen Zinsfuß, in: Zeitschrift für Betriebswirtschaft (ZfB), Heft 12, Jahrgang 35 (1965), S. 765 - 798.

Kittel, H.: Der Einfluß der Kapitalgeber auf unternehmerische Entscheidungen, in: Finanzstrategie der Unternehmung, Herne/Berlin 1971.

Klätte, G.: Ein Vorstand bilanziert. Die Entwicklung der Elektrizitätsversorgung und die Veränderung ihrer Probleme in den letzten Jahrzehnten, in: Energie. Das Magazin für Wirtschaft, Forschung, Technik und Umwelt, Jahrgang 38 (1986), Heft 7/86, Düsseldorf, S. 32-44.

Klätte, G.: Wettbewerb und EG-Binnenmarkt, in: Energiewirtschaftliche Tagesfragen, Zeitschrift für Energiewirtschaft, Recht, Technik und Umwelt, Jahrgang 38 (1988), Düsseldorf 1988, Heft 6, S. 412-421.

Klaue, S.: Wettbewerb und Regulierung. Einige Bemerkungen über Reformen in der europäischen und deutschen Gaswirtschaft, in: Der Betriebsberater, Nr. 28, Beilage 18, 1993, S. 1-20.

Klemm, F.: Geschichte der Technik, in: Deutsches Museum (Hrsg.), Kulturgeschichte der Naturwissenschaften und der Technik, Hamburg 1983.

Klenke, B., *Püstow*, H.-D.: Betriebliche Stromerzeugung und Kraftwärmekopplung, in: Weiterbildendes Studium „Energieplanung und Energiemanagement in Entwicklungsländern", Bereich Energietechniken der betrieblichen Ebene, Abschnitt 54, Schulungsunterlagen der Technischen Universität Berlin, Berlin 1990.

Klien, J.: Planungshilfe Blockheizkraftwerke, Karlsruhe 1991.

Klien, J.:, *Gabler*, W.: Datenbank Blockheizkraftwerke, Technische Beschreibung, Darmstadt 1990.

Kluck, D.: Einsatzoptimierung von Kraftwerksystemen mit Kraft-Wärme-Kopplung, Dissertation, Stuttgart 1990.

Knabl, G.: Start frei für mehr Wettbewerb. Liberalisierung auf dem Vormarsch - Monopole werden aufgebrochen - Konkurrenz nimmt zu, in: Die Welt, Sonderbeilage Welt der Energie II, 10.06.1997, S. G1.

Knoche, K.-F., *Rudolph*, M., *Schaefer*, H.: Problematik der Bewertung von Energieträgern und Energieumwandlungsprozessen. Kritik am Entwurf der Wärmenutzungsverordnung, in: Brennstoff-Wärme-Kraft (BWK), Jahrgang 94, Band 46, Heft 10, S. 431-436.

Knöchel, H.: Die Preisaufsicht nach dem Energiewirtschaftsgesetz. Verfassungsrechtliche Vorgaben und verwaltungsrechtliche Probleme, in: Hüffer, U., Ipsen, K., Tettinger, P. (Hrsg.): Bochumer Beiträge zu Berg- und Energierecht, Band 4, Stuttgart 1989.

Knöchel, P.: Preisaufsicht, Köln 1992.

Koch, K., Stäglin, R.: Direkter und indirekter Einsatz von Energie in der Bundesrepublik im Jahre 1983, in: Wochenbericht des DIW, Nr. 1-2, 1974, S. 1-6.

Koebel, M.: Entstickung von Dieselabgasen mit Harnstoff-SCR, in: VDI-Bericht Nr. 1019, Jahrgang 1993, S. 195-211.

König, C.: Energie im Unternehmen, Basel 1977.

König, J.: Preis- und Tarifpolitik für Gas, in: Arbeitsgemeinschaft Weiterbildung Energie und Wasser (AGE) e.V. (Hrsg.), Der Kaufmann in der Energie- und Wasserversorgung, 3. Auflage, Frankfurt am Main 1992, S. 571-593.

Körber, H.: Energie für Morgen, Bonn 1992.

Körndorfer, W.: Unternehmensführungslehre, Wiesbaden 1976.

Kortzfleisch, G. von, *Voss*, A.: Energie für den Verkehr. Eine zusammengefaßte Darstellung der Ergebnisse einer systemanalytischen Untersuchung der langfristigen Perspektiven des Verkehrssektors und seiner Versorgung mit Energie, Frankfurt a.M. 1984.

Kortzfleisch, G. von: Äquivalenzziffernkalkulation, in: Kosiol, E. u.a. (Hrsg.) Handwörterbuch des Rechnungswesens, Stuttgart 1979, 2. Auflage, Sp. 41-49.

Kortzfleisch, G. von: Die Grundlagen der Finanzplanung, Dissertation, Abhandlungen aus dem Industrieseminar der Universität zu Köln, Heft 5, Berlin 1957.

Kortzfleisch, G. von: Divisionskalkulation, in: Kosiol, E. u.a. (Hrsg.) Handwörterbuch des Rechnungswesens, 2. Auflage, Stuttgart 1979, Sp. 418-430.

Kortzfleisch, G. von: Systematik der Produktionsmethoden, in: Jacob, H. (Hrsg.), Industriebetriebslehre, 4. Auflage, Wiesbaden 1990, S. 107-175.

Kotler, P.: Marketing Management, 4. Auflage, Stuttgart 1989.

Kotschenreuther, H.: Gasturbinen-Dampfturbinen-Heizkraftwerke,in: Suttor, K.-H., Suttor, W. (Hrsg.), Handbuch der Kraft-Wärme-Kopplung. Für Planer, Betreiber, Ausbildung., Karlsruhe 1991, S. 49-63.

Kraemer O., *Jungbluth* G.: Bau und Berechnung von Verbrennungsmotoren, Hubkolben- und Rotationskolbenmotoren, 5. Auflage, Berlin 1983.

Krause, W.: Investitionsrechnungen und unternehmerische Entscheidungen, Kritische Untersuchung der Möglichkeiten und Grenzen traditioneller und moderner Investitionsrechenverfahren, Berlin 1973.

Kreikebaum, H.: Strategische Unternehmensplanung, Stuttgart 1981.

Kreklau, C.: Alternative zum Gesetz, in: Zeitung für kommunale Wirtschaft (ZfK), Heft 10/94, S. 42-43.

Kremeyer, H.: Eigenfertigung und Fremdbezug unter finanzwirtschaftlichen Aspekten, Wiesbaden 1982.

Kreuziger, D.: Ein Rennpferd unter den Kraftmaschinen. Instandhaltung an Gasturbinenanlagen, in: Energie. Das Magazin für Wirtschaft, Forschung, Technik und Umwelt, Jahrgang 45 (1993), Heft 11/93, Düsseldorf, S. 25-32.

Kröhner, P., *Ruppert*, K.: Hauptbericht der Fernwärmeversorgung 1991, in: Fernwärme International (FWI), Arbeitsgemeinschaft für Fernwärmewirtschaft (AGFW) e.V. (Hrsg.), Jahrgang 22 (1993), Heft 7/8, S. 323-335.

Kröhner, P., *Ruppert*, K.: Hauptbericht der Fernwärmeversorgung 1985, in: Fernwärme International (FWI), Arbeitsgemeinschaft für Fernwärmewirtschaft (AGFW) e.V. (Hrsg.), Jahrgang 16 (1987), Heft 6, S. 391.

Kröplin, *Leis*, *Ilmberger*, F., *Schaefer*, *Wagner*: Rationelle Energieanwendung. Interne Abwärmenutzung, in: Forschungsstelle für Energiewirtschaft (FfE), Fernwärme-Forschungsinstitut (FFI), VDI-Gesellschaft Energietechnik (VDI), Vereinigung Industrielle Kraftwirtschaft e.V. (VIK) (Hrsg.), Rationelle Wärmenutzung in kleinen und mittleren Betrieben, München 1991, S. 1-70.

Krümmel, H.-J.: Bankzinsen, Köln/Berlin/München, 1964.

Kruschwitz, L.: Bemerkungen zur Risikoanalyse aus theoretischer Sicht, in: Zeitschrift für Betriebswirtschaft (ZfB), Heft 7, Jahrgang 50 (1980), S. 800 - 808.

Kruschwitz, L.: Investitionsrechnung, 6. Auflage, Berlin, New York 1995.

Kugeler, K., *Phlippen*, P.-W.: Energietechnik. Technische, ökonomische und ökologische Grundlagen, 2. Auflage, Berlin/Heidelberg 1993.

Küpper, H.-U.: Kostenbewertung, in: Kosiol u.a. (Hrsg.), Enzyklopädie für Betriebswirtschaftslehre, Band III, Handwörterbuch des Rechnungswesens, 2. Auflage, Stuttgart 1981, Sp. 1012-1020.

Lambrecht, J., *Söderström*, M.: Einsatzmöglichkeiten von Wärmespeichern in der Industrie, in Brennstoff-Wärme-Kraft (BWK), Jahrgang 87, Band 39, Heft 7/8, S. 359-363.

Lammers, G.: Zur Regulierung der Elektrizitätswirtschaft, Idstein 1992.

Lang, J.: Mini-Blockheizkraftwerke, in: Fachinformationzentrum Karlsruhe, Gesellschaft für wissenschaftlich-technische Information (Hrsg.), Bürgerinformation Neue Energietechniken (Bine), Bine-Projekt Info 2/95, Bonn 1995, S. 1-4.

Laßmann, G.; *Hahn*, D.: Produktionswirtschaft, Controlling industrieller Produktion, Band 1, 2. Auflage, Heidelberg 1990.

Laumans, W.: Kauf oder Leasing, in: Hagenmüller, F., Eckstein, W. (Hrsg.), Leasing-Handbuch für die betriebliche Praxis, 6. Auflage, Frankfurt am Main 1992, S. 129-153.

Lehmann, B.: Liquidität und Liquiditätskontrolle aus der Sicht der Industrieunternehmung, Herne/Berlin 1966.

Leonhardt, W., Klopfleisch, R., Jochum, G.: Kommunales Energie-Handbuch, 2. Auflage, Karlsruhe 1991.

Leuscher, U.: Einspeisungsgesetz verfassungswidrig?, in: Informationszentrale der Elektrizitätswirtschaft (IZE) e.V. (Hrsg.), Stromthemen, Informationen zu Energie und Umwelt, Jahrgang 12, Frankfurt am Main 1995, Nr. 11, S. 7.

Leuschner, U.: Bonn hält fest am Einspeisegesetz, in: Informationszentrale der Elektrizitätswirtschaft (IZE) e.V. (Hrsg.), Stromthemen, Informationen zu Energie und Umwelt, Jahrgang 13, Frankfurt am Main 1996, Nr. 1, S. 5.

Leuschner, U.: Bündnis90/Die Grünen: Mehr Wettbewerb durch Reglementierung?, in: Informationszentrale der Elektrizitätswirtschaft (IZE) e.V. (Hrsg.), Stromthemen, Informationen zu Energie und Umwelt, Jahrgang 13, Frankfurt am Main 1996, Nr. 1, S. 5.

Leuschner, U.: Least-Cost Planning. Eine Strategie, bei der Stromversorger und Kunden gemeinsam gewinnen können, in: Informationszentrale der Elektrizitätswirtschaft (IZE) e.V. (Hrsg.), Strombasiswissen, Informationen zur energiewirt-schaftlichen und energiepolitischen Diskussion, Nr. 117, Frankfurt am Main 1994, S. 1-8

Leuschner. U., *Uhlmannsiek*, B.: Verbundnetz nach Osten erweitert. Stromehe mit CENTREL-Staaten, in: Informationszentrale der Elektrizitätswirtschaft (IZE) e.V. (Hrsg.), Stromthemen, Informationen zu Energie und Umwelt, Jahrgang 12, Frankfurt am Main 1995, Nr. 12, S. 8.

List, F: Energierecht. Ein Grundriß der Grundfragen, Berlin 1980.

Lochte, H.-G.: Entwicklungstendenzen in der Wärmewirtschaft der Bundesrepublik Deutschland, Volkswirtschaftspolitik, Band 5, Münster/Hamburg 1993.

Loew H.: Einführung in die Elektrizitätswirtschaft, in: Schaefer, H., Lehrstuhl für Energiewirtschaft und Kraftwerkstechnik. Technische Universität München (Hrsg.), Vorlesungsmanuskript, IfE Schriftenreihe, Heft 16, München 1985.

Löffel, H., *Thinius*, D.: Gasturbineneinsatz im Rahmen der Kraft-Wärme-Kopplung in: Verband der Industriellen Energie- und Kraftwirtschaft (VIK) e.V. (Hrsg.), VIK-Bericht Nr. 195, Gasturbinen in der Industrie, Essen 1986, S. 17-28.

Lohmann, M: Einführung in die Betriebswirtschaftslehre, Tübingen 1964.

Lücke, W.: Finanzplanung und Finanzkontrolle, Wiesbaden 1962.

Lütkepohl, H.: Introduction to Multiple Time Series Analysis, 2. Auflage, Berlin 1993.

Magee, J.-F.: Die Technik des Entscheidungsbaumes, in: Harvard-Manager, Investition und Finanzierung, Band I, S. 10-15.

Maichel, G., *Schulten* R.: Perspektiven für die deutsche und europäische Gaswirtschaft, in: Energiewirtschaftliche Tagesfragen, Zeitschrift für Energiewirtschaft, Recht, Technik und Umwelt, Jahrgang 44 (1994), Düsseldorf 1994, Heft 4 , S. 195-199.

Maier, K. H.: Betriebliche Energieversorgung, in: Kern W. (Hrsg.): Enzyklopädie der Betriebswirtschaftslehre, Band VI, Handwörterbuch der Produktion, Stuttgart 1979, Sp. 470-488..

Maier, W., *Suttor*, K.-H.: Betriebswirtschaftliche und gesamtwirtschaftliche Gesichtspunkte aus der Analyse des Potentials und der Wirtschaftlichkeit der gekoppelten Kraft- und Wärmewirtschaft in Industrie und Gewerbe, in: Energiewirtschaft, Jahrgang 7 (1985), Heft 2, S. 114-120.

Maier-Mannhard, H.: Mit Strompreisen Standort sichern, in: Süddeutsche Zeitung vom 07.04.1995.

Männel, W.: Grenz- und Residualkosten, in: Kosiol u.a. (Hrsg.), Enzyklopädie der Betriebswirtschaftslehre, Band III, Handwörterbuch des Rechnungswesens, 2. Auflage, Stuttgart 1981, Sp. 961-967.

Männel, W.: Selbermachen oder Kaufen?, erweiterte deutsche Bearbeitung des Buches „Make or Buy" von Harry Gross, München 1969.

Mansfeld, L., *Miljes*, R.: Kohlelast schwindet. Was kann's bringen, in: Zeitung für Kommunale Wirtschaft (ZfK), Heft 5/95, S. 12.

Marcus, P., *Schiffner*, H.-W.: Grundlagen der Versorgungswirtschaft, in: Arbeitsgemeinschaft Weiterbildung Energie und Wasser (AGE) e.V. (Hrsg.), Der Kaufmann in der Energie- und Wasserversorgung, 3. Auflage, Frankfurt am Main 1992, S. 9-40.

Mareske, A.: Energietechnik. Flüssige Brennstoffe, in: Beitz, W., Küttner, K.-H., Dubbel. Taschenbuch für den Maschinenbau, 17. Auflage, Berlin/Heidelberg u.a. 1990, L 9-L 11.

Mareske, A.: Tageslastprognose, Energiewirtschaftliche Tagesfragen, Zeitschrift für Energiewirtschaft, Recht, Technik und Umwelt, Jahrgang 35 (1985), Düsseldorf 1985, Heft 11, S. 772-782.

Mareske, A: Energietechnik. Grundsätze der Energieversorgung, in: Beitz, W. und Küttner K.-H. (Hrsg.), Dubbel, Taschenbuch für den Maschinenbau, 17. Auflage, Berlin/Heidelberg u.a. 1990, L 1-L 7.

Mareske, A: Energietechnik. Kraft-Wärme-Kopplung, in: Beitz, W. und Küttner K.-H. (Hrsg.), Dubbel, Taschenbuch für den Maschinenbau, 17. Auflage, Berlin/Heidelberg u.a. 1990, L 29-L 30.

Mareske, A: Energietechnik. Rationelle Energienutzung, in: Beitz, W. und Küttner K.-H. (Hrsg.), Dubbel, Taschenbuch für den Maschinenbau, 17. Auflage, Berlin/Heidelberg u.a. 1990, L 17.

Maslow, A.H.: A theory of human motivation, in: Psychological Review, Vol. 50 (1943), S. 370-396.

Matthes, F.-C. u.a.: Kriterien und Instrumente zur Bewertung des Potentials der Kraft-Wärme-Kopplung in Brandenburg, Studie des Öko-Institutes e.V., im Auftrag des Landesumweltamtes Brandenburg, Freiburg und Berlin, Mai 1994.

Matthes, F.-C.: Energieträger im Vergleich. Die Nutzung von Energie bedeutet letztlich immer, daß Ressourcen verbraucht werden. Öko Institut, in: Energie-Dialog, Heft 2/1994, S. 7-8.

Mau, G.: Handbuch Dieselmotoren im Kraftwerks- und Schiffsbetrieb, Wiesbaden 1984.

Mäule R., *Hoffmann*, T., *Tegethoff*, W.: CO_2-Minderungsmöglichkeiten im Kraftwerkssektor, in: Elektrizitätswirtschaft, Jahrgang 93 (1994), Heft 18, S. 1037-1043.

May, D.: Die Entscheidungstheoretisch fundierte Organisation der Investitionsentscheidung im Industrieunternehmen, Dissertation, Berlin 1983.

Mayer, E.: Kostenrechnung 1 für Studium und Praxis, 4. Auflage, Bad Homburg 1988.

Meckel, B: Contracting-Modelle als Möglichkeit zu Realisierung von Kraft-Wärme-Kopplungsnlagen, in: Arbeitsgemeinschaft für sparsamen und umweltfreundlichen Energieverbrauch (ASUE) e.V. (Hrsg.), Internationale Fachtagung „Kraft-Wärme-Kopplung. Energie sparen, Umwelt schonen", Band 16, Essen 1995, S. 38-48.

Meffert, H.: Absatzplanungsrechnung, in: Kosiol u.a. (Hrsg.), Handwörterbuch des Rechnungswesens, 2. Auflage, Stuttgart 1981, Sp. 12-19.

Meffert, H.: Marketing. Grundlagen der Absatzwirtschaft, 7. Auflage, Wiesbaden 1991.

Meliß, M.: Erneuerbare Energien verstärkt nutzen, Bundesministerium für Wirtschaft - Referat Öffentlichkeitsarbeit (Hrsg.), 3. Auflage, Bonn Mai 1995.

Mellerowicz, K., Jonas, H.: Bestimmungsfaktoren der Kreditfähigkeit, 2. Auflage, Berlin 1957.

Mellerowicz, K.: Planung und Plankostenrechnung, Band I, Betriebliche Planung, 3. Auflage, Freiburg 1972.

Mellerowicz, K.: Unternehmenspolitik, Band II, 2. Auflage, Freiburg 1963.

Mellwig, W.: Investition und Besteuerung, Wiesbaden 1985.

Merkel, A. (Bundesumweltministerin): CO_2-Emissionen gesenkt, zitiert in: Kemkens, W.: Gewaltige Kräfte. Der Klimagau läßt sich durch Energieeinsparungen und intelligente Nutzung der Ressourcen verhindern, in: Wirtschaftswoche vom 08.08.96, Nr. 33, S. 68.

Messmann, H.: Anschauliche Theorie der verbundenen Produktion, Dissertation, Mannheim 1952.

Meyer, H.: Die Fragwürdigkeit der Einwände gegen die interne Verzinsung, in: Zeitschrift für betriebswirtschaftliche Forschung (ZfbF), Jahrgang 30 (1978), S. 39 - 62.

Meyer-Plate, I.: Marktübersicht über KWK-Anlagen im Leistungsbereich 2 bis 20 MW_{el}, Tagungsbericht, Euroforum-Konferenz „Kraft-Wärme-Kopplung“, Düsseldorf 07.-08.03.1995.

Meyer-Renschhausen, M.: Organisations- und Finanzierungsformen energieeffizienter Energieerzeugungsanlagen, in: Energiewirtschaftliche Tagesfragen, Zeitschrift für Energiewirtschaft, Recht, Technik und Umwelt, Jahrgang 42 (1992), Düsseldorf 1992, Heft 10, S. 678-684.

Michaelis, H.: Bilanz der Arbeit der Enquête-Kommission. Schutz der Erdatmosphäre. Leitlinien der Klimapolitik, in: Energiewirtschaftliche Tagesfragen, Zeitschrift für Energiewirtschaft, Recht, Technik und Umwelt, Jahrgang 45 (1995), Düsseldorf 1995, Heft 1, S. 45-48.

Michaelis, H.: Handbuch der Kernenergie, Düsseldorf/Wien 1986.

Modigliani, F., *Miller*, M.-H.: The Cost of Capital, Corporate Finance and the Theory of Investment, in: The American Economic Review, Vol. 48 (1958), S. 261 - 297.

Möller, A.: Planungs- und Bauökonomie, München Wien 1988.

Moog, W.: Betriebliches Energie-Handbuch, Ludwigshafen (Rhein) 1983.

Muders, H.: Blockheizkraftwerke, in: Informationszentrale der Elektrizitätswirtschaft (IZE) e.V. (Hrsg.), Strombasiswissen, Informationen zur energiewirtschaftlichen und energiepolitischen Diskussion, Nr. 122, Frankfurt am Main 1995, S. 1-8.

Müller, W.: Wirtschaftsfaktor Strom, sein Einfluß auf Investitionen, Arbeitsplätze und Produktivität, in: Hauptberatungsstelle für Elektrizitätsanwendung (HFA) e.V. (Hrsg.), Strom in der Welt von Morgen, Frankfurt am Main 1988, S. 118-130.

Münsterland, H.: Wert und Bewertung der Unternehmung, Wiesbaden 1966.

Munz, M.: Investitionsrechnung, 2. Auflage, Wiesbaden 1974.

Müschen, K., *Romberg*, E.: Strom ohne Atom. Ein Report des Ökoinstituts Freiburg, Frankfurt am Main 1986.

Neuffer, H.: Umweltpolitische und betriebswirtschaftliche Aspekte , in: Suttor, K.-H., Suttor, W. (Hrsg.), Handbuch der Kraft-Wärme-Kopplung. Für Planer, Betreiber, Ausbildung., Karlsruhe 1991, S. 170-189.

Niebisch, W.: Das VIK-Modell, Energieversorgung durch eine Betreibergesellschaft auf Basis von Lohnveredlung mit Landesbürgschaft, Essen 1991.

Niebisch, W.: Energieberatung, in: Forschungsstelle für Energiewirtschaft (FfE), Fernwärme-Forschungsinstitut (FFI), VDI-Gesellschaft Energietechnik (VDI), Vereinigung Industrielle Kraftwirtschaft e.V. (VIK) (Hrsg.), Rationelle Wärmenutzung in kleinen und mittleren Betrieben, Essen 1991, S. 117-122.

Nix, S.: Lastverteilung in Fernwärmenetzen, Fernwärme International (FWI), Arbeitsgemeinschaft für Fernwärmewirtschaft (AGFW) e.V. (Hrsg.), Jahrgang 3 (1974), Heft 2, S. 40-45.

Noske, H., *Kettig*, F.: Modellhafte BHKW-Wirtschaftlichkeitsrechnungen, in: Elektrizitätswirtschaft, Jahrgang 91 (1992), Heft 6, S. 285-290.

o.V.: Anwendungsmöglichkeiten, in: Grundlagen, Technik, Betrieb. Gasturbinen in der Praxis, in: Arbeitsgemeinschaft für sparsamen und umweltfreundlichen Energieverbrauch (ASUE) e.V. (Hrsg.), Hamburg ohne Datumsangabe, S. 10-14.

o.V.: Auf direktem Weg zum Verfassungsgericht. Landgericht Karlsruhe: Einspeisevergütung verfassungswidrig, in: Zeitung für Kommunale Wirtschaft (ZfK), Heft 10/95, S. 16.

o.V.: Bei Wettbewerb ist der Rahmen entscheidend. VDEW zur Liberalisierung des Strommarktes, in: Informationszentrale der Elektrizitätswirtschaft (IZE) e.V. (Hrsg.), Stromthemen, Informationen zu Energie und Umwelt, Jahrgang 13, Frankfurt am Main 1996, Nr. 7, S. 3.

o.V.: BHKW-Kenndaten. Blockheizkraftwerke in der Praxis, Arbeitsgemeinschaft für sparsamen und umweltfreundlichen Energieverbrauch (ASUE) e.V. (Hrsg.), Hamburg 1994.

o.V.: BHKW-Marktübersicht. Blockheizkraftwerke in der Praxis, in: Arbeitsgemeinschaft für sparsamen und um-weltfreundlichen Energieverbrauch (ASUE) e.V. (Hrsg.), Hamburg ohne Datumsangabe, S. 1-4.

o.V.: Blockheizkraftwerke im Aufwind, VDEW-Erhebung, in: Energie, Das Magazin für Wirtschaft, Forschung, Technik und Umwelt, Jahrgang 46 (1994), Heft 12/94, Düsseldorf, S. 51-52.

o.V.: Blockheizkraftwerke in der Industrie, in: Verband der Industriellen Energie- und Kraftwirtschaft (VIK) e.V. (Hrsg.), VIK-Bericht Nr. 194, Essen 1985, S. 1-50.

o.V.: Brennstoffspiegel, in: Focus, Heft 44, 1995, S. 294.

o.V.: Bundesministerium für Wirtschaft. Erfahrungsbericht des Bundesministeriums für Wirtschaft zum Stromeinspeisungsgesetz, Bonn Oktober 95.

o.V.: Contracting in der kommunalen und industriellen Energieversorgung, in: Arbeitsgemeinschaft für sparsamen und umweltfreundlichen Energieverbrauch (ASUE) e.V. (Hrsg.), Hamburg ohne Datumsangabe, S. 1-19.

o.V.: Das Saarbrücker Zukunftskonzept Energie. Beispiel der Nutzung der Abwärme einer Kokerei, Stadtwerke Saarbrücken AG (Hrsg.), Saarbrücken ohne Jahresangabe.

o.V.: Der Staat der Stromer, in: Der Spiegel, Heft 46, November 1995, S. 76-86.

o.V.: Deutschland. Bei Windkraft in Europa führend, in: Frankfurter Rundschau vom 30.1.96.

o.V.: Die Energiewirtschaft der DDR. Entwicklungen und Perspektiven, in: Kohle, Erdöl, Erdgas, Band 43, Heft 2, Februar 1990, S. 54-55.

o.V.: Die energiewirtschaftliche Entwicklung in der Bundesrepublik Deutschland bis zum Jahre 2010 unter Einbeziehung der fünf neuen Bundesländer, Studie Prognos, Projekt 561/3720 vom 22.01.1992.

o.V.: Die Uranversorgung der Welt, in: Atomwirtschaft, Januar 1993, S. 34-35.

o.V.: Dimensionierung, in: Arbeitsgemeinschaft für sparsamen und umweltfreundlichen Energieverbrauch (ASUE) e.V. (Hrsg.), Blockheizkraftwerke. Grundlagen der Technik. Anwendungsmäglichkeiten, Hamburg ohne Datumsangabe, S. 15-16.

o.V.: Drei Gutachten - kein Bescheid, in: Zeitung für Kommunale Wirtschaft (ZfK), Heft 4/95, S. 6.

o.V.: Einspeisegesetz, in: Energiedepesche, Jahrgang 9 (1995), Heft 2, S. 15.

o.V.: Elektrizitätswirtschaftliche Grundbegriffe, Teil 1, in: VDEW Vereinigung Deutscher Elektrizitätswerke VDEW e.V. (Hrsg.), Begriffsbestimmungen in der Energiewirtschaft, 6. Auflage, Frankfurt 1990

o.V.: Emission und Immission, in: Arbeitsgemeinschaft für sparsamen und umweltfreundlichen Energieverbrauch (ASUE) e.V. (Hrsg.), Blockheizkraftwerke. Grundlagen der Technik. Anwendungsmöglichkeiten, Hamburg ohne Datumsangabe, S. 9-14.

o.V.: Erdgas. Chance für Umwelt und Klima. Materialien und Bildvorlagen, Arbeitsgemeinschaft für sparsamen und umweltfreundlichen Energieverbrauch (ASUE) e.V. (Hrsg.), Hamburg 1994.

o.V.: Gaspreise talwärts, in: Zeitung für Kommunale Wirtschaft (ZfK), Heft 8, 1995, S. 6.

o.V.: Industrie größter Stromkäufer, in: Informationszentrale der Elektrizitätswirtschaft (IZE) e.V. (Hrsg.), Stromthemen, Informationen zu Energie und Umwelt, Jahrgang 12, Frankfurt am Main 1995, Nr. 8, S. 1.

o.V.: Investitionen für die Energietechnik bei schwankenden Energiepreisen, VDI-Bericht Nr. 534, Düsseldorf 1984.

o.V.: Kartellamt will Monopol beim Strom knacken, in: Die Welt, Sonderbeilage Welt der Energie II, 10.06.1997, S. G3.

o.V.: Kernenergie in der EU. Frankreich mit 75% vorn, in: Informationszentrale der Elektrizitätswirtschaft (IZE) e.V. (Hrsg.), Stromthemen, Informationen zu Energie und Umwelt, Jahrgang 12, Frankfurt am Main 1995, Nr. 10, S. 5.

o.V.: Kohlepfennig unzulässig, in: Zeitung für Kommunale Wirtschaft (ZfK), Heft 12/94, S. 1.

o.V.: Maingas kühlt die Preise ab. Wintershall faßt Fuß, in: Frankfurter Rundschau vom 31.08.95.

o.V.: MAN-Maschinenfabrik Augsburg: Wirtschaftlichkeitsberechnung einer BHKW-Anlage, internes unveröffentliches Arbeitspapier, Essen 1980.

o.V.: Mehr Wettbewerb bei Strom und Gas. SPD und Kommunen lehnen neues Energierecht ab, in: Informationszentrale der Elektrizitätswirtschaft (IZE) e.V. (Hrsg.), Stromthemen, Informationen zu Energie und Umwelt, Jahrgang 13, Frankfurt am Main 1996, Nr. 12, S. 1-2.

o.V.: Methodenlehre der Planung und Steuerung, REFA Verband für Arbeitsstudien und Betriebsorganisation e.V. (Hrsg.), München 1985.

o.V.: Minister Rexrodt: Die Preise werden fallen, in: Die Welt, Sonderbeilage Welt der Energie I, 09.06.1997, S. G3.

o.V.: Mit 50,3% Wirkungsgrad-Meister, in: Informationszentrale der Elektrizitätswirtschaft (IZE) e.V. (Hrsg.), Stromthemen, Informationen zu Energie und Umwelt, Jahrgang 11, Frankfurt am Main 1994, Nr. 3, S. 1-8.

o.V.: Mit Pipelines gegen den Wärmemüll, in: Der Spiegel, Heft 46, November 1995, S. 100.

o.V.: Plädoyer für mehr Wettbewerb, in: Informationszentrale der Elektrizitätswirtschaft (IZE) e.V. (Hrsg.), Stromthemen, Informationen zu Energie und Umwelt, Jahrgang 13, Frankfurt am Main 1996, Nr. 8, S. 8.

o.V.: Projektbeschreibung des Aufbaus des Blockheizkraftwerk Haar, Isar-Amparwerke AG, 15.04.1994.

o.V.: Regelungen für Zusatz- und Reservestromlieferungen für Klein-BHKW im Niederspannungsbereich in Anlehnung an die allgemeinen Stromtarife der HEW, Hamburg 1995.

o.V.: Regenerative Energien: Neue Förderprogramme, in: Energiewirtschaftliche Tagesfragen, Zeitschrift für Energiewirtschaft, Recht, Technik und Umwelt, Jahrgang 45 (1995), Düsseldorf 1995, Heft 10, S. 680.

o.V.: RKW: Energie gespart, Stuttgart 1964, S. 97-100.

o.V.: Sauber, leise, maßgeschneidert. Schlüsselposition in der städtischen Energieversorgung. Flexibel für alle Anforderungen, in: Zeitung für Kommunale Wirtschaft (ZfK), Heft 12/95, S. 25.

o.V.: Selbstjustiz der Energieversorger. Politiker kritisieren Mißachtung des Stromeinspeisegesetzes, Süddeutsche Zeitung vom 11.05.1995, S. 20.

o.V.: Stadtwerke Schwäbisch Hall, Große Unterschiede bei den Einspeise-Preisen für Strom aus Kraft-Wärme-Kopplung, in: Kommunale Briefe für Ökologie, Nr. 15, 1992 *o.V.*: Stellungsnahme zum Fragenkatalog des Unterausschusses des Wirtschaftsausschusses des Bundesrates betreffend den Antrag des Landes Brandenburg zu Novellierung des Stromeinspeisungsgesetzes (Einbeziehung von Strom aus KWK-Anlagen), Wuppertaler Institut für Klima, Umwelt, Energie (Hrsg.), Wuppertal 1993.

o.V.: Streit um Gewerbekapitalsteuer beigelegt, in: Die Welt, 23.05.1997, S. 13.

o.V.: Stromeinkauf wird zunehmend zur Chefsache. Mehr Wettbewerb nicht nur über das Netz - Eigenerzeugung rück vor, in: Süddeutsche Zeitung, Nr. 80, 08. April 1997, S. 19.

o.V.: Stromkonzerne entfachen Sturm der Entrüstung. Widerstand gegen Einspeisungsgesetz ruft in Bonn einhellige Kritik hervor, in: Frankfurter Rundschau vom 11.05.95, S. 13.

o.V.: Stromkonzerne müssen für Abnahme von Alternativenergien weiter mehr bezahlen. Vorlage gegen Stromeinspeisungsgesetz vor dem Bundesverfassungsgericht gescheitert, Süddeutsche Zeitung vom 18.01.1996, S. 15.

o.V.: Strompreise und ihre Bedeutung für die Industrie. Mit Pfennig-beträgen eine Entlastung in Milliardenhöhe, Standpunkte, Siemens AG, München 1989.

o.V.: Strom-Verbilligung trifft BHKW. Verbesserte Einspeisevergütung notfalls gesetzlich verordnen?, in: Zeitung für Kommunale Wirtschaft (ZfK), Heft 8/95, S. 2.

o.V.: Stromvergütungs-Vorlage in Karlsruhe abgelehnt, in: Zeitung für kommunale Wirtschaft (ZfK), Heft 2/96, S. 1.

o.V.: Technik, in: Arbeitsgemeinschaft für sparsamen und umweltfreundlichen Energieverbrauch (ASUE) e.V. (Hrsg.), Blockheizkraftwerke. Grundlagen der Technik. Anwendungsmäglichkeiten, Hamburg ohne Datumsangabe, S. 4-8.

o.V.: Tricks und Mauscheleien. Wie der RWE-Filz das Braunkohlenrevier regiert, in: Der Spiegel, Heft 46, 1995, S. 90.

o.V.: Umweltverträglichkeit, in: Arbeitsgemeinschaft für sparsamen und umweltfreundlichen Energieverbrauch (ASUE) e.V. (Hrsg.), Blockheizkraftwerke. Grundlagen der Technik und Anwendungsmöglichkeiten, Hamburg ohne Datum, S. 21-22.

o.V.: Verflechtungen in der deutschen Energiewirtschaft, in: Zeitung für kommunale Wirtschaft (ZfK), Heft 10/89, S. 12-13.

o.V.: Verknappung und Preiserhöhungen sind beim Russengas nicht zu befürchten, in: Welt am Sonntag, Nr. 21, Mai 1995, S. 40-41.

o.V.: VKU attackiert Rexrodt-Entwurf, in: Informationszentrale der Elektrizitätswirtschaft (IZE) e.V. (Hrsg.), Stromthemen, Informationen zu Energie und Umwelt, Jahrgang 13, Frankfurt am Main 1996, Nr. 7, S. 3.

o.V.: Weiterentwicklung der Verbändevereinbarung über die stromwirtschaftliche Zusammenarbeit 1994, in: Verband der Industriellen Energie- und Kraftwirtschaft (VIK) e.V. (Hrsg.), VIK-Mitteilungen 5-1994, Essen 1994., S. 119.

o.V.: Wintershall macht sich in der Branche unbeliebt. Wintershall-Chef Detharding befühwortet Wettbewerb - Keine Angst vor neuer Konkurrenz - Marktanteil steigt, in: Die Welt, Sonderbeilage Welt der Energie II, 10.06.1997, S. G5.

o.V.: Wirtschaftlichkeit, in: Grundlagen, Technik, Betrieb. Gasturbinen in der Praxis, in: Arbeitsgemeinschaft für sparsamen und umweltfreundlichen Energieverbrauch (ASUE) e.V. (Hrsg.), Hamburg 1994, S. 18.

o.V.: Wirtschaftlichkeitsbetrachtungen, in: Arbeitsgemeinschaft für sparsamen und umweltfreundlichen Energiever-brauch (ASUE) e.V. (Hrsg.), Blockheizkraftwerke. Grundlagen der Technik. Anwendungsmäglichkeiten, Hamburg ohne Datumsangabe, S. 23.

o.V.: Wirtschaftlichkeitsuntersuchungen verschiedener Verfahren zur Eigenerzeugung von Strom und Dampf bei der Neuen Metallhütte Lübeck GmbH, Energieberatung GmbH, Internes und unveröffentlichtes Arbeitspapier, Essen 1989.

o.V.: Zukunft für Sonne und Wind, in: Wirtschaftswoche vom 08.08.96, Nr. 33, S. 70.

Oesterwind, D., *Renn*, O., *Voß*, A.: Sanfte Energieversorgung. Eine neue Utopie?, in: Energiewirtschaftliche Tagesfragen, Jahrgang 30 (1980), Düsseldorf 1980, Heft 2, S. 111-117.

Oesterwind, D.: Technische Grundlagen der Energiewirtschaft, in: Der Kaufmann in der Energie- und Wasserversorgung, Arbeitsgemeinschaft Weiterbildung Energie und Wasser (AGE) e.V. (Hrsg.), 3. Auflage, Frankfurt am Main 1992, S. 135-179.

Oettle, K.: Unternehmerische Finanzpolitik, Stuttgart 1966.

Olfert, K.: Investition, 2. Auflage, Kiel 1982.

Oster, H.: Struktur und Perspektiven der Gaswirtschaft in der Bundesrepublik Deutschland, in: Arbeitsgemeinschaft Weiterbildung Energie und Wasser (AGE) e.V. (Hrsg.), Der Kaufmann in der Energie- und Wasserversorgung, 3. Auflage, Frankfurt am Main 1992, S. 62-77.

Perridon, L., *Steiner*, M.: Finanzwirtschaft der Unternehmung, 7. Auflage, München 1993.

Petry, W., *Schneider*, A.: Fernwärmeschiene Aachen, in: Energiewirtschaftliche Tagesfragen, Zeitschrift für Energiewirtschaft, Recht, Technik und Umwelt, Jahrgang 45 (1995), Düsseldorf 1995, Heft 5, S. 296-299.

Pfaffenberger, W.: Elektrizitätswirtschaft, München/Wien 1993.

Pfeiffer, M.: Dienstleistungs Contracting, in: Energie Spektrum, Das Magazin für das Energiemanagement, 2/1993, S. 219-221.

Picot, A.: Ein neuer Ansatz zur Gestaltung der Leistungstiefe, in: Zeitschrift für betriebswirtschaftliche Forschung (ZfbF), Jahrgang 43 (1991), S. 336 - 357.

Piller, W., *Rudolph*, M.: Kraft-Wärme-Kopplung. Zur Theorie und Praxis der Kostenrechnung, 2. Auflage, Frankfurt am Main 1991.

Pischinger, F.: Blockheizkraftwerke und Wärmepumpen-Zukunftsmärkte der Technik, in: Brennstoff-Wärme-Kraft (BWK), Jahrgang 93, Band 45, Heft 11, S. 470-472.

Pischinger, F.: Stand der Technik und Entwicklungsperspektiven in der Kraft-Wärme-Kopplung. Gasmotoren, in: Arbeitsgemeinschaft für sparsamen und umweltfreundlichen Energieverbrauch (ASUE) e.V. (Hrsg.), Internationale Fachtagung „Kraft-Wärme-Kopplung. Energie sparen, Umwelt schonen", Band 16, Essen 1995, S. 49-65.

Plaut, H.G. u.a.: Grenzplankostenrechnung und Datenverarbeitung, 2.Auflage, München 1971.

Porter, M.-E.: Competitive Advantage. Creating and Sustaining Superior Performance, New York 1985.

Porter, M.-E.: Competitive Strategy, Techniques for Analysing Industries and Competitors, New York 1980.

Porter, M.-E.: Wettbewerbsstrategie (Competitive Strategy), Methoden zur Analyse von Branchen und Konkurrenten, 6. Auflage, Frankfurt am Main 1990.

Pospischill, H.: Die Methanemissionen der vorgelagerten Kohle und Erdgasprozeßkette. Bedeutung am Beispiel der Strombereitstellung, Energiewirtschaftliche Tagesfragen, Zeitschrift für Energiewirtschaft, Recht, Technik und Umwelt, Jahrgang 44 (1994), Düsseldorf 1994, Heft 3, S. 112-116.

Potthoff, E.: Insolvenzen, in: Büschgen, H.-E. (Hrsg.), Handwörterbuch der Finanzwirtschaft, Enzyklopädie der Betriebswirtschaftslehre, Band VI, Stuttgart 1976, Sp. 818-828.

Pöttken, H.-G., Strohschein, H.: Tendenzen in der industriellen Energiewirtschaft, in: Struktur und Tendenzen in der industriellen Energiebedarfsdeckung, VDI/VDE/GFPE-Tagung in Schliersee am 06./07.05.1985, Berlin/Heidelberg u.a. 1985, S. 19-28.

Prangenberg, W., Pressesprecher des Verbandes kommunaler Unternehmen (VKU), zitiert in: o.V.: VKU attackiert Rexrodt-Entwurf, in: Informationszentrale der Elektrizitätswirtschaft (IZE) e.V. (Hrsg.), Stromthemen, Informationen zu Energie und Umwelt, Jahrgang 13, Frankfurt am Main 1996, Nr. 7, S. 3.

Radkau, J.: Energiezeitalter und Energiekrisen. Ein Schlüssel zur Weltgeschichte?, in: RWE Energie, 12. Hochschultage Energie, Tagungsbericht, Essen 01.-02.10.1991, S. 11-18.

Rao, R: Financial Management, Concepts and Applications, 2. Auflage, New York 1992.

Rapp, A.: Die gemeinschaftsrechtliche Verwirklichung von Wettbewerb in der leitungsgebundenen Energiewirtschaft, Frankfurt am Main 1992.

Rasch, H.: Die Wahl zwischen Selbstherstellung und Fremdbezug als Einkaufs- und Investierungsproblem in der industriellen Unternehmung, Berlin 1968

Rath, H.: Energiewirtschaft. kurz und bündig. 1994, in: Informationszentrale der Elektrizitätswirtschaft (IZE) e.V. (Hrsg.) 13. Auflage, Frankfurt am Main 1994, S. 1-23.

Rauck, H.: Dezentrale Kraft-Wärme-Kopplung als wirtschaftliche und umweltfreundliche Form der Bereitstellung von Strom und Wärme, Firmeninterne Studie der MAN Technologie AG, 1990, S. 1-6 zuzgl. Anlagen.

Rehkugler, H., *Schindler*, V.: Finanzierung, 6. Auflage, München 1994.

Reichwald, R., *Dietel*, B.: Produktionswirtschaft, in: Heinen, E. (Hrsg.): Industriebetriebslehre, Entscheidungen im Industriebetrieb, 9. Auflage, Wiesbaden 1991, S. 395-622.

Renkes, D.: Grundlagen der Instandhaltung, in: Rationalisierungs-Kuratorium der Deutschen Wirtschaft (RKW) e.V. (Hrsg.), Instandhaltungsmanagement, Band I, Eschborn 1993, S. 5 - 144.

Riebel, P.: Die Elastizität des Betriebes, Eine produktions-und marktwirtschaftliche Untersuchung, in: Gutenberg u.a. (Hrsg.) Beiträge zur betriebswirtschaftlichen Forschung, Band 1, Köln und Opladen 1954.

Riebel, P.: Die Kuppelproduktion. Betriebs- und Marktprobleme, Köln und Opladen 1955.

Riebel, P.: Einzelkosten und Deckungsbeitrags-rechnung. Grundfragen einer markt- und entscheidungsorientierten Unternehmensrechnung, 6. Auflage, Wiesbaden 1990.

Riebel, P.: Kuppelproduktion, in: Kern, W.(Hrsg.), Enzyklopädie der Betriebswirtschaft. Band VII, Handwörterbuch der Produktionswirtschaft, Stuttgart 1979, Sp. 1009-1022.

Riebel, P.: Zur Programmplanung bei Kuppelprodukten, in: Zeitschrift für betriebswirtschaftliche Forschung (ZfbF), Jahrgang 23 (1971), S. 733-775.

Riesenhuber, H.: Energie und technischer Fortschritt, in: Energiewirtschaftliche Tagesfragen, Zeitschrift für Energiewirtschaft, Recht, Technik und Umwelt, Jahrgang 39 (1989), Düsseldorf 1989, Heft 1 bzw. 2, S. 59-65.

Riesner, W.: DDR und Bundesrepublik im energiewirtschaftlichen Vergleich, in: Energiewirtschaftliche Tagesfragen, Zeitschrift für Energiewirtschaft, Recht, Technik und Umwelt, Jahrgang 40 (1990), Düsseldorf 1990, Heft 4, S. 198-205.

Rix, E.: Ein Beitrag zur Betriebsoptimierung von Heizkraftwerken, Dissertation, Aachen 1976.

Robichek, A., *Meyers*, S.: Optimal Financing Decision, New York 1965.

Röder, P.: Zielkonflikte bei der Preisbildung in der Elektrizitätswirtschaft, Baden-Baden 1991.

Rodriguez, R.-M., Carter, E.-E.: International Financial Management, 3. Auflage, New Jersey, 1984.

Röhrlich, D.: Einzigartige Kooperation. Fordwerke beziehen Wärme von der GEW, in: Energie Spektrum. Das Magazin für das Energiemanagement, Heft 1, 1996, S. 36-37.

Röhrlich, D.: Sparen mit Garantie. Intelligente Regelsysteme kappen die teueren Spitzen beim Stromverbrauch, in: Wirtschaftswoche vom 08.08.96, Nr. 33, S. 70-74.

Röhrlich, D.: Unter Druck gesetzt. Die Ausbeute an Strom wird größer, der Ausstoß von Klimagasen sinkt, in: Wirtschaftswoche vom 08.08.96, Nr. 33, S. 74-78.

Ross, D.: International Treasury Management, 2. Auflage, Cambridge 1990.

Ross, S.-A., Westerfield, R.-W., Jeffrey, F.-J.: Corporate Finance, 3. Auflage, Boston 1993.

Rostek, H.A.: Möglichkeiten und Grenzen der Kraft-Wärme-Kopplung, , in: Arbeitsgemeinschaft für sparsamen und umweltfreundlichen Energieverbrauch (ASUE) e.V. (Hrsg.), Internationale Fachtagung „Kraft-Wärme-Kopplung. Energie sparen, Umwelt schonen", Band 16, Essen 1995, S. 28-37.

Roth, E.: Mensch, Umwelt und Energie, Düsseldorf 1994.

Rouvel L., *Schaefer*, H.: Nutzung regenerativer Energien, in : Lehrstuhl für Energiewirtschaft und Kraftwerkstechnik TU München (Hrsg.), Vorlesungsmanuskript, IfE Schriftenreihe, Heft 1, 6. Auflage, München 1992.

Rouvel, L.: Kraft-Wärme-Kopplung in Krankenhäusern, in: Energiewirtschaftliche Tagesfragen, Zeitschrift für Energiewirtschaft, Recht, Technik und Umwelt, Jahrgang 39 (1989), Düsseldorf 1989, Heft 7, S. 432-437.

Rudolph, M.: Kosten und Wirtschaftlichkeit von KWK-Anlagen, Tagungsbericht, Fachseminar „Rationelle Energienutzung und Kraft-Wärme-Kopplung in der Industrie", Schliersee, 02.-03.05.94, S. 1-13.

Rudolph, M.: Kostenzuordnung und Wirtschaftlichkeit bei Kraft-Wärme-Kopplung, in: VDI-Gesellschaft Energietechnik (Hrsg.), Möglichkeiten und Grenzen der Kraft-Wärme-Kopplung, VDI-Bericht 923, Tagung in Würzburg vom 29.-30.10.91, Düsseldorf 1991, S. 107-122.

Rudolph, M: Einfluß der Betriebsweise von Fertigungsanlagen auf den Energiebedarf, in: Lehrstuhl für Energiewirtschaft und Kraftwerkstechnik der Technischen Universität München (Hrsg.), Struktur und Tendenzen in der industriellen Energiebedarfsdeckung, VDI/VDE/GFPE-Tagung in Schliersee am 06./07.05.1985, Berlin/Heidelberg u.a. 1985, S. 75-87.

Rumpel, M., *Hoffmann*, T.: Stand und Perspektiven der Energieversorgung mit Blockheizkraftwerken, in: UTA Sonderheft, Hannover Messe 1996, S. 2-11.

Rutt, H.-N.: Die flexible Organisation, in: Oetinger, Bolko von (Hrsg.), Das Boston Consulting Group Strategie-Buch, Düsseldorf u.a. 1993, S. 489-510.

Sabel, H.: Kurzfristige Programmplanung, in: Kern W. (Hrsg.): Enzyklopädie der Betriebswirtschaftslehre, Band VII, Handwörterbuch der Produktion, Stuttgart 1979 Sp. 1686-1700.

Sandig, C.: Finanzen und Finanzierung der Unternehmung, Stuttgart 1968.

Schaefer, H., *Geiger*, B., *Rudolph*, M.: Energiewirtschaft und Umwelt, in: Buchwald, K., Engelhardt, W. (Hrsg.), Umweltschutz-Grundlagen und Praxis, Band 14, Bonn 1995.

Schaefer, H.: Analyse des industriellen Energiebedarfs, in: PPI Nr. 3/1975, S. 49-54.

Schaefer, H.: Erzeugung elektrischer Energie. Thermische Stromerzeugungsanlagen, in: Schaefer, H.: Lehrstuhl für Energiewirtschaft und Kraftwerkstechnik. Technische Universität München, Vorlesungsmanuskript, IfE Schriftenreihe, Heft 11, 4. Auflage, München 1993.

Schaefer, H.: Möglichkeiten und Potentiale des rationellen Energieeinsatzes in der Industrie, in: RWE Energie, 13. Hochschultage Energie, Tagungsbericht, Essen 23.-24.09.1992, S. 75-102.

Schaefer, H.: Struktur und Analyse des Energieverbrauchs der Bundesrepublik Deutschland, Göttingen 1980.

Schaefer, H: Zentrale und dezentrale Energieversorgung, Tagungsbericht, Fachseminar „Rationelle Energienutzung und Kraft-Wärme-Kopplung in der Industrie", Schliersee, 02.-03.05.94, S. 1-8.

Schäfer, E.: Die Unternehmung, 10. Auflage, Wiesbaden 1980.

Scharff, E.-H.: Wirtschaftlichkeitsanalysen der Energieversorgung von Industriebetrieben, in: Arbeitsgemeinschaft für sparsamen und umweltfreundlichen Energieverbrauch (ASUE) e.V. (Hrsg.), Rationelle Energieverwendung im Industriebetrieb, Schriftenreihe Nr. 5, 1981, S. 15-21.

Schaumann, R.: Betriebsweise des Fernwärmenetzes (Heizwasser) des HEW, in: Fernwärme International (FWI), Arbeitsgemeinschaft für Fernwärmewirtschaft (AGFW) e.V. (Hrsg.), Jahrgang 16 (1987), Heft 2, S. 53.

Schenk, P.: Politische Einigung auf Strom-Richtlinie, in: Informationszentrale der Elektrizitätswirtschaft (IZE) e.V. (Hrsg.), Stromthemen, Informationen zu Energie und Umwelt, Jahrgang 13; Frankfurt am Main 1996, Nr. 7, S. 1-2.

Scherrer, G.: Kostenrechnung, 2.Auflage, Stuttgart 1991.

Schiffer, H.-W: Energiemarkt Bundesrepublik Deutschland, 4. Auflage, Köln 1994.

Schlumberger, H.: Schaltungsvarianten-Einsatzmöglichkeiten, in: Verband der Industriellen Energie- und Kraftwirtschaft (VIK) e.V. (Hrsg.), VIK-Bericht Nr. 195, Gasturbinen in der Industrie, Essen 1986, S. 29-35.

Schmalenbach, E.: Kostenrechnung und Preispolitik, 8. Auflage, Köln/Opladen 1963.

Schmidt, R.-B., Unternehmungsinvestitionen, Strukturen. Entscheidungen, Kalküle, Reinbek/Hamburg 1970.

Schmidt, R.-H.: Grundzüge der Investitions- und Finanzierungstheorie, 3. Auflage, Wiesbaden 1996.

Schmidt, R.H.: Investitions- und Finanzierungstheorie, 2. Auflage, Wiesbaden 1986

Schmitt, D., Bergschneider, C.: Dezentrale Kraft-Wärme-Kopplung, in: Energiewirtschaft, Jahrgang 5 (1983), Heft 3 S. 205-213.

Schnabel, K.: Der Deutsche Elektriziätsmarkt im Wandel, Bayreuth 1993.

Schneider, D.: Investition und Finanzierung, Lehrbuch der Investitions-, Finanzierungs- u. Ungewißheitstheorie, 3. Auflage, Opladen 1974.

Schneider, D.: Investition, Finanzierung und Besteuerung, 7. Auflage, Wiesbaden 1992.

Schneider, E.: Einführung in die Wirtschaftstheorie, Teil 2, Wirtschaftspläne und wirtschaftliches Gleichgewicht in der Verkehrswirtschaft, 12. Auflage, Tübingen 1969.

Schneider, E.: Theorie der Investition, 8. Auflage, Tübingen, Zürich 1973;

Schneider, E.: Wirtschaftlichkeitsrechnung, Theorie der Investition, 7. Auflage, Tübingen, Zürich 1968.

Schneider, H.-K.: Die Gaspreisbildung nach dem Anlegbarkeitsprinzip, München 1977.

Schneider, H.-K.: Energiepolitik in der Bundesrepublik Deutschland, in: Der Kaufmann in der Energie- und Wasserversorgung (AGE) e.V. (Hrsg.), 3. Auflage, Frankfurt am Main 1992, S. 273-285.

Schneider, H.-K.: Produktion in der Energiewirtschaft, in: Kern W. (Hrsg.), Enzyklopädie der Betriebswirtschaftslehre, Band VII, Handwörterbuch der Produktion, Stuttgart 1979, Sp. 488-504.

Schneider, K.: Kernenergie-BGR. Studien zu potentiellen Ersatzstandorten für nukleare Endlager, in: Energiewirtschaftliche Tagesfragen, Zeitschrift für Energiewirtschaft, Recht, Technik und Umwelt, Jahrgang 45 (1995), Düsseldorf 1995, Heft 11, S. 735-736.

Scholten, J.: Optimale Energieeinsatzplanung thermischer Kraftwerkssysteme, Dissertation, Aachen 1993.

Scholz, F.: Wärmespeicher entkoppeln Bedarf und Anfall von Wärme und Elektrizität, in: Brennstoff-Wärme-Kraft (BWK), Jahrgang 83, Band 35, Heft 7/8, S. 341-345.

Schramek, E.-R.: Taschenbuch für Heizung und Klimatechnik, 67. Auflage, München 1995.

Schreglmann, W.: Faktoren des Kapitalbedarfs, Nürnberg 1972.

Schreiner, E.: Kraft-Wärme-Kopplung zur Energieversorgung von Flaschenfüllanlagen in Brauereien, Mineralbrunnen und Erfrischungsgetränkebetrieben, Dissertation, Berlin 1982

Schröter, K.: Die wettbewerbspolitische Behandlung der leitungsgebundenen Energiewirtschaft, in: Folkers u.a. (Hrsg.), Hohenheimer Volkswirtschaftliche Schriften, Band 3, Frankfurt am Main u.a. 1986.

Schub, A.: *Stark*, K.: Life-Cycle-Cost von Bauprojekten, Köln 1986.

Schuhmacher, U.: Kernfusion, Forschung zur thermonuklearen Fusion. Stand und Entwicklung, Essen 1989.

Schulz, M.: Ausbau der Kraft-Wärme-Kopplung durch Einsatz der Gasturbine, in: Verband der Industriellen Energie- und Kraftwirtschaft (VIK) e.V. (Hrsg.), VIK-Bericht Nr. 195, Gasturbinen in der Industrie, Essen 1986, S. 35-44.

Schumann, J.: Grundzüge der mikroökonomischen Theorie, 4. Auflage, Berlin/Heidelberg 1984.

Schürmann, H.-J.: Energiekonsensrunde kommt in die heiße Abstimmungsphase. Auf der Suche nach Schadensbegrenzung, in: Handelsblatt vom 31.05.95, S. 33.

Schürmann, H.-J.: Keine parteiübergreifenden Kompromisse-Bilanz 95, in: Energiewirtschaftliche Tagesfragen, Zeitschrift für Energiewirtschaft, Recht, Technik und Umwelt, Jahrgang 45 (1995), Düsseldorf 1995, Heft 12, S. 770-771.

Schwarz, H.: Optimale Investitionsentscheidungen, München 1967.

Schwering, M.: Versicherung, in: Arbeitsgemeinschaft Weiterbildung Energie und Wasser (AGE) e.V. (Hrsg.), Der Kaufmann in der Energie- und Wasserversorgung (AGE) e.V. (Hrsg.), Frankfurt am Main 1992, S. 832-858.

Seeger, T., *Verstege*, J.: Rechnergestützte Tageseinsatzoptimierung in Kraft-Wärme-Kopplungssystemen, in: Elektrizitätswirtschaft, Jahrgang 88 (1989), Heft 5, S. 219-224.

Seeger, T.: Tageseinsatzoptimierungin Kraftwerkssystemen mit Kraft-Wärme-Kopplung, Dissertation, Osnabrück 1991.

Seelbach, H.: Finanzierung, München 1980.

Seidel, M.: Motorisch betriebene Blockheizkraftwerke (BHKW), in: Brennstoff-Wärme-Kraft (BWK), Jahrgang 1994, Band 46, Heft 4, S. 166-169.

Seidel, M.: Tendenzen bei Entwicklung und Einsatz von Blockheizkraftwerken, in: Brennstoff-Wärme-Kraft (BWK), Jahrgang 1994, Band 46, Heft 9, S. 374-376.

Sellien, H.: Finanzierung und Finanzplanung, 2. Auflage, Wiesbaden 1964.

Siebke, J.: Preistheorie, in: Vahlens Kompendium der Wirtschaftstheorie und Wirtschaftspolitik, Band 2, 3. Auflage, S. 57-119.

Smith, A.: Natur und Ursachen des Wohlstandes, Übersetzung von F. Bülow, Leipzig 1933.

Spremann, K.: Investition und Finanzierung, 4. Auflage, München/Oldenburg 1991.

Stackelberg, H. von: Grundlagen einer reinen Kostentheorie, Wien 1932.

Stalk, G.: Die 4 Regeln der Reaktionsgeschwindigkeit, in: Oetinger, Bolko von (Hrsg.), Das Boston Consulting Group Strategie-Buch, Düsseldorf u.a. 1993 , S. 574-577.

Stalk, G.: Zeit. Die entscheidende Waffe im Wettbewerb, in: Oetinger, Bolko von (Hrsg.), Das Boston Consulting Group Strategie-Buch, Düsseldorf u.a. 1993, S. 535-559.

Stalk, G.: Zeitwettbewerb. Zeit ein neues Erfolgsmuster, in: Oetinger, Bolko von (Hrsg.), Das Boston Consulting Group Strategie-Buch, Düsseldorf u.a. 1993 , S. 582-588.

Stelzer, L.: Investitions- und Wirtschaftlichkeitsrechnungen. Anwendungsmöglichkeiten für die Unternehmen der Elektrizitätswirtschaft, in: Elektrizitätswirtschaft, Jahrgang 91 (1992), Heft 16, S. 1034-1042.

Stephan, K.: Thermodynamik, in: Beitz, W., Küttner K.-H. (Hrsg.), Dubbel. Taschenbuch für den Maschinenbau, 17. Auflage, Berlin/Heidelberg u.a. 1990, D 1-D 45.

Stöcker, H.J.: Die rationelle Energieverwendung im Energieforschungsprogramm der Bundesregierung, in: VDI -Berichte 415 (Hrsg.), Zur Wahl der Energieversorgung in der gewerblichen Wirtschaft und im öffentlichen Bereich, Tagung Berlin 1981,

Stumpf, H.: Wirtschaftliche Rahmenbedingungen und Kriterien der kommunalen Energiewirtschaft, in: Leonhardt, W. (Hrsg.) u.a., Kommunales Energiehandbuch, Karlsruhe 1989, Wibera-Sonderdruck Nr. 208.

Süchting, J.: Finanzmanagement. Theorie und Politik der Unternehmensfinanzierung, 2. Auflage, Wiesbaden 1978.

Suttor, K.-H., Suttor, W.: Die KWK-Fibel, 2. Auflage, München/Gräfeling 1993.

Suttor, K.-H., Suttor, W.: Vorwort der Herausgeber, in: Suttor, K.-H., Suttor, W. (Hrsg.), Handbuch der Kraft-Wärme-Kopplung. Für Planer, Betreiber, Ausbildung., Karlsruhe 1991, S. X-XI.

Suttor, W. (Hrsg.): Praxis Kraft-Wärme-Kopplung. Technik, Umfeld, Realisierung von KWK-Anlage, Heidelberg 1994.

Swoboda, P.: Investition und Finanzierung, 4. Auflage, Göttingen 1992.

Szyperski, N., *Winand*, U.: Grundbegriffe der Unternehmensplanung, Stuttgart 1979.

Tacke, W.: Umweltkosten im öffentlichen Bewußtsein, in: VDI-GET Gesellschaft für Energietechnik Jahrbuch 95, Düsseldorf 1995, S. 301-309.

Tanski, S., *Kurras*, K.-P., *Weitkamp*, J.: Der gesamte Jahresabschluß, 3. Auflage, München, Wien 1991.

Taube, W., *Müller-Reinke*, R., *Untiet*, M.: Rechnergestützte Einsatzoptimierung in der Lastverteilung der Preussen Elektra AG, in: Elektrizitätswirtschaft, Jahrgang 87 (1988), Heft 22, S. 1098-1102.

Taud. R.: Optimale kurzfristige Kraftwerkseinsatzplanung unter Berücksichtigung der Kraftwerkszuverlässigkeit, Dissertation, Aachen 1979.

Taurit, R., *Wagner*, M.: Künftige Entwicklung von Stromgestehungskosten, in: Brennstoff-Wärme-Kraft (BWK), Jahrgang 80, Band 32, Heft 12, S. 554-556.

Terlau, W.: Strukturelle Sensitivitätsanalyse dynamischer ökonometrischer Prognosemodelle, Berlin 1992.

Thiele, S.: Neue Etappe eingeleitet. Europäischer Binnenmarkt für Elektrizität, in: Informationszentrale der Elektrizitätswirtschaft (IZE) e.V. (Hrsg.), Stromthemen, Informationen zu Energie und Umwelt, Jahrgang 12, Frankfurt am Main 1995, Nr. 10, S. 4 - 7.

Thieme, H., *Winddorfer*, E.: EDV-Programm zur Planung der Strombeschaffung und Fernwärmeerzeugung, in: Brennstoff-Wärme-Kraft (BWK), Jahrgang 85, Band 37, Heft 12, S. 471-475.

Thomas, H.-J.: Thermische Kraftanlagen, Berlin 1975.

Tiedtke, J.: Die direkten und indirekten Energiekosten in der Industrie, in: Zeitschrift für Energiewirtschaft, Jahrgang 4 (1980) Heft 2, 1980, Heft 2, S. 148-150.

Traube, K., *Schulz*, W.: Ökologische und ökonomische Wirkungen des Zubaus von Kraft-Wärme-Kopplungsanlagen, Abschlußbericht mit Anlagen, Hessisches Ministerium für Umwelt, Energie, Jugend, Familie und Gesundheit (Hrsg.), Wiesbaden 7/1995.

Trenkler, H.: Neue Einflüsse auf die Entwicklung der Kraft- und Wärmewirtschaft, in: VGW Kraftwerkstechnik, Jahrgang 66, Heft 2, Februar 1986, S. 87-97.

Tröscher, H.: Systemtechnische Methoden zur Untersuchung der Möglichkeiten zentraler und dezentraler Stromerzeugung unter besonderer Berücksichtigung der Energiespeicherung und der Kraft-Wärme-Kopplung, Dissertation, Essen 1979.

Uhlmannsiek, B.: Bei Rekordhitze streikte Strom. Größte Netzstörung seit Jahren, in: Informationszentrale der Elektrizitätswirtschaft (IZE) e.V. (Hrsg.), Stromthemen, Informationen zu Energie und Umwelt, Frankfurt am Main 1996, Nr. 8, S. 1.

Uhlmannsiek, B.: Die Luft in der Lausitz wird sauberer. VEAG rüstet bis 1996 acht Blöcke mit moderner Umwelttechnik nach, in: Informationszentrale der Elektrizitätswirtschaft (IZE) e.V. (Hrsg.), Stromthemen, Informationen zu Energie und Umwelt, Jahrgang 12, Frankfurt am Main 1995, Nr. 9, S. 1.

Uhlmannsiek, B.: Endlich Weg frei für Neuaufbau. Kontrahenten im Stromstreit nehmen Kompromißvorschlag an, in: Informationszentrale der Elektrizitätswirtschaft (IZE) e.V. (Hrsg.), Stromthemen, Informationen zu Energie und Umwelt, Jahrgang 10, Frankfurt am Main 1993, Nr. 9, S. 1-2.

Uhlmannsiek, B.: Fernwärme im Wärmemarkt. Zuwachs im Westen, in: Informationszentrale der Elektrizitätswirtschaft (IZE) e.V. (Hrsg.), Stromthemen, Informationen zu Energie und Umwelt, Jahrgang 12, Frankfurt am Main 1995, Nr. 7, S. 3.

Uhlmannsiek, B.: Fernwärmeprogramm für neue Bundesländer 1992-1994. 900 Mio. DM für Sanierungsmaßnahmen, in: Informationszentrale der Elektrizitätswirtschaft (IZE) e.V. (Hrsg.), Stromthemen, Informationen zu Energie und Umwelt, Jahrgang 12, Frankfurt am Main 1995, Nr. 7, S. 3.

Uhlmannsiek, B.: Industrie brauchte 1994 mehr Strom, in: Informationszentrale der Elektrizitätswirtschaft (IZE) e.V. (Hrsg.), Stromthemen, Informationen zu Energie und Umwelt, Jahrgang 12, Frankfurt am Main 1995, Nr. 10, S. 5.

Uhlmannsiek, B.: Kohlepfennig abgeschafft. Strompreise sinken auf breiter Front, in: Informationszentrale der Elektrizitätswirtschaft (IZE) e.V. (Hrsg.), Stromthemen, Informationen zu Energie und Umwelt, Jahrgang 13, Frankfurt am Main 1996, Nr. 1, S. 8.

Uhlmannsiek, B.: Kompromiß im Streit um Stromverträge, in: Informationszentrale der Elektrizitätswirtschaft (IZE) e.V. (Hrsg.), Stromthemen, Informationen zu Energie und Umwelt, Jahrgang 9, Frankfurt am Main 1992, Nr. 12, S. 1-2.

Uhlmannsiek, B.: Mit Fernwärme gegen Kohlendioxid. Gekoppelte Erzeugung von Strom und Wärme entlastet die Umwelt, in: Informationszentrale der Elektrizitätswirtschaft (IZE) e.V. (Hrsg.), Stromthemen, Informationen zu Energie und Umwelt, Jahrgang 12, Frankfurt am Main 1995, Nr. 7, S. 3.

Uhlmannsiek, B.: Sonnenstrom vom Fabrikdach, in: Informationszentrale der Elektrizitätswirtschaft (IZE) e.V. (Hrsg.), Stromthemen, Informationen zu Energie und Umwelt, Jahrgang 11, Frankfurt am Main 1994, Nr. 8, S. 4.

Uhlmannsiek, B.: Strom wird nächstes Jahr billiger, in: Informationszentrale der Elektrizitätswirtschaft (IZE) e.V. (Hrsg.), Stromthemen, Informationen zu Energie und Umwelt, Jahrgang 12, Frankfurt am Main 1995, Nr. 5, S. 7.

Uhlmannsiek, B.: Strompreise sinken auf breiter Front, in: Informationszentrale der Elektrizitätswirtschaft (IZE) e.V. (Hrsg.), Stromthemen, Informationen zu Energie und Umwelt, Jahrgang 12, Frankfurt am Main 1995, Nr. 1, S. 8.

van Laak, H.: Strategien der Instandhaltung, in: in: Rationalisierungs-Kuratorium der Deutschen Wirtschaft (RKW) e.V. (Hrsg.), Instandhaltungsmanagement, Band I, Eschborn 1993, S. 461 - 541.

Verband der Industriellen Energie- und Kraftwirtschaft (VIK) *e.V.*: Tätigkeitsbericht 1993/94, Essen 1994.

Verlags- und Wirtschaftsgesellschaft der Elektrizitätswerke mbH (VWEW): Strompreise für Sondervertragskunden. Regelmäßige Veröffentlichung des VWEW, Frankfurt/M.

Vetter, J.E.: Kernfusion. Weltweite Zusammenarbeit bei der Forschung, in: Energiewirtschaftliche Tagesfragen, Zeitschrift für Energiewirtschaft, Recht, Technik und Umwelt, Jahrgang 38, (1988), Heft 6 , S. 466-470.

Vieregge R.: Kraft-Wärme-Kopplung und Treibhauseffekt. Chancen zur Energieeinsparung und CO_2-Minderung, in: Arbeitsgemeinschaft für sparsamen und umweltfreundlichen Energieverbrauch (ASUE) e.V. (Hrsg.), Internationale Fachtagung „Kraft-Wärme-Kopplung. Energie sparen, Umwelt schonen", Band 16, Essen 1995, S. 2-11.

Virot, J.: Erdgas, in: Bulletin der Schweizer Elektrotechnik, Jahrgang 72, Januar 1981, S. 80-82.

Vogelsang , J.: Zur Wirtschaftlichkeit von KWK-Projekten, Tagungsbericht, Euroforum-Konferenz „Kraft-Wärme-Kopplung", Düsseldorf 07.-08.03.1995.

Vogelsang, J.: Kombinierer. Wirtschaftlichkeitsüberlegungen zur Installation von Blockheizkraftwerken, in: Maschinenmarkt, Würzburg, Heft 40/1992, S. 40.

Vogelsang, J.: Zur Wirtschaftlichkeit von Blockheizkraftwerken bei unterschiedlichen Einsatzbedingungen, VDI-Seminar Blockheizkraftwerke in Dortmund, 25.-26.10.1990, verfaßt in Düsseldorf 25.02.1990.

Vormbaum, H.: Finanzierung der Betriebe, 8. Auflage, Wiesbaden 1990.

Voß, A.: Strategien zur Reduktion der energiebedingten CO_2-Emissionen, in: RWE Energie, 12. Hochschultage Energie, Tagungsbericht, Essen 01.-02.10.1991, S. 19-40.

Voß, A.: Vorgetäuschte Sicherheit durch Energieprognosen, in: Umschau, Jahrgang 80 (1980), S. 235-237.

Wagner, E.: Nutzung der Photovoltaik durch öffentliche Elektrizitätsversorgung in Deutschland, Stand 1992, in: Informationszentrale der Elektrizitätswirtschaft (IZE) e.V. (Hrsg.), Stromdiskussion, Dokumente und Kommentare zur energiewirtschaftlichen und energiepolitischen Diskussion, Erneuerbare Energien. Ihre Nutzung durch die Elektrizitätswirtschaft, Frankfurt am Main 1993, S. 1530-1534.

Wagner, H.-F.: Langfristige Aspekte der Energieversorgung, in Brennstoff-Wärme-Kraft (BWK), Jahrgang 81, Band 33, Heft 1, S. 7-12.

Wagner, U.: Analyse des industriellen Energieverbrauchs, Tagungsbericht, Fachseminar „Rationelle Energienutzung und Kraft-Wärme-Kopplung in der Industrie", Schliersee, 02.-03.05.94.

Wegmann, U.: Systemvergleich Erdgas/Fernwärme/Stromwärme, in: Die Mineralölwirtschaft, Band 37, Heft 10, Oktober 1984, S. 477-480.

Wellmer, F.-W.: Reserven und Reservenlebensdauer von Energierohstoffen, in: Energie-Dialog, Heft 2/1994, S. 4-6

Werbeck, T.: Die Tarifierung elektrischer Energie. Eine kritische Analyse aus ökonomischer Sicht, Schriftenreihe des Rheinisch-Westfälischen Instituts für Wirtschaftsforschung. Neue Folge, Heft 57, Berlin 1995.

Werhahn, J: Warum Gasturbinen heute?, in: Verband der Industriellen Energie- und Kraftwirtschaft (VIK) e.V. (Hrsg.), VIK-Bericht Nr. 195, Gasturbinen in der Industrie, Essen 1986, S. 7-8.

Wessels, T.: Die volkswirtschaftliche Bedeutung der Energiekosten, München 1966.

Weyand, M.: Markterfolg belegt Effizienz des gaswirtschaftlichen Ordnungsrahmens in der Bundesrepublik Deutschland, in: GWF Gas Erdgas, 135 (1994), Nr. 9, 1994., S. 491-494.

Windfeder, H.: Marketing der Gaswirtschaft, in: Arbeitsgemeinschaft Weiterbildung Energie und Wasser (AGE) e.V. (Hrsg.), Der Kaufmann in der Energie- und Wasserversorgung, 3. Auflage, Frankfurt am Main 1992, S. 524-544.

Winje, D., *Witt*, D.: Energiewirtschaft, in: Winje, D., Hanitsch, W. (Hrsg.), Handbuchreihe Energieberatung und Energiemanagement, Band 2, Berlin u.a. 1991,

Winkler, R.: Mehr Geld für selbsterzeugten Strom, in: Informationszentrale der Elektrizitätswirtschaft (IZE) e.V. (Hrsg.), Stromthemen, Informationen zu Energie und Umwelt, Jahrgang 12, Frankfurt am Main 1995, Nr. 4, S. 6.

Winter, G.: Deutsche und Europäische Energiepolitik: Wachstum ohne Grenzen?, in: Energiewirtschaftliche Tagesfragen, Zeitschrift für Energiewirtschaft, Recht, Technik und Umwelt, Jahrgang 42 (1992), Düsseldorf 1992, Heft 7, S. 456-461.

Wintermann, J.: Die Zukunft der Kohle hat gerade erst begonnen. Knappe Öl- und Gasvorräte machen diesen Energieträger attraktiv, in: Die Welt, Sonderbeilage Welt der Energie I, 09.06.1997, S. G7.

Witt, F.-J.: Deckungsbeitragsmanagement, München 1991.

Wittmann, W.: Produktionstheorie, in: Handwörterbuch der Betriebswirtschaft (HWB), 4. Auflage, Stuttgart 1976, Sp. 4425-4452.

Wöhe, G.: Einführung in die allgemeine Betriebswirtschaftslehre, 16. Auflage, München 1986.

Wunderlich, G., *Zybill*, G.: Preisbildung in der Elektrizitätswirtschaft, Berlin 1989, S. 11-15.

Wyand, M.: Markterfolg, in: Elektrotechnik, Jahrgang 24, Januar 1981, S. 492-493.

Zacharias, F., *Suttor*, K.-H.: Heizkraftwerke mit Verbrennungsmotoren, in: Suttor, K.-H., Suttor, W. (Hrsg.), Handbuch der Kraft-Wärme-Kopplung. Für Planer, Betreiber, Ausbildung., Karlsruhe 1991,.S. 64-80.

Zangemeister, C.: Nutzwertanalyse in der Systemtechnik, 4. Auflage, Berlin 1976.

Zemplenyi A.: Runter mit den Energiekosten. Elektrische Spitzenlastdeckung durch dezentrale Eigenanlagen, in: Betriebstechnik, Spezial Umwelttechnik, 5/1994, S. 36-38.

Gesetze, Vorschriften, Richtlinien, Vereinbarungen und Stellungnahmen

Allgemeine Verwaltungsvorschrift über genehmigungsbedürftige Anlagen nach § 16 der Gewerbeordnung - GewO: Technische Anleitung zum Schutz gegen Lärm (TA Lärm), in: Beck-Texte im dtv, Stand: 1. August 1995.

Begriffe der Elektrizitätsübertragung und -verteilung, in: Vereinigung Deutscher Elektrizitätswerke (VDEW) e.V. (Hrsg.), Begriffsbestimmungen in der Energiewirtschaft, 6. Auflage, Frankfurt 1990.

Bundes-Immissionsschutzgesetz (BImSchG) in der Fassung der Bekanntmachung vom 14. Mai 1990 (BGBl. I S. 880), in: Beck-Texte im dtv, Stand: 1. August 1995.

Bundesministerium für Wirtschaft: Erfahrungsbericht des Bundesministeriums für Wirtschaft zum Stromeinspeisungsgesetz, Drucksache 13/2681 vom 18.10.1995, Bonn 1995.

Bundestarifordnung Elektrizität (BTOelt) vom 18.12. 1989, BGBl. I, S. 2255.

Bundestarifordnung Gas (BTOgas), Verordnung über die Versorgung mit Gas vom 10.02.59 (BGBl. I S. 46, BGBl. III S. 721-724), i.d.F. vom 26.06.63 (BGBl. I S. 442).

Bundesverband der deutschen Gas- und Wasserwirtschaft (BGW): Stellungnahme des BGW zu den Vorschlägen des Bundeswirtschaftsministeriums, Bonn 1994.

Bürgerliches Gesetzbuch (BGB), in: Beck-Texte im dtv, Stand: 1995.

Drittes Verstromungsgesetz vom 13. 12. 1974, BGBl. I, S. 3474 in der Fassung vom 19.04.1990, BGBl. I, S. 917.

Energiewirtschaftsgesetz (EnWG), Gesetz zur Förderung der Energiewirtschaft vom 13.12.1935 i.d.F. vom 19.12.1977, BGBl. I, S. 2750.

Entwurf eines Gesetzes zur Änderung des Gesetzes über die Einspeisung von Strom aus erneuerbaren Energien in das öffentliche Netz (Stromeinspeisungsgesetz), Bundesrats-Drucksache 186/93 vom 23.3.93

Erste Allgemeine Verwaltungsvorschrift zur Durchführung des Bundes-Immissionsschutzgesetzes (Technische Anleitung zur Reinhaltung der Luft - TA Luft) vom 27. Februar 1986, in: Beck-Texte im dtv, Stand: 1. August 1995.

Gesetz gegen Wettbewerbsbeschränkungen (GWB) in der Fassung vom 20.2.1990, BGBl.

Gesetzantrag des Landes Brandenburg: Entwurf eines Gesetzes zur Änderung des Gesetzes über die Einspeisung von Strom aus erneuerbaren Energien in das öffentliche Netz (Stromeinspeisungsgesetz), Bundesrats-Drucksache 186/93 vom 23.3.93.

Handelsgesetzbuch (HGB), in: Beck-Texte im dtv, Stand: 1995.

Honorarordnung für Architekten und Ingenieure (HOAI), in der Fassung vom 4. März 1991 (BGBl. I S. 533), geändert durch Verordnung vom 21.09.1995 (BGBl. I S. 1174)

Stromeinspeisegesetz, Gesetz über die Einspeisung von Strom aus erneuerbaren Energien in das öffentliche Netz vom 7. Dezember 1990, BGBl. Teil I, S. 2633-2634.

VDI-Richtlinie 2067, Blatt 7, Blockheizkraftwerke. Berechnung der Kosten von Wärmeversorgungsanlagen, in: Verein Deutscher Ingenieure (VDI) e.V. (Hrsg.), Düsseldorf 1991.

VDI-Richtlinie 3922, Energieberatung für Industrie und Gewerbe, in: Verein Deutscher Ingenieure (VDI) e.V. (Hrsg.), Düsseldorf ohne Datum.

VDI-Richtlinie 3985 (Entwurf), Grundsätze für Planung, Ausführung und Abnahme von Kraft-Wärme-Kopplung und Verbrennungsmaschinen, in: Verein Deutscher Ingenieure (VDI) (Hrsg.), VDI-Handbuch Energietechnik, Düsseldorf Februar 1996.

Verbändevereinbarung, Grundsätze über die Intensivierung der stromwirtschaftlichen Zusammenarbeit zwischen öffentlicher Elektrizitätsversorgung und industrieller Kraftwirtschaft, VDEW, BDI, VIK, 01.08.1979 in der Fassung. vom 27.09.1994.

Vereinigung Deutscher Elektrizitätswerke (VDEW): Binnenmarktrichtlinie Elektrizität. Gemeinsamer Standpunkt vom 25.06.1996, Frankfurt am Main 8/1996.

Vereinigung Deutscher Elektrizitätswerke (VDEW): Erläuterungen zur Verbändevereinbarung „Stromwirtschaftliche Zusammenarbeit", Frankfurt am Main 1994.

Verordnung über allgemeine Bedingungen für die Versorgung mit Fernwärme (ABVFernwärmeV), BGBl. I, S. 742.

Verordnung über das Genehmigungsverfahren, 9. Bundesimmissionsschutzverordnung (BImSchV), in: Beck-Texte im dtv, Stand: 1. August 1995.

Verordnung über genehmigungsbedürftige Anlagen, 4. Bundesimmissionsschutzverordnung (BImSchV) vom 24. Juli 1985, in: Beck-Texte im dtv, Stand: 1. August 1995.

Verordnung über Großfeuerungsanlagen, 13. Bundesimmissonsschutzverordnung (BImSchV) vom 22. Juni 1993, in: Beck-Texte im dtv, Stand: 1. August 1995.

Statistiken und Jahresberichte

Bundesanstalt für Geowissenschaften und Rohstoffe: Reserven, Ressourcen und Verfügbarkeit von Energierohstoffen, Hannover Juni 1989

Bundesministerium für Wirtschaft: Energiedaten, Bonn 1992/1993, 1993/1994, 1995.

Bundesministerium für Wirtschaft: Energieversorgung in der Europäischen Union, Bonn 1993.

Carmalt, S. W., John, B.-St.: Giant Oil and Gas Fields, in: Halbouty (Ed.), Future Petroleum Provinces of the World, London 1986.

Gesamtverband des Deutschen Steinkohlebergbaus: Jahresbericht 1992/93.

Verband der Industriellen Energie- und Kraftwirtschaft (VIK) e.V.: Statistik der Energiewirtschaft 1993/94.

Vereinigung Deutscher Elektrizitätswerke (VDEW) e.V.: Die öffentliche Elektrizitätsversorgung 1993, Frankfurt am Main 1994.

Vereinte Nationen: Jahrbuch der Weltenergie-Statistik, New York 1992.

Zahlen aus der Mineralölwirtschaft 1995, BP Oil Deutschland, Hamburg 1996.

FSC
www.fsc.org
MIX
Papier | Fördert gute Waldnutzung
FSC® C083411

Kolibri 360 GmbH
Ferdinand-Jühlke-Straße 7
99095 Erfurt, Deutschland
produktsicherheit@kolibri360.de

Druck:
CPI Druckdienstleistungen GmbH
im Auftrag der
Kolibri 360 GmbH
Ferdinand-Jühlke-Str. 7
99095 Erfurt